BIBLIOTHÈQUE CAMILLE FLA

HISTOIRE NATURELLE POPULAIRE

par

CHARLES BRONGNIART

HISTOIRE NATURELLE

POPULAIRE

TIGRE ROYAL ET PAON

BIBLIOTHÈQUE CAMILLE FLAMMARION

HISTOIRE NATURELLE

POPULAIRE

L'HOMME ET LES ANIMAUX

PAR

CHARLES BRONGNIART

OUVRAGE ILLUSTRÉ DE 870 FIGURES ET DE 8 AQUARELLES

PARIS

LIBRAIRIE MARPON ET FLAMMARION

E. FLAMMARION, SUCCESSEUR

26, RUE RACINE, PRÈS L'ODÉON

A la Mémoire

DE MON VÉNÉRÉ GRAND-PÈRE

ADOLPHE BRONGNIART

MEMBRE DE L'INSTITUT

PROFESSEUR AU MUSÉUM D'HISTOIRE NATURELLE

A M. A. MILNE-EDWARDS

MEMBRE DE L'INSTITUT

Professeur au Muséum d'histoire naturelle et à l'École supérieure de Pharmacie.

MON CHER MAITRE,

Vous m'avez appris à aimer l'Histoire naturelle; vous m'avez enseigné la méthode qui est le propre de tous vos travaux; vous avez dirigé mes études comme un père scientifique.

Je suis heureux de pouvoir inscrire votre nom en tête de ce livre populaire, comme un témoignage public de mon profond respect et de ma reconnaissance inaltérable.

CHARLES BRONGNIART

L'HOMME ET LES ANIMAUX

LIVRE PREMIER

LA VIE

CHAPITRE PREMIER

Diversité des êtres.
Distribution géographique des animaux à la surface du globe.

La Vie... qu'est-ce que la Vie?...

Partout, sous toutes les formes possibles elle se manifeste; à chaque instant on la constate, on l'observe. Mais d'où vient-elle? Quelle est son origine? C'est là un grand problème qui passionne, à juste titre, tout esprit curieux;

c'est un vaste point d'interrogation qui se présente perpétuellement à notre pensée, et auquel nous voudrions trouver une réponse.

Partout, en tous lieux, à la surface de la terre, dans les profondeurs des océans, dans les airs, de mille manières, la vie s'agite, se renouvelle, se perpétue, incessante.

Tout un monde d'êtres variés qui, le plus souvent, vivent aux dépens les uns des autres, se cache sous les feuilles des arbres qu'agite la brise.

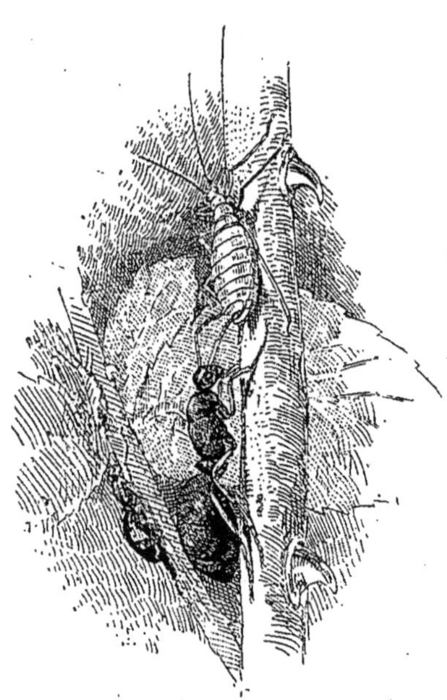

Fig. 2. — Les fourmis viennent traire, pour ainsi dire, les pucerons, bestiaux d'un nouveau genre, et boivent le liquide sucré qui suinte de leur corps.

Sans nous en douter, nous écrasons constamment sous nos pieds des milliers de petits êtres.

L'eau que nous buvons, et qui nous paraît limpide et transparente, est le séjour d'une quantité immense d'infiniment petits.

Lorsque nous respirons le parfum d'une rose, nous ne nous doutons guère que, bien souvent, chacun de ces pétales dont la couleur charme notre vue et répand une délicieuse odeur, est le repaire de toute une société. Ce sont de petits pucerons, d'un beau vert clair, qui en aspirent les sucs. Ils sont gardés par des fourmis qui viennent, en les chatouillant légèrement à l'aide de leurs antennes, traire, pour ainsi dire, ces bestiaux d'un nouveau genre et boire un liquide sucré qui suinte de leur corps.

Une carotte sauvage étale au soleil sa blanche ombelle, couverte d'insectes de toutes sortes, attirés par l'odeur qu'elle répand; ce sont des mouches dorées, de gros bourdons au corps velu, de petits coléoptères aux longues antennes, ou quelque papillon aux couleurs éclatantes.

Par une belle matinée d'été, allons nous étendre sur la lisière d'un bois et observons.

Le temps est calme; l'air, embaumé par les parfums s'exhalant de mille fleurs aux brillantes couleurs, est échauffé par les rayons d'un puissant soleil qui revivifie tout ce qu'il touche.

La terre brûlante renvoie en vapeurs la rosée qui s'est déposée à sa surface. La nature s'est reposée pendant la nuit et renaît de toutes parts. Nous jouissons de cette tranquillité parfaite; un silence absolu semble régner autour de nous.....

Et cependant les mouches en volant produisent un bourdonnement étrange. Dans les rayons de soleil tamisés par le feuillage elles volent, sur place, en faisant osciller rapidement leurs ailes; elles se croisent, tourbillonnent, semblent lutter, puis viennent reprendre leur position première; leurs ailes vibrent avec une telle rapidité qu'on ne les voit pas remuer..

Fig. 3. — Une musaraigne aperçoit un bousier et, ne se doutant pas de notre présence, s'en empare pour le croquer.

Les fauvettes, les pinsons gazouillent dans les taillis environnants. Les sauterelles font entendre leur chant strident, auquel répond le cri-cri des grillons. Les grenouilles d'une mare voisine coassent en saluant l'arrivée de l'astre radieux. Quelques lapins retardataires reviennent des champs, qu'ils ont visités pendant la nuit, et regagnent rapidement leur terrier pour échapper à la grande chaleur.

Un bruissement s'est produit dans les feuilles mortes; c'est un gros scarabée, un bousier à la démarche lourde et peu gracieuse, qui s'avance par saccades à la recherche de quelque matière en décomposition. Mais une musaraigne l'a aperçu, elle ne se doute pas de notre présence et se jette sur cette proie pour la croquer. Une taupe, non loin de là, soulève la terre au pied d'un arbre, débarrassant ses racines des vers et des insectes qui les rongent...

Dans les branches qui nous abritent, d'autres animaux auxiliaires de l'homme, de charmantes petites mésanges au plumage bleu rehaussé de blanc et de jaune, épluchent consciencieusement l'écorce, enlevant ainsi des hôtes nuisibles dont elles font leur nourriture.

Quittons les lieux ombragés, traversons ce chemin sablonneux et ensoleillé. De petits insectes d'un vert brillant, d'agiles cicindèles s'envolent à notre approche; d'autres espèces fort curieuses,

Fig. 4. — De grosses grenouilles plongent aussitôt.....
Une couleuvre, qui cherchait à capturer quelque proie, regagne vite le sol.

des sortes de guêpes, des hyménoptères, creusent le sol pour y déposer leurs œufs dans des cellules approvisionnées.

Nous voilà près d'une petite mare remplie de plantes aquatiques, bordée de longs roseaux et de joncs. Comme le lièvre de la Fable, nous en effrayons les habitants. De grosses grenouilles vertes plongent aussitôt et s'enfoncent dans la vase en troublant la limpidité des eaux. Des salamandres noires aux taches jaunes, effrayées à notre vue, se cachent à leur tour dans quelque trou, tandis qu'une couleuvre, qui cherchait à capturer quelque proie, ondule gracieusement à la surface de l'eau et regagne vite le sol.

Mais ne bougeons plus, attendons un instant...

La gent aquatique sort bientôt de ses repaires, les grenouilles viennent se chauffer au soleil et une multitude d'insectes nagent et se poursuivent. C'est une lutte acharnée entre un petit insecte noir, un dytique, et un têtard. Le pauvre animal, aussi gros que son adversaire, n'a cependant aucun moyen de défense; sa peau est molle, il n'a ni pattes ni dents, tandis qu'avec ses mandibules coupantes le dytique le dépèce et s'en gorge.

Fig. 5.— C'est une lutte acharnée entre un dytique et un têtard.

Des libellules planent au-dessus de la mare, attrapant dans leur vol rapide et léger les cousins et autres moucherons qu'elles trouvent sur leur passage.

Partout, en un mot, nous constatons le mouvement, la vie, sur le sol, dans les airs, au sein des eaux. Et nous ne parlons pas du prodigieux monde invisible découvert au microscope! Et nous n'avons encore effleuré du regard, pour ainsi dire, que quelques animaux.

Mais toutes ces plantes qui recouvrent le sol, ces herbes que nous foulons aux pieds, ces fleurs qui charment et égayent notre vue, ces arbustes, ces arbres qui nous abritent de leur feuillage, tout cela est vivant, tout cela est né, vit et meurt, tout cela se renouvelle sans cesse, tout cela lutte pour l'existence.

Nous qui examinons tous ces êtres, nous qui comprenons souvent leurs actes ou qui essayons de les déchiffrer, nous vivons, et notre vie est pour nous-mêmes une énigme.

Les êtres vivants sont répandus partout, dans les vallées, sur les plateaux, sur les pics les plus élevés, depuis les régions glacées jusqu'aux pays brûlés par un soleil torride, dans les profondeurs même des océans dont les abîmes semblent n'ensevelir que la mort.

Pendant bien longtemps on avait considéré les mers comme une immense nappe d'eau salée; les anciens pensaient que seuls les bords étaient peuplés d'animaux. On n'en connaissait ni les profondeurs ni les limites.

Le monde sous-marin n'était révélé que dans les points où l'on pouvait envoyer des engins de pêche.

Fig. 6. — Les poètes anciens aimaient à se représenter les abysses comme de vastes empires remplis d'êtres bizarres.

Les poètes de l'antiquité aimaient à se représenter les abysses comme de vastes empires remplis d'êtres bizarres. Leur féconde imagination en faisait des divinités aux volontés desquelles les hommes étaient soumis, quand ils s'engageaient dans quelque lointain voyage.

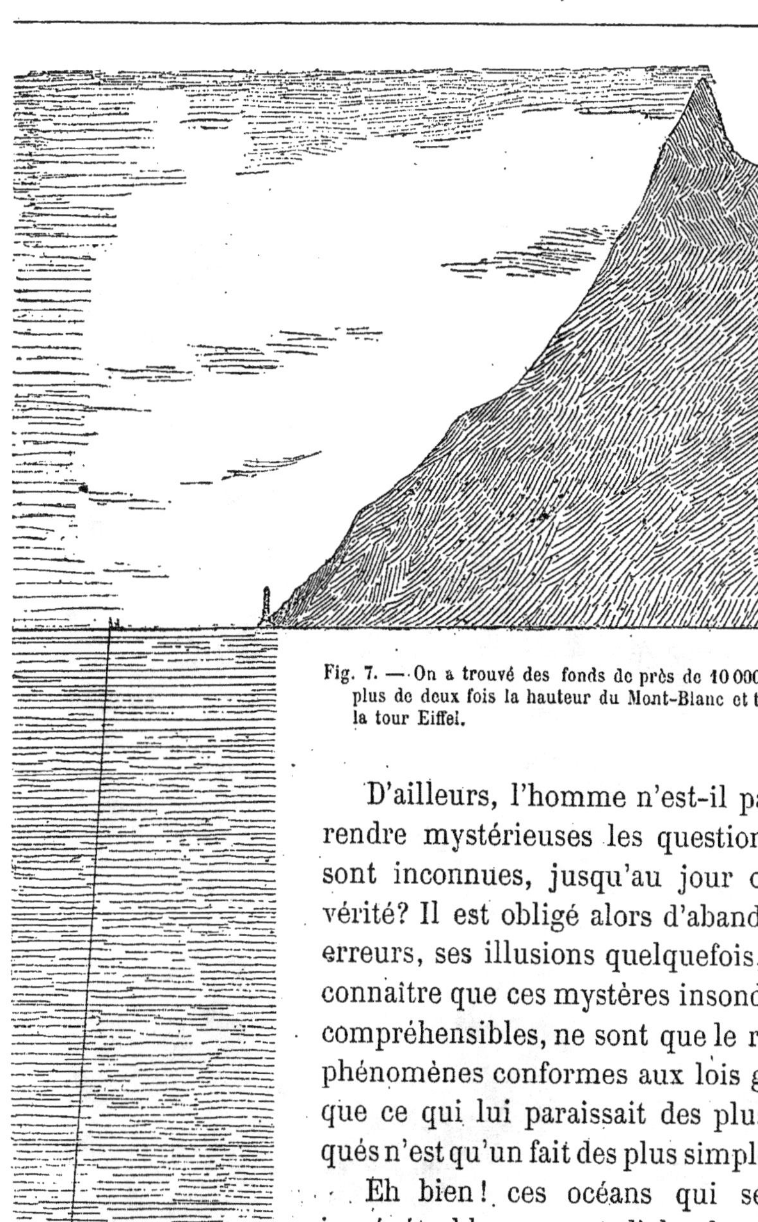

Fig. 7. — On a trouvé des fonds de près de 10 000 mètres! c'est plus de deux fois la hauteur du Mont-Blanc et trente-trois fois la tour Eiffel.

D'ailleurs, l'homme n'est-il pas porté à rendre mystérieuses les questions qui lui sont inconnues, jusqu'au jour où luit la vérité? Il est obligé alors d'abandonner ses erreurs, ses illusions quelquefois, et de reconnaître que ces mystères insondables, incompréhensibles, ne sont que le résultat de phénomènes conformes aux lois générales, que ce qui lui paraissait des plus compliqués n'est qu'un fait des plus simples.

Eh bien! ces océans qui semblaient impénétrables, on est d'abord arrivé à en connaître la profondeur, soit à l'aide de sondages, soit par de savants calculs. On a trouvé des fonds de près de 10 000 mètres en certains points. Conçoit-on une hauteur d'eau de près de 10 kilomètres, de plus de deux fois plus considérable que la hauteur du Mont-Blanc? C'est presque inimaginable! Pour égaler une telle profondeur, il faudrait superposer cent cinquante et une fois les tours de Notre-Dame de Paris, ou plus de trente-trois fois la tour Eiffel. On constata donc des profondeurs considérables, mais on persista à croire que

Fig. 8. — Des sortes de crevettes se dirigent en tâtonnant à l'aide de leurs longues antennes.

la vie devait y être impossible. Certains naturalistes célèbres, Forbes en particulier, pensaient qu'à mesure que la profondeur des eaux augmentait, le nombre des animaux diminuait graduellement et qu'au delà de 500 mètres sous la surface des eaux aucun être ne

Fig. 9. — La Terre, glacée à ses deux pôles et brûlante vers l'équateur, présente une très grande diversité dans les formes organiques.

devait vivre, tant à cause de l'énorme pression qu'il aurait à supporter, que par suite du manque de lumière.

Il devait en être de cette question comme de toutes celles qui sont décidées *a priori*. Le naturaliste anglais Forbes avait tort de considérer les grands fonds de la mer comme impropres à toute existence. On prouva le contraire, et l'honneur en revint à un savant français, à M. Alphonse Milne-Edwards.

Ce fut par suite d'un accident imprévu qu'on arriva à ce résultat. En 1860, le câble télégraphique reliant la Sardaigne à l'Algérie se rompit brusquement; pour connaître les causes du sinistre on releva les bouts du câble et l'on constata qu'il était couvert d'animaux sédentaires, c'est-à-dire d'animaux qui ne changent pas de place, qui vivent fixés d'habitude sur les roches du fond de la mer. La cassure s'était produite en un point où la profondeur était de 1 500 mètres. En certains endroits le câble était immergé à 2 000 et 2 800 mètres.

Les animaux qui avaient vécu ainsi attachés au câble, avaient donc supporté une pression considérable.

Depuis cette époque, de nombreuses recherches sont venues confirmer ces découvertes. Les Anglais, les Américains, les Allemands, et enfin dernièrement les Français, organisèrent des expéditions sous-marines, chargées de relever les profondeurs des mers et d'étudier la faune, c'est-à-dire l'ensemble des animaux qui peuplent les grands fonds. En France, les voyages du *Travailleur* et du *Talisman* (1883) sont restés célèbres. A toutes les profondeurs, on a trouvé la mer remplie d'êtres vivants. Mais dans ces abîmes la lumière ne pénètre pas, aussi ne rencontre-t-on pas de plantes marines; celles-ci ne vivent guère au delà d'une profondeur de 250 mètres. Par contre, les animaux sont nombreux et variés en espèces; la plupart sont ornés de couleurs éclatantes : rouge, violet, vert; quelques-uns sont d'un noir de velours.

C'est un fait assez curieux de trouver dans des gouffres où la lumière ne pénètre pas, des êtres si brillamment parés.

Généralement les animaux qui vivent dans les cavernes, à l'abri des rayons du soleil, ou encore ceux qui ne sortent de leurs retraites que la nuit, sont revêtus de robes sombres qui témoignent de leurs habitudes nocturnes.

Les êtres du fond de la mer échappent, pour la plupart, à cette règle. Quelques-uns sont cependant aveugles; d'autres, des sortes de crevettes, ne se dirigent qu'en tâtonnant, grâce aux longues antennes qu'ils portent à la tête, organes de tact d'une exquise délicatesse; d'autres, des poissons, ont des yeux entourés de plaques phosphorescentes qui leur permettent de se guider dans cette obscurité, en emportant leur lanterne avec eux.

On le voit, en quelque endroit que l'homme jette ses regards, soit qu'il examine le sol, soit qu'il scrute les entrailles de la terre, soit qu'il sonde le sein des océans, il trouve des êtres parfaitement adaptés dans leur structure et dans leurs mœurs aux milieux dans lesquels ils vivent. Voilà déjà un fait acquis.

Mais si l'on ne se contente pas de considérer les animaux ou les plantes d'un point donné, et si l'on compare les êtres des diverses régions du globe terrestre, on trouve des ensembles d'animaux et de végétaux particuliers à tel ou tel pays; c'est ce qu'on nomme des Faunes, des Flores.

C'est une chose vulgaire, que tout le monde comprend, sans pouvoir cependant en donner une explication. Chacun sait, par exemple, qu'on trouve dans le midi de la France des plantes, des arbres, des insectes, des reptiles différents de ceux qu'on rencontre dans le nord. Lorsqu'on dit « les plantes des tropiques », on indique nettement par ces mots que sous les tropiques, dans les pays chauds, il y a des plantes particulières.

Les voyageurs qui ont parcouru les diverses régions du monde savent bien qu'il n'y a pas que les costumes des habitants qui changent suivant les pays; non seulement les mœurs varient, mais aussi la physionomie et les caractères physiques même des indigènes.

Les Européens ressemblent-ils aux Chinois? Non, pas plus que les Esquimaux ne ressemblent aux Nègres. La dissemblance dans leurs mœurs tient-elle exclusivement à une différence dans les caractères psychiques? est-elle due uniquement à une cause purement intellectuelle? Nous répondrons par la négative. D'autres facteurs interviennent, les conditions climatériques et physiques; mais cela ne suffit pas, car une même population peut vivre dans des habitats et sous des climats très différents; il faut tenir compte

Fig. 10. — C'est dans les pays tropicaux, où le soleil fait pousser une végétation luxuriante, que la Terre présente son maximum d'intensité vitale.

de l'étendue de l'aire de dissémination, des barrières naturelles et des obstacles qui empêchent l'émigration.

A notre époque, où les sciences ont pris un développement considérable, où l'on s'applique à tout perfectionner, on peut, grâce à la vapeur, supprimer les distances, pour ainsi dire; les bateaux à vapeur et les chemins de fer nous transportent rapidement d'un point à un autre; les voyages sont rendus faciles et moins coûteux. Il est donc possible de visiter les diverses régions du globe, de les comparer entre elles, de tirer de ces comparaisons des conséquences et des conclusions.

Fig. 11. — Dans les pays tempérés, les plus grands animaux sont les ours, les loups, les aigles.

Profitons des recherches, des découvertes des voyageurs et des savants, et jetons un coup d'œil rapide sur les faunes principales.

Un fait qui doit tout d'abord attirer notre attention, c'est qu'aujourd'hui la terre, glacée à ses deux pôles et brûlante vers l'équateur, présente une diversité très grande dans les formes organiques qui sont soumises à l'influence du climat et en rapport avec les agents organisateurs.

C'est dans les pays tropicaux où le soleil fait pousser une végétation luxuriante que la terre présente son maximum d'intensité vitale qui décroît, au contraire, à mesure qu'on s'en éloigne pour se rapprocher des pôles.

Actuellement, n'est-ce pas dans les pays où la chaleur est la plus intense que se trouvent les animaux les plus gros? l'hippopotame, l'éléphant, le rhinocéros, le tapir, tous animaux aux formes lourdes, qui représentent bien la force brutale ; les chameaux et les dromadaires; les lions, les tigres, les panthères, géants de nos chats domestiques; la girafe, les antilopes, les zèbres; puis le casoar, l'autruche, parmi les oiseaux; les boas, les pythons, les eunectes, ces derniers serpents surtout qui peuvent atteindre 10 mètres de long.

Les arbres sont dans le même rapport.

Plus nous nous éloignons de cette zone torride, soit vers le sud, soit vers le nord, plus les formes décroissent.

Dans les régions moyennes, les pays tempérés, les plus grands animaux sont : les bœufs, les chevaux, les ours, les loups, les aigles, les oies, les cygnes.

Nous ne voyons plus de ces fougères en arbres au port gracieux.

Enfin, aux environs même du pôle : les rennes, les ours blancs, les phoques, les morses sont les géants de ces pays recouverts d'un suaire de glace; quelques lichens, quelques mousses y représentent les végétaux. Cependant, il faut signaler une exception à cette règle et citer, comme habitant des mers froides et plongées dans une nuit profonde pendant une partie de l'année, le plus gros des animaux, la baleine.

On comprend d'ailleurs facilement cette loi du décroissement de l'intensité vitale dans les pays tempérés et froids. La lumière et la chaleur sont les deux agents, de première importance, excitateurs de la vie chez les animaux et chez les végétaux. Une plante mise dans l'obscurité perdra sa couleur verte, blanchira, et c'est un fait reconnu de tous, que les cultivateurs mettent parfois à profit. Un animal tenu dans un lieu sombre s'étiolera lui aussi. Nous-mêmes nous aimons la lumière, la chaleur; un rayon de soleil ne nous réjouit-il pas, n'agit-il pas puissamment sur notre moral?

Il est de petits êtres presque microscopiques, de petits crustacés rouges, des daphnies, qui vivent dans les mares, et qui sont quelquefois en telle abondance que l'eau en semble colorée. Ils aiment passionnément la lumière; il est aisé de le constater. Mettez-en dans un aquarium; qu'un rayon de soleil vienne traverser l'eau : vous les verrez aussitôt se diriger vers ce rayon lumineux et se déplacer avec lui. Mais, un exemple plus à la portée de tout le monde : une plante, vivant en pot dans un appartement, se tournera toujours du côté d'où vient la lumière, et, pour la relever, un tuteur ne sera pas nécessaire, il suffira de la retourner : le lendemain, la plante se sera redressée pour se diriger de nouveau vers le jour.

Les animaux qui habitent à la surface du sol ont donc un besoin extrême de lumière. Ceux qui vivent sous terre ou au fond des eaux profondes des mers sont souvent aveugles. Quant aux animaux nocturnes, leur robe est généralement de couleur foncée; ils ne présentent pas les tons éclatants qui ornent certains oiseaux, en particulier des pays tropicaux, exposés à des rayons chauds et intenses.

La Terre est peuplée d'animaux très variés, très différents les uns des autres, suivant la région du globe que l'on examine, suivant le *climat*, l'*habitat*, suivant même la *station*.

Ce sont les voyageurs qui ont exploré les diverses régions de notre Terre, qui ont recueilli des renseignements plus ou moins nombreux, plus ou moins importants, qui nous ont appris quels sont les êtres qui peuplent le monde. Encore y en a-t-il beaucoup qui nous sont totalement inconnus! Les savants ont coordonné les découvertes qui leur étaient transmises et en ont généralisé les faits enregistrés.

Les géographes ont étudié la Terre aux points de vue physique, économique et politique, et l'ont divisée en zones plus ou moins naturelles; les naturalistes, eux, considérant les productions du sol et le sol lui-même, peuvent mieux juger peut-être, et ils sont d'accord aujourd'hui, en s'appuyant sur les recherches scientifiques, pour admettre que les animaux et les plantes ont évolué, c'est-à-dire se sont développés, se sont modifiés même, en six grands foyers distincts : l'Amérique, l'Asie, l'Europe, l'Afrique, l'Océanie et l'Australie.

On peut presque ajouter, comme centre spécial d'évolution, la grande île de Madagascar qui, bien que proche de la terre africaine, a une faune bien distincte et caractéristique.

Chacune de ces grandes régions que nous venons d'énumérer possède une série d'êtres tout à fait spéciaux, si bien que si l'on vient à les présenter à un naturaliste exercé, il pourra presque sûrement indiquer leur pays d'origine.

En Asie, les tigres au riche pelage, les lophophores, oiseaux aux plumes éclatantes, les paons, des martins-pêcheurs, des pics, des boas peuplent les contrées les plus chaudes; mais à mesure qu'on se rapproche du Nord, en Sibérie, la faune ressemble beaucoup plus à celle de l'Europe. Et cependant la Chine, le Japon, qui offrent en certains points un climat analogue au nôtre, ont aussi des animaux particuliers, mais pouvant être élevés dans nos climats tempérés, si on les y transporte.

L'Afrique, qui fut considérée pendant si longtemps comme un immense désert, est au contraire exubérante. Ses forêts servent de refuge à tout un monde sauvage et monstrueux. N'est-ce pas en Afrique que l'on trouve le lion, la panthère, puis le gorille et le chimpanzé, ces singes anthropomorphes, c'est-à-dire à formes humaines?... J'ai tort de dire « à formes humaines », car je connais plus d'un lecteur qui ne serait pas flatté de la comparaison.

Les antilopes, les gazelles y sont riches en espèces et vivent en troupes nombreuses, tandis que l'Europe et l'Amérique ne possèdent chacune qu'une espèce d'antilope, et que l'Asie en est également très pauvre.

L'Inde et l'Afrique ont des liens de ressemblance; ces vastes continents nourrissent des animaux de grande taille; c'est la patrie actuelle des éléphants, des rhinocéros, des hippopotames, des chameaux et des dromadaires, des girafes, des autruches, des boas, des crocodiles. Tous ces êtres, dont les mœurs sont si dissemblables, vivent cependant souvent dans les mêmes localités et les voyageurs

Fig. 12. — Les voyageurs nous racontent que ces animaux se réunissent au lever du soleil ou à son coucher pour se baigner et boire au bord des grands lacs.

nous racontent qu'ils se réunissent au lever du soleil ou à son coucher pour se baigner et boire au bord des grands lacs.

Séparée de l'Afrique par le canal de Mozambique est la grande île de Madagascar; on pourrait croire au premier abord qu'une terre si proche d'un grand continent a dû en être détachée un jour et que les êtres qui l'habitent sont en tous points semblables à ceux de l'Afrique. Il n'en est rien; Madagascar est sans doute le dernier vestige d'un centre d'évolution important. Tandis que l'Afrique est la patrie par excellence des grands félins et des grands pachydermes, Madagascar n'en possède pas. Les singes si abondants en Afrique sont représentés dans la grande île par des mammifères très agiles, grimpant aux arbres, bondissant, ayant des mains analogues à celles des singes, mais qui, par leurs caractères anatômiques, sont parents des pachydermes; ce sont les lémuriens ou faux singes.

L'Océanie, cette zone géographique comprenant les grandes îles jetées en dehors du continent asiatique, a une faune d'un caractère particulier; on ne peut guère la généraliser, car toutes ces îles sont sans doute les points d'émergence des continents enfouis sous les eaux à la suite de phénomènes géologiques semblables à ceux qui se sont passés de nos jours au Krakatoa, dans le détroit de la Sonde. L'explosion de ce volcan et le cataclysme qui s'en suivit a été appelé avec raison par M. Flammarion le plus grand phénomène géologique de l'histoire. Les époques préhistoriques ont dû en subir d'analogues et même de plus considérables encore.

Les îles de la Sonde sont tantôt rattachées par les géographes à l'Asie, tantôt rentrent dans l'archipel océanien. Beaucoup d'animaux de la Nouvelle-Guinée, par exemple, rappellent ceux de la Nouvelle-Hollande; on y trouve entre autres des marsupiaux. Sa faune est donc intermédiaire entre celles de l'Asie tropicale et de l'Australie.

L'Amérique, ce nouveau monde qui est géologiquement parlant d'un âge plus reculé que l'ancien monde, offre des animaux de taille secondaire. Elle est d'ailleurs divisée en deux grands continents, à systèmes géologiques distincts. La partie méridionale présente au sein de ses vastes forêts une faune des plus variées et des plus riches, rappelant un peu celle de l'ancien continent; mais les animaux sont généralement de plus petite taille.

Nous n'y trouvons pas les géants africains, par exemple, mais des formes analogues. Ainsi les singes sont nombreux, mais sont loin d'atteindre les dimensions des gorilles, des chimpanzés et des orangs-outangs. De plus, c'est en Amérique seulement que l'on rencontre des singes à queue prenante.

Les chameaux sont représentés par les lamas, les vigognes, les guanacos, les alpacas, qui vivent dans les montagnes. Ce n'est plus le lion à la longue crinière, ni les panthères, ni les tigres qui sont les hôtes des forêts, mais le cougouar ou puma et le jaguar.

Les parties tempérées de l'Amérique du Nord offrent des rapports bien plus grands avec notre faune.

L'Australie est également un centre de création ou d'évolution, comme on voudra l'entendre. C'est pour ainsi dire une terre tertiaire qui aurait persisté en conservant ses végétaux et ses animaux anciens. Les mammifères sont tous des marsupiaux, c'est-à-dire qu'ils ont une poche extérieure fort curieuse placée en avant du ventre, dans laquelle les jeunes passent une première vie après leur naissance. Les marsupiaux forment en quelque sorte une série parallèle avec les mammifères des autres parties du globe terrestre; il y a parmi eux des carnivores, des herbivores, des rongeurs, etc.

Le représentant du loup sur cette terre australienne est le thylacine, qui en diffère en particulier par le nombre de ses dents et par la présence de cette poche spéciale où sont logés les petits après leur naissance.

Qui n'a vu dans les jardins zoologiques des sarigues et surtout des kangouroos? Ces derniers viennent plus fréquemment et peuvent même se reproduire en captivité.

Leurs petits gambadent à côté d'eux, puis, à la moindre alerte, bondissent dans la poche maternelle et s'y pelotonnent. Mais si tout redevient calme, ils se hasardent à mettre le nez à la fenêtre et sortent de leur retraite.

Ce n'est pas tout; la Nouvelle-Hollande a un attrait considérable pour les naturalistes. Elle contient d'autres êtres bien curieux que les savants ont placés tantôt parmi les oiseaux, tantôt parmi les mammifères. La difficulté de leur assigner une place précise vient de ce qu'ils tiennent à la fois des mammifères et des oiseaux; comme ces derniers, ils produisent des œufs et de ces œufs sortiront des jeunes qui seront allaités par la mère; ce sont les monotrèmes, qui ne forment que deux genres connus, l'ornithorynque et l'échidné, celui-ci couvert de piquants comme le porc-épic, le premier pourvu d'un bec plat comme celui du canard et de pattes palmées.

Les marsupiaux, qui sont si variés en Australie, existaient en Europe à une époque géologique antérieure à la nôtre.

Nous reviendrons sur tous ces faits un peu plus tard, lorsque nous parlerons de l'espèce en général et de la dissémination des espèces. Pour le moment, nous constatons les faits simplement, et si nous nous résumons, nous dirons que de nos jours les animaux varient d'un pays à un autre; mais qu'en somme on remarque qu'il existe actuellement plusieurs centres d'évolution, c'est-à-dire des points du globe autour desquels les animaux semblent rayonner.

Mais ces points ne présentent pas une uniformité; dans chacune de ces grandes régions il existe des lacs, des mers, des fleuves, des montagnes; et les animaux des bords de la mer ou des fleuves ne se retrouvent pas toujours dans les plaines ou sur les plateaux des montagnes, et réciproquement.

Tel animal qui supporte une température de + 15° centigrades ne pourra impunément être transporté dans un milieu plus chaud; un ours blanc qui vit au pôle nord en compagnie des morses, des phoques, des renards isatis et des baleines, transporté dans les pays chauds, ne tardera pas à y périr. Un singe des tropiques ne pourra supporter la rigueur des saisons hivernales dans notre pays. La température a donc une grande importance dans la constitution, la nature et les mœurs des familles animales.

Chacun des centres d'évolution est donc divisé lui-même en zones climatériques, qui sont le résultat complexe de causes nombreuses.

La température, l'intensité lumineuse, le degré d'humidité ou de sécheresse, le régime des vents et des courants, la nature du sol sont les facteurs les plus importants qui règlent les climats. La vie est d'autant plus exubérante dans ses manifestations que la lumière jointe à une chaleur humide est plus vive.

Dans les pays tempérés, l'intensité vitale devient moindre, et les climats froids et glacés n'ont qu'une flore et une faune pauvres;

Fig. 13. — C'est en Australie que vivent les kanguroos. Leurs petits gambadent à côté d'eux, puis à la moindre alerte bondissent dans la poche maternelle et s'y pelotonnent. Les thylacines y représentent nos renards. Les cacatoës vivent en troupes dans les arbres, tandis que l'oiseau lyre et le casoar peuplent les taillis et les plaines.

la vie y est moins active; les couleurs des animaux deviennent uniformes et souvent ternes, obscures même, et les régions glacées des pôles ne donnent asile qu'à quelques mammifères marins, des morses, des phoques, des ours blancs, des renards bleus, et à des pingouins.

Les climats peuvent être considérés comme des sortes de parcs où sont renfermés plus ou moins strictement les êtres.

Il y a toutefois des exceptions. Certains animaux peuvent être transportés d'un climat dans un autre sans en souffrir; mais tous ne sont pas dans ce cas, et nous voyons mourir dans nos ménageries des êtres qu'on a arrachés à leur pays natal et qui, ne se trouvant plus dans les mêmes conditions d'existence, ne peuvent supporter ou la très grande chaleur ou le froid.

En dehors de ces cas où l'homme intervient et cherche à *acclimater*, pour employer l'expression consacrée, des animaux ou des plantes qui peuvent lui être utiles, il y a des oiseaux et même des mammifères qui changent de climat, qui chaque année font des voyages étonnants, traversent les montagnes et les océans, pour trouver une température qui leur convienne; les grues, les oies et les hirondelles sont dans cette catégorie; on voit ces dernières à l'automne se réunir souvent sur les fils télégraphiques avant d'entreprendre leurs longues traversées; elles cherchent, suivant la saison, un climat à leur convenance.

Les saisons font varier les faunes dans certaines limites. Tout le monde sait que l'hiver est pour ainsi dire une saison morte; la vie s'est ralentie à l'automne et quand les froids arrivent, le plus grand nombre des animaux se cachent, ou tombent dans un sommeil léthargique; quelques-uns meurent à ce moment; en même temps la végétation sommeille, la plupart des arbres perdent leurs feuilles. Puis, après cet arrêt, la nature se réveille au printemps; alors tout semble renaître, se développer, et, en été, tous les êtres ont acquis leur maximum de développement. Les oiseaux qui avaient fui notre pays en automne, reviennent l'animer, et y élever leurs petits. On ne peut pas dire que les faunes soient les mêmes dans des climats identiques, mais les manifestations de la vie sont analogues, et il existe des formes représentatives.

Les espèces animales et végétales subissent encore des modifications sous un même climat, suivant l'habitat et les stations qu'elles occupent. La mer ne contient pas les mêmes animaux que les lacs ou les fleuves; l'aspect n'est pas le même sur les collines, les montagnes et dans les vallées, sur les rivages ou dans l'intérieur des terres.

La nature du sol a une grande influence sur les plantes, et par cela même sur les animaux, car ceux-ci sont intimement liés par leur régime à la végétation.

On ne saurait donc trop insister sur l'influence modificatrice des milieux ambiants.

En résumé, les animaux sont distribués à la surface de la Terre suivant des règles qui ont été observées. L'Asie et l'Europe, l'Afrique, l'Amérique, les îles océaniennes, l'Australie, Madagascar, sont autant de centres qui possèdent une réunion d'êtres spéciaux. Chacun de ces centres d'évolution présente des climats différents, qui influent sur les animaux et les localisent déjà davantage. Enfin chaque climat offre des zones d'habitat et des stations.

Nous venons de montrer qu'il existe des faunes distinctes suivant les pays, que les espèces animales sont nombreuses et variées; mais comment se sont constituées ces populations?

L'un des savants qui ont le plus étudié cette question de la distribution géographique des animaux, M. Alphonse Milne-Edwards, a résumé ce sujet dans une conférence faite au Congrès géographique tenu à Paris en 1875 [1].

« Aujourd'hui tous les zoologistes sont d'accord sur l'existence d'un grand nombre de populations animales distinctes qui ont chacune en propre un certain domaine géographique; mais ils sont partagés d'opinion relativement à la manière dont ces populations se sont constituées.

« Les uns pensent que chaque espèce a pris naissance sur un point déterminé de la surface du globe et que, en s'étendant peu à peu de ce foyer zoogénique aux lieux circonvoisins, elle a conquis progressivement son domaine actuel. D'autres naturalistes, et des plus éminents, l'illustre Agassiz par exemple, condamnent sévèrement cette hypothèse et admettent que chaque espèce est originaire de

1. *Bulletin de l'Association scientifique de France*, janvier 1879.

toutes les contrées qu'elle habite actuellement, qu'elle a surgi partout où elle trouvait des conditions d'existence appropriées à sa nature, et que la configuration des terres, leur continuité ou leur séparation par des espaces infranchissables n'a exercé aucune influence sur la distribution géographique des animaux.

« Si cette seconde hypothèse était l'expression de la vérité, dit M. Milne-Edwards, l'étude de la géographie zoologique n'aurait guère pour objet que la recherche des régions habitées par les représentants de chaque type spécifique ; elle constituerait une sorte de statistique aride et serait stérile dans les conséquences que l'on pourrait en tirer.

« Au contraire, si la production primordiale d'une forme animale, au lieu d'être un phénomène multiple et en quelque sorte diffus, est due à un phénomène local, et si les générations issues de ces souches se sont répandues ensuite de façon à s'étendre peu à peu aux stations qu'elles occupent actuellement, l'examen de leur mode de répartition à la surface du globe soulève une foule de questions d'un intérêt scientifique général.

« Or beaucoup de faits, dont on n'a pas tenu suffisamment compte jusqu'ici, tendent à prouver que les choses ont dû se passer de la sorte.

« Ce genre d'études peut rendre d'importants services aux géographes pour l'appréciation des changements survenus successivement dans la configuration des terres depuis les temps géologiques antérieurs à notre époque jusqu'au temps présent.

« En effet, les résultats obtenus de la sorte mettent en évidence l'existence ancienne de relations entre des terres qui, actuellement, sont séparées par de vastes étendues d'eau. On peut aussi en conclure qu'à une époque déterminable certaines mers, qui aujourd'hui sont complètement distinctes et entre lesquelles existent des continents, étaient en communication directe les unes avec les autres. »

Mais la tendance générale des faits relatifs à la distribution géographique des animaux vient-elle à l'appui de l'opinion adoptée par Agassiz, ou se montre-t-elle favorable à l'hypothèse des foyers zoogéniques, c'est-à-dire des centres d'évolution ou de création, foyers que nous avons indiqués plus haut ?

D'après la manière de voir d'Agassiz, chaque type zoologique devrait avoir des représentants partout où les conditions biologiques favorables à son extension se trouveraient réunies, et il n'y aurait aucune relation entre les facultés locomotrices des animaux et leur mode de distribution à la surface du globe.

Or, nous savons que les mammifères, qui sont incapables de passer l'eau en volant ou d'exécuter à la nage de longs voyages, peuplent l'ancien et le nouveau monde, le continent australien,

Fig. 14. — On voit souvent à l'automne les hirondelles se réunir sur les fils télégraphiques avant d'entreprendre leurs longues traversées.

ainsi que quelques-unes des îles situées entre cette grande terre et l'Asie, mais qu'ils sont restés exclus d'une partie notable de notre globe jusqu'au jour où l'homme est venu troubler l'état naturel des choses. Jusqu'alors ces animaux faisaient défaut à la Nouvelle-Zélande, dans les îles innombrables situées plus au nord-est dans l'océan Pacifique, dans les îles de la région australe et même dans les stations isolées qui se montrent loin des continents, dans la partie sud de l'océan Indien et de l'océan Atlantique, aux Mascareignes, à Kuerguelen, à Tristan d'Acunha, à Sainte-Hélène et à l'Ascension par exemple.

Au premier abord, on pouvait croire que l'absence de mammifères dans les îles dont je viens de parler dépendait soit de la formation récente de ces terres et de leur émersion à une époque où le travail zoologique diffus admis par Agassiz avait cessé, soit de l'inaptitude de ces stations à l'entretien de la vie de tels animaux.

Ni l'une ni l'autre de ces explications ne peut être admise : car on sait, d'une part, que beaucoup de ces îles sont d'une date fort ancienne et antérieure à l'apparition des faunes actuelles; et, d'autre part, que ces îles réunissent toutes les conditions nécessaires au développement de la vie animale sous ses formes les plus élevées; souvent elles se montrent même particulièrement favorables à la multiplication de beaucoup de mammifères terrestres.

Ainsi le rat, transporté presque partout où nos navires abordent, s'est acclimaté presque dans tout l'hémisphère austral, où primitivement il n'y avait aucun représentant de sa classe. Plusieurs grands mammifères, amenés par l'homme dans les régions australes et abandonnés à eux-mêmes dans les stations isolées dont je viens de parler, y ont prospéré d'une manière étonnante.

Ainsi lorsqu'en 1419, peu de temps après la découverte de Porto-Santo par le navigateur Peristrello, un autre marin de la même station, Zarco, débarqua sur cette petite île déserte, il n'y trouva aucun quadrupède; mais y ayant laissé une lapine avec ses six petits, ces animaux s'y trouvèrent dans des conditions si favorables à leur multiplication, qu'au bout de trente-sept ans, quand un troisième visiteur, Cada Masta, y alla, il y trouva ces rongeurs vivant à l'état sauvage en nombre incalculable, et qu'à l'époque actuelle ils y sont encore très abondants.

Les îles Falkland, où les marins de Saint-Malo fondèrent, en 1769, une petite colonie, mais ne purent se maintenir que peu d'années, par suite de la jalousie inintelligente du gouvernement espagnol, ne possédaient jusqu'alors aucun de nos animaux domestiques; mais les Malouins y laissèrent ceux qu'ils y avaient introduits, et ces herbivores, abandonnés à eux-mêmes, y sont devenus assez nombreux pour être, de nos jours, une ressource précieuse pour les navigateurs.

La petite île de Tristan d'Acunha, isolée au milieu de l'océan Atlantique, à mi-chemin de l'Amérique méridionale au cap de Bonne-Espérance, n'avait pas de chèvres avant que les navigateurs y eussent porté quelques-uns de ces animaux; mais ceux-ci, redevenus sauvages, y sont maintenant très communs.

En 1834, un marin anglais nommé Davis déposa sur l'île Crozet, située dans le Grand Océan austral, fort loin au sud-est du cap de Bonne-Espérance, quelques porcs; et, en peu d'années, ces animaux s'y étaient tellement multipliés, qu'ils constituaient pour les navigateurs une ressource alimentaire importante. Les pêcheurs qui visitent ces parages connaissent cette station sous le nom d'*Ile aux Cochons* (Pig-Island) et vont y faire des salaisons pour l'approvisionnement de leurs navires. En 1840, ces animaux y étaient tellement nombreux qu'ils rendaient le débarquement difficile.

La Nouvelle-Zélande nous offre un exemple plus remarquable encore de cette aptitude des terres australes à se peupler de mammifères terrestres, bien qu'elles en fussent primitivement dépourvues. En 1769, lorsque l'illustre navigateur Cook visita cette terre, il n'y trouva aucun de ces quadrupèdes, si ce n'est le chien et le rat, qui y avaient déjà été introduits par les marins; mais il y abandonna quelques animaux domestiques, entre autres des porcs, et ceux-ci, rendus à la vie sauvage, ont prospéré d'une manière si prodigieuse, que non seulement ils constituent aujourd'hui une des principales richesses alimentaires du pays, mais que dans certaines parties de l'île du Sud ils sont devenus pour les cultures de dangereux voisins, à ce point que souvent on en fait la chasse dans l'unique but de les détruire. Pour montrer combien la Nouvelle-Zélande est favorable à la multiplication de ces animaux, il me suffira de rapporter ce fait, cité par M. Hochstetter, que trois hommes employés à chasser les cochons sauvages étaient parvenus à en tuer vingt-cinq mille en moins de deux années.

Aujourd'hui le cheval, l'âne, le bœuf, le mouton, la chèvre, le lapin, etc., ont été également importés à la Nouvelle-Zélande et y prospèrent. Le chat y vit à l'état sauvage. Par conséquent, si cette terre est restée longtemps dépourvue de mammifères, ce n'est pas à cause de son inaptitude à les faire vivre, c'est parce que ces animaux n'avaient pu y arriver; les moyens de communication leur faisaient défaut pour se transporter des régions où ils étaient déjà établis jusque dans cette partie reculée de l'hémisphère austral (¹).

Si le mode de distribution géographique des animaux est, comme le pense M. Milne-Edwards, «le résultat de l'apparition primordiale de ces êtres dans un foyer zoogénique localisé et de leur extension ultérieure sur d'autres parties de la surface du globe», il faut s'attendre à voir l'étendue du domaine occupé par les différents mammifères varier suivant que ceux-ci sont astreints par leur organisation à ne se mouvoir que sur la terre ferme, ou qu'ils sont doués de la faculté de voler et de franchir ainsi des obstacles naturels devant lesquels les autres s'arrêteraient.

Les chauves-souris, ou cheiroptères, qui sont pourvues d'ailes souvent aussi grandes que celles des oiseaux et qui, en volant, peuvent être entraînées au loin par les courants atmosphériques, seraient donc susceptibles de gagner des stations insulaires inaccessibles aux mammifères marcheurs

Or le mode de distribution géographique de ces animaux voiliers confirme ces prévisions. Non seulement les chauves-souris comptent au nombre des mammifères aborigènes de la Nouvelle-Zélande, mais elles habitent la plupart des autres îles de la région chaude ou tempérée du globe où manquent les mammifères marcheurs, par exemple : les îles océaniennes, les Mascareignes, Tristan d'Acunha, l'Ascension, Sainte-Hélène.

Les cartes que M. Milne-Edwards a dressées pour montrer, d'une part, le mode de distribution de ces mammifères volatiles dans l'Océanie et dans les îles situées sous les mêmes latitudes de l'hémisphère austral, et, d'autre part, l'aire géographique occupée par les marcheurs, fourniront un nouvel argument en faveur de l'hypothèse des foyers zoogéniques opposée à celle des origines multiples et diffuses.

Dans l'hémisphère boréal aussi bien que dans l'hémisphère austral, le froid semble avoir tracé des limites à l'extension des

1. *Bulletin de l'Association scientifique de France*. Janvier 1879, page 225.

chauves-souris. Mais on sait que les basses températures n'empêchent pas les mammifères nageurs de se montrer dans la mer du Nord jusque dans le voisinage des glaces, et si cette hypothèse est vraie, ces animaux devront s'être répandus de la même manière dans toutes les parties libres des mers australes. Il en est ainsi :

Fig. 15. — Les mammifères ne peuvent pas comme certains oiseaux, les oies en particulier, entreprendre de longs voyages par-dessus les mers.

non seulement ils se trouvent près des côtes habitées par les mammifères terrestres, mais bien au delà des limites de l'aire occupée par les mammifères voiliers. Depuis un siècle environ, les mers antarctiques ont été avidement explorées par les pêcheurs de phoques ainsi que par les baleiniers, et, partout où la glace ne forme pas une barrière, on y rencontre des mammifères pélagiens.

D'après cet ensemble de faits, il semble que les modifications survenues successivement dans la configuration des terres ont dû exercer une influence considérable sur la distribution géographique des animaux, et que les relations entre ces changements et les époques d'apparition des divers types géologiques actuels ont beaucoup contribué à la production de l'état de choses existant aujourd'hui.

On conçoit que plus un type est ancien, plus les changements géographiques effectués pendant la série des périodes géologiques ont pu permettre soit l'extension des représentants de ce type sur une portion plus considérable de la surface du globe, soit la disjonction et le fractionnement des régions occupées par eux.

« Pour étudier fructueusement la géographie zoologique, il faut donc ne pas se borner à considérer les faunes actuelles, mais il est nécessaire de tenir grand compte des faunes anciennes, dont les caractères nous sont révélés par les débris enfoncés dans les terrains pétrifiés [1]. »

En effet, les études paléontologiques ont montré que tandis que les mammifères marsupiaux existaient à des périodes plus anciennes encore que les terrains oolithiques, on n'a trouvé aucune trace de mammifères ordinaires ou placentaires avant le commencement de l'époque tertiaire.

L'Australie actuelle, comme je l'ai dit plus haut, peut donc être considérée comme une terre où la faune tertiaire persiste.

Et comme dans les terrains secondaires on trouve des marsupiaux dans l'ancien et le nouveau monde, on peut en conclure que ceux-ci se sont répandus, avant la période tertiaire, dans les régions où on les rencontre actuellement et dans celles dont ils ont disparu, en y laissant des traces de leur existence passée, qui nous sont révélées à l'état fossile.

De nos jours, les mammifères ordinaires ou placentaires qui se sont montrés dans les régions septentrionales de l'ancien et du nouveau monde, bien après les marsupiaux par conséquent, habitent encore simultanément l'Amérique et la Nouvelle-Guinée, tandis que les marsupiaux ont disparu de l'ancien continent avant le commencement de l'époque actuelle.

1. Loc. cit.

En Australie, en dehors des marsupiaux, on ne trouve parmi les mammifères ordinaires que ceux qui sont organisés pour le vol.

De ces faits, M. Milne-Edwards conclut que probablement à l'époque où les mammifères placentaires se sont établis dans les parties adjacentes de l'Asie, celles-ci étaient déjà séparées des terres australiennes par une étendue de mer infranchissable pour les animaux marcheurs.

Tout ce qui vient d'être dit pour les mammifères peut s'appliquer à la distribution des oiseaux à la surface du globe. Ainsi beaucoup d'îles qui sont situées à de grandes distances de toute terre, Crozet, Saint-Paul et Amsterdam, par exemple, abondent en oiseaux nageurs, tandis que les oiseaux terrestres n'y existent pas.

Au contraire, dans beaucoup de stations analogues, Tristan d'Acunha, Auckland, Campbell, où les oiseaux mauvais voiliers ne font pas absolument défaut, ces animaux sont en très petit nombre, et ne diffèrent que peu ou point de ceux qui vivent sur les continents voisins.

La géographie zoologique peut aussi, dans certains cas, jeter des lumières sur les relations qui existaient autrefois entre des régions qui, aujourd'hui, sont complètement séparées les unes des autres.

Il y a en Australie, à la Nouvelle-Guinée, en Afrique et dans l'Amérique du Sud de grands oiseaux bons coureurs, mais incapables de voler : ce sont les émeus, les casoars, les autruches et les nandous. Or, d'après l'examen des empreintes de pas trouvées aux États-Unis, sur le vieux grès rouge, il y a lieu de penser qu'à l'époque paléozoïque, et par conséquent avant l'apparition des mammifères, il existait déjà des oiseaux de grande taille et probablement incapables de voler.

A la Nouvelle-Zélande, ces grands oiseaux paraissent avoir eu, à une époque relativement récente, plusieurs représentants : ce sont les Dinornis gigantesques et autres dont les ossements abondent dans les terrains meubles de ce groupe d'îles. L'Æpyornis fossile de Madagascar est du type des autruches et des casoars, et il est possible que tous les oiseaux disséminés de la sorte sur de grands continents, ou des îles isolées, ne sont pas descendus d'espèces appartenant primitivement à une même faune locale, mais dispersée au loin à une époque géologique très reculée, pendant laquelle des communications auraient existé entre l'Amérique, l'Australie, la Nouvelle-Zélande, Madagascar, l'Afrique, etc., communications qui, peu après, auraient été rompues.

Dans l'état actuel de nos connaissances, cette question ne peut recevoir aucune solution directe ; cependant, beaucoup de présomptions plaident en sa faveur. Ainsi la faune néo-zélandaise nous rappelle encore celle des temps géologiques anciens par le mode de structure des reptiles aborigènes qui s'y trouvent.

Fig. 16. — Les chauves-souris, pourvues d'ailes comme les oiseaux, peuvent être entraînées au loin par les courants atmosphériques.

Tout ce qui vient d'être dit pour les types les plus élevés du règne animal, peut s'appliquer aux êtres inférieurs.

N'est-il pas intéressant au plus haut point d'étudier l'histoire de cette Terre que nous habitons, de rechercher par quelles phases elle a passé et de voir que les continents que nous connaissons si bien actuellement, n'ont pas eu toujours la même configuration ? Ces données certaines nous sont fournies par l'étude de la distribution géographique des animaux, comme je viens de chercher à le prouver. L'étude d'un être dans le temps, c'est, en réalité, notre histoire même.

Si nous résumons les notions acquises sur le mode de distribution géographique des animaux, nous conclurons que l'étude de cette distribution conduit à des résultats favorables à l'idée de l'existence ancienne de centres de création localisés. Ces foyers zoogéniques se sont ensuite disséminés en subissant quatre conditions principales :

Fig. 17. — Les Dinornis, oiseaux géants, habitaient alors les forêts de la Nouvelle-Zélande.

1° Le mode de locomotion auquel les animaux sont appropriés ;

2° Les relations géographiques du foyer zoogénique avec les parties circonvoisines du globe ;

3° L'aptitude de ces régions, due aux conditions de climat, de nourriture, etc., à être habitées par ces immigrants arrivant du dehors ;

4° L'époque géologique à laquelle remonte le type zoologique réalisé par ces êtres.

Notre but, dans cet ouvrage, est de donner une description aussi complète que possible, pour le cadre de cette Bibliothèque populaire, des merveilles de la vie répandue à la surface de notre planète. Nous diviserons cet immense sujet en cinq sections principales. Dans le premier Livre, nous traitons ici de la Vie et de ses manifestations générales. Dans le second, nous nous occuperons de l'homme. Dans le troisième, nous passerons en revue les mammifères, les oiseaux, les reptiles, les batraciens et les poissons. Notre quatrième Livre aura pour objet les insectes, les myriapodes, les arachnides et les crustacés. Enfin, dans le cinquième, nous compléterons cet exposé général de la vie terrestre par la description des animaux inférieurs, mollusques, échinodermes, cœlentérés et protozoaires. Nous espérons ainsi offrir à nos lecteurs un tableau complet et pittoresque des êtres si nombreux qui peuplent notre monde, de leurs caractères, de leurs mœurs et de leur histoire.

Mais occupons-nous d'abord de la première de toutes les questions : de l'origine des êtres.

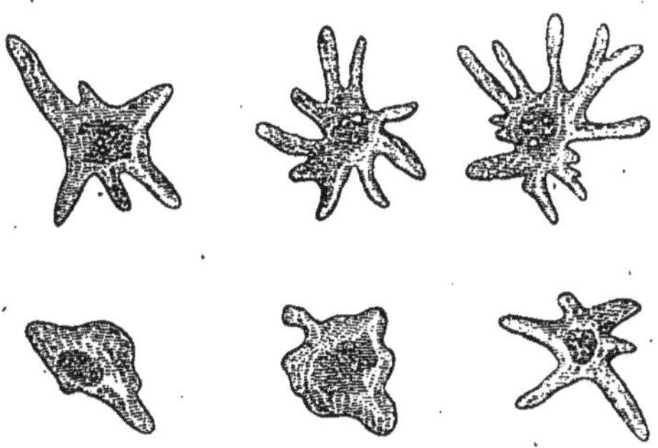

Fig. 18. — Infusoires. — Amibes.

CHAPITRE II

Naissance de la vie.

Ainsi les êtres sont variés à l'infini, leur nombre est immense, et l'étude de leur distribution nous apprend que la configuration des terres a changé aux différentes périodes géologiques.

Si les continents ont changé, le climat s'est également modifié, et les animaux, eux aussi, ont évolué.

Ont-ils été créés tels que nous les connaissons ? ou bien se sont-ils transformés petit à petit en des directions différentes ?

Telles sont les questions que se posent les naturalistes et les philosophes, et qui, de nos jours, sont assez répandues pour passionner tous les esprits.

Il est des mots, des expressions qu'on emploie constamment, pour ainsi dire, sans les comprendre ou du moins sans qu'il soit possible de les expliquer. Donner une définition du temps, de l'espace, de la cause, de l'éternité ou de l'infini serait atténuer en quelque sorte le sens de ces mots.

Il est impossible de définir des idées aussi générales, car il faudrait les enfermer, pour ainsi dire, en d'autres plus générales. Ce sont des notions premières et simples de l'entendement.

Ces idées sont comme des axiomes, elles ne se démontrent pas, mais servent à démontrer. « En ce sens, le manque de définitions est plutôt une perfection qu'un défaut, parce qu'il ne vient pas de leur obscurité, mais, au contraire, de leur extrême évidence. » (PASCAL.)

L'idée de la vie est bien générale et rentre dans ce cas. « Comment définir *l'être*, a dit Pascal, sans commencer par le mot *c'est*, et employer dans la définition le terme à définir? »

Cependant on peut développer ces idées sans les obscurcir, et rien à ce sujet ne nous paraît plus frappant que les lignes suivantes écrites dans le but de faire comprendre l'espace infini [1] :

« ... Nous voulons ouvrir devant nous l'espace et nous y engager pour essayer d'en pénétrer la profondeur.

« La vitesse d'un boulet de canon à sa sortie de la bouche à feu est une bonne marche : 400 mètres par seconde.

« Mais cette marche serait encore trop lente pour notre voyage dans l'espace, car notre vitesse ne serait guère que de 1 440 kilomètres à l'heure. C'est trop peu. Il y a, dans la nature, des mouvements incomparablement plus rapides, par exemple la vitesse de la lumière. Cette vitesse est de 300 000 kilomètres par seconde. Ceci vaut mieux : aussi prendrons-nous ce moyen de transport.

« Permettez-moi donc, par une comparaison vulgaire, de vous dire que nous nous mettons à cheval sur un rayon de lumière, et que nous nous laissons emporter par sa course rapide.

« Prenant la Terre pour point de départ, nous nous dirigerons en droite ligne vers un point quelconque du ciel. Nous partons. A la fin de la première seconde nous avons déjà parcouru 300 000 kilomètres; à la fin de la deuxième, 600 000. Nous continuons.

« Dix secondes, une minute, dix minutes sont écoulées..... Cent quatre-vingt millions de kilomètres ont passé.

« Poursuivons, pendant une heure, pendant un jour, pendant une semaine, sans jamais ralentir notre marche; pendant des mois entiers, pendant un an... La ligne que nous avons parcourue est déjà si longue qu'exprimée en kilomètres ou en lieues, le nombre qui la mesure surpasse notre faculté de compréhension et n'indique plus rien à notre esprit : ce sont des trillions, des millions de millions.

1. CAMILLE FLAMMARION. *Les Merveilles célestes*, pages 14-16.

« Mais ne suspendons pas notre essor. Emportés sans arrêt par cette même rapidité de 300 000 kilomètres par chaque seconde, perçons l'étendue en ligne droite pendant des années entières, pendant cinquante ans, pendant un siècle... pendant mille ans... pendant dix mille ans... pendant un million d'années!...

« Où sommes-nous? Depuis longtemps nous avons franchi les dernières régions étoilées que l'on aperçoit de la Terre, les dernières que l'œil du télescope a visitées; depuis longtemps nous marchons en d'autres domaines, inconnus, inexplorés. Nulle pensée n'est capable de suivre le chemin parcouru; les milliards joints aux milliards ne signifient plus rien; à l'aspect de cette étendue prodigieuse, l'imagination s'arrête, anéantie... Eh bien! et c'est ici le point merveilleux du problème, *nous n'avons pas avancé d'un seul pas dans l'espace.*

« Nous ne sommes pas plus rapprochés d'une limite que si nous étions restés à la même place; nous pourrions recommencer la même course à partir du même point où nous sommes, et ajouter à notre voyage un voyage de même étendue; nous pourrions joindre les siècles aux siècles dans le même itinéraire, dans la même vitesse, — continuer le voyage sans fin ni trêve; nous pourrions nous diriger vers quelque endroit de l'espace que ce soit, à gauche, à droite, en avant, en arrière, en haut, en bas, dans tous les sens; et lorsque, après des siècles employés à cette course vertigineuse, nous nous arrêterions fascinés ou désespérés devant l'immensité éternellement ouverte, éternellement renouvelée, nous reconnaîtrions, stupéfaits, que notre vol séculaire ne nous a pas fait mesurer la plus petite partie de l'espace et que nous ne sommes pas plus avancés qu'à notre point de départ. En réalité, c'est l'infini qui nous enveloppe : nous pourrions voguer *pendant l'éternité* sans jamais trouver devant nous qu'un infini éternellement ouvert. »

Peut-on faire comprendre plus nettement l'impossibilité où nous sommes de définir l'espace? Non, sans doute. Nous voyons clairement qu'il y a certaines idées qui s'imposent, qui font, si je puis dire, partie de nous-mêmes, des idées innées. Telle est l'idée de la vie, de l'existence. « Je pense, donc je suis », a dit Descartes. Nous vivons, nous sentons que nous existons, mais expliquer l'essence même de notre vie, définir la vie, dépasse les limites de notre intelligence. Et cependant, partout autour de nous, incessante, inépuisable, la vie se manifeste; nous devons nous borner à la constater sur la terre, au sein des eaux et dans l'air.

De quelque côté que nous tournions nos regards, nous voyons des êtres vivants; mais d'où viennent-ils, ces êtres, quelle est leur origine? Voilà une question qui a passionné bien des savants, bien des philosophes : car de tout temps l'homme a cherché à connaître l'origine des êtres vivants; de tout temps il a essayé de comprendre leur nature. Partout il en trouvait; tantôt c'était un infiniment petit qui l'étonnait par ses travaux, par ses dégâts; tantôt un animal redoutable lui causait de l'effroi, et j'ajouterai du respect. L'homme les idéalisait en quelque sorte, et, reconnaissant à certains êtres une force supérieure à la sienne, il les déifiait. Les Égyptiens n'adoraient-ils pas les crocodiles, comme le font encore les habitants des bords du Gange?

Dans l'antiquité, et de nos jours chez les peuples non civilisés, le surnaturel joue un rôle prépondérant. Toutes les fois qu'un fait ne peut être expliqué, on invoque une puissance divine. Les anciens inventaient des divinités, tels que les Centaures, le Minotaure, le Sphynx, etc.

Pour certains philosophes de ces temps reculés, l'eau était considérée comme l'origine de tout être animé; pour d'autres, c'était l'air, ou le feu, ou bien encore les astres. Mais ils pensaient que toutes ces substances sont Dieu, représentent les causes primordiales, universelles.

Au moyen âge, au XVIIIe siècle même, des idées analogues persistent; à des connaissances vraiment sérieuses viennent se joindre des croyances bizarres, des superstitions extraordinaires. A cette époque, les sorciers étaient nombreux, et, malgré les grandes idées émises par les savants philosophes, il restait toujours un voile mystérieux qui obscurcissait la vérité.

L'observation, qui en histoire naturelle est un des principaux facteurs, était laissée de côté pour donner libre carrière à des croyances *a priori* souvent des plus fantaisistes. Je puis même dire que les hommes les plus sérieux montraient parfois une naïveté enfantine. Contentons-nous d'en citer un exemple :

Un certain auteur, Van Helmont, prétendait que des animaux vertébrés, des souris, pouvaient naître spontanément. Voulez-vous vous procurer des souris, disait-il, mettez dans une pièce loin de tout bruit un tonneau rempli de vieux chiffons et vous ne tarderez pas à y voir apparaître des légions de souris. Cet auteur avait sans doute laissé quelque trou à son tonneau, et les souris, trouvant de quoi se construire des nids moelleux, pullulaient. Ce n'était rien autre chose que la génération spontanée !

Nous verrons dans un instant ce que signifie cette expression de « *génération spontanée* ».

Expliquer l'apparition des êtres sur la Terre serait répondre à l'une des questions les plus controversées, à l'une de ces questions qui ont passionné de tout temps les savants et les philosophes.

Deux écoles sont en présence; les partisans de l'une admettent une puissance créatrice, un Dieu, qui a créé de toutes pièces les êtres que nous connaissons; les autres pensent que ces mêmes êtres sont nés sans le secours d'aucun créateur, qu'ils ont apparu spontanément.

Chacun sait qu'après avoir vécu pendant un certain temps les êtres, animaux ou plantes, meurent fatalement, mais en règle générale ils laissent après eux des individus qui leur sont semblables et qui perpétuent leur type.

Pour les animaux ou les plantes qui nous entourent, rien n'est plus simple à comprendre. Mais il y a des cas où les faits ne sont pas aussi évidents; on ne devine pas toujours très bien l'origine de certains êtres. Il est des petits animaux, longs de plusieurs centimètres, des crustacés qu'on nomme *Apus*, qui apparaissent souvent en quantité innombrable dans des mares accidentelles, dans des flaques d'eau formées par de grandes pluies, ou par des inondations, dans des endroits qui étaient auparavant complètement secs, et cela depuis de nombreuses années. D'où viennent-ils donc ces petits animaux?

Chacun sait qu'un morceau de viande, ou le cadavre d'un animal quelconque laissé à l'air libre, pendant la saison chaude, se couvre rapidement de petits vers que l'on connaît vulgairement sous le nom d'asticots. Il y a encore bien des gens qui se figurent que la chair en putréfaction leur donne naissance.

Ces vers pullulent dans toutes les parties du cadavre, même celles qui ne sont jamais au contact de l'air pendant la vie de l'animal.

Il arrive fréquemment au printemps qu'après une pluie les chemins dans la campagne sont complètement couverts de petits crapauds; il semble qu'ils soient nés au moment où les gouttes de pluie touchaient le sol.

Les anciens expliquaient facilement tous ces faits, en disant que sous l'influence de certains agents, air, eau, chaleur, des corps inertes tels que la terre, la chair en putréfaction pouvaient se transformer en êtres vivants. C'est ce qu'on a appelé *génération spontanée*.

Virgile ne nous raconte-t-il pas que les abeilles naissent du cadavre des animaux ?

Pline reproduit sans critique cette fable. Mais maintenant nous savons quelle est l'origine de tous ces êtres.

Les Apus qui apparaissent dans des flaques d'eau après des pluies, après des inondations, sont sortis d'œufs qui s'étaient desséchés, qui étaient devenus pour ainsi dire poussière, sans pour cela perdre la propriété de vivre. Ils sont restés dans un état de vie latente jusqu'au moment où sont survenues les conditions favorables à leur développement.

Virgile et Pline pensaient que les abeilles sortaient des cadavres des bœufs : chacun sait maintenant que les abeilles pondent des œufs qu'elles placent dans leurs alvéoles avec du miel, afin que la jeune larve trouve à sa naissance une nourriture abondante. Ce qui a pu donner lieu à cette fable, c'est que les guêpes, les abeilles sont un peu carnivores, et ont pu être trouvées mangeant des cadavres de ces animaux.

Si l'on rencontre des jeunes crapauds en grande quantité après des pluies à certaines époques de l'année, c'est tout simplement parce que, trouvant un sol humide, ils sortent des mares, des fossés, des flaques d'eau où ils s'étaient réfugiés pendant la sécheresse, et courent à la recherche de leur nourriture.

Les asticots, avons-nous dit, suivant certains anciens auteurs, étaient produits par la viande en putréfaction. Un naturaliste du XVIIe siècle, François Redi, prouva, en 1638, qu'il n'en était rien (1). Il établit par des expériences que ces vers sont des larves qui se transformeront en mouches :

« D'après ces faits que je venais d'acquérir, je commençais à soupçonner que tous les vers qui naissent dans les chairs y sont produits par des mouches et non par ces chairs mêmes, et je me confirmais d'autant plus dans cette idée qu'à chaque nouvelle génération produite par mes soins j'avais toujours vu des mouches voltiger et s'arrêter sur les chairs avant qu'il y parût des vers, et que les mouches qui s'y formaient ensuite étaient de même espèce que celles que j'avais vues s'y poser. Mais ce soupçon n'eût été d'aucun poids si l'expérience ne l'eût confirmé; c'est pourquoi, au mois de juillet, je mis dans quatre bouteilles à large cou un serpent, quatre petites anguilles et un morceau de veau. Je bouchai bien exactement ces bouteilles avec du papier que j'arrêtai sur leur orifice en le serrant autour du goulot avec une ficelle; après quoi je mis des mêmes choses et en même quantité dans autant de bouteilles que je laissai ouvertes. Peu de temps après, les poissons et les chairs se remplirent de vers, et je voyais les mouches y entrer et en sortir librement; mais je n'ai

Fig. 19. — Les anciens inventaient des divinités, telles que les Centaures.

1. *Experimenta circa generationem insectorum* (édit. de Leyde, 1739), p. 32 et suivantes.

pas aperçu un seul ver dans les bouteilles bouchées, quoiqu'il se fût écoulé plusieurs mois depuis que ces matières y avaient été renfermées. On voyait quelquefois sur le papier de petits vers qui cherchaient un passage pour s'introduire dans ces bouteilles : ils semblaient s'efforcer de pénétrer jusqu'à ces chairs qui étaient corrompues et qui exhalaient une odeur fétide.

« Je ne me contentai pas de ces expériences, j'en fis une infinité d'autres en différents temps et avec différentes sortes de vaisseaux, et pour ne négliger aucune espèce de tentatives, je fis enfouir plusieurs fois dans la terre des morceaux de chair, que j'eus soin de faire recouvrir de terre bien exactement; et quoiqu'ils y restassent plusieurs semaines, il ne s'y engendra jamais de vers, comme il s'en formait sur toutes les chairs sur lesquelles les mouches s'étaient posées. »

Ces expériences de Redi sont bien simples, mais elles restent célèbres, car elles ébranlèrent pour la première fois les idées admises de la génération spontanée En effet, après François Redi, d'autres savants, Vallisnieri, Swammerdam, viennent ajouter de nombreuses preuves à l'appui de ces assertions.

En réalité il ne s'agissait jusqu'ici que de prouver des faits évidents, visibles à l'œil nu; mais en 1675 un habile naturaliste, Lœwenhœk, grâce à son talent de tailler les lentilles et d'observer à l'aide de ces instruments, vint, par ses découvertes, reculer la solution du problème. A l'aide de son microscope il trouva, dans de l'eau de pluie qui n'avait pas été mise à l'abri de l'air, une quantité prodigieuse d'animalcules qui s'étaient développés dans le liquide depuis qu'il l'avait recueilli. Il remarqua également que des êtres infiniment petits se développaient dans des infusions de végétaux. Certains auteurs pensèrent avec raison que les germes de ces infiniment petits avaient été emportés par le vent et, flottant dans l'air, s'étaient déposés dans ces infusions. D'autres, au contraire, attribuèrent l'apparition de ces êtres à une génération spontanée.

La lutte entre les naturalistes se poursuivit jusqu'à notre époque et, en 1859, le directeur du Muséum d'histoire naturelle de Rouen, Pouchet, publia un travail considérable en faveur des générations spontanées. L'auteur ne cherchait à expliquer que l'apparition des proto-organismes, c'est-à-dire des animaux ou végétaux microscopiques qui se montrent dans les eaux renfermant des substances organiques et exposées au contact de l'air.

On a montré qu'il n'en était rien, que les infusoires pouvaient rester à l'état de vie latente, comme d'ailleurs des animaux beaucoup plus élevés en organisation, les Apus, dont nous avons parlé précédemment, et un nombre considérable d'autres êtres. On sait, du reste, qu'il en est de même chez les végétaux; on a pu faire germer des graines conservées depuis plus de cent ans dans des collections, et même retrouvées dans les sarcophages des momies d'Égypte, où elles dormaient depuis trois mille ans.

Il est donc des êtres, et précisément parmi les plus simples en organisation, qui peuvent conserver leurs propriétés vitales malgré les intempéries de l'atmosphère.

Ces infusoires, ces animalcules, dont il était question tout à l'heure, ne peuvent-ils pas d'ailleurs être entraînés par le vent, comme nous voyons certaines graines transportées par des courants atmosphériques? L'eau et l'air sont remplis de germes (*fig.* 21 et 22).

Nous savons combien il est difficile de se préserver de la poussière; l'air qui semble le plus pur est toujours chargé d'impuretés, et rempli de particules infiniment petites. Ne les voit-on pas danser dans un rayon de soleil qui filtre à travers les fentes d'un volet? Si l'on vient à regarder au microscope un peu de cette poussière, on la trouve chargée de portions infiniment réduites de corps solides; on y rencontre enfin de petits êtres qui reviendront à la vie si on les humecte un peu; ils ressuscitent brusquement. Les personnes qui se contentent d'une solution facile diront qu'ils ont été engendrés par la poussière.

En fait, aucun être naît spontanément.

Des expériences bien conduites prouvèrent que les générations spontanées n'existent pas.

Un célèbre naturaliste italien du XVIIIe siècle, Spallanzani (1729-1799), voulut prouver qu'aucun animalcule ne se développe dans les infusions, si ses germes n'y préexistent ou n'y sont apportés.

Le feu purifie tout, dit-on. En tout cas, le feu ou du moins une chaleur intense, la température de l'eau bouillante, 100° centigrades, empêche tout organisme de se développer.

Spallanzani soumit à l'ébullition une série d'infusions qu'il plaça ensuite dans des vases dont les uns étaient ouverts et dont les autres étaient fermés simplement avec du coton, ou bien d'une manière aussi hermétique que possible. Il constata bientôt la présence d'une multitude d'êtres microscopiques dans les vases qui étaient restés ouverts, tandis qu'il remarqua que plus la fermeture était complète, moins il y avait d'animalcules.

Bien qu'il ne pût empêcher le développement de quelques

Fig. 20. — Le cadavre d'un animal quelconque laissé à l'air libre pendant la saison chaude, se couvrira rapidement de petits vers que l'on connaît vulgairement sous le nom d'asticots.

infusoires, il fut permis de conclure de ces expériences que ces infiniment petits ne naissent pas sans provenir de germes apportés par l'air.

D'autres savants illustres, Milne-Edwards, Claude Bernard, vinrent ajouter de nouvelles preuves à l'appui des opinions formulées par Spallanzani.

Cependant en 1858, par suite d'un vice dans le mode d'expérimentation, Pouchet crut pouvoir affirmer que les infusoires apparaissaient dans l'eau qui contient en macération des matières organiques, même si ces substances ont été soumises à une température approchant de 100° et mises à l'abri de l'air contenant des poussières.

C'est à M. Pasteur que revient l'honneur d'avoir montré l'erreur de Pouchet.

En faisant passer de l'air à travers du coton ou de l'amiante, par exemple, qui remplissaient l'usage de filtres, M. Pasteur put arrêter ces germes qui, par suite de leur légèreté, sont en suspension dans l'atmosphère. Ces germes placés ensuite dans des infusions convenables se sont développés normalement; mais il ne s'y en serait jamais développé si l'ensemencement n'avait pas eu

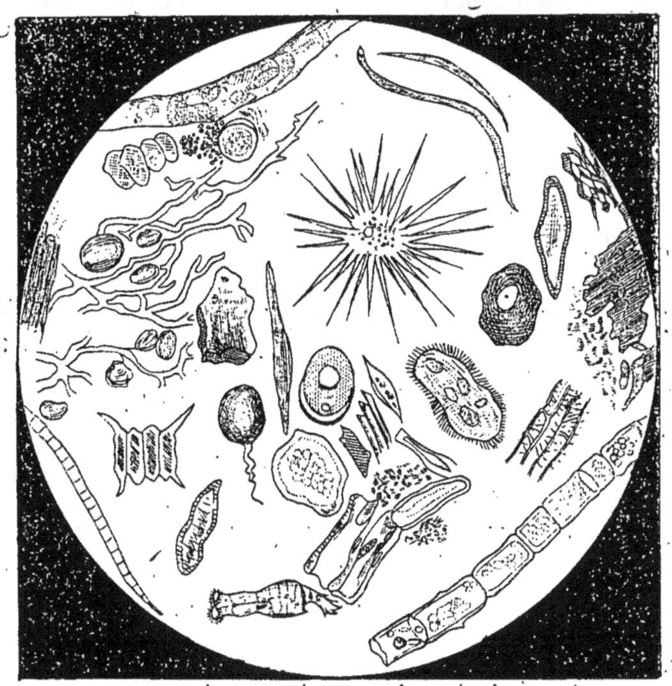

Fig. 21. — Eau de puits contenant des infusoires et des algues microscopiques.

lieu. Cela semble une vérité naturelle, et cependant plusieurs naturalistes, défenseurs de la génération spontanée, prétendaient qu'ils y étaient nés spontanément.

Mais non content de ce résultat, M. Pasteur fit une autre expérience.

« La deuxième méthode, dit-il, dans son beau mémoire sur les générations dites spontanées [1], paraît inattaquable et tout à fait

1. *Annales des Sciences naturelles*, 4e série, t. XII, p. 86 et suivantes.

démonstrative. Dans un ballon de 300 centimètres cubes environ, j'introduis 100 à 150 centimètres cubes d'une eau sucrée albumineuse, formée dans les proportions suivantes :

Eau	100
Sucre	10
Matières albuminoïdes et minérales provenant de la levure de bière	0,2 à 0,7

« Le tube effilé du ballon communique avec un tube de platine chauffé au rouge. On fait bouillir le liquide pendant deux à trois minutes, puis on le laisse refroidir complètement. Il se remplit d'air brûlé à la pression ordinaire; puis on ferme à la lampe le col du ballon.

« Le ballon, placé dans une étuve d'une température constante de 28° à 32°, peut y demeurer indéfiniment sans que son liquide éprouve la moindre altération. Après un séjour d'un mois à six semaines à l'étuve, je l'adapte au moyen d'un caoutchouc, sa pointe étant toujours fermée, à un appareil disposé comme il suit :

« 1° Un gros tube de verre dans lequel j'ai placé un bout de tube de petit diamètre, ouvert à ses deux extrémités, libre de glisser dans le gros tube et renfermant une portion d'une des petites bourres de coton chargées des poussières de l'air;

« 2° Un tube en T muni de trois robinets, dont l'un communique avec la machine pneumatique, un autre avec un tube de platine chauffé au rouge, le troisième avec le gros tube dont je viens de parler.

« Alors, après avoir fermé le robinet qui communique au tube de platine, je fais le vide. Ce robinet est ensuite ouvert de façon à laisser entrer peu à peu dans l'appareil de l'air calciné. Le vide et la rentrée de l'air calciné sont répétés alternativement dix à douze fois. Le petit tube à coton se trouve ainsi rempli d'air brûlé jusque dans les moindres interstices du coton, mais il a gardé ses poussières. Cela fait, je brise la pointe du ballon, à travers le caoutchouc, sans dénouer les cordonnets, puis je fais couler le petit tube à coton dans le ballon. Enfin je referme à la lampe le col du ballon, qui est de nouveau reporté à l'étuve. Or, il arrive constamment que des productions apparaissent dans le ballon.

« Voici les particularités de l'expérience qu'il importe le plus de remarquer :

« 1° Les productions organisées commencent toujours à se montrer au bout de vingt-quatre à trente-six heures. C'est précisément le temps nécessaire pour que ces mêmes productions apparaissent dans cette même liqueur, lorsqu'elle est exposée au contact de l'air commun ;

« 2° Les moisissures naissent le plus ordinairement dans le tube à coton, dont elles remplissent bientôt les extrémités ;

« 3° Il se forme les mêmes productions qu'à l'air ordinaire : pour les infusoires, c'est le *Bacterium;* pour les mucédinées, ce sont des *Penicillium*, des *Ascophora*; des *Aspergillus*, et bien d'autres germes encore ;

« 4° De même qu'à l'air ordinaire, la liqueur fournit tantôt un genre de mucédinée, tantôt un autre, de même dans l'expérience il y a développement de moisissures diverses.

« En résumé, nous voyons, d'une part, qu'il y a toujours, parmi les poussières en suspension dans l'air commun, des corpuscules organisés, et, d'autre part, que les poussières de l'air mises en présence d'une liqueur appropriée, dans une atmosphère par elle-même tout à fait inactive, donnent lieu à des productions diverses, le *Bacterium termo* (*fig.* 23), et plusieurs mucédinées, *celles-là mêmes que fournirait la liqueur* après le même temps, si elle était librement exposée à l'air ordinaire. »

Telles sont les principales et mémorables expériences de M. Pasteur pour démontrer l'erreur où se jetaient certains naturalistes en affirmant les générations spontanées.

Il nous a paru intéressant pour le lecteur de reproduire textuellement les paroles de notre grand savant.

Henri Milne-Edwards, un autre maître, analysant [1] les recherches de M. Pasteur, conclut en disant « que chacune des prétendues exceptions à la loi de la formation des êtres vivants par voie de génération a disparu de la science dès que l'on en eut fait une étude approfondie.

1. *Leçons sur la physiologie et l'anatomie comparées de l'homme et des animaux*, t. VIII, p. 270.

« Lorsque la peuplade sauvage de l'une de ces îles qui sont isolées au milieu du Grand Océan vit pour la première fois des matelots jetés sur les côtes par quelque naufrage, elle crut, dit-on, que ces étrangers étaient descendus du ciel, ou nés, comme les poissons, au fond des eaux; mais elle ne tarda pas à reconnaître qu'ils venaient d'une terre inconnue située au delà des limites étroites de l'horizon, et dès lors elle n'attribua plus à une autre

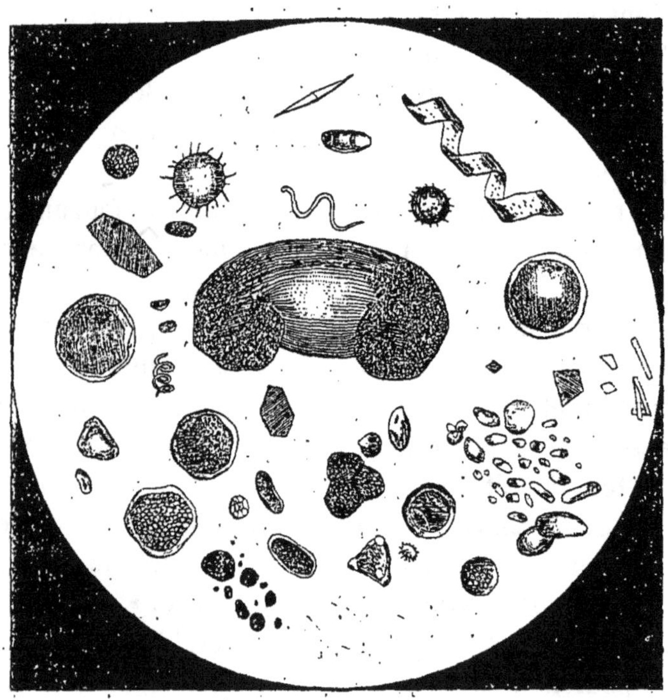

Fig. 22. — Poussières de l'air : cristaux, pollen, amidon, débris de végétaux.

origine les nouveaux arrivants qu'elle vit aborder dans ses domaines, lors même qu'elle ne put apercevoir le navire qui les y avait transportés.

« Les partisans de la naissance agénétique des animalcules, continue-t-il, dont les infusions se peuplent, me semblent raisonner de la même manière que ces insulaires ignorants, lorsque ceux-ci n'avaient pas encore appris qu'ils n'étaient pas les seuls habitants de notre globe, et que la mer n'était pas un obstacle infranchissable pour les peuples civilisés. Mais je pense qu'à la longue ces physiologistes se laisseront convaincre par des observations analogues à celles qui ont dû dissiper peu à peu les erreurs des Océaniens dont je viens de parler; et que tôt ou tard tous les naturalistes seront d'accord pour reconnaître que la même loi fondamentale régit la production du chêne et des moindres moisissures, celle de l'homme et de la monade : en un mot, la naissance de tout ce qui est doué de vie. »

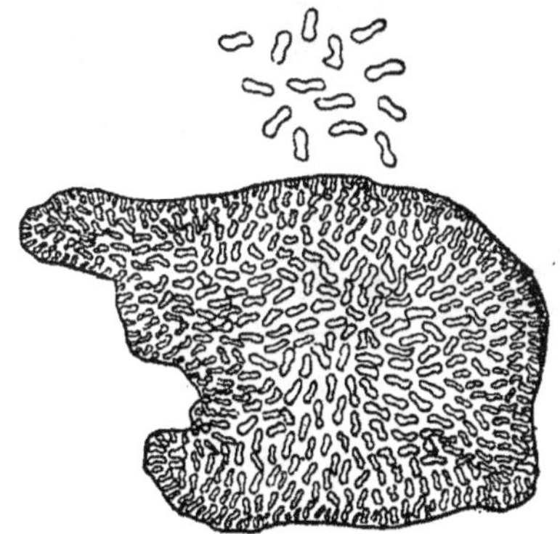

Fig. 23. — *Bacterium termo* représenté à l'état de liberté et sous forme de zooglœa, d'après Cohn.

Ainsi, il n'y a pas de génération spontanée. Depuis que LA VIE existe sur notre planète — et nous ne pouvons mieux faire, sur cette question des origines, que de renvoyer nos lecteurs à l'ouvrage de Flammarion, *Le Monde avant la Création de l'Homme* — elle se perpétue de générations en générations. Notre but ici est de la décrire dans ses divers aspects. Mais d'abord, il importe d'établir une classification générale de tous les êtres qui peuplent le monde.

Fig. 24.
Le Gibbon, singe anthropomorphe de l'Asie.

CHAPITRE III

Classification des êtres.

Les êtres vivants ne se produisent donc pas spontanément. Mais une question se dresse toujours devant nous, qui aimons à scruter la nature, à rechercher notre origine : Que faisons-nous sur cette terre? comment y sommes-nous venus? quel rapport existe-t-il entre nous et les animaux?

Cette étude soulève souvent d'ardentes discussions, comme tout ce qui touche à notre origine, à notre essence.

Tout récemment encore, les naturalistes étaient d'accord pour considérer les espèces animales ou végétales comme des productions *immuables*, créées séparément.

Ce serait nous entraîner trop loin que d'entreprendre ici l'histoire des idées philosophiques sur la zoologie depuis l'antiquité jusqu'à nos jours. Ces questions sont traitées dans des ouvrages spéciaux et nombreux.

Bornons-nous à constater que deux opinions sont en présence relativement à l'origine de la substance vivante primitive :

1° Ou bien la matière vivante primordiale a été créée par Dieu; elle aurait dans ce cas une origine surnaturelle;

2° Ou bien elle a une origine naturelle, c'est-à-dire qu'elle a pris naissance dans des conditions particulières, sous l'action de forces physico-chimiques, aux dépens de la matière inorganique seule.

Nous voulons laisser le lecteur libre de décider lui-même; nous exposerons les faits connus et les hypothèses émises. Il est bon de remarquer qu'il s'agit ici uniquement de l'existence de la matière vivante *primordiale*, du *protoplasma primitif*, en un mot.

On peut admettre que Dieu ait créé le protoplasma primordial et qu'il lui ait laissé la faculté de se modifier, de se transformer, sans pour cela croire que la puissance créatrice soit intervenue pour créer chaque type animal ou végétal, c'est-à-dire chaque espèce.

Les savants discuteront sans doute encore pendant de longues années ces hypothèses sans les résoudre complètement. Cependant nous devons espérer que chaque jour apportera quelque fait nouveau qui permettra peut-être à nos descendants d'élucider ce problème.

Il existe dans la nature une quantité prodigieuse d'animaux très variés dans leur taille, leur forme, leur manière de vivre. Les uns marchent, les autres rampent; les uns vivent dans les eaux, les autres ont la faculté de s'élever dans les airs; il en est qui peuvent marcher et nager; quelques-uns même réunissent les facultés de marcher, de nager et de voler. Quelle supériorité n'ont-ils pas sur la pauvre espèce humaine!

Tantôt c'est à l'aide de membres articulés qu'ils se meuvent, tantôt à l'aide de membres en forme de lames ou de palettes. Comment se reconnaître parmi une si grande variété d'animaux? Cela semble impossible au premier abord.

Prenons un exemple vulgaire : un facteur fait une levée; dans une boîte, il peut trouver des lettres pour Paris, pour Bordeaux, la Suisse, le Chili, le Sénégal, etc., etc. Combien y a-t-il de boîtes aux lettres à Paris? Des milliers, contenant chaque jour des lettres qui sont distribuées immédiatement si elles sont à destination de Paris ou de la province, et qui partent aussitôt si elles doivent aller en pays étranger. On peut arriver à un tel résultat en les classant géographiquement, puis par ville, et par quartiers. La classification résout la difficulté.

De même celui qui est curieux des choses de la nature et qui veut s'y retrouver au milieu du nombre infini de ses productions, les groupe de façon à connaître les rapports qui les unissent; en un mot, il les classe, et ces *classifications* sont pour lui comme un fil d'Ariane.

Depuis les temps les plus reculés, il s'est trouvé des esprits assez élevés pour observer les caractères particuliers des êtres, et, coordonnant leurs observations, pour les généraliser.

Aristote, qui vivait au temps de Platon et de Démosthène (384-322) au IVe siècle avant Jésus-Christ, fut le premier qui mit un peu d'ordre dans les faits recueillis par ses prédécesseurs.

Philippe de Macédoine l'avait chargé de l'éducation de son fils Alexandre. Son élève reconnaissant lui donna plus tard la possibilité d'explorer scientifiquement les pays qu'il avait conquis. C'est là qu'il rassembla des matériaux importants pour l'histoire naturelle des animaux. Mais je n'ai pas à faire ici l'histoire d'Aristote; je me contenterai de parler de sa classification et de faire remarquer que déjà il divise les animaux en deux groupes, les animaux pourvus de sang et les animaux exsangues. Dans la première division rentraient :

Animaux pourvus de sang (Vertébrés).	1° Les animaux vivipares quadrupèdes.
	2° Les oiseaux.
	3° Les quadrupèdes ovipares.
	4° Les poissons.

Dans le second groupe il plaçait :

Animaux exsangues (Invertébrés).	1° Mollusques (Céphalopodes).
	2° Crustacés.
	3° Insectes.
	4° Testacés (Echinides, Gastéropodes, Lamellibranches).

Cette division en *animaux pourvus de sang* et *animaux exsangues* repose sur une donnée inexacte, car tous les animaux ont un liquide nourricier; mais, en réalité, cette classification correspond assez bien à celle des vertébrés et des invertébrés.

Après ce grand naturaliste, nous n'avons à signaler parmi les maîtres de l'antiquité que Pline l'Ancien qui vivait au premier siècle avant notre ère et qui trouva la mort pendant l'éruption du Vésuve en 79. Pline écrivit une histoire naturelle qui est une véritable histoire de la nature (astres, minéraux, plantes, animaux). Il fit surtout une compilation, puisant largement dans Aristote, interprétant souvent mal les faits et par suite perpétuant des erreurs.

Fig. 25. — Les Vaches, les Chèvres, sont les mammifères qui fournissent à l'homme un excellent lait.

Il divise les animaux suivant le milieu où ils passent leur vie, en *terrestria* (animaux terrestres), *aquatilia* (aquatiques) et *volatilia* (aériens).

Il faut ensuite descendre jusqu'à ALBERT LE GRAND, au XIIIe siècle, pour retrouver des études sur les animaux. Avec GESSNER et D'ALDROVANDE, au XVIe siècle, l'histoire naturelle redevient en honneur.

Au siècle suivant, tandis qu'on voit des savants tels que NEWTON et KÉPLER qui découvrent la gravitation universelle et les lois qui président au cours des astres, HARVEY découvre la circulation du sang.

Puis LŒWENHŒK, SWAMMERDAM se servent du microscope et étudient les infiniment petits.

En Italie, MALPIGHI fait connaître les infusoires et les insectes, et REDI combat la génération spontanée.

Au XVIIIe siècle, RÉAUMUR, DE GEER, BONNET, etc., étudient avec patience principalement les mœurs des insectes de nos pays; en même temps les voyageurs faisaient l'histoire d'un grand nombre de formes animales jusque-là inconnues.

Mais les sciences naturelles seraient restées stationnaires si on s'était toujours contenté d'accumuler des matériaux sans grouper, sans coordonner les connaissances acquises. C'est à un savant suédois, à Linné (1707-1778), qu'on doit d'avoir donné les bases d'une classification et d'avoir indiqué, l'un des premiers, la notion d'espèce; c'est lui qui désigna la plupart des animaux connus de nos jours, par deux noms : l'un désignant le genre, l'autre l'espèce.

Il établit six classes parmi les animaux :

1° *Mammalia* (mammifères);

2° *Aves* (oiseaux);

3° *Amphibia* (amphibiens), reptiles et serpents;

4° *Pisces* (poissons);

5° *Insecta* (insectes);

6° *Vermes* (vers).

Il avait formé ces groupes d'après la conformation du cœur, du sang, les modes de respiration et de reproduction.

Mais bientôt après un autre naturaliste dont notre pays doit se glorifier, Georges Cuvier, né à Montbéliard en 1769, montra que le système de Linné ne repose pas sur des bases solides, et appliqua à la zoologie les principes de la méthode naturelle développés par de Jussieu pour les végétaux; unissant la zoologie à l'anatomie comparée, il créa une classification des animaux, qui, bien que modifiée dans les détails, subsiste encore dans le fond. Elle repose sur le *principe de la subordination des caractères*. Comparant la structure des divers animaux, il remarque que plus un organe est important, plus il est constant, et que par contre les organes qui ne sont pas essentiels sont souvent modifiés dans leur forme et peuvent quelquefois même manquer. Les organes sont dépendants les uns des autres. « L'organisme, dit-il, forme un tout complet, dans lequel les diverses parties ne peuvent varier sans que toutes les autres ne subissent des modifications correspondantes. »

« D'après, écrit-il, ce que nous avons dit sur les méthodes en général, il s'agit de savoir quels sont dans les animaux les caractères les plus influents dont il faudra faire les bases de leurs premières divisions. Il est clair que ce doivent être ceux qui se tirent des fonctions animales, c'est-à-dire des sensations et du mouvement, car non seulement ils font de l'être un animal, mais ils établissent en quelque sorte le degré de son animalité.

« L'observation confirme ce raisonnement en montrant que leurs degrés de développement et de complication concordent avec ceux des organes des fonctions végétatives.

« Le cœur et les organes de la circulation sont une espèce de centre pour les fonctions végétatives, comme le cerveau et le tronc du système nerveux pour les fonctions animales. Or, nous voyons ces deux systèmes se dégrader et disparaître l'un avec l'autre. Dans les derniers des animaux, lorsqu'il n'y a plus de nerfs visibles, il n'y a plus de fibres distinctes, et les organes de la digestion sont simplement creusés dans la masse homogène du corps. Le système vasculaire disparaît même avant le système nerveux dans les insectes, mais en général la dispersion des masses médullaires répond à celle des agents médullaires; une moelle épinière sur laquelle des nœuds ou ganglions représentent autant de cerveaux, correspond à un corps divisé en anneaux nombreux et porté sur des paires de membres, réparties sur sa longueur, etc. Cette correspondance des formes générales qui résultent de l'arrangement des organes moteurs, de la distribution des masses nerveuses et de l'énergie du système circulatoire, doit donc servir de base aux premières coupures à faire dans le règne animal.

« Si l'on considère le règne animal d'après les principes que nous venons de poser, en se débarrassant des préjugés établis sur les divisions anciennement admises, en n'ayant égard qu'à l'organisation et à la nature des animaux, et non pas à leur grandeur, à leur utilité, au plus ou moins de connaissance que nous en avons, ni à toutes les autres circonstances accessoires, on trouvera qu'il existe

Fig. 26. — Les Talégales placent leurs œufs dans des tas de feuilles, sorte de fumier dont la chaleur suffira pour l'incubation.

quatre formes, quatre plans généraux, si l'on peut s'exprimer ainsi, d'après lesquels tous les animaux semblent avoir été modelés, et dont les divisions ultérieures, de quelque titre que les naturalistes les aient décorées, ne sont que des modifications assez légères, fondées sur le développement ou l'addition de quelques parties qui ne changent rien à l'essence du plan.

« Dans la première de ces formes, qui est celle de l'Homme et des animaux qui lui ressemblent le plus, le cerveau et le tronc principal du système nerveux sont renfermés dans une enveloppe osseuse, qui se compose du *crâne* et des *vertèbres*; aux côtés de cette colonne mitoyenne s'attachent les côtes et les os des membres qui forment la charpente du corps, les muscles recouvrent en général les os qu'ils font agir, et les viscères sont renfermés dans la tête et dans le tronc.

« Nous appellerons les animaux de cette forme les **Animaux vertébrés** (*animalia vertebrata*).

Fig. 27. — Enroulés sur eux-mêmes, les Pythons attendent leur proie.

« Ils ont tous le sang rouge, un cœur musculaire; une bouche à deux mâchoires placées l'une au-dessous de l'autre, des organes distincts pour la vue, pour l'ouïe, pour l'odorat et pour le goût, placés dans des cavités de la face; jamais plus de quatre membres; des sexes toujours séparés, et une distribution très semblable des masses médullaires et des principales branches du système nerveux.

« En examinant de plus près chacune des parties de cette grande série d'animaux, on y trouve toujours quelque analogie, même dans les espèces les plus éloignées l'une de l'autre, et l'on peut suivre les dégradations d'un même plan, depuis l'homme jusqu'au dernier des poissons.

« Dans la deuxième forme, il n'y a point de squelette; les muscles sont attachés seulement à la peau, qui forme une enveloppe molle, contractile en divers sens, dans laquelle s'engendrent en beaucoup d'espèces des plaques pierreuses appelées coquilles, dont la position et la production sont analogues à celles des corps muqueux; le système nerveux est avec les viscères dans cette enveloppe générale, et se compose de plusieurs masses éparses, réunies par des filets nerveux et dont les principales, placées sur l'œsophage, portent le nom de cerveau. Des quatre sens propres, on ne distingue plus que celui du goût et celui de la vue; encore ces derniers manquent-ils souvent. Une seule famille montre des organes de l'ouïe. Du reste, il y a toujours un système complet de circulation, et des organes particuliers pour la respiration. Ceux de la digestion et des sécrétions sont à peu près aussi compliqués que dans les animaux vertébrés.

« Nous appellerons ces animaux de la seconde forme, Animaux mollusques (*animalia mollusca*). Quoique le plan général de leur organisation ne soit pas aussi uniforme, quant à la configuration extérieure des parties, que celui des animaux vertébrés, il y a toujours entre ces parties une ressemblance au moins du même degré dans la structure et dans les fonctions.

« La troisième forme est celle qu'on observe dans les insectes, les vers, etc. Leur système nerveux consiste en deux longs cordons régnant le long du ventre, renflés d'espace en espace en nœuds ou ganglions. Le premier de ces nœuds placé au-dessus de l'œsophage, et nommé cerveau, n'est guère plus grand que ceux qui sont le long du ventre, avec lesquels il communique par des filets qui embrassent l'œsophage comme un collier. L'enveloppe de leur tronc est divisée par des plis transverses en un certain nombre d'anneaux, dont les téguments sont tantôt durs, tantôt mous, mais où les muscles sont toujours attachés à l'intérieur. Le tronc porte souvent à ses côtés des membres articulés, mais souvent aussi il en est dépourvu.

« Nous donnerons à ces animaux le nom d'Animaux articulés (*animalia articulata*).

« C'est parmi eux que s'observe le passage de la circulation dans des vaisseaux fermés à la nutrition par imbibition, et le passage correspondant de la respiration dans des organes circonscrits à celle qui se fait par des trachées ou vaisseaux aériens répandus dans tout le corps.

« Les organes du goût et de la vue sont les plus distincts chez eux : une seule famille en montre pour l'ouïe. Leurs mâchoires, quand ils en ont, sont toujours latérales.

Fig. 28. — Les Poissons se meuvent à l'aide de leurs nageoires, véritables rames, et de leur queue, qui sert de gouvernail.

« Enfin la quatrième forme, qui embrasse tous les animaux connus sous le nom de *Zoophytes*, peut aussi porter le nom d'ANIMAUX RAYONNÉS (*animalia radiata*).

« Dans tous les précédents, les organes du mouvement et des sens étaient disposés symétriquement aux deux côtés d'un axe. Il y a une face postérieure et une antérieure dissemblables. Dans ceux-ci, ils le sont comme des rayons autour d'un centre, et cela est vrai même lorsqu'il n'y en a que deux séries, car alors les deux faces sont semblables.

« Ils approchent de l'homogénéité des plantes; on ne leur voit ni système nerveux bien distinct, ni organes de sens particuliers; à peine aperçoit-on dans quelques-uns des organes de circulation;

leurs organes respiratoires sont presque toujours à la surface de leur corps; le plus grand nombre n'a qu'un sac sans issue, pour tout intestin, et les dernières feuilles ne présentent qu'une sorte de pulpe homogène, mobile et sensible. »

Les découvertes modernes ont modifié les deux derniers embranchements de Cuvier. Ainsi, les Articulés ont été divisés en Articulés et Vers. Les Rayonnés comprenaient un grand nombre de types fort dissemblables. On a donc été obligé de créer des divisions nouvelles, adoptées par la plupart des naturalistes ; ce sont les Échinodermes, les Cœlentérés, les Protozoaires, qui remplacent l'embranchement des Rayonnés de Cuvier.

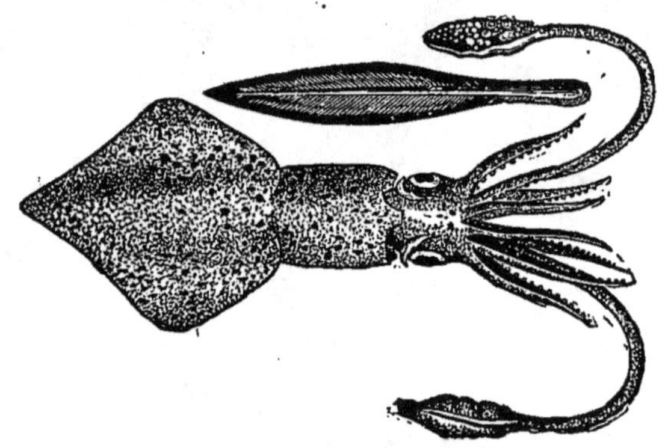

Fig. 29. — Le Calmar est un mollusque céphalopode.

Mais il n'en est pas moins vrai que le plan général subsiste.

On est d'accord aujourd'hui pour considérer le règne animal comme divisé en six embranchements, tandis que Georges Cuvier n'en admettait que quatre. Quelques auteurs vont même jusqu'à répartir les animaux en neuf embranchements, c'est-à-dire grandes divisions primordiales : les Vertébrés, les *Tuniciers*, les Mollusques, les *Molluscoïdes*, les Annelés (ou *arthropodes* et *vers*), les Échinodermes, les Cœlentérés et les Protozoaires.

Lorsque nous ferons l'histoire des différents animaux qui forment les embranchements, nous expliquerons leurs noms.

Tous les naturalistes ne se rangèrent pas aux idées de Cuvier. Étienne Geoffroy Saint-Hilaire, adoptant les conceptions de Buffon, soutint l'unité de composition du règne animal. Geoffroy Saint-Hilaire pensait que chez tous les animaux on devait retrouver les mêmes parties, et il créa la *théorie des analogues;* et, pensant que les mêmes parties devaient se trouver dans des positions réciproques, il établit le *principe des connexions.*

Mais il admettait qu'il existe un *balancement* des organes, c'est-à-dire que l'accroissement d'un organe est nécessairement lié à la diminution d'un autre organe. Si ses vues n'étaient pas exactes, elles ne le conduisirent pas moins à la fondation d'une science nouvelle, la *Tératologie.*

Les idées de Geoffroy Saint-Hilaire, soutenues cependant par des hommes éminents, tels que Oken, Schelling et Gœthe, furent abandonnées en partie, et l'opinion de Cuvier domina.

Deux écoles étaient en présence. Les uns admettaient avec

Fig. 30. — La Mante est un insecte et appartient au grand embranchement des Articulés.

Buffon que la classification était une pure invention de l'esprit humain; d'autres, Agassiz en particulier, regardaient les classifications comme une « traduction dans le langage humain de la pensée du Créateur [1] », et pensaient « que les naturalistes, dans leurs essais taxonomiques, n'en étaient que les interprètes inconscients ».

Les divisions et les termes adoptés dans les classifications, depuis le mot *embranchement* jusqu'au mot *espèce*, sont-ils des inventions de l'esprit? — Non, pas absolument, car ce classement méthodique exprime les liens de parenté existant entre les divers types du règne animal. Mais il n'en est pas moins vrai que notre intelligence y est pour quelque chose. Goethe pensait que l'expression du système naturel est une expression contradictoire.

1. Claus. *Traité de zoologie*, p. 113.

Nous avons prononcé tout à l'heure le mot *espèce;* quelle est donc sa signification? — Celle-ci varie suivant le point de vue auquel on se place, suivant l'opinion qu'on adopte, comme nous le montrerons bientôt.

Les classifications n'ont d'autre but que de permettre aux naturalistes de retrouver facilement un type. Les animaux sont groupés d'après l'ensemble de leurs caractères communs; aussi a-t-on créé des degrés divers qui indiquent le plus ou moins de parenté qui existe entre eux. Ces différents degrés sont représentés par des termes qu'on est convenu d'employer.

Ainsi chaque homme, chaque animal est un *individu;* voilà le premier terme, le plus simple; l'individu a une vie propre, il ne peut être mutilé à l'infini sans perdre la propriété de vivre. Mais tous les individus ne sont pas semblables. Il y a l'individu homme, l'individu chien, merle, ver de terre, etc. Une réunion d'individus ayant les mêmes caractères forme ce qu'on a appelé une *espèce.*

Les individus qui ne diffèrent entre eux que par des caractères secondaires forment plusieurs espèces groupées dans un même *genre.* Les genres sont réunis en *familles.* Un ensemble de familles forme un *ordre;* plusieurs ordres constituent une *classe* et une réunion de classes est désignée par le mot *embranchement.*

Pour mieux faire comprendre l'emploi de ces termes, choisissons des exemples parmi les animaux les plus vulgaires.

Il y a dans les villes un nombre considérable de petits oiseaux bruns bien connus de tout le monde, les moineaux.

Chaque moineau est un *individu;* il appartient au genre moineau (en latin, *Passer*).

Mais il y a plusieurs *espèces* de moineaux : aussi ajoute-t-on au nom de genre MOINEAU un autre mot qualificatif; on dit, en effet : MOINEAU *domestique*, MOINEAU *d'Italie,* MOINEAU *des saules,* MOINEAU *friquet.*

Le serin des Canaries, le pinson ordinaire, la linotte vulgaire, le bouvreuil commun, le chardonneret élégant, le gros-bec commun, sont des oiseaux proches parents des moineaux, mais qui diffèrent notablement de ces derniers par la forme et la couleur. Ils ont cependant des caractères communs; leur bec, en particulier, est court, robuste, conique, pointu à l'extrémité; en un mot, ils sont de la même famille, celle des CONIROSTRES (bec conique).

D'un autre côté, nous voyons des oiseaux qui ont quelque ressemblance de forme avec les moineaux, les pinsons, etc., mais qui, au lieu d'avoir le bec conique et court, ont le bec plus long, effilé, plus pointu et présentant une petite échancrure à son extrémité. On a formé pour eux le nom de *Dentirostres,* qui signifie bec denticulé; ce sont les rossignols, les fauvettes, les rouges-gorges, les

Fig. 31. — Il y a dans les villes un nombre considérable de petits oiseaux bruns connus de tout le monde : les Moineaux.

roitelets, les merles. Ces oiseaux sont de la famille des *Dentirostres.*

Voilà donc deux familles, les Conirostres et les Dentirostres qui sont composés d'oiseaux très voisins; elles appartiennent à *l'ordre des Passereaux.*

Les coqs, les dindons, les faisans, les paons, appartiennent à *l'ordre des Gallinacés ;* les cigognes, les grues, les ibis, les bécasses à *l'ordre des Échassiers ;* les canards, les oies, les cygnes, les grèbes, les plongeons, à celui *des Palmipèdes*, etc...

L'ensemble de tous ces ordres constitue la *classe des Oiseaux.*

Il y a de même la classe des Mammifères : singe, lion, cheval, éléphant, baleine, dauphin, etc.; celle des Reptiles : boa, lézard, tortue, crocodile; celle des Batraciens : grenouille, crapaud, salamandre; celle des Poissons : carpe, esturgeon, requin.

Toutes ces classes forment l'*embranchement des Vertébrés*, ces animaux étant tous pourvus d'une colonne vertébrale.

Si nous résumons par un exemple l'esprit de la méthode, nous dirons que le MOINEAU DOMESTIQUE est un *individu* de l'*embranchement* des Vertébrés, de la *classe* des oiseaux, de l'*ordre* des Passereaux, de la *famille* des Conirostres, *genre* moineau, *espèce* moineau domestique.

Nous avons exposé rapidement les classifications employées par Aristote, Pline, Linné, Cuvier : ce sont les principales; il en existe un grand nombre d'autres qui n'apportent que de légères modifications aux précédentes.

Toujours est-il que les classifications de ces naturalistes sont de deux sortes : les unes sont dites *artificielles*, les autres qualifiées de *naturelles;* les premières sont des *systèmes*, les secondes des *méthodes*. Cette division est-elle réelle ou n'est-elle qu'apparente?

Un naturaliste bien connu, Adrien de Jussieu, semble considérer ces deux genres de classifications comme à peu près semblables : « Il est difficile, dit-il, d'établir nettement la distinction entre les systèmes et les méthodes. On définit, il est vrai, les premiers comme n'employant que des caractères très exclusivement d'un seul organe; les secondes comme se servant à la fois de plusieurs organes; et, comme toute classification qui cherche à se rapprocher de la nature doit s'appuyer sur la comparaison de tous les organes à la fois, on a généralement accolé au mot de méthode, l'épithète de naturelle. Cependant, l'étude de la plupart des systèmes nous les montre toujours fondés sur l'emploi de plusieurs organes, aussi bien que les méthodes. »

Nous nous servirons d'une comparaison vulgaire qui, sans aucun doute, fera mieux comprendre ce qu'on entend par *systèmes* et *méthodes*.

Une classification systématique est celle qui ne s'appuie que sur un ou plusieurs caractères, souvent extérieurs, d'après lesquels on groupe les êtres. Dans une classification méthodique, au contraire, on examine tous les caractères externes et internes, on les pèse pour ainsi dire; on cherche à savoir quels sont les plus importants; une méthode repose sur le principe de la subordination des caractères.

Eh bien, supposons que nous ayons à classer une bibliothèque. Nous pourrons grouper les livres d'après leurs dimensions et d'après leur couleur; ce sera une classification absolument artificielle, autrement dit un système : car, de cette façon, il nous arrivera

Fig. 32. — Les Ibis, que les anciens Égyptiens adoraient, appartiennent à l'ordre des Échassiers.

de mettre à côté les uns des autres des livres traitant de sujets bien différents. Si, au contraire, sans nous préoccuper de leur couleur et de leur format, faisant en quelque sorte leur anatomie, nous les ouvrons et nous analysons ce qu'ils contiennent; si nous les plaçons sur les tablettes d'après les matières qui y sont traitées, nous les classerons méthodiquement. Ce classement opéré, rien ne nous empêche de recourir à un caractère de moindre importance et de mettre à côté les uns des autres les livres de la même taille et de la même couleur, appliquant ainsi le principe de la subordination des caractères.

De même, si nous classons les animaux en ne considérant que le nombre des pieds, nous aurons les *Bipèdes* et les *Quadrupèdes*, par exemple. Que résulte-t-il de ce groupement arbitraire? C'est d'abord que l'homme se trouve placé à côté de la poule, tandis que le cheval, le chien sont réunis aux lézards, aux crapauds, etc.

En histoire naturelle, une classification artificielle est une sorte de catalogue où les êtres sont désignés par un nom. Une classification naturelle doit, au contraire, montrer le degré de parenté qui existe entre les êtres; ce doit être, pour ainsi dire, leur arbre généalogique.

Nous n'avons pas besoin de dire que ce sont les *classifications naturelles* qui doivent être préférées.

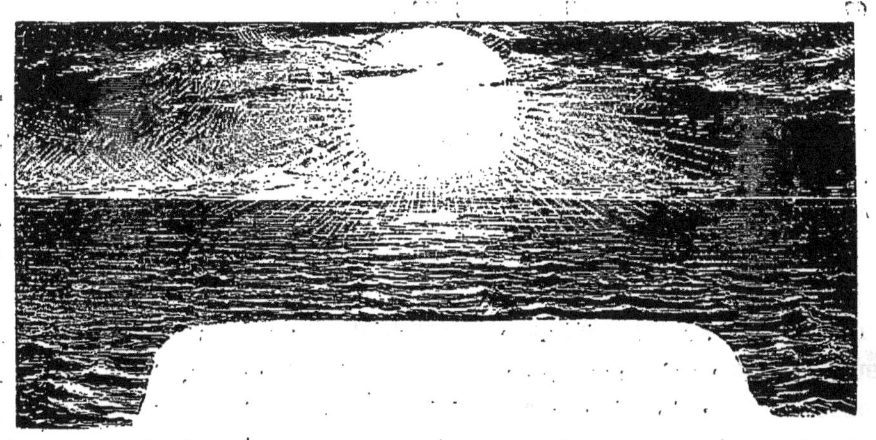

CHAPITRE IV

Le problème de la vie. Apparition de la vie sur la terre, Créations successives. Transformisme.

Nous venons de voir que dans tous les temps l'homme a cherché à classer les êtres dans des groupes de valeurs distinctes. Tous les êtres, avons-nous dit, sont des individualités et appartiennent à des espèces. Nous avons montré que de savants naturalistes avaient *créé* les mots *embranchement, classe, ordre, famille, genre, espèce*, pour désigner ces groupes.

Mais existe-t-il dans la nature des barrières ainsi tracées, ou bien l'imagination humaine a-t-elle seule établi ces lignes de démarcation? Ces termes sont-ils, comme le pense Buffon, de pures inventions de notre esprit, afin de pouvoir nous reconnaître au milieu du nombre immense des êtres? ou bien est-ce une façon de rendre matérielles des idées fondamentales, des vérités existantes? Est-ce « une traduction dans le langage humain de la pensée du Créateur? » — « Les naturalistes, dans leurs essais taxonomiques, n'en sont-ils que les interprètes inconscients? »

Telles sont les questions posées depuis longtemps et non encore résolues définitivement. C'est qu'en effet elles touchent à l'origine même de la vie.

Le terme le plus important dans toute la nomenclature est le mot *espèce*. Quelle est donc sa signification? M. A. de Quatrefages, l'illustre professeur du Muséum, dans un récent article [1], résume en quelques lignes ses propres pensées et les idées des naturalistes.

« Parmi les êtres si nombreux, si divers, qui composent l'empire organique, dit-il, il en est qui, plus ou moins différents de ceux auxquels ils sont mêlés, se ressemblent au moins autant que les feuilles d'un même arbre se ressemblent entre elles. Par cela seul, l'observateur le plus superficiel est nécessairement conduit à réunir par la pensée ceux qui présentent cette similitude, à concevoir l'idée de groupes composés d'*individus semblables*, et distincts de groupes plus ou moins voisins ayant aussi leurs caractères propres. Pour peu qu'il pousse plus loin son étude, il apprend, en outre, que tous les individus appartenant à l'un de ces groupes ont été *engendrés* par des *parents*, c'est-à-dire qu'ils proviennent d'êtres qui leur ressemblaient autant qu'ils se ressemblent entre eux. Plus tard, il les voit *enfanter* et donner naissance à des *fils* qui parcourent des phases identiques, qui revêtent tous les traits de leurs parents directs et de leurs arrière-parents. Notre observateur supposé constate aisément la répétition indéfinie de ces phénomènes et finit par reconnaître que les groupes, objet de ses observations, *se perpétuent par filiation* dans *le temps* comme ils s'*étendent* dans l'*espace*.

« En présence de pareils faits, il est impossible que l'esprit humain n'arrive pas à attribuer une sorte d'unité collective à des groupes qu'il voit rester *toujours neufs*, selon l'énergique expression de Buffon. Ainsi s'est formée partout la notion de l'*espèce*. »

Tournefort et Ray, à propos des plantes, ont donné des définitions de l'*espèce;* mais le premier s'est contenté de dire que l'espèce est la collection des (plantes) individus qui se ressemblent par quelque caractère particulier; le second regarda comme étant de *même espèce* les végétaux qui ont une origine commune et qui se reproduisent par semis, quelles que soient d'ailleurs les différences morphologiques qui peuvent les distinguer.

Flourens, de nos jours, n'envisageant que le côté physiologique

1. *Dictionnaire encyclopédique des sciences médicales.*

de la question, considéra l'espèce comme étant « la succession des êtres qui se perpétuent ».

Cependant la plupart des naturalistes, bien qu'ayant des opinions différentes sur l'origine des êtres, s'accordent dans les définitions qu'ils ont données en réunissant les idées de ressemblance et de filiation.

Citons quelques-unes de ces définitions, parmi toutes celles que

Fig. 34. — Les Paddas, tous semblables entre eux et reproduisant les formes de leurs parents, sont considérés comme étant de la même espèce.

Geoffroy Saint-Hilaire donne dans son *Histoire naturelle générale des règnes organiques* et que M. de Quatrefages indique dans son livre sur Darwin.

« L'*espèce*, a dit Buffon, n'est autre chose qu'une succession constante d'individus semblables et qui se reproduisent. » Lamark appelle espèce « toute collection d'individus semblables qui furent produits par des individus semblables à eux ».

Cuvier a dit : « L'espèce est la réunion des individus descendus l'un de l'autre, ou de parents communs, et de ceux qui leur ressemblent autant qu'ils se ressemblent entre eux. »

Selon de Blainville, « l'espèce est l'individu répété et continué dans l'espace et le temps ». Le zoologiste suisse Carl Vogt, considère l'espèce comme « la réunion de tous les individus qui tirent leur origine des mêmes parents et qui redeviennent par eux-mêmes ou par leurs descendants semblables à leurs premiers ancêtres ».

« L'espèce, dit Geoffroy Saint-Hilaire, est une collection ou une suite d'individus caractérisés par un ensemble de traits distinctifs, dont la transmission est régulière, naturelle et indéfinie dans l'ordre naturel des choses. »

Nous ne pouvons nous dispenser de citer la définition de l'espèce de l'illustre chimiste Chevreul : « L'espèce comprend tous les individus issus d'un même père et d'une même mère; ces individus leur ressemblent le plus qu'il est possible relativement aux individus des autres espèces : ils sont donc caractérisés par la similitude d'un certain ensemble de rapports mutuels existant entre des organes de même nom, et les différences qui sont hors de ces rapports constituent des variétés en général. »

M. de Quatrefages, voulant insister sur ce fait que la filiation s'effectue par la famille physiologique, a donné à son tour cette définition : « L'espèce est l'ensemble des individus plus ou moins semblables entre eux qui sont descendus, ou qui peuvent être regardés comme descendus d'une paire primitive unique, par une succession de famille ininterrompue et naturelle. »

Il nous a semblé intéressant de faire connaître à nos lecteurs ces définitions provenant d'auteurs dont les opinions sont différentes à d'autres points de vue.

Toutes ces définitions se ressemblent dans le fond, et cependant parmi les auteurs nommés plus haut il y en a de deux écoles distinctes, opposées même.

Pour les uns, les espèces ont apparu sur la Terre telles que nous les connaissons actuellement; elles ont une origine distincte; elles ont été créées séparément; elles ne peuvent que très peu se modifier.

Pour les autres, la matière vivante, qu'elle ait été créée ou qu'elle soit uniquement le résultat de forces physico-chimiques, s'est montrée sur notre globe « sous une forme simple, d'où sont sorties par une série ininterrompue de modifications successives toutes les formes, si complexes soient-elles, que nous révèle l'étude de la nature [1] ».

Si nous admettons la première hypothèse, si nous croyons que les espèces ont été créées de toutes pièces, il nous faut recourir au miracle.

« Supposer, dit Haeckel [2], qu'en ce seul point de l'évolution de la matière le Créateur soit intervenu capricieusement, quand d'ailleurs tout marche sans sa coopération, c'est là, il me semble, une hypothèse aussi peu satisfaisante pour le cœur du croyant que pour la raison du savant. Expliquons, au contraire, l'origine des premiers organismes par la génération spontanée, *hypothèse* qui, appuyée par les arguments précédents, et surtout par la découverte des monères, n'offre plus de sérieuses difficultés, et alors nous relions, par un enchaînement ininterrompu et naturel, l'évolution de la Terre et celle des êtres organisés, enfantés par elle, et, là même où subsistent encore quelques points douteux, nous proclamons l'unité de la nature entière, l'unité des lois de son développement. »

L'*hypothèse* d'Haeckel est très séduisante, mais il ne faut pas oublier que c'est là une pure hypothèse, et que Pasteur a prouvé qu'au moins *de nos jours*, la génération spontanée est impossible.

Cependant, de même qu'on n'est pas arrivé à obtenir chimiquement le diamant, qui est du carbone pur, et qui s'est formé naturellement à une époque reculée de l'histoire du globe; de même, il est permis de *supposer* que la matière a pu apparaître spontanément à la surface du globe, dans des circonstances qui sont irréalisées ou irréalisables de nos jours.

Une autre théorie a été émise récemment [3]. M. Van Tieghem, professeur au Muséum, montre très bien que, expliquer l'origine de la vie par la génération spontanée, c'est restreindre en réalité le problème.

1. EDMOND PERRIER. *Les Colonies animales.*
2. *Histoire de la création naturelle.*
3. PH. VAN TIEGHEM. *Traité de botanique*, p. 981.

Ce qu'il dit des plantes peut s'appliquer au règne animal : « Il est possible, dit-il, que toutes les plantes qui peuplent et ont peuplé la Terre soient issues d'une seule plante primitive; il est possible aussi qu'elles dérivent d'un petit nombre de formes primitives. Quelle est l'origine de cette forme ou de ces quelques formes initiales? Si cette origine est terrestre, comme on l'admet généralement, elle ne peut s'expliquer que par une formation de toutes pièces aux dépens des matériaux inorganiques, en un mot, par ce qu'on appelle une *génération spontanée,* réalisée une ou plusieurs fois.

« C'est le moment de se demander si une pareille génération spontanée se produit aujourd'hui. Il ne peut s'agir évidemment que des formes tout à fait inférieures, de celles qu'à chaque instant on voit pulluler tout à coup en nombre immense dans des liquides parfaitement purs auparavant, et dont l'apparition paraît spontanée, pour les bactériacées, par exemple. Mais les expériences les plus rigoureuses ont établi que, dans tous les cas où l'on avait cru voir une génération spontanée, il y avait eu en réalité apport de germes, soit par l'air, soit par les liquides, soit par les vases employés, et qu'on avait simplement sous les yeux le développement normal de ces germes, suivi de la croissance rapide des plantes qu'ils produisent.

« Mais pourquoi restreindre ainsi le problème des origines en attribuant à la végétation de la Terre une origine terrestre?

« La Terre n'est qu'une petite partie de l'ensemble du monde; sa végétation n'est qu'une petite partie de la végétation de l'Univers. Une fois devenue apte à la vie végétale, elle s'est peuplée de plantes, comme se peuple encore aujourd'hui une île émergée ou un rocher éboulé, par l'apport accidentel de germes venus des terres voisines. La seule objection qu'on puisse faire est le prétendu isolement matériel de la Terre. Mais tout le monde n'admet pas cet isolement. La chute des météorites est là, d'ailleurs, pour le démontrer. *Il aurait suffi qu'une fois,* ou un petit nombre de fois, quelque germe *enfermé dans une météorite,* ou *apporté par tout autre moyen,* parvînt au globe terrestre après son refroidissement. La Terre une fois ensemencée, tout se serait développé à partir des germes primitifs.

« Si l'origine de la végétation et *en général de la vie* n'est pas terrestre, mais cosmique, il est évident qu'il devient inutile de la rechercher par la méthode d'observation. La végétation de la Terre a eu un commencement et aura une fin; mais la végétation de l'Univers est éternelle, comme l'Univers lui-même. »

C'est encore une hypothèse ingénieuse, il est vrai; mais, comme l'a montré M. Flammarion, ce n'est que reculer la difficulté et ce n'est pas résoudre le problème des origines.

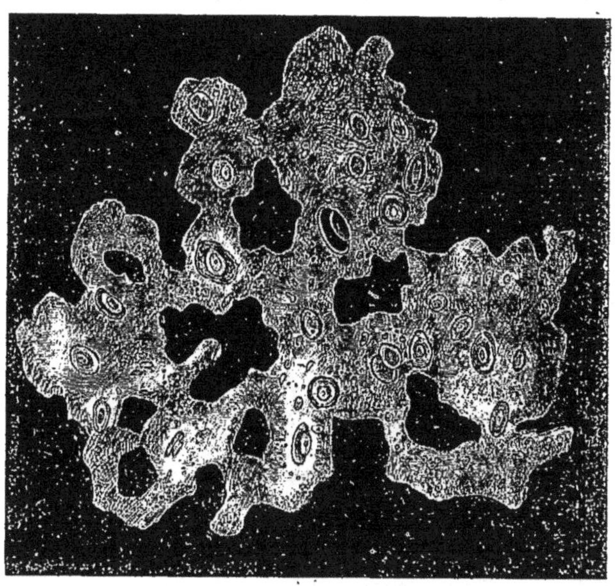

Fig. 35. — Wyville Thomson découvrit à 25 000 pieds au fond de la mer une gelée vivante : le *Bathybius Haeckeli*.

En résumé, deux *hypothèses* [1] restent en présence pour expliquer non seulement l'origine de la matière, mais aussi du monde : « 1° ou l'Univers a été créé par une force supérieure, éternelle, increéée, consciente, que nous appelons Dieu..., force qui ne saurait être admise que par la foi, c'est-à-dire d'une manière aveugle et sans discussion aucune : c'est la doctrine déiste; 2° ou l'Univers n'a jamais été créé, mais a toujours existé et existera toujours : c'est la doctrine matérialiste ou réaliste. »

1. GADEAU DE KERVILLE. *Causeries sur le transformisme.*

Peut-être, cependant, peut-on admettre que, d'une part, la matière et la force sont éternelles, et que, d'autre part, elles sont éternellement mues suivant un plan déterminé, dont le Progrès serait la loi suprême.

La matière se transforme sans cesse et chacun des corps qui prend ainsi naissance a un commencement et une fin. Tous les phénomènes que nous pouvons observer sont limités dans leur durée. Et cependant, pourquoi refuser de croire à l'éternité de la matière, puisque nous admettons, sans pouvoir les expliquer, certaines idées telles que celles de l'infini de l'espace et de l'infini du temps?

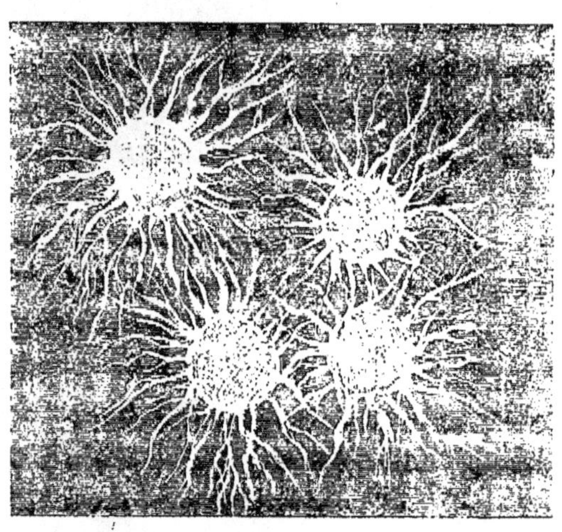

Fig. 36. — Les *Myxodictyum sociale* sont des monères composées de protoplasme et qui constituent des individualités distinctes.

Il semble naturel de considérer l'Univers comme n'ayant pas eu de commencement et ne devant jamais avoir de fin.

En tous cas, dans l'état actuel de la science, il ne nous est pas permis de considérer comme résolue la question de l'origine de l'Univers, par conséquent celle de la matière et celle de la vie. Toujours devant nous se dresse un vaste point d'interrogation.

Au surplus, et en définitive, que l'Univers ait été créé ou ait existé de toute éternité, peu nous importe aujourd'hui. L'intéressant pour nous et la seule étude accessible est d'observer ce qui est à notre portée et d'en tirer des conclusions. Il est peut-être réservé aux générations futures de lever le voile épais qui recouvre l'origine du Monde.

Nous sommes loin du temps où l'on considérait la Terre comme le centre du Monde, où l'on regardait le Soleil, la Lune et les Étoiles comme destinés uniquement à nous éclairer et à égayer notre vue. Nous savons comment se forment les astres; tous ont passé par les mêmes états : ils ont été *nébuleuses, soleils, planètes*. Eh bien! est-il raisonnable de persister à croire que la matière vivante ne s'est pas modifiée petit à petit et n'a pas donné naissance à tous les êtres que nous voyons? — Non, toutes les découvertes de la science nous montrent les êtres unis entre eux par des degrés de parenté plus ou moins étroits, et ceux-là même

Fig. 37. — Tous les astres ont commencé par être des nébuleuses.

qui sont opposés à la théorie de la descendance viennent prouver cette filiation par les classifications qu'ils proposent et qui sont comme autant d'arbres généalogiques.

Si nous admettons les transformations des astres, nous ne pouvons regarder la matière vivante comme immuable.

Or, si nous considérons la matière vivante comme se modifiant sans cesse, nous sommes conduits à admettre tout naturellement qu'elle a pu, sous des influences variées et nombreuses, se transformer et donner naissance à tous les êtres connus, sans invoquer pour cela la nécessité d'un Créateur.

Mais, encore une fois, c'est presque là une affaire de sentiment. Ceux qui ne veulent pas admettre la génération spontanée de la matière vivante *aux premiers âges de la Terre* peuvent croire que le Créateur a créé la matière vivante fondamentale primitive, en lui donnant la faculté de se transformer à l'infini.

Quelle que soit celle de ces deux opinions que l'on adopte, il est rationnel de penser que les êtres qui nous entourent sont le résultat des transformations multiples et lentes de la matière vivante primitive.

Ces idées sont encore combattues de nos jours par d'illustres naturalistes, mais il en est d'autres également célèbres qui les soutiennent.

Sans remonter à l'antiquité et faire l'histoire des idées philosophiques sur l'origine des êtres, rappelons qu'Aristote déjà admettait la possibilité d'une transformation des formes animales. Mais rapprochons-nous de notre époque.

Le grand Buffon doit être cité en première ligne. Non seulement il savait décrire en un style incomparable les formes et les mœurs des animaux, mais le premier il a compris la *variabilité des espèces*. Ce qui est curieux, c'est que ce grand naturaliste a d'abord affirmé la *fixité des espèces*. Ainsi, dans un chapitre consacré à l'âne, Buffon dit : « Il est certain, *par la révélation*, que tous les animaux ont également participé à la grâce de la création ; que les deux premiers de chaque espèce et de toutes les espèces sont sortis tout formés des mains du Créateur ; et l'on doit croire qu'ils étaient tels à peu près qu'ils nous sont aujourd'hui représentés par leurs descendants. » En même temps, dans ce chapitre, Buffon expose nettement la théorie de l'unité du plan de composition du règne animal ; il y blâme les classificateurs plutôt encore que les classifications, leur reprochant de vouloir faire rentrer la nature dans les cadres étroits de leurs systèmes ; il ne nie pas l'utilité des classifications, mais il ne leur donne pas l'importance que d'autres ont voulu y attacher.

Dans son *Histoire naturelle des animaux*, Buffon ne suit pas une classification, il décrit des *faunes* et par cela même affirme l'importance de la géographie zoologique.

Cette étude des faunes différentes le conduisit à ne plus regarder les espèces comme fixes ; il admet leur variabilité. Le passage suivant indique nettement cette nouvelle tendance de son esprit :

« En tirant des conséquences générales de tout ce que nous avons dit, nous trouverons que l'homme est le seul des êtres vivants dont la nature soit assez forte, assez étendue, assez flexible pour pouvoir subsister, se multiplier partout et se prêter aux influences de tous les climats de la Terre; nous verrons évidemment qu'aucun des animaux n'a obtenu ce grand privilège; que,

BUFFON
Georges-Louis Leclerc, comte de Buffon, né à Montbard en 1707, mort à Paris en 1788.

loin de pouvoir se multiplier partout, la plupart sont bornés et confinés dans de certains climats et même dans des contrées particulières. L'homme est en tout l'ouvrage du Ciel; les animaux ne sont à beaucoup d'égards que des productions de la Terre; ceux d'un continent ne se trouvent pas dans l'autre; ceux qui s'y trouvent sont altérés, rapetissés, changés au point d'être méconnaissables. En faut-il plus pour être convaincu que l'*empreinte de leur forme n'est pas inaltérable?* que leur nature, beaucoup moins constante que celle de l'homme, *peut varier* et même changer absolument avec le temps? que, par la même raison, les espèces les moins parfaites, les plus délicates, les plus pesantes, les moins agissantes, les moins armées, etc., ont déjà disparu ou disparaîtront avec le temps? Leur état, leur vie, leur être dépendent de la forme que l'homme donne ou laisse à la surface de la Terre. »

En 1809, dans un ouvrage désormais classique, la *Philosophie zoologique,* Lamarck formula pour la première fois scientifiquement cette idée que les espèces végétales et animales n'ont pas été créées séparément et dérivent les unes des autres par des transformations s'effectuant lentement et sous l'influence de certaines causes.

De son temps, l'œuvre de cet homme de génie n'excita que des railleries. Ayant étudié les animaux inférieurs, dont l'organisation plus simple permet de mieux concevoir les liens qui les unissent, il était à même de donner à ses idées une généralisation plus complète que Buffon, qui avait presque exclusivement étudié les animaux supérieurs.

« Ce qu'il y a de singulier, dit-il, c'est que les phénomènes les plus importants à considérer n'ont été offerts à nos méditations que depuis l'époque où l'on s'est attaché principalement à l'étude des animaux les moins parfaits, et où les recherches sur les différentes complications de l'organisation de ces animaux sont devenues le principal fondement de leur étude. Il n'est pas moins singulier de reconnaître que ce fut presque toujours de l'examen suivi des plus petits objets que nous présente la nature, et de celui des considérations qui paraissent les plus minutieuses, qu'on a obtenu les connaissances les plus importantes pour arriver à la découverte de ses lois et pour déterminer sa marche. »

Étudiant les organismes inférieurs, il les considéra comme les premiers formés et admit qu'ils ont été produits par *génération spontanée.*

« Les organismes se sont perfectionnés graduellement sous l'influence de l'habitude ou des besoins, » dit Lamarck. C'est sortir des bornes du possible; l'observation ne confirme pas une telle conception. Les bœufs, les chèvres, les antilopes, les cerfs, ont des cornes, parce que « dans leurs accès de colère qui sont fréquents, surtout chez les mâles, leur sentiment intérieur, par ces efforts, dirige plus fortement les fluides vers cette partie de leur tête, où il se fait une sécrétion de matière cornée dans les uns et de matière osseuse mélangée de matière cornée dans les autres, qui donne lieu à des protubérances solides ». Et ailleurs : « Lorsque la volonté détermine un animal à une action quelconque, les organes qui doivent exécuter cette action y sont aussitôt provoqués par l'affluence des fluides subtils qui y deviennent la cause déterminante des mouvements qu'exige l'action dont il s'agit...; il en résulte que des répétitions multipliées de ces actes d'organisation fortifient, étendent, développent et même *créent* les organes qui y sont nécessaires. »

Non, c'est aller trop loin; il ne suffit pas à un animal de vouloir, pour arriver à posséder un organe.

Les habitudes, le milieu, peuvent amener certaines modifications, mais jamais aussi profondes que le veut Lamarck :

« 1° Dans tout animal qui n'a point dépassé le terme de ses développements, l'emploi plus fréquent et plus soutenu d'un organe quelconque fortifie peu à peu cet organe, le développe, l'agrandit et lui donne une puissance proportionnée à la durée de cet emploi; tandis que le défaut constant d'usage de tel organe l'affaiblit insensiblement, le détériore, diminue progressivement ses facultés et finit par le faire disparaître;

« 2° Tout ce que la nature a fait acquérir ou perdre aux individus par l'influence des circonstances où leur race se trouve depuis longtemps exposée et, par conséquent, par l'influence de l'emploi prédominant de tel organe ou par celle d'un défaut constant d'usage de telle partie, elle le conserve par la génération aux nouveaux individus qui en proviennent, pourvu que les changements acquis soient communs aux deux sexes ou à ceux qui ont produit ces nouveaux individus. »

Lamarck, en dehors de ces deux lois principales, pense que les espèces ayant appartenu aux périodes géologiques antérieures ont pu se transformer, et il repousse l'idée, que soutenait Georges Cuvier, des cataclysmes généraux, bouleversant toute la surface de la Terre.

« Pourquoi supposer sans preuve une *catastrophe univer-*

selle, lorsque la marche de la nature, mieux connue, suffit pour rendre raison de tous les faits que nous observons dans toutes ses parties ? Si l'on considère, d'une part, que dans tout ce que la nature opère elle ne fait rien brusquement, et que partout elle agit avec lenteur et par degrés successifs, et, d'autre part, que les causes particulières ou locales des désordres, des bouleversements, des

LAMARCK

Jean-Baptiste-Pierre-Antoine Monet, chevalier de Lamarck, né à Bargentin en 1744, mort à Paris en 1829.

déplacements peuvent rendre raison de tout ce que l'on observe à la surface du globe, on reconnaîtra qu'il n'est nullement nécessaire de supposer qu'une catastrophe universelle est venue tout culbuter, et détruire une grande partie des opérations mêmes de la nature. »

Lamarck pense donc que les espèces actuelles ont été produites par les espèces antérieures qui ont vécu aux époques géologiques antérieures à notre époque et qui se sont modifiées graduellement. Ceci l'amène à établir un *arbre généalogique* du Règne animal.

TABLEAU

Servant à montrer l'origine des différents animaux (1).

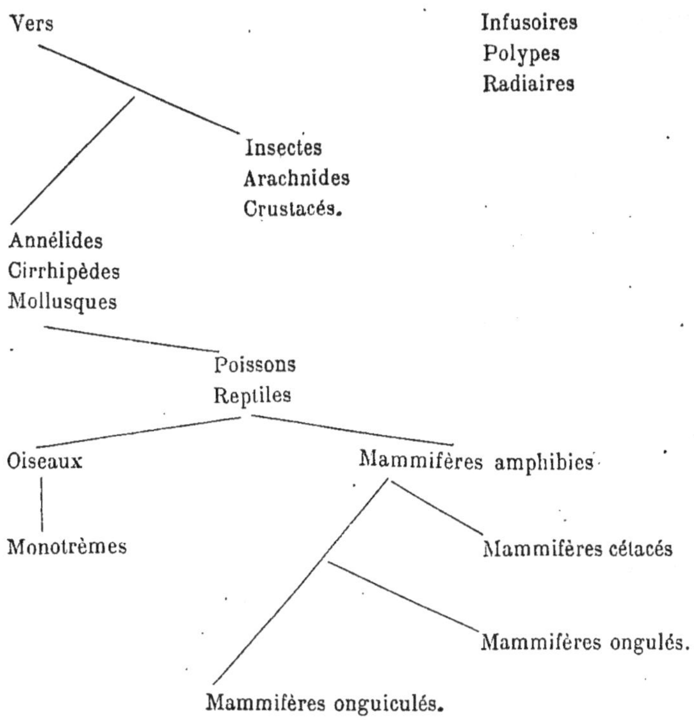

Dans cet arbre généalogique, Lamarck omet l'homme, à dessein. Il le considère comme un descendant du singe, et d'un autre côté, trouvant entre le singe et l'homme une barrière immense, il le regarde comme créé par Dieu.

Telles sont les idées de ce naturaliste philosophe qui, le premier, a su donner des bases scientifiques à cette théorie du transformisme, qui se répand de plus en plus de nos jours.

Quelques années plus tard, en 1830, deux hommes d'une puissance géniale remarquable, Cuvier et Étienne Geoffroy Saint-Hilaire, soutinrent, dans des discussions mémorables, devant l'Académie des sciences, l'un la fixité des espèces, l'autre leur

1. PERRIER. *Philosophie zoologique avant Darwin*, page 87.

variabilité. Cuvier l'emporta, et pendant de longues années son opinion prévalut.

Mais, en 1859, un naturaliste anglais qui avait accumulé depuis longtemps des matériaux scientifiques, les coordonna et publia le résultat de ses découvertes sous le titre de : l'*Origine des espèces.* Il était partisan convaincu de la variabilité des espèces, de leurs transformations; il fut violemment combattu et il l'est encore de nos jours, bien que sa doctrine tende à être adoptée de plus en plus.

Charles Darwin (j'avais oublié de le nommer, mais chacun l'avait deviné) laisse dans la science une traînée lumineuse; il a évidemment suivi les idées de Lamarck, mais il leur a donné plus d'éclat, parce que Lamarck était venu trop tôt surprendre des esprits insuffisamment préparés.

Quelle est donc cette théorie si connue, ce *Darwinisme* dont on parle tant? Il est bon de la résumer ici aussi simplement et aussi nettement que possible, précisément parce qu'on en parle beaucoup, parce qu'on cherche dans le public à la détracter, sans en connaître la valeur, sans en comprendre la portée. Les uns sont incapables d'en saisir l'intérêt; les autres craignent, en l'adoptant, de porter atteinte à la religion.

Mais ne doit-on pas toujours discuter de sang-froid les questions et, se débarrassant de tout préjugé, chercher avant tout à connaître la vérité?

Darwin base sa *théorie*, d'une part sur l'action combinée de l'*hérédité* et de l'*adaptation*, d'autre part sur la *sélection naturelle* qui n'est que le résultat de la *lutte pour l'existence.*

Il part de ce principe que les caractères des parents se transmettent à leurs descendants. Mais jamais les individus issus d'une même souche ne sont identiques, leur forme varie dans certaines limites, et les conditions particulières de vie amènent des modifications.

L'hérédité tend à transmettre ces modifications. Cela est un fait, ce n'est pas une pure hypothèse.

Les animaux domestiques sont des espèces sauvages primitivement, qui, en s'adaptant à un autre genre de vie, se sont modifiées. Le plus souvent l'homme intervient, les trie en quelque sorte et pratique ainsi une *sélection artificielle*, cherchant à former les animaux qui peuvent lui être utiles. Que de races on a constituées de la sorte! Chaque année on peut examiner, dans les expositions, les produits ainsi obtenus. On dirait que l'homme les crée à sa volonté; il les pétrit, pour ainsi dire, les façonne de mille manières.

Mais il existe dans la nature une autre *sélection*, dite *naturelle*,

BARON GEORGES CUVIER
Né à Montbéliard en 1769, mort à Paris en 1832.

qui est le résultat de la lutte pour l'existence; le plus apte ou le plus fort persiste; la *force prime le droit*, pour employer une expression qui n'est que trop connue. Tous les êtres, animaux ou plantes, luttent entre eux pour leur conservation. Nous en avons tous les jours des exemples sous les yeux. Le plus fort croque le plus faible. Le chat dévore les rats, les souris, les mulots; ceux-ci mangent les céréales, les racines, les plantes. Les lapins se nourrissent des herbes des champs et rongent quelquefois les jeunes pousses des arbres, qu'ils font ainsi périr. Mais les renards, les putois, les fouines, les belettes se chargent de diminuer le nombre de ces rongeurs.

Ne voit-on pas de charmants petits oiseaux mangés par d'autres oiseaux plus gros qu'eux, les rapaces? Cependant ces petits oiseaux

ÉTIENNE GEOFFROY SAINT-HILAIRE
Né à Étampes en 1772, mort à Paris en 1844.

qui nous paraissent si inoffensifs, sont bien féroces et cruels. Il en est qui mangent des grains, ceux-là ne nuisent qu'aux végétaux et souvent à l'homme qui les utilise; mais beaucoup d'autres se nourrissent d'insectes; quelques-uns même, les pies-grièches, les piquent sur les épines des arbustes, avant d'en faire leur pâture.

Ces insectes sont-ils innocents? ne peut-on les accuser à leur tour d'aucun méfait? Si vraiment; les uns anéantissent, par leurs dégâts, des récoltes de grains, détruisent des arbres; d'autres s'attaquent aux animaux vivants; malgré leur taille exiguë, ils s'en rendent maîtres et constamment amènent leur destruction.

Les hirondelles, qui nous annoncent le printemps, et que chacun aime à voir fendre les airs, passent leur temps à gober au passage, pour se nourrir, des quantités de petits insectes; c'est un

CHARLES DARWIN
Né à Shrewsbury (Shropshire) en 1809, mort à Down (près de Londres) en 1882.

carnage incessant. Ces exemples seraient sans fin, ils rempliraient des volumes.

En outre, un fait remarquable, c'est que plus il y a, dans un endroit, d'animaux de la même espèce, ayant par conséquent les mêmes besoins, moins cette espèce aura de chance de persister; la lutte pour l'existence est plus acharnée quand elle a lieu entre des individus et des variétés appartenant à la même espèce.

En France, le surmulot a chassé le rat noir, qui était moins fort que lui; en Australie, l'abeille d'Europe, qu'on a importée, a exterminé rapidement la petite abeille indigène, dépourvue d'aiguillon; en Russie, la grande blatte a été chassée par la petite blatte d'Asie.

« La lutte pour l'existence, dit Darwin, résulte inévitablement de la rapidité avec laquelle tous les êtres organisés tendent à se multiplier. Tout individu qui, pendant le terme naturel de sa vie, produit plusieurs œufs ou plusieurs graines, doit être détruit à quelque période de son existence, ou pendant une saison quelconque; car, autrement, le principe de l'augmentation géométrique étant donné, le nombre de ses descendants deviendrait si considérable qu'aucun pays ne pourrait les nourrir. Aussi, comme il naît plus d'individus qu'il n'en peut vivre, il doit y avoir dans chaque cas lutte pour l'existence, soit avec un autre individu de la même espèce, soit avec des individus différents, soit avec les conditions physiques de la vie. — Il n'y a aucune exception à la règle que tout être organisé se multiplie naturellement avec tant de rapidité que, s'il n'est détruit, la Terre serait bientôt couverte par la descendance d'un seul couple L'homme même, qui se reproduit si lentement, voit son nombre doublé tous les vingt-cinq ans, et à ce taux, en moins de mille ans, il n'y aurait littéralement plus de place sur le globe pour se tenir debout. Linné a calculé que, si une plante annuelle produit seulement deux graines — et il n'y a pas de plante qui soit si peu productive — et que l'année suivante les deux jeunes plantes produisent à leur tour chacune deux graines, et ainsi de suite, on en arrivera en vingt ans à un million de plants. »

De tous les animaux connus, l'éléphant, pense-t-on, est celui qui se reproduit le plus lentement. « J'ai fait, dit Darwin, quelques calculs pour estimer quel serait probablement le taux minimum de son augmentation en nombre. On peut, sans crainte de se tromper, admettre qu'il commence à se reproduire à l'âge de trente ans, et qu'il continue jusqu'à quatre-vingt-dix. Dans l'intervalle il produit six petits, et vit lui-même jusqu'à cent ans.

« Or, en admettant ces chiffres, en 740 ou 750 ans, il y aurait dix-neuf millions d'éléphants vivants, tous descendants du premier couple.

« La nature, on le voit, est prodigue; elle sème des germes par milliers, mais il en meurt aussi des milliers. Tout semble se passer naturellement, mais il y a toujours une lutte incessante; cette fécondité excessive pour certaines espèces, est restreinte pour des raisons nombreuses : « C'est d'une part, dit Büchner, la concurrence qui s'engage entre les divers individus; c'est aussi la défectuosité des conditions extérieures de la vie, et enfin, provoqué par cette double condition, le combat ou la lutte pour l'existence, lutte active ou passive, suivant qu'elle est engagée avec d'autres êtres rivaux ou qu'elle est soutenue contre les forces brutales de la nature. »

Nous voyons donc que la nature fait un choix pour l'avantage de l'individu; c'est le plus apte qui persiste; l'homme choisit aussi, mais en considérant son propre avantage : telle est la distinction qu'on peut établir entre la sélection artificielle et la sélection naturelle.

Le plus apte persiste, avons-nous dit. Ce qui veut dire que parmi les descendants d'une même souche, ceux qui présenteront certains caractères avantageux, si légers qu'ils soient, pourront avoir un avantage sur leurs compagnons qui ne le posséderont pas. Ce nouveau caractère fera distinguer les individus qui en seront doués; ce seront des *variétés*. Et qu'est-ce que les variétés si ce n'est, comme les a appelées Darwin « des espèces en voie de formation, des espèces naissantes ». Une variété, *avec le temps*, peut devenir plus stable et former une nouvelle espèce.

Les modifications, chez un type, s'accentuant toujours, il en résulte finalement des genres nouveaux. De sorte qu'il peut arriver que un ou plusieurs genres descendront de une ou plusieurs espèces d'un même genre.

En somme, c'est par l'accumulation et la conservation des variations utiles à chaque individu dans les conditions inorganiques ou organiques où il peut se trouver placé à toutes les périodes de la vie, qu'agit la sélection naturelle.

« Chaque être, a dit Darwin, et c'est là le but final du progrès, tend à se perfectionner de plus en plus relativement au progrès graduel de l'organisation du plus grand nombre des êtres vivants dans le monde entier. »

L'homme, par la *sélection artificielle*, crée des *races;* la *sélection naturelle* forme des *variétés*. Mais alors qu'est-ce donc que l'*espèce,* dont nous avons donné tant de définitions dans le chapitre précédent?

L'*espèce,* pour Darwin (1), *n'est plus qu'une agglomération de formes passagères, variable, bornée à des périodes plus ou moins longues,* comme l'ensemble des cycles de *génération correspondant à des conditions d'existence définies, et conservant,* TANT QUE CELLES-CI NE VARIENT POINT, *une certaine constance dans leurs caractères essentiels.*

Actuellement, dans la nature, nous trouvons un grand nombre

Fig. 43. — Si les lapins dévastent les bois, les belettes se chargent de diminuer le nombre de ces rongeurs.

d'espèces distinctes, et il est certains naturalistes qui, partant de ce fait, qu'ils ne les voient pas varier, nient leur variabilité. Ils oublient que leur vie n'est qu'un point miscroscopique dans le temps! Les ancêtres communs de ces espèces actuelles sont éteints; ils ont disparu de la nature vivante; mais les paléontologistes les exhument des entrailles de la terre, les restaurent et les font revivre à nos yeux.

Il est si vrai que les espèces varient, lentement sans doute, que certains êtres, dont nous retrouvons les débris ou les empreintes dans les formations géologiques antérieures à notre époque, ne peuvent pas toujours rentrer dans les cadres étroits de nos classifications, on est obligé de créer pour eux de nouveaux noms. C'est

1. Claus. *Traité de zoologie*, p. 178.

Fig. 44. — Que de races d'animaux domestiques l'homme a créées par la sélection artificielle !

ainsi que j'ai trouvé dans les schistes des terrains carbonifères de Commentry les empreintes d'un grand poisson, qui tient des requins, des raies, des chimères, des esturgeons, des *Ceratodus*, etc., et qui a nécessité la formation d'une nouvelle sous-classe de poissons. Il est l'ancêtre probable d'un grand nombre de formes de poissons actuels; les formes intermédiaires n'ont pas persisté (voy. *fig.* 46).

De même dans l'Océan nous voyons émerger des îles nombreuses, qui sont souvent séparées par des étendues d'eau salée considérables; mais ces îles sont unies ensemble sous la mer, et cette union est cachée à nos yeux.

On a dit que l'on retrouve dans les monuments de l'ancienne Égypte des momies d'hommes et d'animaux, des graines aussi, qui ne diffèrent nullement de leurs congénères actuels.

Nous répondrons que le laps de temps qui nous sépare de l'époque où ces êtres étaient vivants est insignifiant, à côté des milliards d'années qui se sont écoulées depuis les premiers âges de la terre. De plus, les darwinistes ne veulent pas que les espèces varient sans cesse; ils pensent, au contraire, qu'il y a de longues périodes de fixité, de repos pour ainsi dire, à côté de temps très réduits relativement de variabilité.

Un fleuve, par son courant, entraîne des matériaux qu'il accumule dans son lit et à son embouchure. Tant que le courant ne changera pas, le dépôt ne fera qu'épaissir sans changer de composition; mais si, par suite d'une cause quelconque, le courant vient à se modifier, le dépôt ne s'effectuera plus de la même façon, il variera et il se formera des couches distinctes dans le lit ou à l'embouchure du fleuve.

Mais, diront les adversaires de la théorie de Darwin, on n'observe pas ces changements actuellement; les variétés et les races qui se créent de nos jours ne persistent pas et retournent toujours au type primitif. A cela on peut répondre que ceux-là mêmes qui sont le plus partisans de l'espèce immuable sont constamment en désaccord sur l'authenticité de telle ou telle espèce; nous voyons constamment des zoologistes ou des botanistes *créer* des *espèces* que d'autres ne considéreront que comme des races ou des variétés. C'est qu'en effet, dans la nature, il n'y a pas de limite nettement assignée à tel ou tel type spécifique! Avec la doctrine de la descendance, au contraire, n'admettant pas ces cadres étroits, on comprend facilement ce manque de ligne de démarcation précise entre les espèces et à plus forte raison entre les autres divisions. . . . .

Un fait digne de remarque c'est que, aux différentes périodes de leur vie, les animaux passent par des formes, des états, très dissemblables. . . . .

Qui pourrait croire, s'il n'avait assisté à leurs métamorphoses, que la chenille est la larve du brillant papillon? que le répugnant asticot donnera souvent, en se transformant, naissance à une mouche aux couleurs métalliques éclatantes.

Bien plus, on avait formé un genre spécial pour un petit animal plat et transparent qui vit dans la mer. On l'avait désigné sous le nom de phyllosome. Quelques années plus tard un naturaliste français, Gerbe, qui conservait des langoustes dans un aquarium, fut fort étonné en trouvant, un beau matin, l'eau du récipient remplie de ces phyllosomes. Il constatait en même temps que les œufs de ses langoustes étaient éclos. Il n'y avait pas à hésiter, le *phyllosome* n'était autre chose que l'état jeune de la langouste.

Ce n'est pas tout; dans une même espèce, le mâle est souvent complètement différent de la femelle. Chez beaucoup d'insectes, par exemple, seul il possède des ailes, la femelle en est dépourvue.

Il arrive qu'on est tenté de placer dans des groupes très éloignés des animaux qui sont unis par des liens étroits de parenté. L'orvet, qui ressemble à un petit serpent, parce qu'il est privé de pattes, n'est autre chose en réalité qu'un lézard. Si l'on examine attentivement son squelette, on découvre qu'il possède des rudiments de membres cachés sous la peau dont les véritables serpents n'ont pas de traces. Les orvets établissent en somme un passage entre les lézards et les serpents.

Bien d'autres animaux nous offrent des cas analogues et sont pourvus d'organes rendus *rudimentaires*, par suite de défaut d'usage, par l'adaptation.

Il est une autre série, je ne dis pas d'hypothèses, *mais de faits*, qui concordent parfaitement avec la théorie de la descendance; ils découlent de l'embryogénie, c'est-à-dire du développement de l'individu, depuis le degré le plus simple, celui de l'œuf, jusqu'à l'état adulte.

Darwin appuyant sa théorie sur l'hérédité d'abord, il convient de considérer le développement de l'embryon des êtres pour voir si les degrés de parenté peuvent être retrouvés dans les premiers âges de la vie de l'individu. Les faits confirment ses suppositions : « L'évolution embryonnaire de l'individu (ontogénie) est la répétition abrégée, rapide et plus ou moins altérée, selon que l'adaptation ou l'hérédité l'emporte l'une sur l'autre, de l'évolution paléontologique

Fig. 45. — Les pies-grièches piquent les insectes sur les épines des arbustes avant d'en faire leur pâture.

(phylogénie) du groupe auquel appartient l'individu examiné. »

« Cette loi capitale de la biologie, dit Vianna de Lima (1), est aujourd'hui une certitude; tout la confirme, et sans elle l'embryologie n'aurait aucun sens. Elle a reçu principalement sa confirmation la plus éclatante dans les faits si curieux de l'évolution des méduses, de la comatule, des crustacés, des oiseaux, des mammifères, etc., dans les faits d'atavisme, dans ceux de la dégénérescence de diverses espèces, etc., etc. Les métamorphoses des insectes et d'autres animaux, l'évolution fœtale des mammifères supérieurs, des singes anthropomorphes et de l'homme, beaucoup de faits tératologiques, etc., tous ces phénomènes ne reçoivent une explication simple et naturelle que par la loi biogénétique.

1. *Exposé sommaire des théories transformistes de* Lamarck, Darwin et Haeckel, p. 29.

« L'Homme lui-même traverse rapidement, pendant la vie fœtale, toutes les phases évolutives parcourues généalogiquement par son espèce. Au début de son existence individuelle, il n'est qu'un ovule, qu'une simple cellule d'environ un dixième de millimètre de diamètre, puis il passe successivement par une série de phases qui toutes sont la reproduction plus ou moins fidèle des états par lesquels il a passé, dans la lente et gigantesque évolution du monde organique. Ainsi, pendant la vie intra-utérine, nous voyons l'embryon humain être successivement : ovule, chordonien (animal vermi-

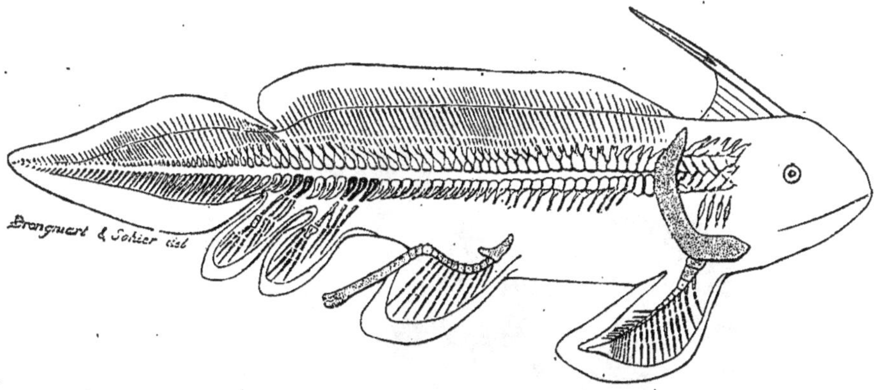

Fig. 46. — Le *Pleuracanthus Gaudryi*, poisson trouvé dans les schistes des terrains carbonifères de Commentry, tient des requins, des raies, des chimères, des esturgeons, des *Ceratodus*: il est l'ancêtre probable d'un grand nombre de poissons actuels. — (Ce poisson mesurait près d'un mètre de long.)

forme, voisin de la larve de l'ascidie actuelle), poisson primitif (car il a, dans les premiers temps de son développement, des arcs branchiaux, des fentes branchiales et des nageoires très rudimentaires), puis perdre ces caractères transitoires pour acquérir certaines particularités des batraciens, passer à l'état de vertébré supérieur, ressembler entièrement à un fœtus de singe anthropomorphe, et finalement devenir un être humain; en un mot, revêtir successivement toutes les formes fondamentales que l'on rencontre dans l'échelle des êtres vivants...

« En résumé, on peut dire que l'évolution générale de tous les animaux a eu lieu d'une manière semblable à l'évolution individuelle de l'un quelconque d'entre eux; mais, tandis que celle-ci s'accomplit très rapidement, il a fallu à la première des milliers et des milliers de siècles pour s'effectuer. Nous ajouterons que cette évolution générale n'est ni plus merveilleuse ni plus difficile à comprendre que l'évolution individuelle de chaque animal, dont les modifications successives sont d'une extrême complexité, depuis l'état d'ovule jusqu'au développement complet de l'embryon. »

La distribution géographique des animaux vient encore à l'appui de la doctrine transformiste. Nous en avons parlé dans le chapitre précédent; nous n'y reviendrons donc pas ici.

Mais outre les preuves tirées de l'embryologie, de la morphologie et de la distribution géographique, il en est d'autres non moins

Fig. 47. — Aux différentes périodes de leur vie, les animaux passent par des formes très différentes : ainsi le zoë est la larve du crabe.

importantes que nous fournissent les découvertes paléontologiques, c'est-à-dire l'histoire des êtres qui se sont succédé à la surface du globe terrestre et dont les restes sont retrouvés dans les terrains. Sans aucun doute nous n'avons exhumé qu'un nombre infiniment petit des formes qui ont vécu aux différentes époques géologiques antérieures à la nôtre; mais celles que nous connaissons déjà suffisent pour nous montrer que la succession des êtres à la surface de la terre a été du simple au composé, c'est-à-dire que plus nous remontons dans le temps, plus les fossiles découverts sont anciens, plus leur organisation est simple. Et cependant, je le répète, la science n'a levé qu'un très petit coin du voile qui recouvre l'histoire des êtres.

Les formations géologiques ne nous sont connues que d'une façon très incomplète; il y a des régions de la terre qui n'ont jamais été explorées, où les voyageurs ne vont que difficilement et par conséquent ne peuvent guère se livrer à des recherches; puis il ne faut

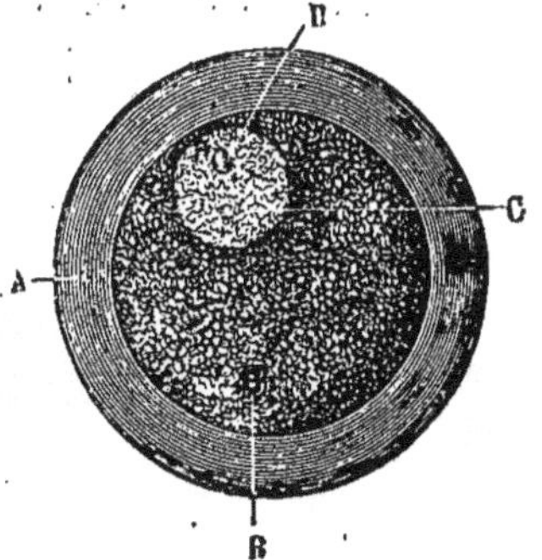

Fig. 48. — Œuf de mammifère.

A. Membrane vitelline ou zone transparente. — B. Jaune ou vitellus. — C. Vésicule germinative. D. Tache germinative.

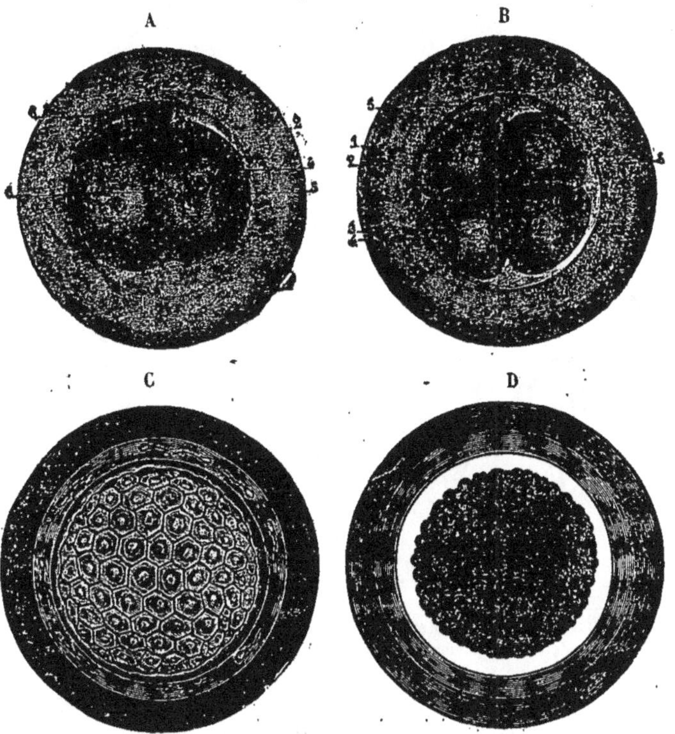

Fig. 49. — Premiers stades de la création d'un mammifère. — L'œuf se divise en deux, en quatre, etc., et finit par devenir un amas de cellules.

A. 1. Couche d'albumine qui entoure la membrane vitelline. — 2. 3. Vitellus en voie de segmentation. — 4. Noyau vitellin. — 5. Nucléole. — 6. Globule polaire. — B. 1. Couche d'albumine. — 2. Membrane vitelline. — 3. 4. Noyaux vitellins et leurs nucléoles. — 5. Globule polaire. — 6. Spermatozoaire. — C. Segmentation du vitellus ayant donné lieu à un grand nombre de sphères vitellines aplaties par pression réciproque. — D. Corps mûriforme rétracté. La segmentation répétée donne au vitellus l'aspect d'une mûre.

pas oublier que les eaux de la mer recouvrent la majeure partie de la terre et qu'il est à présumer que jamais il ne nous sera donné de connaître les êtres qui sont enfouis dans les entrailles du sol sous-marin. On devra donc considérer, avec Lyell et Darwin, « les archives

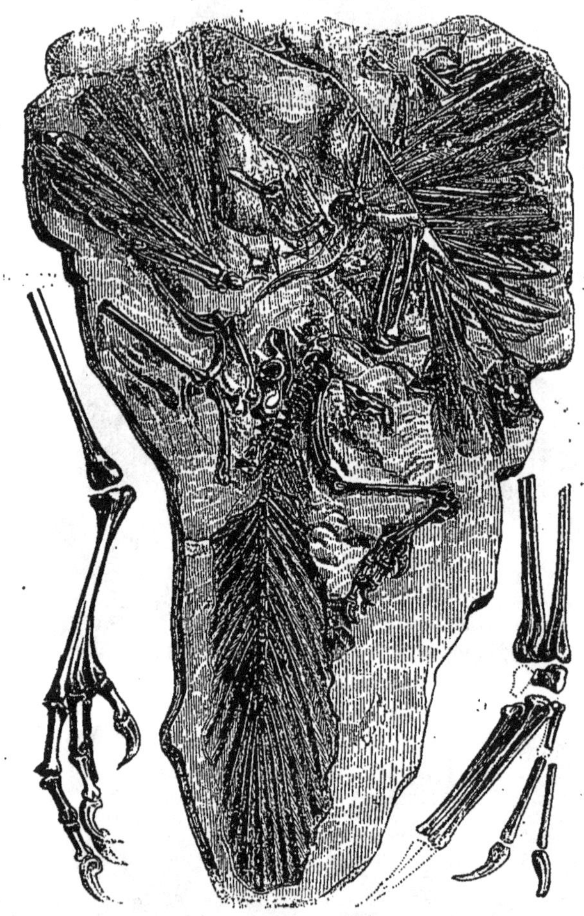

Fig. 50. — Restes fossiles de l'Archéoptéryx trouvés dans les terrains jurassiques de Solenhofen (Bavière).

géologiques comme une histoire du globe qui a été incomplètement conservée, écrite dans un dialecte changeant, et dont nous ne possédons que le dernier volume, traitant de deux ou trois pays seulement. De ce volume, quelques fragments de chapitres et quelques lignes éparses de chaque page sont seuls parvenus jusqu'à nous. Chaque mot de ce langage changeant lentement, plus ou moins différent dans les chapitres successifs, peut représenter les formes qui ont vécu, sont ensevelies dans les formations consécutives, et nous paraissent à tort avoir été brusquement introduites ».

Quoi qu'il en soit, les paléontologistes ont retrouvé dans les couches géologiques un grand nombre de formes animales qui n'existent plus de nos jours, mais qui servent de traits d'union entre des types qui nous semblent éloignés les uns des autres. En un mot, l'étude des fossiles nous fournit des types de transition.

Fig. 51. — Restauration de l'Archéoptérix, le plus ancien oiseau fossile découvert.

Actuellement les mammifères, les oiseaux et les reptiles sont parfaitement distincts, ils constituent des groupes assez bien limités. Mais il n'en a pas été toujours ainsi.

Richard Owen a fait connaître les reptiles fossiles, Thériodontes, retrouvés au cap de Bonne-Espérance, dont la dentition et la structure des pieds ressemblent d'une façon remarquable aux mammifères carnivores. Ils ont des incisives, des canines, des molaires!

Dans les schistes lithographiques de Solenhofen, en Bavière, on a découvert une sorte d'oiseau ayant une longue queue analogue à celle des reptiles, des dents pointues enfoncées dans les mâchoires (Archéoptérix, *fig.* 50 et 51).

M. Marsh a étudié de son côté dans la craie des États-Unis des oiseaux qui ont les mandibules en forme de bec et garnies de dents (*fig.* 52 et 53); les uns pouvaient voler, les autres étaient dépourvus d'organes du vol.

De sorte que ce vieux dicton, *Quand les poules auront des dents*, qui signifie une chose impossible, perd de sa valeur. Si les oiseaux n'ont plus de dents aujourd'hui, ils en ont été pourvus autrefois, il y a bien longtemps, à l'époque secondaire. Il ne manquera pas de gens qui s'écrieront qu'ils étaient alors plus parfaits, puisque maintenant les oiseaux n'ont pas de dents, et que par conséquent l'évolution s'est faite en sens contraire au perfectionnement.

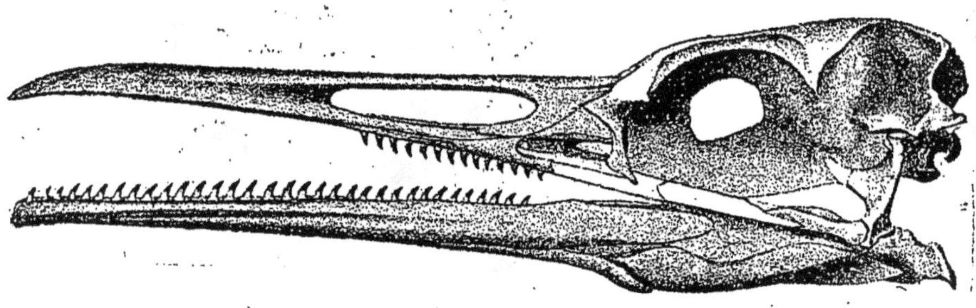

Fig. 52. — Tête d'oiseau à dents (crétacé des États-Unis).

On répondra que ces dents rapprochaient ces oiseaux des reptiles, qui sont des types moins perfectionnés.

D'ailleurs, n'existe-t-il pas encore de nos jours des animaux classés parmi les mammifères et qui pondent des œufs comme les reptiles et les oiseaux? Ce sont les Ornithorhynques et les Échidnés qui vivent dans le grand continent australien.

Sans aucun doute les êtres se modifient, varient, mais lentement; « l'ensemble d'actions infiniment petites, mais agissant pendant des périodes de temps immenses, produit un effet total puissant (1) ». Les petits ruisseaux font les grandes rivières, n'est-ce pas? Eh bien! l'évolution est lente, elle ne procède pas par bonds, autrement dit : *Natura non facit saltus*.

Si la doctrine évolutionniste satisfait les esprits pour expliquer la transformation de la matière vivante, il ne faut pas oublier qu'il

1. CLAUS: *Traité de zoologie*, p. 178.

reste toujours un grand problème à résoudre : c'est l'origine même de cette matière, c'est l'apparition de la vie sur la terre.

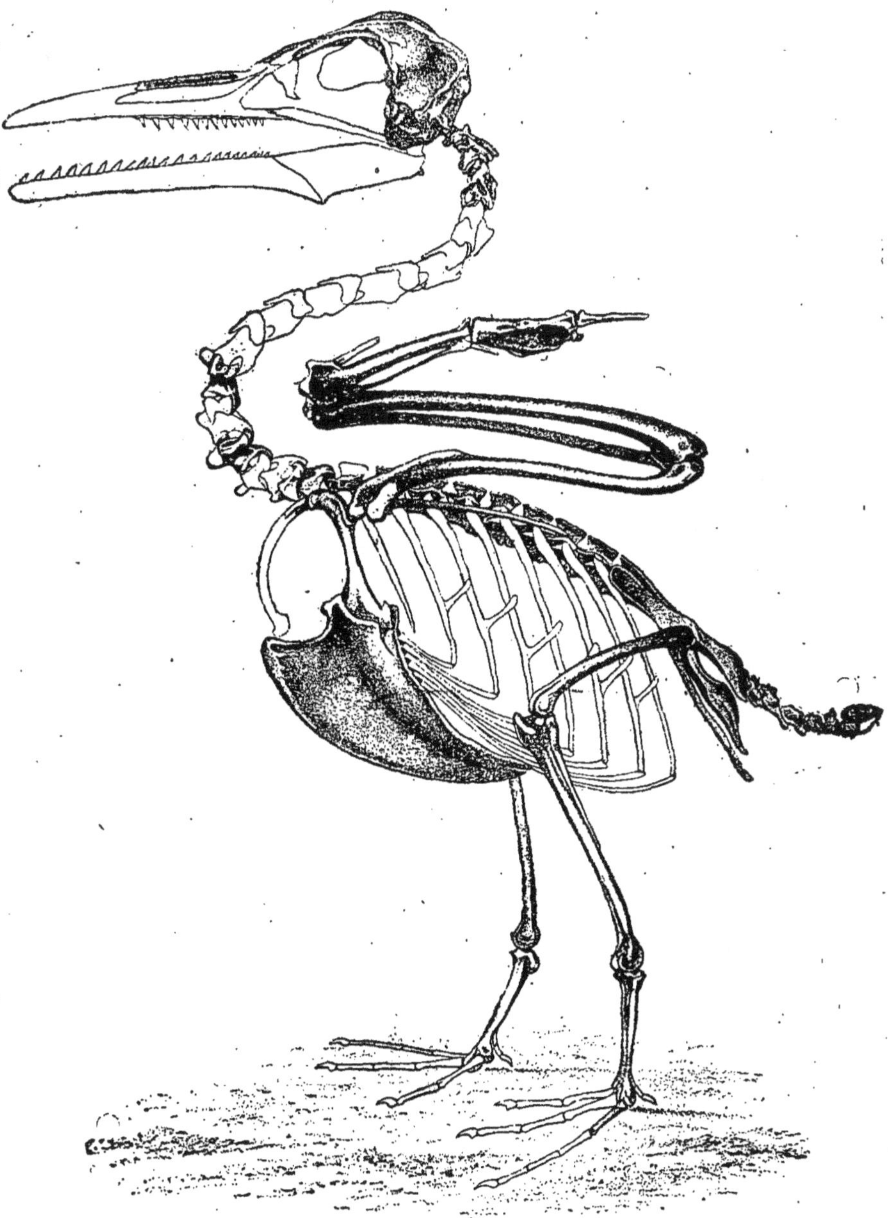

Fig. 53. — Les oiseaux à dents de la période crétacée (l'Ichthyornis de l'Amérique du Nord).

LIVRE DEUXIÈME

L'HOMME

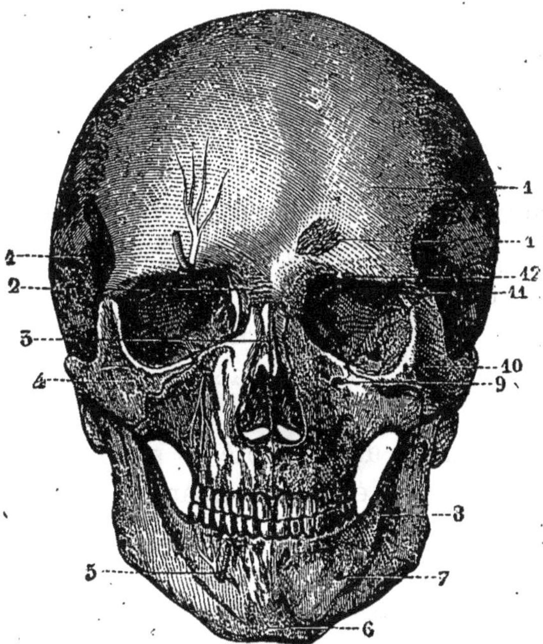

Fig. 54. — Squelette osseux de la face et de la partie antérieure du crâne. [Figure extraite de l'*Anatomie descriptive* du Dr Fort (1)].
1. Partie antérieure de la fosse temporale. — 2. Bosse frontale moyenne. — 3. Os propres du nez. — 4. Os malaires. — 5. Nerfs et vaisseaux mentonniers. — 6. Tubercule mentonnier. — 7. Trou mentonnier. — 8. Ligne oblique externe du maxillaire inférieur. — 9. Trou sous-orbitaire. — 10. Trou malaire. — 11. Apophyse orbitaire externe. — 12. Trou sus-orbitaire. — 13. Insertion du muscle sourcilier. — 14. Face antérieure du frontal.

CHAPITRE PREMIER

Structure du corps. Anatomie et physiologie. Le squelette, les muscles : le corps est une réunion de cellules.

Tous ces animaux si nombreux, si variés, naissent, se développent, se transforment, se reproduisent et meurent. Car c'est la loi commune à tous les êtres de naître et de mourir. Mais comment vivent-ils? quels sont les organes qui concourent à assurer la vie de l'animal? Quelle est en somme cette machine si bien combinée, si simple dans certains cas, et si complexe dans d'autres, qu'elle mérite notre profonde admiration?

1. M. le Dr Fort a bien voulu nous autoriser à reproduire dans les chapitres suivants plusieurs des figures de son *Anatomie descriptive*, 5e édition, 1892. Nous sommes heureux de lui adresser ici nos meilleurs remerciements.

Le degré de complexité de la machine animale varie suivant le type que l'on considère; elle est d'une simplicité étrange quand on s'adresse aux premiers représentants du règne qui nous occupe; elle est au contraire très parfaite lorsqu'on s'élève dans l'échelle zoologique.

La nature procède du simple au composé; les êtres les plus simples, comme nous avons cherché à le démontrer, ont été les premiers habitants de la Terre. Mais maintenant qu'il connaît la marche progressive suivie par la nature, le lecteur ne s'y trompera pas, et nous irons du composé au simple: nous étudierons d'abord les êtres les plus élevés en organisation, pour finir par les plus infimes.

Ce sont donc les Vertébrés qui devront nous occuper tout d'abord.

Les anciens naturalistes considéraient les animaux comme étant séparés en deux grands groupes qu'ils opposaient l'un à l'autre: les VERTÉBRÉS et les INVERTÉBRÉS. Nous avons vu déjà, et nous le constaterons plus loin avec de plus amples détails, que le règne animal ne peut être ainsi divisé. Le groupe des Invertébrés est très hétérogène; il renferme toutes sortes d'animaux bien différents les uns des autres; et, si l'embranchement des VERTÉBRÉS doit être conservé dans son intégrité, celui des INVERTÉBRÉS doit être supprimé et remplacé par plusieurs embranchements de valeur égale à celui des Vertébrés. Assurément, elles n'existent pas dans la nature, ces divisions; mais elles nous permettent de nous reconnaître au milieu du nombre immense des animaux.

Qu'est-ce donc qu'un vertébré?

Les animaux dont nous allons tout d'abord tracer l'histoire, ont un caractère qui leur est commun à tous: leur système nerveux central est contenu dans une boîte généralement osseuse qui est le crâne, et se continue dans un étui osseux ou cartilagineux, formé par la juxtaposition d'osselets creux qu'on appelle *vertèbres*. Nous les connaissons tous, ces vertébrés: ce sont les mammifères, les oiseaux, les reptiles, les batraciens et les poissons; autrement dit: les singes, les aigles, les lézards, les grenouilles, les carpes, etc. Tous ces animaux paraissent différer beaucoup les uns des autres; mais, si l'on y regarde d'un peu près, on voit que ces différences ne sont qu'extérieures; que tous, malgré les modifications qu'ils

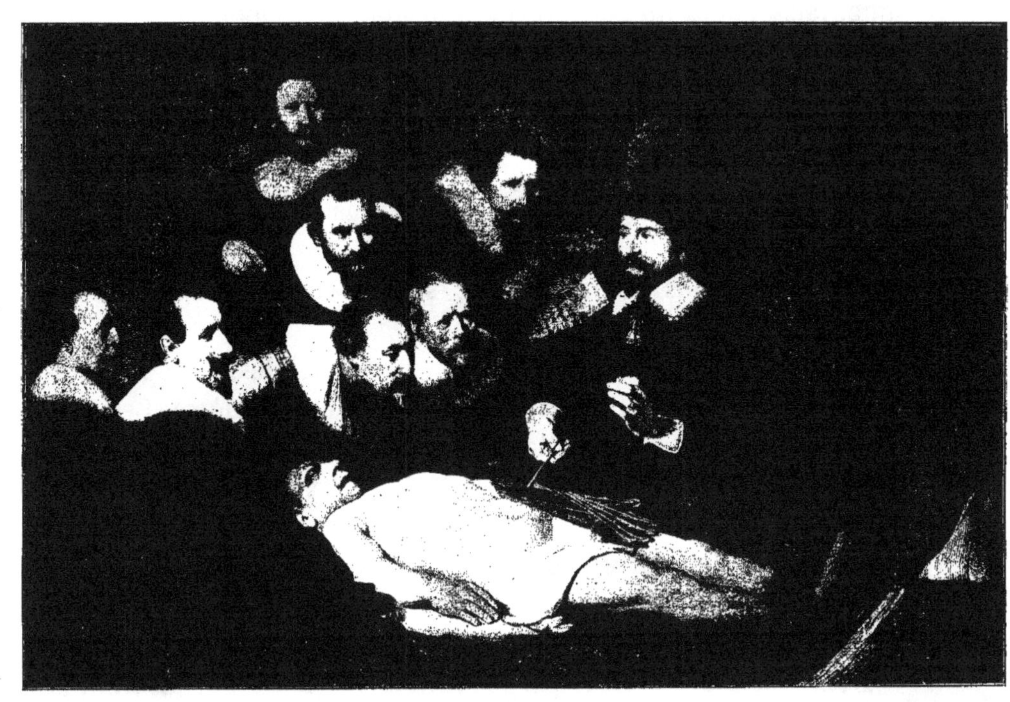

FIG. 55. — LA LEÇON D'ANATOMIE, DE REMBRANDT.

présentent, sont construits sur un même plan, tous [1] ont un *squelette* interne qui soutient les parties de leur corps qui n'offrent pas de consistance.

Et quelles sont les parties principales de ce squelette? Ce sont précisément les vertèbres. Elles varient de forme, assurément; chez tous les animaux de cet embranchement on les retrouve, tantôt bien constituées, tantôt à l'état d'ébauche. Bien que ces vertèbres soient les parties les plus importantes de la charpente squelettique, laissons-les un peu de côté, ne nous attachons pas à décrire leur conformation et leur structure intime. Donnons d'abord une vue d'ensemble de l'anatomie générale du corps et, comme pour se faire bien comprendre il faut un exemple, choisissons l'homme, le plus parfait des vertébrés, qui a su, par son intelligence plutôt que par sa force, se placer à la tête de tous les animaux et même dominer la nature.

Chacun de nous pourra vérifier sur lui-même la plupart des détails qui vont suivre.

Notre corps est formé de parties dures, solides, et de parties molles. Généralement, celles-ci recouvrent les premières. Les parties solides sont le squelette, constitué par un axe flexible, la colonne vertébrale surmontée de la tête; cet axe porte deux paires de membres articulés et des demi-arceaux, les côtes, qui, unies en avant et au milieu par un os impair, le sternum, forment une cage dite thoracique, où sont à l'abri les organes essentiels à la vie de nutrition: cœur, grosses artères et grosses veines, poumons, etc.

L'axe flexible est formé par les vertèbres, qui offrent un trou, et dont la superposition constitue un canal, correspondant avec le crâne composé de vertèbres transformées, qui n'est en somme que la partie supérieure de ce canal élargi, et c'est dans ces parties que sont logés le cerveau, le cervelet, la moelle allongée et la moelle épinière, c'est-à-dire le système nerveux central.

Ce squelette est intérieur, avons-nous dit. C'est faire pressentir qu'il est pourvu en quelque sorte d'un revêtement. En effet, nous

1. Il y a beaucoup de vertébrés qui sont dépourvus de ce squelette et qui ne présentent que son ébauche primitive molle. Dans bien des cas on généralise trop. Il y a toujours des exceptions à la règle; nous retrouvons souvent des cas analogues à celui qui nous occupe; il est donc bon de prévenir le lecteur.

ne pouvons voir notre squelette, nous le sentons par le toucher, à travers la peau et les muscles. Ce sont ces muscles qui le font mouvoir sous la direction générale du système nerveux.

Voilà, à grands traits, l'esquisse de la constitution de notre

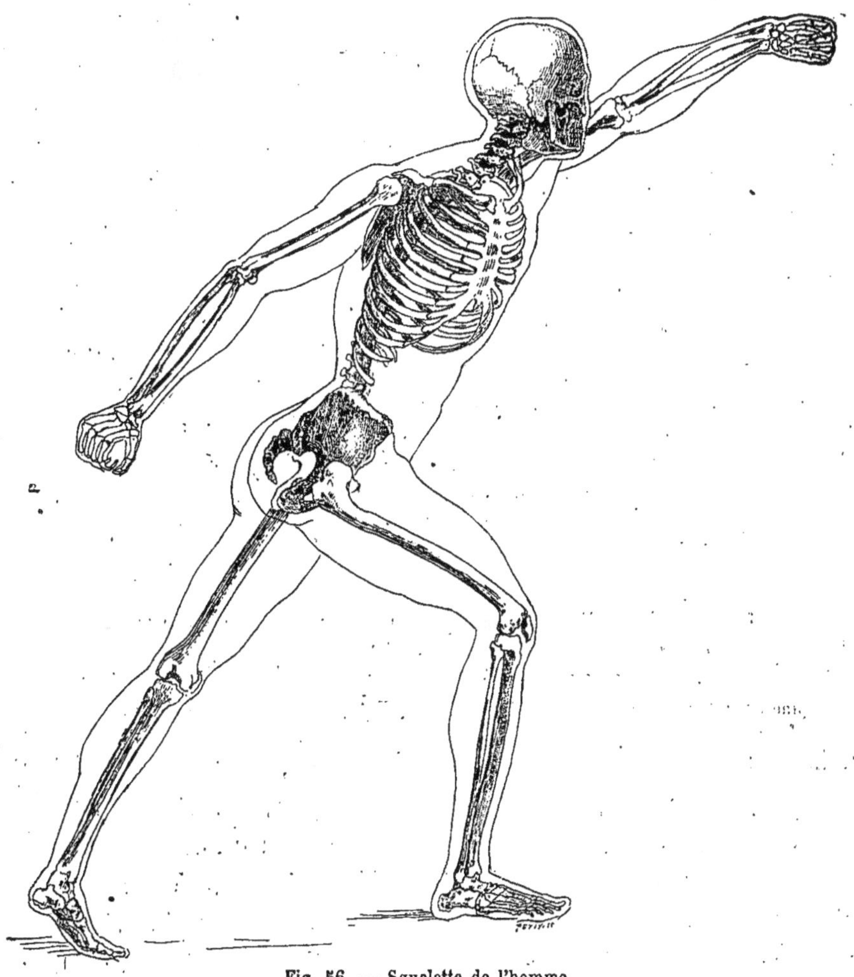

Fig. 56. — Squelette de l'homme.

corps. C'est d'ailleurs ce que chacun sait; mais ce que l'on connaît moins, ce sont les rapports qui existent entre toutes ces parties.

Voyons donc d'abord comment est construit ce squelette, puis habillons-le pour ainsi dire, recouvrons-le de ses muscles, de sa peau; passons en revue les organes qui assurent la vie et disons comment fonctionne cet ensemble.

Qu'est-ce donc qu'une vertèbre chez un animal adulte?

D'une façon schématique, la vertèbre offre : 1° une partie centrale, généralement cylindrique, qu'on nomme *corps de la vertèbre* ou *centre vertébral*, et qui supporte deux arcs : l'un dorsal, c'est l'arc neural (νεῦρον, nerf) qui contient la moelle épinière ; l'autre ventral, qu'on désigne sous le nom d'arc hémal (αἷμα, sang), parce qu'il contient des vaisseaux sanguins. L'arc neural est surmonté par une apophyse, dite *neurépine*, et présente sur les côtés, à la base, des

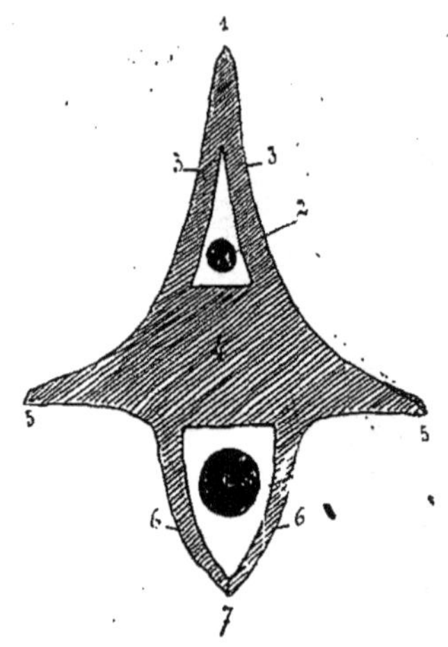

Fig. 57. — La vertèbre schématique offre un centre qui supporte deux arcs, l'un dorsal ou neural, l'autre ventral ou hémal.

1. Neurépine. — 2. Coupe du système nerveux. — 3. Arcs neuraux. — 4. Centrum ou corps de la vertèbre. 5. Apophyses transverses. — 6. Arcs hémaux. — 7. Union des deux arcs hémaux.

surfaces articulaires où s'articulent les côtes, quand elles existent.

Mais chez le jeune animal, chez l'embryon, la vertèbre n'est pas ainsi constituée. On voit des cellules réunies en un cordon cylindrique, sous les centres nerveux qui se développent ; c'est autour de cette *corde dorsale* que se constitueront les tissus qui deviendront les vertèbres. Cette corde dorsale disparaît généralement chez les vertébrés supérieurs, mais elle persiste chez ceux qui sont moins élevés en organisation, tels que les poissons.

Toutes les vertèbres n'offrent pas la même forme, la même structure ; mais les parties fondamentales que nous venons de décrire, restent toujours. Ces vertèbres placées les unes au bout des autres constituent donc, d'une part, un axe flexible comme les anneaux d'une chaîne, et un tube, le canal rachidien, qui contient les organes les plus délicats, le système nerveux qui commande à tout l'être.

Si nous considérons les vertébrés supérieurs, nous voyons qu'il faut distinguer certaines régions dans le rachis ou colonne vertébrale. Si nous prenons les mammifères pour exemple, et l'homme en particulier, nous distinguons cinq régions : les vertèbres du cou ou cervicales, les vertèbres du dos ou dorsales, les vertèbres des lombes ou lombaires, les vertèbres sacrées qui forment en se soudant une pièce unique, le sacrum, et les vertèbres coccygiennes.

Toutes ces vertèbres offrent des apophyses ou saillies, les unes sur les côtés ou *transverses*, les autres (4 pour chaque vertèbre) dites *articulaires*. Sur les côtés on trouve des échancrures qui, par leur réunion, forment des trous qui servent de passage aux nerfs partant de la moelle et qu'on nomme trous de conjugaison.

Dans cette colonne vertébrale on distingue donc plusieurs régions : les parties cervicale (7 vertèbres), dorsale (12), lombaire (5), sacrée (5), coccygienne (4).

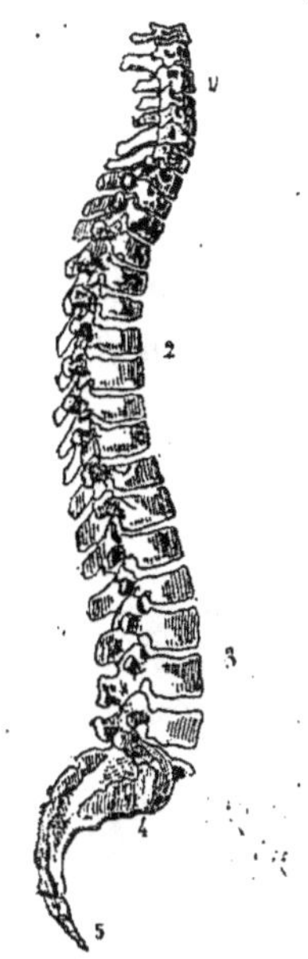

Fig. 58. — Dans cette colonne vertébrale on distingue plusieurs régions : les parties cervicale (1), dorsale (2), lombaire (3), sacrée (4), coccygienne (5).

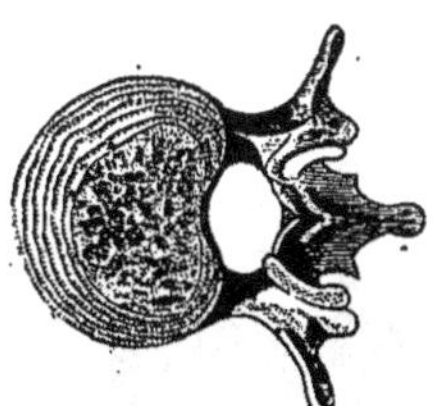

Fig. 59. — Vertèbre montrant le corps de la vertèbre, le trou vertébral et les apophyses épineuse et articulaires.

Les vertèbres cervicales offrent sur chacune des apophyses transverses un trou qui livre passage à l'artère vertébrale; mais parmi les sept vertèbres qui composent la région cervicale, encore faut-il établir une distinction. Ainsi la première vertèbre est en forme d'anneau, elle n'offre pas de *centre* ou *corps;* elle porte la tête; on l'a nommée *atlas*, par analogie avec Atlas, roi de Mauritanie, changé par Persée en une montagne si haute que l'on pensait qu'il portait le ciel sur ses épaules pétrifiées.

La seconde vertèbre a un centre surmonté d'une saillie ou apophyse *odontoïde*, qui permet à l'atlas, et par suite à la tête, de tourner comme autour d'un axe, du moins dans une certaine mesure.

Les douze vertèbres dorsales sont disposées pour s'articuler avec des arceaux mobiles, les côtes, qui entourent et protègent les viscères comme les barreaux d'une cage dite thoracique ou thorax.

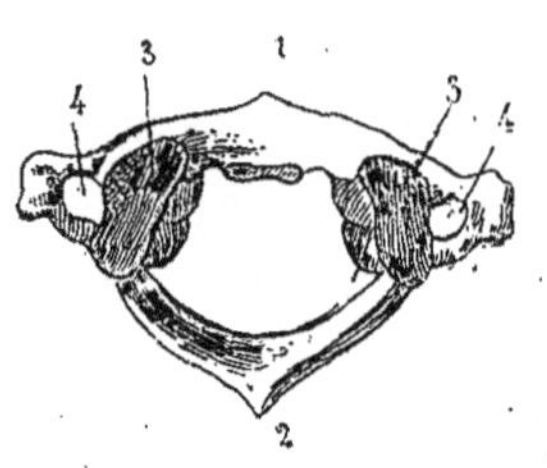

Fig. 60. — La première vertèbre ou atlas est en forme d'anneau.

1. Tubercule antérieur. — 2. Tubercule postérieur. — 3, 3. Facettes articulaires supérieures. — 4, 4. Trou de l'apophyse transverse.

Quant aux vertèbres sacrées, elles sont soudées de bonne heure et forment une seule masse osseuse aplatie, à concavité tournée en avant. Enfin les vertèbres coccygiennes terminent cet axe rachidien. Il n'y en a que quatre chez l'homme, on ne les voit pas au dehors; mais ce sont elles qui, plus grosses et plus nombreuses chez d'autres vertébrés, constituent la queue.

Les côtes, qui sont portées par les vertèbres dorsales, sont

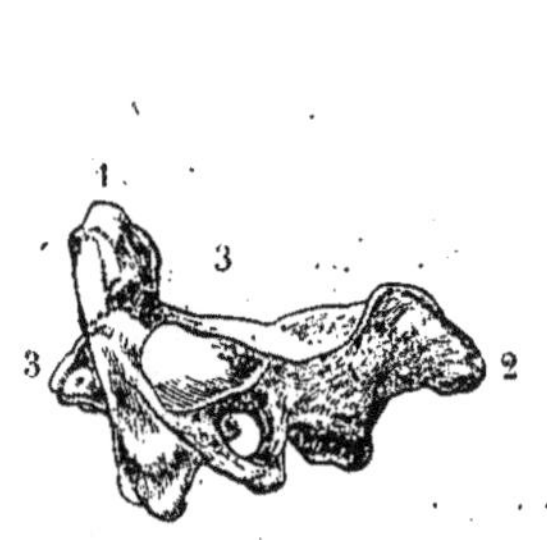

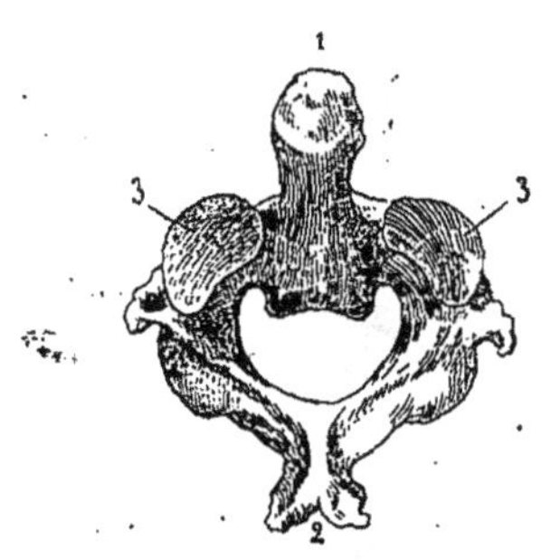

Fig. 61 et 62. — La seconde vertèbre a un centre (1) surmonté d'une saillie ou apophyse odontoïde, qui permet à l'atlas, et par suite à la tête, de tourner comme autour d'un axe (à gauche, vue de profil et à droite vue par derrière).

1. Apophyse odontoïde. — 2. Apophyse épineuse. — 3, 3. Facettes articulaires supérieures.

aplaties latéralement et se dirigent de haut en bas; elles sont reliées en avant de la poitrine par le moyen d'un os impair, le *sternum*, os plat, sans grande importance chez la plupart des mammifères, mais qui devient puissant chez les vertébrés bons voiliers, tels que les chauves-souris et les oiseaux.

Les deux dernières paires de côtes, chez l'homme, ne s'articulent pas avec le sternum et sont libres.

Chez les oiseaux surtout, le sternum devient une vraie carène, avec une crête médiane très saillante, c'est le bréchet. Là s'insèrent des muscles puissants et épais qui permettent aux oiseaux de voler avec rapidité et de se soutenir pendant fort longtemps dans les airs. D'après l'examen d'un sternum, un naturaliste peut dire si un oiseau est bon ou mauvais voilier. Si le bréchet est très développé, c'est une preuve que l'oiseau est bon voilier.

Quelquefois les côtes insérées sur les vertèbres dorsales n'aboutissent pas directement au sternum; alors tantôt ce sont des cartilages qui servent d'intermédiaires, tantôt des côtes dites *sternales* par opposition avec les premières qu'on nomme *vertébrales*, vont s'articuler avec ces dernières pour former une cage; c'est ce qu'on voit chez les oiseaux en particulier.

Dans la partie dorsale de la colonne vertébrale, les côtes et le

Fig. 63. — Sternum d'oiseau.
b. Bréchet. — *c*. Os coracoïde droit. — *f*. Fourchette formée par les clavicules. — *o*. Omoplate.

sternum forment le thorax, véritable cage qui renferme les organes de la respiration et de la circulation.

La colonne vertébrale se termine en haut par la tête, composée de deux parties : la face et le crâne, boîte osseuse qui contient les parties principales du système nerveux : cerveau, cervelet, moelle allongée, et les racines des nerfs qui en partent; c'est là le siège de l'intelligence; les parois du crâne sont épaisses et résistantes, pour mettre à l'abri des chocs des organes si délicats.

La face est pour ainsi dire le miroir où se peignent nos sentiments.

Les yeux, où se reflètent tous les objets qui se présentent devant nous, donnent au visage son expression. Les mouvements des muscles indiquent la colère ou le rire; il n'est pas jusqu'à la rougeur qui colore la peau sous l'influence de certaines émotions qui ne traduise les impressions ressenties par tout notre être.

Huit os plats, réunis entre eux par des sutures, par des dentelures des bords, composent la boîte crânienne.

Celui de ces os qui repose sur la première vertèbre ou atlas, est l'occipital ou occiput. En avant est le frontal ou coronal, qui forme le front; sur les côtés sont les deux pariétaux; les os qui forment les tempes et qui contiennent l'organe de l'ouïe sont les temporaux; et enfin l'hetmoïde, remarquable par une lame criblée dont

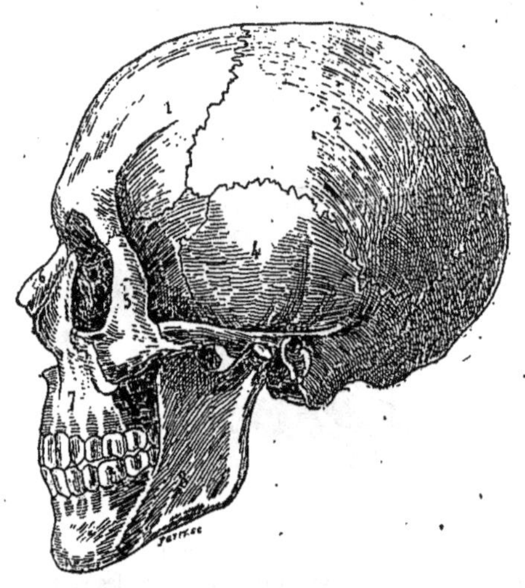

Fig. 64. — Crâne humain de profil.

1. Frontal ou coronal. — 2. Pariétal. — 3. Occiput. — 4. Temporal. — 5. Malaire. — 6. Nasal. 7. Maxillaire supérieur. — 8. Maxillaire inférieur.

les pertuis donnent passage aux nerfs olfactifs, et le *sphénoïde*, qui ressemble à un oiseau à deux ailes et qui constitue la base du crâne. Chez les mammifères, les os du crâne varient de forme, mais leur nombre est le même. Nous verrons les différences qu'ils présentent chez les autres vertébrés.

Quatorze os entrent dans la composition du squelette de la face : les maxillaires supérieurs, les os des pommettes ou malaires, les os du nez ou nasaux, les cornets inférieurs, les os unguis et les palatins. Tous ces os sont pairs et symétriques, mais il y en a deux autres qui sont impairs : le vomer et le maxillaire inférieur ou mâchoire mobile. Ils offrent des saillies ou des anfractuosités qui logent les organes de la vue, de l'odorat, du goût; et ce squelette facial, qui semble si laid, est revêtu de muscles et de peau qui peuvent lui donner la beauté, la grâce, le charme.

Nous venons de voir le tronc qui loge le cœur, les poumons, la tête qui commande au reste du corps. Examinons maintenant les membres qui nous mettent en rapport avec le monde extérieur.

Il y a deux membres supérieurs ou thoraciques et deux inférieurs ou abdominaux. Les premiers s'attachent au tronc dans la région de l'épaule, et les seconds dans la région du bassin.

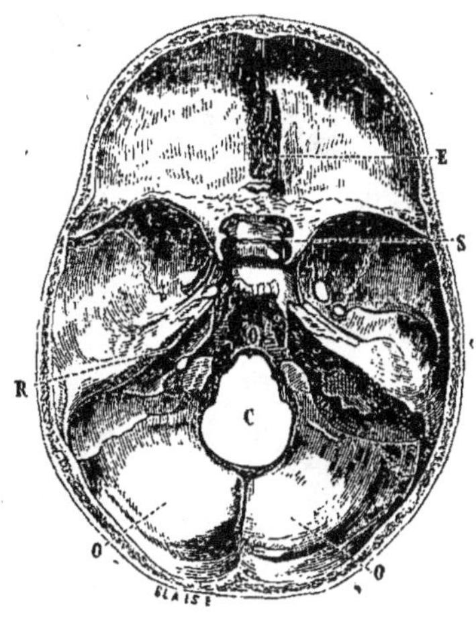

Fig. 65. — Coupe du crâne montrant la face interne de la base.
C. Trou occipital. — E. Ethmoïde. — O. Occipital. — S. Sphénoïde. — R. Rocher.

Les os des membres sont symétriques.

Le membre supérieur présente plusieurs régions.

L'épaule est la première, puis viennent le bras, l'avant-bras et la main, formés d'os placés bout à bout et articulés entre eux.

Trois os forment l'épaule : d'abord, en arrière, appliqué contre la cage thoracique, un os plat triangulaire, à base située en haut, portant sur sa face externe une crête énorme où s'insèrent des muscles, c'est le *scapulum* ou omoplate. Il offre, à son angle externe, une cavité où vient s'articuler l'os du bras ou humérus. Sur ce même angle se dresse une apophyse qui se porte en avant, l'apophyse coracoïde qui, chez les oiseaux et d'autres vertébrés, est séparée de l'omoplate et constitue un os spécial, le coracoïdien. Chez l'homme il est soudé. Un autre os en forme d'S allongé, la clavicule, s'articule à la fois avec le sternum et l'omoplate, servant d'arc-boutant à celle-ci, empêchant ainsi les deux épaules de venir se toucher en avant.

L'*humérus* (voy. *fig.* 67, 1) est l'os du bras dont la tête entre aussi dans la composition de l'épaule, et l'avant-bras est constitué par deux os, le radius et le cubitus, dont l'apophyse olécrane forme le coude. Ces deux os peuvent se croiser quand la paume de la

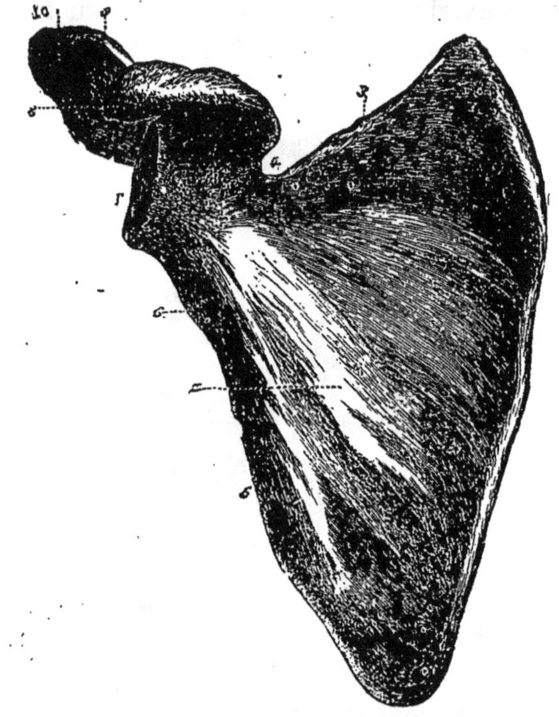

Fig. 66. — Omoplate vue par la face antérieure.

1. Fosse sous-scapulaire. — 2. Bord spinal de l'omoplate. — 3. Bord supérieur. — 4. Échancrure convertie en trou par un petit ligament. — 5. Bord antérieur de l'omoplate. — 6. Tubercule sous-glénoïdien. — 7. Cavité glénoïde. — 8. Apophyse caracoïde. — 9. Épine de l'omoplate. — 10. Acromion.

main est tournée en arrière. Quoi qu'il en soit, pour savoir où est le cubitus par rapport au radius, il suffit de se rappeler que le radius correspond au pouce et le cubitus au petit doigt.

Le membre antérieur est terminé par la main, organe dont les mouvements sont si compliqués et si parfaits qu'on a dit que l'homme ne doit sa supériorité sur les autres animaux qu'à sa main.

C'est aller trop loin, et cet instrument admirable ne serait guère utile à l'homme si celui-ci n'avait pas une intelligence pour lui commander.

Le poignet, qui a tant de souplesse, est le point articulaire des os de l'avant-bras avec ceux du *carpe*, os courts, disposés en deux rangs serrés et au nombre de huit.

A ces os font suite les os du métacarpe, beaucoup plus longs que les précédents et qui forment le squelette de la paume ou du dos de la main; il y en a cinq.

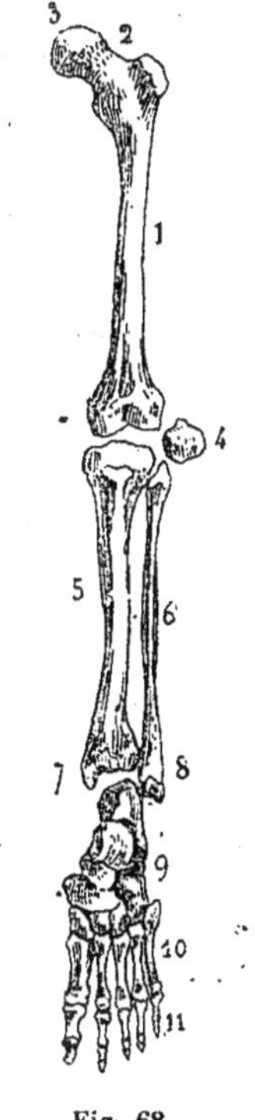

Fig. 68.
Cuisse, jambe et pied.

1. Fémur. — 2. Col du fémur. — 3. Tête du fémur. — 4. Rotule. — 5. Tibia. — 6. Péroné. — 7. Malléole interne. — 8. Malléole externe. — 9. Os du tarse. — 10. Os du métatarse. — 11. Phalanges.

Et à ceux-ci correspondent les cinq doigts, soutenus chacun par trois phalanges (phalange, phalangine et phalangette); seul le premier doigt externe, le pouce, n'en a que deux

Tels sont les bras et les mains. Arrivons maintenant aux membres inférieurs qui sont analogues aux supérieurs.

Nous y retrouvons une ceinture osseuse formée par les os du bassin; ce sont deux os volumineux composés eux-mêmes de trois os : ilium, pubis, ischion; les ischions, sur lesquels nous nous asseyons; les pubis réunis en avant en une symphyse dite « pubienne » et les iliaques qui forment les hanches.

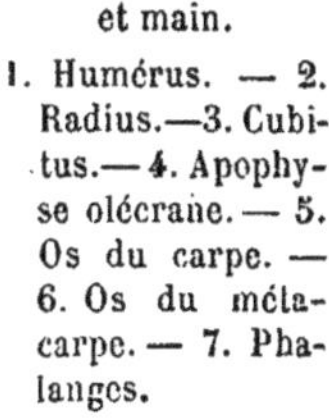

Fig. 67.
Bras, avant-bras et main.

1. Humérus. — 2. Radius.—3. Cubitus.— 4. Apophyse olécrane. — 5. Os du carpe. — 6. Os du métacarpe. — 7. Phalanges.

Le *fémur* (voy. *fig.* 68, 1) est l'os similaire de l'humérus; il forme la *cuisse*. Il s'articule en haut avec l'os iliaque et sa partie supérieure se coude, formant une tête presque sphérique séparée du corps de l'os par le col; c'est cette partie qui devient de plus en plus fragile à mesure qu'on avance en âge et dont la rupture est assez grave.

Les os du bras sont représentés dans la *jambe* par deux os, le *tibia* (voy. *fig.* 68, 5), le plus gros, et le péroné, très grêle, situé en dehors du tibia. La base de ces deux os constitue la cheville avec ses deux malléoles. Un petit os impair situé en avant de l'articulation du fémur et du tibia, la *rotule*, reliée au tibia par un ligament, contribue à former le genou.

Viennent ensuite les sept os du tarse, dont le premier, l'astragale, s'articule avec le tibia, et le second, le calcanéum, forme le talon; puis les os du métatarse qui sont les représentants des os du métacarpe, et enfin les orteils.

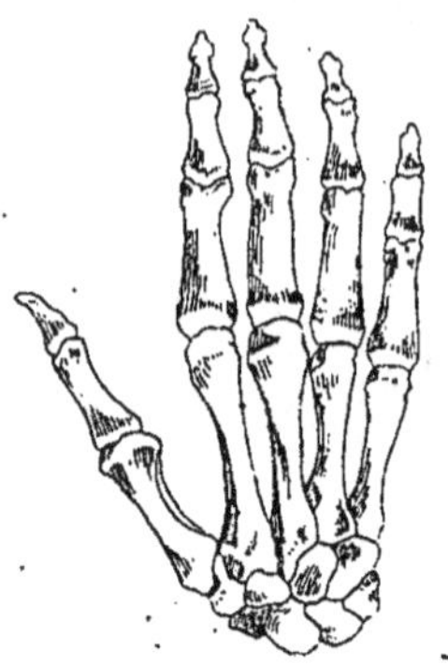

Fig. 69. Squelette de la main, vu en dessus.

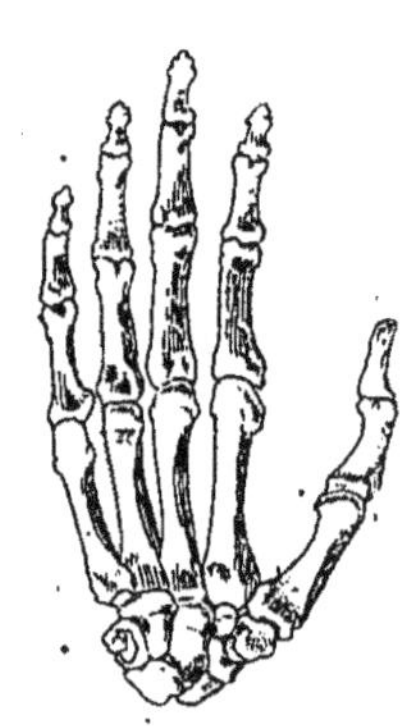

Fig. 70. Squelette de la main, vu en dessous.

Dans la main, le premier doigt est le pouce; le second, l'index; le troisième, le médius; le quatrième, l'annulaire; le cinquième, l'auriculaire. Le pouce est opposable aux autres doigts.

Dans le pied, le premier doigt est le gros orteil; il n'est pas opposable aux autres doigts qui sont courts et à peine susceptibles de mouvements. On cite cependant quelques personnes qui se servaient de leurs pieds pour peindre, par exemple.

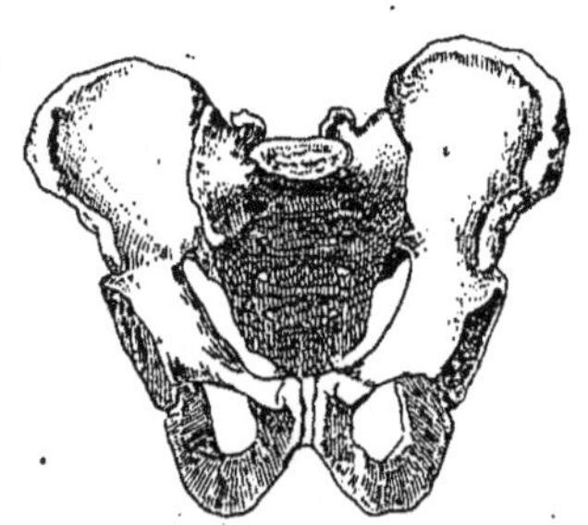

Fig. 71. — Ceinture du bassin ou des membres inférieurs.

Nous verrons plus tard que les singes sont pourvus de quatre mains, leurs pieds sont même pour eux leurs vraies mains. Aussi les appelle-t-on quelquefois des quadrumanes.

Tel est, dans sa simplicité, ce squelette; telle est cette carcasse qui donne à notre corps sa forme générale. Il n'était donc pas sans intérêt de commencer par son étude.

Mais quelle en est la structure intime?

Est-ce une gangue amorphe? — Non, c'est un tissu, le tissu osseux.— Les os sont formés, au début, par des cellules innombrables accolées les unes aux autres et qui s'encroûtent de substances minérales qui donnent aux os leur solidité. Ce sont des sels calcaires, carbonate et phosphate de chaux unis à la substance organique fondamentale qui produit la gélatine, en se décomposant.

Il y a des os *longs*, comme ceux des membres; des os *courts*, comme ceux du carpe et du tarse; des os *plats*, comme les os du

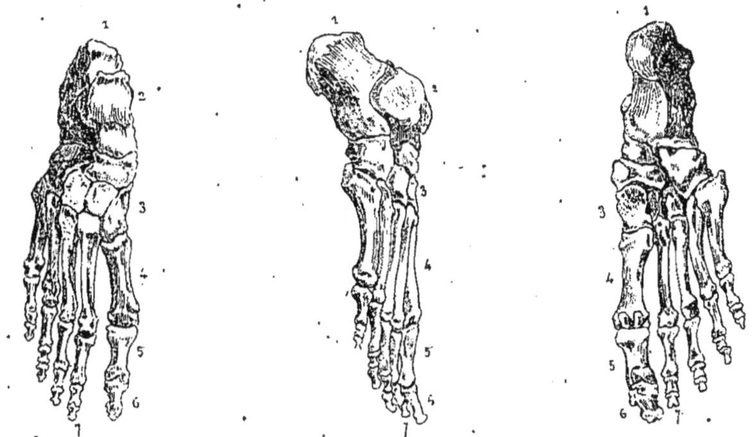

Fig. 72. — Pied vu en dessus. Fig. 73. — Pied vu de profil. Fig. 74. — Pied vu en dessous.

1. Calcaneum ou talon. — 2. Astragale. — 3. Os du tarse. — 4. Os du métatarse. — 5. Phalanges. 6. Phalangines. — 7. Phalangettes.

crâne; l'omoplate; mais tous, malgré leurs formes différentes, ont la même structure intime. Ils sont pour la plupart recouverts d'une couche fibreuse, le *périoste*, qui adhère fortement à leur surface et leur envoie les vaisseaux sanguins ramifiés dans son épaisseur, vaisseaux qui porteront le liquide nourricier dans le tissu de l'os. C'est grâce à cette couche périostique que les os brisés peuvent se réunir; c'est, en somme, le périoste qui régénère la substance osseuse.

Les os chez tous les vertébrés n'ont pas la même dureté; ainsi les requins, les raies, etc., sont des poissons dits cartilagineux, parce que leur squelette est formé de tissu cartilagineux. Chez les vertébrés supérieurs nous retrouvons bien ces cartilages; mais il n'y en a qu'en certains points du squelette.

Ils sont isolés, comme au bord des paupières, dans les

oreilles, etc.; ou bien ils entourent les extrémités des os à articulation mobile dont ils facilitent les frottements.

Tous ces os sont recouverts de muscles, qui sont les serviteurs obéissants du système nerveux, et qui, en se contractant, déterminent les mouvements. Et ces muscles ne sont autre chose que la chair, la viande que nous mangeons.

Ce sont eux qui donnent au tronc, aux membres, leur aspect, leur modelé, leur forme, variable suivant qu'ils sont en activité ou au repos.

Certains muscles sont fixés directement à la peau, à des cartilages, à d'autres muscles même; mais ils s'insèrent pour la plupart sur les os, au moyen d'aponévroses et de tendons. Ce sont ces tendons qu'on désigne à tort sous le nom de nerfs. N'entendons-nous pas constamment dire que telle viande est pleine de nerfs, est nerveuse? C'est une erreur : ces parties dures, élastiques, immangeables, ne sont autre chose que des tendons; nous verrons que les nerfs n'ont aucune ressemblance avec eux.

Ils sont nombreux, les muscles du corps humain : on en compte environ trois cent cinquante qui ont des noms spéciaux! Rassurez-vous, chers lecteurs, je n'ai pas l'intention de les étudier tous; il existe pour cela des livres d'anatomie descriptive; mais nous devons cependant citer les plus connus.

Il y a deux sortes de muscles; les uns sont placés sous la dépendance de la volonté, les autres agissent pour ainsi dire automatiquement; ces derniers, comme les premiers, sont bien dirigés par le système nerveux, mais ils accomplissent leurs mouvements sans que la volonté intervienne.

Tels sont, par exemple, les mouvements du cœur, les mouvements de la respiration, de la digestion.

Pouvons-nous empêcher notre cœur de battre ou arrêter les aliments que nous avons avalés et les faire revenir dans notre bouche, une fois qu'ils ont franchi le gosier pour pénétrer dans l'œsophage? Non (1). Les muscles qui agissent dans ces cas-là ne sont pas soumis à l'influence de notre volonté, ce sont des muscles

1. Des mammifères ruminants peuvent faire revenir dans la bouche les aliments qui ont subi une première trituration. Ils les mâchent alors, les mélangent à la salive, puis les avalent; c'est ce qui constitue l'acte de la rumination.

dits de la vie *organique;* ils sont formés d'ordinaire par la réunion de fibres lisses. Le cœur cependant, qui est un organe dont les mouvements sont indépendants de notre volonté, est constitué par des fibres striées.

Les muscles qui fonctionnent dès que nous leur en donnons l'ordre, sont formés par des faisceaux de fibres striées transversalement. Les premiers sont généralement moins colorés que ces derniers, qui sont rouges; ce sont ceux-ci qui forment en majeure partie la viande qui nous sert de nourriture.

Les muscles rouges ou de la vie animale, qui se contractent normalement sous l'effort de notre volonté, peuvent aussi agir en dehors de notre volonté comme les muscles de la vie organique. Lorsque vous touchez un objet très chaud, vous ne pouvez vous empêcher de retirer brusquement la main. Ne bâillez-vous pas si quelqu'un bâille auprès de vous? Ne vous est-il pas arrivé, après une émotion, ou bien saisi par le froid, d'être pris de tremblements et de claquer les dents?

Eh bien! ce sont là des actions réflexes.

Que de mouvements nous accomplissons presque sans nous en douter! Quand nous marchons, pensons-nous à faire remuer nos jambes? Quand nous parlons, réfléchissons-nous aux mouvements de nos lèvres, de la langue et de la mâchoire?

Lorsque j'écris ces lignes, je ne sais vraiment pas quels mouvements exécutent mes doigts pour diriger ma plume et tracer les lettres.

Pierre Loti, dans son charmant roman *Pêcheur d'Islande,* décrivant une tempête dans les mers glacées, montre que, dans certains cas, l'on agit en quelque sorte sans y penser. Deux hommes dans une frêle embarcation chantent en cadence et rament avec force pour résister aux éléments en furie.

« A travers leurs lèvres devenues blanches, le refrain de la vieille chanson passait encore, mais comme une chose aphone, reprise de temps à autre inconsciemment. L'excès de mouvement et de bruit les avait rendus ivres; ils avaient beau être jeunes, leurs sourires grimaçaient sur leurs dents entre-choquées par un tremblement de froid; leurs yeux à demi fermés sous les paupières brûlées qui battaient, restaient fixes dans une atonie farouche. Rivés à leur barre comme deux arcs-boutants de marbre, ils faisaient, avec leurs mains crispées et bleuies, les efforts qu'il fallait, presque sans penser, *par simple habitude des muscles.* »

Notre but n'étant pas de faire une étude particulière des mouvements involontaires, je m'arrête ici; ces exemples suffiront, je pense.

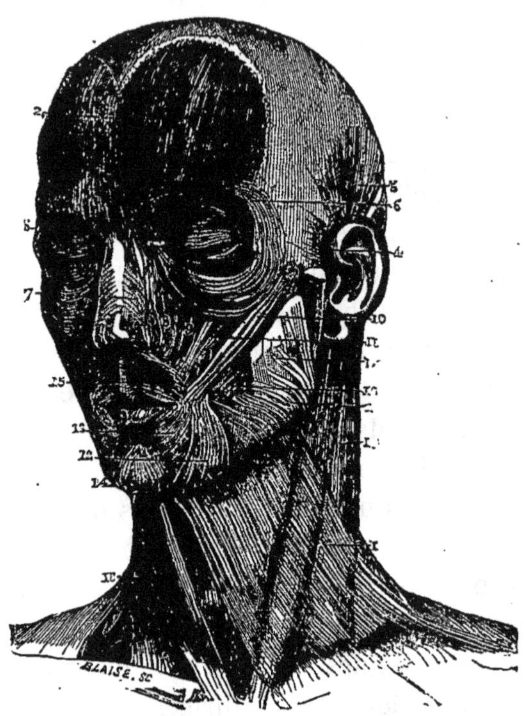

Fig. 75. — Muscles de la face.

1. Muscle peaucier. — 2. Muscle frontal. — 3. Muscle pyramidal. — 4. Muscle auriculaire antérieur. — 5. Muscle auriculaire supérieur. — 6. Muscle orbiculaire des paupières. — 7. Muscle triangulaire du nez. — 8. 9. Muscle élévateur commun de l'aile du nez et de la lèvre supérieure. — 10. Muscle grand zygomatique. — 11. Muscle petit zygomatique. — 12. Muscle triangulaire des lèvres. — 13. Muscle carré du menton. — 14. Muscle de la houppe du menton. — 15. Muscle orbiculaire des lèvres. — 16. Muscle buccinateur. — 17. Muscle masséter. — 18. Muscle sterno-cléido-mastoïdien.

Quant aux mouvements si variés que le corps peut accomplir volontairement, les muscles qui les exécutent sont sous la dépendance du cerveau, et lorsque celui-ci est détruit par un ramollissement de certaines parties de sa substance, les muscles n'agissent plus lorsque la volonté commande : il y a paralysie.

Ces muscles volontaires sont tous *moteurs*, mais ceux qui arrêtent un mouvement sont des *antagonistes*.

On appelle *fléchisseur* un muscle qui fait fléchir un os sur un autre, et ceux-ci ont naturellement pour antagonistes les *extenseurs* qui ramèneront les os dans leur position première, en les redressant.

D'autres muscles produisent des mouvements de rotation, ce

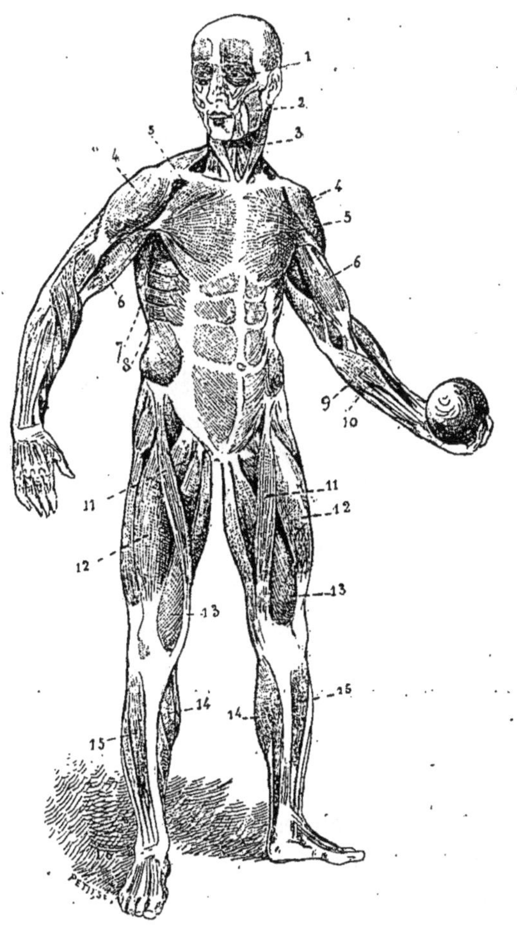

Fig. 76. — Un écorché, c'est-à-dire le corps humain dépouillé de sa peau.

1. Orbiculaire des paupières. — 2. Masséter. — 3. Sterno-cléido-mastoïdien. — 4. Deltoïde. — 5. Grand pectoral. — 6. Biceps brachial. — 7. Grand dorsal. — 8. Grand dentelé. — 9. Grand palmaire. — 10. Petit palmaire. — 11. Couturier. — 12. Droit antérieur. — 13. Vaste interne. — 14. Jumeau interne. — 15. Jambier antérieur. — 16. Ligament annulaire antérieur du tarse.

sont des *rotateurs ;* d'autres rapprochent les membres du tronc ou d'une ligne médiane, ce sont les *adducteurs;* d'autres ont une action contraire, ce sont les *abducteurs*.

L'expression du visage dépend en partie du regard. L'œil en

lui-même exprime peu, si les paupières, bordées par les cils, ne venaient accentuer sa douceur ou sa dureté.

Deux muscles concourent à cet effet : l'un préside à l'occlusion de l'orifice palpébral, c'est le *muscle orbiculaire*, qui joue aussi un rôle important dans l'absorption des larmes, dans la production du sommeil et dans l'acte du clignement, étalant alors le fluide lacrymal au-devant de l'œil. C'est un véritable sphincter, ce muscle orbiculaire; il se comporte à la façon d'une boutonnière dont les lèvres s'écartent et se rapprochent tour à tour.

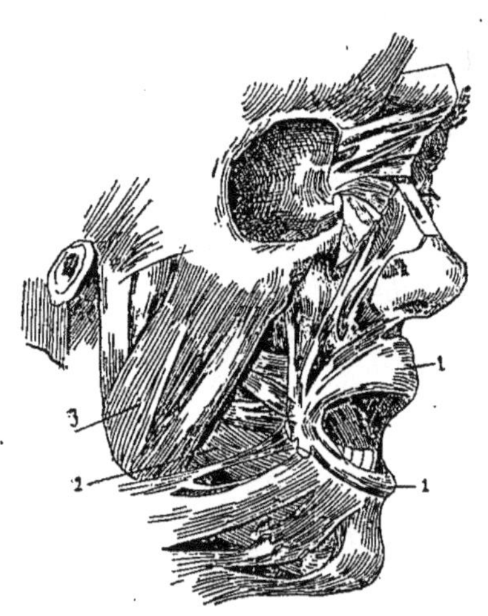

Fig. 77. — C'est le masséter qui s'insère d'une part à l'arcade zygomatique, et de l'autre au bord inférieur de la branche de la mâchoire inférieure, à l'angle et à la face externe de cet os. 1. Sphincter buccal. — 2. Buccinateur. — 3. Masséter (d'après Cruveilhier).

L'antagoniste de ce muscle est l'*élevateur* de la paupière supérieure, qui est destiné à dilater l'orifice palpébral.

Quel est le muscle qui nous permet de serrer les mâchoires, de maintenir fortement entre nos dents des corps solides, de mâcher? C'est le *masséter*, qui s'insère d'une part à l'arcade zygomatique, de l'autre au bord inférieur de la branche de la mâchoire inférieure, à l'angle et à la face externe de cet os.

C'est ce muscle qui en se contractant forme un relief que l'on aperçoit sous la peau de la joue.

Le muscle qui sert à rapprocher les bras des parois thoraciques, le *grand pectoral*, est, chez les oiseaux bons voiliers, très épais et forme ce qu'on appelle vulgairement le *blanc*.

Le moignon de l'épaule doit sa forme arrondie à un muscle volumineux et puissant, le *deltoïde*, ainsi nommé à cause de sa ressemblance avec un delta grec renversé ∇. Un joli bras lui doit son aspect gracieux. Sa situation, sa puissance montrent qu'il est abducteur et qu'il a de grands efforts à supporter.

Chacun connaît ce muscle que l'on sent se contracter, que l'on montre pour indiquer la force d'un individu, en posant la paume de la main sur la partie interne du

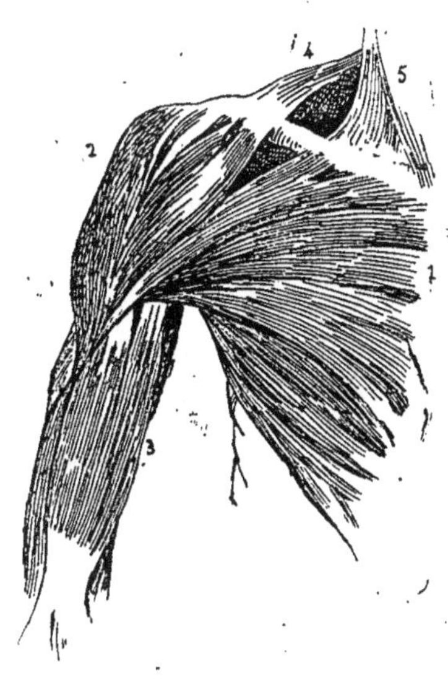

Fig. 78. — Muscles de la poitrine, de l'épaule et du bras.

1. Grand pectoral. — 2. Deltoïde. — 3. Biceps brachial. — 4. Trapèze. — 5. Sterno-cléido-mastoïdien.

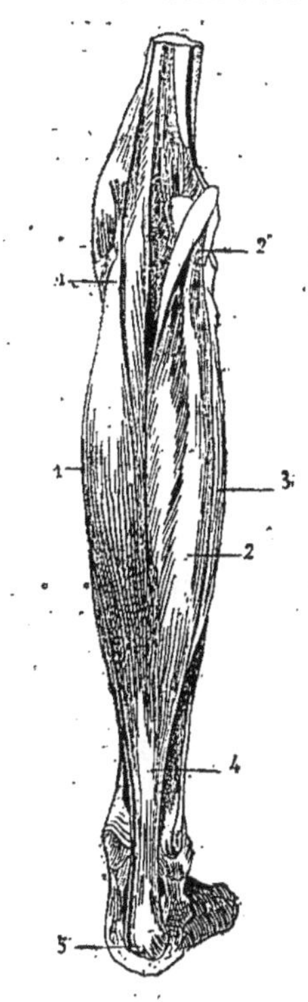

Fig. 79. — Les deux muscles jumeaux, situés à la partie postérieure de la jambe, forment le mollet.

1, 2. Muscles jumeaux. — 3. Soléaire. — 4. Tendon d'Achille. — 5. Talon.

bras; c'est le *biceps brachial*, qui fléchit l'avant-bras sur le bras.

Citons encore les deux muscles jumeaux situés à la partie postérieure de la jambe et qui forment le *mollet*; ces deux muscles, l'un interne, l'autre externe, séparés en haut, s'insèrent chacun au condyle correspondant du fémur; ils sont au contraire réunis inférieurement à un troisième muscle, et se terminent par un énorme faisceau fibreux que l'on sent comme une corde derrière le talon, le *tendon* d'Achille.

Dans cette énumération tout anatomique, nous ne devons pas passer sous silence le *fessier*, auquel l'homme doit sa station verticale, et sur lequel nous nous asseyons.

Mais il ne faut pas croire que les muscles puissent se contracter indéfiniment; au bout d'un certain temps survient la fatigue. Alors on est obligé de faire des efforts pour continuer le mouvement commencé et, si l'on veut le prolonger trop, on peut éprouver, dans les muscles en action, une véritable douleur jointe à cette lassitude. Le repos est le meilleur remède pour réparer les forces perdues.

Cette fatigue, d'où vient-elle? De même qu'une roue qui tourne finit par s'user, de même « un muscle qui travaille consomme en quelque sorte sa propre substance... ». La fatigue musculaire « est la conséquence des métamorphoses qui s'accomplissent dans le muscle en activité, et se trouve liée, par conséquent, aux actions de nutrition, c'est-à dire aux actions chimiques qui accompagnent le travail musculaire... ». Quant au sentiment de la fatigue, c'est-à-dire cette douleur spéciale qu'engendre le travail musculaire énergique et prolongé, le point de départ de cette sensation est évidemment dans le sein du muscle lui-même. C'est l'excitation déterminée sur les rameaux nerveux sensitifs du muscle par les produits excrémentiels de la contraction, qui en est la cause. La sensation de la fatigue est une sensation organique, analogue à toutes celles qui concourent à la conservation de l'individu; elle commande impérieusement le repos, et elle conduit par là même à la réparation [1].

Les muscles peuvent se contracter encore quelque temps après la mort. Il est même des animaux où cette contraction persiste fort longtemps, surtout chez des vertébrés inférieurs et des invertébrés.

On la constate chez l'homme encore au bout de trois, quatre ou cinq heures après la mort, jusqu'au moment où survient la rigidité cadavérique.

Chez les suppliciés ou les suicidés, c'est-à-dire les individus morts brusquement, en plein état de santé, elle continue encore pendant les dix à douze heures qui suivent la mort. Après ce laps

1. J. Béclard. *Traité de physiologie*, 2e partie, page 76.

de temps (trois ou cinq heures pour les individus morts naturellement, et dix ou douze heures pour les décapités, etc.), les membres deviennent raides, ils sont pliés difficilement.

Cette rigidité cadavérique, que les chasseurs ont bien souvent remarquée sur les pièces de gibier, ne dépend pas du tout du système nerveux; certains physiologistes l'attribuent à la coagulation du sang dans les muscles; d'autres, et en particulier Béclard, pensent que la rigidité a son siège dans le tissu musculaire même. Ce serait, en somme, une modification chimique de la substance musculaire qui la produirait. Je citerai encore ici l'opinion de Béclard : « Mais si la coagulation du sang est difficile à expliquer, la rigidité des muscles après la mort se prête plus facilement à l'interprétation.

« Il est permis de penser que c'est à l'accumulation des produits de métamorphoses que la circulation ne peut plus entraîner et qui s'accumulent au sein des muscles, qu'est due la solidification de la myosine.

« La fatigue musculaire, conséquence du travail forcé des muscles et qu'accompagne la production de l'acide lactique, n'est en quelque sorte qu'une rigidité musculaire imminente, laquelle se confirmerait si le repos qu'entraîne le sentiment de la fatigue ne suspendait pour un temps le travail exagéré des métamorphoses musculaires, et si, en même temps, le départ des produits de la contraction, ainsi que l'apport de l'oxygène par les voies de la circulation, ne déterminaient sur l'animal vivant la restauration du muscle. Lorsque la mort surprend brusquement le système musculaire dans cet état particulier d'épuisement, la rigidité cadavérique débute presque immédiatement. »

Il serait intéressant de décrire le mécanisme des mouvements divers exécutés par l'homme et les animaux, mais cela nous entraînerait beaucoup trop loin, et nous ne pouvons mieux faire que de renvoyer aux magnifiques recherches de M. Marey, de l'Institut.

Nous venons d'esquisser rapidement la description du squelette et de montrer ce que sont les muscles qui lui font exécuter des mouvements. Mais ces muscles ne sont au contact de l'air que sur l'écorché ! Ils sont recouverts chez le vivant par la peau et par un pannicule graisseux qui, chez la femme surtout, régularise, adoucit les formes du corps. La peau est très extensible, élastique et présente une certaine résistance. C'est dans la peau que réside essentiellement le sens du tact dont nous nous occuperons plus tard; c'est donc par son intermédiaire que nous nous rendons compte de la présence, de la forme des corps qui nous environnent et du degré de température des agents extérieurs.

C'est aussi dans la peau que sont placées les glandes sudoripares qui sécrètent la sueur; de cette façon sont entraînés au dehors, expulsés, une partie des déchets de la nutrition; mais en outre la peau est le siège d'une respiration dite cutanée, et par la sécrétion de la sueur elle règle la température du corps, température qui est constante, et qui normalement est de 37° 6. En effet, après des mouvements violents, après une course, la température du corps s'élève, mais la sueur est sécrétée, et par suite de son évaporation un équilibre s'établit et le corps reprend sa température normale. Cependant lorsqu'on a la fièvre, elle peut atteindre 41°.

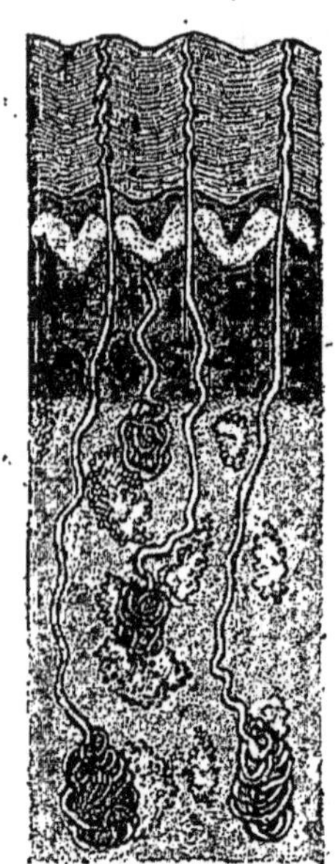

Fig. 80. — Coupe grossie de la peau, avec des glandes sudoripares.

Deux couches principales composent la peau : l'une, l'épiderme, externe, mince, privée de nerfs et de vaisseaux sanguins; l'autre, interne, le derme, plus épaisse, traversée par des vaisseaux sanguins et lymphatiques, et par de nombreux nerfs dont les terminaisons ultimes se rendent dans les corpuscules du tact, formant dans la paume de la main des papilles dont les saillies déterminent des lignes régulières et disposées concentriquement à l'extrémité interne des doigts.

Sur ces lignes on peut distinguer des petits pores qui ne sont autre chose que les ouvertures des glandes sudoripares, c'est par là que la sueur perlera au dehors.

L'épiderme est la véritable enveloppe protectrice du corps; il est formé de cellules aplaties et qui, devenant de plus en plus sèches à mesure qu'elles sont plus superficielles, constituent une couche dite cornée. Elle acquiert parfois une assez grande épaisseur, en particulier au talon; ou bien forme ce qu'on appelle des durillons en devenant calleuse par suite d'un frottement. C'est encore cette couche cornée qui se soulève lorsqu'une cloque se produit après une brûlure. Cette partie de l'épiderme est presque imperméable.

Sous elle on découvre deux autres couches épidermiques : d'abord le réseau de Malpighi ou muqueux, puis la plus profonde ou couche pigmentaire. Le pigment qui colore la peau des nègres et qui est plus ou moins abondant en certaines parties du corps des blancs, se développe dans son épaisseur.

Le chorion ou derme est situé en-dessous de cette couche pigmentaire. Il est épais, plus résistant que l'épiderme; des fibres élastiques et de tissu la-

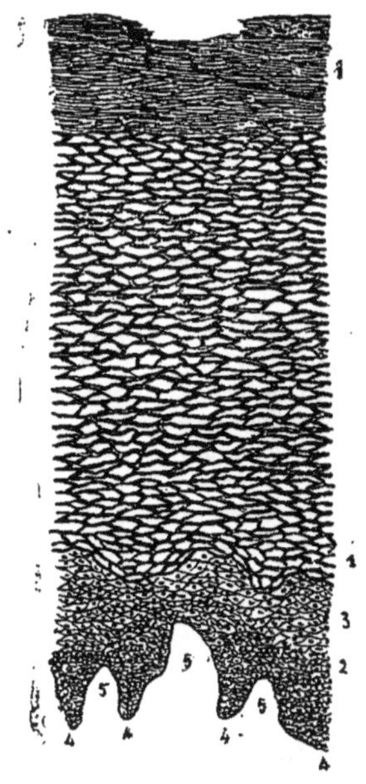

Fig. 82. Coupe de l'épiderme (grossi).
1. Épiderme (couche cornée). — 2. Couche pigmentaire. — 3. Couche muqueuse ou réseau de Malpighi. — 4. Derme. — 5. Papilles dermiques.

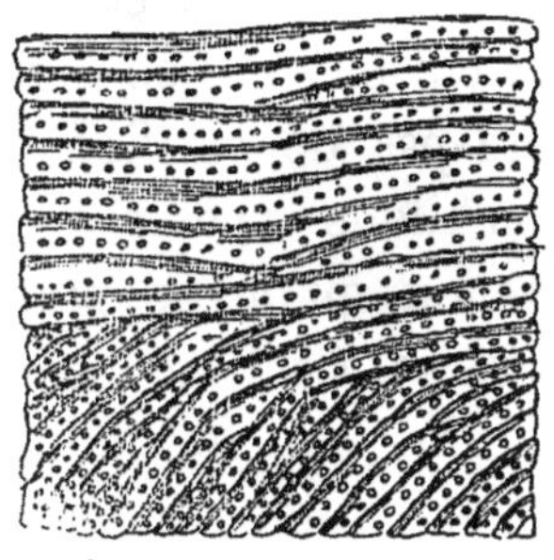

Fig. 81.— . grossies de l'extrémité des doigts · ouverture des glandes sudoripares.

mineux et des fibres-cellules contractiles entrent dans sa constitution. De nombreux nerfs et vaisseaux sanguins et lymphatiques le parcourent.

Lorsqu'on se coupe, il est bien rare qu'on atteigne les muscles; le plus souvent l'épiderme et le derme seuls sont lésés.

Les poils sont implantés dans le derme; nous en reparlerons plus tard.

La peau, ainsi formée, revêt la totalité du corps; mais sur le bord des lèvres, au bord des paupières, des narines, au bord de tous les orifices naturels du corps, en un mot, la peau s'arrête, se modifie en quelque sorte, et une membrane d'une constitution un peu différente y fait suite. Il n'y a plus d'épiderme : le revêtement est un épithélium.

Voilà bien des mots! il ne faut pas les laisser plus longtemps sans explication. Il est temps de dire comment sont constituées toutes les parties dont l'ensemble forme le corps, c'est-à-dire d'expliquer la structure intime des tissus avant d'aborder l'étude des organes.

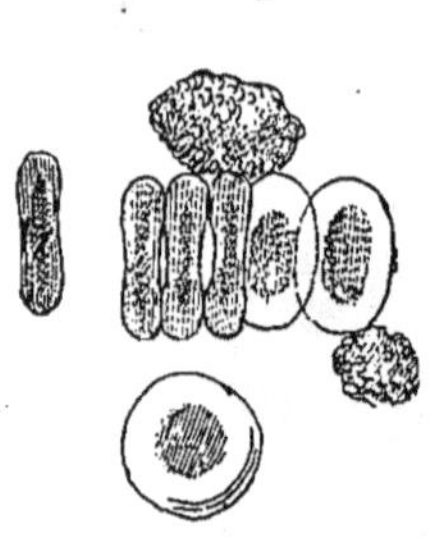

Fig. 83.
Globules du sang.

La partie colorante du sang n'est autre chose qu'une multitude de petits organites en forme de disques biconcaves; on les nomme les globules rouges ou hématies. Sur la figure ci-dessus on voit aussi en haut un globule blanc qui est granuleux et en bas, à droite, un globulin.

Les tissus qui forment toutes les parties du corps, sont constitués par un assemblage de cellules infiniment petites; si petites, la plupart du temps, que la vue simple ne suffit pas pour les apercevoir : il est nécessaire d'employer un instrument grossissant, un microscope pour les distinguer.

De nos jours, il est facile de se procurer un microscope; l'usage en est simple, et nous pensons que le lecteur curieux des choses de la nature ne manquera pas de vérifier lui-même les faits que nous allons exposer.

Lorsqu'on se coupe ou qu'on se pique, le sang s'écoule de la plaie. Ce beau liquide rouge se noircit bientôt, se coagule, et alors on voit que ce sang se divise en deux parties : l'une jaune, liquide, le sérum; l'autre qui se solidifie, c'est le caillot formé par les parties solides du sang. Elles sont réunies comme dans les mailles d'un filet par une autre substance tenue en solution dans le sang lorsqu'il coule dans les vaisseaux et qui, se prenant en masse quand le sang est au contact de l'air et dans d'autres circonstances encore, enserre pour ainsi dire les corps solides tenus en suspension; cette substance est la fibrine.

Les équarrisseurs la connaissent bien, cette fibrine, et lorsqu'ils veulent conserver du sang liquide, ils ont soin de battre celui-ci avec des sortes de petits balais. La fibrine alors s'attache aux brindilles et le sang reste liquide, le caillot ne peut plus se former.

Mais ce sang rouge qui demeure liquide, examinons-le au microscope. Nous verrons que ce n'est pas un simple liquide coloré en

D'après une photographie de A. Block, éditeur.

FIG. 84. — UNE LEÇON DE PHYSIOLOGIE DE CLAUDE BERNARD

rouge. Non, la partie liquide est transparente et jaunâtre, c'est le sérum, et la partie colorante du sang n'est autre chose qu'une multitude de petits organites en forme de disques biconcaves; on les nomme les globules rouges ou *hématies*. Il en faut 125 placés à côté les uns des autres pour faire un millimètre : aussi dit-on qu'ils ont un cent-vingt-cinquième de millimètre $\frac{1}{125}$. Toute leur substance n'est pas rouge; la partie centrale seulement est colorée par de l'hématosine ou hémoglobine.

Chez les grenouilles, au lieu d'être arrondis, les globules rouges sont ovalaires et possèdent au milieu une partie plus dense, le noyau ou nucléus.

Ces hématies de la grenouille sont beaucoup plus grosses que celles de l'homme, on peut presque les voir à l'œil nu ou à l'aide d'une loupe.

Fig. 85. Globules rouges de la grenouille.

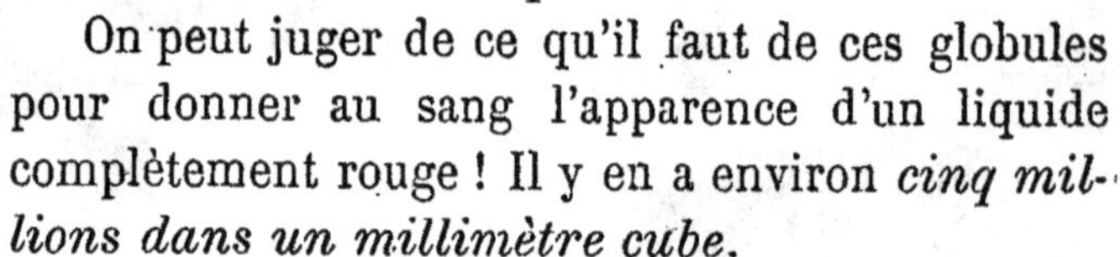

On peut juger de ce qu'il faut de ces globules pour donner au sang l'apparence d'un liquide complètement rouge ! Il y en a environ *cinq millions dans un millimètre cube.*

Outre les globules rouges, il y a les globules blancs ou leucoties, qui sont plus gros, granuleux et sphériques. Ils méritent donc bien plutôt le nom de globules que les hématies. On trouve aussi dans le sang d'autres corpuscules plus petits : les globulins.

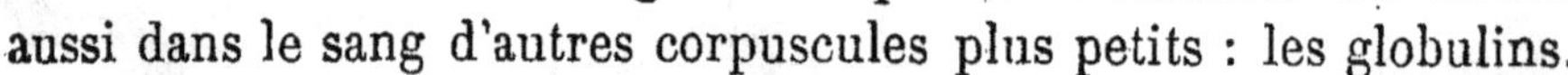

Ces organites sont libres et circulent dans les vaisseaux. Mais toutes les cellules du corps ne sont pas ainsi isolées; elles sont au contraire réunies et forment les tissus.

Quels sont donc ces tissus ?

Nous n'indiquerons ici que les principaux types, car leur étude nous entrainerait beaucoup au delà du cadre de notre ouvrage. Il y a pour cela des livres spéciaux très complets.

Nous venons de voir que le corps est recouvert par une enveloppe protectrice, l'épiderme, formé par la juxtaposition de cellules arrondies, plus ou moins plates; mais nous avons dit qu'à cet *épiderme* fait place un *épithélium* sur les surfaces des cavités naturelles du corps. Ainsi la langue, les joues, le tube digestif, etc..., les *muqueuses* en un mot, sont revêtus d'un épithélium.

Les cellules *muqueuses* sont formées d'une substance hyaline, finement granulée et pourvue d'un noyau vers le centre, visible à cause de sa densité plus grande et de son aspect plus brillant. Elles sont fort petites, ces cellules, car dans un millimètre il en tiendrait

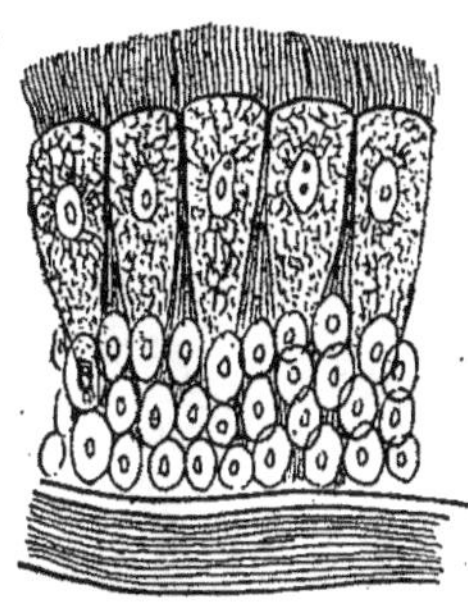

Fig. 86.
Épithélium cylindrique à cils vibratiles stratifié de la trachée artère.

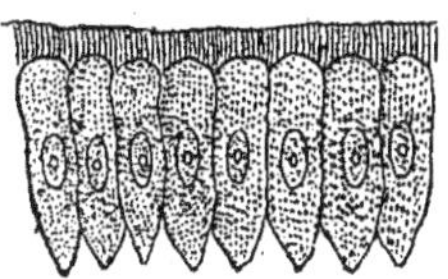

Fig. 87.
Cellules d'épithélium cylindrique vibratile simple.

600 à 800. Cette matière hyaline qui constitue la partie principale de la cellule, est le protoplasma dont nous avons parlé dans le livre Ier. Dans certains cas ces cellules, qui sont très aplaties, au lieu d'offrir un contour arrondi, se touchent par leurs bords, et

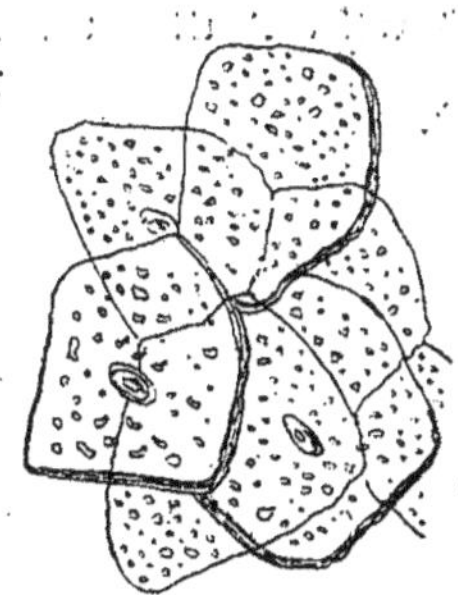

Fig. 88.
Cellules d'épithélium pavimenteux simple.

Fig. 89.
Cellules d'épithélium sphérique.

alors, ceux-ci s'aplatissant, elles ont une forme d'hexagone assez régulier.

Les glandes sont formées aussi par la juxtaposition de cellules.

Tous les tissus n'offrent pas des cellules à contour arrondi ou hexagonal; quelquefois elles sont allongées et présentent deux extrémités.

D'autres fois, ne se touchant pas, elles sont réunies entre elles par des prolongements et constituent un tissu aréolaire que l'on rencontre entre ces différents organes ; c'est un tissu *conjonctif*, qui peut être élastique et devient alors un tissu fibreux (aponévroses, ligaments, etc...).

Fig. 90. — Tissu élastique.

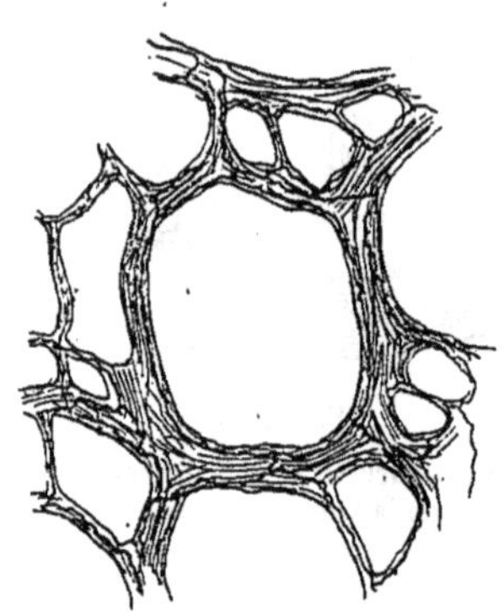

Fig. 91. — Tissu conjonctif.

Un mot encore pour compléter cette esquisse anatomique du corps humain.

A l'extrémité des os, chacun a pu remarquer une substance

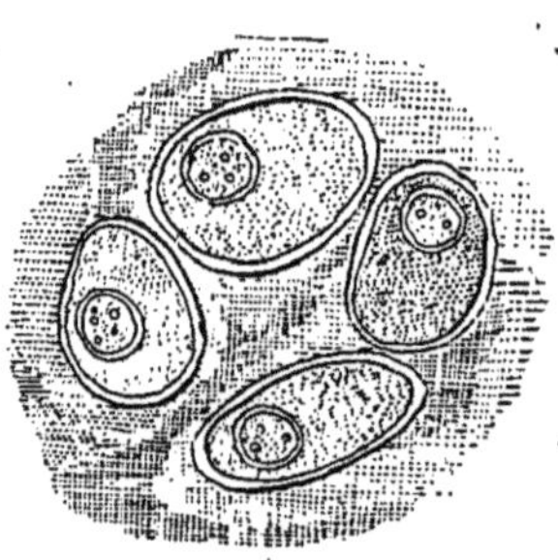

Fig. 92. — Tissu cartilagineux.

blanche, brillante, résistante, lisse, élastique; c'est le tissu cartilagineux. Vue au microscope cette substance apparaît comme une gangue transparente, amorphe, parsemée de sortes de capsules qui contiennent toutes une, deux, trois, quatre cellules arrondies, à protoplasme granuleux, présentant un gros noyau.

Les os ont une structure comparable à celle des cartilages, mais la substance amorphe s'encroûte de matières minérales (phosphate de chaux en particulier).

Si l'on vient à scier en travers un os long, tel que celui de la jambe par exemple; si l'on peut détacher une lamelle perpendicu-

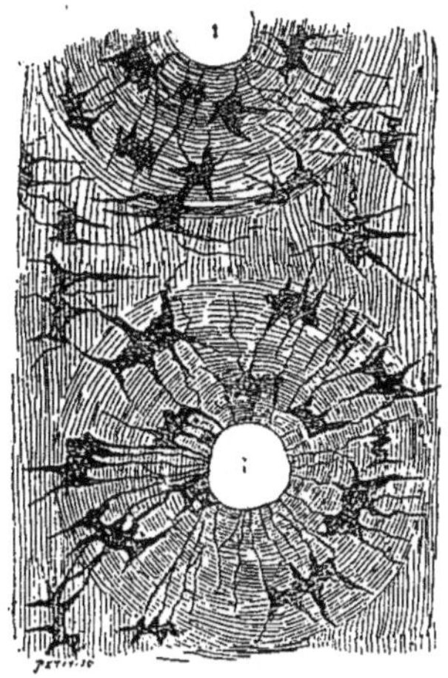

Fig. 93. — Coupe horizontale dans le tissu osseux.

1. Canaux de Havers. Les étoiles noires sont des ostéoplastes avec leurs canalicules osseux.

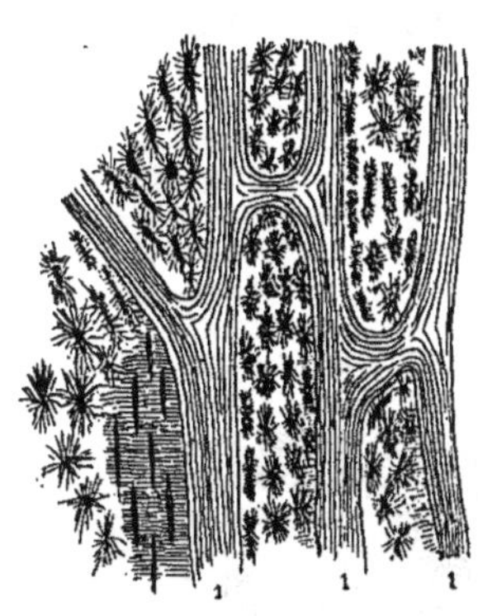

Fig. 94. — Coupe superficielle d'un os long.

1. Canaux de Havers longitudinaux et parallèles à l'os dans son grand axe. Ils s'anastomosent transversalement. On voit les ostéoplastes avec leurs canalicules osseux.

laire à la longueur de l'os et l'user à l'aide d'une pierre ponce, de façon à rendre cette lamelle assez transparente pour être vue au microscope, on constatera, même avec un faible grossissement, que

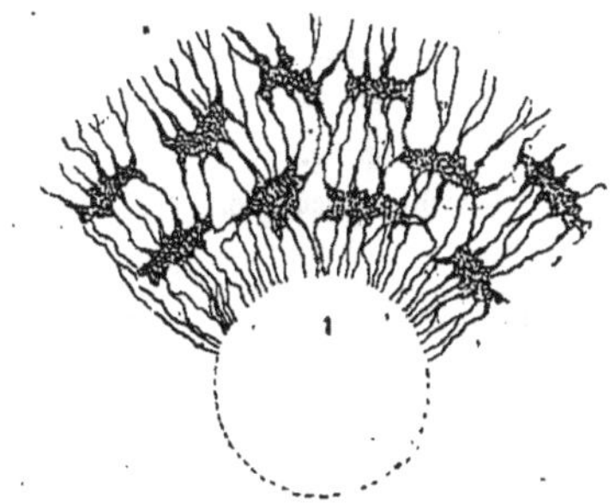

Fig. 95. — 1. Canal médullaire d'un os long dans lequel s'ouvrent les canalicules osseux.

l'os qui semble si compact et qui est si dur, est plutôt poreux et d'une contexture assez compliquée.

Des orifices plus ou moins réguliers indiquent des canaux parallèles à la longueur de l'os et destinés au passage des vaisseaux sanguins nourriciers; autour de ces canaux de Havers, on aperçoit de petites cellules étoilées, les ostéoplastes, qui, par des canalicules d'une finesse extrême, communiquent entre eux. C'est là que sont contenues les cellules vivantes protoplasmiques.

Dans les cellules du tissu conjonctif se rencontre un autre tissu, qui joue un grand rôle dans l'économie animale, c'est la graisse, sorte de réserve nutritive. Le tissu graisseux ou *adipeux*, suivant

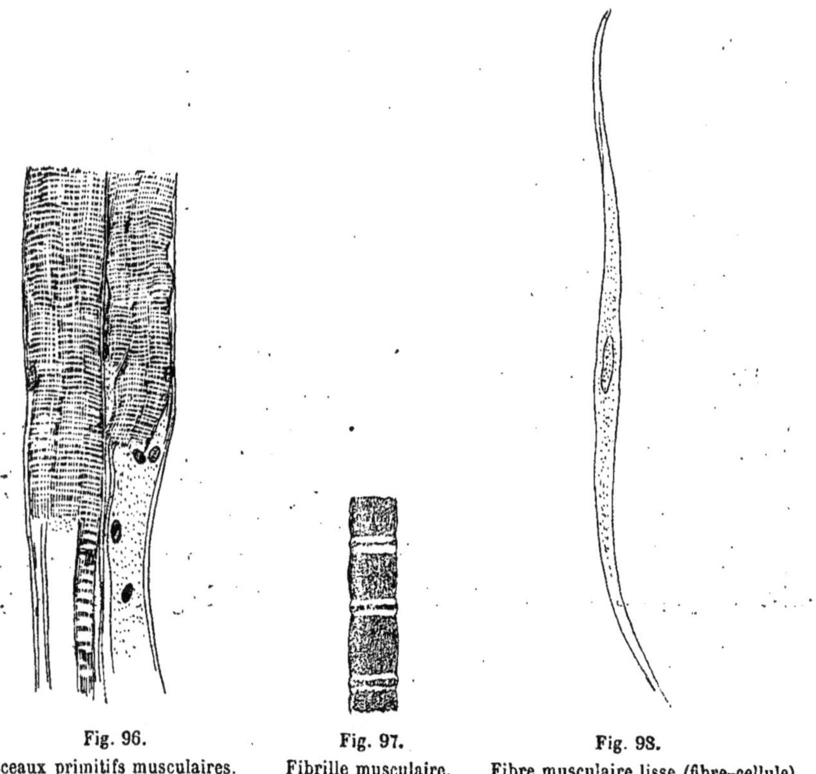

Fig. 96. Faisceaux primitifs musculaires. Fig. 97. Fibrille musculaire. Fig. 98. Fibre musculaire lisse (fibre-cellule).

qu'il est abondant ou non, détermine l'embonpoint ou l'amaigrissement.

Mais ce n'est pas tout; nous avons dit que le corps entier était formé par l'assemblage de petites cellules; les muscles, les nerfs rentrent par conséquent dans ce cas.

Un muscle frais semble parfaitement homogène; cependant, lorsqu'on a fait cuire de la viande, surtout lorsqu'elle est bouillie, chacun a pu voir que cette chair se dissocie, se sépare en filaments parallèles, qu'on peut arriver à séparer en fibres de plus en plus ténues; il faut bientôt le microscope pour les distinguer. On obtient ce qu'on nomme un *faisceau primitif*, qui semble rayé transversalement de traits fins. En effet, si l'on déchire le sarcolemme, enveloppe de ce faisceau, on peut continuer à dissocier et l'on constate que le faisceau primitif peut se décomposer en fibrilles présentant alternativement des bandes claires et des bandes foncées.

Nous pouvons donc dire que la partie fondamentale du muscle strié, de la chair en un mot, est la fibrille striée. Ces fibrilles réunies dans une enveloppe, le sarcolemme, forment un faisceau primitif. C'est enfin l'ensemble de ces faisceaux qui constitue le muscle.

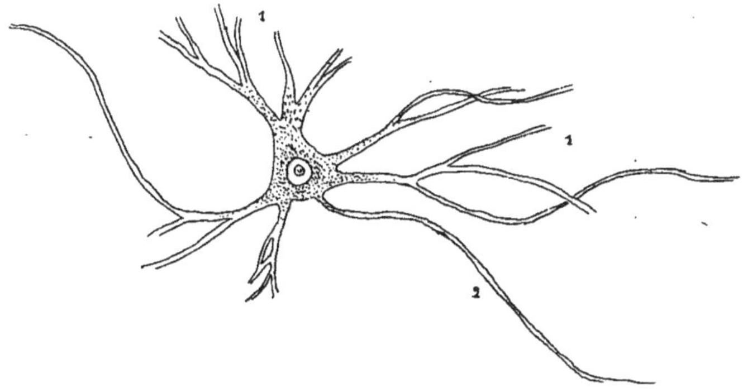

Fig. 99. — Cellule nerveuse avec prolongement de Deiters.

Le système nerveux, lui aussi, est une réunion de cellules. Dans le cerveau, le cervelet, la moelle épinière, c'est-à-dire les centres nerveux, on voit de délicates *cellules* pourvues d'un noyau volumineux et d'un protoplasma granuleux offrant des prolongements.

Chaque cellule offre un prolongement non ramifié ou prolongement de Deiters, que l'on a pu voir se continuer dans le nerf. L'élément primordial de celui-ci est la *fibre nerveuse* appelée à tort par les anciens anatomistes *tube nerveux*. La fibre nerveuse possède un axe ou *cylindre-axe*, entouré par deux gaines cellulaires.

Le voilà donc analysé, ce corps qui semble à première vue si homogène! La peau, la graisse, les muscles, les os, les nerfs, tous les organes ne sont que des réunions, des accumulations de cellules. Notre corps est un groupement de petits corps microscopiques. Et si nous considérons chaque cellule comme ayant une vie propre, nous pouvons dire que le corps humain est une véritable colonie.

Toutes ces cellules ont une origine commune; elles ont toutes un ancêtre commun, qui est la cellule primitive, la cellule œuf. C'est elle qui, en se divisant, en se différenciant, a donné naissance au corps tout entier.

Tout être animé, plante, animal, homme, a commencé par être une simple cellule.

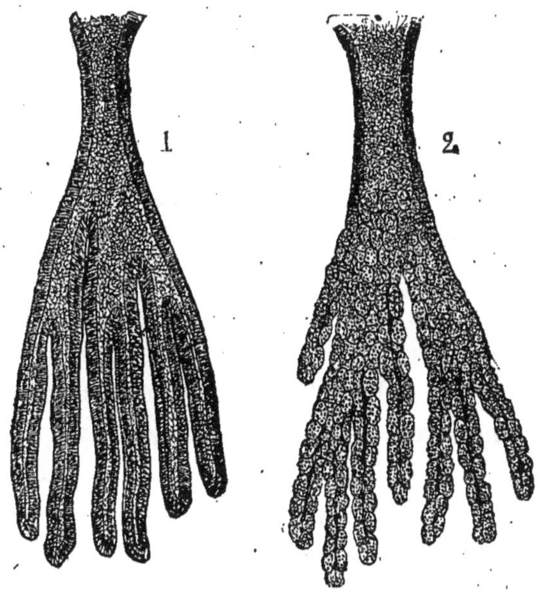

Fig. 100. — Glandes de l'estomac.
1. Glandes à mucus. — 2. Glandes à pepsine (composées).

CHAPITRE II

Structure du corps. Les fonctions de nutrition. Digestion. Respiration. Circulation.

Par cela même que toutes les cellules qui constituent le corps sont issues d'une même cellule, nous devons comprendre qu'il a fallu que ces cellules se nourrissent pour proliférer de la sorte. Quand le corps a été complètement formé après la naissance, quand l'être a vécu de sa vie propre, il a subi des pertes, et il a fallu les réparer. De quelle façon?

Grâce à des organes spéciaux qui ont concouru à assurer la nutrition : ce sont ceux de la digestion, de la circulation et de la respiration. Tous ces organes sont intimement liés l'un à l'autre, et l'on peut dire que l'un ne peut fonctionner sans l'autre.

Pour réparer nos forces après une fatigue, nous avons faim, et nous sommes pris d'un désir impérieux de manger.

Pour cela, ai-je besoin de le dire, nous introduisons dans notre bouche des aliments qui sont broyés par les dents, mélangés à la salive à l'aide des mouvements de la langue, et que nous avalons ensuite. Ils pénètrent alors dans notre estomac en passant par un tube, l'œsophage, qui fait suite à l'arrière-bouche. Dans l'estomac ils subissent l'action de diverses substances, puis ils passent dans l'intestin grêle qu'ils parcourent en se modifiant sous l'influence de certains sucs, et là ils sont filtrés en quelque sorte à travers les parois de cet intestin. Tandis que les déchets de la digestion sont rejetés au dehors en passant par le gros intestin, les parties nutritives des aliments, élaborées, vont pénétrer dans le sang après avoir traversé sous forme de chyle une série de vaisseaux.

Le sang circule dans un système de vaisseaux clos de toutes parts, il va nourrir toutes les parties du corps. Mais en nourrissant ainsi les tissus il s'altère, et il faut qu'il reprenne ses qualités premières. C'est alors qu'il passe dans les poumons, se met en quelque sorte au contact de l'air. Celui-ci lui donne son oxygène, tandis que le sang cède à l'air l'acide carbonique dont il s'est chargé dans les tissus.

On peut dire que le sang est le liquide nourricier du corps ; les organes de la circulation sont donc les plus importants, puisque ceux de la digestion et de la respiration ne sont destinés qu'à remplacer et qu'à revivifier le sang.

Tel est le résumé de ce que nous allons étudier.

Tous ces organes digestifs, respiratoires et circulatoires, constituent les viscères et sont logés dans le tronc. Ils y sont disposés régulièrement dans des chambres distinctes. Le tronc est divisé en deux étages par un muscle puissant, en forme de voûte, le diaphragme; dans l'étage supérieur ou thorax sont disposés symétriquement à droite et à gauche les poumons, qui servent à la respiration, et au milieu d'eux, légèrement recouvert par leurs bords, le cœur, organe propulseur du sang.

La première portion du tube digestif, l'œsophage, venant de la bouche, traverse le diaphragme pour se rendre dans l'étage inférieur ou abdomen. Dans cet étage inférieur sont réunis les organes de la digestion.

Voyons donc d'abord les transformations que subissent les aliments avant de passer dans le sang.

L'appareil digestif se compose en réalité d'un tube qui offre une ouverture antérieure, la bouche, et une porte de sortie, l'anus. Ne croyez pas que ce tube soit cylindrique et droit : il offre des dilatations et, étant beaucoup plus long que le corps, il est plusieurs fois

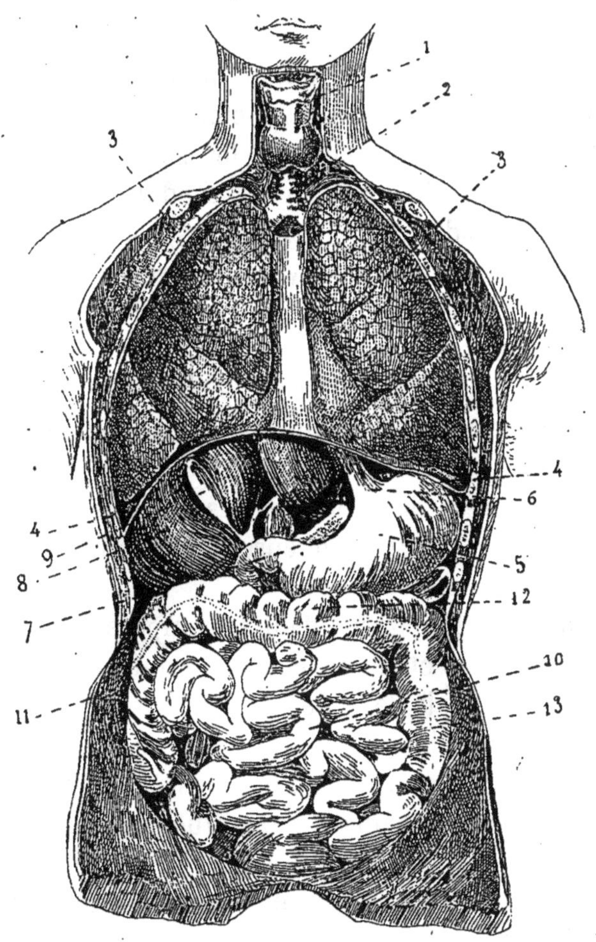

Fig. 101. — Organes de la respiration et de la digestion.

1. Larynx. — 2. Trachée artère. — 3. Poumons. — 4. Diaphragme. — 5. Estomac. — 6. Cardia. 7. Pylore. — 8. Foie. — 9. Vésicule biliaire. — 10. Intestin grêle. 11. Gros intestin, colon ascendant. — 12. Colon transverse. — 13. Colon descendant.

pelotonné, replié sur lui-même. Sur son parcours il reçoit le produit de diverses glandes dont les sécrétions serviront à la digestion.

La porte d'entrée des aliments est la bouche; c'est un vestibule où les substances nutritives sont préparées afin de pouvoir être avalées. En avant, servant à ouvrir ou à clore la bouche, sont les lèvres, douées d'une mobilité extrême, qui peuvent si bien parer un joli visage, les lèvres dont les usages sont si variés, qui servent d'organes de préhension, qui concourent à peindre sur la figure les sentiments, qui servent à articuler les sons.

Elles sont recouvertes d'une muqueuse qui se continue sur les parois latérales de la bouche qu'on nomme les joues, sur la langue, sur le plafond de la bouche ou palais, etc.

Introduites dans la cavité buccale, les substances alimentaires vont être broyées entre les deux branches d'une pince puissante, les mâchoires, garnies d'organes préhenseurs, coupants ou broyeurs, les dents, puis mélangées à la salive au moyen d'un organe musculeux d'une délicatesse exquise, la langue, qui a comme les lèvres des fonctions très diverses. Elle aussi sert à articuler les sons et possède des nerfs qui lui permettent de connaître la saveur et la température des substances introduites dans la bouche.

Les dents sont des petits corps d'une grande dureté implantés sur les mâchoires, dans des cavités spéciales, les alvéoles. Elles sont enchâssées par la muqueuse buccale, très adhérente au périoste, pour former les gencives.

D'une façon générale, chaque dent se compose d'une racine qui s'enfonce dans l'alvéole et d'une couronne qui se voit au dehors.

La partie fondamentale de la dent est l'ivoire ou dentine, creusé de petits canaux parallèles, qui se dirigent en séries perpendiculaires à la surface de la dent. La couronne est recouverte d'une couche extrêmement dure, l'émail, constitué de cellules prismatiques. Là où s'arrête l'émail, il y a un rétrécissement, sorte de point de séparation entre la couronne et la racine, c'est ce qu'on nomme le collet.

La racine de la dent est recouverte non pas d'émail, mais de cément, substance analogue aux os par sa structure

La dent est creusée d'une cavité remplie par la pulpe dentaire, cavité qui s'ouvre à l'extrémité de la racine et par où pénètrent les vaisseaux sanguins et les nerfs. Cette pulpe dentaire est douée d'une sensibilité extrême et c'est son irritation qui produit ces maux de dents trop connus. L'émail est imperméable, tandis que l'ivoire, creusé de petits canaux, permet aux corps nuisibles de pénétrer jusqu'à la pulpe. De là une vive douleur.

Si nous considérons les mâchoires d'un homme adulte, nous trouvons trente-deux dents, si aucun accident n'en a fait perdre.

Elles ne sont pas toutes semblables, mais elles se répètent chacune quatre fois aux deux mâchoires. Celles-ci ont le même nombre de dents; puis chaque mâchoire non seulement est symétrique par rapport à l'autre, mais est encore divisée en deux parties symétriques. De sorte que, en étudiant la moitié de l'une des mâchoires, nous connaîtrons toutes les dents et leur disposition. Dans chaque

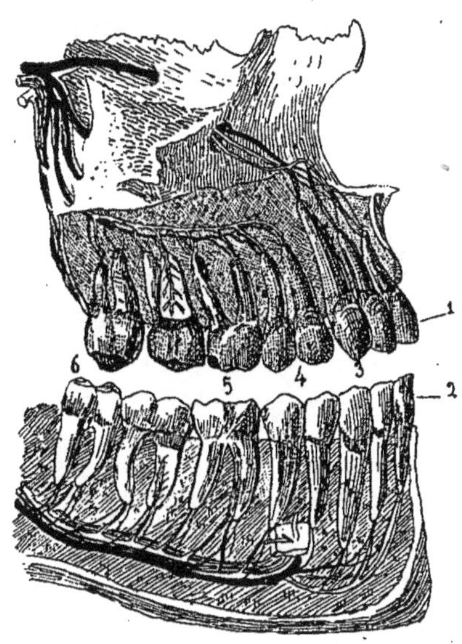

Fig. 102. — Mâchoires d'homme adulte, vues de profil du côté droit.

1. Incisive médiane supérieure. — 2. Incisive médiane inférieure. — 3. Canine. — 4. Prémolaires. 5. Première grosse molaire. — 6. Troisième grosse molaire ou dent de sagesse.

moitié il y a huit dents : en allant d'avant en arrière, deux incisives, une canine, deux petites molaires ou prémolaires à racine simple, et trois mâchelières ou grosses molaires qui ont une racine à plusieurs branches.

Chaque mâchoire présente donc quatre incisives, implantées dans l'os incisif : deux canines, quatre prémolaires et six molaires ; en multipliant par deux toutes ces dents, nous aurons le nombre total.

Tous les mammifères n'ont pas le même nombre de dents, et, pour pouvoir comparer facilement et rapidement la dentition de ces animaux, on a adopté une *formule dentaire.* Nous verrons plus tard que l'on se sert de ces formules pour classer ces animaux. Considérant la moitié de chacune des mâchoires, on obtient pour l'homme la formule suivante : $\frac{2}{2}\ \frac{1}{1}\ \frac{2.3}{2.3}$, ce qui veut dire : de chaque côté, à chaque mâchoire $\frac{2}{2}$ deux incisives; $\frac{1}{1}$ une canine; $\frac{2}{2}$ deux prémolaires; $\frac{3}{3}$ trois grosses molaires.

La couronne permet de distinguer ces diverses espèces de dents : celle des incisives est aplatie, tranchante; celle des canines est plus

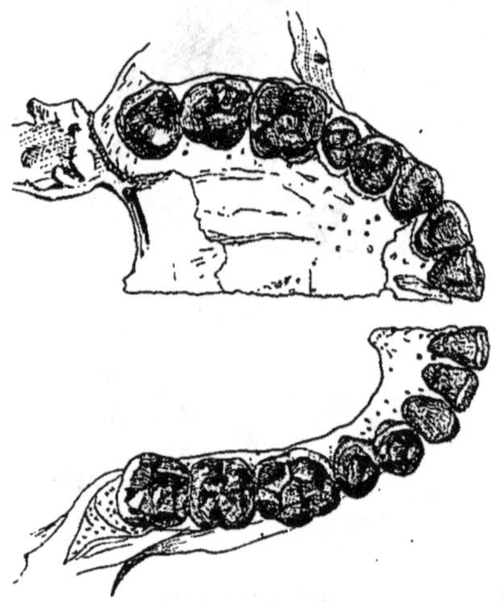

Fig. 103. — Moitié des mâchoires supérieure et inférieure vue en dessous pour montrer les différences de forme que présentent les dents. En partant du centre de chaque mâchoire on voit d'abord 2 incisives, 1 canine, 2 prémolaires et 3 grosses molaires.

ou moins pointue; dans les petites molaires, elle présente deux saillies; enfin celle des grosses molaires est mamelonnée et présente trois ou quatre tubercules.

Quand on regarde les mâchoires d'un enfant nouveau-né, on ne voit pas trace de dents, les gencives sont intactes. Les dents, et chacun le sait, ne sont pas poussées au moment de la naissance, elles sont encore contenues dans les mâchoires. Chaque dent se développe dans un follicule, appelé aussi sac ou capsule dentaire; au fond de cette capsule apparaît un bourgeon qui reçoit des vaisseaux sanguins et des nerfs. A sa surface se forment des petits amas de dentine, qui se rejoignent et recouvrent bientôt tout le bourgeon; celui-ci deviendra la pulpe dentaire. L'ivoire ou dentine va augmenter, l'émail va se déposer à la surface de ce qui deviendra la couronne, et entre le sixième et le dixième mois après la naissance la dent percera la gencive et fera saillie au dehors. Mais, à un moment, le cément qui s'est déposé sur sa racine, en se développant, finit par comprimer les vaisseaux sanguins et les nerfs; le sang ne peut plus venir nourrir le tissu dentaire, et la dent cesse de croître. C'est ainsi que la chose se passe chez l'homme et chez la plupart des mammifères. Il en est cependant, les Rongeurs, c'est-à-dire les lapins, les lièvres, les rats, les écureuils, etc., chez lesquels les dents croissent pendant toute la vie. Chez ces animaux, en effet, la racine est largement ouverte et les vaisseaux sanguins, n'étant jamais comprimés, peuvent indéfiniment continuer leur rôle de nutrition. Et cependant les dents conservent toujours, dans les conditions normales, leur même longueur, parce qu'elles s'usent en se frottant l'une contre l'autre. Elles s'usent plus en arrière et sont en forme de biseau, parce qu'elles ne sont pourvues d'émail qu'en avant, et comme celui-ci est plus dur que l'ivoire, il s'use moins vite. Mais si l'une des dents incisives vient à se casser ou à être déviée de sa direction, celle qui lui est opposée ne pouvant plus s'user pousse presque indéfiniment, se contourne et pénètre quelquefois dans les os de la face, si c'est une incisive inférieure qui peut ainsi pousser.

Toutes les dents n'apparaissent pas en même temps et les mères le savent bien. En prenant une moyenne, nous pouvons dire que les dents apparaissent dans l'ordre suivant :

1° Incisives moyennes inférieures, du quatrième au dixième mois;
2° Incisives moyennes supérieures, quelque temps après;
3° Incisives latérales inférieures, du dixième au seizième mois;
4° Incisives latérales supérieures, quelque temps après;
5° Petites molaires inférieures, d'un an et demi à deux ans;
6° Petites molaires supérieures, quelque temps après;
7° Les canines inférieures, dans le cours de la troisième année, et, quelque temps après, les canines supérieures.

Tout cela ne forme que vingt dents, dira-t-on ; sans doute : ce sont les dents de la première dentition. Leur couleur est d'un blanc bleuâtre; leurs racines sont courtes, de même que leur couronne.

Sous elles sont des dents de rechange, les dents de la seconde dentition, qui les usent, les repoussent peu à peu de leurs alvéoles.

Les dents de la seconde dentition sont au nombre de trente-deux, dont vingt de remplacement et douze nouvelles.

1° La première qui apparaît est la grosse molaire, qui se montre vers sept ans; ses racines sont longues;

2° Viennent ensuite les incisives moyennes inférieures, de sept à huit ans;

3° Les incisives moyennes supérieures, de huit à neuf ans;

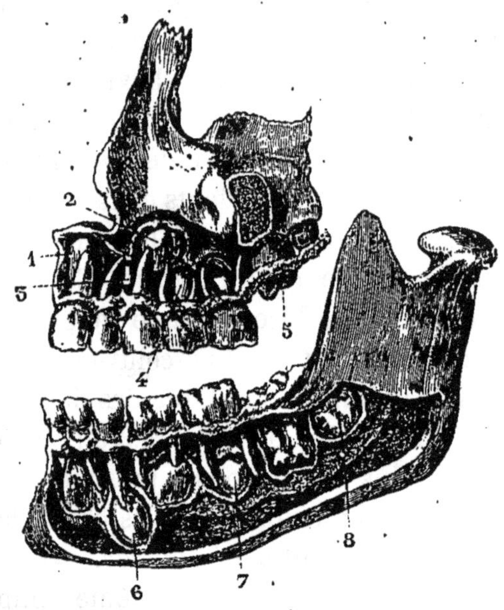

Fig. 104. — Evolution des dents chez un enfant de sept ans (on voit les dix dents de lait et les dents de renouvellement, 1, 2, 3, 4, 5, 6, 7, 8, enfermées dans les maxillaires. La première grosse molaire, dite *dent de 7 ans*, commence à faire son apparition).

(Figure extraite de l'*Anatomie descriptive* du Dr Fort.)

4° Les incisives latérales, de huit à dix ans;

5° La première petite molaire, de neuf à onze ans;

6° Les canines, bientôt après;

7° La deuxième petite molaire, de douze à quatorze ans;

8° La deuxième grosse molaire, de treize à quinze ans;

9° La dernière grosse molaire ou *dent de sagesse*, de dix-huit à trente-cinq ans. Quelquefois elle pousse même plus tard, et j'ai connu un savant illustre qui n'a eu ses dents de sagesse qu'à soixante-dix ans.

On n'est pas encore absolument d'accord sur l'époque d'apparition des premières dents.

Pour Cruveilhier, l'éruption des dents commence vers le sixième mois après la naissance, pour se terminer vers le commencement de la quatrième année; pour Oudet, elles commencent à apparaître du septième au huitième mois; pour Hervieux vers le onzième, et pour Trousseau vers le treizième seulement.

La langue, avons-nous dit, contribue par ses mouvements au mélange des aliments avec la salive. Des glandes spéciales sécrètent cette salive; il y en trois paires qui déversent dans la bouche leur liquide; ce sont des glandes en grappe, offrant approximativement l'apparence d'une grappe de raisin. Elles consistent en petites vésicules, et la salive qu'elles sécrètent passe dans des canaux qui se réunissent petit à petit et finissent en général par former un canal unique qui verse dans la bouche le produit de la sécrétion, la salive, liquide aqueux et faiblement alcalin.

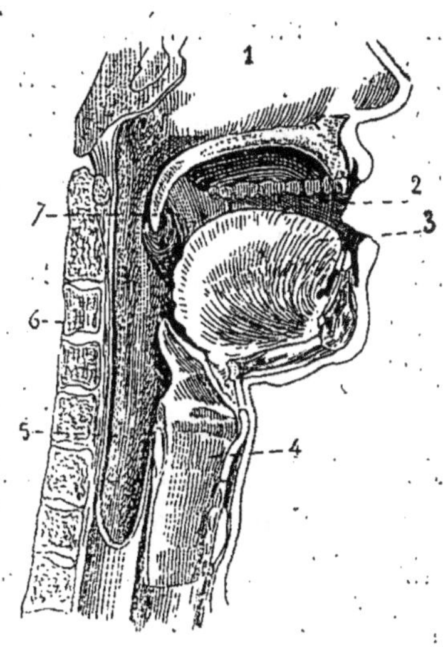

Fig. 105.
Coupe longitudinale de la bouche et du cou.
1. Fosses nasales. — 2. Bouche. — 3. Langue. — 4. Larynx et trachée-artère. — 5. Œsophage. — 6. Colonne vertébrale. — 7. Luette.

Un peu en dessous des oreilles sont les *glandes parotides*, dont le conduit excréteur, le canal de Sténon, débouche à la face interne des joues. Le canal de Warthon amène sous la langue, près du frein, la salive des *glandes sous-maxillaires* situées sous la langue près de la mâchoire inférieure. Puis les *glandes sublinguales*, placées plus en avant que les précédentes, sont riches en conduits excréteurs ou canaux de Rivinius, dont l'un (canal de Bartholin) déverse la salive dans le canal de Warthon.

Mais voilà les aliments prêts à être avalés; que va-t-il se passer?

La bouche s'ouvre en arrière par un orifice nommé isthme du gosier. La muqueuse qui tapisse le palais vient à cet endroit rejoindre la muqueuse de la cavité des fosses nasales et former une membrane tendue verticalement, une sorte de rideau appelé *voile du palais*, arrondie en demi-cercle et présentant une saillie médiane qui pend au-dessus de la base de la langue : c'est la luette.

Le voile du palais franchi, les aliments arrivent sous forme de bol alimentaire dans l'arrière-bouche, large cavité, sorte de carrefour où aboutissent divers chemins. En ayant est l'isthme du gosier qui le sépare d'avec la bouche ; en haut s'ouvrent les fosses nasales; sur les côtés se voient les canaux qui conduisent dans l'oreille moyenne; il y en a un de chaque côté, ce sont les *trompes d'Eustache ;* en bas enfin deux conduits : en avant celui qui mène dans les voies respiratoires, le larynx, auquel fait suite la trachée-artère; en arrière l'œsophage. C'est par ce dernier canal que devront s'engager les aliments. S'ils se trompent de porte, s'ils remontent dans les fosses nasales ou surtout s'ils passent dans la trachée-artère, il en résulte, dans ce dernier cas, un étouffement, qui, s'il se prolonge, peut devenir dangereux. Mais en général on tousse et l'on rejette au dehors les aliments qui ont franchi à tort des ouvertures qui leur sont interdites. Fort heureusement, grâce à une disposition spéciale de l'arrière-bouche, ces inconvénients n'ont pas lieu souvent.

En effet, lorsqu'on veut avaler, d'une part, les piliers du voile du palais viennent se placer devant l'ouverture des fosses nasales en se rejoignant par leurs bords libres; d'autre part, le larynx se soulève et se trouve bouché par une saillie cartilagineuse, l'épiglotte.

Puis, les *amygdales*, sortes de glandes placées de chaque côté des piliers du voile du palais, lubrifient par leur sécrétion toutes ces surfaces.

Le bol alimentaire ne peut plus se tromper de route, et alors s'accomplit la déglutition, c'est-à-dire la descente des aliments par l'œsophage qui, par des contractions péristaltiques, chasse petit à petit le bol alimentaire dans l'estomac.

Celui-ci n'est en réalité qu'une dilatation du tube digestif. On dit souvent qu'il a la forme d'une cornemuse; assurément, puisque la cornemuse est un estomac. Nous dirons donc que le tube digestif se recourbe à un moment donné, de vertical il devient presque horizontal et, à cet endroit, sa paroi, s'élargissant beaucoup inférieurement, forme une grande poche. Après cette dilatation stomacale, le tube digestif, qu'on nomme alors intestin grêle, descend en formant d'abord un S. Le point où l'œsophage débouche dans l'estomac s'appelle *cardia ;* l'ouverture de sortie ou *pylore* peut se

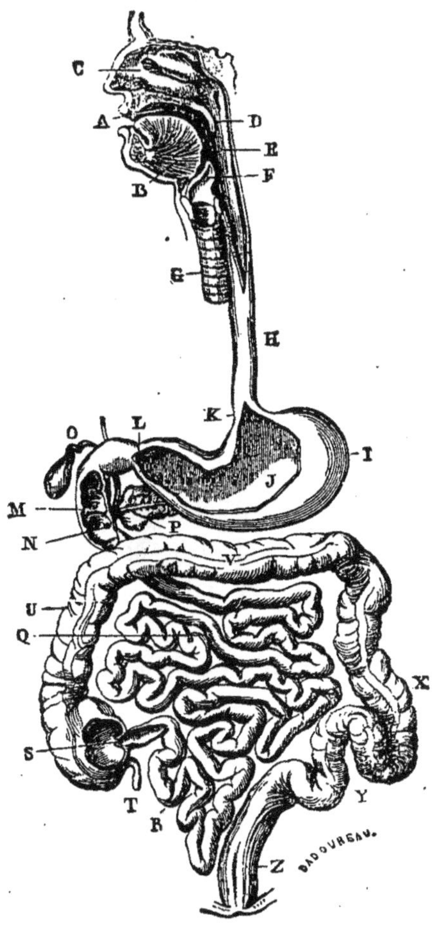

Fig. 106. — Appareil digestif de l'homme.

A. Bouche. — B. Langue. — C. Fosses nasales. — D. Voile du palais. — E. Pharynx. — F. Épiglotte. — G. Trachée. — H. Œsophage. — I. Grosse tubérosité de l'estomac. — J. Estomac ouvert à sa partie antérieure. — K. Petite courbure de l'estomac. — L. Pylore. — M. Duodénum, deuxième portion. — N. Orifice par lequel la bile et le suc pancréatique coulent dans le duodénum. — O. Vésicule biliaire. — P. Pancréas. — Q. Intestin grêle. — R. Extrémité inférieure de l'intestin grêle. — S. Valvule iléo-cæcale entre l'intestin grêle et le gros intestin. — T. Appendice iléo-cæcal. — U. Colon ascendant. — V. Colon transverse. — X. Colon descendant. — Y. Colon iliaque. — Z. Rectum.

(Figure extraite de l'*Anatomie descriptive* du Dr Fort.)

fermer au moyen d'un épaississement musculaire de la muqueuse.

Dans la membrane stomacale sont des glandules microscopiques en forme de petits doigts de gants (voy. *fig.* 100), que l'on distingue en glandes muqueuses et glandes à pepsine. Les premières, qui ont des parois lisses, se ramifient un peu dans la région pylorique, tandis que les secondes, à parois moins régulières, se ramifient dans la région cardiaque; celles-ci, en particulier, sécrètent le *suc gastrique.*

L'intestin grêle commence au pylore; il se pelotonne un certain nombre de fois et aboutit dans le gros intestin, avec lequel il communique par un orifice qui ne peut s'ouvrir que pour laisser passer les aliments de l'intestin grêle dans le gros intestin. C'est ce qu'on nomme la valvule *iléo-cæcale* ou *des apothicaires*, parce que les lavements ne peuvent la franchir. Ce nom sera expliqué si nous disons que l'intestin grêle est divisé, par les anatomistes, en trois parties, que l'on nomme, en partant de l'estomac, *duodénum, jéjunum* et *iléon;* l'*iléon* débouche dans la partie du gros intestin qu'on nomme le *cæcum*, d'où le nom de valvule iléo-cæcale. Le cæcum est un cul-de-sac pourvu d'un petit prolongement dit *appendice vermiculaire.* Au cæcum fait suite le *colon* (*colon ascendant*, qui remonte vers la droite; *colon transverse* et *colon descendant*, qui descend vers la gauche). Vient enfin le *rectum* qui débouche au dehors par l'*anus.*

Le gros intestin a un rôle beaucoup moins important que l'intestin grêle. La paroi interne de celui-ci est garnie de *valvules conniventes*, c'est-à-dire de replis transversaux qui augmentent la surface.

Toute cette paroi est recouverte de saillies ou villosités, et présente, dans son épaisseur, des glandules (glandes de Lieberkühn) qui sécrètent le suc intestinal, et de petites cavités ou follicules clos.

C'est dans l'intestin grêle que s'accomplit la chylification.

Tous ces organes, estomac, intestins, ne sont pas absolument libres dans la cavité abdominale. Celle-ci est tapissée par une membrane séreuse, le *péritoine*, qui relie les anses intestinales par des expansions ou *mésentères*, quelquefois aussi appelées *épiploons.*

On les voit, ces membranes, étalées sur l'abdomen ouvert des animaux de boucherie, sous forme d'un voile blanc chargé de graisse.

Nous avons vu que, dans la bouche, dans l'estomac, et dans l'intestin grêle, il y a des glandes qui, par leurs sécrétions, concourent à assurer la digestion. Il nous reste à mentionner deux glandes qui

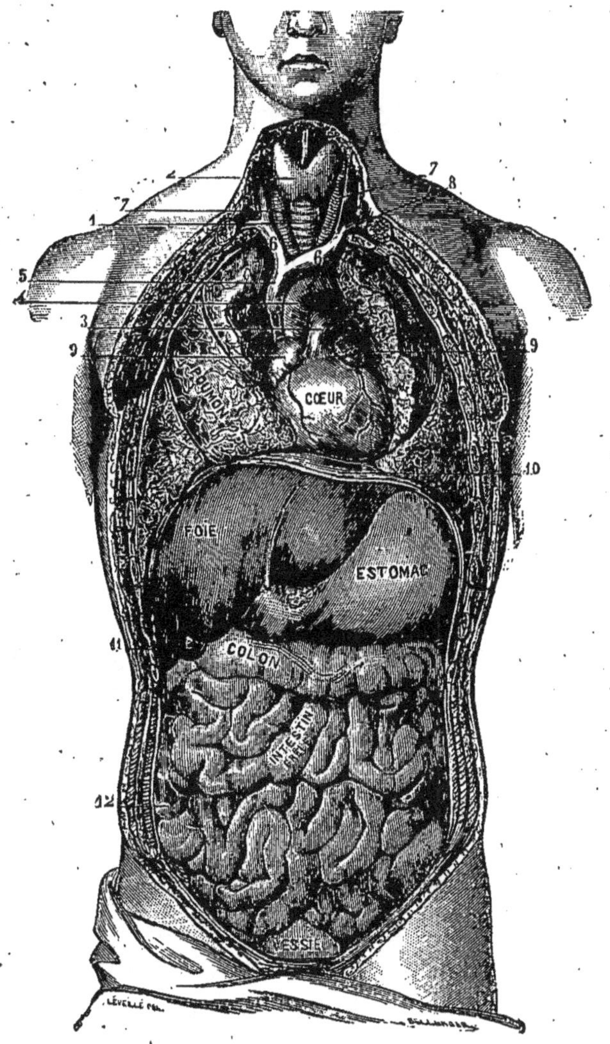

Fig. 107. — Vue générale des viscères thoraciques et abdominaux.

1. Trachée artère. — 2. Corps thyroïde. — 3. Artère pulmonaire. — 4. Artère aorte. — 5. Veine cave supérieure. — 6, 6. Tronc veineux brachio-céphalique. — 7, 7. Artères carotides primitives et jugulaires internes. — 8. Veine sous-clavière. — 9, 9. Oreillette. — 10. Diaphragme. — 11. Vésicule biliaire. — 12. Colon ascendant.

(Figure extraite de l'*Anatomie descriptive* du Dr Fort.)

jouent aussi un rôle des plus importants : l'une est le *foie,* l'autre est le *pancréas.*

D'un brun rougeâtre, le foie est situé sous la concavité du diaphragme et sur la droite de l'estomac; il est donc bombé en haut et concave en dessous. Le liquide sécrété par cette grosse glande est alcalin, amer et d'un jaune verdâtre; il est porté dans l'intestin grêle, un peu au-dessus du pylore, par le *canal cholédoque*.

La bile se produit dans des canalicules terminés en cul-de-sac qui se réunissent petit à petit pour former le canal hépatique; le canal cystique s'en détache pour porter la bile dans la vésicule biliaire ou vésicule du fiel. C'est au delà du canal cystique que ce conduit prend le nom de canal cholédoque; la vésicule est en somme un réservoir.

Le pancréas est situé entre l'estomac et la colonne vertébrale; sa couleur est grisâtre ou rosée; son canal excréteur (canal de Wirsung) vient déboucher dans l'intestin grêle tout près du canal cholédoque. Il rappelle beaucoup, par sa structure, les glandes salivaires; et le suc pancréatique, par son aspect et par son rôle, est analogue à la salive.

Tels sont les organes digestifs; en quelques mots nous allons voir quelles sont leurs fonctions.

Les aliments sont introduits dans les organes de la digestion, et c'est là qu'ils subissent les modifications qui les rendront assimilables.

Mais ces transformations qu'ils éprouvent varient suivant leur nature. L'estomac et l'intestin grêle sont de véritables laboratoires où s'opèrent des actions chimiques.

Les matières minérales, telles que l'eau, le sel, etc., sont absorbées directement sans subir de changement.

Les matières azotées neutres (albumine, fibrine, etc.), telles que la viande, le blanc d'œuf, les champignons, le gluten, etc., sont digérées presque exclusivement par le suc gastrique.

Les aliments amylacés, tels que les féculents, les sucres, sont digérés par la salive et le suc pancréatique.

Les aliments gras sont digérés par le suc pancréatique et la bile.

Sous l'influence de la salive et du suc pancréatique, les fécules (amidon, farine, etc.) sont transformées en glucose, matière sucrée, qui peut être immédiatement assimilée. Le glucose, ou glycose, est le sucre de fruits, de sorte que celui-ci peut être absorbé directement.

Le sucre qui sert dans les usages domestiques ne peut être assimilé directement et est tranformé également en glycose.

Le suc pancréatique et la bile, en agissant sur les matières grasses, les transforment en émulsion et les saponifient.

Quant au suc gastrique, il rend les matières azotées solubles, et par suite assimilables.

Il peut, au premier abord, sembler étonnant qu'on sache ce qui se passe dans l'estomac. Ce n'est, en effet, qu'à la suite de recherches longues et difficiles qu'on est arrivé à connaître tous ces faits. Les anciens ne savaient pas ce qu'était la digestion. Hippocrate la considérait comme une coction due à la chaleur de l'estomac. D'autres, comme Érasistrate, pensaient que ce n'était qu'un travail mécanique. Plistonicus, disciple de Praxagore, voyait dans la digestion une simple putréfaction; puis Asclépiade, ami de Cicéron, regardait ce phénomène comme une dissolution des aliments.

Les premières recherches sérieuses faites à ce sujet sont dues à Réaumur (1683-1757), qui montra que l'estomac ne digérait pas en broyant les substances ingérées. Pour cela, il fit avaler à des oiseaux de proie des substances alimentaires azotées renfermées dans des tubes métalliques percés de trous, et constata la transformation de ces aliments en chyme, tandis que les substances amylacées résistaient à l'action des sucs de l'estomac.

Stevens, en 1777, répéta ces expériences sur l'homme et sur le chien et confirma les faits acquis par Réaumur.

Enfin, la même année, l'abbé Spallanzani commença une série de recherches encore plus probantes.

Il fit agir, dans un vase, les sucs extraits de l'estomac, sur des substances animales, et prouva que c'est au suc gastrique que sont dues les propriétés dissolvantes.

De nos jours, tous ces faits sont reconnus et l'on peut se procurer, à volonté, dans les laboratoires du suc gastrique. Le chien est le souffre-douleur. On lui pratique une ouverture sur l'abdomen, on atteint l'estomac, que l'on ouvre aussi, et l'on fixe dans la plaie une canule d'argent que l'on bouche. De sorte qu'il suffit de recueillir le suc gastrique qui s'écoule par la canule, lorsque l'animal a mangé, pour pouvoir constater *de visu* l'action de ce suc.

Lorsque nous aurons étudié la circulation, nous pourrons dire

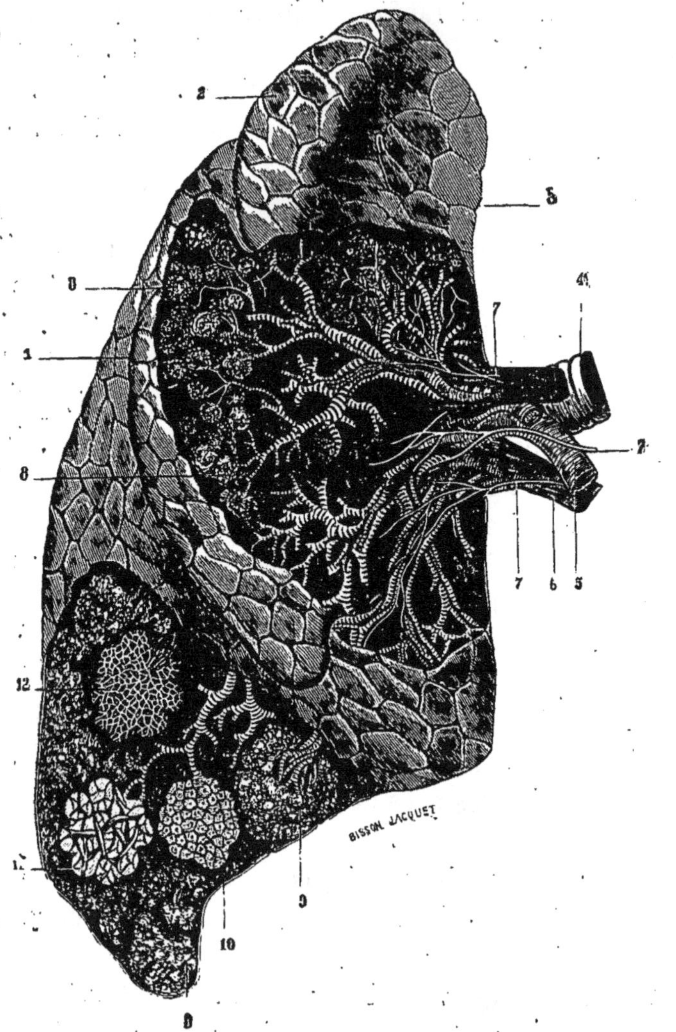

Fig. 103. — Conformation extérieure, organisation intérieure et structure du poumon. (Figure demi-schématique extraite de l'*Anatomie descriptive* du Dr Fort.)

1. Scissure inférieure du poumon. — 2. Surface extérieure, lignes polygonales limitant les lobules secondaires. — 3. Face médiastine du poumon. — 4. Bronche. — 5. Artère pulmonaire. — 6. L'une des veines pulmonaires. — 7. Nerfs pulmonaires. — 8. Lobules secondaires aux extrémités des divisions bronchiques. — 9. Surface extérieure de deux lobules primitifs considérablement grossis. — 10. Autre lobule grossi pour montrer les cellules épithéliales. — 11. Autre lobule grossi pour montrer les cloisons et les vésicules pulmonaires qu'elles séparent. — 12. Autre lobule grossi pour montrer le réseau capillaire supposé vu au microscope. Entre ces lobules grossis on voit des mamelons formés par des lobules de dimensions normales.

comment le chyle est absorbé par la surface de l'intestin et le suivre dans les vaisseaux.

Ce chyle va se mêler au sang et en augmenter la proportion. Mais le sang qui circule dans les vaisseaux est le liquide nourricier des tissus; il s'altère pendant son trajet et a besoin d'être revivifié. Nous avons dit que c'était dans les poumons qu'il recouvrait ses propriétés; *l'échange des gaz* qui s'y opère constitue le *phénomène de la respiration.*

L'air vient donc trouver le sang dans les poumons. Le chemin le plus direct qu'il doit prendre pour s'y rendre est d'entrer par les narines, de traverser les fosses nasales où il se réchauffe et s'humidifie, de passer par l'arrière-bouche et de descendre dans le tube respiratoire (larynx et trachée-artère, bronches). Mais l'air peut également passer par la bouche si les narines sont bouchées.

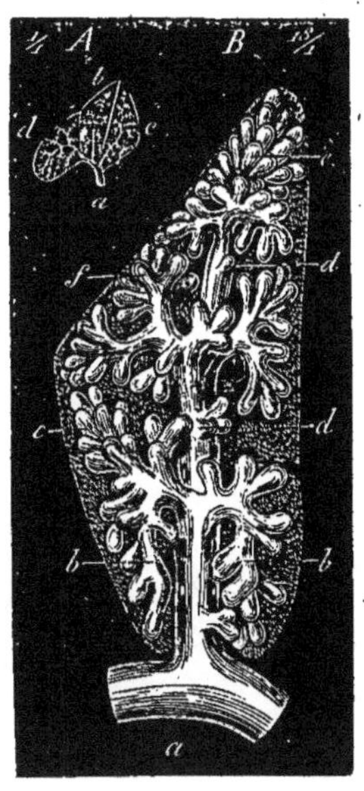

Fig. 103.
Lobule secondaire et canalicule respiratoire.
(Figure extraite de l'*Anatomie descriptive* du Dr Fort.)

L'orifice des voies respiratoires est en avant des voies digestives. Au larynx, sur lequel nous reviendrons en parlant de la voix, fait suite la trachée-artère qui reste toujours largement ouverte, grâce à des anneaux cartilagineux contenus dans son épaisseur et placés les uns au-dessus des autres. Ce sont plutôt des demi-anneaux, car postérieurement le cartilage fait défaut et la membrane de la trachée-artère peut céder sous la pression de l'œsophage, sur lequel elle est appuyée en cet endroit.

Mais bientôt la trachée-artère se divise en deux *bronches,* qui se rendent chacune à l'un des poumons. Ces bronches primaires se subdivisent à leur tour en deux bronches secondaires, qui vont aussi se diviser, se subdiviser, etc.; il va se former ainsi des canaux d'une ténuité extrême qui, tous, se terminent par une petite ampoule, le lobule ou vésicule pulmonaire, à parois extrêmement minces. C'est à travers cette délicate membrane que se fera l'échange des gaz, la respiration, en un mot. C'est dans cette membrane que se ramifient les capillaires sanguins, dont la surface est très considérable.

Les poumons, qui semblent à première vue homogènes, sont donc constitués par une multitude de tubes terminés chacun par une petite vésicule.

Le mou que l'on donne souvent à manger aux chats n'est autre chose que du poumon de bœuf, de veau ou de mouton.

Mais comment l'air pénètre-t-il dans les poumons?

L'avalons-nous? Non, l'air pénètre par suite d'un phénomène d'inspiration.

La cavité thoracique est revêtue intérieurement d'une tunique qui se replie et recouvre chaque poumon : c'est la plèvre, membrane séreuse, entre les deux feuillets de laquelle est sécrété un liquide qui facilitera le glissement des poumons. Lorsque le liquide est sécrété en trop grande abondance, il en résulte une *pleurésie.*

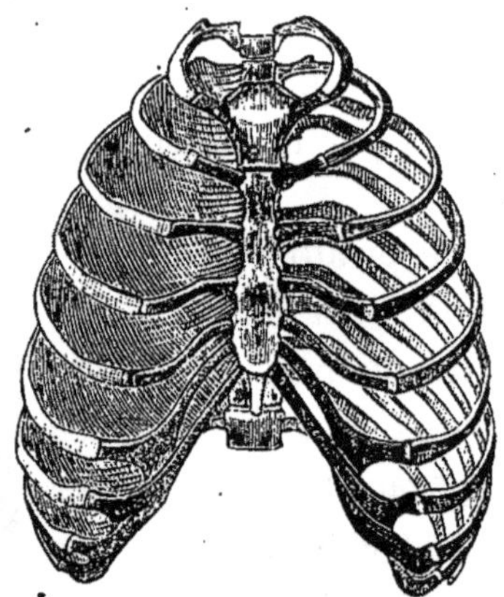

Fig. 110. — Cage thoracique ou thorax.

Ce thorax, nous le savons, est formé en arrière par la colonne vertébrale, sur les côtés par les côtes articulées d'une part avec les vertèbres, d'autre part avec le sternum. Des muscles spéciaux, en se contractant ou en se relâchant, permettent aux côtes de se relever ou de s'abaisser, et, par suite de leur direction, elles augmentent ou diminuent la capacité de la cavité thoracique.

Ce n'est pas tout, le diaphragme entre aussi en jeu. Ce muscle puissant se contracte à intervalles réguliers. Par suite de sa contraction il tend à diminuer sa convexité et à augmenter par cela même la capacité du thorax. Son rôle est plus important encore, car c'est le muscle diaphragme qui détermine l'entrée de l'air dans les poumons et sa sortie. C'est une *inspiration* qui amène l'entrée de l'air dans les poumons; c'est par une *expiration* qu'il en est expulsé.

Pour bien faire comprendre ce qui se passe, nous schématiserons pour ainsi dire la respiration. Prenons un bocal dont le fond manquerait; remplaçons le fond par une lame de caoutchouc ou

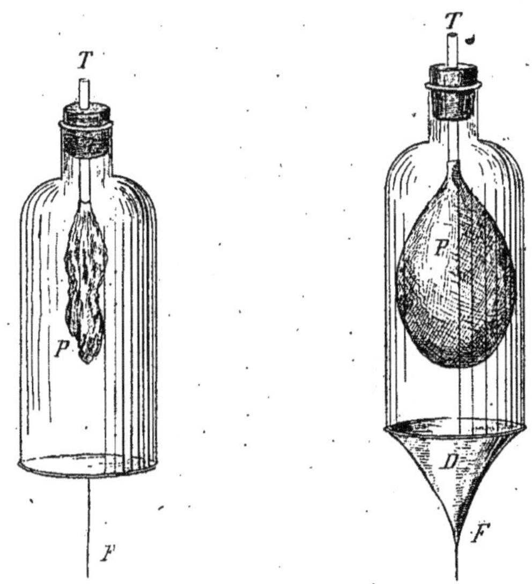

Fig. 111 et 112. — Schéma de l'appareil respiratoire.
T. Tube représentant la trachée-artère. — P. Ballon de caoutchouc représentant les poumons.
D. Membrane de caoutchouc représentant le diaphragme et pouvant être abaissée par la ficelle F.

par une vessie mouillée, fortement attachée; nous disposerons une ficelle, en l'un des points de cette lame, qui nous permettra de l'abaisser. Puis, par le bouchon percé, nous placerons un tube de verre au bout duquel nous attacherons solidement un petit ballon de caoutchouc qui pourra être gonflé si l'on vient à souffler dans le tube.

Le bocal représente le thorax; le fond en caoutchouc, le diaphragme; le ballon et le tube, le poumon et la trachée-artère.

Si la lame de caoutchouc est horizontale (*fig.* 111), le petit ballon est flasque; si nous venons à l'abaisser en la tirant à l'aide de la ficelle par suite de la pression atmosphérique, l'air tend à s'introduire. Mais comme il ne peut entrer dans le bocal qui est hermétiquement fermé, il se précipite par le tube dans le ballon, que l'on voit alors se gonfler (*fig.* 112).

C'est ce qui se passe dans l'acte respiratoire.

Voilà le mécanisme, mais le résultat, quel est-il ?

L'air que nous respirons, l'air normal, était considéré par les anciens comme un élément. Lavoisier montra, par des expériences célèbres, qu'il n'en est rien et que l'air se compose d'oxygène et d'azote (21 parties d'oxygène et 79 d'azote). L'oxygène est la partie propre à la respiration. Telle est la composition de l'air normal qui pénètre dans nos poumons; mais quand il en sort, trouverait-on, en l'analysant, les mêmes proportions d'oxygène et d'azote? On ver-

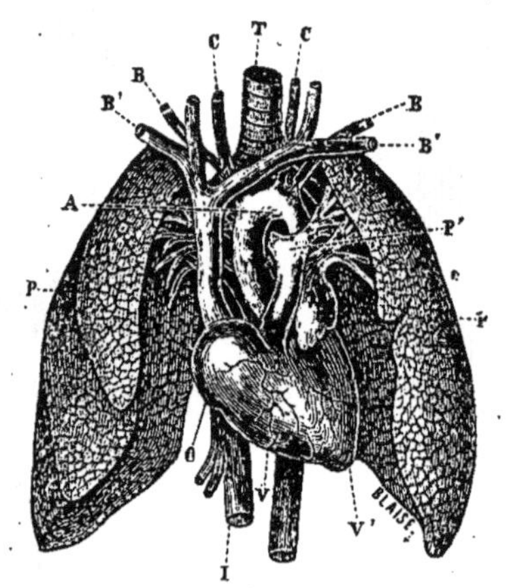

Fig. 113. — Poumons, cœur et gros vaisseaux.

P P. Poumons droit et gauche. — P'. Artère pulmonaire qui naît du ventricule droit V. — O. Oreillette droite. — V'. Ventricule gauche. — A. Aorte. — C C. Carotides primitives. — B B. Artères sous-clavières. — I. Veine cave inférieure. — B' B'. Veines sous-clavières dont la réunion forme la veine cave supérieure. — T. Trachée-artère.

rait que l'oxygène a été remplacé, à volume presque égal, par du gaz acide carbonique. Cet échange s'est opéré à travers la membrane des vésicules pulmonaires. D'où vient-il cet acide carbonique? Du sang. Et comment le sang en renferme-t-il? Pour répondre à cette question, il faut anticiper sur ce que nous étudierons tout à l'heure.

Le sang est le liquide nourricier de l'organisme, avons-nous dit; et pour nourrir les tissus il leur cède l'oxygène qu'il a gagné au contact de l'air dans les poumons.

Cet échange ne se produit pas sans élévation de température, il y a combinaison de l'oxygène avec du carbone et production d'acide carbonique.

Cette chaleur animale est à un degré constant chez l'homme et les animaux supérieurs. Ils produisent assez de chaleur pour avoir une température propre.

C'est Lavoisier qui, le premier, montra ce qu'était la respiration.

« En effet ([1]), aux yeux de Lavoisier, comme aux yeux de tous, la respiration des animaux se montre désormais comme un phénomène de combustion s'effectuant dans l'intérieur de l'organisme et sous l'influence de la vie, de la même manière que la combustion du charbon s'opère sous l'influence de la chaleur. L'oxygène de l'atmosphère qui disparaît dans ce travail physiologique se combine en totalité ou en majeure partie avec du carbone fourni par l'organisme, et forme ainsi du gaz acide carbonique qui est versé au dehors; et cette combustion, qui est une des conditions de la vie, est aussi la principale source de la chaleur intérieure que les animaux engendrent.

« Cette théorie de la respiration des animaux, si simple et si nette, fut bientôt développée et étayée par les résultats que fournirent les études délicates de physique pour lesquelles Lavoisier s'associa un jeune géomètre dont la gloire devait bientôt égaler presque la sienne : l'auteur du *Traité de la mécanique céleste* (Laplace). Elle reçoit chaque jour de nouvelles confirmations, et si on l'applique à la grande découverte de Priestley, touchant la respiration des plantes, on comprend aussitôt le fait fondamental de la statique de l'atmosphère. L'oxygène de l'air, en servant à l'entretien de la vie des animaux, se combine avec du carbone fourni par leur substance, et rentre dans l'atmosphère à l'état d'acide carbonique, pour être ensuite absorbé par les plantes et décomposé dans l'intérieur de leur organisme, y dépose du carbone et reparaît au dehors à l'état libre, afin de servir encore une fois aux besoins du règne animal, et de continuer à subir ces changements alternatifs, tant que l'équilibre existera entre les deux grandes divisions de la création vivante. »

Lavoisier croyait que la combustion respiratoire s'effectuait dans les poumons. Là était son erreur; et c'est à William Edwards, le frère de notre illustre naturaliste Henri Milne-Edwards, qu'est

1. H. Milne-Edwards. *Leçons sur la physiologie et l'anatomie comparée de l'homme et des animaux*, t. I, p. 406.

due la découverte du siège de cette combustion. Par de savantes expériences, il vit que l'acide carbonique ne se forme pas de toutes pièces dans les poumons, mais qu'il est exhalé de l'organisme, tandis que l'oxygène de l'air qui disparaît est absorbé. Enfin il fut conduit à admettre que l'acide carbonique excrété devait provenir du sang.

Que de recherches pour arriver à une telle découverte !

La respiration qui paraît si simple à comprendre, cette combustion des tissus, cet échange de gaz, pendant longtemps ont été mal interprétés, et il y a cinquante ans à peine que l'on a fait connaître la vraie cause !

Il en est ainsi de toutes les questions scientifiques.

Les découvertes dorment d'abord, elles restent pour ainsi dire à l'état latent, jusqu'au moment où un puissant génie les met en pleine lumière.

Nous ne passons pas un instant de notre vie sans remplir d'air nos poumons, sans respirer. Cette inspiration se renouvelle environ dix-huit fois par minute [1], moins souvent pendant le sommeil, ou lorsque nous prêtons une vive attention à un sujet. Dans ce cas, nous sommes obligés de bâiller de temps en temps, c'est-à-dire de faire une profonde inspiration pour renouveler plus complètement l'air qui doit entretenir la vie. Le bâillement, le rire, le sanglot, ne sont que des modifications de la respiration. Mais chaque fois que nous respirons, quelle quantité d'air peut pénétrer dans nos poumons? Environ 3 litres 70, qui viennent remplir les bronches, les tubes et les petites ampoules où se produira l'hématose.

Pendant le voyage d'explorations sous-marines du *Talisman* en 1883, j'ai été témoin de faits bien intéressants. Les poissons recueillis par nos dragues ou nos chaluts dans les grands fonds de la mer, ramenés brusquement à la surface, étaient déformés; les gaz contenus en dissolution dans le sang, l'air contenu dans la vessie natatoire, se dilataient et déformaient l'animal. Vivant sous une pression considérable, ces poissons amenés rapidement à la pression normale de l'atmosphère étaient décomprimés (*fig.* 114).

De même nous savons que la densité de l'air diminue avec la pression atmosphérique, et que, par conséquent, l'air est moins

1. Les enfants respirent plus souvent que les adultes.

dense sur une haute montagne qu'au bord de la mer. Plus on atteint des régions élevées, plus la respiration est rapide, plus on est essoufflé; on fait alors de plus grands efforts pour marcher, le pouls s'accélère et on éprouve un malaise analogue au mal de mer, des sortes de nausées, du découragement, une fatigue musculaire extrême qui force le voyageur de s'arrêter constamment : c'est ce qu'on appelle le *mal des montagnes*. Joignez à ces symptômes une soif intense, certains accidents nerveux, souvent des hémorrhagies, une rubéfaction de la conjonctive et de la peau de la figure; quelquefois surviennent des vomissements, même des étourdissements.

Il ne faut pas attribuer ces accidents uniquement à la raréfaction de l'air; l'affaiblissement du travail respiratoire et l'augmentation de l'évaporation pulmonaire et cutanée ont une grande influence sur la manifestation de cet ensemble de symptômes. En effet, les voyageurs se plaignent constamment d'une soif ardente et de la gerçure de la peau du visage.

« D'autres symptômes du *mal des montagnes*, dit M. H. Milne-Edwards me semblent dus à l'insuffisance de la quantité d'oxygène introduit dans les poumons à chaque inspiration. En effet, de Saussure raconte qu'étant au sommet du Mont-Blanc, il ne pouvait faire une quinzaine de pas sans être essoufflé, mais que quelques instants de repos suffisaient pour lui faire reprendre haleine, et qu'alors il lui semblait qu'il pourrait aller très loin tout d'une traite; cependant le moindre effort l'essoufflait de nouveau. M. Boussingault nous dit aussi qu'à une hauteur de 4,800 mètres, les mulets dont il se servait dans la première partie de son ascension au Chimborazo avaient la respiration précipitée, haletante, qu'ils s'arrêtaient presque à chaque pas pour faire une longue pause et qu'ils n'obéissaient plus à l'éperon. Parvenus à une élévation encore plus grande, et ayant quitté depuis longtemps leurs montures, ce savant et ses compagnons de voyage commencèrent à éprouver à un plus haut degré l'effet de la raréfaction de l'air. »

« Nous étions forcés de nous arrêter tous les deux ou trois pas, dit Boussingault, et souvent même de nous coucher pendant quelques secondes. Une fois assis, nous nous remettions à l'instant même; notre souffrance n'avait lieu que pendant le mouvement. »

Or, nous savons que l'exercice musculaire détermine toujours une accélération dans le travail respiratoire, et si, dans les circonstances ordinaires, la marche ne nous fait pas perdre haleine, c'est parce que nous avons le pouvoir d'augmenter beaucoup la capacité respiratoire au delà de ses limites normales.

Cependant, nous savons que l'habitude est une seconde nature et qu'elle a une influence sur les effets de l'air raréfié. Les faits cités par Haller et surtout ceux rapportés par Boussingault montrent que les personnes qui habitent d'ordinaire à de grandes hauteurs, n'éprouvent aucun des inconvénients dont se plaignent les voyageurs lorsqu'en gravissant des montagnes ils arrivent à la même altitude. « Ainsi, quand on a vu, dit Boussingault, le mouvement qui a lieu dans les villes comme Bogota, Micuipampa, Potosi, etc., qui atteignent 2,600 à 4,000 mètres de hauteur; quand on a été témoin de la force et de la prodigieuse agilité des toreadors dans un combat de taureaux à Quito, élevé de 3,000 mètres; quand on a vu enfin des femmes jeunes et délicates se livrer à la danse pendant des nuits entières dans des localités presque aussi élevées que le Mont-Blanc, là où le célèbre de Saussure trouvait à peine assez de force pour consulter ses instruments, et où ses vigoureux montagnards tombaient en défaillance en creusant un trou dans la neige; si j'ajoute qu'un combat célèbre, celui de Pichincha, s'est donné à une hauteur peu différente de celle du Mont-Rose (4,636 mètres), on m'accordera, je pense, que l'homme peut s'accoutumer à respirer l'air raréfié des plus hautes montagnes [1]. »

Ainsi l'homme, et d'ailleurs tous les êtres animés ont un besoin continuel d'oxygène puisé dans l'atmosphère, et lorsque ce gaz vient à manquer, s'il est remplacé par d'autres gaz tels que l'acide carbonique et surtout du protoxyde d'azote, l'asphyxie se produit, parce que le sang ne peut être revivifié.

C'est donc le sang qui fixe l'acide carbonique, produit de la combustion des tissus, et c'est le sang qui va être chargé de le porter au dehors. J'en ai dit un mot dans le chapitre précédent. C'est un liquide tenant en suspension des corpuscules, les globules rouges

1. Boussingault. *Annales de chimie*, t. LVIII, p. 167.

ou hématies, qui jouent un rôle des plus importants, car c'est sur eux que vont se fixer les gaz.

Je ne reviendrai donc pas longuement sur la composition du sang, il suffit de rappeler qu'il est formé de deux parties : 1° l'une liquide, le plasma, contenant en dissolution la fibrine qui peut se coaguler à l'air, laissant alors à l'état liquide le sérum; 2° les glo-

Fig. 114. — Effet de la décompression sur un poisson.
Neoscopelus macrolepidotus pris à 1500 mètres de profondeur et arrivant à la surface dans le chalut. (Quart de grandeur naturelle, d'après H. Filhol.)

bules, — qui sont de plusieurs sortes : — les uns nommés hématies ou globules rouges, qui sont de petits disques biconcaves, ne mesurent pas plus de $\frac{1}{125}$ de millimètre; les autres sont plus gros, sphériques et portent le nom de globules blancs ou leucocytes; enfin il y en a de plus petits, les globulins.

Nous connaissons le sang, mais nous savons qu'il est contenu dans une série de vaisseaux complètement clos, les veines et les artères. Comment circule-t-il? On l'a ignoré pendant longtemps et la découverte en est due à Guillaume Harvey, médecin du roi Jacques Ier d'Angleterre.

Avant lui, depuis l'antiquité, la question de la circulation du sang avait été traitée de mille façons, mais on n'était arrivé à aucun résultat vrai. « Lorsque je commençai à étudier, non pas dans les livres, dit Harvey, mais dans la nature et à l'aide de vivisections, les mouvements du cœur, la tâche me parut si difficile que j'étais presque tenté de penser, comme Fracastor, que Dieu seul pouvait les comprendre... Mais, en y apportant chaque jour plus d'attention et de soin, en multipliant mes vivisections, en employant à ces expériences une grande variété d'animaux, et en recueillant beaucoup d'observations, j'ai cru enfin être arrivé à la connaissance de la vérité... Depuis lors je n'ai pas hésité à communiquer mes vues, non seulement à quelques amis, mais au public, dans mes leçons d'anatomie. Elles ont été accueillies avec faveur par les uns, avec blâme par d'autres : d'un côté, on m'a imputé à crime de m'être écarté des préceptes de mes devanciers; d'autre part, on a exprimé le désir de me voir développer davantage ces nouveautés qui pourraient bien être dignes d'attention. Enfin, cédant aux conseils de mes amis, je me suis décidé à employer la voie de la presse pour soumettre au jugement de tous mes travaux et moi-même. »

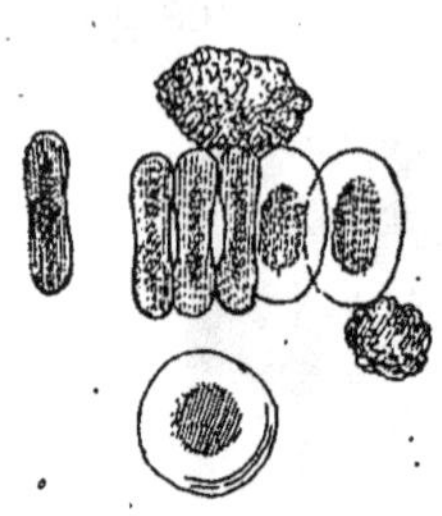

Fig. 115. Globules du sang.

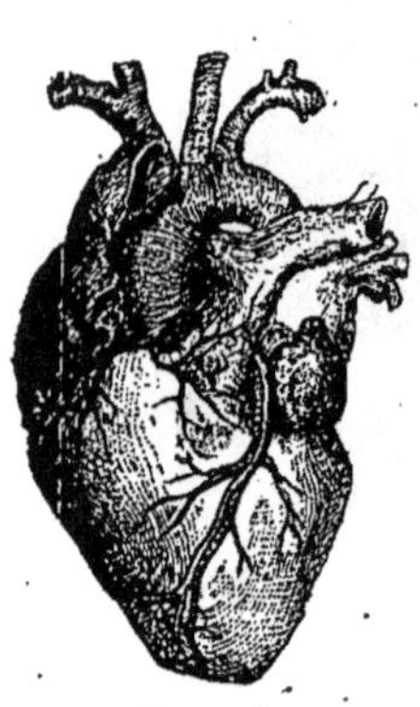

Fig. 116. Cœur montrant les ventricules en bas, les oreillettes en haut et l'artère aorte formant une crosse et donnant naissance aux artères principales de la tête et des membres antérieurs.

Telles sont les expressions dont se sert Harvey, en s'excusant presque de publier ces admirables recherches (1628).

Grâce à lui nous savons que le cœur est un muscle creux qui, par ses contractions, chasse le sang dans les vaisseaux sanguins.

Le cœur est placé dans la cage thoracique, plutôt à gauche, légèrement recouvert par les poumons. Il a la forme que l'on connaît bien, et sa pointe est tournée en bas, un peu à gauche (*fig.* 107 et 112).

Il est divisé en quatre cavités que l'on nomme oreillettes et ventricules; ceux-ci occupent la pointe, et ne communiquent pas entre eux; il en est de même pour les oreillettes. Mais chaque oreillette est placée au-dessus d'un ventricule et communique avec lui. Il y a deux cœurs, en quelque sorte, le cœur droit ou veineux et le cœur gauche ou artériel. Le sang peut bien passer de l'oreillette dans le ventricule, mais il ne peut revenir en sens inverse, des sortes de clapets ou valvules s'y opposent. Ces valvules portent le nom de valvules auriculo-ventriculaires; celle du côté droit est appelée *tricuspide*, tandis que celle du cœur gauche est la *mitrale*, ainsi nommée à cause de sa forme de mitre d'évêque renversée.

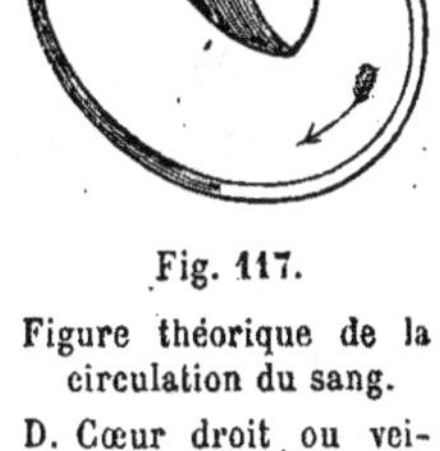

Fig. 117.
Figure théorique de la circulation du sang.
D. Cœur droit ou veineux. — G. Cœur gauche ou artériel.

De même que nous avons vu les poumons entourés par une membrane séreuse, la plèvre, de même nous retrouvons autour du cœur une séreuse, le péricarde.

De chacune de ces cavités partent des gros vaisseaux, des artères et des veines; les premières emportent le sang chassé du cœur, les secondes l'y ramènent. Voyons quel trajet suit le sang pour se répandre dans l'organisme; prenons le cœur gauche ou artériel. Du ventricule gauche part une grosse artère, l'*aorte*, qui se recourbe d'abord en formant une sorte de crosse. Ce vaisseau emporte le sang chassé par la contraction du ventricule gauche; les valvules sigmoïdes s'opposent à son retour. Où va-t-il se diriger? Dans toutes les parties du corps; aussi faut-il à ce ventricule des parois robustes. Cette artère aorte donne naissance par conséquent à une multitude de vaisseaux, de plus en plus petits à mesure qu'ils s'éloignent du cœur, et qui finissent par devenir absolument microscopiques; ce sont ceux-là qu'on nomme les vaisseaux capillaires; c'est à travers leurs parois, d'une minceur extrême, que se fait l'abandon de l'oxygène. Nous avons vu que ce phénomène de combustion véritable ne se produit pas sans dégagement de chaleur. Le sang se charge alors de l'acide carbonique qui vient de se former : de rouge vermeil qu'il était, il devient presque bleu noir; d'artériel, il se change en sang veineux.

Les vaisseaux capillaires vont alors se réunir petit à petit, et des vaisseaux de plus en plus gros y feront suite; les deux vaisseaux qui ramènent le sang au cœur, sont des *veines caves*. Le sang veineux pénètre dans l'oreillette droite, traverse la valvule tricuspide pour entrer dans le ventricule droit, dont les parois ne sont pas à beaucoup près aussi musculeuses que celles du ventricule gauche. C'est qu'en effet il n'a pas besoin d'autant de force, le sang qui en sort n'a pas à parcourir un trajet bien long : l'artère *pulmonaire* le conduit aux poumons, dans des vaisseaux capillaires qui se ramifient autour des vésicules pulmonaires. Nous savons ce qui se passe là : le sang veineux devient artériel, il récupère ses propriétés revivifiantes; il abandonne l'acide carbonique dont il s'est chargé dans les tissus et, en échange, reprend de l'oxygène. Il quitte bientôt les poumons, est ramené à l'oreillette gauche du cœur par les veines pulmonaires, et, traversant la valvule mitrale, il revient à son point de départ, le ventricule gauche, qui va le relancer dans l'aorte, etc. Et ce mouvement ne cesse jamais pendant la vie; il commence avant la naissance et se termine au moment de la mort. Quelquefois cependant il y a arrêt du cœur, il y a syncope, mais cet arrêt est momentané et ne peut se prolonger sans déterminer la mort.

Je dois mettre en garde le lecteur contre une erreur qui provient de la nomenclature. On appelle sang artériel le sang vermeil qui contient de l'oxygène, et sang veineux celui qui est chargé d'acide carbonique. D'un autre côté, les artères ne renferment pas toutes du sang artériel, les veines ne contiennent pas toujours du sang veineux. Ainsi l'*artère* pulmonaire qui part du ventricule droit pour se rendre aux poumons contient du sang veineux, tandis que les *veines* pulmonaires sont remplies par du sang artériel. En un mot, l'on nomme *artères* les vaisseaux qui partent du cœur et *veines* ceux qui y ramènent le sang.

Nous venons de voir que le sang circule dans des vaisseaux, qu'il est ainsi poussé dans l'organisme par des contractions du cœur, mais nous n'avons encore rien dit de la physiologie du cœur. Ces contractions reviennent à des intervalles réguliers; à ce moment d'activité musculaire qu'on appelle la *systole,* succède un état passif; le cœur reprend ses dimensions, ses fibres musculaires se reposent : c'est la *diastole.*

On les sent facilement, ces mouvements du cœur, en plaçant sa main sur sa poitrine, et l'on sait fort bien qu'ils s'accélèrent après un exercice violent ou bien lorsqu'on est sous l'empire de certaines émotions. Mais dans l'état de santé le cœur bat de soixante-cinq à soixante-quinze fois par minute.

Les mouvements du cœur sont d'autant plus lents que la personne est plus âgée; en outre, à âge égal, le cœur de la femme bat plus vite que celui de l'homme. Chez l'enfant le cœur bat presque aussi vite que celui de l'oiseau. Se contracte-t-il tout d'un coup? Non. D'abord il s'abaisse légèrement à chaque systole ventriculaire, mais aussi il exécute en même temps un petit mouvement de torsion autour de son axe longitudinal. En outre, les oreillettes ne se contractent pas en même temps que les ventricules.

Lorsqu'on examine le cœur d'un animal vivant, il semble que la contraction des ventricules suive *immédiatement* la contraction des oreillettes. Il n'en est rien; il s'écoule en effet près de $\frac{1}{10}$ de seconde entre ces deux contractions.

La systole des deux oreillettes se fait en même temps; le sang passe alors dans les ventricules qui se contractent à leur tour ensemble, et c'est à ce moment qu'on peut sentir la pointe du cœur frapper la paroi thoracique sous le mamelon gauche.

A cet état actif succède un temps de repos. Mais on ne peut cependant pas comparer les battements du cœur à une mesure à trois temps, car le repos est beaucoup plus long que les contractions. En divisant en dix unités de temps une révolution du cœur, la contraction des oreillettes durerait 1, l'intervalle entre la contraction de l'oreillette et la contraction ventriculaire durerait 1, la contraction des ventricules 4, le repos de l'organe 4.

Ces mouvements se traduisent par des bruits spéciaux qu'on peut entendre en appliquant l'oreille sur la poitrine, et c'est ainsi même que les médecins parviennent à connaître l'état de santé du cœur; à la pointe du cœur où se produit le choc, on entend un premier bruit sourd, puis vient un petit silence, puis un second bruit plus court et plus net que le premier, enfin un second silence plus long que le premier, et la série recommence suivant le même rythme.

Ces mouvements imprimés au sang par le cœur se transmettent dans les artères, et chacun sait qu'en plaçant le doigt sur un de ces vaisseaux, la radiale, au poignet par exemple, on sent battre le *pouls*.

Les parois des vaisseaux sanguins sont composées de deux tuniques, mais il en est qui en ont une troisième, intermédiaire, très élastique. C'est particulièrement dans les artères qu'elle est bien

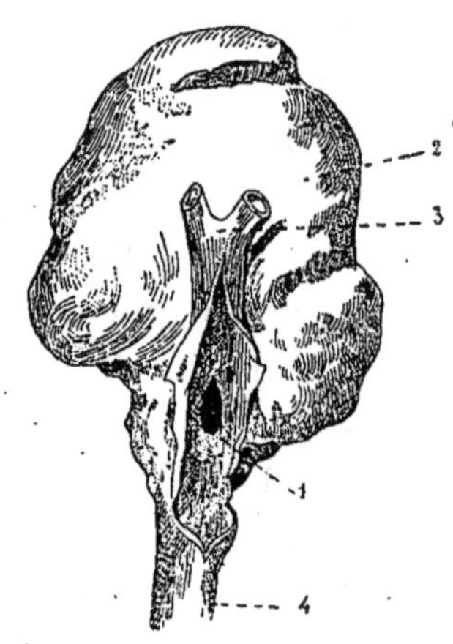

Fig. 118. — Anévrysme.
1. Point de rupture de la paroi de l'artère. — 2. Poche de l'anévrysme. — 3 et 4. — Artère.

développée et elle joue un rôle important dans le phénomène du pouls.

Lorsqu'on s'est coupé une veine, le sang s'écoule régulièrement, tandis que si l'on a tranché une artère, on voit d'abord un violent jet de sang, et de plus on remarque qu'il est saccadé. En voici la raison : sous la poussée du sang, lors de la contraction des ventricules, les artères se dilatent; mais pendant le repos des ventricules les parois des artères, revenant sur elles-mêmes pour reprendre leur position première, pressent le sang et continuent à le chasser dans les vaisseaux. Le *pouls* n'est donc autre chose que le moment où les artères se dilatent sous l'influence de l'afflux du liquide sanguin.

Il arrive quelquefois que, par une cause ou par une autre, la tunique moyenne d'une artère se rompt. A cause de son élasticité elle tend à se rétracter, de sorte que si les tuniques externe et interne se cicatrisent, les bords de la moyenne ne se rapprochent pas. Il en résulte que par suite de la poussée du sang, au point où la tunique moyenne fait défaut, une saillie se produit, saillie qui augmente de plus en plus; à mesure que cette poche sanguine s'accentue, la minceur de la paroi devient de plus en plus grande, elle ne peut bientôt plus résister à l'afflux du sang et la poche se crève; c'est ce qu'on nomme la rupture d'un *anévrysme*. Cette rupture peut avoir de graves conséquences et amener même la mort fou-

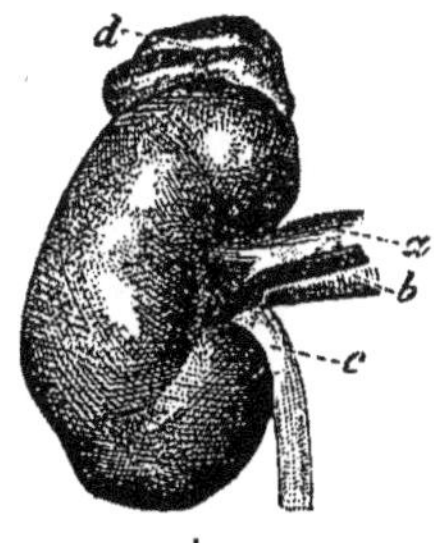

I.

Fig. 119. — Rein.

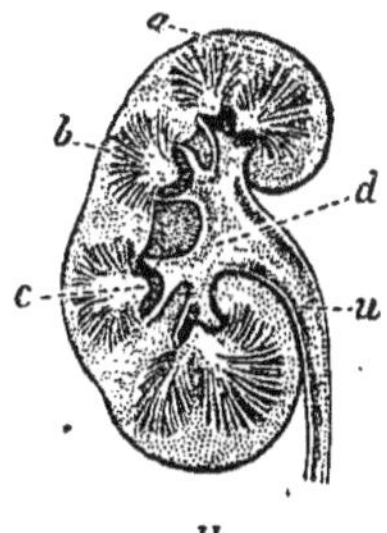

II.

Fig. 120. — Coupe verticale d'un rein.

I. *a.* Uretère. — *b* et *c.* Artère et veine rénales. — *d.* Capsules surrénales.

II. *a.* Substance corticale. — *b.* Cône de substance tubuleuse terminé par un mamelon dans un calice *c.* Calice ouvert. — *d.* Bassinet. — *u.* Uretère.

droyante, si l'anévrysme est situé sur le trajet d'une des grosses artères.

Les veines n'ont pas de tunique élastique et leurs parois sont flasques; mais la tunique interne présente dans presque toutes les parties du corps, et principalement dans les membres, des prolongements internes qui constituent des sortes de valvules en forme de nids de pigeons. Elles permettent bien au sang de s'écouler lorsqu'il est poussé du cœur vers la périphérie, mais elles se rabattent de façon à interrompre le passage du sang, si celui-ci tend à revenir en sens inverse.

Quelquefois les veines des membres inférieurs en particulier se gonflent, deviennent flexueuses et il se forme alors de petites poches sanguines, fluctuantes et indolentes, qu'on nomme varices.

Nous avons vu d'une part que les veines se ramifient et s'unissent aux artères par l'intermédiaire des vaisseaux capillaires; d'autre part, qu'elles se réunissaient pour former des vaisseaux de plus en plus gros à mesure qu'ils se rapprochent du cœur. C'est la règle générale. Il est une exception pour quelques gros troncs sanguins venant des intestins. Au lieu de se rendre à l'oreillette droite, les veines vont se diviser, se subdiviser dans le foie, cette grosse glande dont il a été question à propos de la digestion des matières grasses. Il y a là un véritable réseau capillaire veineux, et les veines qui se sont ainsi ramifiées, se réunissent en des troncs plus importants qui se terminent dans une *veine cave*. Ce *système de la veine porte* (c'est ainsi qu'on la nomme) a une grande importance, car le foie n'est pas seulement une glande sécrétant de la bile, elle fabrique aussi du sucre qui est immédiatement assimilable, et c'est à notre illustre physiologiste Claude Bernard qu'est due la découverte de la double fonction du foie; c'est lui qui le premier a fait connaître *la matière glycogène* de cette grosse glande.

On a montré que lorsque le sucre est trop abondant, il se produit une maladie grave, le *diabète sucré*.

Il est à noter que les artères et les veines ne sont pas les seuls vaisseaux qui parcourent le corps; il en est d'autres, les vaisseaux lymphatiques, qui renferment un liquide analogue au plasma du sang, mais dépourvu d'hématies, liquide qui porte le nom de *lymphe*. La plupart d'entre eux sont garnis de valvules comme nous en avons décrit dans les veines et présentent de distance en distance, en plusieurs endroits, des *ganglions lymphatiques*.

Ces vaisseaux, qui sont divisés à l'infini en certains points du corps, se réunissent finalement et déversent leur contenu dans un gros vaisseau appelé *canal thoracique*, parce que, suivant la colonne vertébrale, il va se jeter dans la veine sous-clavière gauche, où la lymphe se mêle ainsi au sang, tout près de l'oreillette droite du cœur.

A son extrémité inférieure, le canal thoracique présente un renflement qu'on désigne sous le nom de *citerne de Pecquet*. Dans ce réservoir aboutissent également d'autres vaisseaux, dits *chylifères* parce qu'ils transportent le *chyle*, produit de la digestion, qu'ils ont puisé sur les villosités intestinales. Mais le chyle, au lieu d'être déversé dans la veine sous-clavière gauche par le canal thoracique, peut être absorbé par les veines qui se rendent au *système porte*.

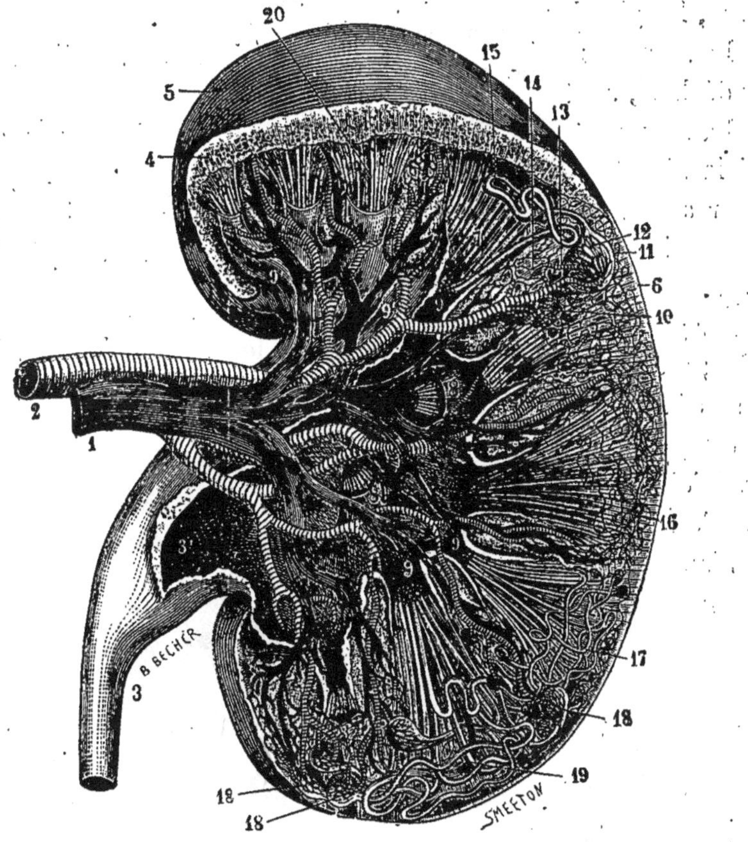

Fig. 121. — Coupe du rein (figure demi-schématique du Dr Fort).

1. Veine rénale. — 2. Artère rénale. — 3. Uretère se continuant avec le bassinet ouvert. — 4. Surface coupée. — 5. Surface du rein. — 6. Surface corticale. — 7. Une pyramide de Malpighi avec ses artères. — 8. Mamelons des pyramides qui n'ont pas été divisées. — 9. Calice divisé embrassant un mamelon; les lignes blanches indiquent la section des calices et des bassinets. — 10. Branche de l'artère rénale entre deux pyramides. — 11. Un glomérule de Malpighi grossi 40 fois. — 12. Vaisseaux du centre du glomérule. — 13. Vaisseau efférent du glomérule. — 14. — Réseau capillaire. — 15. Tube tortueux de la surface corticale grossi 20 fois. — 16. Flexuosités des tubes tortueux. — 17. Quelques tubes tortueux grossis 40 fois. — 18. Plusieurs glomérules grossis de 10 à 20 fois. — 19. Tubes tortueux grossis de 20 à 25 fois. — 20. Quelques tubes coupés.

Le sang élimine par les poumons et par la peau de l'acide carbonique et de la vapeur d'eau ; mais en passant, il cède certains éléments à des organes. Tantôt les produits ainsi formés jouent un rôle important dans certaines fonctions de la vie, tantôt ils sont rejetés au dehors. De là deux sortes d'organes : les uns utilisant les produits, les autres les expulsant. Ces organes sont dans le premier cas, par exemple, les glandes salivaires, le foie, le pancréas, etc.; parmi les autres je citerai les glandes sébacées, les glandes sudoripares, les glandes lacrymales, les reins surtout.

Les glandes qui permettent à l'organisme de se débarrasser de ses déchets, sont des appareils excréteurs.

La sueur est un produit d'élimination et les glandes sudoripares qui la sécrètent sont pelotonnées dans l'épaisseur de la peau. La sueur a une importance considérable, car elle contribue par son évaporation à maintenir au même degré (37°,5) la température du corps.

Les glandes lacrymales, qui sécrètent les larmes, sont du même ordre; elles s'ouvrent au-devant de l'œil, et les larmes se réunissent et se déversent dans le nez par un canal commun. Ce n'est que lorsqu'elles sont trop abondantes qu'elles coulent sur les joues.

D'autres glandules placées également dans la peau sont les

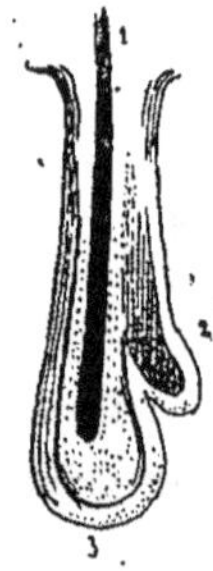

Fig. 122. — Glande sébacée simple formée par un cul-de-sac et recevant un follicule pileux.

1. Poil. — 2. Glande. — 3. Follicule pileux.

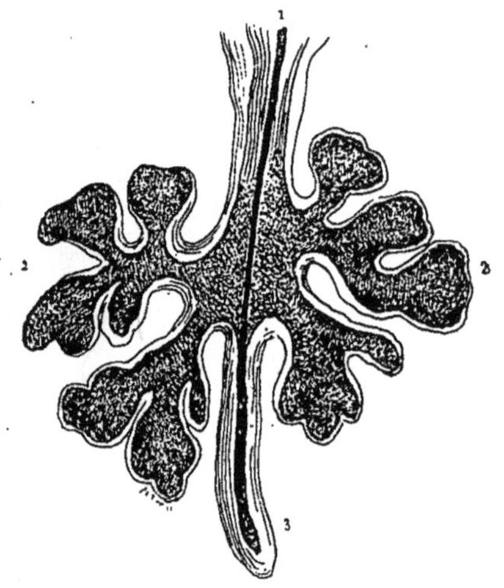

Fig. 123. — Glande sébacée en grappe et follicule pileux.

1. Poil. — 2. Glande. — 3. Follicule pileux.

glandes sébacées (*fig.* 122 et 123) qui sécrètent une matière grasse, très abondante quelquefois sur le nez. Le canal excréteur de ces glandes sébacées se bouche parfois et la matière grasse s'accumulant toujours, il se forme un kyste, une *loupe*, qui peut devenir très grosse. C'est sur la tête que les loupes sont le plus communes.

Signalons encore une autre sécrétion, très importante, celle de l'urine, dont les organes sécréteurs sont les *reins* (*fig.* 119, 120 et 121), connus vulgairement sous le nom de rognons, et logés de chaque côté de la colonne vertébrale, en haut de la cavité abdominale. L'urine sécrétée s'écoule par deux tubes nommés urétères qui, partant chacun d'un rein, viennent déboucher dans la vessie, puis elle est expulsée au dehors par le canal de l'urèthre.

Les reins, de couleur brun rougeâtre, ont la forme de gros haricots et, si on en coupe un en deux moitiés longitudinales symétriques, on distingue une région très dense, rouge, entourant une cavité ou bassinet qui s'ouvre dans le canal urétère.

C'est dans la substance compacte des reins que se produit l'urine, dans une quantité de petits tubes urinifères. Ceux-ci s'ouvrent sur des parties saillantes ou pyramides donnant dans le bassinet.

Ces tubes ont, à leur origine, des ampoules ou glomérules de Malpighi qui reçoivent un grand nombre de vaisseaux sanguins.

Les artères laissent filtrer là, pour ainsi dire, l'urine, et, privé de ses déchets, le sang passe dans la veine et continue son chemin.

C'est, en somme, quelque chose d'analogue au système porte du foie, car les reins qui partent des glomérules contiennent du sang rouge.

L'urine est un liquide composé d'eau, tenant en dissolution de l'urée, de l'acide urique, des phosphates, substances que le sang abandonne. Quelquefois il se forme des amas d'acide urique, etc., dans la vessie, constituant des calculs, des pierres, et même, lorsque l'acide urique est trop abondant dans le sang, des concrétions se produisent dans les articulations, là où la circulation est moins active, amenant la maladie qu'on appelle la *goutte*.

Toutes les glandes que nous venons d'étudier sont pourvues d'un canal excréteur, et leurs produits se déversent, soit dans certains organes, soit au dehors. Signalons enfin, parmi les glandes imparfaites, la *rate*, située tout près de l'estomac, sur la gauche, glande vasculaire arrondie, rougeâtre. On n'en connaît pas encore bien la fonction.

En résumé, nous voyons qu'il s'opère un échange perpétuel de substances entre le milieu ambiant et le corps vivant.

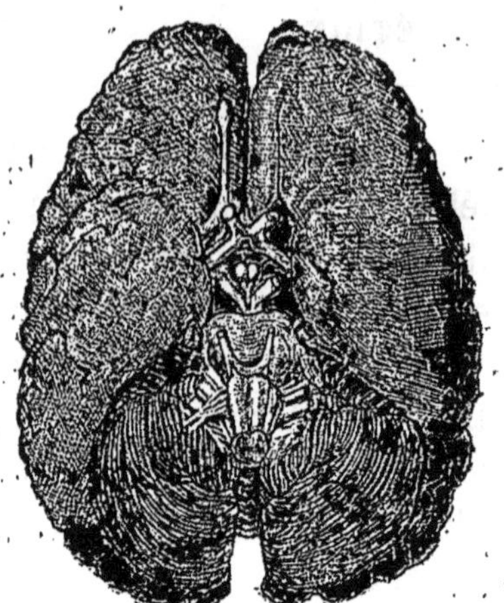

Fig. 124.

Base des centres encéphaliques montrant les paires de cordons nerveux qui s'en détachent, et le cervelet.

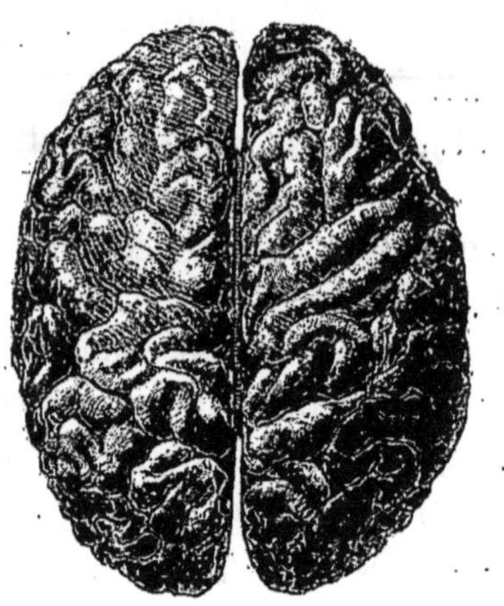

Fig. 125.

Face supérieure du cerveau montrant les circonvolutions et la scissure qui sépare les deux hémisphères.

CHAPITRE III

Structure du corps. Le système nerveux et les organes des sens. Le cerveau. La voix. Le sommeil. Les rêves. La mort.

Tous ces organes, ces muscles, ces appareils de la digestion, de la respiration, de la circulation, ces glandes, sont des serviteurs passifs; tout le corps, en un mot, obéit au système nerveux.

Nous avons vu dans le premier chapitre de ce livre que ses parties centrales sont contenues dans un étui osseux formé par le crâne et par le canal rachidien, c'est-à-dire par le tube que constituent les trous des vertèbres placées les unes au-dessus des autres.

Ces centres nerveux sont : le cerveau, le cervelet, la moelle allongée et la moelle épinière; cet ensemble porte le nom de système encéphalo-rachidien.

Les nerfs qui en partent constituent la partie périphérique, ils se distribuent à tout le corps; ce sont eux qui transmettent à l'organisme tout entier les ordres émanant des centres nerveux et qui, en même temps, ramènent à ces parties centrales les impressions ressenties par les différents points du corps.

Nous pouvons considérer le système encéphalo-rachidien comme

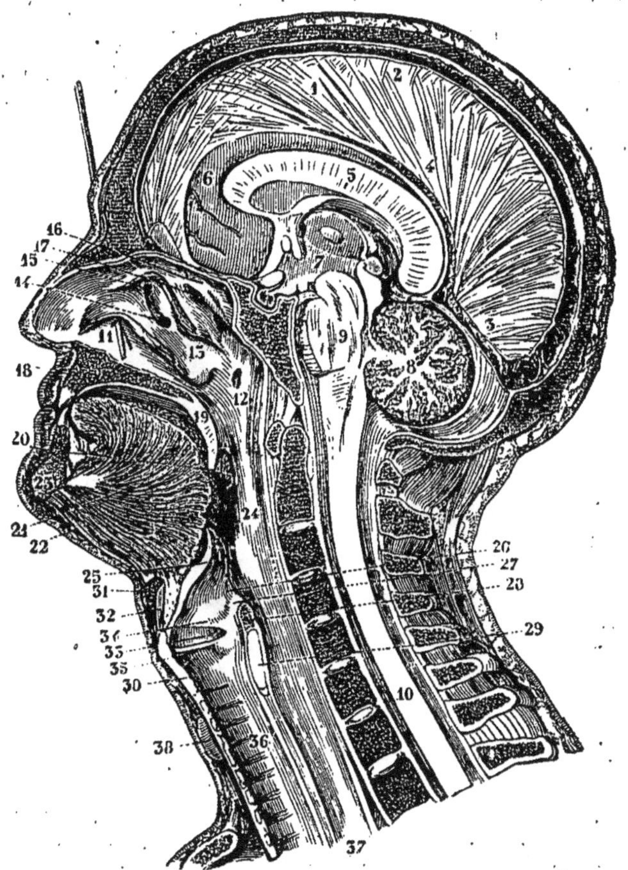

Fig. 126. — Coupe verticale de la tête et du cou dans laquelle on peut voir les rapports du cerveau, du cervelet, de l'isthme de l'encéphale et de la moelle épinière.

1. Faux du cerveau. — 2. Sinus longitudinal supérieur. — 3. Sinus droit. — 4. Sinus longitudinal inférieur. — 5. Corps calleux. — 6. Face interne de l'hémisphère cérébral droit recouvert de la faux. — 7. Ventricule moyen. — 8. Cervelet. — 9. Isthme de l'encéphale. — 10. Moelle épinière. — 11. Cornet inférieur relevé pour laisser voir l'ouverture inférieure du canal nasal dans lequel une sonde a été engagée. — 12. Orifice de la t ompe d'Eustache. — 13. Cornet moyen relevé et méat moyen. — 14. Entrée de l'antre d'Higmore. — 15. Ouverture du sinus frontal. — 16. Cornet supérieur recouvrant le méat supérieur. — 17. Entrée des cellules sphénoïdales et ethmoïdales postérieures. — 18. Coupe du maxillaire supérieur. — 19. Voile du palais. — 20. Fossette amygdalienne. — 21. Coupe de la langue et fibres du muscle génio-glosse en forme d'éventail. — 22. Muscle génio-hyoïdien. — 23. Coupe du maxillaire inférieur. — 24. Cavité pharyngienne. — 25. Épiglotte. — 26. Replis aryténo-épiglottiques. — 27. Cartilage aryténoïde recouvert de sa membrane muqueuse. — 28. Coupe du muscle aryténoïdien. — 29. Coupe du cartilage c icoïde. — 30. Coupe du thyroïde. — 31. Coupe de l'os hyoïde. — 32. Membrane thyro-hyoïdienne. — 33. Ventricule du larynx. — 34. Corde vocale supérieure. — 35. Corde vocale inférieure ou vraie. — 36. Trachée. — 37. Œsophage. — 38. Coupe du corps thyroïde.

un poste télégraphique central qui serait relié par un réseau très complet à des postes éloignés; et, de même que le poste central peut envoyer des ordres aux bureaux de la banlieue, de même ces derniers l'avertissent de ce qui se passe au dehors.

Dans le crâne est logé l'encéphale (cerveau, cervelet, moelle allongée), qui se continue dans le canal rachidien en un cordon mou, symétrique, la moelle épinière.

Mais tous ces délicats organes de l'encéphale ne sont pas direc-

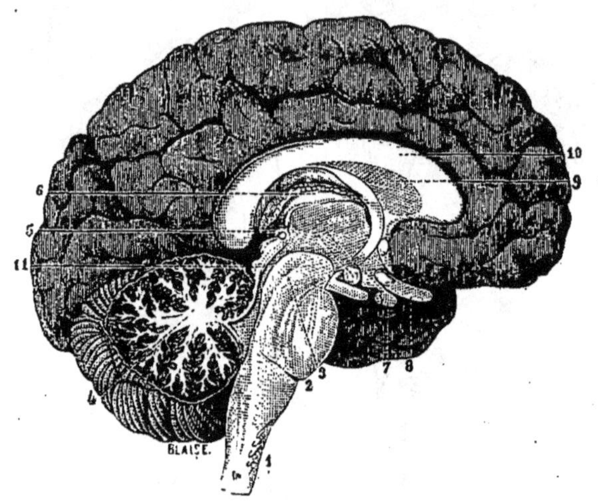

Fig. 127. — Face interne de la grande scissure du cerveau, la coupe verticale du cervelet, celle du corps calleux, etc.

1. Bulbe rachidien. — 2. Protubérance annulaire. — 3. Pédoncule cérébral. — 4. Arbre de vie du lobe médian du cervelet. — 5. Glande pinéale. — 6. Toile choroïdienne. — 7. Corps pituitaire. — 8. Nerf optique. — 9. Cloison transparente. — 10. Corps calleux. — 11. Tubercules quadrijumeaux.

tement en contact avec la boîte osseuse qui les renferme; ils en sont séparés par trois membranes : la dure-mère, l'arachnoïde et la pie-mère; nous en reparlerons tout à l'heure.

Voyons d'abord comment est construit le cerveau, siège de la pensée, qui constitue à lui seul la presque totalité de la masse nerveuse contenue dans la cavité du crâne.

Son poids est énorme, comparé à celui des autres parties. Il pèse en moyenne 1,200 grammes chez l'homme, tandis que le cervelet ne pèse environ que 140 grammes, la moelle allongée que 25 à 30 grammes.

Il est situé dans la partie supérieure et antérieure du crâne; une scissure médiane et longitudinale le divise en deux hémisphères partagés en plusieurs lobes; toute sa surface est sillonnée par un grand nombre de circonvolutions. Si l'on en fait une coupe, on voit qu'il est constitué au centre par de la substance blanche, recouverte par de la substance grise. Les deux hémisphères sont réunis inférieurement par une masse de substance blanche, le corps calleux.

De la base ou face inférieure naissent des nerfs; on voit là également des saillies (corps pituitaire, tubercules mamillaires, pédoncules du cerveau, la protubérance annulaire ou pont de Varole, le bulbe rachidien). Enfin, la substance cérébrale est creusée de trois cavités ou ventricules qui communiquent entre eux, l'un sur la ligne médiane et deux latéraux.

En arrière du cerveau et en dessous est le cervelet, composé d'un lobe médian et de deux lobes latéraux, et séparé du cerveau par la *tente* du cervelet, qui n'est autre chose qu'un repli de la dure-mère. Sa surface est recouverte de stries transversales et parallèles, et non de circonvolutions. Il est formé de substance blanche et de substance grise; celle-ci pénètre dans la première en formant des sortes d'arborisations, qui peuvent se voir si l'on fait une coupe du cervelet; c'est ce qu'on nomme *arbre de vie*.

Communiquant avec le troisième ventricule du cerveau par l'aqueduc de Sylvius, est une cavité ou ventricule du cervelet, ou encore quatrième ventricule.

Une bandelette épaisse réunit en dessous les pédoncules cérébraux et cérébelleux, et recouvre les expansions du bulbe rachidien; c'est le *pont de Varole* ou *protubérance annulaire* formant l'isthme de l'encéphale. On voit à la face supérieure des pédoncules quatre saillies, les tubercules quadrijumeaux.

Par leur réunion, les pédoncules du cerveau et du cervelet constituent le *bulbe rachidien* ou moelle allongée, qui se continue avec la moelle épinière.

Les deux faisceaux antérieurs du bulbe du cerveau s'y entrecroisent, de sorte que, dans les paralysies, il arrive que c'est la partie du corps opposée à l'hémisphère cérébral malade qui est inerte ou insensible.

La moelle épinière est contenue dans la colonne vertébrale; c'est un cordon nerveux, blanc, cylindroïde, divisé incomplètement en deux moitiés par un *sillon médian* et formé au centre de substance grise entourée de substance blanche. C'est le contraire qui a lieu dans le cerveau et le cervelet. Elle se termine par un faisceau de nerfs qui se distribuent principalement aux membres postérieurs, et qu'on désigne sous le nom de *queue-de-cheval.*

Reprenons les centres encéphaliques. Nous avons dit que trois membranes les protègent.

La dure-mère est la plus extérieure; elle est très résistante et envoie des prolongements dans la scissure qui sépare les hémisphères, et entre le cerveau et le cervelet.

L'arachnoïde, comme l'indique son nom, est d'une minceur extrême et sécrète le liquide encéphalo-rachidien qui remplit les espaces vides soit dans l'encéphale, soit dans la colonne vertébrale.

La pie-mère est appliquée sur les centres nerveux de l'encéphale; c'est une membrane vasculaire, c'est-à-dire qu'elle est parcourue par une grande quantité de vaisseaux sanguins; de sorte que s'il se forme un engorgement dans ces vaisseaux, les centres nerveux peuvent être comprimés et il en résulte une apoplexie.

Ces membranes sont les méninges, et l'inflammation de l'une ou de plusieurs d'entre elles porte le nom de *méningite.*

Si l'on examine la base des centres encéphaliques, on voit s'en détacher des cordons nerveux qui sont symétriques et au nombre de douze paires.

Ce sont d'abord les *nerfs olfactifs*, qui se rendent dans les fosses nasales, organe de l'odorat.

Puis les *nerfs optiques*, qui, s'entre-croisant en un chiasma, se rendent aux yeux, s'étalent et forment la rétine; ils président à la vision.

La troisième paire (nerf oculo-moteur commun), la quatrième (nerf pathétique), la sixième (nerf oculo-moteur externe), président aux mouvements de l'œil; ce sont donc des nerfs moteurs. Les nerfs trijumeaux ou de la cinquième paire sont à la fois sensitifs et moteurs et se distribuent à la face. Les nerfs de la septième paire ou faciaux se rendent aussi à la face, mais président à ses mouvements et donnent la physionomie du visage.

La huitième paire est constituée par les nerfs auditifs, qui se rendent à l'oreille.

Viennent ensuite les nerfs glosso-pharyngiens (neuvième paire) qui, de même que le nerf grand hypoglosse (douzième paire), se rendent à la langue; les premiers sont les nerfs qui servent au goût, les seconds donnent à la langue sa mobilité.

Les nerfs vagues ou pneumogastriques (dixième paire) vont dans le thorax, dans l'abdomen, se rendent aux poumons, à l'estomac,

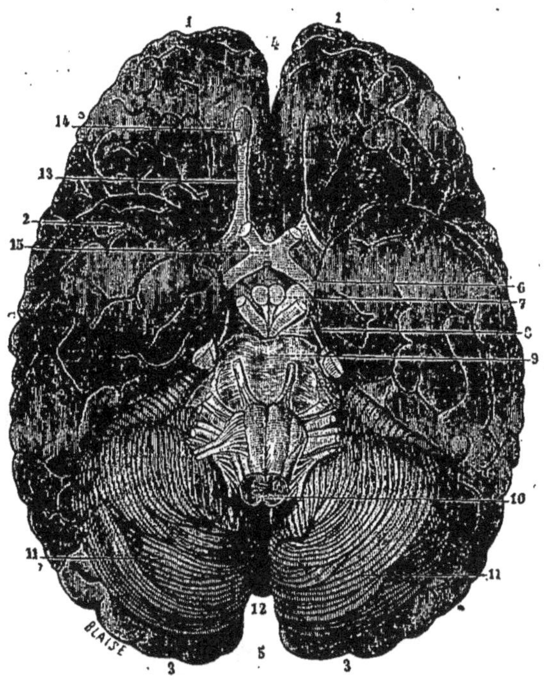

Fig. 128. — Encéphale de l'homme vu par sa face inférieure.

1. Lobe antérieur ou frontal. — 2. Partie sphénoïdale du lobe postérieur. — 3. Partie occipitale du même. — 4. Extrémité antérieure de la grande scissure du cerveau. — 5. Extrémité postérieure de la même. — 6. *Tuber cinereum* et tige pituitaire. — 7. Tubercules mamillaires. — 8. Pédoncules du cerveau. — 9. Protubérance annulaire. — 10. Bulbe rachidien. — 11. Hémisphères du cervelet. — 12. Scissure médiane du cervelet. — 13. Nerf olfactif droit. — 14. Bulbe qui termine ce nerf. — 15. Chiasma des nerfs optiques.

après avoir donné des rameaux au pharynx et au larynx; ils président donc aux fonctions de la digestion, de la respiration, de la circulation, etc.

Enfin les nerfs spinaux (onzième paire) envoient des cordons au larynx, au pharynx et à certains muscles du cou; ils sont moteurs.

Quant aux nerfs qui partent de la moelle épinière, ils sont au nombre de trente et une paires (8 cervicales, 12 dorsales, 5 lombaires, 6 sacrées), qui sortent du canal médullaire par les trous de conjugaison des vertèbres. Chacun d'eux présente deux racines, l'une antérieure qui vient de la substance blanche de la moelle, l'autre postérieure qui offre un mélange de substance blanche et de substance grise.

Les racines antérieures président aux mouvements, elles sont motrices, tandis que les postérieures sont sensitives, elles transmettent les impressions, et chacune des fibres motrices ou sensitives, malgré leur enchevêtrement, conserve, sur toute sa longueur, ses propriétés spéciales.

Elles ne se mélangent pas, et se rendent dans toutes les parties du corps.

Mais ce n'est pas tout, il existe un autre appareil nerveux, le système ganglionnaire ou *grand sympathique*, situé de chaque côté de la colonne vertébrale sous la forme d'un double cordon; il préside aux fonctions de la vie organique. Au niveau de chaque vertèbre, depuis la première cervicale jusqu'à la dernière vertèbre sacrée, il forme des ganglions qui envoient des filets à tous les nerfs venant de l'encéphale ou de la colonne vertébrale.

Il constitue plusieurs plexus (cardiaque, mésentérique, pharyngien, rénal, hypogastrique).

Telle est, résumée en quelques lignes, la composition du système nerveux chez l'homme et les animaux supérieurs. Quelle complexité nous avons pu remarquer dans toutes ses parties constituantes! Il est sans doute bien intéressant de savoir comment il est composé, mais son mode d'action mérite au plus haut point notre attention. Nous ne pouvions pas aborder ce sujet sans avoir, au préalable, présenté au lecteur une vue d'ensemble des parties fondamentales de notre corps. Il nous excusera, sans aucun doute, d'avoir insisté sur certains détails; ce sont des jalons posés une fois pour toutes; cela nous évitera d'y revenir, ce qui compliquerait parfois nos explications.

Toutes les parties de notre corps obéissent au système nerveux; mais tantôt l'action produite est volontaire, c'est-à-dire s'effectue sous l'empire de notre volonté, tantôt au contraire est involontaire.

Les nerfs sont des conducteurs; ils transmettent au centre nerveux l'impression ressentie; ils peuvent aussi porter aux muscles, par exemple, les ordres du centre nerveux. Il y a donc deux courants nerveux : les uns centripètes, c'est-à-dire allant de la périphérie vers le centre; les autres centrifuges, c'est-à-dire allant du centre vers la périphérie.

Si, par exemple, je touche un objet très chaud, j'éprouve une sensation de brûlure; cette sensation est transmise au centre nerveux par les nerfs (courant centripète); mais aussitôt ordre est envoyé aux muscles de se contracter, et je retire rapidement ma main (courant centrifuge). Nous voyons là non seulement deux courants nerveux distincts, mais nous remarquons que, parmi ces nerfs, les uns sont sensitifs, les autres moteurs; mais quelques-uns sont mixtes.

Cependant, même lorsqu'ils semblent unis entre eux, mélangés, anastomosés, ils restent indépendants, et c'est grâce à cela que les impressions perçues ont de la précision; les fibres nerveuses ne sont pas unies, elles ne sont que juxtaposées. En effet, s'il en était autrement, comment le cerveau pourrait-il savoir le point exact de l'impression perçue? Le cerveau reporte toujours l'impression à l'extrémité même du nerf, et ceci prouve que tous les filets nerveux sont séparés dès leur point de départ et ne sont en aucune façon anastomosés.

On a entendu souvent des invalides qui avaient une jambe de bois se plaindre de douleur dans le pied, de froid au pied. Cela peut sembler étonnant au premier abord; mais on le comprend quand on sait que ces filets nerveux transmettent la sensation issue d'un membre qui n'est plus, mais dont ils avaient l'habitude de porter au cerveau les impressions.

Du cerveau partent des nerfs moteurs, nous l'avons vu, mais aussi des nerfs sensitifs.

La moelle épinière émet des faisceaux nerveux qui dirigent les mouvements volontaires du tronc, des membres; elle agit aussi sur les organes respiratoires, circulatoires, de nutrition et sur certaines glandes. Mais, tandis que nous avons vu que lorsqu'il y a compression des parties de l'encéphale, par suite d'épanchement sanguin, c'est le côté du corps opposé à l'hémisphère lésé qui est inerte ou insensible; quand la moelle épinière est lésée, l'abolition du mouvement ou de la sensibilité se fait du côté correspondant.

Le bulbe rachidien préside aux mouvements de la respiration, et c'est en un point de son étendue que se trouve le *nœud vital.* Il suffit de le piquer pour amener la mort.

Quant au cerveau, quelles sont ses fonctions?

Nous nous rappelons qu'il est composé de substance blanche recouverte de substance grise. C'est cette dernière qui forme les circonvolutions.

« Éclairé [1] depuis un certain nombre d'années, et par les faits tirés de la pathologie et par les résultats de l'expérimentation, on peut dire que le rôle de la substance blanche des hémisphères est aujourd'hui connu dans ce qu'il a d'essentiel. Cette substance jouit de propriétés conductrices. Des pédoncules cérébraux vers les circonvolutions, elle est conductrice des impressions sensitives; des circonvolutions vers les pédoncules, elle est conductrice des incitations motrices volontaires. »

Les circonvolutions constituées par la substance grise sont les centres producteurs véritables. On a voulu localiser dans les circonvolutions les diverses facultés intellectuelles, et à ce sujet il me paraît intéressant de citer H. Milne-Edwards :

« Déjà dans l'antiquité, dit-il, les artistes grecs, sans se rendre compte de la portée physiologique de leurs conceptions, variaient la forme de la tête des images de leurs dieux et de leurs héros, suivant l'idée qu'ils voulaient donner soit de la puissance mentale, soit du caractère moral du personnage qu'ils représentaient, et pour exprimer l'intelligence, par exemple, ils grandissaient la région frontale, ainsi que cela se voit dans la magnifique tête du Jupiter olympien due à Phidias.

« A une époque plus récente, Lavater, obéissant à une inspiration analogue, traça un tableau de la dégradation successive du type humain, en rapport avec l'abaissement et la disposition fuyante du front; puis l'anatomiste hollandais Pierre Camper fournit de nouveaux arguments en faveur de cette opinion par la mesure de ce qu'il appela l'angle facial.

« Il ne fut ni le seul, ni même le premier à employer des moyens géométriques de ce genre pour apprécier les relations qui

1. Béclard. *Traité de physiologie*, t. II, p. 575.

peuvent exister entre le mode d'organisation des êtres animés et leur puissance mentale.

« Enfin Gall, tout en faisant ressortir de nombreuses exceptions aux règles proposées par ses devanciers, crut pouvoir aller beaucoup plus loin qu'aucun d'entre eux, et il s'appliqua à établir d'une manière complète que l'encéphale est un appareil complexe, composé d'un grand nombre d'instruments psychiques distincts par leur position aussi bien que par leurs propriétés respectives, que la puissance fonctionnelle de chacun de ces agents est en rapport avec

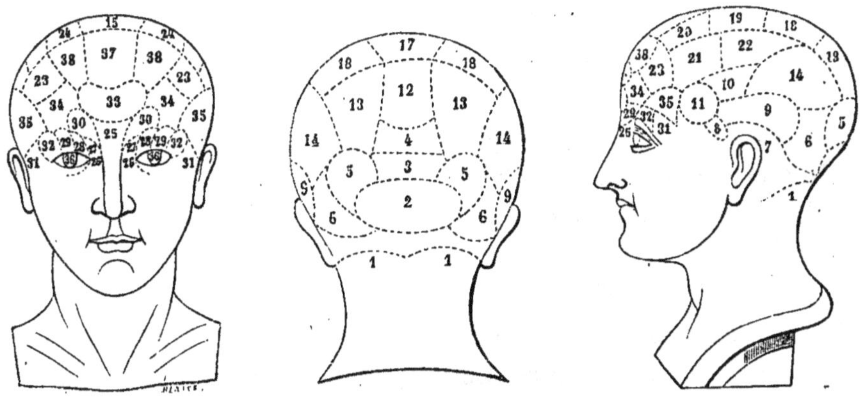

Fig. 129. — Gall avait établi une classification psychologique des facultés intellectuelles et affectives, puis il avait découpé la surface des hémisphères en un certain nombre de compartiments : chacun d'eux représentait des propriétés spéciales.

son volume, et que la boîte crânienne, se moulant sur l'encéphale, traduit au dehors ces inégalités, en sorte que, par la conformation de cette partie de la tête, on pourrait juger des dispositions mentales des espèces et même des individus. La cranioscopie, d'après cette hypothèse, permettrait donc d'établir une sorte de diagnostic intellectuel et moral, et d'apprécier le caractère des hommes ainsi que les aptitudes de leur esprit [1]. »

Mais cette hypothèse de Gall, la phrénologie, en un mot, ne reposait sur aucune base solide; elle fut détruite de fond en comble. Cependant il ne faudrait pas en conclure que le principe de la localisation des facultés intellectuelles et affectives soit absolument faux et dénué de sens. Gall avait établi une classification psychologique

1. H. Milne-Edwards. *Leçons sur la physiologie et l'anatomie comparée*, etc., t. XIV, p. 205-206.

des facultés intellectuelles et affectives, puis il avait découpé la surface des hémisphères en un certain nombre de compartiments : chacun d'eux représentait des propriétés spéciales. Gall avait suivi une idée préconçue, sans s'appuyer sur les données anatomiques.

Ce système a été très en vogue, il a excité au plus haut point la curiosité ; mais il avait en somme des prétentions presque divinatoires et il survécut à peine à son auteur.

De nos jours, on a repris ces études de localisation, mais à un point de vue scientifique. Il y a cinquante ans environ, Bouillaud, s'appuyant sur des faits cliniques, pensa que la faculté du langage était localisée dans les lobes frontaux. Dax de Montpellier et Broca précisèrent davantage et montrèrent que le *centre des mouvements du langage articulé* réside sur le bord supérieur de la scissure de Sylvius et correspond à la moitié postérieure de la troisième circonvolution frontale.

L'abolition du langage ou *aphasie* ne dépend pas de la paralysie des muscles qui servent à articuler les sons, car ils peuvent encore fonctionner, mais de l'impossibilité mentale dans laquelle se trouve l'individu d'exprimer sa pensée, soit au moyen de la parole, soit même au moyen de l'écriture. Cette impossibilité résulte de l'altération de cette portion de la troisième circonvolution frontale.

Quant aux autres facultés intellectuelles, quelques auteurs ont cherché à les localiser également ; mais, en réalité, il n'y a encore rien de bien prouvé en dehors de la *circonvolution de Broca*. Chose curieuse, Broca a remarqué que chez les aphasiques la lésion siége sur l'hémisphère gauche. « Les circonvolutions frontales droites et gauches, dit Broca, ont évidemment les mêmes propriétés ; aussi les deux lobes cérébraux fonctionnent-ils d'abord symétriquement, comme nous le voyons d'ailleurs pour tout le reste de l'encéphale ; mais peu à peu l'un des deux s'exercerait plus que l'autre, et arriverait bientôt à fonctionner seul. Le langage, dit-il encore, est une faculté artificielle, conventionnelle, produit de l'éducation et d'une longue habitude. Or, la plupart des actes qui exigent de l'adresse, sont exécutés de préférence avec la main droite et dirigés par conséquent par l'hémisphère gauche du cerveau. De même qu'il y a quelques gauchers, ajoute-t-il, de même il y a quelques droitiers pour le langage ; et les droitiers du langage, ce sont précisément les gauchers. Mais, bien qu'on n'ait encore pu trouver avec certitude la localisation des facultés mentales dans le cerveau, il n'en est pas moins vrai qu'on peut les étudier. Les philosophes ont voulu conserver pour eux cette étude. C'est ce qu'ils appellent la psychologie, la connaissance du *moi*, ou, si l'on préfère, de l'*âme*. Cette science psychologique ne peut rester distincte. Pourquoi considérer comme éloignées l'une de l'autre la psychologie et la physiologie? Autrefois les méthodes d'étude différaient et les psychologues ne recherchaient l'étude du *moi* que par le raisonnement et la méditation. D'un autre côté les physiologistes ne considéraient que la structure des organes et la façon dont ils fonctionnent. On voit aujourd'hui que ces deux sciences ne doivent pas être séparées, elles se complètent, et l'une ne peut faire de progrès sans l'autre. »

L'homme a cru pendant longtemps que seul il possédait l'intelligence et que les animaux n'étaient que des machines, des automates ; du moins c'était l'opinion de Descartes. L'homme a cru qu'il était d'une essence spéciale et que les animaux, même les plus semblables à lui par la forme extérieure, n'agissaient que poussés par une force, l'instinct. C'est là un orgueil mal placé. L'homme est de la même essence que les animaux, mais son intelligence est plus développée. « Aucune des facultés principales qui existent chez l'homme, dit H. Milne-Edwards, ne fait complètement défaut partout ailleurs, quoique beaucoup d'êtres animés en soient presque entièrement privés, et que, suivant toute probabilité, il n'en est aucun qui soit capable d'avoir conscience de son existence et de concevoir nettement l'idée de son individualité, l'idée du moi. » Nous nous rendons compte de ce qui se passe en nous et de ce qui se passe autour de nous, et c'est la conscience ou perception mentale qui nous guide. Lorsqu'elle est excitée soit par une cause extérieure, soit volontairement, lorsque nous la concentrons sur un objet, sur un sujet, on la nomme *attention*, et Ferrier a cru pouvoir localiser cette faculté dans la portion antérieure des lobes cérébraux.

Les impressions ne persistent souvent qu'un temps très limité; mais elles peuvent rester gravées plus ou moins longtemps dans notre esprit et nous pouvons nous les rappeler, si nous y portons attention volontairement ou involontairement. Nous pouvons, par la volonté ou par l'influence d'un objet extérieur, faire revivre en quelque sorte à nos yeux une sensation, une idée qui n'est plus. Nous avons conscience d'une impression reçue précédemment et c'est le souvenir de cette idée ou de cette sensation qui se représente à notre esprit. Cette faculté, c'est la *mémoire*. On dirait qu'une sorte d'image est gravée dans notre pensée; elle persiste plus ou moins, elle est fugace même si l'attention n'est pas entrée en jeu. Cette mémoire varie suivant les individus : tantôt c'est le souvenir des lieux visités qui persiste davantage, tantôt c'est la mémoire des saveurs, tantôt celle des noms, des dates. Il y a des personnes qui se souviennent de pièces de théâtre après une simple lecture. Quelquefois un souvenir est pour ainsi dire à l'état latent, il est dans notre esprit sans que nous en ayons conscience, nous ne pouvons le faire revivre volontairement, et ce ne sera souvent qu'une cause accidentelle qui le replacera devant nos yeux.

Quelle importance a la mémoire! Nous pouvons dire que nous ne vivons que de souvenirs : car le moment présent est fugace, le présent n'existe en quelque sorte qu'une seconde ; au bout d'une seconde, au bout de quelques minutes, au bout d'une heure, un fait, une pensée, une action n'est plus, mais son souvenir reste, et c'est lui que nous évoquons.

Le travail psychique réclame l'intervention d'une force supérieure, l'intelligence, c'est-à-dire la faculté de comprendre. Outre les actes exécutés sous l'influence de l'intelligence, il en est d'autres qui sont exécutés sans réflexion, sans raisonnement, d'une façon automatique, sous une impulsion qu'on appelle *instinct*. On a voulu pendant longtemps n'accorder que de l'instinct aux animaux; nous verrons, dans le cours de cet ouvrage, toutes les preuves d'intelligence qu'ils donnent. Et d'ailleurs l'instinct, s'il est vrai qu'il existe chez les animaux, existe aussi chez l'homme.

Il y a des actes qui semblent instinctifs et qui cependant ne sont pas de cet ordre, je veux parler des *actions réflexes*. Lorsqu'un objet est brusquement approché des yeux, involontairement on ferme les paupières. Si une mouche vient à se promener sur la figure d'une personne endormie, celle-ci fera des mouvements pour échapper aux chatouillements produits par la marche de l'insecte.

Quand on touche un objet brûlant, on retire brusquement sa main. Dans tout ceci la volonté n'intervient pas. Que se passe-t-il alors pour motiver les mouvements? Si nous nous brûlons le doigt, par exemple, nous retirons rapidement la main; la peau ressent une douleur qui est portée au centre nerveux par un nerf centripète. Le centre nerveux élabore en quelque sorte cette impression et envoie, par un nerf centrifuge, ordre aux muscles de se contracter. Ce n'est pas le cerveau qui intervient dans ce cas; ce n'est pas de lui qu'émane l'ordre et en voici la preuve. J'ai vu une grenouille que l'on avait décapi-

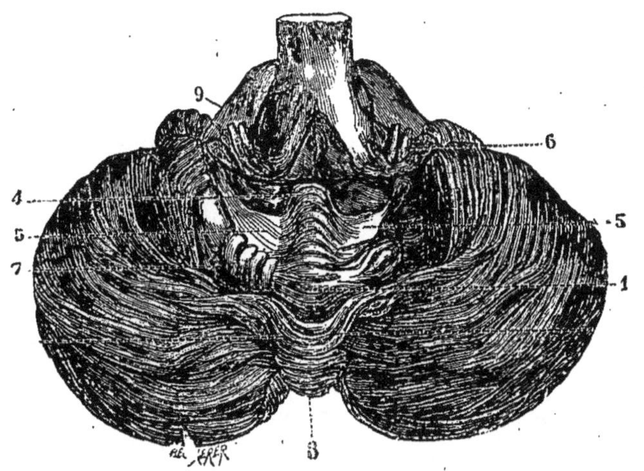

Fig. 130. — Face inférieure du cervelet (le bulbe a été rejeté en arrière).

1. Partie moyenne de l'éminence vermiculaire inférieure. — 4. Extrémité inférieure de cette éminence ou luette. — 5. Valvules de Tarin. — 6. Nerf pneumogastrique. — 7. Surface de section des amygdales. — 8. Extrémité postérieure renflée en tubercule de l'éminence vermiculaire inférieure. — 9. Protubérance annulaire.

tée, vivre encore pendant plus d'un mois, grâce à certains soins; on la nourrissait, on la baignait. Rien n'était plus curieux que de voir cette grenouille avaler des mouches. Non, je ne puis employer cette expression, puisqu'elle n'avait plus de bouche, plus de langue. L'œsophage s'ouvrait, béant; on plaçait dans son ouverture une mouche, et l'œsophage, en se contractant, la faisait descendre dans l'estomac. Quand on la plaçait dans un bocal plein d'eau, la grenouille se mettait à nager. Si l'on venait à la toucher, lorsqu'elle était posée sur le sol, elle sautait, comme pour échapper à la main qui voulait la saisir.

Ce n'était pas le cerveau qui la faisait agir, puisqu'on l'avait décapitée, c'est la moelle épinière.

Dans certains cas, les actions réflexes peuvent présenter un degré de complication de plus. Une sensation est portée, par exemple, à la moelle épinière, celle-ci la transmet au cerveau, qui envoie un ordre à la moelle épinière, ordre transmis par le nerf à l'organe qui entrera en action.

Lorsqu'on voit de loin une lumière que l'on sait être très vive, si l'on s'en approche, non seulement les pupilles se contractent graduellement, mais encore les paupières viennent, en se rapprochant, contribuer à diminuer la gêne qui résulte de l'intensité lumineuse. C'est bien là un acte réflexe, mais il diffère de ceux que nous avons cités plus haut en ce qu'il y a intervention de jugement.

On a remarqué que lorsqu'on enlève à un animal le cervelet, cet animal peut continuer à se mouvoir, mais ses mouvements ne sont plus réglés, il est comme ivre. On considérait alors le cervelet comme étant le coordinateur des mouvements. Mais certaines observations pathologiques contredisent ce fait, et on a vu que le cervelet était intact alors qu'il existait un grand désordre dans les mouvements.

Le volume de l'encéphale peut varier suivant l'âge, suivant le sexe, suivant la race. Chez l'homme adulte, la boîte crânienne a une capacité d'environ 1,500 centimètres cubes et le poids des centres encéphaliques atteint environ 1,350 grammes. On a remarqué qu'il existe un rapport entre le volume du cerveau et l'intelligence. Chez les crétins, les idiots, cet organe est généralement de dimension exiguë. Par contre, on a constaté que les hommes de génie, quand on a pu en faire l'autopsie, présentaient un cerveau de taille et de poids considérables. Le cerveau de Cromwell et celui de lord Byron étaient remarquablement volumineux, mais les poids qui leur furent attribués paraissent exagérés

Le poids ordinaire de l'encéphale des hommes âgés de trente à quarante ans est, chez nous, d'environ 1,410 grammes et, ainsi que nous le verrons bientôt, ce poids diminue notablement pendant la vieillesse, circonstance dont il faut tenir grand compte dans les évaluations comparatives de ce genre. Or, la plupart des grands hommes dont les noms suivent étaient très avancés en âge, et cependant cette portion de leur système nerveux pesait chez :

Georges Cuvier	1,820	grammes.
Lejeune-Derechlet	1,540	—
Fuchs, pathologiste éminent	1,499	—
Gauss, géomètre non moins illustre	1,492	—
Dupuytren, chirurgien d'une puissante intelligence.	1,436	—

En tenant compte de l'âge, le poids de l'encéphale dépassait la moyenne générale.

Cependant la présence chez un individu d'un cerveau volumineux ne prouve pas que cet individu soit un grand homme. Il peut arriver même que les gens à passions violentes ou bien encore les criminels, les assassins aient un encéphale très volumineux.

Mais je m'arrête ici, je ne puis me laisser entraîner hors de mon sujet. Il est assurément intéressant d'étudier les facultés des centres nerveux; j'ai hâte cependant de passer en revue les organes qui nous permettent d'entrer en rapport avec le monde extérieur.

Toutes les parties du corps ne sont pas sensibles; il y en a qui, ne recevant pas de filets nerveux, sont complètement insensibles, comme les ongles, les cheveux, les parties cornées, l'épiderme.

Nous savons que certains nerfs sont uniquement moteurs; nous ne reviendrons pas sur cette distinction.

Toute la surface de notre corps est sensible, à travers cette couche protectrice qui est l'épiderme, mais les sensibilités diffèrent; il y a la sensibilité tactile qui est générale, la sensibilité gustative, olfactive, visuelle et auditive. C'est dire qu'on a reconnu cinq sens : celui du toucher ou du tact, celui du goût, de l'odorat, de la vue, de l'ouïe.

Le sens le plus général est celui du toucher, il s'exerce sur toute la surface de la peau; mais il a des points d'élection, qui sont les parties internes des doigts et la paume des mains, la langue, les lèvres. Sur ces diverses parties, les sensations tactiles acquièrent une délicatesse telle que nous pouvons nous rendre compte de la nature des corps que nous touchons, de leur état de plus ou moins de dureté, de leur température; nous savons s'ils sont secs ou humides. La surface de la peau sent d'une façon générale la présence d'un objet, sa température, son état de sécheresse ou d'humidité; mais ce sont les parties spéciales énumérées plus haut qui nous permettent de connaître la forme de cet objet. Appliquez en effet le dos de la main, le bras, la jambe sur une surface, vous n'aurez qu'une impression fort vague; c'est tout au plus si vous reconnaîtrez le poli ou la rudesse d'un corps. La dimension d'un corps

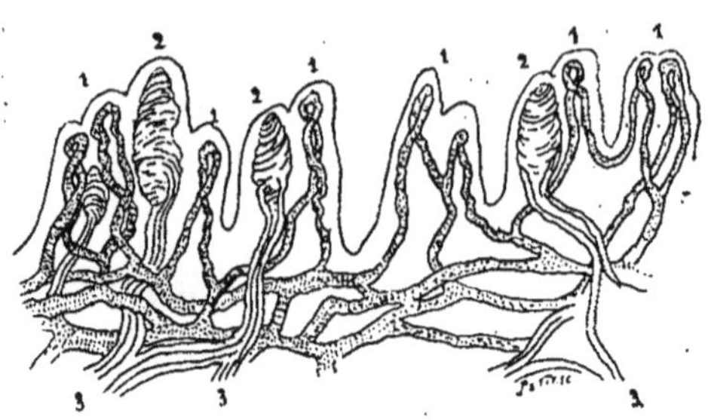

Fig. 131. — Coupe de l'épiderme montrant les papilles du toucher (corpuscules de Meissner) (2) et des papilles vasculaires (1).

très petit ne peut guère être perçue que par l'extrémité des doigts ou de la langue. On a calculé que si l'on applique les extrémités des branches d'un compas sur la peau, on éprouve deux sensations; mais il arrive un moment où même si les branches du compas ne sont pas complètement jointes, on n'éprouve plus qu'une seule sensation. L'écartement des branches du compas étant de 1 millimètre, la langue perçoit deux sensations; sur les doigts il ne doit pas être de moins de 2 millimètres; enfin il est d'autres points du corps, le dos par exemple, où si les branches du compas sont écartées de moins de 50 à 60 millimètres, on n'a que la sensation d'un objet.

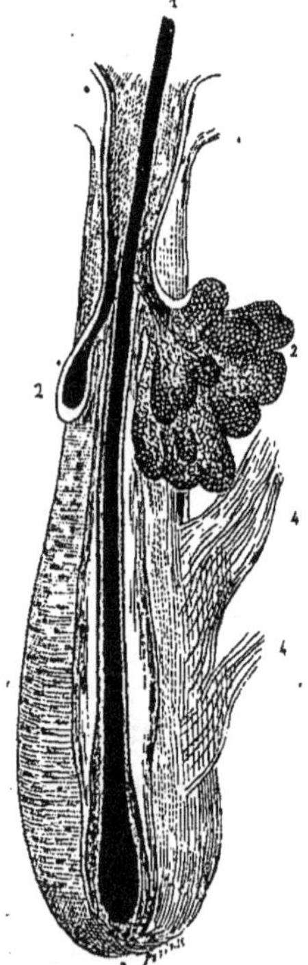

Fig. 132.

Poil (1) et follicule pileux (3). — Des glandes sébacées (2) déversent leur produit à la base des poils. Des muscles (4) permettent les mouvements du poil.

Les nerfs viennent se ramifier dans toute la surface du corps, mais en certains points ils se terminent en formant des papilles dermiques tactiles, qui portent différents noms, dans les éminences papillaires. Les parties cornées sont insensibles par elles-mêmes, cependant elles peuvent quelquefois être en rapport avec des éléments nerveux et devenir des organes de tact.

L'extrémité supérieure des doigts est recouverte d'un ongle; la surface du corps est garnie de poils plus ou moins nombreux, suivant les régions et suivant les individus. Chez l'homme, ces parties ne sont pas utilisées au profit du tact, mais chez certains mammifères les poils peuvent devenir de véritables organes tactiles.

Les ongles sont formés de deux couches : l'une externe, dure, cornée ; l'autre interne et molle. En Europe, on se coupe les ongles, et ces productions n'acquièrent jamais une grande longueur ; mais en Chine, dans l'empire d'Annam et dans toutes les régions de l'Indo-Chine, les princes et les personnages haut placés ne se ser-

Fig. 133. — Chinois ayant les ongles très longs.

vant pas de leurs mains, les ongles poussent et peuvent atteindre une longueur de 10 à 15 centimètres (*fig.* 133).

Le sens du toucher est sujet à certaines illusions faciles à constater. Si l'on touche avec le bout des doigts indicateur et médius une bille, on a l'impression d'un seul objet. Mais si, croisant le médius par-dessus l'indicateur, on place la bille de façon à ce qu'elle soit touchée par le bord externe de l'indicateur et le bord interne du médius, on a l'impression de deux billes. Ceci tient sans doute à ce que la relation normale des surfaces sensibles a été changée artificiellement.

Un sens voisin de celui du toucher est le sens du *goût* : il est localisé dans une portion de la muqueuse buccale et surtout linguale.

Nous avons vu que l'impression gustative était ressentie par les terminaisons du glosso-pharyngien qui se rend à la base de la langue et dans l'arrière-bouche, et du trijumeau qui se distribue à la partie supérieure et antérieure de la langue. De plus, le nerf lingual, qui a des fibres tactiles, contient, grâce à un nerf spécial appelé corde du tympan, des fibres gustatives.

Ces nerfs se terminent dans les papilles linguales (*fig.* 134).

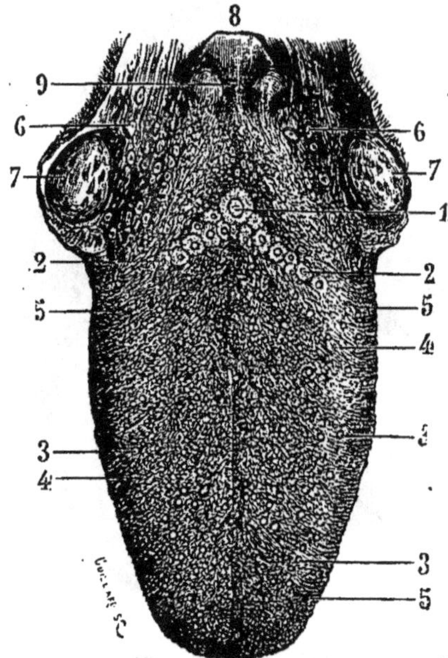

Fig. 134. — Langue (face dorsale).

1. Foramen cœcum. — 2, 2. V lingual formé par les papilles caliciformes. — 3, 3. Papilles fongiformes disséminées sur la surface de la langue. — 4, 4, 5, 5. Papilles filiformes hérissant toute la surface de la langue. — 6, 6. Glandes folliculeuses occupant la base de la langue en arrière du V lingual. — 7, 7. Amygdales. — 8. Épiglotte. — 9. Ligament glosso-épiglottique.

Les unes, peu nombreuses, dites *caliciformes*, sont arrondies et figurent par leur disposition une sorte de V ouvert en avant. D'autres papilles, à cause de leur forme, sont dites filiformes ou fongiformes.

Tous les corps n'agissent pas sur les papilles linguales ; les uns, ceux qui peuvent les impressionner, sont nommés *sapides;* les autres sont dits *insipides*. Une condition pour que la sensation gustative se produise, c'est que le corps à goûter soit soluble dans la salive ou détermine un courant électrique.

Il faut que les corps soient solubles pour amener la sensation du goût, qui ne s'exerce guère d'ailleurs que sur les substances salées ou sucrées, amères ou acides.

Sortez la langue hors de la bouche, laissez-la se dessécher, passez dessus un morceau de sucre, et vous n'éprouverez aucune sensation gustative. Quelquefois il suffit de penser à une substance alimentaire que l'on aime, ou de voir sur un tableau de beaux fruits, pour que l'*eau en vienne* à la bouche : c'est une action réflexe qui se produit là, et chaque fois que nous goûtons quelque chose il y a sécrétion de salive.

Le sens de l'odorat siège dans les fosses nasales, d'où les nerfs olfactifs se rendent au cerveau. L'air que nous introduisons dans nos poumons en respirant pénètre par les narines et traverse les cavités du nez. Les substances odorantes tenues en suspension viennent alors impressionner la membrane muqueuse *pituitaire* qui tapisse toutes ces cavités, dont la surface est augmentée par des lames osseuses ou cornets, séparés par des gouttières ou méats. Certaines cavités creusées dans les os du front, appelées *sinus frontaux*, communiquent avec les fosses nasales.

Les nerfs olfactifs sont les premiers nerfs craniens, ils se rendent dans les fosses nasales après avoir traversé une portion de l'os hetmoïde qu'on désigne sous le nom de *lame criblée,* à cause des nombreux petits trous dont elle est perforée.

La membrane pituitaire est toujours humectée et c'est à cette seule condition qu'elle peut agir. Il arrive, beaucoup trop souvent, que cette membrane, sous l'influence d'un refroidissement, se gonfle et sécrète son produit en abondance. On dit alors qu'on a un *rhume de cerveau!* Fort heureusement le cerveau n'est là pour rien, c'est une locution consacrée, mais inexacte. D'ailleurs, comme on a pu le voir, le cerveau ne pourrait ainsi s'écouler par les narines, puisqu'il est contenu dans une boîte osseuse.

Les sens que nous venons d'étudier : toucher, goût, odorat, sont de la même nature. En réalité, tous les trois sont des sens de toucher.

Tantôt nous nous rendons compte de la forme des corps solides (toucher); tantôt nous connaissons la nature des corps liquides (goût); tantôt, enfin, nous apprécions les odeurs, et encore dans ce cas ce sont souvent des particules d'une petitesse extrême, des atomes pour ainsi dire, qui impressionnent les terminaisons nerveuses (odorat). Il faut qu'il y ait contact en somme pour que ces trois premiers sens s'exercent. Les autres peuvent s'exercer à distance : c'est l'ouïe et la vue.

L'oreille est le siège du sens de l'ouïe; elle nous permet de percevoir les sons, résultats des vibrations des corps, qui s'étendent de proche en proche comme les cercles que détermine la chute d'une pierre à la surface de l'eau.

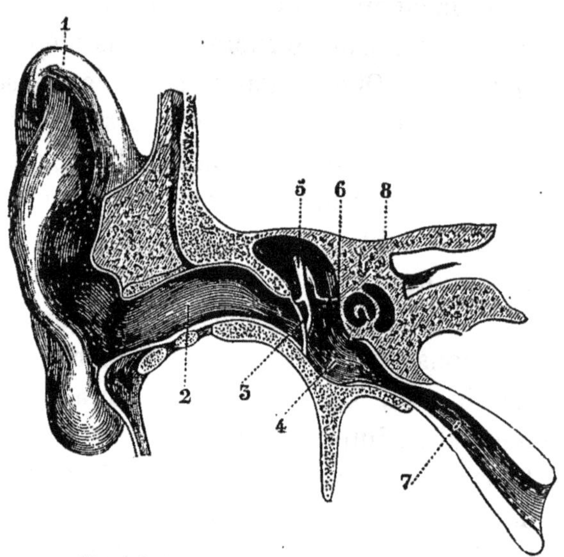

Fig. 136. Coupe transversale et demi-schématique de l'appareil auditif.

1. Pavillon de l'oreille. — 2. Conduit auditif externe dans lequel s'engagent les ondes sonores pour arriver jusqu'à la membrane du tympan qu'elles font entrer en vibration. — 3. Membrane du tympan obliquement placée entre le conduit auditif externe (2), qu'elle ferme complètement, et l'oreille moyenne (4). — 4. Oreille moyenne ou caisse du tympan; on voit qu'elle est séparée du conduit auditif externe (2) par la membrane du tympan (3), et qu'elle se continue avec la trompe d'Eustache (7), trompe par laquelle elle reçoit l'air; on voit encore qu'elle est traversée par les osselets (5). — 5. Chaîne des osselets, logée dans l'oreille moyenne et chargée de transmettre à l'oreille interne (8) les vibrations de la membrane du tympan; on voit que le manche du marteau est enchâssé dans le tympan, tandis que la base de l'étrier presse sur la fenêtre ovale (6). — 6. Fenêtre ovale qui établit une communication entre l'oreille interne et l'oreille moyenne; elle est formée par la base de l'étrier, et ce sont les pressions exercées par l'étrier sur le liquide labyrinthique, enfermé dans l'oreille interne, qui vont impressionner les filets du nerf acoustique. — 7. Trompe d'Eustache établissant une communication entre l'oreille moyenne et l'arrière-cavité des fosses nasales. — 8. Oreille interne.

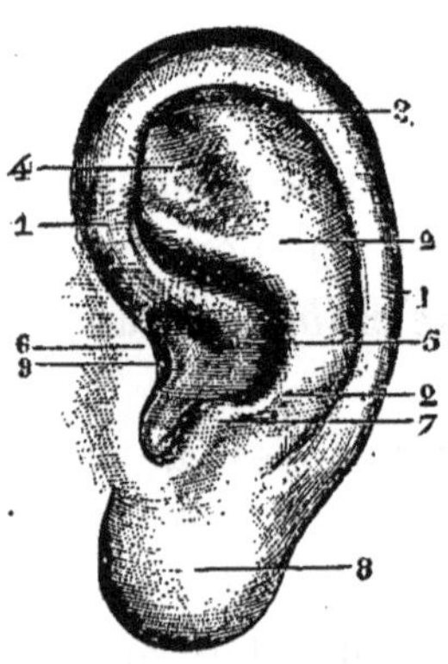

Fig. 135. — Oreille.

1. Hélix. — 2. Anthélix. — 3. Fossette de l'hélix. — 4. Fossette de l'anthélix. — 5. Conque. — 6. Tragus. — 7. Antitragus. — 8. Lobule. — 9. Conduit auditif externe.

L'oreille se compose de trois parties : l'une externe, l'autre moyenne et la troisième interne.

C'est le pavillon ou conque auditive qui constitue l'oreille externe, ainsi que le conduit auditif externe au fond duquel est le *tympan*, membrane fibreuse qui est tendue sur un cadre osseux.

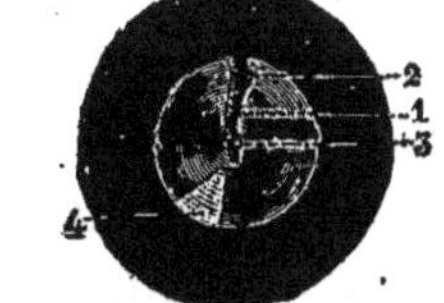

Fig. 137.
Membrane du tympan (oreille gauche).
1. Manche du marteau se dessinant sous l'aspect d'une ligne blanche terminée par une saillie (2) qui correspond à l'apophyse externe du marteau. — 3. Ombilic du tympan. — 4. Triangle lumineux situé sur la partie antérieure du tympan.

Dans ce conduit s'ouvrent des glandes sébacées qui sécrètent le *cérumen*.

Au tympan fait suite l'oreille moyenne, qui correspond avec l'arrière-bouche par la trompe d'Eustache.

Quatre osselets, placés les uns au bout des autres, traversent comme une chaîne l'oreille moyenne; ce sont : le marteau, l'enclume, l'os lenticulaire et l'étrier. Les noms qu'on leur donne viennent de leur forme. Cette oreille moyenne est la caisse du tympan; la paroi opposée au tympan est percée de deux ouvertures : la fenêtre ronde et la fenêtre ovale, fermées chacune par

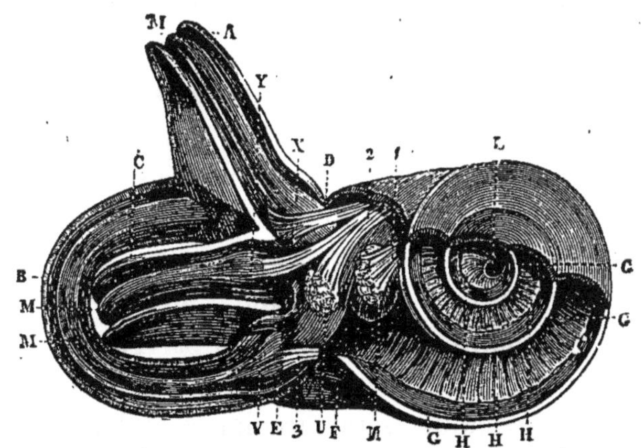

Fig. 138. — Oreille interne. (Coupe des canaux semi-circulaires et du limaçon.)

A. Canal semi-circulaire supérieur. — B. Canal semi-circulaire horizontal. — C. Canal semi-circulaire inférieur. — D. Partie supérieure du vestibule. — E. Partie inférieure du vestibule. — F. Fenêtre ronde. — G, G, G. Lame des contours. — H, H, H. Lame spirale. — L. Axe ou columelle. — M, M, M. Canaux semi-circulaires membraneux. — N. Saccule ou otoconie sacculaire. — U. Utricule ou otoconie utriculaire. — V. Ampoule du canal semi-circulaire horizontal. — X. Ampoule du canal semi-circulaire supérieur. — Y. Ampoule du canal semi-circulaire inférieur. — 1. Rameau médian de la branche limacienne ou nerf sacculaire. — 2. Rameau supérieur de la branche limacienne ou nerf utriculaire divisé en trois rameaux. — 3. Rameau inférieur de la branche limacienne ou nerf ampullaire

une membrane tendue, et qui font communiquer l'oreille moyenne avec l'oreille interne.

Les osselets de l'oreille moyenne servent à tendre la membrane du tympan. C'est le marteau qui s'appuie sur le tympan, et l'étrier est en contact avec la fenêtre ovale.

L'oreille moyenne est plus compliquée, elle est creusée dans le *rocher*, portion dure de l'os temporal. Trois parties la composent : le vestibule, les canaux semi-circulaires et le limaçon.

C'est dans le vestibule, rempli par un liquide, que viennent déboucher, d'une part, les canaux semi-circulaires; d'autre part, le limaçon.

Les canaux sont au nombre de trois et sont remplis du même liquide que le vestibule. Le limaçon tient son nom de sa forme enroulée, c'est un canal divisé en deux par une cloison intérieure qui s'étend sur toute sa longueur.

Il forme ainsi deux canaux dans une même gaine, remplis par un liquide; l'un communique avec le vestibule, l'autre aboutit à la fenêtre ronde; il est séparé de l'oreille moyenne par une membrane.

Le limaçon contient les terminaisons du nerf acoustique, sur de petits bâtonnets ou fibres de Corti, disposés en séries parallèles et diminuant de longueur du commencement à l'extrémité du limaçon.

Tantôt les vibrations sonores parviennent jusqu'à ce nerf auditif par l'intermédiaire des parois osseuses du crâne, tantôt elles sont dirigées par le cornet auditif externe jusqu'au tympan. Ce dernier entre en vibrations, et celles-ci sont transmises par la chaîne des osselets à la fenêtre ovale, ainsi que par l'air, qui remplit la chambre moyenne, à la fenêtre ronde. Le bruit vague est perçu sans doute par les conduits semi-circulaires et les sons musicaux paraissent distingués par les fibres de Corti, contenues dans le limaçon. Au nombre de 3000, elles sont de longueurs différentes et entrent chacune en vibration suivant le son produit.

Notre oreille peut percevoir les sons, qui varient entre 32 et 70000 vibrations par seconde.

La surdité est l'anéantissement de la perception des sons. Ses causes peuvent dépendre soit de la paralysie du nerf acoustique, soit de l'obstruction de la trompe d'Eustache, soit fréquemment de la perforation du tympan.

Mais, de tous les sens, le plus complet est la vue, qui nous permet de connaître à distance la forme, l'aspect extérieur des corps, les couleurs, les sensations lumineuses.

C'est l'œil qui est chargé de recueillir toutes ces sensations. Logé dans une cavité osseuse de la face, le globe oculaire repose sur un coussinet graisseux. Des glandes lacrymales, c'est-à-dire sécrétant constamment les larmes, concourent à humecter le globe

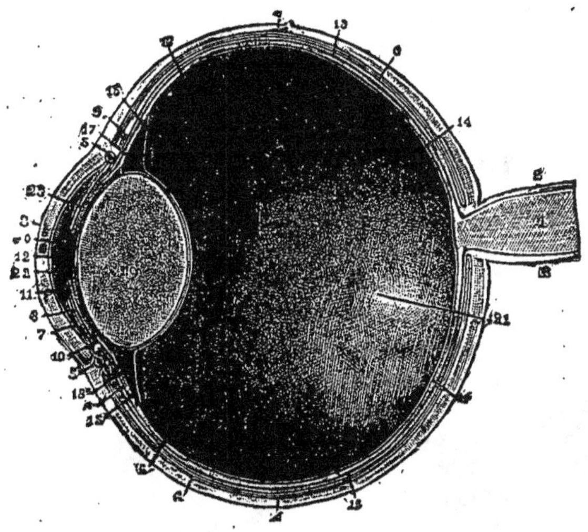

Fig. 139. — Coupe antéro-postérieure de l'œil.

1. Nerf optique. — 2. Gaine du nerf optique. — 3. Cornée. — 4, 4. Sclérotique. — 5, 5. Canal de Fontana. — 6, 6. Choroïde. — 7. Portion antérieure de la membrane de l'humeur aqueuse. — 8. Portion postérieure de la membrane de l'humeur aqueuse. — 9, 9. Corps ciliaire. — 10. Procès ciliaire. — 11. Iris. — 12. Pupille. — 13, 13. Rétine. — 14, 14. Membrane hyaloïde. — 15, 15. Portion ciliaire de la membrane hyaloïde. — 16, 16. Zone de Zinn. — 17. Adhérence de la zone de Zinn avec la capsule cristalline. — 18. Canal de Petit. — 19. Cristallin. — 20. Capsule cristalline. — 21. Corps vitré. — 22. Chambre antérieure. — 23. Chambre postérieure.

de l'œil, et deux sortes de battants, les paupières, peuvent, par leurs mouvements, nettoyer la surface de l'œil et arrêter les rayons lumineux en se refermant. Les paupières sont garnies sur leurs bords de productions cornées, les cils, et au-dessus de la paupière supérieure sont les sourcils, qui empêchent la sueur de venir couler dans les yeux; par leur direction, ils la dirigent sur les joues.

Toutes ces parties ont un rôle protecteur.

Mais le globe de l'œil en lui-même, quel est-il?

Sa forme est à peu près sphérique; il est recouvert par une

membrane opaque, blanche, la *sclérotique*, qui se continue en avant par une calotte transparente, la *cornée*, enchâssée comme le verre d'une montre.

La transparence parfaite permet d'apercevoir au-dessous un cercle noir, brun, gris ou bleu, qu'on appelle *iris*, perforé au centre d'un trou qu'on nomme prunelle, ou mieux *pupille*. C'est par là que pénètrent les rayons lumineux.

L'iris est formé de fibres contractiles qui, par leurs contractions, restreignent ou agrandissent la pupille.

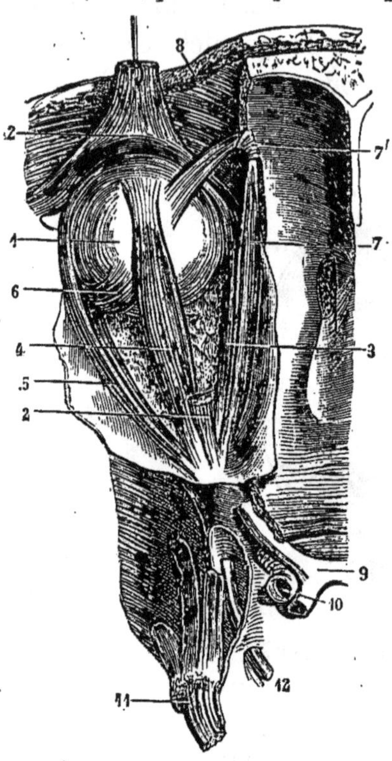

Fig. 140. — Muscles de l'œil.

1. Globe oculaire. — 2. Muscle releveur de la paupière supérieure attiré en avant. — 3. Muscle droit interne. — 4. Muscle droit supérieur. — 5. Muscle droit externe. — 6. Muscle petit oblique. — 7. Muscle grand oblique. — 8. Section de l'orbite. — 9. Chiasma des nerfs optiques. — 10. Artère carotide interne. — 11. Nerf trijumeau. — 12. Nerf moteur oculaire commun.

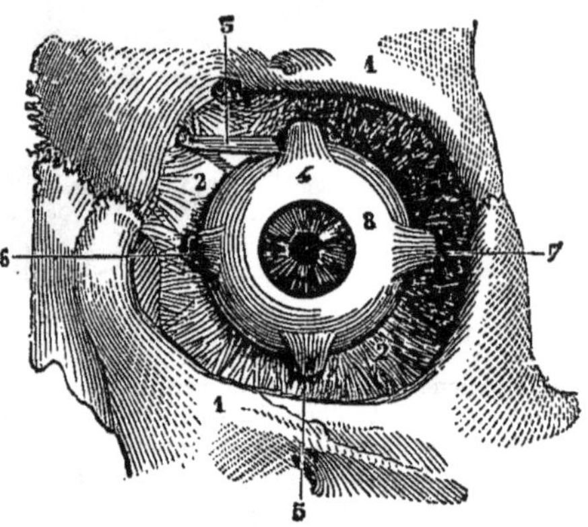

Fig. 141. — Muscles de l'œil et aponévrose orbito-palpébro-oculaire.

1. Pourtour osseux de l'orbite. — 2, 2. Portion palpébro-oculaire de l'aponévrose, vue par sa face antérieure. — 3. Muscle grand oblique. — 4. Muscle droit supérieur. — 5. Muscle droit inférieur. — 6. Muscle droit interne. — 7. Muscle droit externe. — 8. Globe oculaire.

Toute la portion comprise entre la cornée transparente et l'iris est désignée sous la dénomination de chambre antérieure de l'œil, et la chambre postérieure, espace virtuel en réalité, est comprise entre l'iris et le *cristallin*. Ces deux chambres sont remplies par un liquide, l'humeur aqueuse.

Derrière l'iris est le cristallin, sorte de lentille transparente entourée d'une capsule, cristalloïde, amorphe, élastique, transparente et tapissée intérieurement d'une couche de cellules qui sont capables de reproduire le cristallin si l'on vient à le retirer par l'opération de la cataracte.

Le cristallin est formé par une substance molle disposée en couches concentriques. C'est une véritable lentille, qui agit d'ailleurs comme la lentille d'une loupe.

Toute la partie de l'œil au delà du cristallin est remplie par

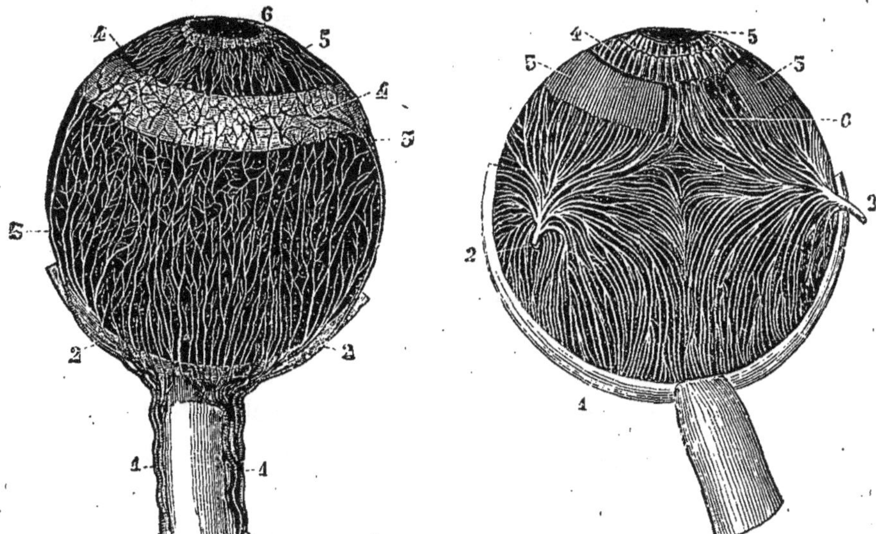

Fig. 142. — Artères de l'œil.

1. Artères ciliaires courtes postérieures. — 2, 3. Artères ciliaires longues postérieures. — 4. Artères ciliaires antérieures. — 5. Iris et vaisseaux de l'iris. — 6. Pupille.

Fig. 143. — Veines iriennes et choroïdiennes.

1. Sclérotique. — 2, 2. Vasa vorticosa. — 3, 3. Fibres du muscle ciliaire. — 4. Iris. — 5. Pupille. — 6. Veines du procès ciliaire allant se jeter dans le vasa vorticosa.

(Figures extraites de l'*Anatomie descriptive* de M. le Dr Fort.)

le corps vitré, humeur à demi solide contenue dans une membrane transparente, nommée membrane hyaloïde, et qui envoie des prolongements dans le corps vitré.

Sous la sclérotique se trouve une membrane vasculaire, la choroïde, contenant des cellules pigmentaires qui rendent l'intérieur du globe oculaire comparable à une chambre noire.

Mais la choroïde n'est pas appliquée sur la membrane hyaloïde. En effet, le nerf optique traverse les membranes sclérotique et choroïde et vient s'épanouir au fond de l'œil, entre la choroïde et la hyaloïde formant ainsi la *rétine*, membrane transparente.

On remarque, autour du cristallin et en avant, des saillies triangulaires qu'on nomme les procès ciliaires et qui peuvent être considérés comme un épaississement de la choroïde.

De toutes ces parties, la rétine est celle qui perçoit les impressions lumineuses, c'est l'organe véritable de la vision.

Nous avons signalé tout à l'heure, comme annexe de l'œil, les glandes lacrymales. Celles-ci sont situées au-dessus du globe oculaire et du côté externe. Les larmes, liquide sécrété, ne s'écoulent pas au dehors; après avoir baigné l'œil, elles passent par des orifices situés près du renflement charnu de l'angle interne de l'œil; l'un est sur le bord de la paupière supérieure, l'autre sur le bord de la paupière inférieure. A chacun de ces orifices fait suite un petit canal. Ceux-ci se réunissent en un conduit plus volumineux qui débouche à l'intérieur des fosses nasales. C'est ce qui explique pourquoi, lorsqu'on pleure, on est obligé de se moucher.

Sur le globe de l'œil, six muscles s'insèrent, allant ensuite se fixer sur les parois de l'orbite. Les uns, au nombre de quatre, permettent à l'œil de se porter en haut, en bas, à droite, à gauche, ce sont les muscles droits ; les deux autres, nommés muscles obliques, déterminent, par leur contraction, le pivotement de l'œil en bas et en dehors, en haut et en dedans.

Telle est la structure de cet organe si utile, si délicat.

Comment fonctionne-t-il? Bien que cette question soit plutôt du ressort de la physique, nous essayerons d'en donner une explication aussi résumée que possible.

Aujourd'hui, grâce aux perfectionnements et au bon marché des instruments, chacun peut faire de la photographie. Pour cela on se sert d'une chambre noire. C'est une boîte rectangulaire dont la partie antérieure est en bois et percée d'un trou destiné à recevoir des lentilles qui constituent l'objectif. L'extrémité opposée est un cadre supportant une glace dépolie que l'on peut remplacer par une glace recouverte d'une couche sensible.

L'objectif offre des diaphragmes de diamètres différents permettant d'en restreindre l'ouverture.

Les rayons lumineux pénètrent par l'objectif et le photographe peut, en s'entourant la tête d'un voile noir, constater sur le verre dépoli, la formation de l'image des objets placés devant l'appareil

Mais ces objets sont renversés. Le même phénomène se passe dans l'œil.

Kepler est le premier qui ait fait connaître la marche des rayons lumineux dans l'œil et la formation des images sur la rétine. Magendie a montré que ces images vont se peindre renversées sur cette membrane nerveuse avec une extrême netteté. Pour le prouver, il suffit de prendre un œil de bœuf, par exemple, d'enlever les couches de la sclérotique. Si alors, fixant l'œil dans un cylindre, on tourne la pupille vers une bougie allumée, on aperçoit par trans-

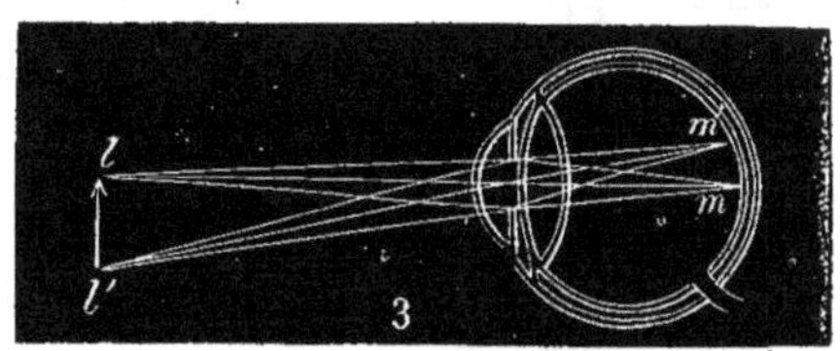

Fig. 144. — Marche des rayons lumineux dans l'œil.

Le phénomène physique de la vision consiste dans la formation au fond de l'œil, sur la rétine, de l'image des corps lumineux ou éclairés. En raisonnant sur les milieux réfringents de l'œil, comme on est en droit de le faire sur tout appareil lenticulaire, il est facile de se rendre compte de la formation de ces images. Soit un objet éclairé *ll'*. Un point *l* de cet objet envoie des rayons dans toutes les directions. Ceux qui tombent sur la cornée forment un cône divergent dont le sommet est en *l* et la base sur la cornée. La lumière est réfractée en passant dans la cornée; les rayons arrivent en traversant l'humeur aqueuse à la face antérieure de l'iris, où ils sont en partie absorbés et en partie réfléchis; ceux qui ont reçu un degré suffisant de convergence pénètrent dans la pupille et parviennent à la face antérieure du cristallin. Leur convergence augmente en traversant cette lentille, au sortir de laquelle ils se réfractent encore pour acquérir un nouveau degré de convergence, et le faisceau conique du point *l* acquiert enfin son maximum de ténuité au sommet d'un cône, en un point *m* placé sur la rétine et qui est le foyer du point *l*. Si l'on fait pour chacun des points de l'objet *l l'* le raisonnement précédent, il est clair que l'on arrivera à la construction de l'image *m m'* qui sera la reproduction réduite du corps situé devant l'œil. En conséquence, l'ensemble des milieux transparents de l'œil joue le rôle d'une lentille composée dont le foyer est sur la rétine.

parence sur la rétine l'image nette du corps lumineux, renversée et plus petite que l'objet lui-même.

Par suite des milieux qu'ils traversent, les rayons lumineux convergent vers la pupille qui se dilate ou se contracte pour régler la quantité de lumière qui doit pénétrer dans l'œil.

Le cristallin sert à réunir ces rayons sur la rétine.

L'image formée est renversée, mais nous la voyons redressée.

Les personnes qui ont une vision normale peuvent distinguer nettement les objets à une distance de 30 à 35 centimètres. Les hypermétropes, que l'on a désignés à tort sous le nom de *presbytes*, sont ceux qui ne peuvent voir que les objets éloignés; et comme cela tient à un défaut de convergence dans les rayons de lumière qui traversent l'œil, on peut corriger cet inconvénient en se servant de verres convexes, qui augmentent la convergence des rayons.

C'est le contraire qui a lieu pour les myopes; ils ne distinguent nettement que les objets placés très près, parce que l'œil, trop réfringent, fait trop converger les rayons lumineux, de sorte qu'ils se croisent avant d'arriver à la rétine. Ce défaut peut être corrigé par l'emploi de verres concaves. Mais avec l'âge les hypermétropes et les myopes deviennent presbytes.

Nous arrivons à connaître la position des objets et leur grandeur; mais nous pouvons aussi apprécier les distances par comparaison avec la dimension des objets qui nous sont connus et par leur plus ou moins grande netteté. Lorsque nous regardons une route très droite, bordée d'arbres, ou bien une rue droite, les arbres ou les maisons nous paraissent de dimensions d'autant plus petites que ces maisons ou ces arbres sont plus éloignés. Mais nous jugeons de la dimension réelle de ces objets en les comparant à ceux qui sont plus près de nous. C'est ce qu'on appelle la perspective.

Du sommet de la tour Eiffel les hommes nous paraissent gros comme des fourmis.

Quand nous sommes sur un navire, en pleine mer, si nous voyons flotter un objet éloigné, nous ne pouvons apprécier la distance qui nous en sépare, parce que nous n'avons aucun point de comparaison.

Nous pouvons juger du mouvement d'un objet, parce que la direction des rayons qu'émet cet objet change et impressionne la rétine en différents points.

Tels sont les organes qui nous permettent de nous mettre en rapport avec le monde extérieur.

Est-ce bien là tout? Non.

Nous pouvons communiquer avec les êtres qui nous entourent, par un autre moyen, par la voix. Ce sont bien des sons qui sont émis, et par conséquent c'est le sens de l'ouïe qui entre en jeu; mais les organes de la phonation sont une dépendance de l'appareil respiratoire, leur siège est dans le larynx.

Nous avons dit déjà quelques mots du larynx à propos des organes de la respiration. C'est une sorte de tuyau cartilagineux court, large, qui s'ouvre dans l'arrière-bouche, c'est l'entrée des voies respiratoires; il se continue donc en bas avec la trachée-artère. Il est formé par la réunion de quatre cartilages réunis par une membrane fibreuse, et il est recouvert intérieurement d'une membrane muqueuse. Ces cartilages sont : en avant le cartilage *thyroïde*, qui forme cette saillie bien connue sous le nom de pomme d'Adam; au-dessous le cartilage *cricoïde*, sorte d'anneau à chaton postérieur offrant le bord supérieur coupé obliquement d'avant en arrière et de bas en haut; puis les deux *cartilages aryténoïdes*, articulés par leur base sur le chaton du cricoïde.

Des muscles permettront à ces pièces certains mouvements La

Fig. 145. — Larynx vu par sa face antérieure. 1. Os hyoïde. — 2. Membrane thyro-hyoïdienne. — 3. Cartilage thyroïde. — 4. Membrane crico-thyroïdienne. — 5. Cartilage cricoïde. — 6. Trachée-artère.

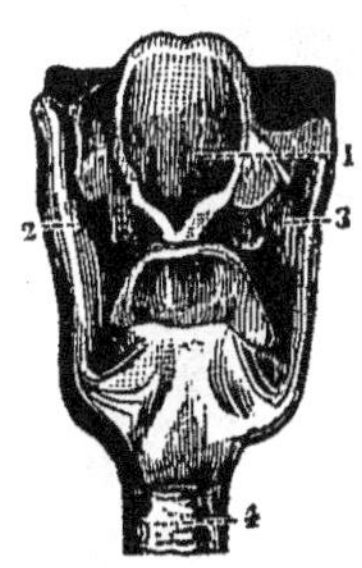

Fig. 146. — Larynx vu par sa face postérieure. 1. Son ouverture postérieure. — 2, 3. Gouttières latérales. — 4. Membrane fibreuse de la trachée.

muqueuse qui tapisse intérieurement ces cartilages, forme deux replis latéraux qu'on nomme ligaments inférieurs de la glotte ou cordes vocales. Deux autres sont situés au-dessus, et portent le nom de ligaments supérieurs de la glotte. Enfin l'espace compris entre ces deux replis inférieurs est ce qu'on appelle la glotte. Au-dessus de l'ouverture du larynx est une soupape fibro-cartilagineuse qui s'abaisse de manière à fermer le larynx; c'est l'épiglotte et nous en avons parlé à propos de la déglutition.

Entre les ligaments supérieurs et inférieurs sont les ouvertures des deux cavités qu'on nomme ventricules du larynx. Ces ventricules sont très développés chez le singe hurleur.

Voilà, dans toute sa simplicité, cette machine qui permet de moduler des sons si variés et souvent si harmonieux.

Le courant d'air venant des poumons par expiration agit sur les cordes vocales, les fait vibrer plus ou moins rapidement ; ces vibrations se transmettent alors à la colonne d'air, aux parties environnantes, et produisent des sons plus ou moins aigus, plus ou moins graves, suivant que les cordes vocales sont courtes et tendues ou très relâchées.

Nous pouvons produire avec notre larynx des bruits ou des sons musicaux; les premiers constituant la voix muette ou aphonique, les seconds la voix sonore ou phonique.

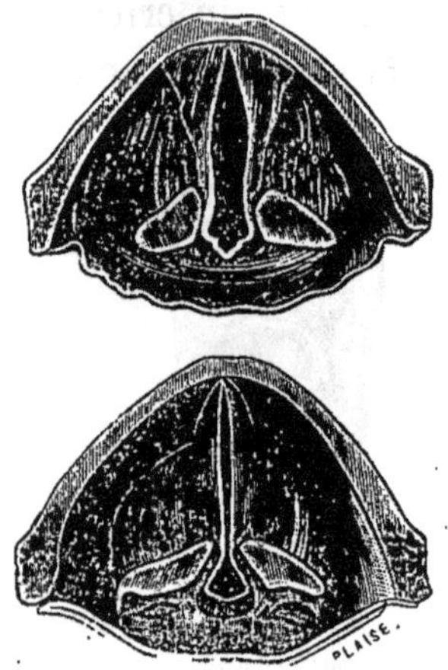

Fig. 147. — Lorsqu'on respire sans émettre de sons, les cordes vocales restent dans l'état de relâchement et écartées l'une de l'autre ; au contraire, dans l'émission du son, elles se tendent, se rapprochent et ne laissent entre elles qu'une fente plus ou moins étroite.

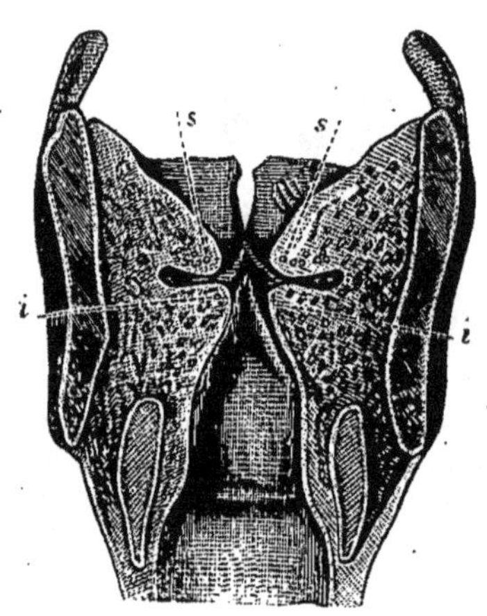

Fig. 148. — Coupe verticale du larynx.
i i. Cordes vocales. — S. Ligaments supérieurs.

L'homme n'est pas le seul être qui possède un larynx; il y a certains animaux, des singes par exemple, qui ont des poches de résonance qui augmentent la puissance des sons; certains oiseaux ont même deux larynx, les canards, par exemple. Mais seul l'homme peut émettre des sons articulés; à l'aide de son larynx il produit les voyelles, et les consonnes en joignant aux sons du larynx les mouvements de la langue et des lèvres, des joues et des mâchoires; il peut alors *prononcer* des *syllabes*.

« Un être privilégié, dit Cuvier [1], l'homme, a la faculté d'asso-

1. *Règne animal*, t. I, p. 47.

cier ses idées générales à des images particulières et plus ou moins arbitraires, aisées à graver dans la mémoire, et qui lui servent à rappeler les idées générales qu'elles représentent. Ces images associées sont ce qu'on appelle des *signes;* leur ensemble est le *langage.* Quand le langage se compose d'images relatives au sens de l'ouïe ou de sons, on le nomme *parole.* Quand ce sont des images relatives au sens de la vue, on les nomme *hiéroglyphes.* L'*écriture* est une suite d'images relatives au sens de la vue par lesquels nous représentons les sons élémentaires, et, en les combinant, toutes les images relatives au sens de l'ouïe dont se compose la parole; elle n'est donc qu'une représentation médiate des idées.»

La voix de l'homme comprend à peu près quatre octaves, mais il est rare que chez une même personne elle puisse en embrasser plus de deux. On distingue les voix de soprano, d'alto, qui appartiennent surtout aux femmes et aux enfants; les voix de basse et de ténor, qui ne se rencontrent guère que chez les hommes.

On peut reconnaître quelqu'un en entendant le son de sa voix. Chacun n'a pas, en effet, le même *timbre* de voix. Quelques personnes ont une voix grêle qu'on appelle voix de fausset.

Il est des individus qui ne peuvent parler, qui ne peuvent articuler des sons : on dit qu'ils sont muets; et ce mutisme peut provenir de causes diverses, mais principalement de la paralysie des nerfs moteurs de la langue, et l'on doit remarquer qu'en même temps le mutisme est accompagné de surdité.

Certaines personnes sont *ventriloques.* Il ne faudrait pas croire pour cela qu'elles parlent avec un autre organe que le larynx; mais elles peuvent prononcer des sons articulés en conservant la bouche fermée ou immobile si elle est ouverte. Puis elles peuvent changer le timbre de leur voix, imiter celle d'un enfant, etc., et souvent on peut croire que la voix est éloignée, qu'elle vient d'une pièce voisine, qu'elle sort d'un meuble ou qu'elle semble être produite par une autre personne.

« Au reste, la plupart du temps, dit Béclard à ce propos, les soi-disant ventriloques produisent leur voix au moment de l'expiration, et c'est en graduant la sortie de l'air, en donnant à la voix un son étouffé et en conservant une immobilité des lèvres aussi complète que possible, qu'ils peuvent produire une illusion qu'augmente encore leur pantomime. »

Nous venons de le voir, c'est sous l'influence du système nerveux que tous les organes de notre corps peuvent fonctionner. Mais ces centres nerveux ont besoin de repos; l'activité physiologique de ce système est liée de la façon la plus intime à la nutrition : si les organes de la digestion, de la respiration ou de la circulation sont malades, l'activité nerveuse s'affaiblit, et si l'affaiblissement est poussé trop loin, la mort survient. Oui, notre corps a besoin de repos et une fois par vingt-quatre heures nous sommes obligés de nous abandonner au *sommeil*, cet état qui est presque l'image de la mort.

Pendant le sommeil la vie est en quelque sorte à l'état latent; il y a ralentissement du mouvement circulatoire; la respiration est plus lente également.

Pendant le sommeil nous oublions le présent et c'est le passé qui persiste et qui vient se présenter à notre esprit. Les *rêves* sont le résultat d'un travail involontaire et désordonné de la pensée. Les images des choses passées se présentent pêle-mêle, se groupent, se séparent, sans ordre souvent apparent, mais toujours elles proviennent d'idées déjà existantes. Alors, la pensée est extraordinairement rapide et chacun de nous a pu constater que souvent le rêve de faits très compliqués, qui nécessiteraient dans la réalité un temps très long pour s'accomplir, a pour point de départ un bruit extérieur qui cependant a l'air de terminer le songe.

Il arrive que si un bruit se produit subitement, aussitôt on rêve par exemple qu'on est à la chasse, que l'on marche, que l'on voit un gibier et que l'on tire. Le bruit qui a déterminé toute une suite de faits, est encore dans notre oreille que le rêve est fini et que nous nous réveillons. La notion de temps n'existe plus.

Le sommeil est considéré par la plupart des physiologistes comme étant le résultat d'un certain degré d'anémie cérébrale.

Les hallucinations, le délire, la folie, sont le résultat de désordres dans le mode de fonctionnement du cerveau. L'imagination n'a plus de frein, elle travaille avec une violence désordonnée et la liberté intellectuelle est anéantie.

Quelquefois les centres excito-moteurs du bulbe rachidien et de la moelle épinière sont influencés par le sommeil. Mais quand il n'en est pas ainsi, il en résulte que, tout en dormant, on peut accomplir certains faits, parler même sans en avoir conscience, et il n'en reste, au réveil, aucune trace sur la mémoire. C'est cet état qu'on appelle le somnambulisme, et on peut le faire apparaître à volonté sur certains individus : on le nomme alors hypnotisme.

Au bout d'un certain temps, par suite de maladies, par suite du détraquement de certains organes, la vie cesse, la mort survient.

Qu'est-ce que la mort? — Qu'il me soit permis de terminer ce chapitre en citant les paroles d'un physiologiste éminent :

« La mort, dit H. Milne-Edwards [1], ne consiste pas dans la cessation du mouvement caractéristique de la vie effective, mais dans l'inaptitude du corps organisé à être le siège de ce phénomène sous l'influence des causes qui sont propres à l'entretenir, et cette inaptitude peut résulter soit de modifications survenues dans la nature de la substance organisée, soit de l'épuisement de la puissance organisatrice.

« L'organisation du corps vivant n'est pas la cause de la puissance vitale que celui-ci possède, mais une conséquence des propriétés de cette force, dont la modalité varie suivant la nature de l'Être procréateur qui la fournit, et dont la manifestation est subordonnée à son association avec de la matière organisable; ou en d'autres mots, la vie est une force organisatrice de la matière pondérable et ses manifestations sont dépendantes du mode d'arrangement qu'elle y détermine.

« En résumé, la vie effective doit être considérée comme la résultante de l'action de plusieurs forces ou propriétés appartenant, les unes soit à la matière pondérable, soit à quelque substance non tangible qui constitue le corps organisé; les autres aux agents extérieurs, susceptibles d'agir sur ces substances. Ainsi, la vie ne se manifeste que sous l'influence du mouvement présumé vibratoire qui est la cause des phénomènes calorifiques, et même elle ne se manifeste que sous l'influence d'un certain degré de chaleur : car elle est incompatible avec les températures très basses, ainsi

1. *Leçons sur l'anatomie et la physiologie*, etc., t. XIV (1881), p. 265.

qu'avec les températures très élevées; elle est liée au développement d'actions chimiques dont le caractère peut varier et elle est également subordonnée à l'intervention de diverses matières composées peu stables; enfin elle implique le concours de la puissance spéciale que je viens de désigner sous le nom de *force vitale.* »

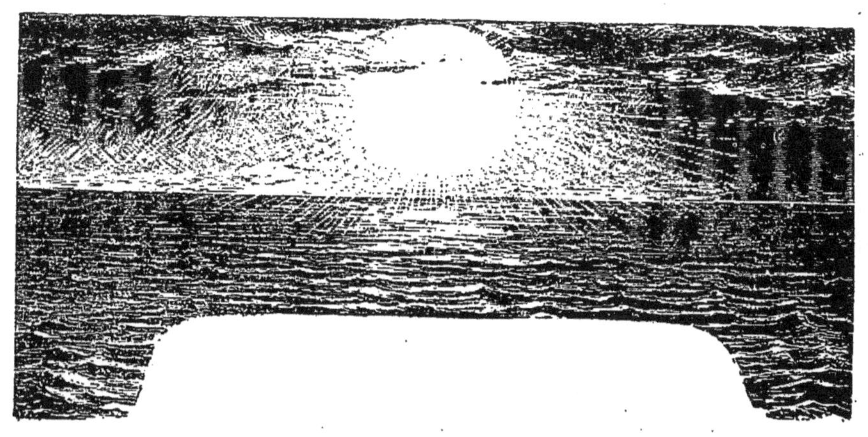

CHAPITRE IV

L'œuf, le développement de l'embryon, la naissance.

Dans notre premier livre, nous avons montré que la vie se manifestait en tous lieux, qu'elle se renouvelait sans cesse ; qu'à la Mort succédait sans intervalle la Vie.

Oui, la mort n'est qu'apparente! Dans cet ensemble de la Nature la matière est éternelle; elle se transforme de mille manières, s'élabore, se transmet avec ses propriétés par le principe de l'hérédité. Un être succède à un autre être. Lorsqu'un animal ou une plante ont vécu pendant un certain temps, lorsque leurs organes fatigués cessent de fonctionner régulièrement, les substances qui entrent dans leur composition intime se dissocient, se désagrègent, elles se putréfient; le corps est le siège de modifications d'ordre chimique, mais ces substances ne sont point perdues, elles changent d'aspect : les unes retournent au règne minéral, les autres vont être reprises et serviront à reconstituer des plantes ou des animaux. Les êtres meurent, mais ils assurent la conservation de l'espèce, ils se multiplient, et les germes qui naissent d'eux vont reproduire le même cycle d'évolution; ils vont se développer, grandir, ils auront une postérité, mourront et ainsi de suite.

Quelques-uns, par suite de la lutte pour l'existence, sont trop faibles pour résister à d'autres plus forts qu'eux, ou bien les milieux changeant, ils ne trouveront plus des conditions de vie favorables et ils seront anéantis, ils disparaîtront.

« La lutte pour l'existence [1] résulte inévitablement de la rapidité avec laquelle tous les êtres organisés tendent à se multiplier. Tout individu qui, pendant le terme naturel de sa vie, produit plusieurs œufs ou plusieurs graines, doit être détruit à quelque période de son existence ou pendant une saison quelconque : car, autrement, le principe de l'augmentation géométrique étant donné, le nombre de ses descendants deviendrait si considérable, qu'aucun pays ne pourrait les nourrir. Aussi, comme il naît plus d'individus qu'il n'en peut vivre, il doit y avoir, dans chaque cas, lutte pour l'existence, soit avec un autre individu de la même espèce, soit avec des individus d'espèces différentes, soit avec les conditions physiques de la vie...

« Il n'y a aucune exception à la règle que tout être organisé se multiplie naturellement avec tant de rapidité que, s'il n'est détruit, la terre serait bientôt couverte par la descendance d'un seul couple. L'homme même, qui se reproduit si lentement, voit son nombre doublé tous les vingt-cinq ans, et à ce taux, en moins de mille ans, il n'y aurait littéralement plus de place sur le globe pour se tenir debout. »

Les végétaux sont dans le même cas et il me paraît intéressant de citer quelques chiffres. M. Capus [2] nous dit qu'un seul filament d'une algue filamenteuse, que les naturalistes ont baptisée du nom quelque peu barbare de *Ulotrix zonata*, et qui se multiplie à la fin de l'hiver, aura pu produire, en vingt semaines environ, dix générations successives. « Ces dix générations, ajoute-t-il, représentent un nombre d'individus exprimé par le chiffre 1,048,576 suivi de QUARANTE ZÉROS! En supposant à chaque filament une longueur moyenne de 25 centimètres, la longueur totale des filaments de la sixième génération serait un nombre de kilomètres représenté par le chiffre 262,144 suivi de TRENTE-SEPT ZÉROS. Placés

1. DARWIN. *Origine des espèces*. Paris, Reinwald, 1882, p. 69.

2. CAPUS *L'œuf chez les plantes et les animaux*. Paris, Hachette, 1881, p. 93. Nous recommandons vivement à nos lecteurs ce livre intéressant.

bout à bout, ces filaments feraient le tour du monde un nombre de fois exprimé par 65,536, plus TRENTE-TROIS ZÉROS! Nous n'avons pas de mots dans notre langue pour exprimer ces valeurs et nous retombons au niveau de ces nègres qui ne peuvent compter au delà de dix. »

Tous les êtres ne se reproduisent pas de la même façon; le

Fig. 150. — Les crocodiles pondent des œufs comme les oiseaux.

principe est le même cependant, et c'est le mode de multiplication qui diffère.

Pour ne parler que des animaux, nous voyons que c'est toujours en somme une portion de substance vivante qui se sépare de l'individu mère, et qui, après un développement plus ou moins compliqué, reproduit la plupart du temps la forme de ses parents. Je dis la plupart du temps, car il y a des animaux qui ne ressemblent pas aux parents dont ils sont nés, mais qui sont semblables à leurs grands-parents. C'est ce qu'on appelle une alternance de génération.

Dans le second chapitre du livre Ier de cet ouvrage, la naissance de la vie a été suffisamment exposée pour qu'il soit inutile d'y revenir ici. Nous avons montré que tout être provient d'un germe et M. Pasteur, par ses mémorables expériences, a prouvé que l'apparition d'un être nécessitait la préexistence d'êtres semblables. La génération spontanée, telle que l'entendait Pouchet, ne peut plus être soutenue.

Le mode de reproduction varie suivant l'animal que l'on considère. Une poule, un canard, une tortue, pondent des œufs; mais en est-il toujours de même?

Il est de petits êtres qu'on trouve fréquemment dans les bassins, attachés à la face inférieure des feuilles flottantes, ou aux parois mêmes du bassin; ce sont des hydres ou polypes d'eau douce. Tremblay a étudié ces petits animaux, fort simples en organisation; il leur a fait subir une opération qui ne serait guère du goût de l'homme ou d'un animal supérieur : il les a coupés en morceaux et il a établi que chaque morceau se complète peu à peu et reproduit une hydre identique à l'individu dont il a fait partie.

Mais cette reproduction obtenue artificiellement est normale pour quelques animaux inférieurs.

Chez d'autres, on voit se produire en certains points du corps des bourgeons qui se développent, prennent la forme du père ou du grand-père, puis se détachent du tronc qui les portait. C'est une gemmation ou reproduction par bourgeonnement.

La multiplication par scissiparité et par gemmation ne réclament pas la présence de deux êtres de sexes différents, c'est un mode asexué.

Mais dans la plupart des cas, et précisément lorsqu'il s'agit des animaux supérieurs, la reproduction est sexuée; il y a un mâle, et une femelle qui donne naissance à un œuf fécondé par le mâle.

Nous allons donc dire ce que c'est qu'un œuf, de quelles substances il est formé et comment il se développe.

L'animal subit des métamorphoses, et celles-ci commencent au moment où l'œuf se développe.

Tout le monde a élevé des oiseaux; on a vu que la femelle pond des œufs, que ces œufs ont besoin de soins spéciaux pour pouvoir donner naissance au jeune poulet, au jeune canard, etc. Dans les tas de feuilles, dans les tas de fumier, il n'est pas rare, à la campagne, de trouver des œufs de couleuvre, à coque molle et disposés en chapelet.

On sait que les tortues, que les crocodiles pondent des œufs analogues à ceux des oiseaux.

On a pu remarquer souvent, à la surface de l'eau des mares ou des étangs, des masses de gelée transparente, offrant çà et là de petits points foncés : ce sont les œufs des grenouilles ou des crapauds.

Tous ceux qui ont mangé des poissons ont pu examiner ces quantités d'œufs contenus dans l'abdomen de la femelle.

Les écrevisses, les langoustes, les homards, les crevettes ont souvent, à certaines époques de l'année, des œufs accrochés aux fausses pattes de l'abdomen.

Quelques animaux mettent au monde leurs petits tout vivants; l'œuf éclôt dans le corps de la mère. Les lézards vivipares, les vipères, les mammifères sont dans ce cas à quelques exceptions près; je veux parler de ces ornithoryngues et échidnés qui vivent en Australie et qui y pondent des œufs analogues à ceux des oiseaux et des reptiles.

L'œuf qui nous paraît le plus favorable pour l'étude, est sans contredit celui de l'oiseau, mais de préférence celui de la poule ou du canard, qu'on peut se procurer facilement.

Nous choisirons donc l'œuf de la poule, nous étudierons ses parties constituantes; ensuite nous dirons par quelles phases il passe avant de devenir un jeune poulet, avant l'éclosion en un mot.

Si nous prenons un œuf de poule très cuit, *dur*, suivant l'expression consacrée, nous le trouvons protégé par une coquille. Cassons-la : une membrane mince et pellucide est accolée à sa face interne; on la déchire facilement en brisant la coque et nous voyons le blanc qui est coagulé par la coction; enfin, au centre, le jaune également durci. L'œuf de la poule est ovoïde, l'un des bouts est plus gros que l'autre et là est un espace libre, la chambre à air.

Mais reprenons toutes les parties constituantes de cet œuf, et voyons leur signification.

La coquille est formée de corpuscules calcaires et elle est perforée dans son épaisseur d'une infinité de petits pertuis microscopiques par lesquels les gaz de l'air pourront pénétrer, ce qui permettra par conséquent la respiration de l'œuf.

Il suffit, en effet, de recouvrir la coquille d'une couche de vernis pour empêcher la respiration, et l'œuf meurt par asphyxie.

Une double membrane mince est située sous la coquille, l'une adhère à celle-ci et l'autre est accolée à l'albumen ou blanc. C'est par suite de leur écartement que se forme la chambre à air.

Le blanc s'est déposé là par couches successives, spiralées; il est composé en majeure partie d'albumine unie à des substances grasses, salées, à du sucre et surtout à de l'eau. A chacune de ses deux extrémités, le blanc est traversé par un cordon tordu en spirale; ce sont les chalazes, organes suspenseurs et protecteurs du jaune.

Une fine membrane (membrane vitelline) sépare le blanc du jaune. Quant à ce dernier qu'on nomme aussi vitellus, il est composé d'eau, de graisses, de caséine, d'albumine, de matières minérales (principalement du soufre).

On remarque dans ce vitellus une partie d'un jaune plus clair, nommée *latébra*, qui renferme surtout les matières grasses. Au-dessus on voit aussi une tache opaque, en forme de disque, c'est la cicatricule ou blastoderme; elle est sous la membrane vitelline à la surface du jaune, et à son centre on découvre facilement une aire transparente.

Le blastoderme est formé de deux couches de cellules, dont les inférieures sont plus grosses.

C'est en somme la cicatricule qui est le point le plus important de l'œuf, car c'est elle qui, en se compliquant, deviendra plus tard le petit poulet.

Mais toutes ces parties constituantes de l'œuf où ont-elles pris naissance ? Dans le corps de la mère, dans l'ovaire.

A son début, dans cet organe, l'œuf est d'une simplicité extrême : c'est une petite cellule, c'est l'ovule, qui se complique rapidement et est constitué d'un globe vitellin entouré par une membrane vitelline. Dans sa partie centrale, se voit un noyau. la vésicule germinative, pourvue d'une tache ou nucléole; cette vésicule est bientôt refoulée à la surface. Dans cet état l'ovule quitte la capsule de l'ovaire où il était contenu et il tombe dans un canal, l'oviducte. Là il va se compléter et acquérir les parties que nous lui connaissons.

Auparavant, l'ovule rencontre les éléments fécondateurs mâles qui l'imprègnent.

L'œuf est alors fécondé et doué d'une nouvelle force, il va continuer son développement tout en cheminant dans l'oviducte. L'albumen, produit de la sécrétion de glandules, se dépose d'abord et par suite de la rotation de l'œuf sur son axe longitudinal se forment les chalazes, puis la membrane coquillière et enfin la coquille, sécrétée par la tunique coquillière.

Pendant que l'œuf descend dans l'oviducte et se recouvre suc-

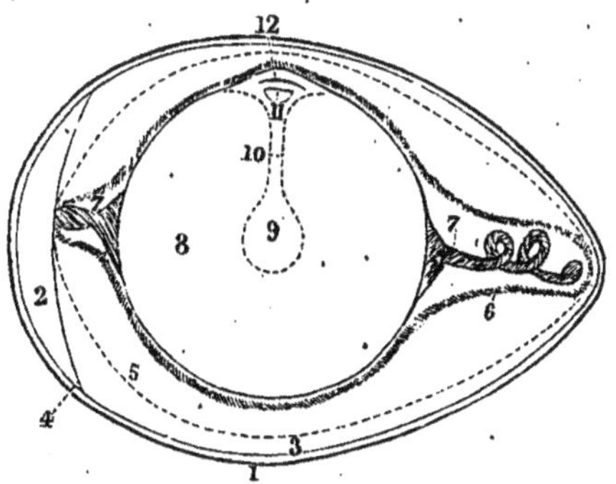

Fig. 151. — Coupe idéale de l'œuf de la poule.

1. Coquille. — 2. Chambre à air. — 3. Membrane testacée qui se divise en deux feuillets (4). — 8. Jaune ou vitellus entouré par la membrane vitelline. — 5, 6. Albumen ou blanc de l'œuf. — 7. Chalazes. — 9. Cavité centrale du jaune. — 12. Cicatricule.

cessivement de ces enveloppes, la vésicule germinative se différencie, le blastoderme apparaît, formé de deux couches de cellules ou feuillets blastodermiques, qui vont constituer tous les organes du jeune être, de l'embryon en un mot. L'œuf est expulsé au dehors et alors il lui faut une certaine température, 40 degrés centigrades, pour qu'il puisse se développer et éclore ; en outre, il faut que la respiration à travers la coquille puisse s'opérer librement.

C'est pour cela que la mère poule couve ses œufs pour permettre leur dévelopement et leur éclosion.

Les feuillets blastodermiques ont chacun la mission de former des organes spéciaux. Un feuillet nouveau apparaît entre les deux que nous avons signalés. Le feuillet supérieur ou ectoderme constituera les systèmes nerveux, osseux, tégumentaires, etc. ; le mésoderme ou feuillet moyen va donner naissance à tous les organes circulatoires, enfin le feuillet inférieur ou endoderme, ou encore feuillet muqueux, forme tous les organes viscéraux.

Mais suivons la différenciation qui se manifeste dans ces feuillets. Sur l'ectoderme se voit bientôt une ligne longitudinale, la ligne primitive, creusée d'un sillon formé par les lames dorsales, sortes de bourrelets qui tendent à se rapprocher, qui s'unissent, constituant ainsi un canal renflé en avant, où va se développer le système nerveux céphalo-rachidien.

En même temps deux enveloppes se sont formées: l'une,

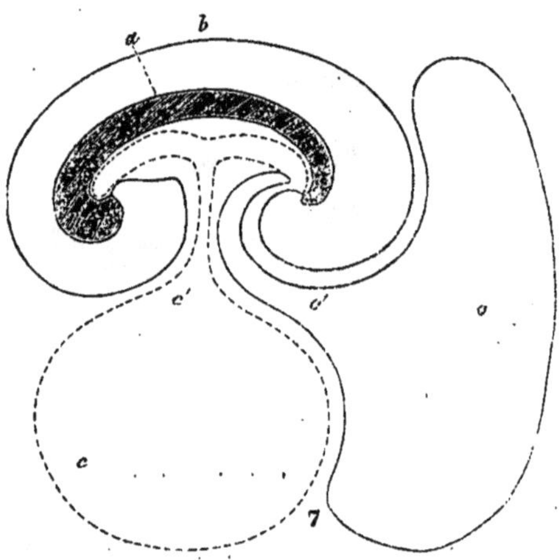

Fig. 152. — Embryon avec sac du jaune et allantoïde.

l'amnios, remplie d'un liquide, entoure l'embryon; elle est née aux dépens du feuillet ectodermique; l'autre, l'allantoïde qui provient de l'endoderme et qui servira à la respiration. Tous les animaux vertébrés ne possèdent pas cette poche; aussi plusieurs naturalistes les ont-ils divisés en deux groupes: les allantoïdiens, ou pourvus d'une allantoïde, et les anallantoïdiens, ou ceux qui en sont dépourvus; ces derniers sont les grenouilles, les salamandres et les poissons.

Puis apparaissent, par suite d'une sorte de segmentation, les vertèbres primitives.

Et tous ces phénomènes n'ont pas demandé pour se produire plus de quinze heures !

Sous l'embryon, pendant ce temps, les feuillets mésodermiques et endodermiques forment une cavité, la vésicule ombilicale renfermant de la substance nutritive qui servira à la croissance de l'embryon, et qui, par conséquent, sera absorbée petit à petit et finira par disparaître.

Dans la région céphalique, les yeux qui semblent énormes, apparaissent d'abord, puis la cavité buccale, puis les mâchoires, le palais, les régions orbitaires et nasales par suite de l'apparition de paires de bourrelets qui se réunissent en avant. C'est alors que le tube digestif, déjà formé par l'endoderme, va s'ouvrir aux deux extrémités du corps, constituant ainsi une bouche et un anus.

C'est vers la trentième heure d'incubation que les vaisseaux se remplissent d'un liquide pourvu de globules rouges, qui est le sang; mais le cœur n'apparaît guère qu'au bout d'un jour et demi, sous forme d'un cylindre qui se contourne, et, réalisant enfin la forme qu'on lui connaît, il va se mettre à battre, envoyant le sang dans toutes les régions de l'organisme, et il ne s'arrêtera qu'au moment de la mort.

Au bout de quatorze jours, le jeune poulet peut remuer, il s'allonge dans le sens de la longueur de l'œuf. Le vingtième jour, il perce les membranes qui le séparent de la chambre à air... il peut respirer l'air en nature pour la première fois de sa vie.

Mais les réserves nutritives accumulées dans l'œuf sont épuisées, le garde-manger est vide. Le petit poulet casse à coups de bec les parois de la coquille; elle cède sous ses coups répétés et l'oiseau voit le jour. Il sort prestement de sa première demeure, qu'il dédaigne maintenant, se détire, agite ses moignons d'ailes et se met à courir, insouciant, à côté de la mère poule qui semble, par ses gloussements, faire des recommandations au nouveau-né.

Eh bien, pour tous les animaux, à part quelques différences dans le développement, il en est ainsi; tous, depuis l'homme jusqu'au protozoaire, ont commencé par être une simple cellule !

Tous naissent, vivent, se reproduisent et meurent !

Fig. 153. — Guerriers hottentots,
d'après une photographie communiquée par M. Geoffroy Saint-Hilaire.

CHAPITRE V

Les races humaines.

L'homme a su se rendre maître de la terre. Son intelligence l'a placé au-dessus de tous les êtres; elle lui a permis de les surpasser, de les dominer.

L'humanité a-t-elle toujours été ce qu'elle est aujourd'hui? Non, certes, ses débuts ont été très modestes et on peut s'en rendre compte en lisant l'ouvrage que M. du Cleuziou a publié dans cette bibliothèque [1].

Mais l'homme possédait un cerveau susceptible de produire

1. H. du Cleuziou. *La Création de l'Homme.*

des idées, de faire des raisonnements, et la disposition de certaines parties de son corps y a contribué pour une large part.

De tous les animaux, l'homme est en effet le seul qui possède

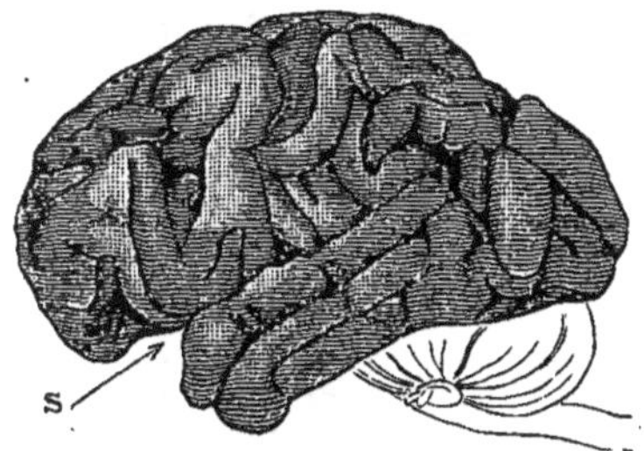

Cerveau de macaque.

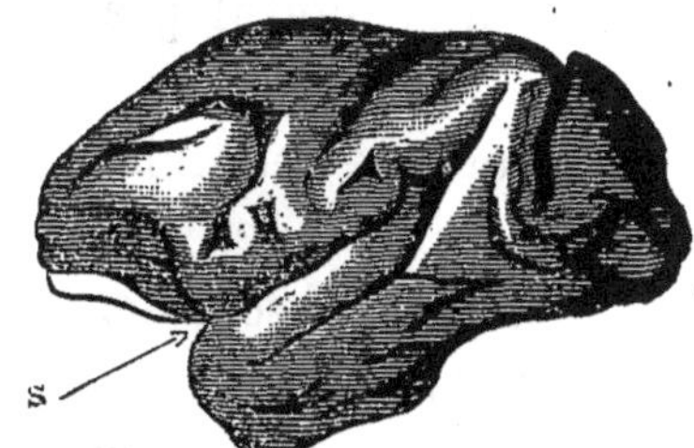

Cerveau de chimpanzé.

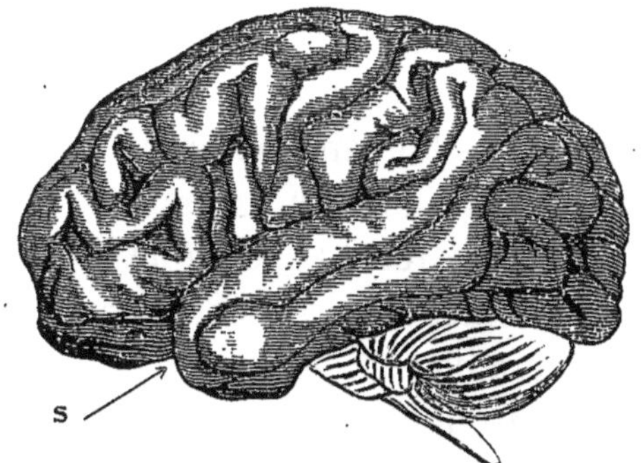

Cerveau de la Vénus hottentote.

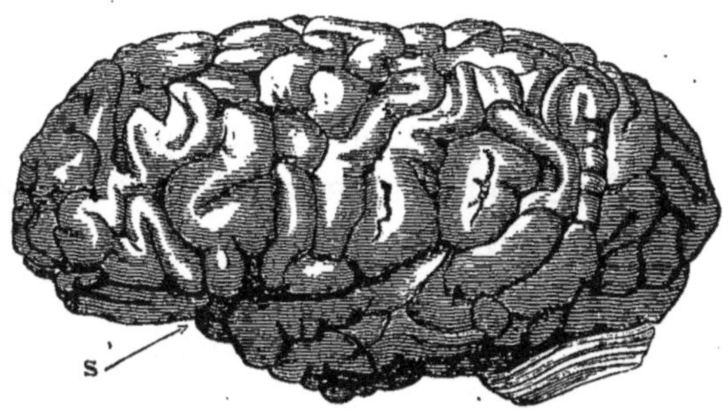

Cerveau du mathématicien Gauss.

Fig. 154. — Les circonvolutions du cerveau.

des véritables mains aux membres antérieurs, et c'est grâce à ces organes, d'une précision et d'une délicatesse extrêmes, qu'il a pu accomplir tant de faits, dont sont absolument incapables les autres êtres.

Ne soyons pas orgueilleux; ne cherchons pas à faire de l'homme un être à part; et, sans rabaisser notre espèce, estimons-nous à notre juste valeur.

On a voulu séparer l'homme de tous les animaux :

« L'homme doit-il prendre place dans le Règne animal? dit M. de Quatrefages [1].

« On voit que cet énoncé revient à celui-ci : l'homme est-il, oui ou non, distingué des animaux par des phénomènes importants, caractéristiques, absolument étrangers à ces derniers?...

« Mais ce n'est ni dans la disposition matérielle ni dans le jeu de son organisme physique qu'il faut aller chercher ces phénomènes. A ce point de vue, l'homme est un animal, rien de plus. Au point de vue anatomique, l'homme diffère moins des singes supérieurs que ceux-ci ne diffèrent des singes inférieurs. Le microscope révèle entre les éléments de l'organisme humain et ceux de l'organisme animal des ressemblances tout aussi frappantes; l'analyse chimique conduit au même résultat. Comme il était facile de le prévoir, le jeu des éléments, des organes, des appareils est exactement le même chez l'homme et la bête.

« Les passions, les sentiments, le caractère, établissent entre les animaux et nous des rapports non moins étroits. L'animal aime et hait; on retrouve chez lui l'irritabilité, la jalousie, comme aussi la patience que rien ne lasse, la confiance que rien n'ébranle. Dans nos espèces domestiques, ces différences s'accusent davantage, ou peut-être seulement nous en rendons-nous mieux compte. Qui n'a connu des chiens enjoués ou hargneux, affectueux ou farouches, lâches ou courageux, familiers avec tout le monde ou exclusifs dans leurs affections?

« Il y a encore chez l'homme de véritables instincts, ne fût-ce que celui de la sociabilité. Mais les facultés de cet ordre, si développées chez certains animaux, sont évidemment très réduites chez nous au profit de l'intelligence.

« Le développement relatif de celle-ci établit certainement entre l'homme et l'animal une différence énorme. Mais ce n'est pas l'*intensité* d'un phénomène qui lui donne sa valeur au point de vue où nous sommes placés en ce moment; c'est uniquement sa

1. *L'Espèce humaine*, p. 13.

nature. L'intelligence humaine et l'intelligence animale peuvent-elles être considérées comme étant de même nature? Voilà la question.

« En général, les philosophes, les psychologistes, les théologiens ont répondu par la négative, et les naturalistes par l'affirmative. Cette opposition se comprend sans peine. Les premiers s'occupent avant tout de l'âme humaine considérée comme un tout indivisible et lui attribuent toutes nos facultés. Ne pouvant méconnaître la similitude au moins extérieure de certains actes animaux et de certains actes humains, voulant néanmoins distinguer nettement l'homme de la bête, ils ont donné de ces actes des interprétations différentes selon qu'ils étaient accomplis par l'un ou par l'autre. Les naturalistes ont regardé de plus près les phénomènes, sans se préoccuper d'autre chose; et, lorsqu'ils ont vu l'animal se conduire comme ils l'auraient fait eux-mêmes dans des circonstances données, ils ont conclu qu'il y avait au fond similitude dans les mobiles de l'action. »

Les animaux ont conscience de leurs actes, cela n'est pas douteux.

« Ce que je viens de dire de l'intelligence, dit M. de Quatrefages, je n'hésite pas à le dire aussi du langage, qui en est la plus haute manifestation. Il est vrai que l'homme seul a la *parole*, c'est-à-dire la *voix articulée*. Mais deux classes d'animaux ont la *voix*. Il n'y a encore là qu'un perfectionnement immense, mais rien de radicalement nouveau. Dans les deux cas, les sons produits par l'air que mettent en vibration les mouvements volontaires imprimés à un larynx, traduisent des impressions, des pensées personnelles comprises par les individus de même espèce. Le mécanisme de la production, le but, le résultat sont au fond les mêmes.

« Il est vrai que le langage des animaux est des plus rudimentaires et pleinement en harmonie sous ce rapport avec l'infériorité de leur intelligence. On pourrait dire qu'il se compose presque uniquement d'interjections. Tel qu'il est pourtant, ce langage suffit aux besoins des mammifères et des oiseaux qui le comprennent fort bien. L'homme lui-même l'apprend sans trop de peine. Le chasseur distingue les accents de la colère, de l'amour, du plaisir, de la douleur, le cri d'appel, le signal d'alarme; il se guide à coup sûr d'après ces indications; il reproduit ces accents, ces cris de manière à tromper l'animal. Bien entendu que je laisse en dehors du *langage des bêtes* le chant proprement dit des oiseaux, celui du rossignol par exemple. Celui-ci me paraît dépourvu de toute signification, comme le sont les vocalises d'un chanteur, et je ne crois pas à la traduction de Dupont de Nemours.

« Ce n'est donc pas dans les phénomènes se rattachant à l'intelligence qu'on peut trouver les bases d'une distinction fondamentale entre l'homme et les animaux.

« Mais on constate chez l'homme trois phénomènes fondamentaux auxquels se rattachent une multitude de phénomènes secondaires et dont rien jusqu'ici n'a pu donner une idée, pas plus chez les êtres vivants que chez les corps bruts.

« 1° L'homme a *la notion du bien et du mal moral*, indépenpendamment de tout bien-être et de toute souffrance physique;

« 2° L'homme *croit à des êtres supérieurs* pouvant influer sur sa destinée;

« 3° L'homme croit à la *prolongation de son existence après cette vie.*

« Ces deux derniers phénomènes ont habituellement entre eux des connexions tellement étroites qu'il est naturel de les rapporter à la même faculté : la RELIGIOSITÉ. Le premier dépend de la moralité.

« Les psychologistes attribuent la religiosité et la moralité à la raison, et font de celle-ci un attribut de l'homme. Mais ils rattachent à cette même *raison* les phénomènes les plus élevés de l'intelligence. A mes yeux, ils confondent ainsi et rapportent à une origine commune des faits d'ordre absolument différent. Voilà comment, ne pouvant reconnaître ni moralié ni religiosité aux animaux, qui manquent en effet de ces deux facultés, ils sont conduits à leur refuser l'intelligence, dont ces mêmes animaux donnent, selon moi, des preuves à chaque instant.....

« ..... Des trois faits que j'ai indiqués plus haut dérivent, comme autant de conséquences, une foule de manifestations de l'activité humaine. C'est à eux que se rattachent des coutumes, des institutions de toute nature; seuls ils expliquent quelques-uns de ces grands événements qui changent la destinée des nations et la face du monde. »

M. de Quatrefages appelle *âme humaine* la cause inconnue à laquelle remontent tous les phénomènes de moralité et de religiosité. Les phénomènes que signale M. de Quatrefages n'existent que chez l'homme, et il est impossible d'en nier l'importance.

« Ils distinguent donc, dit-il, l'homme de l'animal, au même titre que les phénomènes de l'intelligence distinguent l'animal du végétal, que les phénomènes de la vie distinguent le végétal du minéral. Ils sont donc les attributs d'un règne, que nous appellerons le *Règne humain.* »

M. de Quatrefages veut, par conséquent, séparer complètement l'homme des animaux; cette distinction, il admet qu'elle n'est nullement fondée si l'on ne considère que le corps humain comparé au corps d'un animal.

Mais, de même que l'on a refusé pendant longtemps toute intelligence aux animaux, pourquoi ne pas admettre qu'ils puissent avoir, eux aussi, des phénomènes de moralité et de religiosité? ou, si l'on préfère renverser la question, pourquoi tenir compte de ces phénomènes pour distinguer, non pas seulement l'homme des singes, mais de tous les animaux? Car enfin, il y a bien des différences entre les animaux, différences qui paraissent plus importantes encore que celles qui déterminent M. de Quatrefages à séparer l'homme du reste du règne animal.

Nous remarquons de l'intelligence chez les vertébrés, chez certains autres types comme les insectes, les araignées, les crustacés, etc. Mais ne devrait-on pas aussi séparer les insectes des mollusques, zoophytes, protozoaires, etc., et les grouper en un règne à part? Il y a, ce me semble, entre le poisson le plus bête et le chimpanzé, qui font partie du même règne, plus de différences qu'entre ce dernier et l'homme pour qui M. de Quatrefages a créé un règne à part. Encore une fois, nous ne pouvons pas nous appuyer, pour établir une distinction semblable entre des êtres, sur des caractères que nous sommes incapables de juger chez tous. Puis je reviens à ce que j'ai dit dans le livre Ier de cet ouvrage :

Existe-t-il dans la nature de semblables distinctions entre les êtres? Non, il n'y a pas de ces barrières; l'homme les crée pour se reconnaître au milieu du nombre immense des êtres.

Et d'ailleurs M. de Quatrefages ne le dit-il pas lui-même [1] :

« En anthropologie, toute solution pour être bonne, c'est-à-dire vraie, doit ramener l'homme, pour tout ce qui n'est pas exclusivement humain, aux lois générales reconnues chez les autres êtres organisés vivants.

« Toute solution qui fait ou qui tend à faire de l'homme une exception, à le représenter comme échappant aux lois qui régissent les autres êtres organisés et vivants est mauvaise; elle est fausse. »

Mais, quoi qu'il en soit, que l'on admette avec M. de Quatrefages le RÈGNE HUMAIN ou que l'on considère l'homme comme appartenant au règne animal, il n'en est pas moins vrai qu'il y a un certain nombre de caractères qui permettent de distinguer l'homme des singes qui lui ressemblent même le plus.

L'homme est un mammifère; il rentre, en effet, dans le groupe des vertébrés pourvus d'organes destinés à sécréter le lait qui servira de nourriture aux jeunes.

Un des caractères qui permettent de distinguer l'homme des grands singes, c'est la station verticale. L'homme se tient debout, il ne marche pas en s'appuyant sur les membres antérieurs, ceux-ci sont exclusivement réservés pour la préhension, le toucher, tandis que les postérieurs servent uniquement à la locomotion; il est donc bipède et bimane; et cette différence dans les fonctions entre les mains et les pieds a même déterminé notre illustre maître M. Alph. Milne-Edwards à placer l'homme dans une sous-classe spéciale, celle des Hétéropodes, groupant les autres mammifères dans la sous-classe des Homopodes, indiquant par là que ces derniers se servent de leurs quatre membres pour la même fonction, qui est le plus généralement la marche. Cependant, comme nous le verrons, les singes ont les quatre membres terminés par des mains, ils sont dits quadrumanes.

Le cerveau de l'homme est énorme, comparé à celui de tous les autres vertébrés; ses circonvolutions sont nombreuses, et, par suite, son intelligence le place au premier rang (*fig.* 154).

Ce n'est pas à dire pour cela que les autres animaux en sont dé-

1. *L'Espèce humaine*, p. 20.

pourvus; mais jamais elle n'atteint un développement égal à celle de l'homme, même le plus dégradé, ou pour mieux dire, le plus simple.

Laissant de côté les diverses industries humaines, il faut encore signaler le langage et l'écriture, autre langage en réalité. Seul, en effet, l'homme possède la parole, c'est-à-dire la *voix articulée*, dont l'écriture est la traduction tangible.

Tous les hommes ne sont pas semblables, et il est bien évident que si l'on regarde un Européen, un Nègre, un Chinois, un Peau-Rouge, on n'hésitera pas à reconnaître des différences entre eux. Aussi s'est-on demandé si tous les êtres humains étaient issus d'une même souche ou s'ils appartenaient à diverses espèces. De là deux écoles : celle des polygénistes, qui admettent plusieurs espèces complètement indépendantes les unes des autres; ceux-là trouvent entre le blanc et le nègre des différences analogues à celles qui séparent le gorille, par exemple, du chimpanzé. L'autre école est celle des monogénistes, qui n'admettent qu'une seule espèce humaine, mais plusieurs *races*.

« Pour peu que l'on soit familier avec le langage de la zoologie, de la botanique ou de leurs applications, dit M. de Quatrefages [1], il est facile de voir qu'il y a là une question toute scientifique et toute du ressort des sciences naturelles. Malheureusement on est loin d'être resté toujours sur ce terrain.

« Un dogme appuyé sur l'autorité d'un livre que respectent presque également les chrétiens, les juifs et les musulmans a longtemps reporté sans contestation à un seul père, à une seule mère l'origine de tous les hommes. Pourtant la première atteinte portée à cette antique croyance s'appuyait sur ce même livre. Dès 1655, La Peyrère, gentilhomme protestant de l'armée de Condé, prenant à la lettre les deux récits de la création contenus dans la Bible ainsi que diverses particularités de l'histoire d'Adam et du peuple juif, s'efforça de prouver que ce dernier seul descendait d'Adam et d'Ève; que ceux-ci avaient été précédés par d'autres hommes, lesquels avaient été créés en même temps que les animaux sur tous les points de la terre habitable; que les descendants de ces *préada-*

1. *L'Espèce humaine*, p. 21.

mites n'étaient autre chose que les *Gentils*, toujours si soigneusement distingués des Juifs. On voit que le polygénisme, habituellement regardé comme un résultat de la *libre pensée*, a commencé par être biblique et dogmatique. »

Nous ne voulons pas, d'ailleurs, aborder ici cette question de la création de l'homme; nous prions le lecteur de prendre en considération, à cet égard, le livre de M. du Cleuziou (1) publié dans cette bibliothèque.

Dans l'état actuel de nos connaissances, il n'est pas encore possible de trancher définitivement la question; mais toutes les données scientifiques portent à croire qu'il n'y a qu'une seule espèce humaine, présentant de nos jours plusieurs races.

Les caractères sur lesquels on s'est appuyé pour distinguer entre elles les différentes races humaines sont variés, comme nous allons le voir. Mais bien souvent l'anthropologiste a été arrêté par des difficultés sans nombre.

Ainsi les races humaines sont susceptibles de croisements divers et les produits sont féconds.

Il en résulte que, dans bien des cas, il faut faire en quelque sorte l'histoire d'un peuple pour connaître son origine; car les caractères primitifs sont masqués.

Si l'on considère un *blanc blond* et un *nègre noir de charbon*, on peut se laisser aller à penser que la coloration de la peau permet de distinguer au premier coup d'œil les blancs des populations noires.

En effet, beaucoup d'anthropologistes ont attaché une grande importance à la couleur des individus pour diviser les races humaines. Cependant, lorsqu'on y regarde d'un peu près, on voit qu'il y a des races blanches dont la peau est aussi noire que celle des nègres les plus foncés : les Bicharis et la plupart des peuples qui habitent les côtes africaines de la mer Rouge, les Maures noirs du Sénégal, etc. Et, d'un autre côté, il y a des nègres dont le teint est d'un jaune café au lait.

On sait d'ailleurs que la structure de la peau du blanc ou du nègre est la même, et ce ne sont que les cellules du corps mu-

1. H. du Cleuziou. *La Création de l'Homme.*

queux qui sont de couleur différente. Ce pigment est d'un jaune pâle chez le blanc blond, d'un jaune brunâtre chez le blanc brun, et d'un brun foncé chez le nègre.

Mais ces taches pigmentaires du blanc, sous l'influence des

Fig. 145. — Femme boschimane, remarquable par la masse graisseuse qu'elle porte au bas des reins et par sa chevelure courte et frisée.
(Photographie communiquée par M. Geoffroy Saint-Hilaire.)

rayons ardents du soleil, peuvent devenir plus foncées; lorsqu'on est constamment en plein soleil, les parties exposées à l'air, celles qui ne sont pas recouvertes par les vêtements se hâlent assez rapidement. Les taches de rousseur ne sont que des points de la peau où le pigment est plus foncé.

En résumé, la coloration de la peau ne tient qu'à une sécrétion plus ou moins grande de pigment, et, dans une même population, on peut trouver sous ce rapport bien des dissemblances.

On ne peut donc pas arguer de ce caractère pour dire qu'il y a plusieurs espèces humaines.

On s'est appuyé aussi sur la chevelure pour différencier les hommes entre eux. Les uns ont les cheveux lisses, fins, blonds ou noirs; les autres ont des cheveux noirs et raides; chez d'autres, ils sont crépus, laineux. Quoi qu'il en soit, ce sont des cheveux et on ne peut les confondre avec les autres poils du corps qui existent chez tous les hommes, bien que certains voyageurs aient prétendu qu'il y a des races glabres. Ceci n'est dû qu'à une épilation pratiquée très soigneusement.

Le caractère de la chevelure semble au premier abord plus constant que celui de la coloration de la peau; mais, en réalité, il n'est pas plus sérieux. Si nous examinons les races animales, nous voyons des races de bœufs européens introduits en Amérique devenir presque complètement glabres.

« Un des caractères les plus singuliers, dit M. de Quatrefages, et sur lequel on a insisté souvent comme ne pouvant être qu'un caractère d'espèce, est celui que présentent les femmes boschimanes. On sait qu'elles portent au bas des reins une masse graisseuse dont la saillie est souvent considérable, comme on peut le voir dans la *Vénus hottentote,* dont le moule est au Muséum. »

Cette stéatopygie se retrouve du reste chez certaines tribus nègres placées fort au nord de la race Houzouâna.

Bien plus, Livingstone nous apprend que certaines femmes de Boërs, d'origine hollandaise incontestable, commencent à en être atteintes. Ce développement local exagéré du tissu adipeux perd par cela seul la valeur qu'on a voulu lui attribuer.

Il en est ainsi de tous les autres caractères que l'on a pu invoquer pour distinguer spécifiquement les types humains. Tous ces caractères peuvent servir à différencier les races humaines.

L'homme a besoin dans toute explication d'un point de comparaison, et il semble tout naturel de considérer le type humain primitif et de lui comparer toutes les races humaines aujourd'hui existantes. A cela il n'y a qu'un malheur, c'est qu'on ne connaît pas ce type humain primitif.

Lisez l'ouvrage de M. du Cleuziou, vous y verrez le portrait *problématique* de l'homme primitif; mais, j'insiste sur ce fait, c'est un portrait *très problématique*. Jusqu'ici, l'homme de l'époque tertiaire, l'homme qui déjà se servait de silex plus ou moins taillés pour se défendre, ne nous est absolument pas connu.

De sorte que nous ne pouvons pas établir de comparaison entre cet ancêtre et les races actuelles, et, entraînés que nous sommes par une tendance bien naturelle, nous prenons comme type normal le blanc européen, et c'est lui qui est en quelque sorte notre étalon : c'est à lui que nous rapportons tout.

Si rien ne nous autorise, dans l'état actuel de la science, à admettre plusieurs espèces humaines, nous serions aveugles si nous ne distinguions plusieurs races, et ces races sont beaucoup plus nombreuses qu'on ne le penserait au premier abord. L'homme a voyagé; même lorsqu'il n'avait que de frêles embarcations, il a sillonné les mers, s'est fixé sur la plupart des terres habitables et s'est modifié sous l'influence du milieu qu'il habitait, et surtout par les croisements, les hybridations, les métissages. Il s'est alors constitué des types dont les caractères se sont transmis de génération en génération.

L'étude de l'homme, ou *anthropologie*, est une science tout à fait neuve, et il y a beaucoup à faire pour connaître la vérité sur l'histoire de l'humanité.

On a proposé bien des classifications des races humaines; nous en citerons quelques-unes.

Linné reconnaissait cinq types humains :

1° Homo americanus; 2° Homo europæus; 3° Homo asiaticus; 4° Homo afer; 5° Homo monstrosus.

Dans ce cinquième groupe, il plaçait les Chinois, les Patagons et les Hottentots.

Blumenbach, tenant compte de l'habitat géographique et de la couleur de la peau, considère aussi cinq groupes humains, mais qui ne correspondent pas tous à la division de Linné :

1° La race blanche caucasienne; 2° la race jaune mongolique; 3° la race noire æthiopique; 4° la race rouge américaine; 5° la race brune malaise.

Cuvier adopta seulement trois des races indiquées plus haut :

la race blanche ou caucasienne, la race jaune ou mongolique, la race noire ou æthiopique.

Mais les caractères tirés de la coloration de la peau ne suffisent pas ; il faut avoir recours à l'ensemble des caractères et tenir compte de ceux qui sont les plus importants et les plus généraux.

C'est ainsi qu'on reconnut que la forme de la tête donnait des caractères précieux. Les crânes sont tantôt allongés (dolichocéphales), tantôt courts (brachycéphales).

Il y a deux sortes de faces, et l'on distingue les *orthognathes*, c'est-à-dire les types à mâchoires verticales, et les *prognathes*, dont les mâchoires sont saillantes.

On ne néglige pas non plus l'indice céphalique, l'indice nasal, la chevelure.

L'indice céphalique est obtenu en divisant le plus grand diamètre transversal, c'est-à-dire la plus grande largeur du crâne multipliée par 100, par son plus grand diamètre antéro-postérieur.

Broca a ainsi obtenu cinq catégories d'individus :

1° Les dolichocéphales, dont l'indice céphalique est de 75 et au-dessous; 2° les sous-dolichocéphales à indice de 75,01 à 77,77 ; 3° les mésaticéphales à indice variant entre 77,78 et 80; 4° les sous-brachycéphales à indice de 80,01 à 83,33; 5° les brachycéphales à indice de 83,34 et au-dessus.

Quant à l'indice nasal, c'est le rapport de la largeur maxima de l'orifice antérieur du nez à sa longueur maxima de l'épine nasale à la suture naso-frontale.

Broca, qui est l'inventeur de ce caractère, reconnaît trois types : 1° les platyrrhiniens (à squelette nasal large); 2° les mésorrhiniens (à squelette nasal moyen), et 3° les leptorrhiniens (à squelette nasal allongé).

Ce qui est intéressant dans cette classification tirée de l'indice nasal, c'est qu'elle coïncide avec la division par la coloration de la peau.

Ainsi les platyrrhiniens se rencontrent *surtout* dans les races nègres; les seconds ou mésorrhiniens dans les races mongoliques ou américaines, les troisièmes parmi les races blanches ou caucasiques.

D'autres savants, Frédéric Muller et Hæckel, ont classé les

hommes d'après la chevelure; les uns ont les cheveux laineux, ce sont les ulotriques; les autres ont les cheveux lisses, ce sont les lissotriques.

Parmi les ulotriques, ils considèrent deux groupes :

Fig. 146. — Femme de Biskra.
Type de lissotrique euphocome, d'après une photographie de M. Geiser, d'Alger.

1° Les *lophocomes*, ce sont ceux dont les cheveux sont insérés par petites touffes (Hottentots et Papous) [1]; 2° les *ériocomes*, dont la chevelure est en forme de toison (nègres d'Afrique et Cafres) [2].

1. V. *fig.* 157, 158 et 161.
2. V. *fig.* 148 et 150.

Les lissotriques sont divisés à leur tour en deux groupes :

Les *euthycomes*, qui ont les cheveux raides (Australiens, Hyperboréens, Américains, Malais, Mongols); et les *euplocomes*, à cheveux bouclés (Dravidiens, Nubiens, Méditerranéens).

Mais un autre facteur intervient, si l'on veut tenir compte de tous les caractères : c'est la linguistique.

Tous ces peuples ont des langues différentes, mais qui peuvent, dans certains cas, avoir des liens entre elles. Or, la linguistique est en contradiction avec ces classifications, et cependant cette science ne suffit pas à elle seule pour classer ces races humaines.

« Dans ces groupes, la confusion est grande [1], car nous y trouvons les idiomes les plus divers mêlés les uns aux autres, ce qui indique l'existence à l'origine de groupes humains bien distincts, réunis là artificiellement. Les nègres d'Afrique, les Américains, les Mongols, les peuples méditerranéens présentent dans chaque catégorie une variété de langues surprenante ; il est difficile d'admettre qu'on réunisse ainsi sous le titre de Mongols les Chinois au parler monosyllabique et les Ouro-Altaïens aux langues agglutinantes ; sous le titre de Méditerranéens la race du Caucase, les Ougro-Finnois et les Basques, qui parlent des langues polysynthétiques si différentes les unes des autres, les Sémites et les Aryo-Européens, dont les familles linguistiques, quoique présentant toutes deux le phénomène de la flexion, sont si profondément séparées. »

D'autre part, la classification purement linguistique serait tout à fait artificielle. On sait d'ailleurs que les langues s'apprennent ou s'imposent, et tel peuple qui historiquement parlait autrefois un certain idiome en a adopté un autre dont il se sert uniquement aujourd'hui.

On ne peut pas non plus s'appuyer sur les phases religieuses, dans lesquelles elles se trouvent, car « la religion se transmet d'un groupe humain à un autre qui l'adopte..... La religion est un facteur presque aussi important que le langage pour la caractérisation d'une race ou d'un peuple, mais elle ne saurait à elle seule lui assigner une place déterminée dans la série humaine ».

1. Girard de Rialle. *Les Peuples de l'Afrique et de l'Amérique*, Germer-Baillière, 1880, page 30.

Je n'insisterai pas sur la division en races de pasteurs, de chasseurs et d'agriculteurs, car dans un même groupe il y a souvent des peuples appartenant à ces divers états sociaux.

M. de Quatrefages, dans son Introduction à l'étude des races humaines, admet les trois groupes fondamentaux de Cuvier.

Espèce humaine	Blanc ou caucasique. Jaune ou mongolique. Nègre ou éthiopique.

Il admet que ces noms sont mauvais, qu'ils reposent sur des idées fausses. « Il y a des Blancs, dit-il, aussi noirs que n'importe quels Nègres; et le Blanc type, l'*Aryen*, n'est pas sorti du Caucase. Le Nègre *type*, le *Nègre guinéen*, ne se trouve que fort loin de l'Éthiopie; toute une branche du tronc nègre comprenant les Boschimans et les Hottentots est de couleur jaune; et, sur les bords du Zambèze, il y a des Nègres présentant la teinte du café au lait. Seules, les expressions de *Jaune* et de *Mongolique* ont quelque chose de fondé. Je conserve néanmoins tous ces noms consacrés par l'usage, et qu'il serait fort difficile, dans l'état actuel de nos connaissances, de remplacer par des termes présentant un sens plus précis et plus vrai. »

S'il s'agit des Européens, personne n'hésitera à les reconnaître comme appartenant au type blanc, — à l'exception de quelques groupes mongols ou turcs. D'où vient ce tronc blanc? Suivant M. de Quatrefages : *tout est comme si* il s'était formé jadis dans les régions occidentales de l'Asie centrale un grand centre ethnique du type blanc, assez étendu du nord au sud pour donner naissance successivement a trois centres secondaires. A en juger par ce que nous savons de l'Europe et en tenant compte des caractères linguistiques, le premier aurait été le centre finnois, dont les *Proto-sémites* ont peut-être été contemporains; le centre Aryen se serait caractérisé plus tard. C'est grâce aux données paléontologiques que l'on peut arriver à ce résultat pour ce qui touche aux races blanches; il n'en est pas de même pour ce qui regarde les races jaunes; ici la paléontologie est muette, mais la linguistique nous vient en aide.

Les races jaunes les plus franchement caractérisées occupent, suivant M. de Quatrefages, « une large zone parfaitement continue, qui traverse toute l'Asie centrale de l'est à l'ouest et pénètre même en Europe, où elle est bornée par quelques populations métisses; on constate des faits analogues dans le sud-ouest de l'aire mongolique. Il en est de même, et sur une bien plus vaste échelle, au nord de cette aire. Là, les Allophyles, et surtout les Finnois, mêlés aux Jaunes, ont enfanté une foule de races intermédiaires, auxquelles il est fort difficile d'assigner une place précise dans la classification ».

Dans la région sud-orientale de l'Asie, les Jaunes ont rencontré des Allophyles et des Noirs; il en est résulté de nombreux métis. Si l'on fait intervenir la linguistique, on reconnaît deux grandes provinces occupées par les races jaunes. Les populations de la plus ancienne parlent des langues monosyllabiques; celles de l'autre, des langues agglutinatives.

« Ainsi, dit M. de Quatrefages, *tout est comme si* le type jaune, après s'être constitué sur un point indéterminé de son aire, avait successivement donné naissance à deux centres ethniques secondaires. Le plus anciennement formé aurait envoyé ses colonies surtout vers l'orient et au sud-est, et celles-ci, après avoir atteint la mer, auraient tourné au sud et atteint l'Indo-Chine. L'autre, plus boréal, aurait dirigé les siennes à l'est, à l'ouest et au nord.....

« *Tout est comme si* une première race blanche, une première race jaune, étaient apparues sur un des points de leurs aires actuelles et avaient gagné du terrain de proche en proche, en se modifiant plus ou moins au gré des conditions de milieu nouvelles qu'elles rencontraient, mais en conservant leurs caractères essentiels; ce qui revient à dire que les types blanc et jaune ont eu chacun leur *centre de formation*, de *caractérisation unique*.

« Il en est tout autrement pour le type noir. De nos jours, au lieu d'un seul centre, celui-ci en présente deux, également bien caractérisés et séparés par de vastes espaces. L'un est insulaire, l'autre continental. Le premier occupe essentiellement les archipels mélanésiens, le second l'Afrique centrale. Tous deux présentent, d'ailleurs, la disposition générale que je viens de signaler. Pour autant que les localités s'y prêtent, chacun d'eux a son aire propre, où des races que l'on peut considérer comme pures, forment un ensemble continu, et dont les frontières sont entourées par une ceinture plus ou moins large des races métissées à des degrés divers. A première vue, on peut donc être porté à dire que tout est *comme si* le type nègre avait eu *deux centres de formation.* » Et cependant si ces nègres mélanésiens et africains n'étaient pas séparés par des distances si grandes, leur ressemblance, à considérer seulement la tête osseuse, va presque jusqu'à l'identité.

Fig. 147. — Femmes et homme Esquimaux de l'Amérique Est, d'après une photographie communiquée par M. Geoffroy Saint-Hilaire. (Lissotriques euthycômes.)

Cependant la peau du Mélanésien n'a jamais cette teinte noire foncée que l'on observe souvent chez certains nègres africains. En outre, chez les premiers, le nez est très saillant et élargi à la base, les lèvres sont moins épaisses, le menton moins fuyant, le prognathisme moins prononcé. Ce sont précisément ces caractères très accentués qui distinguent le Nègre d'Afrique.

Mais d'où ont irradié les Noirs, les Jaunes, les Blancs? Tout porte à croire que tous n'ont eu qu'un seul *centre de formation*, de *caractérisation* primitif, évidemment placé dans l'Asie méridionale. A mesure qu'ils se multipliaient, les blancs disséminaient leurs tribus sur de vastes espaces, au nord-ouest, à l'ouest, au sud-ouest du continent asiatique; les jaunes, vers l'Asie centrale et boréale. De sorte que les noirs, qui étaient comme emprisonnés entre les hautes chaînes de montagnes et la mer, furent envahis par les races supérieures; ils se virent obligés d'émigrer pour pouvoir s'agrandir et fuir les envahisseurs; les uns s'arrêtèrent aux extrémités de la Malaisie, les autres atterrirent en Afrique.

C'est donc en Asie que se sont constitués les trois types ethniques. Mais tandis que les Jaunes conservaient l'Asie, les Blancs occupaient l'Europe. L'Afrique, qui n'était alors qu'une vaste presqu'île, fut habitée par les Nègres d'une part, et par les races blanches proto-sémitiques.

En Océanie les trois types fondamentaux se retrouvent.

C'est en Polynésie que l'on trouve les Blancs allophyles, en Mélanésie que sont les Noirs, tandis que, en Malaisie, les Jaunes sont venus se joindre aux deux autres types.

Mais en Amérique le fond de la population a été constitué par les Allophyles et les Jaunes, joints aux races locales quaternaires qui, elles aussi, appartenaient au type jaune; les Noirs ne sont entrés que pour une faible part dans la formation des races américaines.

Dans quelles proportions ces races sont-elles réparties sur le globe? M. de Quatrefages propose le tableau suivant :

Races blanches plus ou moins pures.	507 009 000
Races jaunes plus ou moins pures.	518 991 000
Races noires plus ou moins pures.	136 150 000
Races mixtes océaniennes	27 200 000
Races mixtes américaines	10 100 000
	1 199 450 000

et il ajoute que si on représente par 100 la population du globe, on trouve que chaque race y contribue dans la proportion suivante :

Blancs	42
Jaunes	44
Nègres	11
Océaniens mixtes.	2
Américains.	1
	100

Quant aux langages, on trouve à peu près que :

Les langues à flexion sont parlées par . . .	479 000 000	hommes
Les langues agglutinatives — . . .	360 550 000	—
Les langues monosyllabiques — . . .	359 000 000	—.
	1 199 450 000	—

Pour clore cette statistique, M. de Quatrefages emprunte à Hübner son tableau de la répartition des races humaines selon leurs croyances religieuses :

Chrétiens 400 millions.	Catholiques	200	millions
	Protestants.	110	—
	Grecs.	80	—
	Sectes diverses	10	—
Non chrétiens 992 ½ millions.	Bouddhistes	500	—
	Brahmanistes	150	—
	Mahométans.	80	—
	Israélites.	6 ½	—
	Religions diverses connues . .	240	—
	Religions inconnues.	16	—
	Total.	1 392 ½	—

Ainsi, les savants les plus autorisés conservent la classification proposée par Georges Cuvier, et divisent les races humaines en trois grands groupes : les Blancs, les Jaunes, les Nègres.

Tous ont eu leur centre d'apparition dans l'Asie et se sont répartis dans le monde entier.

Fig. 148. — Saïd, nègre du Soudan,
d'après une photographie communiquée par M. Geoffroy Saint-Hilaire.

CHAPITRE VI

Les Nègres.

On a évalué, comme nous l'avons dit dans le chapitre précédent, la population nègre à 136.150.000; ce qui représente les onze centièmes de la population du globe. Leur aire d'habitation est égale aux dix-huit centièmes des terres habitées. On trouve des nègres partout, en réalité, excepté en Europe. Mais cependant c'est l'Afrique et l'Océanie qu'ils occupent principalement.

Il ne faudrait pas croire que tous ces nègres se ressemblent. Il y a de grandes différences entre eux. Si l'on vient à approfondir cette question, on voit qu'il existe deux branches parallèles de populations nègres : l'une africaine, l'autre mélanésienne, et, pour

Fig. 149. — 1. Hottentote. — 2. Métisse de Hottentote et de Boschiman.
3. Métisse de Hottentote et de Hollandais.

parler aux yeux, M. de Quatrefages propose de les grouper de la façon suivante :

TYPE NÈGRE

MÉLANÉSIE	AFRIQUE
Négritos	Négrilles.
Papouas	Nègres africains proprement dits.
Tasmaniens	Boschimans.
Australiens	Hottentots.

Le savant auteur fait remarquer que dans ce tableau les Papous et les Nègres africains, les Négritos et les Négrilles sont des *termes correspondants* à la fois géographiques et anthropologiques, tandis que les Australiens et les Boschimans, les Tasmaniens et les Hottentots ne se correspondent qu'au point de vue géographique.

Dans l'état actuel de la science et avec toutes les réserves possibles, M. de Quatrefages établit le tableau suivant. Il me semble intéressant de le reproduire *in extenso* (Voy. page 238).

L'Afrique est en majeure partie peuplée par le type nègre. Cependant, comme l'indique le tableau précédent, on y trouve de nombreuses familles et quatre rameaux principaux. Là, comme partout ailleurs, les populations ne sont pas restées immobiles, elles se sont mélangées, se sont métissées ; il y a eu des guerres, des invasions, sur le continent Noir.

RACES NÈGRES OU POUVANT ÊTRE REGARDÉES COMME TELLES

TRONC	BRANCHES	RAMEAUX	FAMILLES	GROUPES	EXEMPLES
Nègre ou Éthiopique.	Indo-Mélanésienne.	Négrito	Négrito	Aëta	Aëtas.
				Mincopie	Mincopies.
			Dravidienne	Central	Gounds.
				Himalayen	Doms.
				Ceylandais	Veddahs.
				Trans-Gangétique	Sakays.
				Persique	Susiens noirs.
			Négrito-Papoue		Karons.
		Tasmaniens			Tasmaniens.
		Papoua	Papoue	Néo-Guinéen	Alfourous.
				Néo-Hébridais	Fatis.
			Malgache		Sakalaves.
	Australienne (type aberrant)		Australiens proprement dits	Des côtes	Bijnélumbos.
				De l'intérieur	Yaambas.
			Australiens néanderthaloïdes		Adélaïdiens.
	Africaine	Négrille		Gabonien	Akoas.
				Ouelléen	Akkas.
		Nubien	Nubienne	Kanori	Bournouéens.
				Nouba	Nubas.
		Nigritique	Gabonaise	Pongoué	Bakalets.
			Congéenne		Congos.
			Guinéenne	Malinké	Mandingues.
				Timaney	Sousous.
				Foy	Widahs.
				Yébou	Yébous.
				Balante	Balantes.
				Ouolof	Féloupes.
				Achanti	Fantis.
			Soudanienne	Tchadien	Sanghis.
				Nilotique	Chellouks.
				Tibbou	Fébabos.
			Mozambique	Tarnétan	Tarnétans.
				Banyaï	Banyais.
				Nyambane	Nyambanes.
				Makoua	Makouas.
		Cafre	Bantou	Mantati	Mantatis.
				Matébélé	Zoulous.
			Béchuana	Makololo	Bassoutos.
				Bakalahani	Borolongs.
	Austro-Africaine. Type aberrant.	Saab	Quaqua	Hottentot	Bakurutsés.
				Nauraquoi	Koranas.
			Houzouana		Boschimans.

L'esclavage, qui se pratique là d'une façon courante, a dû favoriser singulièrement ce métissage. Il en résulte qu'il est bien difficile de donner une classification définitive de toutes ces races noires. Car, non seulement elles se sont croisées entre elles, mais des races supérieures, telles que les Arabes, les Sémites, les ont envahies et ont déterminé par leur métissage, les premiers, par exemple, les Béchuanas; les seconds, les Zoulous. Chez les Nubiens, les Somalis, les Gallas, les Harraris, le sang sémite se fait sentir, et si les lèvres sont toujours épaisses, si la chevelure conserve son caractère laineux, le haut de la figure appartient au type blanc; quelquefois même la peau devient moins foncée et n'exhale pas l'odeur désagréable signalée chez les nègres d'Afrique.

Les habitants de la grande île de Madagascar, les Malgaches, offrent un mélange de sang blanc, noir et jaune.

Les Arabes sont venus dans cette île et ont mêlé le sang blanc au sang des populations nègres locales.

Les Hovas offrent encore le type des Malais, qui se sont croisés avec eux. Il n'y a pas de doute qu'il y ait eu un mélange avec la souche malayo-polynésienne.

D'après les recherches de M. Grandidier, le grand voyageur qui a si bien exploré et fait connaître Madagascar, il résulte que des Juifs, des Persans, des Indiens, des Chinois, etc. sont venus se joindre aux éléments précédents. De sorte que les populations de cette île sont formées par un mélange de presque toutes les grandes races humaines.

Il est évident que le cadre de cet ouvrage ne comporte pas une étude minutieuse de chacun des rameaux que nous venons d'énumérer. Ces questions intéressantes au plus haut point, puisqu'elles touchent à l'origine de l'homme, mériteraient d'être traitées dans un livre spécial de cette bibliothèque (1).

En ce qui concerne les Noirs, nous serons donc obligés de nous borner à en tracer le portrait à grands traits, et pour cela nous choisirons d'abord, de préférence, le nègre le plus typique : le Nègre de Guinée, puis nous dirons quelques mots du type Cafre, du type Hottentot et des Négrilles.

Le Nègre guinéen habite une région bien déterminée, et l'on peut dire que sa limite, au nord, est le fleuve Sénégal; puis elle

1. Au moment de mettre sous presse, nous apprenons que M. le Dr Verneau publie un livre dans ce sens pour compléter l'œuvre de Brehm (chez J.-B. Baillière).

s'abaisse jusqu'au dixième degré de latitude nord environ, pour s'arrêter au sud vers le quinzième degré de latitude au Zambèze.

Au sud du Zambèze sont les tribus cafres qui s'étendent jusqu'au pays des Hottentots; au centre de l'Afrique on rencontre ces pygmées dont du Chaillu, Schweinfürt et tout récemment Stanley nous ont tracé le portrait. Ce qui frappe en premier lieu chez les races nègres, c'est, comme l'indique leur nom, la couleur plus ou moins foncée de leur peau, due au grand développement de la couche pigmentaire. Mais, nous l'avons dit plus haut, ce caractère n'a pas l'importance que certains auteurs ont cru pouvoir lui assigner.

Si nous résumons en quelques lignes le portrait du nègre de Guinée, nous dirons que la taille est au-dessus de la moyenne, le torse est court par rapport aux jambes très longues un peu arquées, le corps semble élancé, les épaules ne sont pas larges, le pied est plat.

Mais le squelette est solide, présentant des points d'insertions des muscles saillants. « Le cou est court, dit M. Topinard (1); M. Pruner-bey donne deux caractères importants qui rappellent le singe : les trois courbures du rachis (colonne vertébrale) sont moins prononcées chez le Nègre que chez le Blanc; son thorax est relativement aplati d'un côté à l'autre et de forme un peu cylindrique. Les épaules, ajoute-t-il, sont moins puissantes que chez l'Européen, l'ombilic est plus rapproché du pubis, les os iliaques sont plus épais et plus verticaux chez l'homme, le col du fémur moins oblique... Le fémur serait moins oblique, le tibia plus courbé, le mollet élevé et peu développé, le talon large et saillant, le pied allongé, peu voûté en-dessous, plat, et le gros orteil plutôt un peu plus court que chez le Blanc. » Le crâne est dolichocéphale en général, mais par exception mésaticéphale et même sous-brachycéphale.

La capacité du crâne est inférieure à celle du Blanc. Le front est généralement peu développé, étroit à la base, tandis que l'occiput l'est au contraire. Les yeux sont horizontaux et saillants, et les arcades sourcilières peu marquées. Le nez est large, épaté; le

1. Topinard. *L'Anthropologie*, Paris, Reinwald, page 505.

menton est souvent fuyant et le prognathisme accusé, les dents sont blanches et plutôt assez écartées.

Les os propres du nez sont souvent soudés comme chez les singes.

Fig. 150. — Achantis venus au Jardin d'acclimatation, d'après une photographie communiquée par M. Geoffroy Saint-Hilaire.

Les cheveux sont laineux, noirs, courts, la barbe est rare, et en général le système pileux est peu développé. Le corps est glabre, sauf aux aisselles et au pubis, de sorte que la peau est douce au toucher, fraîche, luisante, et sa couleur varie du noir mat, du noir bleuâtre, au noir brun rouge, au brun jaune.

Les yeux sont noirs, tandis que la sclérotique, qui chez les blancs est blanche, est teintée en jaune comme chez les singes anthropomorphes; et même la langue, le voile du palais et la conjonctive présentent des taches de pigment foncées.

Le nègre est léger, superstitieux et paresseux; sa religion est le mahométisme ou le fétichisme. Dans ce dernier cas, tout objet est dieu. Ils croient à une autre vie; mais les esprits des morts ont conservé en quelque sorte les goûts et le caractère des humains. Aussi les nègres pensent-ils que les esprits ont besoin de nourriture, de boisson, etc. Mais ce n'est pas tout : dans l'autre vie ils ont besoin de femmes et de serviteurs, et on leur en procure en sacrifiant souvent des quantités de vivants dont les âmes seront chargées de tenir compagnie à l'esprit du mort. Au Dahomey, chez les Achantis et en Guinée, sur la côte occidentale d'Afrique, on sacrifie de cette façon un nombre considérable de pauvres humains.

« Le fond du fétichisme est le déisme; tous les Noirs croient à un principe unique, créateur, conservateur, en rapport constant avec le monde extérieur, qu'il gouverne par des puissances intermédiaires ou génies; le dualisme naît fatalement de cette doctrine; Dieu, dans sa sphère sereine, laisse ses ministres régler un peu à leur gré les affaires d'ici-bas, et le mauvais principe devient assez redoutable pour qu'il faille le conjurer : c'est donc surtout à ce dernier que s'adressent les prières des Timanies qui espèrent, à force de supplications, détourner les malheurs qu'il tient suspendus sur l'espèce humaine; cette doctrine est celle de toute l'Afrique païenne. De petits temples en l'honneur des divinités malfaisantes, et situés à trois ou quatre cents mètres des villages, abritent les *ex-voto*. Quelquefois ces divinités sont représentées sous des formes humaines, le plus souvent sous l'apparence d'un animal : les tigres, les serpents, les lézards ont le privilège de personnifier les êtres qui sont censés s'incarner dans les bêtes. Il y a un peu de métempsycose dans le fond du fétichisme, et beaucoup d'Africains croient à la métamorphose immédiate des dieux et des nécromans, qui peuvent à volonté se changer en tigres [1], caïmans [2] ou serpents.

1. Il n'y a pas de tigres en Afrique, mais j'ai cité textuellement l'auteur Fleuriot de Langle.

2. J'en dirai autant des caïmans, qui n'existent qu'en Amérique. Il n'y a que des crocodiles en Afrique.

« ..... Les féticheurs, connus sous différents noms suivant les peuplades, sont les ministres et les interprètes de ces démons; ils cumulent les fonctions de médecins avec les fonctions sacerdotales et connaissent plusieurs simples dont les vertus médicinales sont remarquables et agissent avec rapidité, lorsque le tempérament du patient n'est pas trop usé.

« ..... Le ministère du féticheur est requis dans les grandes occasions de la vie : il fait les mariages, il assiste les mourants et les exorcise. Son action judiciaire est redoutée, car il préside au jugement de Dieu. La vie de l'accusé tient au dosage qu'il emploiera : l'écorce du mélis, celle du laurier-rose servent dans ces épreuves, auxquelles les Noirs, pleins de foi, se soumettent avec une aveugle confiance; un peu d'huile ou de l'émétique pris d'avance déjoue le poison; cette coutume est générale en Afrique.

« Les Malgaches ont leur tanguin; les Noirs sont persuadés que le féticheur a un démon familier qui lui permet de connaître les choses sacrées, de deviner l'avenir. »

Fleuriot de Langle nous raconte bien des faits intéressants, qu'on ne doit pas passer sous silence.

Le Noir doit être propriétaire d'une case, et posséder une somme suffisante pour acheter son épouse.

Elles sont drôles les fiançailles de ces peuples barbares !

Il y a bien don par le fiancé d'un anneau de cuivre que la jeune fille porte comme preuve qu'elle l'agrée comme futur époux, mais là ne se borne pas la cérémonie, et la seconde partie ne plairait guère à la plupart des jeunes filles. En effet, les deux fiancés vont trouver un forgeron qui leur lime les dents de façon à les rendre pointues !

Vient ensuite la cérémonie religieuse; elle est des plus simples. Dans un des temples situés aux abords du village, du vin de palme est répandu en invoquant les mânes des ancêtres; puis le féticheur bénit l'union des deux jeunes époux moyennant la redevance d'une poule (!). Le forgeron rive alors à leurs bras deux anneaux de fer. On pourrait croire que toutes ces cérémonies rendent le mariage indissoluble. Il n'en est rien, et on le brise plus facilement peut-être qu'on ne le contracte.

Le marié ne possède pas encore sa belle; pendant la première nuit des noces il arrive que ses amis la cachent pendant des danses; c'est de bon goût, nous dit Fleuriot de Langle. Le nouvel époux doit auparavant donner preuve de sa force.

A sa naissance, l'enfant sera enroulé dans une sorte de maillot; mais dès qu'il aura assez de force, la mère le portera sur sa croupe, pendant même qu'elle vaquera à ses occupations. L'enfant ne quittera cette place élevée que lorsqu'il sera en état de rendre quelques services.

Si les mariages s'accomplissent ainsi avec certaines cérémonies,

Fig. 151. — Fatimata, négresse Bambara de la famille guinéenne, groupe Malinké, d'après une photographie de la collection du Muséum d'histoire naturelle communiquée par M. de Quatrefages.

il en est de même des funérailles, qui sont accompagnées même de repas où l'on dévore les moutons et les bœufs de la famille. On rend hommage aux ancêtres en déposant sur les autels des *ex-voto*, et par des libations journalières. Pendant les cérémonies, les femmes poussent des cris horribles et les veuves restent souvent dans leurs maisons pendant le deuil.

Il est bien évident que nous dépasserions les limites que nous nous sommes tracées, si nous décrivions minutieusement les traits et les mœurs de tous ces peuples. Nous ne pourrons que citer en passant les faits qui nous paraîtront les plus dignes de remarque. Parmi la famille guinéenne, nous citerons les nègres Ashantis ou

Achantis (*fig.* 150 et 152), dont les mœurs sont curieuses à bien des points de vue. Leur visage ovale, leurs mâchoires moins saillantes, leurs lèvres moins épaisses, leurs oreilles bien dessinées leur donnent une physionomie supérieure à bien d'autres. Leur intelligence est en rapport, paraît-il, avec leur supériorité esthétique. Ils ont un roi autocrate et tyrannique, qui devait posséder, de par les lois du pays, 3 333 femmes. Lorsqu'il lui arrivait d'en offrir une, il devait la remplacer de suite, afin que le nombre de ses épouses restât toujours le même.

Les Dahoméiens, dont on s'occupe de nos jours, sont beaucoup plus laids que les Achantis : leur crâne est allongé, ils ont les lèvres épaisses et le nez épaté; toutefois leur intelligence est assez développée. Là encore c'est un roi tout-puissant qui dirige le pays; il a sur ses sujets droit de vie ou de mort. Dès leur enfance, il fait enlever les garçons et les filles dont il fait un choix; les plus jolies sont conservées pour son harem, les plus robustes deviennent les amazones, et les autres doivent avoir son consentement pour pouvoir contracter mariage.

Tous les habitants sont polygames. Quant au roi, il possède mille épouses; celles-ci sont cachées au public; nul n'a le droit de les contempler, et l'on doit détourner la tête lorsqu'elles passent.

Tout est fétiche dans ce pays. On sacrifie à une idole; on élève des temples à un singe; on adore les crocodiles, les serpents, la foudre même.

Les Gabonais (*fig.* 153) rentrent dans ce même groupe des nègres guinéens. Leur type est beau en réalité; les femmes sont même coquettes :

« Elles donnent le ton à l'élégance sauvage, nous dit M. de Compiègne, et les modes qu'elles adoptent, spécialement les diverses variétés de cette coiffure élevée connue sous le nom de casque mpongwé, sont reproduites avec toute sorte d'exagération aussi loin que nous avons pénétré dans les profondeurs de l'Afrique équatoriale; elles se chargent les jambes et les bras d'anneaux de cuivre, et le cou de colliers de perles, et se drapent gracieusement dans des pagnes de couleurs voyantes. Les hommes ne sont pas moins raffinés dans leur toilette; les élégants se coiffent de chapeaux mous, portent des chemises de couleur avec des cravates bleues et rouges et de grandes redingotes noires; seulement la plupart n'ont pas pu se décider à adopter l'usage du pantalon, et le remplacent par un morceau d'étoffe bariolée dont ils s'enveloppent les reins; c'est surtout le dimanche qu'il faut voir cette exhibition. »

Les Nègres du Congo ont les traits plus réguliers, le nez plus droit, et ces caractères d'apparence de supériorité sont dus sans doute à des métissages. D'ailleurs ils sont de mœurs plus douces, ils aiment le commerce et sont industrieux.

Tels sont les principaux peuples de l'Afrique occidentale.

Si nous descendons au sud, nous rencontrons des populations bien différentes, les Cafres d'une part, les Hottentots et les Boschimans d'autre part, qui forment, suivant M. de Quatrefages, le rameau *Saab* de la branche austro-africaine.

Sous le nom de Cafres on désigne les peuples qui habitent les terres comprises entre le Zanguebar et le pays des Hottentots, d'un côté, et, de l'autre côté, l'océan Atlantique et la côte de Mozambique.

Ces nègres ont un type plus intelligent que les précédents. Leur face est plus allongée, tandis que leur tête est plus ronde, le front plus haut, le nez moins épaté; les lèvres cependant sont grosses; leur chevelure est épaisse, laineuse, et leur barbe est assez fournie. Leur peau n'est jamais très foncée; elle est plutôt d'un brun assez clair.

Aimant beaucoup les parures, les liqueurs alcooliques et le tabac, ils sont en général assez sobres. Ils vivent de leur chasse et de substances végétales.

Ils sont polygames. Une femme vaut en moyenne douze bœufs, et par conséquent le mari peut s'en procurer tant qu'il veut, si ses moyens le lui permettent.

Au point de vue religieux, ils croient à une puissance supérieure, qu'ils ne représentent pas, elle est invisible. Ils ne l'adorent pas non plus.

Ils sont continuellement en guerre avec les Hottentots, qu'ils ont petit à petit relégués à l'extrémité méridionale de l'Afrique.

Les Hottentots sont de petite taille; ils sont d'une laideur repoussante et leur peau est d'un jaune brunâtre. La tête est petite, allongée; le front est haut et étroit en même temps, les pommettes sont très saillantes et la figure se rétrécit en bas; leur nez est épaté, les lèvres sont épaisses et relevées.

Les Hottentots, les Boschimans (*fig.* 149, 155, 156, 157, 158) sont évidemment, avec les Australiens, les hommes les plus dégradés qu'il existe; ils sont, en outre, misérables et paresseux. Les femmes des Boschimens offrent une particularité remarquable qui ne se voit que rarement parmi les Hottentotes : les fesses présentent, en effet, un développement extraordinaire; on pourra s'en convaincre en visitant, au Muséum d'histoire naturelle, le moulage de la Vénus dite *Hottentote* qui est dans la galerie d'anthropologie.

Il ne nous reste plus à parler que des Négrilles pour avoir terminé ce que nous voulions dire des races noires africaines.

Les Pygmées africains dont les Grecs, les Romains, puis les Arabes, ont parlé dans leurs écrits appartiennent aux *Négrilles*, ce rameau de la branche africaine du tronc noir. Homère s'est fait l'écho de fables; mais Hérodote, Aristote, Pline et Pomponius Mela démontrent nettement par leurs récits que les anciens avaient connaissance d'*une race d'hommes de petite stature.*

Pline disait qu'ils habitaient là où le Nil prend sa source. Notre auteur ne connaissait pas les sources de ce fleuve, que les voyageurs modernes ont trouvé plus au sud. Mais on peut en conclure qu'à l'époque où Pline écrivait, les Pygmées habitaient les rives du Nil. La petite race des Akkas a été chassée par conséquent de son ancienne patrie. Cette race a reculé depuis ces temps éloignés de 9 à 10 degrés en latitude et de 7 à 8 degrés en longitude. Mais en reculant ainsi et en traversant des peuplades nègres, cette petite race a mélangé son sang.

Parlant des Négrilles, M. de Quatrefages s'exprime ainsi : « A en juger par le peu que nous savons encore à ce sujet, ils ne forment d'agglomération un peu considérable que sur deux points. A trois degrés au sud de l'Équateur, au sud des Monbouttous, habitent les Akkas ou Tikki-Tikkis de Schweinfurth; au centre de la grande courbe formée par le Congo vivent les Vouatouas de Stanley. Partout ailleurs ces petits nègres paraissent être divisés en groupes qui, sans doute, sont en train de se fondre avec les populations environnantes comme au Gabon... » Rappelons en passant que les

Batouas seraient la plus petite race humaine, s'il est vrai que leur taille moyenne soit de $1^m,30$ seulement, comme l'affirme le voyageur.

« ..... Il est bien difficile d'admettre que les Négrilles se soient glissés et se soient multipliés au milieu des populations mêmes

Fig. 152. — Femme Achanti venue au Jardin d'acclimatation, d'après une photographie communiquée par M. Geoffroy Saint-Hilaire.

que nous voyons les absorber. Sans doute, comme les autres petites races dont nous avons déjà parlé, ils ont été les premiers maîtres du sol. Nous avons à peu près la certitude qu'ils occupaient jadis une aire beaucoup plus considérable. Il est au moins probable que cette aire était alors continue, qu'elle a été envahie par la circonférence et morcelée partout par les Noirs plus grands et plus forts;

c'est ainsi que les groupes isolés qui persistent encore ne sont que des *témoins* laissés par la population primitive. »

Mais, tout récemment encore, Stanley nous parle de ces petits nègres qu'il a vus au centre de l'Afrique en allant à la recherche d'Émin-Pacha (1). C'est aux plantations d'Avaliko que Stanley rencontre « deux pygmées, un homme et une femme, au teint cuivré, jeunes tous les deux; le premier devait avoir, tout au plus, vingt et un ans ». Il mesurait $1^{m},22$ de hauteur.

« C'était, dit Stanley, le premier nain adulte que j'eusse encore vu : en lui passant la main sur le corps, revêtu de poils longs de 12

Fig. 153. — Gabonaise,
d'après une photographie communiquée par M. Geoffroy Saint-Hilaire.

millimètres et plus, il nous semblait toucher de la fourrure. Il était coiffé d'une sorte de bonnet de prêtre, peut-être volé, peut-être reçu en cadeau, et décoré d'une touffe en plumes de perroquet. Une large bande d'écorce couvrait sa nudité. L'extrême malpropreté de ses mains, très délicates, attira notre attention. Il venait évidemment de décortiquer des bananes...

« ... Ce Pygmée de vingt ans, je le voyais plus vieux que le Memnonium de Thèbes. Ce corps, si petit, faisait passer devant mes yeux un des plus anciens types de l'homme primitif : ce nain à peau cuivrée descend en droite ligne des bannis des âges antiques, des Ismaëls chassés de la demeure du maître, évitant les lieux habités par les travailleurs, privés de la joie et des délices du foyer, exilés éternellement à cause de leurs vices, pour vivre de la vie des bêtes humaines, dans les marais et les jungles sauvages.

1. *Dans les ténèbres de l'Afrique, recherche, délivrance et retraite d'Emin Pacha.* Traduction française. Hachette, Paris, 1890, pages 38 et suivantes, tome II.

Ses ancêtres, Hérodote nous l'a conté, ont capturé les cinq jeunes voyageurs Nasamons, et s'en sont divertis dans leurs villages des rives du Niger. Il y a quantité de siècles on les connaissait déjà, et les Grecs ont chanté leur fameuse guerre avec les cigognes, et

Fig. 154. — Zoulou,
d'après une photographie communiquée par M. Geoffroy Saint-Hilaire.

depuis Hékatée, cinq cents ans avant Jésus-Christ, les cartes géographiques les ont toujours placés dans la région des monts de la Lune. Quand Messou conduisit les enfants de Jacob hors du pays de Gessen, les Pygmées étaient les maîtres incontestés de la plus sombre partie du sombre continent; ils l'habitaient encore, tandis que les dynasties sans nombre de l'Égypte et de l'Assyrie, la Perse, la Grèce, Rome, ont fleuri pendant des périodes relativement courtes, pour retomber ensuite dans la poussière. Et durant cette longue série de siècles ce peuple de petits a erré çà et là.

« Rejetés des rives du Niger, poussés par les vagues successives de migrateurs à plus grande taille, ils ont dressé leurs huttes de feuillage dans les lieux les plus secrets de la forêt. Leurs frères sont les Boushmen, les « Broussards » de l'Afrique méridionale, les Ouatoua du bassin du Lonloungou, les Akka du Monbouttou, les Balia des Mabodé, les Ouamboutti du bassin de l'Ihourou et les Batoua qui vivent à l'ombre des monts de la Lune. »

Fig. 155. — Guerriers hottentots,
d'après une photographie communiquée par M. Geoffroy Saint-Hilaire.

Comme nous venons de le voir, les races nègres d'Afrique sont bien rarement pures : elles se sont croisées entre elles constamment et de plus elles se sont mêlées, en divers points, à d'autres races venues quelquefois de fort loin.

Mais, comme le tableau placé plus haut l'indique très bien, les nègres n'existent pas seulement sur le continent africain, on distingue encore deux branches du tronc noir : la branche Indo-Mélanésienne et la branche Australienne.

La première comprend les Négritos, les Tasmaniens et les Papouas.

Les Négritos à leur tour se divisent en plusieurs familles : les Négritos proprement dits, les Dravidiens et les Négrito-Papous.

Les Mincopies et les Aëtas sont évidemment les groupes les plus intéressants de ce rameau négrito. Ceux-là encore sont des pygmées, dont parlent Pline et Ctésias. Leurs métis (Éthiopiens

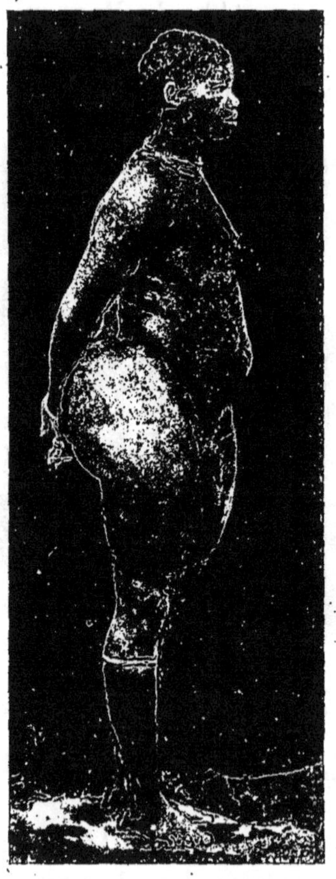

Fig. 156. — Femme hottentote.

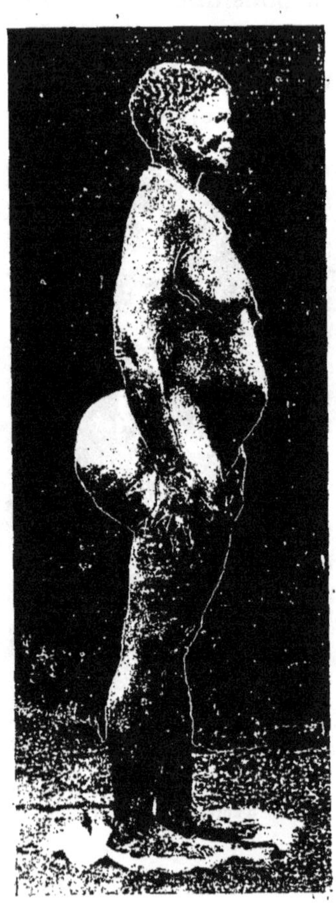

Fig. 157. — Femme boschimane.

Venues au Jardin d'acclimatation : d'après des photographies communiquées par M. Geoffroy Saint-Hilaire.

orientaux) étaient un des éléments de l'armée de Xerxès. Selon M. de Quatrefages, l'allié de Rama, Anouman, et son peuple de Quadrumanes, étaient bien probablement les ancêtres de ces Bandra-Lokhs (*hommes singes*) dont nous devons un portrait à M. Rousselet.

Dans les îles Andaman, le rameau négrito Mincopie est plus

pur; mais ailleurs, aux Philippines, à Luçon, à Mindanao, on trouve des métis d'Aëtas, de Tagals et d'Espagnols.

A Formose et même au Japon, on constate l'ancienne intervention de l'élément négrito.

Les Mincopies (*fig.* 159) sont robustes, trapus, épais, à chevelure

Fig. 158. — Femme boschimane portant son enfant, d'après une photographie communiquée par M. Geoffroy Saint-Hilaire.

peu élevée; femmes et hommes n'atteignent que rarement 1^{m},47; le nez n'est pas plat, il est plutôt droit, et les lèvres ne sont pas trop épaisses. La peau est d'un noir de jais ainsi que leurs yeux et leurs cheveux, qu'ils rasent d'ailleurs complètement. Leur crâne est court et le front est bombé.

Ils sont forts, bien musclés, agiles, assez bons nageurs pour pouvoir attraper des poissons en plongeant.

Ils sont complètement nus, à part quelques feuilles qu'ils mettent par devant; mais ils s'enduisent le corps d'une couche de boue et d'huile pour éviter les piqûres des insectes.

Ce petit peuple industrieux est divisé en tribus dirigées chacune par un chef suprême, dont ils ont soin de conserver la tête après la mort comme une sorte de talisman. Leurs morts sont enterrés droits avec les jambes repliées, ou bien sont placés sur une sorte

Fig. 159. — Mincopies,
d'après une photographie de la collection du Muséum d'histoire naturelle,
communiquée par M. de Quatrefages.

de plate-forme élevée au-dessus du sol, et quand le défunt est complètement réduit à l'état de squelette, les parents se partagent les os. La veuve, s'il y en a une, prend pour elle la tête de son mari, qu'elle porte suspendue à son cou ! Bien des femmes européennes n'aimeraient guère cet usage !

Les Négritos se rencontrent aussi sur le continent.

La famille Dravidienne en est la preuve : elle habite l'Inde, Ceylan, l'Himalya. Ceux-là ont la chevelure crépue ou longue et bouclée; les Veddads sont dans ce dernier cas.

Le rameau Tasmanien, lui, est complètement éteint depuis la

mort de William Lanné, en 1869, et de Truganina, l'héroïne de la *guerre noire* en 1877.

« La destruction totale d'une race, dit M. de Quatrefages, d'un type humain, ne peut être qu'extrêmement rare, et celle des Tasmaniens en est le seul exemple connu.

« Nous avons vu les races fossiles persister jusqu'à nos jours; nous savons, par les recherches de M. Verneau, que des Guanches presque purs vivent encore aux Canaries; les Caraïbes des Antilles

Fig. 160. — Yaputput, jeune fille papoue de la Nouvelle-Bretagne, d'après une photographie donnée par M. Lix.

sont loin d'avoir été exterminés, comme on l'a dit aussi bien souvent.

« Seuls, les Tasmaniens ont réellement disparu au contact des Européens. » C'est à la cruauté des colons anglais et à la phtisie que M. de Quatrefages attribue la destruction de cette race, qui était restée fixée dans l'île de Tasmanie.

Le rameau Papou est actuellement le plus développé; il est répandu dans presque toute la Mélanésie.

En Nouvelle-Guinée, Nouvelle-Calédonie, aux Nouvelles-Hébrides, aux îles Salomon et Vitis, à la Nouvelle-Zélande, à la Nouvelle-Bretagne on retrouve le type papou (*fig.* 160, 161).

L'aspect des Papous est bien différent de celui des Mincopies.

Ils sont forts, grands, à front fuyant, à tête allongée; leurs cheveux sont crépus, mais longs, et donnent souvent à leur tête un volume énorme; les yeux sont enfoncés par suite de la saillie des arcades sourcilières, le nez est gros et les lèvres sont épaisses; en outre, le prognathisme des mâchoires est très accusé.

Fig. 161. — Néo-Hébridais, d'après une photographie de la collection du Muséum d'histoire naturelle communiquée par M. de Quatrefages.

Les Papous des îles Salomon se coupent quelquefois complètement les cheveux, ne gardant qu'une touffe au sommet de la tête; puis ils se bariolent la figure et quelques parties du corps, avec des couleurs jaune, blanche. En outre, ils se font des parures avec des os, des coquilles, des écailles de tortue, et en portent dans le nez, les oreilles, aux poignets, aux bras.

On rapporte qu'ils se nourrissent de cocos et d'une racine

Fig. 162. — Australien,

d'après une photographie communiquée par M. J. de Claybrooke.

nommée *venans*, qu'ils ne boivent que de l'eau, et que s'ils ne mangent pas de viande, ils sont cependant anthropophages.

Les habitants de la Nouvelle-Calédonie se nourrissent principalement de coquillages, de végétaux, de poissons, et en certains

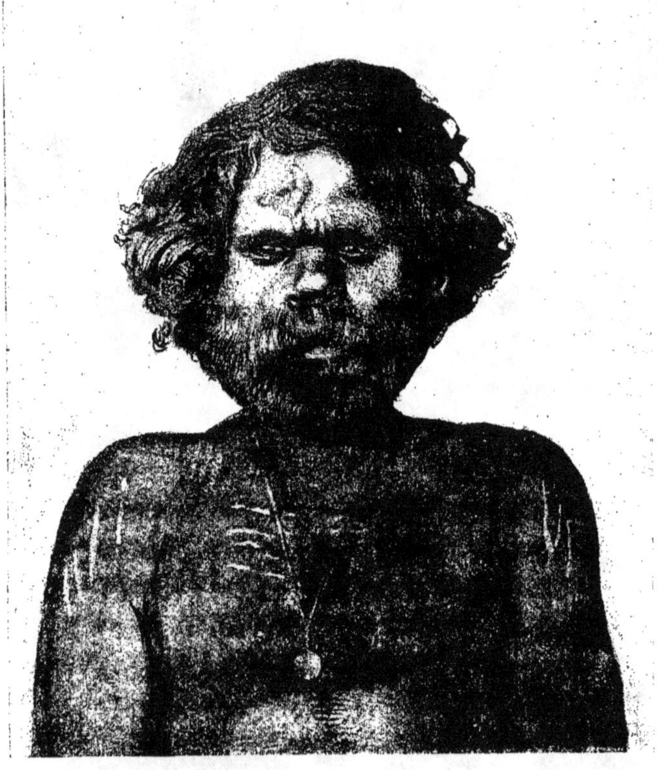

Fig. 163. — Australien,
d'après une photographie de la collection du Muséum d'histoire naturelle,
communiquée par M. de Quatrefages.

points de l'île l'anthropophagie était encore il y a peu de temps en honneur.

Quant aux Australiens (*fig.* 162, 163), leur type est bien caractéristique. Ils sont de taille moyenne, ont la peau brune, les cheveux noirs, iisses ou laineux, mais longs, et une barbe fournie. Ils ont le nez aplati, de grosses lèvres et les mâchoires saillantes; les arcades sourcilières sont proéminentes, la tête est petite et allongée.

C'est une population misérable qui tend à s'éteindre; ils vivent de chasse et se servent d'un curieux instrument : le *booméramg,* qui revient aux pieds du chasseur après avoir touché le but.

Fig. 164. — Esquimaux de la baie de Disko, d'après une photographie communiquée par M. Geoffroy Saint-Hilaire.

CHAPITRE VII

Les races jaunes.

Les races jaunes occupent une aire géographique qui s'étend des côtes orientales de l'Asie jusqu'en Europe. Mais outre les races continentales, il y a des races mixtes océaniennes et américaines dont elles forment souvent le principal élément.

Dans l'Europe orientale, on trouve aussi des populations mixtes et, ici, ce n'est plus comme sur le continent noir, l'histoire nous vient en aide.

« Dès la fin du quatrième siècle, dit M. de Quatrefages, les Huns, très probablement de race Toungouse, peut-être mêlés de Finnois, avaient franchi le Palus Méotide et occupé la Pannonie, c'est-à-dire une partie de l'Autriche, jusque-là habitée par les Blancs. Guidés par Attila, ils pénètrent vers le milieu du siècle suivant jusque dans les Gaules et l'Italie, puis furent rejetés dans l'est de l'Europe où ils se maintinrent surtout dans le bassin du Don. Plus tard, Gengis-Khan, à la tête des Mongols, envahit la Russie méridionale. Son petit-fils, Batou-Khan, y fonda, en 1224, l'empire de Kaptchac, dont il étendit les frontières jusqu'en Pologne, et qui dura jusque vers le milieu du quatorzième siècle.

« Bien que ramené progressivement dans des limites de plus en plus restreintes, cet empire donna naissance à quatre grands Khanats, occupant presque tout le sud-est de la Russie d'Europe.

« Des diverses subdivisions de la race jaune, le rameau turc est celui qui a fait en Europe les conquêtes les plus importantes et les plus durables. Dès le cinquième siècle, les Khazares, sortis du Turkestan, avaient fondé sur les bords de la mer Noire et de la mer Caspienne un empire, qui s'étendit plus tard jusqu'au Dnieper et à l'Oka et qui dura plus de sept siècles. Les Petchenègues, qui en conquirent une partie, étaient de même souche. En 1395, Tamerlan fit une apparition de courte durée dans la Russie méridionale; mais quelques-uns de ses lieutenants poussèrent l'excursion jusqu'en Pologne. Enfin, en 1355, les Ottomans prirent pied en Europe, s'emparèrent de Constantinople en 1453, et pénétrèrent jusqu'à Vienne en 1529 et en 1683. On sait comment ils furent vaincus sous les murs de cette ville, mais on sait aussi qu'ils ont gardé jusqu'à nos jours une partie de leurs anciennes conquêtes.

« Ainsi, tout en restant dans les temps strictement historiques, nous voyons les races jaunes tenter à bien des reprises de conquérir l'Europe. Parfois elles pénètrent très avant, mais alors elles sont promptement refoulées. Parfois elles s'établissent dans le sud-est de cette partie du monde et y règnent même avec éclat; mais toujours elles finissent par être vaincues. Et de tous les empires fondés par elles, un seul subsiste aujourd'hui; on sait dans quelles conditions. Toutefois, si ces empires ne figurent plus sur les cartes politiques, les populations qu'ils englobaient n'ont pas disparu pour cela. Les Jaunes qu'amenait la conquête se mêlaient aux Blancs qui survivaient à la guerre. Quand les Blancs reprenaient le dessus, ils n'expulsaient ni ne tuaient tous les Jaunes et leurs métis. Dans ces flux et reflux de conquêtes, Jaunes et Blancs, tour à tour vainqueurs et vaincus, ne pouvaient que se pénétrer réciproquement et engendrer une foule de populations métisses.

« L'état actuel de ces contrées montre qu'il en a bien été ainsi. A partir du gouvernement de Perm, à l'est des monts Oural et du fleuve du même nom, sur les bords de la Caspienne et jusqu'à la mer d'Azof, on trouve une série de populations : Votiaks, Vagouls, Tchouvaches, Baschirs, Kirghises, etc., que l'on pourrait appeler tantôt des Jaunes métissés de Blancs, tantôt des Blancs métissés de Jaunes et dont les groupes, parfois curieusement enchevêtrés, arrivent presque jusqu'au cœur de la Russie. Sur la carte ethnologique de Latham, les Mordvines, les Tchouvaches et les Tchérémisses forment une sorte d'archipel dont les îlots, de moins en moins étendus et de plus en plus espacés, arrivent jusqu'à l'Oka. Au sud, les Nogais et les Cosaques du Don, plus ou moins métissés de Slaves et de Finnois, relient les Kalmouks de la Caspienne aux Tartares de Crimée. Au delà, viennent les Bulgares, aujourd'hui presque entièrement slavisés, et on atteint enfin les Ottomans qui, surtout dans les classes élevées de la société, n'ont plus guère de turc que le langage, tant leur type physique a été modifié par le croisement .»

Il m'a semblé intéressant de faire connaître l'opinion de M. de Quatrefages sur cette question des races de l'Europe orientale. C'est en somme une question toujours à l'ordre du jour. Ce mélange des races cause dans ces régions des complications politiques qu'on ne saurait méconnaître. Notre illustre savant ajoute :

« Des faits analogues à ceux que je viens de rappeler se sont évidemment passés en Asie ; et ainsi s'est formée cette zone de populations mixtes qui entoure partout l'aire des races jaunes. Mais ce ne sont pas seulement des luttes locales entre populations cherchant à étendre ou à conserver leurs frontières qui ont altéré les types primitifs; d'autres y ont contribué et ont introduit des éléments modificateurs jusqu'au cœur de l'aire mongolique.

« Les grands conquérants asiatiques, qu'ils aient été Toungouses comme Attila, Mongols comme Gengis-Khan et ses fils, ou métis de Jaune et de Blanc comme Timour, incorporaient les vaincus dans leurs immenses armées et les promenaient d'un bout à l'autre de l'aire qui nous occupe, brassant les populations et les races, des confins de l'Asie au cœur de l'Europe, des mers de la Chine à l'Égypte, de la Sibérie au golfe du Bengale. Ils emmenaient en outre avec eux d'innombrables esclaves. Après la prise de Samarkand, Gengis-Khan transféra en plein aire mongolique, par convois de trente à quarante mille hommes, des ouvriers et des artisans de toute sorte. Ces grands mouvements de peuples ont de tout temps occupé les historiens ; et c'est aux livres de ces derniers que je dois renvoyer le lecteur. Je me borne à faire observer ici que ces événements n'ont pas moins d'intérêt pour les anthropologistes. A eux seuls ils éclairent une grande partie de l'histoire ethnologique de l'Asie et en font comprendre les difficultés.

« Évidemment les masses humaines entraînées par ces conquérants barbares ou transportées hors de leur aire d'habitat, n'ont pu que se mêler et se confondre. Les populations actuelles sont le résultat d'un métissage accompli sur une foule de points, sur la plus vaste échelle; et pour en distinguer les éléments ethniques, il faudrait disposer de matériaux nombreux qui manquent à peu près toujours. »

M. de Quatrefages présente, avec toutes les réserves possibles, le tableau suivant, qui peut donner une idée de l'ensemble des races jaunes :

TRONC	BRANCHES	RAMEAUX	FAMILLES	GROUPES	EXEMPLES
Jaune ou Mongolique	Sibérienne	Mongol	Mongole	Proprem. dit	Kalkhas.
				Kalmouk	Kalmouks.
				Bouriate	Bouriates.
			Toungouse	Toungouse	Daouriens.
				Mandchou	Mandchous.
				Ghiliak	Ghiliaks.
			Koraï		Coréens.
			Samoyède	Méridional	Soyotes.
				Boréal	Mocasis.
			Kamtchadale	Itulman	Alkans.
				Aléoutes	Ounalaskans.
		Fossile			Crâne de Pontimélo.
		Turc	Yakoute	Yakoute	Yakoutes.
				Turcoman	Socklans.
			Kirghize	Ouzbeg	Ouzbegs.
				Kazak	Kiptchaks.
	Thibétaine	Bothia	Bothia		Thibétains.
			Népalienne	Magar	Magars.
				Limbou	Limbous.
	Indo-Chinoise	Birman	Birmane	Birman	Birmans.
				Karem	Karens.
		Thaï	Siamoise	Siamois	Siamois.
				Laotien	Laotiens.
			Annamite		Cochinchinois.
		Chinois	Chinoise	Ch. du Nord	Petcheliens.
				Ch. du Midi	Cantoniens.
	Américaine	Fossile	Brésilienne		Race de Lagoa-Santa.
		Innuit	Tuski	Asiatique	Choukloukes.
				Américain	Mahlémoutes.
			Esquimale		Groënlandais.

Les Mongols proprement dits, les Kalmouks et les Bouriates, qui constituent la famille mongole, comprennent en réalité les peuples jaunes du type le plus pur. Le trait caractéristique de cette famille, ainsi que de la famille Toungouse, qui forment le rameau mongol, est d'être courts, trapus; leur poitrine, leur tête sont larges; celle-ci est aplatie, les yeux sont bridés, le nez est large, les lèvres sont assez grosses, les cheveux sont gros et noirs, la peau est jaune-brun.

Ce sont des peuples nomades, sales, pillards. Les hommes sont paresseux, et, bien qu'ils considèrent la femme comme un être tout à fait inférieur, c'est à elle qu'ils laissent les soins de l'éducation des enfants et du ménage. Les mariages consistent en un marché : c'est celui qui offre le plus au père qui obtient la jeune fille. Les Mongols habitent la Mongolie; les Kalmouks, près de la Russie d'Europe et des deux côtés des monts Altaï; les Bouriates sont confinés dans la Sibérie, près du lac Baïkal.

Les Toungouses vivent en Sibérie depuis la mer d'Okhotsk jusqu'à l'Iénisséi, à l'est et à l'ouest, et au sud depuis les monts Jablonoï jusqu'à l'océan Atlantique. Les Mandchous sont répandus non seulement dans la Mandchourie, mais dans l'empire chinois. Ces peuples diffèrent peu, physiquement, de la famille mongole; mais, au point de vue intellectuel, ils sont de beaucoup supérieurs aux premiers. Les Samoyèdes sont relégués tout au nord du continent asiatique. Ils sont petits, présentent les caractères des précédents, mais exagérés si je puis dire, et ont une intelligence très bornée. Ils sont nomades et se servent beaucoup du renne comme bête de somme ou comme nourriture.

Ils sont chaudement habillés pour résister au froid.

Les femmes portent des robes et des culottes de peau, comme les hommes; mais (c'est horrible à penser) elles ne se déshabillent jamais, dit-on; seuls, les hommes enlèvent leur robe pour dormir.

Le rameau turc est difficile à définir : car il a été refoulé du centre de l'Asie par les Mongols et s'est souvent mélangé avec les populations européennes.

En outre, par suite de la polygamie, et recherchant principalement les femmes étrangères, le Turc a, par ce métissage perpétuel, modifié sans cesse son type primitif.

Les Turcomans errent dans les steppes de la Perse, de l'Afghanistan et du Turkestan; les Osmanlis qui occupent la Turquie actuelle sont tout à fait modifiés, éloignés du type primitif; les Yacoutes sont relégués vers les bassins de la Léna, de la Kolima

Fig. 165. — Mongol,
d'après une photographie de la collection du Muséum d'histoire naturelle, communiquée par M. de Quatrefages.

et vont jusqu'à l'océan Arctique; quant aux Kirghises, ils s'étendent d'Orsk à la mer d'Aral et aux Jarxartes.

La branche Thibétaine comprend les familles des Bothia et Népalienne; les premiers s'étendent jusque dans le Boutan d'une part, le Kumaon de l'autre, et habitent le Sikkim; les seconds habitent le Népaul et l'Assam.

Le P. Huc, qui a séjourné longtemps au Thibet, a raconté ses voyages. Je lui emprunte la description suivante :

« Les Thibétains ne se rasent pas la tête; ils laissent flotter leurs cheveux sur leurs épaules, se contentant de les raccourcir de temps en temps avec des ciseaux. Les élégants de Lha-Ssa ont, depuis peu d'années, adopté la mode de les tresser à la manière

Fig. 166. — Kalmouks,
d'après une photographie communiquée par M. Geoffroy Saint-Hilaire.

des Chinois et d'attacher ensuite au milieu de leur tresse des joyaux en or, ornés de pierres précieuses et de grains de corail. Leur coiffure ordinaire est une toque bleue, avec un large rebord en velours noir, surmontée d'un pompon rouge, assez semblable pour la forme au béret basque; il est seulement plus large et orné sur les bords de franges longues et touffues. Une large robe, agrafée au côté droit par quatre crochets et serrée aux reins par une ceinture rouge;

enfin des bottes en drap rouge ou violet complètent le costume simple et pourtant assez gracieux des Thibétains. Ils suspendent ordinairement à leur ceinture un sac en taffetas jaune, renfermant leur inséparable écuelle de bois, et deux petites bourses de forme ovale et richement brodées, qui ne contiennent rien du tout et servent uniquement de parure.

« Les femmes thibétaines ont un habillement à peu près sem-

Fig. 167. — Samoyèdes,
d'après une photographie communiquée par M. Geoffroy Saint-Hilaire.

blable à celui des hommes; par-dessus leur robe, elles ajoutent une tunique courte et bigarrée de diverses couleurs; elles divisent leurs cheveux en deux tresses qu'elles laissent pendre sur leurs épaules. Les femmes de classe inférieure sont coiffées d'un petit bonnet jaune, assez semblable au bonnet de la Liberté. Les grandes dames ont, pour tout ornement de tête, une élégante et gracieuse couronne, fabriquée avec des perles fines. Les femmes thibétaines se soumettent dans leur toilette à un usage ou plutôt à une règle incroyable et sans doute unique dans le monde : avant de sortir de leurs maisons, elles se frottent le visage avec une espèce de vernis noir et gluant, assez semblable à de la confiture de raisin. »

Les Thibétains, de même que les Népaliens, ont pour religion le bouddhisme. Ils sont superstitieux; les sépultures sont variées et peu enviables en général. On jette les cadavres dans les lacs, dans les fleuves, ou bien on les brûle. Quelquefois on expose les morts sur le sommet des montagnes. Il paraît aussi que les cadavres sont coupés en morceaux et donnés aux chiens. Ce qui prouve une fois

Fig. 168. — Kirghizes, d'après une photographie de la collection du Muséum d'histoire naturelle, communiquée par M. de Quatrefages.

de plus que ce qui est une horreur chez nous n'est pas considéré de la même façon par d'autres peuples. Les mœurs sont en quelque sorte une affaire de mode, elles varient suivant les pays, et la morale varie également plus ou moins.

Ces familles de race jaune, que nous venons de passer en revue rapidement, sont moins connues en Europe que celles que nous allons étudier, c'est-à-dire les branches indo-chinoise et américaine.

Est-il besoin d'insister beaucoup sur ces races que nous côtoyons souvent? Les Chinois, les Birmans, les Siamois, les Annamites, ne les avons-nous pas vus en 1889, à Paris, ce Paris féerique, au moment de l'Exposition? Le général Theng-ki-Thong ne nous a-t-il pas fait connaître les Chinois dans son livre intitulé : *Les Chinois peints par eux-mêmes?* Il est vrai de dire que le titre eût été plus exact s'il avait inscrit : *Les Européens peints par un*

Fig. 169. — Chinois,
d'après une photographie de la collection du Muséum d'histoire naturelle, communiquée par M. de Quatrefages.

Chinois. Aussi donnerai-je quelques détails sur la branche indochinoise.

Lorsqu'on rencontre un Chinois dans la rue, on le reconnaît immédiatement, on le distingue nettement de l'Européen, et je dirai plus, même les gens peu familiarisés avec les études anthropologiques ne confondront pas un Chinois avec un Japonais; ces derniers, en effet, ne sont pas de la même branche, bien qu'ils habitent des contrées voisines, et nous y reviendrons bientôt.

A quoi reconnaît-on donc les Chinois? Leur peau est presque blanche, un peu brunâtre ou jaune quelquefois; mais leur taille est petite en général (1^m,63 en moyenne); leurs cheveux sont très longs, mais ils s'épilent ou se rasent constamment la tête, ne laissant pousser qu'une touffe dont ils font une grosse natte.

Les pommettes sont saillantes et les yeux bridés sont légèrement relevés en dehors.

Les hommes tant Chinois qu'Annamites sont fort habiles de leurs pieds même pour prendre les objets, le gros orteil étant un

Fig. 170. — Annamite,
d'après une photographie de la collection du Muséum d'histoire naturelle,
communiquée par M. de Quatrefages.

peu écarté des autres doigts, pas opposable, mais susceptible de certains mouvements.

Les Cambodgiens ont les yeux moins bridés ; leurs cheveux sont noirs et longs; ils ne les rasent pas et y ajoutent même un faux chignon quand ils ne sont pas assez abondants. Leur manque de barbe leur donne un aspect féminin, comme on a pu s'en convaincre à l'Exposition. Ils chiquent constamment un mélange de chaux, de bétel et d'arec, ce qui fait que leurs dents sont noires. Ces peuples cochinchinois sont superstitieux et suivent comme religion le bouddhisme.

Les Siamois, de même que les Annamites, appartiennent au rameau Thaï. C'est une population douce et intelligente. Ils adorent les parures, et les hommes aussi bien que les femmes sont surchargés de bijoux de toute sorte.

J'emprunte à Brehm les détails suivants qui sont, il me semble, de nature à intéresser le lecteur :

« Cette population est douce, légère, timide et gaie. Ils se mon-

Fig. 171. — Siamois,
d'après une photographie de la collection du Muséum d'histoire naturelle, communiquée par M. de Quatrefages.

trent très obéissants envers l'autorité et pleins de respect pour les vieillards. Spirituels et intelligents, ils ont beaucoup d'aptitude pour les arts industriels, mais ils préfèrent s'adonner au commerce ou à la culture des jardins et du riz. Ils travaillent avec ardeur pendant quelques mois, puis ils montrent une paresse surprenante.

« Ils recherchent avidement les parures. Ils retiennent leurs cheveux au moyen d'épingles en or ou en argent pour les riches, en piquants de porc-épic pour les pauvres; les ongles longs sont fort appréciés; les jeunes filles et les jeunes gens se les colorent en rouge.

« Pour être vraiment beau, il faut avoir les dents bien noires : aussi mâchent-ils incessamment du bétel. Ils rehaussent leur beauté au moyen d'une quantité prodigieuse de bijoux; il n'est pas rare de voir des enfants riches surchargés de plusieurs livres de bracelets et de bijoux.

« Les enfants sont nus jusqu'à ce qu'ils puissent attacher eux-mêmes le *langouti*; les femmes enlèvent ce vêtement dans leur ménage... On rase complètement la tête aux jeunes enfants; mais lorsqu'ils approchent de la puberté on leur laisse la touffe, et cette époque est l'occasion d'une fête dans la famille.

« Les Siamois, hommes et femmes, vont les pieds et la tête nus. Pour tout vêtement ils attachent à leur ceinture une pièce d'indienne peinte, dont ils ramènent les bouts en arrière en les faisant passer entre les jambes (langouti). Les filles et les femmes portent, en outre, une écharpe de soie en sautoir; les hommes se contentent d'un morceau d'étoffe blanche. Tous les riches portent un parasol.

« Les habitants du royaume de Siam sont d'une propreté exemplaire : deux ou trois fois par jour ils prennent un grand bain; les enfants savent nager dès l'âge de quatre ans. Leurs habitations de bambous sont très propres. Les marchands aiment à se tenir sur l'eau et leurs maisons flottent sur des radeaux.

« Le tabac est d'un usage général. Les Chinois ont même introduit l'opium dans ce pays, mais il est défendu aux habitants d'en fumer.

« Les jeunes filles s'occupent de travaux domestiques; celles des pauvres sont généralement vendues à celui qui les demande en mariage, et, dans ce cas, le mari peut revendre sa femme. Mais, à part ce cas, les femmes jouissent d'une assez grande liberté; les hommes sont très réservés à leur égard. Lorsque le mari, qui peut prendre plusieurs femmes, veut divorcer avec l'une d'elles, la séparation a généralement lieu à l'amiable. On se partage les enfants, et la mère prend le premier, le troisième, etc., tandis qu'au père reviennent le second, le quatrième, etc.

« Il existe dans ce pays, dit Brehm, une singulière coutume. lorsqu'une femme est sur le point d'accoucher, elle se couche dans une chambre à part, près d'un feu ardent, et y reste deux ou trois semaines; elle est au feu, comme on dit à Siam.

« L'esclavage existe dans ce pays et s'allie à la religion bouddhiste.

« Les bonzes (prêtres) sont très honorés et vivent des cadeaux que chacun leur fait. »

Les Birmans sont plus grands que les peuples précédents; leur peau est plus foncée, leur physionomie a une expression plus douce. A part cela, ils ressemblent absolument aux autres Indo-Chinois.

Fig. 172. — Esquimaux de l'Amérique-Est, d'après une photographie communiquée par M. Geoffroy Saint-Hilaire.

Malgré leur caractère fourbe, les Birmans ont le vol en horreur, et même le voleur est puni de mort. Il est probable alors que les voleurs sont moins nombreux que chez nous.

Il existe une branche américaine du tronc jaune, et cette branche, suivant M. de Quatrefages, est divisée en deux rameaux. L'un est disparu : c'est la race fossile brésilienne de Lagoa-Santa. L'autre est le rameau Innuit, qui comprend les familles Tuski et Esquimale.

Les Esquimaux (*fig.* 164 et 172), généralement de taille peu élevée, sont relégués dans les régions du nord de l'Asie, de l'Amérique, et dans le Groënland. Leur peau est de couleur assez claire; mais leurs cheveux, quelquefois blonds, sont presque toujours noirs et gras. Ils ont la face aplatie, les pommettes très saillantes le nez large, la lèvre inférieure plus grosse que la supérieure.

Ils se font des vêtements en peau de phoque, de chèvre, d'ours et même de poisson.

Quelle misérable existence mènent ces peuples, privés d'instruction, qui ne s'intéressent qu'à ce qui regarde leur vie matérielle, qui se contentent de vivre de la chasse du phoque et du pingouin, et qui pour animal domestique n'ont que le chien! Leurs croyances sont simples; ils font quelques cérémonies pour calmer les mauvais esprits. Dans ces régions glacées, où l'été n'est qu'un mot, ils ne vivent que pour la chasse, et ne chassent, en somme, que pour trouver leur nourriture.

Fig. 173. — Danseuses javanaises
venues à l'Exposition universelle de 1889, d'après une photographie.

CHAPITRE VIII

Les grandes races mixtes

Les grandes races mixtes vont nous occuper maintenant; les unes habitent l'Océanie, sauf toutefois les terres de la Nouvelle-Guinée et de l'Australie, qui, nous l'avons vu, sont peuplées de races nègres; les autres se rencontrent en Amérique; elles peuvent toutes se rattacher plus ou moins au tronc jaune.

Les races mixtes océaniennes comptent environ 27 millions 200 000 âmes, et leur aire de dissémination est très considérable, attendu qu'elle comprend des régions où l'eau occupe des espaces énormes. Elle s'étend du Japon aux Sandwich et à la Nouvelle-Zélande, et de Madagascar à l'île de Pâques.

M. de Quatrefages, dans son dernier ouvrage, donne le tableau suivant des races mixtes océaniennes :

RACES MIXTES OCÉANIENNES

	RAMEAUX		FAMILLES	GROUPES	EXEMPLES
Éléments ethnogéniques.	Juxtaposés			Japonais	Niphoniens.
				Loutchou	Loutchiens.
	Fondus.	Malayou.	Malaise occidentale.	Howa	Howas.
				Bétanimène	Antankars.
			Malaise orientale.	Malais	Malais.
				Proto-Malais	Tagals.
				Indo-Malais	Javanais.
				Bougi	Makassars.
				Igorote	Lampoungs.
				Dayer	Dayers.
				Nicobarien	Nicobariens.
		Polynésien.	Indonésienne.	Dayak	Dayaks.
				Batta	Redjangs.
			Polynésienne.	Occidental	Tongans.
				Oriental	Taïtiens.

La famille japonaise (*fig.* 174) nous est bien connue; ce peuple intelligent s'est civilisé rapidement, a adopté les mœurs européennes, le costume européen. L'impératrice suit les modes de notre Europe, comme nous le raconte si bien Pierre Loti dans son livre intitulé *Madame Chrysanthème*. Pour les coutumes du Japon nous renvoyons même le lecteur à cette intéressante histoire, ainsi qu'à une récente étude de M. Régamey. Nous n'en parlerons ici que rapidement. Petits, ayant la tête grosse, le cou court, les jambes courtes, souvent un peu arquées, les Japonais ont la tête plus allongée, le nez mieux dessiné, les yeux moins bridés que les Chinois. Leur teint est aussi moins jaune et plutôt olivâtre. Au physique comme au moral, le Japonais diffère du Chinois; loin de chercher à rester dans l'ignorance des progrès accomplis par les Européens, les Japonais s'assimilent facilement tout ce qu'ils apprennent, et ils sont avides d'apprendre. Ils ont un souverain temporel, *Taïkoun*, et un souverain spirituel, *Mikado*.

Si les Japonais ont du sang jaune, ils ont reçu aussi du sang blanc, et c'est sans doute à cette cause qu'il faut attribuer leur supériorité morale et intellectuelle sur leurs voisins les Chinois.

Dans la grande branche Malayo-Polynésienne nous trouvons dans le rameau *Malayou* deux familles : la malaise occidentale et la malaise orientale. Parmi les premiers, je citerai les Howas, qui habitent Madagascar. A propos des races noires nous avons vu que dans le rameau Papou de la branche Indo-Mélanésienne existait

Fig. 174. — Japonaises, d'après une photographie.

une famille qui habitait également Madagascar, la famille Malgache, les Sacalaves.

Dans la grande île se trouvent donc réunies deux populations qui ont une origine distincte, les Howas et les Sacalaves. Nous savons, du reste, que ces peuples se font la guerre et que l'un d'eux est même primé par l'autre.

La famille malaise orientale occupe les îles de la Sonde, Bornéo, Java, les Philippines, les Célèbes, Timor, les Moluques, etc.

Les Malais, nous en avons vu encore à l'Esplanade des Inva-

Fig. 175. — Femme Betsimsarak.
Groupe voisin de celui des Bétanimènes habitant la côte de Madagascar : d'après une photographie de la collection du Muséum d'histoire naturelle, communiquée par M. de Quatrefages.

lides pendant l'Exposition de 1889. Chacun a pu visiter le kampong javanais (*fig.* 173 et 176), a écouté leur musique bizarre, a assisté à leurs danses, a considéré leur industrie.

Les costumes sont très remarquables, surtout celui des femmes, lorsqu'elles vont danser. A ce moment aussi elles se couvrent le corps et les membres de couleur jaunâtre qui est regardée comme très habillée à Java. Cependant le docteur Topinard nous fait le portrait suivant des Malais :

« Leur peau est d'un brun clair, quelquefois cuivrée. Leurs cheveux sont droits ou ondulés, dressés lorsqu'on les coupe à deux pouces de la tête, longs, abondants et d'un noir de jais. Ils ont très peu de barbe. Leur nez, court, large et aplati, est mince à l'extré-

Fig. 176. — Javanais du kampong de l'Exposition universelle de 1889. d'après une photographie.

mité et a les narines dilatées... Leurs pommettes sont saillantes et écartées, et leur visage est presque aussi large que long (Van Leent). Leur profil est droit, leur intervalle orbitaire large et aplati, leurs arcades sourcilières unies et presque nulles.

« Le front, déprimé et rejeté en arrière chez les Mongols, dit Pickering, est élevé et ramené en avant chez les Malais. L'occiput, inversement, est aplati, vertical et ne dépasse pas la ligne du cou. Leur bouche est grande, leurs lèvres fortes, et leur prognathisme le plus considérable que nous ayons rencontré chez les races jaunes (69°,5). Leurs dents sont colorées en noir bleuâtre et rongées par le bétel, dont ils font un usage constant. Ils sont brachycéphales. »

Les Dayaks de Bornéo (*fig.* 177 et 179), les Battas de Sumatra appartiennent à la famille indonésienne du rameau polynésien; ils sont plus grands que les Malais, ont la peau d'une couleur plus claire, les cheveux fins, noirs, et quelquefois châtains, la barbe assez fournie, le nez assez saillant et droit, le visage plus allongé, les lèvres moins épaisses et le prognathisme moins développé.

Fig. 177. — Femme Dayak de Bornéo, d'après une photographie de la collection du Muséum, communiquée par M. de Quatrefages.

Enfin la famille polynésienne du rameau polynésien comprend plusieurs groupes que l'on rencontre des îles Tongo à l'île de Pâques, et des Sandwich à la Nouvelle-Zélande; ce sont les Tongans, les Taïtiens en particulier; je citerai encore les Néo-Zélandais, les Samoans, les Sandwichiens, etc. D'ailleurs ces populations de la famille polynésienne présentent à peu près les mêmes caractères tant physiques que moraux. La taille est grande, la peau est tantôt jaune, tantôt olivâtre, quelquefois presque blanche, comme cela se voit à Taïti. Ils ont des cheveux noirs, lisses, bouclés ou même frisés, et la barbe rare. Le front est bien développé et le crâne est assez allongé; le nez est droit, aquilin, les pommettes et le menton sont saillants. Au point de vue moral, si beaucoup

Fig. 178. — Malais de Manille et leur habitation, d'après une photographie communiquée par M. Geoffroy Saint-Hilaire.

d'entre eux se sont civilisés et ont même adopté les mœurs de l'Europe, il en est, comme les Néo-Zélandais, qui ont encore un goût passionné pour la chair humaine.

Beaucoup se couvrent le corps et le visage de tatouages souvent des plus compliqués.

Fig. 179.
Dayak de Bornéo, d'après une photographie de la collection du Muséum, communiquée par M. de Quatrefages.

Autrefois leurs armes étaient des haches en jade ou des massues en bois, mais maintenant presque tous font usage du fusil, produit de la civilisation européenne.

Les Taïtiens occupent une île d'une fertilité admirable et qui produit presque sans culture tout ce qui leur est nécessaire; ce peuple est donc assez mou. Les femmes adorent les parures et avaient un maintien séducteur. Elles ne pensaient guère qu'à plaire ou à danser.

Depuis le 30 décembre 1880, Taïti est considéré comme colonie française par suite de la cession à la France faite par le roi Pomaré V.

Il y a d'autres populations mixtes qui ont aussi leur importance. Je veux parler des races mixtes américaines.

M. de Quatrefages fait remonter le peuplement de l'Amérique à l'époque quaternaire, à la période glaciaire; il ne pense pas que l'homme tertiaire ait vécu en Amérique.

Mais comment s'est opérée cette venue de l'homme sur les terres américaines?

Il y a eu des immigrations néolithiques en Amérique, « mais chez elle l'âge de la pierre polie remonte aux temps quaternaires, c'est-à-dire à une époque où les blancs européens étaient en plein âge paléolithique ». (De Quatrefages.)

Ces immigrations semblent avoir eu l'Asie pour point de départ.

On constate en Amérique les preuves d'un âge du cuivre, d'un âge du bronze, mais aucune population américaine n'avait atteint l'âge du fer avant l'arrivée des Européens; les indigènes n'avaient pas su découvrir les procédés d'extraction : car ce métal existe en Amérique.

Les trois types fondamentaux de l'humanité se sont rencontrés en Amérique : les Noirs, les Blancs, les Jaunes.

Ces derniers, dès les temps quaternaires, avaient abordé les Pampas. Les races océaniennes ont abordé ce continent, mais n'y ont pas joué un rôle considérable. Enfin le consul du Japon en Californie, M. C. W. Brooks, qui a étudié toutes ces questions, a recueilli, pendant dix-sept ans, des matériaux qui prouvent que les Japonais ont fait souvent naufrage en Amérique et ont ainsi mêlé leur sang aux populations côtières de l'Amérique.

« Tels sont, dit M. de Quatrefages, les éléments ethniques qui ont contribué à peupler l'Amérique et qui, brassés, fondus, juxtaposés par les hasards des migrations et des luttes, ont donné naissance aux populations actuelles. »

Dans un tableau, M. de Quatrefages groupe tous ces peuples américains, mais il insiste pour montrer que ce groupement ne peut être parfait; il a suivi à peu près l'ordre géographique, et les noms qu'il a employés sont de même empruntés à ceux des régions que l'on peut regarder comme le principal centre des populations. On ne peut, en somme, les disposer en série continue : car, dit-il, les races américaines, comme d'ailleurs les races en général, « forment un réseau dont il faut démêler les mailles ».

On avait voulu faire des populations de l'Amérique du Nord une race à part, que l'on désignait sous le nom de *race rouge*, au même titre que les races jaune, noire, blanche. Il n'en est rien, les races américaines sont des races mixtes : comme nous l'avons vu pour les races océaniennes, elles sont composées d'éléments très divers. Elles ont une ressemblance physique avec les races jaunes; cependant leur taille est plus élevée, les yeux sont horizontaux, le nez est aquilin et long. Leurs cheveux sont en général noirs, longs.

Les Chipewians, les Apaches et les Chinouks qui constituent, les deux premiers, la famille Athabascane, et les troisièmes la famille Orégonienne de M. de Quatrefages, habitent au nord de la Californie entre l'océan Pacifique et les montagnes Rocheuses. Ces gens ont la peau moins cuivrée que les Peaux-Rouges, ils sont aussi moins grands, ils ont la face large, et, singulière coutume, les Chinoucks

TABLEAU DES RACES MIXTES AMÉRICAINES D'APRÈS M. DE QUATREFAGES

		FAMILLES	GROUPES	EXEMPLES
Races mixtes américaines.	Amérique septentrionale. .	Athabascane. . .	Central.	Chipewians.
			Méridional. . . .	Apaches.
		Orégonienne. . .	Chinouk.	Chinouks.
		Californienne. .	Makelchel. . . .	Makelchels.
			Achomawi. . . .	Achomawis.
		Puébléenne. . .	Paduca.	Comanches.
			Moqui.	Tiguex.
		Mississipienne. .	Choctaw.	Sikassaws.
			Creek.	Séminoles.
		Missourienne. .	Pawnie.	Arikaris.
			Sioux.	Dacotahs.
			Osage.	Ioways.
		Pensylvanienne.	Algonquin. . . .	Abénakis.
			Lénape.	Delawares.
		Canadienne. . .	Iroquois.	Hurons.
			Tsalakié.	Chérokis.
		Mexicaine. . . .	Mistèque.	Zapotèques.
			Othomi.	Othomis.
			Chichimèque. . .	Aztèques.
	Amérique centrale.	Guatémalienne		Yucatèques.
	Amérique méridionale	Muizca.		Chocos.
		Péruvienne . . .	Aymara	Aymaras.
			Quichua	Quichuas.
			Yunca	Yuncas.
			Auca.	Araucans.
		Pampéenne . . .	Puelche	Puelches.
			Charrua.	Charruas.
		Chiquitéenne		Chiquitos.
		Guarani	Aymuré	Botocudos.
			Puri	Coroados.
			Tupi.	Tamoyos
			Guaycuri.	Lengoas.
			Caribé.	Caraïbes.
		Patagonienne. .	Tehuelche. . . .	Patagons.
			Fuégien.	Yahganes.
		Antisienne. . . .	Antisien.	Yuracares.
			Bolivien.	Guarayos.

(*fig.* 180) se déforment la tête de très bonne heure ; ils se l'allongent en plaçant sur le front et sur la région occipitale de petites planchettes, de sorte que leur front devient très fuyant, tandis que le derrière de la tête est vertical.

La famille californienne se rapproche des Noirs, des Jaunes et des Blancs. Leur peau est d'un brun très foncé, ils ont le front fuyant, les pommettes saillantes, les lèvres épaisses; les yeux sont enfoncés, et les cheveux sont longs, droits, gros et très noirs.

Actuellement c'est une population des plus mêlées, et dans cette famille californienne l'influence européenne s'est fait sentir plus ou moins.

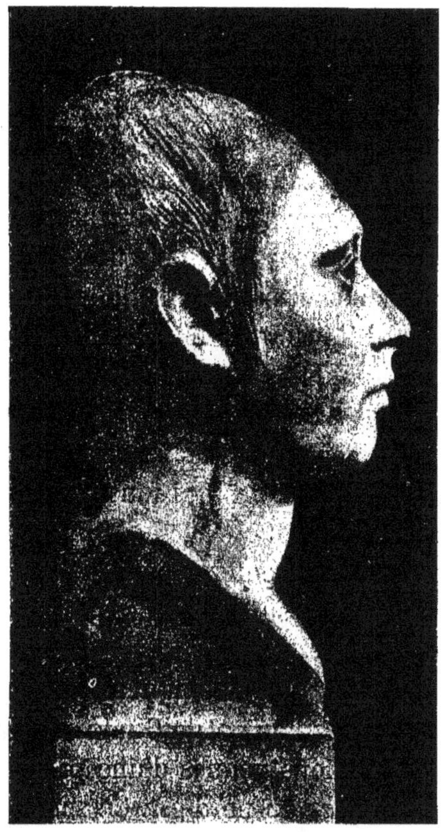

Fig. 180. — Chinouk,
d'après la photographie d'un buste de la collection du Muséum d'histoire naturelle, communiquée par M. de Quatrefages.

La famille puébléenne, qui comprend les Comanches, les Tiguex, vit sur les confins du Texas, entre les Sioux et les Mexicains.

La famille Mississipienne, c'est-à-dire les Sikassaws, les Séminoles, occupent le territoire compris entre les Comanches que nous venons de citer, et l'océan Atlantique. Les premiers, dont le nombre n'est guère que de 20000, habitent sur les confins de l'Arkansas, tandis que les Séminoles vivent surtout en Floride.

Les Sioux, les Pawnies, les Osages, constituent la famille missourienne; les Abénakis, les Delawares, la famille pensylvanienne; les Hurons, les Chérokis, la famille canadienne. Mais toutes ces familles, qui n'en à entendu parler? qui n'a lu les passionnants romans de Cooper? Les mœurs de ces peuples, qui s'éteignent d'ailleurs, repoussés qu'ils sont par les envahisseurs, relégués sur ce qu'on appelle le territoire des Indiens, leurs mœurs, dis-je, sont trop connues pour que j'y insiste dans un ouvrage où la place me manque.

On a vu de ces Indiens en France, en 1889 (*fig.* 181 et 182); on a pu considérer des tableaux, des gravures qui les représentent, avec leurs costumes de guerre, les plumes dont ils ornent leur tête, leurs armes pour scalper les chevelures de l'ennemi, chevelures qu'ils suspendent ensuite à leur selle.

Ils vivent de chasse, ils poursuivent les bisons, et de même que ces gros animaux, les Indiens sont refoulés de plus en plus et l'on peut prévoir un temps peu éloigné ou Indiens et bisons seront détruits. Ils sont intelligents cependant ces hommes, mais d'une paresse inouïe; ce sont les femmes qui font tous les travaux domestiques, les hommes combattent et chassent. Les morts sont déposés sur un échafaudage, on ne les enterre pas.

Toutes ces nations sont superstitieuses, et croient toujours à une autre existence.

Les familles mexicaine et guatémalienne, comme l'indiquent leurs noms, occupent le Mexique et le Guatémala. On pense que ce sont des métis de populations venues d'une part de l'Orégon et de la Californie, et d'autre part du nord-est. Ce sont les Mistèques, les Chichimèques et les Othomis; ces derniers seraient considérés comme un des plus anciens peuples de l'Amérique.

Les Aztèques sont une des populations les plus connues; ils eurent leur civilisation, leurs splendeurs même; ce sont eux qui ont laissé au Mexique tant de preuves de leurs industries; ce sont eux qui construisirent la ville de Mexico.

Maintenant les Mexicains sont constitués par une race mixte où est intervenu le sang européen, surtout depuis l'arrivée des Espagnols. Cependant on rencontre encore quelques peuplades tout à fait sauvages.

On a coutume de désigner sous le nom d'Aztèques des gens à peu près idiots, nains; on exhibe de temps en temps de ces pauvres contrefaits, de ces incomplets; et le public semble croire que c'est une race à part. Pas le moins du monde; heureusement ce ne sont que des exceptions. Mais en général ces petits idiots ont le crâne très petit, ce sont des *microcéphales;* leur front est fuyant, leurs yeux sont saillants. Or les Aztèques étaient petits et se déformaient la tête, comme nous l'avons vu pour les Chinouks, ils se rendaient le front fuyant. Ceci peut expliquer pourquoi vulgairement on nomme ces microcéphales des Aztèques. Il y a cependant une différence; les microcéphales sont des idiots, les Aztèques étaient intelligents.

Telles sont les principales familles qui peuplent l'Amérique septentrionale; dans l'Amérique méridionale on en rencontre d'autres dont nous allons dire quelques mots.

Les Yuracares, les Guarayos, qui forment la famille antisienne, habitent dans de vastes cabanes construites avec des troncs d'arbres et des feuilles de palmier au plus épais des forêts. Ils sont répartis, nous dit d'Orbigny, sur les régions chaudes et humides du versant oriental des Andes boliviennes et péruviennes, depuis ses derniers contreforts, près de Santa-Cruz de la Sierra, au 17e degré de latitude sud, en remontant vers le nord jusqu'au delà du 13e degré, dans une largeur qui n'a pas plus de 20 à 30 lieues marines.

Ces populations ont de belles formes, leur taille atteint 1[m],64 en moyenne; leur teint légèrement basané, presque blanc parfois, les fait ressembler à des Européens. La tête n'est pas très allongée, les Antisiens ne se la déforment pas; leurs cheveux sont noirs et longs, le nez est droit ou aquilin, les yeux sont horizontaux, noirs; les oreilles sont petites et les lèvres minces.

Ces hommes qui vivent de chasse, de pêche, et un peu de plantes qu'ils cultivent, regardent leurs femmes comme leurs esclaves. « Leur costume, dit d'Orbigny, consiste en tuniques sans manches, faites d'écorce du mûrier et de *ficus*, sur lesquelles sont imprimés des dessins rouges et violets ne manquant pas de goût. Les hommes coupent leurs cheveux carrément sur le front, le reste tombe en queue par derrière; ils s'arrachent les sourcils et se peignent la figure de rouge et de noir, surtout le nez et le front; les jours de danse ils se parent de coiffures en plumes, ou, lors de leurs visites, se couvrent la tête du duvet blanc de la grande harpie, qu'ils élèvent à cet effet. De plus ils suspendent à une bandoulière leurs sifflets et quelques autres ornements; leur couteau est attaché aux cheveux par derrière. Les femmes ont la tunique sans pein-

Fig. 181. — Peau-Rouge venu au Jardin d'acclimatation, d'après une photographie communiquée par M. Geoffroy Saint-Hilaire.

tures; mais, lors des danses, elles s'ornent les épaules de houppes de plumes de couleur. »

La famille Péruvienne comprend des populations qui ont eu leur temps de civilisation glorieuse.

Les Aymaras, les Yuncas, les Araucans et surtout les Quichuas constituent cette famille, et ces derniers occupent le territoire situé dans le sud du Pérou et dans une partie de la Bolivie. Mais on trouve les autres représentants de la famille péruvienne dans presque tout le Pérou, la Bolivie et la République Argentine. Ils sont trapus et d'une taille plutôt petite, leur teint est olivâtre, la bouche est assez grande, mais les pommettes sont peu saillantes et la face est large. Ils ont les yeux horizontaux, le nez large aux narines, mais aquilin.

Les Incas étaient les adorateurs du soleil, source de toute vie,

Fig. 182. — Peau-Rouge venu au Jardin d'acclimatation, d'après une photographie communiquée par M. de Quatrefages.

au-dessus duquel, cependant, ils reconnaissaient un Dieu, invisible créateur de tout ce qui existe et qu'ils nommaient Pachacamac. Ils étaient agriculteurs, savaient travailler les métaux; mais ce n'est pas tout : parmi eux se trouvèrent des médecins, des orateurs, des poètes, des musiciens, des historiens. Ils construisaient pour le roi de magnifiques demeures, des temples pour le soleil, et au retour de l'équinoxe, dit M. Camille Flammarion (1), le lever du soleil,

1. *Astronomie populaire*, page 313.

dieu du jour, roi de la lumière, était salué par les Incas du haut de leurs terrasses cyclopéennes.

Les Puelches, les Charruas sont réunis par M. de Quatrefages sous le nom de famille Pampéenne; on les rencontre depuis le détroit de Magellan jusqu'aux collines de Chiquitos. Le Paraguay et la mer les bordent à l'est, et à l'ouest ils sont bornés par les Andes. M. de Quatrefages réunit les Patagons et les Fuégiens sous le nom de famille Patagonienne. Mais ici nous parlerons des Pampéens et des Patagons d'abord, puis des Fuégiens un peu plus tard. Les deux premiers se mêlent fréquemment, étant toujours en contact.

Pour tous ces peuples de l'Amérique du Sud, c'est le voyage de d'Orbigny qu'il faudrait lire; il décrit les types, il raconte en détail les mœurs, et il nous faudrait un énorme volume pour parler au lecteur de ces intéressantes populations. Ne pouvant nous étendre davantage, cet exposé paraîtra peut-être un peu aride, mais il permettra néanmoins de se rendre compte du nombre considérable de familles qui peuplent la terre.

« Les Puelches, dit d'Orbigny, peuvent rivaliser avec les Patagons pour la corpulence, la largeur des épaules et la force des membres. Ils leur ressemblent tellement qu'on pourrait les regarder comme des Patagons plus petits, parlant une langue différente; même figure large et sévère, même bouche saillante, très grande, à grosses lèvres et renfermant des dents magnifiques; mêmes yeux, petits, horizontaux; même nez épaté, à narines ouvertes; mêmes cheveux noirs, lisses, longs; même barbe, qu'ils arrachent également. Les pommettes seules sont un peu plus saillantes que chez les Patagons..... Les femmes participent aux traits et à la force des hommes, et n'ont que dans l'extrême jeunesse la figure de leur sexe; sous ce rapport elles ressemblent aussi beaucoup aux Patagons. »

Tout au sud de l'Amérique habitent les Fuégiens, peuple vraiment déshérité; toutes les côtes de la Terre de Feu et des deux rives du détroit de Magellan sont habitées par eux, depuis l'île Élisabeth et le port Famine à l'est, jusqu'à cette multitude d'îles qui couvrent toutes les parties occidentales au nord et au sud du détroit; ils sont séparés des Patagons par la mer et par la chaîne de montagnes constituant l'isthme qui réunit la péninsule de Brunswick au continent. Alcide d'Orbigny en parle dans la narration de son voyage.

Darwin également leur consacre un chapitre; enfin tout récemment la mission scientifique française envoyée au cap Horn pour étudier le passage de Vénus sur le soleil visita ces contrées lointaines. Le commandant Martial, dans son histoire du voyage, parle de ces misérables populations fuégiennes.

Les Fuégiens (*fig.* 183) ont le corps peu svelte, ils sont massifs, larges d'épaules, et en somme peuvent être considérés plutôt comme de beaux hommes. Comme ils se tiennent assis par terre, les jambes croisées à la façon des Orientaux, ils ont les jambes arquées, ce qui leur donne une démarche fort gauche et lourde. Ils s'épilent avec soin.

Leurs cheveux sont longs, noirs et plats. Leur bouche est grande, les lèvres sont épaisses, le nez est court et un peu élargi, les narines ouvertes, les yeux petits, noirs, horizontaux. Ils sont doux, naïfs et plutôt obligeants. Je crois intéressant de citer textuellement un passage du récit que nous fait Darwin d'une entrevue avec ces indigènes [1] :

« Le lendemain matin, le capitaine envoie une escouade à terre pour ouvrir des communications avec les indigènes. Arrivés à portée de la voix, un des quatre sauvages présents à notre débarquement s'avance pour nous recevoir et commence à crier aussi fort qu'il le peut, pour nous indiquer l'endroit où nous devons prendre terre. Dès que nous sommes débarqués, les sauvages paraissent quelque peu alarmés, mais continuent à parler et à faire des gestes avec une grande rapidité. C'est là, sans contredit, le spectacle le plus curieux et le plus intéressant auquel j'aie jamais assisté. Je ne me figurais pas combien est énorme la différence qui sépare l'homme sauvage de l'homme civilisé, différence certainement plus grande que celle qui existe entre l'animal sauvage et l'animal domestique, ce qui s'explique d'ailleurs par ce fait que l'homme est susceptible de faire de plus grands progrès. Notre principal interlocuteur, un vieillard, paraissait être le chef de la famille; avec lui se trouvaient trois magnifiques jeunes gens fort vigoureux, et ayant environ 6 pieds; on avait renvoyé les femmes et les enfants.

1. Ch. Darwin. *Voyage d'un naturaliste autour du monde*, fait à bord du navire *le Beagle* de 1831 à 1836, traduction de Barbier. Paris, 1883, page 220.

Ces Fuégiens forment un contraste frappant avec la misérable race rabougrie qui habite plus à l'ouest, et semblent proches parents des fameux Patagoniens du détroit de Magellan. Leur seul vêtement consiste en un manteau fait de la peau d'un guanaco, le poil en dehors; ils jettent ce manteau sur leurs épaules et leur personne se

Fig. 183. — Fuégiens venus au Jardin d'acclimatation, d'après une photographie communiquée par M. Geoffroy Saint-Hilaire.

trouve ainsi aussi souvent nue que couverte. Leur peau a une couleur rouge cuivrée mais sale.

« Le vieillard portait sur la tête un bandeau surmonté de plumes blanches, lequel retenait en partie ses cheveux noirs, grossiers et formant une masse impénétrable. Deux bandes transversales ornaient son visage; l'une, peinte en rouge vif, s'étendait d'une oreille à l'autre en passant par la lèvre supérieure; l'autre, blanche comme de la craie, parallèle à la première, passait à la hauteur des yeux et couvrait les paupières. Ses compagnons portaient aussi comme ornements des bandes norcies au charbon. En somme cette famille ressemblait absolument à ces diables que l'on fait paraître sur la scène dans le *Freyschütz* ou dans les pièces analogues.

Fig. 184. — Indiens Caraïbes ou Galibis, venus au Jardin d'acclimatation, d'après une photographie communiquée par M. Geoffroy Saint-Hilaire.

« Leur abjection se peignait jusque dans leur attitude, et on pouvait lire facilement sur leurs traits la surprise, l'étonnement et l'inquiétude qu'ils ressentaient. Toutefois, dès que nous leur eûmes donné des morceaux d'étoffe écarlate, qu'ils attachèrent immédiatement autour de leur cou, ils nous firent mille démonstrations d'amitié. Le vieillard, pour nous prouver cette amitié, nous caressait la poitrine, tout en faisant entendre une espèce de gloussement semblable à celui que poussent certaines personnes pour appeler les poulets.

« Je fis quelques pas avec le vieillard et il répéta plusieurs fois sur ma personne ces démonstrations amicales, qu'il acheva en me donnant, à la fois sur la poitrine et sur le dos, trois tapes assez

Fig. 185. — Indien Botocudo,
d'après une photographie de la collection du Muséum d'histoire naturelle,
communiquée par M. de Quatrefages.

fortes. Puis il se découvrit la poitrine pour que je lui rende le compliment, ce que je fis et ce qui parut le rendre fort heureux.

« A notre point de vue, le langage de ce peuple mérite à peine le nom de *langage articulé*. Le capitaine Cook l'a comparé au bruit que ferait un homme en se nettoyant la gorge, mais très certainement aucun Européen n'a jamais fait entendre bruits aussi durs, notes aussi gutturales, en se nettoyant la gorge. »

La famille Chiquitéenne ne nous arrêtera pas aussi longtemps; elle occupe un territoire d'environ 10000 lieues marines, compris entre : les collines situées au septentrion du cours de Guaporé, au nord; à l'est, le Rio de Paraguay; au sud, les plaines du Chaco; à l'ouest, les forêts qui se prolongent jusqu'au Rio-Grande. Ce sont, au dire de d'Orbigny, des hommes de taille moyenne ($1^m,66$), assez robustes, mais à traits plutôt efféminés; ils ont le visage rond et plein, le front bombé, le nez court, peu élargi, la bouche moyenne, les lèvres minces et peu saillantes, les pommettes non proéminentes, les yeux horizontaux et quelquefois légèrement bridés extérieurement. Leur physionomie est enjouée, vive et gaie.

Encore quelques lignes sur la famille Guarani et nous aurons terminé ce qui est relatif aux races mixtes.

Cette famille est répartie dans le Brésil, le Paraguay, les Guyanes et les Antilles. Ce n'est plus le teint olivâtre que nous remarquons chez eux, mais une couleur jaunâtre, presque rougeâtre. Hommes et femmes sont trapus, de taille moyenne ($1^m,62$ en moyenne). Ils ont la tête ronde et le front fuyant. Les Caraïbes même s'aplatissaient le front. Leur figure rappelle celle des Chiquitos; cependant les yeux sont petits, généralement obliques au lieu d'être horizontaux, et relevés à l'angle externe. Parmi les Guaranis, les Botocudos ont un aspect plus sauvage que les Guaranis proprement dits, et d'Orbigny nous dit que les pommettes sont plus saillantes, que le nez est plus court, la bouche plus grande; la barbe est presque nulle et, ce qui les fait ressembler aux hommes de la race mongolique, ce sont leurs yeux très petits et très obliques à leur angle externe.

Si, maintenant, les Botocudos sont hospitaliers, il n'en a pas toujours été ainsi, et même autrefois ils mangeaient leurs prisonniers. Il y a dans leurs mœurs un fait qui mérite d'être cité: lorsqu'une femme vient de mettre au monde un enfant, c'est le mari qui se couche et que l'on soigne!

Ils se sont aujourd'hui un peu civilisés; mais cependant ils ont conservé la coutume de se percer la lèvre inférieure et les oreilles pour y introduire des ornements, comme le font d'ailleurs certaines tribus africaines.

Fig. 186. — Cosaque venu au Jardin d'acclimatation,
d'après une photographie communiquée par M. Geoffroy Saint-Hilaire.

CHAPITRE IX

Les races blanches.

M. de Quatrefages divise le tronc Blanc ou Caucasique en quatre branches : les Blancs allophyles, finniques, sémitiques et aryans. Lorsque l'on considère le nombre prodigieux de peuples qui constituent le tronc blanc, on est tout d'abord étonné d'y trouver des éléments qui, à première vue, semblent très différents les uns des autres. Sur le tableau que M. de Quatrefages donne des races blanches, dans son dernier ouvrage, on voit indiqués quarante-six groupes ou familles, les uns fossiles, les autres actuels, se rapportant comme je l'ai dit plus haut à quatre branches principales.

Parmi ces familles ou groupes, les uns sont actuellement cantonnés en Europe, les autres sont extra-européens, comme les Hindous, les Kabyles, les Guanches, les Persans. Et lorsque l'on voit cette diversité de types blancs, on se demande comment l'anthropologiste a pu arriver à établir, en quelque sorte, leur tableau généalogique.

C'est ce que nous nous efforcerons d'expliquer après avoir reproduit le tableau des races blanches, d'après M. de Quatrefages, tableau que l'on trouvera page 298.

Après avoir regardé le tableau des races blanches, le lecteur pourra se demander laquelle, de toutes ces races, a occupé l'Europe avant les autres.

En tête de ce tableau M. de Quatrefages place la branche allophyle et, en premier lieu, il cite les familles canstadienne et magnonienne du rameau fossile. Quelles sont donc ces races fossiles? La plus ancienne est celle de Canstadt. Dès l'époque pliocène des temps tertiaires, cette race d'hommes habitait les récifs de Casténédolo, comme viennent de le prouver les recherches de M. Ferraz de Macédo.

« C'est elle, dit M. de Quatrefages, bien probablement, qui a taillé les silex de Puy-Courny et incisé les os du Balenotus de Monte-Aperto. Tout semble indiquer qu'à cette époque ses tribus étaient rares et peu nombreuses dans la partie du globe que nous connaissons le mieux.

« M. de Macédo a pu constater que cette race a persisté sur place; car, sur un autre point de la même colline, il en a retrouvé les ossements dans la couche quaternaire la plus inférieure. Un peu plus tard, mais toujours pendant la même période géologique, elle était répandue dans toute l'Europe occidentale.

« On a découvert des ossements de cette race depuis Staengenaes en Scandinavie, jusqu'à Brux en Bohême depuis Spy, dans la province de Namur, jusqu'à Gibraltar et sur bien des points intermédiaires. »

Voilà donc une race d'hommes de l'époque tertiaire qui a persisté; mais elle n'est pas la seule. Aux temps quaternaires, une autre race, celle de Cro-Magnon, atteint une aire d'habitat considérable. M. du Cleuziou, dans l'ouvrage qu'il a publié dans cette

RACES BLANCHES OU POUVANT ÊTRE REGARDÉES COMME TELLES

TRONC	BRANCHES	RAMEAUX	FAMILLES	GROUPES	EXEMPLES
Blanc ou Caucasique.	Allophyle.	Fossile	Canstadienne		R. de Canstadt.
			Magnonienne		R. de Cro-Magnon.
		Canarien.			Guanches.
		Asiatico-américain	Tchetko	Tchouktchi	Tchouktchis.
				Koriaque	Tchougatchis.
			Golouche		Koluches.
			Aïno	Japonais	Aïnos.
				Américain	Ekogmuts.
				Malais	Kubus.
				Hindou	Todas.
		Sinique			Miao-Tsés.
		Indonésien		Philippin	Manobos.
				Sondanais	Dayaks.
				Polynésien	Taïtiens.
		Caucasien	Géorgienne		Mingréliens.
			Tcherkesse		Adighés.
		Euskarien	Basquaise	Guipuscoan	Basques espagnols.
				Labourdin	Basques français.
	Finnique.	Fossile	Franco-Belge	Belge	R. de Furfooz.
				Français	R. de Grenelle.
			Truchérienne		R. de la Truchère.
		Finnois	Sabmi	Boréal	Lapons.
				Méridional	Dauphinois.
			Esthonienne		Esthoniens.
			Finnoise	Finlandais	Tavastlandais.
				Ostiaque	Votiaks.
	Sémitique.	Sémite	Chaldéenne		Hébreux.
			Arabe	Himyarite	Yéméniens.
				Arabique	Arabes.
			Amara		Abyssins.
		Libyen	Egyptienne		Egyptiens.
			Erythréenne		Bicharis.
			Amazyg	Berbère	Kabyles.
				Imouchar	Touaregs.
	Aryane.	Pamiro-européen	Tadjik		T. montagnards.
			Celtique	Rhénan	Allemands du Sud.
				Gaulois	Auvergnats.
			Slave	Esclavon	Serbes.
				Russe	Moscovites.
		Indo-européen	Hindoue	Mamogi	Siapochs.
				Brahmanique	Hindous.
			Iranienne	Persan	Guèbres.
				Afghan	Yusufsaïs.
			Hellène		Grecs.
			Germaine	Scandinave	Suédois.
				Allemand	Allemands du Nord

bibliothèque, en parle suffisamment pour que je n'aie pas à y insister. Ces races sont venues, comme plus tard beaucoup d'autres, par immigrations successives et indépendantes, par groupes isolés.

Ces deux races ont survécu à l'époque quaternaire, mais la race de Cro-Magnon a traversé tous les temps qui nous en séparent et est encore représentée actuellement; elle a, par des migrations progressives, agrandi son aire ethnologique, car on la retrouve, dit M. de Quatrefages, depuis la vallée de la Meuse jusqu'aux Pyrénées, et des côtes de l'Océan jusqu'à la Terre de Labour, pendant l'âge néolithique. On la suit à l'âge du bronze et du fer; à Paris, dans des tombes du Ve siècle, dans le cimetière de Saint-Marcel, du XVe au XVIIe siècle. M. de Quatrefages a rencontré lui-même, dans les Landes, dans le sud-ouest de la France, « des individus qui, autant que l'on peut en juger par l'extérieur, présentent tous les caractères craniologiques les plus caractérisés de la race de Cro-Magnon». Au moment de l'invasion néolithique, quelques tribus de cette race s'allièrent aux vainqueurs, d'autres émigrèrent surtout vers le midi. Mais cette race, qui avait eu aux temps quaternaires une si grande extension, semble n'avoir pu résister à des races plus civilisées.

En dehors de l'Europe on trouve la race de Cro-Magnon, en Afrique, depuis la Tunisie jusqu'à l'extrémité du Maroc, et M. Verneau a pu l'étudier à fond aux îles Canaries; dans cet archipel elle est représentée par les Guanches, dont j'ai pu voir moi-même des représentants en 1883 à l'île de Ténériffe, lors du voyage du *Talisman*.

Telles sont les deux plus anciennes races d'hommes dont la présence a été constatée en Europe; mais ce qui ne manque pas d'intérêt, c'est que la race de Cro-Magnon est la seule race humaine dont on puisse tracer l'histoire depuis les temps quaternaires.

D'autres races fossiles existaient à l'époque quaternaire et ont pu être suivies depuis; ce sont les races de la Truchère, de Furfooz et de Grenelle. Cette dernière a joué un rôle important dans la constitution de bien des populations européennes; elle est le prototype et peut-être même la mère de toutes les races que MM. de Quatrefages et Hamy ont appelé *Laponoïdes*.

« En somme, dit M. de Quatrefages, les races de Furfooz et de

Grenelle forment une série qui va de la mésaticéphalie à la brachycéphalie, touche, d'un peu loin peut-être, aux Esthoniens et va se confondre avec les Lapons. Or les Esthoniens, les Lapons sont universellement acceptés comme Finnois.

« ..... A ces races fossiles, dont j'ai cherché à indiquer le rôle ethnologique, vinrent s'ajouter successivement celles des âges du chien, de la pierre polie, du cuivre, du bronze et du fer; puis vinrent les invasions dont la légende et l'histoire ont gardé le souvenir. Tels sont les éléments bien nombreux, bien divers, qui, enchevêtrés par les hasards de l'immigration, brassés par la guerre, fusionnés par la paix, ont donné naissance à nos populations européennes. »

On voit donc que la théorie qui attribuait aux Finnois seuls le peuplement de l'Europe, ne peut être acceptée. Avant l'arrivée des Aryans notre sol était déjà occupé par plusieurs types distincts. La race de Grenelle qui, dès les temps quaternaires, avait une grande extension, a laissé des traces importantes dans les âges suivants. Et « les races actuelles, que tout rattache à ce vieux type, ont souvent leurs représentants bien loin du pôle; et jusque dans nos Alpes du Dauphiné on trouve des populations tout au moins extrêmement voisines des Lapons ».

I. BRANCHE ALLOPHYLE

M. de Quatrefages divise les blancs allophyles en sept rameaux, dont l'un est fossile. Nous avons étudié ce dernier, qui comprend les familles canstadienne et magnonienne. La seconde est celle qui habite encore les îles Canaries, et qui, par suite de certains mélanges, forme le rameau canarien.

Dans le nord de l'Asie et de l'Amérique, dans ces régions pour la plupart glacées, vivent des hommes, et ces hommes appartiennent à la race blanche. M. de Quatrefages reconnaît trois familles qui forment ce qu'il appelle le rameau asiatico-américain.

Les Tchouktchis ont été étudiés par Gustave Lambert et par le célèbre voyageur suédois Nördenskiold. Ils les représentent comme ayant le visage plus ou moins allongé, les pommettes et le nez saillants; leur taille est haute et bien prise; leur teint est plutôt clair. Ils habitent l'espace compris entre le fleuve Anadyr et l'Océan Arctique; tandis que les Koriaques, qui sont de la même famille, occupent le nord du Kamtchatka.

Ces peuples ressemblent, paraît-il, beaucoup aux Peaux-Rouges de l'Amérique du Nord, et M. de Quatrefages dit à ce propos que, si les Américains ressemblent aux Tchouktchis, c'est qu'ils en descendent plus ou moins; le sang blanc des Peaux-Rouges leur vient d'eux. Les Tchouktchis sont réellement originaires de l'Asie, et ne descendent pas des Américains.

Il est très probable que les Formosains appartiennent à cette famille des Tchouktchis.

La seconde famille de ce rameau, les Koluches, habitent la côte découpée, bordée d'îles et de détroits qui s'étend depuis l'île de Vancouver jusqu'à l'extrémité de la presqu'île d'Alaska. Ces hommes, bien que métissés, ont encore les caractères essentiels du type blanc. Leur teint, souvent délicat, est toujours assez clair; leur barbe et leurs moustaches sont assez bien fournies. Mais ces gens-là sont peu habitués évidemment à se nettoyer, ce qui obscurcit un peu la finesse de leur coloris; c'est du moins ce que nous dit Dixon :

« On parvint à engager une femme à se laver le visage et les mains. Le changement que cette ablution produisit devint extrême. Son teint avait toute la fraîcheur et le coloris des laitières anglaises, et l'incarnat de la jeunesse, contrastant avec la blancheur de son cou, lui donnait un air charmant..... Son front était si ouvert que l'on pouvait y suivre les veines bleuâtres, jusque dans les plus petites sinuosités... »

Cette jeune fille aurait passé pour belle, ajoute Dixon, même en Angleterre, si elle n'eût été défigurée par l'espèce de botoque qui traversait sa lèvre inférieure.

Les Aïnos (*fig.* 187), qui autrefois peuplèrent tout l'archipel Japonais, Sagalien, et une partie des Kouriles, habitent maintenant le sud du Kamtchatka, les îles Kouriles, Sagalien, le nord de Yéso et les îles Liou-Kiou.

Lorsque nous avons parlé des races nègres, nous disions que les pygmées de Stanley étaient velus; ce n'est rien en comparaison des Aïnos. M. de Rosny dit avoir vu un métis d'Aïno et de Japonais qui portait sur la poitrine des poils de 17 centimètres de long. D'ailleurs, ils ont des cheveux, une barbe, des sourcils longs. Leur peau en général est plutôt claire, bien que certains voyageurs la dépeignent comme foncée. M. de Quatrefages conclut en disant que les Aïnos sont une race fondamentalement blanche et dolichocéphale plus ou moins altérée par d'autres éléments ethniques, dont un, au moins, est essentiellement mongolique.

Les Ékogmuts (Américains), les Kubus (Malais), les Todas (Hindous), sont très velus. Les Aïnos et les Todas ont sans doute une origine commune; ils sont cantonnés dans les montagnes Nilgheries, au sud de l'Inde.

M. de Quatrefages rattache les Miao-Tsés, de son rameau Sinique, à tous ces peuples précédents.

Il termine en disant de ces familles Asiatico-Américaines :

« Il me semble naturel de voir dans ces groupes, soit des *témoins* restés en place, soit des *éclaboussures* jetées au loin par les hasards de l'émigration, comme l'ont évidemment été les Todas (*fig.* 188), chez lesquels on trouve encore le souvenir des derniers voyages qui les ont conduits à l'extrémité méridionale de l'Inde. »

Nous avons parlé du rameau Indonésien au chapitre des populations océaniennes, nous n'y reviendrons donc pas; ce sont les Manobos (Philippines), les Dayaks (Sondanais), les Taïtiens (Polynésiens).

Mais ce qui peut paraître plus important, c'est de dire quelques mots des Caucasiens, car certains auteurs nomment caucasienne la race blanche.

Les peuples du rameau caucasien parlent en général des langues agglutinatives. Ce sont des hommes grands, bien faits, à traits plutôt réguliers, à visage ovale; les yeux sont noirs, protégés par de longs cils; le nez est fin et les lèvres sont minces. Bien que les cheveux soient presque toujours noirs, on trouve des peuplades qui ont les cheveux blonds et les yeux bleus. Les femmes de ces pays sont fort belles.

Les races caucasiennes sont le produit d'un métissage séculaire, résultant d'infiltrations lentes et successives.

Les premiers habitants de ces régions ont dû être dolichocéphales. « Cette considération, dit M. de Quatrefages, a engagé M. Chantre à chercher leur origine dans le sud de la Perse et dans les régions mésopotamiennes. Mais les affinités linguistiques indiquées plus haut s'accordent mal avec cette hypothèse. Elles nous ramènent toutes vers le centre, le nord, le nord-est et l'est de l'Asie, et nous éloignent du sud-ouest où règnent les langues à flexion.

« ... Tout concourt pour montrer dans le Caucase, non pas un *centre d'émigration*, mais au contraire un point où se sont rencontrés des *immigrants* de toutes races. Les hommes qui ont introduit dans ces gorges profondes la pierre polie et le bronze, étaient les *frères* et non les *pères* de ceux qui les importèrent chez nous. »

Un fait intéressant est révélé par l'étude de ces races caucasiennes. Il en était qui se déformaient le crâne. On retrouve de ces crânes allongés artificiellement dans d'anciennes tombes en Crimée, en Angleterre, en France, etc., et M. le Dr Delisle a fait à ce sujet d'intéressantes observations.

En Amérique, les Aymaras se déforment le crâne de la même manière. Une pratique pareille n'a pû naître isolément chez chacun des peuples où nous la voyons se manifester, et M. de Quatrefages en conclut que le peuplement de l'Amérique est dû à des migrations sorties de l'ancien continent. On arrivera même sans doute à connaître exactement les éléments ethniques que le vieux monde a fournis au nouveau.

Les Euskariens, c'est-à-dire les Basques, sont dans le même cas que les Caucasiens. Ils ne sont que le produit d'un métissage prolongé. Il n'y pas eu là des invasions en masse, mais des *infiltrations*. Ils descendent probablement en partie des Ibères qui peuplaient l'Espagne et l'Aquitaine. Actuellement, on ne les trouve qu'entre le golfe de Gascogne et l'Èbre.

Les Basques sont de beaux hommes à cheveux noirs, à tête plutôt longue que courte. Ils ont, selon Brehm, une coutume singulière que nous avons signalée chez des peuples de l'Amérique : lorsque la femme entre en couches, l'homme se met au lit.

Tels sont les principaux rameaux de la branche allophyle.

En tête de la branche allophyle, nous placions deux races fossiles : celles de Canstadt et de Cro-Magnon.

La branche finnique, elle aussi, a des races fossiles. Nous en avons déjà parlé : ce sont les races belge de Furfooz, française de

Fig. 187. — Aïnos, d'après une photographie.

Grenelle, et la race de la Truchère. Mais, actuellement, existe un rameau finnois parfaitement caractérisé, représenté par les Lapons, les Esthoniens, les Finlandais et Votiaks.

Les Lapons ou Sabmi (*fig.* 190), comme ils s'appellent eux-mêmes, habitent le nord de l'Europe, dans la région septentrionale de la Scandinavie et de la Finlande. Ils sont petits mais robustes; leur peau est en quelque sorte enfumée et sa teinte foncée ne tient guère qu'à la crasse qui la recouvre. Ils ont les cheveux noirs, les yeux bruns, les yeux quelquefois un peu obliques, les pommettes saillantes, le nez court et épaté et le front plutôt large. Ils ont les jambes arquées et courtes. Il fait froid dans ces régions du nord, et ils se couvrent de vêtements en peau de renne; cet animal leur sert aussi de bête de somme, car ce sont les rennes ou les chiens qui tirent les traîneaux. C'est un peuple fort peu nombreux, car on n'en compte guère que 9000. Les enfants succombent en grande quantité; il faut dire que ces pauvres petits sont soignés d'une façon bizarre. On les place, à leur naissance, dans une bûche

Fig. 188. — Toda,
d'après une photographie de la collection du Muséum d'histoire naturelle, communiquée par M. de Quatrefages.

creusée et taillée en pointe à ses extrémités, c'est là leur berceau, c'est un nid plutôt; le matelas, en effet, se compose d'un peu de mousse.

La mère le suspend à une branche ou le pique debout dans la neige, lorsqu'elle a besoin de ses deux mains pour vaquer à ses occupations.

Brehm nous dit qu'ils traitent les maladies avec une simplicité étonnante: ainsi, c'est au moyen de sang de renne ou de phoque, qu'il faut avaler chaud, que l'on traite le scorbut, les maux de dents et la migraine. Si le mal persiste, on fait une large incision sur le front. Je crois que ces remèdes ne seraient guère prisés chez nous. Et pour guérir les ophtalmies, ils se grattent les yeux avec la pointe d'un couteau!

X. Marmier dit aussi que, lorsqu'une femme est près d'accoucher, « elle étend une corde d'un bout en travers de la tente et s'y cramponne avec les mains jusqu'à ce qu'elle soit délivrée ».

Singulier peuple! et malgré cette civilisation médiocre, malgré la rigueur des régions qu'il habite, il ne peut vivre loin de son pays; il s'ennuie, il a le spleen.

Les Votiaks, les Esthoniens appartiennent encore à la grande branche finnique. Les premiers, en partie idolâtres, habitent le gouvernement de Viatka; les seconds sont chrétiens et occupent l'Esthonie, province russe.

M. Topinard nous dit que « les Votiaks ont les cheveux rouges; chez aucun autre peuple la couleur rouge ardent n'est aussi fréquente que chez eux. Leur barbe médiocrement fournie est aussi généralement rousse. D'épais sourcils ombragent leurs yeux enfoncés, de nuance bleue, gris verdâtre ou châtain; leur ouverture palpébrale est étroite. Leur nez est droit, aux narines petites; leurs pommettes sont saillantes par le fait de la maigreur, leurs lèvres petites; leurs dents s'usent rapidement, leur menton est rond, leurs oreilles hautes, larges et plates ».

Deux branches importantes du tronc blanc doivent nous arrêter maintenant; elles nous intéressent plus directement que les Allophyles et les Finnois : car l'une est la branche Sémitique dont font partie les Arabes, les Juifs, et l'autre, la branche Aryane, est formée par la plupart des races européennes.

Le rameau sémite comprend la famille chaldéenne, c'est-à-dire les Hébreux ou Juifs; la famille arabe et la famille amara, c'est-à-dire les Abyssins.

Chacun connaît les Hébreux, ou Israélites, ou Juifs; leur ancienneté remonte dans la nuit des temps. Ce peuple a eu sa splendeur, mais il a été pourchassé et torturé partout. Encore de nos jours, on a en horreur les Juifs dans certains pays. Malgré cela, ils tiennent à leur religion; ils sont pour la plupart avides du gain et pratiquent l'usure de la façon la plus complète. Ils sont en général commerçants, banquiers, bijoutiers. Ils sont répandus dans le monde entier.

Ce n'est pas à dire que tous les Israélites aient une morale douteuse; j'en connais pour ma part qui n'ont que les qualités les plus hautes de l'intelligence et qui ne sont Juifs, en quelque sorte, que de nom.

Mais quels sont les caractères physiques des Juifs? Car, on reconnaît presque à coup sûr un Israélite. « Il a, dit Rawlinson, le front droit, mais pas élevé, le sourcil plein, l'œil grand et en forme d'amande, le nez aquilin, un peu gros du bout et trop déprimé, la

Fig. 189. — Cosaque venu au Jardin d'acclimatation, d'après une photographie communiquée par M. Geoffroy Saint-Hilaire.

bouche ferme et forte avec des lèvres assez épaisses, le menton bien formé, la chevelure abondante et la barbe fournie, l'une et l'autre noires. »

Suivant les régions qu'ils habitent, leur teint varie. Ils ont la peau généralement blanche en Europe, jaunâtre à Alger; quelquefois les yeux sont bleus, les cheveux sont blonds et même roux.

Les Arabes sont aussi de cette même branche sémitique, de ce même rameau sémite; ils sont encore très répandus; ils l'ont été beaucoup plus encore à d'autres époques, car ils ont envahi l'Espagne et le sud-est de la France. Depuis l'Égypte jusqu'au Maroc, sur toute la côte africaine de la Méditerranée, on les rencontre; puis, de l'Abyssinie au pays des Foulbes, du golfe d'Aden à la Cafrerie, dans le cœur même de l'Afrique où ils ont fait le commerce des Noirs, et depuis la mer Rouge jusqu'en Asie à l'embouchure du Gange et du Cambodge.

La religion des Arabes, l'islamisme, qui leur permet la polygamie, a contribué largement à modifier le type primitif : car, par suite de la coutume qu'ils ont d'avoir des esclaves, il arrive que des femmes de races très différentes sont souvent réunies dans un même harem et peuvent ainsi donner naissance à des enfants naturellement métissés. Néanmoins, en général, ils ont le visage et le crâne allongés, le front pas très haut, pas saillant; il n'y a ni saillie des mâchoires, ni des pommettes. La bouche est plutôt petite et le menton fuyant. Cheveux, barbe, sourcils, yeux sont généralement très noirs. La peau est plus ou moins basanée.

Qui n'a vu les Arabes fièrement drapés dans leur burnous blanc ? Lorsqu'ils sont chez nous, rien ne semble les étonner, et malgré leur apparente bonté, nous sommes toujours pour eux des « chiens de *roumis*, des chiens de chrétiens ».

La famille Amara, c'est-à-dire les habitants de l'Abyssinie, ont de grandes analogies avec les Somalis qu'on a pu voir récemment au Jardin d'acclimatation. Leur peau est de couleur foncée. Leur front est haut mais rétréci sur les côtés, ce qui accuse davantage la proéminence des pommettes. Le nez est en général assez fin, pas trop gros. Les lèvres sont un peu épaisses mais bien dessinées. Ce qui leur donne un aspect remarquable, ce sont leurs cheveux noirs, crépus et longs qu'ils disposent en touffe sur la tête.

Bien que les Abyssins soient assez civilisés, ils ont conservé l'habitude de manger de la viande crue. Aussi ont-ils le ver solitaire. Je dirai même que c'est de bon ton d'avoir dans les intestins cet hôte incommode. On se demande des nouvelles de son ver, quand on se rencontre, comme nous avons coutume de demander des nouvelles de la santé. Mais ils ne le gardent pas et le font déguerpir en prenant de temps en temps des décoctions de kousso, plante de la famille des Rosacées, qui a le privilège d'être très désagréable aux tænias.

Le rameau libyen de la branche sémitique comprend les familles égyptienne, érythréenne et amazyg. Les Égyptiens, les Berbers ou Kabyles ont eu leurs jours de splendeur. M. le docteur

Fig. 190. — Lapons,
d'après une photographie communiquée par M. Geoffroy Saint-Hilaire.

Le Bon, dans son intéressant ouvrage sur les *Premières civilisations*, nous parle avec détails de ces anciens Égyptiens, de ces Pharaons tout-puissants qui ont fait construire les pyramides, les obélisques, qui embaumaient leurs morts de telle façon qu'on les retrouve encore de nos jours admirablement conservés. On connaît leur histoire, grâce aux sculptures dont ils recouvraient leurs monuments, et nous savons que leur origine est très ancienne. Ils avaient le front bien développé, le crâne large, en arrière ; mais leurs traits étaient plus grossiers que ceux des Arabes. Leurs yeux grands, leur nez droit, leur bouche bien fendue et leurs lèvres épaisses leur donnaient un aspect bien caractéristique. Néanmoins,

Fig. 191. — Arabe de Biskra, d'après une photographie de M. Geiser d'Alger.

il est probable que les figures représentées sur les bas-reliefs ont été tracées d'après un type de convention.

Mais ces anciens Égyptiens ont été asservis par les Romains d'abord, puis vinrent les Musulmans. De sorte qu'il ne reste rien des anciennes coutumes.

Ce sont les Fellahs qui forment la basse société.

Dans les régions sablonneuses et montagneuses situées entre

l'Égypte, l'Abyssinie, le Nil et la mer Rouge, vivent les Bicharis qui, avec les Nubiens, composent la famille érythréenne.

Les Bicharis, quoique bien faits, ont un aspect sauvage dû à leur vie en plein air, sur des sables brûlants. Leur teint est de couleur chocolat clair ou ocre rouge et les cheveux non laineux, mais un peu crépus, sont longs. Les femmes se couvrent seulement depuis la ceinture jusqu'aux genoux. On prétend que ces peuples n'ont aucune croyance religieuse.

Les Nubiens offrent des caractères qui prouvent que l'élément noir est souvent intervenu : « La couleur de leur peau est celle du bronze tirant sur le chocolat et la cannelle, quelquefois plus foncée et même d'un brun noirâtre..... Leurs cheveux sont noirs et crépus; ils ont le nez aplati au bout et large des ailes..... Leurs lèvres sont charnues et grosses..... Le menton est petit, fuyant. » (Hartmann.)

Les Nubiens sont principalement pasteurs, mais aussi ils chassent l'éléphant, la girafe, le rhinocéros, et sont un peu agriculteurs; bien peu en effet : car à l'aide d'un bâton ils se contentent de creuser des trous dans le sol et d'y déposer leurs grains.

Les hommes se recouvrent d'une draperie de coton bordée d'une bande rouge; on a pu les voir au Jardin d'acclimatation, se draper avec aisance dans cette pièce d'étoffe, et les figures que nous donnons ici sont faites d'après des photographies que nous a communiquées M. A.-Geoffroy Saint-Hilaire. Les femmes qui, avant le mariage, n'avaient qu'une jupe courte, portent ensuite le même vêtement que les hommes. Elles se parent de bracelets aux bras et de colliers. Les hommes divisent leurs cheveux en deux parties; une grosse touffe coiffe le sommet de la tête, tandis que le reste pend sur les côtés en petites mèches enduites de suif, ce qui leur donne un aspect raide et dégoûtant.

Ils se servent d'une épée à double tranchant et de javelots qu'ils forgent eux-mêmes. Leurs goûts artistiques sont très restreints et leurs instruments de musique des plus simples. M. Verneau, qui vient de faire paraître un intéressant volume sur les Races humaines, au moment où nous mettons sous presse, nous raconte que pour traverser les cours d'eau les Nubiens n'ont pas besoin d'embarcation. Un simple tronc d'arbre, un palmier, un objet léger quelconque, leur sert de radeau. A l'aide de leurs pieds, ils dirigent cette nacelle des plus primitives.

Les Nubiens sont divisés en nombreuses tribus qui sont constamment en lutte les unes avec les autres. « Les vainqueurs, nous dit M. Verneau, ont l'habitude de pratiquer sur les vaincus l'émas-

Fig. 192. — Arabe riche, d'après une photographie.

culation totale, et ils rentrent dans leurs villages en portant au bout de leurs lances ces hideux trophées..... Les Nubiens sont polygames et achètent leurs femmes. Mais une fille à vendre n'a de valeur que si elle est vierge. Aussi les pères de famille tuent-ils sans pitié celles de leurs filles qui n'ont pas su conserver leur pureté, malgré les précautions d'un certain genre qu'on prend pour les empêcher d'avoir des amants. La femme n'est d'ailleurs qu'une esclave qui ne sort que pour aller voisiner dans les huttes proches de la sienne. »

Ils sont musulmans et parlent une langue mélangée d'arabe et

Fig. 193. — Femme de Biskra, d'après une photographie de M. Geiser d'Alger.

d'abyssin. Les vieillards et les faibles vivent sous la protection des chefs et l'hospitalité est pratiquée dans une large mesure.

Les Kabyles, les Touaregs, les Mozabites occupent aujourd'hui la partie du nord de l'Afrique qui s'étend de l'Océan à Tripoli et du Sahara à la Méditerranée. Nous avons eu à lutter contre eux à différentes reprises. Ils sont grands, leur crâne est allongé, leur front est droit; ils ont le nez droit ou busqué. « Tous les Kabyles, dit E. Duhousset, sont d'une saleté révoltante... les enfants ne reçoivent aucun soin; aussi, résulte-t-il de cette incurie beaucoup d'ophtalmies, parfois la cécité complète; puis des maladies cutanées ou de pires affections héréditaires, que ces montagnards se transmettent de génération en génération, sans cesser pour cela

Fig. 194. — Nubien venu au Jardin d'acclimatation d'après une photographie communiquée par M. Geoffroy Saint-Hilaire.

d'être, les femmes de bonnes mères qui allaitent leurs enfants jusqu'à trois ou quatre ans; les hommes de laborieux ouvriers et de bons agriculteurs. »

Ainsi, la branche sémitique se compose de peuples qui vivent en général dans les mêmes régions et qui ont, plus que tous autres, conservé leur type primitif : ce sont les Juifs, les Arabes, les Abyssins, les Égyptiens, les Kabyles, etc.

C'est dans la branche aryane du tronc caucasique que sont réunis les Blancs d'Europe, c'est-à-dire les Celtes (Allemands du sud et Gaulois), les Slaves (Russes et Serbes) qui forment le rameau pamiro-européen, puis les Grecs, les Germains (Allemands du nord et Suédois); enfin, les Iraniens (Persans et Afghans) et les Hindous.

Tout le monde connaît la géographie de l'Europe, et beaucoup seraient tentés de croire que chacun des États qui la constituent n'est composé que d'un peuple ; qu'il y a, par exemple, les Français, les Allemands, les Anglais, les Italiens, les Espagnols, les Russes, les Grecs, les Suédois, etc., etc. Ce serait une erreur de

Fig. 195. — Nubiens venus au Jardin d'acclimatation, d'après une photographie communiquée par M. Geoffroy Saint-Hilaire.

penser ainsi. Chacun de ces États contient souvent plusieurs races distinctes.

« Nous arrivons, dit M. de Quatrefages, aux populations dont se sont occupés tous les historiens classiques. C'est à eux que je dois renvoyer le lecteur. A vouloir rester sur le terrain de l'ethnogénie descriptive, les matériaux recueillis jusqu'ici, quelque nombreux et importants qu'ils soient, sont encore insuffisants pour permettre une coordination détaillée. La plupart de ces populations et celles qui nous intéressent le plus, sont le produit des métissages multiples sur lesquels j'ai suffisamment insisté. »

Plus on se rapproche de notre époque, plus la tâche est difficile : car les types deviennent à la fois plus nombreux et moins distincts.

Si l'on étudie les crânes des familles comprises sous la dénomination générale d'Aryanes, on distingue deux formes principales représentées « par des populations nombreuses, parlant des langues qui remontent à une souche originelle commune, ayant atteint dans la civilisation des degrés équivalents ». L'une est caractérisée par la dolichocéphalie, l'autre par la brachycéphalie.

Comme M. de Quatrefages, nous renvoyons aux livres des histo-

Fig. 196. — Ali ben Hassem, jeune Kabyle d'Alger, d'après une photographie de l'auteur.

riens pour tout ce qui est relatif aux mœurs, à l'histoire de ces peuples dont nous allons parler; nous nous contenterons ici d'indiquer les divers éléments ethniques qui constituent la branche aryane et, autant que cela sera possible, leur origine.

La nation française actuelle est le résultat de la fusion de plusieurs races d'origines différentes et qui ne possédaient pas primitivement les mêmes mœurs ni la même langue. Aux familles fossiles, dont nous avons entretenu le lecteur au commencement de ce chapitre, sont venus se joindre les Gaulois qui, avec les Rhénans, forment la famille celtique. Dans tous les livres classiques on apprend aux enfants l'histoire des Gaulois, mais on les place à tort comme les premiers occupants du sol. On nous a raconté comment leurs druides cueillaient, avec une serpe d'or, le gui sacré qui poussait sur les chênes, et comment ils considéraient cette plante parasite comme un remède à tous les maux. Nous connaissons la con-

Fig. 197. — Femme, homme et enfant kabyles, d'après une photographie de M. Geiser d'Alger.

quête de la Gaule par Jules César; nous avons admiré le courage de Vercingétorix; nous savons que la Gaule fut ensuite envahie par les Wisigoths, les Huns.

Comme on le voit, dès les temps reculés, un métissage a pu modifier le type des premiers habitants de la France.

Néanmoins l'examen des crânes a permis de retrouver, encore de nos jours, des individus qui descendent de la famille celtique.

Les Celtes étaient brachycéphales, et les Auvergnats en sont les descendants les plus purs.

Les Savoyards, les Bas-Bretons, en France; puis les Croates d'Agram, appartiennent à ce groupe.

Mais d'où venaient-ils ces Celtes? Étaient-ils Européens? Non. MM. Ujfalvy et Topinard ont montré qu'ils étaient d'origine asiatique. M. Ujfalvy a prouvé que les Tadjiks, qui occupent le plateau de Pamir, sont brachycéphales.

M. de Quatrefages adopte les conclusions de ce voyageur et pense avec lui « que les Tadjiks montagnards, les Savoyards, les Auvergnats et les Bretons sont *frères*. Les premiers sont un *témoin* resté bien probablement dans le voisinage du lieu d'origine de la race, les autres sont les descendants des émigrants qui en sont sortis ».

M. Obedenare pense « que vers le cinquième siècle avant notre ère, les Celtes occupaient en Europe une zone s'étendant depuis la Basse-Bretagne jusqu'à la mer Noire. Cette zone aurait été morcelée par des invasions multiples, et les groupes celtiques, isolés les uns des autres, auraient adopté les diverses langues de leurs vainqueurs ».

Les Allemands du Sud, les Bavarois, sont essentiellement brachycéphales. Il en est de même des anciens Ligures, dont on retrouve des descendants dans la région maritime du Piémont, et même jusqu'à l'extrémité de l'Italie, à en croire les recherches de M. Nicolucci. Cet auteur pense que les anciens Romains, qui étaient mésaticéphales, établissent un passage entre les brachycéphales dont nous venons de parler et les dolichocéphales qui forment le rameau Indo-Européen.

Dans le rameau Pamiro-Européen, M. de Quatrefages place encore les Slaves, qui, d'après A. Maury, constituent la race qui, en Europe, « a le plus d'unité et que les croisements ont le moins altérée ».

Les Slaves présentent une diversité de types nombreuse : ce sont les Serbes, les Esclavons, les habitants de la Bosnie, du Monténégro, de la Croatie, les Bulgares et les Russes d'une part, au sud-est, et à l'ouest les Polonais, les Bohémiens, les Vindes de la Lusace et les Vindes de la Carniole et de la Carinthie. Puis rentrent encore dans ce groupe les Lithuaniens, les populations de la Prusse orientale, de la Courlande, de la Livonie, du gouvernement de Riga (extrémité orientale), etc.

Dans la presqu'île des Balkans les races sont tellement enchevêtrées qu'il est bien difficile d'en établir nettement la généalogie.

Si nous considérons les races dolichocéphales qui forment la branche Indo-Européenne, nous y trouvons des éléments bien variés également : la famille Germaine (Suédois, Allemands du Nord) d'abord, puis la famille Helléno-Latine (Grecs, Albanais, Latins), la famille Iranienne (Persans et Afghans) et la famille Hindoue (Hindous et Siapochs).

Tandis que les Allemands du Sud sont brachycéphales et sont d'origine celtique, les Allemands du Nord sont dolichocéphales ; ils habitent le Hanovre, le Holstein, la Flandre, la Hollande, la Frise. Ces hommes grands, robustes, massifs, à cheveux blonds, à yeux clairs, sont positifs, pratiques et matériels.

Les Scandinaves peuplent la Suède, la Norvège, le Danemark, les Féroë et l'Islande, ainsi que quelques parties de la côte occidentale Finlandaise. Ils offrent les caractères physiques des Germains du Nord.

Les Prussiens, que l'on confond si aisément avec les Germains, sous la dénomination d'Allemands, sont presque étrangers à l'Allemagne. Ils ont en quelque sorte placé les Germains sous leur domination en relevant l'empire d'Allemagne. Ils résultent du mélange des populations autochthones avec des Slaves et des Finnois. Puis, aux XIIe et XIIIe siècles, les Germains se joignirent à ces peuples; mais au XVIIe siècle, « à peine Louis XIV avait-il révoqué l'édit de Nantes, que le Grand-Électeur répondit par l'édit de Potsdam, ouvrant ainsi aux émigrants français une seconde patrie dans toute l'étendue du terme [1] ».

On voit donc que les Prussiens contiennent des éléments de races

1. DE QUATREFAGES. *La Race prussienne* (*Revue des Deux Mondes*, 1871).

diverses et ne peuvent être identifiés avec les Germains proprement dits.

Les Anglais, eux, tiennent des Celtes et des Germains.

Une famille non moins importante est celle qu'on nomme Helléno-Latine. Les Grecs, les Latins, avaient sans doute pour ancêtres les Pélasges mélangés avec des populations venues de l'Asie; les Phéniciens, puis les Romains, se mêlèrent aussi avec eux. Le Péloponèse fut également pendant plusieurs siècles sous la domination des Avares; enfin les Slaves l'envahirent aussi. Il en est résulté des métissages sans nombre. Mais ce n'est pas tout : il y eut des mélanges de Grecs et d'Albanais. Les Albanais se sont à leur tour croisés avec les Bulgares et les Serbes. On voit donc que la population de la Grèce actuelle n'est rien moins qu'homogène, au même degré que celle de l'Albanie.

Élisée Reclus nous donne un portrait du type grec : « Le Béotien a cette démarche lourde qui faisait de lui un objet de risée parmi les autres Grecs; le jeune Athénien a la souplesse, la grâce et l'allure intrépide que l'on admire dans les cavaliers sculptés sur les frises du Parthénon; la femme de Sparte a gardé cette beauté forte et fière que les poètes célébraient autrefois chez les vierges doriennes ».

Quant au groupe *latin* de cette famille Helléno-Latine, il occupe la France, l'Italie, la Roumanie, l'Espagne et le Portugal.

Nous avons déjà trouvé en France les Basques (Allophyles Euskariens), les Auvergnats, les Savoyards, les Bretons (Aryans-Celtiques). Maintenant les autres populations sont le résultat du croisement des Celtes avec les Francs, les Goths, etc.

Les Goths et les Vandales croisés avec des populations ibères, celtibères, lusitaniennes, et avec des Latins, donnèrent naissance aux Espagnols et aux Portugais, qui se croisèrent plus tard avec les Arabes-Berbères, avec les Maures, qui avaient envahi leur territoire.

Les Romains ont débuté fort modestement; ils n'étaient d'abord qu'un petit peuple du Latium. Les Sabins, les Latins proprement dits et les Etrusques ont eu les Pélasges pour ancêtres croisés avec les Sicules, les Aborigènes, etc., qui occupaient le pays.

Au second siècle de notre ère des colonies romaines se fondèrent dans la Dacie, la Moesie, se mêlèrent aux populations autochthones. Puis plus tard, aux Ve et VIe siècles, des Slaves vinrent à leur tour mêler leur sang à celui des métis de Romains et de Daces, et de tous ces mélanges est sorti le peuple Roumain. J'extrais de l'édition française de Brehm [1] les passages suivants qui dépeignent bien les caractères physiques de ces divers peuples :

Fig. 198. — Mendiants kabyles, d'après une photographie de M. Geiser d'Alger.

« On comprend aisément que des croisements si variés aient produit une assez grande variété de types parmi les Latinisés.

« Les *Français* présentent plusieurs types, en dehors des Celtes et des Basques. Au nord, nous trouvons en Normandie, en Picardie, dans les Ardennes, jusqu'en Champagne et en Bourgogne, des populations de haute taille, à cheveux généralement blonds et aux yeux

1. Brehm. *Les Races humaines*, édition Baillière, page 23 (1re édition).

clairs. Dans le midi on rencontre des individus à stature moins élevée, avec des cheveux et des yeux noirs.

« Au point de vue linguistique on trouve des différences analogues; les Français proprement dits, vers le cours inférieur de la Loire, sont ceux dont les dialectes diffèrent le moins de la langue écrite; dans le nord, les Wallons ont une prononciation qui se rapproche de celle des peuples teutons.

« Les dialectes des Romans du midi se confondent avec ceux de l'Espagne et de l'Italie.

« D'une taille moyenne, l'*Espagnol*, sec et bien musclé, présente dans la physionomie quelque chose de rude. Sa peau est brune, ses cheveux et ses yeux sont noirs. La femme a de grands yeux cachés par des cils longs et épais; sa taille cambrée ondule gracieusement; ses membres arrondis se terminent par des mains et des pieds d'une finesse remarquable.

« L'*Italien*, celui des environs de Rome spécialement, car dans le nord et le midi la population est fort mêlée, présente une tête large et courte; le front monte droit; le nez aquilin offre, à sa racine, une dépression bien accusée; la mâchoire inférieure présente un menton saillant. Les traits sont d'une régularité étonnante.

« Les *Roumains* (Moldaves et Valaques) présentent beaucoup de rapports avec les Espagnols et les Italiens. La taille est moyenne, les cheveux noirs ou châtains, jamais blonds ni roux; les yeux sont bruns, de même que le teint. Le crâne est arrondi, large en arrière; le front bien développé, les yeux grands, le nez droit ou aquilin, la bouche bien dessinée et les lèvres d'une grosseur non exagérée; les pieds et les mains sont plutôt petits que grands. »

Français, Roumains, Italiens, Espagnols, voilà des peuples frères, latinisés, qui devraient toujours marcher la main dans la main à la tête de la civilisation européenne.

Les Iraniens et Hindous forment un « *rameau* des plus naturels à peine divisible en familles », tant au point de vue physique qu'au point de vue de la linguistique, et tous deux avaient pour ancêtres les Aryans primitifs proprement dits, qui habitaient une contrée qu'ils appelaient Airyana Vaega ou Ééryéné Véedjo. Ils partirent de là et s'emparèrent successivement de tous les territoires compris entre la Boukharie, le Séistan, les environs de Téhéran et le haut bassin de l'Indus. Il est probable que ces Aryans se séparèrent en deux branches, se différencièrent petit à petit et devinrent les uns des Persans, les autres des Hindous. « On peut admettre avec probabilité, dit M. de Quatrefages, que les ancêtres des Hindous s'étaient séparés de leurs frères depuis assez longtemps pour avoir acquis des caractères distinctifs, que le temps et les conditions d'existence ont de plus en plus accentués. » Ils ont occupé la vallée du Kophès dès les débuts des temps védiques. C'est en traversant l'Hindoukoh, pense Maury, qu'ils ont atteint cette station. Là, dans les montagnes vivent les Siapochs, qui ont le type des plus belles races blanches.

« Certains auteurs, dit M. de Quatrefages, ont même voulu voir en eux les descendants de quelques soldats d'Alexandre; mais cette opinion repose seulement sur des préjugés ultra-classiques et n'a certainement rien de fondé.

« Les Siapochs parlent un dialecte sanscrit et paraissent avoir des croyances religieuses rappelant celles des anciens Aryans. Aussi les ai-je depuis longtemps regardés comme un *témoin* de cette vieille race. »

La beauté du type persan a toujours été célèbre, celle des femmes surtout, qui sont particulièrement remarquables par leurs beaux yeux noirs et leur doux regard. Leur peau est blanche, mais quelquefois un peu brune. Les Persans sont gais, mais fort paresseux, aimant les riches toilettes et la musique.

Nous avons vu à Paris, à plusieurs reprises, le Shah de Perse et sa suite, et nous avons pu constater que ce souverain aime passionnément les pierreries.

Les Arméniens ressemblent beaucoup aux Persans; mais tandis que les premiers sont catholiques, protestants ou grégoriens, les seconds croient à un Dieu bon et à un Dieu mauvais, ils suivent la religion de Zoroastre.

Les Hindous, d'une taille moyenne, ont le teint presque noir ou très clair suivant qu'ils appartiennent à la basse classe ou aux classes élevées de la société. Leur front est haut, leurs yeux sont grands et protégés par de longs cils noirs. Le nez est aquilin et peu large, la bouche plutôt petite et les lèvres en général minces. Les pommettes ne sont pas saillantes et les cheveux, dans la grande majorité des cas, sont noirs. Eux aussi aiment avec passion les bijoux, les toilettes.

Fig. 199. — Espagnole de Séville, d'après une photographie.

Ils sont divisés en plusieurs castes qui ont chacune leur religion spéciale.

Dans la caste des *Brahmanes* nous trouvons les prêtres et les savants; dans celle des *Radjipartes* sont les guerriers; les *Banians* sont commerçants ou agriculteurs; enfin les ouvriers de divers métiers sont de la caste des *Soudras*. Et chaque caste n'a aucun rapport avec une autre caste. Les parias sont les individus des castes inférieures, ils mangent du bœuf, et à cause de cela les Européens sont mis sur le même rang.

Fig. 200. — Persan,
d'après une photographie de la collection du Muséum d'histoire naturelle communiquée par M. de Quatrefages.

Les Cinghalais, dont nous donnons une figure d'après une photographie prise au Jardin d'acclimatation, font partie du grand rameau Indo-Européen.

Ils rentrent dans le groupe brahmanique, de même que les Hindous et les Tsiganes.

Telles sont les diverses familles de la grande race blanche. On a pu le voir, il est difficile de trouver des types absolument purs.

Tous, par suite des invasions, des voyages, des voisinages, sont plus ou moins métissés et plus ou moins compliqués d'origine.

Nous terminons ces chapitres relatifs à l'étude de l'homme en reproduisant une page de l'ouvrage de M. de Quatrefages que nous avons si souvent cité. C'est, en effet, le livre le plus récent qui traite de ces questions intéressantes, et le nom illustre de l'auteur

Fig. 201. — Hindou, d'après une photographie de la collection du Muséum d'histoire naturelle communiquée par M. de Quatrefages.

suffit pour en prouver toute l'importance et la haute valeur scientifique.

« Nous venons de passer bien rapidement en revue l'ensemble des populations humaines que l'on peut le plus nettement distinguer, que l'on doit, par conséquent, regarder comme plus ou moins typiques et grouper dans les tableaux des *races pures* ou *pouvant être considérées comme telles*. Mais on vient de voir qu'en réalité cette pureté ethnique n'existe à peu près chez aucune d'elles. Chez toutes, nous avons trouvé la preuve que les plus isolées en apparence se sont, à des degrés divers et à des temps plus ou moins espacés, mêlées à quelqu'une de leurs sœurs. En d'autres termes, le métissage humain s'est montré *toujours* à l'œuvre dans le passé.

« Mais jamais il n'a été aussi actif, aussi universel, que de nos

Fig. 202. — Cinghalais venus au Jardin d'acclimatation, d'après une photographie communiquée par M. Geoffroy Saint-Hilaire.

jours, grâce à l'intervention de plus en plus énergique du Blanc Européen. Suivant les voies ouvertes par les grands découvreurs des XVe et XVIe siècles, les élargissant chaque jour, ce dernier venu de la famille humaine a jeté les flots de ses émigrants sur le globe entier. Ses races, cent fois mêlées elles-mêmes; sont allées partout, traînant trop souvent à leur suite le Noir esclave, et partout de nouvelles races métisses sont nées autour de leurs colonies et ont grandi avec une rapidité dont on ne se rend pas assez compte. J'en ai cité plus haut quelques exemples; j'aurais pu les multiplier. Je me borne à rappeler un chiffre général et quelques dates.

« En 1869, d'Omalius d'Halloy, portant à 1 200 millions la population totale du globe, estimait que le nombre des métis était de 18 millions, c'est-à-dire d'environ un soixante-sixième de cette population. Il ne comptait d'ailleurs que le produit des unions entre les races extrêmes : l'Européen d'une part, le Nègre, l'Américain et quelques Malais de l'autre. Il acceptait pour Blancs tous les individus inscrits comme tels dans les statistiques. J'ai montré plus haut combien elles sont inexactes à ce point de vue. A l'époque même où le savant belge publiait le résultat de ses recherches, le nombre des métis était certainement plus considérable qu'il ne le croyait; à coup sûr, il s'est encore accru depuis.

« Eh bien, on le sait : l'Amérique a été découverte en 1492, le Cap doublé en 1497. Mais le mélange des races n'a pu s'effectuer sur une échelle un peu considérable qu'après la conquête des Indes (1518), du Mexique (1525) et du Pérou (1534). Trois siècles et demi à peine nous séparent de cette époque, et l'on vient de voir ce qu'ils ont produit.

« Chaque jour les communications d'un bout du monde à l'autre deviennent plus fréquentes et plus faciles; chaque jour quelque empire, quelque continent, jusque-là fermés, s'ouvrent à l'activité inquiète de l'Européen. Pour lui le champ du métissage s'accroît d'autant. Encore quelques siècles de calme relatif et de progrès, et l'on peut prévoir que le Blanc d'Europe aura mêlé son sang à celui de toutes ou presque toutes les races du globe; il leur aura donné une part de ses instincts supérieurs; il aura grandi l'humanité. »

LIVRE III

Fig. 203. — Semnopithèque Entelle ou singe sacré des Hindous.

LIVRE III

CHAPITRE PREMIER

Les Singes.

Lorsqu'on interprète mal la théorie du transformisme, on représente les singes comme les ancêtres de l'homme, et certaines personnes sont fort choquées du rapprochement. Si l'on approfondit la question, on la trouve plus complexe qu'elle ne semble être aux esprits superficiels. Nous avons essayé de montrer au lecteur, dans notre livre Ier, que le transformisme ne prétend pas expliquer la présence de l'homme sur la terre en lui donnant le singe pour père. Il est évident que les singes supérieurs ressemblent beaucoup plus à l'homme qu'ils ne ressemblent eux-mêmes aux singes les plus inférieurs; néanmoins il existe un abîme entre le singe le plus élevé comme organisation et l'homme le plus dégradé. A cause de leurs formes, certains singes ont reçu le nom d'*anthropomorphes*, ce qui veut dire « à forme d'homme ». Mais comme nous pourrons nous en convaincre, il faudrait être à une distance bien grande d'un de ces singes *anthropomorphes* pour le confondre avec un être humain.

Si l'on fait abstraction de l'intelligence, si l'on se place au point de vue physique, on voit que l'homme est, en quelque sorte, le cousin germain du singe. Les singes sont, en somme, des mammifères à mamelles pectorales, comme l'homme.

On en rencontre en Afrique, en Asie, en Amérique; et même en Europe on en trouve quelques-uns sur le rocher de Gibraltar; ce qui prouve que ce point a été un jour relié au continent africain.

Mais tandis que les singes de l'ancien monde ont le même nombre de dents que l'homme, c'est-à-dire à chaque mâchoire : 4 incisives, 2 canines, 2 prémolaires et 3 molaires, ce que l'on représente par la formule $(\frac{2.1.2.3}{2.1.2.3})$, les singes d'Amérique ont 36 dents, deux prémolaires en plus à chaque mâchoire; quelques espèces n'ont que 32 dents, comme les ouistitis, mais c'est parce que le nombre des grosses molaires est moindre $(\frac{2.1.3.2}{2.1.3.2})$. Les naturalistes ont donc divisé les singes en deux grands groupes, les singes de l'ancien monde et les singes du nouveau monde. Parmi les premiers, on en trouve qui n'ont pas de queue, d'autres qui en sont pourvus, mais jamais, dans ce cas, cette queue ne peut s'enrouler, tandis que chez les seconds la queue est préhensible, l'animal pouvant s'en servir pour se suspendre aux branches.

L'homme possède une main au membre antérieur, et cette main est exclusivement destinée à saisir les objets; les singes ont quatre mains, les pieds étant de vraies mains. Qu'est-ce qui fait différer la main du pied de l'homme? — C'est que ces organes ont chacun un but spécial : le pied sert à la marche, et la main est un merveilleux instrument de préhension. Le singe, lui, a quatre mains ou plutôt quatre organes qui servent à la fois à la préhension et à la marche. Les pouces et orteils sont opposables aux doigts chez le singe, ce qui n'a lieu que pour la main chez l'homme.

Les singes anthropomorphes n'ont pas de queue et leurs fesses sont dépourvues de callosités, sauf chez une espèce, le gibbon.

En Afrique, sur la côte occidentale voisine de la Guinée, et au Gabon, existent les gorilles et les chimpanzés.

Le gorille est certainement le singe le plus hideux que l'on

Fig. 204. — C'est dans les forêts de la côte guinéenne que vit le Chimpanzé.

puisse imaginer. Il inspire aussi de la terreur à tous ceux qui l'ont rencontré. C'est dans les vallées broussailleuses ou sur les collines couvertes de hauts arbres que vit cet énorme animal. Il a près de six pieds de long, et il est d'une force colossale. Le corps est couvert de longs poils d'un brun noir; la tête a un aspect féroce, surtout chez le mâle, dont le crâne est surmonté d'une crête osseuse qui donne insertion à des muscles puissants. Son cou est court, mais aussi large que la tête; ses mâchoires sont garnies de dents solides dont les canines ne le cèdent en rien à celles des lions. Malheur au pauvre nègre, ou au voyageur qui a tiré sur un gorille sans le tuer; l'animal furieux le broiera aussi facilement que nous écrasons une mouche, il brisera son arme, rien ne peut lui résister. Il attaque l'homme face à face, et presque toujours l'homme succombe. Du Chaillu nous raconte une lutte avec un gorille; j'extrais quelques passages de son récit :

« ..... Soudain nous fûmes en présence d'un énorme gorille mâle. Il avait traversé le fourré à quatre pattes; mais quand il nous aperçut, il se redressa de toute sa hauteur, et nous regarda hardiment en face. Il se tenait à une quinzaine de pas de nous... Son corps était immense, sa poitrine monstrueuse, ses bras d'une incroyable énergie musculaire. Ses grands yeux gris et enfoncés brillaient d'un éclat sauvage, et sa face avait une expression diabolique. Tel apparut devant nous ce roi des forêts de l'Afrique.

« Notre vue ne l'effraya pas. Il se tenait là à la même place et se battait la poitrine avec ses poings démesurés, qui la faisaient résonner comme un immense tambour. C'est leur manière de défier leurs ennemis. En même temps il poussait rugissement sur rugissement.

« Le rugissement du gorille est le son le plus étrange et le plus effrayant qu'on puisse entendre dans ces forêts. Cela commence par une sorte d'aboiement saccadé, comme celui d'un chien irrité, puis se change en un grondement sourd qui ressemble littéralement au roulement lointain du tonnerre, si bien que j'ai été parfois tenté de croire qu'il tonnait, quand j'entendais cet animal sans le voir. La sonorité de ce rugissement est si profonde, qu'il a l'air de sortir moins de la bouche et de la gorge que des spacieuses cavités de la poitrine et du ventre. Ses yeux s'allumaient d'une flamme plus ardente pendant que nous restions immobiles sur la défensive. Les poils ras du sommet de sa tête se hérissèrent et commencèrent à se mouvoir rapidement, tandis qu'il découvrait ses canines puissantes en poussant de nouveaux rugissements de *tonnerre*... Il avança de quelques pas, puis s'arrêta pour pousser son épouvantable rugissement; il avança encore et s'arrêta de nouveau à dix pas de nous, et comme il recommençait à rugir en se battant la poitrine avec fureur, nous fîmes feu et nous le tuâmes.

« Le râle qu'il fit entendre tenait à la fois de l'homme et de la bête. Il tomba la face contre terre. Le corps trembla convulsivement pendant quelques minutes, les membres s'agitèrent avec effort, puis tout devint immobile : la mort avait fait son œuvre. »

Ce monstre n'est connu que depuis peu; c'est le missionnaire Savage qui l'a découvert en 1847 : il n'y a donc pas même cinquante ans.

Quant au chimpanzé, c'est dans les forêts des vallées de la côte guinéenne qu'il faut le chercher. Il est plus petit que le gorille, et son aspect est assurément moins féroce que celui de ce dernier; il est plus doux, plus facile à apprivoiser, plus intelligent par conséquent.

Il vit en grandes sociétés, tandis que le gorille ne se rencontre pas en troupe. Ces deux singes vivent plutôt à terre que sur les arbres; ils ne grimpent que pour aller à la recherche de leur nourriture, qui est exclusivement végétale, et se construisent dans les arbres des sortes de nids. En général, ils se tiennent assis, pour se reposer, le dos appuyé contre un tronc d'arbre.

On a eu, à différentes reprises, des chimpanzés en domesticité, et on a pu se convaincre de leur supériorité intellectuelle sur les autres singes. Malheureusement notre climat européen les tue rapidement; ils meurent presque toujours de la phthisie.

Si nous quittons le continent africain, nous trouvons d'autres espèces de singes anthropomorphes en Asie. J'en citerai deux : l'orang-outang et le gibbon.

L'orang-outang était déjà connu par Pline; il vit dans les forêts marécageuses des vallées du sud et de l'ouest de Bornéo. Il devient plus rare par suite de la chasse que lui fait l'homme. Ces singes vivent en petites sociétés et les vieux mâles restent solitaires.

Il est plus petit que le gorille, et les mâles n'atteignent guère que quatre pieds de haut; il est couvert de poils roux plus longs sur les côtés du corps, formant même une sorte de barbe autour du visage. Les mâles ont, en outre, aux pommettes des saillies ou callosités saillantes en forme de croissant.

On dépeint en général l'orang comme un animal doux et paisible, assez intelligent pour se servir de quelques-uns de nos instruments, lorsqu'il est captif. Frédéric Cuvier étudia à Paris un orang âgé de dix à onze mois, mais qui mourut au bout d'un mois

Fig. 205. — L'Orang-Outang vit dans les forêts marécageuses des vallées du sud et de l'ouest de Bornéo.

de captivité. Depuis cette époque on en a vu à plusieurs reprises dans les ménageries.

Dans l'Inde et dans les îles avoisinantes vivent des singes plus petits que les précédents et qui s'en distinguent en particulier par la présence de petites callosités aux fesses. Ils ont, en outre, les bras plus longs, plus grêles, et, au lieu d'être lents dans leurs mou-

Fig. 206. — Malheur au pauvre nègre, au voyageur qui a tiré sur un Gorille sans le tuer; l'animal furieux le broiera aussi facilement que nous écrasons une mouche, il brisera son arme, rien ne peut lui résister.

vements comme l'orang-outang, ils sont doués d'une agilité surprenante, sautent de branche en branche et poussent souvent des cris qui s'entendent à plusieurs kilomètres de distance. J'ai eu l'occasion d'en voir un dans la ménagerie du Muséum; il poussait des hurlements épouvantables. C'était d'abord un hou... hou... hou... en montant, comme s'il voulait essayer la puissance de sa voix, prendre en quelque sorte son élan, gonfler sa poitrine; puis c'était hou...hou... hou... (en montant), hou... hou... hou... (en montant), hou... (égal), hou... (égal), hou... (égal), hou... (égal); hou... hou... (en descendant), hou... Il semblait crier : Au voleur! au voleur! En liberté, il paraît que c'est au soleil levant qu'ils font entendre ces hurlements.

Les gymnastes que l'on voit souvent dans les cirques ne sont rien en comparaison de ces légers animaux. Ce n'est pas d'un trapèze à un autre trapèze qu'ils s'élancent; après s'être balancés pendant quelques instants, pendus à une branche à l'aide de l'un de leurs longs bras, ils s'élancent dans l'espace et atteignent bientôt, avec une sûreté étonnante, une autre branche située à une distance prodigieuse de la première (*fig* 207).

Sur terre il n'en est pas de même : ils sont maladroits, lents et inhabiles à marcher, à se traîner pour mieux dire, ne sachant que faire de leurs longs bras. Ce sont d'ailleurs des singes fort peu intelligents et apathiques; cependant ils sont doux en captivité.

Ils sont classés dans le genre *Hylobates* et on en connaît une dizaine d'espèces.

Tels sont les singes anthropomorphes, c'est-à-dire ceux qui par la forme de leur corps se rapprochent le plus de l'homme; ils sont, comme on a pu le voir, peu nombreux, tandis qu'il existe un grand nombre d'espèces des autres groupes. Nous ne parlerons que des plus remarquables.

Dans l'Inde et dans les îles de la Sonde, on rencontre d'autres singes, les Semnopithèques, qui sont de taille moyenne, aux formes grêles, aux membres longs, pourvus d'une longue queue, à museau court, à callosités petites. Ils ont un estomac qui permet de les distinguer des autres singes; il est, en effet, divisé en plusieurs loges, rappelant celui des Ruminants et des Kanguroos. Les pouces des mains antérieures sont rudimentaires.

L'espèce la plus commune dans l'Inde est le Semnopithèque Entelle, le singe sacré des Hindous. (Voir la figure placé en tête de ce chapitre.) C'est un animal de 40 centimètres de long avec une queue longue de 60 centimètres, terminée par une touffe de poils; il a le pelage blanchâtre, mais la face est noire. Ce singe commet toutes les déprédations possibles avec une impunité absolue, et si par malheur un Européen veut en tuer un, il doit redouter la vengeance des Hindous. Néanmoins les Anglais se sont vus obligés d'en détruire beaucoup, malgré ces croyances superstitieuses. Les

Fig. 207. — Le Gibbon.

Hindous les soignent même quand ils sont malades. Tout cela tient à ce que les Hindous croient à la métempsycose; ils se figurent que leurs âmes et celles de leurs rois iront, après la mort, dans le corps de ces singes.

A Java, dans les grandes forêts, existe une autre espèce de Semnopithèque, celui qu'on nomme le Semnopithèque Maure, à cause de son pelage noir. Mais on trouve à Bornéo les Semnopithèques Douc et Nasique ou Kahan. Ce dernier (*fig.* 208) est fort remarquable à cause de son long nez mobile, sillonné au milieu dans toute sa longueur. Son pelage est d'un brun vif, avec des taches de couleur jaune, brun rouge ou brun foncé.

Brehm nous dit que « les Indiens paraissent accorder à ce singe une haute intelligence, et croient même qu'il tire son origine d'hommes farouches, réfugiés dans les bois pour ne pas payer de contributions dans les villes ». Les indigènes estiment sa chair.

En Afrique, on trouve des singes analogues aux Semnopithèques d'Asie, les Colobes, dont les mains antérieures sont dépourvues de pouce. Ce sont des singes vifs, gracieux et généralement couverts d'un beau pelage.

Fig. 208. — Le Semnopithèque Nasique est fort remarquable à cause de son long nez mobile, sillonné au milieu dans toute sa longueur.

Le Colobe Guéréza, qui vit en Abyssinie, est en particulier fort remarquable (*fig.* 209). Il a le dos, les membres et la poitrine noirs; puis a des poils blancs plus longs sur le train de derrière, au bout de la queue et autour du visage. Sa peau est fort recherchée et les Abyssins lui font une chasse active. « C'est lorsqu'il est poursuivi, nous raconte Brehm, que le Guéréza se montre dans toute sa beauté. Ce singulier animal, si merveilleusement orné, saute d'une branche sur l'autre ou de quarante pieds de hauteur sur le sol, avec autant de grâce et de facilité que d'audace et de prudence; son manteau blanc vole autour de lui comme le burnous du Bédouin fuyant sur son rapide coursier. Il vit toujours sur les arbres, trouve tout ce dont il a besoin dans ces hauteurs aériennes, et ne descend à terre que lorsque des ennemis le serrent de trop près. Sa nourriture est la même que celle de tous les singes arboricoles, et consiste en bourgeons, feuilles, fleurs, baies, fruits et insectes. »

Il y a encore le Colobe Ours, le Colobe Satan, qui vivent en Guinée, à Fernando-Po, etc.

L'Afrique est le pays des nègres et des singes. Nous avons vu déjà que les plus gros d'entre eux y vivent : le gorille, le chim-

Fig. 209. — Le Colobe Guéréza vit en Abyssinie.

panzé; nous allons en rencontrer d'autres, qui, bien que moins gros, ne sont pas moins intéressants.

Ce sont d'abord les Cercopithèques, qui différent des Colobes par la présence d'un pouce aux mains antérieures et par l'absence de touffe de poils au bout de la queue. On en connait une vingtaine d'espèces, toutes à robe de couleur claire ou bigarrée. On en voit souvent dans les jardins zoologiques et on les nomme vulgairement des *guenons*. Ils sont espiègles, mais faciles à apprivoiser.

On les rencontre par grandes bandes dans les forêts humides; mais ils font souvent des incursions dans les plantations et pillent tout ce qu'ils trouvent sur leur passage; s'ils traversent un champ de maïs, par exemple, ils en mangent sur place, mais ils sont prévoyants et pensent à emporter des épis, des grains; ils en tiennent dans leurs mains et en mettent — j'allais dire dans leurs poches —

Fig. 210. — On rencontre les Cercopithèques par grandes bandes dans les forêts humides de l'Afrique; mais ils font souvent des incursions dans les plantations et pillent tout ce qu'ils trouvent sur leur passage.

non, mais dans des abajoues qui en tiennent lieu. Ils les emplissent donc et rien n'est plus curieux que de voir à quel point ils peuvent ainsi distendre ces poches que la nature leur a données.

En Afrique et dans le sud de l'Asie vivent d'autres singes, les Macaques, qu'on a divisés en deux tribus : les *macaques* proprement dits, qui ont une queue et qui habitent l'Asie, et les *magots*, qu'on rencontre dans le nord de l'Afrique et au Japon, et qui n'ont qu'une queue rudimentaire. Il fut un temps où ils étaient répandus en Europe; mais de nos jours ils n'occupent qu'un point de notre continent, le rocher de Gibraltar.

Le Macaque bonnet chinois habite le Malabar; on lui a donné ce nom à cause des poils de la tête qui semblent former une chevelure avec une raie. Les habitants du Malabar, les considérant comme sacrés, leur élèvent des temples, et cette circonstance fait qu'ils ne se gênent nullement pour piller les jardins.

Fig. 211.
Le Macaque Rhésus est très répandu dans l'Inde.

Le Macaque Rhésus est très répandu dans l'Inde; son pelage est grisâtre, et les callosités des fesses sont d'un rouge vif. Celui-là encore est une sorte de dieu pour les indigènes, qui le respectent beaucoup. Il dévaste donc tout sans vergogne; mais, bien plus, on cultive à son intention des jardins fruitiers! Ils entrent, sans se gêner, dans les maisons, et enlèvent ce qui leur convient. Les Hindous veulent même punir de mort celui qui tue un de ces singes.

On raconte qu'il y eut un soulèvement en masse des indigènes parce que deux officiers anglais avaient tué un Rhésus.

Brehm nous raconte qu'un Anglais vit, pendant deux ans, ces animaux lui tout dérober. Il ne savait plus comment se défendre. Ses plantations de cannes à sucre étaient ravagées par les éléphants, par les porcs et surtout par les singes. Un fossé profond et un échalier le protégèrent bien contre les éléphants et les porcs; mais les singes se jouaient des remparts et des fossés : ils grimpaient après l'échalier et volaient après comme avant. Le planteur eut alors l'idée de s'emparer, par un stratagème qui lui réussit, d'un certain nombre de petits Rhésus qu'il emporta chez lui et qu'il barbouilla d'une espèce d'onguent préparé d'avance et consistant en un mélange de sucre, de miel et d'émétique. Ainsi badigeonnés, les jeunes singes furent remis en liberté. Leurs parents inquiets et qui épiaient leur retour, témoignèrent leur joie en les revoyant et s'empressèrent de débarrasser leur pelage de l'enduit qui les rendait méconnaissables. L'opération était d'autant plus engageante que la substance à enlever était douce au palais. Mais le plaisir que leurs fonctions de bons parents leur procuraient ne fut pas de longue durée, l'émétique ayant eu un prompt et entier effet. Dès ce moment, ajoute-t-on, les plantations de l'Anglais ne furent plus ravagées, les singes ayant été dégoûtés à tout jamais des cannes à sucre.

C'est à Bornéo, à Sumatra et dans la presqu'île Malaise que l'on trouve le Macaque Maimon.

Quant au Magot (*Macacus Inuus*), c'est lui qu'on voit en Algérie. Aux gorges de la Chiffa, en Algérie, j'ai pu voir ces singes qui viennent, le matin, boire dans le torrent. Leur corps est élancé, leur queue est tellement rudimentaire qu'on ne la voit qu'à peine; leur pelage est d'un gris jaunâtre, passant au brun verdâtre sur le dos et sur la face externe des membres.

Ces singes vivent en troupe sous la conduite d'un vieux mâle rusé; ils font des grimaces, des claquements de dents qui sont connus de tous ceux qui, dans les ménageries, se sont amusés à les exciter. C'est en effet un de ceux qu'on voit le plus facilement en Europe à l'état captif; il mange les insectes et les scorpions, à ce que l'on dit. Ce sont ces Magots qui habitent encore, en Europe, Gibraltar.

Les singes de l'ancien monde, que nous allons étudier, sont bien plus grossiers que tous ceux que nous avons vus. Ils doivent occuper le bas de l'échelle, tant au physique qu'au point de vue moral : ce sont les Cynocéphales. Leur nom l'indique : ils ont une tête de chien, un museau allongé et des canines puissantes, comme celles des carnivores. Ils sont habiles à grimper sur les rochers et marchent à quatre pattes. Les yeux sont rapprochés au-dessus du museau, et les arcades sourcilières sont saillantes. Ils ont un corps trapu, des membres robustes et courts, la queue courte ou longue,

Fig. 212. — Assis en troupes sur les branches des arbres, les Hurleurs poussent, au lever et au coucher du soleil, des hurlements épouvantables.

un pelage variant du gris jaune brun au gris verdâtre, et certaines espèces ont une véritable crinière qui leur garantit les épaules.

On en rencontre en Afrique principalement, puis en Arabie, mais sans dépasser le golfe Persique.

Ils vivent dans des rochers d'un accès difficile, dans des régions montagneuses, et se nourrissent de substances végétales, d'insectes et d'œufs d'oiseaux. Ce sont encore des pillards comme la plupart des singes que nous avons passés en revue.

Le Cynocéphale Hamadryas est connu depuis la plus haute antiquité. Comme il habite l'Abyssinie et la Nubie, les anciens Égyptiens le connaissaient; ils en avaient fait une divinité, le dieu Thoth. Pourquoi l'adoraient-ils? Probablement par suite de la peur qu'il inspirait, comme le crocodile. C'est, en effet, un puissant adversaire. Brehm raconte une chasse à l'Hamadryas, chasse au chien. J'en extrais le passage suivant, qui donnera bien une idée de l'audace et, si je puis dire, du courage de cet animal : « Lorsque les chiens revinrent à la charge, dit-il, il n'y avait plus que quelques retardataires au fond de la vallée, parmi lesquels se trouvait un jeune de six mois environ. Il poussa des cris en apercevant les chiens et se sauva rapidement sur un rocher, où les chiens le tinrent en arrêt. Nous nous flattions déjà de nous emparer de ce singe; mais il n'en fut rien. Fier et plein de dignité, un des mâles les plus vigoureux apparut de l'autre côté de la vallée, s'avança vers les chiens sans se presser et sans faire attention à nous, leur jeta des regards qui suffirent pour les tenir en respect, monta lentement sur le bloc de rochers, caressa le petit singe et retourna avec lui en passant devant les chiens, tellement ébahis qu'ils le laissèrent tranquillement aller avec son protégé. Cette action héroïque du chef de la bande nous remplit d'admiration, et aucun de nous ne songea à faire feu, malgré la grande proximité à laquelle il se trouvait. »

Avec Carl Vogt j'ajouterai : « Il faut donc donner raison à Darwin lorsqu'il dit, en citant ce fait, que bien peu d'hommes auraient été capables d'un dévouement aussi audacieux. »

En Abyssinie, on trouve aussi le Cynocéphale Babouin, dont le pelage est d'un brun jaune olivâtre. On l'amène souvent en Europe et, dans la ménagerie du Muséum, j'ai eu l'occasion d'en voir de nombreuses troupes. Ils vivent souvent en bonne intelligence avec des animaux d'espèces différentes.

Brehm nous cite bien des faits curieux sur ce singe, mais nous ne pouvons vraiment pas entrer dans trop de détails. Il nous raconte qu'il avait chez lui un vieux chien morose et gâté, et qu'ayant amené un de ces Babouins, celui-ci taquinait le chien de la façon la plus drôle. Il lui tirait la queue pendant son sommeil.

Fig. 213.
Le Cynocéphale Hamadryas est connu depuis la plus haute antiquité.

Le chien, devenu furieux, se précipitait en aboyant sur son ennemi, qui faisait mine de le provoquer, en frappant le sol d'une main, et l'attendait tranquillement. A son grand dépit, le chien ne l'atteignait jamais. Au moment où il croyait le mordre, il sautait par-dessus son corps et le saisissait de nouveau par la queue. »

En Guinée, sur la côte d'Or, on trouve une autre espèce de cynocéphale, à queue fort courte, presque absente, à pelage gris verdâtre foncé, et remarquable surtout par sa face bleue, sillonnée de rides obliques ; c'est le Mandrill ou *Papio Mormon*. Il est véritablement horrible et ses dents puissantes sont dangereuses. « Son regard, son cri, sa voix, dit Frédéric Cuvier, annoncent l'impudence la plus bestiale; il satisfait ses passions les plus sales avec le plus grand cynisme; la nature semble avoir voulu nous montrer en lui l'image du vice dans toute sa laideur. »

Tous ces singes, qui habitent l'ancien continent, Anthropomorphes, Semnopithèques, Cercopithèques, Cynocéphales, ont été désignés sous la dénomination de *Catarrhiniens*, ce qui veut dire singes à *cloison nasale étroite*, par opposition avec les *Platyrrhi-*

Fig. 214. — Le Mandrill est remarquable par sa face bleue, sillonnée de rides obliques.

niens, ou singes à *cloison nasale large* et à narines écartées. Ces derniers sont les singes du nouveau monde. Nous citerons les plus remarquables.

Ils ont 36 dents (sauf les Ouistitis qui ont 32 dents, mais pas à la manière des Catarrhiniens, car ils ont 3 prémolaires au lieu de 2 et 2 molaires au lieu de 3). Leur corps est long et grêle; leur queue est longue et souvent prenante. Ils n'ont ni callosités aux fesses ni abajoues. Le pouce antérieur n'est jamais opposable au même degré que le gros orteil.

Les plus curieux sont, sans contredit, les Hurleurs (*Mycetes niger*), qui vivent dans les forêts de l'Amérique tropicale, au Brésil.

Ce sont les plus grands des singes du nouveau monde; leur taille ne dépasse guère celle des Cercopithèques.

Fig. 215.

D'autres, qui habitent l'Amérique du Sud, les Atèles ou singes araignées, ont une tournure grotesque.

Leur longue queue, peut s'enrouler autour des branches, elle est dépourvue de poils au bout, du côté interne, et leur sert d'organe préhenseur, presque d'organe tactile. Elle a une puissance musculaire fort grande et ces singes s'en servent comme de leurs bras pour se suspendre. Ils sont pourvus, en outre, d'un os hyoïde avec poches annexes qui servent de véritables vésicules de résonance (*fig.* 212).

Assis en troupes sur les branches des arbres, ils poussent, au lever et au coucher du soleil, des hurlements épouvantables; ces cris sont poussés d'une façon presque rythmée sous la direction d'un véritable chef d'orchestre. Rien de plus drôle que de voir ces singes, à barbe noire, hurler ainsi, avec une physionomie d'un calme imperturbable.

Leur chair est recherchée des indigènes et on les tue en outre pour leur peau dont la fourrure noire est assez estimée.

D'autres, qui habitent aussi l'Amérique du Sud, les Atèles ou singes araignées, ont une tournure grotesque; leur corps est grêle, long, leurs pattes sont très longues. Ils ont une toute petite tête ronde plantée sur un long cou. Enfin leur queue un peu plus longue que le corps est préhensile et leur sert comme d'une cinquième main. Ils se suspendent aux branches par leur queue, se balancent d'abord, puis s'élancent dans les airs pour gagner une autre branche. Ils sont maladroits et lents à terre, semblant ne savoir que faire de leurs longs bras.

Leurs proches parents les Sajous habitent le Brésil, la Guyane, dans les grandes forêts. Ce sont de gentils petits singes, à formes plus normales, pourvus d'une queue longue, mais garnie de poils, même à l'extrémité interne. Ils ont un pelage épais mais plutôt court.

Fig. 216. — Les Sajous habitent les grandes forêts du Brésil, de la Guyane.

Ces petits singes, dont on voit souvent dans les ménageries plusieurs espèces, sont doux mais malpropres; ainsi Brehm nous dit qu'ils recueillent leur urine dans les mains et s'en barbouillent tout le corps. La fumée de tabac semble leur produire des effets voluptueux, ainsi que les boissons alcooliques. Ils poussent de petits cris plaintifs, ce qui leur a valu le surnom de *pleureurs*. Le *Sajou Capucin* est commun de Bahia en Colombie; le *Sajou Apelle* vit communément en Guyane.

Au nord de l'Amérique méridionale vivent des singes plus petits que les précédents et qu'on nomme des Sakis. Leur pelage est long et doux, de couleur foncée, leur queue est longue et garnie partout de poils touffus. L'un d'eux, le *Saki Satan*, mérite une mention particulière; il a une longue barbe et des favoris dont il est très fier et dont il prend très grand soin; il les lisse constamment et ressemble un peu à un garçon de café typique avec ses grands favoris. On va jusqu'à prétendre que, pour ne pas mouiller sa barbe, il la relève et la maintient avec sa main quand il boit, ou même porte l'eau à sa bouche dans le creux de sa main. Cela sous toute réserve.

On trouve sur la rive droite du Paraguay, jusqu'à 25 degrés de latitude sud, un petit singe à pelage vert cendré en dessus, jaune en dessous, rayé de noir et de brun en certains points du corps; c'est le Nyctipithèque Douroucouli. La tête est petite et ronde, les yeux sont grands et saillants : c'est d'ailleurs un singe nocturne et, pendant le jour, il se cache pour dormir dans quelque vieux tronc

Fig. 217. — Nyctipithèque Douroucouli.

d'arbre. Il est doux, peu intelligent, lent et ébloui pendant le jour, d'une grande agilité pendant la nuit.

Au bas de l'échelle se placent de tout petits singes dont chacun a entendu parler et qu'on voit même souvent, les Ouistitis, qui ressemblent en réalité plus aux écureuils qu'aux véritables singes. Ce sont eux qui n'ont que 32 dents, qui ont plutôt des griffes que des mains. Leur petite tête ronde ornée de touffes de poils aux oreilles, leurs yeux saillants, leur longue queue et leur doux pelage rayé en font des animaux bien faciles à reconnaître.

On en a souvent en captivité, mais rarement ils supportent nos hivers. Ils vivent de fruits, d'insectes, de poissons; mais ils sont craintifs avec les personnes qu'ils ne connaissent pas, car ils s'attachent facilement à leur maître. Leurs cris sont plutôt des gazouillements et des gémissements et leur nom vient de ce qu'ils poussent un cri qui semble dire : « ouistiti ».

Fig. 218. — Ouistiti.

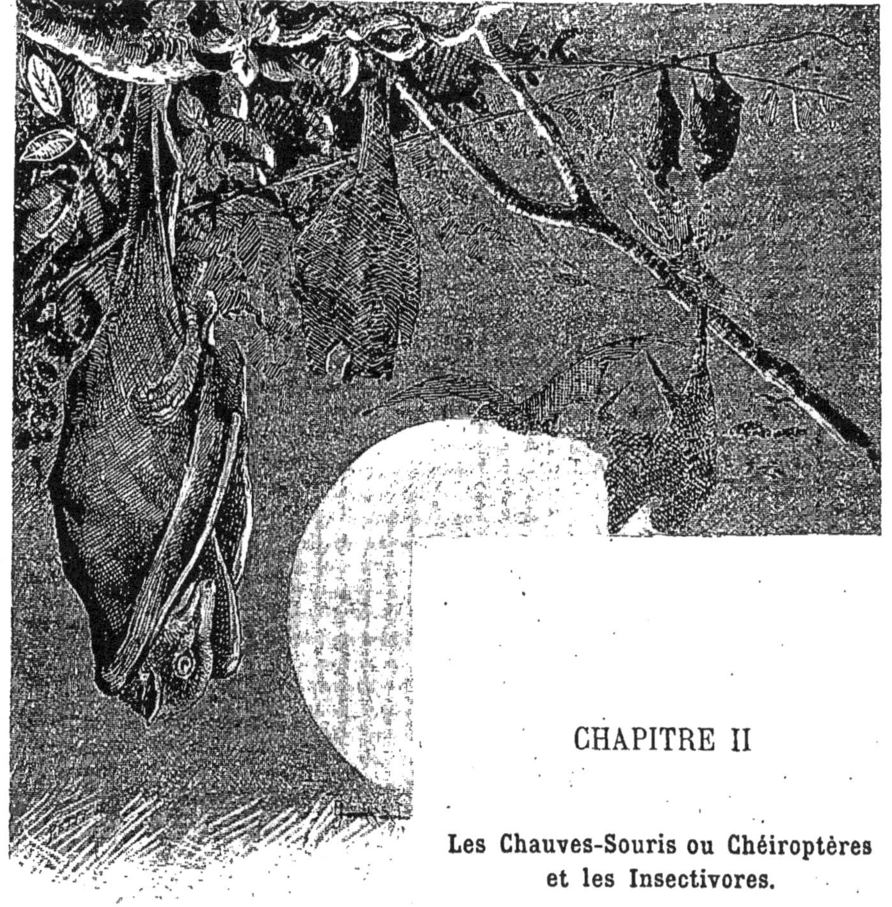

Fig. 219. — La Roussette.

CHAPITRE II

Les Chauves-Souris ou Chéiroptères et les Insectivores.

Je suis oiseau ; voyez mes ailes :
Vive la gent qui fend les airs !
. . . .
Qui fait l'oiseau ? C'est le plumage.
Je suis souris, vivent les rats !

(LAFONTAINE. Fables, II, 5.)

C'est de la chauve-souris qu'il s'agit. Elle a des ailes et vole, de même que les oiseaux ; et cependant elle n'est pas recouverte de plumes, mais bien de poils, comme les rats. Oui, la chauve-souris est un mammifère, et c'est même le seul animal de cette classe qui puisse se soutenir dans les airs. Chez les oiseaux, les membres antérieurs sont pourvus de longues et fortes plumes, qui leur permettent de voler ; ici rien de semblable, la chauve-souris a les doigts démesurément longs, et réunis entre eux par une délicate membrane, sauf un qui est court et libre. Ses ailes s'ouvrent et se ferment à la manière d'un parapluie. Le squelette est léger, et le sternum offre, comme celui des oiseaux bons voiliers, une crête donnant insertion aux muscles puissants de la poitrine qui mettent en mouvement les membres antérieurs.

Leurs mamelles sont pectorales et elles maintiennent leurs petits fixés contre leurs corps lorsqu'elles les allaitent.

Nous avons parlé du squelette de la main, mais il est bon de dire que celui du pied n'est pas semblable, les doigts sont courts et normaux. En revanche l'os du talon présente une sorte d'éperon qui soutient leur membrane interfémorale. Quelquefois, lorsque

Fig. 220. — Squelette de Chauve-Souris.

l'animal est pourvu d'une queue, la membrane s'y rattache et constitue ainsi un puissant parachute dont il se sert dans son vol.

Cette membrane qui forme les ailes et le gouvernail ou parachute caudal est en réalité une continuation de la peau, un simple repli de la peau; elle est musculeuse et élastique à la fois, et graissée à la surface externe par une sorte d'huile secrétée. Outre cela la chauve-souris est, la plupart du temps, pourvue d'expansions membraneuses sur le nez, aux oreilles, ce qui lui donne un aspect repoussant.

Les chauves-souris sont des animaux crépusculaires et nocturnes, et lorsque les derniers rayons du soleil couchant disparaissent, elles sortent de leurs retraites et volent à la recherche des insectes dont elles font leur nourriture; leurs dents sont, dans ce cas, garnies de petites pointes qui leur servent à broyer ces petits animaux. D'autres espèces de chauves-souris sont frugivores et alors leurs dents sont tuberculeuses. Leurs retraites consistent en vieux troncs d'arbres, en rochers, en cavernes; ou bien, dans les villes, elles se cachent dans les greniers, dans les clochers des églises, en un mot partout où elles pensent trouver abri et tranquillité. Dans leurs retraites, elles font leurs excréments, qui s'amassent quelquefois, dans le Vénézuéla en particulier, en assez grande quantité pour donner des couches de guano que l'on peut exploiter ensuite comme engrais.

Il existe dans la Cordillère de l'Amérique du Sud et dans les îles de la mer des Antilles des grottes nombreuses et immenses qui sont habitées par des essaims de chauves-souris, si je puis dire; et ces grottes sont remplies de guano. Ce sont les chauves-souris qui, par leurs déjections, ont formé ce guano. Grâce à M. Müntz, le savant professeur de l'Institut agronomique, qui s'est occupé de cette question au point de vue de la formation des terres nitrées, je puis donner ici quelques détails précis. Il paraît que ces couches de guano, suivant la disposition des lieux, sont plus ou moins épaisses; elles atteignent et dépassent quelquefois une hauteur de 10 mètres! On peut penser au temps qu'il a fallu pour que des chauves-souris produisent de semblables épaisseurs de guano, composé de débris d'insectes, dans les immenses grottes de l'Amérique du Sud!

Fig. 221. — Le Vampire.

Le goût, la vue, semblent peu développés chez ces animaux; le toucher, chez eux, joue le plus grand rôle et les corpuscules tactiles résident en particulier sur les membranes aliformes. Si l'on aveugle une chauve-souris, sans lui crever les yeux, mais en lui obturant d'une façon quelconque les organes visuels, si l'on tend dans une pièce des fils en travers, et qu'on la lâche, elle évitera fort bien en volant tous les obstacles, grâce aux organes tactiles dont sont pourvues ses membranes.

L'hiver ces petits mammifères hibernent, s'endorment, et ne se réveillent qu'aux premières chaleurs printanières.

Fig. 222. — Oreillard.

Toutes les espèces qui habitent nos contrées sont utiles, et, malgré leur aspect désagréable, l'homme doit les protéger, car elles le débarrassent d'un tas de vilains insectes qui sont nuisibles.

Fig. 223. — Tête de Rhinolophe grand-fer-à-cheval.

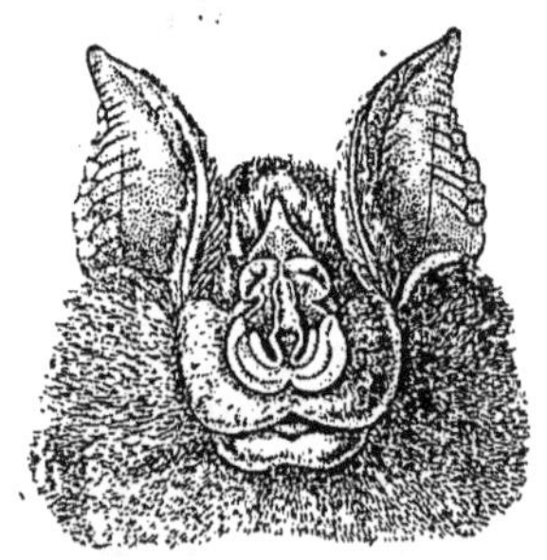

Fig. 224. — Tête de Vampire spectre.

D'autres, au contraire, qui vivent en Afrique et en Asie, les Roussettes, sont plutôt nuisibles, en ce sens qu'elles sont frugivores; cependant on les mange et on emploie leur peau. Donc, d'une façon générale, les chauves-souris sont des auxiliaires de l'homme, qui leur doit aide et protection.

On les divise, tant à cause de leur nourriture que de leur forme, en deux groupes : les *Frugivores* et les *Insectivores*.

Les premières, les *Ptéropides* ou Roussettes, habitent l'Inde, l'Afrique et Madagascar; leur museau est long, les oreilles sont petites sans appendices membraneux, leurs yeux sont assez grands; leur langue est garnie de pointes cornées dirigées en arrière. Elles sont grosses comme des rats et leur pelage est brun ou noirâtre. Elles se suspendent aux branches par leurs pieds et s'enroulent dans leurs ailes comme dans un châle. (Voyez le frontispice de ce chapitre.)

Les chauves-souris insectivores se distinguent des premières par leur museau court, leurs grandes oreilles souvent munies de valves, leurs molaires à tubercules tranchants, leurs yeux petits et enfoncés. Tantôt elles ont le nez lisse (Gymnorhiniens), tantôt leur

Fig. 225. – Tête de Molosse.

Fig. 226. — Tête de Glossophage.

nez présente des excroissances cutanées. Parmi les premières je citerai les *Oreillards*, ainsi nommés à cause de leurs oreilles, aussi longues que le corps; les *Barbastelles*, qui ont les oreilles soudées; les *Murins*, qui ont les oreilles séparées ; enfin la *Pipistrelle*, qui est la plus petite de nos chauves-souris européennes. Dans le même groupe rentrent les *Molosses*, qui ne vivent que dans les pays chauds.

Les Phyllorhiniens qui constituent le second groupe, ont le nez garni d'excroisances charnues. Tels sont les Rhinolophes fer-à-cheval, qu'on trouve en Europe et en Asie. D'autres, de la même section, sont les Phyllostomides, qui ont une tête épaisse, une langue longue, une feuille nasale, d'ordinaire avec l'appendice en fer de lance dressé. L'une des espèces, le Vampire spectre, a fait parler de lui, car on prétend qu'il vient, pendant la nuit, alourdir le sommeil de l'homme par le battement de ses ailes et lui sucer le sang ensuite. La vérité est que le vampire vit principalement de fruits. Cependant, s'il est poussé par la faim, il s'attaque à des oiseaux et à des mammifères, à l'homme même; mais les morsures qu'il fait sont tellement insignifiantes qu'on ne doit pas considérer cet animal comme dangereux.

LES INSECTIVORES

Une famille voisine de celle des chauves-souris est celle des Insectivores. Ces derniers vivent sur le sol, sous terre, dans l'eau ou sur les arbres; il en résulte qu'ils révêtent des formes variées suivant leur mode de vie. Ils sont nocturnes comme les chauves-

Fig. 227. — Le Hérisson.

souris; leurs yeux sont petits. On divise les Insectivores en trois groupes principaux : les *Erinacéides*, parmi lesquels se trouve le hérisson; les *Soricides*, qui renferment la musaraigne; et les *Talpides* ou taupes.

Par une belle et chaude soirée d'été, reposez-vous, ami lecteur, au bord d'un bois, ne faites pas de bruit, et écoutez.

Tout vous paraîtra d'abord d'un calme absolu. Cependant de temps en temps sur la grand'route vous entendrez passer quelque voiture, ou le bruit du moulin voisin; mais à mesure que vous écouterez avec plus d'attention, de tous côtés des bruits nombreux et variés arriveront jusqu'à vous. C'est le coassement des grenouilles dans les mares des alentours; c'est le chant du crapaud qui sort de son trou pour sautiller à la recherche de sa nourriture; au-dessus de votre tête vous entendrez le cri de la chauve-souris, ou derrière vous dans le bois le hululement de la chouette. Mais écoutez davantage : tenez, voici un bruit dans les herbes desséchées, il se rapproche; entendez-vous ce soufflement? Ne dirait-on pas celui d'un gros animal? Voici celui qui le produit, c'est un petit quadrupède brunâtre, un hérisson; il s'allonge en marchant d'une façon saccadée, il s'arrête, écoute, flaire le sol, souffle; il entend un bruit, vite il se met en boule, et redresse les piquants dont son corps est recouvert. Bientôt, si tout redevient calme, notre hérisson se déroulera, montrera son petit grouin, ses petits yeux

Fig. 228. — La Cladobate ou Tupaia.

vifs, ses oreilles larges, abaissera ses piquants et continuera à vaquer à ses occupations. Or quelles sont-elles ses occupations? que cherche-t-il? des insectes, des colimaçons. Cependant il attrape quelquefois des souris et malheureusement ne se gêne nullement pour gober les œufs des oiseaux qui nichent à terre, ou les jeunes s'ils sont éclos.

Un fait intéressant, c'est de voir que la morsure de la vipère est sans effet sur le hérisson. Brehm, à ce sujet, nous raconte plusieurs anecdotes. Mais j'ai été moi-même témoin de ce fait, à la ménagerie du Muséum. Un hérisson fut placé dans une grande cage vitrée où l'on avait mis une grosse vipère prise la veille à Fontainebleau. Le hérisson la sentit, car c'est surtout l'odorat qui le guide et peu la vue. Il s'avança, flaira la vipère; mais celle-ci le mordit plusieurs fois au museau. Le hérisson se frotta et continua son inspection; puis il broya la tête de la vipère et la mangea presque tout entière. Le lendemain le hérisson se portait à merveille, nullement incommodé par le venin de la vipère.

Un chien cependant mordu par une vipère peut en être très malade et même en mourir.

Ce n'est pas tout, le hérisson mange des cantharides et n'en éprouve aucun inconvénient.

De même que les chauves-souris, les hérissons s'endorment pendant l'hiver, d'un sommeil dit hibernal. Ils se cachent dans les tas de feuilles qu'ils amassent; malheureusement beaucoup de jeunes meurent de froid et de faim.

Quoi que l'on ait pu dire, le hérisson est un animal utile, et s'il détruit quelquefois des couvées, les services qu'il rend rachètent les fautes qu'il peut commettre.

D'autres espèces de hérissons se rencontrent en Afrique et à Sumatra. A Madagascar vivent les Tanrecs, ressemblant aux hérissons; néanmoins ils sont plus allongés, ont le museau plus long, les poils moins longs, les piquants moins gros et plus mous et ne peuvent se rouler en boule.

Le groupe des *Soricides* contient des animaux fort différents les uns des autres, tant par leur forme que par leurs mœurs. Ils sont en général sveltes; leur mufle est pointu, en forme de petite trompe, et leur pelage est doux et souple.

Les uns, les Tupaias ou Cladobates, représentent les écureuils parmi les insectivores. Aux Indes et dans l'archipel indien on trouve ces petits animaux, au pelage brun et doux, à la queue longue et touffue, qui, le jour sautent de branche en branche à la recherche de quelque proie.

D'autres insectivores, les Macroscélides, sautent à la façon des gerboises et des kanguroos.

Ils ont un petit corps globuleux, la tête un peu forte avec des yeux moyens, de grandes oreilles arrondies, des pattes de devant fort courtes, des pattes postérieures, au contraire, fort longues, une queue plus courte que celle des gerboises, mais cependant d'une certaine longueur. Enfin ce qui leur donne un aspect bizarre, c'est le prolongement de leur museau en une véritable petite trompe mobile. C'est ce caractère qui leur a valu le nom de *rats* ou *musaraignes à trompe*.

Ces petits animaux vivent dans l'Afrique du Sud ; une espèce se trouve en Algérie. Ils sautent, au soleil, et cherchent les insectes ou les vers dont ils font leur nourriture.

Dans notre pays, vit communément un tout petit insectivore, la Musaraigne, qui offre tout à fait l'aspect d'une souris. Son museau est cependant plus long, et les oreilles sont plus petites ; en outre,

Fig. 229. — La Musaraigne à trompe ou Macroscélide.

la souris a de gros yeux saillants, tandis que la musaraigne a des yeux tellement petits qu'on les voit difficilement.

Ce sont de petits animaux agiles qui fuient la trop grande lumière et qui, par conséquent, sont plutôt nocturnes. Ils sont tellement voraces, qu'ils dévorent volontiers leurs propres petits. Les insectes, les vers ne suffisent pas toujours à leur nourriture, et Lenz rapporte qu'ayant eu des musaraignes en captivité, il était obligé, pour les rassasier, de leur donner à manger des souris ou des petits oiseaux.

Il m'est arrivé, en chassant, de voir mon chien tomber en arrêt, puis sur mon ordre se précipiter et s'arrêter brusquement après avoir donné un coup de dent sur un animal. Le coup de dent était toujours mortel et souvent il s'agissait d'une musaraigne. Mais quelquefois le petit insectivore ne se laissait pas tuer, mordait le chien au museau, et s'y suspendait même. Oh! alors, si j'étais avec quelque chasseur du pays, je savais à quoi m'en tenir; c'était un mauvais présage, mon chien devait en mourir, etc., etc. « Et la preuve, me disait le chasseur, que c'est une mauvaise bête, c'est que le chien, après l'avoir tuée, ne la prend pas dans sa gueule. Si un chat vient à tuer une musaraigne, il ne la mange pas, l'abandonne aussitôt. Il en mourrait, s'il la mangeait. »

Je cite Brehm : « Le simple contact d'une musaraigne, s'il faut en croire les esprits faibles, annonce sûrement une maladie; quiconque, homme ou bête, a été *frappé de la musaraigne*, tombe malade, au dire de toutes les commères, à moins qu'on n'ait immédiatement recours à un remède infaillible : ce remède, le seul

Fig. 230. — Solenodon ou Musaraigne paradoxale de la Guadeloupe.

capable de guérir la maladie causée par la musaraigne, est fourni par un rameau de frêne auquel on a inoculé la vertu thérapeutique de la manière que voici : Une musaraigne est prise vivante; avec des cris de joie on l'apporte près du frêne qui doit préserver ou délivrer le genre humain des griffes de Satan, caché sous la peau du petit carnassier. On creuse un trou dans le tronc de l'arbre, on y fourre la musaraigne et on bouche solidement le trou. Si peu que vive encore cet animal, sacrifié ainsi à la sottise humaine, cela suffit pour donner au frêne des propriétés surnaturelles. » Ainsi voilà les Européens civilisés, qui, dans ce cas, ne sont pas supérieurs aux sauvages les plus superstitieux! Pauvre petite bête! elle est utile avant tout à l'homme, et celui-ci ne semble pas reconnaître les services qu'elle lui rend. Ce petit animal vorace mange une quantité prodigieuse d'insectes, de vers, de limaçons, et si les chiens, si les chats ne la croquent pas, c'est à cause de l'odeur qu'elle répand, odeur âcre due à la sécrétion d'un liquide huileux.

Ainsi enregistrons cet animal comme l'un de ceux que l'homme doit protéger; c'est l'un de ses puissants auxiliaires.

Dans les Pyrénées et dans le sud de la Russie, on rencontre d'autres insectivores, les Desmans. Ceux-là sont aquatiques. Ils ressemblent à de petits rats, mais ont les pattes palmées, le nez prolongé en forme de trompe et les yeux petits; leurs oreilles

Fig. 231. — Le Desman des Pyrénées.

externes sont rudimentaires. Ceux-là ont encore leur utilité, non seulement à cause des insectes qu'ils détruisent, mais à cause du musc que sécrètent des glandes situées à la base de la queue en dessous. L'un, le desman des Pyrénées, est plus petit que le desman de Moscovie ou desman musqué qu'on rencontre abondamment dans les bassins du Don et du Volga.

Les jardiniers n'aiment pas beaucoup les hérissons, ni les musaraignes, mais les taupes ils les ont en horreur.

Espérons que nous aurons contribué pour notre part à détruire ces idées superstitieuses. A la rigueur, on comprend l'aversion que les cultivateurs ont pour les taupes, mais cette aversion deviendrait de l'amitié, s'ils savaient que la taupe est un de leurs plus sûrs auxiliaires. Qui ne connaît la taupe? Son corps est un petit cylindre pointu en avant, tronqué en arrière et pourvu de quatre pattes, véritables rames puissantes, ou pour mieux dire, véritables pelles de fossoyeur.

Les pattes antérieures sont garnies de doigts à ongles forts, sortes de bêches, dont l'animal se sert pour creuser son trou. Si l'on examine le squelette, on voit que l'humérus ou os du bras est trapu, large, court, offrant des crêtes, des apophyses où s'insèrent

Fig. 232. — La Taupe d'Europe.

des muscles puissants. Les mâchoires sont pourvues de petites dents fines, tranchantes, pointues, bien faites pour permettre à la taupe de croquer les vers et les insectes. Les yeux sont microscopiques, quelques espèces ont même les yeux recouverts par la peau. En effet, ces organes leur sont devenus inutiles par suite de leur vie souterraine. Il est très rare que l'on surprenne la taupe hors de ses galeries pendant le jour. Pendant la nuit c'est autre chose, et elle trotte quelquefois un peu à la surface du sol. Les jardiniers, les cultivateurs devraient aimer ce petit animal qui détruit tant d'insectes pour la plupart nuisibles; mais pour faire ses galeries, il faut qu'elle rejette au dehors la terre qu'elle creuse avec ses pattes de devant; c'est bien ce qu'elle fait, et les *taupinières* que chacun connaît ne sont pas autre chose. Ces amas de terre nuisent souvent à l'harmonie d'une plate-bande dans un jardin, et l'on comprend à la rigueur pourquoi les jardiniers sont de mauvaise humeur lorsqu'ils les aperçoivent.

« Elle vit isolée dans ses galeries tortueuses, dit C. Vogt, qu'elle pousse sans relâche pendant toute l'année, même sous la neige. Un gîte assez éloigné du domaine de chasse, artistement construit dans la profondeur et placé le plus souvent sous les racines d'un gros arbre, communique par une galerie principale avec les galeries de chasse. C'est un chef-d'œuvre que ce gîte : deux chemins de ronde, ayant de nombreuses communications entre eux et avec l'extérieur, entourent une chambre en forme de bouteille chaudement tapissée de brins d'herbe et de mousses sèches. Les galeries de chasse sont poussées à grande distance et marquées de temps en

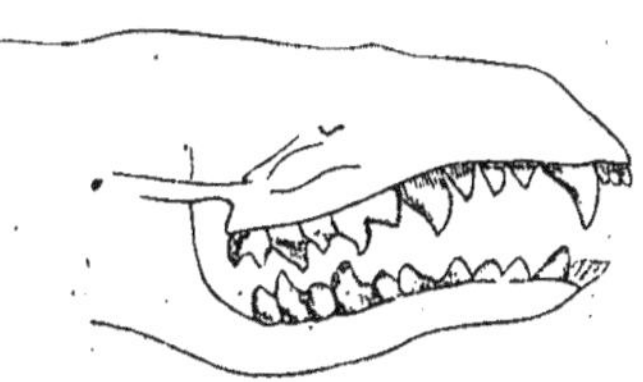

Fig. 233. — Dentition de la Taupe.

temps par ces monticules de terre remuée et rejetée que l'on appelle les taupinières. La taupe s'y rend ordinairement deux ou trois fois par jour, pour se retirer, sa chasse faite, dans son gîte, en parcourant la galerie principale avec la rapidité d'une flèche. Dans le temps des amours, le mâle enferme la femelle prise de force dans un nid assez éloigné de son gîte, et c'est là qu'elle met au jour 4 à 8 petits aveugles qu'elle doit souvent défendre contre le mâle.

« On ne peut assez répéter que la taupe est exclusivement carnivore, qu'elle ne touche jamais ni aux racines ni à aucune substance végétale ; qu'elle se nourrit de toute sorte de vermine souterraine, surtout de vers de terre et de vers blancs, qu'elle sait happer fort habilement des grenouilles et même des petits oiseaux, en sortant de terre avec la rapidité d'une flèche, et qu'elle meurt plutôt que de manger des carottes ou d'autres racines succulentes.

« Par son genre de nourriture c'est donc un animal bienfaisant qui nous débarrasse d'une foule d'êtres nuisibles, et on a tort, grandement tort, de la poursuivre dans les endroits où la construction des taupinières ne peut faire du mal. Là, au contraire, où les plantations peuvent en souffrir, il faut peser les inconvénients des galeries et des taupinières avec les avantages que la taupe procure, mais non la détruire aveuglément. »

Il existe d'autres espèces que la taupe d'Europe, nous ne pouvons nous y appesantir, ni sur les genres voisins.

Je dirai seulement qu'en Amérique notre taupe est représentée par les *Condylures étoilés* qui ont la même forme générale, mais

Fig. 234. — Chrysochlore du Cap.

une queue plus longue et écailleuse, et le museau terminé par une trompe mobile et garnie de lobules disposés en une couronne étoilée.

Dans le sud de l'Afrique ce sont les taupes dorées ou *Chrysochlores* qui représentent la famille des Talpidés. De la taille d'une taupe, la chrysochlore a un pelage brillant à reflets métalliques; ses pattes de devant sont munies de trois ongles recourbés en faucille et n'ont plus l'aspect de celles des taupes d'Europe.

Les Scalopes de l'Amérique sont aquatiques et les Urotriches habitent le Japon.

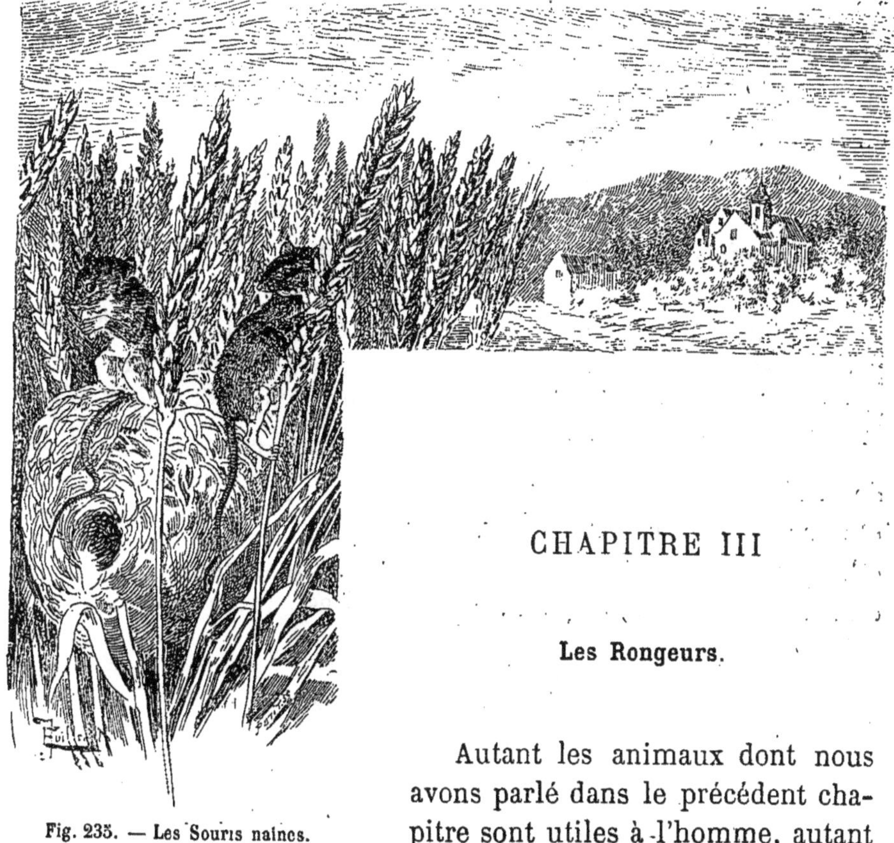

Fig. 235. — Les Souris naines.

CHAPITRE III

Les Rongeurs.

Autant les animaux dont nous avons parlé dans le précédent chapitre sont utiles à l'homme, autant ceux dont nous nous occuperons dans celui-ci sont nuisibles. Quelques-uns sont utilisés cependant, mais jamais ils ne sont nos auxiliaires.

Nous pourrions, pour caractériser ce groupe d'une façon générale, dire que le corps de ces animaux est plus ou moins cylindrique, que leurs pattes de derrière sont d'ordinaire plus longues que celles de devant; que le cou est gros et court; que les yeux sont grands et saillants; que les lèvres sont fendues en avant, charnues et mobiles, couvertes de longs poils raides; que, généralement, les pattes de devant ont quatre doigts, tandis que celles de derrière en ont cinq, tous armés de griffes puissantes. Mais tous ces caractères varient suivant le genre de l'animal : car nous retrouverons parmi les Rongeurs une série parallèle à celle des Insectivores, c'est-à-dire des grimpeurs, des coureurs, des sauteurs, des nageurs et des espèces menant une vie souterraine. Ce qui permet, au premier chef, de reconnaître un Rongeur, c'est la dentition; ici nous ne trouvons que des incisives et des molaires, il n'y a jamais de canines. Les incisives sont très grandes, arquées, taillées en biseau, et constituent un véritable sécateur.

En général il n'y en a que deux à chaque mâchoire, mais chez les lièvres, les lapins et quelques autres on voit à la mâchoire supérieure, *derrière* les deux grandes incisives, deux toutes petites dents.

Ces dents s'usent constamment en se frottant l'une contre l'autre, mais, à cause de leur structure, l'usure se fait d'une façon spéciale. Sur le devant elles sont recouvertes d'une couche d'émail bien plus dur, plus résistant que la substance constitutive de la dent, l'ivoire. Il en résulte que l'ivoire s'use plus vite que l'émail et que celui-ci forme une lame coupante. Mais si ces dents s'usent, elles poussent constamment aussi par la base, ce sont des dents à croissance continue, et pour s'en assurer il est une expérience que

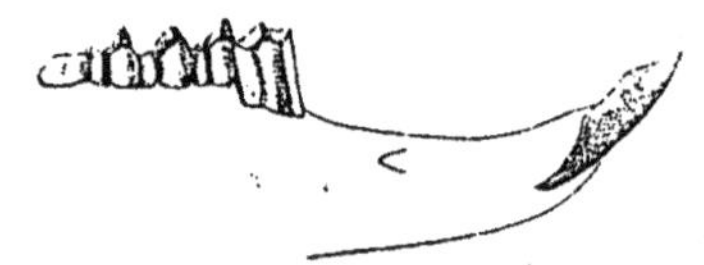

Fig. 236. — Dentition d'un Rongeur : mâchoire inférieure d'un Lièvre.

chacun peut faire sur un lapin. Il suffit de dévier ou de casser l'une des incisives d'un lapin, l'une de celles d'en bas, par exemple; la dent supérieure qui est opposée à celle qu'on a cassée, ne rencontrant plus de résistance, poussera sans s'user. Elle se recourbera, et il arrivera un moment où elle pénétrera même dans les os de la tête ou ressortira de la bouche. Dans la nature le fait peut se présenter et amener la mort de l'animal, soit par suite de la lésion que produiront les dents, soit parce que l'animal ne pourra plus ronger pour se nourrir.

Nous placerons en tête des Rongeurs ceux qui ont deux paires d'incisives supérieures, qui sont généralement dépourvus de clavicules, et que l'on nomme à cause de cela *anormaux*. Ce sont, en particulier, les lièvres et les lapins qui rentrent dans ce groupe.

Il est à peine besoin de décrire ces animaux, chacun les connaît. Ce sont de bons coureurs; leurs pattes de derrière beaucoup plus longues que celles de devant, leur permettent de sauter rapidement et de fuir lorsque quelque danger les menace. Car ils n'ont guère d'autre moyen pour échapper à leurs ennemis, d'ailleurs fort nombreux. Ils ne peuvent pas grimper aux arbres ; la fuite seule leur

Fig. 237. — Au coucher du soleil, Lièvre et Lapin se rencontrent sur la lisière des bois, où ils vont brouter les herbes succulentes.

est possible; cependant, quand ils ne peuvent faire autrement, ils se jettent à l'eau. J'ai tué un lapin dans une rivière où il s'était jeté pour échapper à la poursuite de mon chien d'arrêt.

Leur odorat est peu développé; la vue est plutôt faible, ce sont des animaux crépusculaires; mais, en revanche, l'ouïe leur permet de percevoir les moindres bruits; ils ont d'ailleurs pour oreilles des cornets acoustiques qui recueillent admirablement les sons les plus légers.

Ce sont des animaux fort peu intelligents, mais qui tiennent à leur vie et qui savent ruser avec les chiens ou avec les chasseurs.

Il existe trois types principaux de Rongeurs anormaux, de Léporidés : les lapins, les lièvres et les lagomys.

En faisant abstraction de la forme qui est sensiblement la même, il existe au point de vue des mœurs et du développement une grande différence entre le lapin et le lièvre. Le premier se creuse de profonds terriers, et ses petits sont, en naissant, incapables de se suffire à eux-mêmes; ils sont nus, ont les yeux fermés et sont d'une faiblesse extrême. Les lièvres ne se font pas de terriers, c'est tout au plus s'ils fouissent un peu le sol pour se gîter, et leurs jeunes, à peine nés, sont couverts de poils et peuvent courir, sauter à côté de leur mère. Au point de vue culinaire, les lapins ont la viande blanche, et les lièvres ont la viande noire; les lapins vivent en société, les lièvres sont solitaires. Au point de vue de la forme et par la couleur du pelage, lièvres et lapins diffèrent également. En outre, ils ne se plaisent guère dans les mêmes localités; là où l'on rencontre des lièvres, on verra moins de lapins.

En Europe et dans quelques régions de l'Asie occidentale vit le lièvre commun, le *Lepus timidus* des naturalistes. Son pelage est brun clair sur le dos, blanc sur le ventre; l'extrémité des oreilles est noire. Le mâle est en général de couleur plus foncée que la femelle ou *hase*. On le rencontre dans les plaines ou dans les bois.

A la fin du jour jusqu'au lever du soleil le lièvre sort de sa tanière, et, plein d'appétit, se dirige vers les endroits où il trouvera une nourriture abondante. Mais que de précautions, que de frayeurs! La Fontaine ne nous l'a-t-il pas dit !

> Un souffle, une ombre, un rien,
> Tout lui donnait la fièvre.

Quand il pleut, quand les feuilles commencent à tomber, le lièvre quitte les bois, effrayé par le bruit de la chute des feuilles ou des gouttes d'eau.

J'emprunte quelques passages de Diétrich de Winckell, qui a étudié spécialement cet animal et que Brehm cite dans son ouvrage :

« Jamais un lièvre ne se rend directement à l'endroit où il veut se gîter, il le dépasse un peu, revient, le dépasse de nouveau, fait un bond de côté et n'arrive enfin à l'endroit où il veut s'arrêter qu'en faisant un grand saut.

« Pour préparer son gîte, le lièvre creuse dans le sol une cavité de 5 à 8 centimètres de profondeur, assez longue et assez large pour qu'on ne voie qu'un peu du dos de l'animal lorsqu'il y est couché, les pattes de derrière ramassées sous lui, la tête reposant sur les pattes de devant étendues, les oreilles rabattues sur le dos. C'est là le seul abri qu'il se crée contre la pluie et les orages. En hiver, il le creuse assez profondément pour qu'on n'aperçoive plus de lui qu'un point gris foncé. En été, il se tourne la tête vers le nord, en hiver vers le sud, et par les temps d'orage toujours sous le vent.

« On croirait que la nature a donné au lièvre la rapidité, la ruse, la vigilance pour compenser sa timidité innée. A-t-il trouvé pendant la nuit de quoi assouvir son appétit, la température est-elle bonne, il se rendra le matin au lever du soleil dans un lieu sec, sableux, pour y prendre ses ébats seul ou avec ses semblables. Il saute, court en rond, se roule; il s'enivre tellement dans ses jeux qu'il prend le renard pour un camarade, erreur qu'il paye bientôt de sa vie. Le vieux lièvre ne se laisse pas ainsi surprendre; lorsqu'il est fort et en bonne santé, il échappe presque toujours aux poursuites de son ennemi. Il cherche à le dérouter par ses zigzags et ses crochets. Quand il est poursuivi par un chien lévrier, il cherche à se faire couper par un autre lièvre qu'il chasse de son gîte et dont il prend la place, ou bien il se réfugie dans un troupeau de moutons, dans un fourré de roseaux et traverse même un cours d'eau à la nage. Jamais il ne résistera à un autre animal, et la jalousie seule peut le pousser à s'attaquer à ses semblables. Parfois, le danger peut le surprendre au point d'anéantir ses facultés; il oublie, dans ce cas, tous les moyens de salut, il court deçà et delà en poussant des cris plaintifs. »

Dans le Nord, dans les Alpes, on rencontre une espèce qu'on

nomme *lièvre variable*, parce que son pelage s'harmonise avec le milieu où il vit. En hiver il est blanc avec le bout des oreilles noir; en été il est gris.

Dans le désert, sur les côtes orientales d'Afrique, on trouve une petite espèce à très grandes oreilles, le *lièvre d'Éthiopie*.

Le *lapin de garenne* (Lepus cuniculus) est plus petit que le lièvre. Ses formes sont plus arrondies, il est moins efflanqué, ses oreilles sont plus courtes et son pelage est grisâtre, passant au brun en certains points du corps. Le ventre est blanc. Lui aussi, avant le coucher du soleil et à son lever, va prendre ses ébats et cherche sa nourriture; il quitte son terrier, s'arrête de temps en temps, écoute, et si rien ne le dérange, poursuit sa route jusqu'à ce qu'il ait gagné quelque pré herbeux, quelque champ de luzerne, de carottes, de betteraves ou de blé. C'est un ravageur, et les cultivateurs dont les champs sont situés sur la lisière des bois, savent bien qu'ils peuvent réclamer au propriétaire du bois des indemnités pour les dommages causés par ces petits rongeurs.

La femelle fait plusieurs portées par an; elle creuse un petit terrier spécial, une rabouillère, qu'elle capitonnera moelleusement afin que sa progéniture ait chaud, car ses enfants sont privés de poils; lorsqu'elle quitte ce nid souterrain, elle a soin de le recouvrir de terre pour que ses petits échappent à la voracité des autres animaux.

Car non seulement les chasseurs poursuivent lapins et lièvres, mais ils ont d'autres ennemis dans la nature. La buse, l'épervier, les grands-ducs leur font une chasse acharnée, puis les fouines, les putois, les belettes même qui sont si petites. Malgré cela, quand les lieux leur sont favorables, les lapins pullulent et peuvent commettre des ravages même terribles. Certains points du globe qui ne possédaient pas naturellement de lapins et dans lesquels l'homme les a introduits, l'Australie, par exemple, sont tellement ravagés par ces rongeurs qu'on met leur tête à prix; plusieurs moyens pour les détruire ont été proposés.

M. Pasteur, lui-même, s'est occupé de cette question et a fait connaître un moyen, je dirai : microbien.

Le lapin de garenne n'est autre chose que le lapin sauvage; c'est de lui que sont sorties toutes les races si nombreuses de lapins domestiques. Qui n'a élevé ou vu élever des *lapins de clapier*, des *lapins de choux?* ces malheureux animaux qu'on engraisse en leur donnant des épluchures et qu'on tient enfermés dans des sortes de boîtes malpropres et malsaines. Il n'en est heureusement pas toujours ainsi et il y a des éleveurs qui élèvent savamment, si je puis dire, leurs lapins.

On a obtenu, par la sélection, par les croisements, des races nombreuses et variées de formes.

D'abord, le lapin domestique offre des robes variables, on en voit de blancs, de noirs, de gris, de roux, de blancs et noirs, de jaunes tachetés, etc., etc.

Mais outre ces variations de couleur, on a obtenu des différences dans l'aspect même du corps. On prétend que ces variétés ne sont pas toutes issues de notre lapin de garenne, mais proviennent d'espèces qui sont mal connues. Tels : le *lapin argenté*, originaire des monts Himalaya ; le *lapin de Russie*, le *lapin angora*, à longs poils duveteux, le lapin à oreilles pendantes, etc.

Fig. 238. — Le Lièvre commun.

Mais, si l'homme est arrivé à créer des races de lapins, il a pu croiser le lapin et le lièvre, ce qui est bien plus curieux et ce qui avait été nié pendant bien longtemps. Le produit du lièvre et du lapin est ce qu'on appelle *Léporide*. Intermédiaire comme taille entre le lapin et le lièvre, ce métis a un pelage qui tient des deux parents, c'est-à-dire que, roux à leur base, les poils sont gris à l'extrémité et roussâtres au milieu. Comme chez le lièvre, les oreilles sont longues, tandis que le corps est gros, trapu, comme chez le lapin. On en a pu voir au Jardin d'acclimatation du bois de Boulogne.

Le Lapin est un aliment assez bon et facile à se procurer; ce n'est pas le seul usage que l'on fait de cet animal. Certains marchands achètent les peaux de ces rongeurs pour faire des fourrures, du feutre, et en outre, le pauvre lapin est l'une des victimes des physiologistes. C'est sur lui que bien souvent ces savants essayent des substances, font des expériences qui semblent cruelles aux membres de la Société protectrice des animaux, mais qui ont un

Fig. 239. — Ce sont les Gerboises qui sautent.

but scientifique, un but humanitaire même, si j'ose dire, car les souffrances qu'on leur fait endurer en évitent souvent à l'homme.

Proches parents des lièvres et des lapins sont les *Lagomys*, genre qui a beaucoup de ressemblance, pour la forme, avec un cochon d'Inde. Les oreilles sont courtes et les pattes postérieures ne sont guère plus longues que celles de devant. On les trouve en Asie et dans les montagnes Rocheuses.

Tous ces Rongeurs : Lièvres, Lapins, Lagomys, ont donc quatre incisives supérieures; tous ceux dont nous parlerons maintenant sont dits *Rongeurs normaux*, parce qu'ils n'ont à chaque mâchoire que deux incisives.

Là, de même que chez les Insectivores, nous allons voir que les formes du corps correspondent avec les mœurs de l'animal. Les uns sautent comme les Macroscélides, d'autres vivent sous terre comme les taupes, d'autres comme les tupaïas sont d'habiles grimpeurs, d'autres enfin ont les membres disposés pour la vie aquatique.

Ce sont les gerboises qui sautent. Elles ont l'aspect des macroscélides, c'est-à-dire que leurs pattes de devant sont courtes, que celles de derrière sont fortes et longues, que leur queue est longue, terminée par une touffe de poils; le corps, de la taille de celui d'un rat, est presque globuleux, la tête est ronde, surmontée de grandes oreilles, les yeux sont gros et saillants, le museau est assez gros.

Fig. 240. — Le Hamster.

On les rencontre dans le nord-est de l'Afrique et dans les parties avoisinantes de l'Asie. Vivant en grandes bandes, elles se creusent des terriers peu profonds dans les sables du désert, et là, sans nul doute, ce charmant petit Rongeur ne cause aucun dégât

Dans les steppes des Kirgisses on trouve les *Alactacas* et dans le sud de l'Afrique, les *Hélamys*. Ces deux genres de Rongeurs ressemblent sous bien des rapports aux gerboises.

Une autre famille de Rongeurs par excellence est celle des rats. Tous nous connaissons les rats. Hélas! nous avons pu apprécier plus ou moins leurs ravages. On les reconnaît à leur corps allongé, cylindrique, à leur museau pointu, garni de longues moustaches, à leurs oreilles grandes, rondes et peu velues, à leur longue queue poilue et écailleuse qui leur donne un aspect si désagréable, si sale. Leurs clavicules sont bien développées; leurs pattes sont munies de cinq doigts armés de griffes. Dans ce même groupe on a placé un genre très intéressant, les Hamsters, qui diffèrent des rats proprement dits par leur queue courte, par leur pouce rudimentaire aux pattes antérieures et par la présence de poches buccales ou abajoues que les rats véritables ne possèdent pas.

Le hamster commun (*Cricetus*) habite l'Europe centrale et la Sibérie. C'est un animal long de 30 centimètres, à pelage épais, brillant. Sur le dos, le duvet est jaune et les soies raides sont noires au bout, le ventre est noir, les pieds sont blancs, et les flancs, de même que les côtés de la tête, sont d'un brun roux.

Ce bel animal est nuisible, car il parcourt les champs, fait des récoltes de graines dans ses abajoues et les porte à son terrier où il amasse ainsi des provisions. On le détruit naturellement autant que l'on peut et même on profite de cet ensilage qu'il pratique en emportant les amas de grains de blé qu'il accumule dans ses trous. Sa peau est employée pour doubler des manteaux.

Fig. 241. — Le Rat noir.

Les rats proprement dits nous intéressent beaucoup plus que le hamster, qui a une aire de dissémination plus restreinte. Partout où l'homme s'établit se répandent les rats. Cependant ils ne sont pas originaires d'Europe. Le plus anciennement connu, le *rat noir*, semble avoir eu pour pays d'origine l'Égypte. Son pelage est brun noir avec une teinte plus grise sur le ventre. C'est lui qui était commun chez nous autrefois; mais vers 1730 un autre rat fut signalé en France, le *rat surmulot*. Beaucoup plus gros et fort que le rat noir, il chassa ce dernier et occupe en maître toute l'Europe, on pourrait dire même le *monde*.

A Paris ils vivent dans les caves, dans les égouts et vont à la recherche de leur nourriture en détruisant avec leurs puissantes incisives tout ce qui s'oppose à leur passage. La ménagerie du Muséum en est infestée. Ils sont heureux là, car ils trouvent dans les mangeoires du grain, de la viande, préparés pour les animaux captifs. On leur fait une chasse acharnée, on en détruit beaucoup, mais toujours ils reviennent.

Tous les rats des égouts sont sales et répugnants, mais ceux qui vivent dans la faisanderie de la ménagerie du Muséum sont plus propres et ne se nourrissent que de grains, ont une chair beaucoup meilleure que ceux qui vivent dans les cages des animaux féroces. Ne croyez pas, cher lecteur, que je mange du rat. Mais il fut un temps où les Parisiens furent bien heureux de pouvoir se mettre un rat sous la dent. Jeune garçon, pendant ce terrible siège

Fig. 242. — Le Rat surmulot.

de Paris, et habitant le Jardin des Plantes, j'allais à la chasse des rats et je recherchais de préférence ceux qui vivaient des grains destinés aux oiseaux.

On a signalé à plusieurs reprises des paquets de rats réunis par la queue, de façon à ce que les têtes soient à la périphérie et les queues au centre. C'est ce qu'on appelle *roi de rats*. A quoi attribuer cette réunion ? Personne n'en a donné d'explication plausible ; nous nous bornerons donc à consigner le fait.

Dans nos maisons, nous avons à lutter contre un autre ennemi qui, s'il est de plus petite taille que les rats, n'en est pas moins à redouter : c'est la souris.

Grise de pelage, la souris a de grands yeux globuleux, de grandes oreilles larges et une longue queue. C'est un animal d'une vivacité extraordinaire, auquel sa taille exiguë permet d'entrer partout. Rien n'est en sûreté lorsqu'on a des souris chez soi : les livres sont mangés, les vêtements sont dilacérés. En somme, à leur point de vue, c'est dans un but louable, car ce sont de bonnes mères de famille que ces souris; tout ce qu'elles nous prennent, c'est dans le

Fig. 243. — La Souris

but de construire des nids moelleux pour leurs petits. Quelquefois même elles ne se donnent pas la peine d'emporter du papier ou des morceaux d'étoffe; quand elles rencontrent un vêtement accroché dans un endroit où rien ne vient les inquiéter, elles ne se gênent pas pour déposer leur progéniture dans une poche ou dans la doublure dudit habit.

Dans les bois vit le *mulot*, mais aussi dans les habitations à la campagne; il ressemble beaucoup à la souris, mais la couleur du pelage permet de les différencier. Chez le mulot, les poils du dos sont bruns et le ventre est blanc; même longue queue, et mêmes oreilles larges.

On trouve quelquefois dans les champs, dans les roseaux au bord des rivières, de petits nids fort bien construits, qui offrent sur le côté une petite ouverture. On est tenté de les prendre et de chercher les oiseaux qui ont fabriqué une si charmante demeure. Mais on est bien étonné, si l'on s'approche, de voir sortir du nid des souris. C'est, en effet, une petite espèce de ce genre qui édifie ces jolis nids, c'est la *souris naine* (*fig.* 235). En effet, sa taille ne dépasse pas 8 centimètres, auxquels il faut ajouter 6 centimètres pour la queue. D'un brun roux jaunâtre sur le dos, elle est en général blanche sur le ventre et sous les pattes. On la voit courir sur les herbes, même les plus faibles, et se servir de sa queue pour se maintenir. Cette queue est prenante, elle s'enroule après les chaumes.

On voit souvent chez les marchands d'oiseaux des rats blancs

Fig. 244. — Le Mulot.

et des souris blanches. Ce sont simplement des variétés albinos des animaux que nous avons étudiés plus haut; on les a obtenues par la sélection. Dans les foires on assiste à des représentations où ces animaux exécutent des tours. Ils sont, en effet, susceptibles d'éducation et d'attachement à leur maître. Leur belle couleur blanche en ferait de gentils animaux d'appartement, si l'odeur désagréable qu'ils répandent n'en faisait pas des hôtes incommodes.

On confond souvent avec les rats et les souris des Rongeurs qu'on rencontre dans les bois, dans les moissons, au bord des cours d'eau, et qui commettent également de sérieux dommages. Ceux-là ont un corps de forme analogue à celui des rats et des souris, mais plus trapu cependant; la tête est plus large, le museau au lieu d'être pointu est tronqué, enfin la queue est généralement plus courte et les oreilles sont velues; ce sont les Arvicolins. Les uns ont la queue comprimée latéralement et écailleuse : les *Ondatras* ou rats musqués sont dans ce cas; les autres ont la queue arrondie et velue. Dans cette division viennent se ranger les *rats d'eau*, les *Campagnols*, les *Lemmings*.

Les agriculteurs connaissent bien ces animaux, et leurs ravages ont été à maintes reprises enregistrés.

Ils se creusent avec leurs petits ongles des terriers, souvent fort compliqués, coupant avec leurs dents les racines qui les gênent pour passer.

Les campagnols détruisent beaucoup de graines, car non seulement ils en consomment sur le moment, mais ils en entassent dans leur retraite. On a calculé qu'un campagnol, entendez bien, *un seul campagnol* pouvait détruire des végétaux représentant près de *onze kilogrammes !*

Fig. 245. — Le Campagnol agreste.

Qu'est-ce alors, lorsque plusieurs milliers de campagnols sont établis dans une localité? Un campagnol consomme 20 grammes de graines par jour, soit 7 300 grammes par an.

Les campagnols se reproduisent en toutes saisons, et les jeunes sont eux-mêmes rapidement en état de se reproduire.

« Que l'on suppose, dit Brehm, un couple de campagnols vulgaires, produisant en quelques mois douze petits seulement, soit, en moyenne, quatre par gestation; que les six couples que ces petits formeront, en admettant un nombre égal de mâles et de femelles, donnent eux-mêmes trois portées de quatre petits, soit soixante-douze; que ceux-ci, s'accouplant à leur tour, aient la même fécondité, ce que les faits viennent confirmer, et l'on comptera pour la troisième génération, avant que l'année soit écoulée, plus de cinq cents individus d'âge, pour la plupart, à se reproduire, et descendant d'un seul couple. Que de milliers n'en compterait-on pas, si, au lieu d'un couple unique, l'on supposait l'existence simultanée sur le même terrain de quelques centaines de couples !

Ainsi s'expliquent, sans qu'il soit nécessaire d'exagérer le nombre des gestations, ces nombres prodigieux de campagnols qui ont été dénoncés à diverses époques. Ainsi s'expliquent également ces migrations à la suite desquelles des contrées où la présence de ces animaux était à peu près nulle, ont été subitement envahies et dévastées.

« Les migrations des campagnols ont lieu, en effet, toutes les fois que par leur trop grand nombre ils ont épuisé les ressources d'une contrée : la disette en est donc la cause principale. »

Fig. 246. — Le Lemming.

Heureusement toutes les portées ne réussissent pas, et leur nombre est limité par les intempéries des saisons et par des ennemis naturels, tels que les mammifères et les oiseaux carnassiers. Les chouettes, en particulier, leur font une guerre acharnée, et c'est pour les remercier que les paysans ignorants et superstitieux crucifient ces malheureux oiseaux sur les portes de leurs granges! Ils devraient bien, au contraire, leur témoigner de la reconnaissance. Les couleuvres qui, elles aussi, sont victimes de l'ignorance des gens de la campagne, en détruisent une quantité considérable.

Dans nos contrées existent plusieurs espèces de campagnols; d'abord le *campagnol amphibie* ou rat d'eau, qui fait au bord des petits cours d'eau des terriers, et qui est de la grosseur d'un rat; puis le *campagnol agreste*, de la taille d'une souris, mais bien reconnaissable à sa petite queue courte. Il en existe un certain nombre d'autres espèces, mais qui diffèrent peu entre elles.

En Norwège, en Laponie, au Groënland vivent les Lemmings, longs de 16 centimètres dont deux pour la queue et recouverts d'un pelage blanc et brun. Ils ont un peu l'aspect de petites marmottes. Ils entreprennent tous les dix ou vingt ans des migrations en troupes, mais on n'est pas fixé sur la cause de ces voyages. Sont-ils dus à la crainte qu'ont ces animaux d'une saison trop rigoureuse ou à la disette?

Sur les bords des cours d'eau ou des lacs, dans l'Amérique du

Fig. 247. — L'Ondatra ou Rat musqué.

Nord, surtout au Canada, vivent des Rongeurs, les Ondatras ou Rats musqués. Ceux-là, comme nous l'avons déjà dit, ont la queue écailleuse et comprimée latéralement. Le pelage est épais, roux, analogue à celui du castor, avec lequel, d'ailleurs, ils ont beaucoup d'analogie pour les constructions qu'ils établissent. Ce sont de gros animaux qui mesurent 65 à 70 centimètres de long en comptant la queue, qui atteint bien 20 à 25 centimètres. Au bord des eaux ils construisent des sortes de huttes assez confortables. Bien qu'ils vivent de plantes aquatiques et de mollusques, ils ne dédaignent pas de faire quelques incursions dans les plantations, qu'ils ravagent alors.

Les indigènes mangent la chair de cet animal, malgré la forte odeur musquée dont elle est pénétrée. En effet, l'ondatra possède à la base de la queue des glandes qui sécrètent une substance musquée. On les pourchasse par tous les moyens possibles, car ils commettent de graves dégâts. Se figure-t-on des rats gros comme des chats, ravageant les champs, les vergers, les plantations et les habitations?

D'autres Rongeurs sont encore plus fouisseurs, si l'on peut dire : ce sont les *géomys*, les *bathyergues*, les *spalax*. Ils ont l'aspect de la taupe, c'est-à-dire que leur corps est cylindrique, que leurs oreilles sont presque complètement cachées, que leurs yeux sont petits. Il est même une espèce qui est tout à fait aveugle. Leurs dents incisives sont énormes et les lèvres ne les recouvrent pas. Les ongles des pattes sont puissants, afin de leur permettre de creuser leurs terriers.

Fig. 248. — Spalax ou rat-taupe.

Nous avons dans notre pays des petits Rongeurs fort gracieux et qui servent de passage entre les rats et les écureuils; ce sont les *lérots*, les *muscardins*, les *loirs*, qui forment la famille des Myoxiens.

On a souvent à déplorer leur présence dans les vergers. Grands mangeurs de fruits, ils entament les belles poires dont on guettait la maturité, ils mangent les noix, les noisettes. Pour les détruire, il faut installer des pièges amorcés avec des fruits : car les papiers, les sacs en crin ne suffisent pas à les effrayer ou à garantir les fruits.

Le lérot est celui qu'on voit le plus fréquemment; son pelage, fort doux, est gris brun sur le dos et la tête, avec le ventre blanc. L'œil est entouré de poils noirs avec une bande noire sur les côtés du cou. La queue est garnie de poils gris courts et couchés, et se termine par un pinceau de poils longs et noirs.

Le lérot est de la taille d'un petit rat, mais le muscardin es beaucoup plus petit; il n'atteint guère plus de la taille d'une grosse souris; son pelage est d'un brun clair. C'est un fort joli petit animal, qui vit dans les bois et se construit des petits nids analogues à ceux des souris naines. J'en ai capturé plusieurs dans la forêt de Montmorency, et j'ai pu les conserver vivants pendant une année, sans toutefois arriver à les apprivoiser. Ils s'endorment pendant le jour et ne sont actifs que pendant la nuit.

Le loir est plus gros que le lérot; il est d'ailleurs facile de le reconnaître à sa longue queue touffue dans toute son étendue. La couleur des poils est aussi plus foncée que celle du lérot, le brun domine. Ce petit animal est plus rare que le lérot, et je n'ai pas eu l'occasion d'en voir de vivant.

Très voisins des loirs, tant pour l'aspect que pour les dégâts qu'ils commettent, sont les écureuils. Dans les bois de pins, on les

Fig. 249. — Le Lérot.

voit, sautant de branche en branche, s'arrêtant de temps en temps pour regarder le promeneur qui les dérange, poussant une sorte de grognement, puis recommençant leur course aérienne avec une sûreté et une agilité surprenantes. En France vit l'écureuil commun que l'on peut contempler quelquefois dans les villes, tenu en captivité dans une petite cage qu'il fait tourner sans cesse par ses mouvements. Mais il en existe beaucoup d'espèces très différentes les unes des autres, tant par la forme du corps que par les mœurs mêmes.

Les vrais écureuils ont pour type l'écureuil vulgaire, bien reconnaissable à sa longue queue touffue dont les poils sont disposés sur deux rangs. Des pinceaux de poils terminent ses oreilles.

D'ordinaire le pelage est d'un brun roux sur le dessus du corps et blanc sur le ventre, mais cette couleur varie suivant les saisons et suivant les pays. En hiver, dans nos régions, les tons roux des poils passent un peu au gris, et dans les pays du Nord l'écureuil, en hiver, devient d'un gris cendré; c'est cette variété dont on emploie la fourrure connue sous le nom de « petit-gris ».

Ce charmant petit animal se construit un nid dans les fourches des grosses branches des arbres. Ce nid, tantôt il l'édifie de toutes pièces, tantôt il se sert de vieux matériaux d'un nid de corbeau, d'épervier, de pie, etc. Mais souvent aussi il s'installe dans les

Fig. 250. — L'Écureuil commun.

creux des arbres. Il préfère les bois de pins dont les fruits lui fournissent une abondante nourriture, mais il ne dédaigne ni les frênes, ni les glands, ni les châtaignes, ni les noisettes. Souvent aussi il s'aventure jusque dans les jardins, et met au pillage les fruits des vergers et les noix.

En Amérique, dans la Caroline du Sud, dans la Floride et au Mexique, on rencontre l'*Écureuil noir;* en Asie, dans l'Inde, à Malacca, à Ceylan, à Java, vit une belle espèce, l'*Écureuil roi,* dont le pelage bleu foncé, rouge et jaune est fort remarquable.

Dans l'Amérique du Nord et en Asie, on trouve les *Tamias,* écureuils terrestres à poils couchés et rudes et possédant des abajoues.

Ils se creusent des terriers où ils amassent des provisions pour l'hiver.

D'autres, les *ptéromys*, qui vivent dans l'archipel indien, peuvent compter parmi les plus grands écureuils; de même que leurs cousins les *polatouches* qui eux, de petite taille, habitent le nord

Fig. 251. — Le Polatouche.

de l'Europe, de l'Asie et de l'Amérique, ils ont une membrane épaisse et velue formée par la peau des flancs qui s'étend entre les membres antérieurs et postérieurs; de sorte que lorsqu'ils s'élancent, en sautant d'une branche à l'autre, ils peuvent rester plus longtemps dans l'espace, soutenus qu'ils sont par cette sorte de parachute.

Les *spermophiles*, qui vivent dans l'hémisphère nord, présentent des formes plus lourdes, une queue plus courte et se rapprochent des marmottes.

Les marmottes, que l'on voyait souvent autrefois dans les bras des petits Savoyards, sont devenues rares de nos jours à Paris. Et cela tient à quoi? — Aux progrès de la civilisation!

Les Savoyards ramonaient les cheminées en grimpant dedans; mais maintenant les tuyaux de cheminée sont construits d'une autre façon, on les ramone avec une sorte de gros goupillon qui, chose bizarre, s'appelle un hérisson. Le petit Savoyard est devenu inutile, et la marmotte ne vient plus visiter la capitale!

C'est en Europe, sur les hauts sommets des Pyrénées, des Alpes, des Carpathes, puis en Russie, en Pologne, en Galicie, qu'on trouve les marmottes à l'état sauvage; en Sibérie, elles sont remplacées par une autre espèce, le Bobac.

La marmotte est de la taille d'un gros lapin. Son cou est court, sa tête est aplatie; tout le corps est lourd et trapu. Le pelage est épais et d'un gris roux.

La marmotte est active pendant un temps relativement court; pendant la belle saison, elle s'engraisse en rongeant tout ce qu'elle trouve, puis quand le froid s'accentue elle rentre dans ses terriers qu'elle a eu soin de garnir de feuilles sèches pour en faire une chaude demeure, et après en avoir fermé hermétiquement l'ouverture avec des feuilles et de la terre, elle s'endort, le front entre les pattes, d'un sommeil léthargique, et passe ainsi l'hiver à l'abri du froid. Quelle heureuse nature! Que de gens trouveraient économique ce moyen d'éviter la mauvaise saison! On s'endormirait à la fin de l'automne comme les marmottes et on ne connaîtrait ni la gelée ni la neige. Au printemps, quand la température devient douce, les marmottes sortent de leurs retraites, et, affamées, elles dévorent ce qui leur tombe sous la dent. C'est qu'elles sont très maigres à leur réveil; pendant leur sommeil hibernal, elles ont vécu sur leur propre graisse; il faut donc remplacer ce qu'elles ont perdu.

J'emprunte à Brehm la citation suivante, qui est de nature à intéresser le lecteur :

« L'été, dit Tschudi [1], s'écoule gaîment pour elles. A la pointe

1. Tschudi. *Les Alpes*, page 632.

du jour, les vieilles sortent de leurs terriers, avancent la tête avec précaution, prêtent l'oreille et guettent de tous côtés pour s'assurer s'il ne se passe rien d'extraordinaire dans le voisinage; elles se hasardent enfin à faire quelques pas et se mettent à déjeuner. Ce repas est promptement expédié; l'herbe verte et surtout les jolies fleurs des Alpes en font les principaux frais, et on les voit disparaître rapidement autour des établissements des marmottes. Les jeunes suivent de près les parents. Dès qu'elles sont toutes rassasiées, elles se rangent en cercle sur une pierre plate, bien exposée au soleil et aussi rapprochée que possible de leur demeure. Alors elles commencent leurs jeux et leurs plaisirs, qui consistent à se peigner, à se gratter, à faire leur toilette, à se taquiner les unes les autres et à faire les belles en se dressant sur leurs jambes de derrière. Pendant que les jeunes se livrent ainsi à leur humeur folâtre, les vieilles marmottes font sentinelle, et dès que paraît quelque chose de suspect, un homme, un oiseau de proie ou un renard, fût-ce à des lieues de distance, le sifflet se fait entendre clair, fort, retentissant. Ce son, quoique aigu et perçant, a quelque chose de plaintif et de profond. Le reste de la troupe, n'ayant pas vu l'ennemi, ne répond pas au signal de la sentinelle, mais s'attache à suivre tous les mouvements de celle-ci, restant tant qu'elle reste, fuyant quand elle fuit. Les avertissements se renouvellent de moment en moment; mises ainsi sur leur garde, toutes les marmottes de la montagne cherchent à découvrir l'ennemi, et, quand elles y sont parvenues, elles sifflent à leur tour, et bientôt de tous les côtés les vigilantes sentinelles sont à leur poste. Si l'ennemi se cache ou s'arrête, les signaux cessent, mais la surveillance ne se relâche pas; à l'approche du danger, elles se précipitent toutes dans leur demeure et ne se hasardent à sortir de nouveau que quand tout sujet de crainte a disparu. Celles qui n'ont pas vu l'ennemi sont les premières à reparaître.

« ..... Les marmottes établissent leurs habitations d'été sur les oasis de gazon qu'entourent les rochers et les abîmes; elles recherchent le soleil plutôt que l'ombre et évitent toujours l'humidité. »

Parlant de la façon dont les marmottes garnissent leur terrier, notre auteur ajoute : « La prudente marmotte commence déjà en août ses approvisionnements; elle coupe avec ses dents tranchantes de l'herbe et des plantes, qu'elle fait sécher et qu'elle transporte ensuite chez elle. Bien des gens croient encore, comme Pline, que l'une d'elles se couche sur le dos et se laisse charger de foin par les autres, qui la traînent ensuite dans leur trou en la tirant par la

Fig. 252. — Les Marmottes.

queue; on explique ainsi le triste état de la fourrure de leur dos, qui est en effet très râpée; mais cela vient uniquement de l'entrée trop étroite des canaux. »

Je pourrais parler encore longuement de la marmotte, mais j'ai hâte de dire quelques mots de cinq ou six espèces de Rongeurs intéressants à divers points de vue.

Il s'agit d'abord du *castor*. Tous les auteurs ont cité ces grands Rongeurs si industrieux; on a vanté leur instinct ou leur intelligence.

Les castors ont un corps lourd, trapu, recouvert d'une épaisse fourrure de couleur brune; leurs pattes sont palmées, leur queue est écailleuse et élargie. C'est une grande nageoire en réalité, une rame qui leur sert à plonger ou à revenir à la surface de l'eau. Car ce sont d'excellents nageurs que ces castors et des architectes incomparables.

Ce sont de gros Rongeurs, car ils mesurent près d'un mètre de long. On les rencontre, de nos jours, principalement en Amérique. Cependant on en trouve encore de temps en temps en France sur les bords du Rhône, et plusieurs fois on a pu en voir à la ménagerie du Muséum, provenant de ces régions. Mais ils y sont rares et il arrivera un moment, très rapproché de nous sans doute, où le castor aura complètement disparu de notre pays. A l'époque quaternaire il vivait sur le bord de la Bièvre, dans les lieux qu'occupe maintenant Paris, d'où son ancien nom français de *Bièvre*, et on en retrouve souvent les ossements observés à l'état fossile.

En Amérique même, au Canada, où il était très commun, les chasses continuelles qu'on lui a livrées en ont beaucoup diminué le nombre.

Les castors nous intéressent tant à cause de leur industrie que par les produits qu'ils fournissent et que l'homme utilise.

Brehm, résumant les récits véridiques, nous dit que « les castors se choisissent un cours d'eau dont les rives leur fournissent de la nourriture et des matériaux propres à élever leurs huttes. Ils commencent par construire un barrage, qui maintient le niveau de l'eau à la hauteur du sol de leurs huttes; ce barrage est épais de 3 à 4 mètres à la base, de 60 centimètres à sa partie supérieure. Ils l'établissent avec des pièces de bois de la grosseur de la cuisse ou du bras, de 1 mètre et demi à 2 mètres de long; ils les fichent dans le sol par l'une de leurs extrémités, l'une contre l'autre, placent dans leurs intervalles des branches plus petites, plus flexibles, et remplissent les vides avec de la vase. Ils travaillent à cette digue jusqu'à ce que l'eau ait atteint le plancher de leurs huttes. En amont, la digue est inclinée; en aval, elle est verticale. Elle est assez solide pour qu'un homme puisse s'y aventurer. Dès qu'un trou s'y montre, les castors le bouchent avec de la vase. Leurs demeures s'ouvrent à 1m,20 au moins au-dessus de la surface de l'eau, de telle façon que jamais elles ne soient fermées par les glaces. Quand l'eau n'a qu'un faible courant, la digue est presque droite; quand le courant est fort, elle est recourbée, offrant sa convexité au cours de l'eau.

« C'est en amont de la digue, le plus souvent sur le côté sud des

Fig. 253. — Myopotame coypou.

îles, ou au milieu même de la rivière, que les castors bâtissent leurs huttes. Ils creusent un couloir oblique qui part de la rive, au haut de laquelle ils construisent un monticule en forme de four, à parois très épaisses, de 1m,30 à 2m,30 de haut, de 3 à 4 mètres de diamètre. Les parois en sont formées de morceaux de bois dépouillés de leur écorce, réunis par du sable et de la vase. Cette demeure renferme une chambre voûtée, dont le plancher est couvert de débris de bois. Près de l'ouverture est un compartiment destiné à recevoir des provisions. On y trouve souvent plusieurs charretées de racines de nénuphar. »

Pour sa nourriture aussi bien que pour construire ses digues, le castor détruit une quantité prodigieuse d'arbres et d'arbustes. Il les coupe à 1 mètre de terre, les fait tomber, en mange l'écorce, et se sert des tronçons pour ses constructions. Aussi comprendra-t-on

Fig. 254. — Porc-épic.

facilement qu'on ait cherché à détruire un hôte si destructeur. En le tuant, on a également un autre but, celui de prendre sa peau

Fig. 255. — Coendou.

pour faire des fourrures, et de recueillir certaines glandes situées près de l'anus et qui sécrètent une substance brunâtre, d'une odeur musquée, connues sous le nom de glandes à castoréum.

Fig. 256. — Les Castors se choisissent un cours d'eau dont les rives leur fournissent de la nourriture et des matériaux propres à élever leurs huttes.

Il y aurait des volumes à écrire sur le castor ; on a raconté bien des fables à son sujet, et je ne veux pas m'en faire l'écho, en les rappelant. Ce que j'ai dit est vrai et donnera une idée de ce qu'est ce gros Rongeur.

Les castors ne sont pas les seuls gros rongeurs aquatiques ; le *myopotame coypou,* qui habite une grande partie de la zone tempérée de l'Amérique méridionale, est pourvu de pattes postérieures palmées. Sa queue est cylindrique, écailleuse et couverte de poils. Cet animal diffère d'ailleurs par d'autres particularités anatomiques

Fig. 257. — Le Cochon d'Inde.

du castor. On le chasse pour avoir sa peau, qui coûte fort cher ; sa chair est appréciée des indigènes.

Nous avons vu des rongeurs qui ressemblaient aux macroscélides parmi les insectivores, les gerboises ; puis des espèces ressemblant plus ou moins aux taupes, les spalax ; d'autres, les souris, qui ont le même aspect que les musaraignes ; quelques-uns, comme les rats musqués, qui sont les équivalents des desmans ; puis les écureuils qui, comme les tupaïas, ont une longue queue touffue et grimpent aux arbres. Nous allons en voir d'autres dont le corps est recouvert de piquants comme chez le hérisson : ce sont les porcs-épics et leurs voisins.

Il n'est pas besoin d'être un naturaliste consommé pour reconnaître un porc-épic. C'est encore un Rongeur de grande taille, lourd, dont le corps est couvert de piquants blancs et noirs; la tête est arrondie et épaisse, les oreilles sont courtes, les yeux plutôt petits, le museau est énorme; les pattes sont d'égale longueur et armées d'ongles puissants.

Le corps est recouvert de poils mélangés aux piquants qui sont surtout abondants sur le train de derrière. L'animal peut les redresser, lorsqu'il veut se défendre, et il est fort dangereux de chercher à le saisir. Il n'est pas vrai que le porc-épic décoche ses piquants sur ses agresseurs; mais les piquants tombent de temps en

Fig. 258. — L'Agouti.

temps comme des poils, et il peut arriver, quand l'animal contracte les muscles peauciers qui font redresser les piquants, qu'un de ceux-ci se détache et soit projeté à quelques centimètres du corps du Rongeur, par suite de la pression opérée sur la base par les muscles, de la même façon que lorsque des enfants pressent entre leurs doigts des noyaux de cerises pour les lancer au loin.

Il est nocturne, et se creuse de profonds terriers où il se tient pendant le jour.

C'est sur les côtes de la Méditerranée que vit cet animal, aussi bien en Algérie, en Tunisie, et en Tripolitaine, qu'en Grèce, en Sicile, dans les Calabres et jusque dans les campagnes de Rome; mais en Europe il est plus rare qu'en Afrique.

On mange sa chair et on emploie ses piquants à divers usages et en particulier pour faire des manches de porte-plume.

Très voisins du porc-épic sont les *athérures*, qui habitent la côte occidentale d'Afrique, Sumatra et Java. Leurs formes sont moins lourdes, leur queue est plus longue et garnie non de

Fig. 259. — Le Chinchilla.

piquants comme le reste du corps, mais de gros poils présentant des étranglements et d'aspect fort bizarre.

Dans l'Amérique centrale et dans l'Amérique méridionale

Fig. 260. — La Viscache.

vivent d'autres représentants de cette famille des Hystriciens. Ils grimpent aux arbres; et les uns, comme les Sphiggures, les Chétomys, les Coendous, ont la queue longue et prenante; d'autres, tels que les Ursons, ont une queue courte et non prenante.

On voit souvent dans les fermes d'autres petits Rongeurs, aux couleurs variées, qu'on nomme vulgairement des cochons d'Inde, et cependant ils ne viennent pas de l'Inde, mais de l'Amérique méridionale, et ils n'ont aucune parenté avec les cochons. Les naturalistes les nomment des *cobayes;* mais on ne connaît pas bien leur origine. Il en est ainsi de beaucoup de races d'animaux domestiques.

Ils ne servent à rien, ces petits animaux, aux formes lourdes, si ce n'est qu'ils partagent le sort des lapins et des grenouilles dans les laboratoires de physiologie. Au Brésil, au Paraguay, à la Guyane, vit un cobaye sauvage qu'on désigne sous le nom d'*apéréa* et qui est sinon de la même espèce, du moins du même genre que le cochon d'Inde.

Les *pacas*, les *agoutis*, les *cabiais*, habitent aussi l'Amérique méridionale. Ces animaux sont plus hauts sur pattes, leur queue est courte, leur tête plus allongée, avec de gros yeux et de petites oreilles. Ils ne se creusent pas eux-mêmes des terriers, mais se logent très volontiers dans le trou de quelqu'autre animal, dans les vieux troncs d'arbres, dans les fentes de rochers. Les uns, comme les *dolichotis*, vivent dans les plaines, ils ressemblent un peu aux lièvres, avec leurs grandes oreilles et leurs pattes postérieures plus longues que les antérieures. D'autres ont les oreilles courtes, comme les pacas et les agoutis; les premiers ont une robe brune avec des taches claires, les seconds sont de couleur brun rouge avec des reflets jaunâtres.

Le *cabiai* ou *capybara* est énorme : c'est assurément le plus gros des Rongeurs, il atteint une longueur $1^{m},15$ environ sur une hauteur de $0^{m},50$; son poids est de près de 50 kilos. Les poils sont rares et la couleur de l'animal est d'un brun roux. C'est un bon nageur que le cabiai, et si quelque danger le menace, il se jette à l'eau et plonge même pour sortir plus loin.

D'autres Rongeurs de l'Amérique méridionale sont dignes d'être signalés, car quelques-uns fournissent une fourrure très recherchée : ce sont les *chinchillas*, dont on parle souvent sans en connaître la forme.

Le corps est long de 30 à 35 centimètres, et la queue de 15 à 20 centimètres. La tête est arrondie, surmontée de grandes oreilles larges et rondes. Le pelage, d'un gris foncé, est extrêmement fin et doux, c'est ce qui le fait rechercher. C'est au Pérou, dans la Bolivie, au Chili qu'on le trouve communément, sur les hautes montagnes.

Sur le versant oriental des Andes vit une autre espèce de ce même groupe, la *viscache*, qui est beaucoup plus grosse que le chinchilla, et dont la fourrure épaisse pourrait être utilisée.

Fig. 261. — Le Jaguar ou Léopard d'Amérique.

CHAPITRE XIII

Les Carnivores.

Nous avons vu des types variés chez les Insectivores et chez les Rongeurs. Mais dans l'ordre des Carnivores la variété dans les formes et les dimensions du corps est encore poussée plus loin. Il y en a de tout petits, comme la belette; il en est d'autres qui sont d'une taille imposante, comme les lions. Malgré cela, il est possible en quelques mots de donner les caractères généraux de cet ordre. Leur régime est lié à leur dentition, et c'est, assurément, par ce caractère qu'on peut avec le plus de netteté distinguer les Carnivores; il suffira de regarder un chien, un chat ou un furet pour comprendre de suite que la dentition varie peu, bien que les formes du corps de ces animaux soient souvent si différentes. On voit à chaque mâchoire, de chaque côté, trois incisives régulières, une énorme canine bien faite pour déchirer, des molaires, dont une très tranchante, qui forme, avec celle de la mâchoire opposée, une véritable paire de ciseaux, puis de petites molaires tuberculeuses dont le nombre varie suivant les genres. Ces dents sont des armes redoutables, et les muscles qui les mettent en mouvement sont puissants; en outre, les arcades zygomatiques, très écartées de la tête, lui donnent alors une forme arrondie, globuleuse dans certains cas, tandis que le crâne, en réalité, est toujours allongé.

Les pattes sont garnies d'ongles, qui ne sont pas moins à craindre que les dents; ces ongles peuvent être cachés à la volonté de l'animal: dans certaines espèces, ils sont dits alors rétractiles; les chats sont dans ce cas, et l'on sait qu'ils peuvent faire patte de velours ou griffer terriblement la main qui les caresse. En outre, ces pattes ne reposent sur le sol que par les doigts; on dit alors que l'animal est digitigrade; tels les chats, les tigres, les lions; ou bien l'animal est plantigrade, comme on le voit chez les ours, qui marchent sur la plante des pieds. Au point de vue de l'anatomie interne, nous nous contenterons de dire que l'intestin est court, comme d'ailleurs chez toutes les espèces carnivores, tandis qu'il est long, comme nous le verrons, chez les espèces herbivores.

En somme, nous allons observer six types principaux parmi les Carnivores : d'abord les Félides ou chats, puis les Canides ou chiens, et leurs proches parents les Hyènes. Puis nous verrons des animaux plus petits, les Viverridés (civettes) et les Mustélides (fouines); enfin les Ursides, c'est-à-dire les Ours.

On rencontre des Carnivores sur toute la surface du globe; tous sont les ennemis de l'homme, qui est en lutte avec eux. Celui-ci a pu en domestiquer plusieurs, mais il en est un grand nombre que leur force prodigieuse rend redoutables.

Les Félides, c'est-à-dire la famille des chats, nous occuperont tout d'abord. N'est-ce pas parmi eux que se trouvent les plus beaux des mammifères, tant à cause de leurs formes gracieuses que de leur robe élégante? En tête vient se placer tout naturellement le lion, qu'on a souvent appelé *le roi des animaux.*

Que l'on considère le lion ou la panthère, le lynx ou le chat domestique, on trouvera les mêmes caractères généraux, il est à peine besoin de les rappeler. La grâce et la souplesse du corps en font des animaux dont la vue nous charme. La tête est arrondie, le cou est assez long; les pattes, un peu grosses, sont munies de griffes rétractiles, c'est-à-dire que l'animal peut les faire saillir quand il veut se défendre ou grimper sur quelque chose, et qu'il peut, au

Fig. 262. — Le Lion.

contraire, les rétracter quand il est en sûreté ou au repos : il fait alors patte de velours; ces griffes sont toujours pointues, puisque l'animal ne les use pas. La queue est longue, mobile; tout le pelage est doux. Quelle dentition formidable ! Nous en avons parlé d'une façon générale précédemment; la langue, garnie de papilles pointues recourbées en arrière, peut, chez les grandes espèces, devenir dangereuse pour celui qui est léché par un de ces animaux; ces papilles déchirent la peau en très peu de temps et le sang s'écoule.

Agiles, souples, gracieux et d'une adresse inouïe sont les chats, les Félins en général. Leurs sens sont très développés; la vue est perçante; l'ouïe leur permet de percevoir les moindres sons; certaines odeurs peuvent les attirer de fort loin, tant le sens de l'olfaction est développé; il en est de même de celui du goût, car on sait à quel point les chats sont gourmands.

C'est en Afrique et en Asie que vivent les plus grandes espèces : le lion, le tigre, la panthère; cependant on en rencontre en Amérique qui sont de taille respectable, telles que le couguar et le jaguar.

« Le lion appartient à l'Afrique et à la partie adjacente de l'Asie occidentale. Jadis il habitait aussi l'Europe méridionale, notamment la Macédoine; mais depuis l'antiquité il en a disparu, et c'est principalement en Afrique, entre les montagnes de l'Atlas et le cap de Bonne-Espérance, qu'il se tient. Il n'a pas encore été chassé complètement de l'Algérie; mais il y est devenu rare, et probablement il ne tardera guère à en disparaître [1]. »

Le lion est le plus grand des Félins; il est aussi plus massif, plus trapu. Son pelage jaune fauve, la grande crinière qui couvre la tête, le cou et la poitrine du mâle, sa face large, sa longue queue terminée par une touffe de poils, sont connus de tout le monde : car même les personnes qui n'ont pas voyagé et ne l'ont pas vu en liberté, ont pu le contempler dans les ménageries de l'État et dans les cages où les renferment les dompteurs. Et il en a été ainsi depuis les Anciens, car on raconte que Pompée ouvrit le cirque à six cents lions et Jules César à quatre cents, dont un tiers de mâles environ.

1. Alph. Milne-Edwards. *Zoologie méthodique et descriptive*. Masson, p. 101.

Se figure-t-on six cents lions poussant à la fois leurs rugissements ! Ce devait être effrayant à la fois et grandiose. J'ai entendu bien des fois les lions rugir dans la ménagerie du Muséum et j'ai toujours ressenti un sentiment indéfinissable de crainte et de respect. Mais il n'y avait guère que deux ou trois lions réunis.

La lionne est plus élancée que le lion; ses pieds sont courts et de couleur uniforme. Celle-ci ne vit avec le lion qu'à l'époque des amours et jusqu'à ce que les jeunes soient en état de vivre indépendants.

On a beaucoup écrit sur le lion, on a vanté son courage et sa magnanimité; ce n'est pas sans raison, car l'homme lui en impose, lorsqu'il a de la présence d'esprit, du calme, et qu'il le regarde franchement.

« L'exemple le plus remarquable de l'impression que l'homme peut produire sur le lion [1] est fourni par André Sparrmann. Ce voyageur raconte qu'un riche fermier, d'une véracité reconnue, Jacob Kock, de Zee-Koe-river, se promenant un jour sur ses terres, avec son fusil chargé, aperçut tout à coup un lion près de lui. Comme il était excellent tireur, il se crut, dans la position où il était, assuré de le tuer, et fit feu. Malheureusement il ne se rappela pas que le fusil était chargé depuis longtemps, et que la poudre était humide. L'arme fit long feu, et la balle rentra dans la terre à côté du lion.

« Le fermier, saisi d'effroi, s'enfuit au plus vite; mais bientôt hors d'haleine, et se sentant suivi de près, il sauta sur un petit monticule de pierres et fit volte-face, présentant à son adversaire le gros bout de son fusil, et résolu de défendre sa vie jusqu'à la dernière extrémité. L'animal, de son côté, s'arrêta court, et s'assit à quelques pas de distance du tas de pierres, d'un air en apparence fort tranquille. Cependant le chasseur n'osait bouger de sa place. Enfin, après une bonne demi-heure d'attente, le lion se leva, s'en alla lentement et comme à la dérobée, et, dès qu'il fut plus loin, il commença à bondir et à fuir à toutes jambes. »

Le lion court vite et il vaut mieux l'attendre de pied ferme que de fuir devant lui. Lorsqu'il est repu, il est arrivé qu'étant entré

1. Brehm, édit. franç., p. 199.

dans une habitation, le lion avait épargné une femme et des enfants, et qu'il s'était couché à quelques pas d'eux sur le seuil d'une porte sans chercher à les inquiéter.

Brehm rapporte une foule d'histoires intéressantes sur le lion, et nous conseillons la lecture de son ouvrage à tous ceux qui voudront avoir un plus grand nombre de détails sur cet animal. Nous citerons encore le passage suivant où il indique certaines particularités des mœurs du lion :

« Le soleil vient de descendre au-dessous de l'horizon; le pasteur nomade a rassemblé son troupeau dans la *Sériba*, espèce de camp retranché entouré d'une palissade, haute de huit à dix pieds, épaisse de trois ou quatre, et formée de branches de mimosa couvertes de leurs puissantes épines : c'est là l'abri le plus sûr qu'il puisse se procurer. Les ombres de la nuit s'étendent sur le camp animé; les brebis appellent les agneaux; les vaches qu'on vient de traire se sont couchées; une meute vigilante veille sur tous. Tout à coup les chiens aboient. En un clin d'œil ils sont tous réunis, et se précipitent dans la même direction, au milieu des ténèbres de la nuit. On entend le bruit d'un combat de peu de durée, des aboiements furieux, un cri enroué et plus furieux encore, puis des aboiements indiquant la victoire; une hyène avait rôdé autour du camp et les courageux gardiens l'avaient mise en fuite après un combat de peu de durée. Un léopard avait de même battu en retraite. — Le camp reprend son calme, le bruit s'éteint, la paix de la nuit s'étend sur tous ces êtres. La femme et les enfants du pasteur ont trouvé le repos sous une tente. Les hommes ont achevé leur besogne journalière et vont aussi se coucher. Sur les arbres voisins, les hirondelles à queue étagée murmurent leur chanson du soir ou voltigent à travers les airs, s'approchent souvent de la Sériba, en glissant comme des fantômes au-dessus du troupeau endormi.

« Le silence règne partout; les chiens mêmes ont cessé d'aboyer, sans toutefois s'assoupir. Tout à coup la terre paraît trembler; le rugissement du lion se fait entendre dans le voisinage; il justifie bien son nom d'*Essed* (qui met en émoi), car un véritable tumulte se produit et la plus grande consternation règne dans la Sériba. Les brebis vont follement heurter la tête contre les broussailles, les chèvres se mettent à bêler, les ruminants se réunissent instinctivement en troupes effrayées, le chameau s'efforce de briser ses liens pour prendre la fuite, les courageux défenseurs du troupeau, ces chiens vigilants qui ont vaincu le léopard et la hyène,

Fig. 263. — Lion et Lionne.

hurlent et se réfugient en tremblant aux pieds de leur maître. Celui-ci ne sait que faire; il désespère de sa force et tremble dans sa tente en voyant l'inutilité de la résistance. Que ferait-il, armé de sa lance, contre ce terrible ennemi? Il le laisse approcher de plus en plus. Bientôt l'éclat des yeux flamboyants du lion vient augmenter la terreur qu'inspire sa voix. Qui l'empêchera de justifier le surnom de *Sabaa* (l'égorgeur des troupeaux) que les Arabes lui ont donné?

« D'un bond prodigieux, le puissant animal saute par-dessus ce mur d'épines de huit et même de dix pieds de hauteur, pour se choisir une victime. Un seul coup de sa patte redoutable abat un veau de deux ans, et de ses dents puissantes il lui brise les vertèbres cervicales. Le meurtrier, fièrement campé sur sa proie, fait entendre un sourd grondement, et ses gros yeux brillent de rage et de contentement; il fouette l'air de sa queue. Par moments, il lâche sa victime agonisante, puis la broie de nouveau entre ses dents, jusqu'à ce qu'elle ait cessé de se mouvoir. Enfin il songe à la retraite; il doit repasser par-dessus le mur élevé, mais cette fois en emportant sa victime entre ses dents. Malgré les forces qu'un pareil acte exige, il réussit toujours à l'accomplir. J'ai vu une Sériba de neuf pieds de hauteur par-dessus laquelle un lion avait entraîné un veau de deux ans; j'ai même reconnu les traces de ce lourd fardeau sur le sommet de la haie, et le trou qu'il fit dans le sable en tombant de l'autre côté. Le lion emporte facilement une telle charge à des distances de plus d'un demi-mille, et l'on peut quelquefois suivre le sillon creusé dans le sable par le corps de la victime jusqu'à l'endroit où il l'a dévorée.

« La terreur inspirée par la présence du lion avait en quelque sorte banni la vie de la Sériba; son départ ramène la confiance, et les êtres qui l'habitent respirent de nouveau librement. Le pasteur, du reste, se soumet avec résignation à son malheureux sort : il sait que le lion est son roi au même titre que le chef de sa tribu, et le vole presque autant que celui-ci. »

On cherche naturellement à détruire le lion par tous les moyens possibles, soit en le recherchant dans sa tanière, soit en l'attirant et en le faisant tomber dans une trappe; quelquefois aussi on l'attend en se mettant à l'affût sur un arbre, ou dans une sorte de fosse recouverte de branches d'arbres.

Il y a plusieurs variétés de lions, que certains auteurs érigent en espèces. On en admet généralement deux principales : le lion de Barbarie à la crinière épaisse, et le lion du Guzerat dont la crinière est fort courte et qui est plus petit que le premier.

En Amérique il existe une espèce qu'on nomme lion argenté ou couguar. Ce n'est pas un vrai lion, et les naturalistes en ont fait le genre Puma. On en trouve plusieurs espèces, depuis le Canada jusqu'en Patagonie. C'est le puma concolore qui est le plus connu. De la taille d'une panthère, son pelage est de couleur jaunâtre uniforme et sa tête est fort petite. De mœurs sanguinaires, le couguar est l'objet de chasses qui ne sont pas dangereuses; on le prend avec des lassos ou dans des trappes; mais on le tue aussi à coups de fusil.

L'Asie possède un hôte bien autrement dangereux que le lion et qui ne le cède en rien à ce dernier par la beauté du pelage : c'est

Fig. 264. — Le Couguar ou Puma d'Amérique.

le tigre. Il n'a pas de crinière, il n'a pas de touffe de poils au bout de la queue, mais ses joues sont élargies par de longs poils et les bandes foncées qui rayent sa robe jaune rougeâtre lui donnent un aspect des plus élégants.

Malgré ces couleurs claires, le tigre se dissimule facilement dans les roseaux, dans les hautes herbes, dans les jungles où il se tient d'ordinaire. On le rencontre aussi dans les grandes forêts, près des rivières ou des lieux marécageux. S'il guette quelque proie, il quitte son repaire en rampant, puis par des bonds prodigieux se précipite dessus. Il nage avec facilité et peut même grimper aux arbres, chose que le lion ne peut faire, ce qui rend les attaques du tigre bien plus dangereuses. Il s'empare des jeunes éléphants, des jeunes rhinocéros, ou de certains oiseaux, tels que les paons au brillant plumage, qui habitent les taillis fréquentés par le tigre [1]. Mais ce ne serait rien si l'homme lui-même ne tombait souvent sous les griffes de ce terrible carnassier; aussi sa tête est-elle mise à prix. Heureusement le feu lui inspire assez de frayeur pour l'écarter des campements pendant la nuit. Ces animaux sont d'une audace inouïe; on en a vu pénétrer dans les villages en plein jour pour dévorer quelque humain.

Si par hasard on fait lâcher prise à l'animal, il est rare que la victime ne meure de ses blessures. Cependant Brehm cite un cas où un chasseur réussit à se délivrer de son ennemi :

« Quelques Européens s'étaient réunis à des officiers d'un régiment indien, pour aller dans les jungles chasser le tigre. Ils levèrent bientôt une tigresse d'une grandeur remarquable, qui s'élança avec fureur sur les éléphants. L'un d'eux, qui se trouvait sur le point même de l'attaque, et qui, récemment acheté, n'avait pas même été éprouvé, céda à la frayeur et se détourna, malgré tous les efforts de son conducteur pour l'engager à faire face à l'ennemi. Aussitôt la tigresse sauta sur le dos de l'éléphant, saisit par la cuisse le malheureux chasseur dans son howdah ou siège et l'entraîna à terre; puis, le rejetant tout meurtri sur ses épaules, disparut dans le bois. Tous les fusils étaient dirigés sur elle, mais aucun des chasseurs n'osa tirer, retenus qu'ils étaient par la crainte d'être les meurtriers de celui qu'ils voulaient sauver. Ils perdirent bientôt la tigresse de vue.

« Le chasseur, ainsi enlevé, s'était évanoui au moment où l'animal l'avait saisi. En revenant à lui, il se trouva couché sur le dos de la tigresse qui marchait d'un pas rapide à travers le bois, sans s'inquiéter des branches et des épines qui se rencontraient sur son passage. Se croyant perdu sans ressource, il s'efforçait de se résigner à son sort, lorsqu'il se souvint de pistolets qu'il portait à la ceinture : c'était encore une chance de salut. Après beaucoup d'efforts inutiles, il parvint à en détacher un, le tira à bout portant sur la tête de la tigresse, qui tressaillit, enfonça ses dents plus avant dans la chair et pressa le pas. La douleur fit évanouir de nouveau

1. Voy. planche I.

le chasseur. En rouvrant les yeux, il voulut essayer s'il réussirait mieux en choisissant une autre place. Prenant son second pistolet, il appuya le canon sur l'omoplate de l'animal, dans la direction du cœur et fit feu : la tigresse expira sans jeter un seul cri.

« Cependant les autres chasseurs, guidés par les traces du sang, suivaient la piste de la tigresse, soutenus par un dernier espoir de lui arracher au moins les restes de leur infortuné compagnon. A mesure qu'ils avançaient, les indices devenaient de plus en plus faibles et ils finirent par disparaître tout à fait. Désespérés, ils allaient abandonner leurs tristes recherches, quand ils virent la tigresse étendue sans vie au milieu de hautes herbes. La mort ne

Fig. 265. — La Panthère.

lui avait pas fait lâcher sa proie et il fallut lui couper la tête pour dégager la jambe de l'étreinte cruelle qui la pressait. Des soins empressés rappelèrent ce malheureux à la vie, mais il ne recouvra jamais l'entier usage de la jambe, qui conserva un peu de paralysie. »

Les tigres sont d'une hardiesse inimaginable, et lorsqu'ils sont pressés par la faim, ils ne craignent pour ainsi dire rien. Ce sont des voisins redoutables, et l'on a cherché à les détruire par tous les moyens possibles. Bien qu'on ait mis leur tête à prix, on n'a pu encore, malgré des primes élevées, se débarrasser de leur présence.

Il est d'autres félins, moins grands que le lion et le tigre, mais bien féroces cependant, qui habitent, les uns en Amérique, les autres en Afrique et en Asie : ce sont les léopards, remarquables par leur pelage court, varié de couleur, offrant des taches arrondies ou allongées ; les oreilles sont petites et les yeux grands, à pupille arrondie. En aucun point du corps on ne voit de touffe de poils ni de crinière, comme chez le lion.

Le jaguar se rencontre, depuis le Paraguay, dans l'Amérique du Sud, jusqu'à dans le sud des États-Unis, dans l'Amérique du Nord.

Sa robe est d'un jaune rougeâtre et offre des taches noires plus ou moins grandes formant des anneaux avec deux taches noires circulaires dans le milieu de chaque anneau

Sur terre comme dans l'eau, c'est un terrible adversaire.

Toutes les proies lui sont bonnes, depuis le crabe qu'il va chercher au bord de la mer, jusqu'aux poissons qu'il pêche avec sa griffe, et aux oiseaux ou aux mammifères.

Dans les mêmes régions que le jaguar, vivent d'autres félins, tels que l'ocelot, dont le pelage jaunâtre est parsemé de bandes ou de petites taches noires. Il est beaucoup plus petit que le jaguar. Ce dernier peut atteindre la taille d'un tigre, tandis que l'ocelot n'a pas même $1^{m},50$ du museau au bout de la queue.

L'ocelot est agile, mais ne grimpe pas aussi bien que le jaguar et la panthère.

Il y a encore en Amérique un certain nombre de chats de plus petite taille, mais moins dangereux que ceux dont nous venons de parler.

C'est en Afrique et en Asie qu'on rencontre la panthère, nommée aussi léopard. Elle ressemble beaucoup comme forme et comme pelage au jaguar d'Amérique, la robe est d'un jaune moins foncé et les maculatures noires forment des cercles dépourvus de points noirs au milieu.

En Algérie, on a souvent à souffrir des déprédations causées par ces animaux. Ils sont fort agiles, grimpent admirablement aux arbres, de sorte que l'on ne peut, si l'on est poursuivi par une panthère, chercher son salut en montant à l'arbre.

Les panthères sont très audacieuses et vont souvent enlever dans les fermes non seulement les bestiaux, mais aussi les chiens de garde.

Dans nos possessions africaines aussi bien que dans nos colonies de l'Inde, on fait à la panthère une chasse acharnée afin d'en réduire le nombre.

A Java, se rencontre la panthère noire, considérée par certains naturalistes comme une variété de la panthère ordinaire; on en a vu quelquefois dans les jardins zoologiques, et le Muséum en possède une en ce moment.

Aux Indes, dans les Iles de la Sonde et en Afrique, existent d'autres félins, plus petits que les précédents, plus hauts sur pattes que les panthères, mais dont la queue est moins longue, et dont le pelage est moucheté de taches noires simples : ce sont les servals, rusés chasseurs de lièvres, d'antilopes, de volailles.

Tous ces animaux sont généralement sauvages en captivité, et ne s'apprivoisent que rarement.

Quelques mots maintenant d'une espèce qui, au contraire, vit avec l'homme, qui l'a domestiquée depuis fort longtemps. En 430 avant Jésus-Christ, Hérodote nous parle déjà des chats que les Égyptiens non seulement gardaient auprès d'eux, mais auxquels ils rendaient des honneurs divins, leur élevant même des temples. J'ai peut-être eu tort de dire que l'homme avait domestiqué le chat, car le chat a conservé plus d'indépendance de caractère que le chien, par exemple. Il serait plus vrai de dire que le chat a daigné vivre côte à côte avec l'homme parce qu'il y trouvait son profit, car il est égoïste et garde rancune à son maître de la moindre correction. Il lui témoigne son affection en ronronnant et en se frottant contre lui. Lorsqu'il attrape des souris, il les mange après en avoir fait un jouet. Il ne chasse pas pour l'homme en réalité, comme le fait le chien d'arrêt. Malgré tout, le chat est un des animaux les plus gracieux. Qui n'a pris plaisir à contempler des petits chats jouant avec leur mère, ou même seuls avec une pelote de papier? mais il y a des volumes où il n'est question que du chat et de ses marques d'intelligence, je ne puis ici me laisser entraîner plus loin et je me contenterai de donner les caractères distinctifs du genre chat.

D'une façon générale, les chats sont de petite taille; ils ont une queue égalant à peu près la moitié de la longueur du corps, des oreilles velues également sur tout leur pourtour, sans touffes de poils. La pupille des yeux est verticale.

Il en existe plusieurs espèces, mais il n'y en a de sauvages ni en Amérique ni en Australie, on n'en trouve qu'en Europe, en Afrique et en Asie.

En Europe, vit le chat sauvage, que quelques naturalistes considèrent comme étant la souche de notre chat domestique. Il est trapu et peut atteindre quelquefois la taille du renard ; son pelage est riche, ses moustaches sont longues et abondantes, sa queue est grosse, courte et annelée par des cercles noirs, et il a la gorge d'un blanc jaunâtre.

Le chat sauvage est farouche et méchant, mais il est heureusement rare de nos jours : car, par son caractère sanguinaire, il est dangereux d'en avoir dans le voisinage des faisanderies ; en outre, lorsqu'on lui fait la chasse, il faut avoir grand soin de le bien ajuster : car s'il est simplement blessé, il se jette sans crainte sur le chasseur.

Fig. 266. — Chat domestique.

Dans les montagnes des steppes de Mongolie et de Tartarie, vit le chat manul ; dans les steppes de Nubie on trouve une autre espèce, le chat ganté, qui semble être celui qui a vécu en domesticité chez les anciens Égyptiens.

Notre chat domestique possède quelques variétés ou races : nous citerons le chat angora, remarquable par sa fourrure longue et fine ; le chat chinois, dont les poils sont longs et soyeux et dont les oreilles sont pendantes.

Ce ne sont pas là les seules espèces de félins. Il y en a qui ressemblent beaucoup aux chats, mais qui en diffèrent par la dentition et par la présence au bout des oreilles d'un pinceau de longs poils; ce sont les lynx. Plus hauts sur pattes et beaucoup plus gros que les chats, ils ont une queue fort courte, qui n'atteint guère que le quart de la longueur du corps.

Le lynx d'Europe tend à devenir rare : c'est fort heureux, car c'est un tueur de gibier. On le trouve dans les régions montagneuses.

Dans l'antiquité on racontait sur le compte de ces animaux

Fig. 267. — Lynx d'Europe.

beaucoup de fables, dues sans doute à leur étrange physionomie. On allait jusqu'à prétendre qu'ils pouvaient voir à travers les murs ! D'où l'expression *avoir des yeux de lynx,* lorsqu'on veut parler d'une personne qui a une excellente vue.

On trouve diverses autres espèces de lynx en Asie, en Afrique et dans l'Amérique du Nord.

Nous venons d'étudier les vrais chats; mais avant d'arriver aux chiens, nous citerons deux genres qui servent de passage, l'un entre les chats et les chiens, l'autre entre les chats et les Viverridés, en tête desquels se place la *civette.*

Le premier est le guêpard, dont on trouve une espèce en Asie et une autre en Afrique; le second est le foussa ou cryptoprocte féroce, qui vit dans la grande île de Madagascar.

Les guêpards ont les pattes longues et ressemblent aux chiens par l'ensemble du corps. Leur tête est petite et globuleuse; leur dentition, leurs oreilles arrondies, leur longue queue, les rapprochent des Félins.

Ils n'ont pas les ongles rétractiles au même degré que ceux des chats; et comme ils sont constamment abaissés, ils s'usent comme ceux des chiens. De même que chez ces derniers, la fourrure est hérissée et moins soyeuse que celle des chats, mais la couleur fauve

Fig. 268. — Guêpards mouchetés.

du pelage avec ses mouchetures noires rappelle celle de beaucoup de Félins.

On connaît deux espèces de guêpards : le guêpard moucheté, qui habite l'Afrique, et le guêpard à crinière, que l'on trouve dans tout le sud-ouest de l'Asie.

Le guêpard est un adversaire dangereux, mais cependant il n'attaque jamais.

Dans l'Inde, on apprivoise cet animal et l'on s'en sert pour la chasse, comme autrefois on se servait des faucons. Pour cela, on lui couvre la tête d'un chaperon, puis on le transporte dans une petite voiture, aussi près que possible d'un endroit où l'on sait rencontrer du gibier. Alors, on le déchaperonne, en lui montrant sa proie; il descend doucement du chariot, se dirige en rampant vers la victime qu'il convoite, et lorsqu'il est à une faible distance, il s'élance, la renverse, lui ouvre la gorge et boit son sang. On ramasse alors le gibier, qui est généralement une gazelle, et l'on donne une de ses pattes à croquer au guêpard.

J'ai eu l'occasion de voir au Jardin des Plantes des guêpards en captivité et de me convaincre de leur douceur.

Ils ronronnent très fort, à la façon des chats.

Par leurs caractères physiques et moraux, si je puis dire, les guêpards sont intermédiaires entre les chats et les chiens.

Quant au foussa, que nous avons cité plus haut, nous y reviendrons à propos des Viverridés.

Nous venons de voir que le chat avait consenti à vivre côte à côte avec l'homme; que, dans l'Inde et en Abyssinie, on avait su tirer parti des aptitudes des guêpards pour la chasse. Mais ce ne sont pas là des animaux véritablement domestiqués.

Il n'en est pas ainsi pour le chien, dont l'homme a su se servir, qu'il a su modifier aussi bien dans ses caractères physiques que moraux ou intellectuels, et qu'il a, en quelque sorte, pétri par la sélection artificielle, par les croisements, comme il l'a fait, nous le verrons plus tard, pour d'autres animaux.

Chez le chien nous ne retrouvons plus les formes gracieuses que nous remarquions chez les chats.

Tous ont le corps plutôt maigre, comprimé, porté par des jambes effilées; le cou est de longueur moyenne, la tête est petite en général, à museau allongé. Les cavités nasales ont leur surface multipliée par de nombreux cornets; chacun sait à quel point le sens de l'odorat est développé chez ces animaux, et c'est en effet dans les fosses nasales que viennent se distribuer de nombreuses fibres du nerf olfactif; les oreilles sont toujours plus longues que celles des chats.

Si nous examinons le crâne d'un chien, nous remarquons que les os pariétaux forment sur la ligne médiane, à leur union, une crête, ainsi que de chaque coté, en arrière, à leur union avec l'occipital.

Les chiens ont quarante-deux dents, c'est-à-dire que si nous représentons la dentition définitive par la formule ordinaire (la moitié de chaque mâchoire), nous obtenons $\frac{3}{3}\ \frac{1}{1}\ \frac{4}{4}\ \frac{2}{3}$, ce qui signifie : de chaque côté, à chaque mâchoire 3 incisives, 1 canine, 4 prémolaires, dont la dernière en haut est la carnassière; puis 2 molaires en haut, 3 en bas, sortes de tubercules qui servent à broyer les aliments. Lorsque le chien veut manger des herbes, on remarque qu'il les broye, non pas avec les incisives, mais avec les dents les plus éloignées dans la mâchoire, c'est avec ces molaires tuberculeuses.

Les pattes sont étroites et munies de cinq doigts en avant et de quatre seulement en arrière, armés d'ongles forts, non rétractiles comme chez les chats, et qui s'usent par le frottement; ils ne peuvent donc pas grimper.

Leur dentition indique un régime plus omnivore; aussi, parmi ces animaux, ne trouvons-nous pas la férocité qui est le propre des félins.

Par le mot « Chien » je n'entends pas parler seulement du chien domestique, mais de la grande famille des Canidés, qui comprend aussi bien les chiens proprement dits que les loups, les chacals, les renards.

Tout le monde connaît le chien véritable, personne ne le confondra avec le renard. J'ai indiqué plus haut les caractères généraux de la famille des Canidés, mais ils ne peuvent s'appliquer qu'aux chiens sauvages ou redevenus sauvages; car le nombre des races domestiques est si considérable, ces animaux sont si variés de forme et de taille, qu'il est impossible de les décrire d'une façon générale. Nous dirons seulement quelques mots des types sauvages et nous citerons les races domestiques principales : car l'homme peut, en quelque sorte, en créer à l'infini.

Les chiens sauvages hurlent, glapissent, mais n'aboient pas. On ne sait trop à quelle cause attribuer ce mutisme; mais un fait digne de remarque, c'est que des chiens importés d'Europe dans certaines parties du monde et redevenus sauvages ont perdu la faculté d'aboyer. Certains chiens redevenus sauvages, ayant été réunis à des chiens domestiques, commencèrent à aboyer, mais maladroitement, paraît-il.

On trouve des chiens sauvages en Asie, en Afrique, en Australie et dans les deux Amériques.

C'est le Dole ou Colsun qui vit dans les jungles du Dekhan, dans les montagnes de Hyderabad; puis le Buansu qui habite le bas

Fig. 269. — Diverses races de Chiens.

Himalaya. Ces deux espèces ont un peu de ressemblance avec le lévrier.

Le chien rutilant ou Adjack, qui se rencontre à Java, ressemble plus à notre chien domestique.

En Afrique, on connaît le Cabéru; en Australie, le Dingo, qui a un pelage analogue à celui du renard.

Dans l'Amérique du Sud nous trouvons le chien des Pampas ou Aguara, et dans l'Amérique du Nord le chien des Hare-Indiens, qui a les poils beaucoup plus longs que les précédents, la queue touffue, les oreilles droites, le museau étroit, et dont se servent quelques pauvres tribus des bords du lac du Grand-Ours pour chasser le renne, le lièvre, etc.

Outre ces chiens sauvages, il existe dans l'Europe méridionale et en Orient des chiens dits Marrons que l'on rencontre en Turquie, en Grèce, en Égypte, dans la Russie méridionale. Ils vivent en troupe, et dans certaines villes, notamment à Constantinople, ils nettoyent les rues, dévorant tous les immondices, toutes les charognes qu'ils rencontrent.

Mais le chien domestique, quel est-il? — Eh bien, il est ce que l'homme veut le faire.

Depuis les temps historiques les plus reculés le chien est l'ami, le serviteur de l'homme. « On doit remarquer, dit Carl Vogt, que des chiens domestiques de races différentes ont été rencontrés tout aussi bien dans les plus anciens dépôts recélant des restes humains que dans les contrées découvertes par les Européens, et où certes ces chiens ne pouvaient être apportés des centres de nos civilisations anciennes.

« Les cavernes à ossements, les constructions lacustres, les débris de cuisine (Kjœkkenmœdding), les tombeaux des anciens peuples des deux hémisphères ont fourni des restes qui appartenaient sans doute à des chiens domestiques, et les fresques égyptiennes, comme ces restes eux-mêmes, nous prouvent que les races domestiques dans ces contrées étaient déjà fort différentes par leur taille et leurs allures. »

Ainsi, depuis les temps préhistoriques, le chien a vécu à côté de l'homme, et il s'est modifié. Cependant, « là où l'homme n'a pas éprouvé le besoin de modifier bien profondément les espèces sauvages, les races qu'il a domptées pour son usage ressemblent à tel point à leurs congénères libres, qu'on ne peut les en distinguer souvent que par les aboiements. Le chien des Esquimaux ne diffère en rien du loup du Labrador; celui des Peaux-Rouges dans les montagnes Rocheuses ressemble au Coyote, et l'on ne saurait indiquer de différences bien accusées entre le crâne d'un chien des Palafittes suisses de l'époque de la pierre et celui du chacal, ni entre le chien des Palafittes de l'époque du bronze et celui d'un loup indien sauvage, *Canis pallipes*. Plusieurs formes représentées par les anciens Égyptiens ont une ressemblance marquée avec le loup africain, *Canis lupaster*, et les petites races à oreilles droites et pointues descendent sans doute du chacal.

« Les chiens-loups, si chers à nos ancêtres, avaient une ressemblance étonnante avec les loups, pour la chasse desquels on les employait. La haine que vouent les races domestiquées à leurs congénères sauvages est un trait de caractère qui se retrouve partout dans des cas semblables.

« Malgré leur sauvagerie, toutes les espèces de chiens s'attachent facilement à l'homme, surtout dans la jeunesse, et abandonnent plus ou moins complètement leur indépendance au profit de leur maître. Cet abandon se manifeste par les aboiements, par la queue relevée, et par les oreilles qui, au contraire, de droites qu'elles étaient, deviennent de plus en plus pendantes sous l'influence de la domesticité [1] .»

Sans entrer dans des considérations historiques, nous citerons les races de chiens principales. Il y en a environ deux cents; mais nous nous contenterons de donner les caractères des plus importantes, renvoyant pour plus de détails le lecteur à des livres spéciaux.

Si l'on considère les Lévriers et les Dogues, les Caniches et les Bassets, les Épagneuls et les Braques, les King'Charles et les chiens de Terre-Neuve, on pourrait croire qu'on a là plusieurs espèces bien éloignées les unes des autres. Il n'en est rien, ce sont des races que l'homme a créées par la sélection; et ce n'est pas seulement les formes du corps qu'il a modifiées, il a aussi agi sur

1. Carl Vogt. *Les Mammifères*. Paris, Masson, p. 140.

le caractère, sur les mœurs, l'intelligence et les capacités du chien.

Le Lévrier a le corps élancé, porté par des jambes fines; la tête est petite, allongée, le museau est pointu, les oreilles sont dressées avec l'extrémité retombante, la queue est longue et effilée. C'est bien là un chien destiné à courir. On se sert du lévrier pour la chasse; on le lance à la poursuite du gibier qu'il atteint rapidement en plaine. Cette chasse est défendue dans notre pays.

Il y a des lévriers, tels que ceux de Grèce, qui ont le poil ras; d'autres, comme le lévrier russe ou le lévrier d'Écosse, ont les poils fort longs.

Les Mâtins, les chiens danois ont encore le museau très allongé, mais le corps est plus robuste.

Les Dogues, Bouledogues ont le corps plus massif, la tête est large, courte, les lèvres sont pendantes, les oreilles de taille médiocre pendent un peu, le nez est fendu. Ce sont des chiens de garde excellents; les petites races (Bouledogues) servent dans les écuries à attraper les rats.

Les chiens du Saint-Bernard rentrent dans ce même groupe, mais ils ont le poil long; ils sont connus par leur force et leur fidélité. Ce sont eux qui, dans les parages glacés des Alpes, vont à la recherche des voyageurs et les dirigent vers l'hospice des moines.

« C'est depuis le VIIIe siècle déjà que ces moines se consacrent à la sécurité et au salut des voyageurs, dont l'entretien coûte annuellement environ 50 000 francs et se fait toujours gratuitement. Ces grands bâtiments de pierre, où le feu hospitalier ne s'éteint jamais, peuvent recevoir à la fois quelques centaines de personnes, et contenir des provisions en rapport avec cette nombreuse population. Mais ce que le couvent offre de plus rare et de plus intéressant, c'est le service de sûreté dont les chiens sont les principaux acteurs. Chaque jour, deux domestiques du cloître visitent les passages les plus dangereux des sentiers : l'un en partant du dernier chalet d'en bas, l'autre en venant du haut. Par les temps d'orage ou d'avalanche, ce nombre est triplé, des religieux se joignent aux « maronniers », accompagnés de chiens, et munis de pelles, de perches, de civières, de sondes et de différentes boissons fortifiantes. On suit sans relâche toute trace suspecte, les signaux retentissent continuellement et l'on observe de près les chiens dressés à connaître la piste de l'homme. Leur instinct leur fait, d'ailleurs, entreprendre des courses volontaires et souvent fort longues le long des ravins et des abîmes de la montagne. S'ils trouvent un homme gelé, ils retournent vers le cloître en courant avec une rapidité extraordinaire, aboient de toutes leurs forces et conduisent les moines vers le malheureux voyageur (1).»

S'il est des chiens, comme ceux du mont Saint-Bernard, qui ont l'instinct de venir en aide aux malheureux voyageurs perdus dans ces montagnes gla-

Fig. 270. — Chiens de meute.

cées, il en est d'autres, variés de formes, que l'homme emploie pour chasser.

Parmi ces chiens de chasse, nous citerons les Bassets, dont les jambes sont fort courtes par rapport au corps; les uns à jambes droites, les autres à jambes torses. Ils poursuivent fort bien le gibier et, par suite de leurs jambes courtes, ils ont le nez plus près du sol, et ne courent pas trop vite.

1. Tschudi. *Les Alpes*. Strasbourg, 1857.

D'autres, les chiens courants à poils ras (chiens de Saintonge, de Gascogne, du Poitou, Normands, d'Artois, de Vendée, chiens de Saint-Hubert, etc., etc.), doivent être bien proportionnés, être bien musclés, ne pas être trop hauts de jambes, ne pas avoir les pattes trop grosses ; la tête doit être plus longue que large, et les oreilles minces et tombantes. Ce sont eux qu'on emploie en meutes pour chasser, en général, le cerf, le sanglier, etc.

Les chiens d'arrêt ou couchants sont de plusieurs races ; les uns, comme les Braques, ont le poil ras et ressemblent un peu aux chiens de meute dont nous parlions tout à l'heure, mais leurs formes sont plus élancées ; de même que les épagneuls, ils ont les oreilles pendantes, mais ces derniers ont les poils longs et soyeux, frisés ou lisses. Les Épagneuls n'ont pas tous les mêmes aptitudes ; il y en a qui sont chasseurs et dont on se sert comme chiens d'arrêt, d'autres qui peuvent être considérés comme chiens d'agrément.

Ce qui constitue le chien d'arrêt c'est la faculté qu'a cet animal de sentir le gibier de poil ou de plume; mais il ne le poursuit pas, il s'arrête, le fixe, et prévient ainsi le chasseur.

En outre, le chien d'arrêt, doit poursuivre le gibier blessé, aussi bien en plaine que sous bois, puis le rapporter à son maître, sans l'abîmer. Le chien d'arrêt chasse donc pour le chasseur et non pour lui comme les chiens courants, qui, eux, ne se font pas faute de manger le gibier qu'ils attrapent.

Les épagneuls d'agrément : sont le King'Charles, de petite taille, remarquable par son pelage soyeux et long, sa tête assez ronde et ses gros yeux ; puis le Bichon, ou chien de Malte, très petit, dont le poil blanc ou jaunâtre est très long et lustré.

Dans le même groupe il y a des géants, les chiens de Terre-Neuve. Ce sont de grands épagneuls, à poils longs et frisés et dont les doigts sont palmés; c'est là un caractère important, car ces chiens sont d'excellents nageurs. La fidélité et le courage de ces animaux les ont fait prendre pour types de sauveteurs; car ces braves chiens ont, dans maintes circonstances, sauvés des humains, ou même leurs semblables.

Il est des chiens connus partout, les barbets, les caniches, qui ne sont pas moins fidèles que les chiens de Terre-Neuve, et qui, de plus, sont doués d'une véritable intelligence.

Est-il besoin de les décrire ? Qui n'a vu un caniche blanc ou noir, avec ses jambes plutôt courtes, avec son gros corps couvert de poils longs, laineux, frisés en boucles, sa tête ronde. La façon dont on les tond, dont on leur coupe la queue, est une affaire de mode. Ce sont de bons nageurs, les caniches, ce sont de fidèles compagnons. On en voit dirigeant un aveugle, tenant dans la gueule un petit gobelet pour recueillir les sous.

Leur intelligence est étonnante, et si je n'étais forcé de me restreindre, faute de place, j'aurais pour ma part bien des anecdotes à raconter.

D'autres chiens, voisins des précédents, sont quelquefois employés à la chasse : ce sont les griffons.

Mais il y a d'autres chiens, véritablement domestiques, auxiliaires de l'homme, très intelligents, à qui l'on peut confier la garde d'une maison, qui sont capables de surveiller des troupeaux de vaches, de moutons, ou encore qu'on emploie comme bêtes de trait ; nous voulons parler du chien de berger, du chien-loup, du chien des Lapons et des Esquimaux.

Les chiens de berger sont de taille moyenne ; leur poil est rude et plutôt long, de teinte foncée ; la tête est allongée, la queue est touffue et pendante lorsqu'on ne l'a pas coupée, les oreilles sont dressées. Ils ont un peu l'apparence du loup.

Le chien-loup est plus trapu, plus petit. Qui ne connaît ce roquet qui aboie après tout le monde, mais qui est fidèle à son maître ?

Dans les pays glacés, on voit d'autres chiens qui ont beaucoup de rapport avec les précédents, mais dont les poils sont plus denses, et qui servent à la chasse (chiens lapons), ou que les Samoyèdes, les Esquimaux, emploient pour tirer les traîneaux, les attelant comme les rennes.

Telles sont les principales races de chiens domestiques.

Mais nous ne pouvons ici donner qu'un aperçu, car on a écrit des volumes sur les chiens.

Les loups, les chacals, les renards, sont des chiens, ou du moins appartiennent encore à la grande famille des Canidés. Nous allons donc en dire quelques mots.

Le loup est grand, efflanqué ; ses pattes sont hautes et maigres ;

la queue est touffue et pendante, la tête large, le museau long et pointu, les oreilles dressées et terminées en pointe. Le pelage, de couleur jaune noirâtre ou roux sur le dos et blanchâtre sur le ventre, est plus ou moins épais, suivant les climats, selon les saisons.

C'est un grand animal que le loup, mesurant près de 1^{m},70 de l'extrémité du museau au bout de la queue, et capable, par conséquent, de faire de grands dégâts en mangeant du gibier ou les animaux des bergeries et des fermes.

En hiver, ils se réunissent parfois en bandes et, dans les voyages

Fig. 271. — Loups à la poursuite d'un traîneau.

qu'ils entreprennent, ils dévorent tout ce qu'ils rencontrent, s'attaquant même à l'homme.

La louve porte pendant trois mois et demi environ et donne naissance à des louveteaux au nombre de trois à neuf, qu'elle allaite pendant plus d'un mois, et sur lesquels elle veille soigneusement : car le père loup ne se gênerait nullement pour dévorer ses petits s'il les rencontrait.

Malgré l'aversion légendaire du chien et du loup, des croisements se produisent de temps en temps.

On fait à ces animaux une chasse acharnée, tant à cause des

dégâts qu'ils produisent, que pour se procurer leur peau qui donne une excellente fourrure.

On considère comme espèces distinctes du loup d'Europe, le loup d'Amérique et le loup d'Égypte.

En Afrique et en Asie, on trouve d'autres espèces, qu'on nomme les chacals, qui sont plus petits que les loups véritables, mais qui leur ressemblent beaucoup. Tout est bon pour un chacal, aussi bien la chair fraîche que les charognes,

Fig. 272. — Les poulaillers attirent le Renard, qui sait très bien égorger les pensionnaires qu'il entraîne ensuite pour les dévorer.

aussi bien le poisson, les coquillages, que les fruits. Le soir, à la tombée de la nuit, on les entend souvent pousser des hurlements des plus désagréables.

On les apprivoise assez facilement ; c'est même là un fait qui milite en faveur de l'idée qu'ont certains naturalistes qui pensent que le chacal est l'ancêtre de nos chiens domestiques.

Nous avons dans nos forêts d'autres animaux qui, s'ils sont plus petits que les loups, n'en sont pas moins redoutables pour le gibier, et pour nos basses-cours : ce sont les renards. Ayant les jambes moins hautes que le loup, le renard a la queue longue, touffue, la tête large, et le museau long et pointu ; les yeux sont obliques et la pupille est ovale au lieu d'être ronde, comme chez le chien. Le pelage est d'un roux fauve sur le dos, avec la gorge blanche, les oreilles et les doigts noirs, la queue rousse avec l'extrémité blanche. Quelquefois, la robe est très foncée avec certaines parties presque noirâtres : le renard est dit alors *charbonnier*.

C'est dans presque tout l'hémisphère septentrional qu'on le trouve, en Europe, en Asie, en Amérique et dans le nord de l'Afrique.

Le renard a des terriers qu'il divise en *antichambre*, *fosse* pour ses provisions, et *accul* où il se tient de préférence; mais il ne creuse pas souvent ses demeures. La plupart du temps il se contente de prendre d'assaut quelque grand terrier de lapins, dont il égorge les habitants, ou bien un terrier de blaireau; il les élargit et s'en fait une demeure confortable.

Le renard se nourrit de gibier de plume et de poil, le plus souvent; mais il ne dédaigne pas les serpents, les crapauds, les insectes même. Les poulaillers l'attirent et il sait fort bien égorger les pensionnaires, qu'il entraîne ensuite pour les dévorer.

Il m'est arrivé plusieurs fois, en Normandie, de voir nombre d'oiseaux, pies, geais, corbeaux, merles, pinsons, mésanges, réunis en masse et *agacer*, — c'est l'expression consacrée. — Ne bougeant pas, j'ai pu me convaincre que la plupart du temps un renard était dans les taillis.

On lui fait une chasse acharnée; on le tue aussi bien au fusil qu'avec des poisons; les boulettes à la strychnine jouent un grand rôle dans ce cas. Mais on prend aussi le renard avec des pièges, bien cachés : car cet animal rusé sait fort bien éviter le traquenard. En outre, le renard a des ennemis naturels parmi les oiseaux. Tschudi [1] cite à ce propos un exemple où le renard a su se débarrasser de son ennemi.

« Un gypaète [2], dit-il, avait saisi et emportait un renard aux

1. TSCHUDI. *Les Alpes*, p. 414.
2. Espèce d'aigle de grande taille.

environs du Trou du Dragon, près d'Alpnach. En allongeant le cou, le renard réussit à saisir son ennemi à la gorge et à l'étrangler; le gypaète descendit mourant vers la terre, et maître renard regagna son terrier et n'oublia probablement jamais son voyage aérien. »

Dans les régions polaires d'Europe et d'Amérique vivent, souvent en bandes nombreuses, d'autres petits renards, nommés Isatis ou renards bleus. Leur pelage est épais et change suivant les saisons; blanc en hiver, il est gris terreux en été, s'harmonisant ainsi avec le sol de ces pays glacés. Ces petits animaux sont très hardis et certains voyageurs racontent qu'ils en ont vu venir s'asseoir devant

Fig. 273. — Fennec.

eux et les regarder avec curiosité, puis chercher à dérober tous les objets en peau, tels que bonnets, gants, chaussures; il paraît même que leur voracité est telle qu'on peut leur tendre d'une main un morceau de viande et de l'autre les assommer d'un coup de hache. Leur fourrure est assez belle et sert à faire des tapis.

Au contraire, dans des régions chaudes de l'Afrique on rencontre le renard Caama, grand destructeur d'œufs d'oiseaux nichant à terre; aux environs du Cap, ils mangent, dit-on, des œufs d'autruche.

Dans le désert du nord de l'Afrique, dans les steppes, les oasis, habitent de très petits renards, les Fennecs, dont les oreilles sont démesurément grandes; du bout du museau à l'extrémité de la queue ils n'ont guère que soixante-cinq centimètres de long.

Leur pelage est couleur café au lait, avec le bout de la queue noir. Ils se creusent des terriers dans le sable avec une rapidité surprenante, et s'y tiennent pendant le jour. Ils se nourrissent d'œufs d'oiseaux, et ne se font pas faute de manger les alouettes, les perdrix, ne dédaignant pas non plus les pastèques et les dattes.

Fig. 274. — Hyène tachetée et Chacals.

Avant de parler des hyènes, je ne puis passer sous silence un animal, qui a la taille du loup, qui en a la dentition, mais qui a la tête grosse, à museau court et à grandes oreilles larges. C'est le Lycaon ou Cynhyène tacheté, qui sert véritablement de passage entre la famille des Chiens et les Hyènes. Le pelage est irrégulièrement tacheté de blanc, de noir et de brun. On le trouve en bandes de trente à cinquante individus dans les steppes du Cap, au Congo, à Mozambique. Il est aussi bien diurne que nocturne, tandis que les hyènes dont nous allons maintenant parler mènent une vie active principalement la nuit.

A en croire les Arabes, les hyènes sont des monstres, des hommes ensorcelés, et des légendes sans nombre courent sur le compte de ces carnassiers. La hyène prête à la rigueur à toutes ces histoires superstitieuses. Ses habitudes nocturnes, son hurlement, sorte de ricanement, son instinct qui la pousse à manger des chairs pourries, tout cela est bien fait pour exciter l'imagination des peuples superstitieux et ignorants, qui vont jusqu'à dire qu'elle déterre les morts dont elle croque les os.

On les rencontre en Asie, au sud et à l'ouest, mais surtout en Afrique jusqu'en Algérie.

Les hyènes sont de gros carnivores trapus, remarquables par

Fig. 275. — Foussa ou Cryptoprocte féroce de Madagascar.

leur tête forte à museau court, par leurs arcades zygomatiques très écartées du crâne et leurs puissantes mâchoires qui leur permettent de broyer les os les plus durs, par leurs yeux obliques, enfin par leur dos incliné, les pattes de devant, torses, étant plus longues que les pattes de derrière, ce qui leur donne l'aspect d'un chien paralysé du train de derrière. Le cou est gros et court, et sur le dos est une sorte de crinière que l'animal peut redresser, crinière de poils longs et grossiers.

En Abyssinie, au Soudan, au cap de Bonne-Espérance vit la hyène tachetée, dont le pelage grisâtre est tacheté de brun. En Afrique et en Asie on trouve la hyène rayée que nos colons d'Algérie connaissent bien. Ses poils sont plus longs que chez la hyène tachetée; sa crinière est très touffue; son poil gris est rayé de grandes bandes noires qui lui cerclent en quelque sorte le corps.

Ce sont des animaux rusés, mais lâches, et on ne réussit pas toujours à les prendre avec des pièges.

Nous en avons fini avec ces grands animaux carnassiers digitigrades; ceux dont il nous reste à parler sont de plus petite taille, sauf les ours, mais avant de faire l'histoire des civettes, des martes, des blaireaux, des fouines, des belettes, il faut dire quelques mots d'un animal que j'ai signalé plus haut, le Foussa ou Cryptoprocte féroce qui vit à Madagascar.

Il a l'apparence d'un chat, à corps allongé, à queue longue, à

Fig. 276. — La Civette.

tête arrondie, à pelage d'un brun roux. Ses ongles sont rétractiles, et il a une poche à glandes anale.

C'est donc un chat pour l'extérieur; mais cette poche anale et sa dentition le rapprochent des Viverridés.

Les Viverridés ont le corps allongé, les jambes courtes, la queue longue, la tête à museau pointu, les yeux petits. Ils ont une odeur forte, âcre, désagréable, due à la sécrétion de certaines glandes anales, dont le produit s'amasse souvent dans des poches situées près de l'anus.

En tête de ce groupe se place la Civette, qui habite principalement l'Afrique et que l'on rencontre aussi dans l'Asie orientale. Son pelage est gris tacheté de noir; elle a sur le dos des poils plus longs qu'ailleurs, qu'elle peut redresser en crinière lorsqu'elle est en colère.

Les glandes anales de la civette secrètent une substance, le *viverreum*, autrefois employée en pharmacie, et dont on ne se sert plus qu'en parfumerie.

Pour recueillir cette substance dont l'odeur rappelle celle du musc, on n'est pas obligé de tuer l'animal; lorsqu'on en a en captivité, on cure de temps en temps les poches anales.

Fig. 277. — La Genette.

D'autres espèces de ce genre existent en Asie et dans les îles de la Sonde.

La Genette, qui vit en Europe, ressemble beaucoup à la civette, mais ses jambes sont plus courtes. On en trouve également en Afrique et en Malaisie.

Dans le Sud de l'Asie et dans les îles de la Sonde, on rencontre un autre type, dont les représentants sont presque exclusivement nocturnes, c'est le genre Paradoxure. Par l'aspect général et la robe il rappelle beaucoup la Zibeth et la Genette, mais la plante des pieds est nue, les ongles sont à demi rétractiles, la queue est longue, enroulante; les glandes anales existent, mais il n'y a pas de poche anale; les produits de la sécrétion, dont l'odeur est des plus désagréables, se réunissent dans une fente longitudinale.

C'est un bon grimpeur que le Paradoxure, et il poursuit les mammifères et les oiseaux; cependant il mange des fruits, l'ananas, le café, par exemple. Mais il ne digère pas les grains de café, les rend intacts et sème ainsi des caféiers.

D'autres Viverridés n'ont pas de poche anale, sont plus bas sur pattes, n'ont pas les ongles rétractiles, ont une tête plus ronde: ce sont les Mangoustes, qui se trouvent dans toutes les régions chaudes de l'ancien continent. L'une de ces Mangoustes est célèbre : c'est l'Ichneumon, ou Rat des Pharaons. En effet les anciens Égyptiens l'embaumaient.

On a fait courir des quantités de fables sur ce petit animal; il rendait, disait-on, des services à l'humanité, il était très courageux, se précipitait dans la gueule du crocodile, lui mordait le gosier, lui arrachait le cœur et sortait vivant du corps du reptile après s'être frayé un passage au travers.

La vérité est que l'Ichneumon est nuisible, car il détruit le gi-

Fig. 278. — Le Paradoxure musang.

bier, les volailles, et les Égyptiens actuels lui font la chasse. Les Cynictis, les Suricates, qui vivent dans l'Afrique du Sud, et les Mangues qui habitent l'Afrique occidentale, sont proches parents des Mangoustes.

Une autre famille, très voisine de la précédente, nous intéres-

Fig. 279. — La Mangouste ou Ichneumon.

sera peut-être davantage; car elle comprend des animaux qui, pour la plupart, habitent nos forêts, ou les rives de nos cours d'eau, détruisant du gibier ou des poissons : c'est la famille des Mustélidés.

Les animaux qui la composent diffèrent trop les uns des autres par l'aspect extérieur pour qu'il soit possible d'en indiquer les traits généraux ; toutefois on peut dire qu'ils ont les pattes encore plus courtes que les Viverridés : les uns se creusent des terriers, d'autres grimpent aux arbres, d'autres vivent au bord des eaux.

C'est le Blaireau qui nous occupera tout d'abord.

Avec son gros corps porté par de petites pattes robustes, le blaireau n'a pas l'apparence ordinaire d'un carnivore. A la tête allongée fait suite un cou court, les yeux et les oreilles sont petits ; le museau est pointu et mobile à son extrémité ; les pattes sont nues en dessous, l'animal est plantigrade et c'est pour cela que certains auteurs l'ont rapproché des ours.

Fig. 280. — Le Blaireau.

Le poil qui recouvre son corps est long, rude, grossier, gris en dessus, brun noirâtre en dessous, avec le dessus et les côtés de la tête blancs. La dentition, bien que puissante, ne dénote pas un animal très carnassier ; en effet la dent carnassière est très réduite et émoussée. Il y a des poches anales.

On tue le blaireau ; les chasseurs ont la patience de l'attendre au bord des profonds terriers qu'il creuse : c'est un tort. Loin de moi l'idée d'absoudre complètement le blaireau de tous les méfaits qu'il peut commettre, mais il est méconnu ; c'est plutôt un solitaire, un égoïste, qu'un méchant; disons-le, c'est un hypocondriaque, il déteste le monde et ne sort de son terrier que la nuit ; cependant, quelquefois, on a vu des blaireaux qui venaient se chauffer au soleil, étendus devant l'entrée de leur demeure.

La mère blaireau aime passionnément ses petits, mais sitôt qu'elle les voit en état de subvenir eux-mêmes à leurs besoins, elle n'admet pas qu'ils vivent sous le même toit qu'elle et les engage à aller creuser un autre terrier. — Le mâle et la femelle ne vivent pas ensemble ; ils ne se rencontrent dans le même terrier qu'au moment du mariage.

Que mange le blaireau ?

« Les insectes de toute espèce (notamment les hannetons), les limaces, les escargots, les vers, composent le fond de sa nourriture. En automne, il mange toute sorte de fruits, des carottes, des raves et d'autres racines, surtout celle du bouleau ; des truffes, des faînes, des glands ; au printemps et en été, il s'attaque aux œufs d'oiseaux, ou aux jeunes encore au nid, qu'il peut trouver à terre, aux jeunes levrauts, aux chauves-souris, aux taupes, aux lézards, aux grenouilles, et même aux serpents. Il aime surtout les figues, les raisins, et cause dans les vignobles des dégâts d'autant plus grands que souvent il détruit des grappes entières en les pressant avec ses pattes pour en exprimer un peu de jus qu'il boit. Il est également très friand de miel et de larves d'abeilles et de guêpes ; aussi recherche-t-il leurs nids, dont il dévore les gâteaux avec volupté, sans se soucier des piqûres qu'il peut recevoir. Son pelage grossier, sa peau épaisse, la couche graisseuse sous-cutanée dont il est pourvu peuvent bien, d'ailleurs, supporter l'aiguillon des abeilles, puisqu'ils le défendent contre les morsures de la vipère [1]. »

A l'automne il s'endort dans son terrier après s'être bien engraissé. Il va vivre sur cette graisse pendant son sommeil hibernal. Il se réveillera quelquefois, lorsque la température se radoucira, et mangera quelque peu, boira de l'eau fraîche. Mais au printemps,

1. Brehm. *Les Mammifères*. Édit. franç. t. I, p. 581.

quand il sortira complètement de sa torpeur, il sera d'une grande maigreur.

Le blaireau entretient admirablement son terrier, c'est l'animal propre par excellence. Aussi le renard, qui est un malin, lorsqu'il veut sans se donner de peine posséder une demeure confortable, entre-t-il dans le terrier du blaireau pour y déposer ses ordures; le blaireau s'en offusque et souvent abandonne la place à son ennemi.

Quand le blaireau se contente de croquer des colimaçons, des insectes, des serpents ou des racines, il peut être considéré comme

Fig. 281. — La Moufette.

utile, il est notre auxiliaire. Mais quand il mange les fruits de nos vergers, les raisins de nos vignes, ou lorsqu'il gobe les œufs des oiseaux et qu'il dévore les jeunes lièvres, il est nuisible. Sa chair est bonne, meilleure même que celle du porc, dit-on ; on utilise sa graisse, on se sert de sa peau et avec les longs poils de sa queue on fabrique des pinceaux ou des brosses.

L'Europe et l'Asie sont les patries de ce blaireau commun.

En Amérique il existe de charmants petits carnivores qu'on nomme les Moufettes, en latin *Mephitis*. Ils ressemblent aux blaireaux pour la forme, mais sont bien plus petits, car ils sont à peu près de la taille d'un chat. Leur queue est plus longue que celle des blaireaux, plus touffue, et le pelage est noir avec des bandes blanches sur les côtés du corps et sur la tête.

La moufette est un animal d'aspect innocent, mais que tous les voyageurs qui l'ont approché exècrent.

Audubon nous raconte à ce sujet une aventure qui lui est arrivée lorsqu'il était enfant :

« Un soir, le soleil avait disparu, je marchais lentement avec quelques camarades ; nous voyons un petit animal inconnu, charmant, gracieux, qui s'en allait tranquillement et qui ensuite s'arrêta, nous regarda en ayant l'air de nous attendre, comme un vieil ami, pour continuer sa route avec nous. La bête paraissait tout innocente, levant en l'air sa queue touffue comme si elle voulait être saisie et portée dans nos bras. J'étais ravi, je veux la prendre, et crac! elle me lance son liquide infernal dans le nez, dans la bouche, dans les yeux. Comme frappé de la foudre, je laisse retomber le monstre et m'enfuis dans une anxiété mortelle (1). »

Fig. 282. — Le Ratel du Cap.

Ces petits animaux ont des glandes anales qu'ils peuvent comprimer par suite d'une disposition de muscles particulière. Le contenu de ces glandes peut même être lancé à plusieurs mètres.

Le Zorille, qui est très voisin de la moufette, et qui vit en Afrique, a des défauts analogues.

Au cap de Bonne-Espérance et dans l'Inde vivent des animaux voisins des précédents, qu'on nomme les Ratels, qui savent se creuser rapidement des terriers et qui sont de grands amateurs d'abeilles et par conséquent de miel, tout en aimant beaucoup le

1. Brehm. *Les Mammifères*. Édition française, t. Ier, p. 588.

gibier et les volailles. Ils s'apprivoisent assez vite et, malgré leurs formes lourdes, ils sont fort agiles. J'ai vu à la Ménagerie du Muséum des ratels qui passaient leur temps à parcourir leur cage faisant une culbute complète à chaque tour et toujours à la même place.

Dans les pays du Nord vit un gros carnassier très vorace, dit-on. C'est le Glouton arctique. Il est trapu, long de 1 mètre environ,

Fig. 283. — Le Glouton.

haut de 40 à 50 centimètres, couvert de longs poils, et plantigrade ; il a un peu l'aspect d'un petit ours.

Le Glouton est maladroit, lourd, mais a la vue perçante et le sens de l'audition très développé. Il sait cependant chasser les mammifères. Steller raconte qu'il attire les rennes par la ruse. Il fait tomber des arbres les lichens et lorsque les rennes viennent pour les manger, il se jette dessus. Les Ostiaques disent qu'il se précipite sur les élans et les égorge à coups de dents. Nous ne nous portons pas garant de ces assertions, car c'est encore un animal peu connu.

Mais il y a, dans cette même famille des Mustelidés, des animaux de plus petite taille, à corps vermiforme, qui nous intéressent beaucoup : car ils détruisent le gibier dans nos forêts, et égorgent nos volailles ou nos lapins dans nos poulaillers. Je veux parler des martes, des fouines, des putois, des belettes.

Chez tous ces animaux le corps est allongé, les pattes sont

Fig. 284. — Le Putois.

courtes, la tête est petite, aplatie, et leurs dents sont puissantes. On les rencontre en Europe, en Asie et en Amérique.

La fourrure de la Marte commune est recherchée, et est d'autant plus estimée qu'elle provient de pays plus froids. La Marte zibe-

Fig. 285. — La Fouine.

line de Sibérie vaut de 300 à 400 francs, tandis que celle des pays tempérés ne se paye que 20 à 30 francs.

La Marte-Fouine, que l'on nomme simplement *Fouine* la plupart du temps, a le pelage brun avec le cou et la poitrine blancs.

Les Putois sont très voisins des martes et des fouines ; leur pelage est brun foncé; mais il existe de cette espèce une variété domestique, si je puis dire, le Furet, dont la robe est d'un blanc jaunâtre; les furets sont en réalité albinos, car ils ont les yeux rouges, et il est rare d'en trouver de couleur foncée.

Le furet n'est pas complètement apprivoisé; on l'emploie à la chasse. Pour cela on le met à la bouche des terriers de lapins : il entre, parcourt les galeries, inspirant une grande frayeur aux habitants qui cherchent leur salut en fuyant à toutes jambes. Mais généralement on place aux diverses bouches du terrier des poches en filet, dans lesquelles les lapins se précipitent et dont ils ne peuvent se dégager. D'autres fois, les bouches sont libres et les chasseurs tirent les lapins à leur sortie. Puis on attend que le furet daigne sortir; ce qui est quelquefois long, car lorsqu'il a rencontré un jeune lapereau il ne se fait pas faute de le croquer. Parfois aussi le furet rencontre un renard et il peut payer de sa vie sa promenade souterraine.

Dans nos bois, un autre petit carnivore, la Belette (*fig.* 43, *p.* 88), commet souvent des dégâts importants. Malgré sa petite taille elle se précipite sur le dos des lapins et, s'y cramponnant, parvient à couper les carotides des victimes et à en sucer le sang. Elle fait aussi la guerre aux petits rongeurs, elle gobe les œufs d'oiseaux qui nichent à terre, dans les arbrisseaux ou dans les haies.

Le pelage de la belette est d'un brun très clair, presque café au lait, avec le ventre blanc. La queue est très courte et l'animal répand une odeur infecte lorsqu'on le saisit.

En Europe et en Asie on rencontre la Belette et l'Hermine, qui en est proche parente, mais dont la queue est plus longue et noire à l'extrémité.

En été l'hermine a la même robe que la belette, mais à l'arrière-saison son pelage devient blanc; seule l'extrémité de la queue reste noire.

C'est alors que l'on recherche cette fourrure, qui avait autrefois une valeur beaucoup plus grande que de nos jours, car elle servait à couvrir les manteaux royaux. Maintenant encore on s'en sert pour orner les manteaux de nos juges et des professeurs. Ce n'est même pas absolument exact, car bien souvent on se sert dans ce cas d'une vulgaire peau de lapin blanc.

Les Visons habitent l'Europe et l'Amérique et sont intermédiaires entre les Martes et les Loutres, qui vont maintenant nous occuper. Celles-ci sont de deux sortes : les unes vivent au bord des eaux douces, des cours d'eau, des lacs; les autres, qu'on nomme Enhydres, sont des animaux marins.

On en rencontre partout, sauf en Australie.

Ce sont de grands animaux, longs de près d'un mètre, que les loutres communes; leur tête est aplatie, leurs oreilles sont courtes et arrondies, leurs pattes sont courtes et robustes, pourvues de cinq doigts, et la plante des pieds est poilue en dessous.

Le pelage est d'un brun lustré ; il est dense et est estimé comme fourrure.

La loutre a des habitudes nocturnes plutôt que diurnes; elle sort de sa retraite et va chasser les poissons, les écrevisses. Elle est extrêmement agile dans l'eau et dépeuple les rivières; aussi les riverains lui font-ils une chasse acharnée.

Fig. 286. — La Loutre.

L'Enhydre, qui habite les régions froides de l'Amérique et de l'Asie, se rencontre plus particulièrement sur les côtes des îles de la mer de Behring, au Kamtschatka, en Californie.

Cet animal, qui mesure près de $1^{m},30$, a un peu l'aspect d'un phoque. Il a la tête ronde, le cou court, le corps cylindrique, la queue courte, les pattes postérieures palmées, et, chose intéres-

Fig. 287. — L'Ours blanc.

sante, la mâchoire inférieure a quatre incisives tandis qu'il y en a six en haut.

La fourrure de cette loutre marine est très estimée. Une peau vaut de 4 à 5 000 francs. Aussi lui a-t-on fait une guerre telle que l'espèce serait éteinte si le gouvernement des États-Unis n'en avait réglé la chasse.

Dans les deux dernières familles de Carnivores que nous venons d'étudier nous n'avons vu que des animaux de petite ou de moyenne taille. Mais il est

Fig. 288. — L'Ours brun.

une autre famille qui renferme des espèces bien caractérisées et que tout le monde peut facilement reconnaître à première vue, c'est celle des Ursidés.

Les Ours sont loin d'avoir des formes élégantes, ils sont lourds; leurs jambes ne sont pas très hautes, et ils reposent sur la plante des pieds; ils ont de petits yeux, des oreilles petites et arrondies, une queue rudimentaire.

Leur régime n'étant pas exclusivement carnassier, la dentition s'en ressent et la dent carnassière n'est pas tranchante comme chez les Chats; les canines sont cependant grandes, les prémolaires coniques, et les molaires petites et mousses.

Voilà, à grands traits, le portrait de l'ours et d'une façon générale. Mais nous allons préciser davantage et nommer les espèces les plus connues.

Celui que l'on connaît le mieux est l'ours brun; non seulement on le rencontre encore dans certaines parties de notre pays, mais aussi dans les foires on en a souvent exhibé autrefois. De nos jours le fait est plus rare; les saltimbanques ambulants ne font plus danser d'ours, parce qu'il arrivait quelquefois que ces carnivores apprivoisés ne se gênaient pas pour mordre les spectateurs. La police a dû défendre ces exhibitions. Mais dans les fosses de nos ménageries on voit souvent « l'ours Martin » grimpant après un arbre et demandant au public quelques bouchées de pain. L'ours brun peut atteindre près de 2 mètres de long et c'est un adversaire redoutable.

Dans certaines montagnes de l'Europe on en trouve encore, mais dans les Pyrénées et les Alpes ils sont rares. En Perse, en Sibérie il sont communs.

Dans les montagnes de la Palestine, dans le Liban, vit l'ours de Syrie, qui diffère peu de l'ours brun.

En Amérique, vivent deux espèces d'ours; l'un est nommé l'ours gris ou féroce à cause de sa vigueur et de sa férocité.

Il est plus grand que notre ours brun, tout en lui ressemblant beaucoup.

L'autre espèce est l'ours noir, qui vit dans les forêts de l'Amérique du Nord. Il peut atteindre une longueur de 2 mètres à 2m,20. Sa tête est étroite et son museau est plus pointu que celui de l'ours brun. Son pelage est d'un noir luisant et l'on recherche sa fourrure qui, bien qu'un peu rude et grossière, peut rendre certains services. Cet ours noir est représenté en Asie, en Chine, au Japon par l'ours à collier ou Kuma des Japonais; il est noir avec un collier blanc sur le haut de la poitrine.

Nous citerons encore, parmi les ours offrant ce pelage noir à collier blanc ou jaune, l'ours des cocotiers ou ours malais qui vit dans les îles de la Sonde et en Cochinchine; puis un autre type asiatique fort curieux qu'on désigne sous le nom de Prochile lippu ou bien jongleur, grand amateur de miel.

Si nous quittons les pays chauds pour nous diriger dans les régions glacées du pôle arctique, nous trouverons l'ours blanc, moins connu chez nous que l'ours brun, mais qu'on voit cependant de temps en temps dans nos ménageries, se baignant et plongeant dans son bassin. Le corps est plus allongé que chez les ours dont nous venons de parler; la tête est longue, et le museau est plus conique; la queue est courte, les oreilles arrondies et, chose remarquable, la plante des pieds est presque complètement garnie de poils formant une chaude semelle. Le pelage, très blanc chez les jeunes, jaunit à mesure que l'animal avance en âge. Ces ours sont absolument les maîtres dans les pays de glace et se nourrissent de phoques ou de poissons qu'ils savent fort bien prendre à la nage. Ils font aussi la chasse aux rennes et aux renards bleus.

« Très fin et très circonspect (1), l'ours blanc use de mille précautions lorsqu'il chasse les phoques, qui se cachent sous les glaces et se ménagent des trous par lesquels ils viennent respirer à la surface. Pendant des heures entières, il se met en faction, tapi sur le bord de ces trous, et s'il ne réussit pas à tuer le phoque d'un coup de patte au moment où il sort la tête, il cherche à l'attaquer en plongeant à distance.

« Les fastes des baleiniers et des explorateurs des hautes régions sont pleins de récits de rencontres de l'homme avec l'ours blanc qui, souvent, ont eu des suites malheureuses. On peut les résumer en disant que l'ours rassasié évite souvent l'homme, mais qu'il ne le craint nullement; que pressé par la faim ou excité seulement par une sorte de curiosité, il s'approche des navires mouillés ou des habitations construites sur les côtes pour l'hivernage dans le but d'y chercher de quoi manger; que dans ces moments il charge

1. Carl Vogt. *Les Mammifères*, p. 215.

avec courage l'homme même armé et qu'il devient terrible lorsqu'il est blessé. La femelle défend ses petits avec fureur et se laisse tuer plutôt que de les abandonner. Malgré ses mouvements en apparence lourds et empesés, l'ours atteint facilement l'homme à la course, et sa force terrible le rend capable d'emporter un malheureux dans sa gueule sans aucun effort.

« On a vu des ours blessés charger le chasseur défendu par ses camarades en leur passant sur le corps ; on en a vu attaquer des

Fig. 289. — Le Raton.

embarcations et y monter, même avec une patte tranchée d'un coup de hache. »

Telles sont les espèces d'ours les plus connues; mais il y a d'autres plantigrades plus petits que les ours, que nous ne pouvons passer sous silence; les uns habitent l'Amérique, ce sont : les ratons, les coatis, les kinkajous; les autres l'Asie, ce sont : les benturongs et les pandas.

Les Ratons sont de la taille d'un renard, mais les jambes sont plus courtes, très grêles ; la queue est très touffue. Quant à la tête, elle est large et courte, avec de grandes oreilles et un museau pointu. Ce qui est très curieux, c'est de voir que ce plantigrade est en quelque sorte digitigrade en marchant, car il ne s'appuie que sur les doigts, et ce n'est que lorsqu'il se repose qu'il est véritablement plantigrade. On ne reconnaît que deux espèces de ce genre : le raton laveur, propre à l'Amérique septentrionale, et le raton crabier, qu'on trouve sur toutes les côtes orientales de l'Amérique du Sud.

Ils ont un poil long, touffu et raide, de couleur grisâtre ou brunâtre; ils peuvent facilement grimper aux arbres. Tous deux vivent au bord des eaux; pour le premier, les lacs, les ruisseaux sont des lieux préférés; l'autre vit le plus souvent au bord de la mer et mange des crabes, d'où son nom de raton crabier.

Fig. 290. — Le Kinkajou.

Le raton laveur a une habitude bizarre qui lui a valu son nom, c'est de laver la proie qu'il a choisie en la frottant dans l'eau entre ses pattes antérieures.

Les fruits, les insectes, les mollusques, les œufs d'oiseaux lui servent de nourriture. C'est en somme un animal médiocrement nuisible, et dont la fourrure peut être utilisée.

Les Coatis sont des habitants de l'Amérique du Sud.

Ils ont un aspect bien particulier. Leur corps est lourd, porté par de petites jambes. Ils sont plantigrades, ont une longue queue à poils de longueur ordinaire et offrant des colorations foncées et claires alternativement; la tête est allongée, les oreilles arrondies et petites, et le museau long et mobile comme une petite trompe. La robe est d'un brun foncé. Nous citerons le coati sociable et le coati solitaire.

Ce sont des animaux grimpeurs que les Indiens chassent afin de se procurer la peau et la chair, qu'ils estiment beaucoup.

Dans l'Amérique du Sud vit un autre carnivore fort curieux, au pelage d'un beau brun, le Kinkajou, qui est plantigrade et grimpeur. Comme certains singes américains il a la queue prenante ; sa langue est longue et l'animal s'en sert pour lécher le miel dans les ruches d'abeilles sauvages.

En Asie et dans les îles de la Sonde vit un autre animal, le Ben-

Fig. 291. — Le Coati.

turong, qui a le port des civettes et cependant une longue queue un peu prenante comme celle des kinkajous, mais bien plus touffue. Ses oreilles sont courtes, mais terminées par des poils disposés en pinceau, comme nous les avons vus chez les lynx.

En Asie, dans l'Himalaya, se trouve un autre type, le Panda éclatant, qui a un peu l'apparence des renards, mais qui est bon grimpeur et dont la queue est fort touffue. Ce carnivore, qui est le dernier dont nous parlerons, vit au bord des rivières et fait la chasse aux petits oiseaux dont il apprécie les œufs.

Comme on a pu le voir, l'ordre des Carnivores comprend des types bien différents : les Félidés, les Canidés, les Hyènes, les Viverridés, les Mustélidés et les Ursidés.

L'ordre dont nous allons dire quelques mots est en réalité très voisin du précédent, mais les espèces qui le composent sont aquatiques, ce sont : les phoques, les otaries, les morses.

LES AMPHIBIENS OU PINNIPÈDES

Si l'on ne comprend pas tout d'abord les termes [1] que j'emploie en tête de ce chapitre, les espèces qu'ils représentent sont bien connues. Qui n'a vu un phoque ? Qui n'a entendu parler des otaries ou des morses ? — Eh bien ! tous ces animaux forment un ordre très voisin de celui des Carnivores. Ils ne ressemblent cependant pas aux tigres ni aux ours ; mais si l'on considère leur structure interne, on y trouve de grandes analogies. L'ours ressemble-t-il au lion, la panthère à la loutre ou à la belette ? Nous avons vu que les formes du corps s'adaptaient au régime des animaux. C'est ce qui se passe précisément pour les phoques, les morses, les otaries. Ce sont des carnivores modifiés pour la vie marine ; leur corps, leurs membres sont disposés pour la natation. Le corps est conique, la tête arrondie, les yeux grands et expressifs, les lèvres supérieures sont garnies de fortes moustaches comme on en voit chez les félins. Les membres sont courts et soutiennent à peine l'animal lorsqu'il est à terre ; il semble se traîner péniblement, tandis que dans l'eau son agilité est remarquable. Les doigts sont distincts et de même longueur, unis par une membrane et garnis d'ongles ; la queue est très courte et nullement conformée en nageoire. Les mamelles

1. *Amphibien* signifie que les animaux de cet ordre vivent dans l'eau et sur terre, et *Pinnipède* veut dire que leurs pieds sont transformés en nageoires.

sont ventrales. Ce sont des carnassiers, et d'ailleurs la dentition est celle des carnivores que nous venons d'étudier. Comme ils sont destinés à vivre dans l'eau, leurs narines et leurs oreilles, par suite d'une disposition spéciale, peuvent se fermer ou s'ouvrir à la volonté de l'animal.

Le cerveau des Pinnipèdes est très volumineux et présente de nombreuses circonvolutions.

Fig. 290. — Le Phoque du Groënland.

Les phoques sont les plus connus et vivent aussi bien dans les mers du Nord que dans celles du Sud.

Le pelage est très épais, court, et d'un blanc sale, tacheté de gris sur le dos.

On distingue plusieurs genres dans ce groupe : d'abord les Phoques proprement dits, puis les Halichères, les Calocéphales; mais tous ces genres et les espèces qu'ils renferment diffèrent peu par les mœurs.

C'est sur les côtes qu'ils se rencontrent. Là, ils vivent en troupe, se chauffent au soleil sur le sable et dorment. Mais ils peuvent dormir également au fond de l'eau lorsque la profondeur est peu considérable, et, toutes les sept à huit minutes, d'un coup de pattes ils s'élancent vers la surface, respirent, puis redescendent dans l'eau pour continuer leur repos. — Ces amphibiens se nourrissent de poissons qu'ils attrapent avec une facilité surprenante. Mais eux, à leur tour, sont chassés, non seulement par des animaux, tels que les ours blancs, mais aussi par l'homme, qui cherche à se procurer leur graisse et leur peau.

« Les Esquimaux (1) chassent les phoques en lançant de leurs frêles esquifs un harpon auquel est attachée, par une corde, une vessie pleine d'air, qui indique l'endroit où l'animal blessé a plongé. D'autres nations, pour se procurer les peaux et la graisse dont le corps entier est enveloppé, font la chasse plus en grand. Les phoques polaires suivant toujours les bancs de glace sur les bords desquels ils se plaisent, ou bien se rassemblant sur certaines côtes rocheuses, les embarcations mettent à la voile au premier printemps, et les hommes, armés de bâtons ferrés, mettant pied à terre, font en sorte de couper la retraite aux animaux qui cherchent à se sauver dans le sein des eaux. On les étourdit par des coups de bâton sur le nez pour les tuer ensuite en leur perçant le cœur. Dès que les glaces fondent, les phoques émigrent vers le pôle. J'ai pu m'assurer de ces migrations en visitant l'île de Ian-Mayen. On y tue, bon an mal an, environ 10 000 phoques, et il en reste toujours beaucoup, l'île étant ordinairement bloquée par les glaces pendant toute l'année. Or, à notre visite en août 1861, l'île était entièrement débloquée, mais les phoques avaient disparu, et pendant cinq jours nous n'y avons vu que deux exemplaires du *Phoca groenlandica*, qui s'approchaient avec beaucoup de curiosité de notre navire. Nous réussîmes à en tuer un, en lui logeant une balle dans la tête. Pour l'Esquimau, le phoque est la base de l'existence; il se nourrit de sa chair qui est noire, coriace et sèche, parce que toute la graisse s'amasse sous la peau; il boit l'huile extraite de la graisse, qui lui sert aussi comme moyen de chauffage et d'éclairage; il s'habille avec la peau, dont la fourrure assez courte, mais chaude,

1. Carl Vogt. *Les Mammifères*, p. 257.

est impénétrable à l'eau, et les intestins, convenablement préparés, lui fournissent des matériaux pour faire des espèces de paletots imperméables, des vessies et même du fil à coudre, tandis que les petits osselets des membres et de la queue servent de jouets aux enfants. »

Les otaries ont la tête et le cou plus allongés qu'on ne le voit chez les autres phoques; en outre, ces animaux peuvent se soutenir sur leurs membres lorsqu'ils marchent à terre. Je ne dirai pas qu'ils sont agiles, mais cependant ils peuvent réellement sauter avec assez de rapidité. On en voit de temps en temps dans les jardins zoologiques. Au Muséum d'histoire naturelle, il y en a eu une paire qui a vécu pendant plusieurs années; ils aboyaient en été d'une façon fort désagréable.

« Dans l'hémisphère Nord, les otaries sont entièrement confinés à l'Océan Pacifique et à ses dépendances; dans l'hémisphère Sud, ils s'étendent sur toutes les parties du Grand Océan confinant aux glaces polaires et remontent tout aussi bien au cap de Bonne-Espérance que vers l'Amérique ou l'Australie. On leur fait une guerre acharnée, d'un côté à la Terre de Feu et aux îles Falkland et Kerguelen, de l'autre sur les côtes de la Californie, de l'Alaska et du Kamtchatka [1]. »

On a tué tant de ces animaux pour en obtenir la peau que, dans le Nord, le gouvernement des États-Unis a dû réglementer ces tueries. Ainsi pendant l'été de 1868 on en tua 250 000 !

Actuellement une Compagnie a le monopole de ces abominables tueries et ne peut en faire tuer que 100 000 par an.

L'Otarie de Steller ou Lion marin habite les régions du Nord, et les mâles sont d'énormes bêtes qui atteignent, adultes, une longueur de cinq mètres.

Au moment des amours, ils se réunissent en certains points qu'ils ont choisis; ces points sont, entre autres, les rochers de Saint-Paul, où il en vient 20 000 environ, et Saint-Georges, où l'on n'en compte guère que 7 000.

« Les vieux lions mâles [2], appelés « Beachmasters » par les

1. Carl Vogt, *les Mammifères*, p. 258.
2. Id., p. 260.

marins, arrivent les premiers, choisissent une place et y attendent les femelles prêtes à mettre bas. Lorsque les femelles arrivent, les mâles vont à leur rencontre, les saisissent avec les dents par la nuque et les conduisent à la place qu'ils ont choisie, qu'ils conquièrent et gardent souvent au prix de combats terribles...

« Lorsque toutes les places au bord de la mer sont occupées par les beachmasters, les autres doivent se ranger en arrière et les derniers, appelés les réserves (les vieux) et les célibataires (bachelors),

Fig. 291. — Le Lion marin ou Otarie de Steller.

ayant cinq ans au plus, sont forcés de se retirer sur les rochers des environs, d'où ils guettent le moment propice pour gagner une place qu'un beachmaster aurait quittée. Aussi ceux-là n'en bougent pas et les tentatives d'occupation engendrent des combats terribles.

« Enfin, vers le 15 juin, tous les mâles sont assemblés et attendent l'arrivée des femelles. Les mâles vont à leur rencontre, les saisissent avec les dents et les traînent à la place qu'ils ont choisie. Mais d'autres femelles arrivent, et comme il en faut au moins sept ou huit pour constituer le harem d'un vieux mâle, celui-ci doit quitter sa première conquête pour aller en prendre une seconde. Pendant ce temps un voisin, une réserve, un célibataire ravit la première. Des combats furieux s'engagent, combats meurtriers où le sang coule à flots et où souvent un des adversaires est tué. A la fin de cette époque, il n'y a pas un mâle qui ne soit couvert de plaies et de cicatrices. Mais aussi y a-t-il des mâles possédant alors jusqu'à quarante femelles! »

Le Cystophore proboscidien ou Éléphant marin est encore plus

Fig. 292. — Le Morse.

grand que le lion marin; le mâle peut avoir jusqu'à huit mètres de long et a le museau prolongé en une sorte de trompe, qui prend au-dessus de la bouche au repos, mais que l'animal peut insuffler et redresser. C'est dans les mers antarctiques qu'on le trouve; il arrivait aussi en masse en Patagonie, en Californie où on ne le rencontre plus aujourd'hui que rarement, puis en Tasmanie.

Enfin une espèce fort remarquable, longue de six à sept mètres et qui est localisée dans les glaces du pôle Nord, le Morse, est remarquable surtout par les défenses droites et puissantes qui garnissent la mâchoire supérieure du mâle; ce sont les canines. Elles sont moins puissantes chez les femelles. Les défenses des éléphants sont, comme nous le verrons plus tard, des incisives et non pas des canines. Le museau est garni de soies raides. Ces animaux énormes sont moins indolents que les précédents et s'unissent contre l'homme, quand on les attaque, de sorte que ce sont de dangereux adversaires qui font chavirer les embarcations.

CHAPITRE XIV

Les Ruminants.

Fig. 293. — Le Chamois.

Les bœufs, les cerfs, les chèvres, les moutons, sont des animaux de cette grande famille, et il y en a d'autres, tels que les antilopes, les girafes, les chameaux, les lamas.

Au premier abord on les croirait bien différents; mais si l'on examine leur organisation, on retrouve chez tous certains caractères communs. Ces caractères sont ceux qui leur ont valu leur nom de *Ruminants*. — Tous ces animaux ruminent. Qu'est-ce donc que l'acte de la rumination ? Mes lecteurs qui ont pu voir un troupeau de vaches, de bœufs ou de moutons ont dû remarquer qu'après avoir brouté l'herbe des prés, après l'avoir avalée rapidement, ces animaux se couchent, se reposent, et semblent réfléchir. On les voit mâcher indéfiniment et cependant ils ne broutent plus. Que se passe-t-il donc ? L'estomac des Ruminants est constitué d'une façon spéciale. Chez l'homme et chez la plupart des mammifères, l'estomac n'a qu'une loge que j'ai décrite dans le livre précédent. Celui des animaux qui nous occupent est pluriloculaire, c'est-à-dire qu'il a plusieurs loges que chacun connaît plus ou moins.

Ces loges ont reçu des noms spéciaux, la panse, le bonnet, le feuillet et la caillette. La membrane interne de ces quatre compartiments offre des différences remarquables; dans la panse on voit de larges papilles plates; dans le bonnet, la membrane est munie de replis cannelés sur leurs côtés et dentelés à leur bord, qui forment des mailles polygonales dont les aires sont hérissées de papilles analogues à celles de la panse, mais moins volumineuses; dans le feuillet elle présente une multitude de replis ou *feuillets* couverts de petites papilles semblables à des grains de millet; enfin dans la caillette, la membrane est de nature muqueuse et offre des replis irréguliers; en outre, seule la membrane de la caillette sécrète le suc gastrique.

L'animal arrache l'herbe à l'aide de sa langue; il divise grossièrement ses aliments à l'aide de ses molaires, puis les avale en pelotes qui pénètrent dans la panse; là ils s'accumulent; puis l'animal a la faculté de les faire revenir dans la bouche; il les mâche une seconde fois, les *rumine*. Les aliments sont divisés, mêlés à la salive : le bol alimentaire est alors liquide; l'animal avale, et, au lieu d'entrer dans la panse, les aliments passent directement dans le feuillet. En vertu de quel phénomène se fait-il ainsi une distinction? Ceci est dû à une disposition spéciale de la partie inférieure de l'œsophage. Chez l'homme, chez la plupart des mammifères, l'œsophage débouche directement dans l'estomac; chez les Ruminants il n'en est pas ainsi. A la base de l'œsophage, la membrane muqueuse forme deux replis dont les bords sont juxtaposés. Il y a là une sorte de gouttière qui se prolonge jusqu'au-dessus du feuillet. Il en résulte que si les aliments sont en grosses pelotes, après une première mastication, ils ont la force d'écarter les lèvres de la gouttière œsophagienne et pénètrent dans la panse. Si, au contraire, ils sont semi-liquides, s'ils ont été mâchés une seconde fois et mêlés à la salive, ils n'ont plus la force d'écarter les lèvres de cette gouttière, ils cheminent plus loin et vont se déverser dans le feuillet, puis passent dans la caillette où la digestion s'opère.

La dentition présente des particularités importantes, et si nous la figurons par une formule, nous inscrirons : incisives $\frac{0}{2}$, canines $\frac{0}{1}$, molaires $\frac{3}{2}$. Comme on le voit, les incisives supérieures manquent

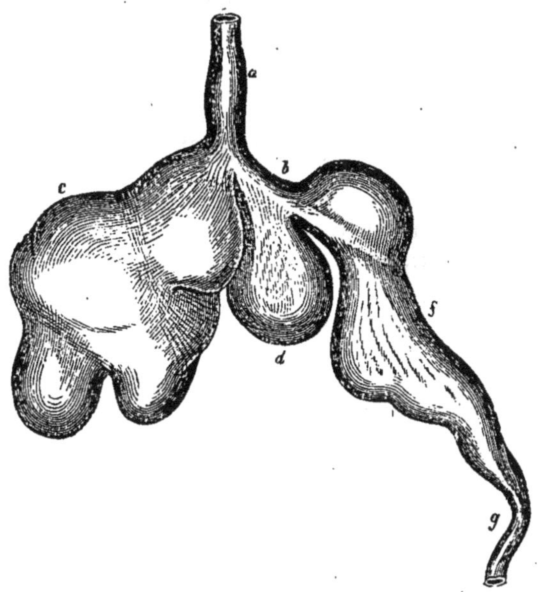

Fig. 294. — Estomac de mouton.

c. La panse, très vaste et occupant la partie gauche de l'estomac. — *d*. Le bonnet. — *e*. Le feuillet. — *f*. La caillette. — *a*. Portion inférieure de l'œsophage avec sa gouttière *b*. — *g*. Commencement de l'intestin grêle.

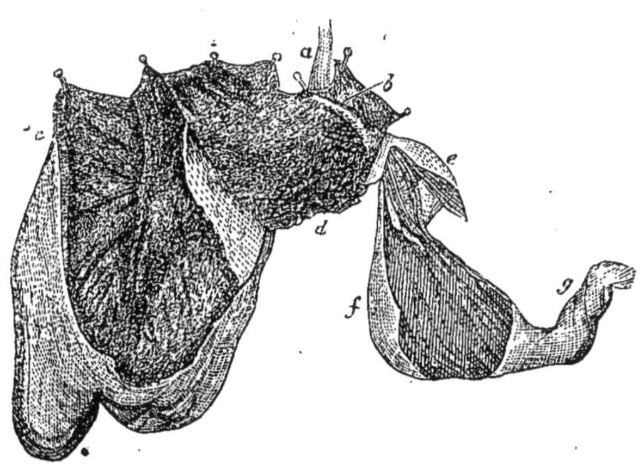

Fig. 295. — Le même estomac ouvert.

c. La panse, très vaste et occupant la partie gauche de l'estomac. — *d*. Le bonnet. — *e*. Le feuillet. — *f*. La caillette. — *a*. Portion inférieure de l'œsophage avec sa gouttière *b*. — *g*. Commencement de l'intestin grêle.

et les canines supérieures font défaut également. Mais il est bon de dire que chez la plupart des Ruminants on constate à la mâchoire supérieure, avant la naissance, des incisives qui avortent sauf dans certains types.

Les canines existent aux deux mâchoires chez les cerfs et chez les chevrotains; nous verrons que les supérieures deviennent énormes, constituant de vraies défenses qui sortent de la bouche. Quant aux molaires, elles sont semblables entre elles, et leur couronne est pourvue de tubercules dont l'usure détermine des crêtes en forme de croissant. Ce sont ces crêtes qui, en frottant les unes contre les autres, par suite du mouvement de latéralité des mâchoires, broient les aliments et les réduisent, mélangés à la salive, en une bouillie que l'animal avale pour la seconde fois.

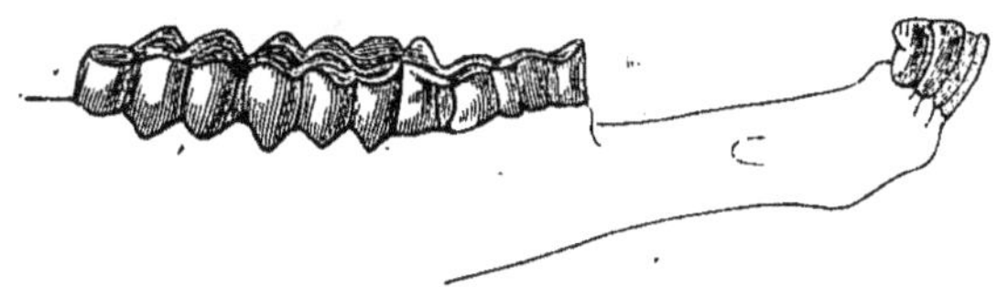

Fig. 296. — Mâchoire inférieure de mouton.

Si nous considérons les autres parties du corps, nous trouvons encore des caractères bien remarquables.

Ainsi presque tous les Ruminants ont la tête armée de cornes. Tantôt ces cornes sont persistantes, tantôt elles sont caduques, c'est-à-dire qu'elles tombent à certaines époques. Les bœufs, les chèvres, les antilopes ont des cornes persistantes ; l'os frontal émet un prolongement qui est recouvert d'un étui corné. Les cerfs, au contraire, ont une protubérance frontale, qui bourgeonne en quelque sorte sous certaines influences, qui s'allonge et devient ce qu'on nomme le bois ; mais chez ces animaux il n'y a pas d'étui corné, la peau recouvre la matière osseuse qui constitue le bois. A un moment, cette peau, qui contient de nombreux vaisseaux sanguins, se détache du bois et celui-ci n'en est bientôt plus revêtu. En effet, à sa base il y a une formation de substance osseuse qui vient comprimer les vaisseaux sanguins qui nourrissaient cette peau et le bois lui-même. La peau n'étant plus nourrie, par suite de l'oblitération de ces vaisseaux sanguins, meurt et se détache, et les bois sont à nu. Mais bientôt les bois eux-mêmes ne recevant plus de liquide sanguin deviennent organes morts, et l'animal fait tous ses efforts pour s'en débarrasser ; ils tombent.

Un autre caractère qui fait différer les Ruminants de tous les animaux que nous avons déjà étudiés, c'est que les doigts n'ont pas d'ongles véritables, ils sont revêtus d'un étui corné qui forme ce qu'on appelle le sabot. Chez les Ruminants on trouve quatre sabots, dont deux grands, sur lesquels l'animal repose, et deux petits, latéraux, qui ne sont là que comme témoins. Quelques espèces ont cependant les sabots très petits et qui ressemblent plutôt à des ongles (Chameaux).

Les deux os du métacarpe et du métatarse sont réunis en un seul, qu'on nomme l'*os canon;* mais dans certaines espèces il y a des traces de métatarsiens et de métacarpiens latéraux. On trouve le plus souvent des glandes spéciales aux ongles des pieds; puis, à l'angle interne des yeux débouchent des glandes, dites larmiers. Enfin le placenta est polycotylédonaire ou diffus (Caméliens).

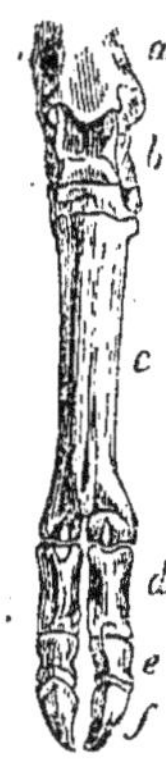

Fig. 297. — Pied de ruminant.

a. Base du tibia.
b. Os du carpe.
c. Os canon ou métacarpe.
d. Phalanges.
e. Phalangines.
f. Phalangettes enveloppées de leur sabot.

Sauf en Australie, il y a dans toutes les parties du monde des ruminants.

Cet ordre forme un groupe assez homogène; on a dû néanmoins le diviser en plusieurs familles. Nous commencerons par les Camélides, c'est-à-dire les chameaux, les dromadaires, les lamas, les alpacas, les vigognes. Ce sont de grands ruminants dépourvus de cornes, ayant un long cou, hauts sur pattes, avec la plante des pieds calleuse, et les doigts non couverts par de vrais sabots. La lèvre supérieure est fendue et garnie de poils. La dentition est assez particulière; la mâchoire supérieure en effet est garnie de quatre incisives; les deux médianes tombent de très bonne heure, et la place qu'elles occupaient reste vide. Les deux incisives latérales sont pointues et ressemblent à des canines. Les canines existent à chaque mâchoire. Les Camélides sont donc une exception parmi les Ruminants. Ils présentent encore des particularités dignes de remarque. Ainsi leur estomac n'offre que trois poches, ou du moins le feuillet est petit et ne fait qu'un avec la panse.

Les globules du sang diffèrent de ceux de tous les mammifères; au lieu d'être en forme de disque biconcaves, ils sont elliptiques et également biconcaves, sans noyau toutefois, différant en cela de ceux des oiseaux, des reptiles, des poissons.

Les poils qui recouvrent le corps sont longs, presque laineux et servent à fabriquer divers tissus ou des cordes.

On trouve ces animaux en Asie, dans le nord de l'Afrique et dans la Cordillère des Andes de l'Amérique du Sud.

Il y a deux espèces de chameaux, toutes deux complètement domestiquées : l'une qui habite le nord de l'Afrique, c'est le dromadaire, dont le dos est pourvu d'*une* grosse bosse graisseuse; l'autre qui vit en Asie et qui a *deux* bosses dorsales; ce dernier animal est le chameau proprement dit, dont le pelage est plus épais, ce qui lui permet de résister aux froids vifs qu'il a à supporter; c'est lui qui sert à faire le trafic entre la Chine, les Indes, la Sibérie et la Russie.

Mais la plus connue des deux espèces est assurément le dromadaire, qu'emploient les Arabes dans toute l'Afrique du Nord. Il y a autant de races différentes de dromadaires que de races de chevaux; les uns servent à la course, les autres aux transports, les uns sont des animaux de selle, les autres des bêtes de somme. Les dromadaires sont des animaux stupides, mais utiles néanmoins.

Les Arabes les utilisent pour les transports de leurs marchandises à grande distance; on les réunit en caravane, et ils résistent longtemps à la fatigue, à la faim et même à la soif. Ils peuvent en effet vivre pendant quelque temps aux dépens de leur bosse graisseuse. Mais de plus leur estomac présente, dans la panse, des cellules qui emmagasinent l'eau. Il est arrivé même dans certains cas, lorsque l'eau manquait, qu'on égorgeait le chameau pour se procurer un peu de boisson dans son estomac.

On mange sa chair, mais elle est de peu de valeur et assez coriace; le lait des chamelles est épais et gras et il faut y être habitué pour l'apprécier.

Fig. 298. — Dromadaire d'Algérie, d'après une photographie de M. Geiser, d'Alger.

Pendant les traversées du désert on a soin de recueillir la fiente du chameau, on la sèche et on en fait du combustible.

Les Camélides d'Amérique sont les lamas, dont la taille est beaucoup plus petite et qui n'ont pas de bosse sur le dos. Leurs formes sont plus élancées, plus gracieuses, ou, pour mieux dire, moins laides que celles des chamaux. Ils vivent dans les montagnes à une altitude de 4 à 5 000 mètres souvent, de 2 500 mètres au moins, sauf dans la Patagonie froide, où ils peuvent descendre à une altitude beaucoup moindre. On connaît quatre espèces de lamas, dont deux sont domestiquées, les lamas proprement dits et les alpacas. Au contraire, les guanacos et les vigognes sont encore sauvages. Ces animaux ont la singulière habitude de cracher sur leurs ennemis la nourriture qu'ils sont en

Fig. 299. — Alpaca et Lama.

train de mâcher. C'est un moyen de défense peu dangereux, mais ils peuvent en outre donner des coups de pattes et mordre.

Le guanaco et la vigogne sont couleur café au lait ou brun clair; le lama est noir, noir et blanc, blanc, ou brun, ou roux, etc. L'alpaca est blanc, ou noir, ou tacheté.

Le poil de ces animaux sert à faire des tissus fort estimés.

Tels sont les ruminants phalangigrades, c'est-à-dire qui marchent en s'appuyant sur les phalanges. Tous les autres ruminants sont dits unguligrades, parce que leurs pieds ne reposent que sur les sabots.

On a longtemps rangé parmi les cerfs de petits ruminants qui ont en effet beaucoup l'apparence des Cervidés, mais dont le front n'est pas garni de cornes, et qui ont chez les mâles, à la mâchoire supérieure, des canines fort longues recourbées en arrière et qui sortent de la bouche, véritables poignards qui remplacent bien les cornes absentes : je veux parler des Chevrotains. Ce sont de petits animaux, les uns de la taille d'un chien, les autres gros comme des lièvres. Les premiers sont plus connus et M. Alphonse Milne-Edwards, qui a étudié d'une façon spéciale ce groupe, en a fait deux familles : celle des Moschides et celle des Tragulides. Chez

Fig. 300. — Le Chevrotain porte-musc.

les Moschides le placenta est polycotylédonaire et l'estomac a quatre poches; chez les Tragulides le placenta est diffus et il n'y a que trois poches stomacales.

Les Moschides ne sont autre chose que les chevrotains *porte-musc* qui habitent principalement L'Himalaya. Les mâles ont sous le ventre une poche spéciale où s'amasse une substance grasse sécrétée, très odorante et que l'on désigne sous le nom de *musc*. C'est le vrai musc. Nous avons déjà parlé de matière odorante analogue chez la civette (viverreum), et chez le castor (castoreum). Ce musc a une valeur considérable, mais est falsifié souvent.

Les Tragules vivent à Ceylan, à Bornéo, à Sumatra, à Java, à Singapoor, dans les épaisses forêts des montagnes. Ils n'ont pas de poche à musc.

Parmi les Cerfs, dont nous parlerons maintenant, il est une espèce qui offre un caractère de dentition analogue à celui des chevrotains; le mâle à des cornes fort courtes, mais en revanche il est armé de puissantes canines supérieures : c'est le Cervule Muntjac qui vit dans la presqu'île malaise et dans les îles de la Sonde. Les bois sont portés par des protubérances saillantes de l'os frontal.

Les vrais cerfs sont élégants de formes, élancés, avec des

Fig. 301. — Cervule Muntjac.

jambes fines, et les mâles portent majestueusement les bois qui surmontent leur front; les femelles, ou biches, en sont dépourvues. Les bois du mâle varient de dimensions suivant l'âge. Tout jeune, l'animal n'a sur le front que des saillies osseuses, qui s'accroissent bientôt; puis les bois apparaissent, d'abord cachés sous la peau. Ces bois subissent de véritables métamorphoses qui permettent aux chasseurs de connaître l'âge de l'animal. Ainsi à la fin de la première année le bois est fourchu, il n'y a qu'un seul *andouiller;* ce bois tombe et la seconde année apparaît un second andouiller, le bois porte donc deux andouillers; puis trois, quatre andouillers apparaissent au bout des troisième, quatrième années, etc. Enfin quand l'animal possède des bois qui ont tout leur développement, il est « dix cors », et même « vingt cors », « vingt-deux cors », suivant le nombre d'andouillers et leur position respective.

Les jeunes de ces animaux, qu'on nomme faons, ont une robe spéciale; ils sont mouchetés de blanc sur un fond roux ; à mesure

Fig. 302. — Cerf et Biche de France.

qu'ils avancent en âge cette teinte rousse et les points blancs disparaissent et font place à un pelage brun plus terne.

Il existe des cerfs partout sauf en Australie et en Afrique, où ceux qui vivent dans le nord ont été importés. On a divisé le groupe des Cervidés en plusieurs genres.

Le cerf commun, ou *Cervus elaphus*, est un des plus connus, et des plus grands; le cerf wapiti, de l'Amérique du Nord, est cependant encore plus grand.

Le cerf élaphe vit dans les forêts à haute futaie, restant couché pendant le jour, et le soir il se promène, poussant à certaines époques des cris rauques qu'on nomme des bramements. Les mâles se livrent des combats acharnés pour la conquête des

Fig. 303. — Chevreuil.

biches, et souvent l'un des deux combattants reste mort sur la place.

On chasse les cerfs le plus généralement à courre, avec une meute de chiens, mais dans certains cas on le chasse au chien courant. L'homme n'est pas leur seul ennemi : car les loups, les ours, les lynx et les gloutons en détruisent assez souvent.

Dans les Indes orientales vit l'axis tacheté, dont la robe est en général mouchetée de blanc. Ses bois sont plus courts que ceux de l'élaphe et n'ont que deux andouillers. Le cerf ou axis cochon, qui vit au Bengale et est presque domestiqué dans l'Inde, a les bois encore plus petits, son corps est d'ailleurs trapu. Je n'en finirais pas si je voulais énumérer toutes les espèces de cerfs.

En France nous avons un autre genre fort commun dans les forêts : c'est le chevreuil, animal très élégant et de petite taille; il n'a pas de canines, et ses petits bois ont un andouiller en avant et un en arrière.

Les mâles ou broquarts peuvent devenir méchants en vieillissant, mais la femelle ou chevrette reste douce en captivité.

Ce charmant petit animal ne vit pas en troupes nombreuses comme les cerfs communs, et ne cause pas des dégâts aussi considérables dans les bois.

Plus grands que les chevreuils sont les daims, dont la robe rappelle celle de l'axis, étant mouchetée à toutes les époques de la vie; quelques-uns sont blancs. Les bois, dans ce genre, au lieu d'être cylindriques dans toute leur longueur, ont des andouillers supérieurs réunis par une empaumure aplatie.

Dans les régions froides de l'hémisphère boréal existe un autre type de cervidé, le renne, dont les bois offrent des palmatures et qui sont portés par les deux sexes.

Le renne est trapu, ses pattes sont moins fines que celles du cerf et les sabots, plus larges, font entendre un claquement spécial lorsque l'animal marche. Il vit à l'état sauvage dans le nord de l'Asie, de l'Europe et de l'Amérique, où les indigènes l'ont domestiqué et l'emploient comme bête de trait. Sa nourriture consiste surtout en lichens. Son lait est apprécié de ces populations misérables, qui mangent aussi sa chair et se servent de sa peau, en particulier pour faire des vêtements.

Pendant les temps préhistoriques, alors que l'homme était encore à l'état primitif, les rennes vivaient en troupeaux dans l'Europe tempérée.

Les ossements qu'ils ont laissés dans les cavernes, et les dessins gravés sur des os par ces anciens habitants de notre sol, prouvent que le renne existait dans notre pays à ces époques reculées. Il s'est peu à peu retiré dans le nord quand la température s'est élevée dans le centre de l'Europe.

Les élans sont les plus grands types de cette famille des Cervidés; leurs bois sont énormes, élargis, palmés. Leur tête est longue et la lèvre supérieure retombe au-dessus de la lèvre inférieure; ce sont de fort vilains animaux, disgracieux, dont la tête

Fig. 304. — Les peuples du Nord ont domestiqué les Rennes et s'en servent comme de bêtes de trait.

ressemble à celle d'un âne, si ce n'étaient les bois que porte seul le mâle.

L'élan à crinière a vécu dans le centre de l'Europe, mais depuis le siècle dernier on n'en trouve plus que sur les bords de la Bal-

Fig. 305. — L'Élan.

tique. En Asie, dans les grandes forêts de bouleaux, de saules, de conifères, etc., du nord, il est plus commun.

On prétendait autrefois que les sabots de l'élan guérissaient de l'épilepsie; ce n'est qu'une fable, qui vient de ce que lorsqu'un élan veut se relever, il agite ses pattes comme un épileptique.

Dans l'Amérique du Nord, au Canada, sur les montagnes

Rocheuses, on rencontre une autre espèce, l'élan original, qui est encore de plus grande taille que le précédent.

Mais le plus bizarre des ruminants est sans contredit la girafe, remarquable par son long cou et son corps court porté sur de hautes jambes, ses grandes oreilles, ses gros yeux, son museau effilé et son front surmonté par deux petites cornes recouvertes par la peau. La peau du tronc et du cou est garnie de poils courts de couleur jaune fauve, blanchâtre sur le ventre, et parsemée de grandes taches rousses, en forme de carrés, ou de losanges plus ou moins réguliers. Une petite crinière courte existe depuis la tête jusqu'aux épaules, et placée comme chez le zèbre; la queue est longue et offre à son extrémité une longue touffe de crins noirs (*fig.* 308).

La girafe habite l'Afrique centrale dans les contrées sablonneuses et découvertes garnies de mimosées, en petites troupes.

Pour boire ou pour brouter de l'herbe, la girafe ne se met pas à genoux, mais écarte prodigieusement les jambes. Elle broute de préférence les branches des arbres, qu'elle saisit avec sa longue langue noire.

On chasse la girafe, dont la chair est bonne et dont on tanne la peau. Il n'est jusqu'à sa queue qui ne soit utile aux rois nègres, qui en font des chasse-mouches.

Tous les autres ruminants : antilopes, chèvres, moutons, bœufs, ont les cornes recouvertes d'un étui corné; ces cornes ne tombent pas, et ne repoussent pas si l'animal vient à les casser.

On trouve des antilopes partout, sauf en Australie; cependant l'Afrique est la véritable patrie de ces animaux : c'est là qu'il y en a le plus grand nombre d'espèces. Ils sont pour la plupart légers et gracieux, ayant à peu près la forme des Cervidés, servant en quelque sorte d'intermédiaire entre les cerfs et les bœufs; tantôt la queue est courte comme chez les premiers, tantôt au contraire elle est longue comme chez les seconds. Les cornes varient de forme dans chaque espèce; elles sont droites et lisses ou tortueuses, comprimées ou cylindriques; dans une espèce l'étui corné présente un véritable andouiller, dans une autre espèce il y a non plus deux cornes, mais bien quatre.

A part quelques-unes qui vivent dans les montagnes, les antilopes sont des animaux de plaine, aimant l'espace, vivant généralement en nombreuses troupes.

Les antilopes capricornes, ou *cervicapra*, vivent aux Indes et ne sont représentés dans le sud de l'Afrique que par une espèce. Le mâle seul porte des cornes.

L'un des types les plus connus et les plus gracieux est la gazelle dorcas chantée par les poètes arabes.

Fig. 306. — Gazelle Dorcas d'Algérie.

On la trouve dans le nord de l'Afrique et en Arabie, en Nubie, et même dans le centre de l'Afrique.

Son corps ramassé, à dos arrondi, ses pattes fines, son long cou portant une jolie petite tête, de grandes oreilles pointues, ses grands yeux noirs, ses cornes courtes, annelées et recourbées en dedans, vers la pointe, sa couleur café au lait, tous ces caractères en font un charmant petit animal, qui s'apprivoise facilement en captivité. « Tout voyageur qui traverse le désert peut être certain de voir avant peu une gazelle. Pendant la grande chaleur seulement, de midi à quatre heures, l'animal rumine tranquillement à l'ombre d'un mimosa ; le reste du temps il est continuellement en mouvement. Il est cependant moins facile de l'apercevoir qu'on ne le croit; la conformité de couleur qui existe entre sa robe et le sol lui permet d'échapper aux regards. Il disparaît à la faible vue d'un Européen à un kilomètre de distance : l'œil perçant de l'Arabe le distingue parfois à huit kilomètres. D'ordinaire, le troupeau se tient auprès d'un buisson de mimosées, dont les cimes étendues en forme de parasol le protègent contre les rayons du soleil. La

Fig. 307. — L'Antilope Nilgau.

sentinelle est en train de paître; les autres sont couchées et ruminent. La première seule est visible; les autres ressemblent à des amas de pierres, et l'œil exercé du chasseur s'y trompe souvent. Tout est-il tranquille, le troupeau erre un peu çà et là, sans abandonner le lieu qu'il occupe; mais au moindre danger il quitte la place. Il en est de même si le vent change. Les gazelles se tiennent sous le vent, de préférence sur le versant d'une colline, de façon à dominer la plaine qui s'étend devant elles, et à être averties par le vent du danger qui pourrait leur venir du côté

Fig. 308. — La Girafe.

opposé. A la première alarme, elles gagnent le sommet de la colline, et examinent attentivement la contrée pour voir quels sont les points qui leur offriront le meilleur abri [1]. »

Mais nous avons en Europe, en France même, une espèce d'antilope, le chamois ou Rupicapra. Il est à peu près de la taille d'une chèvre (voy. fig. 293, p. 455). Le corps est court, les jambes assez longues, le cou est long, et les cornes sont courtes, droites et recourbées en arrière à l'extrémité; elles sont lisses et légèrement annelées. D'un brun roux en été, avec des parties plus claires, il est brun noir en hiver. La tête est plus claire, sauf les joues qui sont foncées. C'est dans les Pyrénées, dans les Alpes, en Dalmatie, dans les Carpathes, dans le Caucase, et jusqu'en Sibérie, qu'on trouve des chamois. Ils aiment les hautes montagnes, escarpées, et il ne faudrait pas croire que tous viennent boire du vin chaud comme celui que Tartarin rencontra dans les Alpes. On les approche difficilement et leur agilité surprenante leur permet d'échapper à toutes les attaques.

Fig. 309. — L'Antilope Kobe.

Dans l'Amérique du Nord vit une remarquable espèce d'antilope, ressemblant un peu au chamois, mais dont l'étui corné des cornes, que seul le mâle possède, offre en avant une sorte d'andouiller; on le nomme Dicranocère à cornes fourchues. C'est

1. Brehm. *Les Mammifères*, Édit. franç., t. II, p. 534.

là le seul représentant des antilopes dans le nouveau monde.

L'antilope Nilgau, qui habite les Indes, est un grand animal de la taille d'un cerf, dont le mâle seul est pourvu de cornes petites, lisses, légèrement recourbées en dedans et ayant à la base un tubercule, sorte d'andouiller rudimentaire. Le corps est

Fig. 310. — L'Antilope Coudou.

trapu, les pattes fortes. Le train de devant semble plus haut que le train de derrière; en effet, il existe sur les épaules une petite bosse. La nuque et l'échine offrent une crinière courte, et sous le cou se trouve une longue touffe de poils noirs.

Le pelage est gris foncé ou brunâtre, avec des parties plus claires ou blanches, sous le cou, sur les côtés du museau et sur le ventre.

Je veux signaler encore quelques antilopes africaines. Le Kobe, qui vit dans le sud de l'Afrique, a un peu l'apparence d'un cerf ; il a de fortes cornes, à courbe dirigée en dehors et un peu en arrière, puis revenant en dedans et en avant. Le pelage est d'un roux brun, rude, grossier et long et épais au cou. Ils affectionnent le

Fig. 311. — L'Antilope Canna.

bord des rivières, vivant en petites troupes d'une dizaine d'individus, et se jetant à l'eau au moindre danger. Leur nourriture consiste en plantes aquatiques. Leur chair est tellement dure et a un goût de bouc si prononcé qu'on ne les chasse pas.

Une autre espèce, le Strepsicère coudou, commun autrefois au cap de Bonne-Espérance, y a été peu à peu détruite; son aire de dispersion est encore assez vaste, car on la trouve encore depuis le fleuve Orange jusqu'en Abyssinie, puis elle se répand de là jusqu'en Guinée.

Le Coudou vit de préférence dans les pays montagneux et couverts de buissons de mimosas. C'est un puissant animal qui ne mesure pas moins de 3^m,30 du bout du museau à l'extrémité de la queue. Il a à peu près les formes du cerf; ses poils un peu grossiers forment une crinière depuis la nuque jusqu'à l'échine. La robe est fondamentalement d'un brun gris, et sur les flancs et l'arrière-train se détachent des bandes verticales blanches.

Les cornes de cet animal sont lâchement spiralées et énormes, mesurant quelquefois 65 à 70 centimètres de long. Ces cornes sont des armes de défense qui lui permettent de lutter contre la panthère.

Les indigènes chassent le coudou pour se procurer sa chair, qui est fort bonne, paraît-il.

La peau est utilisée aussi de mille manières par les indigènes et par les colons hollandais.

Brehm [1] nous dit que les Cafres « se réunissent en grand nombre, font lever un coudou, et le poursuivent, sachant bien qu'il se fatiguera rapidement. Ils poussent leur gibier du côté de leurs compagnons, ceux-ci prennent la poursuite à leur tour, et ainsi de relais en relais, sans jamais laisser à l'animal un instant de repos. Les femmes sont dispersées dans la campagne, avec des œufs d'autruche pleins d'eau pour rafraîchir les hommes; ceux-ci, enfin, épuisent l'animal. Tous alors se précipitent sur lui en poussant de grands cris. Les femelles s'abandonnent à leur sort sans résistance; les mâles, au contraire, baissent la tête et, leurs cornes pointées directement en avant, fondent sur leurs adversaires, qui sont perdus s'ils ne peuvent à temps se jeter de côté. Les chiens atteignent un coudou en quelques minutes; mais celui-ci se défend contre eux à coups de pied, et les blesse parfois grièvement. Aussi les Cafres n'emploient-ils pas les chiens à cette chasse. Ils entourent leur proie et la tuent à coups de javelots ».

Les antilopes Oryx sont connus depuis la plus haute antiquité et leurs images sont figurées sur les monuments égyptiens; ils se

1. *Loc. cit.*, p. 565.

rencontrent en Nubie et en Abyssinie. Il sont surtout remarquables par leurs cornes longues de 1 mètre à $1^m,20$ et recourbées en arrière, de telle façon que ces animaux peuvent se gratter le train de derrière avec leurs cornes, en rejetant légèrement la tête en arrière.

Dans le sud de l'Afrique, en Cafrerie, dans le pays des Hottentots et des Boschimens, vit une autre antilope de très grande taille et presque aussi massif qu'un bœuf, le Bosélaphe canna.

Comme les bœufs, ils ont sous le cou un fanon, mais leurs cornes sont droites et spiralées sur une partie de leur longueur; ils peuvent atteindre une longueur de 3 mètres et une hauteur de 2 mètres. Leur couleur est d'un brun clair ou grisâtre. On les chasse pour leur chair, qui est très estimée.

Dans le sud de l'Afrique vivent, dans les grandes plaines, d'autres antilopes qui méritent d'attirer notre attention : ce sont les Catoblépas dont le gnou est le principal représentant. On peut en voir dans la ménagerie du Muséum d'histoire naturelle. Là on a pu les étudier, suivre leurs mœurs, car ils y sont depuis longtemps et ont pu s'y reproduire.

On peut dire que le gnou est monstrueux, si l'on ne considère que sa tête; mais quand on le voit courir, on peut admirer la finesse de son train de derrière et de ses jambes. Il ressemble à un poney qui aurait une tête énorme et des pieds de bœuf.

Le gnou est d'un brun foncé, avec certaines parties plus claires; il a une queue garnie de crins comme celle d'un cheval, une crinière droite qui s'étend de la nuque aux épaules, crinière blanche à la base, noire au milieu et brune à l'extrémité. La tête est lourde, garnie d'une touffe de poils longs et raides sur le dessus du nez, et d'une sorte de barbe sous les mâchoires. Le mufle est large et aplati; les cornes sont grosses à leur base, recourbant au-devant du front, s'abaissent et se relèvent en se s'avancent légèrement en arrière.

Les Cafres, les Hottentots lui font la chasse pour sa chair, pour se procurer sa peau et les cornes, dont ils font divers objets usuels.

Telles sont, à grands traits, les plus remarquables formes d'antilopes. Nous avons vu qu'ils reliaient en quelque sorte les Cervidés aux Bovidés. Mais avant de parler de ces derniers, nous devons présenter à nos lecteurs les chèvres et les moutons.

Les Ruminants dont il nous reste à parler, les chèvres, les moutons, les bœufs, peuvent compter parmi les plus importants : car l'homme a su les utiliser à son profit pour la plupart.

Fig. 312. — L'Antilope Gnou.

Ce sont là des dénominations générales, des noms de famille : car parmi ces animaux il en est de sauvages et de domestiques.

Les antilopes servent de passage entre les cerfs et les chèvres d'une part, et les bœufs d'autre part.

Mais les chèvres sont elles-mêmes proches parentes des moutons.

A leurs cornes caverneuses et arquées, à leur chanfrein droit, à la barbiche qu'elles portent au menton, on reconnait les chèvres. Les moutons sont plus lourds, puis leur chanfrein est busqué et ils n'ont pas de barbe au menton. Le pelage des chèvres est lisse et long, celui des moutons, tout au moins des espèces domestiquées, est laineux et frisé (*fig.* 25).

Les chèvres vivent maintenant sur tous les points du globe; mais le sud et le centre de l'Asie, le nord de l'Afrique et l'Europe ont été leurs lieux d'origine. On en trouve une espèce dans l'Amérique du Nord.

Les chèvres sont trop connues pour qu'il soit nécessaire de les décrire longuement. Les habitants des villes qui ne vont pas dans les campagnes, peuvent même en rencontrer dans nos rues où des chevriers les conduisent afin de vendre le lait qu'elles donnent.

C'est une bête de montagne que la chèvre, agile, grimpant sur les coteaux, sur les points les plus escarpés, avec assurance. Elle est capricieuse, têtue, prête toujours à combattre à l'aide de ses cornes. C'est un animal fort utile, qui nous donne son lait, dont on peut faire d'excellent fromage; sa peau, ses poils, sont employés.

La chèvre est susceptible de s'attacher à son maître, et est reconnaissante des bons soins qu'on lui donne.

Le mâle ou bouc est plus sérieux, moins joueur, plus batailleur.

L'ancêtre de notre chèvre domestique est très probablement l'Egagre qui vit encore dans les montagnes neigeuses de l'Asie du centre et de l'ouest, et dont le pelage est court et fin.

En Afrique, entre le Nil blanc et le Niger, vit une chèvre de petite taille, au pelage généralement foncé, la chèvre naine.

La chèvre d'Angora, dans la Turquie d'Asie, est fort belle, avec ses longs poils blancs et ses cornes spiralées; sa toison est très estimée et les habitants de la petite ville d'Angora font presque tous le commerce des laines.

L'Asie possède encore une espèce très connue, la chèvre de Cachemire, dont la laine a une valeur considérable.

Dans la haute Egypte existe une chèvre fort laide, à nez busqué, à cornes très courtes, et dont les pis sont énormes. Nous avons pu en voir à plusieurs reprises dans la ménagerie du Muséum.

Dans les hautes montagnes des Alpes on rencontre un autre type de la famille des chèvres, c'est le bouquetin. Ce grand animal, il est vrai, a presque complètement disparu, ce qui est déplorable tant à cause de sa beauté qu'à cause de son intérêt zoologique.

Le corps est vigoureux, la tête est assez courte; le front, bombé, porte d'énormes cornes arquées; le poil est rude et épais, gris, brun ou fauve.

La chasse de cet animal est excessivement difficile et dangereuse; car il se tient dans les hauteurs les plus inaccessibles, dans les endroits couverts de neige, et le chasseur peut aussi bien mourir de froid que tomber dans une crevasse.

Fig. 313. — Le Bouquetin des Alpes.

Les moutons ou ovidés diffèrent des chèvres par de bien minces caractères; ils ont le front busqué, n'ont pas de barbiche au menton ; leurs cornes sont annelées, spiralées, rugueuses, triangulaires; les poils sont laineux.

Quelques types sauvages ont le pelage très court, d'autres au contraire, sont entourés d'une toison crépue qui va jusqu'à terre, et qui donne à ces animaux l'aspect le plus singulier.

Parmi les espèces sauvages, il en est qui sont considérées comme les ancêtres de nos moutons, mais les naturalistes ne sont pas d'accord à ce sujet. Les uns pensent que nos races domestiques descendent de l'Argali qui vit dans les montagnes de l'Asie centrale, et

Fig. 314. — Le Mouflon à manchettes.

qui est de la taille d'un veau; d'autres disent qu' « il est possible qu'ils aient eu pour ancêtres les mouflons dont une espèce habite la Corse et l'île de Crète (¹) ». En tous cas cette origine remonte à une époque très reculée, et il n'y a rien d'étonnant à ce que les formes et les mœurs aient été modifiées par la domestication.

En Corse, en Sardaigne, vit, dans les montagnes, un mouflon assez trapu, à cornes grosses, recourbées en arrière et écartées l'une

1. MILNE-EDWARDS. *Zoologie méthodique*, p. 140.

de l'autre; ses poils sont bruns sur le dos, le cou et la tête, tandis que le dessous du corps est blanc. La femelle n'a que des cornes rudimentaires.

En Algérie, sur les sommets de l'Atlas, au Maroc, en Abyssinie, on rencontre une belle espèce de mouflon remarquable par une longue crinière formée de poils droits, qui naît du cou et qui tombe presque jusqu'à terre. Une famille de ces mouflons à manchettes vit depuis nombre d'années dans la ménagerie du Muséum. Les cornes sont triangulaires, contournées en spirale, et ont leur pointe relevée et dirigée en arrière. Malgré leur corps lourd et trapu, les mouflons sont d'une agilité surprenante.

Quant aux races domestiques, elles varient beaucoup; cependant on peut dire que leurs cornes diffèrent des espèces sauvages, en ce sens qu'elles sont plus écartées à leur base et plus contournées en spirale, que leur queue est plus longue. Nous ne pouvons passer en revue toutes les races de moutons. Elles sont utilisées comme bêtes de boucherie et avec leur laine on fabrique des tissus fort estimés; le mouton mérinos est des plus connus. Dans la Turquie d'Europe on élève une race remarquable par la longueur de ses cornes qui sont pointues et spiralées, par sa laine longue, blanche sur le dos, le ventre et la queue, noire sur le cou, la tête et les pattes.

Un des types les plus curieux est sans contredit le mouton à grosses fesses que l'on élève dans l'Afrique centrale. Ses poils sont courts et ne peuvent être filés; il est utilisé comme nourriture.

D'une façon générale, le mouton fournit de la laine, de la graisse, qui, fondue, sert à faire du suif, et sa viande joue un rôle important dans l'alimentation de l'homme.

Les moutons sont soumis à certaines maladies; nous y reviendrons plus tard, mais dès maintenant il est bon que l'on sache que les canaux biliaires du foie du mouton renferment des vers plats qu'on nomme les douves, et que dans le cerveau vivent quelquefois d'autres vers, les *Tænia cœnurus* ou cœnures, qui déterminent le tournis.

D'autres ruminants beaucoup plus gros, plus massifs que les précédents, ont pour nous une importance capitale : ce sont les bovidés ou bœufs, d'une façon générale. A côté des bœufs proprement dits que l'homme emploie, il y a quatre types de bovidés dont nous parlerons tout d'abord.

Les caractères communs aux cinq groupes de bœufs sont les suivants : un corps massif; une tête grosse et courte, portant des cornes dont la pointe est dirigée en dehors et en avant; un mufle nu et humide; un fanon, qui est un grand repli de la peau, s'étend longitudinalement depuis le des-

Fig. 315. — Moutons domestiques.

sous de la mâchoire jusqu'entre les jambes de devant. La queue est longue.

Ce sont des animaux très forts, dont la chasse est aussi dangereuse peut-être que celle des grands carnassiers.

L'un des types de bovidés peut servir de passage entre les bœufs et les moutons : c'est l'Ovibos ou bœuf musqué, qui habite l'extrême nord de l'Amérique septentrionale.

Son corps, qui peut atteindre deux mètres de long, est recouvert de poils soyeux, longs, surtout sur le cou et les épaules, d'un brun foncé. Les poils des pattes sont gris, courts et duveteux. La tête est fort laide, avec son front busqué comme celui d'un mouton. Les cornes sont très grosses à la base, où elles se touchent, puis elles se dirigent en bas et en avant, remontent, et présentent la pointe relevée et courbée en avant. Malgré leur aspect lourd, on les dit aussi agiles que les antilopes.

Fig. 316. — Ovibos ou Bœuf musqué.

Les Esquimaux mangent la viande de ce bœuf, mais les Européens la rejettent, tant est prononcé le goût musqué.

Sur les sommets des montagnes du Thibet, de la Mongolie, du Turkestan, vit un bœuf très curieux, le Yack grognant, dont les poils du dos sont noirs, et qui a sous le cou, le ventre et sur les côtés du corps de longs crins grisâtres qui tombent presque jusqu'à terre. Les habitants domestiquent cet animal dans les régions où on le trouve à l'état sauvage.

Les Thibétains s'en servent comme de bêtes de trait et de selle, ils lui font porter souvent de lourds fardeaux.

On mange leur viande qui est, dit-on, excellente; on boit leur lait; on utilise également leur cuir et leurs poils, qui font d'excellentes cordes; de leur queue même on fait des panaches pour les dignitaires.

Les buffles sont plus connus que les animaux précédents, car on a pu les domestiquer, et en Italie, près de Rome en particulier, on s'en sert pour les charrois. Ils sont faciles à reconnaître à leur

Fig. 317. — Le Yack grognant.

front bombé et à leurs cornes aplaties en avant. On les trouve à l'état sauvage en Asie et en Afrique. Le poil du buffle est rude et court. C'est un animal robuste et farouche dont les attaques peuvent être dangereuses. Le buffle arni en particulier, qui habite les forêts de l'Inde, porte des cornes qui peuvent atteindre une envergure de de deux mètres. En Cafrerie, une autre espèce est fort redoutée des chasseurs; ses cornes sont larges, renflées à la base, se joignant, de façon à recouvrir tout le front.

L'Amérique est la patrie des plus gros de tous les ruminants, les bisons. Leur tête en effet est énorme, bombée; leurs épaules sont beaucoup plus élevées que le train de derrière, et, ce qui contribue à donner à ces animaux un aspect lourd, c'est que la tête, les épaules, la poitrine et les jambes de devant sont couvertes d'une épaisse toison.

La couleur de la robe est d'un brun foncé.

Autrefois il vivait par troupes immenses dans les plaines ou les

Fig. 318. — Le Buffle.

forêts de l'Amérique du Nord. Les Indiens le poursuivaient avec acharnement, et là où vivaient des bisons on était sûr de rencontrer des Peaux-Rouges. Cette espèce est constamment refoulée plus au nord et tend maintenant à disparaître.

En Europe nous avons une espèce de bison, l'aurochs, qui autrefois était commun en Germanie, où on le chassait. De nos jours on l'a chassé tant et si bien qu'il n'en reste plus qu'un petit nombre dans le Caucase et en Lithuanie, où ils sont sous la protection des lois les plus sévères édictées par l'Empereur de Russie.

Les anciens auteurs ont affirmé que l'aurochs n'était pas un bison; qu'il y aurait eu à la fois, dans les temps reculés, le bison d'Europe et l'aurochs; ce dernier aurait disparu. Les avis sont partagés à cet égard, et nous nous contenterons de dire que le bison d'Europe qui vit encore de nos jours, ressemble beaucoup à son congénère américain, mais qu'il est moins grand et que la toison qui recouvre ses épaules est beaucoup moins épaisse.

Tous ces ruminants sont en réalité les plus rares des bovidés. Il

Fig. 319. — L'Aurochs ou Bison d'Europe.

y en a d'autres, qui sont très connus, non seulement par suite des services qu'ils nous rendent comme bêtes de trait, mais aussi parce qu'ils constituent le fond de notre nourriture; ce sont les bœufs proprement dits, dont nous employons aussi la peau qui, tannée, forme un excellent cuir.

Les caractères que nous avons donnés en parlant des bœufs en général, s'appliquent bien à la race bovine; puis, qui n'a vu des vaches ou des bœufs ? Nous dirons donc simplement que les bœufs diffèrent des autres bovidés par leurs cornes cylindriques et qui sont dirigées en dehors et en haut, puis par leur front plat. L'homme a modifié d'ailleurs par la sélection cette espèce dont l'origine se perd dans la nuit des temps, et les races qu'il a formées

Fig. 320. — Le Bison d'Amérique.

sont très nombreuses; les cornes peuvent être longues, ou courtes, ou manquer complètement.

Dans l'Inde et dans l'Afrique orientale il y a une race qui possède sur les épaules une bosse graisseuse.

Certaines races servent aux transports, on peut les atteler; d'autres sont employées pour labourer; ce sont des animaux très forts et capables de traîner les fardeaux les plus lourds. Il ne faut pas leur demander la rapidité, mais on peut compter sur leur persévérance et leur patience.

Fig. 321. — Bœuf et Vaches.

Les taureaux ou mâles sont conservés pour la reproduction; leur caractère est indomptable, ce qui fait qu'on ne peut les utiliser pour les travaux.

Les bœufs sont en réalité des mâles, mais dont on a pu adoucir le caractère par suite d'une opération qu'on leur a fait subir dans le jeune âge, alors qu'ils ne sont encore que des veaux.

Les femelles sont les vaches, et les jeunes femelles portent le nom de génisses. Les vaches nous fournissent d'excellent lait, et ce lait lui-même, battu convenablement, abandonne sa graisse, qui n'est autre chose que le beurre.

La crème du lait, conservée, donne un produit, le fromage, qui est un aliment des plus utiles.

Malgré ses formes lourdes, le bœuf est un bel animal, les poètes l'ont chanté, et la présence de ces bœufs, de ces vaches anime un paysage et fait penser aux douceurs de la vie champêtre.

Le nombre des races de bœufs est très considérable et nous ne pouvons nous y arrêter, cela nous entraînerait trop loin. Nous citerons cependant les beaux taureaux dont les Espagnols se servent dans les arènes pour les combats.

Dans l'Asie on rencontre encore quelques espèces de bœufs sauvages.

Cet ordre des Ruminants, comme on peut s'en convaincre, est donc un des plus importants dans la classe des Mammifères.

Fig. 322. — L'Unau ou Paresseux didactyle.

CHAPITRE XV

Les Édentés.

On trouve dans les régions tropicales de l'Amérique, de l'Asie et de l'Afrique des mammifères bien curieux, qu'on a désignés sous le nom d'Édentés, parce qu'ils sont dépourvus de dents sur le devant de la bouche. Les ruminants n'ont d'incisives qu'à la mâchoire inférieure; les édentés n'en ont ni en haut ni en bas; quelques-uns même sont complètement dépourvus de dents. Tous ces animaux ont des griffes puissantes qui leur servent, chez certaines espèces, à fouiller le sol; chez d'autres, à s'accrocher aux branches des arbres. Il est impossible de donner de cet ordre une description générale plus complète, tant est grande la diversité de leurs formes.

L'Amérique méridionale nous fournit trois grands types d'édentés : les uns, à raison de la lenteur de leurs mouvements, ont été appelés des Paresseux ou Tardigrades; ils sont de la taille d'un chien ordinaire, leur corps est recouvert de longs poils secs et leur tête est globuleuse. Au bout de leurs grandes pattes sont de vrais crochets, des ongles énormes qui leur permettent de se maintenir dans les arbres où ils vivent de bourgeons et de fruits.

Fig. 323.
L'AÏ ou Paresseux tridactyle.

L'une des espèces, l'Aï, a trois doigts; l'autre, l'Unau, en a seulement deux.

L'Amérique du Sud est encore la patrie des Fourmiliers qui sont insectivores, mais qui ne broient pas les insectes, car ils sont dépourvus de dents; leur bouche est très petite et leur langue très longue et filiforme est recouverte d'une salive visqueuse; l'animal bouleverse à l'aide de ses ongles les nids des termites ou fourmis blanches, et les ramène dans sa bouche au moyen de sa langue.

L'un de ces fourmiliers est grand, c'est le Tamanoir, orné d'une queue en panache énorme; un autre, plus petit, a le poil ras, la queue longue et prenante, et vit dans les arbres, c'est le Tamandua. Il en existe encore un autre, le petit Fourmilier ou Cyclothure qui est de la taille d'un écureuil.

Fig. 324. — L'Oryctérope.

Dans cette même famille prend place un grand édenté qui habite le sud de l'Afrique, le Cap et l'Éthiopie : l'Oryctérope, remarquable par son corps lourd, sa tête allongée, ses grandes oreilles, ses petits yeux placés très en arrière, sa longue queue et ses pattes armées d'ongles puissants. Ses mâchoires sont garnies de molaires.

Il détruit les nids de termites et les mange en grand nombre. C'est un animal assez solitaire et nocturne, très craintif, et qui au moindre bruit s'enfonce dans un terrier qu'il creuse immédiatement. C'est en Amérique que l'on trouve les Tatous, ces édentés qui ressemblent à des cloportes, recouverts qu'ils sont par une sorte de carapace osseuse annelée.

Ce sont encore des fouisseurs nocturnes que l'on chasse énergiquement, car ils minent le sol et causent ainsi des accidents aux cavaliers, qui sont désarçonnés si leurs chevaux enfoncent dans les terriers des Tatous. Les uns sont de la taille du lapin; d'autres, tels que le tatou géant, ont environ 1^{m},60 de longueur.

Fig. 325. — Le Tamanoir.

S'il est des édentés qui ressemblent aux cloportes, comme les Tatous, d'autres ont un aspect de pomme de pin, comme les Pangolins, qui vivent dans le sud de l'Asie et dans l'Afrique centrale. De la taille d'une fouine, les Pangolins sont bas sur pattes, ont le corps allongé, la queue longue, et au lieu de points sont recouverts de larges écailles imbriquées, à bord tranchant, ce qui leur donne le plus singulier aspect. Ils peuvent comme les Tatous se mettre en boule, hérisser en quelque sorte leurs écailles, et devenir imprenables. De même que chez les Fourmiliers, les mâchoires n'ont pas de dents, et ils se nourrissent généralement d'insectes.

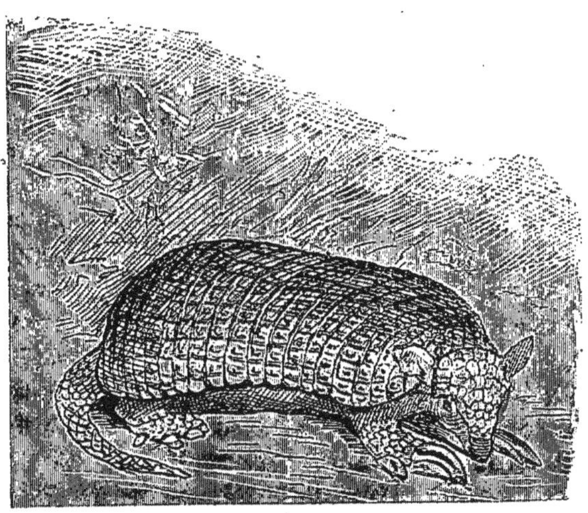

Fig. 326. — Le Tatou géant.

On a retrouvé à l'état fossile des édentés de grande taille qui vivaient à l'époque quaternaire.

Fig. 327. — Le Pangolin.

C'est aux environs de Buenos-Ayres, qu'on découvrit dans des terrains d'alluvions le squelette d'un gigantesque édenté, le *Megatherium Cuvieri*, qui était de la taille de l'éléphant, et qui, à en juger par ses doigts énormes, devait être un fouisseur.

On a exhumé aussi les restes d'un grand animal de ce groupe, le *Mylodon;* puis un type non moins curieux, le *Glyptodon,* dont le corps était protégé par une carapace formée de pièces osseuses placées à côté les unes des autres à la façon d'une mosaïque [1].

1. Nous engageons vivement le lecteur à se reporter à l'ouvrage de M. Flammarion publié dans cette Bibliothèque sous le titre suivant : *Le Monde avant la Création de l'Homme.*

Fig. 328. — Le Lori grêle.

CHAPITRE XVI

Les Lémuriens. Les Chiromysides. Les Galéopithécides.

On a longtemps placé à côté des Singes, des animaux qui ont comme ceux-ci quatre mains; ce sont les Makis en particulier qui habitent la grande île de Madagascar. On les désigne d'une façon générale sous les noms de Lémuriens, Prosimiens ou Faux Singes. Ils ont les membres terminés par des mains, mais la conformation de leur cerveau, leur dentition, leur appareil digestif et leur placentation les rapprochent des Pachydermes. Ils n'ont donc rien de commun avec les singes.

On trouve des Lémuriens dans l'Inde et en Afrique, mais en petit nombre; leur véritable patrie est Madagascar, où ils vivent dans les forêts. Il est difficile d'en donner des caractères généraux; nous parlerons d'abord des espèces madécasses, puis des types africains et des formes asiatiques; après quoi nous présenterons à nos lecteurs deux curieux animaux, l'Aye-Aye et le Galéopithèque, qui constituent deux petites familles distinctes de celle des vrais Lémuriens. Nous terminerons enfin ce chapitre par des considérations géographiques et géologiques propres à faire comprendre l'origine de ces animaux.

Ce sont les Makis qui vivent à Madagascar. De la taille d'un chat, les Makis ont le corps grêle, svelte, un museau pointu, des membres postérieurs un peu plus longs que les antérieurs; ils ont le pouce opposable aux autres doigts garnis d'ongles plats, sauf au second doigt de la main postérieure. Leurs yeux sont grands, arrondis, et le corps est recouvert d'un pelage laineux et

Fig. 329. — Le Maki noir.

fin, d'une douceur extrême. Ils ont trente-six dents, dont la formule est $\frac{2\ 1\ 3\ 3}{3\ 1\ 2\ 3}$. Les incisives supérieures sont droites, tandis que celles de la mâchoire inférieure sont horizontales. Les uns, tels que les Makis proprement dits et les Propithèques, ont la queue longue, mais non prenante; les Indris, au contraire, l'ont tout à fait rudimentaire.

La femelle ne donne le jour qu'à un seul petit, qui reste cramponné après sa mère.

Le pelage de ces animaux varie suivant les espèces : tantôt il est gris brun, tantôt brun foncé, ou bien noir, ou noir et blanc.

Ce sont des gymnastes de premier ordre, qui s'élancent d'une branche à l'autre, franchissant dans les airs des distances énormes.

On pourrait croire que Madagascar n'est qu'une dépendance de la terre africaine, puisque cette île n'en est séparée que par un bras de mer. Il n'en est rien, nous l'avons montré dans les premiers chapitres de cet ouvrage. La faune de Madagascar diffère totalement de celle de l'Afrique, elle est beaucoup plus ancienne. Cependant, de l'autre côté du détroit de Mozambique, en Afrique, on trouve quelques petits Lémuriens : ce sont les Pottos, les Galagos, les

Fig. 330. — Le Tarsier.

Angwantibos, remarquables par leurs gros yeux ronds, tous animaux nocturnes.

Les Pottos ont les oreilles courtes et arrondies, le doigt indicateur des mains antérieures est atrophié, la queue est courte.

Les Galagos ont une longue queue et de grandes oreilles que l'animal peut enrouler comme un cornet, afin de ne rien entendre et de pouvoir dormir en paix.

Les Loris et les Tarsiers, espèces asiatiques et des îles de la Sonde, peuvent compter parmi les êtres les plus bizarres que l'on puisse imaginer. Les premiers sont insectivores et ne dédaignent pas les petits oiseaux. Ce sont des animaux de petite taille, à corps svelte, à tête ronde, à oreilles courtes et à gros yeux ronds. Mais le Tarsier mérite notre attention; il ressemble quelque peu à ces êtres figurés sur les gravures du *Voyage où il vous plaira.*

Fig. 331. — Le Galéopithèque.

Ses pattes postérieures assez allongées, sa longue queue garnie à son extrémité d'un pinceau, ses pattes antérieures assez courtes, lui donnent un peu l'apparence d'une gerboise; mais ses doigts sont longs, très écartés, terminés par des coussinets élargis, donnant à ces pattes l'aspect des pieds de la rainette verte. Ce n'est pas tout: son petit corps est mince, allongé, sa tête est globuleuse avec des oreilles courtes et d'énormes yeux ronds, jaunes, lumineux la nuit. Il semble avoir posé sur son petit museau pointu une paire de lunettes !

Si nous ne quittons pas les îles de la Sonde, nous avons à signaler un mammifère non moins curieux, le Galéopithèque. Celui-là peut se soutenir dans les airs à la façon des écureuils volants; c'est-à-dire que sa peau forme tout autour du corps, depuis les côtés du cou jusqu'au bout de la queue, un repli qui permet à l'animal de se maintenir à la façon d'un parachute, lorsqu'il saute d'une branche à l'autre. Ses doigts sont longs, armés de

Fig. 332. — L'Aye-Aye.

griffes et réunis par une membrane interdigitale; la tête est celle d'une chauve-souris roussette. Sa dentition est fort curieuse, car ses incisives inférieures sont fendues en dents de peigne (formule dentaire : $\frac{1\ 1\ 1\ 5}{3\ 1\ 2\ 4}$, ce qui fait 36 dents). Il dort le jour, et la nuit va à la recherche des fruits.

A Madagascar vit l'Aye-Aye ou Chiromys, qui n'est pas moins remarquable que les deux précédents animaux; on a même créé pour lui une famille spéciale, celle des Chiromysides. Il est de fait qu'il semble difficile au premier abord de lui assigner une place déterminée parmi les mammifères.

C'est un animal plus gros qu'un chat, à tête ronde, à museau développé, à grands yeux et à grandes oreilles; tout le corps et la longue queue sont recouverts de poils longs d'un brun grisâtre. Si l'on ne considère que sa dentition, on est tenté de le rapprocher des Rongeurs; il a 18 dents réparties comme il suit : $\frac{1\,0\,1\,3}{1\,0\,0\,3}$. A chaque mâchoire on voit une paire d'incisives qui ont absolument la forme de celles des Rongeurs, puis vient une barre, il n'y pas de canines, puis une prémolaire en haut de chaque côté, pas en bas, et trois molaires de chaque côté à chaque mâchoire.

Les doigts des membres inférieurs sont longs et garnis de griffes, à l'exception du pouce terminé par un coussinet et pourvu d'un ongle plat. Aux mains antérieures tous les doigts sont garnis de griffes, mais le médius est excessivement grêle, décharné, réduit en quelque sorte au squelette.

La dentition de lait est bien différente de la seconde; il y a, à chaque mâchoire, 4 incisives, 2 canines, 4 prémolaires.

Cette organisation de l'adulte répond à un régime particulier.

L'animal est nocturne et vit d'insectes. Lorsqu'il pense qu'il y a quelque larve sous l'écorce d'un arbre, au moyen de ses grandes incisives, il entame l'écorce, et, à l'aide de son médius grêle, il extrait la larve succulente dont il se délecte.

Il est intéressant de trouver à Madagascar une faune aussi différente de celles qui existent partout ailleurs; c'est une faune tertiaire qui a persisté. On avait pensé qu'il y avait eu un grand continent, qui se serait étendu depuis le sud de l'Asie jusqu'en Afrique, et que Madagascar était le seul point d'émergence de ce continent submergé. C'était la Lémurie, patrie de ces animaux Lémuriens; et comme on les considérait comme proches parents des Singes, on allait jusqu'à dire que les Lémuriens étaient nos ancêtres. Il n'en est rien, les Lémuriens n'ont aucune parenté avec les Singes et par conséquent avec l'homme.

Fig. 333. — Tête d'Éléphant d'Afrique.

CHAPITRE XVII

Les Proboscidiens.

Tous les animaux mammifères dont nous allons parler avaient été autrefois réunis en un seul ordre, celui des Pachydermes, c'est-à-dire *animaux à peau épaisse*. C'étaient les Éléphants, les Chevaux, les Rhinocéros, les Tapirs, les Cochons, les Hippopotames, qui formaient ce groupe. On a vu, depuis, qu'il fallait séparer de cet ensemble les éléphants; on en a fait un ordre à part, sous le nom de Proboscidiens.

De nos jours, on ne connaît plus que deux espèces d'éléphants, propres aux pays chauds, mais dans les temps tertiaires et quaternaires il y en avait un plus grand nombre, et plusieurs habitaient l'Europe comme en font foi les ossements qu'on a exhumés.

Les éléphants sont si connus qu'une description semble superflue. Leur corps massif, porté par de grosses pattes, leurs pieds aussi larges que la jambe, leur tête ronde, leur cou gros et court, leurs grandes oreilles plates, leur nez prolongé en une trompe, leurs défenses qui sortent de la bouche, tous ces caractères en font des animaux qu'on ne peut oublier lorsqu'on les a vus ou qu'on en a même entendu parler.

La peau de l'éléphant est épaisse, rugueuse, mais l'extrémité de la trompe est un organe de tact d'une finesse exquise. Qu'est-ce en somme que cette trompe? C'est le nez prolongé, formé par deux canaux parallèles qui s'ouvrent d'une part dans l'arrière-bouche, et d'autre part au dehors par les narines.

Cette trompe sert à l'éléphant à saisir les objets soit à terre, soit sur les arbres, et à les porter à sa bouche; ou bien, en gonflant sa poitrine et en fermant la bouche, il peut, en trempant sa trompe

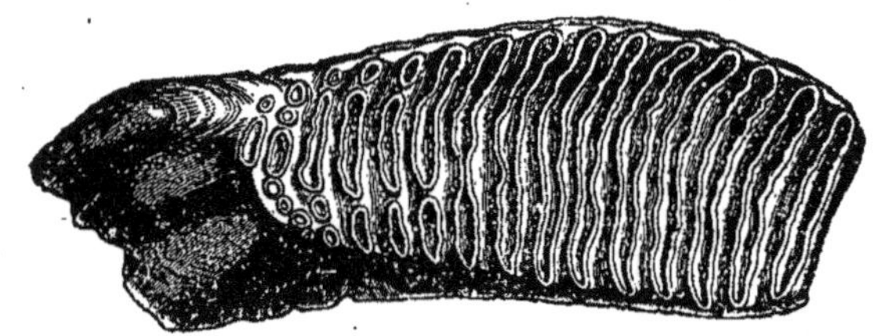

Fig. 334. — Molaire de Mammouth, tiers de grandeur naturelle.

dans l'eau, aspirer le liquide; lorsque la trompe en est pleine, il introduit l'extrémité dans sa bouche et, en soufflant légèrement, il y fait couler l'eau qu'il n'a plus qu'à avaler. Singulier animal qui peut boire d'un seul coup la valeur d'un seau d'eau, et qui a besoin de quatre ou cinq seaux d'eau pour se désaltérer.

Il y a deux espèces d'Éléphants : l'une vit en Afrique, l'autre dans le sud de l'Asie. Elles diffèrent peu entre elles. L'éléphant d'Afrique a le front fuyant, celui d'Asie a le front bombé; chez ce dernier, par contre, les oreilles sont plus petites que chez l'africain.

On peut les reconnaître aussi à la dentition. Quelle dentition bizarre! A la mâchoire supérieure on voit deux incisives qui sortent de la bouche de chaque côté de la trompe : ce sont les défenses. J'insiste sur ce fait que ce sont des *incisives* implantées dans l'os intermaxillaire, et non des canines comme nous l'avons vu chez le chevrotain porte-musc, et comme nous le verrons

Fig. 335. — L'Éléphant d'Asie sert souvent à la chasse des grands Carnivores.

bientôt chez les Sangliers. Après ces défenses, il y a un espace libre, puis six paires de molaires énormes. A la mâchoire inférieure, il n'y a pas d'incisives ni de canines, mais six molaires de chaque côté. Comment, pensera-t-on, peut-il y avoir dans cette mâchoire six molaires de 25 centimètres de longueur chacune ? Il faudrait pour cela une mâchoire de 1^{m},50 de long ! Toutes ces mo-

Fig. 336. — L'Éléphant d'Afrique.

laires n'apparaissent que successivement, au fur et à mesure qu'elles s'usent; elles descendent latéralement de la branche montante de la mâchoire; la nouvelle pousse l'ancienne par son extrémité. C'est une réserve et non des dentitions successives; elles sont placées l'une derrière l'autre à la façon des cartouches d'un fusil à répétition. Ces molaires ont une structure assez curieuse : elles sont formées par des lames d'émail, unies entre elles par du cément, et comme cette dernière substance, qui est osseuse, s'use rapidement, il en résulte que l'émail forme des saillies à la couronne de la dent et constitue une véritable râpe. Ces lames d'émail sont disposées, chez l'éléphant d'Asie, en forme d'ovales, tandis qu'elles ont l'apparence de losanges chez l'espèce d'Afrique. De même que les incisives des Rongeurs, les défenses sont à croissance continue, elles peuvent donc être fort longues et arriver à peser près de 100 kilogrammes. Elles ont une grande valeur à cause de la finesse de leur ivoire et sont l'objet d'un commerce important.

Les yeux de l'éléphant sont petits par rapport à la grosseur du corps. La queue est de longueur moyenne et terminée par une touffe de longs poils raides et grossiers.

Les éléphants vivent en troupes nombreuses, dans les grandes forêts, sous la direction des individus les plus âgés ; ils sont en général doux et intelligents, et l'homme a pu les domestiquer et s'en servir même à la guerre ou à la chasse des grands carnivores.

L'éléphant d'Afrique se rencontre dans tout le centre de ce continent; l'espèce asiatique vit aux Indes, en Cochinchine, à Ceylan et à Sumatra, mais suivant certains auteurs l'éléphant de Sumatra serait une espèce spéciale.

Ces gros animaux qui semblent pouvoir défier toutes les attaques, ont peur de l'homme, et se sauvent en masse quand ils en sentent l'approche; ils suivent en général des chemins qu'ils tracent.

Tous les sens de l'éléphant, sauf peut-être la vue, sont très délicats, et lorsqu'il est domestiqué, son intelligence se développe d'une façon surprenante.

Tennent, l'un des auteurs qui ont le mieux observé les éléphants, nous raconte qu'étant à cheval dans une forêt, près de Kandy, il entendit un grognement particulier. Son cheval fut pris de peur; mais Tennent vit que « c'était un éléphant domestique qui, laissé à lui-même, avait entrepris un travail difficile, il s'efforçait de transporter une lourde poutre qu'il avait chargée sur ses défenses; mais le sentier était trop étroit; il était forcé d'incliner la tête tantôt à droite tantôt à gauche. Cet exercice lui faisait pousser ces grognements de mauvaise humeur. Dès qu'il nous aperçut, il leva la tête, nous considéra un instant, jeta son fardeau à terre et se rangea de côté contre le bois pour nous livrer passage. Mon cheval tremblait de tous ses membres. L'éléphant le remarqua, s'enfonça encore plus dans le fourré, et répéta son *ourmf*, mais sur un ton plus doux et comme pour nous encourager. Mon cheval tremblait toujours. J'étais curieux de voir ce qui allait se passer. L'éléphant continua à s'enfoncer encore plus dans le fourré, attendant impatiemment que nous passions. Enfin, mon cheval franchit le chemin, toujours tremblant de peur. Aussitôt l'éléphant reparut, reprit sa poutre et continua son ouvrage pénible (1). »

Dans l'île de Ceylan, les éléphants sont de véritables ouvriers, et on les charge du transport du bois en particulier. Ils se mettent à deux pour porter des poutres et les entasser au point qu'on leur a indiqué.

Mais si l'homme les utilise de cette façon, il les chasse également pour se procurer l'ivoire des défenses et un jour viendra où les éléphants auront disparu.

On les chasse aussi à cause des déprédations qu'ils commettent dans les plantations. Enfin on les poursuit pour s'en emparer et les domestiquer.

Lorsqu'on s'en est emparé, on peut dompter assez facilement l'éléphant, car au bout de trois ou quatre jours il commence à manger. Alors on lui parle avec douceur, on le caresse, et s'il cherche à frapper les hommes avec sa trompe, on reçoit les coups sur des piques; il se blesse la trompe et comprend alors que la douceur est préférable à la colère. Des éléphants domestiqués sont avec lui et par leur présence aident à l'éducation.

Au bout de deux ou trois mois on arrive à dompter un éléphant et il est possible de monter sur son dos.

Dans l'Inde on se sert des éléphants comme bêtes de somme.

Pour s'emparer des éléphants dans l'Inde, il faut beaucoup de chasseurs, des rabatteurs, et des éléphants domestiques extrêmement intelligents; de plus, on choisit, comme terrain de chasse, un emplacement voisin d'une route fréquentée par les éléphants qu'on

1. Brehm. *Les Mammifères*. Édit. franç., p. 711.

veut capturer. On construit pour cela un *corral*, sorte d'enclos entouré de pieux de quatre ou cinq mètres de haut, autour desquels on enlace des bambous ou des lianes. On laisse une ouverture en un point, afin que les éléphants puissent pénétrer dans le corral, ouverture que l'on doit pouvoir fermer rapidement avec des poutres.

Lorsque tout est prêt, on chasse le troupeau d'éléphants que l'on veut prendre; on le pousse vers l'entrée du corral, petit à petit, jour par jour; on resserre de plus en plus le cercle, et quand les deux rabatteurs extrêmes arrivent à la porte du corral (il a fallu quelquefois deux mois pour cela), on fait un bruit infernal, en commençant par le lieu le plus éloigné du corral; le troupeau a

Fig. 337. — Restauration du Dinothérium.

peur et s'avance par la seule issue qui reste, par l'ouverture de l'enclos. Ils s'aperçoivent bientôt qu'ils sont enfermés, qu'ils ne peuvent fuir, et cherchent par tous les moyens possibles à enlever les pieux.

Après avoir fait de vains efforts pour sortir du corral, les éléphants, épuisés de fatigue, se réunissent au milieu de l'enclos.

C'est alors que les éléphants domestiques, accompagnés de leurs cornacs, vont commencer leur besogne; on les fait entrer dans le corral; puis on prépare des lacets, que des chasseurs expérimentés attacheront aux pieds des éléphants sauvages. Les éléphants domestiques masquent les chasseurs, leur permettant ainsi d'approcher peu à peu du troupeau, et les défendant ensuite quand les éléphants s'aperçoivent que leurs pieds sont entourés par un nœud coulant dont l'extrémité reste attachée au collier de l'un des éléphants domestiques. Cela fait, l'éléphant sauvage cherche à fuir, mais l'éléphant domestique le tire, l'entraîne à quelques vingt mètres du troupeau, puis enroule le lacet à un arbre. D'autres éléphants privés viennent en aide au premier et finalement le captif est lié de telle façon par le chasseur qu'il ne peut s'échapper, malgré ses efforts. Puis la chasse recommence. Lorsque l'on a capturé tout le troupeau, chaque éléphant sauvage est placé entre

Fig. 338. — Restauration du Mammouth.

deux éléphants domestiques, tous trois sont attachés ensemble, et on les mène à la rivière où ils prennent un bain; puis un gardien est chargé de nourrir les captifs.

C'est l'éléphant d'Asie que l'on apprivoise de la sorte, mais les Carthaginois et les Romains avaient pu apprivoiser de même les éléphants d'Afrique.

S'il n'existe plus de nos jours que deux espèces d'éléphants, reléguées dans les régions chaudes du globe, il n'en a pas toujours été ainsi, et à l'époque tertiaire, à l'époque quaternaire, il y avait en Europe, en France même, des éléphants gigantesques. Je citerai les mastodontes tertiaires dont quelques espèces avaient quatre défenses, c'est-à-dire deux à chaque mâchoire, puis les Dinothériums, qui n'avaient que deux défenses, à la mâchoire inférieure.

Dans les temps préhistoriques, il y avait un éléphant de grande taille, à défenses énormes, et dont le corps était recouvert d'une véritable toison; c'était le Mammouth, dont on a retrouvé des squelettes et même un cadavre complet dans les glaces de Sibérie. Sa chair était conservée par la glace et les Iakoutes la donnèrent à manger à leurs chiens; puis les renards, les loups, et les gloutons en mangèrent également. Cependant on a pu recueillir des fragments de peau et des poils qui sont précieusement conservés avec le squelette au musée de Saint-Pétersbourg.

Fig. 339. — Le Rhinocéros unicorne.

CHAPITRE XVIII

Les Pachydermes.

Cette division des Mammifères comprend les animaux les plus lourds, les plus massifs, les moins élégants. Leur peau est épaisse, comme l'indique leur nom, et leurs doigts sont garnis de sabots. Les sangliers et les cochons sont les seuls représentants de cet ordre en Europe, tandis que dans les régions chaudes de l'Afrique, de l'Asie ou de l'Amérique vivent les rhinocéros, les tapirs, les hippopotames.

Les rhinocéros semblent protégés par une cuirasse, tant leur peau est épaisse; et leur tête bizarre supporte une ou deux cornes, placées au bout du museau, et l'une derrière l'autre, lorsqu'il y en a deux. Mais ces cornes ne ressemblent en rien à celles des ruminants; elles ne sont pas osseuses comme celles des cerfs, ni de la même nature que celles des bœufs, des chèvres ou des moutons. Ces cornes, en général coniques, peuvent atteindre un mètre de long, et sont formées d'une série de fibres cornées juxtaposées; ce sont en quelque sorte des poils agglutinés. En Asie et dans les îles de la Sonde, puis en Afrique vivent les rhinocéros. Pendant les périodes géologiques tertiaires et quaternaires, il y en avait sur le sol de l'Europe.

Ces animaux ont besoin de se baigner chaque jour; aussi les rencontre-t-on dans les lieux voisins des cours d'eau ou des lacs et des marécages. Ils redoutent la chaleur trop forte, et sont plutôt nocturnes; alors, quand la nuit est venue, ils vont paître, et se

Fig. 340. — Le Rhinocéros bicorne.

servent de leur lèvre supérieure protractile et musculeuse pour saisir les branches, les herbes, dont ils font leur nourriture.

L'homme poursuit le rhinocéros, mais cette chasse n'est pas sans danger : car, si l'animal est blessé, il se retourne sur son adversaire et s'il l'atteint peut le transpercer de sa corne.

Il en vient quelquefois dans nos ménageries, et on arrive à les dompter assez facilement.

Les Romains connaissaient le rhinocéros et le faisaient figurer dans le Cirque, et la Bible fait allusion évidemment à cet animal lorsqu'elle parle de la licorne. Mais les Romains ont connu aussi un autre pachyderme, le plus disgracieux des Mammifères, l'hippopotame, nom qui signifie *cheval de fleuve*. C'est en Afrique qu'on le rencontre, au bord des grands fleuves; c'est une bête difficile à capturer et à faire venir en Europe à cause de sa taille. Ce n'est qu'en 1850 qu'il en vint de nouveau en Europe et il y en a un qui vit à la ménagerie du Muséum d'histoire naturelle de Paris depuis 1855. L'hippopotame a un gros corps cylindrique, et la tête a presque les dimensions du corps; le cou est très court et également gros. Le mufle est énorme, les oreilles et les yeux sont petits, mais placés, ainsi que les narines, tout à fait à la partie supérieure, de telle sorte que l'animal peut voir, écouter et respirer lorsqu'il est dans

Fig. 341. — L'Hippopotame.

l'eau, sans montrer son corps. Sa peau est lisse, nue, et ses grosses pattes courtes ont quatre doigts garnis de sabots.

De nos jours les hippopotames ont été repoussés dans le centre et le sud de l'Afrique, mais il fut un temps où l'on en trouvait à l'embouchure du Nil; on en prit à Damiette en 1600. Il n'est que trop commun dans les grands lacs et les grands cours d'eau de l'Afrique centrale. C'est, en effet, un animal avec lequel on doit compter et qui fait chavirer d'un coup de tête les embarcations. Car il a un besoin d'eau constant; il vit dans l'eau, et ce n'est que la nuit qu'il va paître dans les prairies ou dans les forêts voisines du fleuve. S'il n'est pas chassé, l'animal se contente de regarder avec étonnement les barques qui passent à côté de lui, mais lorsqu'on l'a chassé, il en est autrement. Vivant dans l'eau, l'hippopotame a sur la peau divers parasites, vers ou insectes, et diverses espèces d'oiseaux se chargent de le débarrasser de ces hôtes incommodes.

Autant cet être est lourd à terre, autant il est agile dans l'eau, plongeant, se retournant à la façon d'un nageur expérimenté, avec une légèreté à laquelle on ne s'attendrait pas de la part d'une si grosse bête; et cette légèreté est due à sa couche de graisse sous-cutanée, qui fait que sa densité est à peu près égale à celle de l'eau. Cependant un hippopotame blessé peut poursuivre le chasseur et ne redoute aucun obstacle. Pour les populations sauvages de l'Afrique, l'hippopotame est un monstre, un *fils de l'enfer*, le diable en personne.

On trouve dans les régions montagneuses, en Abyssinie, au Cap et en Syrie, un petit animal de la taille d'un lièvre, à jambes sveltes et courtes, à museau pointu, à yeux saillants, à oreilles arrondies et petites : c'est le Daman ou *Hyrax,* que les Juifs connaissaient et qui est appelé *Saphan* dans la Bible. Eh bien! qui pourrait croire à première vue qu'un si petit animal est proche parent des gros pachydermes? On l'avait, en effet, réuni aux Rongeurs, mais Cuvier a montré que sa place était parmi les Pachydermes.

Tout son corps est recouvert de poils bruns, fins et soyeux; ses pieds antérieurs ont cinq doigts, les postérieurs trois, et la plante des pieds est garnie de callosités séparées par des rides profondes qui permettent à l'animal de se tenir sur les rochers les plus lisses et les plus à pic, à la façon des geckos ou tarentes, petits lézards qu'on trouve dans le midi de la France et en Algérie. Leur dentition les avait fait rapprocher des Rongeurs; ils ont, en effet, deux incisives médianes, les deux latérales tombant de bonne heure; puis il y a un espace libre entre les incisives et les molaires au nombre de sept et dont la première de la mâchoire supérieure tombe. Ils se chauffent avec joie au soleil et disparaissent dans leurs trous aussitôt que quelque danger les menace.

On ramasse les excréments et l'urine concrétée de ce petit animal, et l'on prétendait autrefois que cette substance, qu'on nomme *Hyraceum*, avait des propriétés thérapeutiques.

Si nous quittons l'Afrique, nous trouvons dans l'Inde et les îles avoisinantes, ainsi que dans l'Amérique du Sud, des Pachydermes de plus petite taille que les rhinocéros : les tapirs, animaux bien proportionnés, mais cependant trapus, massifs, à pattes robustes, à tête allongée, à petites oreilles. Le museau se prolonge en une petite

Fig. 342. — Le Tapir à dos blanc.

trompe, sorte de groin allongé qui sert d'organe d'odorat et de tact, et dont l'animal se sert même pour saisir les objets en les pressant contre sa bouche. Leur peau est lisse, leurs poils sont courts et les espèces d'Amérique ont même une petite crinière droite comme celle des zèbres; ils ont une dentition complète, c'est-à-dire trois paires d'incisives et une paire de canines à chaque mâchoire, puis six paires de molaires à la mâchoire inférieure et sept à la mâchoire supérieure. Ils ont aux pieds postérieurs trois doigts et quatre aux antérieurs, tous entourés de petits sabots. La queue est extrêmement courte.

Ces paisibles herbivores ont des habitudes nocturnes et vivent en petite famille dans les lieux marécageux, au bord des cours d'eau où ils aiment à se plonger et à nager; la femelle, plus grande que le mâle, donne naissance à un ou deux jeunes qui ont une livrée spéciale, parsemée de bandes et de points clairs, comme les faons et les marcassins.

Les tapirs sont de tous les Pachydermes ceux qui se rapprochent le plus des porcins ou suidés.

Les Porcins sont représentés chez nous par les sangliers, mais

Fig. 343. — Le Sanglier.

il existe d'autres espèces voisines et d'autres genres, les Phacochères et les Babiroussas. Ce groupe a un intérêt particulier, car l'une des espèces est domestiquée et joue un rôle important dans notre alimentation. Nous reviendrons tout à l'heure sur les caractères spécifiques ou génériques des représentants du groupe; mais auparavant nous devons dire quels sont les caractères généraux de la famille qui nous occupe.

Le corps est gros, épais, disgracieux, porté par des pattes relativement grêles, et qui ont quatre doigts, dont deux médians terminés par deux gros sabots et qui reposent sur le sol, et deux plus petits latéraux; le pied rappelle celui des Ruminants. Le cou est court et la tête, assez haute, est terminée par un museau élargi, aplati, mobile, un groin en un mot, organe sensoriel très délicat et très résistant tout à la fois. La dentition est assez remarquable; il y a trois paires d'incisives et une paire de canines à chaque mâchoire, de grosses molaires, sept paires en haut, six seulement en bas. Les canines sortent de la bouche, de chaque côté, et constituent de véritables défenses. Dans certains cas, elles deviennent très longues et s'enroulent, comme cela se voit chez le babiroussa.

Le corps est chez presque toutes les espèces recouvert de soies lisses et raides.

On trouve ces animaux à l'état sauvage dans toutes les parties

Fig. 344. — Le Cochon d'Essex.

du monde, excepté en Australie, où le cochon ou porc domestique a été introduit par l'homme.

Le sanglier de nos forêts peut atteindre un mètre de hauteur; les ravages qu'il fait dans les champs cultivés à proximité des bois ont déterminé l'homme à lui faire la guerre, et cette espèce ne tardera pas à disparaître dans notre pays. Mais elle est très commune en Russie, en Grèce, en Espagne, puis dans la Sibérie tempérée et dans tout le nord de l'Afrique.

Dans l'Inde, au Japon, et en Afrique, en particulier, on trouve plusieurs espèces de sangliers. Mais l'homme a modifié le sanglier par la sélection artificielle, et les concours d'animaux gras nous montrent chaque année des êtres obèses, des monstres chez lesquels on a su amener un excessif développement du tissu adipeux, tandis que les os ont été amoindris, réduits à leur plus simple expression. Dans le porc, on le sait, *tout est bon depuis les pieds jusqu'à la tête.* Inutile d'insister; l'étalage des charcutiers nous montre assez ce que devient le cochon domestique entre des mains habiles.

Mais le cochon, ce gentilhomme habillé de soie, est susceptible

Fig. 345. — Le Pécari d'Amérique.

d'être éduqué; on peut l'atteler à de petites voitures, on peut même lui apprendre certains talents.

Fig. 346. — Le Babiroussa.

En somme, le cochon est un des animaux les plus utiles, car non seulement on peut l'employer comme bête de trait, mais on le charge de rechercher les truffes, qu'il sent fort bien.

Le sanglier est représenté dans l'Amérique chaude par un type plus petit, plus trapu, le pécari, qui diffère des sangliers par la pré-

-sence de trois doigts seulement aux pieds postérieurs, par sa queue tout à fait rudimentaire. Il a sur le dos une glande qui sécrète un liquide très odorant, mais qui ne communique pas de goût à la chair. On le chasse tant à cause des dégâts qu'il commet que pour se procurer sa chair.

Aux îles Moluques et aux îles Célèbes se trouve le babiroussa, mot qui signifie cochon-cerf et donné par les indigènes à un animal

Fig. 347. — Le Phacochère.

plus haut sur pattes que les précédents, à peau presque nue, les poils étant épars et courts, et remarquable surtout par ses canines qui sortent de la bouche et se contournent en arrière, pénétrant même quelquefois dans la peau du front.

Comme les autres porcins, le babiroussa aime l'eau et se tient de préférence dans les lieux marécageux.

Mais en Afrique on rencontre un autre porcin, le phacochère, plus laid que tous les autres, à cause de sa tête énorme, large, couverte de protubérances cutanées. Les yeux et les oreilles sont petits; les incisives manquent, mais en revanche les canines sont énormes et constituent des armes redoutables.

Telles sont les principales formes de Suidés; il nous était impossible d'insister sur toutes les espèces connues, car nous avions hâte de parler d'un autre groupe qui constitue, pour les uns une famille, et pour d'autres naturalistes un ordre véritable. Nous pensons bien faire en considérant les Solipèdes qui vont nous occuper comme un sous-ordre des Pachydermes.

Les Solipèdes, comme leur nom l'indique, n'ont qu'un seul doigt; ce sont les Équidés, c'est-à-dire les chevaux, les ânes, les zèbres, etc.

D'où vient le nom de Solipèdes? On a voulu dire par là que ces animaux n'avaient qu'un seul pied, un seul doigt reposant sur le sol et formant le pied. En effet, aux os du tarse et du carpe fait suite un os du métacarpe, que l'on nomme os canon; puis la phalange portant un sabot corné. Mais il existe deux autres doigts rudimentaires, réduits à l'état de stylets accolés de chaque côté de l'os canon. Ces stylets sont des témoins; ils sont là pour montrer qu'il a existé des formes ancestrales qui avaient trois doigts [1]. C'est ce que la paléontologie vient prouver d'ailleurs. En Amérique, on a trouvé des animaux de l'époque éocène inférieure, de la taille d'un renard, pourvus de cinq doigts; puis à mesure qu'on se rapproche de notre époque, on rencontre des espèces dont certains doigts s'atrophient, qui ont en outre une taille beaucoup plus grande, et qui deviennent les chevaux tels que nous les connaissons dans les Pampas.

Le cheval de l'ancien monde a des ancêtres analogues à ceux des

1. M. Marsh a étudié récemment (*American Journal of Science*, vol. XLIII, p. 339, avril 1892) quelques cas très curieux de polydactylie chez les chevaux de l'Amérique du Nord. Un cheval du New-Jersey, dont on a conservé les extrémités au Yole Museum, avait deux doigts apparents aux pattes antérieures et un seul aux pattes postérieures. Cependant les pattes antérieures avaient en réalité quatre doigts; le premier était réduit à un stylet (métacarpien) caché sous la peau, mais se trouvant en relation avec un os du carpe, le trapèze, qui fait défaut chez le cheval; le second était très saillant au dehors, mais ne reposait pas sur le sol; bien qu'il possédât la phalange, l'os sésamoïde et son sabot, son métacarpien était concurrent avec celui du troisième doigt. Ce dernier ressemblait absolument à celui du cheval ordinaire, et il était de même du quatrième aux pattes postérieures; le premier doigt n'était représenté que par le premier cunéiforme, qui fait défaut chez le cheval; le second avait un long et fort métatarsien concurrent avec celui du doigt principal; il était en relation avec deux os cunéiformes (au lieu d'un seul), et se terminait par une simple phalange; les troisième et quatrième doigts ne présentaient rien de particulier. M. Marsh fait remarquer que les cas de polydactylie chez les chevaux sont surtout fréquents en Amérique, dans le Sud-Ouest, et considère ces faits comme dus à un phénomène d'atavisme. (D'après le *Naturaliste*, n° 124, 1er mai 1892.)

chevaux d'Amérique, c'est-à-dire que, dans les dépôts tertiaires d'Europe, on a trouvé des animaux, tels que les *Paleotherium* à quatre doigts et qui semblent être les ancêtres des tapirs aussi bien que des chevaux. Puis viennent les *Anchiterium*, les Hipparions à trois doigts qui nous mènent insensiblement à nos chevaux. Des études paléontologiques il semble résulter que les chevaux et les tapirs ont eu des ancêtres communs et qu'en outre, les chevaux américains ne dérivent pas des mêmes souches que les chevaux européens. Les types intermédiaires, que la paléontologie nous a révélés, se sont éteints.

Décrivant le cheval, Buffon a dit dans une page impérissable : « La plus noble conquête que l'homme ait jamais faite, est celle de ce fier et fougueux animal qui partage avec lui les fatigues de la guerre et la gloire des combats; aussi intrépide que son maître, le cheval voit le péril et l'affronte, il se fait au bruit des armes, il l'aime, il le cherche et s'anime de la même ardeur; il partage aussi ses plaisirs, à la chasse, aux tournois, à la course, il brille, il étincelle; mais docile autant que courageux, il ne se laisse point emporter à son feu, il sait réprimer ses mouvements; non seulement il fléchit sous la main de celui qui le guide, mais il semble consulter ses désirs, et obéissant toujours aux impressions qu'il en reçoit, il se précipite, se modère ou s'arrête, et n'agit que pour y satisfaire; c'est une créature qui renonce à son être pour n'exister que par la volonté d'un autre, qui sait même la prévenir, qui par la promptitude et la précision de ses mouvements l'exprime et l'exécute, qui sent autant qu'on le désire, et rend autant qu'on veut, qui, se livrant sans réserve, ne se refuse à rien, sert de toutes ses forces, s'excède et même meurt pour mieux obéir.

« Voilà le cheval dont les talents sont développés, dont l'art a perfectionné les qualités naturelles, qui dès le premier âge a été soigné et ensuite exercé, dressé au service de l'homme; c'est par la perte de sa liberté que commence son éducation, et c'est par la contrainte qu'elle s'achève : l'esclavage ou la domesticité de ces animaux est même si universelle, si ancienne, que nous ne les voyons que rarement dans leur état naturel; ils sont toujours couverts de harnais dans les travaux, on ne les délivre jamais de tous leurs liens, même dans les temps de repos, et si on les laisse quelquefois errer dans les pâturages, ils y portent toujours les marques de la servitude, et souvent les empreintes cruelles du travail et de la douleur; la bouche est déformée par les plis que le mors a produits, les flancs sont entamés par des plaies, ou sillonnés de cicatrices faites par l'éperon; la corne des pieds est traversée par des clous, l'attitude du corps est encore gênée par l'impression subsistante des entraves habituelles; on les délivrerait en vain, ils n'en seraient pas plus libres; ceux même dont l'esclavage est le plus doux, qu'on ne nourrit, qu'on n'entretient que pour le luxe et la magnificence, et dont les chaînes dorées servent moins à leur parure qu'à la vanité de leur maître, sont encore plus déshonorés par l'élégance de leur toupet, par les tresses de leurs crins, par l'or et la soie dont on les couvre, que par les fers qui sont sous leurs pieds. »

Mes lecteurs comprendront, je pense, que j'aie cité Buffon, notre illustre écrivain, notre grand naturaliste. La place me manque véritablement pour continuer la citation; il est difficile, dans un nombre de pages aussi restreint, d'entrer dans des détails complets sur chaque animal. Mais le cheval est en quelque sorte indispensable à l'homme et j'ai pensé que c'était Buffon qui devait présenter lui-même ce noble animal. Maintenant j'entrerai dans quelques détails relatifs à la forme, à l'anatomie du cheval; puis je citerai les espèces du genre les plus remarquables.

En laissant de côté les considérations paléontologiques, c'est-à-dire en ne parlant que de la famille des chevaux telle que nous pouvons l'observer dans la nature actuelle, nous dirons que le cheval présente un corps cylindrique, mais à courbes gracieuses; un cou aplati, large à la base, aminci près de la tête; celle-ci allongée, à oreilles courtes en forme de cornets pointus. Les yeux sont grands; les jambes sont hautes, fines, terminées par un sabot arrondi; la queue est de longueur moyenne et recouverte de longs crins, ainsi que la partie dorsale du cou, qui porte une longue crinière.

L'homme a soin de munir le sabot du cheval d'une plaque de fer en forme d'arc de cercle, si connue que la définition en est inutile; elle protège le sabot, l'empêche de s'user.

Dans la famille des chevaux ou équidés, deux espèces sont utilisées par l'homme, ce sont : le cheval et l'âne; ce dernier a de grandes oreilles et ses formes sont plus lourdes que celles du cheval. Les autres sont sauvages, malgré tous les efforts qu'a faits l'homme pour les domestiquer.

Fig. 348.

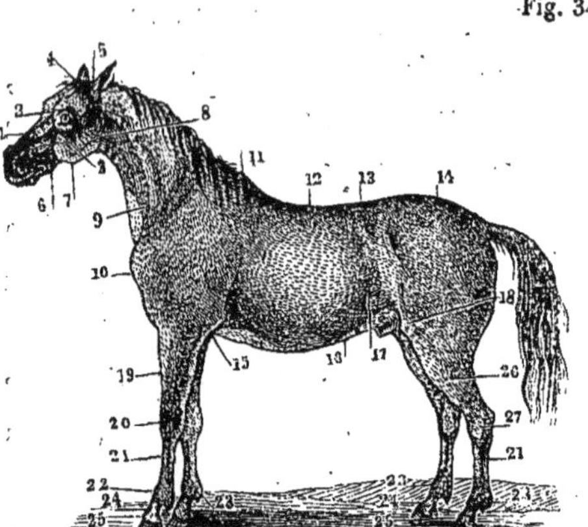

Le *Chanfrein*, 1, est la partie qui s'étend depuis le front jusqu'aux naseaux, et qui correspond aux os du nez. Les *Salières*, 2, sont des excavations plus ou moins profondes situées au-dessus des yeux. Les *Larmiers* ou *Tempes*, 3, sont de légères dépressions placées à l'angle interne de chaque œil. Le *Toupet*, 4, est une touffe de crins plantée entre les oreilles et qui retombe sur le front. La *Nuque*, 5, représente le sommet de la tête et se trouve immédiatement en arrière des oreilles. Les *Joues*, 6, sont situées en arrière de la commissure des lèvres. Les *Ganaches*, 7, sont les parties saillantes et arrondies qui sont formées par la mâchoire inférieure de chaque côté, et l'on appelle *Auge* l'espace qui est compris entre les deux ganaches. Les *Parotides* ou la *Région parotidienne*, 8, à la partie postérieure et interne de chacun des maxillaires inférieurs. *Gouttière* de la jugulaire, 9. *Poitrail*, 10. Le *Garrot*, 11, est la saillie plus ou moins tranchante, placée à l'extrémité inférieure de l'encolure et de la crinière; elle est formée par la saillie des premières vertèbres dorsales. Le *Dos*, 12, est la partie sur laquelle on pose la selle; il est continué par les *Reins*, 13, auxquels succède la *Croupe*, 14, qui constitue la partie la plus élevée de l'extrémité postérieure du corps. Le *Coude*, 15, correspond à une saillie osseuse remarquable (olécrâne) située à la partie supérieure et postérieure de l'avant-bras (cubitus). *Ventre*, 16. *Flancs*, 17. Le *Grasset*, 18, est une partie proéminente qui est formée par un os mobile (rotule) situé à l'articulation du tibia et du fémur. Les membres antérieurs du cheval nous présentent l'*Épaule* et le *Bras*, qui s'étendent sur les faces latérales de la poitrine, depuis le garrot jusqu'à l'*Avant-bras* (cubitus), 19, qui lui-même s'étend jusqu'au *Genou*, 20, lequel est constitué par les os carpiens. La *Hanche* et la *Cuisse* occupent également les faces latérales des membres postérieurs. Celle-ci se continue avec la *Jambe*, qui est formée par le tibia et correspond à l'avant-bras des membres antérieurs, tandis que le *Jarret*, composé des os tarsiens, correspond au genou. Les parties inférieures des membres antérieurs et postérieurs reçoivent les mêmes dénominations; ce sont : le *Canon*, 21; le *Boulet*, 22; l'*Ergot* et le *Fanon*, 23; le *Paturon*, 24; la *Couronne*, 25, et le *Sabot*. Le *Canon* (Fig. 349. — Pied postérieur du cheval) succède aux os du carpe ou du tarse, *tar*, et, ainsi que nous l'avons déjà dit, il est formé par les os métacarpiens ou métatarsiens représentés par un os volumineux *m*, et par les deux stylets *s* qui accompagnent celui-ci. Le *Boulet*, *b*, représente les sésamoïdes; le *Paturon*, *p*, représente la première phalange; la *Couronne*, *c*, la deuxième, et la substance cornée qui constitue le *Sabot*, protège la troisième phalange. On appelle *Ergot* une excroissance cornée qui se trouve habituellement à la partie postérieure et inférieure du boulet, et *Fanon*, les poils longs et crépus qui l'entourent quelquefois. Les différentes parties du sabot ont aussi reçu des noms particuliers : la partie supérieure qui se joint à la couronne est le *Biseau*; la partie antérieure est la *Pince*; les côtés sont les *Talons*; la face inférieure est la *Sole*, et la saillie en forme de V que présente la sole s'appelle *Fourchette*.

Fig. 349.

La dentition est la suivante pour tout le genre : trois incisives et six molaires à chaque mâchoire et de chaque côté pour les deux sexes, et chez les mâles une paire de petites canines en bas et quelquefois en haut.

La dentition du cheval est importante à connaître, et les marchands de chevaux se servent, pour établir l'âge d'un animal, des caractères qu'elle présente.

Aux membres antérieurs près du carpe, et aux membres postérieurs au-dessus du tarse, on voit une plaque noire, qu'on nomme

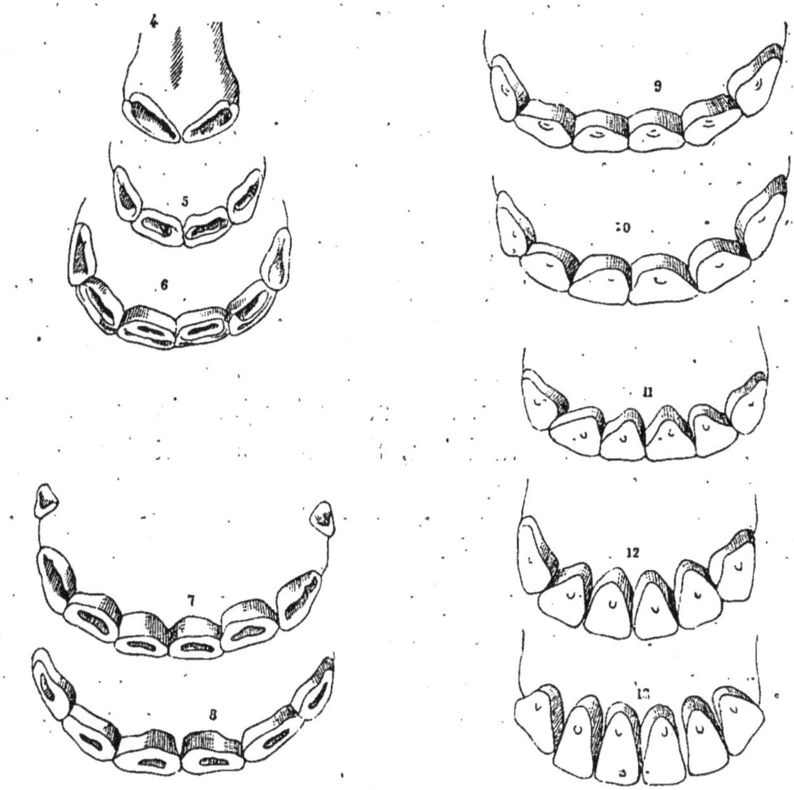

Fig. 350. — Dentition du cheval.

4. Pinces. — 5. Les mitoyennes apparaissent de chaque côté des pinces. — 6. Les pinces, les mitoyennes et les coins.
7. Mâchoire d'un cheval de 4 ans et demi à 5 ans.
8. Mâchoire d'un cheval de 9 ans.
9 et 10. De 11 à 12 ans la table, c'est-à-dire la surface des incisives inférieures, passe de la forme ovale à la forme ronde, mais on y aperçoit encore le fond de la fossette dont la disparition annonce 12 ans (Fig. 10). Les dents passent alors de la forme du triangle équilatéral à celle d'un triangle plus allongé.
Les mâchoires représentées par les figures 11, 12, 13 indiquent 16, 18 et 19 ans.

châtaigne. Ce ne sont pas des callosités amenées par le frottement, mais des productions épidermiques, ou des poils agglutinés.

Il ne faudrait pas croire que les chevaux ruminent comme les bœufs; leur estomac est simple, et ils ne peuvent pas vomir.

Le cheval proprement dit (*Equus caballus*) est, comme nous l'avons dit, domestiqué, et il est bien difficile de faire connaître avec certitude son origine. Quelques chevaux sont redevenus sauvages et vivent en grandes troupes dans les plaines de l'Amérique et de l'Asie centrale; ces derniers sont les Tarpans (Fig. 251).

Dans un beau langage, Buffon nous a vanté le cheval. Mais il n'a parlé que de ses qualités guerrières; l'homme a recours également au cheval pour défricher la terre, pour transporter de lourds fardeaux.

Au printemps, par des hennissements, le mâle ou étalon appelle la jument, et au bout de douze mois celle-ci met au monde un poulain qui, dès sa naissance, est couvert de poils et peut se tenir sur ses jambes. Le poulain tète sa mère pendant un an et devient adulte vers la cinquième année; c'est à cette époque-là qu'on peut l'utiliser. Il est susceptible de vivre vingt-cinq ou trente ans, mais on cesse de l'employer beaucoup plus tôt, à seize ou dix-huit ans.

La dentition du cheval suit une marche assez uniforme pour qu'il soit possible de juger, tout au moins jusqu'à une certaine époque, de l'âge d'un individu. Seules cependant les incisives fournissent ces indications.

A sa naissance, le poulain n'a généralement que deux molaires de chaque côté à la mâchoire inférieure, et ce n'est qu'au bout de quelques jours que les *pinces*, c'est-à-dire les incisives du milieu, se montreront; la troisième molaire apparaît pendant le premier mois. A trois ou quatre mois se montrent les incisives contiguës; entre six et huit mois, la troisième molaire et les incisives latérales ou *coins*.

Toutes ces dents sont destinées à tomber et s'usent par la couronne creusée d'une fossette brunâtre que l'usure fait disparaître petit à petit; les dents *rasent*, dit-on, c'est-à-dire que cette fossette disparaît : les *pinces* de treize à seize mois, les incisives moyennes de seize à vingt mois et les *coins* de vingt à vingt-quatre mois. Ce n'est qu'à près de trois ans que commence à apparaître la seconde dentition.

Outre les dents que nous venons de mentionner percent les canines ou *crochets* et les molaires supplémentaires.

De même que, pour les dents de lait, nous retrouvons dans les dents de remplacement les incisives offrant une fossette qui permettra, suivant son usure, de connaître l'âge du cheval.

Ainsi, les pinces inférieures rasent de cinq à six ans; les

mitoyennes de six à sept, puis les coins de sept à huit ans. Pour les incisives supérieures, cette usure se fait dans le même rapport, mais un peu plus tard. Les pinces supérieures sont rasées à neuf ans, et l'ovale des mitoyennes et des coins se rétrécit; les pinces inférieures s'arrondissent et l'émail central se rapproche du bord postérieur.

La surface des incisives

Fig. 351. — Le Tarpan, cheval sauvage de l'Asie centrale.

inférieures, ou *table*, devient ronde d'ovale qu'elle était, de onze à douze ans. A douze ans, la fossette disparaît. Puis, à mesure que le cheval avance en âge la table prend la forme d'un triangle de plus en plus allongé. Enfin, il arrive un moment où l'on ne peut plus trouver de caractères sur les dents, le cheval est *hors d'âge*, il ne *marque plus*.

Les maquignons savent tromper les acheteurs, soit en arrachant les *coins* de la première dentition, soit en usant les dents d'un jeune cheval, de façon à le faire passer pour un cheval d'un certain âge, soit au contraire en creusant dans les incisives d'un vieux cheval des fossettes, afin de le faire paraître plus jeune. Dans ce dernier cas, la fossette artificielle ne présente pas d'émail sur son bord.

Fig. 352. — L'Ane.

Les chevaux varient de taille suivant les lieux qu'ils habitent. Dans les îles, les chevaux sont généralement plus petits qu'ailleurs;

Fig. 353. — Le Zèbre.

là, en effet, l'herbe est rare, les vents sont violents et la température peu élevée; il en est ainsi aux îles Shetland, en Corse, en Islande.

Dans les régions montagneuses, ils sont de taille moyenne.

Au contraire, dans les pays plats, humides, où les pâturages sont abondants, ils deviennent plus grands.

L'homme, par des croisements, par la sélection artificielle, a créé des races qui sont utilisées suivant les besoins. On recherche les unes pour la force, les autres pour l'allure rapide. Tels les per-

Fig. 354. — L'Hémione.

cherons et les chevaux anglais. Il m'est impossible d'entrer dans plus de détails relativement aux races de chevaux.

L'homme utilise un autre animal de la même famille, l'âne, que tout le monde connaît et qui, de même que le cheval, offre des races assez nombreuses; les uns sont très grands, comme les ânes du Poitou, les autres sont petits; les uns ont le pelage brun noir, les autres sont de couleur grise.

Ces animaux, chevaux et ânes, peuvent donner des produits féconds qu'on nomme les mulets, mais ce n'est qu'à de très rares exceptions que ceux-ci ont pu reproduire : ils sont en général stériles.

L'âne diffère du cheval par ses formes, qui sont plus lourdes, par la longueur de ses oreilles, la conformation de sa queue, son cri qui est un braiment. C'est un animal très utile, beaucoup plus sobre que le cheval et qui demande beaucoup moins de soins.

En dehors du cheval et de l'âne, il existe en Asie et en Afrique un certain nombre d'espèces sauvages.

En Afrique, vivent les zèbres, les daws, les couaggas; les premiers ont le pelage blanchâtre, rayé de bandes noires sur tout le corps. Aussi dit-on des animaux qui présentent une telle robe, qu'ils sont zébrés. Le Daw diffère du Zèbre en ce que les pattes ne sont pas zébrées, mais d'une couleur jaune pâle uniforme; le Couagga est brunâtre en haut, blanc en dessous, avec des bandes brunes sur le cou et les épaules.

Les chevaux d'Afrique se rapprochent plus du cheval que les espèces asiatiques, qui ont les oreilles plus longues. Il y en a trois, qui ont une robe brunâtre ou jaunâtre uniforme, présentant une raie noire sur le dos, qui fait, comme chez les ânes domestiques, une croix avec une bande noire transversale qui est sur les épaules.

L'*âne à pieds bandés* vit sur les bords de la mer Rouge, dans les régions à l'est du Nil; les bandes noires qui ornent ses pieds permettent de le placer comme terme de transition entre les ânes sauvages de l'Asie et les zèbres africains.

Dans l'Asie Mineure, en Arabie, et même sur les confins de l'Inde, vit l'onagre, dont la tête est lourde et les oreilles longues. En Perse, on le chasse.

Dans tout l'intérieur de l'Asie, on trouve l'hémione, qui est mieux proportionné que l'onagre, qui a les jambes plus fines, les oreilles plus courtes, et dont la teinte café au lait est assez agréable. La ménagerie du Muséum d'histoire naturelle de Paris en possède depuis longtemps ; ils ont pu même s'y reproduire.

Tels sont les représentants de cet ordre des Pachydermes si différents les uns des autres, dans la nature actuelle, mais qui autrefois, dans les temps tertiaires, formaient un ordre beaucoup plus homogène. Les traits d'union entre les diverses formes ont disparu.

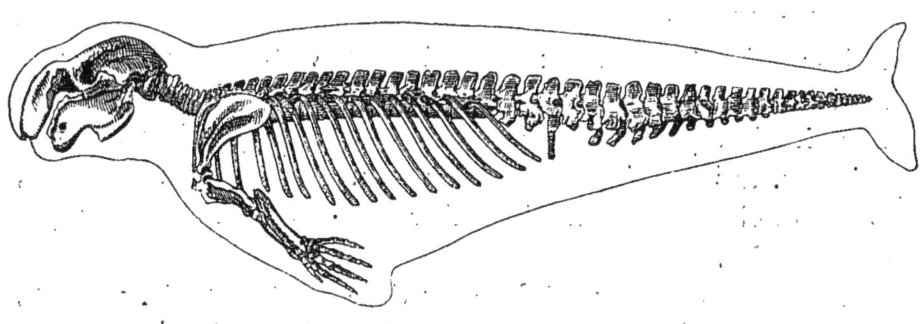

Fig. 355. — Squelette de Dugong.

CHAPITRE XIX

Les Cétacés.

Combien de personnes nomment la Baleine « un gros poisson » ! Pour bien des gens, tout ce qui vit dans l'eau est « poisson, » aussi bien la baleine que la langouste, que les huîtres même ! Nous espérons pour notre part détruire cette erreur. Pas plus que le homard, pas plus que le crabe, qui sont des crustacés, la baleine, les dauphins, ne sont des poissons. La baleine appartient à l'ordre des cétacés; c'est un mammifère, comme le chien, la chèvre, le singe, l'homme; mais au lieu de vivre sur la terre, c'est un mammifère pisciforme, aquatique, toujours nageant. N'avons-nous pas déjà vu des carnivores aquatiques, les morses, les phoques, les otaries?

C'est donc chose entendue, les animaux qui rentrent dans l'ordre des cétacés sont des mammifères, c'est-à-dire qu'ils ont des glandes sécrétant du lait dont ils nourrissent leurs jeunes.

La constitution du corps est modifiée sans aucun doute; ainsi les membres postérieurs manquent et les membres antérieurs sont transformés en nageoires; les doigts existent, mais ne sont pas isolés, ils sont unis entre eux et recouverts par la peau. A l'extrémité du corps, la queue est en forme de nageoire horizontale; sur le dos aussi se trouve une nageoire impaire verticale formée par un repli de la peau. Dans la nageoire caudale et dans la nageoire dorsale, il n'y a pas de pièces osseuses comme cela a lieu chez les poissons. Les cétacés respirent l'air en nature, par des poumons, tandis que les poissons respirent l'aïr dissous dans l'eau, au moyen de branchies.

Les cétacés ne peuvent donc pas vivre constamment sous l'eau, et il leur est nécessaire de venir de temps en temps à la surface pour respirer.

Tous les cétacés n'ont pas la forme de la baleine; il y en a qui ont la tête beaucoup plus petite, ressemblant un peu à un phoque : ce sont les *Siréniens*, qui sont herbivores; ils broutent paisiblement les prairies sous-marines, ou, lorsqu'ils remontent les fleuves, ils mangent les feuilles, les racines, les fruits. Ils ont une bouche large, garnie de lèvres épaisses; leurs narines conduisent à des fosses nasales conformées comme celles des mammifères ordinaires. Les doigts, quoique réunis en une nageoire, sont mobiles et composés de trois phalanges. Les dents de lait offrent des incisives, des prémolaires; plus tard, il y a des molaires. Les mamelles sont pectorales, tandis que chez les cétacés tels que la baleine, elles sont inguinales et s'ouvrent dans une sorte de fente. La peau est épaisse et parsemée de poils raides et courts.

Deux genres constituent cette famille des Siréniens : ce sont les Dugongs, qui vivent sur les bords de la mer Rouge et sur les côtes d'Australie, et les Lamantins qu'on rencontre les uns sur les côtes occidentales d'Afrique, remontant même le fleuve Sénégal, tandis que les autres habitent dans l'Amérique orientale, remontant les grands fleuves de la Guyane et du Brésil, ou sur le pourtour du golfe du Mexique.

On chasse ces Siréniens, qui peuvent atteindre de 3 à 5 mètres de long. Leur graisse est utilisée comme nourriture et pour l'éclairage; leur chair est estimée. Il en existait en Europe durant les époques tertiaires, miocènes et pliocènes.

Les Sirènes, comme on vient de le voir, n'ont rien d'attrayant, malgré leur nom mythologique, qui rappelle ces vierges marines qui entouraient les navires et attiraient les voyageurs pour les entraîner au fond des eaux dans leurs retraites.

Lorsqu'ils sont effrayés, ces animaux poussent des sons faibles et sourds, et laissent couler des larmes. Les femelles sont de bonnes mères de famille qui soignent fort bien leurs petits, les portant contre leur poitrine pour les allaiter, en les maintenant à l'aide de l'une des nageoires, tandis que l'autre leur sert à nager. Ces Sirènes ont aussi l'habitude de sortir la tête et la partie supérieure de leur corps hors de l'eau, et comme les mamelles sont pectorales, il serait possible que ces animaux aient donné lieu à la fable mythologique.

Fig. 356. — Le Lamantin.

Les anciens avaient tant d'imagination que, vus de loin, de très loin, ils ont pu prendre ces animaux pour de délicieuses déesses.

Les cétacés ordinaires offrent les caractères généraux que nous avons exposés au commencement de ce chapitre. On les trouve dans toutes les mers, même dans les mers glacées du pôle. L'homme poursuit presque toutes les espèces pour se procurer tantôt leur graisse, tantôt leurs fanons, tantôt le *spermaceti*, ou l'ambre gris.

Ces animaux, qui vivent constamment dans l'eau, ont les narines et le larynx complètement modifiés.

Les narines ou évents sont placés non plus au bout du museau, mais au-dessus des yeux, sur la tête. L'air entre par cette ouverture pour pénétrer dans les poumons, qui sont de grande taille.

« Ils sortent la tête et une partie du dos pour respirer. Leur respiration est singulière. Arrivé à la surface, le cétacé souffle bruyamment l'eau qui a pénétré dans ses narines incomplètement fermées, et cela avec une telle force que cette colonne d'eau, réduite en poussière, s'élève à 5 ou 6 mètres. On dirait un jet de vapeur s'échappant d'un tuyau étroit; le bruit qu'elle fait ressemble aussi à celui de la vapeur. Ce n'est donc pas un jet d'eau semblable à celui d'une fontaine, et tel que le représentent les dessinateurs, ou que l'ont décrit quelques naturalistes. A cette expiration succède une inspiration bruyante et rapide; souvent l'animal en fait quatre ou cinq dans une minute, mais la première seule est précédée de l'évacuation du liquide. Les narines sont disposées de telle sorte que c'est toujours la première partie du corps qui arrive hors de l'eau. Une baleine qui nage tranquillement respire environ une fois chaque minute et demie; mais son immersion peut être bien plus longue (1). »

Une baleine blessée peut rester jusqu'à vingt minutes sous l'eau sans respirer. Et cependant lorsqu'une tempête fait échouer sur la côte un cétacé, il meurt en très peu de temps. C'est un fait difficile à comprendre, puisque c'est l'air en nature que respirent ces animaux.

On reconnaît, parmi les cétacés proprement dits, quatre grandes familles : les *Monodontides*, les *Delphinides*, les *Cachalots* et les *Baleines*.

Les monodontides ne comprennent qu'un genre, qu'une espèce : le narval, qui vit dans les mers polaires arctiques.

Le corps est marbré de brun. Il y a deux dents à la mâchoire supérieure, en avant; chez la femelle elles restent petites, mais chez le mâle, chose curieuse, l'une d'elles, celle de gauche généralement, prend un grand développement, et est cannelée en spirale.

Cet animal atteint 4 à 5 mètres, et à en a même trouvé de 6m,60.

1. Brehm. *Les Mammifères*, édit. franç., page 824.

Cette dent de 2 mètres de long, qui sort de la bouche et qui ressemble à une lance, donne au narval un singulier aspect.

Les delphinidés sont nombreux en genres et en espèces. Quelques-uns d'entre eux vivent sur nos côtes, d'autres sont relégués dans les mers polaires. Leur tête peut être tronquée ou allongée et leur bouche est armée de dents nombreuses, toutes semblables entre elles.

Ils nagent presque tous avec une rapidité étonnante et vivent

Fig. 357. — Le Dauphin.

en troupes nombreuses, poursuivant les poissons dont ils font leur nourriture. Ils mangent aussi des mollusques, des crustacés, des zoophytes; ils sont voraces, et dévorent quelquefois leurs petits.

Parmi les delphinidés, nous citerons: le delphinoptère blanc, qui se trouve dans les mers polaires; le globicéphale noir qui, de la mer Glaciale, descend dans l'Atlantique et même dans la Méditerranée; l'orque épaulard, qui peut avoir 10 mètres de long, et qui, de nos jours, vit dans le nord de l'Atlantique et du Pacifique, d'où il vient quelquefois jusque sur nos côtes et celles du Japon.

Il convient de citer encore les delphinorhynques, dont les uns habitent l'Océan, d'autres les grands fleuves; puis les Inias qui vivent dans les fleuves de l'Amérique du Sud, et les Platanistes ou dauphins à bec, qui vivent dans le Gange et que Pline connaissait; mais les trois genres les plus connus sont les marsouins, les souffleurs et les dauphins que l'on rencontre sur nos côtes. Les marsouins n'ont guère que 1 à 2 mètres de long, les souffleurs de 3 à 5 mètres, et les dauphins de 2 mètres à 2m,50. Les deux premiers ont le museau court et arrondi; les dauphins ont au contraire le museau étroit et allongé, séparé du crâne par une assez forte dépression.

Les anciens ont fait du dauphin des récits fabuleux; nous ne nous en ferons pas l'écho, chacun pourra les lire ailleurs.

Sur les côtes de la Manche, ou dans la Méditerranée, on voit ces

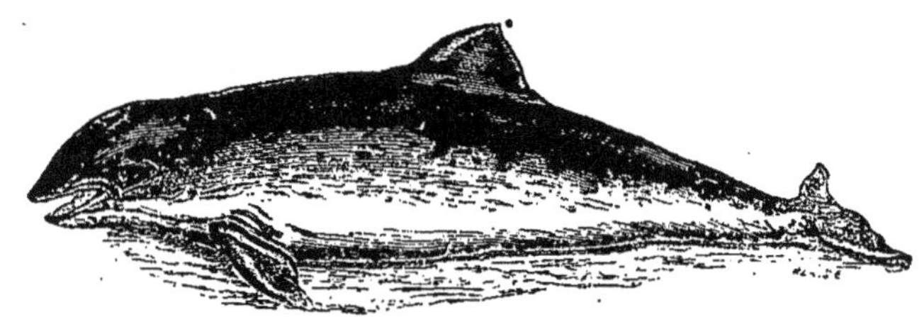

Fig. 358. — Le Marsouin.

charmants animaux s'approcher des plages ou des bateaux, et ne pas sembler craindre l'homme. J'ai pu voir des thons qui poursuivaient des bancs de sardines, et ces poissons étaient poursuivis à leur tour par de nombreux souffleurs.

La chair des marsouins est très appréciée par les populations pauvres des côtes, mais elle est grasse et indigeste. Les Groënlandais boivent avec avidité et plaisir cette huile, qui, paraît-il, est un mets délicieux qui entretient la chaleur du corps. On tanne la peau qui fournit un cuir excellent.

Mais il y a des cétacés beaucoup plus grands.

Les cachalots sont énormes et monstrueux. Leur tête atteint le tiers de la longueur du corps; elle est renflée en avant par l'accumulation de graisse appelée *spermaceti* ou blanc de baleine, contenue dans des sinus sous-cutanés. Le crâne est très particulier, offrant une sorte de bassin osseux. Il n'y a de dents qu'à la mâchoire inférieure, dents toutes semblables et coniques.

Les évents, c'est-à-dire les narines, sont séparées.

Ces animaux se nourrissent de seiches, mollusques céphalo-

Fig. 359. — La Baleine franche.

podes marins, qui sécrètent un liquide noir qui leur permet de disparaître dans l'eau lorsqu'ils sont inquiétés. Cette substance noire sert à faire l'encre de Chine; mais avalé par le cachalot, ce noir s'accumule dans les intestins, et forme des concrétions que le cétacé rend de temps en temps. On les recherche beaucoup, ces concrétions intestinales; ce sont elles qu'on désigne sous le nom d'ambre gris; on les emploie en parfumerie.

« L'ambre frais, dit M. Pouchet[1], se présente généralement en masses noires, irrégulièrement sphériques, à surface tantôt unie, d'autres fois couverte de saillies semblant provenir de masses pâteuses surajoutées. Le contact est un peu poisseux et légèrement élastique. La cassure révèle l'existence de couches ordinairement partielles, épaisses, disposées autour d'un noyau plus ou moins volumineux, ces couches pouvant elles-mêmes différer beaucoup de couleur et d'aspect ».

Il résulterait aussi des recherches récentes de M. Georges Pouchet « que l'odeur d'ambre, qu'on en fasse ou non remonter l'origine aux proies vivantes dont se nourrit l'animal, n'est pas particulière au contenu de l'intestin du cachalot, mais qu'elle est propre en quelque sorte à l'animal lui-même et répandue, bien que plus ou moins masquée, dans tous ses organes. Elle se trouverait simplement, au contact de l'ambréine, dans des conditions d'odorance et d'isolement particulièrement favorables ».

M. Jourdain[2], qui vient d'avoir récemment l'occasion d'examiner, aux points de vue miscroscopique et chimique, de l'ambre gris, de provenance authentique, trouva dans cette substance un grand nombre de mâchoires de céphalopodes entières et fragmentées. « Il pensa de suite qu'il pourrait y avoir une relation de cause à effet entre cette particularité et l'existence de la matière odorante qui fait rechercher l'ambre gris. Il supposa donc que le parfum provenait, non du cétacé, mais des céphalopodes que celui-ci avale en grande quantité. On sait, en effet, que ces mollusques exhalent une odeur très prononcée, qui se conserve après la mort et même la dessiccation de l'animal. Les anciens connaissaient divers céphalopodes

1. Pouchet. *Comptes rendus de l'Académie des sciences*, tome CXIV, page 1487.
2. Jourdain. *Comptes rendus de l'Académie des sciences*, tome CXIV, page 1557.

odorants, que l'on utilisait dans la parfumerie, en leur attribuant les propriétés que nous reconnaissons à l'ambre gris.

« On peut admettre que, par son mélange avec les produits biliaires, le parfum céphalopodique se modifie de manière à agir sur notre odorat comme le fait l'ambre gris. »

Fig. 360. — Le Cachalot.

Le cachalot est cosmopolite, mais on va le pêcher de préférence dans les mers du Sud.

C'est un animal qui peut atteindre 20 mètres de long.

Le dernier groupe des cétacés est celui des baleines, animaux de grande taille, dont la tête est très grosse, dont la bouche est largement fendue, et garnie, à la mâchoire supérieure, de fanons de nature carnée.

Mais si ces grands cétacés n'ont pas de dents lorsqu'ils sont adultes, ils ont, dans le jeune âge, des dents embryonnaires semblables entre elles, qui ne percent pas les gencives et qui restent cachées dans un sillon qui occupe toute la longueur des mâchoires. Le palais offre des plis transversaux nombreux recouverts d'un épithélium corné qui se développe, à mesure que l'animal grandit, mais dont le développement se fait irrégulièrement; c'est-à-dire que ces lames deviennent plus longues sur leur bord externe dans la bouche. Les fanons, au nombre de deux cents, sont placés très près les uns des autres et constituent une sorte de tamis qui laisse bien passer l'eau, mais qui retient les petits animaux dont la baleine fait sa nourriture. Car la baleine ne mange que de petits animaux, l'ouverture de l'œsophage est *très petite* et ne laisserait pas entrer de gros morceaux.

Il est donc inutile d'insister sur la légende biblique de Jonas avalé par une baleine.

On distingue trois genres de baleines :

Les Rorquals ou Balénoptères, qui ont une forme élancée, qui possèdent une nageoire adipeuse sur le dos, et qui présentent sur la face ventrale, depuis la gorge, de nombreux sillons longitudinaux. Ses fanons sont petits, peu développés. Il vit dans les mers du Nord, et se montre aussi dans la Méditerranée.

Carl Vogt nous dit que le rorqual se nourrit surtout de poissons. Il s'attache volontiers pour un temps plus ou moins long à un endroit quelconque; « j'en ai vu un, dit-il, se promener pendant plusieurs semaines chaque jour en face de mes fenêtres à Nice, entouré de dauphins comme un monarque entouré de sa cour; il échoua plus tard à Saint-Tropez (Var); pendant un voyage sur les côtes de la Norvège, nous fûmes accompagnés pendant plusieurs jours, dans le grand fjord de Alten, d'un rorqual, ayant la longueur de notre navire à deux mâts, et qui s'approcha si bien que nous pûmes lui loger dans le dos une balle de carabine qui sembla seulement le chatouiller. Sans effort visible, cette énorme bête fendait les eaux avec une vitesse égalée à peine par les goélands qui la suivaient. Agile et robuste, le rorqual aime les exercices violents. Il exécute des tours semblables à ceux des dauphins. A la hauteur des îles Lofoden, nous entendîmes dans le lointain des bruits semblables à des coups de canon de gros calibre. En approchant, nous vîmes un gros rorqual, qui sautait hors de l'eau, plongeait sa tête, se dressait verticalement, soulevait son énorme caudale, que nous évaluâmes à 6 mètres de largeur au moins, l'agitait deux ou trois fois en la balançant et en frappait la surface de l'eau qui résonnait au loin. Il continua cet exercice pendant plusieurs heures ».

Dans les mers boréales, vivent les mégaptères, qui ont la nageoire caudale très longue, mais peu élevée, et qui peut atteindre une longueur de 32 mètres.

Enfin la baleine franche est refoulée de nos jours dans les mers glacées du Sud. Celle-ci n'a pas de nageoire adipeuse sur le dos; ses fanons sont très longs et très recherchés; ce sont eux qui servent à faire ce qu'on nomme les « baleines ».

Au lieu d'être élancée comme le rorqual, la baleine franche est trapue. Sa tête est tronquée, arrondie, et occupe bien un tiers de la longueur du corps, qui peut atteindre 25 mètres de long. Une baleine peut peser 150.000 kilogrammes.

On chasse la baleine, pour se procurer son huile, à l'aide de harpons barbelés attachés au bout d'une longue corde. C'était à la main qu'on lançait autrefois le harpon; de nos jours, c'est au moyen de fusées qu'on implante de très loin ces harpons dans le corps de la baleine. On risque moins de cette façon, étant plus éloigné de l'animal.

« C'est cette espèce, dit Carl Vogt, que les chasses incessantes auxquelles elle a été exposée dès le moyen âge, ont refoulée vers les parties les plus inaccessibles des mers polaires. La chasse, en elle-même, n'est guère dangereuse; il est assez rare qu'une baleine renverse d'un coup de queue une embarcation, ou qu'elle l'attire vers l'abîme par la corde du harpon qu'on lui a lancé, si l'on ne réussit pas à la couper d'un coup de hache. Les dangers sont ceux auxquels sont exposés tous les navigateurs dans les parages glacés des pôles, et chaque année un certain nombre de navires se perdent, emprisonnés et écrasés par les glaces. Malgré ces dangers, on chasse la baleine avec activité dans toutes les mers polaires pour l'huile et pour les fanons. »

Fig. 361. — Koala.

CHAPITRE XX

Les Marsupiaux. Les Monotrèmes.

Il existe tout un ensemble de mammifères semblables par leur aspect extérieur à ceux que nous venons de passer en revue, et qui, cependant, lorsqu'on examine leur anatomie, leur développement, en diffèrent par plusieurs caractères importants. Ces animaux sont les marsupiaux et les monotrèmes. Les premiers forment en quelque sorte une série parallèle à celle des mammifères ordinaires : les uns ressemblent aux carnassiers, les autres aux rongeurs, mais tous ont des caractères communs de la plus haute importance.

Un jeune chat, un lièvre, un faon, un marcassin, au moment de la naissance, peuvent se remuer, ne s'écartant pas de leur mère, il est vrai, dont ils tètent de temps en temps le lait.

Les jeunes marsupiaux naissent dans un état de développement beaucoup moins complet, ils naissent si je puis dire *avant terme,* et s'ils étaient abandonnés sur le sol, ils ne tarderaient pas à périr. Aussi n'en est-il pas ainsi. Au moment de la naissance, la mère les met dans une poche spéciale, la poche dite marsupiale, qu'elle porte en avant du ventre. C'est dans cette poche que sont les tétons sur lesquels se greffent les jeunes. Elle est soutenue par deux os supplémentaires du bassin, les os marsupiaux, qui se retrouvent dans tous les types de marsupiaux et de monotrêmes.

A un moment donné, les jeunes se hasardent hors de la poche et y reviennent bien vite s'ils ne se trouvent pas en sûreté.

Il y a encore plusieurs caractères anatomiques importants.

Ainsi les circonvolutions cérébrales sont à peine marquées, le corps calleux n'existe pas. Les organes urinaires et l'anus débouchent dans un cloaque comme chez les oiseaux.

La dentition est très particulière. Non seulement, il y a un nombre de dents plus considérable que chez les mammifères ordinaires ou placentaires, mais leur renouvellement ne se fait pas de même. Il n'y a presque pas de différence entre la dentition de lait et la dentition définitive. Les dents se renouvellent un peu comme celles des éléphants.

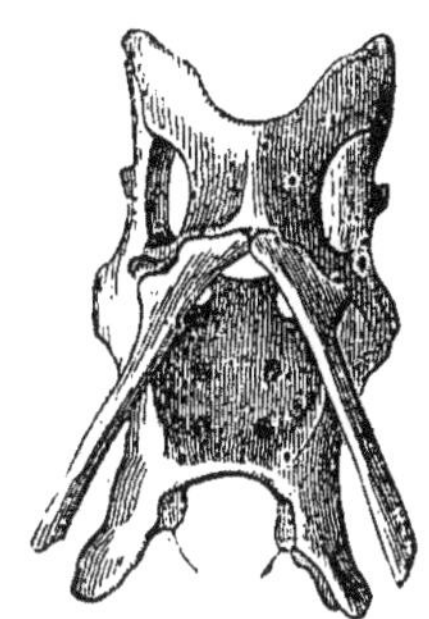

Fig. 362. — Bassin montrant les os marsupiaux attachés au pubis.

« Il convient de faire remarquer, dit Vogt, que les marsupiaux représentent, lorsqu'on veut évaluer leur valeur systématique, non pas un ordre dans le sens qu'on attache à une coupe de ce genre chez les autres mammifères placentaires, mais un groupe plus élevé, composé d'un certain nombre de types disparates dont chacun représente un ordre. Nous y trouvons des carnivores, des rongeurs, des insectivores, des herbivores très bien caractérisés, et cette multiplicité de types ne peut se concevoir que lorsqu'on regarde les marsupiaux actuels comme les restes d'un ancien ordre de choses, où toute la classe des mammifères n'était représentée, sur le globe entier, que par les marsupiaux. Ces marsupiaux anciens étaient, comme nous le démontre la paléontologie, le groupe souche dont sont issus les mammifères placentaires, et les descendants moins modifiés de ce groupe souche constituent les marsupiaux actuels.

« On ne peut donc pas s'étonner si ces descendants ont conservé une foule de caractères anciens, dénotant une infériorité marquée vis-à-vis de la plupart des mammifères placentaires. »

Il existe des marsupiaux surtout en Australie, c'est leur patrie par excellence; cependant l'Amérique en possède deux espèces; on en trouve aux îles de la Sonde, aux Philippines, aux Moluques, à la Nouvelle-Guinée. Nous les grouperons en quatre grandes familles : les Rongeurs, les Macropodes, les Grimpeurs et les Rapaces.

Le type Rongeur est représenté par les Phascolomes qui, de la taille d'un blaireau, ont un corps lourd, trapu. La tête est grosse et plate, avec une dentition de rongeur. La queue et les pattes sont courtes; l'animal est plantigrade et se creuse des terriers, ses cinq doigts étant pourvus d'ongles forts et recourbés.

Les Macropodes sont les plus connus, car c'est parmi eux qu'on range les kangourous, ces animaux sauteurs qu'on voit souvent dans les ménageries.

Les Macropodes ont la partie antérieure du corps petite; ils sont disproportionnés; la tête est petite, les oreilles sont grandes, le museau allongé, les yeux grands, les pattes antérieures sont courtes, et servent aussi bien à la marche lente qu'à la préhension. Le train de derrière est gros, les pattes postérieures grandes, la queue longue et forte, et c'est au moyen de cette queue et de ces pattes qui se détendent comme des ressorts, que l'animal fait des bonds prodigieux. Les doigts sont armés d'ongles puissants. Le système dentaire rappelle celui du cheval, la formule est $\frac{3}{1}\ \frac{0\,(1)}{0}\ \frac{1}{1}\ \frac{4}{4}$, c'est-à-dire en haut de chaque côté trois incisives, une barre, pas de canines (sauf une rare exception où il y a une canine en haut), puis une prémolaire et quatre molaires.

Il est des Macropodes de petite taille, comme le Potoroo rat; d'autres sont véritablement géants, comme le Kangourou géant, qui peut avoir 2 mètres de long, dont $0^{m},90$ pour la queue.

Dans cette même famille se place un autre genre qui est grimpeur, le Dendrolague ursien, qui court sur les branches avec l'agilité d'un écureuil.

Tous ces animaux vivent en Australie, ainsi que les Grimpeurs, qui comprennent trois genres principaux bien différents les uns des autres comme aspect extérieur.

Les uns, comme les koala, n'ont pas de queue et ressemblent

Fig. 363. — Le Phascolome wombat.

un peu aux phascolomes que nous avons signalés tout à l'heure. Ils sont trapus, à pelage doux, à grosse tête, à oreilles larges, arron-

Fig. 364. — Le Kangourou géant.

dies, velues. Ce sont surtout les pattes qui sont intéressantes, garnies toutes de cinq doigts. En général, le pouce seul est opposable aux autres doigts, ou tout au moins écarté des autres doigts.

Ici, aux pattes antérieures, comme nous le verrons chez certains oiseaux, les deux doigts internes sont écartés des trois doigts externes, tandis qu'aux pattes postérieures le pouce seul est opposable aux quatre doigts externes. La dentition ressemble un peu à celle des Rongeurs, les deux incisives médianes supérieures sont taillées en biseaux et opposées à celles de la mâchoire inférieure. C'est un animal nocturne et fort bête. Dans cette même famille prennent place les phalangers volants, qui ressemblent aux écureuils volants, qui, comme ces derniers, ont une longue queue velue et

Fig. 365. — Le Thylacine.

un repli de la peau entre les membres qui leur sert de parachute. Leurs proches parents, les phalangers, ont la même organisation, mais leur queue est prenante et il n'y a pas de membrane aliforme.

Le groupe par lequel nous terminerons cette étude est celui des Rapaces, c'est-à-dire des marsupiaux qui offrent la dentition des Carnivores et des Insectivores.

Les uns, comme les thylacines, sont de la taille d'un chacal et ont l'apparence d'un chien bas sur pattes.

Le pelage est court, laineux, jaune foncé, zébré de bandes noires.

D'autres représentent les ursidés et les mustélides; ce sont les sarcophiles ursiens, qui sont courts, trapus, à poils assez rudes, noirs, de la taille d'un blaireau et dont la dentition est tout à fait carnivore.

Les dasyures sont plus petits, plus gracieux de forme, rappelant assez les genettes; on les redoute beaucoup à la Nouvelle-Hollande: car ces petits animaux vont voler la viande dans les habitations et égorger les volailles dans les poulaillers.

Les phascogales, les antéchines, ont la dentition des insectivores. Les premiers, gros comme une belette, font de grands ravages dans les poulaillers; les seconds, gros comme de petits rats, ressemblent aux musaraignes dont ils ont à peu près les mœurs.

Fig. 366. — Le Dasyure de Maugé.

C'est à ce groupe des Rapaces qu'appartiennent les espèces de marsupiaux d'Amérique qui forment la famille des Didelphides : ce sont les Sarigues.

De taille moyenne, elles ont le museau long, les oreilles et les yeux grands, la queue généralement longue, nue et prenante, et les pieds pourvus de cinq doigts.

Animaux nocturnes, les sarigues sont nuisibles, et l'homme les poursuit avec raison.

La sarigue opossum vit sur les arbres dans les grandes forêts de l'Amérique du Nord et remonte jusqu'aux parties froides des États-Unis.

Les philanders sont arboricoles et l'une des espèces, le philander Énée, porte ses petits sur son dos. Il relève sa longue queue, la ramène jusqu'au-dessus de sa tête et tous les jeunes, à l'aide de leur queue prenante, s'accrochent à la queue de leur mère.

Au Brésil on trouve une sorte de sarigue qui vit au bord des eaux, c'est le chironecte varié, dont les doigts sont palmés. Il représente assez bien le type des loutres parmi les marsupiaux.

Les derniers mammifères dont nous ayons à parler sont à coup sûr bien faits pour exciter la curiosité : ce sont les monotrèmes.

Fig. 367. — La Sarigue opossum.

Ils ont été pendant longtemps groupés d'une façon incertaine, à tel point qu'on les avait momentanément réunis aux oiseaux, ou qu'on en avait fait une classe à part.

Aujourd'hui on a définitivement rattaché ces animaux aux mammifères.

On n'en connaît que deux formes, l'ornithorhynque et l'échidné, que l'on ne rencontre qu'aux terres australes.

D'où vient donc l'hésitation que les naturalistes ont montrée à ranger les monotrèmes parmi les mammifères? La description de l'ornithorhynque en donnera l'explication. Celui-ci est à peine gros comme un lapin; son poil, assez soyeux, est d'un brun fauve. — Jusqu'ici rien de bien extraordinaire; nous savons que seuls les mammifères sont recouverts de poils; de Blainville même pour cela les nommait *Pilifères.* — L'animal qui nous occupe a le corps terminé par une petite queue, est pourvu de quatre pattes aplaties et en forme de nageoires; sa tête est arrondie et pourvue d'un bec rappelant par sa forme celui du canard.

Les mammifères, comme l'indique leur nom, sont des animaux pourvus de mamelles. — Voilà précisément ce qui étonnait les naturalistes, c'est que l'ornithorhynque et l'échidné ne présentaient pas trace d'organes de lactation.

En résumé, on reconnaissait bien que par la forme générale du corps, par le revêtement pileux ces monotrèmes se rapprochaient des mammifères; mais certains détails de leur squelette, l'absence de mamelles, la présence d'un cloaque et d'un bec corné faisaient penser en même temps qu'ils étaient proches parents des oiseaux.

Les monotrèmes sont en réalité des mammifères; ils ont des mamelles, peu apparentes il est vrai.

« Ils ont sur les flancs, nous dit Paul Gervais (1), un grand nombre de tubes sous-cutanés dont les orifices viennent s'ouvrir de chaque côté dans une surface peu étendue et qui sont les canaux sécréteurs du lait; la différence par rapport aux autres mammifères consiste principalement en ce que ces tubes ne se réunissent pas sur une seule saillie commune en forme de mamelon. C'est au moyen du liquide fourni par ces organes que les échidnés et les ornithorhynques nourrissent d'abord leurs petits; et *ceux-ci naissent vivants* comme ceux des mammifères, après avoir rompu leurs enveloppes fœtales, qui sont molles comme celles des animaux de la même classe, et non calcaires comme chez les oiseaux. C'est ce qu'ont démontré les dernières observations dont les mono-

1. *Histoire naturelle des mammifères*, tome II, p. 289-1855.

trèmes ont été l'objet, et *l'opinion qui les regardait comme étant véritablement ovipares n'a plus aujourd'hui aucun partisan.* Toutefois le mode de développement des monotrèmes est fort différent de celui des mammifères monodelphes, et il ne ressemble pas davantage à celui des marsupiaux; *il a, au contraire, une incontestable analogie avec celui des reptiles ovovivipares.* »

J'ai tenu à citer ces phrases que Gervais écrivait en 1855; ce savant auteur remarquait l'analogie du développement des monotrèmes et des reptiles ovovivipares, et, d'un autre côté, il affirmait que ces animaux ne pondent pas d'œufs et que leurs petits naissent vivants.

Des découvertes récentes permettent de renverser ces idées admises jusqu'ici.

A la fin de l'année 1884 une dépêche d'Australie annonçait que depuis dix mois un ornithorhynque était en captivité, qu'il avait *pondu deux œufs, blancs, mous et sans coquille,* se rapprochant des œufs des reptiles.

En 1886, on constatait également que l'échidné pondait des œufs.

La question est donc tranchée; ces animaux pondent des œufs et ne font pas des petits vivants.

Un naturaliste qui a visité avec soin l'Australie, Jules Verreaux, raconte que les jeunes ornithorhynques (qui sont amphibies) hument le lait que leur mère répand autour d'elle et qui surnage facilement à la surface de l'eau; cette manœuvre est d'autant plus facile à distinguer, dit-il, qu'on voit alors le bec des jeunes ornithorhynques se mouvoir avec une grande célérité [1].

Les monotrèmes sont donc des mammifères qui ont de l'analogie avec les oiseaux et avec les reptiles. L'ensemble de leurs caractères explique facilement l'hésitation qu'ont eue les naturalistes à les ranger parmi les mammifères.

On ne connaît que deux genres, je pourrais presque dire deux familles de monotrèmes, composées chacune d'un seul genre : la famille des Ornithorhynques et celle des Échidnés.

1. *Comptes rendus de l'Académie des sciences*, tome XXVI, page 244.

Le cerveau est lisse, le corps calleux est rudimentaire. Les yeux sont petits et il n'y a pas d'oreilles externes, comme chez les oiseaux; cependant l'animal peut en fermer les orifices à sa volonté. Il n'y a pas de dents; chez l'ornithorhynque on voit seulement sur le bord des mâchoires des plaques cornées.

Ces animaux ont des os marsupiaux très développés, bien qu'ils n'aient pas de poche marsupiale.

Leur épaule ressemble à celle des sauriens parmi les reptiles. Le sternum, en effet, se prolonge en avant en une sorte de manche qui se divise antérieurement comme

Fig. 368. — L'Ornithorhynque paradoxal.

les branches d'un T, sur lesquelles sont appliquées les clavicules dont l'extrémité externe va rejoindre l'omoplate.

Il y a, en outre, deux os supplémentaires, l'un que l'on peut comparer au coracoïdien des oiseaux, l'autre que l'on nomme épicoracoïdien.

L'ornithorhynque a un bec aplati, corné; il a cinq doigts aux pattes réunis par une large membrane.

De plus, aux tarses des pattes postérieures il y a un ergot corné, pointu, soutenu par quelques petits osselets. Cet éperon est rudimentaire chez les femelles; chez les mâles, il est grand et percé d'un canal aboutissant à une glande sous-cutanée. L'ornithorhynque paradoxal (tel est son nom) se rencontre dans les lacs et les rivières de la Nouvelle-Hollande ainsi que dans la Tasmanie. Il nage avec facilité, revenant souvent à terre; il niche dans des terriers qu'il se creuse au bord des eaux, et se nourrit principalement de vers, d'insectes aquatiques et de mollusques.

Les échidnés sont bien différents des ornithorhynques. Ce sont de petits animaux un peu plus gros que des hérissons, couverts en dessus de piquants analogues à ceux des porcs-épics et entremêlés de poils assez abondants. Leur crâne est globuleux, terminé par

Fig. 369. — L'Échidné.

deux mâchoires absolument privées de dents. La bouche est située à l'extrémité du rostre ou bec corné. La langue est longue, extensible, et ressemble beaucoup à celle des fourmiliers.

Les pattes sont robustes, courtes, armées d'ongles puissants qui permettent à l'animal de fouiller le sol.

De même que pour l'ornithorhynque, le mâle de l'échidné possède aux pattes postérieures un ergot corné qui sert d'orifice à une glande sécrétrice.

Les échidnés, dont on connaît plusieurs espèces, sont nocturnes. Ils se nourrissent principalement de fourmis; pour cela, ils plongent leur langue vermiforme et gluante dans les fourmilières et saisissent un grand nombre de fourmis ou de termites.

C'est surtout dans les régions montagneuses qu'on rencontre ces animaux, quelquefois jusqu'à une altitude de 1,000 mètres au-dessus du niveau de la mer. On a signalé leur présence en Australie, en Tasmanie, et même Paul Gervais en a décrit une espèce spéciale provenant de la Nouvelle-Guinée.

J'ai vu un échidné à la ménagerie du Muséum d'histoire naturelle de Paris. C'est un animal paisible et doux, un peu craintif; il se roule en boule si l'on vient à l'inquiéter, à la façon des hérissons, et pousse quelquefois un petit grognement. Ses mouvements sont vifs s'il veut creuser un terrier. Son intelligence est très médiocre, mais les sens de la vue et de l'ouïe sont bien développés.

Les Australiens le font rôtir dans sa peau et le mangent; il ne présente que cette utilité.

Telle est, en quelques mots, l'histoire de ces mammifères bizarres, qui n'offrent en apparence qu'un mince intérêt, mais qui excitent au plus haut point la curiosité des naturalistes, tant à cause de leurs mœurs qu'à cause des rapports qu'ils présentent avec les oiseaux, les reptiles et les amphibiens.

Ce sont les plus dégradés des mammifères. Ils nous amèneront tout naturellement à l'étude des oiseaux.

LIVRE IV

LES OISEAUX

Fig. 370. — Canards et Cygne.

CHAPITRE PREMIER

« Qui fait l'oiseau? C'est le plumage »,

a dit La Fontaine.

Cette description sommaire suffirait presque.

De nos jours les oiseaux forment un groupe bien nettement délimité et il n'est pas besoin d'être naturaliste pour reconnaître ces animaux.

Les oiseaux ont le corps couvert de plumes, ils peuvent se soutenir dans les airs au moyen de leurs ailes. Ils ont une queue formée par des plumes; ils marchent sur deux pattes qui ont, en général, trois doigts en avant et un en arrière; ils n'ont pas des mâchoires garnies de dents, mais leurs mandibules sont recouvertes d'un étui corné qui constitue le bec; enfin ils pondent des œufs qu'ils couvent presque toujours, œufs à coquille dure, d'où sortiront des jeunes dont la mère prend grand soin.

Voilà les caractères que chacun connaît, et qui, en somme, donnent une idée fort juste de l'oiseau.

Mais nous n'en resterons pas là et nous chercherons à faire connaître les particularités les plus remarquables de l'anatomie des oiseaux avant de décrire leurs variétés et leurs mœurs.

Les oiseaux ont des plumes.

C'est en quelque sorte un axiome. Et cependant, si l'on y regarde de près, on peut trouver tous les passages entre la plume et le poil. Certains oiseaux, comme les manchots, ont de véritables écailles sur les ailes; il y a de jeunes oiseaux qui ont des poils.

D'autres, tels que les casoars à casque de la Nouvelle-Guinée, ont des piquants rugueux, aigus, en certains points du corps; chez d'autres, les plumes deviennent des ornements, ce sont de légères aigrettes comme on en voit chez les oiseaux de paradis.

Quoi qu'il en soit, les oiseaux sont les seuls animaux qui de nos jours aient des plumes.

Dans des périodes géologiques antérieures à notre époque, ils ont eu des relations très intimes avec les reptiles et les mammifères; ils ont eu des dents. (Voyez page 98 et figures 50, 51, 52, 53.)

Il y a un grand nombre d'oiseaux différents des oiseaux actuels qui n'existent plus et dont on retrouve les restes dans les terrains. Quelques-uns ont disparu depuis l'apparition de l'homme; il en est même dont l'espèce s'est éteinte depuis les temps historiques, détruits sans doute par l'homme.

Il faut connaître l'organisation des animaux pour ne pas se méprendre sur leurs affinités; les caractères extérieurs sont trompeurs, ce sont souvent des caractères d'adaptation, c'est en quelque sorte un costume que revêt l'animal. Ainsi les oiseaux de nuit sont de couleur sombre, aussi bien les Chouettes que les Perroquets nocturnes, que les Engoulvents. Le Secrétaire, qui est un Rapace voisin de l'aigle, est perché sur de longues pattes comme les cigognes; — ce n'est pas pour cela un échassier. Le martinet et l'hirondelle se ressemblent beaucoup et ne sont pas cependant de la même famille.

Il faut aussi connaître les caractères de l'animal, non pas seulement à un moment donné, mais à toutes les phases de la vie. L'anatomie et l'embryologie sont donc des sciences indispensables.

Les jeunes oiseaux, comme nous l'avons vu pour les jeunes mammifères, ne sont pas toujours au même état de développement au moment de la naissance; le poulet au sortir de l'œuf est couvert de duvet et peut sautiller auprès de la poule; le jeune pigeon, au contraire, est nu et a besoin des soins de sa mère. On avait à cause de cela voulu séparer les oiseaux en deux groupes : les *Precoces* et les *Altrices;* mais c'est une division purement artificielle.

Les ornithologistes, c'est-à-dire les naturalistes qui s'occupent spécialement des oiseaux, doivent donc tenir compte des données qui leur sont fournies par l'embryologie.

Nous ne nous arrêterons pas à cette étude, mais nous renvoyons le lecteur au chapitre IV du livre II de cet ouvrage (page 207).

Les œufs des oiseaux sont souvent blancs, mais dans certains cas ils sont colorés en brun, en vert, ou mouchetés de diverses manières. On les collectionne, et il y a des collections qui peuvent atteindre une grande valeur.

La peau de l'oiseau, qui est plus mince et plus mobile que celle des autres animaux, est recouverte de plumes. Cependant certaines parties du corps restent nues, ou ne sont recouvertes que par des sortes d'écailles; telle est la crête et les caroncules des coqs; les pintades ont le cou nu, le casoar à casque est dans le même cas.

Mais ces plumes dont l'oiseau est revêtu ne sont pas toutes semblables; il y a en général deux sortes de plumes : les unes fines et floconneuses qui forment le duvet, les autres aplaties et servant à recouvrir le duvet ou à voler.

Certains oiseaux, comme l'eider, ont le corps couvert d'un duvet fort doux que l'on emploie : l'édredon (*eider down*) n'est autre chose que le duvet de l'eider.

Voyons donc de quoi se compose une plume complètement constituée. Une plume a deux parties : 1° la tige formée par un tuyau, transparent, élastique, implanté dans la peau, et qui porte les barbes; 2° ces barbes constituent par leur union une lame continue qui résiste à l'air; elles sont garnies sur leur bord libre de barbules hérissées de petits crochets qui s'engrènent les uns dans les autres.

Telle est la structure de cette plume dont les couleurs, l'éclat, nous charment tant parfois.

Ce tuyau corné, qui forme la tige, est un cylindre offrant à son extrémité inférieure une ouverture, l'*ombilic inférieur*, par où pénètrent les vaisseaux nourriciers de la plume ; puis on voit plus haut en arrière, à l'endroit où commencent les barbes, l'ombilic supérieur, et c'est entre ces deux trous que se trouvent des sortes d'écailles emboîtées, qu'on désigne sous le nom d'*âme de la plume.*

Les vaisseaux sanguins sont bientôt resserrés, ils ne peuvent plus apporter à la plume le liquide nourricier, et celle-ci meurt.

Toutes les plumes véritables qui recouvrent l'oiseau ne sont pas de même forme ni de même longueur. Celles qui servent à la locomotion ont un axe résistant et des barbes très unies entre elles. L'axe de ces plumes s'insère dans la peau et prend des attaches sur certains os, sur le cubitus en particulier ; c'est surtout aux ailes qu'elles sont placées, car l'oiseau se soutient dans l'air grâce aux mouvements de ses ailes. Les plus longues sont les *rémiges*, qui terminent l'aile ; sur l'avant-bras elles sont plus courtes, et sur le bras moins longues encore, moins résistantes.

Les plumes qui s'insèrent sur la main et sur le doigt principal sont les *rémiges primaires*, les *rémiges secondaires* sur l'avant-bras, les *rémiges bâtardes* sur le pouce, les *rémiges scapulaires* sur l'humérus : ces dernières sont tectrices, elles servent de couverture.

Les plumes de la queue sont les *rectrices*, elles servent de gouvernail à l'oiseau. Deux d'entre elles se développent souvent plus que les autres. Ce sont ces plumes de la queue qui chez le paon deviennent si grandes et si belles.

Chez d'autres espèces, telles que l'aptéryx, les plumes de la queue ne diffèrent pas de celles du reste du corps.

Les plumes sont, le plus souvent, disposées en zones serrées, constantes dans leur position, suivant les espèces ou suivant les groupes ; elles sont couchées d'avant en arrière, et, dans certains cas, le revêtement est très épais (chez les oiseaux d'eau, par exemple).

Les plumes de revêtement sont très variables ; elles peuvent ressembler à des poils comme on le voit autour des yeux, ou, par exemple, sur la poitrine du dindon. Sur les ailes des casoars à casque, ce sont des piquants sans barbes ; sur les ailes des manchots elles ressemblent à des écailles, l'axe est large et les barbes très rudimentaires.

Dans certains cas les plumes, au lieu d'avoir les barbes enchevêtrées les unes avec les autres, et d'avoir un aspect de lames, sont floconneuses, et cet état est dû aux barbes qui ne sont pas unies entre elles.

Les plumes alors constituent de véritables ornements.

Le marabout, cet échassier qui à l'air d'un vieillard en habit

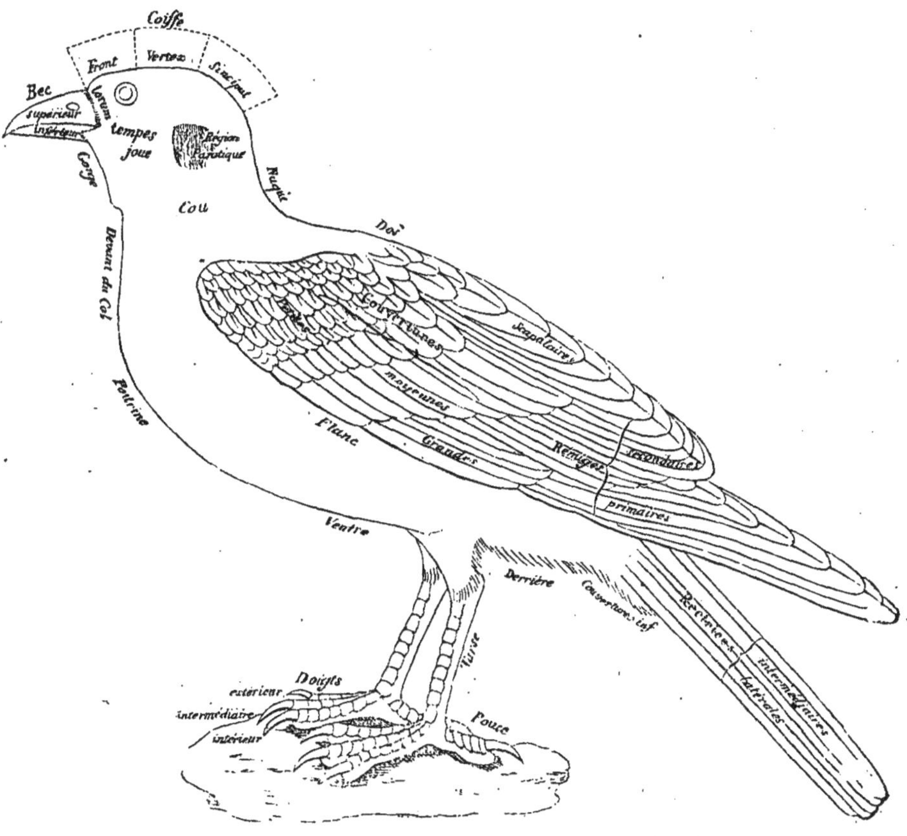

Fig. 371. — Ensemble d'un oiseau indiquant les noms des plumes et des différentes parties du corps.

noir, présente les plumes caudales décomposées dès leur racine. Mais c'est surtout chez les oiseaux de paradis de la Nouvelle-Guinée que certaines plumes décomposées placées en faisceau sur la poitrine, en dessous de l'aile, parent ces beaux oiseaux d'une façon charmante.

Quelquefois ce sont les plumes de la tête qui prennent la forme d'aigrettes.

Ce n'est pas tout, les plumes sont colorées et souvent d'une façon éclatante. Les couleurs varient beaucoup, et nous trouvons le blanc, le noir, le rouge, le vert, le violet, le brun, etc., mariés souvent avec une harmonie parfaite.

Elles sont de deux sortes ces couleurs; les unes sont dues à un dépôt de pigment déposé dans des cellules : telles sont les plumes jaunes, rouges, brunes, vertes, bleues; les autres sont dues à des phénomènes d'optique : les plumes à teintes bronzées, métalliques, sont dans ce cas. Les plumes de la gorge des pigeons, celles des lophophores, des paons, des oiseaux de paradis, des merles bronzés, en sont de bons exemples; ces plumes si belles, si brillantes n'ont qu'un pigment brunâtre, et pour s'en convaincre il suffit de les regarder par transparence, leur splendide coloration s'est évanouie, elle n'était causée que par une décomposition des rayons lumineux; nous retrouverons bien souvent ce phénomène chez les insectes.

Fig. 372.
Le Harfang des neiges.

La domestication a une influence et les couleurs primordiales sont changées; chez certains oiseaux, l'albinisme et le mélanisme sont dus à cette cause. Puis les couleurs s'harmonisent avec les milieux où vit l'oiseau.

Les oiseaux de nuit sont sombres; ceux qui vivent sur la neige revêtent une robe blanche en hiver et grise en été : les Lagopèdes, les Harfangs sont dans ce cas (*fig.* 372).

On constate souvent que la femelle est moins belle que le mâle; non seulement les couleurs sont moins vives, mais les plumes d'ornement semblent être l'apanage du mâle. Voyez le paon qui fait la roue en ouvrant sa queue, qui s'entoure comme d'une auréole; il semble vouloir, avec les yeux de ses plumes, éblouir sa femelle, à laquelle sont réservées les teintes ternes et grisâtres; il en est de même chez le coq et la poule, chez les faisans, etc.

L'homme, dans tous les pays, utilise les plumes des oiseaux pour s'orner la tête, pour placer sur les chapeaux, pour garnir des vêtements; et dans le monde civilisé le commerce des plumes et des peaux d'oiseaux employées principalement pour l'ornement de la toilette a pris une importance considérable.

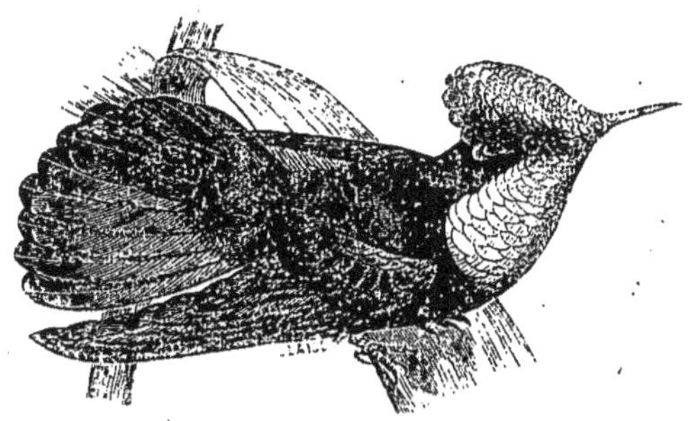

Fig. 373. — Le Rubis-Topaze.

M. Simmonds a donné dans un travail récent ([1]) un aperçu de ce commerce et il me semble qu'il n'est pas sans intérêt d'en reproduire quelques passages :

« La mode de porter des plumes d'oiseaux règne depuis plus

Fig. 374. — L'oiseau-mouche Huppe-Col.

de temps et avec plus de succès auprès des dames que les autres modes. Aussi ce commerce atteint actuellement des proportions énormes. Rien que pour ce qui concerne l'Angleterre, la valeur des importations dépasse deux millions de livres sterling. Donc, la préparation, l'application et la vente au détail doivent encore offrir de beaux bénéfices aux commerçants.

1. *Journal of the Society of Arts*, et reproduit dans le tome XII du *Bulletin de l'Association scientifique de France*, 1886, page 260.

« La majeure partie des plumes nous vient de l'Inde, de diverses contrées asiatiques, de l'Afrique et, en moins grande quantité, de l'Amérique. » (L'auteur parle ici uniquement des oiseaux terrestres en laissant de côté les oiseaux aquatiques.)

« L'importation annuelle, chez nous et en France, de petits oiseaux exotiques à plumage brillant atteint le nombre de un million et demi d'individus. Ils arrivent d'abord en Angleterre, d'où on les réexpédie. Nous recevons chaque année *deux cent cinquante mille colibris.*

« A une vente publique, l'automne dernier, outre les plumes détachées, 147,386 oiseaux en peaux furent exposés durant les deux jours de vente; parmi eux il n'y avait pas moins de 44,381 perroquets verts ou amazones (*Chrysotis amazonica*) et d'autres espèces. »

Les plumes d'autruche de l'Afrique méridionale arrivent en plus grande masse que celles de l'Afrique septentrionale, où on a élevé l'autruche. Ainsi M. Simmonds donne les chiffres suivants pour l'année 1883 :

Plumes de l'Afrique méridionale, valeur : 1,425,781 livres sterling.

Plumes de l'Afrique septentrionale, valeur : 86,942 livres sterling.

Aden est un entrepôt pour les plumes d'autruche.

« M. R. H. Elliott, dans une note lue peu de temps avant la formation de l'Association indienne de l'Est, appelait l'attention sur les envois considérables de petits oiseaux expédiés de Madras, et qui sont expédiés principalement par Hong-Kong et Singapore; l'auteur prévoyait une extermination prochaine des oiseaux à plumage éclatant.

« ..... Des Indes nous recevons principalement des geais bleus, des coqs de jungles, des orioles, des tragopans, des martins-pêcheurs (*Alcedo Bengalensis*) et autres, et les plumes de paon et de pélican.

« Ces derniers sont chassés à outrance en Cambadie durant l'époque de la mue. On les prend dans de grands pièges, et, pendant une semaine, de mille à deux mille individus sont tués chaque nuit. Les plumes grisâtres des ailes et les plumes noires des extrémités sont arrachées, liées en bottes, et, dans l'Est, s'emploient surtout pour la confection des éventails. Ces plumes sont estimées en Europe, où on les teint généralement.

« Le petit héron à aigrette et le *ardea alba* sont très recherchés pour leurs plumes. Pour donner une idée de l'usage considérable qu'il est fait de ces plumes, je dirai que, dans une vente de ce genre, en janvier 1876, les plumes vendues, au nombre de vingt par héron, représentaient le massacre de 9,700 oiseaux, tous des Indes.

« Nous employons aussi les plumes fournies par les marabouts et les cigognes-adjudants. Les premiers habitent de grands espaces compris entre le Sénégal et Angola. Les *adjudants* fournissent des plumes presque aussi estimées que celles des marabouts. Les cigognes-adjudants sont très répandues dans les Indes septentrionales et surtout au Bengale, où elles sont bien connues dans les grandes villes comme rendant des services en dévorant les immondices.

« Les plumes de paon, aussi bien celles du corps que celles de la queue, sont fort recherchées pour la parure. Dans une vente publique, au mois d'août, environ soixante-quinze caisses furent vendues, contenant, non seulement les peaux complètes du corps de ces oiseaux, mais aussi les plumes et la peau bleue du cou, les ailes, les plumes du corps et de la queue, classées sous les noms de « yeux, sabres, queues de poisson », selon qu'elles proviennent des côtés de la queue (plumes vertes brillantes), ou du milieu, où elles sont marquées d'un œil bleu.

« Dans les Indes on les emploie beaucoup pour la confection des éventails, parures diverses, vendues dans le pays de 6 pence à 1 schilling pièce (soixante centimes à un franc vingt-cinq centimes).

« Des dix-huit espèces de Paradisiers connues, quatorze habitent la Nouvelle-Guinée et les îles environnantes; trois l'Australie et une seule les Moluques. Les quatre espèces bien caractérisées comme types des groupes vivent dans la Nouvelle-Guinée et dans quelques îles rapprochées. Les autres espèces sont plus rares. Les plus connues sont : le Grand Paradisier (*Paradisea apoda* Linné), découvert depuis le milieu du XVIe siècle, dans les îles Aru, et le Petit Émeraude (*P. papuana* Beschst), dont le plumage sert à orner la tête des Ratahs de l'Est et des dames riches de l'Ouest.

« Le *Paradisier rouge* a les plumes longues des côtés d'un brillant cramoisi, au lieu d'être jaunes; le *Paradisier royal* semble être un flocon de plumes, ayant deux minces filets d'environ six pouces anglais de long, naissant à la queue et se terminant en une large spirale vert émeraude.

« Ces oiseaux semblent avoir été découverts par les Portugais, lors de la conquête de Malacca, en 1511, où les Paradisiers étaient amenés par les Malais et les Javanais, qui les envoyaient en Chine. Quoi qu'il en soit, les Portugais les auraient remarqués dès leur arrivée ou au commencement de l'année suivante. Cependant le premier récit à ce sujet nous vient de Pigafetta, qui alla aux Moluques dix ans après les Portugais.

« .... Actuellement, les entrepôts principaux pour ces oiseaux, en Orient, sont les îles Aru, et, en Occident, Batavia et Singapore; ils sont envoyés des Célèbes. Les Hollandais nous en fournissent aussi et le prix de première main est de 20 à 25 shillings, suivant qualité. En 1872, 3 000 de ces oiseaux en peaux furent apportés, par bâtiments, du port de Dabo aux îles Aru.

« Les plumes délicates du faucon-pêcheur (*Pandion haltaetus*), d'un brun jaunâtre ou blanc de neige, sont très recherchées pour la confection d'aigrettes.

« Des quantités prodigieuses de plumes d'Argus et de différents faisans indiens sont aussi reçues. Même au marché de Leaden hall les plumassiers achètent les plus beaux faisans communs pour leur plumage. Ils sont préparés pour être placés sur les chapeaux de dames, et la chair de ces faisans est vendue bon marché.

« Dans l'Amérique du Sud, on recherche les plumes de Nandou (*Rhea americana* — autruche d'Amérique); elles sont vendues dans le commerce sous le nom de « plumes de vautour ». En 1863, il en fut expédié, de Buenos-Ayres, 153 330, de la valeur de 34 498 livres sterling... Les plumes de nandou mâle sont vendues plus cher que celles de la femelle.

« Les plumes de la queue de l'aigle doré (*Colaptes auratus*) et autres oiseaux coquettement vêtus fournissent un plumage servant à orner les robes. Les plumes de l'émeu (casoar) d'Australie sont de teinte brune, jolies, mais cassantes, néanmoins, celles qui se trouvent près de la queue sont longues et gracieuses. On les teint de diverses nuances, et, à présent, on les utilise beaucoup pour l'ornement de la toilette. De Victoria, en 1883, on en expédia, principalement en Angleterre, pour la valeur de 3 187 livres sterling.

« La quantité de plumes récoltées dans l'Uruguay, en 1875, fut de 92 400 ibs., mais, en 1877, elle tomba à 44 000 ibs., estimées d'une valeur de 20 000 livres sterling.

« Plusieurs motifs sont la cause de cette décadence : d'abord la chasse à outrance, non seulement des oiseaux, mais aussi de leurs œufs et des jeunes; ensuite l'extension de l'élevage du bétail; enfin, un décret du gouvernement, en 1877, défendant la chasse de ces oiseaux sous des peines sévères, et offrant une prime à la première personne qui produira un certain nombre de ces autruches élevées en domesticité.

« Ce décret a eu pour effet de réduire le produit des chasses de deux tiers.

« Beaucoup de fermiers ont, depuis quelque temps, entrepris l'élevage de ces animaux et tentent de les domestiquer dans l'espoir d'en obtenir les plumes à époques fixes. Il y a lieu de croire que bientôt on obtiendra ainsi un produit plus considérable et de meilleure qualité, les plumes arrachées à la main étant réputées plus fines et plus duveteuses.

« Les belles plumes en paquets, préparées pour les marchés européens, sont vendues environ 12 shillings la livre. La plupart sont expédiées pour le Havre, quelques-unes vont directement à New-York.

« Cayenne reçoit pour une valeur de 5 000 livres sterling de plumes et d'oiseaux en peaux, comprenant diverses espèces, telles que les Hérons, les *Rapapa* ou *Dindons sultans*, et une foule de colibris au brillant plumage. De l'Amérique du Sud également viennent les cardinaux rouges et plusieurs autres espèces propres à être employées pour la toilette.

« C'est avec les plumes du *Trognon splendens* et autres Trognons que les mosaïques mexicaines ont été faites. L'une d'elles, la plus délicate et la mieux exécutée, contenant plusieurs figures, est exposée maintenant au musée Ashmolean, à Oxford, et l'on affirme qu'elle est faite de plumes d'oiseaux-mouches. Le sujet représente le « Christ succombant sous la croix ». Toute la mosaïque est de la grandeur de la paume de la main, et les figures ont un demi-pouce (anglais) de long. »

J'ai tenu à citer tous ces faits qui donnent une idée fort nette de l'importance qu'a prise le commerce des plumes d'oiseaux. On le comprend sans peine, car rien n'est plus joli, plus varié que les nuances délicates qui ornent le plumage des oiseaux.

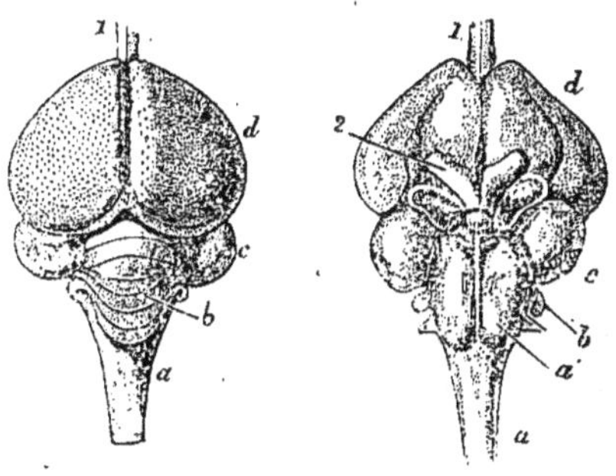

Fig. 375. — Encéphale de Poule vu en dessus et en dessous.

a. Moelle épinière; *a'*. Moelle allongée; *b*. Cervelet; *c*. Lobes optiques ou tubercules quadrijumeaux; *d*. Hémisphères cérébraux. — 1. Tubercules et nerfs olfactifs. — 2. Nerfs optiques.

CHAPITRE II

Anatomie et Physiologie de l'oiseau.

Le squelette des oiseaux ne ressemble ni à celui des mammifères ni à celui des reptiles; cependant nous y retrouvons les mêmes pièces, mais agencées d'une façon différente; le plan primitif des vertébrés persiste.

En tous cas, dans le squelette des oiseaux il y a, malgré des ressemblances extrêmes, des caractères nets qui n'existent que dans tel ou tel groupe et qui peuvent servir à la détermination ; mon illustre maître, M. Emile Blanchard, l'a montré par ses travaux.

Le squelette de l'oiseau est solide et léger. Il le faut, en effet : d'une part, pour pouvoir frapper l'air avec force, et, d'autre part, pour que le corps de l'oiseau, par sa densité moindre, oppose moins de résistance à l'air.

Cette légèreté est obtenue par la vacuité des os, et la solidité par la compacité des lamelles osseuses. Les os longs sont creux, cylindriques et remplis d'air, du moins pour la plupart. Et plus un oiseau est bon voilier, plus son squelette est léger et solide ; ce sont des conditions essentielles.

Il m'est impossible d'entrer dans les détails et de décrire minutieusement le squelette des oiseaux ; mais il est certains caractères que je ne puis passer sous silence, cela me permettra de n'y plus revenir dans le cours de cette étude.

Nous savons que l'os est recouvert par du périoste. Chez certaines races de poules le périoste est coloré en noir, mais c'est une coloration extérieure que l'on peut faire disparaître en grattant le périoste ; l'os alors reprend la teinte blanche.

Si l'on examine le crâne d'un oiseau, il est globuleux et on le croirait formé d'une seule pièce ; en effet, les os se soudent de très bonne heure. Lorsque le crâne offre des protubérances, comme on le voit chez le Casoar à casque, chez les Calaos, les saillies sont légères, parce qu'elles sont remplies de vacuoles.

La forme du crâne varie. Chez les Dinornis, chez les vautours, la tête est très aplatie.

Elle est arrondie chez les chouettes, les perroquets, les échassiers, par exemple ; elle est allongée chez les canards.

L'orbite est de grande taille et l'œil est logé dans une cavité incomplète en bas ; et la cloison qui sépare les cavités orbitaires est tantôt pleine, tantôt perforée (Echassiers).

Chez les mammifères, nous avons vu que le crâne s'articulait avec la colonne vertébrale par deux condyles occipitaux ; chez les oiseaux il n'y en a qu'un seul, et cette disposition permet des rotations très grandes de la tête.

Les mandibules constituent le squelette du bec ; et, ce qui ne se rencontrait pas chez les mammifères, la mâchoire supérieure est mobile chez certaines espèces : les perroquets, les flamants, les canards et certains passereaux.

La colonne vertébrale ne présente pas dans le nombre des vertèbres la fixité que nous avons remarquée chez les mammifères ; ainsi le nombre des vertèbres cervicales varie entre 10 et 24. Les vertèbres dorsales sont souvent soudées, et les vertèbres lombaires se soudent au sacrum pour former le bassin. Les vertèbres coccygiennes sont également soudées ; il y en a 7 à 9, et la dernière, destinée à porter les grandes plumes de la qüeue, se termine brusquement sous forme d'une lame osseuse.

Les côtes, aplaties, sont portées par les vertèbres dorsales; mais il y a, en outre, des côtes sternales qui, partant du sternum, viennent s'articuler avec les premières, en formant un angle, et c'est par les mouvements de tension de ces côtes que le thorax se dilate. Les côtes vertébrales offrent une longue apophyse récurrente, qui chevauche sur la côte précédente.

Le sternum (voy. *page* 111, *fig.* 63) est large, c'est une carène

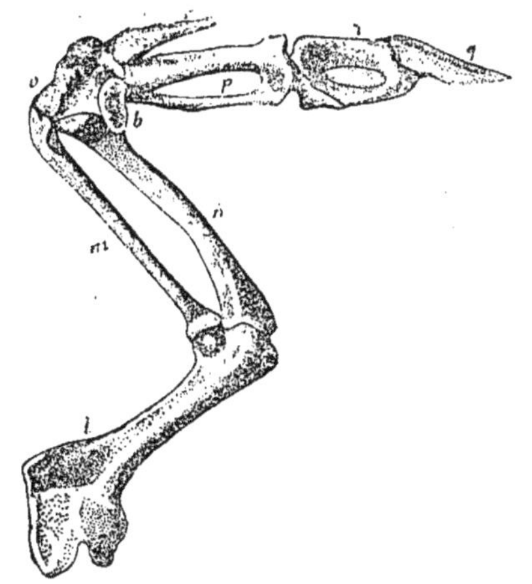

Fig. 370. — Membre antérieur ou squelette de l'aile.

l. Humérus; *m.* Radius; *n.* Cubitus; *o* et *b.* Carpe; *pp.* Métacarpe; *qq.* Phalanges.

offrant une crête médiane, le bréchet, et donnant insertion à des muscles puissants, qui permettront à l'oiseau de frapper l'air de ses ailes. Chez les oiseaux qui ne volent pas, comme les autruches, le sternum est un bouclier dépourvu de bréchet.

L'appareil claviculaire se compose des clavicules qui, soudées, forment la fourchette, qui s'appuie sur le sternum, puis d'une paire d'os coracoïdiens libres, articulés au sternum et à l'os furculaire. L'omoplate est petite et en forme de faucille.

Le membre antérieur qui forme l'aile a un humérus, un radius, et un cubitus; viennent ensuite deux petits os du carpe, auxquels fait suite une pièce, formée de trois os soudés, qui constitue le métacarpe et qui porte trois doigts.

Les os du bassin sont ouverts en dessous, il n'y a pas de symphyse pubienne.

Au membre postérieur, nous retrouvons le fémur, le tibia, un péroné petit, styliforme, soudé seulement en haut.

Il n'y a pas d'os vrais du tarse, mais un os tarso-métatarsien qui correspond à peu près à l'os canon des ruminants, et qui présente trois poulies articulaires, qui indiquent bien que cet os est formé par la soudure de trois os.

Viennent ensuite trois doigts, un postérieur et trois antérieurs. Quelquefois, cependant, il y en a deux en avant, deux en arrière.

Bien que l'intelligence des oiseaux soit inférieure à celle des mammifères, elle est supérieure dans certains cas à celle des mammifères les plus dégradés. Le système nerveux est plus simple que chez les mammifères; le cerveau est lisse, il n'y a pas de circonvolutions, ce qui est une marque de dégradation; il est formé de deux hémisphères; mais il n'y a ni pont de varole, ni corps calleux; les lobes optiques sont volumineux, et à découvert, comme chez les monotrèmes. (Voy. *fig.* 375.)

Le cervelet est gros et n'est pas, comme chez les mammifères supérieurs, recouvert par le cerveau, et c'est le lobe médian qui est le plus développé.

Nous sommes tout naturellement amenés à dire quelques mots des organes des sens. Le sens du toucher est très imparfait par suite du revêtement épais de plumes, ou d'écailles, et c'est le bec qui est doué de la plus grande délicatesse de tact.

Les organes de l'odorat, du goût et de l'ouïe sont peu parfaits.

Il n'y a pas d'oreilles externes, en effet; quelquefois, comme chez les grands-ducs, les plumes s'élèvent en forme d'oreilles, mais en réalité celles-ci s'ouvrent à fleur de peau et l'ouverture est entourée de plumes délicates.

La vue, au contraire, est très parfaite. L'œil existe toujours bien développé; il n'y a pas, comme chez les mammifères, les batraciens, les poissons, les mollusques, les crustacés et les insectes, d'oiseaux aveugles; même ceux qui sont nocturnes ont de grands yeux.

L'œil n'est pas sphérique; le segment antérieur est très développé et présente un cercle osseux. L'iris est de couleur variable et peut se contracter ou se dilater facilement; à volonté, l'oiseau peut déterminer les mouvements de la pupille. Le nerf optique pénètre un peu sur le côté et entre dans une gaine oblique.

Dans le corps vitré, on remarque chez tous les oiseaux, excepté chez l'aptérix, un organe singulier qu'on nomme le *peigne*, membrane noire très riche en vaisseaux sanguins, qui présente des plis très nombreux (12 ou 15), arrondis ou comprimés, susceptibles de certains mouvements; ce peigne sert en quelque sorte d'abat-jour. — Le cristallin varie de forme; arrondi chez les oiseaux d'eau, il est aplati chez les rapaces.

L'œil est peu mobile, et, pour regarder en haut, l'oiseau incline la tête; celle-ci, au contraire, est très mobile, grâce à son unique condyle occipital.

Fig. 377. — Héron cendré.

L'odorat est peu développé et les grands oiseaux rapaces qui planent dans l'air à la recherche de quelque proie, sont guidés par la vue; même ceux qui aiment les charognes, comme les vautours, ne sont, pour ainsi dire, pas attirés par l'odeur de la chair en putréfaction. M. A. Milne-Edwards a fait à ce sujet d'intéressantes et concluantes expériences.

Des vautours, que l'on avait quelque peu fait jeûner, furent placés dans une grande cage de la ménagerie du Muséum. Dans cette même cage on mit une caisse remplie de chair pourrie, sentant très mauvais par conséquent; cette caisse était recouverte d'une toile, qui était assez mince pour que d'un coup de bec ou d'un coup de griffe, les oiseaux puissent la déchirer.

Les vautours restèrent à côté de cette boîte sans chercher à s'emparer de la chair, ne semblant même pas s'apercevoir de l'odeur abominable qui se dégageait. Au bout de quelque temps, on fit, dans la toile, un tout petit trou. Alors, on vit les vautours s'approcher, regarder, puis se précipiter, lacérer la toile et dévorer le contenu de la caisse. Ils n'avaient donc pas été avertis par l'odorat de la présence de cette charogne, dont ils se délectèrent.

La digestion est très rapide chez les oiseaux, et ils mangent beaucoup, contrairement à ce que l'on pense généralement; les oiseaux pêcheurs et chasseurs peuvent jeûner, mais les granivores mangent tout le temps. Nous dirons donc quelques mots des particularités que présentent leurs organes digestifs.

Le bec, qui est de substance cornée, est un organe de préhension, de suspension et une arme; il ne porte pas de dents implantées, mais on y voit des saillies, des lamelles, sur le bord libre. Cependant, M. Blanchard a cru retrouver dans l'os des rudiments de bulbes dentaires. Il n'y aurait là rien que de très naturel, car nous savons qu'il y a eu des oiseaux, dans les temps secondaires, qui avaient des dents.

La forme du bec est en rapport avec le régime, comme la dentition des mammifères.

Les becs coniques et pointus sont préhensiles et servent, en outre, d'arme offensive : je citerai les cigognes, les marabouts, les martins-pêcheurs, le héron, qui sont dans ce cas (*fig.* 377); chez ce dernier, ainsi que chez un palmipède, l'anhinga, le bec est très pointu, le cou est long, mince, les vertèbres du cou sont très mobiles, et ces oiseaux peuvent lancer leur bec par une détente.

Les becs courts et coniques, comme ceux des moineaux, des pinsons, servent à la préhension des aliments; quelquefois le bec se dévie, et les mandibules chevauchent (bec croisé). Chez les gallinacés, le bec est plus long et préhenseur.

Le bec des rapaces est court, crochu et lacérant, à bords tranchants ; celui des perroquets est à peu près semblable, mais les bords en sont émoussés ; c'est plutôt un organe de suspension.

Dans d'autres cas, comme chez les mouettes, les goélands, les albatros, le bec est plus long, crochu et sert surtout à retenir les proies.

Le bec des pics est droit, comprimé latéralement à son extrémité, et sert à ces oiseaux à entailler le bois.

Quelquefois le bec est long, cylindrique, droit ou courbé en haut, en bas, ou plat. Ce cas se présente chez les oiseaux qui cherchent les petits animaux dans la vase; et, alors, l'extrémité du bec est tactile (bécasse, avocette, spatule, oie, canard).

Mais les oiseaux ne se servent pas seulement de leur bec; leur langue a souvent une grande importance. Cette langue est suspendue à l'os hyoïde dont les cornes peuvent être très longues. Il est rare qu'elle soit charnue et musculeuse comme chez les perroquets; elle est, en général, sèche et rude; quelquefois même barbelée à son extrémité (chez le pic).

Les glandes salivaires sont généralement peu développées.

Il y a cependant certains oiseaux, comme les salanganes, sortes de petits martinets, chez lesquels, au moment de la nidification, les glandes salivaires sublinguales deviennent turgescentes et sécrètent beaucoup de salive, dont l'oiseau se sert pour construire son nid : c'est ce nid que les Chinois mangent sous le nom de nid d'hirondelle.

L'œsophage est le plus souvent très large; puis chez beaucoup d'espèces on trouve une dilatation, le jabot. Comme nous le verrons, le jabot des pigeons sécrète, pour la nourriture des jeunes, une substance caséeuse analogue au lait.

Mais, en général, les aliments s'accumulent dans ce jabot et y subissent une première digestion. Des poulets auxquels on donne de la nourriture, s'en gavent jusqu'à ce que leur jabot soit plein. Alors on voit une poche qui fait saillie à la base du cou; c'est le jabot dilaté.

Chez d'autres oiseaux, le bol alimentaire pénètre directement dans une autre dilatation, le ventricule succenturier ou chylifique, qui est le véritable estomac; les glandes contenues dans ses parois renferment le suc gastrique.

Mais il y a une autre poche, à parois épaisses et musculeuses, le gésier, qui sert à malaxer les aliments et dont les glandes sécrètent un liquide très acide.

Il est épais chez les granivores et revêtu d'un épithélium considérable et dur. En outre, l'oiseau avale de petites pierres qui contribuent à broyer les aliments; le pigeon est dans ce cas. Il faut avoir bien soin, lorsqu'on vide une volaille, de ne pas crever le tube digestif : car les pierres qu'il contient presque toujours, pourraient rester dans quelque partie de l'oiseau, et casseraient infailliblement la dent qui les croquerait.

Chez l'autruche, chez le dindon, la puissance musculaire du gésier est très grande.

L'intestin ne présente rien de bien particulier, si ce n'est que les cœcums sont très longs chez les gallinacés, les autruches, les lamellirostres ; ils sont courts, par exemple, chez le pélican, et chez les cigognes il n'y en a qu'un.

Le foie est très volumineux et présente ou non une vésicule biliaire. On rend même certains oiseaux, les oies en particulier, malades; leur foie grossit beaucoup, ils ont en réalité une maladie de foie; ce viscère est très estimé, et fait l'objet d'un commerce important, sous le nom de pâtés ou terrines de foies gras.

L'intestin débouche dans un cloaque et les matières fécales se mélangent à l'urine avant d'être évacuées.

Les organes de la circulation sont très complets; le cœur a quatre cavités, comme chez les mammifères, mais les parois en sont très épaisses, surtout celles du ventricule gauche. Les globules rouges du sang sont elliptiques comme chez tous les vertébrés ovipares, et, comme chez les caméliens, parmi les mammifères; mais, tandis que chez ces derniers les globules étaient biconcaves, chez les oiseaux, les reptiles, les batraciens et les poissons ils sont renflés, ils ont un noyau; et on ne trouve aucune infraction à cette règle.

La respiration est très active chez les oiseaux ; elle est aérienne et se fait à l'aide de poumons; elle est double, c'est-à-dire qu'elle s'effectue dans les poumons et dans des sacs aériens.

Les poumons, relativement petits, sont relégués contre la paroi supérieure et attachés aux parois du thorax ; ils se moulent sur les côtes; il s'ensuit que les mouvements thoraciques entraînent les mouvements des poumons. Ils ne sont pas enveloppés par une plèvre ; celle-ci est représentée par une couche de tissu très délicat déposé à la surface de la paroi du poumon.

Bien que plus faible que celui des mammifères, le diaphragme existe et quelquefois il y en a plusieurs : le diaphragme pulmonaire, constitué par des fibres musculaires qui partent des côtes, et le diaphragme thoraco-abdominal formé de fibres qui partent du rachis.

L'acte respiratoire ne s'effectue donc pas de la même manière que chez les mammifères.

Nous avons, à propos du squelette, exposé la conformation du thorax, nous n'y reviendrons pas.

L'air pénètre dans le corps par la trachée, qui est plus variable chez les oiseaux que chez les mammifères, et formée d'anneaux complets, non interrompus en arrière par une membrane. Mais, ce qui est curieux, c'est que la trachée est souvent beaucoup plus longue que le cou; ainsi chez les grues, chez les cygnes, qui cependant ont le cou fort long, la trachée forme des anses qui se logent dans le bréchet.

De plus, chez certaines espèces, elle offre une dilatation, sorte de deuxième larynx. Chez d'autres espèces (les manchots), elle est divisée en deux par une cloison longitudinale.. Les bronches sont courtes d'ordinaire.

Certaines d'entre elles traversent les poumons sans s'y ramifier et portent l'air dans les réservoirs aériens.

On peut dire que l'oiseau est rempli d'air, — il possède des sacs pneumatiques dans toutes les parties de son corps, qui s'intercalent même entre les organes splanchniques ou moteurs, et finissent par entrer en communication avec les cavités des os longs, et avec le parenchyme lacuneux des os courts.

Nous ne pouvons décrire ici tous ces sacs, mais nous renvoyons le lecteur aux travaux de Sappey, de A. Milne-Edwards, de Natalis Guyot, et de Georges Roché, qui vient de publier tout récemment un beau mémoire sur cette question, jetant une vive lumière sur la structure et le mécanisme de la respiration des oiseaux (1).

Les plus grands réservoirs aériens sont les sacs claviculaires et thoraciques, les cervicaux, les diaphragmatiques antérieurs et postérieurs, enfin les sacs abdominaux. Il existe des sacs aériens partout, même sous la peau; les plumes aussi reçoivent de l'air.

1. Georges Roché. *Etudes anatomiques des réservoirs aériens d'origine pulmonaire, chez les oiseaux.* — *Annales des sciences naturelles.* — *Zoologie,* 7e série, tome XI.

Il résulte de ces faits que, lorsqu'on a blessé un oiseau, on ne peut le tuer en l'étranglant, s'il a, par exemple, l'aile cassée; car l'air pénètre dans les poumons par l'os et la respiration s'effectue ; mais il suffit de l'étouffer en pressant la poitrine, empêchant, de cette façon, l'entrée de l'air dans les poumons où se fait la vraie respiration, c'est-à-dire l'hématose, l'échange des gaz entre le sang et l'air.

Il en est pour les oiseaux comme pour les insectes.

Lorsqu'un hanneton veut s'envoler, il *compte ses écus*, dit-on, c'est-à-dire qu'il fait des mouvements qui permettent à l'air de pénétrer dans les dilatations trachéennes dont son corps est rempli, afin d'être plus léger; — de même, lorsqu'un pélican par exemple veut s'enlever, il court, étend ses ailes, se gonfle d'air, et s'envole facilement; chez cet oiseau l'air entre partout, et son corps ayant une densité très faible, il peut très facilement nager, il flotte tout naturellement.

La respiration très active de l'oiseau est en rapport avec la circulation qui, elle aussi, est très active. La chaleur du corps est élevée, et elle augmente même beaucoup au moment de l'incubation.

Il faut, en effet, que l'oiseau, à ce moment, fournisse de la chaleur à ses œufs, puis plus tard à ses jeunes. Les oiseaux résistent d'ailleurs au froid, grâce à leur duvet qui constitue un chaud vêtement.

Y a-t-il des oiseaux hibernants?

— Certaines espèces, prétendait-on, hibernaient. Quelques espèces émigrantes, telles que les hirondelles, qui restent dans les pays froids, s'engourdissent et meurent de froid. — Non, il n'y a pas d'oiseaux véritablement hibernants, c'est-à-dire passant la saison froide, comme les lérots, les marmottes, protégés par un sommeil léthargique.

« Les oiseaux échappent surtout au froid par leurs migrations ; les espèces des régions polaires arrivent dans nos pays ; celles de nos pays s'en vont dans le Midi. Les espèces qui restent, conservent pendant tout l'hiver une certaine activité ; il n'en est que très peu qui restent blotties dans leurs retraites. Les cailles, les hirondelles, sont surtout célèbres par leurs longs voyages : elles n'attendent pas l'abaissement de la température, elles le préviennent : aussi, lorsque leur départ est précoce, on en conclut habituellement qu'il y aura un hiver rigoureux ; cette prévision, notons-le en passant, est loin d'être toujours vérifiée. Les cailles, malgré leur lourde apparence, vont jusqu'en Afrique et en Asie Mineure ; les hirondelles, dans les pays qui bordent la Méditerranée ; il en est, paraît-il, qui poussent jusqu'au Sénégal. — Ces longs voyages sont extrêmement pénibles pour ces animaux, et un grand nombre périssent de fatigue pendant la route ; lorsqu'ils arrivent à destination, ils sont tellement exténués, qu'ils fournissent une proie facile aux chasseurs et aux oiseaux carnassiers.

« Dans le Roussillon, c'est surtout à leur retour au printemps qu'on les chasse au filet ; sur les flancs des collines, on dresse de longs filets verticaux, dont l'extrémité est tenue en main par un guetteur : les oiseaux qui longent le bord de la mer vont donner tête baissée dans les mailles ; le chasseur abaisse le filet et s'empare des malheureux captifs, qui subiront un engraissement spécial avant d'être livrés à la consommation » (1).

Les oiseaux peuvent émettre des sons ; ils ont un appareil vocal, et peuvent quelquefois chanter et parler. Mais où siègent ces organes phonateurs si perfectionnés ?

Les mammifères produisent des sons très peu variés ; quelques-uns cependant gazouillent.

Mais chez les oiseaux la voix est complexe ; ils peuvent chanter et quelques-uns même parler, imitant la voix humaine.

On peut dire que tous les oiseaux ont une voix, mais sur dix mille espèces d'oiseaux il n'y en a guère que cent cinquante auxquelles on puisse donner véritablement le nom d'*oiseaux chanteurs*.

Chaque oiseau a un chant particulier ; il l'acquiert en naissant, mais le perfectionne et ne peut bien chanter que lorsqu'il est à l'état adulte. Il est même des oiseaux, en particulier les merles, les serins, les sansonnets, les alouettes, qui apprennent le chant d'autres oiseaux.

Les chants varient suivant les saisons.

Beaucoup d'oiseaux cessent de chanter dans la mauvaise saison ;

1. L. Cuénot. *Le Naturaliste*, n° 94, page 31 ; 1er février 1891.

en tous cas c'est au printemps qu'ils chantent le mieux. Les uns ne chantent que posés, d'autres en volant. En outre les heures du chant sont déterminées d'une façon très régulière. On a remarqué par exemple que le pinson est le plus matinal (une heure et demie du matin); le merle chante à trois heures et demie, et le moineau est celui qui se lève le plus tard (cinq heures à cinq heures et demie). Les circonstances extérieures sont aussi très importantes.

Chaque oiseau a son langage véritable. « Beaucoup de natura-

Fig. 378. — La Caille.

listes, dit H. Milne-Edwards (1), pensent que le chant modulé des oiseaux a une signification et sert à établir entre ces animaux des communications mentales plus ou moins variées. Quelques auteurs ont même cru pouvoir l'interpréter; mais dans la plupart des cas, les traductions qu'ils en ont données sont complètement arbitraires...; néanmoins il paraît bien évident que certains sons expriment la satisfaction résultant d'une jouissance éprouvée; tandis que d'autres bruits sont des signes d'alarme, des appels ou l'expression de certains désirs, de la faim par exemple; les cris expressifs des oiseaux sont même beaucoup plus variés qu'on ne le supposerait au premier abord; même chez la poule ils changent de caractère suivant les circonstances dans lesquelles ils sont émis, et

1. *Leçons sur la Physiologie et l'Anatomie comparée de l'homme et des animaux*, tome XIV, page 116 et suiv., 1881.

j'incline à croire que chez quelques-uns de ces animaux, les hirondelles par exemple, une sorte de conversation peut s'établir entre les différents individus d'une même troupe.

« Quoi qu'il en soit à cet égard, les modulations vocales des oiseaux chanteurs ne sont pas réglées automatiquement par l'instinct; de même que la parole humaine, leur musique est un art; ces animaux apprennent à chanter comme l'enfant apprend à parler, par imitation; et, suivant la société au milieu de laquelle chacun d'eux a été élevé, leur chant varie comme varient les langues acquises par des personnes élevées chez des peuples différents. »

Fig. 379. — Le Guêpier.

Dupont de Nemours a beaucoup étudié le chant des oiseaux et il a donné souvent libre cours à son imagination lorsqu'il a voulu traduire ces chants. Nous en reparlerons à propos du corbeau, du rossignol et de l'hirondelle.

En dehors des chants modulés il y a les cris.

Il y a quelquefois des sentinelles qui, par un cri spécial, avertissent leurs compagnons du danger qui les menace.

C'est encore par des cris spéciaux que les parents appellent leurs petits; le gloussement de la poule en est un excellent exemple.

En Amérique existe un oiseau bien curieux, le moqueur (*Mimus polyglottus*), qui appelle les autres oiseaux et même des mammifères; il imite, paraît-il, fort bien le bruit de la scie qui entame le bois. Du reste chacun sait que les perroquets imitent non seulement les cris des animaux, mais aussi les différents bruits, tels que le grincement d'une porte, le roulement du tambour.

Certains mammifères ont la voix très puissante; ainsi on peut entendre de fort loin le gibbon; on entend le singe hurleur à plus de 1 500 mètres. Mais cette distance est faible en comparaison de celle à laquelle on perçoit le cri des hérons, des grues, des cygnes qui volent souvent à 3 ou 4 000 mètres! Nous ne pourrions même pas, nous, faire entendre le son de notre voix du haut de la tour Eiffel qui n'a que 300 mètres.

On peut dire que ce sont de véritables trompettes que certains oiseaux, tels que la grue et certains cygnes, ont dans la poitrine.

Outre les chants et les cris, il y a des oiseaux qui émettent des sons bizarres. Ainsi le casoar de la Nouvelle-Hollande, dont la trachée porte vers son tiers inférieur une poche spéciale, semble faire des roulements de tambour sourds.

L'autruche mâle pousse de vrais mugissements.

L'agami ou Oiseau trompette paraît ventriloque.

Un gallinacé, le Talégalle, émet aussi des sons analogues au bruit d'un tambour voilé d'un crêpe; et pour cela, il baisse la tête et gonfle son cou.

D'ailleurs le roucoulement des pigeons se rapproche un peu du son des précédents oiseaux.

D'un autre côté, certaines espèces, telles que les Guêpiers, les Souimangas, les Jacamars, sont presque muettes; quelques-unes, en particulier le Condor, le Vautour pape, le sont tout à fait.

Enfin il est à noter qu'il y a des oiseaux qui chantent au moment des changements de temps. Ainsi j'ai remarqué bien souvent dans la ménagerie du Muséum que les paons chantaient ou plutôt lançaient leurs notes discordantes qui semblent dire : « Léon ! » lorsqu'il allait pleuvoir, ou bien au moment d'un coup de tonnerre.

Tous ces exemples suffiront, je pense, pour donner une idée de la complexité de l'appareil vocal des oiseaux.

Il existe en effet deux larynx, l'un supérieur, l'autre inférieur. Le premier n'offre rien de particulier; par sa structure et sa situation, il est l'homologue du larynx des mammifères. — Cependant il n'émet pas de sons et ne sert qu'à livrer passage à l'air.

Mais le larynx inférieur ou *syrinx* est le véritable organe vocal, placé au point de jonction de la trachée avec les bronches, ou sur les bronches elles-mêmes ; mais ce dernier cas est le moins fréquent. C'est une modification, en somme, des anneaux bronchiques que forme ce syrinx ; il y a là certaines membranes de résonance dont l'inférieure est nommée tympanique. Cette dernière n'existe pas chez le condor et le vautour pape, qui sont muets. Dans la plupart des cas des muscles spéciaux mettent en mouvement ces diverses parties. Les cygnes, les canards, ont de plus des poches de résonance asymétriques, osseuses.

Pour plus de détails nous renvoyons le lecteur aux ouvrages spéciaux, et surtout au livre de Henri Milne-Edwards [1], qui décrit en détail les différentes pièces qui constituent l'appareil vocal des oiseaux. Ces petits êtres, dans les bois, dans les champs, nous charment bien souvent par leurs chants et leur ramage ; il était donc bien naturel de leur consacrer quelques lignes.

Mais ce n'est pas seulement par leurs chants que les oiseaux sont pour nous un sujet d'admiration ; par leurs mœurs que nous décrirons bientôt et leur habileté à construire un nid destiné à conserver leurs œufs, nids d'une architecture souvent étonnante, les oiseaux sont dignes de tout notre intérêt.

« Pour l'oiseau [2], le nid n'est pas seulement un berceau coquet, destiné à satisfaire la vanité maternelle ; c'est une œuvre d'art faite avec cœur, avec âme, avec amour, c'est le but extrême même des aspirations, de la tendre sollicitude des oiseaux pour leur progéniture. Dans notre espèce, grand nombre de mères achètent avant la naissance de leur enfant le berceau où il reposera, la layette qui servira à envelopper ses jeunes membres ; elles regardent avec émotion la barcelonnette où bondira dans son beau linge orné de dentelles le bébé qu'on attend ; mais ce berceau où est déjà le cœur de la mère avant son enfant, elle ne l'a pas construit, édifié elle-même ; à peine si elle en a préparé la garniture. L'oiseau, au con-

1. *Leçons sur la Physiologie*, etc., tome XII, page 607.
2. Ernest Menault. *L'Amour maternel chez les animaux*, page 112.

traire, fait lui-même son nid tout entier. A l'ardeur de son travail, à son activité incessante, on voit qu'il est emporté par un sentiment, par un feu qui le dévore. Ce sentiment, ce feu, c'est l'amour maternel. Avoir aimé, assurer l'existence à ses petits, leur préparer

Fig. 380. — La Talégalle dépose ses œufs dans des tas de feuilles et d'herbe.

au milieu des senteurs des bois, dans l'ombre et le silence, un berceau moelleux, fait de mousse et de fin duvet; entendre leur premier cri, satisfaire leur premier besoin; puis le cœur plein d'émotion, craignant le moindre bruit, le plus léger frémissement des feuilles, être là muet d'amour, l'œil couvant les petits, comme le corps a couvé les œufs : telles sont les impressions qu'éprouve l'oiseau lorsqu'il établit son nid. — Et cependant pour construire ce nid, l'oiseau n'a ni les mandibules de l'insecte, ni la main de l'écureuil, ni la dent du castor. N'ayant que le bec et la patte qui n'est point du tout une main, il semble que le nid doive lui être un problème insoluble. »

« L'outil, a dit Michelet, c'est le corps de l'oiseau lui-même, sa poitrine, dont il presse et serre les matériaux jusqu'à les rendre absolument dociles, les mêler, les assujettir à l'œuvre générale.

Fig. 381. — Le Coucou pond dans le nid d'un autre oiseau.

« Et au dedans l'instrument qui imprime au nid la forme circulaire n'est encore autre que le corps de l'oiseau. C'est en se tournant constamment et refoulant le mur de tous côtés qu'il arrive à former le cercle. Donc la maison, c'est la personne même, sa forme, son effort le plus immédiat, sa souffrance. Le résultat n'est obtenu que par une pression répétée de la poitrine. Pas un de ces brins d'herbe qui, pour prendre et garder la courbe, n'ait été mille fois poussé du sein, du cœur certainement avec trouble de la respiration, avec palpitation peut-être. »

La forme des nids est excessivement variée, comme nous pourrons nous en convaincre en étudiant les espèces d'oiseaux. Les uns nichent à terre; quelques-uns déposent leurs œufs dans une petite excavation qu'ils ont creusée; d'autres garnissent ce trou de substances molles.

Les nids construits sur les arbres sont aussi plus ou moins délicats; il y en a qui se contentent d'un amas de branches posées sans ordre; nous en voyons qui ont un nid plus régulier, ou qui y ajoutent quelques brins d'herbe, ou toute autre substance molle qu'ils trouveront; certaines espèces font un abri pour le nid, ou construisent un couloir d'entrée. Il y en a aussi qui cousent véritablement des feuilles pour garantir ou supporter leur nid. Puis on en voit qui cimentent pour ainsi dire les brindilles de bois et de mousse avec de la boue, de la terre gâchée. Enfin pour d'autres, les salanganes, c'est la salive même qui servira à la construction du nid.

En dehors de ces oiseaux, il y en a (les Talégalles) qui ne font pas de nid véritable, mais qui amoncellent des feuilles, de l'herbe et qui déposent leurs œufs dans le tas ainsi fait, comptant sur la chaleur dégagée par cette sorte de fumier pour les faire éclore.

Mais à côté de ces oiseaux dont l'amour maternel (et souvent paternel) est poussé si loin, il en est qui mettent, si je puis dire, leurs petits aux enfants trouvés: ce sont les coucous, qui ne font pas eux-mêmes de nids, et qui vont toujours pondre leurs œufs dans le nid d'un autre oiseau. Le coucou fait la chose régulièrement, mais on a fait quelques expériences pour savoir ce qui résulterait de l'intrusion *des œufs étrangers dans le nid.*

M. Paul Leverkühn vient de publier ses observations à ce sujet.

On sait que les poules couvent volontiers des œufs qu'elles n'ont pas pondus elles-mêmes, ou qui appartiennent à une autre espèce. On leur fait ainsi couver des œufs de canard, et grande est la stupéfaction de la poule quand elle voit toute sa nichée se précipiter dans l'eau; on a vu une poule faire éclore l'œuf d'un oiseau de proie, d'une crécerelle; cette pauvre bête fut tellement surprise à la vue de cet intrus, qu'elle voulut le tuer. Au contraire, on confia des œufs de poule à une buse, et celle-ci les couva et les soigna de son mieux.

Dans un nid de bergeronnette, contenant trois œufs, on introduisit deux œufs de rouge-queue. La bergeronnette s'en aperçut éloigna l'un d'eux et pondit un quatrième œuf, — elle les couva tous les cinq et les éleva ensemble.

Il est rare que des oiseaux de familles différentes s'associent. Le fait a cependant été signalé récemment par mon ami Henri Gadeau de Kerville. Dans une grande volière contenant un certain nombre d'oiseaux d'espèces bien différentes, deux oiseaux très éloignés l'un de l'autre par la classification, une perruche femelle du Brésil (*Conurus jendaya*) et une sorte d'étourneau mâle de l'Inde (*Gracupica nigricollis*) sont unis d'*amitié* sans avoir jamais contracté mariage. L'affection paraît plus forte chez la perruche que chez son compagnon. Elle le recherche avec insistance, le suit où il va se percher, se presse contre lui, l'épluche, en un mot lui témoigne une amitié constante.

Dans une même espèce le fait se présente, et même les oiseaux ont, poussé très haut, l'instinct de la sociabilité ; les uns vivent en compagnie pendant toute l'année, d'autres même s'unissent pour émigrer en bandes souvent considérables.

Comme beaucoup d'animaux, les oiseaux émigrent en troupe pour fuir le froid ou pour trouver une température moins élevée ; ils vont pondre ou muer dans le Midi ou le Nord ; mais c'est surtout pour se procurer de la nourriture qu'ils entreprennent ces voyages périodiques.

« L'étude des causes et de l'origine des migrations soulève d'intéressants problèmes. Plusieurs hypothèses sont en présence pour expliquer ce phénomène au moins bizarre. On a dit que les migrateurs partaient simplement pour changer de climat ; on a dit qu'ils fuyaient le froid ; d'autres ont aussi prétendu qu'ils reculaient devant la faim. La première de ces conceptions paraît tout au moins fantaisiste ; elle suppose à l'animal une humeur voyageuse par trop exagérée ; en dehors de cela c'est une explication assez peu claire. Elle est d'ailleurs abandonnée de nos jours, — ou à peu près. Quant aux deux autres, les seules plausibles, il est aisé de voir qu'elles n'en font qu'une, la disette étant une conséquence de la température. Mais aucune de ces trois hypothèses ne suffit à satisfaire un certain groupe de naturalistes. Objectant — avec raison — que s'il y a des migrateurs, il y a aussi des sédentaires ; ils affirment hautement que ni le besoin futile de changer de climat, ni le froid, ni la faim ne peuvent être la cause des migrations, mais bien... l'instinct ! » (1).

Henri Milne-Edwards dit que les oiseaux éprouvent, à certaines époques de l'année, le besoin de changer de pays, comme ils éprouvent à d'autres moments le désir de construire leurs nids, sans y être portés par un calcul intellectuel ou par la prévision des avantages qu'ils en recueilleront. C'est, dit-il, un instinct aveugle qui les pousse et qui se développe quelquefois indépendamment de tout ce qui, dans le moment même, peut influer sur le bien-être de ces animaux.

Telle n'est pas l'opinion de tout le monde. On a fait intervenir souvent beaucoup trop l'*instinct* lorsqu'on ne pouvait pas donner d'explication à un acte observé chez des animaux.

M. Etienne Rabaud, dans l'étude que je citais plus haut, donne l'explication suivante des causes et de l'origine des migrations : « L'hirondelle, on le sait, vit de petits insectes aériens qu'elle absorbe en quantités innombrables. Mais les insectes n'abondent pas en toute saison et le moment vient où le peu qu'il en reste ne suffit plus à la consommation. Sous peine de mourir, l'oiseau doit aller chercher ailleurs sa nourriture : il part. Les premiers individus qui firent le voyage durent errer longtemps et se livrer dans le monde à une véritable exploration, rien ne pouvant, en effet, leur indiquer que là plutôt qu'ailleurs existerait leur pâture. L'Afrique se trouva être le but de leur voyage. Cette région à son tour ne tarda pas à devenir inhospitalière ; il fallut repartir : nouvelles pérégrinations, nouvel arrêt qui eut presque nécessairement lieu dans la contrée qu'ils avaient abandonnée quelques mois auparavant. Peu à peu ils connurent le chemin ; la route fut tracée : les vieux l'indiquèrent aux jeunes, et voilà comment les hirondelles marchent sûrement d'Europe en Afrique et d'Afrique en Europe. Sur cette route qu'ils suivent, ils ne sont pas guidés par des *sensations d'ordre inconnu* et d'une extrême délicatesse, comme dit M. Pouchet ; une seule faculté, commune et indéniable à tout être, entre en jeu : la mémoire. »

Quoi qu'il en soit à cet égard, que l'on admette avec Milne-

1. Étienne Rabaud. *Le Naturaliste*, n° 32, page 153, 1888.

Edwards l'instinct, ou qu'on ne l'admette pas, nous constatons que certains animaux et en particulier les oiseaux voyagent à certaines époques. Nous en citerons de suite quelques-uns et nous reviendrons sur ce sujet en donnant les caractères et en décrivant les mœurs des oiseaux.

Les oiseaux migrateurs par excellence, ou du moins dont chacun a pu constater les voyages,

Fig. 382. — Les Hirondelles se réunissent à l'automne pour émigrer dans les pays chauds.

sont les hirondelles, les martinets, dont on salue l'arrivée comme annonçant le printemps ; il en est de même du coucou, dont le chant, bien que peu varié, fait toujours plaisir à entendre dans les bois, au moment où apparaissent les premières fleurs.

Les alouettes aussi entreprennent des voyages et passent dans nos pays en masse à l'automne, aux premières gelées blanches.

Les pigeons sont de même de grands voyageurs et traversent, avec une rapidité surprenante, des espaces considérables.

Mais les chasseurs savent bien que les cailles émigrent ; elles sont dans nos régions quand les blés sont mûrs, puis elles prennent leur vol, et, quand la température se refroidit, elles vont vers le Midi, et même, chose inouïe pour des oiseaux aussi lourds, elles traversent la mer Méditerranée et s'abattent, exténuées, sur les rivages africains. Elles reviennent à la fin de l'été dans nos environs, et nous charment, je puis le dire, par leur chanson qui semble dire : « Paye tes dettes ! »

Il est des passereaux qui émigrent également ; puis les échassiers, les palmipèdes. Ceux-ci s'élèvent dans les airs à des hauteurs prodigieuses. Je citerai à ce sujet des observations récentes qui ne manquent pas d'intérêt.

En 1881, M. W.-E.-D. Scott, du collège de New-Jersey, à Princeton (Etats-Unis), faisait voir à quelques amis l'observatoire de ce collège [1]. En plaçant l'œil à l'équatorial, il remarqua le passage d'un grand nombre d'oiseaux dans le champ de la lunette. Il profita immédiatement de cette observation pour chercher à déterminer la hauteur à laquelle se trouvaient ces météores d'un nouveau genre, sachant combien cette donnée est importante pour l'étude des migrations des oiseaux. On ne possédait jusqu'ici, à cet égard, que des renseignements peu certains. D'après les calculs de l'auteur, le gros de la bande passait à une hauteur de 3 kilomètres environ ; les oiseaux observés le plus bas étaient à 1,500 mètres au-dessus du sol, le plus haut à 5,000 mètres. On a souvent émis l'idée que si les oiseaux migrateurs s'élèvent à des distances suffisantes de la surface terrestre, ils peuvent parfaitement, en leur supposant une faculté de vision fort développée, reconnaître les principaux accidents du sol, tels que chaînes de montagnes, collines, cours d'eau, lignes de côtes, etc., et, par là, parvenir à s'orienter dans leur marche. L'observation de M. Scott met ce fait hors de doute ; il en résulte que, pendant les nuits claires, les oiseaux ne sont pas sans points de repère pour les guider dans leurs voyages, et l'on s'explique aussi comment, pendant les nuits obscures et les mauvais temps, étant privés de ces indices, ils peuvent facilement s'égarer.

1. *Bulletin de l'Association scientifique de France*, 2e série, page 219, tome IV.

Fig. 383. — Le Gypaète barbu.

CHAPITRE III

Les oiseaux se ressemblent beaucoup entre eux, et ce sont les caractères des ailes, des pattes, du bec, qui ont servi à les classer.

Il n'est pas possible de passer en revue les systèmes qui ont été employés par les différents auteurs pour grouper les oiseaux.

« En me fondant sur leur manière de vivre, dit M. A. Milne-Edwards, et sur leur mode de conformation, je partagerai d'abord la classe des oiseaux en deux sections, en réunissant, d'une part, les oiseaux qui vivent à terre et qui ont les pattes appropriées à la locomotion terrestre seulement; d'autre part, les oiseaux la plupart aquatiques chez lesquels ces organes constituent soit des rames natatoires, soit des échasses appropriées à la locomotion pédestre dans les eaux peu profondes. Les premiers sont presque tous carnivores, frugivores ou granivores, les seconds sont le plus souvent piscivores [1]. »

1. *Zoologie méthodique et descriptive*, page 165.

Nous commencerons donc par les carnivores, c'est-à-dire les Rapaces, ceux qui vivent de rapine. Chacun les reconnaîtra, ce sont les aigles, les faucons, qui se nourrissent de proies vivantes, les vautours, etc., qui préfèrent la viande... faisandée, enfin les chouettes, les hiboux qui sont nocturnes.

Fig. 384. — L'Aigle impérial.

Chez tous ces oiseaux le bec est court; le bord des mandibules est tranchant, recourbé, aigu. Les pattes ou *serres* sont disposées pour prendre et pour percher; et les tendons des doigts sont placés de telle sorte que, lorsque l'oiseau se pose, les tendons font, en se contractant, serrer les doigts.

Les ailes sont toujours puissantes; la carène sternale est grande et les muscles pectoraux sont épais.

Les oiseaux de proie diurnes sont faciles à reconnaître des nocturnes. Les Rapaces de jour regardent sur le côté; ils ont aux pattes trois doigts en avant et un en arrière; les nocturnes regardent en face; leur tête est globuleuse et ils ont une auréole de plumes autour des yeux. Leur plumage est mou, les barbes des plumes sont quelquefois floconneuses; ils volent moins vite que les diurnes, et sans bruit. Chez les nocturnes, le doigt externe est versatile, c'est-à-dire qu'à volonté, l'animal peut le mettre en avant ou en arrière. La patte a donc à cause de cela un tout autre aspect; en outre, elle est emplumée.

Les diurnes sont les aigles, qu'on a souvent pris pour emblèmes, les faucons, les autours qui forment le groupe des diurnes ordinaires; dans une autre section on place les vautours, les condors; dans une troisième, les secrétaires ou messagers.

Fig. 385. — L'Aigle royal.

Les aigles sont de grands oiseaux, à formes lourdes. Leur bec est long, peu courbé à la base, mais se recourbe beaucoup à l'extrémité. A sa base est une membrane ou *cirre*, dans laquelle s'ouvrent les narines. La tête est aplatie; les pattes sont robustes, les doigts grands, armés d'ongles pointus et crochus. Les ailes sont grandes et obtuses. Ces puissants oiseaux vivent isolés; ce sont en effet de grands chasseurs qui peuvent enlever de gros animaux et, s'ils étaient nombreux en un seul point, ils ne trouveraient pas une nourriture suffisante. Sur des rochers inaccessibles, ils se construisent leur nid ou *aire*, avec des branches disposées sans art, sur une grande épaisseur et sur deux mètres de large; ils donnent le jour à deux aiglons.

Fig. 386.
Le Lophaëte huppé.

Le nombre des espèces d'aigles est très considérable; on en trouve partout (voyez l'aigle royal, page 1). Dans nos contrées vivent en particulier: l'aigle impérial, l'aigle doré, l'aigle brun ou royal.

Dans les forêts du bassin supérieur du Nil, se trouve assez communément le lophaëte huppé, qui est plus trapu, dont la queue est courte, les ailes grandes, et dont la tête est surmontée d'une huppe. La couleur de cet oiseau est foncée, mais quelques plumes blanches se montrent en certains points.

Brehm nous dit que le lophaëte huppé se tient ordinairement perché sur une branche de mimosa, près du tronc; là il reste en observation, semblant indifférent à tout, tantôt fronçant le sourcil, fermant les yeux à demi, étalant sa huppe et hérissant tout son plumage, tantôt rabaissant ses plumes et laissant alors retomber sa huppe sur son dos. Mais s'il aperçoit quelque proie, un rongeur, un oiseau, alors il s'élance brusquement, il poursuit l'objet de ses convoitises, se glisse à travers les buissons et les fourrés les plus impénétrables; partout il suit son gibier et finit par le saisir.

Dans presque toute l'Afrique on trouve un oiseau de la taille de l'aigle, le pygargue vocifère, qui est noir avec la tête et le cou blancs. Ces rapaces vivent par paire, et lorsque l'un des deux aperçoit quelque chose, il étale sa queue, la relève entre ses ailes, renverse sa tête en arrière et lance un cri perçant qui semble être un ricanement strident: Ah..... Ah.Ah.Ah.Ah..... Il y en a eu à la ménagerie du Muséum, et lorsque je leur portais des rats que je venais de tuer, ils s'agitaient dans leur cage dès qu'ils m'apercevaient, ou plutôt qu'ils apercevaient les rats; aussitôt jetés dans la cage, les rats étaient dévorés en un instant.

En France, à côté des aigles, nous avons d'autres rapaces: les éperviers, les autours, les buses, les balbuzards, les bondrées. Tous ces écumeurs de forêts, ou de rivières, ou d'étangs, sont souvent en grand nombre et détruisent beaucoup de rongeurs ou d'oiseaux; quand ils ne s'attaquent qu'aux rats, aux mulots, ils sont en quelque sorte nos auxiliaires, mais ils ne se contentent pas toujours d'un aussi petit gibier et ils s'emparent volontiers des lapins, des lièvres, des perdrix et des volailles même dans les poulaillers. Ils planent souvent en tournoyant à une grande hauteur et dès que leur œil exercé aperçoit une proie, ils fondent, s'arrêtent à 20 ou 30 mètres du sol et volent sur place en battant rapidement des ailes, — sans doute pour hypnotiser leur victime, sur laquelle bientôt ils se précipitent.

Les buses sont de tous ces oiseaux les plus gros, mais ce ne sont pas les plus redoutables. Elles nous rendent service, car elles se nourrissent de petits rongeurs qui nuisent à l'agriculture; elles n'hésitent pas à tuer les vipères. « En général, dit Carl Vogt [1], les habitants des campagnes ont une haine vigoureuse contre les grands oiseaux de proie, et ils la prouvent bien en clouant leurs cadavres sur les portes des granges. C'est ainsi que, pendant le moyen âge, on exposait sur les portes des villes les corps des criminels célèbres jusqu'à leur entière décomposition, comme cela se pratique encore

1. *Leçons sur les animaux utiles et nuisibles, les bêtes calomniées et mal jugées.* Paris, Reinwald, 1883, page 42.

en Orient. Cette haine est certainement justifiée pour les faucons, les éperviers, les hobereaux et les milans, qui ne se nourrissent guère que d'oiseaux ; mais il faut la combattre quand elle se tourne contre les oiseaux de proie qui vivent principalement de rats et de

Fig. 387. — Le Pygargue vocifère.

souris, de mulots et d'autres vermines. Dans sa joie de clouer une buse sur la porte de sa grange, le paysan se fait sans le savoir plus de tort que s'il jetait à l'eau un boisseau de blé. »

Je tiens à faire encore une citation à ce sujet. M. Emile Deyrolle, dans un excellent petit livre (1), nous dit que les buses se nourrissent

1. *Histoire naturelle de la France. — Les Oiseaux*, page 22.

des petits mammifères qui vivent à nos dépens et qu'elles n'ont pas la force d'enlever même un pigeon. « On doit donc déplorer, dit-il, l'ignorance des Nemrods agriculteurs qui ne manquent pas de tuer les buses chaque fois que l'occasion se présente. »

Eh bien, je me permettrai de ne pas être tout à fait de cet avis. Que de fois à Bézu-St-Eloi, près de Gisors (Eure), dans un petit bois appartenant à mon père, ai-je surpris des buses à terre sur un lapin ou un lièvre qu'elles venaient de prendre. Lorsqu'elle vient de saisir un lapin, la buse en mange les meilleurs morceaux, abandonnant quelquefois le train de devant et la colonne vertébrale. Je puis donc affirmer que les buses ne sont pas si innocentes qu'on le dit; cependant les services qu'elles nous rendent en détruisant les petits rongeurs nuisibles, mulots, campagnols, méritent qu'on les protège. Les buses ont une allure lourde, qui permet de ne pas les confondre avec d'autres rapaces. Il est difficile de donner une description de leur plumage, car il varie beaucoup suivant les individus; mais en général il est brun foncé, quelquefois gris brun, le cou et la poitrine étant plus clairs et mouchetés de brun. Les falconides, c'est-à-dire, les faucons, les hobereaux, les crécerelles, etc., peuvent compter au contraire parmi les oiseaux les plus nuisibles de nos forêts. Ils ont le corps assez trapu, le cou court, la tête grosse et ronde, de longues ailes aiguës, la queue de moyenne taille. Le bec crochu, à bord tranchant, présente une denticulation assez saillante à la mandibule supérieure. Tous ces oiseaux ont le dos brun ou gris, avec la poitrine plus claire et mouchetée de taches grises ou brunes. Quelquefois la femelle diffère du mâle par la couleur du plumage.

Fig. 388. — La Buse.

Ils volent généralement très vite et dévorent les petits oiseaux, les rongeurs qu'ils attrapent facilement. Mais les crécerelles ne dédaignent pas les insectes, les grenouilles, les lézards; elles sont donc plutôt utiles.

Les faucons ont été employés à la chasse, c'était un plaisir *noble*. « L'attirail nécessaire pour la chasse au faucon comprend: un *capuchon* ou *chaperon* de cuir, assez évasé latéralement pour que les yeux ne soient pas comprimés; deux courroies de cuir ou *entraves*, l'une courte, l'autre longue d'environ cinq pieds, dont on arme les pattes de l'oiseau; une *filière* ou ficelle longue d'une vingtaine de mètres; un *leurre*, sorte de mannequin couvert de plumes, qui sert à dresser, puis à rappeler le faucon; des gants épais à l'usage du fauconnier, pour que les serres de l'oiseau ne le blessent pas.

Fig. 389.
Le Faucon commun.

« Pour dresser le faucon, il faut commencer par le chaperonner, l'attacher, et le laisser jeûner vingt-quatre heures; puis, après l'avoir pris sur le poing et lui avoir enlevé le chaperon, on lui présente un oiseau. Ne le mange-t-il pas, on lui remet le chaperon pour vingt-quatre heures, et ainsi de suite, le laissant jeûner pendant cinq jours entiers. Plus les tentatives sont répétées, plutôt aussi il s'apprivoisera et mangera sur le poing, ce qui est essentiel. Ceci obtenu, commence le véritable dressage, consistant en une série d'exercices, avant lesquels on décapuchonne l'oiseau et on le porte longtemps sur le poing, après lesquels on le coiffe de nouveau et on l'attache, afin qu'il puisse méditer sur ce qu'on exige de lui.

« Dans le premier exercice, l'oiseau, déchaperonné et posé sur le dossier d'une chaise, doit apprendre à sauter de là sur le poing du fauconnier, pour y prendre sa nourriture. Chaque fois que cette leçon se renouvelle, il faut s'éloigner de plus en plus de l'élève, et lorsque celui-ci est bien fait à cette manœuvre, on la répète en plein air, en tenant l'oiseau par la filière préalablement attachée à la longue courroie de cuir, et en ayant la précaution de le placer de façon à ce qu'il vole contre le vent.

« Ce premier résultat acquis, on place l'oiseau, que l'on a eu le soin de chaperonner, dans une sorte de cerceau oscillant, et toute la nuit on le balance, de manière à ce qu'il ne puisse dormir. Le lendemain matin, on répète les exercices, en lui donnant toujours à manger sur le poing; puis on lui fait de nouveau passer la nuit dans le cerceau ; on agit de même le troisième jour et la troisième nuit; le quatrième jour on répète encore la leçon, mais on laisse dormir le patient.

« Le lendemain, on le lâche sans filière et en ne lui laissant que la longue courroie. Il doit toujours, pour manger, voler sur le poing. Cherche-t-il à s'échapper, on va à lui et on l'appelle jusqu'à ce qu'il arrive. On répète cet exercice en liberté et on lui apprend à voler sur le poing du chasseur à cheval, à ne craindre ni les hommes ni les chiens.

« Enfin, on le dresse à la chasse. Pour ce faire, le faucon étant retenu par une longue filière, on jette en l'air un pigeon mort, qu'on lui fait prendre et qu'on lui laisse entamer pour cette fois. Après qu'il s'est acharné sur sa proie, on la lui enlève pour lui donner à manger sur le poing. L'exercice est ensuite répété avec des oiseaux vivants dont on a coupé les ailes. Quand il est mieux appris, on va dans la campagne, avec un chien d'arrêt, à la recherche d'une perdrix; aussitôt que le chien arrête, on déchaperonne le faucon, qui fond sur la perdrix au moment où elle prend son vol. L'a-t-il manquée, on l'attire avec un pigeon dont on a coupé les ailes ou avec le *leurre*. » (Docteur LANDAU.) [1]

On dresse le faucon en Afrique et dans l'Inde; le général Daumas a fait à ce sujet d'intéressants récits :

« On se met en route vers onze heures du matin, le faucon sur l'épaule ou sur le poing ; on s'est approvisionné seulement de lait de chamelle, enfermé dans des peaux de boucs, de dattes, de pain et quelquefois de raisins secs. Mais la chasse ne commence qu'après une assez longue course, vers les trois heures de l'après-midi. Les cavaliers sont nombreux ; arrivés sur le terrain de chasse, ils se dis-

1. BREHM. *Les Oiseaux*, tome I, page 342.

séminent, battent les broussailles, les touffes d'alfa, pour faire lever un lièvre qu'on s'efforce de rabattre vers celui qui tient le faucon. Aussitôt qu'on aperçoit le gibier, on enlève le capuchon de l'oiseau et on le lâche en lui indiquant du doigt le lièvre et en lui disant : *ha hou!* (le voici!)

« Pendant que son maître prononce le sacramentel : *Au nom de Dieu! Dieu est le plus grand!* mots destinés à sanctifier la proie qui n'a pas été saignée, à faire que ce soit un mets permis pour le vrai croyant, l'oiseau part, fait une pointe à perte de vue, tout en suivant le lièvre de son œil perçant, puis s'abat sur lui et le frappe soit à la tête, soit à l'épaule, d'un coup de ses serres fermées, assez violent pour l'étourdir ou même le tuer. Les cavaliers qui l'ont vu descendre, accourent de tous côtés, l'entourent, et le trouvent ordinairement occupé à manger les yeux de l'animal. Pour qu'il l'abandonne, on tire du bournous une peau de lièvre qu'on jette un petit peu plus loin, et sur laquelle il se précipite. Si le faucon a mangé une partie du gibier, le reste, bien qu'entamé, est une nourriture permise au musulman, parce que cet oiseau de proie a été dressé à retourner près de son maître quand il le rappelle, et non pas à manger le gibier. Ce n'est qu'une fois rentré au douar qu'on donne la curée.

« Il arrive que le faucon lancé tarde à rejoindre : alors un cavalier, tenant à la main une peau de lièvre, garnie des oreilles et des pattes, et qui a nom *gachouche* (le *leurre* des Européens), pousse un temps de galop dans la direction du faucon, et lui jette cette amorce en criant *ouye!* Il est rare que l'oiseau de race quitte son maître; cependant, on en perd quelques-uns, par suite du goût très prononcé qu'ils ont pour un oiseau du désert appelé *hamma*, qu'ils poursuivent avec acharnement; alors, malgré les ouye ! et le leurre, ils ne reviennent plus. Il faut dire aussi que lorsqu'il n'a pas faim, au lieu de chasser, le noble oiseau reprend sa liberté, le tout en dépit du dicton arabe : « L'amour-propre est son seul conseiller, le seul mobile de ses actions. »

On a formé une petite famille distincte pour les autours, les éperviers, qui ont le corps ramassé, la tête petite, les ailes courtes, arrondies, la queue et les pattes longues.

Les autours ont la tête plutôt étroite, pas de dent au bec, le doigt médian plus court. L'autour des Palombes est africain, asiatique, et rare même dans le midi de l'Europe. C'est un oiseau très destructeur.

Les éperviers ont les pieds plus grêles que les autours. Ils sont très communs, volent légèrement, et sautillent lorsqu'ils sont à terre. Ils détruisent beaucoup de petits oiseaux ; ils sont hardis et n'hésitent pas à fondre sur des poules, sur des lièvres, des lapins, des perdrix, même sur des hérons.

Les busards, très voisins des éperviers, ont les pattes longues, les ailes longues, mais n'atteignant pas l'extrémité de la queue. Ils se nourrissent de grenouilles, de petits reptiles.

Dans l'Amérique du Sud vit le caracara ou *polyborus*, dont le

Fig. 390. — L'Épervier.

bec est robuste et qui est un bon marcheur ; c'est un mangeur de charognes.

Les *Polyboroïdes*, que l'on trouve en Afrique, ont le bec plus faible, les pattes longues et les côtés de la tête déplumés.

En France, nous trouvons d'autres rapaces, les balbuzards ou *pandions*, qui vivent au bord des eaux. Ils ont les serres très développées, les ongles arrondis ; leurs pattes ont en dessous des pelotes rugueuses ; les tarses sont très finement réticulés ; le doigt externe est assez versatile ; leurs ailes sont très grandes, ce qui leur permet de franchir de grands espaces. Le balbuzard plane au-dessus des cours d'eau, cherchant un poisson ; l'a-t-il aperçu, il fond sur l'eau, les serres étendues, plonge pour un instant et s'enlève bientôt grâce à de bons coups d'ailes, emportant sa proie.

D'autres bons voiliers sont les milans, dont le corps est svelte et dont la queue longue est échancrée. L'une des espèces est le milan royal. Pourquoi ce nom ? C'est un oiseau assez lourd, plutôt lâche, qui se nourrit de proies faibles et qui ne dédaigne même pas les cadavres.

On trouve en Afrique, depuis le Cap jusque sur les bords de la mer Rouge, un grand oiseau, perché sur de longues pattes, et qui, au premier abord, pourrait être pris pour un échassier : c'est le serpentaire ou secrétaire; ces noms lui ont été donnés, l'un parce qu'il

Fig. 391. — Le Messager, ou Serpentaire, ou Secrétaire.

s'attaque aux serpents ; l'autre à cause des plumes en huppes qui ornent sa tête et qui ressemblent à une plume à écrire mise derrière l'oreille. Son nom latin est *Gypogeranus reptilivorus.*

C'est un fort bel oiseau qui a la tête, la huppe, une partie des ailes et les cuisses noires, puis le ventre rayé de noir et de gris, les tarses et la cirre d'un jaune foncé.

Le Vaillant (1) nous raconte ses combats :

« Il ose attaquer un ennemi aussi redoutable que le serpent; fuit-il, l'oiseau le poursuit, on dirait qu'il vole en rasant la terre; il ne développe cependant point ses ailes pour s'aider dans sa course,

1. Le Vaillant. *Histoire naturelle des oiseaux d'Afrique*, 1798, tome I, page 188.

comme on l'a dit de l'autruche ; il les réserve pour le combat, et elles deviennent alors ses armes offensives et défensives. Le reptile surpris, s'il est loin de son trou, s'arrête, se redresse et cherche à intimider l'oiseau par le gonflement extraordinaire de sa tête et par son sifflement aigu. C'est dans cet instant que l'oiseau de proie, développant l'une de ses ailes, la ramène devant lui, et en couvre comme d'une égide ses jambes, ainsi que la partie inférieure de son corps. Le serpent attaqué s'élance ; l'oiseau bondit, frappe, recule, se jette en arrière, saute en tous sens, d'une manière vraiment comique pour le spectateur, et revient au combat en présentant toujours à la dent venimeuse de son adversaire le bout de son aile défensive; et, pendant que celui-ci épuise, sans succès, son venin à mordre ses pennes insensibles, il lui détache avec l'autre aile de vigoureux coups...

« Enfin le reptile, étourdi d'un coup d'aile, chancelle, roule dans la poussière, où il est saisi avec adresse, et lancé en l'air à plusieurs reprises, jusqu'au moment où, épuisé et sans force, l'oiseau lui brise le crâne à coups de bec, et l'avale tout entier, à moins qu'il ne soit trop gros : dans ce cas, il le dépèce en l'assujettissant sous ses doigts. »

Tels sont les rapaces qui forment le premier sous-ordre; les Vulturiens ou vautours constituent le second. Ce sont les plus grands des rapaces, caractérisés par une tête plus ou moins allongée, un cou long, plus ou moins nu ; un bec crochu, mais beaucoup moins acéré que celui des falconiens. Ils présentent un jabot très saillant; leurs ailes sont longues et la queue est conique ou carrément coupée.

Cependant, il y a un oiseau qui forme, en quelque sorte, le passage entre les aigles et les vautours, c'est le gypaëte barbu, qui présente des particularités organiques intéressantes et qui mérite d'être placé à part. (Voir page 591, *fig.* 383.)

Le bec est long, assez grêle, terminé par un crochet; des plumes piliformes ornent le dessous de la mâchoire inférieure, formant ainsi une barbe. L'œil est tricolore ; la pupille est noire cerclée de blanc, et ensuite de rouge; les ailes sont énormes et coniques. Les pattes sont remarquablement courtes, emplumées dans toute la région tarsienne. Les doigts réticulés en dessous sont réunis par une petite membrane ; ils sont loin d'avoir dans leurs pattes la force des aigles.

Les gypaëtes sont blancs et noirs ; ils vivent par paire dans les

Fig. 392. — Le Gyps fauve ou Vautour fauve.

Alpes, dans les Pyrénées, en Espagne, en Algérie, en Asie, jusqu'à l'Himalaya.

Dans les Alpes ont les nomme « *les Vautours des agneaux* » ; mais ils sont loin de pouvoir enlever de telles proies ; ils vivent surtout de charognes. Dans leur estomac on a trouvé de grands os, qui sont digérés par le suc gastrique.

Les gypaëtes ont le cou emplumé, tandis que les vautours ont le cou et la tête plus ou moins nus. Le plus grand est le vautour cendré ou moine ; il a une calotte de plumes duveteuses, une collerette très fournie, entourée de franges de plumes longues et lancéolées. Le bec est long, crochu et très fort ; la queue est assez courte ; les ongles sont obtus et usés. Cet oiseau est rare en Europe, mais se

Fig. 393. — Le Percnoptère.

rencontre plus communément en Asie et en Afrique dans l'Atlas. Il vit de charognes.

Les vautours forment deux genres : les Gyps et les Vautours proprement dits.

Les gyps ont le corps relativement élancé, la tête longue, le cou serpentiforme, recouvert de duvet sétiforme, le bec long, mais faible. Ils vivent en Afrique, en Asie et dans le sud de l'Europe. L'espèce la plus connue est le Gyps fauve, qui est d'un brun fauve, avec le bec bistre et les pattes grisâtres.

Mais le vautour cendré ou vautour moine est aussi assez commun en Europe et, en tous cas, se rencontre dans les autres pays où

Fig. 394. — Le Sarcoramphe condor.

vit le gyps fauve. Il est d'un brun foncé; son œil est brun, le bec bleu à la base, les pattes violacées et les parties nues du cou sont d'un gris plombé.

Ces deux types sont grands mangeurs de cadavres.

Le vol de ces oiseaux est plus léger que celui des autres vulturidés et ils marchent bien à terre. Les gyps habitent les rochers, où ils nichent en société, tandis que les vautours moines ou cendrés ne font leurs nids que sur les arbres. Mais perchés sur les cimes les plus élevées des rochers, ils guettent leurs proies, c'est-à-dire les animaux morts.

Voisins des vautours, mais beaucoup plus petits, les Percnoptères ou Néophrons sont d'un blanc jaunâtre avec le bout des ailes noir, et le dos et le ventre blancs; enfin, la tête et une tache au jabot sont d'un jaune orangé vif. La tête est nue, entourée d'une collerette de plumes et le bec grêle et jaune est bleu à l'extrémité.

On trouve le percnoptère dans le sud de l'Europe, même dans le midi de la France, dans toute l'Afrique, dans l'Arabie, et dans le sud et l'ouest de l'Asie. C'est un oiseau qu'on doit protéger, car il fait disparaître toutes les pourritures, tous les immondices, même les excréments humains.

Tout lui est bon. Dans les pays où il vit, principalement en Afrique, les rues des villes ne sont nettoyées que par les percnoptères. On n'a pas à discuter le *tout à l'égout* dans ces pays, le percnoptère est le grand entrepreneur qui a trouvé la solution par le *tout dans l'estomac.*

En Amérique, le type des vautours est représenté par un grand oiseau, le Sarcoramphe condor. Le mâle est un fort bel animal, au plumage noir à reflets plombés. Les rémiges secondaires sont grises frangées de blanc. Le cou est violacé, entouré d'une collerette de duvet blanc. Le bec est long et crochu; la tête, chez le mâle, est surmontée d'une crête.

Darwin (1) nous raconte les mœurs de ces oiseaux; il remontait à ce moment le Santa-Cruz :

« Aujourd'hui j'ai tué un condor. Il mesurait huit pieds et demi d'une extrémité de l'aile à l'autre et quatre pieds du bout du bec au bout de la queue. On sait que l'habitat de cet oiseau est, géographiquement parlant, fort considérable. Sur la côte occidentale de l'Amérique méridionale, on le trouve dans les Cordillères depuis le détroit de Magellan jusque par huit degrés de latitude nord de l'équateur. Sur la côte de la Patagonie, sa limite septentrionale est la falaise escarpée qui se trouve près de l'embouchure du Rio-Negro; en cet endroit le condor s'est écarté de près de 400 milles de la

1. *Voyage d'un naturaliste*, Reinwald, 1883, page 195.

grande ligne centrale de son habitat dans les Andes. Plus au sud, on rencontre assez fréquemment le condor dans les immenses précipices qui entourent le port Désire; bien peu cependant s'aventurent jusqu'au bord de la mer. Ces oiseaux fréquentent aussi une ligne de falaises qui se trouvent près de l'embouchure du Santa-Cruz et on les retrouve sur le fleuve à environ 80 milles de la mer, à l'endroit où les côtés de la vallée affectent la forme de précipices perpendiculaires.

« Ces faits sembleraient prouver que le condor habite de préférence les falaises taillées à pic. Au Chili, le condor habite pendant la plus grande partie de l'année les bords du Pacifique, et la nuit ces oiseaux vont se percher plusieurs ensemble sur le même arbre; mais au commencement de l'été ils se retirent dans les parties les plus inaccessibles des Cordillères pour se reproduire en toute sécurité.

« Les paysans du Chili m'ont affirmé que le condor ne construit pas de nid; au mois de novembre ou de décembre, la femelle dépose deux gros œufs blancs sur le bord d'un rocher. On dit que les jeunes condors ne commencent à voler qu'à l'âge d'un an; longtemps après encore ils continuent à se percher la nuit près de leurs parents et de les accompagner le jour à la chasse. Les vieux oiseaux vont généralement par couple; mais au milieu des roches basaltiques du Santa-Cruz j'ai trouvé un endroit qu'un grand nombre de condors doivent fréquenter ordinairement. Ce fut pour moi un magnifique spectacle, en arrivant tout à coup au bord d'un précipice, que de voir vingt ou trente de ces grands oiseaux s'éloigner lourdement, puis s'élancer dans l'air, où ils décrivaient des cercles majestueux. La quantité de fiente que j'ai trouvée sur ce rocher me permet de penser qu'ils fréquentaient depuis longtemps cette falaise. Après s'être gorgés de viande pourrie dans les plaines, ils aiment à se retirer sur ces hauteurs pour digérer en repos. Ces faits nous permettent de penser que le condor, comme le gallinazo (*Cathartes atratus*), vit jusqu'à un certain point en bandes plus ou moins nombreuses. Dans cette partie du pays ils mangent presque exclusivement les cadavres de guanacos morts naturellement, ou, ce qui arrive plus souvent, ceux qui ont été tués par le puma. D'après ce que j'ai vu en Patagonie, je ne crois pas que les condors s'éloignent beaucoup chaque jour de l'endroit où ils ont l'habitude de se retirer pendant la nuit.

« On peut souvent apercevoir les condors à une grande hauteur, tournoyant au-dessus d'un endroit et exécutant les cercles les plus gracieux. Je suis sûr que dans certains cas ils ne volent ainsi que pour leur plaisir; mais les paysans chiliens m'affirment qu'ils surveillent alors un animal en train de mourir ou un puma qui dévore sa proie. Si tout à coup les condors descendent rapidement, puis se relèvent aussi vite tous ensemble, les Chiliens savent que c'est le puma qui, surveillant le cadavre de l'animal qu'il vient de tuer, est sorti de sa cachette pour chasser les voleurs. Outre la viande pourrie dont ils se nourrissent, les condors attaquent fréquemment les jeunes chèvres et les agneaux; les chiens bergers sont dressés, chaque fois qu'ils aperçoivent un de ces oiseaux, à sortir de leur niche et à aboyer bruyamment. »

Fig. 395.
Le Chat-Huant hulotte ou Surnie.

Darwin, observateur sans pareil, donne encore beaucoup de détails sur ces grands oiseaux, mais je dois borner ma citation.

Une autre espèce fort belle de Sarcoramphe est le vautour papa, dont le plumage est noir, blanc et bistre, et dont la peau nue du cou et de la tête est rouge; il vit en Amérique depuis le 32° de latitude australe jusqu'au Mexique et au Texas.

Dans ce même groupe, on place les Cathartes, qui ont la tête dépourvue de caroncule et les doigts à demi palmés; ce sont l'Urubu (*Cathartes atrata*), qui a des plumes noires, et la *Catharte aura*, dont la tête est rouge orangé et qui a une puissance visuelle incroyable.

Les Rapaces nocturnes forment un groupe très homogène et facile à reconnaître. Leur corps trapu, leur tête arrondie, leurs yeux gros et dirigés en avant, les aréoles de plumes qui entourent les yeux et les oreilles, leurs couleurs sombres, leur vol silencieux, en font des oiseaux que chacun connaît.

Fig. 396. — Un Grand Duc attaqué par un Corbeau, un Geai et une Pie.

Leur bec est généralement court et caché par des plumes; la cirre même est emplumée.

Les pattes sont emplumées et le doigt externe est réversible.

Tous les oiseaux de ce groupe chassent au crépuscule ou pendant la nuit; ils s'attaquent à de petites espèces et sont très utiles. Ils avalent leur proie tout entière et régurgitent des pelotes qui sont formées de plumes, de poils et d'os. Ils avalent aussi des insectes, du moins les petites espèces. On les a rangés en quatre familles : les Surnies, les Ducs, les Hiboux et les Effraies.

Les Surnies ou chouettes-épervières volent pendant le jour; elles ont la face étroite, et les plumes qui entourent les yeux ne forment pas de véritables cercles; leur bec est long. Ce sont donc elles qui servent en quelque sorte de passage entre les Rapaces diurnes et les nocturnes. Elles habitent les régions froides.

Une autre espèce, qui est de grande taille, le Harfang des neiges (*Nyctea nivea*), habite le Nord dans le cercle arctique, et quelquefois en Scandinavie. Ses pattes sont complètement emplumées et son plumage est d'un blanc soyeux. Cette belle espèce était commune en Europe, même en France, pendant les temps quaternaires. C'est un oiseau très carnassier, qui chasse surtout pendant le jour, grand mangeur de lemmings, ces petits rongeurs dont nous avons parlé plus haut (page 381, *fig.* 246).

La chouette ou *Athene* était l'oiseau de Minerve : elle personnifiait la Sagesse. Elle se distingue des précédents par sa queue courte, ses pattes plus longues et par ses doigts recouverts de plumes courtes et piliformes. Son plumage, comme d'ailleurs celui de tous les rapaces nocturnes dont nous allons parler, est d'un brun sombre. L'espèce la plus connue est l'*Athene noctua* ou Chevêche commune. « Sa nourriture consiste surtout en petits mammifères, en oiseaux et en insectes. Elle détruit des chauves-souris, des musaraignes, des mulots, des campagnols, des alouettes, des moineaux, des sauterelles, des hannetons, etc. Mais les petits rongeurs forment son gibier principal. Il lui en faut cinq ou six pour se rassasier. Si nous admettons même, avec Lenz, qu'elle n'en mange que quatre, nous trouvons qu'en un an elle détruit 1 460 rongeurs. Nous avons donc tout intérêt à protéger un animal aussi utile. » (Brehm.)

Nous citerons encore la Chevêchette et la Chouette échassière, qui habite les terriers abandonnés des chiens des prairies, ces petits rongeurs qu'on trouve en grand nombre dans l'Amérique du Nord. Cet oiseau a les tarses très longs, d'où le nom de chouette échassière.

Les Ducs forment une famille qu'il est facile de reconnaître; ces oiseaux ont, en effet, des plumes plus grandes que les autres sur la tête et qui forment des oreilles.

L'un d'eux, le Grand Duc, est très gros et ses pattes sont puissantes, lui permettant de chasser les gros rongeurs et les gros oiseaux.

Nous avons en France un certain nombre de Hiboux : le Hibou vulgaire ou moyen duc, le Hibou brachyote ou hibou des marais; puis de tout petits ducs, les *Scops*, qui sont de passage en France. Il faut citer également le chat-huant ou hulotte (*Syrnium*) qui a les yeux entourés par des plumes très décomposées; et enfin l'Effraie qui vit dans les vieux clochers et dans les granges, et qui, par conséquent, mange les souris, les mulots et les rats qui viennent ronger nos récoltes. Les Effraies ont le bec étroit courbé en bas. Les plumes qui entourent les yeux sont disposées en forme de cœur.

Le plumage est soyeux; les ailes sont longues et dépassent la queue.

Carl Vogt, qui a si bien pris la cause des animaux utiles, montre en quelques lignes combien on doit protéger tous ces oiseaux de nuit :

« Les *hiboux*, comme tous les oiseaux de nuit, dit-il, ont contre eux le préjugé. Leur vol semblable à celui des esprits silencieux, leurs yeux gros, ronds et brillants, et, avant tout, leur cri sinistre, ont, de tout temps, donné mauvaise réputation à la race des hiboux. C'est sans doute le cri éclatant des grandes espèces qui a donné naissance à la légende populaire de la chasse infernale. Il est vrai que, chez les Grecs, le hibou était le symbole de la Sagesse, et Pallas Athene ne paraît jamais sans être accompagnée de l'oiseau philosophique, qui réfléchit aux problèmes les plus ardus de la science dans le creux des arbres, les fentes des rochers et les trous des murs. Mais les hiboux, malgré cela, étaient déjà chez les

Grecs des oiseaux de mauvais présage, et chez les crédules Romains ils excitaient un véritable effroi. « Tous les oiseaux de nuit, dit Pline, avec des ongles aux serres, comme les hiboux, l'orfraie, et surtout le *Strix bubo* (le Grand Duc), sont des présages souverainement fâcheux pour les affaires publiques. Le *Strix bubo* notamment n'aime que les localités solitaires et même les endroits redoutables et difficilement accessibles. C'est un animal monstrueux, qui ne chante ni ne crie; il ne fait que pleurer et gémir sans interruption. Si on le voit dans le jour près d'une ville ou n'importe en quel endroit, il signifie une affreuse catastrophe. » Cependant Pline ajoute, en manière de consolation, qu'il connaît plusieurs habitations sur lesquelles cet oiseau s'est posé, sans qu'il s'en soit suivi pour cela un malheur notable. « Sous le consulat de Sextus Papilius Ister et de Lucius Pedanius, un grand duc s'égara jusque dans le sanctuaire du temple de Jupiter, ce qui causa une frayeur indicible dans toute la population, à ce point qu'on fit des processions générales et des sacrifices pour apaiser les dieux irrités. » Les mêmes préjugés existent chez nous, et dans l'énumération de divers présages effrayants Jérôme-Jobs dit :

« Un hibou à minuit a poussé sur l'église son cri lamentable.

« Le grand et le petit chat-huant sont les oiseaux de la mort; leur appel lamentable près d'une maison indique que le malade va bientôt mourir; cela n'arrive qu'à la campagne, car dans les villes l'éclairage au gaz fait quelque tort à la puissance du hibou... Le prophète de mort ne peut exercer son art que près des maisons isolées. Il y est attiré, comme tous les animaux nocturnes, par les lumières auxquelles il n'est pas accoutumé; car il faut que cela aille mal et que le paysan soit bien malade pour que la lampe de nuit reste allumée.

« Après cela doit-on s'étonner si les hiboux et les chats-huants, qui accourent à une lumière inaccoutumée, ne poussent leurs hurlements lamentables que dans le voisinage d'un malade en danger de mort? Observez seulement tout ce qui grouille contre une fenêtre ainsi éclairée, des cousins et des mouches, de petits et de grands papillons de nuit, çà et là un cerf-volant, un stercoraire, qui se lancent violemment contre les vitres comme s'ils voulaient les briser, et vous comprendrez qu'une lumière brillante, dans la campagne, doit attirer de quelques kilomètres à la ronde tous les rôdeurs nocturnes ailés ou non.

« Malgré cela, les hiboux sont, sans comparaison, les animaux les plus utiles et une vraie bénédiction pour les localités où ils s'établissent. Les heures pendant lesquelles ils volent, leur donnent comme proie la vermine nocturne, et, s'ils happent par-ci par-là un petit oiseau, les souris et les insectes de nuit sont leur vrai gibier. Quand Tschudi raconte qu'une paire de hiboux, en une seule nuit de juin, porta à ses petits onze souris et qu'on a trouvé dans l'estomac d'une chouette 75 larves de ces chenilles si nuisibles du bombyx du pin, il caractérise d'une façon générale l'action des hiboux. Non seulement on devrait protéger ces animaux, mais même les soigner et les encourager à établir leur domicile près des villages et des habitations. La plupart des hiboux se laissent apprivoiser; leurs mouvements et leurs gestes singuliers n'en font pas de désagréables compagnons. Un observateur français raconte qu'il avait une chevêche qui était un charmant oiseau. Elle se laissait caresser même le jour, et quoiqu'elle prît volontiers toute espèce de nourriture, elle préférait la viande crue, qu'elle défendait vigoureusement si on voulait la lui enlever; le jour elle allait dans le jardin chasser les insectes, et même en hiver où on n'en trouve presque aucun, elle rejetait, deux fois par jour, une crotte de la grosseur d'une noix, composée d'ailes et de pattes non digérées. Elle poursuivait également les petits oiseaux et se précipitait sur ceux qui étaient empaillés dans l'espoir de les manger.

Fig. 397. — L'Effraie.

... « Les hiboux sont de vrais chats ailés par leurs habitudes, leur nourriture et leur gibier, et ils rendent dans les champs les mêmes services que les chats dans les endroits clos. Il est vrai que le cri du hibou n'est pas une agréable musique; mais le miaulement du chat en amour n'est vraiment pas bien mélodieux, et les chats mangent parfaitement, sans aucun remords, oiseaux, levreaux et viande. On prend soin du chat, comme animal domestique, quand il a quatre pattes, on le poursuit quand il vole. »

Que de fois j'ai vu, clouées sur les portes des granges, de pauvres chouettes, hiboux ou effraies ! Le paysan qui commet cette absurdité, ne se doute pas qu'il agit contre lui-même, qu'il martyrise et tue son ami dévoué ; que cette bête le débarrasse de ses ennemis les plus acharnés. Qu'il cherche donc à tuer les mulots, les campagnols, qui mangent ses grains, les lérots qui goûtent à ses fruits, comment s'y prendra-t-il ? Il aura des chats et mettra des pièges. Je ne dis pas qu'il ne réussira pas à détruire de la sorte bon nombre de rongeurs, mais assurément moins que ne le ferait une famille de chouettes ou d'effraies. Il est si facile cependant d'être convaincu de cette vérité que la gent des chouettes mange des rats, des souris et des mulots ! Ces oiseaux nichent dans le creux des arbres, dans les granges peu fréquentées. Il suffit d'aller leur rendre visite et l'on pourra trouver dans leur appartement les restes de leurs festins.

J'ai pu précisément visiter des effraies qui avaient élu domicile dans un vieux pigeonnier abandonné. Là elles étaient à l'abri des intempéries. A grand'peine je pus m'introduire dans leur demeure, qu'elles quittèrent avec précipitation, effrayées par mon arrivée. Elles ne s'éloignèrent pas et allèrent se poser tout près de là sur un grand pin d'Autriche dont les branchages épais leur donnèrent asile. La maison n'était cependant pas vide. A mon entrée, des sifflements se firent entendre, et je vis deux jeunes effraies dressées dans un coin, qui me regardaient avec leurs gros yeux ronds. Elles étaient vêtues d'un duvet blanc et semblaient avoir de petites culottes blanches. Je me gardai bien de les contrarier, et je pus examiner à loisir les déjections qui se trouvaient sur le plancher.

C'étaient des masses de squelettes de mulots et de souris. Les crânes étaient intacts et permettaient de se rendre compte du nombre ; il y en avait plus de deux cent cinquante. Je trouvai bien un squelette de merle, mais qu'était-ce qu'un oiseau en comparaison de tous ces rongeurs ?

Je ne saurais donc trop recommander aux agriculteurs qui désirent voir prospérer leurs récoltes, de protéger les chouettes et les hiboux.

Fig. 398. — Cacatoès de Leadbeater.

CHAPITRE IV

Les Grimpeurs

Nous réunissons ici tous les oiseaux grimpeurs, les perroquets d'une part, et les pics, les coucous d'autre part.

Les perroquets sont connus de tout le monde et ils présentent des caractères bien nets. Il n'est personne qui ne reconnaisse un perroquet à première vue. Leur tête est massive, un peu carrée, leur bec très recourbé, et la mandibule supérieure dépasse et recouvre l'inférieure; leurs pattes sont courtes et ils sont plantigrades. Ils ont bien quatre doigts, mais le doigt externe est rejeté en arrière, de sorte qu'ils ont deux doigts en avant et deux en arrière; ils peuvent, en se maintenant sur une branche avec une patte, porter leurs aliments à leur bec avec l'autre patte. En outre, la mandibule supérieure est mobile, elle peut même s'élever plus que la mâchoire inférieure ne peut s'abaisser; de sorte qu'il y a des mouvements du bec très curieux, en particulier d'avant en arrière, ce qui permet de comparer les perroquets à de vrais rongeurs.

Le bec sert à broyer les fruits; en outre, il sert à grimper et à marcher; qui n'a vu une perruche en cage ? elle saisit un fil de fer avec sa mandibule supérieure.

Les perroquets sont très intelligents; leur cerveau est d'ailleurs très développé relativement à celui des autres oiseaux. Ils donnent bien souvent des preuves de leur intelligence, quand ils reconnaissent leur maître, et quand ils répètent des mots, des phrases, des airs, et cela souvent très à propos.

Fig. 399.
Le Cacatoès à huppe jaune des Moluques.

La langue est remarquablement charnue, et sa forme est celle d'un cylindre aplati.

Les yeux, situés dans un orbite cloisonné de tous côtés, sont assez bien développés. La pupille est très contractile et l'oiseau la contracte à son gré.

Les perroquets sont généralement richement colorés; ce sont des pigments verts, jaunes, bleus, violets, rouges, orangés, blancs, noirs ou gris, qui donnent les teintes des plumes. Ce ne sont pas des couleurs métalliques. On remarque cependant que les espèces des régions australes ont une tendance au mélanisme ou à l'albinisme. En outre, il est à remarquer que les sexes diffèrent de couleur; ainsi, tandis que certains mâles d'une espèce sont verts, les femelles de la même espèce peuvent être rouges, ou présenter des tons violets ou pourpres. L'albinisme est quelquefois incomplet; c'est-à-dire qu'on trouve des individus qui, au lieu d'être normalement verts, sont jaunes. Les Indiens ont, dit-on, des procédés pour changer les couleurs : après avoir arraché les plumes, ils appliqueraient sur les bulbes le venin d'un crapaud.

Ces oiseaux sont monogames et font leur nid dans des troncs d'arbres, dans les fentes des rochers; ils pondent des œufs blancs, arrondis, et s'occupent beaucoup des jeunes, qui, pendant longtemps, sont nus.

Ce sont des animaux très destructeurs et qui se nourrissent de graines ou de fruits succulents.

Fig. 400. — Le Microglosse noir.

On cite leur longévité; il y a des perroquets qui ont vécu plus d'un siècle. C'est dans les pays chauds qu'on les rencontre.

Leur distribution géographique est à peu près celle des singes.

Partout où l'on trouve des singes, on trouve des perroquets. Cependant, on trouve des perroquets à une altitude plus grande que les singes et dans des pays plus froids. Ainsi il y en a aux îles Auckland et jusqu'au détroit de Magellan.

Il n'y en a plus aujourd'hui en Europe ; mais il n'en était pas ainsi à l'époque tertiaire miocène, et on en a trouvé des ossements à Saint-Gérand-le-Puy.

Dans l'hémisphère austral vit une famille spéciale, les *Cacatoès*, qui ont le bec robuste, très courbé, aquilin et ordinairement

Fig. 401. — Le Jaco ou Perroquet cendré.

une huppe allongée que l'oiseau relève ou abaisse à volonté. Ils ont un plumage blanc, ou gris, ou rosé; il y en a aussi qui ont des teintes sombres.

C'est à la Nouvelle-Hollande, à la Nouvelle-Guinée, aux Philippines et aux Moluques qu'ils se trouvent, formant des bandes très nombreuses; et quand ils viennent dans les régions cultivées, ils causent de grands dégâts. Ils crient, ils s'agitent, et font un tapage infernal. On en a souvent en captivité et on peut remarquer qu'ils poussent des cris assourdissants; cependant ils disent souvent le mot *cacatua*, d'où le nom qu'on leur a donné.

Ils marchent à terre, ou grimpent aux branches des arbres. Mais lorsqu'ils sont à terre, ils se balancent un peu comme les pigeons, de droite et de gauche.

Dans ce même groupe des Cacatuidés on place quelques genres, tels que les Calyptorhynques d'Australie, qui sont noirs et qui se nourrissent des larves cachées sous les écorces, puis les Microglosses, spéciaux aux contrées chaudes de la Malaisie, remarquables par leur plumage noir, la grande huppe de plumes qu'ils ont sur la tête et leur énorme bec. Leurs joues sont nues et leur langue, chose curieuse, est petite, ressemble à une petite trompe et présente, à son extrémité très déliée, une cupule.

Il existe un gros perroquet nocturne, le *Kakapo* (*Strigops habroptile*), dont le plumage est vert bouteille.

Un perroquet nocturne, cela semble étrange! On est habitué à voir ces oiseaux parés des plus vives couleurs. D'ailleurs sa patrie, la Nouvelle-Guinée, est riche en animaux bizarres. — Le sternum de ce Strigops n'a pas de crête; et, en effet, il ne vole pas; il ne fait qu'ouvrir un peu ses ailes quand il court. Cet oiseau construit son nid le plus souvent dans les cavités naturelles, et vit de jeunes pousses, de fruits, de racines. Sa peau est doublée d'une graisse solide, non huileuse, et sa chair a un goût fort délicat.

Les vrais perroquets, connus depuis longtemps, sont ceux du type du *Jaco*, c'est-à-dire les perroquets à courte queue, qui sont bien proportionnés et qui n'ont rien de bien particulier.

Les uns, comme le Chrysotis amazone, vivent dans l'Amérique du Sud, ainsi que de très petites espèces, les Psittacules en particulier. Il en est d'autres qui ne se rencontrent qu'en Nouvelle-Guinée ou à Bornéo; ce sont les Loris, dont la langue est couverte de papilles longues et étroites, et qui se nourrissent des sucs élaborés par les fleurs.

Une autre espèce, le *Papegai accipitrin*, qui habite les forêts des bords de l'Amazone et de la Guyane, a un plumage qui rappelle celui de l'épervier et porte une belle huppe qui entoure sa tête comme d'une auréole.

Le perroquet cendré ou Jaco est un de ceux qui sont le plus connus, et vit en grand nombre dans l'Afrique occidentale et centrale. Il n'est guère de bâtiments revenant de ces pays qui n'ait à bord un ou plusieurs perroquets gris. Son plumage gris cendré et sa queue rouge ne permettent pas de le confondre avec d'autres espèces. C'est lui qui imite le mieux la voix humaine et qui retient ce qu'on lui dit, sachant souvent appliquer les phrases à propos.

Fig. 402.
Paléornis ou Perruche à collier.

D'autres perroquets parlent aussi; ce sont les Aras et les Perruches, qui ont tous une longue queue.

Les Aras habitent les grandes forêts de l'Amérique du Sud; ils ont le bec élevé, les joues nues ou seulement garnies de plumes grêles et fines. Nous en avons représenté sur la planche II de cet ouvrage. Leur plumage offre souvent un mélange de couleurs assez bizarre : le rouge, le jaune, le bleu, le vert, s'y trouvent réunis, sans demi-teintes, formant des contrastes brusques. Ils poussent parfois des cris assourdissants, rauques. On les chasse pour leur chair et pour leurs plumes; les Indiens en ornent leur tête, en font des ceintures, ou bien dans certaines cérémonies guerrières l'un d'eux, qui doit sacrifier un prisonnier de guerre, colle sur son corps des petites plumes d'Ara.

Les Perruches ressemblent beaucoup aux Aras, mais sont de plus petite taille et n'ont pas les joues nues. Elles sont pour la plupart vertes ou jaunes; cependant il y en a dont les couleurs sont ravissantes. Les unes sont américaines, comme les *Conurus*, les autres proviennent de l'Inde; d'autres enfin sont originaires d'Australie.

La plus connue est la perruche à collier (*Palaeornis torquatus*) répandue dans toute l'Afrique centrale. Elle est d'un beau

E. Juillerat Imp. Lemercier & Cie Paris

LES ARAS

Macrocercus macao _ Macrocercus ararauna.

AMÉRIQUE DU SUD

vert, les joues et les côtés du cou sont d'un bleu ciel avec une bande noire et une raie rouge qui séparent cette teinte bleue du reste du cou qui est vert, formant ainsi un joli collier. Autant ces oiseaux sont agiles sur les arbres, autant ils sont maladroits à terre, à cause de la brièveté de leurs pattes.

J'ai eu l'occasion de voir pendant une vingtaine d'années une de ces perruches en captivité. On lui avait appris à parler, et *cocotte* reconnaissait parfaitement ses visiteurs, les accueillant par un « bonjour » ou « bonjour, madame », et lorsqu'elle voyait quelqu'un manger, elle ne manquait pas de dire : « C'est bon », — « merci, madame », afin de ne pas être oubliée. Elle jouait à cache-cache, baissait la tête dans un coin de sa cage en disant « coucou » et relevant la tête : « Ah ! la voilà ». Très gentille et affectueuse avec sa maîtresse, elle cherchait à mordre les autres personnes.

En Australie vivent de très jolies petites perruches, en particulier les Mélopsittes ondulés, dont le bec est petit, court et très recourbé; le plumage est vert sur le ventre, vert jaune pâle sur la tête et le dos, et chaque plume de la tête et du dos est bordée de noir.

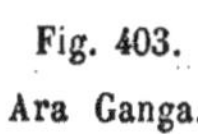

Fig. 403.
Ara Ganga.

Ce charmant petit oiseau n'a pas la voix désagréable, criarde, rauque, comme les autres espèces que nous avons passées en revue, il gazouille fort doucement. En outre, il ne peut se passer de la société de ses semblables. Il faut à une femelle un mâle et celui-ci est le modèle des époux, tandis qu'elle est le modèle des mères; ce sont des perruches inséparables.

A la Nouvelle-Hollande on trouve aussi de jolies perruches, plus grandes que les précédentes et qui, de même que les cacatoès, ont une huppe sur la tête : ce sont les Nymphiques; puis une autre espèce, le Pezopore ingambe, qui, pour la couleur du plumage et les mœurs, ressemble beaucoup au strigops. Il vit surtout sur le sol, où il peut courir avec rapidité, à cause de la longueur plus grande de ses pattes.

Tels sont les principaux représentants de l'ordre des Perroquets; ils constituènt un tout assez homogène. L'ordre des Grimpeurs vrais comprend, au contraire, des types très différents les uns des autres, en apparence du moins; le plan général du squelette est le même, et c'est le revêtement extérieur qui est très variable; les uns sont les Pics, les autres les Coucous.

Fig. 404. — Le Mélopsitte ondulé.

Les Picides offrent trois types : les Pics proprement dits, les Toucans et les Barbus.

Lorsqu'on se promène en forêt, on entend souvent frapper à coups redoublés contre un arbre. Si l'on cherche l'auteur du bruit, on s'aperçoit que c'est un oiseau qui le produit.

Il grimpe le long du tronc de l'arbre, en se maintenant avec les ongles qui arment ses pattes courtes, et en s'appuyant sur sa queue dont les plumes sont robustes et résistantes.

Il grimpe, s'arrête de temps en temps et, s'arc-boutant à l'aide de sa queue, il frappe l'arbre et entame l'écorce, puis le bois, avec son bec puissant, vigoureux, pointu, tranchant. Que cherche-t-il donc? Souvent il fait des trous énormes, où il peut finalement enfoncer sa tête. Les forestiers disent qu'il nuit beaucoup aux arbres, que ces trous font périr. Je ne dis pas que les pics ne déparent pas les beaux arbres, mais il ne faudrait pas croire qu'ils sont la cause de leur mort. C'est un plus petit animal qui agit lentement dans le bois, qui y creuse ses galeries, qu'il faut accuser du dégât, c'est une larve d'insecte coléoptère, que le pic recherche, convoite pour en faire sa nourriture. Il débarrasse donc l'arbre de ses ravageurs; il ne perfore jamais les arbres sains; il s'attaque toujours aux arbres qui contiennent des larves. Mais quelquefois les dégâts du pic sont seuls apparents et on l'accuse.

Cependant si l'on y regarde d'un peu plus près, on peut constater au pied de l'arbre un peu de sciure, qui est rejetée par la larve qui creuse ses galeries.

Lorsque les pics veulent s'emparer de la larve qui est au fond du trou qu'ils ont fait, ce n'est pas avec leur bec qu'ils la saisissent, mais avec une lancette barbelée qui n'est autre que leur langue. Nous avons dit plus haut (page 575) que les oiseaux ont la plupart du temps la langue sèche. Ici les cornes de l'hyoïde sont très longues, recourbées en arrière, remontent derrière le crâne et viennent finalement prendre naissance entre les yeux. Lorsque l'oiseau veut faire saillir sa langue, certains muscles font descendre les cornes de l'hyoïde et celles-ci repoussent la langue hors du bec, à plusieurs centimètres. Il en résulte que si la contraction musculaire se fait vite, la langue sort du bec brusquement et peut par conséquent pénétrer dans le corps de l'insecte dont le pic veut faire sa nourriture.

Il y a un grand nombre de pics. Il y en a en Europe, en Asie, en Afrique, en Amérique; mais on n'en rencontre pas en Australie, ni à la Nouvelle-Zélande, ni à Madagascar.

Les pics nichent dans les trous des arbres. Mais s'ils ne trouvent pas de vieux arbres ayant déjà des trous, il leur arrive d'agrandir les trous qu'ils ont déjà commencés pour rechercher des larves d'insectes. La pourriture s'y met au bout de quelque temps, et l'oiseau peut agrandir l'excavation et y pondre ses œufs. Ceux-ci sont d'un blanc pur.

Nous avons dans nos pays plusieurs espèces; la plus grande est le Pic noir ou Dryocope, qui recherche les grandes forêts de conifères; il est noir avec le dessus de la tête cramoisi. Il ne vole pas comme les autres pics par saccades, en montant et descendant; son vol est plus soutenu, presque droit, légèrement ondulé. Mais cette espèce est rare chez nous et ce sont le Pic vert, le Pic épeiche et le Pic épeichette qui sont les plus connus.

Les pics verts sont assez gros, leur plumage est vert jaunâtre, la tête et la nuque grises avec des points rouges; la base de la queue est jaune; sur la joue est une ligne rouge chez le mâle et noire chez la femelle. Lorsqu'il s'envole il pousse une série de ah! ah! ah!... et il semble se moquer du promeneur.

Les pics épeiches ont un cri plus simple qui semble dire : Pic! pic! — Ceux-ci ont le dos noir, le ventre gris jaunâtre, le derrière de la tête rouge et des bandes blanches sur les ailes (voy. *fig.* 405).

Au Mexique, dans les montagnes Rocheuses, en Colombie vit une espèce fort curieuse par sa prévoyance, le Colapte mexicain.

M. Henri de Saussure a pu les observer et a raconté leurs mœurs intéressantes. Il visitait l'ancien volcan Pizarro, qui est couvert de petits agaves et d'aloès aux hampes énormes.

Là, les *Colaptes* régnaient en maîtres, mais montraient une agitation extraordinaire : « Je ne fus pas longtemps, dit-il, à pénétrer le mystère. Les pics allaient et venaient, se portant un instant contre chaque plante, puis s'envolant presque aussitôt. Ils venaient surtout se fixer contre les hampes des aloès; ils y travaillaient un instant, frappant le bois des coups redoublés de leurs becs aigus, puis ils s'envolaient contre des yuccas, où ils renouvelaient leur travail et revenaient aussitôt à l'aloès pour recommencer encore. Je m'approchai alors des agaves, et j'examinai leurs tiges, que je trouvai toutes criblées de trous, placés irrégulièrement les uns au-dessus des autres. Ces trous correspondaient évidemment à un vide intérieur; je m'empressai donc de couper une hampe et de l'ouvrir, afin d'en examiner le centre. Quelle ne fut pas ma surprise en y découvrant un véritable magasin de nourriture. »

Ces hampes sont creuses et l'oiseau profite de ce grenier naturel. Or ce sont des glands que le colapte réunit ainsi pour l'hiver. Alors, au lieu d'être obligé de rechercher péniblement sa nourriture, il va au garde-manger, et par l'un des trous il saisit une graine.

« Voilà donc un oiseau, dit encore M. de Saussure, qui fait des provisions d'hiver! Il va chercher au loin une nourriture qui ne semble pas appropriée à sa race, et il la transporte dans d'autres régions où croît la plante qui lui sert de magasin. Il ne la recèle ni

Fig. 405. — Le Pic vert et le Pic épeiche.

dans le creux des arbres, ni dans les fentes des rochers, ni dans des cavités pratiquées en terre, ni dans aucun lieu qui semble s'offrir tout naturellement à ses recherches. Un instinct puissant lui révèle l'existence d'une cavité exiguë et cachée au centre de la tige d'une plante; il y pénètre en rompant le bois qui l'enferme de toutes parts, il y accumule ses provisions avec un ordre parfait, et les loge ainsi à l'abri de l'humidité, dans les conditions les plus favorables pour leur conservation, à l'abri des rats et des oiseaux frugivores, dont les moyens mécaniques ne suffisent pas pour entamer le bois qui les protège. »

Un autre oiseau fort utile, à cause du nombre d'insectes qu'il mange, est le Torcol. Il est de la taille d'une alouette et à peu près de la même couleur. C'est un grimpeur à considérer sa langue et ses pattes, mais son plumage est mou, les plumes de sa queue ne pourraient l'aider à se soutenir contre les arbres, ses pattes n'ont pas non plus pour cela une force suffisante; son bec est également plus grêle. Il se perche sur les branches, et si quelque chose vient à l'effrayer, il fait des contorsions bizarres, tourne sa tête dans tous les sens et pousse des sons gutturaux.

Fig. 406. — Le Torcol.

Son chant est assez remarquable, il semble faire une gamme chromatique en répétant chaque note plusieurs fois.

Les chasseurs le tuent quelquefois et sans aucun profit. Ils détruisent un mangeur d'insectes.

Les Toucans, qui sont propres à l'Amérique chaude, ont les mêmes caractères ostéologiques que les pics, les mêmes pattes; mais au lieu d'avoir un bec droit et pointu, ils sont pourvus d'un énorme bec comprimé, lisse ou dentelé sur ses bords. Ils ont l'air d'avoir un faux nez. Le plumage est fort beau, d'un noir brillant, avec des parties rouges, blanches ou jaunes.

Ils se nourrissent de fruits, d'insectes et de petits oiseaux.

Les naturels s'emparent des Toucans pour prendre leurs plumes et en faire des parures. Ils ne les tuent pas; les flèches qu'ils emploient pour cette chasse sont très petites et légèrement empoisonnées; il en résulte que les oiseaux ne sont qu'étourdis; on leur arrache les plumes et on les lâche.

En captivité ils sont gais, agiles et très amusants à observer.

Pour terminer ce groupe, nous dirons un mot d'oiseaux propres à l'Asie, à l'Afrique ou à l'Amérique équatoriale qu'on nomme les Barbus à cause des longues plumes piliformes qui recouvrent leur bec, large à la base et droit ou recourbé suivant les espèces.

Les couleurs qui ornent les plumes sont généralement fort

Fig. 407. — Le Toucan Toco.

belles. Ils sont sociables, vivent en bandes et exécutent souvent des sortes de concert.

La seconde famille des Grimpeurs est celle des Cuculides, dont une espèce est fort connue, le Coucou ; nous en avons parlé à propos des nids (pages 585 et 586, *fig.* 381).

Les coucous ont les pattes et le bec faibles, et les plumes de la queue ne sont pas résistantes comme celles des pics.

Leurs ailes sont longues, pointues, la queue est large, le bec un peu courbé et largement fendu.

La coloration des plumes varie suivant l'âge et le sexe; ainsi les mâles sont gris, et les femelles et les jeunes sont bruns.

Ce sont de grands mangeurs d'insectes, de chenilles velues en particulier, et « les poils de ces chenilles, en s'implantant dans les parois de leur estomac, donnent à cet organe un aspect velu qui a induit plusieurs naturalistes en erreur. Les grandes espèces, dit-on, mangent aussi de petits vertébrés, des reptiles. Tous les cuculidés, sans exception, sont regardés partout, et avec raison, je crois, comme des pillards de nids, qui ne se contentent pas d'enlever les œufs, mais qui les mangent aussi. » (Brehm.)

Ils ont l'estomac large et rejettent, comme les oiseaux de nuit, des pelotes formées de toutes les parties indigestes de leur nourriture. Ce sont des oiseaux de passage et nous les voyons apparaître au printemps, lançant dans l'air leur gai « coucou ».

Nous savons que le coucou pond un œuf et qu'il le dépose dans le nid d'un autre oiseau généralement de fort petite taille.

La femelle prend son œuf dans son bec et va le porter dans quelque nid; elle le pose à côté des œufs déjà pondus par l'oiseau auquel elle confie le sien, et c'est cet oiseau qui va se charger des soins de l'incubation. Le jeune coucou grossit rapidement et devient très vite beaucoup plus gros que ses frères d'adoption, de sorte que dans les mouvements qu'il fait pour se mettre à l'air il les jette quelquefois par-dessus le bord.

Ils sont nombreux les oiseaux qui se chargent d'élever le coucou. Un ornithologiste distingué, Des Murs, en a fait le dénombrement; d'après cet auteur il y en aurait près de soixante espèces. Nous citerons : les Fauvettes, les Phragmites, les Traquets, les Rouges-Gorges, les Rossignols, les Roitelets, les Mésanges, les Merles, les Bergeronnettes, les Loriots, les Moineaux, les Pinsons, les Alouettes, les Pies, les Geais, les Choucas, les Tourterelles, les Pigeons ramiers, etc.

Les jeunes quittent bientôt le nid et rejoignent les autres coucous.

Mais les petits oiseaux ne se contentent pas de couver l'œuf, ils nourrissent le jeune avec une sollicitude remarquable. Ce jeune coucou est toujours affamé, son bec est toujours largement ouvert et les parents nourriciers se donnent une peine inouïe pour trouver assez d'aliments pour calmer cette faim toujours inassouvie. Et lorsqu'il est en âge de voler de branche en branche, les parents nourriciers le suivent sans relâche.

Les coucous sont-ils des oiseaux utiles? S'ils mangent les chenilles velues, ils détruisent aussi des œufs et nous font alors du tort. Mais s'ils entraînent la mort de petits oiseaux destructeurs de chenilles, ils détruisent beaucoup plus de ces insectes nuisibles que ne pourraient le faire ces petits oiseaux. L'observation suivante d'E. de Homeyer en est la preuve: « Au commencement de juillet 1848, plusieurs coucous se montrèrent dans un bois de pins d'environ 30 arpents.

Fig. 408. — Le Coucou.

Quelques jours plus tard, le nombre de ces oiseaux s'était tellement accru, que de Homeyer en fut frappé: il y en avait une centaine dans le bois. Ce rassemblement était dû à la présence d'une énorme quantité de chenilles de pins (*Liparis monacha*). Les coucous trouvaient là de la nourriture en abondance; ils avaient interrompu leur voyage déjà commencé pour profiter de cette heureuse rencontre. Chacun était occupé à chercher sa nourriture. En une minute un seul oiseau avalait plus de dix chenilles. « Qu'on compte, dit de Homeyer, seulement deux chenilles par oiseau et par minute; pour cent oiseaux, cela fera pour une journée de 16 heures (au mois de juillet), 192,000 chenilles. Les coucous étant restés 15 jours dans la localité, le nombre de chenilles dévorées peut donc s'élever à 2,880,000. Et en effet, leur diminution fut si notable qu'on aurait été tenté de croire que les coucous les avaient toutes détruites. Plus tard, on n'en vit plus de trace. » (Brehm.)

Ceci vient montrer que nous avons encore avantage à protéger les coucous. D'ailleurs, ce sont des oiseaux qui volent vite et qui se laissent difficilement approcher. On peut cependant les tuer en imitant leur cri ; ils viennent alors se poser près du chasseur et l'on peut les viser à loisir.

Dans cette même famille prennent place d'autres oiseaux qui sont plus ou moins voisins de notre coucou et qui habitent toutes les parties du monde.

CHAPITRE V

Les Couroucous, les Musophages, les Syndactyles

Il n'est pas toujours aussi facile de classer les oiseaux que les mammifères. Il est des ordres pour lesquels on ne peut tracer nettement de limites. La tâche est simple pour nos oiseaux européens; mais il y a toute une série d'espèces exotiques qui n'ont pas de représentants dans notre faune et que l'on trouve généralement dans les pays chauds.

Tels sont les couroucous ou trogons, les musophages et les touracos.

Fig. 409.
Le Calure ou Couroucou resplendissant.

Les Couroucous présentent surtout de l'analogie avec les barbus. Le bec est large à sa base, pointu à son extrémité, dentelé à ses bords. Les barbes des plumes du bec sont ou ne sont pas unies. Les pattes sont courtes et faibles, peu musculeuses, garnies de plumes et offrent deux doigts en avant et deux en arrière. Les ailes sont longues, arrondies, mais ne dépassent pas la queue, qui est même d'une longueur exceptionnelle chez une espèce, le calure resplendissant. Les plumes sont floconneuses et parées des plus brillantes couleurs: le vert clair métallique et le rouge mat, en particulier. Mais, chose curieuse, les couleurs rouges ne sont pas bon teint, elles se dissolvent dans l'eau savonneuse, et la lumière les altère.

Ces oiseaux sont nombreux dans les régions tropicales de l'Amérique, et on en rencontre quelques-uns en Asie et en Afrique. Ils sont monogames et nichent dans les trous des arbres. Le plus remarquable est le couroucou ou calure resplendissant, qui mérite bien son nom, car c'est un des plus beaux oiseaux qui existent. Il a sur la tête des plumes en aigrette formant une crête ; sa queue est très longue, les plumes des épaules sont floconneuses et en forme de faucille. Toutes les plumes de la tête, du dos, du cou, de la poitrine et de la queue sont d'un vert jaune métallique et celles du ventre sont rouges.

Les Touracos sont encore de beaux oiseaux, mais les couleurs des plumes sont mates. Leur bec est court et large à la base. La tête est recouverte d'une huppe ou d'une aigrette et le plumage du corps est vert, bleu, gris, ou d'un rouge vineux. Ces oiseaux, assez lourds, sont propres à l'Abyssinie.

Les Musophages ressemblent aux précédents, mais la partie cornée de la mandibule supérieure est très développée et recouvre le crâne. Leurs plumes sont d'un bleu violacé métallique.

Les Syndactyles sont caractérisés par ce fait que les doigts externe et médian sont réunis entre eux jusqu'à l'avant-dernière articulation. On les a divisés en plusieurs groupes : les Martins-Pêcheurs, les Guêpiers, les Rolliers et les Calaos. Tous méritent de retenir un peu notre attention.

Les Martins-Pêcheurs ont le bec long, pointu, très vigoureux, la tête très semblable à celle du héron ; c'est qu'en effet ils ont des mœurs analogues, vivant tous deux de poissons qu'ils attrapent avec leur bec. Le cou par exemple est court chez le martin-pêcheur, son corps est petit, la queue est généralement courte.

Le type du genre est l'*Alcedo hispida* ou martin-pêcheur vulgaire, qui vit en France et dont le plumage est bleu brillant sur le dos, brun ocre sur le ventre. Il habite le bord des eaux et construit son nid dans les berges, quelquefois à un mètre de profondeur. De ses œufs blanc de porcelaine sortent des jeunes qui restent très longtemps au nid.

Cet oiseau a un vol rapide, il passe comme une flèche ; mais il reste longtemps posé à la même place, au bord de l'eau, et lorsqu'il aperçoit une proie il se précipite dessus et la perfore de son bec, entre sous l'eau, et remonte à la surface avec quelques coups d'aile, puis revient manger le poisson qu'il a saisi. Il se nourrit aussi d'insectes.

En Australie et à la Nouvelle-Guinée ce groupe est représenté par une grosse espèce, le Martin-Chasseur ou Paralcyon, dont le bec est énorme, moins long, plus large à la base, et légèrement recourbé à l'extrémité. Les plumes sont bleues et grises. Cet oiseau habite les forêts et se nourrit de reptiles, d'insectes, de crustacés qu'il tue en les frappant sur le sol; il chasse même les petits mammifères et n'épargne pas les oiseaux. « C'est un oiseau, dit Gould, que tout voyageur, tout habitant de la Nouvelle-Galles du Sud doit connaître. Il attire l'attention non seulement par sa taille, mais encore par sa voix singulière. En outre, loin d'être craintif, on le voit accourir près de tout ce qui excite sa curiosité. Il vient souvent se placer sur l'arbre au pied duquel le voyageur a établi son campement, et il examine gravement comment il allume son feu, comment il prépare son repas. D'ordinaire on ne remarque sa présence que lorsqu'il fait entendre sa voix, consistant en une sorte de ricanement rauque. Cally dit que l'on entend son ricanement de très loin et que c'est sans doute ce qui lui a fait donner son nom populaire de *Jean le Rieur*. » (BREHM.)

Fig. 410.
Le Martin-Pêcheur.

Il existe beaucoup d'autres espèces de ce groupe, mais je citerai seulement un type que j'ai pu observer moi-même et tuer aux îles du Cap-Vert en 1883 lors du voyage du *Talisman :* c'est le *Dacelo yagoensis* que les nègres appellent le *Pavillon français,* parce qu'il a le bec rouge, le ventre blanc et les ailes bleues.

Les Guêpiers ou Chasseurs d'Afrique (*fig.* 379, page 581) ont le bec plus étroit, plus faible, pointu et légèrement arqué. La queue est longue ou large suivant les espèces. Le guêpier vulgaire habite l'Afrique et le sud de l'Europe; on le trouve même dans le midi de la France. C'est un fort bel oiseau à tête verte, blanche et brune, à dos jaune verdâtre, à gorge jaune entourée de noir, à ventre et croupion bleus ou verts. Les ailes sont vertes et les pattes rougeâtres.

Fig. 411.
Le Martin-Chasseur ou Paralcyon géant.

« Les guêpiers savent animer une contrée, et il n'y a pas de plus beau spectacle que celui d'un guêpier, tantôt fendant l'air comme un faucon, tantôt volant à la manière d'une hirondelle. Il se laisse tomber verticalement d'une hauteur prodigieuse, pour saisir un insecte que son œil découvre ; l'instant d'après il est de nouveau au haut des airs, continuant sa route en compagnie de ses semblables, et lançant son cri d'appel : *guep, guep*. Les guêpiers ont un vol tranquille, ils donnent quelques coups d'aile, puis ils glissent dans l'air, les ailes à moitié ouvertes, et avec une telle rapidité que l'on croirait voir une flèche... Les guêpiers se nourrissent exclusivement d'insectes qu'ils capturent au vol; exceptionnellement, ils en prennent sur des feuilles ou sur le sol. Ils dévorent des insectes à aiguillon venimeux. Des expériences nombreuses ont montré qu'une piqûre d'abeille ou de guêpe était mortelle pour la plupart des oiseaux, et l'on a observé que presque tous ceux qui mangeaient de ces insectes, commençaient par leur enlever l'aiguillon dont ils sont armés; les guêpiers les avalent immédiatement et sans les mutiler.

« Tous les guêpiers nichent en communauté; ils s'établissent dans des trous creusés horizontalement dans un terrain coupé à pic. Tous aiment la société de leurs semblables, aussi en trouve-t-on des colonies extrêmement nombreuses. Leur demeure est un couloir, aboutissant à une chambre plus large. Ils ne construisent pas de nid à proprement parler. Leurs œufs, au nombre de quatre à sept et d'un blanc très pur, sont disposés sur le sable nu; ce n'est que peu à peu que les restes et les débris des insectes apportés par les parents forment une sorte de coussin sur lequel reposeront les jeunes... Ils dévastent les ruches d'abeilles, comme les nids de guêpes et de frelons. Quand l'un d'eux a découvert un nid de guêpes, il se pose tout auprès, et en quelques heures il en a attrapé et dévoré tous les habitants. Ils ne dédaignent pas pour cela les sauterelles, les cigales, les libellules, les mouches, les coléoptères; ils mangent tous les insectes qui passent en volant à leur portée. Ils régurgitent les ailes et les autres parties cornées (?) de leurs proies. » (Brehm.)

Les guêpiers semblent donc être des oiseaux fort utiles qui nous débarrassent de tous les insectes dont nous redoutons les piqûres; mais les apiculteurs les détestent, car ces oiseaux ne savent pas distinguer l'abeille de la guêpe ; ils ne se doutent guère que l'abeille est utile à l'homme et que la guêpe lui est nuisible. Aussi le guêpier est-il digne de notre intérêt là où l'on n'a pas de ruches.

Les guêpiers sont nombreux en Algérie et doivent être protégés ainsi que les geais bleus ou rolliers, qui sont de grands mangeurs de sauterelles et de reptiles. Ces derniers vivent en Asie et en Afrique et sont de passage dans le nord et le sud de l'Europe.

Le Rollier a des couleurs d'un bleu vert, bleu pâle, rouge cannelle, jaune et gris, qui en font un très bel oiseau.

Les Calaos peuvent être rangés au nombre des oiseaux les plus curieux; leurs formes sont remarquables et leurs mœurs bizarres.

Au premier coup d'œil, il est facile de reconnaître un calao. La taille de ces oiseaux est au moins celle d'une poule, et ils sont pourvus d'un bec énorme surmonté, chez quelques espèces, de sortes de cornes.

Les calaos sont nombreux en espèces et les représentants de cette famille offrent une grande diversité de types. Ils ont cependant plusieurs caractères communs; ainsi le bec est long, robuste et muni d'appendices des plus singuliers.

Leur tête semble petite relativement à leur corps, qui est allongé et pourvu généralement d'une queue assez longue. Leurs pattes, qui le plus souvent sont courtes, peuvent devenir assez longues chez les espèces qui marchent.

Le bec, qui paraît devoir être très lourd à cause de ses dimensions considérables, est, au contraire, léger, ainsi que le reste du squelette.

En effet, ce bec, ce squelette, sont remplis d'air, qui peut même, dans certains cas, arriver jusque sous la peau, et faciliter alors beaucoup le vol de ces gros oiseaux.

Les calaos bons voiliers habitent l'archipel Malais, le sud de l'Asie; au contraire en Afrique, en Abyssinie, on rencontre une espèce qui court ou sautille sur le sol comme les corbeaux, et qui ne se perche que s'il y a quelque danger à demeurer à terre. Mais les calaos coureurs sont bien moins nombreux en espèces que ceux qui volent.

Ceux qui volent aiment à se percher sur les arbres élevés et à feuillage peu abondant; rarement on les voit dans les buissons.

Leur vol est court, bruyant et lourd; mais s'ils marchent avec difficulté sur la terre, ils sautent avec agilité dans les branches.

Ce sont de prudents volatiles, et ils se tiennent de préférence dans les grands arbres, de façon à échapper à leurs ennemis.

On les entend souvent faire claquer violemment l'une contre

Fig. 412. — Le Calao ou Dichocère bicorne.

l'autre les deux branches de leur bec ; mais leur vrai cri est sourd et peu prolongé.

Ces oiseaux à bec si puissant se nourrissent de graines, de fruits ; ils ne dédaignent pas toutefois une nourriture animale, et l'on peut dire que, pour la plupart, ils sont omnivores. Ils mangent volontiers des insectes, des petits vertébrés ; ils se repaissent même de chair putréfiée.

En général, ils lancent en l'air les fruits et les petits animaux dont ils veulent faire leur nourriture, les rattrapent dans leur large bec et les avalent, comme font d'ailleurs la plupart des oiseaux qui ont un long bec ; — les marabouts, parmi les échassiers, sont dans ce cas.

Mais ce qui est le plus singulier dans l'histoire des calaos, c'est assurément la façon dont ils couvent leurs œufs. Ils construisent d'ordinaire leur nid dans le tronc d'un arbre creux. La femelle pond quatre ou cinq gros œufs d'un blanc sale, et, tandis que la femelle commence à couver, le mâle vient l'enfermer, il mure le trou par lequel elle est entrée.

Il prend dans son bec de l'argile mouillée, et bouche l'entrée du nid, ne réservant qu'un espace libre par lequel la femelle pourra passer son bec et prendre la nourriture qu'il lui apportera. Brehm cite un auteur, Tickel, qui raconte le fait suivant :

« Le 16 février 1858, j'appris des habitants du village de Karen qu'un Hornray (c'est le nom d'un calao) s'était établi dans le creux d'un arbre voisin, à un endroit où ces oiseaux avaient coutume de nicher depuis des années. M'y étant rendu je trouvai le nid dans le creux d'un tronc presque droit, dépourvu de branches, à cinquante pieds au-dessus du sol. L'entrée en était presque complètement obstruée avec une épaisse couche d'argile ; une seule petite ouverture, par laquelle la femelle passait le bec pour recevoir la nourriture que le mâle lui apportait, y était ménagée. Un des indigènes grimpa, avec beaucoup de peine, jusqu'au trou, et se mit à enlever l'argile. Pendant ce temps, le mâle poussait des grognements ; il volait de côté et d'autre, et passait tout près de nous. Les indigènes semblaient redouter ses attaques et j'eus de la peine à les empêcher de le tuer. Lorsque l'ouverture fut agrandie, l'homme qui avait grimpé à l'arbre fourra le bras dans le trou ; mais il reçut un coup de bec si violent qu'il le retira précipitamment et risqua de tomber par terre. Enfin, après s'être entouré la main d'un linge, il parvint à s'emparer de la captive : elle était dans un état affreux, sale et misérable. Il la descendit et la mit à terre ; elle sauta de côté et d'autre en menaçant les assistants de son bec ; mais elle ne put voler. A la fin elle grimpa sur un petit arbre et y demeura. Ses ailes, par suite de l'immobilité prolongée à laquelle elle avait été condamnée, semblaient avoir contracté trop de raideur pour qu'elle pût s'envoler et rejoindre son compagnon. Dans le fond du trou, à une profondeur d'environ trois pieds et reposant sur une couche de bois, de monceaux d'écorces et de plumes, était un seul œuf, d'un brun clair un peu sale. Le trou renfermait encore une grande quantité de fruits pourris. Tout le plumage de la femelle était teint en jaune par la graisse de sa glande coccygienne. »

On peut se demander pourquoi le mâle mure ainsi sa femelle. Est-ce pour la protéger des attaques des singes, des écureuils ou des oiseaux de proie ? — Cela est peu probable, car ces animaux doivent redouter le bec puissant de la femelle. Est-ce pour empêcher la femelle de quitter sa couvée ?...

— Peut-être est-ce simplement une mesure de précaution pour empêcher la femelle ou les petits de tomber du nid, car la femelle perd beaucoup de ses plumes pendant le temps de l'incubation. Est-ce par jalousie ?... On ne peut, pour l'instant, faire que des suppositions.

En liberté, grâce à leur bec, ces oiseaux ont peu d'ennemis à redouter ; l'homme ne leur fait pas la chasse. En captivité, ils s'apprivoisent facilement et s'attachent à leur maître.

Le nombre d'espèces de calaos est considérable ; on a créé plusieurs coupes génériques dans cette famille.

Les *Rhynchacères* sont les plus petits ; leur bec ne présente pas de saillie cornée, la queue est arrondie et assez longue. Le Rhynchacère à bec rouge se rencontre en Afrique, au sud du 17e degré de latitude nord.

Les *Dichocères* ont le bec surmonté d'un appendice assez large et haut, qui, tronqué en arrière, recouvre une grande partie du bec et se bifurque en avant. Le Dichocère bicorne se trouve dans l'Inde, dans la presqu'île Malaise et à Sumatra.

Les *Rhyticères* diffèrent des précédents en ce sens que le bec présente en haut, à la base, une saillie plissée, au lieu d'un appendice élevé. Le Rhyticère à bec plissé habite Malacca et les îles de la Sonde.

Tous ces types sont bons voiliers et se posent rarement à terre.

En Afrique, au sud du 17e degré de latitude nord, on trouve des espèces qui sont plus terrestres, ce sont les *Bucorax*. Le corps de

Fig. 413. — Le Calao ou Bucorax d'Abyssinie.

ces calaos est plus lourd; la tête est grosse, surmontée d'un appendice creux et ouvert antérieurement. Le tour des yeux et le cou sont dépourvus de plumes, et la peau est généralement colorée en bleu; le plumage est d'ordinaire foncé. L'espèce la plus connue est le calao d'Abyssinie.

Les calaos représentent en Asie et en Afrique les Toucans, dont nous avons parlé précédemment et qui ne se trouvent qu'en Amérique. Tous les calaos ont un air de famille qui permet de les distinguer au premier coup d'œil.

Fig. 414. — Le Martinet.

CHAPITRE VI

Les Martinets. Les Engoulevents. Les Oiseaux-Mouches. Les Huppes. Les Grimpereaux.

Les oiseaux qui vont nous occuper dans ce chapitre volent tous rapidement. Ce sont les Martinets, les Engoulevents, les Oiseaux-Mouches.

J'omets à dessein les Hirondelles qui, bien qu'ayant le même genre de vie que les martinets, la même apparence, le même costume, le même vol rapide, ne sont pas de la même famille. Les hirondelles sont voisines des moineaux, bien plutôt que des martinets. C'est l'anatomie qui a conduit à ce résultat. A ce sujet, M. Émile Blanchard s'exprime en ces termes :

« S'il est un exemple frappant de l'erreur où peut conduire la considération exclusive de certains signes extérieurs en harmonie avec des circonstances biologiques, il nous est amplement offert par les martinets. Les naturalistes les plus habiles, Linné, Cuvier et tous les zoologistes s'occupant d'une façon spéciale des oiseaux n'ont vu dans les hirondelles et les martinets que des représentants d'un même groupe, et pourtant tout diffère dans la conformation de ces deux types [1]. »

Les martinets sont diurnes. Ce sont des oiseaux de petite taille qui ont de grandes ailes, étroites et recourbées en sabre. Le cou est court, le bec largement fendu. Les plumes de la queue sont quelquefois longues, mais chez les espèces de nos pays elle est courte et les plumes des ailes la dépassent.

Ce sont les martinets noirs que nous voyons, du mois de mai au mois d'août, voler au-dessus de nos maisons en poussant des cris aigus. Ils planent souvent à une très grande hauteur, cherchant les insectes, qu'ils avalent en grande quantité.

« Ils apparaissent dans les premiers jours de mai, dit M. Oustalet [2], et nous quittent dès le commencement du mois d'août, alors que le soleil d'été darde encore sur la terre ses rayons les plus chauds. Passé cette date, c'est à peine si l'on aperçoit un ou deux individus venant des pays septentrionaux ou retenus sous notre latitude par le soin d'élever une tardive progéniture. Presque immédiatement après leur disparition de nos contrées, leur présence est signalée dans l'Afrique tropicale, et dès le 3 août M. Brehm a vu quelques-uns de ces oiseaux voler autour des minarets de Karthoum. Cette rapidité de locomotion a quelque chose de fantastique; mais elle paraît moins surprenante quand on tient compte de la longueur énorme et de la forme tranchante des ailes chez les martinets. Sous le rapport de la puissance des organes du vol, ces oiseaux rivalisent avec les oiseaux-mouches, qui leur sont d'ailleurs unis par des liens de parenté très étroits. Comme les oiseaux-mouches, ils ont un sternum muni d'une carène très prononcée, fournissant de larges points d'attache aux muscles moteurs de l'aile et, comme eux aussi, ils offrent un développement considérable des os de l'avant-bras et de la main sur lesquels les grandes pennes alaires prennent leurs insertions. On a reconnu d'ailleurs, par des expériences directes, que les martinets franchissent aisément en

1. *Annales des sciences naturelles*. Zoologie, 4e série, 1859, tome XI, page 102.
2. *Bulletin de l'Association scientifique de France*, 1886, 2e série, tome XIII, page 76.

cinq minutes une distance de cinquante milles. On comprend dès lors qu'ils puissent traverser les mers et les déserts, et l'on ne serait même pas étonné d'apprendre qu'ils poussassent jusqu'au cap de Bonne-Espérance. Il est probable cependant que la plupart de ces fissirostres arrêtent leurs pérégrinations en Afrique, dans le voisinage de l'Équateur.

« C'est là aussi que se rendent d'autres oiseaux du même groupe, mais d'aspect différent, qu'on appelle des Engoulevents et dont le plumage, teint de couleurs grises ou brunes, rappelle celui des oiseaux de nuit. Ces engoulevents, que l'on désigne parfois aussi sous le nom de *Crapauds volants*, à cause de la forme

Fig. 415. — L'Engoulevent.

déprimée de leur tête, vivent isolés ou par couple et se nourrissent d'insectes qu'ils pourchassent dans les pâturages après le coucher du soleil. Dans les contrées équatoriales ils sont complètement sédentaires; mais, dans les pays tempérés, ils émigrent régulièrement à l'approche de la mauvaise saison. A cette époque, les engoulevents européens perdent un peu de leur naturel farouche et s'associent à d'autres animaux de leur espèce. C'est ce que font aussi les engoulevents de Virginie, que les Américains désignent sous le nom de *Faucons de nuit*, et qui circulent à travers tout le pays compris entre le Nouveau-Brunswick et la Louisiane, entre les montagnes Rocheuses et l'embouchure du Mississipi. »

Il y a dans la famille des martinets une espèce dont on mange les nids : c'est la Salangane, qui vit dans les îles de la Sonde et à

Ceylan, ressemblant beaucoup pour la forme et la couleur à nos martinets. Ce qui leur est particulier, c'est d'avoir des glandes salivaires qui peuvent prendre un grand développement au moment de la nidification.

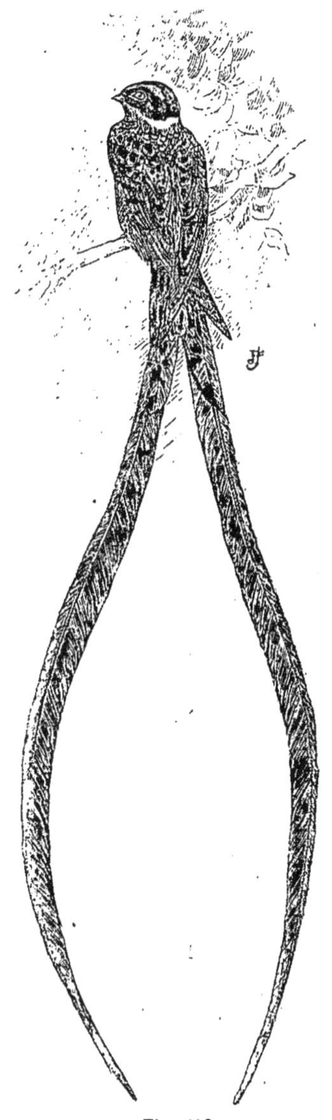

Fig. 416.
L'Hydropsalis-lyre.

Les salanganes construisent leurs nids dans les cavernes le long des bords de la mer, où les flots pénètrent et qu'il est très difficile d'explorer. Néanmoins, au prix de mille dangers, les Malais vont rechercher ces nids et les vendent aux Chinois qui les payent fort cher. Les plus estimés sont ceux qui sont faits uniquement de salive; quand on les leur a pris, les salanganes en construisent d'autres; mais ceux-là ont moins de prix, parce que les glandes, étant un peu fatiguées par cette nouvelle sécrétion, laissent souvent échapper un peu de sang. On les leur prend encore. Les salanganes ne se désespèrent pas et en construisent pour la troisième fois. On leur laisse ces troisièmes nids qui n'ont pas de valeur : car l'oiseau, n'ayant plus beaucoup de salive va chercher des algues marines qu'il mélange à la salive pour construire son nid. On avait cru, à cause de cela, que la salangane faisait son nid avec des algues, c'était en partie vrai.

« Les cavernes à salanganes les plus productives se trouvent sur la côte méridionale de Java. Epp en a visité quelques-unes qui se trouvent dans le rocher calcaire de Karang-Kallong, et qui sont exploitées par le gouvernement hollandais. Ce rocher plonge verticalement dans la mer et est continuellement battu par les flots; au sommet se trouve un petit fort avec une garnison de vingt-cinq hommes chargés de protéger les chasseurs de nids. Sur le bord du rocher croît un arbre vigoureux, dont les branches s'étendent au-dessus de l'abîme. En se cramponnant à l'une d'elles et en regardant au-dessous de soi, on voit les salanganes voler tout autour du rocher; elles ne paraissent pas plus grandes que des abeilles. Les chasseurs se laissent descendre l'un après l'autre, le long d'une corde d'environ quatre-vingt-dix brasses de long; celui qui la lâche est perdu. Dans l'intérieur des cavernes ils sont encore menacés par les flots. Ces cavernes sont au nombre de neuf; chacune a son nom et on ne peut les aborder qu'en se laissant glisser le long de la corde. En 1847, la population de Karang-Kallong était de 2 700 âmes, dont 1 500 hommes occupés à la chasse des nids... Ces cavernes rapportaient en moyenne 480 000 florins par an... Aujourd'hui encore, ces nids se payent aussi cher qu'il y a plusieurs siècles. Au dire des voyageurs, chaque année il en entre en Chine plusieurs millions, représentant une valeur de 300 000 livres sterling. » (Brehm.)

Fig. 417. — Le Docimaste porte-épée.

Parmi les espèces de Caprimulgides, c'est-à-dire d'Engoulevents et de leurs parents, il y en a d'assez grosses, comme le Podargo, qui vit à la Nouvelle-Galles du Sud, et les Batrachostomes, qu'on trouve aux Indes, qui ont la tête énorme et le bec démesurément fendu, on peut dire fendu jusqu'aux oreilles. Je citerai enfin l'Hydropsalis-lyre de l'Amérique du Sud, qui ressemble à notre Engoulevent, mais qui possède à la queue deux énormes plumes qui ont le double de la longueur de son corps.

Les Oiseaux-Mouches, avons-nous dit, sont les proches parents des martinets. S'ils diffèrent de ces derniers par la forme de leur bec, qui est souvent très long, et par l'éclat de leur plumage, ils sont comme eux rapides dans leur vol.

Buffon, qui sait donner une grâce infinie à toutes ses descriptions, fait de l'oiseau-mouche un gracieux portrait :

« De tous les êtres animés, voici le plus élégant pour la forme et le plus brillant pour les couleurs. Les pierres et les métaux polis par notre art ne sont pas comparables à ce bijou de la Nature; elle l'a placé dans l'ordre des oiseaux, au dernier degré de l'échelle de grandeur, *maxime miranda in minimis;* son chef-d'œuvre est le petit oiseau-mouche; elle l'a comblé de tous les dons qu'elle n'a fait que partager aux autres oiseaux : légèreté, rapidité, prestesse, grâce et riche parure, tout appartient à ce petit favori. L'émeraude, le rubis, la topaze brillent sur ses habits, il ne les souille jamais de la poussière de la terre, et dans sa vie toute aérienne, on le voit à peine toucher le gazon par instants; il est toujours en l'air, volant de fleur en fleur; il a leur fraîcheur comme il a leur éclat : il vit de leur nectar et n'habite que les climats où sans cesse elles se renouvellent.

« C'est dans les contrées les plus chaudes du Nouveau Monde que se trouvent toutes les espèces d'oiseaux-mouches; elles sont assez nombreuses et paraissent confinées entre les deux tropiques : car ceux qui s'avancent en été dans les zones tempérées n'y font qu'un court séjour; ils semblent suivre le soleil, s'avancer, se retirer avec lui, et voler sur l'aile des zéphirs à la suite d'un printemps éternel. »

Les colibris, oiseaux-mouches ou Trochilides, sont bien connus pour le brillant de leur plumage qui semble, dans certains cas, lancer des feux comme les diamants; mais on ne sait probablement pas aussi bien quels sont leurs caractères et leurs mœurs.

Leur corps est allongé et les plumes de la queue sont longues

LES COLIBRIS

Ramphomicron microrhynchum _ Colombie.

Discura longicauda _ Cayenne.

d'ordinaire, ce qui pourrait faire croire qu'ils ont le corps plus gros qu'il n'est en réalité.

Leur bec est long, mince, finement aciculé, droit ou courbé, de la longueur de la tête ou beaucoup plus long, et les mandibules forment souvent une sorte de gaine tubulaire qui renferme la langue. Celle-ci ressemble à celle des pics, car les cornes de l'hyoïde s'insèrent sur le dessus de la tête ; et la langue est terminée par une surface aplatie, munie de dentelures latérales. Nous verrons que le régime est à peu près le même que celui des pics. Les pattes sont petites et délicates ; leurs tarses sont emplumés. Les ailes sont étroites et longues, légèrement recourbées en faucille. La queue est fourchue ou arrondie.

Ne sont-ce pas là les caractères nécessaires au vol rapide ? Ces oiseaux ne peuvent-ils être comparés à une flèche ?

Leur plumage est admirable par son éclat, et, de plus, ils ont des huppes, des collerettes, ou des touffes de plumes qui rehaussent encore leur beauté.

Quant à la taille, elle est fort réduite ; les plus gros colibris sont de la dimension d'une fauvette, les plus petits de celle d'un frelon.

De tels bijoux n'habitent pas nos climats ; il leur faut pour vivre une température élevée et c'est dans l'Amérique torride qu'on les rencontre. Cependant quelques espèces existent au nord dans le Labrador, et au sud dans la Terre de Feu. Il en est qui vivent à une altitude de 4 000 à 5 600 mètres, dans des régions dévastées par les tourmentes de neiges. Les uns ne quittent pas les montagnes, mais la plupart se trouvent dans les forêts chaudes. Leur présence même est liée à celle de certaines fleurs, et, de la forme de leur bec, on peut même déduire la forme de la corolle des fleurs qu'ils affectionnent. On ne sait s'ils émigrent. Mais ce qui est certain, c'est que c'est à l'époque de la floraison de certaines plantes que se montrent certaines espèces.

« Le colibri, dit Brehm, cause toujours une certaine surprise : on croirait voir un être enchanté. Il se montre sans qu'on sache d'où il est venu, et l'instant d'après il a disparu. Quand on en a aperçu un dans l'Amérique du Nord, on ne tarde pas à en voir partout.

« Aucun oiseau ne vole comme eux, aussi aucun ne peut-il leur être comparé. « Quel mécanisme admirable, s'écrie Gould, doit être celui qui produit les mouvements vibratoires des ailes du colibri, et qui les soutient aussi longtemps! Je ne peux les comparer à rien; on dirait quelque machine ingénieuse, mue par un puissant ressort. Ce vol me fit, la première fois que je le vis, une impression des plus singulières. C'était tout le contraire de ce que je m'attendais à voir. Le colibri ne fend pas les airs comme une flèche, ainsi que l'hirondelle, mais, soit qu'il erre de fleur en fleur, soit qu'il franchisse un cours d'eau ou passe au-dessus d'un arbre, toujours ses ailes sont agitées d'un mouvement vibratoire. Il

Fig. 418 — Le Lophornis splendide.

s'arrête par moments devant un objet, demeurant en équilibre ; les coups d'aile se succèdent alors si rapidement que l'œil ne peut les suivre ; un demi-cercle vaguement dessiné, autour de chaque côté du corps, c'est tout ce que l'on aperçoit. » (Brehm.)

Certains papillons crépusculaires, les sphinx, volent de la même façon.

M. Henri de Saussure, le célèbre entomologiste de Genève, nous le dit d'ailleurs :

« Au premier pas que je fis dans les savanes de la Jamaïque, je vis un brillant insecte vert, au vol rapide, venir à plusieurs reprises se glisser entre les ramuscules déliés d'un arbuste. J'étais émerveillé de sa dextérité extraordinaire pour échapper à un coup de filet, et, lorsqu'enfin je parvins à le saisir, quelle ne fut pas ma surprise en trouvant au fond de mon filet, non pas un insecte, mais un oiseau! C'est qu'en effet les colibris n'ont pas seulement la taille des insectes, ils en ont aussi le mouvement, le port, le genre de vie. »

Ils vivent du nectar des fleurs, disait Buffon. Beaucoup de voyageurs l'ont cru. Non, les colibris ne se contentent pas d'une si mince nourriture; il leur faut une alimentation plus substantielle. Cependant on les voit butiner comme les abeilles; comme les

Fig. 419. — Le Sparganure Sapho.

sphinx qui, le soir, plongent en volant leur trompe dans la corolle des fleurs, les oiseaux-mouches semblent venir également en pomper les liquides sucrés.

En y regardant de plus près, on s'est aperçu que ces petits oiseaux, sans dédaigner le sucre des fleurs, cherchaient, dans les corolles, les insectes qui, eux, viennent en sucer le miel. Ils sont insectivores comme les pics; leur langue d'ailleurs a quelque rapport avec celle de ces oiseaux grimpeurs.

Ils prennent même, au dire de quelques auteurs dignes de foi, les insectes au vol.

Les uns chassent au plus fort de la chaleur, d'autres préfèrent attendre la fraîcheur du matin ou du soir.

Les oiseaux-mouches sont querelleurs, et, malgré leur petite taille, ils ne redoutent aucun animal, poursuivant leurs semblables ou même des oiseaux beaucoup plus gros qu'eux, qui voudraient prendre possession des lieux qu'ils habitent. M. H. de Saussure nous dit « qu'ils s'attaquent avec fureur à tout ce qui leur porte ombrage et livrent des combats acharnés aux êtres de la création qu'ils ont en inimitié. Parmi ces derniers, les sphinx sont un de ceux qu'ils détestent le plus. Lorsqu'un de ces inoffensifs papillons, deux fois plus gros que le colibri, s'est hasardé de trop bonne heure dans les jardins, s'il est rencontré par un colibri attardé, il faut qu'il lui cède le pas, ou sa perte est imminente. A son aspect, l'oiseau fond sur lui et l'attaque à coups de bec, comme le narval attaque la baleine à coups de lance, s'il est permis de comparer les deux extrêmes de la création. Le sphinx, dérangé par cette agression insolite, fait un bond de côté, s'éloigne un instant et revient aussitôt à ses fleurs appétissantes. Mais son ennemi furieux revient à la charge et l'écarte de nouveau. Le même manège se répète plusieurs fois, jusqu'à ce qu'enfin, lassé de la persistance du sphinx, le colibri le pourchasse de buisson en buisson, de plate-bande en plate-bande, et le force à chercher son salut dans une fuite précipitée. Cependant l'insecte n'a pas toujours le dessous dans cette lutte inégale : il revient avec persévérance aux pâturages fleuris que lui dispute son adversaire, et après en avoir été chassé plusieurs fois, il finit par rester maître des lieux, lorsque le crépuscule très avancé rappelle l'oiseau à son nid. »

Les colibris construisent des nids fort mignons et délicats pour y déposer leurs œufs. Quels œufs! ils sont à peu près de la grosseur d'une noisette ou d'un pois! Leur nid est cotonneux, moelleux, et les parties douces sont mélangées de parties plus résistantes qui consistent en lichens ou en herbes sèches, quelquefois en écailles de fougères.

« Je voudrais, dit Audubon, que d'autres eussent pu partager le plaisir que j'ai ressenti, en observant quelques-uns de ces charmants oiseaux, pendant qu'ils se témoignent mutuellement leur ardeur. Le mâle hérisse son plumage, gonfle sa gorge; il danse sur ses ailes; il tournoie autour de sa compagne et vole rapidement vers une fleur; il en revient le bec plein, pour nourrir sa bien-aimée; il se montre vis-à-vis d'elle d'une tendresse excessive; il l'évente avec ses petites ailes. Celle-ci reçoit avec reconnaissance ces témoignages d'amour; le courage et la sollicitude du mâle s'en accroissent; il livre combat au Tyran; il poursuit l'hirondelle pourprée jusque dans son nid; puis, tout en bourdonnant, il revient joyeux se poser aux côtés de sa compagne. Tous ces témoignages de tendresse, d'amour, de fidélité, de courage que le mâle prodigue à sa femelle, toute la sollicitude dont il l'entoure, sont de ces choses que l'on peut voir, admirer, mais qu'il est impossible de décrire. »

Les oiseaux-mouches offrent beaucoup d'intérêt aux naturalistes, et leur brillant plumage est toujours très apprécié pour orner les toilettes.

Les Mexicains les regardaient comme le type de la plus haute félicité, et ils pensaient que les guerriers morts pour la défense des dieux étaient transportés dans la maison du Soleil par l'épouse du dieu de la guerre, et transformés en colibris.

Notre pays ne possède pas d'aussi beaux oiseaux que les colibris; mais quelques-uns méritent notre attention tant par leur plumage que par leurs mœurs — ce sont les Huppes et les Grimpereaux.

La Huppe est de la taille d'une tourterelle, son plumage est brun clair, blanc et noir. Sa tête est ornée d'une crête de belles plumes rousses, avec l'extrémité blanche et noire. Cet oiseau a des pattes assez courtes, un long bec grêle et recourbé; sa langue est courte, et cependant il mange des insectes qu'il prend entre ses mandibules. On rencontre ce bel oiseau en France pendant la belle saison dans les champs, sur la lisière des bois, dans les pâturages, où il cherche, à l'aide de son long bec, dans les bouses de vaches les insectes et les vers dont il fait sa nourriture. Elle est commune dans le nord de l'Afrique. « En Égypte, dit Brehm, la huppe est très commune partout, parce que partout elle trouve des matières à fouiller. Le sans-gêne éhonté des Arabes lui fait de chaque coin un lieu de régal, et leur complète indifférence lui permet de vaquer à ses occupations sans crainte d'être troublée. Elle se promène au milieu des immondices, sans s'inquiéter des allants et venants; bien plus, elle connaît si bien les habitudes de son nourricier, qu'elle le suit jusque dans sa demeure, et s'y établit avec sa famille, dans quelque trou de mur. On dirait que les Arabes l'entourent d'un certain respect; ils savent, semble-t-il, que, quelque dégoûtante que soit sa nourriture, la huppe est cependant encore moins sale qu'ils ne le sont eux-mêmes. »

Leur nid, qu'elles placent n'importe où, est très sale, leur odeur infecte.

Fig. 420. — La Huppe.

Dans l'Afrique du Sud, au cap de Bonne-Espérance, au Sénégal, en Abyssinie, existe un oiseau parent du précédent, mais qui n'a pas la tête ornée d'une huppe : c'est l'*Irrisor* ou Moqueur qui vit en troupe nombreuse. Son plumage est sombre, quelquefois d'un bleu ou vert foncé métallique; sa queue est longue, son bec et ses pattes sont rouges.

Nous avons montré que les martinets, malgré leur ressemblance avec les hirondelles, ne devaient pas être rangés dans le même groupe. Voici un oiseau qui nous offre un exemple de la ressemblance extérieure et de la dissemblance anatomique : c'est le Grimpereau familier qui, de même que les pics, grimpe le long du tronc des arbres, qui a les plumes de la queue assez résistantes et pointues, mais dont le bec est pointu et recourbé au lieu d'être droit, et dont la langue, cornée, légèrement fibrilleuse en avant, n'est pas protractile.

Fig. 421. — Le Torchepot.

On voit le grimpereau, au plumage sombre, courir en quelque sorte le long des arbres, à la recherche de quelque insecte. Il ne redoute pas l'homme et niche dans les toits, dans les fagots, dans les crevasses des murs.

Le grimpereau est un charmant petit oiseau, qui est notre auxiliaire en dévorant beaucoup d'insectes, et que nous devons par conséquent protéger.

Fig. 422. — Le Grimpereau.

Dans les Alpes, les Pyrénées, vit un autre oiseau de la même famille, le Tichodrome des murailles, qui est blanc, rouge et noir.

Nous terminerons ce chapitre en parlant d'un gracieux petit oiseau grimpeur, la Sitelle, qu'on nomme aussi Torchepot à raison de la manière dont il gâche de la terre pour faire son nid. C'est un oiseau très court, trapu, que le torchepot bleu. Sa queue est courte et son bec est puissant et pointu. Ses couleurs sont fort agréables; gris sur le dos, brun sur le ventre, il a la gorge et la poitrine blanches; une ligne noire part du bec en se rendant à l'épaule, en passant au-dessus de l'œil; la queue est brune; les ailes sont noires avec l'extrémité bleu gris.

On l'entend souvent dans les bois, près des habitations, frappant l'écorce des arbres, de son bec pointu, pour chercher quelque larve ou quelque insecte. Lorsqu'il se pose sur un arbre et commence à

Fig. 423. — Le Tichodrome des murailles.

grimper, on l'entend pousser son petit cri : *tvit, tvit,* souvent répété. Il ne dédaigne pas les graines de pin, de hêtre, de tilleul, dont il casse les enveloppes dures au moyen de son petit bec.

Il niche dans les troncs d'arbres creux et mure l'entrée de son nid à l'aide de terre gâchée.

Fig. 424. — Le Crave.

CHAPITRE VII

Les Coracirostres

Ce nom peut paraître barbare; mais par là j'entends, avec Brehm, un ordre qui contient des oiseaux que l'on connaît bien pour la plupart. Ce sont : les Oiseaux de Paradis, les Corbeaux, les Geais, les Pies, les Étourneaux et les Loriots; c'est assez dire leurs caractères généraux, et sans nous arrêter davantage à savoir si l'on doit les faire rentrer dans l'ordre des Passereaux, nous décrirons leurs formes et leurs mœurs.

Il n'y a que quelques années que l'on connaît les Oiseaux de Paradis. Autrefois on n'en avait eu que des peaux plus ou moins mutilées, et lorsque Pigafetta, compagnon de Magellan, rapporta cet oiseau en 1522, à Séville, les savants le considérèrent comme un être qui ne vivait pas comme les autres, un être supérieur, aérien, qui ne se nourrissait que de la rosée du matin.

Grâce à quelques naturalistes qui ont visité la Nouvelle-Guinée, où se trouvent ces oiseaux, nous savons que ces Paradisiers sont de tous points semblables aux autres volatiles. On les rencontre à la Nouvelle-Guinée et dans les îles voisines, puis en Australie et aux Moluques.

Ils sont de la taille d'une pie ou d'un étourneau, et se distinguent des autres espèces de Coracirostres par le brillant de leur plumage et les plumes d'ornement qui les embellissent et les font rechercher pour les parures. (Voy. page 565.)

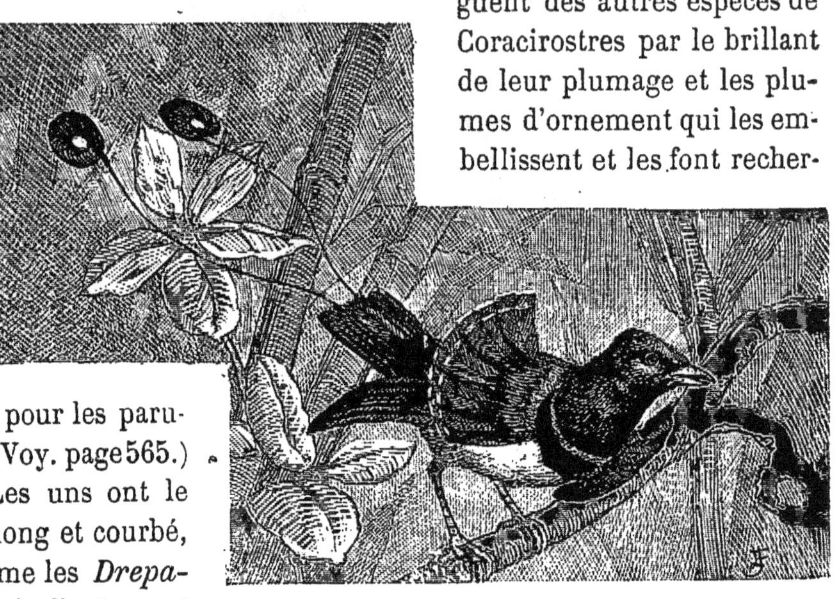

Fig. 425. — Le Manucode royal.

Les uns ont le bec long et courbé, comme les *Drepanornis*, d'autres ont le bec court ou de longueur moyenne.

L'espèce la plus anciennement connue est le Paradisier grand émeraude qui a le dessus de la tête et du cou jaune, le tour du bec et de la gorge vert émeraude, et tout le dessus du corps marron. Le mâle porte sur les flancs, en dessous des ailes, de longs faisceaux de plumes couleur paille décomposées et souples que l'on a longtemps confondus avec les ailes.

Les ornements varient suivant les espèces. Tantôt ce sont des plumes frisées, tantôt des collerettes de plumes à reflets métalliques, comme cela se voit chez le Lophorine superbe.

Dans d'autres cas la tête porte des aigrettes. Mais ce qui est bizarre et souvent fort gracieux, ce sont des plumes de la queue réduites à leur axe et qui portent, chez certaines espèces, à leur extrémité, des barbes colorées d'un vif éclat vert.

Le Manucode royal est dans ce cas; sa tête, son dos, ses ailes, son cou sont d'un rouge pourpre, son ventre et sa poitrine sont blancs; un collier vert émeraude sépare le rouge du blanc.

Enfin il y a de chaque côté, en avant des ailes, de jolies plumes en éventail, colorées en noir, rouge et vert.

Les Paradisiers sont proches parents des corbeaux, oiseaux à bec robuste, tranchant, légèrement crochu, et au plumage le plus souvent sombre.

Les Craves, qu'on rencontre dans les Alpes, les Pyrénées et dans d'autres montagnes de l'Europe, ont le plumage bleu foncé, brillant, et le bec allongé, mince, recourbé et d'un rouge de corail.

Les Chocards des Alpes ressemblent beaucoup aux Craves, mais ils ont le bec jaune et les pattes rouges; le plumage est d'un noir sombre.

Les plus connus de tous sont les corbeaux et les corneilles.

Le grand corbeau évite les lieux fréquentés et recherche les montagnes, les grandes forêts; aussi n'est-il commun nulle part en France, et nous voyons le plus souvent la corneille noire, dont le plumage est d'un noir plus terne que celui du grand corbeau et dont le bec est plus allongé, plus faible.

Fig. 426.
Le Paradisier grand émeraude.

Dans nos pays vivent plusieurs espèces de corneilles : la corneille noire, qu'on nomme généralement corbeau; la corneille cendrée ou mantelée, qui est noire et grise; puis le freux, qui est noir et dont la base du bec est dégarnie de plumes; enfin le choucas des tours, plus petit que les précédents et dont le plumage est noir et gris noir.

Tous ces oiseaux ont les sens très développés et surtout la vue; ils sont assez intelligents et peuvent être élevés en captivité; ils apprennent à reconnaître leur maître et savent fort bien lui demander ce qu'ils veulent.

Je rencontrai un jour une corneille noire qui courait dans une allée boisée d'un parc que possède mon père à Bézu-Saint-Éloi, dans l'Eure. Je m'en emparai assez facilement et la portai à la maison. On lui donna à manger et à boire, et on l'enferma dans une petite cage.

Au bout de quelques jours on la lâcha, et comme elle ne s'écartait pas de la maison, on lui laissa sa liberté. Elle vécut ainsi pendant plusieurs mois; elle venait réclamer sa nourriture à la cuisine et frappait à la fenêtre du rez-de-chaussée lorsqu'elle voulait se baigner. On la suivait alors jusqu'à la pompe, où elle vous conduisait immédiatement, et on pompait; l'eau tombait sur son dos, elle écartait ses plumes, agitait ses ailes, puis venait se sécher.

Le grand corbeau est fort nuisible; il est rusé et audacieux. Il s'attaque aux brebis, aux agneaux, cherchant d'abord à leur crever les yeux; il poursuit les lièvres et pille les nids des oiseaux. Au contraire, les corneilles et les freux ne sont dangereux que pour les animaux de petite taille, et les services qu'ils nous rendent compensent largement leurs dégâts.

« On peut hardiment les ranger parmi les animaux les plus utiles de nos contrées. Sans eux, les vertébrés nuisibles, les insectes qui causent tant de pertes à l'agriculture, pulluleraient bien autrement qu'ils ne le font.....

« Détruire ces animaux est plus qu'une faute, c'est un crime de lèse-nature : l'homme qui croit pouvoir remplacer le rôle des corneilles dans l'économie et faire même plus qu'elles en disposant par-ci par-là quelques souricières ou un peu de *mort-aux-rats*, n'est qu'un sot orgueilleux. Il fait acte d'inintelligence et d'ignorance lorsque, comme homme privé ou comme administrateur, il offre des primes pour la destruction des corneilles; en tuant un seul de ces oiseaux, on cause à l'agriculture et à la sylviculture plus de mal que n'en pourraient faire plusieurs corneilles vivantes... Là où les corneilles sont devenues insupportables, il suffit pour les éloigner d'en tirer quelques-unes et de suspendre leurs cadavres en guise d'épouvantail. C'est le seul moyen de défense que l'homme devrait se permettre contre les corneilles et laisser dans les champs, en toute liberté, des oiseaux qui lui payeraient mille fois la protection qu'il leur accorderait. » (BREHM.)

Les freux dévorent les hannetons, ils suivent le laboureur et mangent les larves, les vers blancs que ramène la charrue.

Ils tuent également les campagnols pour s'en repaître.

Et pour se convaincre de ce que j'avance, il suffit de tuer un freux, une corneille, et de l'ouvrir; on trouvera l'estomac rempli de larves ou de petits rongeurs.

Lorsque les corneilles voient quelque chose de suspect, un renard, un oiseau de proie, elles lancent de grands cris auxquels d'autres croassements répondent; c'est bientôt un bruit assourdissant, et elles poursuivent leur ennemi avec acharnement. Mais c'est une véritable haine qu'elles manifestent à l'égard des oiseaux de proie nocturnes, au Grand-Duc en particulier qui, la nuit, les attaque pendant leur sommeil. La nuit elles se rassemblent en un coin de forêt, où elles arrivent prudemment, silencieusement.

Elles construisent des nids assez grossiers dans de grands peupliers, dans des bouquets d'arbres élevés, et là les nids sont nombreux.

Le ramage est épouvantable et l'on ne peut passer sous les arbres sans être sali par les déjections des oiseaux. Les femelles pondent à la fin d'avril et c'est à la fin de mai que les petits commencent à voler. A cette époque, j'ai vu, certains jours, les trains qui se rendaient de Paris à Gisors bondés de chasseurs qui allaient à Bordeaux-Saint-Clair massacrer des corneilles, et le soir ils revenaient chargés de butin. On ne comprend pas qu'on permette de semblables tueries. On dépense souvent des sommes considérables pour se préserver des insectes nuisibles; les agriculteurs se lamentent lorsqu'ils rencontrent des vers blancs ou qu'ils voient voler les hannetons : ils ne comprennent pas leur intérêt lorsqu'ils détruisent les corneilles ou les buses et les hiboux.

Le Choucas, qui habite les tours des vieux monuments ou les ruines, est fort commun en France et a des mœurs identiques à celles des corneilles et des freux. C'est dire qu'il se nourrit d'insectes, de limaces et de vers. Il est donc utile. Mais quelquefois il descend dans les vergers pour manger les fruits.

Une famille de Choucas s'était établie dans les grands arbres de la ménagerie du Muséum. On dut les détruire, car ils connaissaient l'heure du repas des animaux et se précipitaient dans les mangeoires contenant du grain ou de la viande et avaient souvent

Fig. 427-428. — Le Freux. La Corneille mantelée.

tout dévoré avant que l'animal auquel cette pâture était destinée ne se fût approché. Mais ceci est un cas particulier.

Tels sont les oiseaux à plumage sombre de ce groupe. Il en est d'autres dont les couleurs sont très belles : ce sont les pies et les geais, qui ont le bec plus court que celui des corbeaux. Leurs formes sont aussi plus élancées, leurs pattes moins robustes, leurs ailes plus arrondies, la queue, enfin, plus longue.

La Pie est élégante avec son plumage bleu vert métallique et son poitrail blanc, sa longue queue à plumes étagées. Son cri est rauque et peu harmonieux, en revanche ; elle aussi déteste les oiseaux de nuit, et lorsqu'elle en aperçoit un, elle fait entendre son *cla cla cla clac* et ameute contre son ennemi toutes les pies, tous les geais d'alentour. La pie est un oiseau nuisible, qui pille sans pitié les nids des autres oiseaux, au printemps, qui tue les poulets, les jeunes canards, les jeunes faisans, et les emporte; elle détruit des insectes, des vers, mais elle mange nos fruits dans nos vergers. Autant les corneilles sont recommandables, autant je livre les pies à la vengeance des agriculteurs.

La pie peut être élevée en captivité, elle peut apprendre certains airs, certains mots; mais elle a un défaut : c'est d'être voleuse. Elle s'empare des objets brillants qu'elle peut trouver et les cache ; elle peut ainsi faire disparaître des objets de valeur, des bijoux, et c'est pour cela qu'on évite de la laisser en liberté.

Fig. 429.
Le Sansonnet ou Étourneau.

Les Geais sont encore plus richement parés que les pies. Les plumes sont assez décomposées, un peu floconneuses, et la tête est surmontée de plumes longues, blanchâtres avec une ligne noire, que l'oiseau peut redresser. Le dos et le ventre sont d'un ton vineux mat; la gorge est blanchâtre et, de chaque côté, faisant suite au bec, part une bande noire, ressemblant à des moustaches. Les ailes sont noires et certaines plumes ont des taches d'un bleu clair qui leur donnent le plus charmant aspect.

Le geai est actif et rusé. Lorsqu'on est assis sous bois à l'automne, on le voit sautant avec agilité, de branche en branche, à la recherche des glands, des faînes ou autres graines. Si l'on vient à l'effrayer, il s'enfuit en volant lourdement et en poussant des cris rauques. Bien souvent il laisse tomber les fruits qu'il emportait et, de cette façon, il ensemence. Le geai a le talent d'imitation poussé très haut; il reproduit le cri d'autres oiseaux ou même le miaulement du chat, et bien souvent, me trouvant à l'affût, je pensais, d'après le cri que j'entendais, voir apparaître un épervier, mais ce n'était qu'un geai.

Si le geai est utile en dispersant des glands et des faînes, il est nuisible parce qu'il tue des jeunes oiseaux, gobe les œufs et mange nos fruits. Le geai est donc nuisible, comme la pie.

Je citerai pour mémoire le Casse-Noix qui habite les grandes forêts de conifères des montagnes élevées. Il a le bec long et pointu, les pattes faibles et le plumage d'un brun fuligineux avec des taches blanches. Il a, au-dessous du bec, une poche buccale qui rappelle l'abajoue de certains mammifères. Le casse-noix vit de graines, d'insectes, de vers et mange même les petits vertébrés.

Dans un autre groupe de la même famille viennent se ranger plusieurs oiseaux très utiles : d'abord l'Étourneau ou Sansonnet, qu'on voit en masses énormes dans les champs s'abattre sur un troupeau de moutons, se poser sur leurs dos et chercher dans la laine les parasites pour les manger. Le soir ils se réunissent dans les bouquets d'arbres touffus, et c'est un ramage extraordinaire. Les uns sifflent, les autres chantent, imitant le cri du geai, du loriot, de la caille, de l'épervier, en un mot faisant un concert complet. Ils se nourrissent de graines et d'insectes, de vers ; et rien n'est plus joli que de voir un troupeau de sansonnets courant sur le sol en quête de nourriture, ou volant le soir pour chercher leur refuge de nuit ; leurs plumes brunes à reflets verdâtres miroitent au soleil.

Deux oiseaux très voisins du sansonnet font une chasse acharnée aux sauterelles. Ce sont : le Martin rose et l'Acridothère triste. Le premier se trouve parfois en France, mais vit surtout dans le sud-est de l'Europe et dans l'Asie centrale. Le mâle est bleu noir brillant, à reflets rouges, sur la tête, le cou et le haut de la poitrine, bleu noir sur les ailes et la queue et rose clair sur le dos et le ventre.

Le second est d'un noir brillant et brun. On a cherché à l'introduire en Algérie, mais sans succès jusqu'ici. Dans sa patrie, l'Inde, il rend de grands services en dévorant des insectes et surtout des sauterelles. Aussi serait-il très utile en Algérie.

On voit, en Abyssinie et au Sénégal, des oiseaux qui vivent à côté des grands mammifères. Ils ont le corps élancé, de la grosseur de celui du merle; leur plumage est gris terne, le bec est rouge clair. Ils suivent les antilopes, les éléphants, les chameaux, les bœufs, les buffles. « Ils s'attachent surtout aux animaux blessés, dont les plaies attirent les mouches. Les Abyssins les détestent pour cette raison; ils croient qu'ils irritent la plaie, qu'ils en retardent la guérison. Les vrais coupables sont les larves de certaines mouches qui se sont fixées sous la peau de certains animaux et dont les *Pique-bœuf* (tel est leur nom) savent à merveille les débarrasser. Les mammifères, qui sont habitués de bonne heure à la société des

Fig. 430. — Pique-bœuf à bec rouge (*Buphaga*).

pique-bœuf, ne témoignent jamais d'impatience contre eux; ils les traitent plutôt avec une certaine amitié et ne les éloignent même pas avec leur queue. Les animaux, au contraire, qui ne les connaissent pas, se montrent comme affolés lorsqu'ils en sont visités... Ehrenberg dit avec raison que ces oiseaux grimpent autour des mammifères, comme les pics autour des arbres. Le pique-bœuf se pend au ventre de l'animal, il monte, il descend le long des jambes, se perche sur le dos, sur le museau. Il prend avec adresse les mouches et la vermine; il retire les larves de dessous la peau. Quoi qu'il fasse, l'animal reste tranquille : il sait, dirait-on, que la petite douleur qu'il a à supporter est pour son bien. » (Brehm.)

D'autres oiseaux, les Juidas ou merles bronzés habitent la côte occidentale d'Afrique et ont le plumage d'un vert cuivré remarquable, ce qui les fait rechercher pour les parures.

L'Australie, cette terre qui renferme tant d'être bizarres, nous réserve encore une surprise. Ce sont des oiseaux, les Chlamydères,

Fig. 431. — Le Chlamydère tacheté.

les Ptilinorhynques, que quelques naturalistes placent à côté des oiseaux de paradis, qui ont la singulière habitude de construire des sortes de bosquets, qu'ils entourent des objets brillants qu'ils trouvent, de coquilles, de pétales de fleurs. Ils ne nichent pas là, mais viennent s'y promener.

Ils ont à peu près la taille d'une pie. Les Ptilinorhynques mâles ont le plumage bleu noir mat, avec des parties plus claires ; les femelles ont le dos vert et le ventre jaune avec la queue brune.

Les Chlamydères sont moins brillants, leurs plumes sont brunes, sauf le cou qui est entouré d'une collerette rose, et le ventre qui est grisâtre.

Nous avons dans notre pays un fort bel oiseau, le loriot, qui appartient à la même famille ; le mâle est jaune et noir, tandis que la femelle a le ventre blanchâtre et le dos vert jaune. C'est un oiseau de passage qui va pendant la mauvaise saison dans le centre de l'Afrique.

Son cri semble dire *fuïoïó* et l'on prétend qu'il dit : « Je mange les cerises et laisse les noyaux. » Sans aucun doute ils aiment les

Fig. 432. — Le Loriot.

fruits, mais ils mangent tant d'insectes, de chenilles, qu'on doit leur pardonner et les épargner.

Une autre famille est celle des Cassiques, qui habitent l'Amérique et qui sont caractérisés par leur fort bec conique, large à la base et dont la mandibule supérieure se prolonge sur le front en forme d'écusson ; leur plumage est noir, jaune et rouge, le plus souvent.

Ils construisent des nids fort curieux, suspendus à une branche et tissés avec soin ; l'entrée en est quelquefois tubuleuse.

Ces oiseaux nous conduisent tout naturellement à une autre famille qui renferme de nombreux représentants chez nous, je veux parler des Passereaux.

Fig. 433. — Le Bec-Croisé.

CHAPITRE VIII

Les Passereaux

Les passereaux tels que nous les comprenons ici, sont tous les petits oiseaux comme les moineaux, les pinsons, les hirondelles, les fauvettes, les rossignols, les mésanges, les merles.

Les uns ont le bec court, conique, robuste, ce sont les *Conirostres;* d'autres ont le bec largement fendu, ce sont les *Fissirostres;* d'autres sont les oiseaux insectivores, qui ont le bec plus long, moins conique, plus délicat, et dont la mandibule supérieure offre une échancrure plus ou moins accusée : ceux-là sont les *Dentirostres* et c'est parmi eux que prennent place les oiseaux chanteurs par excellence. Tous ces oiseaux, les hirondelles ou Fissirostres exceptés, se ressemblent beaucoup; ils sont de taille moyenne, bien proportionnés, et ne présentent aucun de ces ornements que nous avons vus chez les oiseaux-mouches et les paradisiers en particulier ; leurs couleurs sont plutôt ternes. Ils se nourrissent de fruits, de graines, de vers ou d'insectes ; les uns vivent par couples isolés, les autres en bandes.

Les conirostres ont pour type le *Gros-Bec* remarquable par son bec énorme et conique. Il est brun et gris avec quelques plumes noires.

On les voit arriver et s'abattre en sifflant sur les charmes en particulier, dont ils mangent les graines, à l'automne. Mais ils ne se contentent pas de ces graines et ils mangent avec avidité les cerises. Aussi cherche-t-on à les détruire ; mais ils sont rusés, méfiants, et se laissent difficilement approcher.

Fig. 434. — Le Gros-Bec.

Les Verdiers sont plus petits et leur plumage est d'un vert jaunâtre.

On voit dans les forêts de pins une espèce très curieuse, le Bec-Croisé, qui a un plumage rouge ou jaune, et dont les mandibules du bec, très robustes, sont crochues à l'extrémité et débordent à droite ou à gauche ; c'est surtout dans le nord qu'on les rencontre, là où les pins et les sapins abondent. A l'aide de leurs mandibules ils enlèvent les écailles des pommes de pin et mangent la graine. Ce qui est très curieux, c'est qu'à force de manger des substances résineuses, leur chair en est imprégnée en quelque sorte, et résiste longtemps à la putréfaction. (*Fig.* 433.)

Fig. 435. — L'Érythrospize githagine.

Dans le désert saharien, vit un conirostre fort beau avec ses teintes roses brillantes, l'Érythrospize githagine, que l'on a appelé aussi la *trompette* du désert. Sa voix est, paraît-il, des plus harmonieuses. « Un son, dit Bolle, perce l'air, semblable à celui de la trompette; il est strident, vibrant, et si l'on a l'oreille fine, on entend qu'il est suivi de quelques notes douces, argentines, comme les derniers accords d'une lyre touchée par des mains invisibles. Ou bien ce sont des sons singuliers, bas, analogues au coassement

Fig. 436. — Le Tisserin loriot et son nid.

de la grenouille des Canaries; les sons se suivent, répétés à courts intervalles, et l'oiseau lui-même y répond par quelques notes presque semblables, mais plus faibles: on dirait un ventriloque. »

En Asie, à Java et à Sumatra, c'est le Padda oryzivore, qui cause des dégâts considérables. C'est dommage qu'un si bel oiseau soit si nuisible aux rizières. Il est gris bleuté avec la tête noire, le bec rose, le ventre rose vineux, et les côtés de la tête blancs. On fait tout ce que l'on peut pour effrayer ces oiseaux lorsqu'ils s'abattent sur un champ de riz. (Voy. page 69, *fig.* 34.)

Il y a, en Afrique et en Asie, un certain nombre de passereaux qui ont un talent remarquable pour construire leurs nids. Ils les tissent véritablement et les disposent de telle sorte que les animaux qui recherchent leurs œufs ne peuvent les atteindre ; les uns sont les Tisserins, les autres les Républicains.

Fig. 437.
Le Pinson. Le Chardonneret. Le Bouvreuil.

Le tisserin est de la taille d'un gros moineau. Son nid est suspendu, formant une poche fermée de tous côtés et ne permettant l'entrée que par un tube plus ou moins long qui pend inférieurement et par lequel peut pénétrer l'oiseau. Et les nids sont très rapprochés les uns des autres.

« Les jeunes sont bien gardés, dit Brehm : aucun cercopithèque, ces pilleurs de nids, aucun carnassier ne peut se hasarder sur les minces branches où est suspendu leur berceau; le ravisseur tombe à terre ou dans l'eau, avant d'avoir pu atteindre sa proie. Quelques espèces, le *Mahali*, par exemple, mettent leur nid encore plus en sûreté en le garnissant d'épines, la pointe tournée en dehors.

« Dans l'intérieur de leur nid, jeunes et vieux sont donc parfaitement en sûreté. »

Les républicains sociaux sont ainsi nommés parce qu'ils construisent un nid en commun, qui a l'aspect d'un toit de chaume ; c'est-à-dire que les nids sont construits si près les uns des autres, qu'on se figure n'en voir qu'un seul recouvert d'un toit de chaume. Et comme ces nids ne servent que pour une couvée, les oiseaux en construisent d'autres en dessous, de sorte qu'à un moment donné la branche cède sous le poids.

En France nous n'avons pas d'oiseaux si industrieux, mais quelques-uns méritent de retenir notre attention : le bouvreuil, le pinson, le chardonneret, peuvent compter parmi nos plus beaux oiseaux.

Le bouvreuil est facile à reconnaître : le mâle a la tête et le dos d'un gris cendré, et le cou ainsi que la poitrine et le ventre d'un beau rouge. Le cri de cet oiseau est plaintif, *iou, iou, ui, ui.* Les bouvreuils ne redoutent pas l'homme, et ont entre eux beaucoup d'attachement. Si l'on vient à tuer un bouvreuil, les amis de la victime volent auprès du cadavre, semblant vouloir emmener leur compagnon.

Le pinson a le bec moins conique que ne l'est celui du bouvreuil. C'est un oiseau bien habillé, aux couleurs brunes, vineuses, verdâtres, blanches et noires. La femelle est moins bien parée, ses plumes sont d'un vert grisâtre.

Le pinson vit dans les bois, dans les jardins, et s'apprivoise assez facilement, jusqu'à venir à deux pas de l'observateur pour chercher du pain qu'on lui donne.

La plupart d'entre eux quittent nos pays pendant la saison froide ; il en est peu qui demeurent chez nous en hiver.

Le nid est assurément un des mieux construits et des plus moelleux, fait de mousses, de lichens, de brins d'herbes sèches, que réunissent des toiles d'araignée apportées par l'oiseau. Les mâles se poursuivent, luttent entre eux, chantent à tue-tête ; ce sont des oiseaux vifs et l'on dit « *gai comme un pinson*, chanter comme un pinson », ce qui prouve à quel point est faite leur réputation.

On a cherché à reproduire leurs chants.

Quant au chardonneret, l'on peut dire que son plumage est très beau. Avec sa face rouge, sa calotte noire, sa bavette blanche, son dos et son ventre bruns, sa queue noire et blanche, ses ailes noires et jaunes avec quelques points blancs, le chardonneret peut rivaliser avec les oiseaux exotiques les mieux colorés.

On les voit par bandes, volant en ondulant au-dessus des champs de chardons, dont ils vont manger les graines.

On garde souvent cet oiseau en captivité, où il est susceptible de s'unir aux serins et de donner des mulets fort appréciés.

Les serins ont le bec plus court, rappelant un peu celui du bouvreuil et de la linotte, autre oiseau du même groupe qui passe pour très étourdi, à en croire le dicton :

« Avoir une tête de linotte. »

Il ne faudrait pas croire que les serins soient jaunes à l'état sauvage, comme ceux que nous voyons en cage; leur plumage est verdâtre. Les uns, comme le serin méridional, vivent en Europe ; d'autres sont originaires des îles Canaries. C'est cette espèce que l'on a importée en Europe, qu'on a modifiée par la sélection, qui de verte est devenue jaune, et qui chante si bien. Je ne m'attarderai pas à décrire toutes les variétés des canaris, c'est-à-dire des serins domestiques ; mais on connaît moins le type sauvage. J'ai passé quelques jours aux îles Canaries, mais je n'ai pas pu voir de serins sauvages ; en revanche, j'en ai vu des quantités retenus en cage, les uns ayant le type primitif, les autres déjà modifiés, plus grands et de couleur jaune.

Fig. 438. — Le Serin des Canaries.

Le serin des Canaries vit dans les taillis qui bordent les torrents, et se rencontre également près des habitations dans les jardins ; il s'élève dans les forêts montagneuses jusqu'à une altitude de 1900 mètres.

Ils se nourrissent principalement de graines et de fruits ; mais il leur faut absolument de l'eau ; aussi les voit-on se baigner souvent dans les ruisseaux. Les nids sont moelleusement construits et les œufs que la femelle y dépose sont verdâtres, parsemés de brun ; elle les couve avec soin pendant que le mâle, perché à côté d'elle, lui chante ses romances les plus parfaites. Le chant de l'oiseau sauvage diffère peu de celui du canari domestique ; c'est à peine s'il y a chez ce dernier quelques notes nouvelles.

Lorsqu'on parcourt la campagne, on voit souvent de petits oiseaux au plumage d'un jaune verdâtre, que l'on prendrait volontiers pour des serins sauvages, mais qui n'en ont pas les talents : on les nomme les Bruants. C'est principalement dans les buissons qui bordent les routes que se plaisent ces gentils oiseaux. L'une des espèces du genre bruant est l'Ortolan, mets très recherché des Romains, qui les enfermaient dans des cages éclairées la nuit afin qu'ils mangent davantage et s'engraissent plus vite. « Cette coutume, dit Brehm, est encore en usage en Italie, dans le midi de la France, et surtout dans les îles de la Grèce. Là on prend les ortolans en masse, et, quand ils sont suffisamment engraissés, on les étrangle, on les plume, en les plongeant dans l'eau bouillante, puis on les met par deux ou quatre cents dans de petits barils, avec du vinaigre et des épices. Ainsi préparés les ortolans se vendent assez cher.

Parmi tous les oiseaux conirostres que nous avons passés en revue, il y en a qui vivent dans les bois, d'autres préfèrent les buissons et les haies, beaucoup se montrent dans les champs, quelques-uns dans les jardins. Mais certains autres affectionnent les villes, et certes le plus vulgaire de tous est le Moineau. (*Fig.* 31, p. 63.)

Parler du moineau en bons termes me semble difficile après le charmant article que M. Émile Blanchard en a donné récemment [1]. « Salut, moineau ! Parfois on t'a nommé gamin de Paris. En vérité gamin de tous les lieux où s'élèvent les habitations des hommes, les villes et les villages. Où donc, moineau, as-tu pris ton nom le plus ordinaire ? Moineau ! c'est le petit moine. Ton costume brun et grisâtre donna tout d'abord l'idée que tu avais dérobé le sombre vêtement des pieux solitaires, des moines. Pierrot encore on te nomme, et c'est la pensée que tu n'es qu'un simple paysan. »

1. Émile Blanchard. *Le Moineau.* — *Revue de famille*, 15 décembre 1890.

Est-il possible de donner en moins de mots une idée du moineau? et en termes plus choisis? Le moineau a suivi l'homme partout; partout il s'est multiplié, il a pullulé et est devenu quelquefois gênant.

Il est sédentaire cependant et, dans une ville, il adopte même une rue; ce n'est pas à dire pour cela qu'il ne se promènera pas ailleurs; c'est un bon petit bourgeois qui, parfois, cherche aventure. On le voit au coin d'une gouttière, ramassé sur lui-même; il semble une boule, tellement il enfle ses plumes. Il tourne la tête, il appelle, *pit, pit;* quelque chose l'inquiète-t-il: aussitôt il change de cri et prévient ses compagnons qu'un fait insolite l'a étonné. Mais comme ils sont sédentaires, les habitants des maisons finissent par les remarquer, les reconnaître. On leur lance du pain sur un toit voisin, aussitôt ils s'élancent; le pain tombe-t-il dans la rue, dans la cour: bien vite ils piquent une tête.

Fig. 439. — Le Bruant Ortolan.

« Dernièrement, dit M. E. Blanchard, là où le balcon était d'ordinaire bien approvisionné, une préoccupation fit oublier un soir de préparer le repas habituel. Au matin, ce fut un beau vacarme. Nos oiseaux, déçus, poussaient leurs cris les plus assourdissants, et, du bec, ils frappaient avec fureur les vitres de la fenêtre. »

J'ai pu contempler bien souvent ces petits pierrots dans le Jardin des Plantes. Sitôt que les surveillants annoncent au public qu'on va fermer les portes de la Ménagerie et qu'il faut sortir, on voit les moineaux se réunir, se concerter et attendre sur les branches les plus proches des allées. Dans ces allées, le public a marché depuis une demi-journée, on a jeté du pain aux animaux enfermés dans les parcs. Mais combien de fois les promeneurs maladroits ont-ils manqué leur coup et ont-ils laissé tomber le pain en deçà des grilles. Les moineaux font leur inspection. Ils attendent le départ du public. L'instant est venu, les gardes ont fait leur ronde, tout est calme. Aussitôt les pierrots de quitter leur poste d'observation. Les uns vont picorer dans les allées, ceux-là dans les parcs, d'autres plus avisés ont remarqué les mangeoires des animaux et s'y précipitent. Là, en effet, sans la moindre peine, ils trouveront facilement leur pitance. Le repas est bientôt fait; en quelques coups de bec on a trouvé de quoi calmer son appétit; puis commencent la promenade, les jeux. On se roule dans la poussière, on va prendre son bain dans la rivière, on éclabousse tout, on se sèche; la promenade recommence, ou bien, vu l'heure avancée, il faut songer à aller se coucher. Et c'est dans le lierre qui couvre les murs, ou dans les sapinettes au feuillage sombre, que l'on cherche asile pour la nuit. Avant de s'endormir on cause et c'est un beau ramage que font nos moineaux chaque soir; on a tant de choses à se dire. C'est qu'il y en a qui ont voyagé, qui ont été faire un tour aux Tuileries ou au Luxembourg, même hors Paris; on se raconte ce qu'on a vu. Puis le sommeil arrive, on ferme les yeux; les cris, les appels se font rares; tout se tait, on s'endort.

Avec quels soins les moineaux construisent leurs nids! Tout ce qui peut adoucir le berceau de leurs petits est recherché partout: crins, chiffons, feuilles sèches, paille ou foin, fil, tout cela le moineau le porte au lieu qu'il a choisi et le dispose le mieux possible. Cependant il ne se donne pas un mal énorme, il n'imite pas les pinsons. Non, le moineau est un bohème, il ne tient pas au confortable; le couple s'aime, cela lui suffit. Et en effet le ménage est heureux, l'éducation est vite faite. Les petits commencent-ils à voler: les parents les emmènent à la promenade, d'abord tout près, puis on s'écarte peu à peu, on devient téméraire quelquefois. Mais père et mère veillent sur leurs nourrissons, qui, au moindre appel, arrivent au plus vite. Tantôt on veut leur éviter un danger, tantôt leur donner la béquée; et on voit les petits, réunis, battant des ailes, ouvrant le bec encore bordé de jaune, piaillant, et avalant ce que leur apporte leur excellente petite mère. Bientôt on est grand, on vole comme les parents, on n'a plus besoin d'eux, et sans leur dire adieu on les quitte un beau soir pour chercher aventure.

Dans nos grands jardins publics on voit souvent les moineaux suivre un promeneur qui leur donne du pain. Ces petits oiseaux savent en effet reconnaître celui qui leur fait du bien. Ils ne craignent plus rien, viennent voler au-dessus de sa tête, prennent le pain dans sa main, s'y posent même et osent saisir la boulette de mie qui leur est offerte entre les lèvres.

On leur fait aussi la chasse à ces pauvres moineaux. Des gamins sans pitié les prennent avec des pièges, ou bien au gluau, ou encore les tuent au lance-pierre.

J'étais jeune garçon pendant le terrible siège de Paris; la bonne nourriture était rare, et les maigres morceaux de cheval qu'on vendait ne suffisaient pas toujours pour calmer la faim. J'habitais au Jardin des Plantes dans le logement qu'occupait mon regretté grand-père Adolphe Brongniart; j'avais la permission de parcourir la Ménagerie et là je tuais des rats qu'on mangeait ensuite. Mais j'avais envie d'un mets plus délicat. Des petits pièges furent achetés, et je résolus de prendre des moineaux. La chose était aisée. La neige recouvrait d'une épaisse couche le sol glacé et les pauvres oiseaux affamés ne trouvaient plus rien qui vaille. Une petite bouchée de pain servit d'amorce, le piège fut vite recouvert de neige et plus vite encore les moineaux se précipitèrent. Quelle aubaine! un morceau de pain! A peine y avait-il touché que l'oiseau était pris. Sans pitié pour ses cris, j'achevais la pauvre bête; je tendais le piège de nouveau et bientôt était prise une nouvelle victime. Un matin je venais de prendre dix moineaux, j'allais revenir à la maison, quand un boucher anglais qui venait dans la Ménagerie pour acheter les animaux du Jardin d'Acclimatation réfugiés au Jardin des Plantes, me demanda si je voulais lui vendre mes moineaux. Vendre mes moineaux! Combien m'en donnerait-il? Quelques centimes? — Et voyant mon hésitation, l'homme insista: « Tiens, je te donne quinze sous par moineau. » J'en avais dix, cela faisait 7 fr. 50.

Quinze sous un moineau! pensai-je. Mais c'est beaucoup trop cher, jamais un moineau n'a valu quinze sous! Et, dans ma naïveté, je lui vendis mes moineaux pour dix sous pièce.

Il les a sans doute vendus dix fois plus cher encore.

Le moineau de nos villes n'est pas le seul qui existe; il y a le moineau d'Italie, le moineau des saules, le moineau friquet; ce dernier se trouve dans la campagne, dans les forêts plutôt qu'à la ville, et il se mêle volontiers aux autres oiseaux des champs.

Qui n'a entendu, par une belle matinée d'automne, l'alouette légère chanter en montant lentement et verticalement dans le ciel? Son plumage brunâtre a peu d'éclat, mais sa voix est délicieuse; elle semble chanter les beautés de la nature.

Fig. 440.
Le Cochevis ou Alouette-huppée.

Utile oiseau que l'alouette; elle dévore nombre d'insectes, de petites larves, de vers; elle mange bien aussi quelques grains de blé, mais ses dommages sont sans gravité; et si l'on chassait moins ces gentils oiseaux, il est probable que nos récoltes seraient moins dévastées par tous les insectes.

En Algérie, certes, les sauterelles nous auraient moins alarmé si les alouettes eussent été protégées davantage.

Que de bons moments j'ai passés en compagnie de ces petits êtres. Après une des premières gelées blanches qui annoncent l'automne, on les voit en plus grand nombre courir les champs, se raser à la façon des perdrix, s'envoler à l'approche du chien d'arrêt, et donner une émotion au chasseur qui a cru voir une caille. Le sol est recouvert de givre, et les premiers rayons du soleil sont décomposés par toutes les gouttelettes de rosée qui chargent les brins d'herbe, comme une parure de diamants; et l'alouette admire; elle monte en chantant, si haut, si haut que l'œil la perd de vue, mais sa voix charmante résonne claire et vibrante. Et l'homme n'est pas attendri! Il la tue à coups de fusil, il lui tend des lacets, la prend dans des filets; profitant même de sa curiosité, de sa coquetterie, il fait scintiller sous ses yeux un miroir tournant; l'oiseau vient de suite contempler l'éclat des rayons lancés par cette glace, il vole au-dessus et le chasseur caché à quelques mètres de là, le vise, tire et le tue.

L'alouette des champs, le cochevis huppé, la calandre, se ressemblent beaucoup. Il est un caractère qu'il est bon de signaler : l'ongle du pouce est très long; cela permet de distinguer l'alouette des autres passereaux que les marchands cherchent à vendre en place et lieu de l'alouette.

Tels sont les principaux passereaux de la famille des Conirostres. La famille qui nous occupera maintenant est moins nombreuse, mais non moins intéressante : c'est celle des Fissirostres, c'est-à-dire la famille des Hirondelles.

Nous avons montré dans un précédent chapitre que, malgré leurs mêmes formes extérieures, leur même vêtement, leur même apparence, leurs mœurs presque identiques, martinets et hirondelles n'étaient pas de la même famille. Par les caractères anatomiques, les hirondelles sont les cousines de tous les passereaux que nous venons d'étudier, — pour elles, les naturalistes ont formé la famille des Fissirostres, c'est-à-dire des *Becs ouverts*. Le bec est, en effet, fendu jusqu'à l'œil ; bec large, mais court et fin, et crochu à l'extrémité. Les ailes sont longues, et dépassent la queue qui est fourchue.

« Comme est gracieuse l'hirondelle de cheminée (*Hirundo rustica*) : vêtue d'un plumage soyeux, elle est sur le dos d'un noir bleu à reflets métalliques; les parties inférieures sont d'un roux pâle, le front d'un brun assez vif, la gorge de la même nuance, mais rehaussée par une large bande noire; la queue longue est fourchue, ornée de taches blanches sur les pennes latérales. Il n'est pas très rare de voir cette brillante coloration se modifier; le blanc envahit certaines parties du corps sur des espaces plus ou moins étendus et parfois se rencontrent des hirondelles entièrement blanches.

« Cette robe d'innocence n'est que le signe d'une dégénérescence individuelle, un cas d'albinisme, comme tant d'oiseaux nous en fournissent des exemples. Chez l'hirondelle de fenêtre (*Hirundo urbica*), la partie supérieure du corps est d'un bleu-noir, les parties inférieures blanches, la queue seulement échancrée à l'extrémité. L'hirondelle de rivage (*Hirundo riparia*), la plus petite, se distingue par un dos gris brun, le ventre blanc, la poitrine marquée d'une tache brun cendré. » [1]

Que puis-je faire de mieux que de citer les paroles mêmes de M. Emile Blanchard, qui décrit si bien la vie de l'hirondelle de cheminée ? mes lecteurs m'en sauront gré, je pense.

« Dans les campagnes, l'hirondelle de cheminée installe son nid avec une parfaite indifférence, semble-t-il, sous les corniches des chaumières et sous les toitures des châteaux. Elle affectionne les clochers, comme le remarque un aimable voyageur, un conteur exquis, M. Xavier Marmier. Dans les villes, notre hirondelle adopte volontiers un trou que protège le toit d'une maison.

« De vase ou de terre compacte elle confectionne le nid, agglutinant avec de la salive les parcelles qu'elle a saisies de son bec. Des poils ou des brins d'herbe servent à la consolidation des parois. A l'intérieur, une garniture de plumes, de duvet et d'autres matériaux formera pour les jeunes une couche moelleuse.

« Comme dans un bon ménage, le mâle et la femelle travaillent ensemble et n'emploient qu'une huitaine de jours pour l'édification d'un berceau. Bientôt la femelle dépose dans le nid quatre, cinq ou six œufs ; les petits éclosent après douze jours d'incubation. Ce sont des gaillards fort avides, et si leur croissance est rapide, si au bout de trois semaines ils sont en état de prendre leur essor, il faut que les parents les nourrissent avec une véritable abondance.

« Les hirondelles saisissent les insectes au vol ; si le temps est beau elles chassent à une assez grande hauteur ; mais que le ciel se couvre, que l'orage menace, les insectes ailés se tiennent plus près du sol, et alors les hirondelles descendent près de la terre, rasent la surface des eaux et le peuple y voit une prédiction de pluie ; pour l'oiseau l'occasion est bonne de se désaltérer et même de se baigner sans interrompre sa course.

« Vers le commencement d'août s'effectue une seconde couvée ; ce sera la dernière, les jeunes devant être en état d'émigrer lorsque sonnera l'heure du départ.

1. Emile Blanchard. L'*Hirondelle*. — *Revue de famille*, 1er janvier 1892, pages 49 et 50.

« L'hirondelle de cheminée, entre toutes les espèces du genre, n'est pas seulement la plus jolie, elle est encore la plus agile ; elle semble la plus aimable, la plus gaie, la plus vive. Tantôt elle plane, tantôt elle change de direction avec une prestesse qui déconcerte le regard, puis elle semble tomber près du sol et, soudain, avec une aisance qui émerveille, elle s'élance à une hauteur prodigieuse. Dès l'aube naissante de petits cris, un gazouillement mélodieux, une sorte de musique simple et récréatrice, annoncent à l'homme des champs que sa chère hirondelle est réveillée.

Fig. 441.
Le Chelidon ou Hirondelle des fenêtres.

« En général, les hirondelles de cheminée reviennent fort exactement au nid qu'elles ont édifié l'année précédente. Une expérience plusieurs fois renouvelée en a fourni la preuve irrécusable. On s'empare d'un mâle et d'une femelle, on leur noue autour de chaque patte un léger fil de soie d'une couleur éclatante, d'un beau rouge par exemple, et à la saison nouvelle reparaissent les gentils oiseaux avec le signe qui constate leur identité. Un auteur a signalé une alliance qui persistait depuis sept années. Aussi a-t-on pu constater que dans un ménage l'union est durable, et cet exemple de fidélité conjugale témoigne du plus délicat sentiment.

« Les jeunes sujets, après avoir contracté mariage sous notre ciel, prennent domicile, selon les circonstances, plus ou moins loin de la demeure des parents. »

Si l'on salue avec joie l'arrivée printanière des hirondelles, c'est avec peine qu'on les voit se réunir à l'automne sur les arbres, les toits des maisons, sur les fils télégraphiques qui longent les lignes de chemins de fer, pareilles à des voyageurs qui vont entreprendre une grande tournée. Puis à un moment donné, après quelques faux départs, le parti est pris : au soir les hirondelles s'envolent, montent dans les airs et gagnent le sud où elles retrouveront la chaleur et la nourriture. (Voy. *fig.* 14, page 25.)

Charmants oiseaux, vous égayez notre vue, vous passez votre existence à détruire les insectes, à happer au vol les moucherons, les cousins, vous êtes nos auxiliaires dévoués, et l'on ne vous en sait pas toujours gré ; au lieu de vous garder une reconnaissance infinie, on vous chasse, on vous tue, pour le plaisir brutal, barbare, de tuer : car votre corps est si frêle, si mignon, que vos bourreaux n'ont même pas le prétexte de vous faire servir à leur nourriture.

Fig. 442. — Le Rupicole orangé.

Très voisins des hirondelles sont les Gobe-Mouches que l'on voit poursuivre les insectes au vol, puis reprendre leur position sur la branche, attendant, immobiles, le passage d'une autre proie. Ils ont le bec un peu plus long, moins largement fendu, les pattes plus longues, les ailes plus courtes, et la queue non fourchue.

On voit quelquefois apparaître en France un oiseau plus lourd, plus gros aussi que les gobe-mouches, le Jaseur commun ou Jaseur de Bohême. Le jaseur a un cri que l'on a comparé au grincement d'une roue mal graissée. Joli chant, ma foi !

Dans les montagnes de la Guyane et du nord-est du Brésil, vit un oiseau de la taille d'un petit pigeon, au plumage orangé vif, le Rupicole, qui a une crête de plumes sur la tête, avec le plumage des ailes et de la queue brun. Il vit sur les rochers, dans les ravins et ne va dans la forêt qu'en juin et juillet pour chercher les fruits de certains arbres. Leurs nids sont collés dans les fentes de rochers avec de la résine et en sont d'ailleurs enduits extérieurement. Les mâles exécutent des danses en l'honneur de leurs

Fig. 443. — Le Rossignol.

femelles. Richard Schomburgk a assisté à l'un de ces ballets qu'il décrit en ces termes :

« Toute une bande de ces oiseaux était en train de danser sur un énorme rocher, et je ne puis dire avec quelle joie je fus témoin de ce spectacle si désiré. Sur les buissons des alentours, se trouvaient environ une vingtaine de spectateurs mâles et femelles ; sur le rocher même, était un mâle, qui le parcourait en tous sens, en exécutant les pas et les mouvements les plus surprenants. Tantôt il ouvrait ses ailes à moitié, jetait sa tête à droite et à gauche, grattait la pierre de ses pattes, sautait sur place plus ou moins légèrement ; tantôt il faisait la roue avec sa queue, et d'un pas grave se promenait fièrement tout autour du rocher, jusqu'à ce que, fatigué, il fît entendre un cri différent de sa voix ordinaire et s'envolât sur une branche voisine. Un autre mâle vint prendre sa place ; il montra aussi toute sa grâce, toute sa légèreté, et finit, lui aussi, par céder la place à un troisième. » Richard Schomburgk ajoute que les femelles assistent sans se lasser à ce spectacle, et que, quand le mâle revient fatigué, elles poussent un cri, une sorte d'applaudissement. » (BREHM.)

Fig. 444. — Le Rouge-Gorge.

Il m'est impossible d'insister davantage sur les mœurs de cet oiseau extraordinaire. Revenons dans notre pays et occupons-nous de nos oiseaux chanteurs, qui animent nos bois.

Les Rossignols méritent assurément, sous ce rapport du moins, la première place : car si leur corps est gracieux, élancé, leurs plumes sont sans éclat, de couleur brune ; leur nid est fort simplement fait.

C'est, en général, au mois d'avril que ces oiseaux arrivent dans notre pays et, dès cette époque, ils ne cessent de chanter pendant la nuit, donnant des aubades à leurs femelles.

Le mariage a lieu, le berceau est construit, et les parents y déposent cinq ou six œufs qu'ils couvent à tour de rôle.

Les petits, à leur naissance, sont nourris de vers et d'insectes.

En septembre, ils se réunissent et nous quittent pour gagner des pays plus cléments.

Ils nous charment par leur grâce et par leurs chants ; et c'est alors que tout dort, c'est pendant la nuit de printemps que le rossignol lance des roulades exquises ; il en est cependant quelquefois importun quand il s'établit près d'une habitation ; car il ne fuit pas l'homme lorsqu'il remarque qu'il n'a rien à craindre de lui.

Je n'oublierai pas le concert délicieux que me donnèrent, l'an dernier, les nombreux rossignols qui peuplent les ravins au bord de la mer bleue, à Guyotville, sur la côte algérienne.

Nos paysans, en France, n'y font guère attention ; mais les Arabes qui travaillaient la terre près de moi, entendaient bien les roucoulades, et, grands admirateurs de la nature, ils me les faisaient remarquer.

Près des chaumières, près des fermes, un autre oiseau, modeste aussi par ses habits, brun olive sur le dos, cravaté de rouge, au ventre blanc, le Rouge-Gorge, est le compagnon du travailleur. Il sautille sur le sol, vole pour se poser tout près sur une branche. Aperçoit-il quelque ver ou quelque insecte, vite d'un coup d'aile il

Fig. 445. — La Fauvette à tête noire.

est en bas et a bientôt avalé sa proie. Au printemps et à l'automne il chante, je ne dirai pas aussi bien que le rossignol, mais son chant a quelque chose de mélancolique qui n'est pas désagréable, c'est une douce mélodie qu'il entonne le matin et au crépuscule.

Le Rouge-Queue ou rossignol de murailles est plus coquettement vêtu ; la femelle est grise avec la gorge noire ; le mâle a le dos gris, la poitrine, les flancs et la queue d'un rouge de rouille, le dessus de la tête et le ventre blancs ; la gorge, le front et les joues noirs.

Sa voix est harmonieuse et douce. Il niche dans un trou de mur, dans un arbre creux.

On voit souvent dans les taillis, dans les buissons, de charmants petits oiseaux au plumage grisâtre, qui sautent de branche en branche, mais qui vont rarement à terre. Autant ils sont vifs, agiles dans les arbustes, autant ils sont maladroits sur le sol; je veux parler des Fauvettes. Leur vol est plutôt lourd, et l'on est étonné en pensant que ces oiseaux entreprennent de longs voyages.

Fig. 446.
L'Orthocome à longue queue et son nid.

Nous entendons la fauvette babillarde, qui chante constamment dans les buissons une série de notes sans mélodie; les autres fauvettes, telles que celle à tête noire, la grisette, ont un chant plus harmonieux. Ces petits oiseaux sont pour nous d'une extrême utilité. Toujours en mouvement, ils courent de branche en branche, cherchant tous les insectes, les larves, les vers, qui pullulent souvent sur les feuilles ou les écorces. Elles sont aidées dans cette tâche par les Pouillots, qui, plus petits que les fauvettes, ont les plumes verdâtres ou d'un jaune vert.

Les Rousseroles, les Phragmites, vivent au bord des eaux, dans les roseaux, où elles construisent de charmants petits nids, en forme de bourse allongée.

Mais dans l'Inde, à Ceylan, c'est l'Orthocome à longue queue qui remplace les fauvettes. On lui a donné vulgairement le nom de Couturier à cause de l'adresse qu'il déploie pour construire son nid. Il le place le plus souvent entre deux feuilles dont il unit les bords au moyen d'un fil de coton, filé par l'oiseau lui-même.

« D'autres oiseaux de nos pays, dit M. E. Oustalet (1), ont aussi la précaution d'entourer le véritable nid de feuilles, de mousse et d'autres substances, afin de mieux protéger leur couvée contre les intempéries ou de déguiser la véritable nature de leur construction. Ainsi fait un mignon passereau, que l'on voit souvent, à la fin de l'automne, se glisser à travers les halliers avec la prestesse d'une souris et qui porte la livrée brune et rousse d'un petit rongeur. Ce passereau c'est le Troglodyte, que l'on confond souvent avec le roitelet beaucoup plus richement vêtu. Pendant toute l'année, le troglodyte séjourne dans notre pays, mais c'est surtout à l'entrée de l'hiver qu'il se rapproche des habitations, comme pour nous récréer, en ces jours froids et humides, par la vivacité de ses allures et la gaieté de son

Fig. 447. — Le Troglodyte et le Roitelet.

chant. A la campagne il pénètre même parfois dans les maisons en profitant d'une crevasse juste assez large pour laisser passer sa petite personne, et vient jusque dans les appartements faire sa chasse aux moucherons. Au printemps, il se tient d'ordinaire à la lisière des bois ou dans les clairières et fait son nid dans un tronc d'arbre, au milieu d'un tas de bois, dans une lézarde d'un mur de

1. *Bulletin de l'Association scientifique de France*, 2e série, tome VII, page 58. Avril 1883.

château; mais, quand il se sent protégé, il s'enhardit singulièrement : c'est ainsi qu'on l'a vu, pendant plusieurs campagnes successives, accompagner des charbonniers dans leurs pérégrinations à travers les bois et s'installer, comme un oiseau privé, dans leur humble cabane. »

Il est tout petit, tout rond, ce mignon; sa petite queue est relevée, ses ailes sont courtes et légèrement ouvertes; il sautille de buisson en buisson, il court, comme le disait M. Oustalet, à la façon d'une souris, et il a bientôt fait de se réfugier dans une bourrée. Il chante fort gentiment son petit couplet, puis continue sa promenade; dans les parcs il traverse les allées en volant tout droit, presque à ras du sol. C'est encore un mangeur d'insectes que ce petit oiseau, et personne ne serait assez barbare pour le tuer.

Dans les bois de pins, on voit souvent de très petits oiseaux qui gazouillent sans cesse, qui font les acrobates, tournant autour des branches, examinant l'écorce, les feuilles, avec un soin minutieux, semblant très affairés, et s'inquiétant peu de la présence de l'homme. Les uns sont verts jaunes, blancs, gris, avec une huppe d'un jaune d'or : ce sont les Roitelets. Oui, roitelets, c'est leur petite huppe dorée qui leur vaut ce titre de «petits rois». Ils sont gros à peine comme le Troglodyte; on les trouve aussi dans les buissons. Partout ils cherchent quelques grains et surtout les insectes. Les autres oiseaux dont je veux parler, ne sont guère plus gros, mais ils sont pourvus d'une longue queue, ce sont les *Orites* ou Mésanges à longue queue. Leur bec est tout petit et leur plumage est fort coquet. Le dos et les ailes, puis les longues plumes de la queue sont noirs; la face, le cou, le ventre et les épaules sont d'un blanc rosé.

Les vraies Mésanges ont le bec plus robuste et offrent beaucoup l'apparence du moineau; elles sont cependant très délicates et gracieuses dans tous leurs mouvements. Nous en avons plusieurs espèces en France, toutes vêtues de charmants habits. Les unes sont blanches et noires (mésange noire); les autres sont habillées de bleu, de vert, de jaune, de blanc, de noir (mésange bleue); il en est d'autres, vêtues de noir, de blanc, de brun, qui ont sur la tête une huppe de plumes noires bordées de blanc.

Toutes ont à peu près les mêmes mœurs, toutes recherchent les insectes sur les arbres. Rarement elles se posent à terre, où elles n'ont pas la même adresse que sur les branches. On les voit explorant les écorces, les feuillages, et il est bien rare qu'une larve d'insecte échappe à leur inspection. Aussi, en consomment-elles de ces petites bestioles et nous rendent-elles de grands services !

Fig. 448. — L'Orite à longue queue.

Elles ont une nombreuse postérité; ce n'est pas cinq à six œufs qu'elles pondent, mais bien quinze à dix-huit. Aussi en faut-il de la nourriture pour calmer l'appétit de toute cette marmaille !

Le nid est douillet, moelleux; les Mésanges à longue queue le construisent même avec art, le suspendant aux branches et lui donnant la forme d'une poche avec une ou deux ouvertures sur le côté; les autres espèces préfèrent les trous des arbres ou des rochers.

Quittons les bois, rendons-nous au bord d'un petit cours d'eau; sur le rivage, remarquez ces gracieux oiseaux dont la longue queue est toujours en mouvement : ce sont les Hochequeues ou Lavandières, qu'on nomme aussi Bergeronnettes. Vous les voyez aller, venir, s'arrêter, voleter en ondulant, chercher quelques vers avec leur bec, ou quelques petits mollusques aquatiques.

Fig. 449. — La Mésange à tête bleue.

C'est sur les berges qu'elles construisent le plus souvent leur nid. On ne les voit dans les champs qu'en automne, au moment de leur émigration. L'un des plus charmants types de ce genre est la bergeronnette grise, qui a le dos gris, une calotte noire de velours, la gorge noire, les côtés de la tête et du cou, le front et le ventre blancs, les plumes des ailes noires bordées de blanc.

Dans les Alpes, les Pyrénées, en Scandinavie, on voit souvent sur le bord des ruisseaux limpides un oiseau de la grosseur d'un merle, à pattes de moyenne grandeur, à grands doigts, supportant un corps trapu, une tête assez grosse pourvue d'un bec finement dentelé sur le bord : c'est le Cincle aquatique. Son plumage est serré comme celui d'un oiseau d'eau; c'est qu'en effet il est plus souvent dans l'eau que sur les rives, plongeant même pour saisir quelque colimaçon, ou bien un insecte, un ver. Il est brun ardoisé sur le dos, sa queue très courte et son ventre sont gris brun, tandis que la gorge est d'un blanc laiteux.

Fig. 450. — Bergeronnette ou Lavandière.

Le cincle court comme la bergeronnette, hochant continuellement sa petite queue; il descend dans l'eau, marche même sous l'eau où il peut demeurer de 15 à 20 secondes; il se précipite dans les cascades, nage comme un canard, et comme il n'a pas les pattes palmées, ce sont ses ailes qui lui servent de propulseurs. Ces baignades, il les accomplit en tout temps, même en plein hiver.

La Nouvelle-Hollande est la patrie d'un oiseau qui a toujours excité l'admiration et l'intérêt des naturalistes. Il est grand comme un faisan, a les plumes de la queue longues et disposées de telle façon qu'elles ont la forme d'une lyre; c'est le *Ménure* ou *Oiseau-Lyre*. Il aime les endroits inextricables des forêts vierges, où l'homme ne peut se hasarder sans risquer de tomber dans quelque précipice caché aux yeux. Il vit par paire à la façon des merles; d'ailleurs par sa structure, par ses mœurs, il est le cousin germain de notre charmant chanteur.

A la fin de l'hiver, lorsque la température s'adoucit, et que tout, dans la nature, semble revivre, c'est le Merle qui le premier nous annonce l'arrivée du printemps. Son chant clair est bon à entendre. Perché au sommet d'un grand arbre, il vient, par ses notes sonores et mélodieuses, célébrer l'apparition des premières fleurs, des Primevères à la corolle jaune comme un rayon de soleil, des Coucous comme on les nomme vulgairement. Les arbres n'ont pas encore de feuilles et le merle, avec son plumage noir, son bec jaune, se détache sur le ciel bleu pâle du printemps naissant. Sa femelle est encore plus modeste ; ses plumes sont brunes.

Fig. 451. — Le Menure ou Oiseau-Lyre.

Ce sont des chercheurs d'insectes et de vers que les merles. On les voit sous bois sautant, courant rapidement, picorant, grattant de leurs pattes les feuilles mortes, faisant beaucoup de bruit; puis, si l'on vient à passer, ils s'envolent à hauteur d'homme, pour se laisser retomber lourdement quelques pas plus loin dans les taillis. Les dérange-t-on : ils font entendre un cri qui montre leur inquiétude, leur agacement, cri qu'ils répètent souvent quand un oiseau de proie vient dans leur voisinage. Ils construisent un nid dans les buissons, nid lourd mais solide, fabriqué de brindilles de bois unies avec de la boue.

Les Grives sont bien voisines des Merles ; leur plumage est brun sur le dos, et blanc moucheté de brun sur le ventre; elles ressemblent à la femelle du merle. La grive chante son chant d'amour au printemps, et rien n'est délicieux comme de l'entendre dans les bois le matin ou au coucher du soleil. A l'automne, elles sont dans les buissons où elles se gorgent de fruits, de mûres, ou dans les vignes où elles apprécient les raisins. Ce sont des oiseaux très recherchés pour leur chair délicate.

Plusieurs espèces de ce genre habitent nos pays; ce sont : la grive musicienne, le mauvis, la litorne, et la draine qui est beaucoup plus grosse que les autres et qui, à l'automne, arrive en bande, se tenant dans les hauts peupliers où elle mange les fruits du gui. La draine est difficile à approcher; dans les champs elle se lève à une grande distance du chasseur.

Fig. 452. — Les Merles (femelle et mâle).

Aux États-Unis habite aussi un oiseau chanteur qui imite avec précision le chant des autres oiseaux; on le nomme à cause de cette particularité le *Moqueur polyglotte*. Son plumage n'a rien de remarquable, il est assez terne, blanc et gris, brunâtre. Il est à peu près de la taille d'un gros merle. Cet oiseau vit dans les buissons, et ne s'éloigne guère des habitations; et lorsqu'on l'entend, on croirait que sont réunis tous les oiseaux de la création, dont il passe en revue toutes les chansons.

Lorsqu'on parcourt les champs, on voit souvent un petit oiseau brun clair sur le ventre, brun rougeâtre sur le dos, avec le croupion et la gorge blancs; il se laisse approcher, puis prend son vol en rasant presque la terre, et à quelques pas plus loin il se pose légèrement à l'extrémité d'une tige, sur une ombelle de carotte sauvage : c'est le Tarier rubicole; là, il est à son poste d'observation, attendant qu'un insecte se présente, et dès qu'il l'aperçoit il le gobe.

Les Traquets sont très voisins des Tariers.

C'est aussi sur les petits buissons épineux qui bordent les chemins dans les prés, dans les champs, que vivent les Pies-Grièches. On est surpris quelquefois de trouver des collections d'insectes piqués sur les épines des pruniers sauvages, voire même des petits oiseaux. Quel est donc le cruel qui a ainsi tué ces petits êtres et les fait souffrir? c'est un petit oiseau de la taille d'un merle; c'est la pie-grièche. Nous en avons chez nous plusieurs espèces, mais elles ont toutes le même aspect; leur plumage est brunâtre, excepté celui de la grande pie-grièche qui est d'un beau gris relevé de noir. Ce sont des oiseaux robustes qui représentent bien le type des Dentirostres, leur bec étant solide, crochu à l'extrémité, et offrant à la mandibule supérieure une petite dent. (Voy. *fig.* 45, page 92.)

Fig. 453. — Le Moqueur polyglotte.

Les Cassicans destructeurs d'Australie ont à peu près les mêmes mœurs que les pies-grièches, piquant leurs proies aux épines.

Nous ne pouvons passer en revue toutes les espèces, ni même tous les types d'oiseaux, et nous terminerons ce qui a trait aux Passereaux en disant quelques mots d'un oiseau américain : le *Mangeur d'abeilles* ou Tyran intrépide.

C'est un oiseau qui atteint à peine la taille du merle; mais malgré sa petite taille il est courageux, et s'attaque même aux gros rapaces. Son bec est large, comprimé et crochu vers la pointe. Sa tête est surmontée d'une huppe jaune et rouge; sa poitrine est grise, sa gorge est blanche et le dos gris cendré. C'est un bon mari qui défend sa femelle lorsqu'elle couve. « Les plumes de sa huppe brillent aux rayons du soleil; sa blanche poitrine se détache dans tout son éclat. Il promène son regard tout autour de lui. Un corbeau, un vautour, un aigle apparaît-il, il se précipite sur lui en poussant son cri de guerre; il fond sur le dos de son ennemi et cherche à s'y accrocher. Il le frappe sans relâche de son bec, et il le poursuit souvent un demi-mille anglais et plus, avant de l'abandonner. Bien peu de rapaces osent s'approcher de son nid; le chat même ne se montre guère aux environs; sans crainte aucune, l'oiseau fond sur lui, l'attaque de tous les côtés, avec une telle agilité, qu'il le force à prendre la fuite.

« Le tyran intrépide mérite l'amitié de l'homme. Il défend les

Fig. 454. — Le Tyran intrépide.

couvées de la poule contre les corneilles; grâce à son courage, il préserve bien des poussins de la serre meurtrière du faucon; il détruit quantité d'insectes nuisibles, et ses services payent amplement les quelques fruits qu'il peut manger. » (Brehm.)

Dans les champs de trèfle en floraison on le voit voler au-dessus, puis, apercevant quelque insecte, il se laisse brusquement tomber dessus et se relève bientôt; il boit et se baigne à la façon des hirondelles, en volant à la surface de l'eau.

Sa chair est fine et très appréciée; aussi lui fait-on la chasse et en tue-t-on beaucoup.

Fig. 455. — Le Goura couronné.

CHAPITRE IX

Les Pigeons. — Les Gallinacés.

Les Pigeons sont bien faciles à reconnaître. Leur corps est ramassé, leur tête est petite, arrondie ; le bec est faible, un peu renflé dans le haut et recouvert par une peau molle. Les pattes sont petites, les yeux n'ont aucune expression. Ce sont des oiseaux fort peu intelligents.

Les pigeons sont considérés comme des modèles de fidélité conjugale ; ils sont en effet monogames, différant en cela des coqs, qui s'entourent de nombreuses poules. On a beaucoup trop vanté les pigeons. S'ils sont monogames, leur fidélité est contestable, et même ils n'ont pas toujours pour leur progéniture une tendresse à toute épreuve. Ils pondent deux œufs que les époux couvent alternativement; puis, lorsque les petits sont éclos, au bout de 15 à 20 jours, les parents les nourrissent. Le jabot, au moment de l'incubation, s'épaissit et sécrète un liquide caséeux que l'oiseau dégorge dans le bec de ses jeunes; on ne peut pas dire qu'il les allaite, mais peu s'en faut vraiment; plus tard ce sont des grains ramollis que les parents offrent à leurs enfants, et enfin des grains durs. Ils sont laids en naissant ces petits, aveugles, faibles, à peine recouverts d'un duvet, et ce n'est que lorsqu'ils sont en état de voler qu'ils se hasardent à quitter le nid.

Le cri des pigeons est un roucoulement spécial que chacun connaît.

Ces oiseaux sont nombreux en genres et en espèces, on en trouve dans toutes les parties du monde.

Les espèces qui habitent notre pays ne sont pas très brillantes; leurs plumes offrent cependant des reflets métalliques bleus, roses, violets, verts bien connus et l'on a même fait des étoffes de soie à reflets changeants qu'on nomme à cause de cela « couleur gorge de pigeon ». Mais il en existe à la Nouvelle-Guinée, en Australie et dans les îles de la Sonde qui sont revêtues de couleurs variées, mates, et non mélangées les unes aux autres, formant des contrastes brusques; le vert, le rouge vineux, le jaune se trouvent réunis sur un même oiseau.

Quatre espèces de pigeons vivent dans notre pays. D'abord le Ramier ou Palombe à collier, qui est d'un gris bleu à reflets cuivre rose sur la poitrine, et dont les pattes sont rougeâtres. C'est le ramier qu'on voit le plus souvent soit à la campagne, soit même dans les villes. Dans les jardins publics ils deviennent même assez familiers pour s'approcher des promeneurs qui leur lancent du pain. Au printemps on aime à entendre leur roucoulement, un peu monotone, il est vrai.

Le Colombin ou pigeon bleu, ressemble au ramier; il est plus commun dans le sud de la France.

Les ramiers nichent dans un nid placé sur les branches des arbres; les colombins choisissent un tronc d'arbre.

Ces deux espèces sont l'objet d'une chasse active, non pas à cause des dégâts qu'ils peuvent commettre en mangeant des grains, mais à cause de leur chair qui est très estimée.

Et c'est surtout au moment de leurs passages qu'on leur tend des filets et qu'on en prend un grand nombre.

Le pigeon biset est assurément une espèce bien intéressante : car c'est lui qui a donné naissance à toutes les races de pigeons domestiques. Il vit en Europe et en Asie et émigre en automne. Le pigeon de ferme ressemble beaucoup au biset et même si l'on abandonne à eux-mêmes les pigeons qui peuplent nos colombiers, ils finissent par ressembler au biset.

Ces oiseaux sont domestiqués depuis fort longtemps ; ils l'étaient en Égypte à peu près 3000 ans avant Jésus-Christ. Leur couleur ardoisée a été modifiée ainsi que leurs formes même. En Angleterre, en France, il y a plusieurs sociétés colombophiles où on ne s'occupe que des races de pigeons domestiques.

A l'état sauvage le biset fait son nid dans les rochers, sur les falaises, dans les murs, mais jamais sur les arbres, et c'est principalement au bord de la mer et des rivières qu'on le rencontre, plutôt qu'à l'intérieur des terres. On est arrivé à modifier par la sélection non seulement les formes du pigeon, mais aussi ses qualités.

Le pigeon éloigné de son pigeonnier y revient rapidement, il peut faire 16 lieues à l'heure. On a donc profité de cet instinct et certaines races sont utilisées pour transmettre des ordres; on les nomme *pigeons vogageurs*. Pendant le siège de Paris on s'est servi de ces pigeons pour transmettre des dépêches.

Comment expliquer ce phénomène autrement que par la mémoire des lieux, et par une vue perçante ? Toutefois on comprend difficilement comment la vue seule peut suffire en certains cas.

Les races de pigeons domestiques sont nombreuses, on peut les voir dans toutes les expositions, et il m'est impossible d'y insister ici.

Aux États-Unis, au Mexique vit l'Ectopiste migrateur, qui a la queue en flèche et dont le plumage est irisé avec le ventre rougeâtre. Il est nomade, mais il n'y a rien de fixe dans ses migrations; il se déplace en troupes nombreuses quand la nourriture vient à manquer.

Dans nos bois, à côté des ramiers, habitent les Tourterelles au plumage brun et ardoisé, au collier noir et bleu, et qui font entendre eur petit roucoulement doux et prolongé.

On voit souvent en domesticité une autre espèce couleur café au lait ou blanche, la tourterelle rieuse ou à collier, dont le roucoulement perpétuel est insupportable à entendre.

Le mâle salue sa femelle en poussant ses *hoû rrrouhoû;* puis, si celle-ci s'envole, il la poursuit et, en se posant, il rit véritablement, *ha ha ha ha ha,* recommençant ensuite ses saluts et ses roucoulements.

Un des plus gros pigeons, le Carpophage géant, habite la Nouvelle-Calédonie; cet oiseau a cela de remarquable, que son gésier porte sur les parois internes des tubercules qui servent à triturer la nourriture.

Fig. 456. — Le Pigeon Nicobar.

A la Nouvelle-Guinée, aux îles Nicobar et Philippines, on trouve un pigeon à camail vert d'or, qu'on nomme le Nicobar. Les plumes du cou sont très longues, flottantes et pointues, les ailes sont d'un noir vert, les plumes du ventre sont d'un bleu foncé. On en voit quelquefois dans les ménageries ainsi qu'une autre belle espèce, le Goura couronné, qui se rencontre à la Nouvelle-Guinée. Ces oiseaux, de la taille d'une poule, ont sur la tête une crête de plumes décomposées et légères, huppe qu'ils peuvent relever ou abaisser. Le corps est d'un bleu ardoisé, les épaules sont brunes, l'œil est rouge, et une bande noire l'entoure, partant du bec et allant sur les côtés de la tête. Les pattes sont rosées.

Il y avait autrefois à l'île Maurice des oiseaux bizarres, lourds, disgracieux, à bec énorme, qu'on nommait les *Dodos* ou Drontes. Ils ne pouvaient pas voler à cause de l'état rudimentaire de leurs ailes; quelques individus ont été rapportés vivants en Europe vers l'année 1650. Mais ils ont tous disparu de nos jours; c'est une espèce éteinte. Malgré leur taille, malgré leur forme extravagante, ces oiseaux étaient très voisins des pigeons.

Les Gangas, les Syrrhaptes, les Tétras, les Lagopèdes, les Gélinotes nous amèneront insensiblement aux Gallinacés vrais.

Les Syrrhaptes ont un bec assez grêle, les pattes sont courtes et ressemblent à des pattes de mammifères; les doigts réduits à trois, le pouce étant tout à fait rudimentaire, sont emplumés. Deux des plumes de la queue sont longues et effilées; les ailes sont longues et pointues. Ce sont des oiseaux nomades qui habitent les déserts

Fig. 457. — Le Coq de bruyère ou Tétras urogalle.

sablonneux, en Tartarie, en Mongolie, et quelquefois on en signale des passages même en France.

Les Tétras ont aussi les tarses emplumés et ont de chaque côté de la tête, au-dessus des yeux, une bande nue généralement rouge. Cette famille renferme plusieurs espèces intéressantes tant à cause de leur genre de vie qu'à cause de la chasse qu'on leur fait comme gibier.

Le Tétras urogalle ou Coq de bruyère est de la taille d'un dindon, les pattes sont courtes et les ailes ne sont pas très longues.

Cet oiseau habite les forêts et il est rare maintenant en France. Ses couleurs sont métalliques et vertes sur la poitrine. Il se nourrit de bourgeons et de baies de genièvre; au moment des amours le mâle fait la roue et crie.

Plus commun que le précédent est le *Coq de bouleaux*, qui a la queue fourchue, et la Gélinotte des bois ou Poule des coudriers. Enfin c'est dans ce groupe que prennent place les Lagopèdes, c'est-à-dire les *oiseaux à pieds de lièvre*, qui sont bruns en été et blancs en hiver et qui ont les tarses emplumés. Une espèce vit dans les Alpes et les Pyrénées, une autre connue sous le nom de *Grouse* habite l'Écosse. Nous ne voyons que rarement ces oiseaux sur nos marchés.

Il en est autrement des perdrix, des cailles, que l'on chasse

Fig. 458. — Le Lagopède en plumage d'hiver.

à l'automne et dont on apprécie fort la chair délicate. Leur corps est globuleux, leur tête est petite, la queue est courte et retombante. Qui n'a entendu le *err-reck* des Perdrix, le soir, vers cinq heures, alors que, chassées de toutes parts, elles se rappellent, elles se comptent, se groupent pour gagner leur champ favori? Ce sont en effet des oiseaux très sédentaires, qui reviennent au lieu où ils sont nés. Les perdrix grises vivent en compagnie, courent dans les sillons, *se rasent* à l'approche du danger, et, lorsqu'elles sont trop pressées par le chien d'arrêt, elles s'envolent brusquement, en procurant au chasseur, même le plus expérimenté, une certaine émotion. La perdrix grise ne se pose qu'à terre, tandis que la perdrix rouge perche quelquefois sur les arbres.

La Caille est petite, plus délicate, vit par paire et, comme nous l'avons expliqué déjà, accomplit chaque année de grands voyages, malgré son vol lourd.

Tous ces pauvres volatiles sont traqués de toutes parts quand sonne l'heure de l'ouverture de la chasse; on les poursuit sans relâche, et le soir il en manque beaucoup à l'appel.

Fig. 459. — La Perdrix grise.

En Amérique quelques espèces représentent nos perdrix et nos cailles; je citerai entre autres le Colin de Californie ou Lophortyx huppé, au plumage des plus agréables, harmonieux, et dont la petite tête est ornée d'une huppe formée de quatre plumes.

Dans les montagnes du sud-est de l'Asie vit un gros oiseau au plumage admirable, le Lophophore resplendissant, qui semble recouvert d'une cuirasse de plumes brillantes aux tons changeants, verts, bleus, cuivre, et dont la tête est parée de plumes en aigrette.

La plupart des Gallinacés au riche plumage sont originaires des pays chauds : d'Afrique, d'Amérique et surtout d'Asie, et des îles de la Sonde. Il en est ainsi des Tragopans, des Paons, des Faisans, des Gallides qui habitent l'Asie.

Les Paons ont été acclimatés dans nos pays, et on en voit non seulement dans les jardins publics, mais aussi dans les grandes fermes. Ils sont recherchés à cause de leur beau plumage vert et bleu. Leur aigrette sur la tête et surtout la queue énorme aux ocelles multiples que possèdent les mâles, les font remarquer. Quand ils veulent être aimables, ils écartent les plumes de leur queue, qui alors les entoure comme d'une auréole, et la femelle, aux teintes modestes, est éblouie facilement par la beauté du mâle. Les hommes ne sont pas seuls à rechercher les paons; ils ont d'autres ennemis, et dans la planche I de cet ouvrage nous avons représenté un tigre qui emporte orgueilleusement un paon. Nous avons parlé de ces oiseaux à propos du commerce des plumes et nous avons dit un mot de leur voix désagréable ; nous n'y reviendrons pas.

Fig. 460.— La Perdrix rouge.

Les Lophophores, les Paons, les Faisans et les Gallides ont aux pattes, chez les mâles, un éperon corné que ne possèdent pas les perdrix ni les colins. Dans certains cas, cet éperon est une arme véritable.

Le genre *Gallus*, c'est-à-dire les coqs et les poules, est originaire de l'Inde, où ses représentants vivent encore à l'état sauvage.

Le Coq est bien remarquable par ses joues nues, par la crête charnue qui surmonte sa tête, enfin par les plumes de sa queue qui, recourbées en arc, retombent gracieusement. La femelle, la Poule, a simplement une excroissance charnue sur la tête, et, comme son époux, possède deux expansions charnues sous la mandibule inférieure du bec. Ses couleurs sont moins belles que celles

Fig. 461.
Le Lophortyx ou Colin de Californie.

du coq, sa queue est large, mais dépourvue des plumes retombantes.

Fig. 462. — Le Coq Bankiva.

La souche de toutes les races domestiques de coqs est très probablement le coq Bankiva, au plumage jaune doré et brun pourpre, à la queue noire, aux ailes vert doré. Nous connaissons le chant du coq, qu'il pousse fièrement en agitant ses ailes. Quoi de plus charmant que le gloussement de la poule appelant ses poussins, qui, à peine éclos, courent, sautent près de leur mère. Quelle différence avec les pigeons qui à leur naissance sont forcés de rester longtemps au nid!

On a varié à l'infini les races de coqs et nous en figurons ici quelques-unes. L'homme les élève pour en manger la chair, pour en gober les œufs, mais aussi afin d'assister aux combats que se livrent entre eux les coqs; on a obtenu par la sélection des coqs qui ont les ergots plus pointus et plus longs; bien plus, on leur adapte quelquefois des ergots métalliques, sortes de poignards: les paris sont ouverts, et on assiste au duel que se livrent entre eux deux mâles ainsi armés.

Fig. 463. — Coq pentadactyle.

« Un coq, beau, fier, courageux, est de tous les oiseaux le plus intéressant, dit Lenz. Il porte haut sa tête couronnée; ses yeux étincelants se portent de tous côtés avec assurance; aucun danger ne l'effraye, il sait toujours y faire face. Malheur au rival qui ose se mêler à ses poules! malheur à l'homme qui ose, en sa présence, enlever une de ses favorites! Toutes ses pensées, il les exprime par divers sons, par divers gestes. A-t-il rencontré quelque grain, on l'entend appeler ses compagnes; il partage avec elles toutes ses trouvailles. Parfois, on le voit dans un coin, occupé à construire un nid pour la poule qu'il préfère entre toutes les autres.

Fig. 464. — Coq huppé.

Il marche à la tête de sa bande, dont il est le guide et le protecteur. S'il est dans la campagne, et qu'il entende le gloussement joyeux d'une poule annonçant qu'un œuf vient d'être pondu, il accourt aussitôt, salue la pondeuse par quelques regards pleins de tendresse, répond à son cri joyeux, puis revient en toute hâte reprendre sa place à la tête des siens. Le moindre changement de température, il le pressent et l'annonce par son cri. C'est par son chant qu'il annonce aussi l'approche du jour, qu'il appelle le laboureur à la reprise de sa tâche quotidienne. Il s'envole sur un mur ou sur un toit, il bat fortement des ailes, il chante et semble dire : « Ici, je suis maître et seigneur; qui ose me le contester ? » L'a-t-on chassé, vient-il d'échapper à un danger, il chante encore de toutes ses forces, il insulte l'ennemi dont il ne peut se venger autrement; ses allures majestueuses se manifestent surtout lorsque, de bon matin, fatigué d'un long repos, il quitte le poulailler, et salue joyeusement les poules qui le suivent. Mais il paraît encore plus beau, encore plus fier, quand le cri de quelque mâle inconnu vient frapper son oreille. Il écoute, il lève la tête d'un air audacieux, il bat des ailes, et provoque l'adversaire au combat par ses chants. Aperçoit-il l'ennemi, il s'avance courageusement, se précipite sur lui avec fureur. Les deux combattants sont en face l'un de l'autre, les plumes du cou sont hérissées et forment comme un bouclier; les yeux étincellent; chacun cherche à mettre sous lui son adversaire en sautant fortement. Chacun tente de s'emparer du poste le plus élevé, pour combattre de là avec l'avantage de la position. La bataille dure longtemps; mais bientôt la fatigue arrive, et avec elle un moment de trêve. La tête penchée, prêts à l'attaque et à la

Fig. 465. — Le Faisan vénéré.

riposte, frappant la terre du bec, ils restent toujours en face l'un de l'autre. L'un d'eux pousse un cri d'une voix tremblotante; il est encore hors d'haleine; l'autre fond sur lui de nouveau. Ils se frappent avec une nouvelle ardeur; mais, à la fin, les ailes et les pattes refusant d'agir par lassitude, ils ont recours à une dernière arme, la plus terrible. Ils ne sautent plus l'un sur l'autre; mais les coups de bec se succèdent avec rapidité, et le sang coule de plus d'une blessure. Enfin, l'ennemi perd courage: il hésite, il recule, il reçoit encore un coup vigoureux; la bataille est décidée. Il fuit, les plumes de la queue hérissées, les ailes levées, la queue pendante; il se tapit dans un coin, il glousse comme une poule; il cherche à implorer la pitié du vainqueur. Mais celui-ci ne se laisse pas toucher; il reprend haleine, bat des ailes, chante, puis se met à la poursuite de son rival, qui ne se défend plus, heureux quand il ne trouve pas la mort sous ces coups. » (BREHM.)

Fig. 466. — L'Argus.

Les Faisans diffèrent peu des Gallides, mais ils sont nombreux en espèces brillamment parées. Les longues plumes de la queue, les ornements qui ornent quelquefois le cou les font facilement reconnaître. Le faisan commun que nous voyons dans nos forêts y est importé, il est originaire des Indes et son éducation présente toujours quelques difficultés. On l'élève pour le chasser ensuite. Sans vouloir parler de toutes les espèces, il y a quatre faisans que je ne puis passer sous silence; deux d'entre eux sont souvent domestiqués dans les parcs: l'un est le faisan argenté, dont le ventre et la huppe sont noirs, avec la queue blanche, et qui a les plumes du dos blanches bordées de noir. Quoi de plus beau que le faisan doré avec son cou et son ventre rouges, sa crête de plumes d'or sur la tête, son camail d'or liséré de noir, ses ailes bleues, son dos jaune d'or et sa longue queue brune, rouge à la base. La femelle a une parure plus sombre, et quand le mâle veut lui plaire, il vient près d'elle et la regarde en étalant sa belle collerette.

Fig. 467. — La Pintade.

Fig. 468. — Le Dindon ocellé.

Le faisan vénéré est aussi magnifique, avec sa queue démesurément longue et ses plumes brunes ou blanches bordées de noir.

Enfin, le plus grand de tous les faisans est l'Argus géant au plumage brun, à la queue formée de deux longues plumes, et dont les plumes des ailes, chez le mâle, sont garnies d'yeux, analogues à ceux des plumes de la queue du paon, et qui rappellent les cent yeux d'Argus; de là son nom.

L'ordre des Gallinacés comprend encore quelques oiseaux que l'homme a su domestiquer; les uns sont les Pintades qui ont la tête nue, chargée d'un casque corné, à la queue courte et au plumage gris moucheté de blanc. Les pintades viennent d'Afrique, tandis que les Dindons qui font encore plus partie de notre alimentation, sont originaires d'Amérique, où on en trouve encore à l'état sauvage vivant en troupes nombreuses. Ils n'ont pas une très longue queue, mais le mâle peut la redresser, l'ouvrir en éventail et faire la roue.

Fig. 469. — Le Hocco roux.

La tête de cet oiseau est loin d'être belle, recouverte qu'elle est de caroncules rouges qui retombent sur le bec et sur le cou. Est-il nécessaire de rappeler le gloussement désagréable du dindon? on l'a plus ou moins entendu dans les basses-cours.

C'est aussi à l'Amérique qu'appartiennent les Hoccos, susceptibles de domestication. Le bec de ces oiseaux est long, comprimé latéralement, pourvu d'une cirre, et la tête est recouverte de plumes frisées.

Fig. 470. — L'Hoazin.

En Océanie, les Gallinacés sont représentés par les Mégapodes, dont nous avons déjà parlé à propos des nids. C'est en effet le Tallégalle qui fait ces tas de feuilles auxquels il confie le soin de l'incubation des œufs.

Les Pénélopes sont américains comme les Hoccos, mais plus sveltes. La huppe est tombante en arrière; la peau du cou est nue et colorée d'une façon bizarre; le bec ressemble ou moins à celui des coqs. Le plumage est sombre, et quelquefois il y a des caroncules sous le cou.

Nous terminerons enfin ce chapitre en signalant un oiseau curieux que certains naturalistes placent à côté des Musophages ; je veux parler de l'Hoazin ou Opisthocome huppé. On pourrait presque former pour cet oiseau américain un ordre à part. Il n'a pas de jabot, mais son œsophage forme une anse très marquée. La femelle pond trois ou quatre œufs dans les buissons, et, contrairement à ce qui se passe chez les autres Gallinacés, les jeunes restent longtemps dans le nid.

Fig. 471. — L'Émeu ou Casoar de la Nouvelle-Hollande.

CHAPITRE X

Les Brévipennes

On a réuni sous le nom de Brévipennes ou Oiseaux coureurs, des types, de grande taille pour la plupart, dont les ailes sont rudimentaires et qui ont les pattes disposées pour la course. Ce sont les Autruches, les Casoars, et enfin les Aptéryx qui ne sont que de la dimension d'une grosse poule. Les premiers et les seconds ont le bec large et court, des pattes longues, une tête petite portée par un long cou ; les aptéryx, au contraire, sont bas sur pattes, ont un long bec analogue à celui des courlis, et un cou court.

Ces oiseaux sont peu nombreux en espèces ; l'une vit en Afrique,

Fig. 472. — L'Autruche-Chameau d'Afrique.

l'autre en Amérique; d'autres se rencontrent en Australie, à la Nouvelle-Bretagne, à la Nouvelle-Guinée, aux Moluques; les aptéryx, enfin, proviennent de la Nouvelle-Zélande.

Il existe deux genres d'Autruches : l'une est l'Autruche-Chameau d'Afrique, les autres sont les Nandous, dont on connaît plusieurs espèces.

L'autruche mâle d'Afrique a environ 2^m,50 de haut. Les cuisses ne sont pas emplumées et la peau est rose; elle n'a que deux doigts à chaque patte; les plumes du corps sont noires, celles des ailes et de la queue sont blanches; le cou, à peu près nu, est rouge. La femelle est d'un brun grisâtre, elle est donc beaucoup moins belle que son époux. Les Nandous d'Amérique ont les plumes uniformément grises et sont plus petits que les autruches d'Afrique; enfin ils ont trois doigts au lieu de deux.

L'autruche d'Afrique se rencontre dans tout le Sahara. Elle peut courir avec rapidité, rivalisant de vitesse avec le cheval et le dépassant même; sa vue et le sens de l'ouïe sont très parfaits et elle a aperçu le chasseur bien avant que celui-ci ait pu se douter de la présence de l'oiseau. Elle se nourrit de grains, d'herbes, de mollusques, d'insectes, et avale en outre des objets absolument indigestes. Brehm raconte que, à Karthoum, où il avait une autruche captive, lorsqu'il avait perdu quelque chose, c'est dans les excréments de l'oiseau qu'on allait chercher l'objet, s'il était assez dur pour résister à son estomac. Son trousseau de clefs, qui était assez fort, a fait plus d'une fois ce chemin. Dans l'estomac d'une autruche qui avait été en captivité, on trouva du sable, de l'étoupe, du linge, du fer, des pièces de monnaie, des clefs, des clous, des boutons, des sonnettes, etc. A-t-on idée d'une pareille voracité! J. Verreaux avait une autruche qui avala un bougeoir de cuivre et le rejeta quelque temps après complètement tordu et aplati!

Elles pondent dans un nid qui n'est qu'une dépression que l'oiseau a faite dans le sable; quatre ou cinq œufs y sont déposés par plusieurs femelles qui pondent dans le même nid; mais, contrairement à ce qui se passe d'ordinaire, c'est le mâle qui couve et qui s'occupe avec grand soin de sa progéniture. Les jeunes ont le corps couvert de plumes dures qui les font ressembler à des hérissons; ces piquants tombent au bout de deux mois; les petits revêtent alors une livrée grise et ce n'est qu'à trois ans que le mâle se différencie de la femelle.

Nous avons montré combien les plumes de ces oiseaux sont estimées, aussi a-t-on cherché à élever les autruches dans ce but. Avant 1864 personne n'avait essayé cette éducation et c'est au Cap qu'on tenta la chose. Déjà en 1874, grâce à un incubateur artificiel qui fut inventé, tout le monde au Cap se mit à élever des autruches. Un couple d'autruches valait 15,500 francs, donnait quatre couvées par an de quinze poussins chacune, et ces poussins, à quatre mois, se vendaient aisément 75 francs par tête. Ce couple d'autruches rapportait donc à son propriétaire 17,500 francs par an. En 1880 une livre de plumes blanches valait de 1000 à 1700 francs. La spéculation s'en mêla, une baisse se produisit et un poussin ne trouvait plus acheteur au delà de 2 ou 3 francs; le prix des plumes baissa également. On a essayé, dans le Jardin d'Essai d'Alger, d'élever les autruches; mais on n'a pas su réussir.

Les Casoars *Émeus* remplacent les autruches à la Nouvelle-Hollande; les pattes et le cou sont moins longs, le bec est plus court, moins large, et le corps est recouvert de plumes brunes qui ont cela de particulier qu'elles sont doubles, c'est-à-dire qu'un seul bulbe donne naissance à deux tiges, à barbes courtes et lâches. Le cou n'est recouvert que de petites plumes courtes et fines.

Les casoars à casque ressemblent aux émeus, mais ont le cou nu, avec des pendeloques charnues de couleurs bleue, rouge, jaune, puis la tête surmontée d'un casque corné. Le bec est droit; les ailes sont courtes et portent de grosses tiges sans barbes et qu'on pourrait prendre pour des appendices cornés. Le corps est recouvert de plumes raides, noires, qui ont l'air de poils, tant les barbes sont courtes et éloignées les unes des autres.

L'Aptéryx, bien que gros comme une poule, est le nain de la famille. C'est un oiseau disgracieux qui vit à la Nouvelle-Zélande; son corps est arrondi, ses pattes sont courtes, épaisses, pourvues d'un pouce rudimentaire, ce qui fait qu'il y a quatre doigts. Les ailes sont absolument rudimentaires, la queue manque; la tête est petite, pourvue d'un long bec grêle et légèrement recourbé; enfin les plumes qui recouvrent tout le corps sont lancéolées, lâches. Les aptéryx ne sont actifs que la nuit; pendant le jour ils se cachent dans des trous creusés en terre. Ils pondent un seul œuf à la fois, que la femelle couve.

Il a existé à Madagascar des oiseaux de cette même famille qui atteignaient des proportions gigantesques : on les a désignés sous le nom d'*Æpyornis*. A la Nouvelle-Zélande, les mammifères faisaient complètement défaut avant les importations faites par

Fig. 473. — Le Casoar à casque.

l'homme, mais des oiseaux géants, les Moas ou Dinornis, en tenaient lieu (Voy. page 33, *fig*. 17).

Il y a peu de temps que ces oiseaux ont disparu de la faune actuelle. D'après les ossements de ces moas, retrouvés avec des ossements provenant de repas humains, on peut conclure que les Polynésiens ont connu les Dinornis.

Fig. 474. — L'Échasse.

CHAPITRE XI

Les Échassiers

Le nom d'échassiers indique de suite de quels oiseaux nous allons parler. Tous ont des pattes grêles, longues généralement, dépourvues de plumes. Ce sont des oiseaux de rivage, qui peuvent facilement marcher dans les eaux peu profondes. Leur bec est plus ou moins long, large ou aplati, droit ou recourbé, et les naturalistes se sont appuyés sur les caractères de ce bec pour classer ces animaux.

Les Pressirostres sont les moins échassiers de tous; ils ont un bec médiocre, des ailes courtes, des pattes qui ressemblent un peu à celles du nandou et qui n'ont que trois doigts ou dont le quatrième doigt est tout à fait rudimentaire. La grande outarde barbue, que l'on a appelée quelquefois autruche d'Europe, rentre dans ce groupe, ainsi que la petite outarde ou canepetière. Cette dernière est beaucoup plus petite et plus commune que la grande outarde, que l'on peut considérer comme un des plus gros oiseaux d'Europe; on les rencontre dans les champs rocailleux. On voit aussi quelquefois dans les lieux arides et pierreux, l'œdicnème criard, oiseau de la taille d'une poule, au plumage sombre, aux grands yeux ronds, qui recherche sa nourriture surtout pendant la nuit; il mange tout ce qu'il rencontre, aussi bien les insectes que les lézards et les mulots.

Fig. 475. — La Grande Outarde.

Les longirostres ont, en général, un long bec, et c'est dans cette famille que prennent place les pluviers, les vanneaux, dont la tête est ornée d'une longue huppe recourbée; les huîtriers, les tournepierres, les bécasseaux, les chevaliers, tous oiseaux de rivage, que l'on voit souvent sur les plages au bord de la mer; dans la baie de la Somme, en particulier, il y en a beaucoup. Le soir on les entend lancer leurs notes mélancoliques, sur différents tons, *tiu, tiu, tiu*... Très voisins des chevaliers sont les combattants, dont le mâle, au printemps, revêt une collerette de plumes raides, qu'il peut écarter lorsqu'il veut plaire à sa femelle; ces mâles se livrent des combats sans fin au moment des amours.

Fig. 476. — L'Œdicnème criard.

Dans les taillis des bois nous voyons quelquefois un échassier longirostre que l'on considère comme l'un des plus fins gibiers. Je veux parler de la Bécasse, au plumage roux foncé. Avec son long bec, elle cherche dans les feuilles, dans les fossés humides, les petits insectes, les petits vers qui font le fond de sa nourriture.

Fig. 477. — La Bécasse.

Les bécassines ressemblent beaucoup à la bécasse, mais sont de taille moindre ; elles ne vivent pas dans les bois, mais dans les prairies humides. Le vol des bécasses et des bécassines est rapide et les chasseurs ont peine à les approcher. On en connaît en France trois espèces : la bécassine ordinaire, la bécassine double et la sourde, ainsi nommée parce qu'elle ne crie pas en s'envolant.

Au bord de la mer ou des cours d'eau, on rencontre souvent un autre gros oiseau au long bec recourbé, au plumage gris : c'est le Courlis.

Fig. 478. — Le Chevalier combattant.

Les Ibis (Voy. *fig.* 32, page 65) sont à peu près de la même taille que les courlis ; ils ont un corps élancé, un long bec recourbé. Ce sont des oiseaux des pays chauds généralement ; cependant l'une des espèces de cette famille, la Falcinelle, passe en France ; en Amérique, le type est représenté par l'ibis écarlate, dont le plumage est d'un beau rouge ; enfin, l'ibis sacré, que les anciens Égyptiens adoraient, momifiaient, ne vit plus actuellement en Égypte, et c'est en Nubie, au Soudan, qu'il faut aller chercher ce bel oiseau. Les tarses, la tête, le cou, sont nus et la peau est noir bleuâtre; le plumage est blanc, à l'exception de quelques plumes noires, à barbes décomposées, qui forment une queue en panache. Cet oiseau se nourrit d'insectes et de petits lézards.

L'*Échasse* aux pieds rouges, qu'on trouve dans le midi de l'Europe, dans le nord de l'Afrique, mérite assurément bien son nom; le corps est de moyenne taille, le cou et le bec sont longs et grêles, mais les pattes sont d'une longueur démesurée. Ce sont de prudents oiseaux qui vivent au bord des eaux, où ils recherchent les vers et les insectes.

Fig. 479. — L'Avocette.

La Récurvirostre-Avocette ressemble beaucoup à l'échasse. Cependant elle a les pattes moins longues, les doigts un peu palmés, et le bec, au lieu d'être droit, est long et retroussé. C'est un oiseau maritime, qu'on trouve sur les côtes de la mer du Nord, de la Baltique, et qui émigre dans le sud de l'Europe, dans le nord de l'Afrique. A quoi sert ce bec si bizarre? « Elle s'en sert comme d'un sabre, dit Nauman, elle le porte rapidement à droite et à gauche, et elle prend les animaux qui nagent dans l'eau et qui demeurent adhérents aux sillons de la face interne du bec. L'avocette fouille ainsi de son bec les flaques d'eau, que la vague, en se retirant, a laissées sur la plage vaseuse, et qui fourmillent de petits animaux. Souvent elle demeure une heure entière auprès d'une seule de ces flaques. D'ordinaire, elle commence par enfoncer tout droit son bec dans l'eau ou dans la vase, le fait claquer à la manière des canards, puis le porte à droite et à gauche comme on fait manœuvrer un sabre. J'en ai vu quelques-unes dans un marais, promener ainsi leur bec dans l'herbe courte et humide. » (Brehm.)

On réserve le nom de Cultrirostres à d'autres échassiers qui ont un bec fort, quelquefois très grand, dont les pattes sont longues et pourvues de quatre doigts. Les uns ont le bec étroit et pointu, chez d'autres il est large, quelques-uns l'ont complètement plat et élargi à l'extrémité ; tel est le cas des Spatules, dont l'une, la spatule blanche, se rencontre en Europe, en Asie, dans l'Amérique du

Fig. 480. — La Cigogne.

Nord, en Egypte et Nubie. On la voit apparaître régulièrement en Hollande. Elle fouille la vase avec son bec, comme le fait l'avocette, en le portant à droite et à gauche ; elle se nourrit surtout de petits poissons, sans se priver des insectes, des crustacés aquatiques, des colimaçons et même des petits reptiles.

Un oiseau peu connu en Europe est le Baleniceps roi, c'est-à-dire la Cigogne à tête de baleine. En effet, sa tête est énorme, son bec est long de plus de 20 centimètres; la mandibule supérieure est large, aplatie avec une carène médiane, et offre un crochet à l'extrémité.

C'est un oiseau véritablement aquatique, vivant sur les lagunes du Nil, où il mange les tortues des marais et des poissons, même des lézards et des grenouilles.

La famille des Cigognes contient plusieurs espèces que je ne puis passer sous silence : ce sont les cigognes vraies, les Tantales, les Jabirus et les Marabouts. Tous ces types sont caractérisés par un bec long, conique, droit ou recourbé en haut ; leurs jambes sont longues et grêles et leurs doigts, relativement courts, sont réunis par une petite palmure.

Une disposition de leur articulation tibio-tarsienne permet à ces oiseaux de rester immobiles, perchés sur une même patte, sans se fatiguer, l'autre étant souvent repliée sous l'aile. En effet, il leur faut faire un effort musculaire pour plier la jambe lorsqu'elle est étendue.

La cigogne blanche est la plus connue : ses ailes sont noires, ses pattes et son bec sont rouges ; elle passe l'hiver en Afrique, mais vient dans nos pays pendant l'été et construit son nid sur des lieux élevés, sur le toit des maisons, sur des clochers. On la respecte généralement parce qu'elle mange des reptiles; en outre, on a conté plus d'une légende à son sujet; nous ne nous en ferons pas l'écho.

Dans certains pays on se réjouit de leur arrivée. Les Indiens de l'Amérique du Nord punissaient non pas de mort ceux qui avaient tué une cigogne, mais les déshonoraient en leur retirant le titre de guerriers et de chasseurs; les anciens Égyptiens les considéraient comme des divinités.

La cigogne se nourrit surtout d'insectes et de reptiles ; sous ce point de vue elle est utile. Elle mange aussi des grenouilles et ne se gêne pas pour tuer les jeunes oiseaux, les levrauts. Mais les cigognes sont sympathiques, parce qu'elles semblent attachées à l'homme et reviennent chaque année à leur ancien nid, le réparant dès leur retour, puis parce qu'elles sont, en général, très fidèles et que leur vie de famille est intéressante. Au printemps, lorsque les cigognes construisent leur nid, on les voit, l'une devant l'autre, ouvrir leurs ailes, redresser leurs plumes, baisser la tête et la relever en faisant claquer leur bec, semblant ainsi chanter les joies du ménage.

Les Tantales du nord de l'Afrique ressemblent beaucoup aux

Fig. 481. — Le Marabout.

cigognes, mais leur bec est moins pointu et recourbé légèrement. Ils ont, en outre, la face et le tour des yeux nus. Le plumage est blanc et rouge, avec le bord des ailes et de la queue d'un noir vert brillant.

Les Jabirus ont l'aspect général des cigognes, mais le bec est fort long et retroussé. On en connaît trois espèces : l'une vient d'Amérique, l'autre d'Afrique et la troisième appartient à l'Australie.

De même que les Marabouts dont nous allons dire quelques mots, le Jabiru saisit délicatement les aliments du bout du bec, les lance en l'air, et, les rattrapant adroitement, les avale, comme le font, d'ailleurs, la plupart des oiseaux de cette famille.

Fig. 482. — Le Héron cendré.

Les marabouts au crâne chauve semblent vêtus d'un habit noir et d'une culotte courte d'où sortent deux jambes maigres; ce n'est pas là un portrait bien flatteur; ils sont fort laids, mais cependant leur cou est entouré de plumes blanches et duveteuses très recherchées pour la parure. Cette tête, à peine recouverte de plumes piliformes, ressemble à celle d'un vieillard; le cou est nu, couleur de chair, et l'œsophage, qui est dilaté en forme de jabot, fait saillie extérieurement, et rien n'est laid comme cette poche rouge et nue. Il est compassé et ridicule, ce gros oiseau, mais prudent, et sait très bien se tenir à distance du chasseur. On en voit quelquefois en captivité et j'ai eu souvent l'occasion d'en examiner dans la ménagerie du Muséum. J'ai vu là un marabout auquel je venais d'offrir un gros rat, le laver d'abord dans un petit ruisseau qui traversait son parc, puis le lancer en l'air, le recevoir dans son énorme bec, et l'avaler comme on eût fait d'une pilule.

C'est un oiseau vorace, propre au sud de l'Asie et de l'Afrique centrale. « A mon arrivée à Karthoum, dit Brehm, les marabouts vivaient dans les meilleurs rapports avec les bouchers, dans un abattoir situé aux portes de la ville; ils entraient dans l'abattoir, ramassaient les débris, tourmentaient les gens jusqu'à ce qu'on leur eût donné quelque chose. Aucun boucher ne songeait à les poursuivre. C'est tout au plus si on leur lançait une pierre quand ils devenaient par trop impudents. »

Fig. 483. — Le Butor.

Les hérons au long bec, emmanché d'un long cou, comme dit La Fontaine, sont de la même famille, mais ils sont plus légers, plus petits d'ailleurs que les précédents. Ils peuvent détendre leur cou et darder leur bec pointu et vigoureux sur leur proie qui consiste généralement en poissons, même d'assez grande taille, en grenouilles, en mollusques. Leur plumage, suivant les espèces, est brun, ou gris cendré, ou blanc. Les plumes de la tête retombent derrière la tête en aigrette gracieuse, et les plumes du jabot sont plus longues et lancéolées. Le héron cendré est un grand oiseau migrateur et l'on peut le voir volant à une très grande hauteur et faisant entendre son cri rauque. Il décrit des cercles avant de se poser et s'arrête dans les prairies au bord des cours d'eau ou des étangs; c'est un oiseau défiant, qui se laisse difficilement approcher; il est nuisible et détruit beaucoup de poissons. Les *Aigrettes*

Fig. 484. — La Demoiselle de Numidie.

ont la même forme, mais leur plumage blanc et léger est fort agréable à voir. Il y a en Europe plusieurs autres espèces, plus petites, le Blongios, le Butor; ce dernier vit dans les roseaux des étangs et des marais; il est brun, prend des postures bizarres, et lorsqu'il est perché sur un arbre il est bien difficile de l'apercevoir, tant il se confond avec les branches.

Les Grues sont de la même famille, mais leurs formes sont des plus gracieuses. La tête est arrondie, quelquefois surmontée d'aigrettes comme on en voit chez la grue couronnée et chez la Demoiselle de Numidie. Le bec est plus court que chez les hérons, le cou est long, le jabot est garni de plumes lancéolées, et les rémiges secondaires recouvrent les plumes de la queue retombant en panaches; les joues sont nues. La grue cendrée passe en France, mais ne s'y reproduit pas. Ces oiseaux aiment les lieux humides, le bord des eaux; ils mangent des matières végétales, aussi bien que des insectes et des reptiles. Les grues s'apprivoisent facilement et j'ai pu voir une grue de Numidie qui suivait partout son gardien dans la ménagerie du Jardin des Plantes, sautillant, courant à côté de lui et lui témoignant avec grâce une vive amitié.

Fig. 485. — Le Cariama huppé.

Il existe plusieurs échassiers américains fort curieux par leurs mœurs et beaucoup moins hauts sur pattes que les précédents; les uns, les Cariamas du Brésil, qui poussent des glapissements véritables, se tenant très droits, la tête penchée en arrière et ouvrant largement leur bec, semblent vouloir se gargariser. Leur ramage est assourdissant quand il y en a plusieurs à côté les uns des autres, parce qu'ils se répondent.

Les Agamis ou Oiseaux-Trompettes vivent dans l'Amérique du Sud; ils ont un peu le port d'une grue qui serait de la taille d'une poule. Leur plumage est d'un noir velouté avec des reflets pourpres, bleus ou verts. « Leur voix, dit Brehm, est un cri perçant, sauvage, que suit un bruit sourd, roulant, que l'oiseau produit avec le bec fermé et qui se prolonge pendant une minute, s'affaiblissant insensiblement comme s'il s'éloignait. Après un silence de quelques minutes les cris recommencent. » Ces seconds bruits sont dus à l'air qui passe dans les sacs pulmonaires. L'agami peut être facilement gardé captif et s'attache à son maître qu'il suit partout ; il saute autour de lui et manifeste de la joie quand il y a longtemps qu'il ne l'a vu. « Convenable à l'égard des habitués de la maison, il témoigne de l'aversion pour les étrangers, de la haine même pour certaines personnes. Il étend sa domination non seulement sur les autres oiseaux, mais aussi sur les chiens et les chats. » (Brehm). Il garde des poules, et glousse ; on en a même vu garder des moutons dans les prés. Dans les villes de la Guyane, les agamis sont comme les chiens de nos villes, ils vaquent à leurs affaires et reviennent à leur domicile après s'en être quelquefois beaucoup écartés.

Fig. 486. — L'Agami-Trompette.

Fig. 487. — Le Jacana du Brésil.

Les Kamichis habitent les forêts du Brésil, de la Colombie, de la Guyane. Ils ont un peu l'aspect des Cariamas, mais présentent au poignet des ailes deux énormes éperons dont les mâles ne se servent que pendant les combats qu'ils se livrent au moment des amours. Tout autre est la famille des Macrodactyles, caractérisés par la longueur démesurée de leurs doigts. Cette disposition permet à ces oiseaux de marcher sur les plantes qui flottent sur l'eau, de courir sur la vase molle, et même de nager. Les jacanas du Brésil sont bien pourvus sous ce rapport; ils ont, comme les Kamichis, un fort éperon au poignet de l'aile. Les Poules sultanes ou Porphyrions bleus ont les doigts aussi longs, mais les pattes et le bec plus courts. Les plumes sont d'un beau bleu, le bec offre une callosité rouge et les pattes sont couleur de chair. Ce bel oiseau se rencontre dans les prés humides de l'Italie, de l'Espagne et peut-être dans le nord-ouest de l'Afrique.

Nous avons quelques espèces de ce groupe en France. Les unes, comme les Crex ou Râles de genêts, au plumage roux, vivent dans les champs depuis le mois de mai jusqu'en septembre; puis elles émigrent pendant la nuit, en marchant la plupart du temps. Mais au bord des eaux vivent les Râles d'eau, les Marouettes, qui ressemblent aux Crex, mais dont le plumage est d'un brun foncé, moucheté de blanc. Nous trouvons encore dans les mêmes localités les Foulques, les Poules d'eau, qui nagent et plongent avec aisance et dont les doigts portent sur les côtés des expansions membraneuses qui les favorisent beaucoup pour la natation. Tous ces oiseaux construisent leurs nids dans les roseaux, les marouettes même font un nid flottant qui monte ou s'abaisse suivant le niveau de l'eau, et qui ne peut être entraîné par le courant parce qu'il est attaché à l'extrémité d'un roseau. Les crex, les râles, les poules d'eau se laissent poursuivre pendant longtemps dans les roseaux, plongeant souvent, et il faut un excellent chien pour arriver à les faire lever. Elles savent bien, en effet, ces pauvres bestioles, qu'elles ne peuvent s'échapper en volant: leur vol est lourd et lent, et le chasseur a tout le temps nécessaire pour viser.

De grands oiseaux, au plumage blanc rose, ailes rouges, servent de passage entre les Échassiers et les Palmipèdes : ce sont les Flamants ou Phœnicoptères. En effet, comme les échassiers, ils sont montés sur de longues pattes grêles, mais ils ont les doigts palmés comme les seconds. Leur cou est très long et leur bec rose et noir, épais, se recourbe en formant un angle obtus. Le Flamant rose est originaire des pays qui bordent la Méditerranée et la mer Noire; mais de même qu'il remonte quelquefois jusque dans nos contrées, de même il va vers le sud aussi bien du côté de la mer Rouge que des îles du Cap-Vert. Rien n'est beau comme une nuée de flamants roses au bord des eaux ou nageant ; leurs ailes rouges forment des lignes d'un éclat magnifique. Ils dorment posés sur une seule patte et cachent leur tête sous l'aile. Pour manger cet oiseau enfonce son long cou dans l'eau, plaçant le dessus recourbé de son bec sur

Fig. 488. — Le Flamant rose.

la vase du fond, et, barbotant dans cette position, il tamise l'eau en quelque sorte, grâce aux lamelles qui bordent son bec. Les nids faits de vase que ces oiseaux amassent avec leurs pattes sont très curieux, coniques, creux au sommet, et les flamants, assis dessus couvent debout, pendant trente à trente-deux jours, les jambes dans l'eau, les deux œufs qu'ils ont pondus. Les jeunes, aussitôt nés, vont à l'eau et nagent avec leurs parents.

Fig. 489. — Goëland et Mouettes rieuses.

CHAPITRE XII

Les Palmipèdes

Aucun ordre n'est peut-être aussi nettement délimité que celui des Palmipèdes. Tous ses représentants vivent sur l'eau; leurs pattes courtes ont les doigts réunis par une membrane, ce qui leur permet de s'en servir comme de rames. Malgré leurs caractères communs on a dû les diviser en plusieurs familles: les Lamellirostres, les Longipennes, les Totipalmes et les Brachyptères.

Les lamellirostres ont une nourriture surtout végétale, et leur bec présente, sur les côtés, de petites lamelles cornées parallèles entre elles, comme cela se voit chez les canards, les cygnes, les oies; chez les harles, ce ne sont plus des lamelles, mais de petites denticulations.

Quoi de plus gracieux que les cygnes au long cou en *S*, qui relèvent leurs ailes en nageant majestueusement, orgueilleusement si je puis dire. Les uns sont d'un blanc pur, d'autres, qui vivent en Australie, sont noirs; certains, qui habitent l'Amérique du Sud, sont blancs avec la tête et le cou noirs; nous ne pouvons passer en revue toutes ces espèces. Ils sont tous lourds à terre, se dandinent d'une façon disgracieuse; mais l'eau est leur domaine, et lorsqu'ils veulent se rendre en un point situé à quelque distance de la rivière ou du lac qu'ils affectionnent, ils prennent leur vol; sont-ils en colère, ils sifflent ou font entendre des sons désagréables analogues à ceux d'une trompette. Ce sont de bons époux, de bons parents qui soignent tendrement leur progéniture. On les chasse pour leurs plumes duveteuses et pour leur chair. C'est le *Cygne muet,* originaire du Nord, que nous voyons le plus souvent sur les bassins de nos jardins publics.

Fig. 490.
Le Cygne noir de la Nouvelle-Hollande.

Les cygnes sont monogames et construisent au bord de l'eau un nid grossier dans lequel ils déposent cinq à six œufs.

Les oies sont lourdes et disgracieuses. Leur cou est plus court et plus épais que celui des cygnes, leur corps est épais, et cependant on les voit assez souvent à terre dans les fermes, près des mares. Ce sont en effet des oiseaux utiles à l'homme, sans parler des oies du Capitole; elles fournissent leur chair, leurs plumes, et leur foie dont on confectionne les excellents foies gras, après leur avoir donné une véritable maladie en les gavant outre mesure. On voit passer en hiver dans notre pays l'oie cendrée, au plumage brunâtre, et qui a sans doute donné naissance à nos races domestiques. D'autres, qu'on nomme Bernaches, viennent des régions boréales et passent en hiver sur nos côtes.

Quelques espèces, comme l'oie de Magellan, qui provient du sud de l'Amérique méridionale, a les ailes armées d'éperons.

Les canards sont de taille moindre que les oies, ont le cou encore plus court et, sur terre, leur démarche est disgracieuse; le bec est aplati; les plumes de la queue sont droites ou se relèvent frisées.

Le chant du cygne, tant vanté, je n'en ai pas parlé, car il n'existe que dans l'imagination des poètes; le chant du canard, bien que peu harmonieux est cependant très connu, et nul n'ignore leur *coin, coin, coin.* Dans l'eau ces oiseaux sont tout à fait à leur aise, ils barbotent, plongent, et rien n'est charmant à voir comme une mère cane conduisant à l'eau ses petits. Ceux-ci, à peine éclos, sont vifs et courent auprès de leur mère; aperçoivent-ils une mouche, vite ils étendent le cou, sautent après elle pour la happer. Les canards émigrent et, lorsqu'ils volent, généralement au crépuscule, il y en a toujours un qui est chef de la bande, volant en tête; les autres le suivent sur deux lignes écartées l'une de l'autre en arrière et formant un Λ.

Fig. 491. — Le Canard de la Caroline.

Le nombre des canards est considérable et je ne ferai qu'en citer quelques-uns. La Tadorne, le Souchet, le Canard sauvage sont les plus gros. Ce dernier, avec sa tête et son cou verts séparés de la poitrine brune par un collier blanc, a le reste du corps gris brun; les grandes plumes des ailes et la queue frisée sont vertes ou bleues. C'est un bel oiseau qui est évidemment la souche de toutes nos races domestiques; les femelles sont brunes et en général ont des teintes moins vives que les mâles. Le canard siffleur, le pilet à la longue queue pointue, les sarcelles, les milouins, les macreuses, se rencontrent encore en France. Le canard de la Caroline, que l'on voit souvent dans les jardins zoologiques et dans les parcs, est originaire de l'Amérique du Nord. C'est, sans contre-

Fig. 492. — L'Eider.

Fig. 493, 494, 495. — L'Oie cendrée. Le Tadorne. Le Canard sauvage.

dit, le plus beau de tous les canards. Il est gracieux et ses couleurs brillantes bleue, verte, rouge, dorée, s'harmonisent bien et sont agréables à voir; il se perche facilement.

L'Eider ne se trouve qu'accidentellement chez nous; sa patrie est le Groënland, l'Islande et la Laponie; on en trouve aussi dans des îlots au nord de l'Écosse, où ils font leurs nids dans les anfractuosités des rochers; et pour qu'ils soient plus moelleux, ils les garnissent de plumes duveteuses qu'ils s'arrachent de la poitrine et qui repoussent rapidement. Les eiders sont très recherchés, car c'est précisément leur duvet qu'on nomme édredon (*eider down*) et qu'on emploie souvent.

Fig. 496. — Le Harle.

Les Harles diffèrent des canards par leur bec qui est plus étroit et dont les bords sont garnis de denticulations.

Ils habitent l'hémisphère boréal, mais on les rencontre de temps en temps dans notre pays. Ils préfèrent la nourriture animale aux herbes et ils mangent beaucoup de petits poissons qu'ils prennent en plongeant.

La seconde famille de Palmipèdes contient tous les oiseaux bons voiliers qui sont les rapaces du groupe. Les plus connus sont les Goélands, les Mouettes que nous pouvons voir au bord de la mer, où leur présence anime agréablement les plages.

On confond tous ces oiseaux sous le nom de Longipennes, parce que tous ont de grandes ailes. Leur bec est pointu ou crochu, mais toujours robuste, et les bords en sont tranchants. Ils se nourrissent généralement de poissons qu'ils saisissent le plus souvent au vol en rasant la surface de l'eau. Le plumage est grisâtre ou blanc, chez quelques-uns il est brun noirâtre. Les Sternes ou Hirondelles de mer présentent bien tous les caractères du groupe. Leur bec est pointu, leurs ailes sont très longues, la queue est longue et fourchue, et les pattes sont très courtes; ils vivent au bord de la mer, où ils sont en troupes nombreuses, poussant leur cri rauque et désagréable *kriaeh*. On en trouve plusieurs espèces en France. Mais les genres les plus communs sont les goélands et les mouettes, au plumage blanc et gris. Leur tête est arrondie et leur bec est crochu à l'extrémité. Ce sont des oiseaux de rivages qui ne s'aventurent jamais loin en pleine mer; quelquefois ils gagnent l'intérieur des terres, s'ils rencontrent un grand étang ou quelque rivière. Au bord de la mer on peut les contempler de loin, nageant mais ne plongeant pas, voletant, se posant, ou couchés sur le sable. Ils ne

Fig. 497. — L'Albatros.

se laissent pas approcher et il faut absolument s'embusquer pour pouvoir en tirer; on ne les chasse pas, d'ailleurs, car leur chair est mauvaise; mais on leur prend leurs œufs, qui sont même considérés dans certaines parties de la Scandinavie comme un véritable revenu. Les goélands sont deux fois plus gros que les mouettes. Ces oiseaux sont grotesques lorsqu'ils crient: ils baissent la tête, la placent presque entre leurs pattes, puis la relèvent en ouvrant le bec et en lançant leur rire caractéristique. Les plumes de la tête et du cou de la mouette à capuchon ou chroïcocéphale rieuse prennent, au moment des amours, une teinte brun noirâtre.

Les Stercoraires sont de la taille des Goélands et leur plumage est brun roux sur le dos et grisâtre sur le ventre ; ils courent assez vite sur le sol et volent souvent en planant comme les oiseaux de proie.

Les plus gros de tous les Longipennes sont les Albatros, qui vivent dans l'Océan de l'hémisphère sud, et ce n'est qu'accidentellement qu'on en a vu en Europe. Ce sont d'énormes oiseaux qui mesurent plus d'un mètre de long et qui peuvent atteindre plus de trois mètres d'envergure ; on les appelle *Vautours des mers*, et l'on

Fig. 498. — Le Thalassidrome ou Oiseau-Tempête.

nomme l'une des espèces *Mouton du Cap*. Ils suivent souvent les navires, cherchant ce que l'on jette par-dessus le bord, pendant plusieurs jours de suite. Pour ces oiseaux bons voiliers, les distances ne sont rien. Ils se gorgent de la chair des cadavres qu'ils rencontrent, et l'on dit même qu'ils attaquent les enfants et les hommes ivres. Aux îles Auckland et aux îles Campbell, en novembre et décembre, les albatros se reproduisent. Pour les prendre on leur lance un hameçon bien amorcé, solidement attaché à une corde. Lorsqu'il a avalé l'appât et qu'il se sent pris, l'oiseau oppose une grande résistance et ses camarades viennent voler autour de lui jusqu'à ce qu'on l'ait hissé sur le pont.

Il existe au nord de l'Écosse un petit village, Saint-Kilda, dont la population s'anéantit petit à petit. Tous les jeunes enfants qui naissent meurent au bout de huit jours, et on attribue cela à la chair du Pétrel que les habitants mangent constamment. La chair huileuse de cet oiseau, dont les parents ont trop souvent mangé, a sur le système nerveux une action fatale aux nouveau-nés.

L'Ossifrage géant et les Pétrels sont très voisins de l'Albatros.

D'autres espèces beaucoup plus petites habitent l'Océan Atlantique depuis le Groënland jusqu'à l'Équateur; leur plumage est brun foncé avec le croupion blanc. On les nomme Oiseaux-Tempêtes

Fig. 499. — La Frégate-Aigle.

ou Thalassidromes, ce qui signifie oiseaux qui marchent sur les flots de la mer. Nous en avons vu, pendant l'expédition du *Talisman* en 1883, qui volaient gracieusement autour du bâtiment, semblant courir à la surface des vagues.

Les *Fous*, les Phaëtons et les Frégates forment un petit groupe voisin des précédents; leur bec rappelle bien encore celui des goélands, des albatros, mais leur corps est plus allongé.

Le fou de Bassan passe chaque année sur les côtes du nord de la France, poursuivant les harengs et les maquereaux. Malgré son corps lourd, il vole bien et attrape sa proie au vol, se laissant tomber dessus du haut des airs. Il se gorge tellement de nourriture qu'il en devient pesant, il fait alors sa sieste en flottant à la surface de l'eau; dans cette situation s'il veut s'envoler, il est obligé de s'alléger en rejetant ce qu'il a de trop dans l'estomac.

Les Phaëtons ressemblent au fou de Bassan, mais ils ont une longue queue dont les deux pennes centrales, blanches à la base, deviennent ensuite rouges avec la tige noire. Ils mangent des poissons et des mollusques.

Les Frégates, dont nous donnons ci-contre une figure, sont encore plus allongées et leurs pattes sont très courtes. Le plumage est noir brunâtre et, en dessous de leur long bec, la peau est nue, colorée en rouge. Ces oiseaux volent souvent à une grande hauteur et peuvent distinguer, tant leur vue est perçante, le moindre poisson qui nage à la surface.

On a réuni sous le nom de Totipalmes quelques oiseaux qui nous intéressent autant par leurs formes que par leur genre de vie. Par totipalmes on entend des oiseaux qui ont les quatre doigts palmés.

Pour l'un d'eux on a formé le genre Anhinga dont les espèces vivent en Amérique, en Afrique, dans le sud de l'Asie ou en Australie. Les anhingas sont très curieux avec leur corps allongé, leur long cou terminé par une très petite tête armée d'un bec qui est un véritable poignard, leur queue longue et élargie à l'extrémité. On les rencontre dans les marais, les lacs, les fleuves dont les rives sont boisées; ils perchent et construisent même leurs nids dans les arbres. Leur vol est lourd comme celui des cormorans et ils marchent avec difficulté. Mais c'est dans l'eau qu'il faut les voir pour apprécier leur extrême agilité. Brehm, qui a pu les observer, nous dit « qu'il n'est pas possible de trouver un nom mieux choisi que celui d'*oiseau à cou de serpent* que les Hottentots leur ont donné. Leur cou rappelle réellement le serpent, et non seulement il en présente l'aspect, mais encore il se meut d'une manière analogue. Quand l'oiseau nage entre deux eaux, il se transforme lui-même en serpent, et quand il se prépare à se défendre ou à attaquer un ennemi, il lance son cou en avant avec une rapidité tellement foudroyante, qu'on ne peut s'empêcher de penser à l'attaque de la vipère ». Sont-ils poursuivis, ils plongent avec aisance et, se servant de leurs jambes comme de propulseurs, de leur queue comme de gouvernail, ils nagent avec une rapidité surprenante, pouvant parcourir soixante mètres en une minute. Dans ces conditions il leur est facile de poursuivre les poissons les plus agiles. Quelquefois, s'ils ont peur, ils s'enfoncent dans l'eau, ne laissant dépasser que leur cou et souvent même que leur tête. Il est alors très difficile de les apercevoir.

Les Cormorans habitent nos côtes; leurs formes sont lourdes, leur cou est moins long que celui des anhingas, et leur bec, long et mince, est crochu à l'extrémité. On voit ces oiseaux à plumage brun sur les rochers éloignés des bords de la mer, se tenant hors de la portée du fusil de chasse. D'autres fois on les rencontre dans les cours d'eau importants bordés de forêts. En Égypte ils sont souvent en nombre énorme sur les lacs; on en trouve aussi en Asie.

Fig. 500. — L'Anhinga.

Ce sont des oiseaux voraces, qui pêchent avec ardeur, et lorsqu'ils sont bien gavés, ils se reposent. Fort maladroits sur le sol, ils nagent et plongent avec presque autant d'aisance que l'Anhinga.

On utilise les cormorans pour la pêche; ils doivent sauter à l'eau sur l'ordre de leur maître, et lorsqu'ils ont saisi le poisson, le lui rapporter.

C'est en Chine surtout que l'on pratique cette pêche; Brehm nous la raconte en ces termes : « Le pêcheur se tient sur un radeau de bambous, large à peu près de 90 cent., long de 5 à 7 mètres, et mis en mouvement à l'aide d'une rame. Quand les cormorans doivent pêcher, le pêcheur les pousse ou les jette à l'eau, et quand ils ne plongent pas, il bat l'eau de sa rame ou même frappe les oiseaux jusqu'à ce qu'ils aient plongé. Aussitôt que le cormoran a un poisson, il reparaît à la surface avec son poisson dans le bec, dans l'intention de l'avaler; mais un fil ou un anneau de métal qui lui entoure le cou l'en empêche et il regagne bon gré mal gré le radeau. Le pêcheur se hâte d'arriver pour ne pas laisser échapper la proie :

car il s'élève parfois, surtout quand l'oiseau a affaire à de grands poissons, un véritable combat entre lui et sa victime. Quand le pêcheur se trouve assez près, il lance sur son cormoran une espèce de filet, en forme de poche, assujetti à une perche, l'attire ainsi sur le radeau, lui prend son poisson, et après avoir desserré l'anneau qui l'empêche d'avaler, lui donne quelque nourriture comme récompense. Il laisse quelque repos à son oiseau et le renvoie de nouveau au travail. Il arrive parfois que le cormoran cherche à s'enfuir avec sa proie. Le pêcheur s'empresse alors de le poursuivre; il réussit quelquefois à l'atteindre, mais d'autres fois aussi ses tentatives sont vaines. Quand un cormoran a pris un poisson trop grand pour qu'il puisse, à lui seul, s'en rendre maître, on en voit quelques autres accourir, ce qui amène parfois un combat, les cormorans cherchant réciproquement à se disputer la proie. »

Tous les oiseaux que nous venons d'étudier avaient d'assez grands becs, mais ce n'était rien à côté du Pélican, le plus gros de tous les totipalmes.

Ces oiseaux sont remarquables non seulement par la longueur de ce bec, mais par la poche membraneuse, à peau nue, qui garnit le dessous de la mandibule inférieure. C'est comme un filet que l'oiseau aurait là pour attraper les poissons. Cette peau est colorée en jaune, en rouge, en bleu gris, suivant les espèces.

Les pélicans vivent dans les pays chauds, mais ils se dispersent de tous côtés, et se rendent sur les bords des eaux douces ou salées. Ils préfèrent les marécages aux eaux profondes, parce que leurs sacs respiratoires sont si considérables et remplis d'air, qu'ils flottent et ont de la peine à s'enfoncer sous l'eau. Ils sont parfois très nombreux et Brehm nous dit que : « sur les lacs des côtes de l'Égypte, sur le Nil pendant les inondations, ou plus avant dans le sud, tout aussi bien sur le Nil blanc, sur le Nil bleu, et sur les lacs voisins, que sur la mer Rouge, on rencontre parfois les pélicans en masses si grandes, que l'œil ne peut en calculer le nombre. Ils recouvrent littéralement le quart ou la moitié d'un carré de deux lieues; ils ressemblent, quand ils nagent, à de gigantesques roses de mer, ou bien à une immense muraille blanche; quand ils vont sur le rivage ou sur les îles pour se sécher au soleil, nettoyer leur plumage et se reposer, ils y couvrent tous les arbres d'une manière si compacte, que l'on dirait de loin des arbres dont le feuillage a été remplacé par de grandes fleurs blanches. Il est rare de rencontrer des bandes de dix à douze individus; les pélicans vont d'habitude par compagnies de cent et de mille. » Au printemps, ils

Fig 501. — Cormorans et Pélican.

émigrent vers le sud de l'Europe pour s'y reproduire, et on en voit quelquefois apparaître sur les bords des lacs de l'Europe centrale.

Ils sont lourds dans leur démarche. Ce sont des animaux plutôt poltrons, mais qui vivent entre eux en bonne intelligence.

Leurs œufs sont à peu près de la grosseur de ceux du cygne et les petits qui en sortent sont fort laids et stupides, poussant des cris rauques à chaque instant. Mais leurs parents sont excellents pour eux et leur témoignent beaucoup de tendresse; ils ne vont pas toutefois jusqu'à se *percer le flanc*, comme dit la légende, pour les nourrir.

Dans les classifications des naturalistes, les Plongeurs sont placés toujours les derniers parmi les Palmipèdes. En effet, ils perdent la grâce que l'on aime à voir chez l'oiseau. Ils sont plutôt *nageurs* que *oiseaux;* ils sont aquatiques et *plongeurs*. Leurs plumes sont duveteuses, leurs ailes sont réduites souvent à l'état de moignons et leur servent, non plus à voler, mais à nager, ce sont de véritables rames; et, comme tout se compense dans la nature, leurs ailes n'étant souvent plus emplumées, mais couvertes de plumes écailleuses, leur servent d'instruments de natation; leurs pattes se modifient, elles ne sont plus aussi bien palmées; certains types même n'ont plus les doigts réunis par une palmure, mais simplement bordés par une membrane.

Fig. 502. — Le Grèbe huppé.

On a constaté parmi ces oiseaux quatre groupes qui forment la famille des *Brachyptères*, c'est-à-dire à *ailes courtes*.

Leur queue est courte et ne peut servir de gouvernail, leur corps est lourd, et leurs pattes, courtes, sont situées en arrière du corps, de sorte qu'ils ont la station verticale ou peu s'en faut; leur tête est généralement petite et leur bec pointu ou aplati verticalement et haut.

Les mieux pourvus sous le rapport du vol sont les Grèbes, qui ont les doigts des pattes non pas réunis, mais simplement bordés par une membrane sur toute leur longueur, même dépassant l'ongle. Quelques espèces, comme le grèbe huppé, ont sur la tête deux huppes et sur les côtés du cou une collerette de plumes décomposées et piliformes. Les plumes de la poitrine sont un duvet fort apprécié pour les parures. Les grèbes et les plongeons volent quand ils y sont forcés, mais c'est toujours avec peine qu'ils s'y décident, et quand ils ont pris leur vol, on est étonné de leur rapidité. Les grèbes aiment leurs petits, la chose paraît bien simple, mais cependant sur l'eau la mère est leur refuge; les jeunes, fatigués de nager, grimpent sur le dos de leur mère et s'y blottissent.

Le petit grèbe castagneux est bien charmant à voir sur les rivières. Ces oiseaux sont de la grosseur d'un pigeon, et, si l'on ne les dérange pas, ils nagent tranquillement sur l'eau. Pour les observer, il faut rester longtemps immobile. Alors, n'étant pas inquiets, ils nagent, plongent, restent à la même place, malgré le courant. Si l'on est patient, on arrive à les tirer et à les prendre si l'on a un bon chien; mais leur chair a un goût sauvage insupportable, si l'on ne les dépouille de leur peau avant de les faire rôtir, et si l'on ne retire les glandes coccygiennes, dont tous les palmipèdes, d'ailleurs, font usage pour se graisser les plumes.

Fig. 503. — Le Macareux moine.

Bien étranges les Macareux, avec leur bec comprimé latéralement, avec leur grosse tête, leur cou large et court. M. le docteur Louis Bureau, professeur à l'Ecole de médecine de Nantes, a étudié d'une façon spéciale le bec de ces oiseaux, bec coloré en rouge, brun, orange, et il a montré que les lames colorées se modifient suivant l'âge ou le sexe. Les macareux volent à la surface de l'eau en se servant aussi bien de leurs ailes que de leurs pattes; ils se réunissent sur les rochers des côtes, sur les falaises pour construire leurs nids. Ils vivent de crustacés et de petits poissons.

Les Alques appartiennent encore à ce groupe des plongeons.

Le Plongeon brachyptère est un oiseau en voie de disparition, si même il n'a été complètement détruit. C'est un oiseau du nord, qui a été chassé avec acharnement par les Groënlandais et les Islandais; il est de la grosseur d'une oie. Son bec est pointu et comprimé latéralement, mais il n'est pas à beaucoup près aussi large que celui des macareux ; en outre, ses formes sont moins lourdes, sa tête est plus petite ; tout son ventre est blanc et le reste de son corps est noir.

Fig. 504.
Le Pingouin brachyptère.

Les Manchots et les Gorfous sont les derniers termes de la classe des oiseaux. Ils sont plus poissons qu'oiseaux en quelque sorte, car leurs plumes sont courtes, dures, et en forme d'écailles sur les ailes.

Se représente-t-on des oiseaux sans ailes ! Le squelette même de ces membres antérieurs est modifié, les os sont aplatis, et les pièces osseuses de l'aile des manchots et des gorfous peuvent être comparées à celles qui composent les membres antérieurs des cétacés. Ce ne sont plus des ailes, mais des rames. Leur corps est cylindrique, leur tête est petite, pourvue d'un bec pointu, et l'on comprend ce classificateur rangeant les animaux suivant leur station qui plaçait le cheval à côté du lézard, parce que tous deux reposaient sur le sol, par quatre membres ; il établissait les quadrupèdes et les bipèdes. Ces derniers, pour lui, n'étaient que les hommes. Mais ce qui prouvait que sa classification n'était pas naturelle, c'est qu'on pouvait faire rentrer parmi les bipèdes les oiseaux. Il est certain que le voyageur qui aperçoit pour la première fois des manchots placés sur des falaises escarpées à côté les uns des autres peut les prendre, de loin, pour des indigènes qui examinent l'arrivée du bâtiment. Ils sont là, en troupe, comme une armée, debout, prenant les poses les plus extraordinaires. Les uns, comme le manchot, ont la tête fine; les autres, comme les

Fig. 505. — Le Gorfou doré.

gorfous, ont la tête surmontée de deux aigrettes jaunes, analogues à celles des grèbes. Ces oiseaux ne se trouvent que dans l'hémisphère sud. Ils sont aussi agiles sur terre que dans l'eau et plongent à une assez grande profondeur pour chercher leur nourriture.

Les manchots se réunissent sur le bord de la mer, et l'on peut en compter jusqu'à 40 000, allant et venant de la terre à la mer.

« Lesson et Garnot nous ont appris, dit Brehm, ce qui se passe quand des hommes apparaissent au milieu de la colonie. Le vaisseau l'*Uranie*, qui portait ces naturalistes, échoua sur les îles Malouines, et l'équipage fut envoyé à la recherche de subsistances. On descendit aussi sur l'*Ile des Pingouins*, où se trouvaient encore 200 000 de ces oiseaux occupés à couver, et cela dans l'espoir qu'on trouverait des phoques. A l'approche des marins, bien qu'il fît nuit, les oiseaux se mirent à crier d'une façon épouvantable; au jour, on aperçut des milliers d'oiseaux sur le bord du rivage, hurlant tous ensemble à pleine gorge. Le plus fort braillement de l'oie n'approche pas de la voix de chaque manchot pris isolément. On se figure donc ce que devait être le bruit, alors que tant de milliers contribuaient à le faire. Les oiseaux s'enfuirent à l'approche des marins aussi vite qu'ils purent et disparurent, les uns dans les hautes herbes, les autres dans leurs trous.

Fig. 506. — Le Manchot de la Patagonie.

« On remarqua bientôt qu'ils ne s'enfuyaient que par leurs chemins; on se plaça alors dans ces chemins et on put facilement les prendre.

« La chasse se fit à coups de bâton, et fut recommencée autant de fois qu'elle fut jugée nécessaire pour compléter l'approvisionnement. Huit ou dix hommes furent envoyés; ils s'approchèrent sans bruit, occupèrent les sentiers et assommèrent les oiseaux avec de courts bâtons. Mais il fallait leur fendre le crâne, si l'on ne voulait les voir se relever et s'enfuir de nouveau. Quand ils se voyaient surpris, ils poussaient des cris lamentables et se défendaient avec un grand courage à coups de bec. Ils marchaient si lourdement et si bruyamment, qu'on eût cru entendre trotter de petits chevaux. Peu à peu, on apprit à faire cette chasse très habilement, et en cinq ou six heures on tuait habituellement 60 ou 80 pièces. Pourtant cela ne suffisait guère pour plus de deux jours à la nourriture de l'équipage. Chaque oiseau pesait 10 ou 11 livres, mais les intestins entraient pour beaucoup dans ce poids et, de plus, il fallait enlever toute la graisse, de sorte qu'il ne restait plus que trois ou quatre livres de viande. N'eût été, d'ailleurs, la nécessité, on n'eût pas fait la guerre à ces innocents volatiles, car leur chair a très mauvais goût. »

Ce sont là les derniers des oiseaux qui nous ont mené insensiblement aux reptiles. Nous avons déjà vu de ces transitions : les Monotrèmes parmi les mammifères nous rapprochaient des oiseaux.

LIVRE V

LES REPTILES, LES BATRACIENS ET LES POISSONS

Fig. 507. — La Tortue éléphantine.

CHAPITRE PREMIER

Les Reptiles. — Les Tortues

Les animaux vertébrés que nous avons étudiés jusqu'ici avaient le corps couvert de poils ou de plumes. Ceux dont nous allons faire l'histoire sont couverts d'écailles; ce sont des êtres à respiration aérienne qui ont une chaleur propre, mais qu'on nomme animaux à sang froid. Leur température, en effet, n'est pas constante, comme celle des mammifères et des oiseaux; elle varie suivant celle du milieu ambiant.

A cause de leurs écailles lisses et de leur corps généralement froid, les Reptiles causent à beaucoup de personnes un dégoût extrême. Cette peau écailleuse n'a pourtant rien de sale, elle est lisse et souvent brillante comme de la porcelaine, elle est sèche et non pas humide et gluante comme on se le figure.

En parlant des oiseaux, nous avons montré certains types fossiles, tels que l'Archéopteryx, par exemple, qui tenaient dès Reptiles; c'est, en effet, là un lien qui unit entre elles ces deux classes d'animaux.

Les Reptiles offrent entre eux de grandes différences de formes : les uns ont des pattes, les autres en sont privés. Quoi de plus dissemblable que la tortue et la couleuvre ! Mais si l'on ne se contente pas d'examiner ces êtres extérieurement, si l'on fait leur anatomie, on peut se convaincre que la tortue, le lézard, le serpent sont bien de la même classe.

Fig. 508. — La Tortue grecque.

Tous ont le crâne petit, la face allongée; les pièces mandibulaires sont séparées, et, chez les serpents, elles s'écartent pendant la déglutition; chez les lézards ces pièces sont unies par un cartilage, et chez les tortues, sauf chez celle qu'on appelle la Matamata, elles sont intimement soudées.

Les vertèbres sont en général procœliques, c'est-à-dire convexes-concaves, elles sont biconcaves chez certaines espèces et biconvexes dans certains cas.

Le nombre des côtes est variable; les serpents en ont à toutes les vertèbres, sauf à la première, l'atlas.

Leurs muscles conservent encore la faculté de se mouvoir longtemps après la mort. Si vous saisissez un lézard par la queue, il y a tout lieu de croire que cette queue vous restera dans la main et que l'animal vous échappera; mais ce tronçon de queue s'agitera encore. Si l'on coupe la tête d'une tortue et que l'on vienne à toucher le corps, longtemps encore après cette exécution on verra les pattes remuer. « On peut en conclure, dit Henri Milne-Edwards, que chez ces animaux la division du travail physiologique et la localisation des diverses fonctions du système nerveux sont portées moins loin que chez les mammifères et les oiseaux, d'où résulte une dépendance mutuelle moins intime entre les différentes parties de l'économie. »

L'encéphale est peu développé, mais le système du grand sympathique se présente sous forme d'une chaîne ganglionnaire de chaque côté de la colonne vertébrale.

Les organes des sens ne sont pas à beaucoup près aussi développés que chez les mammifères. La vue cependant permet souvent à ces oiseaux de voir rapidement la proie qui se présente devant eux. Les paupières sont plus ou moins développées. L'audition est très nette, mais il n'y a pas de conque auditive, souvent même les organes auditifs sont cachés sous la peau. Le goût doit être bien peu développé : cependant on remarque que beaucoup de reptiles préfèrent telle ou telle nourriture. La langue est plutôt ici un organe de tact qu'un organe de gustation; elle est le plus généralement fourchue; mais chez les caméléons elle est longue, musculeuse et protractile. On croit d'ordinaire que les serpents ou les lézards piquent avec leur langue; il n'en est rien. Ils seraient bien inoffensifs s'ils n'avaient que la langue pour piquer ; elle est molle et ne peut faire aucun mal. Il en est autrement des dents qui peuvent, dans la plupart des cas, être comparées à des aiguilles. Mais il y en a, on peut le dire, de toutes sortes; en tous cas elles peuvent exister non seulement sur les mâchoires, mais aussi sur certaines pièces de la voûte palatine. Les dents sont toutes semblables entre elles ou bien différentes les unes des autres. Il y a certains serpents dont les dents fines et pointues sont percées d'un canal; elles communiquent avec une glande à venin et servent par conséquent à porter le venin dans la plaie faite par la morsure.

Fig. 509. — La Tortue étoilée.

A quelques exceptions près, la glotte s'ouvre dans la bouche et non dans la gorge; cette disposition a, chez les serpents, une grande importance pour la déglutition.

Les Reptiles ne font guère entendre que des sifflements, et nous ne citerons que les caméléons et les geckos qui aient un appareil vocal.

Les organes de la circulation diffèrent de tous ceux que nous avons vus jusqu'ici; le cœur n'a plus qu'un ventricule, de sorte que les organes ne reçoivent qu'un mélange de sang artériel et de sang veineux. Cependant chez les crocodiles il y a deux ventricules : le sang artériel ne se mélange pas dans le cœur au sang veineux; mais par suite d'une disposition spéciale, l'aorte droite et l'aorte gauche, d'abord séparées, s'accolent l'une à l'autre et les liquides qu'elles contiennent se mêlent par un trou nommé Foramen de Panizza, du nom de l'anatomiste qui l'a découvert. Les globules du sang sont elliptiques et ont un noyau.

Fig. 510. — La Cistude d'Europe.

Les Reptiles pondent des œufs à coquille dure ou molle, mais ils ne les couvent pas comme le font les oiseaux; ils les confient au sol. Les uns sont terrestres, les autres arboricoles, d'autres vivent dans les eaux douces, saumâtres ou salées. Les uns aiment les pays sablonneux et ensoleillés, d'autres préfèrent les lieux humides; en tous cas, c'est toujours dans les pays chauds et humides qu'il y en a le plus. Dans nos pays, les Reptiles hivernent, c'est-à-dire qu'ils s'enfoncent dans les retraites les plus profondes qu'ils puissent trouver pour échapper au froid; les tortues s'enfoncent profondément dans la terre; mais l'état léthargique n'est jamais bien profond; en outre un froid trop vif les tue s'ils ne peuvent s'y soustraire.

Les Reptiles s'accroissent lentement et peuvent vivre très longtemps. Beaucoup sont utiles, parce qu'ils mangent des insectes et des Rongeurs nuisibles; mais beaucoup, en revanche, sont très dangereux, car leur morsure est mortelle.

C'est à mon arrière-grand-père, Alexandre Brongniart, qu'est due la première classification méthodique des Reptiles; c'est lui qui les divisa en Chéloniens, Sauriens, Ophidiens et Batraciens, c'est-à-dire les Tortues, les Lézards, les Serpents et les Grenouilles. On a reconnu depuis que les Batraciens méritaient de former une classe à part, tant à cause de leurs métamorphoses que de leur

Fig. 511. — La Tortue serpentine.

peau nue. Puis on sépara des Sauriens les crocodiles, qui maintenant constituent un ordre spécial, égal à celui des Sauriens.

De tous les Reptiles actuels, les tortues ont plus d'un point commun avec les oiseaux, bien qu'elles soient loin de leur ressembler au premier abord; comme les oiseaux, elles n'ont pas de dents, mais un bec corné, à bords tranchants; leur carapace les fait reconnaître au premier coup d'œil. Cette carapace est une boîte osseuse, recouverte de plaques d'écailles. La partie supérieure est formée par les apophyses de la colonne vertébrale, et les côtes aplaties et juxtaposées : les pièces sternales constituent le plastron ventral. Cette boîte est ouverte en avant et en arrière pour laisser passer la tête, les pattes et la queue; enfin ces deux carapaces sont unies sur les côtés, tantôt par la peau et des muscles, tantôt et plus généralement par une soudure des os. Les os de l'épaule, les os du bassin sont cachés dans l'intérieur de cette boîte osseuse.

On a établi quatre divisions parmi les tortues; les unes vivent à terre, les autres sont des tortues paludines, puis viennent les tortues fluviatiles, et enfin les tortues de mer.

Les premières ou tortues de terre sont les plus connues; leur carapace est bombée et leurs membres se terminent en forme de moignons. Elles sont lentes dans leurs mouvements et pour échapper à un ennemi elles n'ont qu'une ressource, c'est de rentrer leur tête et leurs pattes dans la carapace. Elles sont herbivores et boivent peu. On les trouve, en effet, dans les endroits les plus secs. Les plus connues de toutes sont les tortues grecque, bordée et mauritanique. Elles se rencontrent dans le sud de l'Europe, en Asie Mineure et dans le nord de l'Afrique. Ces espèces ne sont nullement nuisibles, mais n'ont aucune utilité; quelquefois cependant on fait de la soupe avec leur chair.

Dans l'Hindoustan, à Madagascar et au cap de Bonne-Espérance, il existe une espèce très voisine des précédentes, dont la carapace bombée est bosselée sur toutes les plaques. Telles sont les tortues géométriques et les tortues étoilées.

Dans les îles de l'Océan Indien, situées près de Madagascar, existent de grandes tortues, les géants du groupe; mais elles sont en voie d'extinction. On a pu voir dans la ménagerie du Muséum de ces énormes tortues qui proviennent de l'île d'Aldabra; l'une d'elles pesait 175 kilogrammes et ne mesurait pas moins de 1m,36 de long; on la nomme la Tortue éléphantine. Elle ressemble en réalité à de gigantesques tortues grecques, dont le cou serait très long. Ces grands animaux sont herbivores et mangent aussi des fruits; elles auraient complètement disparu si des lois ne les protégeaient.

Les tortues paludines ou des marais n'ont pas la carapace bombée comme les précédentes; elles sont assez aplaties. Leurs doigts sont palmés. Elles sont extrêmement vives dans l'eau, et même sur terre elles courent avec agilité. L'espèce la plus vulgaire est la

Cistude d'Europe, qui est d'un noir verdâtre avec des taches jaunes sur la peau du cou, les pattes et la carapace. On la trouve dans les marais du midi de la France, mais elle est assez rare et ce n'est qu'en Grèce, en Italie qu'on la rencontre communément. En Algérie vit l'Émyde Sigris, qui est d'un brun verdâtre et qui abonde dans tous les ruisseaux, dans toutes les mares. C'est une bête vorace qui est détestée de tous les indigènes et colons de l'Algérie. Non seulement elle détruit beaucoup de poissons, mais on ne peut

Fig. 512. — La Matamata.

pêcher sans retirer au bout de sa ligne une de ces bêtes qui peuvent atteindre une belle dimension. J'en ai vu qui ne mesuraient pas moins de 25 centimètres de long.

Dans les marais des États-Unis vit une tortue dont la taille peut égaler 1 mètre à 1m,30 et qui peut peser jusqu'à 25 kilogrammes : c'est la Serpentine. La carapace est assez déprimée, la tête est plate, le cou très long peut être projeté loin en avant quand l'animal veut saisir sa proie.

La queue est couverte de tubercules, et d'ailleurs toute la peau est verruqueuse, de couleur olivâtre. C'est une bête puissante et redoutable même pour l'homme. Elle vit de poissons et de batraciens et s'attaque également à des oiseaux d'eau.

Fig. 513. — L'Hydroméduse de Maximilien.

A la Guyane, au Brésil, une énorme tortue à carapace bosselée, à peau verruqueuse, à museau pointu, vit dans les eaux bourbeuses. Elle est horrible à voir, c'est un monstre, et de plus son odeur est très désagréable. Elle recherche les batraciens et les poissons.

On trouve à peu près dans les mêmes régions de l'Amérique du Sud les tortues hydroméduses, qui peuvent atteindre un mètre de long. La carapace est aplatie, ovalaire et lisse; mais ce qui les distingue de suite, c'est leur cou démesurément long qui ressemble à un cou de serpent et que l'animal peut détendre brusquement au passage d'une proie; il se tient dans la vase et sa carapace en a à peu près la couleur.

Fig. 514. — Le Trionyx féroce.

Les tortues fluviatiles ressemblent un peu aux paludines; leurs pattes cependant ne leur permettent pas de marcher bien à terre, car les doigts sont longs, largement unis par une membrane et deux sont même dépourvus d'ongles; on les a nommées Trionyx. La carapace est plate, lisse, très large et membraneuse sur les bords; aussi les a-t-on désignées sous le nom de tortues molles. Leurs patries sont les Indes, l'Afrique et l'Amérique du Sud. Le Trionyx féroce peut avoir un mètre de long.

Les tortues de mer diffèrent de toutes celles que nous avons vues jusqu'ici, en ce sens que leurs doigts sont allongés et réunis en une sorte de palette, comme nous l'avons vu pour les otaries, les phoques, les cétacés et pour les manchots : ce qui prouve, encore une fois de plus, que les animaux qui ont les mêmes mœurs, qui vivent dans les mêmes milieux, ont une conformation extérieure analogue. Elles se nourrissent des plantes marines et passent toute leur existence dans l'eau. Elles vont cependant sur le rivage pour enfouir leurs œufs dans le sable. On ne les trouve que dans les mers

Fig. 515. — La Tortue-Luth.

chaudes, souvent en troupes, et ce n'est que par hasard qu'il y en a qui s'égarent dans la Méditerranée.

On recherche ces animaux pour leur chair, leur graisse, leurs œufs et pour leur carapace recouverte de larges écailles. On les prend de diverses manières, soit avec des filets, soit en les surprenant à terre. Mais il est un moyen vraiment extraordinaire qui mérite d'être raconté, moyen qui était connu du temps de Christophe Colomb. Il existe des poissons qu'on nomme les *Naucrates* et qui ont sur le dessus de la tête une sorte de ventouse à l'aide de laquelle ils se fixent aux corps flottants ou même au ventre des poissons, des requins. Ce sont ces poissons qui vont servir à prendre les tortues. Pour cela on attache un anneau à la queue du Naucrate et une corde fine relie le poisson au bateau des pêcheurs. Lorsque ceux-ci aperçoivent une tortue dormant à la surface de l'eau, ils sortent le poisson du récipient où il était tenu captif et le mettent à la mer. Le naucrate cherche alors à se sauver le plus loin possible et dès qu'il aperçoit la tortue, il va se fixer sur son ventre; les pêcheurs n'ont plus alors qu'à tirer doucement la tortue pour l'amener jusqu'à eux.

On connaît deux genres de tortues de mer : les Tortues-Luth dont

Fig. 516. — Le Caret.

la carapace en forme de cœur est recouverte d'une peau coriace et rugueuse. Cette carapace présente sept carènes longitudinales, et le ventre est mou, privé de plastron. Sa longueur peut dépasser deux mètres et son poids 600 kilogrammes. On la trouve surtout dans l'océan Atlantique, mais on en capture dans la mer Rouge et dans l'océan Indien.

Les *Chélonées* forment le second genre, dont on connaît trois espèces : les Tortues franches, les Carets et les Couanes. Ces dernières sont communes dans l'Atlantique et se trouvent dans la

Méditerranée; les tortues franches peuvent atteindre deux mètres de long; enfin les carets, qui ne sont jamais si grands que les précédentes, sont les plus estimés à cause des écailles de leur carapace. Ce sont les carets qui fournissent l'*écaille* employée dans le commerce. Chez toutes ces tortues la carapace est couverte de lames cornées ou écailleuses, imbriquées. Le caret est surtout abondant dans la mer des Antilles, mais on le rencontre aussi dans de nombreux points.

C'est sous l'influence de la chaleur que les lames d'écaille se détachent; pour cela on place la tortue au-dessus d'un feu ardent, ou bien on la met dans l'eau bouillante. Cette coutume est barbare, mais dans l'eau chaude l'écaille se détache sans se déformer. Elle est si malléable qu'on la façonne comme on veut sous l'influence de la chaleur.

Fig. 517. — L'Alligator ou Caïman à museau de brochet.

CHAPITRE II

Les Crocodiliens et les Sauriens

Dans la classification d'Alexandre Brongniart, les crocodiles rentraient dans l'ordre des Sauriens. On a vu qu'ils en différaient sous beaucoup de rapports et qu'il était nécessaire de les ériger en ordre.

Tout leur corps est recouvert de plaques osseuses épaisses; ce n'est plus une carapace comme celle des tortues, mais enfin c'est une cuirasse très résistante. Ils ont une gueule énorme garnie de dents coniques et pointues, armes redoutables. La queue est longue, comprimée verticalement, ce qui leur permet de s'en servir comme de rame. La langue n'est pas, comme celle des Sauriens, longue et fourchue; elle est, au contraire, large et charnue. Nous

Fig. 518. — Le Crocodile du Nil.

ne reviendrons pas sur les particularités que présentent les organes de la circulation ; nous renvoyons pour cela le lecteur au chapitre précédent (page 748).

La mâchoire inférieure s'articule bien avec la supérieure au moyen de l'os carré, mais celui-ci est soudé aux os du crâne. Toutes les vertèbres cervicales portent de petites côtes plates. Les côtes dorsales s'unissent au sternum au moyen de prolongements qu'on peut comparer aux côtes sternales des oiseaux; enfin le ventre lui-même est prolongé par une série de pièces cartilagineuses qui relient le sternum aux os du bassin. Malgré leur grosse tête, les crocodiles ne sont pas fort intelligents; leur encéphale n'a que quelques centimètres cubes. Les crocodiles pondent des œufs qui sont allongés au lieu d'être ronds comme ceux des tortues, et tandis que ces dernières les abandonnent, les crocodiles les confient bien au sable, mais les surveillent cependant; à peine les jeunes sont-ils éclos qu'ils s'empressent d'aller à l'eau. — Les crocodiles sont des animaux aquatiques et carnassiers; lorsqu'on les voit se chauffer au soleil, on les croirait morts tant ils sont immobiles; mais vienne à passer quelque proie, ils ne se feront pas faute de la saisir.

On a reconnu trois genres parmi les Crocodiliens : les Crocodiles, les Alligators ou Caïmans et les Gavials.

Les crocodiles et les caïmans se ressemblent beaucoup pour la forme générale du corps; mais chez les premiers, les quatrièmes dents de la mâchoire inférieure sont plus longues et passent dans des échancrures correspondantes de la mâchoire supérieure, tandis que chez les caïmans ces échancrures n'existent pas et les dents inférieures se logent dans des trous correspondants de la mâchoire supérieure. On a trouvé des crocodiles en Afrique, en Asie, à Bornéo et en Amérique.

Le crocodile du Nil est le plus anciennement connu, c'est à lui que les anciens Égyptiens rendaient un culte et ils le momifiaient. Ces animaux se tiennent au bord de l'eau, où ils plongent aussitôt s'ils sont effrayés.

Ils sont gloutons et ne dédaignent aucune proie, s'attaquant aussi bien à l'homme qu'aux chameaux, aux oiseaux, aux poissons.

Le caïman à museau de brochet ou alligator du Mississipi abonde dans les fleuves de l'Amérique septentrionale; d'autres espèces se rencontrent dans le nord de l'Amérique du Sud; enfin une espèce habite la Chine.

Il y a souvent des caïmans dans la ménagerie du Muséum et l'on peut là observer leurs mœurs. Autant ils sont nonchalants sur le sol, autant ils sont vifs dans l'eau. Ce sont des animaux voraces, mais c'est dans l'eau qu'ils mangent, et, si l'on vient à leur jeter sur le sol un morceau de viande, ils le prennent et descendent dans leur bassin pour le dévorer. Lorsqu'il tonne, on les voit aller à l'eau, creuser leur dos tandis que la tête et la queue arrivent à la surface de l'eau; ils aspirent alors abondamment de l'air, puis, le rejetant brusquement, produisent un ronflement bruyant, et lorsqu'une dizaine de caïmans beuglent de la sorte, le bruit est assourdissant.

Les Gavials constituent un genre de crocodiliens très remarquable. La tête est moins large que celle des crocodiles et des caïmans, et les mâchoires sont deux fois longues comme la tête, étroites, avec l'extrémité élargie brusquement. On n'en connaît que deux espèces : l'une qui a été trouvée dans le nord de l'Australie et à Bornéo, puis, la plus célèbre, qui vit dans le Gange et peut avoir six mètres de long. Dans le fleuve sacré on les respecte et des prêtres sont même préposés à leur entretien. Ils mangent non seulement la pâture qu'on leur donne, et ne se gênent pas pour attraper quelques poissons ou oiseaux; mais, en outre, ils se gorgent de la chair à demi putréfiée des cadavres des Hindous qu'on jette dans le Gange (figures 150 et 519).

Si les crocodiliens ne sont pas nombreux en espèces de nos jours, il n'en a pas toujours été ainsi, et dans les terrains de l'époque secondaire on a trouvé beaucoup d'ossements de ces animaux.

A cette même époque, vivaient des êtres gigantesques dont on a exhumé les restes; ils tenaient des mammifères, des oiseaux et des reptiles; on a formé pour eux la classe des Dinosauriens.

Quelques-uns atteignaient une longueur de 10, 12, 17, 30 mètres, comme l'Atlantosaure, le Brontosaure, l'Iguanodon. D'autres, de la même époque, étaient moins grands : c'étaient les Ptérodactyles, les Rhamphorhynques, dont le doigt externe des membres antérieurs était très long et portait une membrane qui leur permettait de se soutenir dans les airs. Mais nous n'insisterons pas sur ces espèces pas plus que sur les Ichtyosaures et les Plésiosaures de l'époque jurassique, immenses reptiles marins, à membres conformés pour la natation. Nous renvoyons pour cela le lecteur à l'ouvrage de Camille Flammarion, paru dans cette Bibliothèque, sous le titre de : « *Le Monde avant la création de l'homme.* »

Les vrais Sauriens, tels qu'on les comprend maintenant, sont les lézards et tous les autres types écailleux pourvus généralement de quatre pattes; en effet, il en est qui n'ont que deux pattes et d'autres même n'en ont pas du tout. Ceux-là nous amènent insensiblement au type serpent.

Ceux que nous placerons en tête du groupe sont bien curieux par leur forme et par leurs mœurs : ce sont les Caméléons, qui vivent en Afrique, en Arabie, dans la péninsule indienne et surtout à Madagascar.

Les caméléons ont le corps comprimé latéralement, le cou est très court et la tête plus haute que large est surmontée d'une sorte de casque; les pattes longues, grêles, sont terminées par une pince, car les doigts sont divisés en deux paquets inégaux, l'un formé de deux doigts, l'autre de trois, de façon que cette patte ressemble assez à celle des oiseaux grimpeurs. La queue est longue, arrondie, et peut s'enrouler autour des branches sur lesquelles vivent ces animaux. Ils sont longs dans leurs mouvements et ils ne parviendraient pas à prendre les insectes dont ils se nourrissent, s'ils n'avaient une langue protractile qu'ils peuvent rapidement décocher sur les insectes, à une distance de quinze à vingt centimètres. Voilà, ce me semble, une particularité assez frappante, mais cet animal est encore plus curieux : ses yeux sont ronds et recouverts par les paupières qui ne laissent libre au milieu qu'une petite ouverture arrondie.

Heureux les caméléons! ils peuvent voir simultanément à deux endroits opposés : un œil regarde en haut ou en avant, tandis que l'autre regarde en bas ou en arrière, car les mouvements des yeux sont tout à fait indépendants ; sans remuer, ils peuvent donc voir de tous les côtés à la fois. Mais ce n'est pas tout ; leur peau chagrinée et rugueuse peut changer de couleur sous l'influence du système

Fig. 519. — Le Gavial du Gange.

nerveux, d'une façon inconsciente ou à la volonté de l'animal. « Ils se produisent (1) à la suite de causes extérieures, ou d'actes psychiques ou de manifestations de la sensibilité générale, comme par exemple sous l'influence de la faim, de la soif, du besoin de repos, de la peur, de la colère. » On a longtemps cherché la cause de ces changements de coloration et l'on sait bien maintenant qu'ils sont dus à des couches de matières colorantes diverses. « L'une de ces couches de pigment s'étend au-dessous de la partie superficielle de la peau proprement dite et se prolonge, en outre, dans le tissu conjonctif, entre les mailles duquel elle pénètre; l'autre, répandue dans toute l'épaisseur de la peau, se trouve dans des cellules ramifiées placées plus profondément. La première couche a reçu le nom de couche d'iridocytes; elle est d'un jaune plus ou moins vif; la seconde couche est d'un noir brunâtre. Ce sont ces deux couches qui produisent les changements de coloration en passant l'une à côté ou l'une derrière l'autre, mais surtout en se pénétrant réciproquement. Lorsque le pigment clair prédomine, le tégument paraît blanchâtre ou jaunâtre; quand cette couche est pénétrée par le pigment noir, la peau se colore en brun ou en noir; les colorations intermédiaires se produisent alors que cette pénétration est plus ou moins complète » (2).

Fig. 520.
Le Caméléon vulgaire.

Fig. 521.
Le Platydactyle des murailles.

1. Sauvage. *Les Merveilles de la nature*, de Brehm. *Les Reptiles*, p. 197.
2. Sauvage. *Loc. cit.*, p. 196.

Rien n'est curieux comme de suivre un caméléon qui veut se déplacer; il avance ses pattes l'une après l'autre, avec hésitation, tournant ses yeux dans toutes les directions. Les femelles pondent leurs œufs dans le sable, après avoir creusé des excavations, et les recouvrent patiemment de sable d'abord, puis d'herbes sèches ou de feuilles.

Le caméléon vulgaire se trouve dans le sud de l'Espagne et dans le nord de l'Afrique; il est commun en Algérie. On le garde

Fig. 522. — Le Dragon volant.

quelquefois dans les chambres pour se débarrasser des mouches.

Les Geckos ou Tarentes sont bien extraordinaires aussi. Leur corps est plat, recouvert d'une peau verruqueuse et grise; ils ont de gros yeux et leurs doigts élargis sont garnis de pelotes adhésives, qui leur permettent de grimper sur les parois les plus lisses. Ce sont des animaux nocturnes qu'on trouve à peu près dans toutes les parties chaudes du monde. L'un d'eux, le Platydactyle verruqueux vit dans le midi de la France et dans le nord de l'Afrique; il s'est, d'ailleurs, répandu un peu partout. Les geckos comptent parmi les rares reptiles qui font entendre une sorte de voix; ainsi quand ils se mettent en chasse, ils poussent un petit cri : *gulk* et *toké*. Ce sont des lézards très utiles et *nullement venimeux*, comme on le croit généralement. Ils nous débarrassent de tous les insectes désagréables.

Une autre famille, celle des Iguaniens renferme des types bien curieux dont le corps est couvert de lames cornées. C'est dans cette famille que prend place le *Dragon volant*. On se représente, à ce ce nom, un animal fantastique. Le dragon n'a rien d'effrayant : c'est un petit saurien de la taille d'un lézard, mais dont le cou est garni d'une collerette cutanée, et dont la peau des flancs, soutenue par les fausses côtes, forme un parachute que l'animal peut ouvrir lorsqu'il veut sauter d'une branche à l'autre; la peau est colorée de la façon la plus brillante. Le dragon vit dans les îles de la Sonde, ainsi qu'à Singapore; tandis que le Chlamydosaure, qui a une belle collerette autour du cou, se trouve en Australie. Les Agames sont très voisins des précédents; ils se rencontrent dans le sud-est de l'Europe, en Syrie, en Palestine, en Arabie, mais la plupart vivent sur la côte occidentale d'Afrique. L'*agame des colons* se plaît auprès des habitations; ses teintes rouges, jaunes, et les tons bleu d'acier en font un charmant animal.

Les Stellions, les Fouette-queue, les Molochs, rentrent dans ce groupe. Les premiers vivent en Egypte, en Perse, en Asie Mineure, et même en Grèce; les Fouette-queue vivent dans le nord ou le sud de l'Afrique, dans l'Inde et en Australie. Ces deux genres ont la peau du corps garnie de fines écailles régulières et la queue recouverte de grandes écailles épineuses. Quant au Moloch, qui vient de la Nouvelle-Hollande, il mérite bien son nom de Diable épineux : car son corps est recouvert de grosses épines qui lui donnent un aspect peu engageant; on pourra s'en rendre compte en examinant la figure ci-jointe (fig. 523).

La famille des Iguaniens contient, d'ailleurs, toute une série d'espèces bizarres : les Basilics, les Iguanes, qui vivent en Amérique.

Le basilic, qui porte le nom d'un être fabuleux, a la peau d'un brun verdâtre, sur le dos une crête soutenue par de longues apophyses épineuses. Le mâle a, de plus, sur la tête, une membrane molle, triangulaire, qui lui donne le plus curieux aspect. Les iguanes vrais ne sont pas moins bizarres avec le fanon dentelé qu'ils ont sous le cou, la grande crête qui règne sur toute la longueur du dos. Ils grimpent facilement aux arbres, et nagent également en se servant de leur queue comme de rame. Leur nourriture consiste surtout en végétaux, en fruits et en insectes. Ces animaux, qui peuvent atteindre 1^m^,80 à 2 mètres de long, sont très recherchés à cause de leur chair et de leurs œufs. L'iguane tuberculé est fort beau avec son ventre vert jaune et son dos d'un vert bleuâtre.

Le Lézard cornu (*Metopoceros cornutus*), qui habite Saint-Domingue, n'a guère plus

Fig. 325. — Le Moloch.

de 70 centimètres de long et a la peau d'un brun noir, différant en cela des iguanes les plus connus, si remarquables par leurs teintes éclatantes.

Il est trapu et semble lourd. Son dos est garni d'une ligne de larges épines ; sa queue épaisse, comprimée latéralement, possède des muscles puissants, qui permettent à l'animal d'infliger à ses ennemis de formidables coups de queue. Mais sa tête, large, épaisse, trapue, contribue surtout à donner à ce saurien une étrange apparence; en dessus, entre les yeux, elle est munie d'une corne dermique; le cou très court forme derrière la tête une bosse au niveau des épaules. Un large repli de la peau s'étend au-dessous de la mâchoire inférieure jusqu'entre les pattes de devant, et, de chaque côté de ce fanon, sont placées d'énormes abajoues qui donnent au metopoceros, vu de face, la plus singulière physionomie. C'est d'après un individu vivant (le premier) qui était à la ménagerie du Muséum que je puis donner ces détails. Ses mouvements étaient lents; voulait-on le toucher, il se mettait sur la défensive, se tournant brusquement tout d'une pièce; il se soulevait un peu sur ses

Fig. 524. — L'Iguane tuberculé.

pattes et agitait sa queue par saccades ; puis il remuait la tête verticalement pendant quelques instants, en ayant l'air de dire : « Eh bien! touche-moi donc, tu verras ! »

Le metopoceros est très voisin des amblyrhynques qui ont été observés par Darwin, dans l'archipel des Galapagos : on en connaît une espèce terrestre et une espèce marine, qu'on nomme Amblyrhynque à crête. Celui-ci, qui peut atteindre un mètre de long, ne s'écarte guère dans les terres à plus de dix mètres, tandis qu'on le trouve quelquefois à plusieurs centaines de mètres en mer.

Sa peau est d'un noir sale, son dos est garni d'une crête d'épines, et sa queue comprimée lui sert à nager, lorsqu'il va rechercher en mer sa nourriture, qui consiste en plantes marines. Il est lent à terre et nage avec facilité et rapidement; cependant, s'il est effrayé, il ne se jette pas à la mer.

Darwin dit que ces animaux n'ont pas même l'idée de mordre. En ayant jeté un plusieurs fois à la mer, il revint toujours au point où était Darwin; n'ayant aucun ennemi à terre, il considère sans doute la côte comme un lieu de sûreté.

L'amblyrhynque terrestre vit dans des terriers peu profonds qu'il creuse d'une façon curieuse ; ce ne sont jamais que les pattes d'un seul côté du corps qui agissent à la fois, et, quand ce côté est fatigué, c'est l'autre qui continue le travail, et ainsi de suite alternativement.

Fig. 525. — Le Lézard cornu.

« J'en ai examiné un pendant longtemps, nous dit Darwin, jusqu'à ce que la moitié de son corps ait disparu dans le trou. Je m'approchai alors de lui et le tirai par la queue. Il sembla fort étonné de ce procédé et sortit du trou pour voir ce qu'il y avait; il me regarda alors bien en face comme s'il voulait me dire : « Pourquoi diable me tirez-vous par la queue? » Comme le lézard cornu de Saint-Domingue, s'il est contrarié, il agite continuellement sa tête verticalement.

Dans le sud des États-Unis et au Mexique, on trouve un curieux petit saurien, le Phrynosome orbiculaire, dont le corps est couvert d'épines, comme celui du moloch; sa queue est courte, son ventre est large et il a l'air véritablement d'un crapaud, avec sa tête arrondie et courte.

Bien différents sont les Varans, grands sauriens qui ressemblent beaucoup à nos lézards, mais dont la peau est couverte d'écailles saillantes, arrondies, aussi bien sur la tête que sur le reste du corps; la queue est aplatie latéralement chez les espèces aquatiques, elle est, au contraire, cylindrique chez les espèces terrestres. La langue peut rentrer dans un fourreau ; elle est longue, charnue, protractile et bifurquée à son extrémité. On rencontre les varans dans les régions chaudes de l'Asie, dans les îles de la Sonde, à la Nouvelle-Guinée et dans le nord de l'Australie ; mais l'une des espèces les plus connues habite l'Afrique, en Égypte, en Nubie, en Guinée, au Sénégal, aussi bien qu'à Zanzibar ; c'est le varan du Nil.

« Les varans, dit M. E. Sauvage [1], sont des animaux essentiellement carnassiers. Sans dédaigner absolument les animaux morts, ils recherchent de préférence les proies vivantes ; les jeunes animaux s'emparent de gros insectes, de batraciens et de petits sauriens ; les individus adultes font la chasse aux oiseaux, aux poissons, aux mammifères de faible taille. Ils s'emparent même d'animaux de grande taille. C'est ainsi que Leschesnault dit avoir vu des varans de l'Inde finir par se rendre maîtres d'un paon après l'avoir longtemps poursuivi et l'avoir entraîné dans l'eau ; le même voyageur dit même avoir trouvé l'os de la cuisse d'un mouton dans l'estomac d'un varan qu'il disséquait.

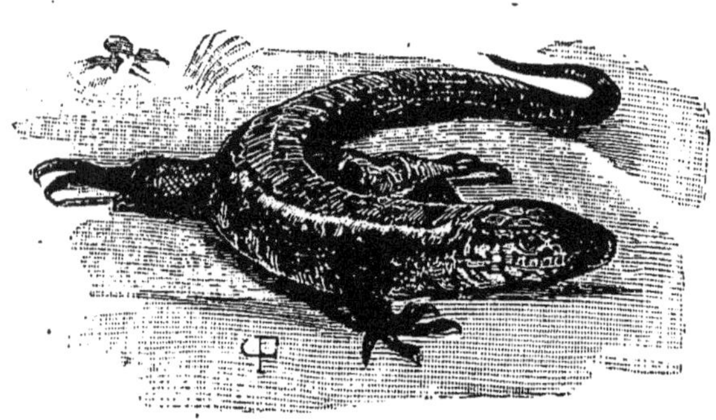

Fig. 526. — Le Sauvegarde de Mérian.

« Les varans terrestres font la chasse aux petits rongeurs, aux oiseaux, à des lézards plus faibles qu'eux, à des serpents de faible taille ; ils ne dédaignent pas pour cela des vers et des insectes. Les espèces aquatiques se nourrissent principalement de poissons et de petits mammifères habitant le bord de l'eau. Le varan du Nil, bien connu des Égyptiens, a été plusieurs fois figuré sur leurs monuments. Le varan passait pour un des plus dangereux ennemis du crocodile, parce qu'on pensait qu'il recherchait les œufs de cet animal pour les détruire, et qu'il donnait la chasse aux petits nouvellement éclos ; il est difficile de savoir ce qu'il y a de vrai dans cette asser-

1. Brehm. *Les Merveilles de la nature.* — Sauvage. *Les Reptiles*, p. 243.

Fig. 527. — Le Varan du Nil.

tion, mais il est certain que le varan peut parfaitement s'emparer d'un crocodile de faible taille et s'en repaître. On constate dans les ménageries que tous les varans ont un goût très prononcé pour les œufs ; il est probable qu'il en est de même en liberté... Si l'on donne des œufs à un varan, il s'en approche en dardant sur eux sa langue, saisit doucement l'un d'eux, soulève la tête, le presse entre ses mâchoires et hume avec délices le contenu ; il lèche le jaune et le

Fig. 528 et 529. — Le Lézard des souches et le Lézard des murailles.

blanc qui découle de sa gueule au moyen de sa langue extrêmement flexible. »

Les varans sont de grands mangeurs de poulets; mais dans certains pays on apprécie fort leur chair et leurs œufs, qu'on vend sur les marchés, en Birmanie, plus cher que les œufs de poule. Leur peau séchée peut servir à recouvrir certains objets, à faire des gaines.

Les *Sauvegardes* sont de gros lézards de $1^{m},50$ de long, qui habitent les contrées chaudes de l'Amérique du Sud. Ils sont plus trapus que les varans, leur tête est garnie, en dessus, de plaques écailleuses, et leur queue est cylindrique ; leur chair est, paraît-il, blanche comme celle des poulets et très estimée. Les sauvegardes ont de grands rapports avec les lézards de nos pays ; mais ceux-ci sont relativement de petite taille; en outre, ils ont des formes plus gracieuses, plus élancées. Leur ventre est garni de larges écailles et la tête est revêtue de plaques cornées. Ce sont de grands amateurs de soleil et l'on dit de quelqu'un qui se chauffe au soleil, qu'il *fait le lézard.* Ils se cachent pendant les temps froids et humides, et hivernent véritablement.

Les uns aiment les lieux pierreux, les murs, les troncs d'arbres; d'autres préfèrent les bords des eaux ensoleillés. Là, ils restent immobiles jusqu'à ce qu'ils aperçoivent quelque mouche ou autre insecte; ils se jettent alors sur cette proie, la secouent pour l'étourdir, et l'avalent après l'avoir broyée entre leurs dents. Les lézards muent plusieurs fois par an; la vieille peau se détache par lambeaux.

Fig. 530. — Le Lézard gris ou Lézard des murailles.

Le plus gros de tous est le *lézard ocellé*, qui vit dans le midi de la France, il peut avoir jusqu'à 80 centimètres de long; il est aussi l'un des plus beaux : le ventre est jaunâtre, le dessus du corps est d'un brun vert et les flancs offrent des ocelles d'un beau bleu, entourés de brun; d'ailleurs, les couleurs du lézard ocellé, comme de tous les autres lézards, varient à l'infini. Ainsi le *lézard vert*, plus petit que le précédent, peut être brunâtre, ou d'un vert éclatant, ou vert avec des bandes noires. C'est un charmant animal qui orne parfaitement les rochers de la forêt de Fontainebleau, où il est très commun.

Le *lézard des souches* est encore plus petit et trapu, il n'atteint guère que 20 centimètres de long. La femelle est brune, avec des bandes jaunes et blanches; le mâle est brun foncé, les flancs sont verdâtres avec des reflets bleus ou jaunes. Beaucoup moins vif que le lézard vert ou que le lézard gris, cette espèce affectionne les coteaux couverts de broussailles ou de bruyères, où il chasse les insectes.

Le lézard gris ou *lézard des murailles* est le plus commun de tous; c'est lui que nous voyons le plus souvent aux environs de Paris, dans tous les vieux murs, sur les revers des fossés exposés au soleil. Il est presque impossible de décrire les couleurs de ce charmant petit animal : car elles varient, on peut le dire, à l'infini. Il est généralement brun avec des taches et bandes noires sur les flancs, et des ocelles bleus; le ventre est blanchâtre, ou jaunâtre, ou rosé, ou vert bleuâtre.

Une autre espèce, moins répandue que les précédentes, est nommée lézard vivipare, parce que ses œufs éclosent quelques minutes après la ponte, tandis que les autres espèces de nos pays pondent des œufs qui n'éclosent qu'au bout d'un certain temps. Ce *lézard vivipare* préfère les lieux humides aux régions sablonneuses. Ses couleurs sont à peu près celles du lézard gris, c'est-à-dire que le brun domine, le ventre est jaunâtre avec des petits points noirs. Sa taille n'est guère que de 12 à 15 centimètres.

Les Tropidosaures, les Psammodromes, les Acanthodactyles, sont des genres de petits lézards qu'on rencontre dans le sud de l'Europe, en France, en Espagne, et dans le nord de l'Afrique.

Il existe au Mexique un grand lézard nocturne, l'Héloderme, qu'on avait rapproché des varans; il est cependant plus lourd, plus trapu, et son corps exhale une odeur désagréable. Des glandes salivaires très développées laissent échapper une salive visqueuse qui, au dire des indigènes, est un violent poison. Ceux-ci redoutent cet animal presque autant que les serpents les plus venimeux. Sumichrast fit, à ce sujet, des expériences sur une poule et sur un chat. Il les fit mordre par un héloderme : la poule mourut et le chat fut très malade.

En dehors des serpents, c'est le seul reptile venimeux que l'on connaisse jusqu'à présent.

On place à la fin de l'ordre des sauriens, des types dont le corps est plus ou moins cylindrique, dont les membres sont, en général, assez courts; quelques-uns ont des membres rudimentaires; chez d'autres, les membres antérieurs ou les membres postérieurs manquent; il en est, enfin, qui en sont dépourvus, n'ayant sous la peau que des vestiges des ceintures scapulaire et pelvienne, et offrant l'apparence des serpents; ils constituent les familles des Scincoïdiens, des Chalcidiens et des Amphisbéniens.

Chez les Scincoïdiens, répandus sur toute la surface de la terre, les écailles qui recouvrent la peau sont lisses. Leurs mouvements ne sont pas très rapides, ce sont plutôt des animaux lourds

Fig. 531. — Le Macroscinque de Cocteau.

et fouisseurs. Celui qui ressemble le plus aux lézards est le *Macroscinque de Cocteau*, qui vit dans un îlot de l'archipel du Cap-Vert, l'îlot Branco, que j'ai pu visiter en juillet 1883, lors de l'expédition du *Talisman*, et où j'ai pu capturer quinze de ces grands lézards sans peine, car ils sont absolument inoffensifs et se nourrissent de végétaux; je leur donnai, pendant le voyage, des pelures de bananes, dont ils semblaient se régaler. On pouvait en voir encore l'année dernière quelques exemplaires vivants à la ménagerie du Muséum.

Les vrais Scinques sont fusiformes, leur cou est de la grosseur du corps, leur tête est effilée, la queue est courte, large à la base. C'est en Afrique et surtout en Algérie qu'on rencontre le scinque des boutiques ou scinque officinal. On avait ainsi nommé ce petit saurien parce qu'on lui attribuait des propriétés médicales merveilleuses, qu'il n'a pas du reste. Le Gongyle ocellé est très voisin des scinques et vit sur les pourtours de la Méditerranée.

Fig. 532. — Le Scinque des boutiques.

L'Australie est la patrie d'un scincoïdien qu'on désigne sous le nom de Trachysaure et qui peut atteindre 30 centimètres de long. Le corps tout entier est recouvert d'écailles larges et imbriquées. La tête est large et courte, ainsi que la queue qui a absolument la longueur et l'apparence de la tête. L'animal ressemble à une pomme de pin qui serait portée par quatre petites pattes. Il y en a eu au Muséum d'histoire naturelle; on avait de la peine au premier abord à distinguer la tête de la queue.

Fig. 533. — L'Orvet fragile.

Sur le littoral de la Méditerranée et même plus au nord, en France, dans les prés herbeux et humides, vivent les animaux de cette famille des scincoïdiens, les Seps, dont le corps est plus long, plus cylindrique que celui des scinques, dont la queue est plus longue, et qui ont de petites pattes garnies de trois doigts chacune. Ils ne se servent de ces rudiments de pattes que pour marcher paisiblement; mais sitôt qu'ils veulent aller vite, ils les ramènent le long du corps et ne progressent que par des ondulations du corps, comme le font les Orvets.

L'orvet a, d'ailleurs, absolument le même aspect que les seps ; mais les pattes font complètement défaut et bien souvent on a pu le prendre pour un serpent. On l'appelle orvet fragile, parce que si l'on vient à le prendre, il enroule sa queue autour de la main, et si l'on contrarie ses mouvements, cette queue se brise comme du verre. Il est charmant l'orvet, et ses écailles lisses, d'un brun argenté, lui donnent l'aspect métallique.

Toutes ces espèces sont absolument inoffensives et se nourrissent d'insectes, de vers, de petits mollusques ; l'orvet est considéré à tort dans les campagnes comme capable de nuire, et j'ai entendu bien

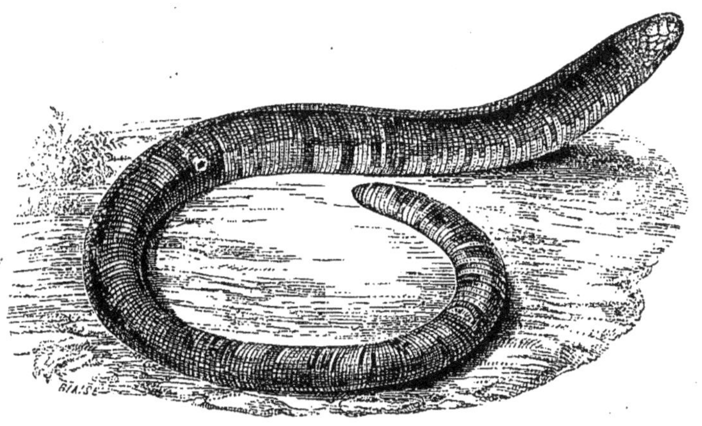

Fig. 534. — L'Amphisbène.

souvent des paysans énoncer ce dicton en parlant de l'orvet qu'ils appellent *borgne,* on ne sait pourquoi, car cet animal voit très bien, et de la salamandre terrestre qu'ils nomment *le sourd :* « Si borgne voyait et si sourd entendait, personne sur la terre ne vivrait. » Cela est un absurde préjugé ; l'orvet et la salamandre terrestre sont nos auxiliaires puisqu'ils se nourissent de vers et d'insectes. Au lieu de les écraser on doit les protéger.

Dans une famille voisine, celle des Chalcidiens, on place un animal qui a l'aspect des orvets et dont les membres ne sont représentés que par deux petits appendices écailleux situés près de l'anus : c'est le Pseudope de Pallas, qui a été trouvé en Dalmatie, en Hongrie, en Grèce, en Asie Mineure et dans la Sibérie méridionale.

Pour terminer ce qui a trait aux sauriens, nous présenterons des animaux qui sont les plus dégradés de tous et qu'on avait placés pendant longtemps parmi les serpents; ce sont des sauriens fouisseurs, dépourvus de membres à l'exception d'un type, le Chirote, qui est pourvu de deux petites pattes antérieures et qui vit au Mexique. Le type de la famille est l'Amphisbène blanche, propre à l'Amérique du Sud, et qui peut avoir 40 centimètres de long. Cette espèce se nourrit de termites, de fourmis, se tenant dans les fourmilières et les nids de termites et en croquant les habitants tout

Fig. 535. — Le Chirote canaliculé.

à l'aise. Les indigènes considèrent les amphisbènes comme dangereuses, alors que ce sont des êtres très inoffensifs, et se figurent qu'elles ont deux têtes, prenant la queue pour une seconde tête. Ils prétendent même que si l'on coupe une amphisbène en deux tronçons, les têtes se recherchent et que le sang servant de colle, les deux morceaux se rejoignent et se réunissent. Que de fables on a fait courir sur la plupart des reptiles ! En réalité, comme on peut s'en convaincre, tous les sauriens sont d'innocentes créatures qui mangent des insectes, des vers, ou des fruits et des fleurs. Seul, l'Héloderme est légèrement venimeux.

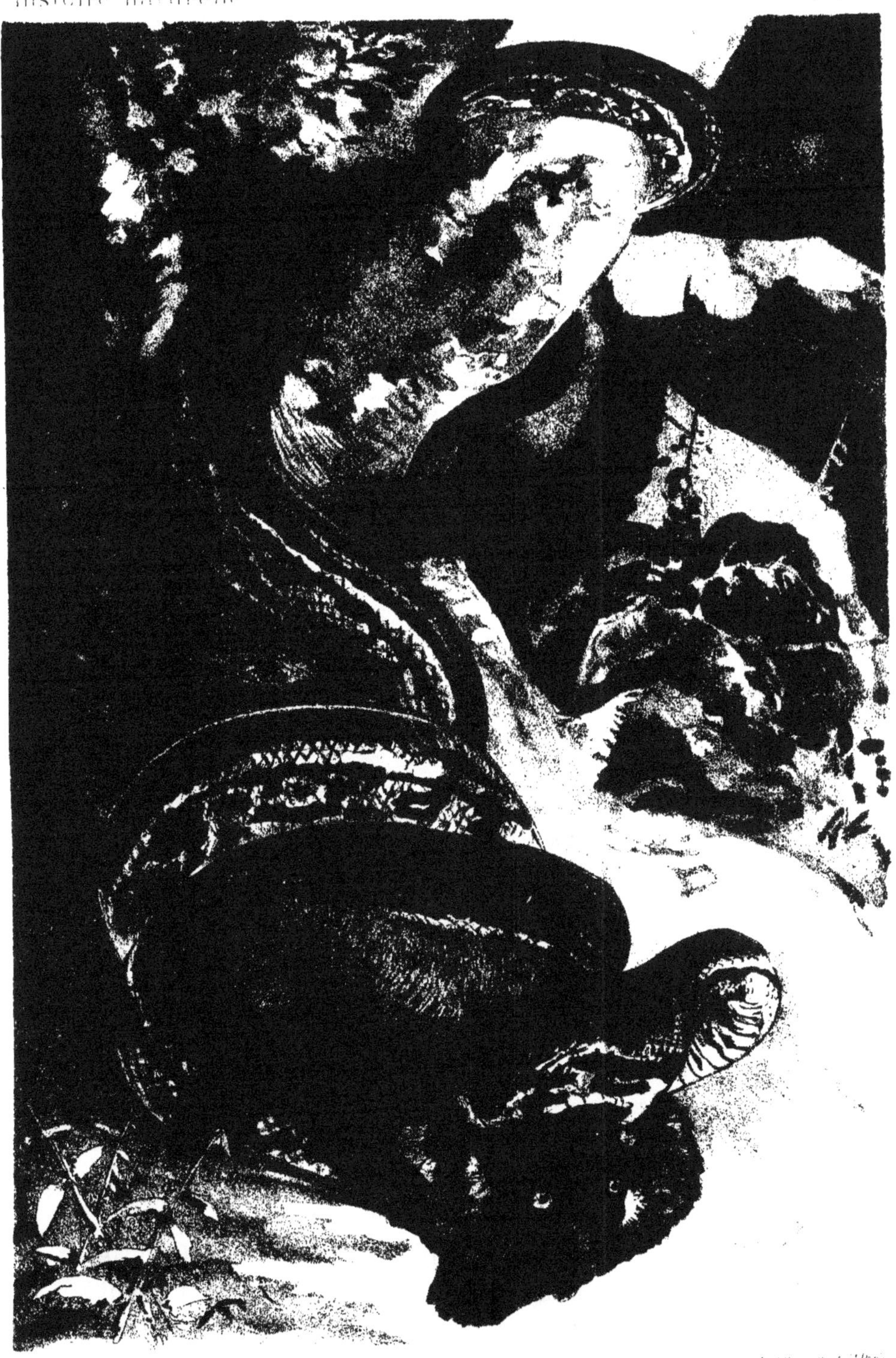

SERPENT ET MAKI DE MADAGASCAR
Pelophis madagascariensis mangeant un Lemur varius.

Fig. 536. — Le Python de Séba.

CHAPITRE III

Les Serpents ou Ophidiens

Les serpents ont joué un rôle important dans l'histoire des peuples. De tous temps on les a redoutés et ils ont toujours inspiré à l'homme de la répulsion, de l'horreur même. On les a calomniés souvent, du moins ceux qui habitent nos régions; on les a craints à tort, car la plupart de ceux qui existent en Europe sont plutôt utiles que nuisibles; ils se nourrissent, en effet, de grenouilles, surtout de souris, de mulots, de rats, en un mot de tous les rongeurs qui dévastent nos maisons, nos champs, nos récoltes, nos vergers; on devrait donc les respecter au lieu de les écraser.

Malheureusement, depuis les temps les plus reculés, ils ont été l'objet, je puis le dire, d'une sainte terreur. En effet, souvent à cause de la frayeur qu'ils inspiraient, on les adorait, on les symbolisait; ils représentaient ou bien la sagesse et la prudence, ou bien au contraire la séduction et la perfidie.

Dans certaines parties de l'Europe, un serpent qui pénètre dans une demeure est un présage de prospérité et de bonheur.

« Le plus ancien vestige écrit du *culte de l'arbre et du serpent* se trouve aux chapitres II et III de la *Genèse*. Les lumières que nous possédons actuellement nous permettent de supposer que la malédiction prononcée par Dieu contre le serpent ne s'adresse pas seulement au reptile, mais qu'elle exprime l'horreur d'une race sémitique pour une superstition dégradante. Il était nécessaire de l'anathématiser et de la détruire pour faire place au culte plus pur et plus élevé de Jéhovah, que les législateurs du Pentateuque voulaient introduire. Ils semblent avoir réussi en ce qui concerne les Juifs; ce culte fut aboli chez eux; cependant, quand ils se retrouvent en contact avec les Chananéens, l'ancienne superstition reparaît. Ainsi, quand le Seigneur apparut à Moïse au milieu d'un buisson en flammes, il est dit que la baguette du prophète fut changée en serpent. Un exemple plus remarquable encore est celui de ce serpent d'airain élevé par Moïse dans le désert pour guérir les Israélites des morsures dont ils souffraient. Bien que nous le perdions de vue pour un temps, il semble encore certain que les Juifs brûlèrent l'encens et firent des offrandes au serpent jusqu'à l'époque d'Ézéchias, et qu'il fut, pendant cet espace de temps, conservé dans le Temple avec les autres symboles du culte.

« Il réapparut, après le Christ, dans la secte des Ophites, et, autant que nous pouvons nous en rapporter aux monnaies, il prévalut dans la plupart des villes de l'Asie Mineure.

« En Grèce, nous trouvons une histoire et une mythologie absolument analogues à celles de l'Inde. Une ancienne race touranienne de Pélasges, vouée au culte héréditaire de l'arbre et du serpent, s'efface devant l'invasion d'une race aryenne, symbolisée par le retour des Héraclides. Tous les mythes concordent à établir la prédominance du culte de l'arbre et du serpent, ainsi que les efforts de la race aryenne pour le détruire. Cependant, quand les Hellènes eurent obtenu la suprématie politique, ils se montrèrent plus tolérants.

« L'oracle de la pythonisse, à Delphes, fut considéré, avec l'oracle druidique de Dodone, comme le principal sanctuaire du pays. Le vieux temple de l'acropole d'Athènes fut construit pour abriter l'arbre de Minerve confié à la garde du serpent Erechthonios. Mais un fait remarquable encore fut le culte d'Esculape sous la forme d'un serpent dans les bosquets d'Epidaure, culte qui prévalut jusqu'à l'ère chrétienne.

« Le serpent est aussi souvent associé aux héros et aux demi-dieux qu'aux grandes divinités, comme on le voit dans les légendes de Cécrops, de Jason, de Thésée, d'Hercule, d'Agamemnon et les récits homériques » [1].

Le culte du serpent existait également en Italie, à Lanuvium, puis à Rome. On voit sur les monuments égyptiens les plus anciens le serpent associé aux fleurs de lotus et au scarabée sacré, signe de l'immortalité. Cetti raconte qu'en Sardaigne les serpents passaient pour devins et prédisaient l'avenir. Les paysans de la Russie, de la Thuringe et de l'Allemagne du Sud considèrent souvent le serpent comme un objet de respect et de vénération. On ne comprend pas bien ces superstitions en Europe, où les serpents sont de petite taille. Il n'en est pas de même pour les serpents de l'Indo-Chine, du centre de l'Afrique, qui peuvent atteindre des dimensions respectables; là, encore, on leur rend un culte.

Mais aujourd'hui on les étudie, et l'on sait que ce ne sont pas toujours les plus gros qui sont les plus redoutables. Les uns sont à craindre à cause de leur venin, qui souvent tue en quelques instants les animaux les plus robustes et les plus gros; les autres, à cause de leur grande taille et de leurs muscles puissants, peuvent étouffer leurs victimes en s'enroulant autour de leur corps.

Ceux-là inspirent quelquefois de l'effroi et un certain respect, même aux personnes qui s'intéressent à leur étude.

Il est à peine besoin de décrire la forme des serpents; on sait que leur corps est allongé, cylindrique et dépourvu de membres; ils ont des dents généralement recourbées en arrière, qui servent à retenir la proie et non à mâcher, et leurs mâchoires, extensibles, leur permettent d'avaler des proies souvent beaucoup plus grosses que leur corps.

Oui, les serpents n'ont pas de membres et ils progressent cependant, ils rampent. Ce sont leurs côtes, articulées avec les vertèbres, qui leur servent d'organes de locomotion.

1. J. Fergusson. *Revue des cours littéraires*, 1869.

Les serpents n'ont pas de ceinture scapulaire, mais quelquefois il existe une ceinture pelvienne; ils n'ont pas d'organe auditif externe, pas de vessie; les yeux n'ont pas de paupières. Ils pondent des œufs à coque résistante, mais molle.

Une des choses les plus remarquables des ophidiens, c'est qu'ils muent; l'épiderme à un moment donné se détache d'une seule pièce.

Certaines espèces qui n'ont de dents qu'à l'une ou l'autre des mâchoires et qui sont de faible taille, avec une bouche étroite non extensible, forment le sous-ordre des Scolécophides ou Opotérodontes. Les membres postérieurs, chez ces types, sont représentés par des petits os styliformes. On en trouve en Afrique et dans l'Amérique du Sud, puis en Australie, où ils sont particulièrement nombreux. Une espèce est européenne; on la nomme Typhlops vermiculaire.

Typhlops veut dire *aveugle;* en effet, les yeux sont très petits et même cachés souvent sous des lamelles cornées.

Il existe encore trois sous-ordres d'ophidiens : les uns sont les Colubriformes, les autres sont les Protéroglyphes et les Solénoglyphes; ces deux derniers sont les serpents venimeux. Les colubriformes sont, au contraire, les serpents non venimeux; ils ont, aux deux mâchoires, des dents lisses et pleines, non sillonnées. Nous devons nous contenter de citer les types les plus remarquables de ce sous-ordre; nous commencerons par de grandes espèces : les Boas, les Eunectes, les Pythons, qui habitent, les deux premiers l'Amérique du Sud, et les derniers le sud de l'Asie et l'Afrique.

Tous ont la tête allongée recouverte d'écailles ou de plaques; leur queue est courte en général; tous ont des rudiments de membres postérieurs terminés de chaque côté du cloaque par un éperon corné.

Les boas ont la tête bien distincte du corps et recouverte de petites écailles.

« Le boa empereur était probablement vénéré chez les anciens Mexicains, dit Lacépède, car on trouve son image, bien reconnaissable à la forme particulière de la tête, sur un grand nombre de statues et de vases en terre cuite ou en terre. »

Le Divinilogue vit aux Antilles, où les habitants le redoutent à cause des dégâts qu'il commet dans les poulaillers. Mais le plus beau de tous est le Boa constricteur, dont la couleur d'un rose ou gris violacé, avec des taches et des losanges rouges encadrés de noir et de barres blanches, est d'un effet des plus agréables.

Il peut atteindre 6 mètres de long et est capable d'écraser un chevreuil; mais il se nourrit principalement de rongeurs et rend ainsi des services : « Aussi, dit M. Sauvage, loin d'être redouté, est-il généralement supporté, au point que l'on ne craint point de coucher dans les chambres où il se trouve... Tous les voyageurs qui

Fig. 537. — Le Boa constricteur.

ont parcouru les immenses forêts qui couvrent une grande partie du Brésil, s'accordent à dire que le boa constricteur reste paresseusement étendu sur le sol et qu'il ne prend la fuite que lorsqu'il est attaqué; le plus souvent, il ne se dérange même pas lorsqu'on passe à côté de lui » [1].

Les pythons sont plus trapus, moins élancés que les boas. « Le nom de Python est celui du serpent fabuleux, Πύθων, qui fut tué par les flèches d'Apollon. C'est en souvenir de cette victoire que

1. Sauvage. *Loc. cit.*, p. 324.

furent établis les jeux Pythiens ou Pythiques qui, on le sait, étaient célébrés à Delphes tous les quatre ans » (1).

Dans l'Inde et à Java, le python molure se rencontre dans les lieux bas et marécageux, dans les rizières; on en a trouvé qui ne mesuraient pas moins de 8 mètres de long. Le python réticulé habite dans les mêmes parages, tandis que le python de Séba, celui de Natal et le python royal sont africains. Les pythons couvent leurs œufs; la mère pond une centaine d'œufs et s'enroule autour, place qu'elle n'abandonne que rarement et pendant peu de temps; sa température s'élève beaucoup durant la période d'incubation.

Le genre Eunecte est représenté dans la ménagerie du Muséum par un individu qui a plus de 6 mètres de long. C'est un boa aquatique qui peut clore ses narines placées à l'extrémité du museau, et dont le dessus de la tête est revêtu de plaques dans sa moitié antérieure et d'écailles dans sa moitié postérieure. Il n'existe qu'une seule espèce de ce genre, l'*eunecte murin*, appelé aussi *anaconda*, *rativore*, *mangeur de rats*. Sa couleur est d'un brun noirâtre avec de grandes taches ovalaires de couleur noire. Ce reptile vient du Brésil; on en rencontre aussi à la Guyane.

Il est intéressant d'assister à son repas; en ayant été témoin plusieurs fois, je raconterai ce que j'ai vu. On lui donne des lapins de 5 à 6 kilogrammes, ou bien un chevreau, assez gros et ayant déjà de petites cornes. A peine introduit dans la cage, le pauvre chevreau est fort effrayé et se met à crier; il tremble de tous ses membres. Le serpent l'a vu et le regarde fixement; il semble le fasciner. Le monstre s'avance lentement et vient reconnaître sa victime; en dardant sa langue bifurquée, il semble vouloir apprécier la saveur de sa proie. Mais tout d'un coup il se recule, reste quelques instants immobile; puis, s'élançant brusquement, il ouvre sa gueule, saisit le chevreau, et s'enroulant autour de lui, il l'étreint puissamment. Le malheureux animal cherche à se débattre et bêle; mais il est bientôt étouffé et meurt en agitant convulsivement ses pattes. Quand l'eunecte le juge mort, il se déroule lentement, et, après l'avoir flairé dans tous les sens, le saisit par l'extrémité du museau; mais ce n'est quelquefois qu'au bout de cinquante minutes qu'il

1. SAUVAGE. *Loc. cit.*, p. 333.

parvient à trouver la tête de sa victime. On voit que son intelligence est peu développée.

C'est alors que va commencer la déglutition. On se demande comment ce serpent, de taille cependant gigantesque, va pouvoir avaler une proie aussi volumineuse. C'est que les reptiles de cet ordre ont les mâchoires extensibles, les deux branches de la mâchoire inférieure étant simplement unies par un ligament élastique. L'œsophage aussi est très dilatable.

Mais comment ce chevreau va-t-il pénétrer dans le corps de l'eunecte ?

Celui-ci avance l'une des branches de la mâchoire supérieure; puis, enfonçant ses dents dans la peau du chevreau, et prenant par suite un point d'appui, il avance l'autre côté de cette même mâchoire, puis il fait de même pour la mâchoire inférieure, et cela jusqu'à ce que la tête de l'animal ait complètement disparu. En réalité le chevreau ne bouge pas de place, c'est le serpent qui avance sur sa proie. Une abondante salive est sécrétée, et lubréfie les poils du chevreau. A partir de ce moment, ce ne sont plus seulement les mâchoires qui agissent, mais aussi les parois de l'œsophage, qui font entrer la proie en se fronçant et se défronçant alternativement. Au bout d'une demi-heure, on ne voit plus que les pattes postérieures de l'animal, puis les sabots. Enfin, le reptile referme petit à petit sa gueule complètement déformée; la tête qui semblait réellement disloquée, reprend sa forme première rapidement.

Le serpent a englouti ce chevreau. Tout y a passé, poils et cornes; mais les sucs intestinaux suppléent à la mastication; ils vont tout digérer et les excréments ne seront composés que des poils, des cornes et des dents du pauvre mammifère. Cette digestion sera lente et l'animal restera pendant plusieurs jours dans un état complet de torpeur.

Tous les serpents agissent de même pour avaler leur proie, mais tous ne s'enroulent pas autour d'elle; les serpents venimeux se contentent de leur enfoncer leurs crochets dans le corps et se retirent attendant la mort de leur victime.

Lorsqu'un serpent a enfoncé ses crocs dans la peau d'un animal, il est, en quelque sorte, obligé de l'avaler, et cela est si vrai qu'un boa ayant un jour, dans la ménagerie du Muséum, mordu sa couverture, il fut *condamné* à l'avaler en entier. Mais une couverture de laine ne se digère guère et le pauvre serpent mourut bientôt. On l'ouvrit, on retira la couverture qui avait pris la forme de l'estomac de l'animal. On la conserve encore dans l'alcool.

Les couleuvres de nos pays ne peuvent rivaliser de taille avec les boas, les pythons, les eunectes. Elles en diffèrent par l'absence d'os du bassin, par la présence sur la tête de plaques disposées régulièrement; enfin, la queue est généralement longue et garnie en dessous d'une double rangées de plaques.

Parmi les couleuvres, les unes recherchent les lieux humides et nagent même, les autres préfèrent les lieux secs et arides; la plupart d'entre elles sont diurnes, mais quelques-unes sont crépusculaires et même nocturnes.

Les couleuvres peuvent grimper aux arbres, à quelques exceptions près

Fig. 538. — La Couleuvre vipérine.

Elles se nourrissent de petits mammifères : souris, mulots; d'oiseaux, de lézards, de grenouilles, de crapauds, et les espèces qui nagent mangent même des poissons. « Il est à remarquer, dit M. E. Sauvage, que les espèces qui se nourrissent de batraciens anoures ou de poissons, n'étouffent jamais leur proie ni ne la tuent mais qu'elles la dévorent vivante, par quelque point du corps qu'elle ait été saisie; les espèces qui, au contraire, s'attaquent aux oiseaux, aux mammifères, aux sauriens, commencent toujours par les tuer » (1). Toutes nos espèces de couleuvres se cachent dès que les

1. Sauvage, *Loc. cit.*, p. 348.

froids commencent, elles hivernent. Mais au printemps, quand la température se réchauffe, elles sortent de leurs retraites, changent de peau et pondent des œufs qu'elles abandonnent dans des lieux humides et chauds, dans du fumier, par exemple, dans des tas de feuilles ; quelques espèces sont vivipares, c'est-à-dire que les œufs éclosent dans le corps de la mère et que les petits sortent vivants.

Il est impossible de parler de toutes les couleuvres, on en compte environ 450 espèces; nous ne citerons que les plus importantes.

Fig. 539.
L'Eunecte murin du Brésil étouffant un Paca.

La couleuvre lisse ou coronelle est brune et peut être confondue avec la vipère; mais on la distinguera de cette dernière à ses grandes plaques de la tête que ne possède pas la vipère. La coronelle bordelaise est d'un gris roux pâle, elle ne remonte guère au delà de la Charente. Ces espèces n'atteignent jamais plus de 75 à 80 centimètres, tandis que la couleuvre d'Esculape ou Elaphe, arrive souvent à la taille de $1^m,60$ de long. Cette belle espèce, qui est d'un brun olivâtre, vit dans le Midi de la France et remonte même jusqu'à Fontainebleau. La couleuvre verte et jaune peut avoir $1^m,20$ de long ; on la trouve en Algérie et dans l'Europe méridionale. Nous en avons pris plusieurs individus aux environs de Poitiers, dans un vieux mur, au bord d'un étang. Elle est d'un vert foncé, presque noir, avec des taches d'un jaune vif. On la redoute dans certains pays, parce qu'elle est hardie, de grande taille, et mord fortement si on la contrarie. Mais ses morsures ne sont pas venimeuses.

Parmi les espèces les plus connues nous citerons le Tropidonote ou couleuvre à collier, et la couleuvre vipérine.

Tandis que toutes celles que nous venons de voir étaient terrestres, ces dernières aiment l'eau et vont s'y plonger fréquemment, attrapant même les poissons à la nage. Cela ne les empêche pas de chasser aussi bien à terre, et on peut les rencontrer dans des endroits où il n'y a pas d'eau. Ces espèces se rencontrent fréquemment en France ; mais il y en a beaucoup d'autres dans les diverses parties du monde : aux États-Unis, au Mexique, en Chine, au Japon, à la Nouvelle-Guinée, aux îles de la Sonde, etc. La couleuvre à collier, qui peut arriver à avoir 1m,70 à 1m,80 de long, est colorée en gris verdâtre, et caractérisée par un collier d'un jaune clair qui se détache sur deux plaques noires. Elle pond ses œufs au nombre de 10 à 30 dans les tas de fumier, dans les tas de feuilles mortes, et ces œufs sont reliés entre eux par une substance gélatineuse qui durcit à l'air, de sorte qu'ils forment des chapelets. Cette bête n'est pas méchante et ne cherche que rarement à mordre, mais elle se défend en évacuant par l'anus un liquide à odeur forte et alliacée extrêmement désagréable.

Fig. 540. — La Couleuvre à collier.

Il existe plusieurs légendes relatives aux couleuvres et l'on ne saurait trop insister pour déraciner ces croyances absurdes. On a dit que de vieilles poules ou de vieux coqs pondaient des œufs appelés *cocatris*, d'où sortaient des serpents. D'après Viaud-Grand-

Marais « toute la fable repose sur deux faits : 1° la présence assez fréquente d'œufs véritables de couleuvre dans les poulaillers et leur ressemblance avec les œufs avortés de poule; 2° la forme grossière d'un petit serpent que présente le ligament dû à l'union des chalazes ou membranes qui maintiennent le jaune suspendu dans les œufs de poule sans germe ». Et M. Sauvage ajoute : « Il arrive parfois aussi que les vieux coqs ont le gloussement de la poule et rendent des amas mous, comme membraneux, formés de glaire coagulée et ayant grossièrement l'apparence d'œufs, d'où l'on a cru, en voyant sortir du fumier de petits serpenteaux, que les coqs *hardés* pondaient des œufs qu'ils ne couvent pas et d'où naissent toujours des serpents.

« Un autre préjugé, assez répandu dans les campagnes, existait déjà du temps des Romains. La couleuvre à collier, comme toutes les autres couleuvres du reste, aimerait beaucoup le lait et s'introduirait dans les laiteries; bien plus, on l'aurait souvent trouvée repliée autour des jambes des vaches et des chèvres pour les traire, les épuisant au point de faire couler le sang; chez les animaux traits ainsi, le lait se tarirait et prendrait une teinte bleue tant que la bête qui le fournit servirait de nourrice au serpent. Il n'est point nécessaire de faire remarquer l'absurdité de cette fable qui a couru le monde; *la conformation de la bouche des serpents s'oppose absolument à la succion* (1). »

La couleuvre vipérine ressemble beaucoup par la couleur à la vipère; elle est d'un brun rouge avec des taches noires, et sur la tête se trouve un V renversé. Mais les plaques écailleuses de la tête sont bien différentes de celles qui existent sur la tête de la vipère péliade qui a quelques petites plaques, et à plus forte raison de la vipère-aspic qui a la tête recouverte de petites écailles.

Nous citerons encore une autre espèce qui est assez commune dans le midi de la France et en Algérie; on la nomme couleuvre maillée ou couleuvre de Montpellier. Ce serpent se nourrit de rongeurs, mais aussi de petits oiseaux; sa morsure n'est pas dangereuse.

D'autres couleuvres vivent presque exclusivement dans les

1. SAUVAGE. *Loc. cit.*, page 374.

arbres, mais elles n'habitent pas notre pays. Ce sont des serpents à corps allongé et à museau souvent terminé en pointe. Le *Philodrias vert* qui vit au Brésil, le *Dendrophis peint* qui se rencontre à Sumatra et dans l'Indo-Chine, l'Oxybèle brillant qui existe au Brésil et à la Guyane, sont colorés en vert. Le Dryine nasique est spécial aux Indes, aux Philippines et aux îles de la Sonde; il est d'un vert brillant avec le ventre jaunâtre. Son museau est terminé en pointe et il est armé d'une dent venimeuse placée à la partie postérieure de la mâchoire.

Dans les îles de la Sonde vivent des serpents de couleur brune qui peuvent avoir 2m,50 de long et qu'on nomme les Acrochordes. Ces serpents sont remarquables par leur revêtement; leur corps n'est pas recouvert de vraies écailles, mais de tubercules granuleux enchâssés ou sertis dans la peau; la tête tronquée en avant est plus longue que large. Vivant dans l'eau qu'ils ne quittent pas volontiers, les acrochordes se nourrissent surtout de poissons et d'autres animaux aquatiques.

Tous ces serpents sont en général inoffensifs; il en est d'autres dont les morsures sont plus ou moins dangereuses. Dans les pays chauds, les serpents venimeux sont très redoutés, et, dans les Indes anglaises en particulier, le gouvernement anglais donne des primes pour leur destruction.

« Un médecin anglais, Fayrer, a recherché, pendant un séjour de plusieurs années dans l'Inde, à établir le nombre de personnes mordues, chaque année, par les serpents venimeux en rapport avec le nombre de personnes tuées par ces animaux. Ces statistiques, exécutées avec tout le soin possible et avec l'aide du gouvernement anglais, sont réellement terrifiantes.

« En collationnant les renseignements parvenus de divers points de l'Inde, Fayrer nota 11,416 cas de mort en 1869 [1]. » — Mais ce chiffre est au-dessous de la vérité. »

Nous savons que c'est non pas avec leur langue que les serpents piquent, comme on se le figure trop souvent, mais qu'ils mordent et introduisent un venin dans la plaie.

Il existe deux groupes bien tranchés de serpents venimeux : les

1. SAUVAGE. *Loc. cit.*, page 400.

uns (*Protéroglyphes*) ont l'apparence de couleuvres : leur tête est plutôt allongée et recouverte de grandes plaques écailleuses ; les dents de devant de la mâchoire supérieure sont venimeuses et simplement cannelées ; les autres (*Solénoglyphes*) ont peu de dents à la mâchoire supérieure, mais toutes sont venimeuses, perforées d'un canal ; leur tête est courte, élargie en arrière, triangulaire, aplatie, leur queue est courte et tout le corps est trapu.

Parmi les Protéroglyphes on distingue deux groupes : ceux du premier sont les Hydrophides ou *serpents de mer*. Il ne s'agit pas ici de ces gigantesques serpents de mer que des navigateurs ont signalés et qui n'existaient que dans leur féconde imagination ; ceux dont nous voulons parler ressemblent plutôt à des anguilles à corps comprimé en arrière. A cause même de la forme carénée de leur corps, ils ne peuvent se remuer facilement à terre ; aussi n'y vont-ils que rarement ; au contraire, dans l'eau ils sont d'une agilité remarquable. On les rencontre dans l'Océan Indien et l'Océan Pacifique, aux environs des côtes, souvent en troupes nombreuses, et par les temps orageux ils s'enfoncent profondément dans l'eau. Ces serpents de mer peuvent atteindre une longueur de deux mètres ; leur morsure est très dangereuse et amène la mort au bout de quelques heures. Les principaux genres sont les Plâtures, les Pélamys et les Hydrophides.

Le second groupe de Protéroglyphes comprend des espèces terrestres dont on a entendu souvent parler : ce sont les Élaps, les Bungares, les Najas.

Les Élaps ont le corps cylindrique, et l'une des espèces qu'on nomme corallin ou serpent corail est richement colorée en rouge avec des anneaux noirs bordés de blanc ; en arrière de la tête et sur la mâchoire inférieure est une bande bleue. C'est au Brésil, au Mexique qu'on rencontre cet animal qui possède des glandes à venin et dont la morsure est dangereuse ; mais au dire des voyageurs, c'est un serpent assez lent et qui ne cherche pas à mordre lorsqu'on le prend.

Le bungare annelé, qui vit aux îles de la Sonde et aux Indes, a le corps annelé de noir et de jaune, et le dos est caréné. Sa morsure est dangereuse et cause des hémorragies ; mais les *Najas*, ou serpents à coiffe, sont assurément bien plus terribles. Ceux-ci se rencontrent dans les Indes et en Afrique. S'ils sont effrayés, les najas redressent la partie antérieure de leur corps et, par suite du jeu des côtes mues par de puissants muscles, ils dilatent leur cou.

Le *Naja tripudians* ou serpent à lunettes, qui peut atteindre près de deux mètres de long, se rencontre dans les régions chaudes des Indes. Lorsqu'il étale son cou, on voit se former en dessus un dessin qui figure assez bien des lunettes noires, comme on peut le voir sur la figure ci-dessous. La teinte générale du corps est jaune avec des reflets bleuâtres; mais le dessin des lunettes manque chez certaines variétés. Le naja grimpe aux arbres, nage avec facilité et a des allures vives; il poursuit les petits mammifères, les oiseaux, les reptiles et les batraciens; mais il a aussi des ennemis redoutables parmi les oiseaux de proie. Les Hindous le vénèrent à l'égal d'un dieu. Des jongleurs profitent de la crédulité de ces peuples pour montrer des najas qu'ils prétendent charmer, mais auxquels ils ont eu le soin d'arracher les dents venimeuses. Cependant certains charmeurs leur laissent leurs crochets venimeux, et s'ils sont mordus, ils payent de leur vie leur imprudence.

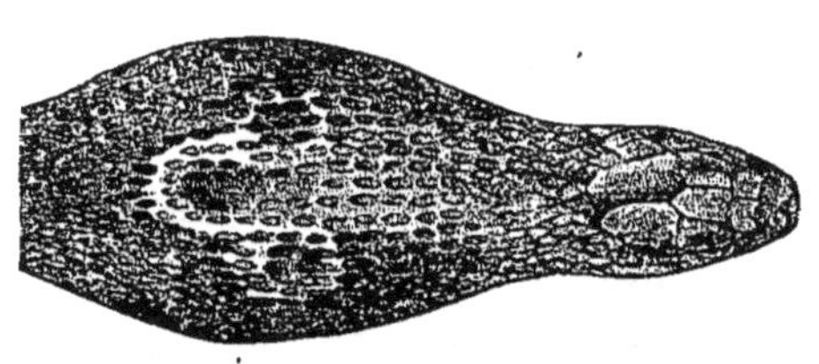

Fig. 541.
Tête et cou de Naja ou Serpent à lunettes.

L'espèce africaine appelée Naja Haje n'a pas sur le dessus du cou de dessin de lunettes. On le rencontre dans toute l'Afrique; en Égypte il se trouve aussi bien dans les champs que dans les ruines. Il n'attaque que si l'on vient à l'exciter; mais on assure qu'il lance sa salive mélangée de venin et que si elle touche le globe oculaire elle détermine la cécité.

On voit souvent des jongleurs au Caire montrer des Hajes auxquels ils ont enlevé les crochets. Le charmeur épouvante les spectateurs en maniant son serpent, et après l'avoir enroulé autour de son bras, lui avoir joué des airs de musique discordante, l'homme lui comprime un point de la nuque; le serpent s'étend alors et devient raide comme une baguette. « C'est en pressant ainsi la partie antérieure du corps des najas hajes et en faisant tomber l'animal dans une sorte de torpeur accompagnée de tétanos des muscles de l'échine, que les magiciens du roi d'Égypte opérèrent la prétendue transformation des verges en serpents. Nous lisons, en effet : « Aaron jeta son bâton devant Pharaon et ses serviteurs, et ce bâton « fut changé en serpent. Pharaon ayant fait venir les sages « d'Égypte et les magiciens, ils firent la même chose par les « enchantements et les secrets de leur art. Chacun d'eux ayant « donc jeté son bâton, celui-ci fut changé en serpent, mais le « bâton d'Aaron dévora les autres. » — Le serpent avec lequel Moïse et Aaron jonglèrent devant le Pharaon, c'est le fameux aspic des Grecs et des Romains, l'*Ara* ou le serpent sacré des anciens Égyptiens, le symbole de la puissance et de la grandeur, dont on voit l'image sculptée dans les temples des deux côtés de la sphère terrestre ; c'est l'animal dont le roi portait au front une représentation, comme l'insigne de sa hauteur et de sa souveraineté ; c'est lui que l'on voit sur le diadème du dieu Horus, le radieux fils d'Isis et d'Osiris, le gracieux symbole du soleil printanier ; c'est lui que, sous le nom d'*Uraüs*, adoraient les peuples qui fleurirent pendant tant de siècles sur les bords du Nil. Les champs cultivés étaient placés sous sa garde tutélaire ; aussi son image était-elle suspendue à la porte des temples, aussi ses dépouilles étaient-elles embaumées et à tout jamais préservées [1]. »

Tels sont les Protéroglyphes, c'est-à-dire les serpents dont les premières dents seules sont venimeuses. Les Solénoglyphes, par lesquels nous terminerons ce qui a trait aux reptiles, ont à la mâchoire supérieure de grandes dents pointues, recourbées et pourvues d'un vrai canal par lequel sortira le venin. On les divise en deux familles : les Vipères et les Crotales. Les Vipères sont spéciales à l'ancien monde et sont particulièrement abondantes en Afrique ; les Crotales se rencontrent dans le sud de l'Asie et surtout en Amérique. Les Vipères ont la queue courte, la tête triangulaire, large en arrière, nettement séparée du corps qui est trapu et lourd. Repliées sur elles-mêmes, elles attendent leur proie, et quand celle-ci se hasarde à passer à leur portée, elles se lancent sur elles, lui enfoncent dans le corps leurs dents venimeuses et se retirent, attendant l'effet du poison.

1. Sauvage. *Loc. cit.*, page 439.

Nous avons en France deux espèces de vipères : l'Aspic et la Péliade. On a même signalé la présence de la vipère ammodyte; mais le fait mérite confirmation. Les vipères sont ovovivipares, c'est-à-dire qu'elles mettent au monde leurs petits vivants.

Dans les landes, sur les lisières des bois exposées au soleil, dans les rochers, vivent les Péliades, ou Vipères berus. Cette espèce diffère de l'Aspic par les écailles qui recouvrent la tête; chez l'Aspic les écailles de la tête sont semblables à celles du corps, c'est-à-dire petites et arrondies; chez la Péliade, plusieurs écailles sont plus

Fig. 542. — Le Naja Haje.

grandes que les autres et en forme d'écusson. Les Péliades femelles sont plus grandes que les mâles et peuvent atteindre $0^m,75$ de long, mais la taille moyenne est de $0^m,45$. Le corps est noirâtre, gris ou rougeâtre, avec une ligne noire dorsale en zigzag. Enfin sur la tête on distingue deux lignes noires, partant des écussons postérieurs et se dirigeant en arrière en s'écartant l'une de l'autre, formant ainsi un V noir renversé. C'est la nuit que la Péliade est surtout active et qu'elle chasse les petits rongeurs; pendant le jour cependant elle aime à se chauffer au soleil, enroulée sur elle-même.

La vipère Aspic peut atteindre une taille plus grande que celle de la Péliade; sa tête est encore plus triangulaire et garnie de petites écailles. Le museau se retrousse légèrement, caractère encore plus marqué chez la vipère Ammodyte. L'Aspic a un aspect méchant, la pupille est verticale. Quant à la coloration, elle varie beaucoup, mais le roux domine, avec des taches noires; la tête offre deux bandes noires qui forment un V renversé ou un Y lorsqu'une bande noire prolonge la pointe du V jusqu'au bout du museau. Cette vipère vit sur les coteaux rocailleux, au bord des haies, dans les lieux arides. Elle s'attaque aux mulots, aux musaraignes, aux lézards, et ne dédaigne pas les couvées d'oiseaux qui nichent à terre.

Il n'est pas sans intérêt de donner quelques détails sur l'action du venin des vipères, qui pullulent dans certaines parties de l'Europe et en France en particulier. Les renseignements que nous donnons pour la morsure de la Péliade peuvent s'appliquer tout aussi bien à l'Aspic.

Fig. 543. — La Vipère Aspic.

« La vipère Péliade aurait, d'après certains observateurs, environ 10 centigrammes de venin dans ses deux glandes, tandis que la vipère Aspic, plus redoutable, sécréterait près de 15 centigrammes de venin; c'est cette faible quantité qui, versée dans le sang, peut suffire pour tuer un enfant, un homme même, et peut occasionner, en tous cas, de graves accidents.

« Sur l'action de ce venin nous possédons deux observations très détaillées, d'autant plus précieuses qu'elles sont dues à deux médecins qui en ont éprouvé les effets sur eux-mêmes.

« La première observation est due à Constant Duméril, professeur au Muséum d'histoire naturelle de Paris. Se promenant dans la forêt de Sénart, ce savant herpétologiste fut mordu par une Péliade qu'il saisit avec la main, croyant avoir affaire à une couleuvre vipérine. Peu de temps après la piqûre, il fut pris de vomissements de bile, d'étourdissements, de faiblesse, et tomba en syncope. Les accidents, très légers du reste, cessèrent le surlendemain de la morsure.

« Une autre observation moins connue est due à Heinzel; aussi la rapportons-nous avec quelques détails. Le 28 juin, à une heure de l'après-midi, ce médecin fut mordu au pouce de la main droite par une Péliade qu'il maniait imprudemment. L'animal était vigoureux, de forte taille et n'avait pas mangé depuis au moins trois jours; la morsure fut profonde; l'effusion de sang fut relativement assez considérable. Le blessé éprouva aussitôt une sensation tout à fait comparable à une secousse électrique et il se mit à trembler; la douleur irradia du point blessé jusque dans le coude et remonta à l'épaule. « Je liai, dit-il, le membre au-dessus de la piqûre, mais ne fis ni succion ni cautérisation, parce que je crus ces précautions complètement inutiles. Peu de temps après la blessure, je me trouvai comme étourdi; cinq ou six minutes plus tard j'eus des éblouissements et un commencement de défaillance que je combattis en m'asseyant. Vers les deux heures, je fus encore pris de défaillances. Les piqûres s'étaient colorées en gris bleuté; le pouce était gonflé et douloureux. A trois heures, la main tout entière enfla, puis peu à peu le bras jusqu'à l'aisselle, de telle sorte que je ne pouvais plus soulever le membre. Je perdis presque complètement la voix, de telle sorte qu'on ne pouvait que difficilement me comprendre; en même temps l'estomac commença à être gonflé douloureusement par des gaz; j'eus à ce moment des vomissements et des évacuations, puis survinrent des contractions assez pénibles dans les muscles de la paroi antérieure du ventre et des douleurs de la vessie. J'étais extrêmement abattu, à ce point que je fus plusieurs fois obligé de m'étendre sur le plancher, pour ne pas tomber; je voyais et j'entendais mal, je ressentais une soif ardente et j'éprouvais constamment un froid engourdissant dans tout le corps. Des ecchymoses se produisirent sur le membre blessé. Du reste, les fonctions respiratoires et circulatoires n'étaient nullement troublées et je n'éprouvais aucun mal de tête. Les personnes de mon entourage me dirent que l'altération de mes traits était telle que j'étais absolument méconnaissable. J'ai dû souvent délirer, mais lorsque j'étais sous l'influence de l'état syncopal, j'avais mon entière connaissance.

« Vers six heures du soir, cinq heures par conséquent après la blessure, les faiblesses, les crampes, les vomissements cessèrent ainsi que les douleurs d'estomac. Je pris un peu de teinture d'opium et je passai la nuit, sans sommeil il est vrai, mais tranquille et je n'éprouvai plus d'autre souffrance que celle que m'occasionnaient les piqûres; le gonflement du membre blessé persistait et était fort pénible. Lorsque, vers sept heures du soir, j'examinai mon bras, il était gonflé; les points mordus étaient noirs et de là partaient des traînées rougeâtres qui s'étendaient par la surface interne du poignet et la face latérale du coude jusque sous l'aisselle. Le creux axillaire était également tuméfié, mais il n'y avait pas d'engorgement des ganglions lymphatiques. » Dans le courant de la nuit qui suivit l'accident, le bras gonfla encore davantage et devint rouge, marbré de bleuâtre. Cette enflure diminua par un traitement approprié; mais le blessé resta faible et chaque fois qu'il voulait se lever de sa couche, il éprouvait des vertiges, avec tendance à la syncope; cet état vertigineux continua, du reste, jusqu'au 30 juin. Une sueur assez abondante s'établit plusieurs fois et chaque fois le malade éprouvait un mieux très sensible. Le 30 juin l'enflure et les ecchymoses s'étendirent jusqu'aux hanches. Après une sudation prolongée, le malade se trouva beaucoup mieux et put se lever pendant plusieurs heures. Certains accidents persistèrent pendant longtemps : « Aujourd'hui, 10 août, écrit notre blessé, six semaines après la morsure, il se produit encore un léger gonflement sur la main droite, principalement le soir. La peau de toute la main est encore un peu violacée et fort sensible à la pression. Le bras droit est resté faible et souvent douloureux aux moindres changements de temps. J'ai beaucoup maigri, je suis souvent sans force et l'altération des traits a persisté. Je suis absolument convaincu qu'une morsure qui se produit dans une grosse veine doit presque fatalement entraîner la mort et que tout traitement reste sans effet [1]. »

Même séché depuis longtemps, le venin de la vipère et des autres serpents venimeux conserve ses propriétés toxiques, et c'est ainsi qu'on l'a utilisé pour empoisonner des flèches. Lorsqu'on est

1. Sauvage. *Loc. cit.*, page 458.

mordu par une vipère, il ne faut pas dédaigner les soins intelligents et il faut repousser les remèdes empiriques.

« La première chose à faire en cas de morsure, aussi bien par la Péliade que par la vipère Aspic, est d'élargir de suite la plaie, de la sucer, d'appliquer une étroite ligature au-dessus du point mordu et de cautériser la plaie avec le fer rouge, la pierre infernale, avec une mixture à parties égales d'alcool et d'acide phénique; ces premiers soins donnés, il est toujours prudent d'appeler un médecin aussitôt que possible.

« Le meilleur médicament à prendre à l'intérieur est l'alcool, sous forme d'arak, de rhum, de cognac, d'eau-de-vie donnés à forte dose : c'est, jusqu'à présent, le plus efficace de tous les remèdes connus; il est également précieux en ce qu'il se trouve partout, à la portée de tous (1). »

La vipère Ammodyte se rencontre surtout dans le sud-est de l'Europe. Mais c'est en Afrique qu'on trouve les plus grosses espèces. La vipère heurtante, qui vit depuis le 17e degré de latitude nord jusqu'au cap de Bonne-Espérance, peut avoir 1m,60 de long. La vipère du Gabon, qui semble cantonnée dans cette région, a la tête énorme, large et plate et possède près des narines deux écailles épineuses. Le corps est très gros par rapport à la longueur et les couleurs brunes, rouges, blanches, qui recouvrent les écailles sont d'une richesse inouïe.

Ces dangereux serpents se lancent avec la rapidité de la flèche sur la proie qui passe à leur portée, et après avoir enfoncé dans la peau leurs énormes crochets, ils se retirent brusquement. Mais la mort de la victime est presque instantanée et le reptile peut alors commencer la déglutition.

Tout le nord-est de l'Afrique est infesté d'autres vipères qui ont, au-dessus de chacun des yeux, une écaille en forme de corne : c'est le Céraste, qui vit toujours enfoncé dans le sable, ne laissant passer que la tête. On les voit peu pendant le jour; mais le soir, lorsque les feux sont allumés dans un campement, ils s'approchent en masse, ce qui ne laisse pas que d'être très désagréable, car la morsure de cette vipère est très dangereuse.

1. Sauvage. *Loc. cit.*, page 459.

Dans les mêmes lieux que le Céraste, vit en Égypte l'Efa ou vipère des Pyramides; elle pénètre souvent dans les rues des villages et peut être fort à craindre, car la plupart des habitants marchent pieds nus.

Ce ne sont pas là les seules espèces de serpents venimeux; il y en a d'autres dans le sud de l'Asie et en Amérique; ils forment la famille des Crotalidés, c'est-à-dire les serpents à sonnettes ou Crotales, les Trigonocéphales et les Bothrops.

Cette appellation de « serpents à sonnettes », qu'on donne aux

Fig. 544. — Vipère du Gabon.

Crotales, provient de ce qu'ils produisent, s'ils sont en colère, un son prolongé qui ressemble, il est vrai, plus à un bruit de grelots qu'à celui d'une sonnette. L'extrémité de la queue est formée par une série de cônes emboîtés, qui ne sont en réalité que des écailles modifiées soutenues par trois vertèbres caudales soudées, aplaties, élargies et bombées. Ces serpents dépassent rarement un mètre; cependant il y en a qui peuvent atteindre deux mètres de long. Les dents venimeuses sont très développées et la glande à venin occupe toute l'étendue de la lèvre supérieure. L'espèce la plus connue est le crotale Durisse qui vit dans l'Amérique du Nord, depuis le golfe du Mexique jusqu'au 40e degré de latitude nord; on le trouve dans les lieux incultes, dans les rochers exposés au soleil; mais il y a aussi dans les prés humides, au bord des flaques d'eau, dans les lieux ombragés quand le soleil est trop chaud. Le soir, ces animaux voyagent souvent en troupes nombreuses. Le venin du Crotale est des plus dangereux et la gangrène arrive fréquemment après la morsure, puis la mort; ce venin tue les petits animaux en quelques secondes.

Les Trigonocéphales ressemblent aux crotales, mais ils n'ont pas de grelots au bout de la queue, la tête est large et bien séparée du cou. Les uns vivent aux Etats-Unis, d'autres au Japon, en Tartarie et à Java. Ces animaux ont de $0^{m},60$ à $1^{m},50$ de long, suivant les espèces.

Quant aux Bothrops, qui ont les formes plus élancées, on les rencontre en Amérique, aux Antilles et dans les îles de la Sonde.

Le Bothrops fer-de-lance est l'un des plus connus et l'un des plus dangereux. Il peut avoir jusqu'à deux mètres de long. A la Martinique, à Sainte-Lucie, il n'est que trop commun; à la Guadeloupe, il manque complètement. Son corps est trapu, de couleur jaunâtre, sa tête est large, aplatie.

« D'après Rufz de Lavizon [1], le lieu de prédilection du *fer-de-lance* est la montagne de Saint-Pierre qui, s'élevant à 1 500 mètres de hauteur, est coupée d'affreux précipices qui ont jusqu'à 400 mètres de profondeur. La montagne est couverte d'une épaisse et luxuriante végétation; sous les bois se trouvent des milliers de plantes grimpantes qui relient les arbres les uns aux autres comme pourraient le faire d'énormes câbles; le sous-sol est caché sous un épais limon qui s'est peu à peu formé des détritus des plantes qui se pourrissent chaque année. Sous les dômes de feuillage poussent mille et mille charmantes plantes aux couleurs les plus éclatantes, et cependant sous l'épaisse forêt on sent courir plutôt l'haleine de la mort que le souffle de la vie. Dans ces forêts, on n'entend que de temps en temps le cri d'un oiseau. L'homme n'ose pas s'aventurer dans ces forêts désertes et sauvages, si belles qu'elles soient. L'horrible fer-de-lance les habite seul en quantités innombrables, et nul être vivant n'ose lui en disputer l'empire. Aux environs des habitations, le terrible serpent se retire volontiers

1. Sauvage. *Loc. cit.*, page 511.

dans les plantations de cannes à sucre; on le trouve trop communément aussi dans les épais buissons qui lui offrent un asile assuré; un tronc creux, un rocher, quelque trou lui servent de retraite; pendant la nuit, il fait souvent de lointaines excursions et s'aventure le long des chemins fréquentés. Pendant le jour, le fer-de-lance ne chasse pas; il n'en est pas moins aux aguets, toujours prêt à mordre; enroulé sur lui-même, lové, ainsi que nous l'avons dit, le serpent fond, la gueule béante, les crochets en avant, avec la rapidité de l'éclair, et se lance ainsi de plus de la moitié de la longueur de son corps; a-t-il mordu, ou au contraire a-t-il manqué son but, il se replie de suite, se love à nouveau, tout prêt encore à l'attaque. Tourne-t-on autour de lui à une certaine distance, il suit tous vos mouvements et vous présente toujours la gueule ouverte de quelque côté qu'on se place. En rampant, ce serpent porte toujours la tête haute, de telle sorte que son port est fier et élégant; il progresse sur le sol avec une légèreté telle, qu'on n'entend aucun bruit, qu'on ne voit aucun mouvement. »

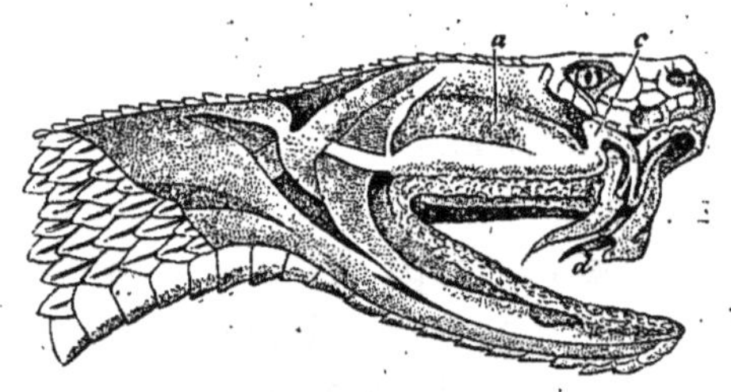

Fig. 545.
Tête de Crotale vue de profil et préparée de manière à montrer la disposition de l'appareil venimeux : *a*, glande; *c*, canal de la glande; *d*, dent ou crochet.

La morsure de ce serpent est des plus dangereuses. A la ménagerie du Muséum, où l'on a de temps en temps des Bothrops-fer-de-lance, on leur donne à manger de gros rats. La porte de la cage est entr'ouverte et l'on y jette vivement la proie, ou bien on la présente au bout d'une immense pince. Alors plus vite que je ne saurais le dire, le reptile, relevant la tête, abaisse sa mâchoire inférieure, relève ses crochets longs de 15 millimètres environ, puis, se détendant comme un ressort, se lance et enfonce ses dents dans sa proie; il se retire alors, tout prêt à recommencer si la victime n'est pas morte. Mais le venin agit immédiatement, et l'animal frappé meurt après une courte agonie. Alors le serpent le saisit et l'engloutit.

Fig. 546. — Le Triton à crête.

CHAPITRE IV

Les Batraciens

Qui ne connaît les Grenouilles, les Crapauds, les Salamandres? Toute description semble superflue, et cependant ceux qui ont vu ces animaux ne savent pas tous ce qu'ils sont. Dans la classification d'Alexandre Brongniart, les Batraciens faisaient partie de la classe des Reptiles; on a reconnu qu'ils en différaient sous beaucoup de rapports et qu'il était nécessaire de former pour eux une classe à part. Les Batraciens n'ont pas le corps recouvert d'écailles comme les Reptiles; leur peau est nue et les jeunes, en sortant de l'œuf, ne ressemblent pas aux parents, ils subissent des métamorphoses. Ainsi le têtard, avec son corps globuleux, sa longue queue aplatie latéralement, est une jeune grenouille ou un jeune crapaud; il n'a pas de pattes, et celles-ci pousseront petit à petit, en même temps que la queue s'atrophiera et disparaîtra complètement. Chez les Salamandres, qu'on nomme vulgairement des lézards d'eau, les jeunes ont des pattes en sortant de l'œuf et ressemblent beaucoup à leurs parents, mais ils ont une queue qui persistera. On a donc, à cause de cela, divisé les Batraciens en deux groupes : les Anoures [1] et les Urodèles [2].

Les premiers sont les Grenouilles et les Crapauds ; les seconds sont les Salamandres, les Tritons.

Mais ce ne sont pas là les caractères les plus importants de cette classe d'animaux ; ils portent sur des fonctions essentielles, sur la respiration.

Tandis que tous les animaux vertébrés que nous avons étudiés jusqu'ici respirent l'air en nature au moyen de poumons, chez les Batraciens, à l'état larvaire, la respiration s'effectue au moyen de branchies, sortes de panaches que ces êtres portent sur les côtés du cou ; les vaisseaux sanguins qui s'y rendent et s'y ramifient échangent avec l'air contenu en dissolution dans l'eau les gaz nécessaires à l'acte respiratoire.

Les poissons en sortant de l'œuf sont dans le même cas que les Batraciens, ils respirent au moyen de branchies ; mais tandis que pour ces derniers l'état branchial n'est que transitoire, il dure toute la vie pour les poissons.

Dans les mares, on voit souvent des masses gélatineuses qui flottent et qui présentent des petits points noirs. Ce sont des œufs de crapauds ou de grenouilles. Au bout de quelques jours, le point noir n'est plus une petite masse informe, et, grâce à la transparence de la gelée qui l'entoure, on peut déjà distinguer le petit têtard. Bientôt celui-ci sort de l'œuf et se met à nager au moyen de sa queue. A ce moment, le jeune têtard a des houppes branchiales de chaque côté du cou. Mais à mesure qu'il avance en âge, ces branchies externes disparaissent et l'animal respire à l'aide de branchies internes. Celles-ci s'atrophient aussi ; des poumons se développent et en même temps des membres apparaissent. L'animal grossit à vue d'œil, prend de plus en plus la forme d'une grenouille ou d'un crapaud ; sa queue diminue de longueur, et finalement disparaît

1. Du grec : ἀ privatif et οὐρὰ, queue.
2. Du grec οὐρὰ, queue, δήλη, apparente.

totalement. Chacun peut suivre ces métamorphoses dans un bocal, et rien n'est plus intéressant. Les Batraciens qui se transforment de cette façon sont les *anoures*, c'est-à-dire les Batraciens *sans queue;* telles les grenouilles vertes qui vivent dans les mares et les étangs, et qui, pendant les beaux soirs d'été, coassent à qui mieux mieux.

D'autres, en sortant de l'œuf, ont déjà leurs quatre pattes et ne diffèrent de leurs parents que par la présence de branchies externes; ce sont les salamandres et les tritons. Ces animaux perdront, à un moment donné, leurs branchies; des poumons se formeront; la respiration aquatique fera place à la respiration aérienne; le Batracien est adulte, il peut se reproduire.

Il en est d'autres qui ont intrigué pendant longtemps les naturalistes. Ils peuvent pondre des œufs, se reproduire, et cependant leur respiration n'est pas aérienne, mais aquatique; ils respirent à l'aide de branchies. On a créé pour eux le groupe des *pérennibranches*, c'est-à-dire des Batraciens à branchies persistantes.

Nous verrons que plusieurs espèces qui avaient été rangées tout d'abord dans ce groupe, n'ont pu y rester, parce qu'on s'est aperçu qu'elles pouvaient perdre leurs branchies et respirer avec des poumons. Il en est ainsi de l'axolotl et de l'amblystome dont on avait fait deux genres différents. On a reconnu plus tard que l'axolotl n'était en réalité qu'un amblystome à respiration branchiale et capable de se reproduire.

Les Batraciens vivent dans l'eau ou tout au moins dans les lieux humides : car ils respirent aussi par leur peau nue, et cette respiration cutanée ne peut s'effectuer si la peau est tout à fait sèche.

« La vitalité chez les Batraciens dépasse ce que l'on voit chez les autres vertébrés; ils peuvent continuer à vivre pendant fort longtemps après qu'on leur a retranché des organes importants et reproduire les parties de leur corps qu'ils ont perdues... Chez beaucoup de Batraciens les membres mutilés se reproduisent avec de nouveaux os et de nouvelles articulations, à condition toutefois, comme l'ont montré les expériences de Philippeaux, que l'on n'enlève pas le segment supérieur du membre. Des lésions auxquelles succomberaient certainement les autres vertébrés paraissent à peine incommoder les Batraciens. Chez certains d'entre eux, on peut couper la tête [1], enlever une partie de la colonne vertébrale, sans que l'animal périsse de suite; bien plus, le cœur d'un crapaud et d'une grenouille, détaché de la cavité thoracique, continue à battre pendant longtemps, pourvu qu'il soit maintenu dans un lieu suffisamment humide [2]. »

Les Batraciens ont un venin qui agit lorsqu'il est introduit dans le sang. Mais comme les Batraciens ne peuvent mordre, ce venin n'agit que s'il est posé sur une blessure, si l'épiderme est enlevé. Il a également de l'influence lorsqu'il est ingéré. Gratiolet, Cloëz, Vulpian et Sauvage ont démontré, par les expériences qu'ils ont instituées, que le venin des Batraciens pouvait déterminer la mort des animaux de petite taille; le chien même, dans le sang duquel on a fait pénétrer du venin de crapaud ou de grenouille, peut mourir.

Fig. 547. — La Grenouille verte.

Il faut donc toucher ces animaux avec précaution si l'on a quelque écorchure et éviter de porter aux yeux les doigts qui les ont saisis. Lorsqu'on laisse plusieurs grenouilles ou d'autres batraciens dans un petit récipient, ces animaux s'empoisonnent par leur propre venin, ce qui indique assez son énergie. Les sauvages qui empoisonnent leurs flèches semblent utiliser le venin des crapauds; mais dans ce cas le venin n'est pas le principe actif, et dans le curare en particulier c'est la strychnine et le suc de certaines pipéracées qui agissent.

Nous avons reconnu trois groupes parmi les Batraciens : les premiers sont amphibies, n'ont pas de queue à l'état adulte; ce sont les grenouilles, les crapauds; les autres vivent presque exclusivement dans l'eau et sont pourvus d'une longue queue qui leur sert de rame; enfin il en est d'autres, moins connus, qui vivent dans

1. Voir l'observation relatée à la page 185 de cet ouvrage.
2. Sauvage. *Loc. cit.*, pages 544 et 545.

le sol, comme des vers de terre, et n'ont pas de membres, ce sont les *apodes*.

Les anoures ont les pattes antérieures courtes, tandis que les pattes postérieures sont longues, et ce sont elles qui leur servent pour sauter et nager.

Les grenouilles vivent toujours dans les lieux humides ; mais quelques-unes, comme les grenouilles vertes (*Rana viridis*) sont tout à fait aquatiques. Sans passer toute leur existence dans l'eau, elles ne s'en écartent pas. Au bord des mares, des étangs, on les voit en été se chauffer au soleil et piquer immédiatement une tête dans l'eau si quelque danger les menace. Elles nagent admirablement, puis reviennent respirer au bout de quelque temps. Ce sont elles qui abondent dans les marécages et qui, pendant les beaux jours ou les soirées chaudes d'été, coassent bruyamment.

Fig. 548. — La Rainette verte.

Elles abondent dans certaines régions et on les chasse pour en manger les cuisses ; puis on les emploie pour des expériences de physiologie. Leur couleur est verte avec des taches brunes ou noires.

Dans les bois, on voit souvent une autre espèce, la grenouille rousse, qui a la peau brune et une grande bande noire qui va de l'œil à l'épaule; la couleur de cette espèce varie; on en trouve de brunes, de verdâtres et de roses.

En Amérique, il existe une énorme espèce dont le corps peut atteindre une longueur de 22 centimètres et les pattes postérieures 25 centimètres. On la nomme grenouille-taureau ou mugissante, parce que son coassement assourdissant s'entend à des distances considérables. On la chasse, car ses grosses cuisses sont considérées comme un mets délicat.

On entend souvent dans les bois un coassement spécial, prolongé, et lorsqu'on s'approche on reconnaît que le bruit vient d'un arbre ou d'un buisson. C'est une charmante petite grenouille verte qui le produit, la rainette verte, qui peut grimper aux arbres, grâce aux pelotes adhésives dont est garnie l'extrémité de ses doigts. C'est le mâle qui chante et qui possède sous le cou une peau dilatable, qu'il peut gonfler énormément.

Dans les parties chaudes de l'Amérique du Sud vit une autre rainette, plus grosse que la nôtre et de couleur noirâtre, le Nototrême à bourse. La femelle a sur le dos une poche qui s'ouvre à la partie postérieure du corps et dans laquelle elle met ses œufs après la ponte. Nous verrons que d'autres espèces de Batraciens anoures portent ainsi leurs œufs avec eux.

D'autres rainettes qui vivent à Madagascar, dans les Indes et les îles de la Sonde, sont très remarquables par la palmature de leurs pattes; ce sont les Rhacophores.

Fig. 549. — Le Racophore de Reinwardt.

On trouve dans les mares et les flaques d'eau bourbeuses, dans certaines parties de notre pays, de petits crapauds, dont le corps est assez aplati et dont la peau est couverte de pustules. Le ventre est jaune d'or avec des taches d'un gris plombé. On le nomme *Bombinator igneus* ou Sonneur couleur de feu. Ce petit animal a un chant fort doux que l'on peut rendre par *hou-hou-hou-hou*.

Une espèce très intéressante, le crapaud accoucheur (*Alytes obstetricans*), pond plusieurs paquets d'œufs entourés par une membrane assez résistante. Le mâle s'empare de ces œufs, les enroule autour de ses pattes, et les emporte ainsi avec lui jusqu'au moment de l'éclosion.

Les vrais crapauds ont des formes plus lourdes que les alytes; on les reconnaît à leur bouche large, aux glandes saillantes qu'ils ont de chaque côté du cou. On en rencontre dans tous les pays, sauf en Océanie; en France on en compte plusieurs espèces. — On peut dire que les crapauds sont des disgraciés de la nature; aussi ne les ménage-t-on pas et les écrase-t-on impitoyablement. Cependant ce sont des êtres inoffensifs, qui sont même nos auxiliaires en mangeant des masses d'insectes et de limaces. Rien de plus utile qu'un crapaud dans un potager : il dévorera toutes les chenilles, les vers, les insectes de toutes sortes qui rongent les légumes.

Les crapauds sont des animaux nocturnes; cependant on en voit quelquefois pendant le jour sautillant lourdement pour gagner une retraite. Les uns se creusent des trous, des sortes de petits terriers dans la terre, d'autres se contentent de se cacher sous des pierres.

Les Anglais apprécient ces pauvres crapauds : « Il se fait actuellement entre la France et l'Angleterre un commerce considérable de crapauds. Un crapaud de bonne grosseur et en bon état se paye, à Londres, jusqu'à un shilling (1 fr. 25), une livre la douzaine. On met dans les jardins maraîchers ces crapauds auxquels on a préparé des abris [1]. »

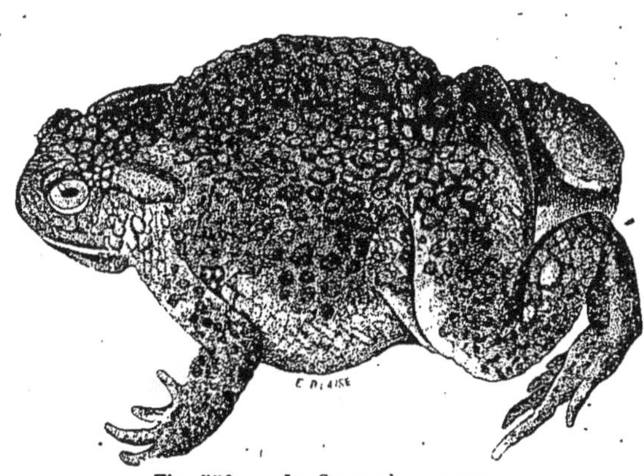
Fig. 550. — Le Crapaud commun.

On a signalé quelquefois des pluies de crapauds ! Au printemps on voit, en effet, sautiller dans les chemins, s'il vient une pluie après de la sécheresse, des quantités prodigieuses de petits crapauds noirâtres ou de petites grenouilles. La chose est très naturelle; il ne tombe pas de pluies de crapauds; les crapauds ne sont pas non plus transportés d'un point à un autre par une trombe. Comme toutes ces petites bêtes se transforment en même temps, elles sont au même moment arrivées au même état de développement. Eh bien ! lorsque les têtards ont perdu leurs branchies et leur queue, alors qu'ils ne respirent que par des poumons, il arrive un jour où ils éprouvent le besoin de chercher leur nourriture sur le sol, et s'il vient une pluie, ils profitent de l'humidité du sol pour se promener.

On peut voir des crapauds en captivité à la ménagerie du

1. Carl Vogt. *Leçons sur les animaux utiles et nuisibles*, p. 94. Reinwald, 1883

Muséum et rien n'est curieux comme de les voir manger. M. Sauvage, qui les a fort bien étudiés, a décrit exactement leur façon de prendre leur nourriture :

« Lorsque le crapaud voit une proie à sa portée, il fait rapidement quelques pas en avant, ouvre largement la bouche et avec une rapidité vraiment merveilleuse lance sa langue sur sa victime, qui est ainsi engloutie. On peut épier un crapaud et lui voir facilement prendre sa nourriture; qu'on jette un ver de farine, une petite chenille ou tout autre insecte, immédiatement le crapaud sort de son état de somnolence et se dirige vers sa proie avec une vivacité qu'on ne lui supposerait pas; lorsqu'il s'est approché à distance convenable, il s'arrête, fixe sa proie comme un chien devant le gibier, renverse sa langue et engloutit sa victime; lorsque le morceau est trop long, ce qui arrive lorsqu'il s'agit, par exemple, d'un ver de terre, il fait entrer l'animal dans sa gueule d'un rapide coup de patte, ainsi que Sterke l'a observé. Aussitôt la proie avalée, le crapaud reste immobile comme auparavant et se met de nouveau aux aguets. Lorsque, ce qui arrive parfois, il manque sa proie ou qu'il n'a fait que l'étourdir, il cesse habituellement toute poursuite, mais se livre de nouveau à la chasse dès que l'animal commence à remuer (1). »

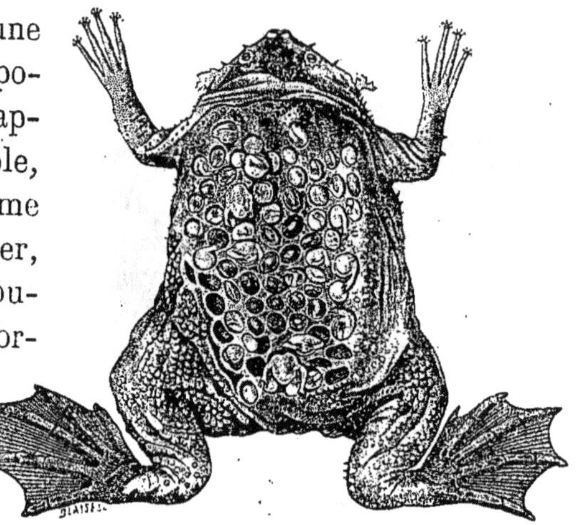

Fig. 551. — Le Pipa.

Nous avons en France plusieurs espèces de crapauds : d'abord le crapaud vulgaire (*Bufo vulgaris*) qui a la peau brune, épaisse, couverte de pustules; puis le crapaud Calamite, plus petit que le précédent, qui a le dos vert parsemé de taches brunes et rouges, et qui a une bande rougeâtre au milieu du dos. Nous citerons aussi les

1. Sauvage. *Loc. cit.*, p. 607.

Pélobates brun et cultripède, qui ont au premier doigt, à sa base, un ergot aplati et tranchant. — Plus élancés sont les Pélodytes ponctués, qui rappellent plus que les précédents les formes des grenouilles et dont la peau est d'un gris olivâtre avec des marbrures d'un beau vert.

Il existe en Amérique de très curieux crapauds de grande taille, les Pipas, qui n'ont pas de langue. Ils sont hideux à voir avec leur

Fig. 552. — L'Amblystome et l'Axolotl.

tête aplatie qui se confond avec le tronc, avec leurs petits yeux. Tandis que les membres antérieurs sont grêles, les postérieurs sont, au contraire, trapus, épais, aux doigts longs et palmés. — On avait d'abord cru que ce crapaud produisait ses petits par la peau du dos. En effet, le mâle place les œufs sur le dos de la femelle, et bientôt, pour chaque œuf, se forme une petite cavité de forme hexagonale. C'est dans ces cellules que les jeunes crapauds achèvent leur développement. Puis quand l'éclosion a eu lieu, la femelle, en se frottant contre les pierres, enlève ce qui reste des cellules, puis change de peau.

Les Batraciens urodèles, nous l'avons expliqué, sont ceux qui ont la queue bien développée et qui ressemblent à leurs parents dès leur éclosion. Les uns vivent dans l'eau et ont la queue comprimée latéralement, les autres ont la queue cylindrique et vivent sous la mousse humide, sous les pierres, dans les trous.

L'espèce la plus grosse qui existe en France est la salamandre terrestre, qui est d'un noir brillant avec des taches et des bandes d'un beau jaune. On supposait autrefois que la salamandre vivait au milieu des flammes; elle figurait sur les armes de François Ier.

Fig. 553. — La Sieboldie ou Grande Salamandre du Japon.

La vérité est que la pauvre salamandre serait grillée et carbonisée rapidement si l'on venait à la mettre dans le feu. C'est un animal inoffensif qui se nourrit de vers, d'insectes et de mollusques.

Les tritons vivent dans les mares; ils sont beaucoup moins gros que la salamandre terrestre et leur peau est plus granuleuse. Chez certaines espèces le dos est garni dans toute sa longueur d'une crête frangée; les uns sont noirâtres avec le ventre jaune, comme les tritons à crête; d'autres, comme les tritons marbrés, ont le dos brun foncé tacheté de vert. Les tritons ponctués, palmés et alpestres sont plus petits encore; ces derniers sont d'un gris clair avec le ventre jaune orangé.

Nous avons parlé précédemment de l'axolotl, cet urodèle qui peut se reproduire à l'état de larve et qui vit dans le lac de Mexico. C'est en 1600 qu'on le découvrit et ce n'est que dans ces dernières années qu'on s'aperçut que l'axololt n'était que la larve de l'amblystome, autre genre déjà créé; on avait donc formé deux genres pour deux bêtes de la même espèce, bien plus deux familles : car l'amblystome prenait place parmi les salamandres, tandis que l'axolotl était rangé parmi les pérennibranches, c'est-à-dire à branchies persistantes. Ces animaux sont de la taille de notre salamandre terrestre et leur peau est grisâtre avec des marbrures plus foncées.

Toutes ces espèces sont de dimensions fort petites à côté de l'espèce qui vit au Japon et que l'abbé David a trouvée en Chine; sa taille peut dépasser un mètre! On la nomme *Sieboldia maxima*. Il en existe un exemplaire qui vit depuis longtemps dans les bassins de la ménagerie du Muséum.

Fig. 551. — Le Protée.

Les Protées, qu'on rencontre dans les eaux souterraines de la Carniole, ont des branchies persistantes. Leur teinte est blanchâtre et leurs houppes branchiales sont rosées. Le corps est allongé et les pattes sont courtes. D'autres, les Sirènes lacertines, vivent dans les lieux marécageux de la Caroline du Sud. L'aspect est celui d'une anguille; l'animal peut atteindre 50 centimètres de longueur et n'est pourvu que de la paire de pattes antérieure : il possède trois paires de branchies.

Enfin les derniers de tous les Batraciens, ceux qui se rapprochent le plus des poissons, sont les *apodes*, c'est-à-dire ceux qui sont privés de membres. Ils ressemblent à des vers, ont sur la peau des sortes d'écailles, respirent à l'aide de branchies, sont généralement aveugles et vivent dans la terre humide. Les plus connus sont les Cécilies, les Siphonops. On en trouve dans les parties chaudes de l'Amérique du Sud, en Afrique et dans le Sud de l'Asie.

Fig. 555. — L'Acanthure chirurgien.

CHAPITRE V

Les Poissons. — Anatomie. Habitation. Utilité. Classification.

De tous les vertébrés, les poissons sont assurément les plus nombreux en espèces et en individus; on les rencontre dans toutes les eaux, à toutes les profondeurs, les uns préférant l'eau douce à l'eau salée, les autres se plaisant dans les torrents, dans les rivières, d'autres recherchant les eaux tranquilles.

Leur corps, atténué aux deux extrémités, recouvert d'écailles, est admirablement fait pour la natation. Ils sont munis de nageoires, propulseurs énergiques, sortes de rames; les unes sont impaires, comme les nageoires caudale, dorsale, anale; d'autres sont paires, comme les pectorales et les ventrales; ces dernières ne sont autre chose que les membres antérieurs et postérieurs modifiés, nous le verrons en considérant le squelette. Chez les uns le squelette est osseux, chez les autres il est cartilagineux, mais les parties fondamentales restent les mêmes; cependant le crâne et la face, qui sont composés d'un grand nombre de pièces osseuses chez les Téléostéens ou poissons osseux, n'est formé, chez les Chondroptérygiens ou poissons cartilagineux, que d'une seule boîte cartilagineuse (requins, raies). Au crâne fait suite la colonne vertébrale

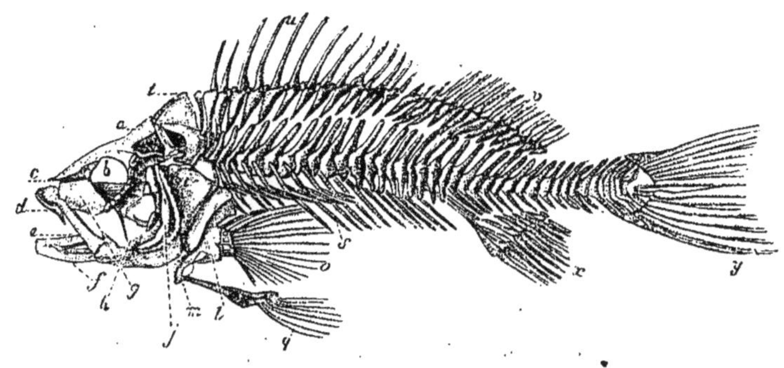

Fig. 556. — Le squelette de la Perche.

Squelette de la Perche : *a.* frontal; *b.* orbite; *c.* os nasal; *d.* os intermaxillaire; *e.* maxillaire supérieur; *f.* mâchoire inférieure; *g.* os sous-orbitaires; *h.* os tympanique et en dessous os jugal; *i.* opercule; *j.* préopercule; *l.* os scapulaire; *m.* os du bras; *o.* nageoire pectorale; *q.* nageoire ventrale; *s.* côtes; *t.* os interépineux; *u.* rayons épineux; *v.* rayons mous; *x.* nageoire anale; *y.* nageoire caudale.

composée de vertèbres offrant un gros corps vertébral, une apophyse épineuse et généralement deux apophyses transverses. La moelle épinière passe par un trou situé au-dessus du corps vertébral. Il y a des côtes chez les poissons osseux; on retrouve les ceintures scapulaires et pelviennes qui portent les membres, c'est-à-dire les nageoires pectorales et ventrales. Quant aux nageoires impaires, elles sont soutenues par des petits osselets qu'on nomme rayons interépineux. Les rayons de nageoires sont tantôt résistants, tantôt mous, et l'on s'est même appuyé sur ce caractère pour diviser les poissons osseux en deux groupes.

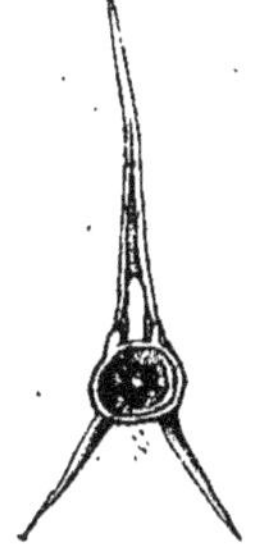

Fig. 557. Vertèbre de Perche.

Les dents sont nombreuses chez les poissons. Tantôt elles sont pointues, tantôt coupantes, et quelquefois arrondies, aplaties. En tous cas, il n'y en a pas seulement sur les mâchoires, mais aussi sur la langue et sur les autres osselets pharyngiens. Elles ne sont pas implantées dans des alvéoles, mais simplement soudées à l'os qui les porte.

Les poissons vivent dans l'eau et respirent au moyen de branchies l'air tenu en dissolution dans l'eau, et chacun sait qu'un poisson mis hors de l'eau ne tarde pas à mourir; cependant s'il est conservé dans une atmosphère humide, il pourra vivre quelque temps, parce que ses branchies ne se dessécheront pas. Il y a même certains poissons, les Anabas en particulier, qui peuvent sortir de l'eau et rester longtemps à l'air, grâce à une disposition spéciale de l'appareil branchial.

Si l'on garde un poisson dans un aquarium, il est facile de voir que cet animal soulève et abaisse alternativement deux plaques ou opercules qu'il a de chaque côté de la tête; il ouvre et ferme ainsi deux fentes qu'on nomme les *ouïes;* c'est par là que s'échappe l'eau qui est entrée par la bouche et qui est venue baigner les branchies.

Prenez un poisson, soulevez les opercules, et vous verrez les branchies sous forme de masses lamelleuses d'un rouge de sang. Il y a ainsi quatre arcs branchiaux portant deux rangées de lamelles branchiales; en avant est un autre arc dépourvu de branchies, mais qui porte des osselets protecteurs, ou rayons branchiostèges; enfin en arrière un autre arc est également privé de rayons branchiaux. Le sang vient dans ces appareils se mettre en contact avec l'air dissous dans l'eau et l'échange des gaz s'accomplit.

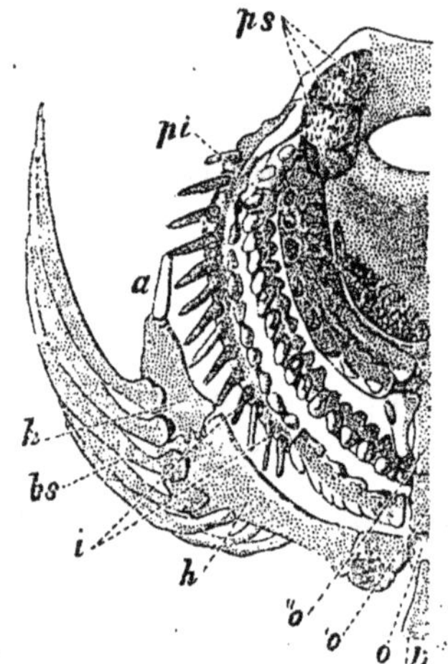

Fig. 558.
Appareil branchial de la Perche.
Squelette de l'appareil branchial de la Perche, vu intérieurement. On n'a représenté que la moitié droite : *li.* os lingual; *o, o', o''.* osselets de l'hyoïde; *h h'.* branche de l'hyoïde; *bs.* rayons branchiostèges; *a.* apophyse styloïde; *ps.* pharyngiens supérieurs; *pi.* pharyngien inférieur; *i.* crochets et lames protectrices des branchies.

Beaucoup de poissons ont dans l'intérieur du corps un appareil hydrostatique, la vessie natatoire, qui, remplie d'air, est recouverte de nombreux vaisseaux sanguins et joue dans certains cas l'office de poumons; elle communique souvent avec le tube digestif; c'est cette vessie natatoire que l'on recherche chez l'esturgeon pour faire de la colle de poisson.

Le cœur n'est formé que de deux cavités, une oreillette et un ventricule, suivi d'un bulbe aortique; c'est un cœur veineux, car le sang arrive dans l'oreillette après avoir parcouru toutes les parties du corps, et le ventricule envoie le sang dans les branchies où il va se revivifier..

Le système nerveux est très simple; l'encéphale est très réduit. Les yeux sont généralement gros, et, à l'exception des squales, l'oreille interne seule existe; le tact réside surtout sur les barbillons et les filaments pêcheurs. Enfin il existe sur les flancs une ligne dite ligne latérale qui correspond à des organites nerveux; on pense que ces organes sensoriels servent à renseigner le poisson sur l'état du milieu ambiant.

« C'est sous l'influence du système nerveux [1] que se trouvent ces curieux appareils électriques qui existent chez quelques espèces... Le mieux connu de tous est celui de la torpille; l'appareil logé à la partie antérieure du corps, de chaque côté de l'encéphale, consiste en une multitude de tubes verticaux, disposés comme des rayons d'abeilles et cloisonnés en une série de petites cellules remplies d'un liquide gélatineux; cet appareil reçoit quelques branches très grosses du nerf pneumogastrique. Chez nos raies, un appareil électrique, mais de faible puissance, existe de chaque côté de la queue. Entre la peau des flancs et les muscles sous-jacents se trouve, chez un poisson du Nil et du Sénégal, le malaptérure, un organe particulier qui a la propriété de donner des commotions d'une grande force.

« L'anguille électrique ou gymnote, qui habite l'Amérique du Sud, et principalement les mares que l'on rencontre dans les plaines qui sont situées entre la Cordillère et l'Orénoque, possède au plus haut degré la propriété de produire l'électricité. L'appareil règne tout le long du dos et de la queue; il consiste en quatre faisceaux composés d'un grand nombre de lames membraneuses très rapprochées et unies par une multitude de petites lamelles placées de champ; ces petites lamelles sont remplies d'une matière gélatineuse; tout l'appareil reçoit de gros filets nerveux. »

Les poissons pondent des œufs, quelquefois en quantités prodigieuses. Il est vrai de dire que ces œufs sont soumis à des causes

1. BREHM. *Les Merveilles de la nature.* — SAUVAGE. *Les Poissons*, p. 28.

nombreuses de destruction. Les uns les pondent dans la mer, mais certaines espèces qui vivent dans la mer remontent les fleuves pour y déposer leurs œufs.

« On ne peut vraiment se faire une idée du nombre réellement énorme d'œufs que peut donner un seul poisson. Les saumons et les truites, qui appartiennent aux espèces qui pondent peu d'œufs, en ont cependant près de 25,000; une tanche a déjà près de 70,000 œufs; on en compte 100,000 chez le brochet et plus de 300,000 chez la perche commune; c'est par millions que se trouvent les œufs chez l'esturgeon. La mer, a-t-on pu dire avec raison, ne serait pas assez vaste pour contenir les poissons si tous les œufs pondus venaient à éclore et si tous les petits atteignaient la taille de leurs parents [1]. »

Les poissons existent depuis les âges les plus reculés de la terre; les débris les plus anciens proviennent du silurien supérieur, et c'est pendant les temps primaires qu'ils ont eu leur règne. Peu de formes de ces époques lointaines ont encore des représentants de nos jours.

Si l'étude des poissons offre un grand intérêt au naturaliste et au philosophe, ces poissons ont une importance considérable au point de vue économique, car leur pêche et leur préparation font vivre des populations entières.

Je n'ai pas ici à décrire les moyens employés à la pêche des poissons, mais il n'est pas sans intérêt de faire connaître l'utilité que présentent ces animaux à l'alimentation, à la médecine et à l'industrie.

M. le Dr Sauvage, aide-naturaliste honoraire au Muséum, et qui est actuellement directeur de la station aquicole de Boulogne-sur-Mer, nous donne à cet égard des renseignements précis :

« En France [2], dit-il, 82,324 hommes, montant 32,262 navires ou bateaux, jaugeant 151,325 tonneaux, se sont livrés à la pêche pendant l'année 1883, et ce, non compris les pêcheurs italiens qui viennent, avec leurs bateaux, exercer l'industrie des pêches sur nos côtes méditerranéennes; 52,994 personnes, hommes, femmes et enfants ont, en outre, pratiqué la pêche à pied sur les grèves. D'après les documents officiels, la valeur en argent des produits obtenus s'élève au chiffre de 107,226,921 francs.

« En Algérie, 4,960 marins, montant 1,122 bateaux d'une jauge totale de 3,551 ton-

1. Sauvage. *Loc. cit.*, p. 43.
2. Sauvage. *Loc. cit.*, p. 70.

neaux, se sont livrés sur les côtes aux différentes sortes de pêche, et la valeur des produits obtenus s'est élevée à 3,829,284 francs.

« D'après les documents officiels, en 1884, il a été consommé à Paris 23,586,791 kilogrammes provenant des ports français et 6,896,429 kilogrammes de provenance étrangère; pendant cette même année, on a consommé, en plus, en poissons d'eau douce, 2,436,680 kilogrammes, dont près de la moitié, soit 1,149,712 kilogrammes, fournis par l'étranger.

« Au point de vue de la provenance du poisson, voici les envois principaux des ports français : Boulogne, 2,808,542 kil. — Quimper, 2,264,304 kil. — Berk-sur-Mer, 2,115,436 kil. — Gravelines, 1,526,057 kil. — Brest, 1,129,374 kil. — La Rochelle, 991,737 kil. — Fécamp, 937,236 kil. — Calais, 385,196 kil. — Étaples, 834,126 kil.

Il y a certaines raies dont la peau fournit le galuchat, que l'on teint et qui sert à faire des étuis; les tubercules de la raie bouclée servent à faire de l'ichtyocolle. La peau rugueuse de certains requins est employée par les menuisiers, les ébénistes, pour polir les meubles.

On mange les œufs de l'esturgeon, que l'on connaît sous le nom de caviar, et sa vessie natatoire sert à faire de la colle de poisson. On extrait enfin une huile estimée en médecine du foie des raies et des requins; la morue fournit aussi de l'huile extraite du foie qui a une haute valeur médicale.

Mais il n'y a que les poissons qui sont estimés comme aliment qu'on élève, et cette éducation se nomme la *pisciculture*. De nos jours on élève des poissons depuis l'œuf; bien plus, on s'empare des œufs en pressant le corps de la femelle, on y verse la laitance du mâle, et après cette fécondation artificielle on place les œufs dans des auges spéciales. Les œufs éclosent et l'on entretient les alevins ou jeunes dans des bassins d'eau courante. Au bout d'un certain temps on peut les transporter et repeupler les rivières.

De tous les vertébrés, les poissons, avons-nous dit, sont les plus nombreux; aussi les naturalistes ont-ils eu plus de peine à les classer méthodiquement. Nous ne ferons pas l'historique des classifications proposées depuis Cuvier, et nous nous contenterons de grouper, avec les auteurs les plus compétents, les poissons en six ordres : 1° les Dipnés; 2° les Ganoïdes; 3° les Poissons à squelette cartilagineux qu'on nomme Chondroptérygiens ou Elasmobranches ou Plagiostomes; 4° les Poissons osseux ou Téléostéens; 5° les Cyclostomes; 6° les Leptocardes. Dans chacun de ces ordres nous indiquerons les types qui offrent le plus d'intérêt.

Fig. 559. — Le Requin petite roussette.

CHAPITRE VI

Les Dipnés. — Les Ganoïdes. — Les Chondroptérygiens.

Dans le chapitre précédent nous avons dit que les poissons respiraient au moyen de branchies; cependant il existe en différents points du globe des animaux dont les ancêtres remontent à une très haute antiquité (Dévonien et Carbonifère), et qui sont pourvus d'un appareil branchial peu développé, il est vrai, et de poumons au nombre de un ou de deux, constitués par la vessie natatoire modifiée; on les nomme les Dipnés, ce qui veut dire poissons ayant deux respirations.

Les uns, les *Protoptères*, se rencontrent en Afrique; d'autres, les *Lepidosiren*, vivent dans les parties les plus chaudes de l'Amérique du Sud; c'est enfin en Australie qu'on a découvert le *Ceratodus*, qu'on nomme là-bas *Barramunda*.

Ces animaux qui, comme on le voit, ont beaucoup de rapports avec les Batraciens, s'enfoncent dans la vase pendant la saison estivale, lorsque les fleuves ou les marécages se dessèchent, et en même temps ils garnissent de mucus le canal qu'ils forment en s'enfonçant, de sorte qu'il reste toujours ouvert, et lorsqu'ils se

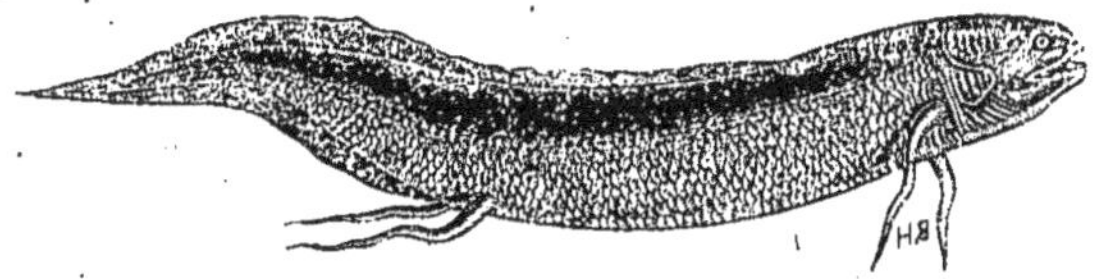

Fig. 560. — Lépidosiren paradoxal.

jugent suffisamment enfouis, ils garnissent leur retraite de mucus qui forme un cocon en se durcissant.

D'autres espèces, dont l'origine est encore fort ancienne, sont

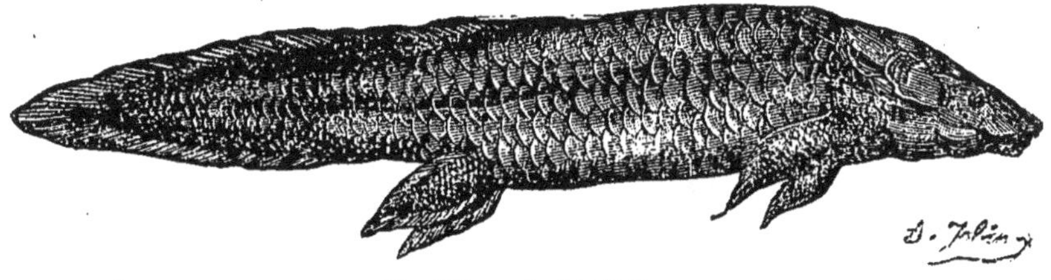

Fig. 561. — Le Cératodus.

réunies sous le nom de Ganoïdes, c'est-à-dire poissons à apparence brillante. En effet, leur corps est le plus souvent recouvert d'écailles solides à forme rhomboïdale ; quelques-uns ont cependant les

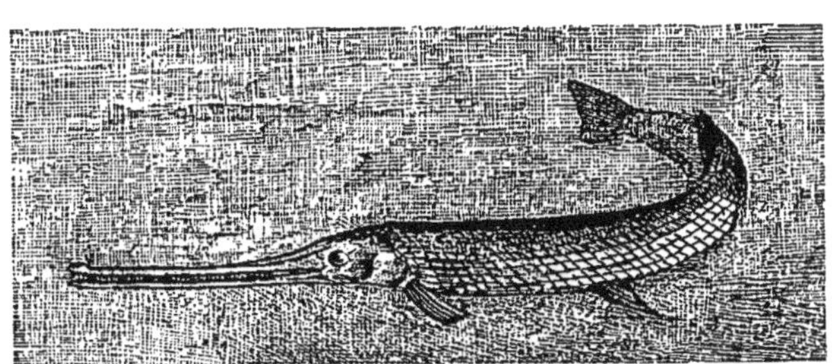

Fig. 562. — Le Lépidostée.

écailles arrondies ; d'autres enfin, et l'esturgeon est dans ce cas, présentent des écailles osseuses et épineuses en certains points du corps. Les Paleoniscus [1], de l'époque houillère, étaient des Ganoïdes

1. Voyez C. Flammarion. *Le Monde avant la création de l'Homme*, page 46, fig. 254.

de la famille des Lépidostéides, qui, de nos jours, sont en voie de disparition. Le Lépidostée, qui habite dans les grands fleuves de l'Amérique du Nord, a un squelette osseux ; ses longues mâchoires sont garnies de fines dents.

Les Polyptères, types d'une autre famille, sont confinés dans l'Afrique tropicale ; ils peuvent atteindre un mètre de long et ont la nageoire dorsale composée d'une série de petites nageoires ; c'est ce qui leur a valu leur nom.

Les Sturioniens, ou Esturgeons, ont le squelette cartilagineux ; en cela ils ressemblent aux requins, et leur queue, comme celle de

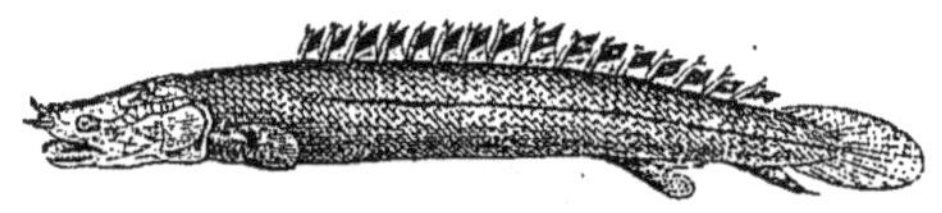

Fig. 563. — Le Polyptère Bichir.

ces derniers, est dite hétérocerque, c'est-à-dire que les lobes de la queue, au lieu d'être égaux et symétriques, comme cela se voit chez les poissons osseux qu'on nomme homocerques (la carpe, le maquereau, le hareng, etc.), les lobes, dis-je, sont inégaux. Cette disposition peut être facilement constatée sur les figures que nous donnons ici.

Les esturgeons se rencontrent principalement dans la mer Cas-

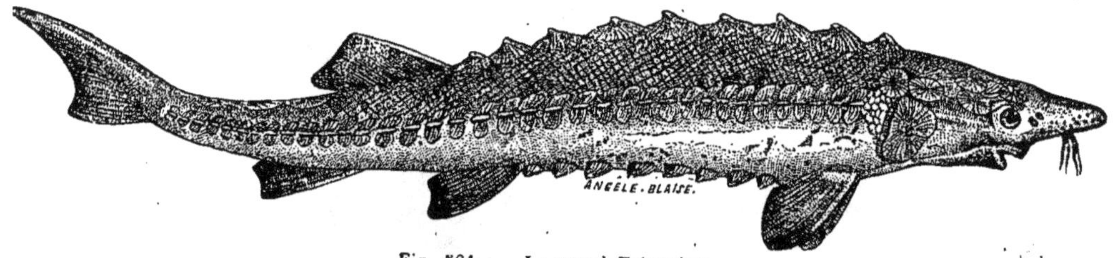

Fig. 564. — Le grand Esturgeon.

pienne, la mer Noire, la mer d'Azof, dans les grands lacs du Canada, et dans tous les fleuves qui s'y jettent. Ils se rencontrent aussi dans les parties septentrionales de l'Atlantique, sur les côtes américaines et européennes, et dans la Méditerranée. C'est au moment du frai qu'ils remontent les fleuves.

Le museau est prolongé en une sorte de pelle avec laquelle l'animal recherche sa nourriture dans les fonds vaseux; il n'a pas de dents, mais sa bouche, grâce à des muscles puissants, lui permet de prendre des proies même assez volumineuses. Ce sont les œufs de ce poisson que l'on mange en Russie sous le nom de Caviar, et sa vessie natatoire sert à faire de l'ichtyocolle; en outre, sa chair est savoureuse.

Nous citerons trois espèces d'Esturgeons: le grand Esturgeon, qui peut atteindre 6 mètres de long et qui vit principalement le long de nos côtes; puis l'Esturgeon ichtyocolle qui mesure de 6 à 8 mètres de long; enfin le Sterlet qui ne dépasse guère un mètre.

Voici déjà deux termes qui nous amènent des Batraciens aux

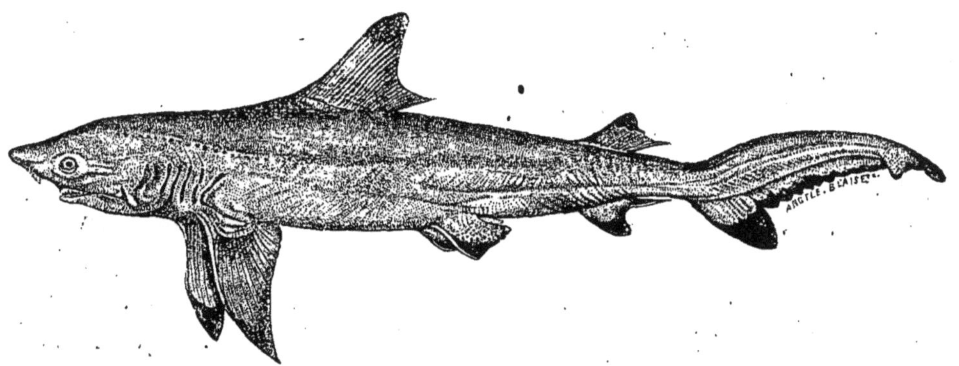

Fig. 565. — Le Requin mélanoptère.

Poissons cartilagineux ou Chondroptérygiens. Les premiers, les Dipnés, étaient pourvus de branchies et leur vessie natatoire modifiée jouait le rôle de poumon; les seconds, les Ganoïdes, respiraient par des branchies libres, et étaient pourvus de vessie natatoire, simple appareil hydrostatique; mais les derniers Ganoïdes dont nous nous sommes occupés avaient le squelette cartilagineux et étaient hétérocerques. Ces deux caractères se retrouvent chez les poissons dont nous allons nous occuper; mais au lieu d'avoir une seule fente branchiale, ils ont plusieurs trous par où s'échappe l'eau, les branchies étant adhérentes à la peau par le bord externe, de sorte qu'il y a, sur les côtés du cou, autant de trous percés dans la peau qu'il y a d'intervalles entre les branchies. En outre, la vessie natatoire manque, l'intestin est pourvu d'une valvule spirale, sorte de repli de la membrane; il y a un bulbe aortique garni de valvules; et enfin les nerfs optiques forment un chiasma, comme chez les vertébrés supérieurs.

Les Requins ou Squales, les Raies, les Chimères, sont les trois types de poissons cartilagineux.

Les Requins ont le corps allongé, de grandes nageoires pectorales, le museau assez pointu, aplati, et la bouche située en dessous, armée généralement de grandes dents plates et coupantes sur les bords. Il y a souvent des réserves de dents, de telle sorte que si l'animal en perd, les dents placées en réserve se redressent. Nous ne pouvons citer toutes les espèces de requins; mais nous pouvons dire que la plupart sont des adversaires redoutables lorsqu'on tombe

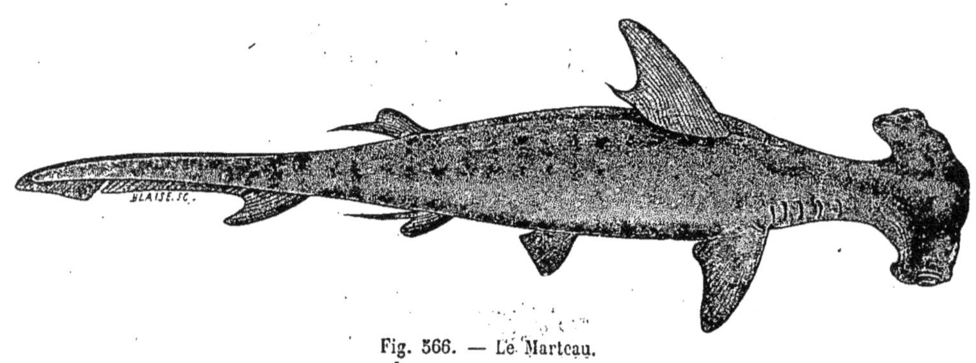

Fig. 566. — Le Marteau.

dans les eaux où ils pullulent. Ils suivent les bâtiments en marche, profitant de ce qu'on jette par-dessus le bord pour en faire leur nourriture. Je n'oublierai pas que, pendant le voyage du *Talisman*, alors que nous étions sous les tropiques, le navire était constamment suivi par des bandes de requins dont plusieurs furent pris à l'émérillon, amorcé avec du lard; un jour j'en comptai vingt qui se disputaient l'amorce. Ce sont des animaux voraces, et, dans les parages où ils sont nombreux, malheur au marin qui tombe à l'eau! Pour saisir leur proie, les requins sont obligés de se retourner, leur bouche étant située en dessous de la tête. Leur force musculaire est telle que j'ai vu un requin de 2 mètres de long, pris à l'émérillon, redresser cet hameçon et s'échapper.

Les Requins proprement dits (*Carcharias*), les Émissoles, les Marteaux, les Lamies, les Pèlerins, les Renards, les Roussettes, les Liches, les Anges, sont autant de groupes de ces féroces animaux.

Les Marteaux ont cela de particulier que la tête a la forme d'un marteau, parce que les apophyses de l'orbite, réunies en une lame cartilagineuse, portent les yeux à chacune des extrémités.

Le Squale pèlerin peut atteindre 14 mètres de long; cependant ce n'est pas un des plus dangereux.

Ces poissons sont ovovivipares, ou pondent, au contraire, des œufs enveloppés dans des coques dures, qui le plus souvent ont une forme rectangulaire, et offrent aux quatre coins, chez certaines espèces (les roussettes), des filaments qui s'accrochent aux plantes

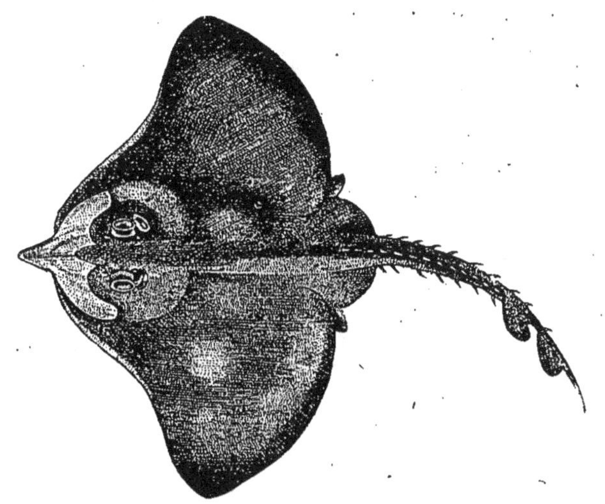

Fig. 567. — La Raie bordée.

marines. On trouve souvent au bord de la mer des œufs de raie rejetés sur le rivage.

Les Raies sont généralement aplaties et les ouvertures des branchies sont sur la face inférieure; cependant il y a dans ce sous-ordre des genres plus allongés, qui ressemblent beaucoup aux requins; tels: les Scies, qui doivent leur nom au singulier prolongement du museau aplati, garni de dents nombreuses et qui peut avoir un grand développement. Mais les Raies qu'on voit souvent sur les marchés sont plates, ont les nageoires pectorales très développées, une longue queue; les unes ont des dents pointues, d'autres des dents aplaties qui forment comme des mosaïques. Certaines espèces, comme la raie Batis, peuvent atteindre 2 mètres de longueur.

L'une des espèces bien connues est la *Raie bouclée*, qui a le dessus du corps garni d'aspérités parmi lesquelles se trouvent les boucles, sortes de boutons arrondis et garnis d'une épine.

Les Raies nagent en ondulant et se tiennent constamment sur le sol sous-marin, plus ou moins enfouies dans le sable.

Les Pastenagues sont des raies dont la queue se termine par un long filament et est garnie de plusieurs piquants acérés. Ces espèces sont fort redoutées : car, si l'animal a peur, il enlace sa queue autour de l'objet qui a causé sa frayeur, et si c'est précisément la jambe d'un pêcheur, les piquants pénètrent dans la chair et amènent des douleurs très vives.

Les Torpilles, qui appartiennent au groupe des Raies, ont des organes électriques qui leur permettent de donner des secousses pouvant engourdir le bras qui les touche, et tuer des animaux de petite taille. Il y a une paire d'organes électriques situés de chaque côté du corps en arrière de la tête.

« La décharge que donne la Torpille a toutes les propriétés du courant électrique ; avec elle on peut faire dévier l'aiguille magnétique, décomposer l'eau, opérer des compositions et des décompositions chimiques, produire des étincelles. On a constaté que le courant a une direction verticale, la face supérieure du diaphragme étant positive, tandis que la face inférieure, à laquelle se rendent les fibres nerveuses, est négative.

« La décharge de la Torpille est volontaire et l'animal la donne soit qu'étant saisi avec la main il veuille se défendre, soit qu'il se propose d'étourdir ou de tuer sa proie. Pour recevoir le choc, il faut prendre l'animal par deux points différents, de manière à fermer le circuit ; avec une torpille de bonne taille, ce choc est violent, et on le ressent souvent jusque dans la poitrine. Lorsque la torpille a donné un premier choc, on constate que le second est souvent moins violent ; les secousses s'affaiblissent de plus en plus, et après un certain nombre de décharges, l'animal ne produit plus d'électricité ; il lui faut un certain temps pour recharger sa batterie. » [1]

Les Chimères et les Callorhynques, par lesquels nous terminerons ce qui a trait aux poissons cartilagineux, ressemblent aux requins ; mais certains caractères anatomiques ont déterminé les naturalistes

1. Sauvage. *Loc. cit.*, p. 167.

à créer pour eux un ordre à part, celui des Holocéphales, dont la mâchoire supérieure est réunie au crâne. Ces poissons, qui étaient très abondants pendant les époques primaires, sont maintenant en voie de disparition.

La Chimère monstrueuse que nous représentons ici est bizarre ; son corps est allongé et terminé par une longue queue grêle. La tête se termine par un museau mou, pointu, triangulaire, et, chez les mâles, il y a entre les yeux un appendice dirigé en avant.

Fig. 568. — La Chimère monstrueuse.

Une forte épine dentelée est située en avant de la première nageoire dorsale.

Cette espèce, dont la chair n'est pas mangeable, vit dans l'Océan Atlantique et la Méditerranée.

Chez les Chimères il y a quatre poches branchiales, s'ouvrant par quatre ouvertures séparées, mais recouvertes par un pli membraneux et par un opercule rudimentaire.

Fig. 569. — L'Épinoche et son nid.

CHAPITRE VII

Les Téléostéens. — Les Acanthoptérygiens.

Les Télostéens, c'est-à-dire les poissons dont le squelette est osseux, sont les plus nombreux de tous. Ce sont aussi ceux que l'on voit le plus souvent, que les pêcheurs à la ligne connaissent le mieux, et qui, dans beaucoup de contrées du monde, forment la base de l'alimentation. Cependant il ne faudrait pas croire que tous les Téléostéens sont bons à manger; il y en a dont la chair est malsaine et peut même occasionner la mort (1).

Aux caractères fournis par le squelette, il faut ajouter que les branchies sont libres et qu'il n'y a qu'un seul opercule externe. En cela ils ressemblent aux Ganoïdes.

Quand on cherche à les grouper méthodiquement, on éprouve tout d'abord de grandes difficultés. Notre grand naturaliste Georges

1. Les *Tetrodons*, parmi les Plectognathes.

Cuvier est arrivé cependant à les classer d'après les rayons et la position de leurs nageoires.

Cuvier a établi l'ordre des *Lophobranches* pour des poissons dont le corps est cuirassé, dont la bouche est privée de dents et forme un museau allongé, enfin dont les branchies sont disposées en houppes, avec un orifice branchial très étroit. Le Cheval marin ou Hippocampe rentre dans ce groupe ainsi que les Syngnathes, qui ont une apparence de petits serpents et qui sont très communs sur nos côtes. Les Hippocampes peuveut enrouler leur queue après les plantes marines; mais, ce qui est particulièrement bizarre, c'est que les mâles sont chargés de soigner les œufs; ils ont à la base de la queue, sous le ventre, deux replis de la peau dans lesquels ils reçoivent les œufs qu'ils portent ainsi avec eux.

Fig. 570.
L'Hippocampe ou Cheval marin.

Cuvier a rangé dans un second ordre, sous le nom de Plectognathes, des espèces à corps globuleux ou comprimé latéralement et dont le maxillaire supérieur et l'intermaxillaire sont soudés au crâne et par conséquent immobiles. La bouche est étroite et garnie de dents très grandes, peu nombreuses.

Ils sont le plus souvent privés de nageoires ventrales et leur peau épaisse a l'aspect d'une cuirasse ou bien est épineuse. Quelques-uns, les Diodons, à corps globuleux et épineux, se gonflent et peuvent flotter à la surface de la mer, en remplissant d'air une grande poche qui dépend de l'œsophage; ils ressemblent alors à une châtaigne ou à un hérisson, et l'un d'eux porte même le nom de *Hérisson de mer*. C'est dans les parties tropicales de l'Atlantique et de la mer des Indes qu'on les rencontre.

Le *poisson lune* ou *Môle*, qui peut atteindre 2 mètres de long, a le corps haut, comprimé latéralement, sans queue, ce qui lui donne le plus singulier aspect qu'on puisse imaginer.

Les *Tetrodons*, dont plusieurs espèces vivent dans l'eau douce, sont considérés comme malsains ; leurs œufs sont vénéneux.

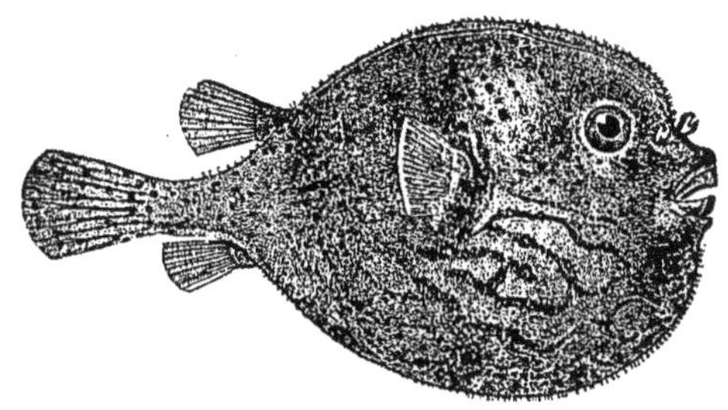

Fig. 571. — Le Tetrodon du Nil.

D'autres, qu'on nomme *Ostracions* ou *Coffres*, ont le corps enfermé dans une véritable cuirasse, comme les anciens chevaliers.

Les Perches, les Maquereaux, les Épinoches ; puis les Morues, les Merlans, les Limandes, les Soles ; enfin les Carpes, les Truites, les Harengs, les Anguilles, forment trois groupes que chacun connaît beaucoup mieux que les précédents.

C'est d'après la structure des rayons des nageoires que Cuvier a divisé ces poissons en deux ordres, les *Acanthoptérygiens* et les *Malacoptérygiens*.

Les premiers sont ainsi nommés parce qu'ils ont aux nageoires des rayons épineux (ἄκανθα, épine ; πτέρυξ, πτέρυγος, nageoire). Presque

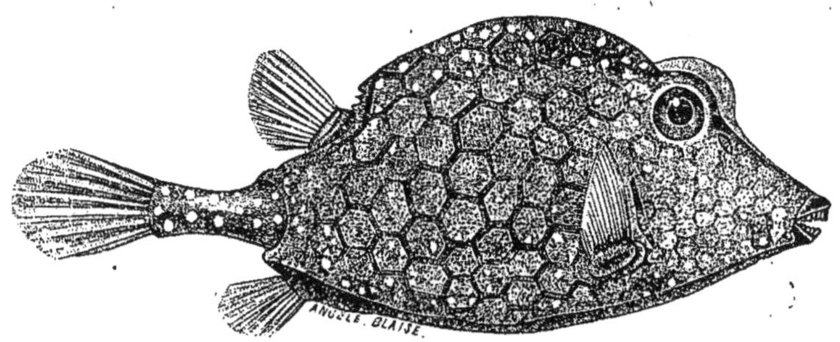

Fig. 572. — Le Coffre ou Ostracion triangulaire.

toutes les espèces de ce groupe sont marines ; cependant il y en a comme les perches, qui vivent dans les eaux douces. La perche de rivière est un de nos plus beaux poissons ; la couleur du corps est d'un gris azuré avec des bandes d'un brun foncé ; la première nageoire dorsale est bleuâtre, la seconde jaune verdâtre, et les pectorales sont d'un jaune rougeâtre, enfin l'anale et la caudale sont d'un rouge vif. Elle se tient sur la rive, là où le courant n'est pas très rapide. C'est un poisson très vorace, qui dévore aussi bien les autres poissons que les grenouilles, les salamandres, les mollusques et les vers. Elle est belle à voir lorsqu'étant excitée, elle relève ses nageoires.

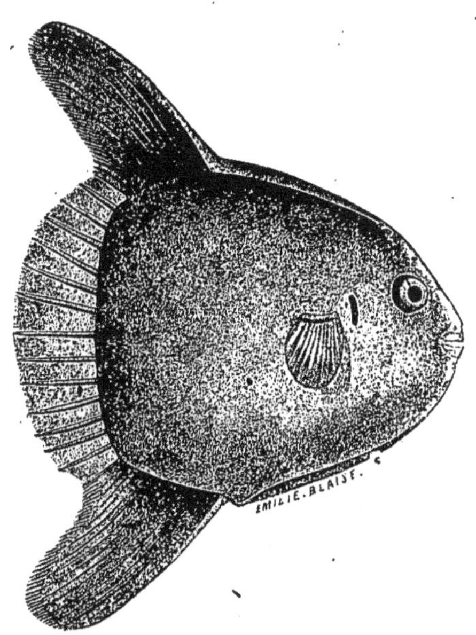

Fig. 573. — Le Mole ou Poisson lune.

Dans les eaux douces vivent également de petits poissons d'un vert argenté, quelquefois ornés de teintes rouges et bleues : ce sont les Épinoches. Leur nom leur vient de ce qu'ils ont d'énormes rayons épineux sur le dos et sur les côtés du corps.

Malheur au poisson qui, trop vorace, veut les avaler, car les Épinoches lévent alors leurs piquants et lardent leur imprudent ennemi.

Les Épinoches n'abandonnent pas leurs œufs, construisent des

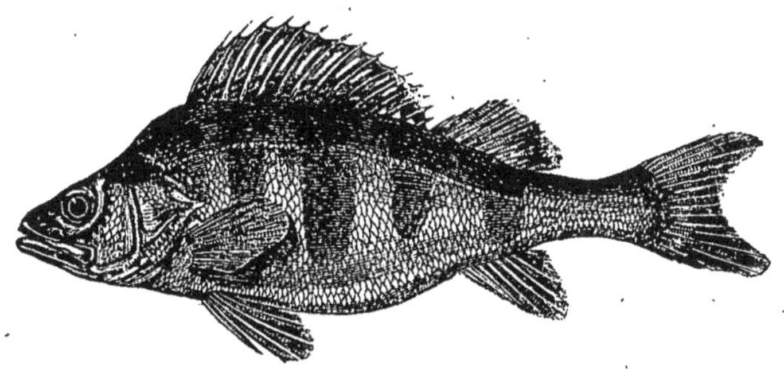

Fig. 574. — La Perche commune.

nids pour les mettre à l'abri et les gardent avec un soin jaloux. Ces nids sont tantôt façonnés dans la vase, tantôt formés de brindilles d'herbe et fixés parmi les plantes aquatiques. Nous regrettons que la place nous manque, car nous aurions voulu citer M. Émile Blanchard, qui a savamment décrit d'une manière élégante les mœurs des poissons de nos eaux douces; nous renvoyons le lecteur à son ouvrage [1].

Dans la mer tropicale des Indes, vivent les plus beaux poissons qu'on puisse imaginer, rivalisant par le brillant et la variété de leurs couleurs avec les papillons et les oiseaux-mouches les plus éclatants. Leur corps est comprimé latéralement et plus haut que long en général. On les a nommés Squammipennes, parce que les nageoires dorsale et anale sont en partie recouvertes d'écailles.

Les Chaetodon, parmi cette famille, sont admirables par leurs couleurs; mais les plus intéressants sont les Archers, qu'on rencontre à Java, qui sont plus ternes et qui habitent l'archipel indien, depuis les Indes néerlandaises jusqu'au nord de l'Australie. Ces curieux animaux savent lancer des gouttes d'eau à une grande hauteur et atteignent les insectes posés sur les plantes des rivages : ceux-ci tombent à l'eau et le poisson les gobe. « A peine ces Archers ont-ils vu leur proie qu'ils montent à la surface de l'eau, restent immobiles pendant quelque temps, fixent attentivement l'insecte, puis, avec une sûreté merveilleuse, projettent quelques gouttes d'eau qui font presque toujours tomber l'animal visé; s'ils le manquent, ils nagent pendant quelques instants, puis recommencent la même manœuvre. » [2]

Fig. 575. — Le Chaetodon de Meyer.

Le Bar, la Daurade, le Mulle Rouget sont encore des Acanthoptérygiens. Ce dernier est commun dans la Méditerranée et ne doit

1. Blanchard. *Les Poissons des eaux douces de la France.*
2. Sauvage. *Loc. cit.*, page 209.

pas être confondu avec le Grondin ou faux Rouget, très commun sur nos côtes et dont la chair n'est pas, à beaucoup près, aussi délicate. Le Grondin ou Trigle hirondelle (Voyez la planche 5 de cet ouvrage) est d'une belle couleur rose jaunâtre, avec les nageoires pectorales violettes. La tête est grosse, cuirassée, armée d'épines, et trois rayons de la nageoire pectorale sont détachés et servent à l'animal à marcher sur le sable du fond de la mer, ce sont des organes tactiles. La nuit ils émettent souvent des lueurs phosphorescentes.

Fig. 576. — L'Archer (*Toxotes jaculator*).

Dans cette famille des *Joues-cuirassées* se range près des Grondins le Chabot de rivière, qui a cette grosse tête épineuse, le Dactyloptère volant qui peut atteindre 30 à 40 centimètres de long, et qui est d'un brun rougeâtre. La tête est grosse et courte et le corps est allongé. Les nageoires pectorales sont divisées en deux parties : l'antérieure qui est courte, et la postérieure qui est longue et qui peut s'ouvrir en éventail. Ce caractère se retrouve dans une autre famille, chez l'Exocet. Lorsqu'ils sont poursuivis par de gros poissons, toute la troupe, grâce à ces larges nageoires, véritables ailes, se soulève hors de l'eau, s'élève jusqu'à 5 ou 6 mètres, puis parcourt 100 à 150 mètres pour replonger ensuite. Mais lorsque ces poissons espèrent échapper à leurs ennemis en quittant l'eau, ils deviennent la proie des oiseaux de mer en volant ainsi au-dessus des vagues.

ANIMAUX MARINS DE PETITES PROFONDEURS

Labrus mixtus	Homarus vulgaris	Trigla hirundo
La coquette bleue	Homard commun	Grondin ou faux rouget

Dans la Méditerranée vit une espèce de la même famille, fort estimée des Marseillais, c'est la *Rascasse* ou *Scorpène*, qui est l'un des poissons qui servent à confectionner la *bouillabaisse*. La tête est épineuse et l'on prétend que ces épines peuvent causer de sérieuses blessures. Ce ne sont pas les seules espèces dont on redoute les

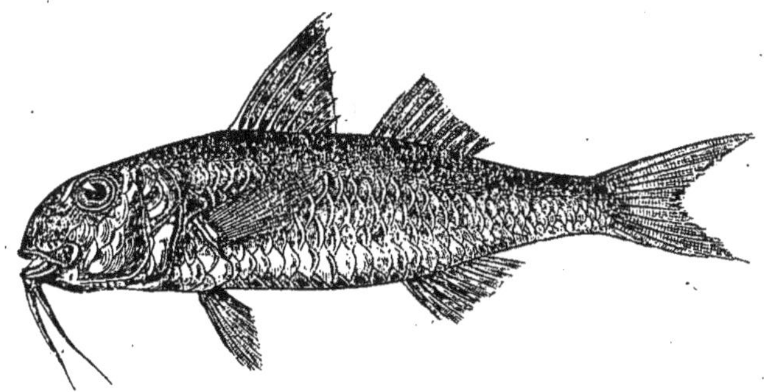

Fig. 577. — Le vrai Rouget.

piqûres : ainsi les Vives, qui sont rangées dans une famille voisine, et dont le corps est allongé, comprimé, ont des rayons épineux très acérés à la nageoire dorsale, et, comme elles vivent enfouies dans le sable, on peut marcher dessus et se blesser ; on assure même qu'elles savent frapper leurs ennemis avec ces rayons épineux.

« Nous voilà arrivés à l'une des familles de poissons les plus

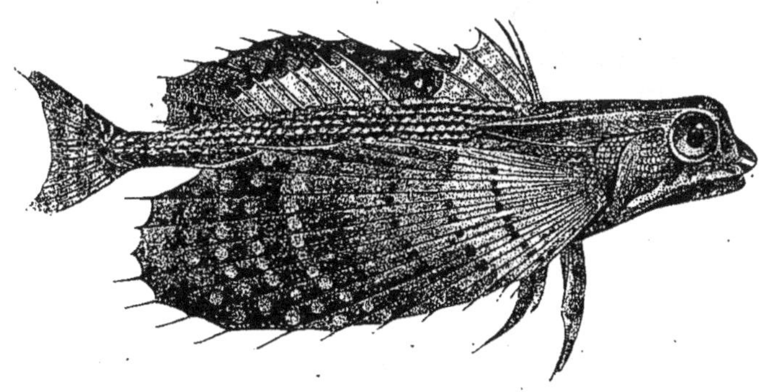

Fig. 578. — Le Dactyloptère volant.

utiles à l'homme, et par leur goût agréable, et par leur volume, et surtout par leur inépuisable reproduction, qui les ramène chaque année dans les mêmes parages, et les offre comme une proie facile à l'activité des pêcheurs et à l'industrie de ceux qui possèdent l'art de les préparer et de les conserver. La famille des Harengs peut seule, dans la classe des poissons, le disputer à celle des Scombres. Il n'est personne qui n'ait entendu parler du Thon, de la Bonite et du Maquereau, ainsi que des captures et des excellentes salaisons que l'on en fait dès la plus haute antiquité. » (1)

Ainsi s'exprimaient Cuvier et Valenciennes en parlant de la grande famille des Scombéroïdes, qui contient des espèces intéressantes tant au point de vue de l'alimentation qu'au point de vue zoologique pur.

Fig. 579. — La Scorpène ou Rascasse.

Le corps des espèces qui composent cette famille est allongé, revêtu d'une peau argentée, nue ou couverte de petites écailles. Leur nageoire caudale est échancrée en demi-lune. Les opercules sont lisses et la deuxième nageoire ventrale est divisée en une série de petites rames appelées *fausses nageoires*. Les Scombres ou Maquereaux

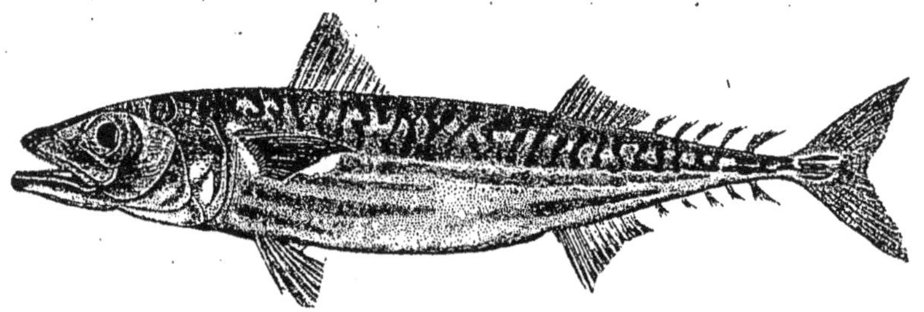

Fig. 580. — Le Maquereau.

sont d'une couleur argentée sur le ventre, d'un bleu vert foncé sur le dos avec des reflets moirés.

On mange le maquereau frais ou salé, et la pêche de ce poisson très estimé, sur les côtes de la Grande-Bretagne, rapporte environ 4 500 000 francs par an.

1. Cuvier et Valenciennes. *Histoire naturelle des Poissons*, tome VIII, p. 1.

Les Thons atteignent une taille considérable ; on en trouve qui ont 4 mètres de long et pèsent 600 kilogrammes ; en somme ce sont des maquereaux géants. Ils nagent en bandes nombreuses, et bondissent souvent hors de l'eau comme les marsouins. Mais tandis que les thons poursuivent les harengs et les sardines, ils sont pourchassés à leur tour par les cétacés et les requins. La pêche du thon, qui se fait avec un filet du nom de madrague, a une grande importance dans certains pays, en Sardaigne, par exemple, et l'on prépare la chair de diverses manières ; dans notre pays le thon est généralement conservé dans l'huile d'olives.

L'Espadon, qui est commun dans la Méditerranée, aux environs

Fig. 581. — L'Espadon.

de Nice, de Cette, est proche parent du thon, mais son maxillaire supérieur est allongé en forme de glaive, et c'est au moyen de cette arme qu'il perfore des poissons. Plusieurs voyageurs disent même qu'il attaque la baleine ; Pline allait jusqu'à prétendre qu'il perforait les navires !

Dans les mers chaudes, on trouve un beau poisson de 25 à 30 centimètres de long, le Naucrates ou Pilote. Pourquoi ce nom de Pilote ? — Il est fort justifié, car cet animal semble guider les requins, ou du moins est toujours à côté de ces terribles écumeurs des mers. J'ai pu voir dans les parties chaudes de l'Atlantique, aux environs des îles du Cap-Vert, de ces pilotes gris bleuâtre avec des bandes d'un bleu foncé, accompagner presque toujours les requins qui suivaient le *Talisman*, notre navire. Le Pilote était toujours *au-dessus* du requin à un mètre de distance, et cherchait à saisir les amorces que nous lancions aux requins ; cependant nous ne pûmes en prendre un seul. Chose curieuse : le pilote effrayé disparaissait-il, aussitôt le requin s'éloignait, comme s'il eût été averti d'un danger par la fuite de son petit compagnon. Jamais je n'ai vu le requin chercher à l'attaquer.

Fig. 582. — Le Rémora.

Bien curieux est le Rémora, poisson beaucoup plus petit, et qui peut se fixer aux corps flottants ou même au ventre des requins, grâce à une série de sortes de ventouses qu'il a sur la tête. Il n'est pas le seul poisson

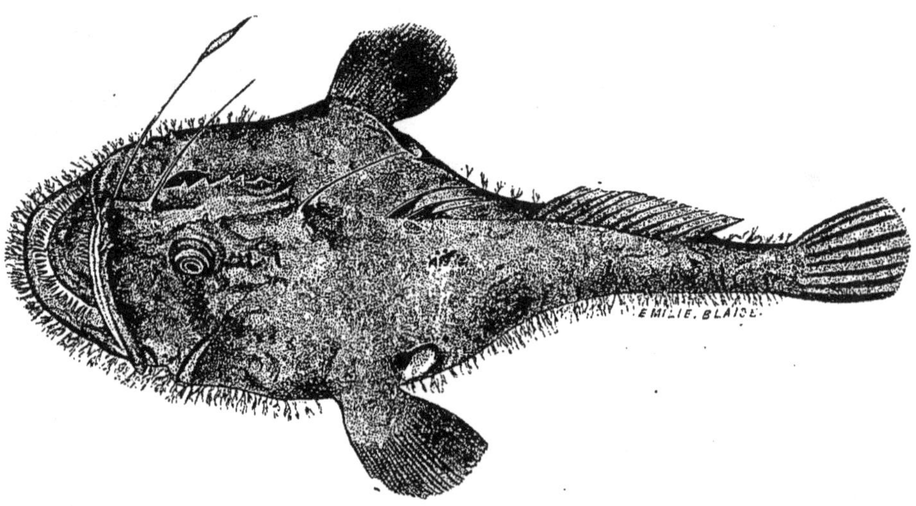

Fig. 583. — La Baudroie.

qui puisse se fixer. Ainsi le *Lepadogaster* qui vit sur les côtes de France et d'Angleterre, et qui n'atteint guère que 6 centimètres de long, a les nageoires ventrales réunies pour former une sorte de ventouse, à l'aide de laquelle il adhère sur les roches du fond de la mer.

Dans la Manche, dans l'Atlantique et la Méditerranée on trouve communément de curieux poissons qui peuvent atteindre une longueur de 2 mètres : ce sont les Baudroies, au corps ramassé, aplati, à la tête énorme, à la gueule largement fendue, et dont le dos est armé d'aiguillons et de filaments pêcheurs ; on les a appelées souvent des Crapauds de mer. La peau est molle et tuberculeuse, sans écailles.

« La Baudroie se tient au fond de l'eau, à demi enterrée, et guette ainsi sa proie ; si un animal se trouve à sa portée, elle fond sur lui et le dévore. Quant à la victime, la Baudroie ne semble pas être fort difficile. Couch rapporte qu'un pêcheur qui avait pris un Églefin à l'hameçon, s'aperçut que ce poisson venait d'être happé par une Baudroie de grande taille ; une autre fois ce fut un énorme Congre que la Baudroie venait de saisir, après que l'anguille de mer avait été capturée. Des pêcheurs ont affirmé à Couch que parfois la Baudroie est vorace à ce point qu'elle se jette sur les lièges qui tiennent les filets, et que plutôt que de lâcher l'objet elle est hissée à bord, tenant toujours les engins dans sa vaste gueule ; si on remonte la Baudroie dans le filet, elle n'en continue pas moins à nager et s'empare de ses compagnons de captivité, principalement des Pleuronectes. » (1)

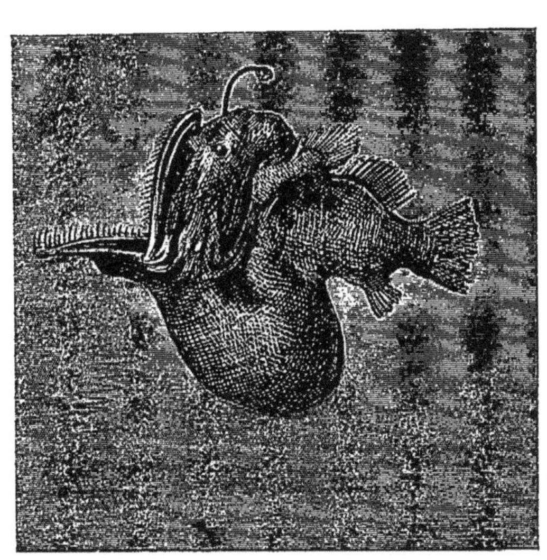

Fig. 584. — Mélanocète de Johnston.

Enfoncée dans la vase ou cachée sous des plantes marines, elle agite ses filaments pêcheurs et attire ainsi les poissons qui nagent auprès d'elle ; elle les gobe s'ils s'approchent trop près.

Le Mélanocète de Johnston, capturé pendant l'expédition du

1. Sauvage. *Loc. cit.*, page 307.

Talisman, à 2516 et 4789 mètres de profondeur dans l'Atlantique, est voisin de la Baudroie. Il a un filament pêcheur sur la tète, une gueule large, armée de dents pointues, et une énorme poche stomacale.

Dans une famille voisine, celle des Gobiides, prend place une curieuse espèce, le Périophtalme, dont la taille ne dépasse guère 15 centimètres, et qui se rencontre à l'embouchure des fleuves, sur les bords des marigots, sur les côtes de l'Océan Indo-Pacifique et de l'Atlantique. Le corps est allongé et les yeux, très saillants, sont situés l'un près de l'autre sur le dessus de la tête; sa couleur est d'un bleu clair avec des taches brunes et argentées, avec une bande noire sur les côtés du corps. Ce poisson est constamment hors de l'eau, et peut rester à l'air pendant plusieurs heures, grâce à la disposition spéciale de l'appareil branchial. Ce ne sont pas les seuls poissons qui puissent rester hors de l'eau; ainsi l'Anabas, qui appartient à la famille des Pharyngiens labyrinthiformes, a les os pharyngiens divisés en feuillets, formant ainsi de petites loges où l'eau peut séjourner et entretenir les branchies humides. L'Anabas vit dans l'Inde et dans l'archipel malais; il sort de l'eau, grimpe sur les arbres qui sont sur le rivage, grâce aux épines qui arment la tête. Le Macropode, qui est originaire du sud de la Chine, et qu'on voit maintenant dans les aquariums, est orné des plus brillantes couleurs, et le mâle, après la ponte de la femelle, prend les œufs un à un dans sa bouche et va les porter dans une écume qu'il prépare d'avance à la surface de l'eau.

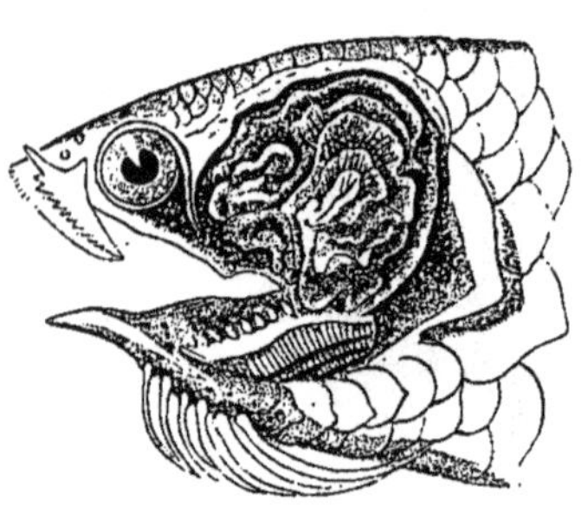

Fig. 585. — Tête d'Anabas.

L'Acanthure chirurgien (voy. fig. 555, p. 811) est bien extraordinaire. C'est un poisson à corps élevé, mais aplati latéralement et qui a, de chaque côté de la queue, une forte épine mobile; sa bouche, qui avance, est garnie de dents assez régulières. — Il vit dans la mer des Indes.

Un autre poisson, le Régalec de Banks, a le corps comprimé latéralement, et, comme il peut atteindre 4 mètres de long, il ressemble à un immense ruban argenté. On en a capturé dans la Médi terranée, dans l'Atlantique, dans l'Océan Indien et sur les côtes de la Nouvelle-Zélande.

Les Labres, qu'on appelle sur nos côtes *Vieilles de mer, Perroquets de mer,* sont ornés des plus belles couleurs. On en pourra juger par la figure que nous en donnons à la planche V de cet ouvrage, sous le nom de *Labrus mixtus,* ou Coquette bleue.

Enfin nous terminerons ce qui a trait aux Acanthoptérygiens en citant des poissons très voisins des précédents, les Chromis, qui habitent les eaux douces de l'Afrique et de la Palestine ; dans le lac

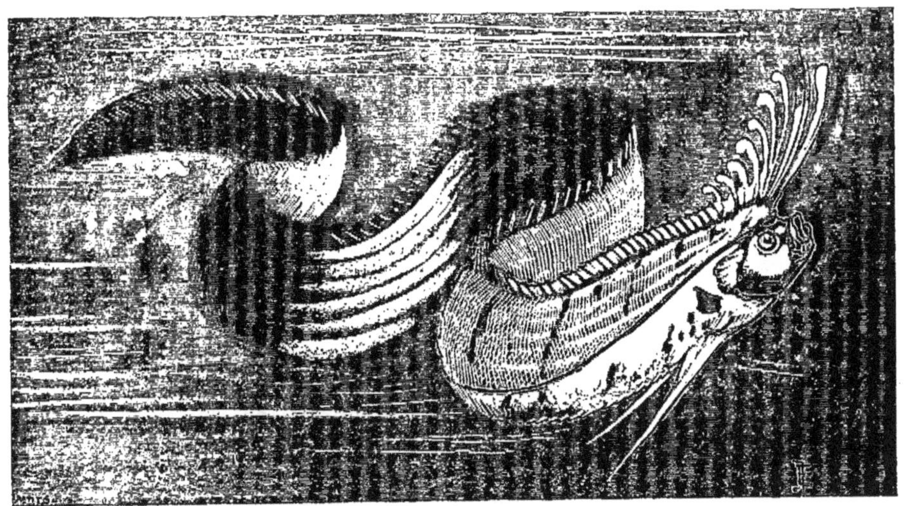

Fig. 586. — Le Régalec de Banks.

de Tibériade, ils fourmillent littéralement en bandes énormes. Le mâle s'occupe de l'incubation des œufs ; mais, tandis que nous avons vu le Macropode mâle placer les œufs dans de l'écume, le Chromis les prend dans sa bouche, et ses joues se gonflent d'une façon étrange. Les œufs subissent ainsi leur développement et après l'éclosion, les petits (200 environ) demeurent dans cette retraite. Le Chromis père de famille (c'est ainsi qu'on le nomme) peut se nourrir sans avaler sa progéniture. Lorsqu'ils sont longs d'un centimètre et qu'ils peuvent nager avec assez d'agilité pour échapper à leurs ennemis, ils quittent leur première demeure.

Fig. 587. — La Loricaire cataphractée.

CHAPITRE VIII

Les Malacoptérygiens. — Les Cyclostomes. — Les Leptocardes.

Nous avons vu dans le chapitre précédent les Poissons Téléostéens qui présentaient à leurs nageoires des rayons épineux. Ceux qui nous occuperont maintenant sont les Malacoptérygiens de Cuvier, c'est-à-dire ceux dont les rayons de nageoires sont mous.

Cuvier les a divisés en deux grands groupes d'après la position respective de leurs nageoires pectorales et ventrales; d'où les noms de Malacoptérygiens subbrachiens, lorsque les nageoires ventrales sont situées sous l'appareil branchial, et de Malacoptérygiens abdominaux, quand ces nageoires ventrales sont placées sous le ventre. Mais Müeller a modifié ces dénominations et a désigné les premiers par le terme d'*Anacanthiniens* et les seconds par le mot de *Physostomes.*

Les Anacanthiniens se rapprochent des Acanthoptérygiens par leur conformation interne et par l'absence de canal aérien à la vessie natatoire; les Physostomes ont les branchies pectinées et présentent toujours une vessie natatoire pourvue d'un canal aérien.

Si les Anacanthiniens ne sont pas nombreux en familles, la plupart des espèces ont une grande importance au point de vue économique.

La Morue a un intérêt tout particulier, car on la pêche pour sa chair et pour l'huile que l'on retire de son foie. Le corps est allongé, la peau est visqueuse et recouverte de petites écailles molles. Il y a trois nageoires dorsales et l'on remarque un barbillon en-dessous de la mâchoire.

L'Églefin, le Merlan, la Merluche, la Lotte, sont des poissons de la même famille, mais plus petits que la Morue, qui peut atteindre un mètre de long. Chaque année 10 000 pêcheurs environ partent de nos côtes de Bretagne et de la Manche pour aller pêcher la morue

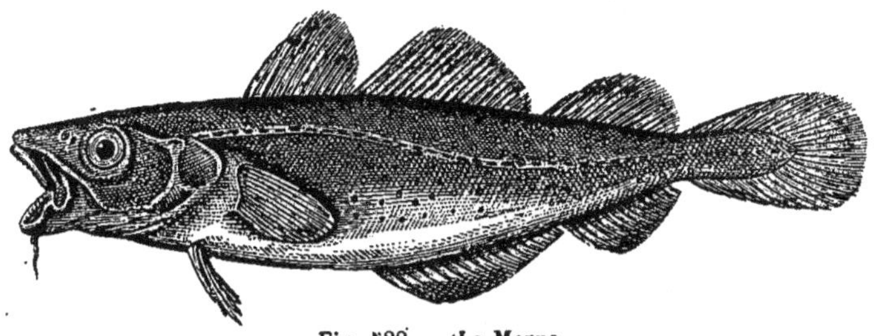

Fig. 588. — La Morue.

dans les mers du Nord, sur les côtes de Terre-Neuve et de l'Islande. Mais les Norvégiens, les Anglais et les Américains pêchent encore plus activement ce poisson.

A l'époque du frai, c'est-à-dire vers le mois de février, les Morues ou Cabillaus s'approchent des côtes en troupes serrées, sur plusieurs mètres d'épaisseur, et vont déposer leurs œufs sur les bancs de sable. Cette pêche de la morue est fort dangereuse dans ces parages glacés, où les brouillards peuvent empêcher les marins de distinguer leur route, et où la mer est souvent très mauvaise; et l'on déplore malheureusement la perte de plusieurs barques chaque année. Lisez le roman de Pierre Loti : *Pêcheurs d'Islande*, c'est un tableau saisissant de la vie de ces courageux marins.

A peine sorties de l'eau les morues sont salées, empilées, puis, lorsqu'on arrive à terre, on les sèche sur les rochers ou suspendues à des cordes.

Sur les côtes de France et de la Grande-Bretagne on trouve

souvent, enfouis dans le sable, des petits poissons très allongés qu'on nomme les Équilles ou Lançons, et dont le nom scientifique est Ammodyte. Ils sont excellents frits, et servent d'appât pour plusieurs pêches. « Les Ammodytes, dit Sauvage, sont de petits poissons qui vivent exclusivement dans le sable, dans lequel ils disparaissent avec une étonnante rapidité. Si l'on prend un de ces animaux et qu'on le place sur le sable, on le voit se contourner en spirale et, s'aidant de sa mandibule, qui est fort pointue, creuser un trou dans lequel il s'ensevelit avec tant de vitesse, que bientôt toute trace en a disparu..... on le tire de son trou avec un crochet, ou avec de longs râteaux; on employait autrefois la charrue et la herse. » (1)

Tous les poissons que nous avons étudiés jusqu'ici sont symétriques, c'est-à-dire que la colonne vertébrale partage leur corps en deux parties symétriques. Mais il y a certaines espèces asymétriques : ce sont les poissons plats ou Pleuronectes, dont les plus connus sont les Soles, les Limandes, les Turbots.

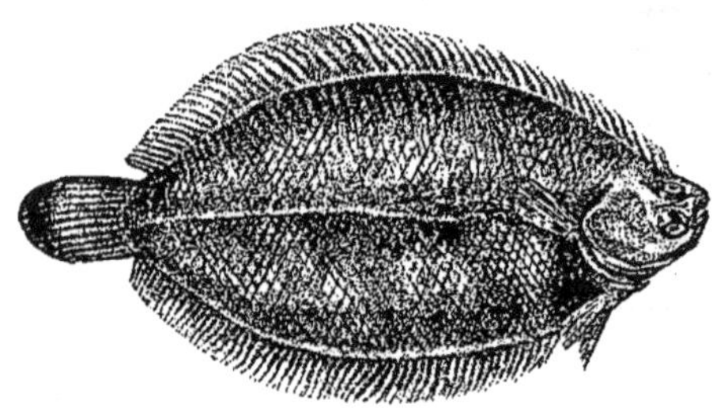

Fig. 589. — La Limandelle.

Ils rentrent encore dans le groupe des Anacanthiniens. Leur corps est comprimé, aplati, généralement discoïde, rarement allongé. Ces poissons nagent horizontalement et non pas verticalement; et l'un des côtés du corps, regardant toujours la lumière, est coloré, tandis que l'autre, qui est constamment tourné vers le sol sous-marin, est dépourvu de pigments. Ils nagent en somme sur le côté, et les yeux sont placés tous deux sur la face supérieure. Ce qui est fort curieux, c'est que, au moment de leur sortie de l'œuf, et quelque temps après, les Pleuronectes ne sont pas faits de cette manière; ils sont transparents, tout à fait symétriques, ayant les yeux situés, comme chez les autres poissons, de chaque côté de la tête, et ces larves nagent verticalement. Cette asymétrie se manifeste de plus en plus à mesure que le poisson se développe. Les nageoires dorsale

1. Sauvage. *Loc. cit.*, page 372.

et anale ne sont pas très larges, mais entourent complètement le corps. Ils n'ont pas de vessie natatoire, et demeurent appliqués presque constamment au fond de l'eau. « Lorsqu'un de ces poissons arrive au fond de l'eau, que ce soit une sole, un carrelet, une plie, peu importe, il commence par faire mouvoir doucement ses nageoires dorsale et anale, en leur imprimant un léger mouvement ondulatoire; par suite il fait voler un léger nuage de sable qui vient recouvrir le corps. On voit alors des soles, des plies rester immobiles pendant des heures entières, le corps presque entièrement recouvert, la tête seule dégagée, les yeux relevés et saillants, la tête ne faisant pas d'autres mouvements que ceux nécessaires pour le passage de l'eau dans les branchies. Inquiétés, les poissons plats se redressent brusquement en appuyant sur le sol la partie supérieure du corps; ils nagent ensuite par une série alternative de mouvements de flexion et d'extension; quelques espèces, telles que le Flet et le Carrelet, se plient presque en deux dans les mouvements rapides; les nageoires paires, très peu développées, servent à l'animal pour changer de direction. » [1]

Parmi les Pleuronectes, le Flétan est le plus grand; il peut atteindre deux mètres: on le trouve dans les mers du Nord. La Limande, le Carrelet, le Flet, la Limandelle sont bien connus; leur forme est plus arondie que celle de la Sole. Celle-ci est plus allongée. Les Turbots, les Barbues peuvent atteindre une longueur de $0^{m},70$ à $0^{m},80$ de longueur. Le corps du Turbot est en forme de losange; celui de la Barbue est plus arrondi.

Dans le groupe des Anacanthiniens rentrent de curieux poissons qui ont été recueillis dans les grandes profondeurs de l'Océan. Nous avons déjà parlé d'un Acanthoptérygien, le *Melanocetus Johnstonii*, voisin des Baudroies. Il y a parmi les Malacoptérygiens anacanthiniens des types très extraordinaires. Les uns, *Macrurus*, *Hymenocephalus*, *Bathygadus*, ont une énorme tête, de gros yeux, une longue queue terminée en pointe, au lieu de s'étaler comme celle des poissons ordinaires.

L'*Eurypharynx pelecanoïdes* (voir la planche VI de cet ouvrage), trouvé entre 1,400 et 2,000 mètres, a le corps allongé, la

1. SAUVAGE. *Loc. cit.*, page 373.

queue terminée en pointe, mais sa tête est énorme; ses yeux sont situés absolument au bout du museau; il n'a que deux dents implantées en avant sur la mâchoire inférieure, et entre les branches de cette mâchoire est un sac rappelant celui du Pélican; sa peau est d'un beau noir velouté, comme d'ailleurs beaucoup de poissons des grands fonds.

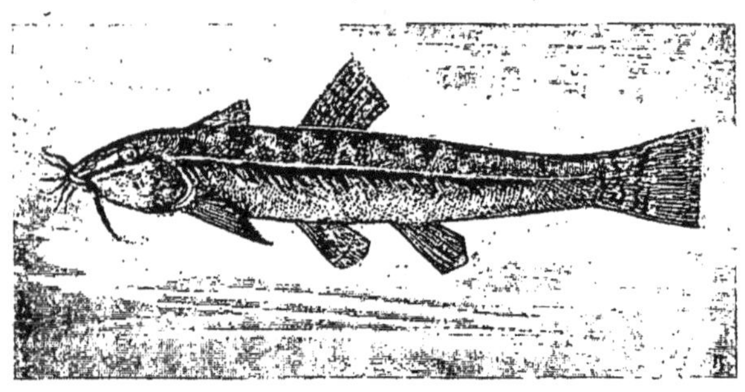

Fig. 590. — La Loche franche.

Les *Physostomes* sont les Malacoptérygiens qui ont ou n'ont pas de nageoires ventrales, mais qui toujours présentent une vessie natatoire pourvue d'un canal aérien. Cet ordre comprend les Malacoptérygiens abdominaux et les Apodes de Cuvier. Mais les grandes lignes de la classification de Cuvier ne sont pas changées, car nous diviserons les Physostomes en *Abdominaux* et en *Apodes*.

Les *Abdominaux* sont ceux dont les nageoires ventrales sont situées derrière les nageoires pectorales; ils sont nombreux en genres et en espèces, dont la plupart ont un grand intérêt, tant au point de vue zoologique qu'au point de vue de la pêche.

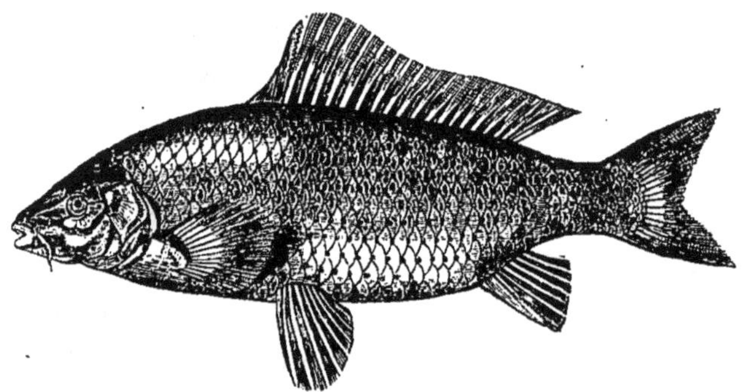

Fig. 591. — La Carpe.

Dans un premier groupe, que je ne ferai que citer, rentrent, en particulier, les Silures et les Malaptérures. Ces poissons d'eau douce ont la tête large, déprimée, la peau nue, et quatre ou six barbillons, organes tactiles, qui leur servent à attirer leur proie, qu'ils guettent au fond des eaux. Les Malaptérures, qui vivent dans le Nil et dans les rivières de l'Afrique tropicale ouest, ont sous la peau un organe électrique, et, si on le touche, l'animal peut, à sa volonté, donner une secousse.

Dans les cours d'eau de l'Amérique tropicale, on rencontre un type curieux (voir *fig.* 587, page 838), le *Loricaire*, qui a le corps

Fig. 592, 593 et 594. — Le Goujon. L'Ablette. Le Vairon.

long, cuirassé, avec la tête large et déprimée, et dont le lobe supérieur de la nageoire caudale, légèrement échancrée, se termine par un filament très long.

Les poissons qui forment la famille des Cyprinidés, sont ceux qui peuplent en majeure partie les eaux douces de l'ancien monde et de l'Amérique du Nord; ils manquent dans l'Amérique du Sud et en Océanie; cependant on a introduit quelques espèces en Australie, où elles ont prospéré.

Ces poissons n'ont de dents que sur les os pharyngiens, les mâchoires en sont privées; la vessie natatoire, divisée en deux loges, est contenue dans une capsule résistante.

Les Loches semblent établir une transition avec les Silures. Le corps est allongé, nu ou garni de petites écailles et la bouche est pourvue de barbillons. La vessie natatoire est contenue dans une capsule osseuse aux dépens de la première vertèbre. On en trouve fréquemment une espèce dans nos rivières. Le Barbeau, le Goujon, que l'on pêche dans nos fleuves et qu'on apprécie fort en friture, ont encore le corps allongé ; ils ont des barbillons, mais le corps est couvert d'éc illes bien développées. Le type du groupe est le genre Carpe (*Cyprinus*).

Les Carpes ont le corps plus massif, plus comprimé que celui des précédents poissons; les écailles sont larges, la nageoire dorsale est longue et son premier rayon est osseux, — il y a quatre barbillons à la bouche ; le museau est obtus. Ces poissons aiment les eaux tranquilles et vaseuses ; en hiver ils s'enfoncent dans la vase, s'engourdissent et peuvent rester ainsi plusieurs mois sans manger.

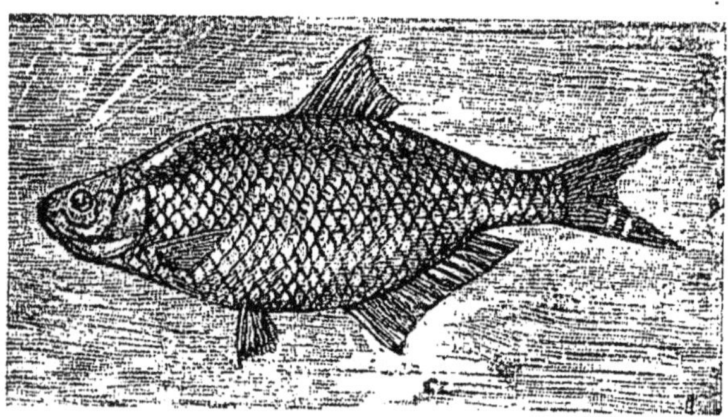

Fig. 595. — La Brême commune.

On a dit que les Carpes pouvaient vivre fort longtemps, plusieurs siècles !

« L'idée de la longévité de la Carpe, dit M. Émile Blanchard, a pénétré partout. Si l'on devait s'en rapporter à l'opinion commune, ce poisson vivrait des centaines d'années. Ne cite-t-on pas les carpes de Fontainebleau comme se livrant à leurs ébats dans les étangs de la résidence royale depuis le règne de François Ier ? Ne parle-t-on pas des carpes de Chantilly dont la naissance remonterait au temps du grand Condé, de celles des étangs de Pontchartrain, vieilles de plus de deux siècles ?

« Aux yeux de l'homme, il y a quelque chose de merveilleux dans une existence infiniment prolongée, fût-ce même l'existence d'un animal dont la vie paraît bien monotone. C'est une chose enviable pour ceux qui déplorent la brièveté de la vie humaine.

Aussi la crédulité est facile. Mais il vaut toujours mieux examiner que de croire aveuglément. A-t-on oublié entièrement qu'à chaque révolution, les résidences royales ont été saccagées par les maîtres du moment? Les belles carpes des étangs de Fontainebleau, de Chantilly, etc., ont été mangées par le peuple souverain en 1789, en 1830, en 1848, et certainement dans une foule d'autres circonstances. Il faut s'en consoler, il n'y a pas en France de carpes séculaires. » [1]

Le Cyprin doré, que chacun connaît sous le nom de Poisson rouge, est un proche parent de la carpe; il est originaire de la province chinoise de Tche-Kiang. Mais il est en quelque sorte domestiqué, et les Chinois en ont créé des variétés et des monstruosités.

La Tanche, commune dans toute l'Europe, a le corps couvert de petites écailles et de couleur olivâtre. On en trouve qui ont de 50 à 60 centimètres et qui peuvent peser 6 kilogrammes. Elle se tient dans les eaux peu courantes des rivières, dans les eaux vaseuses des étangs, et reste presque toujours au fond.

Il y a toute une série de poissons qu'on confond sous le nom de *Poissons blancs*, qui vivent dans nos rivières. Ils ont le corps assez comprimé, couvert d'écailles assez grandes, généralement à reflets argentés. Tels sont les Chevaines, c'est-à-dire les Meuniers, et les Vandoises, les Ablettes, qui ont le corps allongé, puis les Brèmes, les Gardons, dont le corps est plus élevé, plus ovalaire; puis le Vairon, qui, malgré sa petite taille, sert à faire d'excellente friture, et qu'on prend soit à la ligne, soit au filet, soit encore à la bouteille.

« L'ablette, dit M. Émile Blanchard, donne lieu en France à une industrie aujourd'hui particulièrement exercée à Paris, qui est loin d'être sans importance. Tout le monde sait que les brillantes écailles de ce poisson fournissent le produit, connu sous le nom d'*essence d'Orient*, employé à la fabrication des fausses perles. Les écailles du ventre sont détachées à l'aide d'un couteau, puis lavées et triturées pour en dégager leur pigment d'aspect métallique, qui se précipite au fond du vase sous la forme de particules microscopiques.

1. É. Blanchard. *Les Poissons des eaux douces de la France*, page 328.

« On traite ensuite cette matière pulvérulente par l'ammoniaque pour l'isoler de tout ce qui pourrait rester de substances organiques. Alors, avec de la colle de poisson, on forme de cette poudre une sorte de pâte facile à étendre sur le verre. » [1]

On fit avec cette substance de fausses perles. Mais il faut une quantité prodigieuse d'ablettes (18,000 à 20,000) pour obtenir 500 grammes de cette essence d'Orient.

La famille des Salmonidés comprend des poissons qui ne sont pas moins connus que les précédents : ce sont les Saumons, les Truites, les Lavarets et les Éperlans.

Les Saumons et les Truites, puis les Ombles-Chevaliers, sont bien faciles à reconnaître ; leur corps est allongé et assez épais ; ils

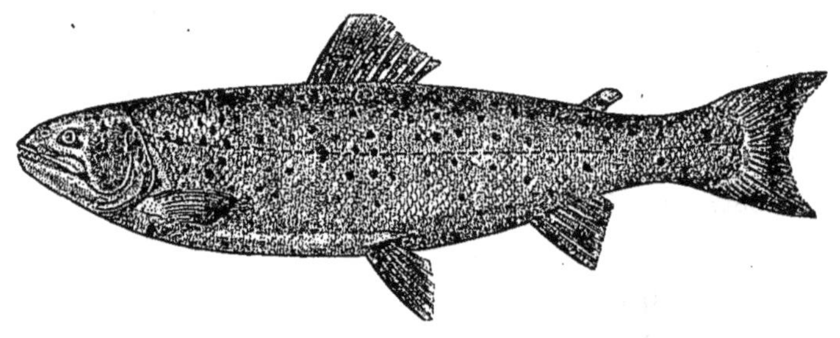

Fig. 596. — La Truite de mer.

ont de petites écailles. Chez eux il existe une première nageoire dorsale à rayons mous, puis une seconde dorsale, adipeuse, sans rayons.

Les Salmonidés n'ont pas de barbillons, et, chez les espèces typiques, les dents sont nombreuses, il y en a même sur la langue. A certains moments les Saumons et les Truites se colorent assez vivement de petits points rouges sur un fond grisâtre. D'ailleurs les variétés sont nombreuses et dépendent des milieux dans lesquels vivent ces poissons.

Les Saumons proprement dits habitent la mer où ils trouvent une abondante nourriture ; mais ils remontent les fleuves pour pondre, car, pour le développement des œufs et des jeunes, il faut une eau courante très aérée. Ils sont souvent arrêtés dans leurs voyages par des barrages. Mais ils savent les franchir, en faisant des

1. E. Blanchard. *Les Poissons des eaux douces de la France.*

sauts de 4 à 5 mètres. Les Saumons ont la chair rougeâtre, couleur qui disparaît après la ponte. On prend ce poisson soit avec des filets, soit à la ligne et, dans ce cas, avec une mouche, ou bien au ver de terre. On en a pêché qui pesaient 20 kilogrammes et qui avaient 2 mètres de long, mais de telles captures sont rares.

L'Omble-Chevalier est un poisson des lacs de l'Europe centrale.

Les Truites se rencontrent dans les lacs, dans les rivières et les torrents. Ce sont des poissons fort estimés et bien connus des pêcheurs. On a capturé des truites pesant 12 à 15 kilogrammes.

Mais elles ont des ennemis : les Hérons, les Rats d'eau, et... les braconniers, qui en détruisent beaucoup. Cependant on peut élever des jeunes truites par des procédés spéciaux, et repeupler ainsi les rivières.

Dans cette même famille rentrent : le Lavaret, qu'on trouve dans les lacs du Bourget, de Neuchâtel, de Constance, dans ceux de Bavière, d'Autriche, de Suède, de la Grande-Bretagne ; c'est un poisson d'un blanc d'argent dont la chair est excellente ; puis le Capelan, qui est un bon appât pour la pêche de la morue ; enfin l'Éperlan, qu'on pêche dans la mer du Nord, dans la Manche, à l'embouchure des fleuves, et qui se trouve aussi dans les lacs de la Prusse.

Les Éperlans entrent, au printemps, dans les cours d'eau, en grandes troupes ; ainsi, dans la Seine, ils remontent jusqu'à Pont-de-l'Arche. C'est un poisson très délicat, que l'on mange souvent en friture.

Les Malacoptérygiens sont représentés dans les grands fonds de la mer. Ainsi le *Talisman* a pris entre 1 000 et 3000 mètres de profondeur des poissons allongés, à bouche assez petite, à museau tronqué et à queue effilée, les *Halosaurus*, qui rentrent dans la famille des Harengs ou Clupéides. D'autres se rapprochent des Salmonidés, par exemple les *Bathypterois* et les *Néoscopelus*, provenant de 1 000 à 1 500 mètres, et qui ressemblent plus aux poissons ordinaires, mais qui sont pourvus d'un long filament à chacune des nageoires pectorales, filaments que le poisson peut rabattre en avant et dont il se sert sans doute comme d'organes tactiles. Dans ces profondeurs où la lumière ne pénètre pas, les êtres vont à tâtons, ou bien la nature les a dotés de lanternes qu'ils portent avec eux. Parmi ces poissons, il en est qui ont de chaque côté du corps des organes disposés en rangées régulières et que l'on avait regardés comme des yeux. Ces organes servent sans doute d'organes d'éclairage, car ils sont lumineux dans l'obscurité. Tels sont les *Stomias*

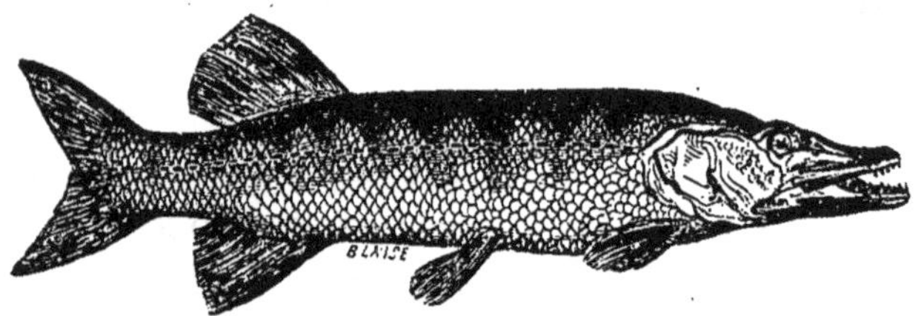

Fig. 597. — Le Brochet.

boa et les *Eustomias obscurus*. Tous deux ont le corps allongé, une gueule énorme garnie de dents longues et pointues, et sous la mâchoire un barbillon qui se termine par une petite ampoule, barbillon qui, chez l'*Eustomias*, est extrêmement long. Un autre type,

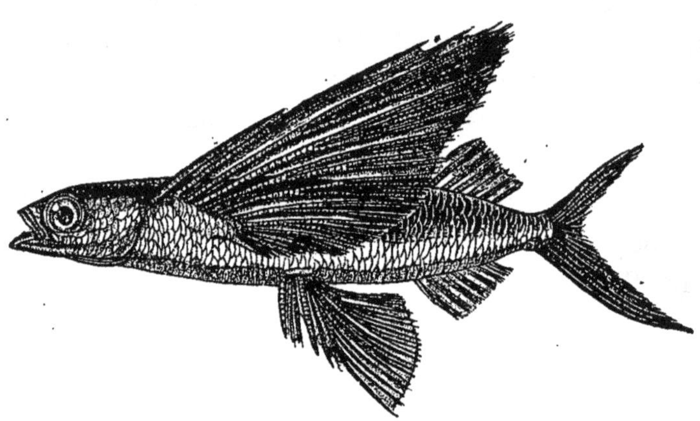

Fig. 598. — L'Exocet, poisson volant.

le *Malacosteus niger* (voir la planche VI de cet ouvrage), a le corps d'un noir de velours, et possède sous les yeux des plaques lumineuses qui jettent un vif éclat dans l'obscurité.

Il y a dans nos eaux douces des poissons très voraces, les Brochets, qui peuvent atteindre une dimension et un poids considérables ; on en trouve qui pèsent 10, 15, 20, 25 kilogrammes. On en cite même pesant de 50 à 75 kilogrammes ; ce sont véritablement des monstres. Ils ont le corps allongé, épais, avec une tête aplatie,

ANIMAUX DES GRANDES PROFONDEURS

POISSONS — *Eurypharynx pelecanoïdes*, *Malacosteus niger*

CRUSTACÉS — *Gnathophausia Goliath*

prolongée en un museau un peu échancré; la tête est nue en dessus et la mâchoire inférieure dépasse la mâchoire supérieure. La gueule est largement fendue et les dents, nombreuses et fortes, sont une preuve de la voracité de ces poissons. On pourrait dire que ce sont des requins d'eau douce, et quelquefois lorsqu'on veut diminuer le nombre des poissons d'un étang, on y introduit quelques brochets.

Les Exocets volants sont du même groupe, et, de même que les

Fig. 599. — L'Arapaima.

Dactyloptères dont nous avons parlé plus haut, ils ont les nageoires pectorales longues et larges, pointues, ce qui leur permet de sauter hors de l'eau à 1 ou 2, 4 et 6 mètres, et de traverser ainsi dans l'air une distance de 100 à 120 mètres.

Dans les grands cours d'eau des Guyanes et du nord du Brésil, existe le plus grand des poissons d'eau douce, l'Arapaima ou Vastrès, qui peut atteindre 3 mètres de long et peser plus de 100 kilogrammes. De grandes écailles protègent ce corps énorme, et la tête est recouverte d'un casque osseux. La queue est large et armée de dents puissantes. On tue ce poisson à l'arc, mais on le prend aussi à l'hameçon, et ce doit être un curieux spectacle que de voir un pêcheur à la ligne retirer un poisson aussi monstrueux !

La famille des Clupéides a une grande importance, car c'est elle qui renferme les Harengs (*Clupea*), l'Alose, la Sardine et l'Anchois, poissons très estimés dont on fait une consommation considérable. Ces espèces sont allongées, comprimées latéralement ; leur tête est nue et ils habitent toutes les mers. On affirme que le Hareng remonte dans certains fleuves.

Les Harengs voyagent en troupes innombrables et émigrent chaque année du nord au sud; ils sont serrés les uns contre les autres et constituent ce que les pêcheurs appellent des *bancs* ou

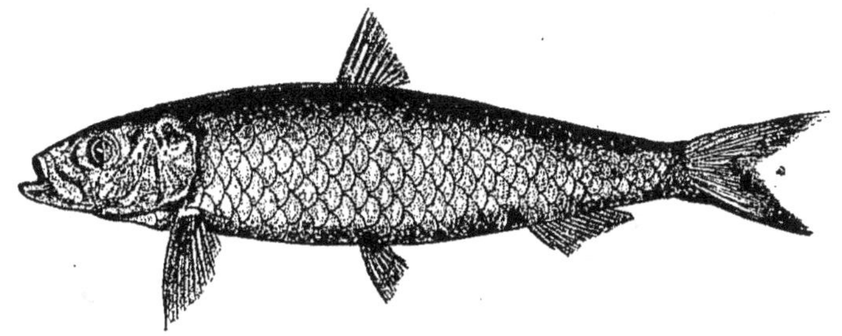

Fig. 600. — Le Hareng.

radeaux; mais d'où viennent-ils, où vont-ils? On ne peut que faire des conjectures.

Habitent-ils dans les grands fonds et ne viennent-ils à la surface et sur les côtes que pour pondre ?

Leur fécondité est prodigieuse ; on a compté dans une femelle de moyenne grosseur 63 655 œufs !

En France, la pêche du Hareng se fait surtout par les ports de Boulogne, de Dieppe et de Fécamp.

« Les bateaux de Boulogne, qui jaugent généralement de 60 à 80 tonneaux, font la pêche de fin juin au mois de janvier. Vers le 15 juin partent les premiers bateaux qui se rendent dans le parage des Orcades ; la pêche se fait en descendant sur les côtes d'Écosse et d'Angleterre, de telle sorte que le poisson se prend en juillet et août entre la pointe de Peterhead et Newcastle, en septembre jusqu'un peu au-dessous de Hull ; à la fin d'octobre le Hareng se pêche par le travers de Dunkerque, puis s'engage dans le détroit où on le prend abondamment en novembre; la pêche est beaucoup moins active en décembre et cesse à peu près complètement au commencement de janvier; ce n'est qu'accidentellement alors que l'on prend du Hareng; la grande pêche proprement dite est terminée.

« Les filets au Hareng se composent d'une série de pièces dites *alèzes,* de 27 mètres de long sur près de 8 mètres de chute; la tessure est formée parfois de 100 alèzes, ajoutées tour à tour, de telle sorte qu'elle peut avoir plus de 5 kilomètres de long. Pour lester le filet on y ajoute par le bas un bourrelet fait de débris de vieux cordages; pour le soutenir à hauteur voulue, on le fait flotter avec de petits tonneaux en bois, dits *quarts-à-poche,* tous reliés entre eux par un câble ou *fincelle;* sur ce câble sont amarrées, à l'extrémité de chaque alèze composant la tessure, des cordes appelées *ralingues,* qui s'attachent d'un côté aux filets et de l'autre aux

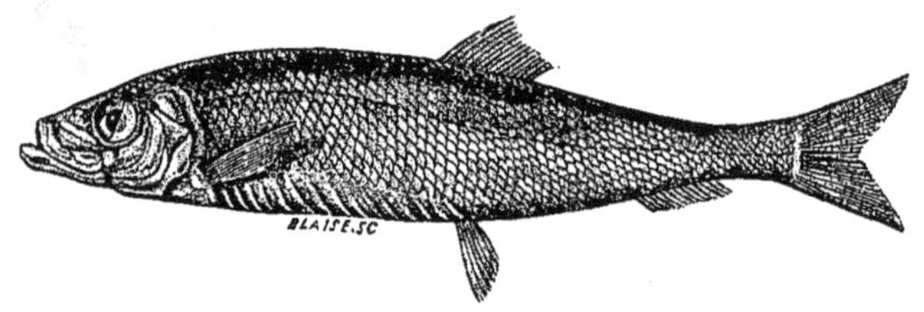

Fig. 601. — La Sardine.

quarts-à-poche; un cordage dit *bassoin* rattache le filet à l'*haussière* qui relie l'extrémité de la tessure au cabestan.

« Arrivé sur le lieu de pêche, le bateau se met en panne; on abat le grand mât et la nuit étant venue on jette la tessure à la mer. » [1]

On sale ou l'on fume le hareng; le *hareng saur* est celui qui a été fumé.

La Sardine aussi émigre, se dirigeant du nord au sud. C'est un poisson si connu que je ne le décrirai pas. On la mange fraîche ou à l'huile, conservée dans des boîtes en fer-blanc. C'est, en réalité, une petite Alose (*Alosa Sardina*).

L'Alose commune a le corps plus élevé, mais comprimé, le museau court. On la pêche sur presque toutes les côtes de l'Europe.

Elles peuvent atteindre une longueur de $0^{m},60$ et peser 3 kilo-

1. SAUVAGE. *Loc. cit.*, page 525.

grammes. Elles quittent la mer au commencement du printemps et remontent les fleuves en troupes considérables pour frayer. « Il y a des années, dit Baudrillart, où l'on en prend 13 ou 14 000 dans la Seine-Inférieure, et d'autres où l'on n'en prend que 1 500 à 2 000. La Loire est la rivière, en France, la plus abondante en Aloses; on en trouve dans le Rhône, le Rhin, la Moselle, et près de l'embouchure de la Seine. Elles retournent à la mer en automne. Les Aloses déposent leur frai dans les fleuves dès qu'elles y sont arrivées, c'est-à-dire en mars et avril. Lorsqu'elles frayent, elles font un bruit qui s'entend de fort loin. »

L'Anchois est beaucoup plus petit; il n'a guère que $0^m,20$. On le connaît moins que les Harengs, les Sardines et les Aloses : car on ne le mange pas frais, mais conservé dans l'huile ou dans la saumure. Il a le corps allongé, légèrement conique, couvert de grandes écailles qu'on enlève lorsqu'on le prépare pour le conserver.

Les derniers de tous les poissons malacoptérygiens, que Müller a désignés sous le nom de Physostomes, avaient été groupés par Cuvier en un ordre spécial qu'il appelait *Apodes ;* pour cet illustre naturaliste, les Apodes étaient des poissons privés de rayons épineux à la nageoire dorsale, et dépourvus de nageoires ventrales.

On a vu depuis que cet ordre des Apodes était artificiel, mais comprenait deux familles distinctes : les Gymnotides et les Murénides. Ce sont des poissons à corps très allongé, presque serpentiforme, plus ou moins cylindrique, et dont au moins un genre est connu de tout le monde, l'anguille.

L'un des représentants de ce groupe est la gymnote, qui vit dans les eaux douces de l'Amérique tropicale et qui possède un organe électrique, comme nous en avons déjà observé chez les Torpilles et les Malaptérures.

Les Murènes et les Anguilles ont la peau nue ou revêtue d'écailles rudimentaires. Les premières ont la tête élevée et des mâchoires saillantes armées de dents aiguës et recourbées, disposées en une ou plusieurs rangées; et comme elles peuvent atteindre $1^m,50$ de long, on conçoit qu'elles puissent, dans certains cas, être redoutables pour les nageurs.

Les Romains estimaient beaucoup ce poisson, et ils construisaient des viviers pour les élever et les engraisser. Il arriva même qu'on leur donna à manger des esclaves.

Quant à l'Anguille commune, il n'est personne qui ne l'ait vue et n'en ait mangé soit en matelote, soit à la tartare; en décrire la forme est donc superflu. C'est un poisson serpentiforme, à corps arrondi, à tête comprimée, et dont la peau gluante permet souvent à l'animal de s'échapper des mains qui veulent la saisir. On la pêche dans les cours d'eau un peu profonds et elle préfère les fonds vaseux. On ne connaît pas bien ses métamorphoses, on ne sait pas d'où elle vient. Elle va, dit-on, pondre à la mer, et au printemps l'on voit de petites anguilles grosses comme des fils, qui remontent en masses compactes les fleuves. Les adultes abandonnent les rivières en automne, de préférence pendant les nuits sombres.

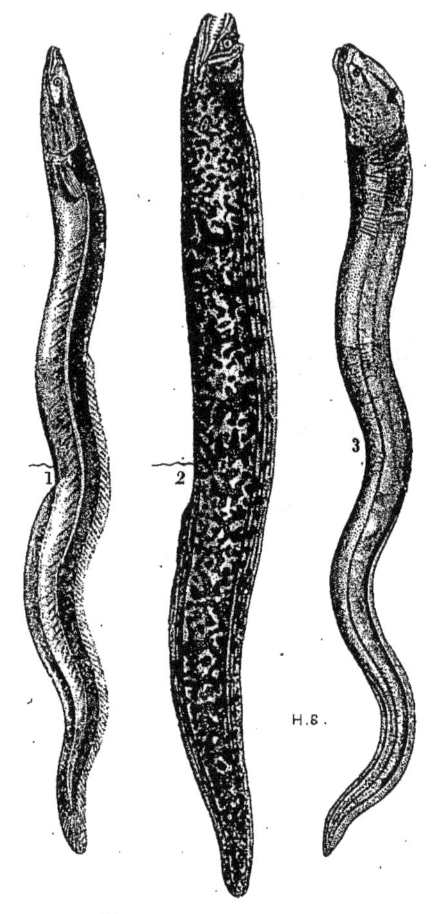

Fig. 602, 603 et 604.
1. Anguille. — 2. Murène. — 3. Synbranche.

Les Congres ou Anguilles de mer sont mieux connus, et Émile Moreau a confirmé les idées de Carus, d'Owen et de Gill, et a montré que les Leptocéphales, petits poissons transparents comme du verre, n'étaient que les larves des Congres.

Les Lamproies ressemblent, à première vue, aux Anguilles; elles appartiennent cependant à un groupe très différent au point de vue organique. Ce sont des poissons très dégradés ou du moins qui doivent être placés au bas de l'échelle des vertébrés; on les désigne sous le nom de *Cyclostomes*.

« Le corps est toujours allongé, anguilliforme, recouvert d'une peau nue, lisse et visqueuse, présentant des rangées de pores et de sacs muqueux. Le squelette est cartilagineux ou fibro-cartilagineux, dépourvu de côtes; les mâchoires proprement dites font défaut; il n'existe pas de membres; le crâne n'est pas séparé de la colonne vertébrale. Les branchies sont renfermées dans des poches en forme de bourses ou de sacs, d'où le nom de Marsipobranches, donné à ces animaux par Charles Bonaparte; ces poches sont au nombre de six à sept de chaque côté; il n'existe pas d'arcs branchiaux. On ne trouve qu'une seule ouverture nasale. Il n'existe pas de bulbe artériel au cœur. La bouche est antérieure, entourée d'une lèvre circulaire et disposée en forme de suçoir. Le canal digestif est droit, simple, sans appendices cœcaux; le pancréas et la rate font défaut. » (1)

Les Lamproies diffèrent, on peut le dire, de tous les vertébrés. Leur bouche est une ventouse. La plus grande de toutes, la Lamproie marine, peut atteindre 1 mètre, et, au printemps, elle remonte les fleuves fort loin de leur embouchure.

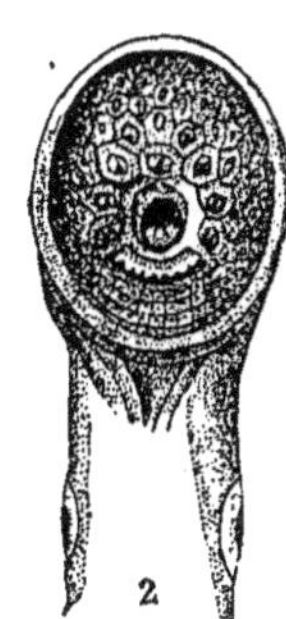

Fig. 605. Bouche de Lamproie.

Les Lamproies subissent des métamorphoses, et le *Lamprillon* des pêcheurs qui se trouve dans la vase des petits cours d'eau, n'est autre chose que la larve de la lamproie de Planer. On avait considéré pendant longtemps ce lamprillon comme un type particulier qu'on désignait sous le nom d'*Ammocète*. Comme la lamproie ne peut mordre à l'appât, on la pêche surtout avec des nasses.

Certains types de Cyclostomes, les Myxines, vivent en parasites dans le corps de plusieurs poissons : la morue, l'esturgeon, le turbot, le requin en particulier.

Nous voulons enfin dire un mot d'un petit animal qui vit dans les bancs de sable qui ne découvrent qu'aux très basses marées; c'est le dernier des vertébrés, qu'on avait considéré autrefois comme une limace et qui forme le dernier des poissons, c'est l'*Amphioxus* ou *Leptocarde*. Il est fort petit, puisqu'il ne dépasse guère $0^{m},06$ de long. Il est lancéolé, sans tête distincte; son squelette est mem-

1. SAUVAGE. *Loc. cit.*, page 603.

brano-cartilagineux, il n'a pas de côtes, pas de cerveau ; au lieu d'un cœur il a des sinus contractiles, son sang est incolore. Il respire à l'aide de cils branchiaux contenus dans une cavité respiratoire qui se confond avec la cavité abdominale, et l'eau qui a servi à la respiration sort par une ouverture située près de l'anus.

Quelle différence avec un poisson ordinaire ! Ce type nous mène

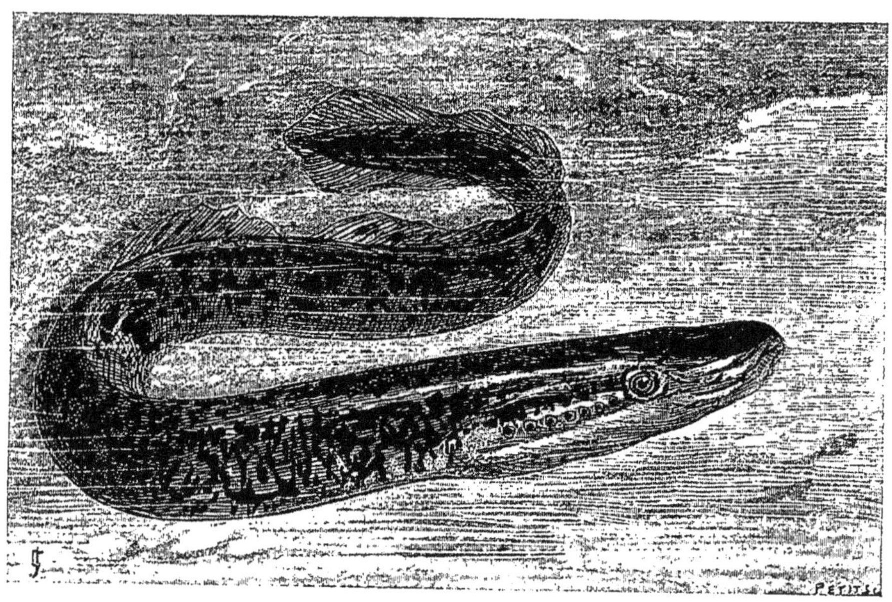

Fig. 606. — La Lamproie marine.

tout naturellement aux invertébrés : c'est véritablement un type de transition.

Nous avons passé en revue tous les vertébrés ; nous avons cherché à en donner un aperçu aussi complet que possible, en commençant par le plus parfait de tous, l'*homme*. Les êtres que nous allons présenter à nos lecteurs n'offrent pas tous autant d'intérêt ; aussi passerons-nous rapidement sur beaucoup d'entre eux. Nous leur demanderons toutefois la permission d'insister davantage sur quelques-uns, les insectes, qui, malgré leur petitesse, sont doués souvent d'instincts si parfaits, qu'on peut les considérer comme des êtres intelligents.

A Millot. Imp. Lemercier et Cie Paris

INSECTES DE FRANCE

LIVRE VI

LES ARTHROPODES OU ANIMAUX ARTICULÉS

Fig. 607. — La Mouche-Feuille ou Phyllie.

CHAPITRE PREMIER

Les Animaux articulés ou Arthropodes. Les Insectes.

C'est dans le grand embranchement des Articulés ou Arthropodes que l'on classe les Insectes, les Myriapodes ou Mille-Pattes, les Arachnides et les Crustacés. Tous ces animaux, qui semblent au premier abord si différents les uns des autres, ont des caractères communs, que nous énoncerons sommairement.

Ils ont le corps divisé en anneaux, portant, pour la plupart, des pièces disposées suivant une symétrie bilatérale. Ces pièces sont articulées entre elles et bout à bout. Les téguments forment une membrane d'enveloppe résistante, souvent très dure, véritable carapace, qui protège les organes essentiels à la vie, et sur la surface interne de laquelle s'insèrent les muscles; le squelette est, en quelque sorte, externe, tandis qu'il était interne et recouvert par les muscles chez tous les vertébrés. Le système nerveux, qui chez ces derniers était contenu dans un étui osseux, et situé sur le dos, au-dessus du tube digestif, présente une disposition inverse chez les articulés. Il consiste en une chaîne ganglionnaire ventrale, placée par conséquent au-dessous des organes digestifs, et formée d'une série de ganglions, une paire dans chaque anneau du corps, unis deux à deux par une commissure, et reliés entre eux par des filets nerveux qu'on nomme connectifs. Mais, chose curieuse, le ganglion cérébroïde, qu'on désigne souvent sous le nom de cerveau, est placé dans la tête *au-dessus* de l'œsophage; la chaîne ganglionnaire étant *au-dessous*, il en résulte que les connectifs qui relient le cerveau au second ganglion (premier sous-œsophagien), s'écartent l'un de l'autre, laissant passer entre eux l'œsophage. On a désigné cette partie du système nerveux sous le nom de collier œsophagien.

Tels sont les caractères généraux de cet embranchement des articulés; quels sont ceux qui permettent d'en classer les représentants ?

Les uns ont le corps formé par une série d'anneaux semblables, portant chacun une paire de pattes; seule la tête diffère des autres anneaux. Ce sont les MYRIAPODES ou mille-pattes.

Chez d'autres, le corps est divisé en trois parties : la tête, le thorax et l'abdomen. Le thorax porte trois paires de pattes et deux paires d'ailes. Tels sont les INSECTES.

Chez les ARACHNIDES, nous trouvons quatre paires de pattes et le corps divisé en deux parties, un céphalothorax, c'est-à-dire la tête et le thorax ne formant qu'une seule masse, et l'abdomen.

Enfin, les CRUSTACÉS supérieurs ont un corps également formé par un céphalothorax et un abdomen, et ont, comme les crabes et les écrevisses, cinq paires de pattes. Mais on ne peut guère généraliser : car, dans cette classe, les types sont nombreux.

En tous cas, ils respirent au moyen de branchies.

Ce simple aperçu montre clairement la variété des représentants de l'embranchement qui nous occupe.

Les insectes méritent toute notre attention; car, malgré leur taille souvent infime, leurs actes dénotent une intelligence qui parfois étonne. Les uns nous charment par leurs brillantes couleurs, quelques-uns nous fournissent leurs produits, et, s'il en est que nous devons protéger et regarder comme des auxiliaires, il y en a d'autres, et ils sont nombreux, contre lesquels il nous faut lutter à chaque instant.

Parmi les insectes, nous en voyons qui sont relativement de grosse taille, tandis que d'autres sont si petits, que nous avons peine à les distinguer à l'œil nu. Cependant, quelle que soit leur dimension, ils sont tous construits sur le même plan. Nous n'insisterons pas longuement sur les détails de leur organisation; mais il est intéressant de savoir comment ils peuvent se mouvoir, comment ils respirent et se nourrissent, quelle est la nature de leur sang, comment ils sentent, voient, entendent; enfin, quelles sont leurs métamorphoses.

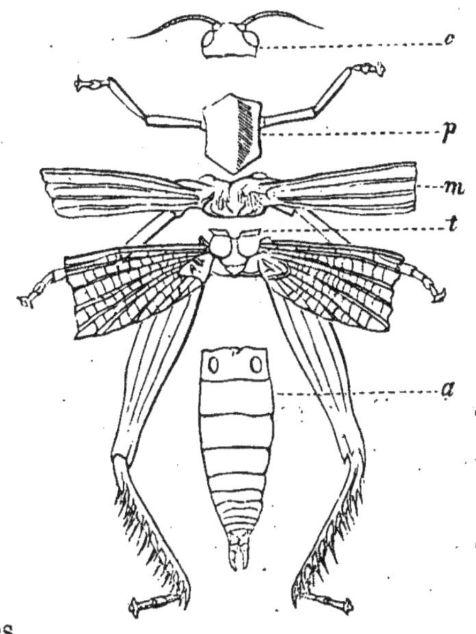

Fig. 608.

Parties séparées du corps d'un insecte (Criquet).

c. Tête avec les yeux composés et les antennes; *p.* prothorax portant la première paire de pattes; *m.* mésothorax portant la seconde paire de pattes et la première paires d'ailes; *t.* métathorax portant la troisième paire de pattes et la seconde paire d'ailes; *a.* abdomen.

Le corps de l'insecte est revêtu d'une peau résistante, formée par de la chitine qui ressemble à de la corne; il est donc nécessaire, pour que les mouvements puissent avoir lieu, que cette peau ne soit pas d'une seule pièce; le corps, en effet, est formé par une série d'anneaux, et la peau qui relie entre eux ces anneaux est molle afin d'en permettre le jeu. Trois parties composent le corps de l'insecte : la tête qui porte les pièces buccales, les antennes et les yeux; le thorax, divisé en trois parties, qu'on nomme d'après leur position respective : prothorax, mésothorax, métathorax; enfin l'abdomen. Chacun des trois segments thoraciques porte une paire de pattes; mais, de plus, le mésothorax et le métathorax portent en dessus chacun une paire d'ailes.

Il a existé des insectes à l'époque houillère qui avaient une troisième paire d'appendices alaires au prothorax.

Mais reprenons chacune de ces pièces. Celles de la bouche varient de formes selon que l'insecte broie ses aliments, ou suce le suc des plantes ou le sang des animaux; mais, malgré une différence apparente, Savigny a montré qu'on y retrouve toujours les mêmes pièces : une lèvre supérieure ou labre, une paire de mandibules, une paire de mâchoires et une lèvre inférieure ou labium; les mâchoires et le labium portent des appendices articulés qu'on appelle les palpes. Eh bien, que l'on considère les pièces buccales d'une sauterelle, d'un hanneton, d'une guêpe, ou le suçoir d'une punaise ou d'une mouche, ou la trompe du papillon, l'étude attentive montre que les pièces fondamentales sont celles que nous avons énumérées, mais plus ou moins modifiées.

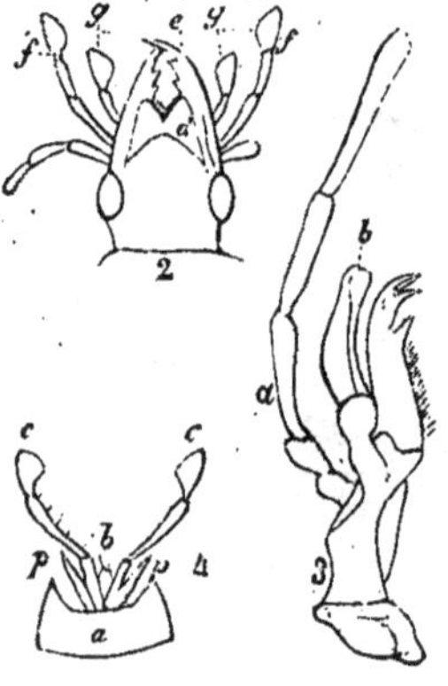

Fig. 609.

Tête et pièces buccales d'un insecte broyeux.

Fig. 2. — Tête d'un coléoptère du genre *Cychrus* vue en dessus: *d.* Labre ou lèvre supérieure s'articulant avec le bord antérieur de la tête ou chaperon; *e.* mandibules; *f.* palpes maxillaires; *g.* palpes labiaux.

Fig. 3. — Mâchoire d'une espèce de sauterelle: *a.* palpe maxillaire; *b.* galéa.

Fig. 4. — Lèvre inférieure ou labium de Cychrus détachée: *a.* menton; *b.* languette; *p p.* le paraglosses; *c c.* les palpes labiaux.

Les pattes s'articulent avec le thorax par une hanche, et se composent de plusieurs pièces articulées entre elles, qui ont reçu, par analogie avec les membres des vertébrés, les noms de trochanter, cuisse, jambe, tarse.

Les ailes varient beaucoup dans leur forme, mais leur structure est la même; ce sont des lames transparentes, parcourues par des nervures saillantes et que l'insecte peut mouvoir rapidement. Elles sont souvent teintées fort agréablement; mais, chez les papillons, elles sont revêtues de petites écailles colorées quelquefois d'une admirable façon; il suffit, pour s'en convaincre, de saisir l'aile d'un papillon et l'on verra ces petites écailles se détacher et rester collées aux doigts.

L'abdomen est formé de 9 ou 10 anneaux et ne porte qu'à l'extrémité des appendices destinés à la reproduction, à la ponte.

Nous avons indiqué d'une façon générale, en tête de ce chapitre, la constitution du système nerveux. M. Emile Blanchard [1], un des maîtres qui ont le mieux étudié le système nerveux des insectes, s'exprime ainsi :

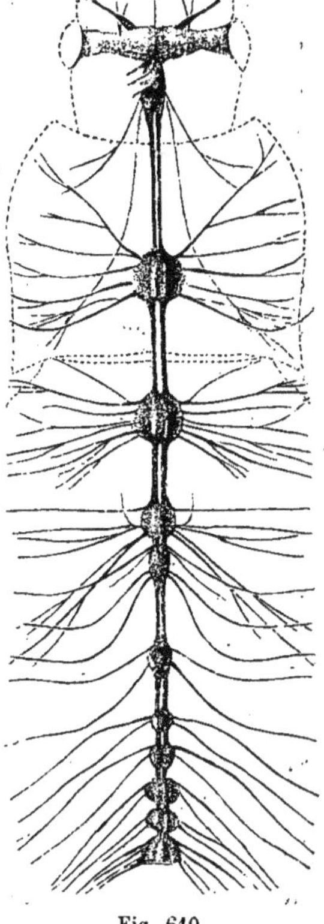

Fig. 610.
Système nerveux du Carabe doré.
D'après M. E. Blanchard.

« En considérant chez les insectes l'appareil qui anime les muscles et tous les organes, c'est-à-dire le système nerveux, on ne doute plus que des animaux pourvus d'un appareil de la sensibilité et du mouvement aussi volumineux et aussi complexe, ne soient doués de facultés d'un ordre déjà bien élevé.

« Les parties principales consistent dans une suite de centres médullaires unis entre eux par des cordons. Ce sont les parties qui correspondent physiologiquement au système cérébro-rachidien de l'homme et de tous les animaux vertébrés. C'est le système nerveux de la vie animale. Il existe primordialement une paire de ganglions dans chaque anneau du corps ; mais, par suite de la centralisation qui s'opère par les progrès du développement, il y a tous les degrés de déplacement et de fusion de certains centres médullaires. Ces degrés de centralisation donnent la mesure précise de l'état de développement, ou mieux de l'état de perfectionnement organique auquel l'espèce est parvenue. C'est là un magnifique résultat acquis par la science.

« De tous les noyaux de la chaîne ganglionnaire dérivent les nerfs du mouvement et de la sensibilité. A cette portion du système nerveux s'ajoutent un grand sympathique et un ensemble de petits noyaux, dont les filets nerveux se distribuent aux divers appareils

1. *Les Métamorphoses des Insectes*, 1868, p. 83.

organiques. C'est le système nerveux de la vie végétative ou de la vie organique. »

Le cerveau est dans la tête, au-dessus de l'œsophage, et correspond évidemment à plusieurs noyaux médullaires unis; de là, naissent les nerfs qui se rendent aux yeux, aux antennes, au labre; puis des cordons, formant le collier œsophagien, embrassent l'œsophage et relient le cerveau au ganglion sous-œsophagien, qui est le premier de la chaîne ventrale. De celui-ci partent les nerfs des pièces buccales (lèvre inférieure, mâchoires, mandibules).

Les ganglions thoraciques fournissent les nerfs des pattes et des ailes; quant aux ganglions de l'abdomen, ils sont au nombre de neuf paires, mais souvent très centralisés. De là partent les nerfs du mouvement et de la sensibilité.

Outre ce système nerveux, nous en observons un autre, celui de la vie végétative ou de la vie organique, consistant en petits noyaux médullaires reliés au cerveau et qui se composent de ganglions et de nerfs intestinaux, des appareils respiratoire et circulatoire. D'après Newport, ce système correspondrait aux nerfs pneumogastriques des vertébrés supérieurs.

Enfin, tirant son origine du ganglion sous-œsophagien, un autre système peut être assimilé au grand sympathique.

Il est situé au-dessus de la chaîne ganglionnaire et présente de petits renflements envoyant des nerfs qui s'unissent aux nerfs de la chaîne ventrale.

Les organes des sens ne sont pas tous faciles à étudier chez les insectes; nous ne pouvons souvent faire que des hypothèses.

En effet, ce n'est que par comparaison avec nos organes que nous pouvons comprendre les organes sensoriels des animaux inférieurs; et plus nous descendrons dans l'échelle des êtres, plus l'observation sera difficile.

On pourrait croire que l'insecte, revêtu qu'il est d'une enveloppe épaisse et résistante, ne sent pas. Bien au contraire le sens du toucher est des plus délicats. Il réside dans des poils, dans des épines mobiles situées sur le corps, aux pattes; puis, dans des pelotes spongieuses qui, souvent, sont entre les crochets des tarses, dans les antennes aussi : car les insectes semblent tâter les objets qui les entourent avec ces délicats organes.

Le goût réside sans doute dans la cavité buccale, car les insectes ne mangent pas indistinctement telle ou telle substance.

Une chenille qui vit sur une certaine plante, ne mangera pas volontiers les feuilles d'une autre plante, et après y avoir goûté, si elle n'est pas satisfaite, elle se laissera mourir de faim plutôt que d'en manger de nouveau.

Quant à l'odorat, nous ne pouvons douter qu'il existe et qu'il soit même très développé, car les insectes viennent souvent de très loin, attirés par l'odeur d'une fleur ou d'une charogne. « Un exemple remarquable de la puissance de l'odorat chez les divers insectes, exemple bien souvent cité, est celui qui nous est offert par quelques fleurs exhalant une odeur fétide, très analogue à celle de certaines matières en putréfaction. Dans nos bois croît une belle plante bien connue, le Gouet ou Pied-de-Veau (*Arum maculatum*). La fleur de cette plante, joli cornet de couleur blanche, répandant une odeur pour nous fort désagréable, est très fréquemment remplie de mouches, d'escarbots, de staphylins, qui recherchent les corps en décomposition. Il est curieux de voir alors ces insectes en quête de leur nourriture ou d'un endroit convenable au dépôt de leurs œufs. Ils s'agitent en tous sens, si bien trompés par leur odorat, qu'ils semblent ne pouvoir abandonner la fleur pour eux absolument inutile. Les espèces herbivores n'ont pas, bien probablement, un odorat de la même finesse; pourtant, une chenille, jetée dans un champ au milieu de plantes fort diverses, trouve la plante qui lui convient. Peut-elle être guidée autrement que par l'olfaction? A coup sûr, elle ne distingue pas le végétal d'après les caractères botaniques. » (1)

Quant au siège de l'olfaction, les savants ne peuvent jusqu'ici émettre que des hypothèses; les uns pensent que ce sens réside sur les antennes, d'autres sur les palpes. On a émis l'opinion que ce devait être près des orifices des organes respiratoires ou encore dans la bouche.

Les insectes doivent entendre, non seulement parce que le moindre bruit peut les effrayer, mais aussi parce qu'ils émettent des sons; qui ne connaît le cri-cri du grillon, le sifflement aigu de la cigale? Mais encore, le soir, lorsque tout est calme, n'avez-vous

1. E. Blanchard. *Les Métamorphoses des Insectes*, p. 103.

pas entendu quelquefois, cher lecteur, un petit bruit semblable à celui que feraient de petits chocs répétés ? On dit que c'est l'horloge de la mort ! c'est tout simplement un petit insecte qui frappe le bois, c'est un appel. — Mais si les insectes n'ont pas d'oreilles semblables à celles des vertébrés, ce n'est pas une raison pour leur refuser le sens de l'ouïe. — Certains physiologistes avaient pensé que les petites cavités qu'on observe à la surface de la tête ou du thorax devaient être le siège de l'audition. Mais la plupart des zoologistes s'accordent à considérer les antennes comme le siège de ce sens ; ce sont en effet des tiges flexibles qui peuvent merveilleusement vibrer et transmettre les sons. Elles serviraient donc aussi bien d'organes de tact que d'organes auditifs.

La vue est en réalité le seul sens dont nous connaissions avec

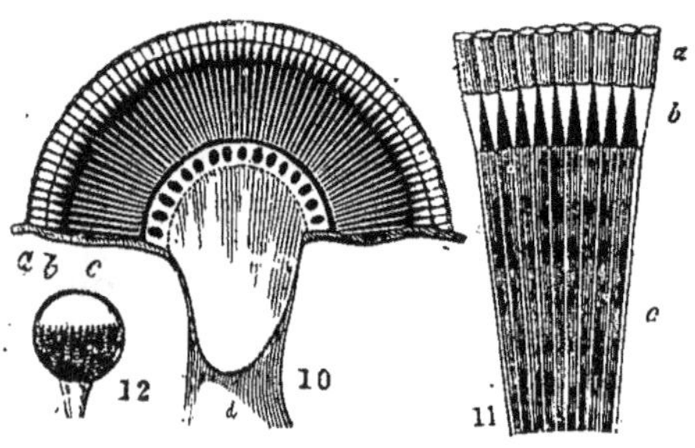

Fig. 611.

Yeux composés des insectes.

Fig. 10. — Coupe de l'œil composé du hanneton d'après Strauss-Durckeim : *a.* facettes de la cornée ; *b.* cônes transparents entourés de pigment.

Fig. 11. — Portion de l'œil du même insecte d'après Müller : *a.* segments prismatiques ou facettes de la cornée ; *b.* corps coniques transparents ; *c.* fibres du nerf optique.

certitude la place. Les yeux sont énormes en général chez les insectes qui vivent au grand jour, comme d'ailleurs on l'observe chez les crustacés, tandis que chez les espèces qui passent leur vie soit dans les grands fonds de l'Océan comme certains crustacés, soit dans les cavernes comme certains insectes, les organes de la vision font défaut. Cependant les yeux des insectes ne sont pas semblables aux nôtres, ni à ceux des vertébrés. Il y a chez eux deux sortes d'yeux : les uns qui se rencontrent chez tous les insectes, et qui sont très apparents de chaque côté de la tête, ce sont les yeux composés ; les autres qui manquent dans plusieurs groupes, mais qui existent simultanément avec les yeux composés dans beaucoup d'espèces, et qu'on nomme yeux simples ou ocelles, stemmates. Ces derniers ont quelque rapport de structure avec les yeux des vertébrés inférieurs et doivent servir pour voir de près, car ils sont globuleux et par suite très réfringents.

Les yeux composés sont formés par la réunion d'une série de petits yeux ; ce sont des tubes à cornéules hexagonales.

Certains naturalistes ont pensé que l'image des objets que percevaient les insectes à l'aide des yeux composés devait être très confuse. Il est bien difficile dans l'état actuel de nos connaissances d'émettre une semblable opinion.

M. H. Viallanes, qui a beaucoup étudié, au point de vue histologique en particulier, le système nerveux et les yeux des arthropodes, pense, d'après ses dernières recherches [1], que dans chacun des yeux qui composent l'œil composé des insectes (dans chaque ommatidie), « se forme une image réelle et renversée des corps extérieurs; elle coïncide avec la face interne du cône cristallin, laquelle est en contact immédiat avec la réticule. Bien que très petite, l'image rétinienne est nette; elle embrasse un angle d'environ 45 degrés ».

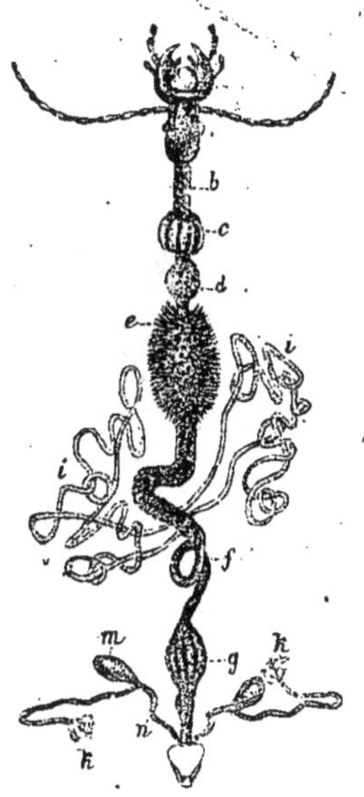

Fig. 612.

Tube digestif d'un insecte (Carabus auratus).

D'après Léon Dufour : *b.* œsophage; *c.* jabot; *d.* gésier; *e.* ventricule chilifique; *i.* tubes de Malpighi ou canaux urino-biliaires; *f.* intestin; *g.* rectum; *k.* glande sécrétant un liquide odorant et désagréable; *m.* réservoir du liquide; *u.* canal excréteur.

Voilà donc ce système nerveux et les organes des sens qui permettent aux insectes d'être en relation avec le monde extérieur. Mais les organes de la vie végétative, c'est-à-dire de la digestion, de la respiration, de la circulation, quels sont-ils?

Le mode de préhension des aliments varie suivant la nature des organes buccaux, mais nous avons dit que la constitution fondamentale était toujours la même. En général, les aliments pénètrent dans la bouche, passent dans l'œsophage, de là dans le jabot; vient ensuite une poche garnie d'appareils de trituration, ou gésier; puis une poche plus vaste que l'on appelle estomac, en rapport avec l'œsophage ou avec le gésier. Quelquefois cet estomac est simplement un large tube.

1. *Annales des Sciences naturelles.* Zoologie, t. XIII, page 382, 1892.

En tous cas, c'est là que les aliments sont en contact avec le suc gastrique sécrété par des petites glandes, tantôt visibles à l'extérieur de l'estomac, sous forme de villosités ou de doigts de gant, tantôt au contraire situées dans l'épaisseur de ses parois. Mais les aliments ont déjà subi l'action de la salive versée dans l'œsophage et sécrétée par des glandes en grappes. — A l'estomac fait suite l'intestin grêle et le gros intestin ou rectum. C'est sur le trajet de l'intestin qu'on rencontre des fins tubes enchevêtrés qui sont considérés, à juste titre, comme des canaux urino-biliaires ou tubes de Malpighi, du nom du savant qui les a découverts. On remarque enfin dans la dernière partie de l'intestin de petites glandes anales.

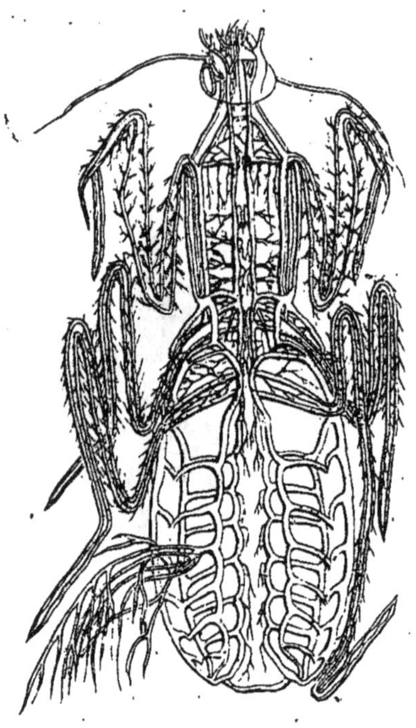

Fig. 613.
Appareil respiratoire trachéen d'un insecte.
(Mante religieuse.)

Mais les insectes respirent, et cependant ils n'ont pas de poumons, ni de branchies comme les poissons et comme les crustacés. Des tubes d'une extrême délicatesse, les trachées, se ramifient dans toutes les parties du corps et portent l'air qui va revivifier le liquide sanguin.

Lorsqu'on dissèque un insecte sous l'eau, rien n'est charmant comme de voir toutes les trachées remplies d'air qui semblent argentées.

Ces tubes trachéens sont formés de deux membranes entre lesquelles est un fil spiral.

Quelquefois ces trachées présentent des dilatations, véritables réservoirs à air, comme on l'observe chez les insectes bons voiliers; c'est ce qui explique même qu'ils puissent se soutenir longtemps dans l'air. Mais ce n'est pas par la bouche que respire l'insecte, il a plusieurs ouvertures respiratoires placées sous forme de petites boutonnières sur les côtés du corps. Ces ouvertures portent le nom de stigmates; il y en a une paire au prothorax et une paire à chacun des huit premiers anneaux de l'abdomen. La position de ces stigmates varie d'ailleurs suivant le type que l'on étudie; ils sont protégés soit par un bord résistant, soit par des poils délicats qui empêcheront l'entrée des poussières. En outre, l'insecte peut les fermer à volonté, grâce à des muscles spéciaux. Je citerai à ce propos un fait intéressant. Il arrive aux collectionneurs qui vont à la chasse des insectes, de voir quelquefois ceux-ci vivre longtemps dans une atmosphère délétère. En voici la raison : si l'insecte est gêné brusquement par l'odeur de l'atmosphère dans laquelle on le place, il ferme ses stigmates et peut ne périr que longtemps après. Mais si l'insecte ne ferme pas ses stigmates, le gaz délétère pénètre peu à peu dans toutes les trachées et détermine la mort.

Les larves de certains insectes aquatiques n'ont pas de stigmates, et ceux-ci sont remplacés par des houppes ou des lames situées sur les côtés de l'abdomen; là se ramifient les trachées, et l'air pénètre au travers de leur mince membrane.

Nous avons vu que l'insecte se nourrissait, digérait, s'assimilait les produits de la digestion, qu'il respirait; mais comment circule le sang? C'est un *vaisseau dorsal*, composé d'une série de poches, qui enverra le sang dans toutes les parties du corps. Il se compose d'une région cardiaque entourée d'un fin péricarde et d'une portion aortique. Fermé en arrière, il s'ouvre en avant dans l'aorte, et le sang par les contractions de ce vaisseau est poussé entre les organes et suit des courants déterminés, bien que n'étant pas contenu dans des veines ou dans des artères. Puis il revient au vaisseau dorsal, dans lequel il pénètre par des orifices latéraux. Grâce à des valvules, il ne peut ressortir et est poussé petit à petit vers l'extrémité antérieure. Pendant son trajet à travers le corps, il rencontre les trachées qui se ramifient à l'infini, et là il puise les éléments revivifiants qui lui sont nécessaires.

M. Émile Blanchard affirme que là ne se borne pas la circulation; d'après ses recherches, le sang pénètre entre les deux tuniques des trachées, et c'est là que se fait le véritable échange des gaz.

Le vaisseau dorsal est maintenu dans sa partie cardiaque, qui occupe presque toute la longueur de l'abdomen, par des fibres musculaires.

Les insectes sécrètent pour la plupart diverses substances dont les unes, comme la cire ou la soie, sont utilisées. Certaines espèces, comme les punaises, répandent une odeur désagréable ; d'autres sécrètent des liquides corrosifs : ce sont là évidemment des moyens de défense. Il en est enfin qui émettent de la lumière. Nous reviendrons sur toutes ces productions quand nous ferons l'histoire des insectes.

Les insectes sont en général d'une fécondité surprenante, et je puis dire désespérante, car nous n'avons que trop souvent à lutter contre eux. Les œufs varient beaucoup, mais on peut dire que presque tous sont entourés d'une enveloppe résistante, présentant en un point un ou plusieurs petits trous ou micropyles. En général, un mâle et une femelle s'unissent pour perpétuer l'espèce. Mais dans certains cas, chez les pucerons, les abeilles par exemple, la femelle vierge peut pondre des œufs d'où sortiront des jeunes. C'est ce qu'on appelle la *Parthénogenèse.*

En sortant de l'œuf les insectes ne ressemblent pas à leurs parents. Choisissons un exemple facile à vérifier :

De la graine ou pour mieux dire de l'œuf du bombyx du mûrier sort une chenille que l'on appelle le ver à soie; cette chenille grossit, change de peau plusieurs fois, puis file un cocon formé de la soie qu'elle a sécrétée. Elle devient immobile dans ce cocon, quitte sa peau de chenille et devient chrysalide; c'est ce qu'on appelle l'état de nymphe. Au bout de quelque temps, le papillon sort de cette enveloppe, étale ses ailes et est apte à pondre. Voilà donc des insectes qui passent par trois états distincts : l'état de larve, celui de nymphe et celui d'insecte adulte.

C'est là ce qu'on observe chez les papillons, les mouches, les guêpes, etc.

Mais les choses ne se passent pas toujours ainsi. Qui ne connaît les petits criquets de nos gazons ? En sortant de l'œuf, l'insecte a l'aspect du criquet adulte, mais il est privé d'ailes et n'est pas capable de pondre. Il change de peau plusieurs fois et acquiert, petit à petit, des ailes ; enfin, il est en état de se reproduire.

Il y a donc deux sortes de métamorphoses : les unes dites *complètes,* comme chez les papillons, quand la larve est un ver bien différent de la mère; les autres dites *incomplètes*, comme chez les criquets, les sauterelles, lorsque de l'œuf sort un insecte ressemblant beaucoup à l'adulte, mais non encore pourvu d'organes du vol.

De tous les êtres vivants, les insectes sont assurément les plus nombreux en espèces et en individus. Pour arriver à les connaître, on a dû les classer, car leur nombre est immense, et les ailes ont servi de critérium. Les noms des différents *ordres* qui composent la *classe* des insectes, sont tirés de la structure des ailes. On a appelé NÉVROPTÈRES, ceux qui ont les ailes parcourues par de fines réticulations : telles sont les éphémères, les libellules; ORTHOPTÈRES, ceux dont les ailes sont soutenues par des nervures droites : les sauterelles, les criquets, les blattes, sont dans ce cas. Puis ce sont les HÉMIPTÈRES, ou punaises et cigales; les HYMÉNOPTÈRES, ou bourdons, guêpes, abeilles, fourmis; les DIPTÈRES, ou mouches ; les COLÉOPTÈRES, c'est-à-dire ceux qui ont les ailes recouvertes par des étuis ou élytres : ce sont les hannetons, les carabes, les cantharides; les LÉPIDOPTÈRES, ou papillons, dont les ailes sont recouvertes par des écailles. Nous expliquerons, d'ailleurs, ces dénominations lorsque nous parlerons de chacun de ces ordres.

Les insectes existent partout sur le globe, et l'on peut dire qu'ils comptent parmi les plus anciens animaux qui ont peuplé la terre. Déjà à l'époque carbonifère, ils étaient variés et nombreux en espèces, mais même ils existaient dès la période silurienne, comme en témoigne l'aile provenant des terrains siluriens de Jurques (Calvados), que j'ai fait connaître il y a quelques années (1).

1. *Comptes rendus de l'Académie des sciences*, 29 décembre 1884.

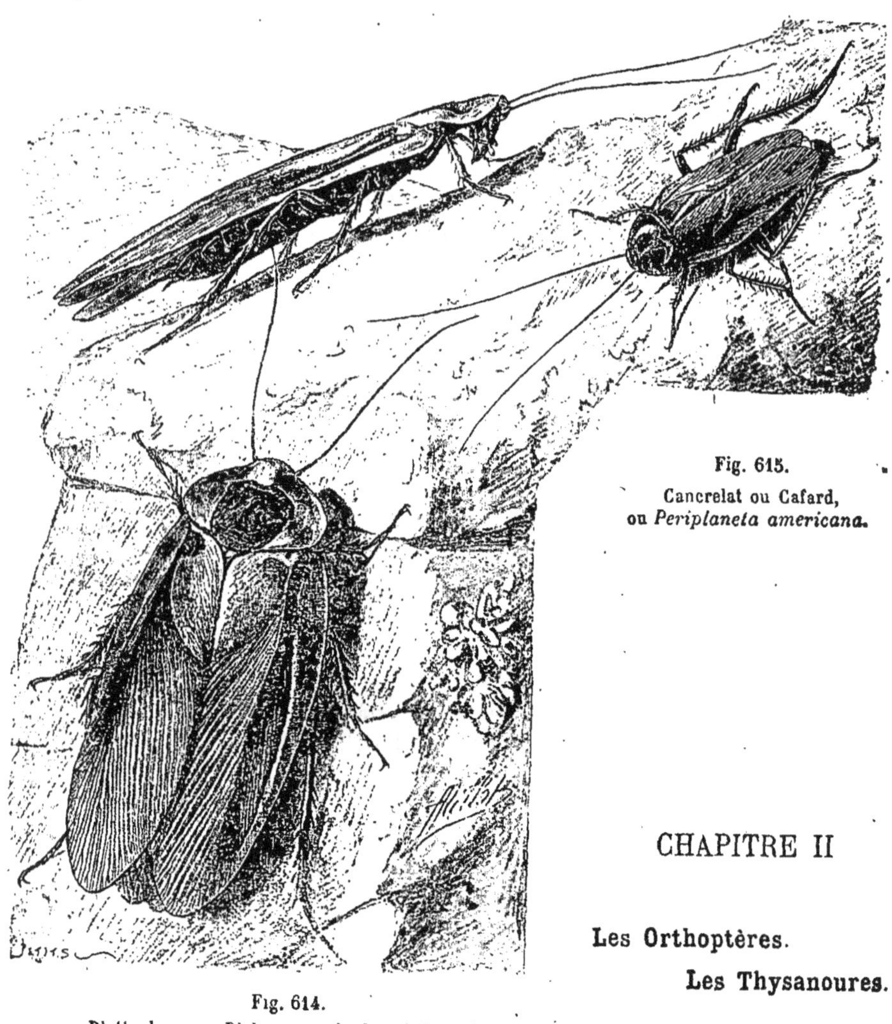

Fig. 615.
Cancrelat ou Cafard, ou *Periplaneta americana*.

Fig. 614.
Blatte du genre Blabera vue de dos et de profil.

CHAPITRE II

Les Orthoptères.

Les Thysanoures.

Les insectes de cet ordre sont bien connus, au moins pour la plupart; ils ne sont pas très industrieux et presque tous sont nuisibles; quelques-uns sont inoffensifs cependant. Ce sont les perce-oreilles, les blattes, les spectres ou phasmes, les mantes, les criquets, les sauterelles et les grillons. Cette énumération suffit pour montrer qu'il y en a de plusieurs sortes; les uns sont coureurs, d'autres grimpeurs et d'autres sauteurs. Mais tous sont des insectes broyeurs, c'est-à-dire dont les pièces buccales sont disposées pour la mastication; leurs metamorphoses sont incomplètes; leurs ailes de la première paire sont généralement plus robustes que celles de la seconde paire qui sont parcourues par des nervures droites rayonnant autour du point d'attache de l'aile, d'où leur nom d'orthoptères [1]. Les ailes de la seconde paire se replient, au repos, sous les ailes de la première paire ou élytres. Les antennes sont en général longues et fines; elles peuvent être cependant, chez certaines espèces, assez courtes.

Les Forficules ont l'abdomen terminé par deux crochets recourbés, et l'on s'est figuré qu'ils perçaient les oreilles. Mais ces insectes ne présentent aucun danger. Ils répandent, lorsqu'on les touche, une odeur assez désagréable et restent pendant le jour cachés sous les feuilles ou dans quelque trou. Il n'est pas rare, à la campagne, d'en trouver dans les serrures des portes des jardins, où ils sont réunis en familles nombreuses de tous les âges. Les adultes ont de petits élytres courts, qui cachent des ailes délicates et transparentes, d'abord pliées en éventail et ensuite transversalement; les jeunes n'ont pas d'ailes. Les mères forficules soignent bien leurs œufs et savent les mettre à l'abri si elles ne les jugent pas en sûreté.

Dans les bois, mais malheureusement plus souvent dans les maisons, dans les boulangeries, vivent des insectes qu'on doit redouter et pourchasser : ce sont les Blattes; on les appelle aussi des Cancrelats, des Kakerlacs, des Cafards. Elles sont brunes ou noirâtres; leurs élytres sont foncés et luisants et leurs ailes transparentes. Leurs pattes sont épineuses, et leur tête est repliée sous le prothorax. Grâce à leur corps aplati elles peuvent pénétrer partout et elles rongent tout, détruisent tout. Elles répandent une odeur infecte, et lorsqu'elles s'introduisent dans un garde-manger, on est obligé de jeter ce qu'elles ont touché. Elles courent avec une grande rapidité, explorant à l'aide de leurs longues et fines antennes ce qui les entoure. Pour les détruire, il faut leur donner à manger une substance qu'elles aiment et dans laquelle on aura mêlé du poison. On réussit assez avec de la pâte phosphorée. Les Blattes de notre pays sont fort petites, mais il y en a dans les pays chauds qui sont de grande taille. On en jugera par la figure qui est en tête de ce chapitre. Les Blattes ne pondent pas leurs œufs isolément, mais réunis dans une capsule ovigère ou oothèque, qu'elles portent quelquefois pendant plusieurs jours appendue à l'ex-

1. Du grec ὀρθός, ή, όν, droit, πτερόν, aile.

trémité de l'abdomen. Il y a néanmoins certaines espèces (genre *Panchlora*) qui sont vivipares, c'est-à-dire que les œufs, au lieu d'être abandonnés de bonne heure dans une coque ovigère, demeurent logés dans une poche contenue dans l'abdomen et que c'est là qu'ils terminent leur développement. D'autres espèces, les Mantes, sont bien curieuses à observer; elles sont de couleur verte, feuille morte, ou jaune, quelques-unes ont même des dessins élégants sur les ailes. Leur corps est allongé, et presque toutes ont un prothorax très long, puis une tête mobile à gros yeux saillants et de petites antennes courtes. Quelques espèces ont entre les yeux une saillie de la tête (Empusa); d'autres ont des élargissements foliacés aux pattes et au prothorax (*fig.* 617): mais ce qui leur a valu leur nom de Mantes religieuses ou de Pregadiou, c'est leur attitude (*fig.* 30, page 61). Les pattes des deuxième et troisième paires sont très longues et grêles; celles de la première paire sont aplaties, garnies d'épines, et, au repos, ont la jambe repliée sur la cuisse. Elles restent immobiles, sur la branche d'un arbuste, ne remuant que la tête pour voir sans doute mieux. Mais vienne à passer quelque insecte, la Mante étend rapidement ses pattes ravisseuses, et en repliant sa jambe sur sa cuisse, elle larde le corps de sa victime, puis se

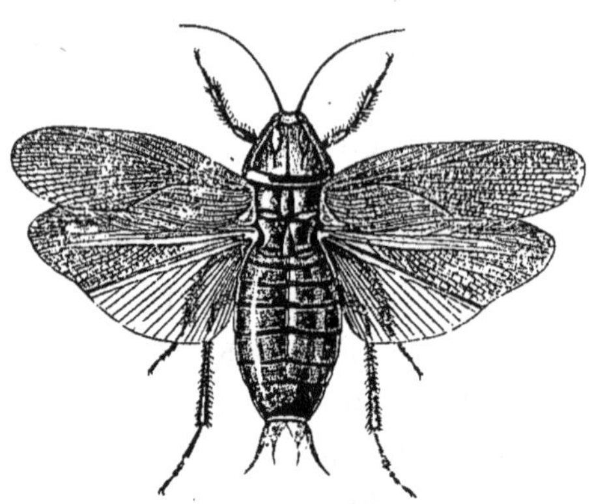

Fig. 616. — Blatte américaine.

Fig. 617. — Empusa gongyloides.

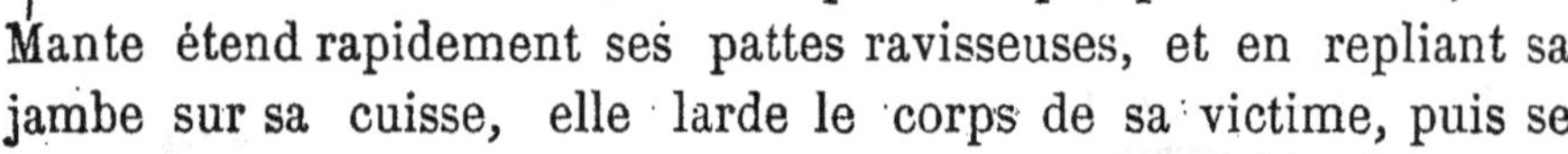

hâte de la dévorer. Les Mantes construisent une demeure pour y déposer leurs œufs.

Chez les Blattes la coque se façonne dans le corps même de la mère. Ici l'insecte sécrète une substance filante qu'il fixe sur une branche ou sur une pierre, et il construit alors, à l'aide de son abdomen et de l'extrémité de ses ailes, des étages où il dispose ses œufs régulièrement.

Fig. 618.
Oothèque de Mante religieuse et sortie des larves.

Cette substance visqueuse se dessèche à l'air, et lorsque l'éclosion a lieu, les jeunes ne tombent pas à terre (voy. *fig.* 618); ils restent suspendus à l'oothèque par de petits filaments; ce ne sera que lorsqu'ils auront opéré la première mue qu'ils pourront courir sur le sol à la recherche de leur nourriture [1]. Le mimétisme est poussé souvent très loin chez ces insectes et chez les Phasmiens ou spectres. Il en est qui ressemblent aux brindilles sur lesquelles ils sont posés; leur corps est très long, cylindrique, plus ou moins rugueux; les Anglais les nomment des *bâtons animés*. Le nombre des espèces et des genres de ces phasmes est très considérable. Quelques-uns, les Eurycanthes, sont épineux (*fig.* 620); d'autres ont l'apparence de feuilles vertes ou de feuilles mortes, ce sont les Phyllies [2]. Ces insectes pondent leurs œufs isolés, mais entourés chacun d'une enveloppe résistante. L'œuf des Phyllies ressemble à une graine d'ombellifère aussi bien extérieurement que par sa structure. De cet œuf sort une petite larve, qui a la forme des parents, mais qui est rouge sang. Après avoir mué plusieurs fois, elle acquiert des ailes. Le mâle diffère de la femelle, il a de longues antennes, tandis qu'elles sont courtes chez celle-ci; en outre il est plus élancé. Mais les deux sexes ont le corps aplati, les pattes elles-mêmes ont des expansions membraneuses. Les ailes de

1. Ch. Brongniart. *Annales de la Société entomologique de France*, 1881, p. 449, pl. XIII.
2. Ch. Brongniart. *Bulletin de la Société entomologique de France*, 1887.

Fig. 619. — Phasme du genre Phibalosome.

la première paire sont courtes et réduites à l'état de moignon chez le mâle et les ailes de la seconde paire sont très développées : il peut donc voler. La femelle a les ailes de la seconde paire atrophiées, et ce sont les élytres qui sont très développés, offrant des nervures qui leur donnent l'aspect de feuilles; la femelle ne peut pas voler. Ces insectes bizarres vivent à Java, aux Seychelles, dans l'Inde; mais j'ai pu en suivre le développement dans les serres du Muséum où j'en avais installé quelques-uns.

Les Phasmes sont des animaux des pays chauds et on n'en trouve qu'une ou deux espèces dans le midi de la France. Beaucoup sont aptères, et en tous cas les espèces ailées ont les élytres réduits à l'état d'écailles.

A l'époque houillère ils étaient représentés par des types de grande taille, comme le *Protophasme de Dumas* et le *Titanophasme de*

Fayol, dont les empreintes ont été découvertes dans les schistes de Commentry et que j'ai fait connaître il y a quelques années. Le corps du Titanophasme ne mesurait pas moins de 28 centimètres de long; le *Meganeura Monyi* avait 70 centimètres d'envergure.

Les orthoptères les plus vulgaires chez nous sont les criquets et les sauterelles, puis les grillons. Tous ont les pattes de la troisième paire plus longues que les autres, et les cuisses en sont renflées, contenant des muscles puissants qui leur permettent de sauter souvent à une assez grande hauteur.

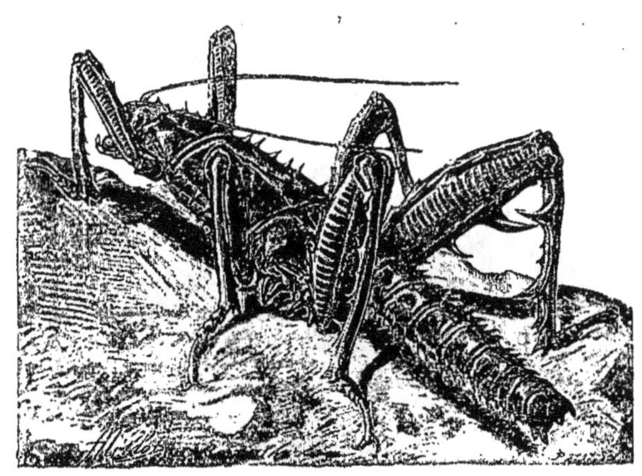

Fig. 620. — Phasme du genre Eurycanthe.

On peut considérer les criquets comme des insectes des plus nuisibles. Il y en a qui vivent en troupes, qui entreprennent de grands voyages, ravageant tout sur leur passage, et nos colons d'Algérie redoutent à juste titre les criquets pèlerins et marocains. Sur tous nos gazons il y en a de petites espèces qui ne sont pas très nuisibles.

Les Criquets ont des antennes courtes et déposent leurs œufs dans le sol, à l'aide de leur abdomen qu'ils enfoncent même dans les terrains les plus durs. Les criquets pèlerins (*Schistocerca peregrina*), qui ont causé tant de dégâts en Algérie dans ces dernières années, sont de gros insectes longs de 6 à 7 centimètres, rougeâtres ou jaunes, suivant l'époque de leur vie, et qui peuvent voler longtemps, grâce aux sacs respiratoires qui remplissent d'air leur corps et grâce aussi aux muscles puissants qui animent leurs ailes. Le criquet pèlerin vient du centre de l'Afrique, probablement de la région des grands lacs. Il arrive parfois en troupes immenses, semblables à des nuages de neige. Lorsqu'ils s'abattent, ils dévorent tout, s'accouplent, pondent, et si l'on ne détruit pas les œufs, les jeunes, qui en sortiront, ravageront tout à leur tour. Chaque ponte contient environ 90 œufs. L'année dernière, aux environs d'Alger, j'ai pu compter 35 pontes par décimètre carré, par conséquent près de 3 000 œufs par décimètre carré; on peut juger de ce qu'il peut y avoir d'œufs dans les lieux où les pontes recouvrent une superficie de plusieurs centaines de mètres carrés (30 000 000 d'œufs dans 100 mètres carrés) et de plusieurs centaines d'hectares!

Fig. 621.

Criquet pèlerin déposant ses œufs dans le sol.

Une autre espèce non moins redoutable existe dans notre colonie: c'est le *Stauronote marocain*, qui est beaucoup plus petit, mais qui y est à demeure sur les hauts plateaux, et c'est de là qu'il part chaque année en troupes immenses pour porter partout la dévastation.

Ces voyages périodiques des criquets sont connus depuis les temps les plus reculés; l'une des plaies d'Egypte dont il est question dans la Bible est relative à ces invasions.

On a cherché à les détruire par tous les moyens possibles; mais il faut bien le dire, on a dépensé des millions, et c'est toujours à recommencer. On écrase les œufs, on écrase les jeunes criquets. A cet effet on dispose autour des lieux de ponte des lames de zinc ou de toiles fixées par des piquets; ces bandes de toile sont garnies en haut d'une bordure de toile cirée qui, étant lisse, empêche les criquets de passer. Cet appareil ne sert, bien entendu, que pour la destruction des jeunes qui ne sont pas encore pourvus d'ailes. On les pousse alors dans des fosses pratiquées le long de la bande de toile, et on les tue soit avec de la chaux, soit avec de l'acide phénique.

Il faudrait un volume entier pour exposer en détail tout ce qui a trait à ces criquets dévastateurs. Ils ont heureusement des ennemis naturels, tels que les oiseaux, les lézards, les crapauds. Aussi devrait-on respecter les alouettes qui détruisent bon nombre de ces insectes. En outre, certains insectes, les uns voisins des cantharides, les autres de l'ordre des mouches ou des hyménoptères, déposent leurs œufs dans les pontes des criquets et les larves dévorent les œufs de ces orthoptères nuisibles. Enfin beaucoup d'individus sont

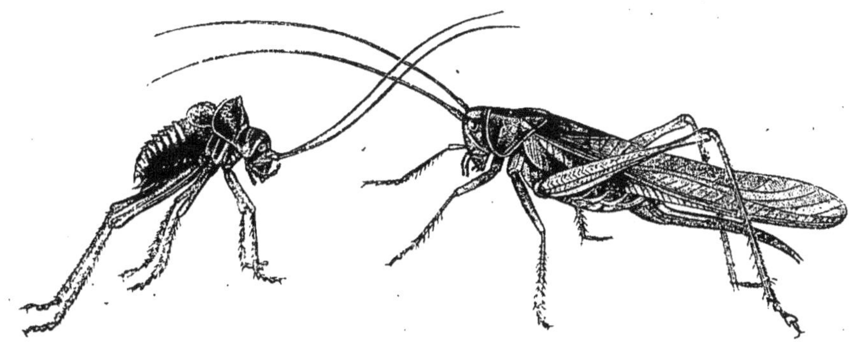

Fig. 622. — Éphippigère des vignes. Fig. 623. — Sauterelle ou Locuste verte.

tués par des champignons parasites, voisins, les uns du groupe des Entomophthora, les autres de la muscardine (Botrytis) dont nous avons préconisé l'emploi pour aider à la destruction des criquets (1).

Le nombre des espèces et des genres d'acridiens est considérable et nous ne pouvons les énumérer toutes ici. Cependant nous signalerons les *Pachytylus migratorius* ou criquets voyageurs qui ravagent le sud-est de l'Europe, le *Caloptenus spretus* qui est une des plaies de l'Amérique du Nord. On rencontre souvent, en été, une grosse espèce qui est de la couleur du sol sur lequel elle vit, *Œdipoda cœrulescens*, dont les ailes inférieures sont bleues.

1. Ch. Brongniart. *Comptes rendus de l'Association française pour l'avancement des sciences*, 1878, 1879 et 1881. — *Comptes rendus de l'Académie des sciences*, 1880, 1881, 1888 et 1891. *Bulletin de la Société nationale d'agriculture*, 1888 et 1891. — — *Bulletin de la Société philomathique de Paris*, 1891. — *Bulletin de la Société entomologique de France*, 1892.

D'autres qui vivent dans le midi de la France, en Algérie et dans les pays chauds, les Truxales, ont la tête prolongée en avant et des antennes aplaties.

Les vraies sauterelles appartiennent à une autre famille, celle des Locustides. Elles diffèrent d'ailleurs sous beaucoup de rapports des criquets. Assurément elles sautent comme ces derniers, mais elles ont de longues antennes filiformes, et leur abdomen est terminé chez les femelles par un sabre, tarière ou oviscapte, formé de deux valves. C'est ce sabre que les femelles enfoncent dans le sol pour y déposer leurs œufs. Nous en avons plusieurs espèces dans notre pays; les unes pourvues de longues ailes comme la

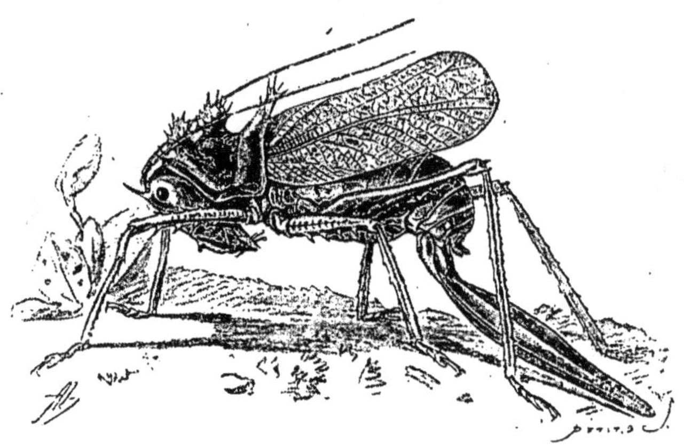

Fig. 624. — Eumegalodon ensifer (Sauterelle de Java).

grande sauterelle verte (voy. la planche VII de cet ouvrage) qui fait entendre à la fin de l'été son chant monotone; puis les Dectiques et les Ephippigères dont les organes du vol sont atrophiés et qui causent souvent des dégâts dans les vignes. Il y en a d'énormes de ces sauterelles; ainsi à la Nouvelle-Calédonie, il en existe une qui est grosse comme le pouce. Quelques-unes comme les *Eugaster*, les *Eumegalodon* (voy. *fig.* 624) ont le thorax épineux. Cet Eumegalodon vit à Java; il a un énorme sabre, une grosse tête et de puissantes mandibules.

D'autres orthoptères sauteurs sont les grillons ou *cri-cris* que l'on entend dans les champs ou dans les maisons, les boulangeries en particulier, et dont certaines espèces vivent sous les feuilles mortes dans les bois. Ils ont tous le corps épais, la tête grosse avec d'assez longues et fines antennes. Quelques espèces vivent toujours sous terre où elles se creusent des galeries, ce sont les *Courtilières* ou Taupes-grillons qui dévastent les potagers, coupant les racines des plantes. Elles ont d'énormes pattes antérieures, élargies, digitées, admirablement disposées pour creuser le sol. Chez les gryllides, les élytres sont assez courts.

Mais chez les orthoptères sauteurs, aussi bien les criquets que les sauterelles et les grillons, le mâle est pourvu d'un organe de stridulation qui lui permet de chanter, d'appeler sa femelle. Seulement la façon dont se produit le son varie; chez les criquets, le mâle produit son chant en frottant la face interne de sa cuisse contre les nervures saillantes de son élytre. Chez les sauterelles et les gryllides, les élytres du mâle présentent à la base une partie membraneuse, un miroir, où les nervures sont saillantes. L'insecte soulève ses élytres, les inclinant un peu obliquement, et les frotte l'un contre l'autre assez rapidement, émettant un son rendu très intense par suite de la vibration du miroir. Beaucoup de ces locustes chantent de préférence le soir au crépuscule, tandis que les criquets ne font entendre leur stridulation que pendant le jour et surtout lorsque le soleil les réchauffe de ses rayons.

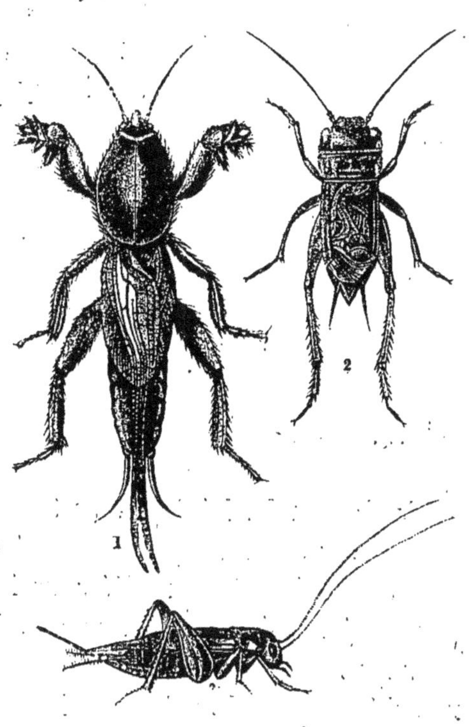

Fig. 625, 626 et 627. — Gryllides.

1. Courtilière ou Taupe-grillon. — 2. Grillon des champs. — 3. Grillon domestique.

On voit souvent courir dans les maisons, surtout à la campagne, de petits insectes longs de 10 à 15 millimètres et qu'on désigne sous le nom de « petits poissons d'argent ». Inutile de dire qu'ils n'ont aucun rapport avec les poissons; mais comme chez ces derniers, leur corps aplati, allongé, est recouvert de fines écailles argentées. Ce sont les Lépismes, qui, avec d'autres petites espèces, forment un groupe à part. Les autres insectes de cet ordre des THYSANOURES sont les Campodées et les Podures. Tandis que les Lépismes sont recouverts d'écailles, les Podures ont le corps velu.

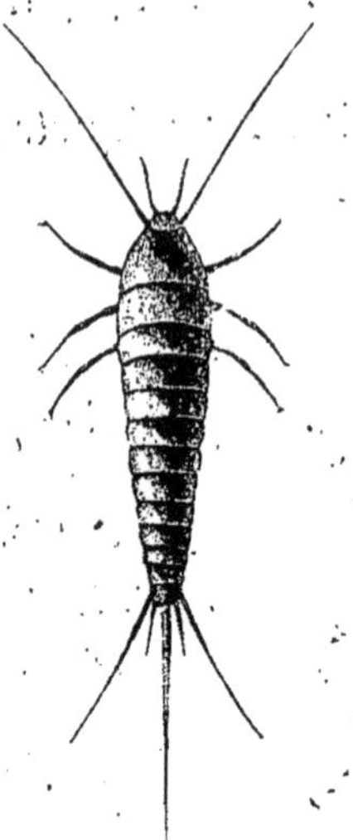

Au bord des mares, sur les feuilles qui flottent à la surface des étangs, on voit souvent une quantité énorme de ces petites Podures ressemblant à des grains de poudre, et qui se mettent à sauter aussitôt qu'on approche.

Fig. 628. — Le Lépisme.

Fig. 629. — Podure velue.

L'abdomen des Lépismes se termine par trois filaments; chez les Podures, le corps est plus ramassé et l'abdomen se termine par un long appendice bifide replié sous le corps, et qui en se redressant peut projeter l'insecte à une certaine distance. Dans les détritus, dans les feuilles sèches on les rencontre souvent. Les Thysanoures ne subissent pas de métamorphoses.

Fig. 630. — Termites.
On voit : au vol, un mâle ailé ; en bas, une grosse femelle pondeuse ; à droite, une femelle fécondée ; venant vers elle, un soldat ; en bas, des ouvriers.

CHAPITRE III

Les Thysanoptères. — Les Névroptères. — Les Strepsiptères.

Les Physopodes ou Thysanoptères sont de petits insectes ayant à peine deux millimètres de long et dont les ailes ont l'aspect de plumules. Leur corps, aplati et grêle, est assez allongé ; leur appareil buccal est disposé pour la succion. Ces petites bêtes vivent sur les fleurs, sur les graminées ; elles se nourrissent du pollen, du miel ; mais elles sucent aussi les feuilles, qui jaunissent alors et périssent. L'une d'elles, le Thrips des céréales, peut être regardée comme nuisible, car elle ronge les grains du blé.

D'autres insectes, extrêmement variés dans leurs formes, ont les ailes membraneuses et transparentes ; chez les uns, les quatre ailes sont semblables, chez d'autres celles de la seconde paire se replient sous celles de la première paire. On désigne ces insectes sous le nom de Névroptères. Les uns sont les Psoques et les Termites, qui constituent un premier groupe; d'autres sont les Perlides, les Éphémères, les Libellules; d'autres enfin, qui ont des métamorphoses complètes, sont les Planipennes et les Trichoptères, pour lesquels certains entomologistes réservent le nom de névro-

Fig. 631. — Lamproptilie de Grand'Eury.
(Ch. Brongniart.)
Empreinte de grandeur naturelle provenant des schistes houillers de Commentry.

ptères, rangeant les précédents dans un sous-ordre des orthoptères, sous le nom de Pseudo-névroptères.

Ce qu'il faut dire encore une fois, c'est que toutes ces divisions ne sont qu'artificielles, qu'elles n'existent pas dans la nature et qu'en particulier pour les orthoptères et les névroptères, les différences qui semblent les séparer de nos jours n'ont pas toujours existé. A l'époque carbonifère, vivaient des insectes nombreux en espèces, en général de grande taille, qui présentent des caractères permettant de les placer aussi bien parmi les orthoptères que parmi les névroptères. A cette époque reculée, les orthoptères et les névroptères ne formaient qu'un seul groupe, un seul ordre que j'ai désigné sous le nom de NEURORTHOPTÈRES (1).

A l'exemple de plusieurs naturalistes, nous grouperons les névroptères actuels en deux sous-ordres : celui des Pseudo-névroptères, qui contient des insectes à métamorphoses incomplètes; et celui des Névroptères vrais, contenant les espèces à métamorphoses complètes.

I. — PSEUDO-NÉVROPTÈRES

On connaît malheureusement trop, dans les pays chauds, des insectes que l'on nomme Termites ou *fourmis blanches*, sans doute parce qu'ils construisent des nids comme les Fourmis, sans doute aussi parce qu'ils sont représentés par des individus mâles, femelles et neutres, comme beaucoup d'hyménoptères sociaux. Les demeures qu'ils bâtissent sont énormes, atteignant quelquefois plusieurs mètres de haut, et cependant ces Termites n'ont que quelques millimètres de long. Ils fuient la lumière et construisent des chemins couverts, de sorte qu'on ne les voit pas à l'œuvre. Ils ont une grosse tête, les trois anneaux du thorax parfaitement distincts, et un abdomen assez renflé; les pattes sont d'égale longueur.

Les mâles et les femelles ont des ailes à nervures peu saillantes et souvent incomplètes; mais les neutres sont dépourvus d'ailes; les uns, parmi ces neutres, ont la tête arrondie, avec des mandibules plutôt petites, on les nomme *ouvriers;* les autres ont au contraire de grandes mandibules et la tête allongée, ce sont les *soldats*. Les femelles de quelques espèces exotiques sont véritablement monstrueuses quand elles sont pleines d'œufs, atteignant près de 10 centimètres de long et la grosseur du pouce; ce sont de véritables sacs à œufs.

Ch. Lespés a étudié d'une manière approfondie les Termites lucifuges qui causent beaucoup de dégâts dans nos départements maritimes de l'Ouest (2). Lespés a vu qu'il y avait deux sortes d'in-

1. CH. BRONGNIART. *Les insectes fossiles des terrains primaires : Bulletin de la Société des Amis des Sciences naturelles de Rouen*, 1885, p. 59.
2. LESPÉS. *Annales des Sciences naturelles : Zoologie*, 4e série, tome V.

dividus sexués : des grands et des petits mâles, des grosses et des petites femelles; puis des neutres des deux groupes, et des nymphes également de deux sortes, les unes avec de petits rudiments d'ailes, les autres avec des ailes rudimentaires plus grandes.

Dans les Landes, dans la Charente-Inférieure, ces insectes pullulent dans les souches, dans les maisons; ils rongent le bois, respectant la peinture des poutres et des solives, qui, à un moment donné, étant creuses, ne servent plus de soutien. A la préfecture de La Rochelle, on avait cru que les Termites avaient respecté les archives. En effet, les dos des registres étaient intacts; mais, les ayant retirés, on s'aperçut que l'intérieur était rongé. On pourra voir un de ces registres dans les galeries d'entomologie du Muséum où, par les soins de M. Émile Blanchard, une collection très complète des travaux des insectes a été installée depuis trois ans. Là, nous n'avons pu placer de nids très gros, comme ceux que l'on trouve dans l'Afrique australe, capables de supporter le poids d'un homme et même d'un bœuf; cependant quelques échantillons sont de belle taille.

La grosse femelle des Termites est dans une chambre spéciale située à la base du nid, entourée de cellules servant de magasins et d'autres cellules où sont déposés les œufs de cette reine.

Les Psoques, qui sont gros comme de petits poux blancs, sont très vifs et vivent dans les vieux papiers, ou sous les écorces; ils rentrent dans ce même groupe.

Mais on peut dire que ces types sont en quelque sorte des exceptions parmi les névroptères, dont les représentants sont en général des insectes agiles et vivant en plein jour, aimant même beaucoup le soleil.

II. — LES NÉVROPTÈRES VRAIS

Les Perlides, les Éphémères et les Libellules se rencontrent surtout au bord des eaux, car leurs larves sont aquatiques.

Les Perles et les Éphémères ont l'abdomen terminé par de longs filaments, leurs larves vivent dans l'eau et respirent à l'aide de lames abdominales où se ramifient des trachées, comme nous l'avons expliqué plus haut.

Les Éphémères ont les ailes de la seconde paire souvent atrophiées. L'été, elles se transforment toutes en même temps, et après avoir passé une vie assez longue sous l'eau, à l'état de larve, elles abandonnent leur peau de nymphe et quittent la vie aquatique pour prendre la vie aérienne; et l'on voit souvent voltiger au-dessus de l'eau des milliers de ces petits insectes. Elles vivent, dit-on, l'espace d'un jour ! C'est exagéré... Elles ont vécu d'abord assez longtemps à l'état de larve et de nymphe. Lorsqu'elles sont adultes, le but de leur vie est de perpétuer leur espèce; et comme il arrive chez presque tous les insectes, dès qu'elles ont contracté mariage, dès que les femelles ont pondu, elles meurent.

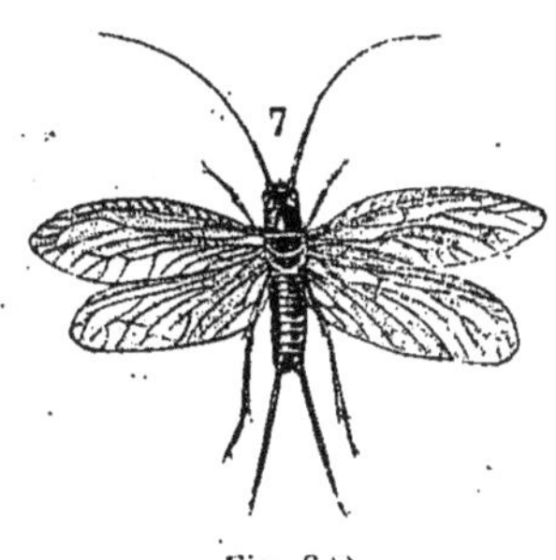

Fig. 632.
Perle à deux queues.

Les Libellules, les Agrions, ont aussi des larves aquatiques. Mais, chose curieuse, elles ne respirent pas à l'aide de lamelles ou de panaches; non, c'est leur gros intestin qui sert en quelque sorte de branchie trachéenne. L'eau pénètre dans le rectum et est en contact au travers de la membrane intestinale avec les trachées. Mais elles utilisent aussi l'eau qui sert à cette respiration d'un genre nouveau, lorsqu'elles veulent progresser rapidement. Quand elles sont tranquilles, ce sont leurs pattes qui leur servent à marcher; si quelque chose les inquiète, contractant leur rectum, elles chassent l'eau qui y était contenue, et comme cela arrive pour le canon, le mouvement de recul les projette en avant.

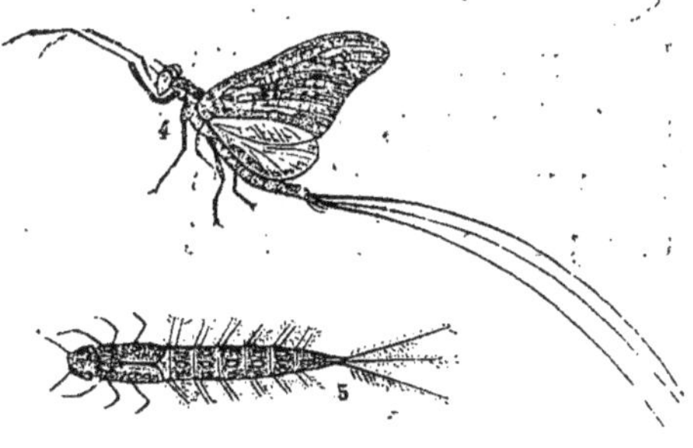

Fig. 633 et 634.
Éphémère vulgaire et sa larve.

La larve de la libellule a la lèvre inférieure très longue, et les palpes labiaux transformés en pinces. Cette lèvre est repliée sous la tête, mais peut s'étendre au gré de l'insecte. Aussi, passe-t-il à sa portée quelque bestiole, la lèvre est projetée rapidement, saisit la proie et la ramène contre les mandibules et les mâchoires.

Lorsqu'elle veut se transformer en insecte ailé, la larve grimpe le long de la tige d'une plante aquatique, la peau du thorax se fend sur le dos, et la libellule, la *demoiselle* pour employer l'expression populaire, quitte sa dépouille sombre et revêt de brillants vête-

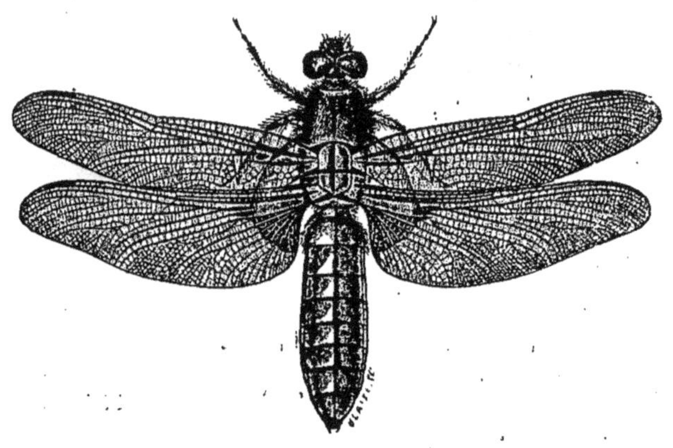

Fig. 635. — La Libellule déprimée.

ments. En effet, certaines espèces ont des teintes bleues, vertes ou dorées, des plus agréables. On les voit voler, planer légèrement à la poursuite des insectes qu'elles attrapent au vol et dont elles font leur nourriture. Leurs ailes sont longues, couvertes de fines nervures et égales entre elles; leur abdomen est long

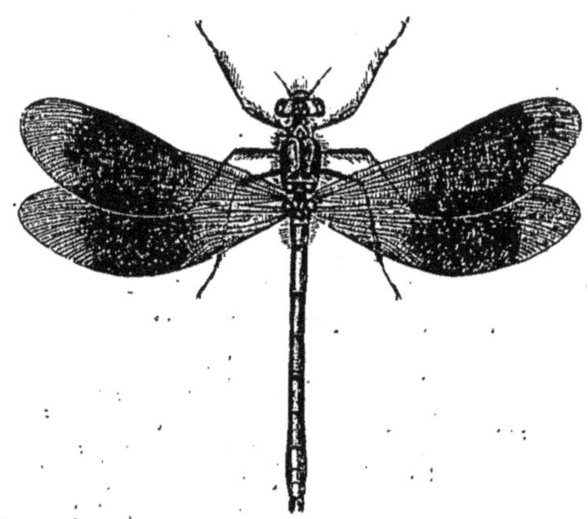

Fig. 636.
Larve de Libellule déprimée.

Fig. 637. — Agrion vierge.

et généralement grêle. (Voir, en bas de la planche VII, le Calopteryx éclatant.)

Tous les névroptères que nous venons de passer en revue sont ceux dont les métamorphoses sont incomplètes, c'est-à-dire dont la larve ressemble plus ou moins à l'adulte, et dont la nymphe est active. Les névroptères vrais ont des larves très différentes de l'insecte parfait et passent quelque temps immobiles à l'état de nymphe avant de devenir adultes. Les uns ont les pièces buccales disposées pour mâcher, comme celles des Pseudo-Névroptères, d'autres pour sucer. Chez les uns (Planipennes) les ailes sont semblables entre elles et ne peuvent se replier, chez les autres (Trichoptères ou Phryganes) les ailes de la seconde paire peuvent se replier en éventail sous celles de la première paire, comme cela se voit chez les Orthoptères. Beaucoup ont des larves aquatiques, mais quelques-uns passent leur vie larvaire dans le sol.

D'après leurs ailes, nous le voyons, on a divisé les Névroptères vrais en deux sous-ordres : celui des *Planipennes* (Siales, Panorpes, Hémérobes, Fourmilions); celui des *Trichoptères* (Phryganes.)

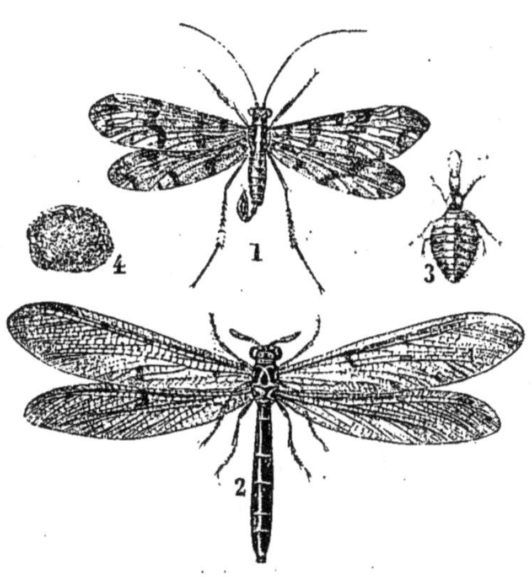

Fig. 638. — Panorpe commune (1).
Fig. 639. — Fourmilion, sa larve et sa coque (2, 3, 4).

Les Fourmilions ou *Myrmeleo* ressemblent beaucoup aux Libellules; mais leurs ailes, au repos, sont ramenées sur l'abdomen dans le sens de la longueur du corps et de plus les ailes de droite ne recouvrent pas les ailes de gauche, comme nous l'avons vu chez les Orthoptères.

Chez les Libellules, les ailes restent étalées si l'animal se repose, ou bien, comme chez les Caloptéryx et les Agrions, elles se rabattent verticalement, celles de droite sur celles de gauche, au-dessus de l'abdomen.

On voit quelquefois, dans les sablonnières, de petits entonnoirs placés les uns à côté des autres dans le sable fin. Passe une fourmi ou quelque autre petit insecte; s'il tombe dans ces petits trous, il est saisi au fond par des pinces invisibles. C'est tout simplement une petite larve de fourmilion qui l'a pris. Globuleuse, armée de grandes mandibules, la larve des *Myrmeleo* s'enfonce dans le sable, à reculons, par saccades; en même temps, se servant de sa tête comme d'une pelle, elle lance en l'air et de côté le sable qui la recouvre; elle tourne en faisant ce petit manège, et à un moment donné, lorsqu'elle se trouve à une profondeur convenable, ayant pratiqué un petit entonnoir dans le sable, elle reste au fond, les mandibules ouvertes, attendant qu'une proie tombe dans son piège. La pauvre fourmi qui passe et qui se laisse choir dans le précipice, fait tous ses efforts pour regagner le bord du trou; mais elle a compté sans notre petite larve de fourmilion qui, voyant sa proie lui échapper, lui lance du sable avec sa tête, et la fait ainsi retomber. Elle la saisit alors rapidement, l'entraîne sous le sable, la suce, et lorsqu'elle a fini son repas, elle jette la dépouille de sa victime par-dessus le bord, d'un coup de tête, de la même façon qu'elle lançait le sable. Au moment de se transformer en nymphe, cette larve file un cocon sphérique.

Les Raphidies, les Corydales, les Siales, forment une autre famille du même sous-ordre. La larve des Siales est aquatique, tandis que celle des Raphidies vit sous les écorces.

Les Hémérobes, qui constituent une autre famille, sont d'un vert tendre avec de beaux yeux brillants. On voit souvent voler ces petits insectes dans les buissons; mais si l'on veut les prendre, les doigts qui les ont saisis gardent une odeur infecte. Leurs larves se nourrissent de pucerons.

Les Panorpes volent dans les gazons ou les buissons; elles ont la bouche allongée et des sortes de tenailles au bout de l'abdomen. C'est dans la terre humide qu'elles déposent leurs œufs, et les larves qui en sortent ressemblent à de petites chenilles.

Les Phryganes ou Trichoptères ont les ailes recouvertes de poils ou d'écailles, comme les papillons, avec lesquels elles ont d'ailleurs d'autres rapports. Les ailes de la seconde paire se replient sous celles de la première paire. Par suite de la soudure des mâchoires et de la lèvre inférieure, les pièces de la bouche forment une sorte de trompe.

C'est au bord des eaux qu'on rencontre ces insectes, et d'ailleurs c'est dans les ruisseaux, les mares, les étangs que vivent leurs larves, cachées dans des petits étuis qu'elles ont fabriqués, tantôt avec des petites pierres ou des petits coquillages agglutinés, tantôt avec des brindilles de roseaux ou des morceaux de feuilles aquatiques. Elles transportent avec elles leur demeure, ne laissant

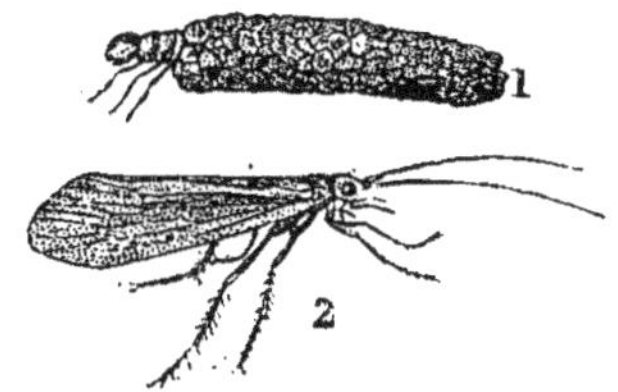

Fig. 640. — Phrygane (2) et sa larve (1) dans son etui.

passer que la tête et les pattes, qu'elles rentrent bien vite si quelque danger les menace. Et lorsque la nymphe active vient se transformer en insecte parfait, elle quitte son fourreau et sort de l'eau.

III. — LES RHIPIPTÈRES OU STREPSIPTÈRES

On a formé un ordre à part pour de curieux petits insectes dont nous ne dirons qu'un mot : ce sont les Strepsiptères ou Rhipiptères. C'est le mâle de l'un des genres qui a été étudié tout d'abord. Long à peine de deux millimètres, le mâle a les ailes antérieures rudi-

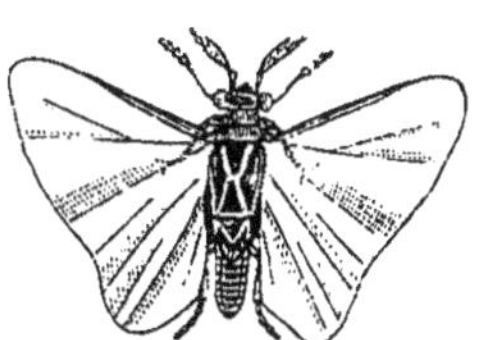

Fig. 641. — Stylops de Kirby.

mentaires et les ailes postérieures plissées, pouvant se replier en long; les pièces buccales sont rudimentaires. Les femelles sont connues depuis peu de temps : elles sont comme de petits sacs, sans ailes et sans pattes. Les larves de ces petits insectes vivent en parasites sur le corps des Hyménoptères. On les a répartis en plusieurs genres : *Xenos*, *Stylops*, *Halictophagus*, *Elenchus*, *Myrmecolax*.

Fig. 642. — Nécrophores ensevelissant un mulot.

CHAPITRE IV

Les Coléoptères.

Les Coléoptères (1)... J'allais parler de ces insectes sans expliquer leur nom. Eh oui, chacun les connaît : le hanneton, le carabe, le ver luisant, la cantharide, la bête à Bon-Dieu, en sont des exemples. Quels sont donc les caractères qui permettent de reconnaître immédiatement ces insectes? Les Coléoptères forment un ordre bien naturel, et si les types qui les représentent sont souvent très variés, les différences qui les séparent sont légères. Tous ont les ailes de la première paire modifiées; elles ne sont plus transparentes comme celles des Orthoptères ou des Névroptères, elles sont opaques et, dans la plupart des cas même, complètement épaisses et dures; ce sont des élytres servant d'étuis protecteurs aux ailes postérieures qui se replient sous eux; tous ont les pièces de la bouche disposées pour broyer les aliments; tous ont un prothorax libre qu'on nomme corselet, et le mésothorax apparaît à la base des élytres sous forme d'un petit triangle ou écusson. Les larves

1. Du grec : κολεὸς, fourreau; πτερὸν, aile.

diffèrent absolument de l'insecte parfait; ce sont donc des insectes à métamorphoses complètes. Beaucoup sont nuisibles, vivant aux dépens de nos récoltes ou rongeant les bois; mais d'autres méritent d'être protégés, car ils détruisent des espèces nuisibles.

Le nombre des Coléoptères est immense, et les formes qu'ils présentent sont des plus variées. Cependant ils sont pour la plupart revêtus d'une enveloppe chitineuse épaisse, et leurs élytres ne se recouvrent pas; cachant l'abdomen, sauf chez certains types, ils se touchent par leurs bords sur le milieu du dos; quelquefois même ils sont soudés et l'insecte ne peut voler. La forme des antennes est aussi très variable; nous en voyons de filiformes et longues, de courtes au contraire, ou en massue; d'autres sont pectinées, etc. Le corps des Coléoptères est lisse, ou recouvert de poils, qui souvent sont colorés de la plus charmante façon.

La conformation des pattes ne varie pas moins et le nombre des articles des tarses a servi aux entomologistes de caractère pour les classer. Il y a généralement cinq articles (*pentamères*), mais certaines espèces n'en ont que quatre (*tétramères*); ou bien les tarses des pattes des première et deuxième paires ont cinq articles tandis qu'il n'y en a que quatre aux pattes postérieures : ceux-là sont dits *Hétéromères*.

Les Coléoptères pourvus de cinq tarses, c'est-à-dire les Pentamères, sont les plus nombreux; les uns courent sur le sol, se cachent sous les pierres et sont carnassiers : ce sont les Cicindèles, les Carabiques; d'autres, également carnassiers, vivent dans l'eau, on les nomme Dytiques; d'autres espèces aquatiques, les Hydrophiles, sont herbivores. Quelques-uns, les Staphylins, les Sylphides et les Histérides, se nourrissent des matières animales ou végétales en décomposition. Les Psélaphiens se cachent sous les pierres ou dans les fourmilières. D'autres s'attaquent aux matières grasses, au lard, aux fourrures : ce sont les Dermestes.

Parmi les Pentamères prennent place les Lamellicornes, c'est-à-dire les Hannetons, les Cétoines, les Bousiers, les Lucanes, puis les Buprestes aux brillantes couleurs, les Taupins ou Elatérides, les Lampyres ou vers luisants, les Clérides, et enfin les Xylophages si nuisibles aux boiseries et aux arbres vivants. Nous ne pouvons assurément décrire toutes ces bestioles; le lecteur pourra, s'il veut en faire une étude plus complète, s'adresser à des ouvrages spéciaux. Néanmoins nous donnerons un aperçu de leurs formes et de leurs mœurs.

Les Cicindèles et les Carabiques ont des antennes filiformes, de fortes mandibules, car ce sont des insectes carnassiers, et des pattes fines et allongées disposées pour la course. Les Cicindèles ont pour la plupart de vives couleurs vertes ou jaunes; leurs larves se tiennent dans des trous cylindriques dont elles bouchent l'entrée avec leur tête plate, et si un insecte vient à passer, elles le saisissent avec leurs puissantes mandibules. Grâce à une saillie dorsale armée de deux crochets, elles peuvent se fixer dans leurs galeries souterraines.

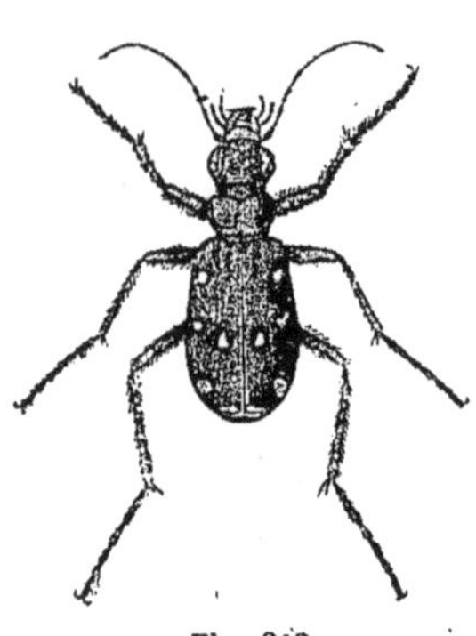

Fig. 643.
Cicindèle champêtre.

Les Carabiques sont très variés dans leurs formes et dans leur taille; il y en a de petits, comme les Bembidium; d'autres très grands, comme les Carabes vrais et les Calosomes, dont quelques-uns aux couleurs vertes ou rouges métalliques sont connus de tout le monde; le Carabe doré ou jardinière se rencontre souvent dans les jardins où il recherche les chenilles ou autres bêtes nuisibles; le Calosome sycophante poursuit les chenilles processionnaires sur les troncs d'arbres. L'habile pinceau de M. Millot a représenté sur notre planche VIII un autre Carabique de Java, le Mormolyce, dont

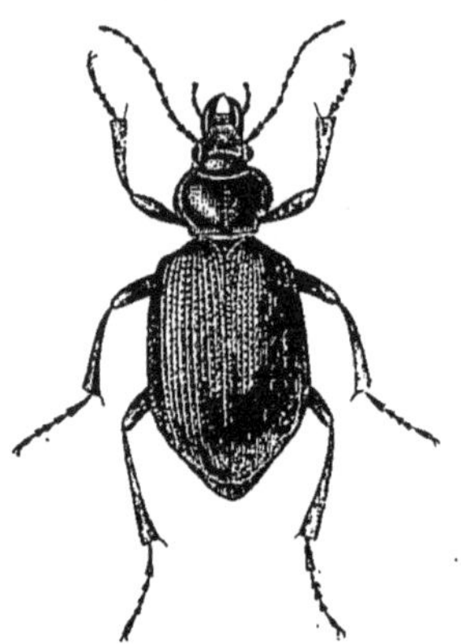

Fig. 644. — Carabe doré.

Fig. 645. — Scarite géant.

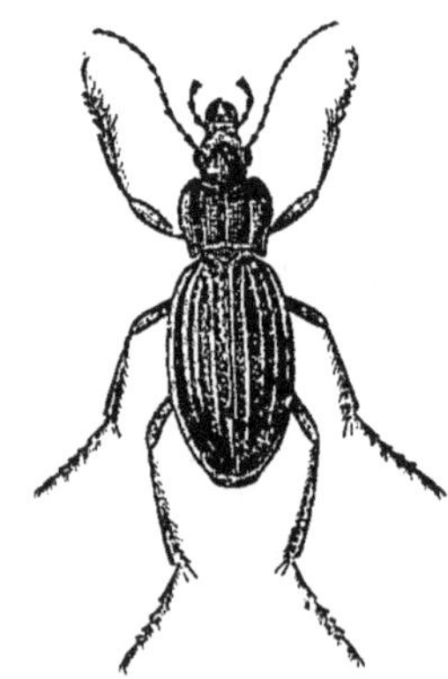

Fig. 646. Calosome sycophante.

les élytres sont très larges et aplatis comme des feuilles. Il nous faut citer les Scarites aux puissantes mandibules, qui vivent de préférence sur le sable des plages de la Méditerranée et qui vont la nuit à la recherche de leur proie. Sous les pierres habitent de petites espèces à corselet rouge et à élytres bleus, les Brachines, auxquels on a donné le nom de Bombardiers, parce qu'ils font entendre des petites explosions s'ils sont inquiétés, en lançant par l'anus un liquide corrosif qui s'échappe sous forme de fumée.

Certains Coléoptères aquatiques sont carnassiers, ce sont les Gyrins et les Dytiques. On les voit, ces Gyrins ou Tourniquets, au corps noir brillant, tournoyant à la surface des eaux tranquilles et plongeant de temps en temps. Ils ont les pattes antérieures assez longues, puis les deux autres paires très courtes et élargies en forme de petites rames.

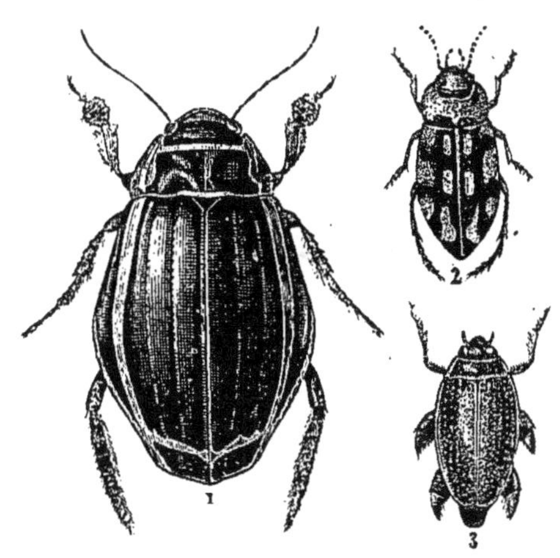

Fig. 647, 648 et 649.
Dytique (1). — Gyrin (3). — Hydropore (2).

Ce sont de bons nageurs que les Dytiques, au corps ovalaire; leurs pattes des deuxième et troisième paires sont aplaties et ciliées. Ils guettent leur proie en se plaçant à la surface de l'eau, la tête en bas et l'extrémité abdominale relevée et sortant de l'eau pour permettre à l'air de pénétrer sous les élytres. Si une salamandre, une grenouille, un têtard passent près d'eux, vite ils se précipitent, se cramponnent sur la pauvre bête et la dépècent rapidement. Ce sont, on le voit, de vraies bêtes féroces. Leurs larves aussi ont des instincts carnassiers; elles ont le corps allongé, cylindrique, une grosse tête arrondie, et leurs yeux, au lieu de former de chaque côté de la tête une seule masse, sont simples et séparés les uns des autres; chacun d'eux reçoit un filet du nerf optique, et la réunion de ces filets ne s'opérera que pendant l'état de nymphe pour former les gros nerfs optiques. La mare dans laquelle ils prennent leurs ébats vient-elle à se dessécher, les Dytiques sortent de l'eau et s'envolent à la recherche d'une autre pièce d'eau.

Les Hydrophiles sont plus gros, leur corps est plus allongé, plus bombé, et leurs antennes, au lieu d'être filiformes, sont terminées en massue. Ils sont aussi plus lents dans leurs mouvements et se nourrissent de végétaux. Les femelles déposent leurs œufs dans une coque flottante qu'elles filent grâce à certaines glandes anales.

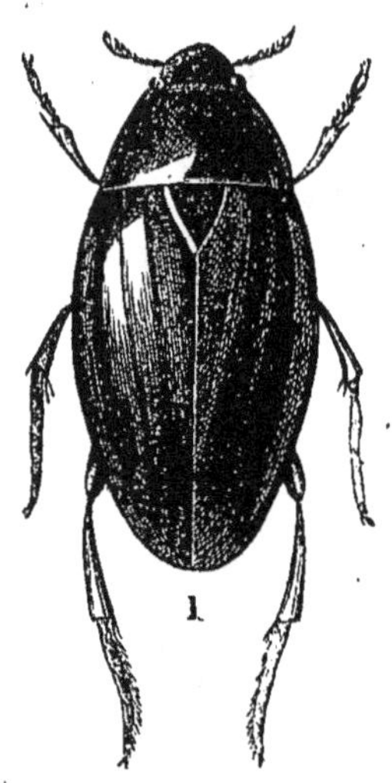

Fig. 650. — Hydrophile brun.

Certains Coléoptères semblent chargés tout spécialement de faire disparaître les corps en décomposition ou les immondices de toutes espèces ; ce sont les Nécrophores, les Sylphes, les Staphylins, les Histers. Les Sylphes sont de petits insectes aplatis qui se plaisent dans les charognes ou les végétaux ; ils sont noirs en général, quelques-uns sont jaunâtres avec des points noirs ; l'un d'eux est noir avec le corselet rouge. Les Nécrophores ont, pour la plupart, les élytres jaunes avec des bandes noires et tout le reste du corps noir. Ces insectes ont l'odorat très développé. Un petit rongeur, une taupe, un oiseau, est-il mort et sa chair commence-t-elle à se putréfier, on voit aussitôt arriver en volant ces insectes qui se hâtent d'enfouir le cadavre pour y déposer leurs œufs.

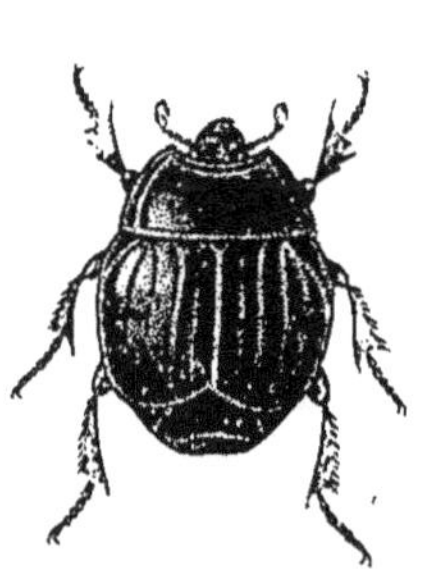

Fig. 651.
Hister ou Escarbot.

Les Histers sont arrondis ; ils ont le corps épais et la couleur noire luisante quelquefois avec des points rouges ; ce sont eux qu'on nomme *Escarbots.* Les uns vivent dans les matières en décomposition, d'autres dans les fourmilières, comme d'ailleurs les Psélaphes, les Paussus. Ces derniers sont très petits et ont quelquefois les antennes élargies d'une façon très extraordinaire. Les Staphylins sont encore des amateurs de pourriture. Beaucoup d'espèces vivent sous les bouses, dans les détritus, dans les champignons. Ils ont le corps allongé, les élytres fort courts tronqués, réduits à l'état de petites écailles, sous lesquelles cependant les ailes viennent se replier, laissant par conséquent presque tout l'abdomen à découvert. On les voit courir avec leurs pattes courtes et relever leur abdomen dont l'extrémité pourvue de deux stylets laisse échapper une odeur désagréable. Une grande espèce de notre pays est d'un noir mat; d'autres sont couverts de poils veloutés, jaunes, blancs et noirs; beaucoup sont de très petite taille, presque microscopiques.

Fig. 652. Psélaphe.

On trouve, malheureusement trop souvent, dans les pelleteries, dans les lainages, dans les matelas, de petites larves allongées velues, et dont l'extrémité de l'abdomen est garnie d'une touffe de poils soyeux : ce sont les larves des Dermestes, petits insectes à corps ovale et couverts d'une pubescence grise ou brunâtre qui s'en va dès qu'on les prend dans les doigts. L'un d'eux, qui est arrondi, globuleux, long d'un millimètre, l'Anthrène des musées, est fort redouté des naturalistes : car si par malheur l'un de ces insectes peut pondre dans la peau d'un animal empaillé ou dans quelque insecte piqué dans une boîte, bientôt les larves qui naissent dévorent tout, ne laissant souvent, s'il s'agit de collections d'insectes, que l'épingle. Les Dermestes s'attaquent aux provisions de lard, aux cuirs, aux fourrures.

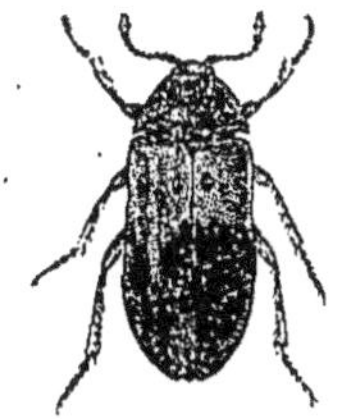
Fig. 653. Dermeste du lard.

La famille qui va nous occuper est très intéressante, et renferme des espèces très nuisibles, mais quelques-unes sont parées des plus brillantes couleurs; leurs antennes ont un article gros basilaire et les autres aplatis, formant des lamelles qui peuvent s'écarter l'une de l'autre : d'où le nom de Lamellicornes qu'on a donné à ces insectes. Leurs larves ont un gros abdomen recouvert d'une peau molle et transparente et ressemblent à un sac : le *ver blanc* ou larve du hanneton en donnera une idée exacte; les unes vivent de substances végétales, les autres de matières en décomposition. Au bout de deux ou trois ans elles se transforment en nymphes sous terre, dans un cocon.

On voit souvent sur les fleurs, dans les roses, une belle espèce, la cétoine dorée qui est d'un vert métallique, qui peut être nuisible lorsqu'elle dévore les fleurs des arbres fruitiers. Elle ferme ses élytres pendant le vol, après avoir ouvert ses ailes postérieures. Il en existe des espèces nombreuses dont quelques-unes sont fort belles.

Fig. 654.
Le Hanneton vulgaire et sa larve.

Sur la côte occidentale d'Afrique, au Gabon, on trouve les Goliathides, dont quelques-uns atteignent plus de 10 centimètres de long et 3 ou 4 centimètres d'épaisseur.

Mais ceux que l'on connaît le mieux, ceux que chacun de nous a maniés, ce sont les Hannetons. Les enfants leur attachent un fil à la patte, et les engagent à s'envoler en leur chantant : « Hanneton, vole, vole, vole! » Avant de prendre son vol, le hanneton semble faire des efforts; il respire profondément, remplit d'air ses trachées et ses vésicules aériennes, et l'on dit qu'il compte ses écus. Au printemps, vers le mois de mai, on les voit voler en grandes masses autour des arbres dont ils rongent les jeunes feuilles.

A leur corselet noir, à leurs élytres bruns et largement striés, à leur abdomen terminé en pointe recourbée, à leurs flancs noirs avec une tache blanche sur chaque anneau abdominal, à leurs antennes lamelleuses, plus petites chez la femelle que chez le mâle, on reconnaît facilement les hannetons. A l'état de larve ils commettent pendant plusieurs années des dégâts considérables en rongeant les racines des végétaux; à l'état adulte ils détruisent les jeunes pousses des arbres. Mais si les feuilles peuvent repousser, il n'en est pas de même des parties souterraines des plantes, et lorsqu'elles sont attaquées par les vers blancs, elles meurent. M. Grandeau pense que les dégâts causés en France par le hanneton atteignent 300 millions de francs; eh bien, comme le disait M. Emile Blanchard, « l'abandon d'une part énorme de nos récoltes à un vulgaire insecte est une honte pour notre civilisation ». On a essayé de bien des moyens pour arriver à détruire les hannetons, et le hannetonage est un des meilleurs procédés empiriques. Il consiste à gauler les arbres de *grand matin;* les insectes tombent, on les ramasse et on les détruit. Mais les hannetons ont des ennemis naturels, les oiseaux, les mammifères insectivores, les reptiles même. En outre ils ont un parasite végétal, un petit champignon microscopique voisin de la muscardine, voisin de celui que j'ai fait connaître en 1891 comme destructeur des criquets pèlerins d'Algérie. Ce parasite est une forme de *Botrytis* qui a été étudiée avec un soin minutieux par MM. Prillieux et Delacroix, de l'Institut national agronomique, et par M. Lemoult. Ces savants botanistes ont pu arriver à multiplier en quantité prodigieuse des spores et contaminer dans la campagne les vers blancs; ceux-ci, atteints, propageaient d'eux-mêmes la maladie cryptogamique. On le voit, il y a là un moyen naturel pour la destruction des insectes, que l'on arrivera sûrement à perfectionner et à propager.

Fig. 655. — Hanneton foulon.

Dans le midi de la France vit une grosse et belle espèce qu'on nomme le hanneton foulon; puis on trouve partout de petites espèces jaunâtres ou Rhizotrogues, qui sont très nuisibles également. Dans cette même famille prennent place de ravissantes petites espèces dont l'une, à cause de ses couleurs bleu argenté, est employée dans certains cas pour faire des parures, c'est l'Hoplie azurée. Il en est d'autres, moins brillants, mais fort jolis cependant, les Trichies à bandes, d'un beau jaune d'or velouté, avec trois taches noires sur les élytres. Ils aiment le pollen des fleurs et se rencontrent fréquemment dans les champs et les jardins. Sur notre planche VII on pourra voir l'un de ces insectes et un petit longicorne élancé du genre Lepture sur l'ombelle d'une carotte sauvage.

Dans les potagers, dans le tan, vit un gros insecte brun luisant qu'on nomme le Rhinocéros ou Orycte nasicorne, parce qu'il a sur la tête une corne recourbée en arrière; mais dans les parties tropicales de l'Amérique ce type est représenté par des espèces de grande taille, dont les unes, comme les Mégasomes éléphant et hercule, sont trapus; d'autres, comme les Dynastes, sont plus allongés et portent sur la tête et sur le prothorax de grandes cornes.

Dans cette famille des Lamellicornes il y a tout un groupe d'espèces stercoraires, c'est-à-dire qui vivent principalement dans les détritus, dans les bouses : ce sont les Géotrupes ou Bousiers, les Ateuchus, les Aphodies, les Copris, les Onthophages. Les Géotrupes sont en général de couleur sombre, noire ou bleu foncé, avec le dessous du corps d'un bleu ou d'un vert métallique. Les Aphodies sont gris brun, ou bien rouges sur les élytres et noirs sur le corselet. Mais les Ateuchus sont les plus intéressants. L'une des plus grosses espèces, l'*Ateuchus sacer*, que les anciens Égyptiens représentaient sur leurs monuments ou sculptaient en amulettes, le Bousier sacré, dis-je, a été étudié par divers auteurs, mais en particulier par M. J.-H. Fabre, qui a décrit ses mœurs avec un talent et un charme inimitables, comme d'ailleurs les mœurs de beaucoup d'insectes. Je le citerai donc ici, malheureusement, très incomplètement, et j'aurai bien des fois l'occasion de le citer encore à propos de la vie des insectes.

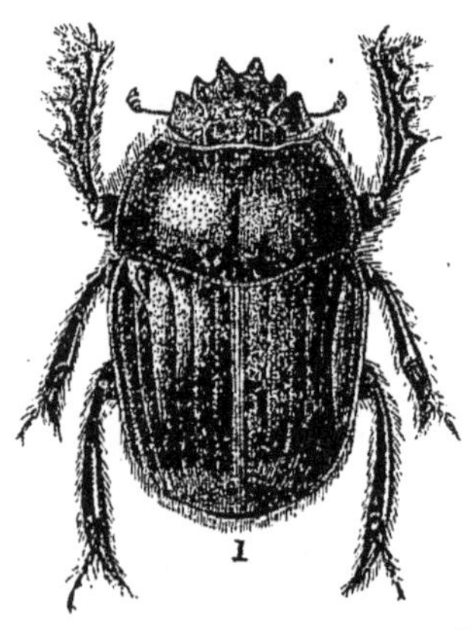

Fig. 656.
L'Ateuchus sacré.

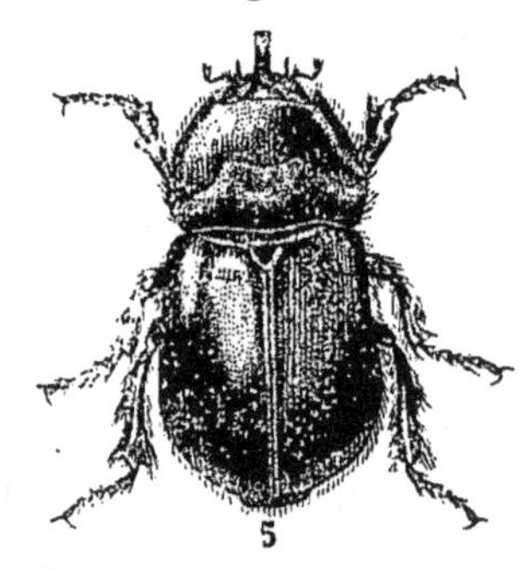

Fig. 657.
Le Rhinocéros.

Ces Ateuchus ont la singulière habitude de façonner des boules de fiente et d'y déposer leurs œufs dans une cellule centrale; mais quelquefois cette boule leur sert simplement de réserve de nourriture.

M. Fabre, après avoir dépeint les divers convives attablés autour d'une même bouse, ajoute :

« Quel est celui qui trottine vers le monceau, craignant d'arriver trop tard ? Ses longues pattes se meuvent avec une brusque gaucherie, comme poussées par une mécanique que l'insecte aurait dans le ventre; ses petites antennes rousses épanouissent leur éventail, signe d'inquiète convoitise. Il arrive, il est arrivé, non sans culbuter quelques convives. C'est le scarabée sacré, tout de noir habillé, le plus gros et le plus célèbre de nos bousiers. Le voilà attablé, côte à côte avec ses confrères, qui, du plat de leurs larges pattes antérieures, donnent à petits coups la dernière façon à leur boule, ou bien l'enrichissent d'une dernière couche avant de se retirer et d'aller jouir en paix du fruit de leur travail. Suivons dans toutes ses phases la confection de la fameuse boule.

« Le chaperon, c'est-à-dire le bord de la tête, large et plate, est crénelé de six dentelures angulaires rangées en demi-cercle. C'est là l'outil de fouille et de dépècement, le râteau qui soulève et rejette les fibres végétales non nutritives, va au meilleur, le ratisse et le rassemble. Un choix est ainsi fait : car pour ces fins connaisseurs, ceci vaut mieux que cela; choix par à peu près, si le scarabée s'occupe de ses propres victuailles, mais d'une scrupuleuse rigueur s'il faut confectionner la boule maternelle, creusée d'une niche centrale où l'œuf doit éclore. Alors, tout brin fibreux est soigneusement rejeté, et la quintessence stercoraire seule cueillie pour bâtir la couche interne de la cellule. A sa sortie de l'œuf, la jeune larve trouve ainsi, dans la paroi même de sa loge, un aliment raffiné qui lui fortifie l'estomac et lui permet d'attaquer plus tard les couches externes et grossières.

« Pour ses besoins à lui, le scarabée est moins difficile, et se contente d'un triage en gros. Le chaperon dentelé éventre donc, et fouille, élimine et rassemble un peu au hasard. Les jambes antérieures concourent puissamment à l'ouvrage. Elles sont aplaties, courbées en arc de cercle, relevées de fortes nervures et armées en dehors de cinq robustes dents. Faut-il faire acte de force, culbuter un obstacle, se frayer une voie au plus épais du monceau, le bousier joue des coudes, c'est-à-dire qu'il déploie de droite et de gauche ses jambes dentelées, et d'un vigoureux coup de râteau déblaie une demi-circonférence. La place faite, les mêmes pattes ont un autre genre de travail : elles recueillent par brassées la matière râtelée par le chaperon et la conduisent sous le ventre de l'insecte, entre les quatre pattes postérieures. Celles-ci sont conformées pour le métier de tourneur. Leurs jambes, surtout celles de la dernière paire, sont longues et fluettes, légèrement courbées en arc et terminées par une griffe aiguë. Il suffit de les voir pour reconnaître en elles un compas sphérique, qui, dans ses branches courbes, enlace un corps globuleux pour en vérifier, en corriger la forme. Leur rôle est, en effet, de façonner la boule.

« Brassées par brassées, la matière s'amasse sous le ventre, entre les quatre jambes, qui, par une simple pression, lui communiquent leur propre courbure et lui donnent une première façon. Puis, par moments, la pilule dégrossie est mise en branle entre les quatre branches du double compas sphérique; elle tourne sous le ventre du bousier et se perfectionne par la rotation. Si la couche superficielle manque de plasticité et menace de s'écailler, si quelque point trop filandreux n'obéit pas à l'action du tour, les pattes antérieures retouchent les endroits défectueux; à petits coups de leurs larges battoirs, elles tapent la pilule pour faire prendre corps à la couche nouvelle et emplâtrer dans la masse les brins récalcitrants.

« Par un soleil vif, quand l'ouvrage presse, on est émerveillé de la fébrile prestesse du tourneur. Aussi la besogne marche-t-elle vite : c'était tantôt une maigre pilule, c'est maintenant une bille de la grosseur d'une noix, ce sera tout à l'heure une boule de la grosseur d'une pomme. J'ai vu des goulus en confectionner de la grosseur du poing. Voilà certes du pain sur la planche pour quelques jours. » (1)

A côté des Lamellicornes que nous venons d'étudier prennent place des insectes qui s'en rapprochent évidemment beaucoup, mais qui, à cause de leur système nerveux moins centralisé, comme l'a montré M. Blanchard, doivent former une famille spéciale; ce sont les Lucanes ou Cerfs volants, aux mandibules énormes chez les mâles, courtes chez les femelles. Leur larve ressemble à celle des Hannetons et vit dans les vieux troncs d'arbres. L'insecte vole en mai ou juin et ne se fait pas faute de pincer, avec ses mandibules puissantes, les doigts qui cherchent à le saisir.

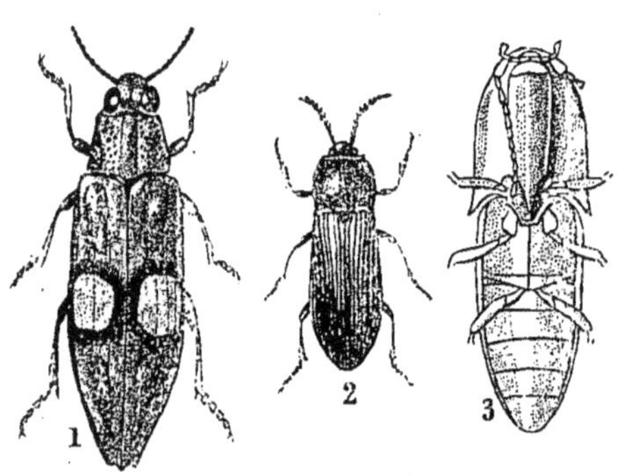

Fig. 658, 659 et 660.

1. Chrysochroa ocellé. — 2. Taupin germain. 3. Même espèce grossie et vue en dessous pour montrer l'appareil sternal.

Il y en a de fort brillants dans les parties chaudes de l'Amérique.

Mais rien ne peut rivaliser de beauté, de richesse de coloris avec les Buprestes, qu'on a nommés souvent, à juste titre, des Richards, et dont les espèces les plus remarquables vivent dans les pays chauds. Ce sont des insectes à corps allongé et aplati, à pattes courtes, et dont les ailes ne dépassent pas en longueur les élytres, ce qui n'a lieu chez aucun autre coléoptère. On pourra juger de leurs brillantes couleurs métalliques en considérant celui qui est représenté en bas de notre planche VII.

D'autres, les Taupins ou Élatérides, ont le corps très allongé, de très petites pattes et des antennes filiformes, dentées ou pectinées. Il n'est pas d'enfant qui ne les connaisse ces petites bêtes qu'on nomme *casse-cou*. Un petit stylet du prothorax, placé sur la ligne médiane ventrale, peut rentrer dans une cavité correspondante du mésothorax. Tombent-ils à la renverse, ils voûtent leur dos de façon

(1) J.-H. Fabre. *Souvenirs entomologiques.* Paris, Delagrave.

à faire saillir la pointe sternale; puis, en se contractant fortement, ils font rentrer cette pointe brusquement dans sa cavité, et le corps est projeté en l'air; il est rare qu'ils ne retombent pas sur leurs pattes. En France, nous n'avons que de petites espèces, mais il en existe de grandes dans les pays chauds, et quelques-unes même, qui habitent le Mexique, Cuba, etc., ont sur les côtés du prothorax et au point de jonction de l'abdomen et du métathorax, des organes qui projettent une vive lumière : on les nomme des Pyrophores ou Cucuyos. A l'aide de cette lumière, un de nos physiologistes les plus distingués, M. Raphaël Dubois, a pu photographier le buste de Claude Bernard.

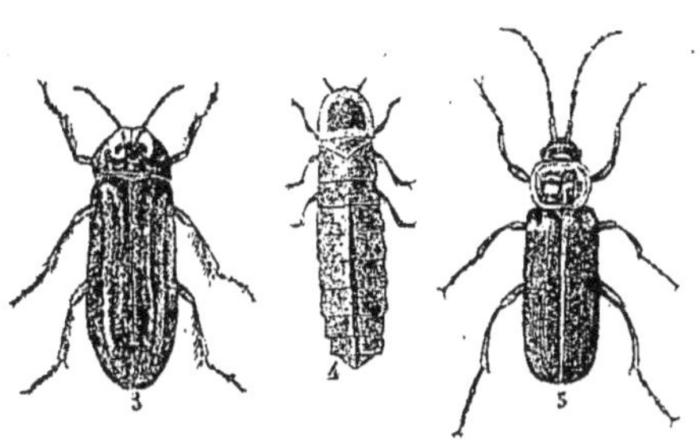

Fig. 661, 662 et 663.
3. Ver luisant mâle. — 4. Ver luisant femelle. 5. Téléphore brun.

Ce ne sont pas les seuls coléoptères qui jouissent de cette propriété d'émettre de la lumière, et, dans une famille voisine, celle des Malacodermes, plusieurs espèces sont lumineuses : les Lucioles et les Vers luisants sont dans ce cas. Qui n'a admiré, par les beaux soirs d'été, ces petits vers luisants qui éclairent les feuillages? C'est l'abdomen de la femelle,

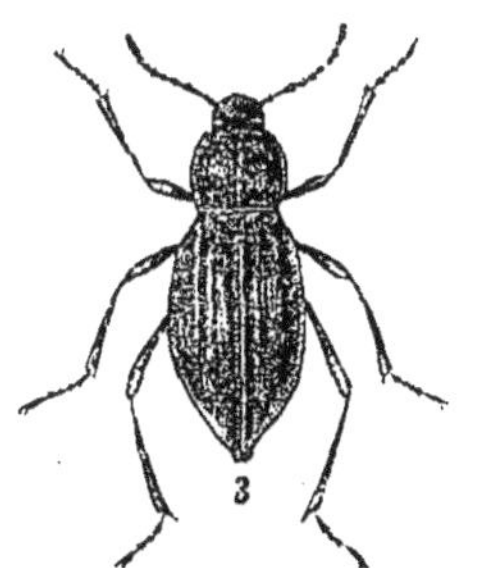

Fig. 664. — Blaps.

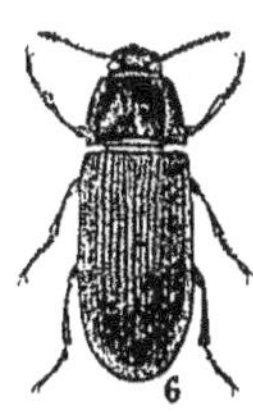

Fig. 665. Ténébrion de la farine.

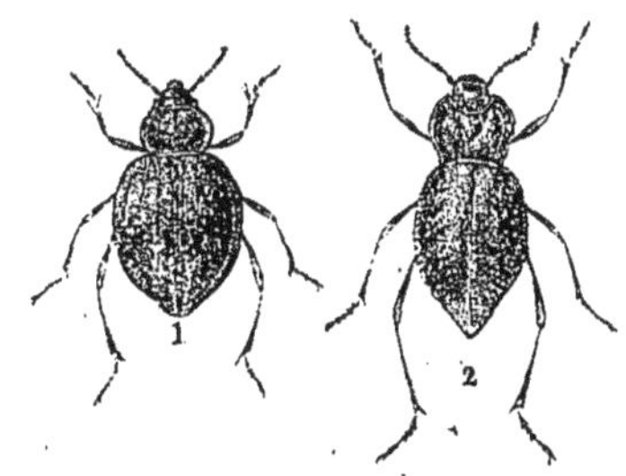

Fig. 666 et 667. — Pimélie et Akis.

privée d'ailes, qui brille et attire ainsi le mâle; celui-ci est ailé et s'envole aussitôt qu'il aperçoit cette lanterne d'un nouveau genre pour retrouver sa femelle. Cette famille des malacodermes est nombreuse en espèces, généralement de petite taille et à élytres et téguments mous.

Les Clérides peuvent être placés dans le voisinage; ils sont velus, grêles et variés de couleurs. Nous avons en France une jolie espèce, le Clairon des ruches, qu'on pourra voir sur notre planche VII, posé sur des fleurs de ronces. Il a le corselet bleu foncé, presque noir, les élytres rouges, avec trois bandes noirâtres transversales et tout le corps velu.

On nomme Xylophages certains coléoptères d'ordinaire de petite taille qui sont fort nuisibles. Les uns, les *Lymexylons*, ravagent les bois des chantiers; d'autres mangent, à l'état de larve, les bois de nos meubles, produisant par leur sortie de petits trous ronds; ce sont les *Anobium*, dont l'une des espèces produit un bruit de tic-tac dans le bois: horloge de la mort! Sans doute elle amène la destruction des meubles qu'elle réduit en poudre.

Le groupe des Hétéromères est moins nombreux, mais il renferme certains types des plus curieux, tant à cause de leurs mœurs que des produits que plusieurs fournissent à la médecine.

Nous le savons déjà, tous ont cinq articles aux tarses des première et deuxième paires, et quatre seulement à ceux de la troisième paire. Quelques-uns aiment l'obscurité et l'humidité, tels les Blaps au corps noir qu'on trouve dans les caves; d'autres, les Ténébrions, vivent à l'état de larve dans la farine et leurs larves sont bien connues des oiseleurs, sous le nom de vers de farine; ce sont des larves longues et cylindriques d'un jaune brillant qu'on recueille et qu'on vend assez cher pour donner en pâture aux oiseaux insectivores qu'on tient en cage.

Mais dans ce groupe, les plus intéressants sont les Cantharides ou insectes vésicants. Ce sont ces insectes qui fournissent la pâte qui sert à faire des vésicatoires. La cantharide est le type de la famille; on la reconnaît à son corps allongé, à ses élytres un peu mous, à sa tête large et à sa belle couleur d'un vert brillant. Les Méloés, qui en sont proches parents, ont la tête très grosse, un énorme abdomen que des élytres rudimentaires ne peuvent cacher. Vient-on à les toucher, ils laissent échapper des articulations de leurs pattes un liquide rouge et irritant. En Afrique, en Asie et dans le midi de l'Europe, d'autres espèces, ressemblant à la cantharide par la forme, les Mylabres, ont la tête et le corselet noirs, et les élytres d'un brun rougeâtre avec des bandes noires transversales.

Les Cantharides sont des insectes vulgaires qu'on récolte à certaines époques pour les transformer en pâte à vésicatoire. Pourquoi ne les élèverait-on pas comme on élève les vers à soie? — Leurs mœurs sont connues depuis peu et, en outre, leurs métamorphoses nécessitent des conditions presque irréalisables. Grâce aux travaux de Newport, de M. Fabre, on sait que les insectes vésicants pondent des œufs d'où sortent des petites larves actives qui se tiennent sur les fleurs et qui sautent sur le thorax des hyménoptères velus qui viennent récolter le miel pour approvisionner leurs cellules ; à l'aide de ses trois longues paires de pattes, la larve se cramponne solidement et se laisse transporter dans le nid de l'hyménoptère qui ne se doute pas qu'il a introduit le loup dans la bergerie. Après la ponte, elle quitte son automédon, saute sur l'œuf posé sur le miel dans une cellule bientôt murée par l'hyménoptère. Elle a bientôt fait de dévorer l'œuf, et, aussitôt après, elle change de peau et de forme à la fois. Ce n'est plus le petit *Triongulin* vif que nous décrivions tout à l'heure, c'est une grosse masse qui surnage, pour s'en nourrir, à la surface du miel, que l'hyménoptère avait mis là pour servir de pâture à sa larve.

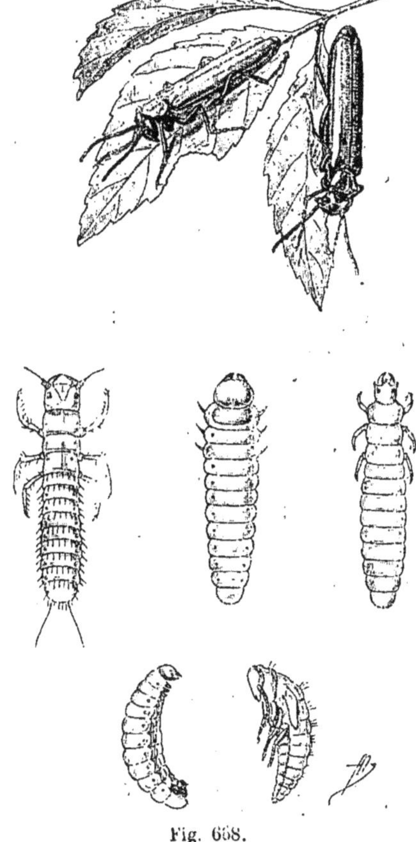

Fig. 658.
Métamorphoses de la Cantharide.
(D'après M. Beauregard [1]).
1. Cantharide sur une feuille de frêne. Sur la seconde ligne on voit, à gauche, le Triongulin ou première larve; à droite, la deuxième larve au 3e jour de son développement; au milieu, la deuxième larve à l'état ultime de de son développement. En bas, à gauche, la pseudo-chysalide, et à droite la nymphe.

Lorsque le miel est épuisé, elle change encore de peau et

1. Nous adressons tous nos remerciements à M. Beauregard, qui a bien voulu mettre à la disposition de l'habile artiste M. Millot, notre dessinateur, ses documents personnels.

devient une sorte de pupe immobile; enfin cette peau est encore changée, et de cette pseudo-chrysalide sort une vraie pupe pourvue de membres, ressemblant à la première larve. Ces transformations ont été désignées, par M. Fabre, sous le nom d'hypermétamorphoses.

Les larves des insectes vésicants ne s'adressent pas indifféremment à telle ou telle espèce d'hyménoptères.

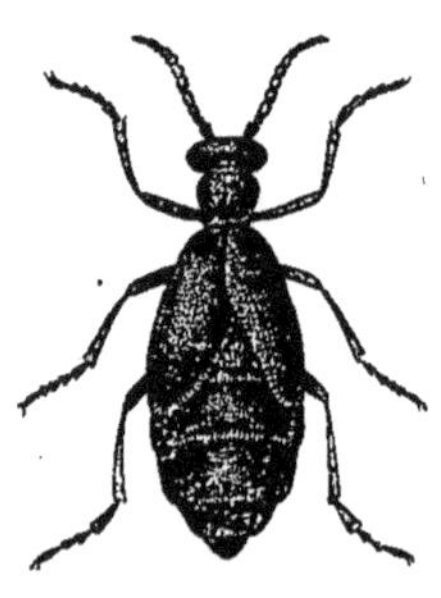

Fig. 669
1. Méloé proscarabée.

Le développement des Méloés, des Sitaris, avait été étudié; mais ce n'est qu'en 1878 que Lichsenstein, de Montpellier, obtint le développement complet de la cantharide. M. Riley, entomologiste en chef du gouvernement des États-Unis, fit connaître le développement des *Épicautes*, genre voisin des Cantharides, et montra que ces insectes sont, à un moment de leur vie larvaire, parasites des nids de certains Orthoptères.

Enfin, en 1883, M. le Dr Beauregard entreprit des expériences pour arriver à connaître l'évolution des Cantharides, qu'il a relatées dans son bel ouvrage sur les *Insectes vésicants* (1). Les Triongulins en sortant de l'œuf ne grimpent pas sur les fleurs pour y attendre les Hyménoptères; non, ils fuient la lumière, s'enfoncent dans le sol, et recherchent les nids d'Hyménoptères souterrains, en particulier ceux des *Colletes*. Ils y pénètrent et n'attaquent pas l'œuf qui s'y trouve, mais se mettent à se nourrir immédiatement du miel; cela leur suffit pour subir leurs métamorphoses. — On voit combien il serait difficile d'élever des Cantharides; on doit donc se contenter de les récolter dans la nature, sur les frênes en particulier, où elles se tiennent en grand nombre.

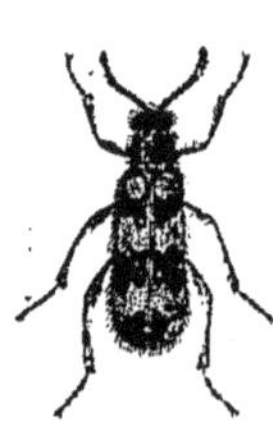

Fig. 670.
Mylabre de la chicorée.

Un autre groupe de Coléoptères renferme des insectes fort intéressants, mais plus ou moins nuisibles; ils ont aux tarses cinq articles, dont un est atrophié et caché; aussi les a-t-on nommés Cryptopentamères. Les uns, comme les Bruches, sont petits et

1. Dr Beauregard. *Les Insectes vésicants.* 1 vol. in-8°; F. Alcan, 1890.

vivent aux dépens des graines des légumineuses, rongeant les pois, les haricots; les autres, comme les Charançons ou Curculionides, vivent tantôt sur les feuilles, sur les fleurs ou les fruits, tantôt sous l'écorce des arbres.

On a aussi désigné ces derniers sous le nom de Rhynchophores, parce qu'ils ont la tête prolongée en un rostre plus ou moins recourbé en bas, et portant à son extrémité les pièces de la bouche, et sur lequel sont insérées les antennes, coudées et renflées. Il y a une variété infinie de ces charançons : quelques-uns sont de taille infime; d'autres, au contraire, ont des dimensions respectables, comme les Calandres. La larve de l'une de ces dernières vit dans les palmiers; elle est succulente et très estimée comme nourriture, dans certains pays, par les indigènes.

D'autres types d'une famille voisine, les Bostriches, les Hylesines, les Scolytes, sont justement redoutés des forestiers : car, malgré leur petite taille, ils pondent dans les troncs d'arbres, et les larves qui sortent des œufs rongent l'intérieur de l'écorce, formant souvent des dessins fort compliqués. Ce sont des insectes de un, deux ou trois millimètres, cylindriques, et de couleur brunâtre. Quelques-uns attaquent les pousses des pins et déterminent la mort de ces arbres.

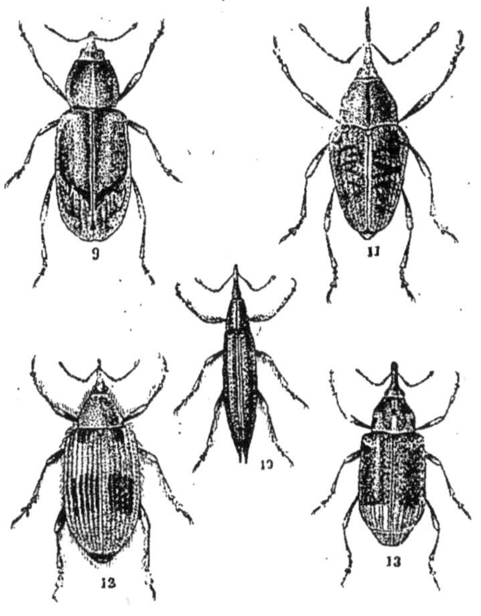

Fig. 671, 672, 673, 674 et 675. Curculionides.

9. Coniate du tamarisc. — 10. Lyxus paraplectique. 11. Balanine des noix. — 12. Orcheste de l'aulne. — 13. Cryptorhynque de l'oseille.

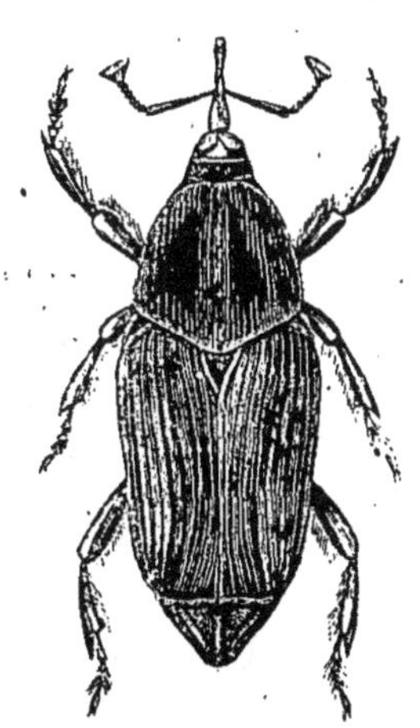

Fig. 676. — Calandre du palmier.

D'autres, les Longicornes ou Cérambycides, sont faciles à reconnaître à leurs longues antennes, à leur corps d'ordinaire allongé, à leur corselet qui offre le plus souvent, de chaque côté, une pointe, à leurs pattes postérieures généralement longues. Quelques genres ont le corps aplati et les antennes de dimension moyenne : ce sont les Prioniens, dont certaines espèces sont de grande taille; d'autres sont plus cylindriques, plus sveltes, ont le front court, et souvent de grandes antennes : ce sont les Cerambyx, les Callichromes, aux vives couleurs métalliques ou veloutées, les Clytus, les Callidium. Le Cerambyx heros est brun noirâtre; c'est une des plus grandes espèces de notre pays ; l'Aromie musquée, qui vit sur les saules, et dont les teintes vert bleuâtre font un charmant insecte, est remarquable par l'odeur de rose qu'elle répand. La Rosalie alpine est délicieuse avec sa livrée d'un gris bleu, ornée de bandes de velours noir et de houppes noires veloutées aux articles des antennes. D'autres, les Saperdes, ont le front vertical, le corps plus trapu.

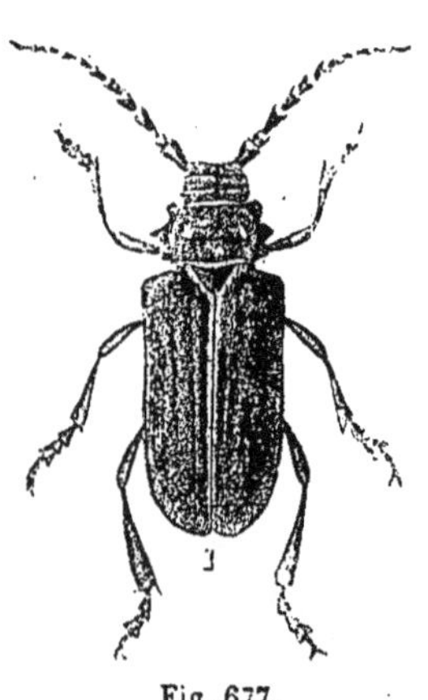

Fig. 677.
Prione corroyeur.

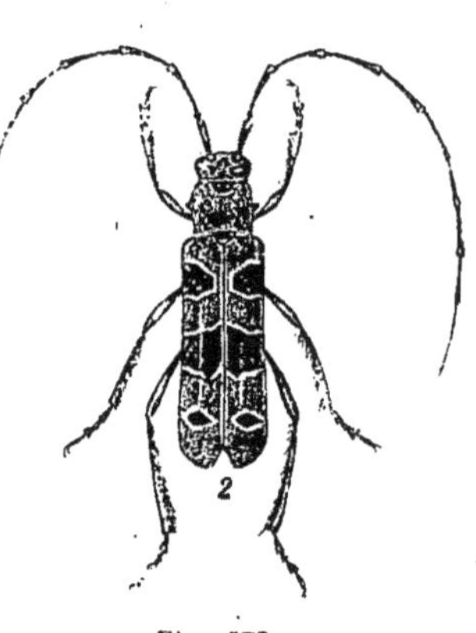

Fig. 678.
Rosalie des Alpes.

Enfin, les Leptures, les *Rhagium*, sont de plus petite taille et ont la tête rétrécie dans sa partie cervicale. Ces Leptures sont généralement de couleur brunâtre, noirâtre ; mais quelques espèces ont la tête, le corselet noirs et les élytres teintés de jaune citron et de noir. (Voir, sur notre planche VII, la Lepture posée sur l'ombelle de carotte, entre la Trichie et la Vanesse Vulcain.)

Les larves des Longicornes sont allongées, vermiformes, généralement apodes ; à l'aide de leurs puissantes mandibules, elles se creusent des galeries dans le bois ou sous les écorces.

La famille des Chrysomélides contient des insectes à corps assez globuleux, dont les larves, également arrondies, vivent sur les feuilles des plantes, des arbres, dont elles détruisent le parenchyme.

Elles sont nuisibles, ces petites bêtes, mais beaucoup d'entre elles sont ornées des plus brillantes couleurs métalliques.

Il y en a qu'on nomme Criocères, qui sont d'un beau rouge et qu'on rencontre fréquemment sur les lis ; leurs larves sont molles et sans défense; aussi, pour être à l'abri des attaques de leurs ennemis, se recouvrent-elles de leurs excréments. Une autre espèce du même genre vit sur l'asperge.

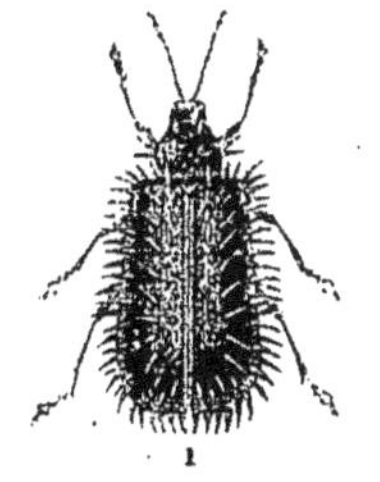

Fig. 679. Hispe noir.

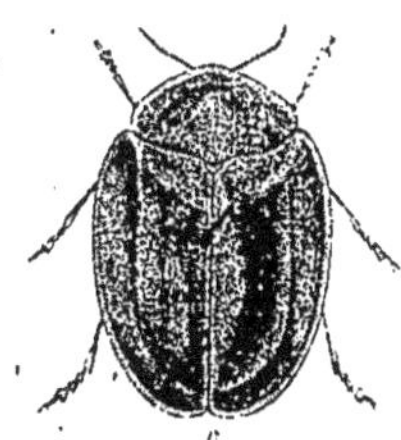

Fig. 680. Casside équestre.

Les Cassides sont circulaires, assez plates, et se trouvent cachées sous leurs élytres qui débordent, comme sous un bouclier; plusieurs espèces de ce genre sont argentées ou dorées, d'autres sont d'un vert mat.

Les Hispes sont plus allongés et souvent épineux.

Les Eumolpes renferment un nombre d'espèces considérable, et l'une d'elles est fort nuisible à la vigne : on l'appelle l'*écrivain*, parce que l'insecte ronge les feuilles en les découpant en petites lanières, formant ainsi des sortes de dessins.

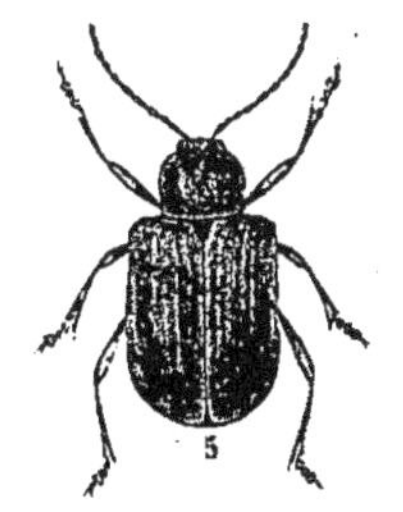

Fig. 681 Eumolpe de la vigne.

Fig. 682. Chrysomèle céréale.

Une autre, le Doryphore du Colorado, est fort nuisible aux pommes de terre, en Amérique. Dieu merci, il n'a pas envahi l'Europe, comme l'eût pu faire croire le rapport d'un inspecteur de l'agriculture, peu entomologiste.

Les Altises, malgré leurs dimensions réduites, dévastent nos vignobles et sont l'objet d'une chasse active.

On le voit, la famille des Chrysomèles contient des destructeurs redoutables contre lesquels l'homme doit lutter.

Le dernier groupe des Coléoptères est celui des Cryptotétramères, c'est-à-dire de ceux qui ont les tarses composés de quatre articles dont l'un reste rudimentaire. Ceux-là, tout le monde les connaît : ce sont les Coccinelles, que l'on nomme vulgairement Bêtes-à-Dieu ou Bêtes-à-Bon-Dieu. Pourquoi Bête-à-Dieu, direz-vous ? Peut-être parce que ces bestioles ont des larves qui dévorent les pucerons et rendent ainsi service à l'homme. En général, ces insectes à corps arrondi et ressemblant à une demi-sphère sont jaune rougeâtre et ont sur les élytres des points blancs ou noirs.

Fig. 683.
Coccinelle à 7 points très grossie.

Telle est, à grands traits, l'histoire des Coléoptères les plus remarquables.

La plupart sont nuisibles, et il en est peu, comme les Cicindèles, les Carabes, les Nécrophores, les Coccinelles, qui puissent être considérés comme les auxiliaires de l'homme. Enfin, il n'y a guère que les Cantharides qui soient utilisées dans l'industrie.

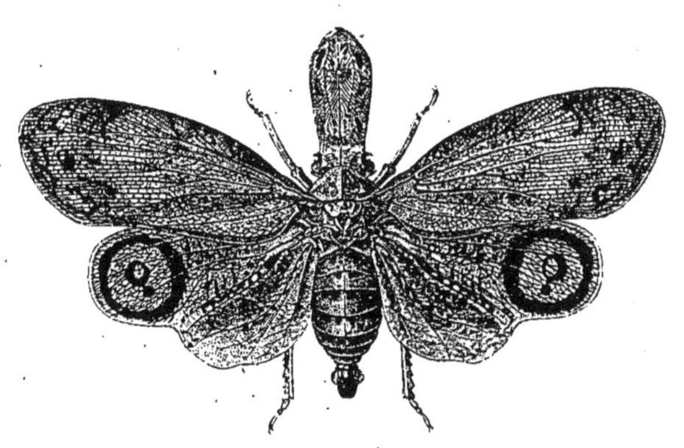

Fig. 684. — Fulgore porte-lanterne (Demi-grandeur).

CHAPITRE V

Les Hémiptères.

On a réuni sous le nom d'Hémiptères ou de Rhynchotes des insectes dont les pièces de la bouche sont organisées pour sucer, pour recevoir des aliments liquides, qu'ils puisent soit dans le corps des animaux, soit dans les végétaux. Ce sont des insectes à métamorphoses incomplètes ; on les a divisés en quatre sous-ordres, dont quelques-uns renferment des insectes que nous devons connaître, à cause des dommages qu'ils commettent, ou parce que l'homme les utilise.

Les Hémiptères proprement dits ont le corps plus ou moins aplati et sont pourvus d'ailes membraneuses repliées sous des demi-élytres, c'est-à-dire des ailes à demi coriacées ; plusieurs sont aptères.

La punaise des bois, la punaise des lits, rentrent dans ce groupe ; c'est assez dire que ce sont de vilaines bêtes : vilaines parce qu'elles nous gênent, car leurs mœurs ne manquent pas d'intérêt.

Les uns vivent à terre, les autres sont aquatiques. Et, de là, on a créé deux subdivisions : les Géocores ou punaises terrestres et les Hydrocores ou punaises d'eau.

A la campagne, on a l'occasion de voir des punaises des bois; il y en a de vertes, de brunes, et, si l'on vient à les toucher, elles répandent une odeur bien connue et des plus désagréables. Et malheureusement, on a presque toujours l'occasion dans la vie de connaître cette odeur nauséabonde sans aller à la campagne, car la punaise des lits est de la même famille; par bonheur elle est aptère. Cette punaise des lits (*Acanthia lectucaria*) pourrait avoir des ailes si elle opérait une dernière mue; certains naturalistes prétendent en avoir vu (?). Ce serait véritablement désastreux si ces punaises pouvaient voler! on comprend ce qui en résulterait.

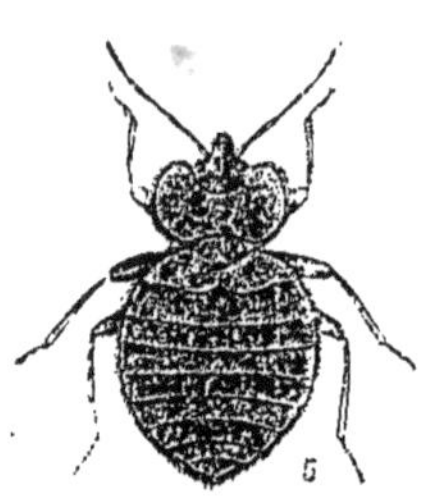

Fig. 685.
Punaise des lits.

Fig. 686.
Reduve masquée.

M. J. Künckel a montré que les jeunes, au sortir de l'œuf, portent trois glandes odorifiques en forme de sachets, sur la partie médiane et dorsale des trois premiers segments abdominaux. Elles persistent jusqu'à la dernière mue, et sont remplacées alors par un appareil glandulaire métathoracique et sternal; et, comme chez les autres hémiptères du même groupe, ce n'est que lorsqu'ils ont acquis des ailes, c'est-à-dire lorsqu'ils sont adultes, que les glandes dorsales deviennent sternales. M. Künckel en conclut que la punaise des lits est arrivée au terme de son évolution lorsqu'elle possède ces glandes sternales et que, par conséquent, elle ne peut, par une autre mue, acquérir des ailes. Mais il prouve en même temps « que cet hémiptère est un type aberrant, transformé par adaptation, c'est-à-dire ayant perdu ses organes locomoteurs aériens, pour se conformer à une existence sédentaire subordonnée aux conditions biologiques imposées par sa cohabitation avec l'homme. Au contraire, l'existence des deux systèmes glandulaires, comme chez les Hémiptères pourvus d'organes de vol, dé-

Fig. 687 et 688.
Scutellaire rayée et Punaise des bois.

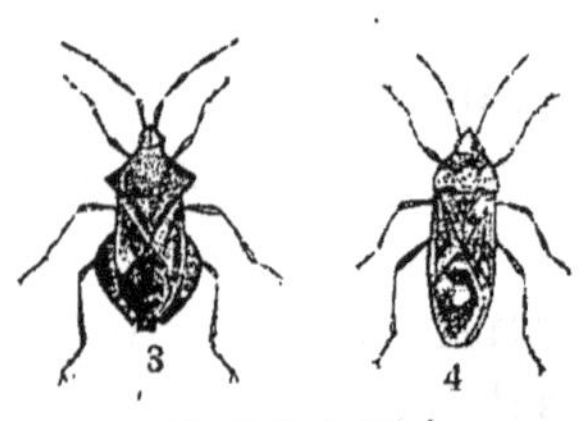

Fig. 689 et 690.
Corée bordée et Lygée croix de chevalier.

montre qu'à l'origine les Cimex ont possédé des élytres et des ailes normalement conformées (1). »

Les Corées, les Lygées, les Réduves, appartiennent à ce même groupe des Géocores, ainsi que ces punaises à pattes grêles, au corps allongé, qui courent à la surface des mares et des rivières, et qu'on appelle à tort des araignées d'eau; leur nom est Hydromètres. On en trouve certaines espèces à corps plat, en plein Océan : ce sont les Halobates, qui comptent parmi les rares insectes marins. Il est vrai de dire qu'ils restent à la surface de l'eau et ne plongent pas.

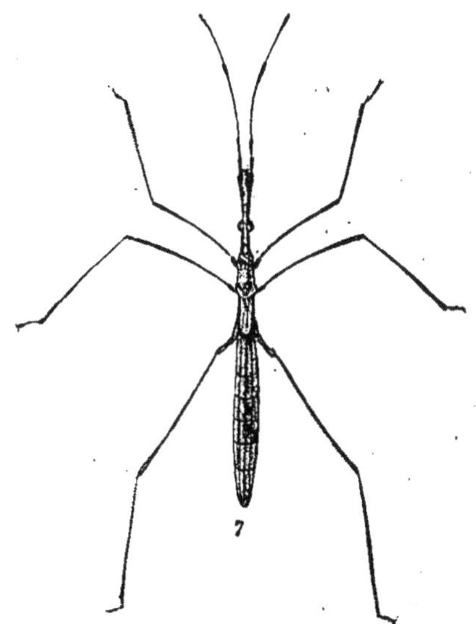

Fig. 691. — Hydromètre des étangs.

Les punaises vraiment aquatiques sont les Nèpes, les Ranatres, les Bélostomes, les Notonectes. Ces derniers ont cela de particulier qu'ils nagent par saccades, le ventre en l'air et la tête en bas. On les rencontre fréquemment dans les mares; malgré leur existence aquatique, toutes ces espèces peuvent sortir de l'eau et voler.

Fig. 692. — Notonecte glauque.

Le second sous-ordre est celui des Hémiptères homoptères, qui ont le corps ramassé, une grosse tête, des gros yeux, des antennes courtes, des ailes coriaces et membraneuses, et dont les pattes sont, chez quelques espèces, disposées pour le saut.

Les Cigales, chantées par les poètes, sont les types les plus connus de ce groupe.

1. J. Kunckel. *Comptes rendus de l'Académie des sciences*, 3 septembre 1866 et 5 juillet 1886.

La cigale des fables de La Fontaine était la grande sauterelle verte et non la vraie cigale du Midi, dont la stridulation est souvent insupportable.

En effet, les mâles ont sur l'abdomen un organe tympanique, qui vibre et détermine le chant de ces insectes, si l'on peut appeler cela un chant ! Cette membrane est protégée par un opercule, et présente un prolongement styliforme, sur lequel s'insère un puissant muscle tenseur, et qui, agissant brusquement sur la membrane, en détermine la vibration; en outre, l'abdomen est rempli d'air et sert de résonnateur.

Fig. 693. Nèpe cendrée.

Leurs larves vivent sous terre et sucent les racines. Il y en a un nombre d'espèces considérable. Quelques espèces asiatiques, les Huechys sanguinolentes, ont été employées dans la pharmacopée chinoise.

Elles ont les ailes comme enfumées et leur abdomen est rouge. On leur attribuait des propriétés vésicantes. Or, il résulte des travaux que j'ai entrepris avec M. Arnaud, professeur de chimie au Muséum [1], que ces insectes ne contiennent pas de cantharidine, mais une huile qui peut déterminer la rubéfaction de la peau, comme l'huile de *croton*.

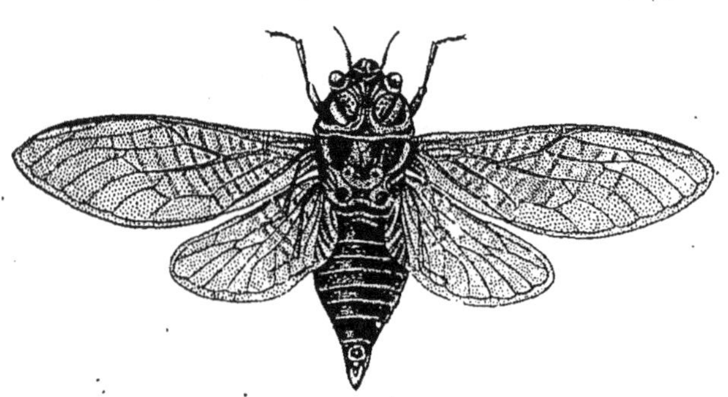
Fig. 694. — Cigale commune de grandeur naturelle.

Les Fulgores sont très voisins des cigales; leur tête est pourvue de grands appendices, et beaucoup d'espèces sécrètent une matière cireuse, qui s'accumule sur l'abdomen et qui est, en Chine, l'objet d'un commerce. Le fulgore porte-lanterne (*fig.* 684) a le front pourvu d'un appendice long, vésiculeux, mais qui ne répand pas de lumière. Quelques

1. Arnaud et Brongniart. *Sur une cigale vésicante de la Chine et du Tonkin : Comptes rendus de l'Académie des sciences*, 27 février 1888.

espèces de ce groupe sont ornées des plus charmantes couleurs; mais toutes sont originaires des pays chauds. Dans notre pays nous avons des cicadelles très petites et dont plusieurs, à l'état de larve, s'entourent d'une écume blanche qu'elles sécrètent.

Les Pucerons ou Aphides, les Cochenilles, forment le troisième sous-ordre. On les appelle des Phytophthires, ce qui veut dire « poux

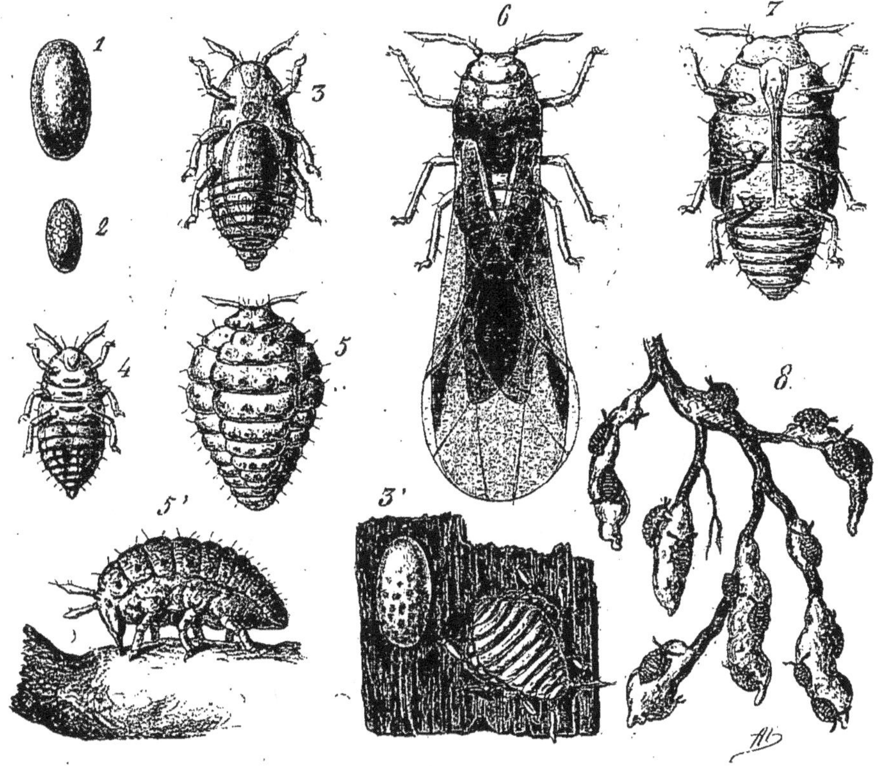

Fig. 695 à 704. — Métamorphoses du *phylloxera vastatrix*.

1. Œuf d'où sortira une femelle. — 2. Œuf d'où sortira un mâle. — 3 et 4. Sexués sortant des œufs précédents. La femelle (3) contient l'œuf d'hiver. — 3'. Femelle qui vient de pondre l'œuf d'hiver. — 5. Femelle agame aptère. — 5'. Femelle suçant une racine. — 6. Femelle ailée. — 7. Nymphe vue en dessous. — 8. Racine de vigne où les phylloxeras ont déterminé des galles.

des plantes » ; en effet, ils sucent les végétaux et en amènent la mort. Ils habitent souvent dans des sortes de galles qu'ils déterminent par leur piqûre. Quelques-uns sécrètent un liquide sucré très apprécié des fourmis qui les élèvent comme des bestiaux. (Voir *fig.* 2, p. 2.)

« Les pucerons offrent dans leur mode de propagation un phénomène qui longtemps parut isolé. Réaumur, de la Hire, etc., avaient vu des femelles absolument séparées d'individus mâles, qui mettaient au monde des petits vivants. De leur observation, ils avaient conclu que ces insectes étaient hermaphrodites, opinion abandonnée après les expériences de Charles Bonnet, reprise néanmoins depuis peu par un habile micrographe, M. Balbiani. A l'automne, il est ordinaire de voir sur les plantes des pucerons des deux sexes. A cette époque, les femelles pondent et fixent leurs œufs sur les tiges. Au printemps, les jeunes éclosent, tous sont des femelles; dans l'espace de dix à douze jours, ces femelles ont pris tout leur accroissement, elles commencent à mettre au monde des petits vivants. Chacune produit en moyenne 90 pucerons, à raison de 3, 4, 5, 6 ou 7 par jour. Tous ces jeunes sont encore des femelles, qui deviennent habiles à la reproduction aussi rapidement que leur mère. Neuf, dix ou onze générations de pucerons femelles se succèdent ainsi pendant le cours de la belle saison; mais lorsque s'abaisse la température automnale, se trouvent des mâles et des femelles, femelles ovipares. Pour s'assurer de la faculté que possèdent les pucerons vivipares de produire sans l'intervention d'aucun mâle, Bonnet avait séquestré de jeunes individus dès leur naissance; ses expériences ont été poursuivies avec toutes les précautions imaginables, et cent fois répétées par divers naturalistes. On a vu avec quelle rapidité les pucerons devenaient adultes, combien est grande la fécondité de ces insectes [1] .»

C'est parmi ces pucerons que prend place le trop célèbre Phylloxera, qui nous vient d'Amérique. M. Planchon l'a nommé *Phylloxera vastatrix*, c'est-à-dire dévastateur; il l'est bien, en effet, et chacun sait combien il a détruit de vignobles et fait dépenser de millions pour sa destruction. Je ne puis insister, faute de place, mais je dirai qu'il présente des phénomènes de parthénogénèse et de polymorphisme un peu différents de ceux des pucerons ordinaires. Ainsi à l'automne apparaît, entre les générations vivipares et ovipares, une génération de femelles et de mâles très vifs, très petits, privés de suçoir et de tube digestif, produits par des œufs que les femelles ont déposés sur les racines. Les femelles de cette génération sexuée sont ovipares; elles pondent un œuf fécondé, qui

1. Blanchard. *Les Métamorphoses des insectes*, p. 625.

est presque aussi gros qu'elles et qui passe l'hiver sous l'écorce où il a été déposé.

Si, pour le Phylloxera nous résumons le cycle du développement, nous dirons que de l'œuf d'hiver sort, au printemps, un individu aptère qui vivra sur les feuilles, produisant des galles, et qui se reproduira par parthénogénèse, donnant des descendants aptères, et qui plus tard donnera naissance à une génération qui vit sur les racines et les suce.

C'est cette forme qui est la plus dangereuse et qui fait périr la vigne.

Il y a des individus gallicoles ou radicicoles qui hivernent, immobiles sur les grosses racines, et pouvant supporter, sans en souffrir, des froids de 10° ou 12°.

Certains individus de la génération radicicole sont plus allongés que d'autres et n'ont pas d'œufs dans les ovaires. Ce sont les *larves*, qui, à la suite de mues, deviendront *nymphes*, puis *ailées*.

Ces femelles ailées peuvent être transportées par le vent à de grandes distances et contaminer, par conséquent, des vignobles indemnes jusque-là. Lorsqu'un de ces pucerons touche une vigne, il gagne bien vite le dessous d'une feuille, y plante son rostre, se nourrit pendant vingt-quatre heures et pond.

Ses œufs sont de deux sortes, les uns plus gros qui donneront naissance à des femelles, les autres plus petits qui produiront des mâles. Les femelles de cette génération sexuée pondront les gros œufs d'hiver. C'est à mon beau-frère, M. Maxime Cornu, professeur au Muséum, qu'est due la découverte de la forme sexuée du Phylloxera de la vigne.

Nous avons terminé le cycle évolutif de ce petit insecte si redoutable. Nous ne pouvons indiquer les procédés nombreux de destruction qui ont été proposés ; nous rappellerons seulement que l'Académie des sciences offre un prix de 300,000 francs à celui qui découvrira un procédé sûr de destruction du Phylloxera [1].

D'autres Hémiptères Phytophthires sont aussi très nuisibles dans

1. Pour plus de détails voyez les ouvrages suivants :

Maxime Cornu. *Etudes sur le Phylloxera vastatrix* : Mémoires présentés par divers savants à l'Académie des sciences, t. XXVI. 1 vol. in-4°, 357 pages et 24 planches.

Valéry Mayet. *Les Insectes de la Vigne*. 1 vol. in-8°, Paris, Masson, 1890.

les serres; quelques-uns sont la source d'industries importantes : ce sont les Coccides ou Cochenilles, dont les femelles sont aptères, à corps globuleux, et les mâles plus petits et ailés. La femelle pond ses œufs, et son corps, se desséchant par dessus, les protège.

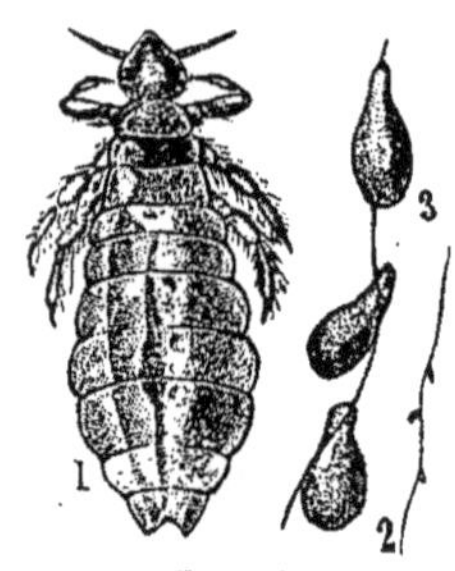

Fig. 705.
1. Pou de la tête très grossi. — 2. Cheveu avec des lentes (de grandeur naturelle). — 3. Id. grossi.

Ces œufs se développent quelquefois parthénogénétiquement.

La cochenille du cactus, originaire du Mexique, produit une couleur rouge écarlate; on l'élève principalement en Espagne, en Algérie, aux îles Canaries; mais, depuis la découverte des couleurs d'aniline, cette couleur a beaucoup baissé de prix.

D'autres espèces piquent certains végétaux et déterminent ainsi l'écoulement de sucs utilisés dans l'industrie, la gomme-laque, la manne, par exemple.

Le quatrième sous-ordre des Hémiptères comprend les aptères, c'est-à-dire les Poux. Ces insectes répugnants sont dépourvus d'ailes; ils ont un petit bec rétractile et un appareil destiné à piquer; quelques-uns ont des pièces buccales rudimentaires. Ils pondent des œufs allongés, piriformes, qu'on nomme *lentes* et qui sont fixés sur les poils ou sur les plumes des hôtes sur lesquels vivent ces insectes.

Le Pou de la tête, celui du vêtement, et, enfin le *Phthirius pubis* sont de cette famille. Leurs pieds sont généralement armés de crampons, qui leur permettent de se maintenir fortement sur les poils. Les petits qui sortent des lentes ne subissent pas de métamorphoses et achèvent leur développement en dix-huit jours.

Tels sont les principaux représentants de l'ordre des Hémiptères.

A part les Cochenilles, cet ordre ne renferme que des espèces nuisibles ou tout au moins désagréables.

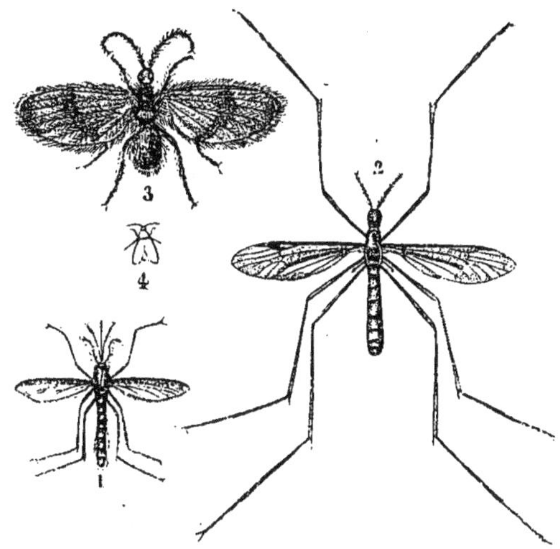

Fig. 706, 707 et 708. — 1. Cousin ou *Culex pipiens*. — 2. Tipule des prés. 3 et 4. Psychode velue.

CHAPITRE VI

Les Diptères

Par une chaude journée d'été, si vous parcourez les bois, vous voyez de tous côtés des insectes qui volent avec une rapidité prodigieuse, qui tourbillonnent, se croisent, semblent se poursuivre, bourdonnent dans un rayon de soleil; ce sont des mouches de toutes espèces.

D'autres, attirées par les fleurs odoriférantes, viennent s'y poser pour en pomper les sucs; quelques-unes préfèrent les substances... je ne dirai pas moins odorantes, — mais à odeurs fortes et désagréables; — celles-là, lorsque vous passez, vous avertissent en s'envolant bruyamment qu'il faut regarder à vos pas; elles dégustent une charogne ou bien une matière quelconque en décomposition. D'autres poursuivent les chevaux ou les bœufs, et grâce à leur lancette buccale percent leur peau épaisse, faisant couler le sang : ce sont les Taons. La journée est terminée, et vous voulez vous reposer le soir sous les frais ombrages : bientôt, des piqûres cuisantes vous montrent que vous êtes environné de Cousins. Si vous habitez la campagne, fermez les fenêtres de votre chambre avant d'avoir pris de la lumière : car, attirés par la clarté, ces hôtes incommodes viendront pendant votre sommeil se repaître de votre sang, ou vous empêcheront de dormir par leur bourdonnement insupportable.

Vous avez marché dans les rues, vous avez pris des omnibus, et des démangeaisons irritantes vous annoncent qu'un remuant parasite, une puce, se livre sur votre peau à de nombreuses dégustations.

Il n'est jusqu'aux mouches domestiques qui ne viennent, pendant votre sommeil, exercer votre patience en chatouillant de leurs petites pattes votre épiderme. Toutes ces bestioles, et bien d'autres encore, sont des Diptères. Ces insectes peuvent donc compter, avec les Hémiptères, parmi ceux qui nous causent le plus d'ennuis.

Leurs pièces buccales sont disposées pour sucer et leurs ailes de la seconde paire sont atrophiées, réduites seulement à des moignons, les balanciers. Ils subissent des métamorphoses complètes, c'est-à-dire que de l'œuf sort un petit ver sans pattes, qu'on nomme vulgairement asticot.

Les téguments de toutes ces mouches ne sont pas très résistants, et lorsqu'on voit la petitesse de quelques-uns, on est émerveillé à la pensée que leur petit corps frêle et si facile à détruire contient tant d'organes, et d'organes d'une délicatesse extrême.

La tête de ces insectes est arrondie, leurs yeux sont énormes et présentent un pigment rouge, que les enfants qui écrasent une mouche prennent pour son sang, qui, lui ,est incolore.

Leur nombre est considérable et nous ne ferons l'histoire que des plus importants; on les a divisés en deux sous-ordres : les Némocères et les Brachycères.

Les Némocères sont les espèces au corps mou, allongé, aux antennes filiformes ou touffues, plumeuses, aux pattes longues, grêles, aux ailes longues et souvent velues. Leurs balanciers sont très visibles. Leurs larves vivent dans la terre, dans les champignons, dans des galles ou dans l'eau.

Après la guerre de 1870 on a vu, en masses énormes, au printemps, des mouches noires que l'on appelait les mouches prussiennes, c'étaient des *Bibio Marci* qui, certaines années, abondent, et dont les larves vivent dans la terre ou les tas de fumiers. Dans les champignons vivent celles des *Sciara*, autres petites mouches.

Les petits vers rouges, si connus des pêcheurs, sont les larves aquatiques des Chironomes. Enfin, dans l'eau, on voit malheureusement souvent de petites larves grises pourvues à l'extrémité de l'abdomen d'appendices, ce sont elles qui deviendront les Cousins. Ces insectes pullulent en certains pays et deviennent même un véritable fléau; les moustiques sont connus des voyageurs qui ont parcouru les pays chauds, où, dans bien des cas, l'on est obligé de s'entourer d'une mousseline pour dormir à l'abri de leurs piqûres. Comme les larves respirent l'air en nature qu'elles viennent prendre à la surface de l'eau, il suffit, lorsqu'on veut s'en débarrasser, et lorsque la surface d'eau n'est pas considérable, lorsque c'est un bassin, un tonneau d'arrosage qui leur donnent asile, de verser sur l'eau quelques gouttes d'huile qui s'étendront en nappe d'une minceur extrême; cette huile pénétrera dans les organes respiratoires des larves de Cousins, les empêchera de respirer et en déterminera la mort.

Dans les prés, on voit souvent voleter et se reposer à quelques mètres plus loin de grands diptères à longues ailes, à pattes grêles et de longueur démesurée; ce sont les Tipules, dont les larves vivent dans la terre.

Dans ce sous-ordre des némocères prend place un petit diptère à antennes moniliformes, à ailes velues, dont les larves vivent dans les plantes et dans les galles : ce sont les Cécidomyies.

La cécidomyie du blé est très nuisible, car ses larves en mangent le pollen. Les larves des Miastors, qui sont du même groupe, offrent une particularité des plus curieuses. Des œufs de cette espèce sortent au printemps des larves, dans le corps desquelles se forment d'autres larves qui, à un moment donné, déchirent la peau de la larve-mère et sont mises en liberté; celles-ci à leur tour vont engendrer des larves, et ces générations larvaires se succéderont jusqu'à l'automne.

Les diptères brachycères sont bien plus nombreux en espèces et diversement conformés. Leurs antennes courtes sont terminées par un gros article auquel est attachée une soie; leurs larves sont aquatiques ou vivent dans les matières en décomposition, végétales ou animales, sur la viande, dans les matières caséeuses, frétillant lorsqu'on coupe un morceau de fromage. On les emploie souvent comme amorce pour la pêche.

Quelques-unes vivent dans les plaies, sous la peau, dans les organes digestifs. Leurs transformations s'opèrent dans la membrane larvaire qui prend la forme d'un petit cylindre arrondi aux deux extrémités.

Fig. 709. — Taon des bœufs.

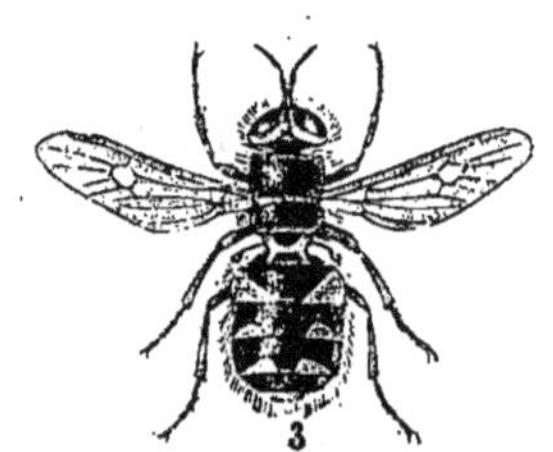

Fig. 710. — Stratiomys caméléon.

Les Brachycères ont été divisés en trois groupes : les Tanystomes, les Musciens et les Pupipares.

Les Tanystomes ont une longue trompe et des mâchoires en forme de stylet, disposées pour la rapine.

Les Taons ou Tabaniens poursuivent les chevaux et l'homme, et font subir des piqûres des plus douloureuses qui déterminent l'écoulement du sang. Quelques espèces sont assez grosses, et plusieurs ont les yeux d'un vert brillant.

On voit souvent dans les mares, ou dans les feuilles mortes, ou dans le bois en décomposition, des larves à enveloppe dure, effilées aux deux extrémités : ce sont celles des Stratiomys, mouches trapues à abdomen élargi. Les Bombyles ont aussi le corps déprimé et velu; leurs larves vivent généralement dans les nids des abeilles ou autres hyménoptères voisins. Les Asiles, au contraire, ont le corps allongé, une trompe horizontale, des mâchoires en forme de poignard et un piquant impair. Ces insectes, dont les larves vivent dans les racines, font la chasse aux autres insectes, et l'on voit souvent de ces Asiles emportant entre leurs pattes des espèces souvent plus grosses qu'eux.

C'est le groupe des Musciens qui renferme le plus de types intéressants. Les Syrphes, aux belles couleurs jaunes, volent sous bois sur les fleurs, et leurs larves font une guerre acharnée aux

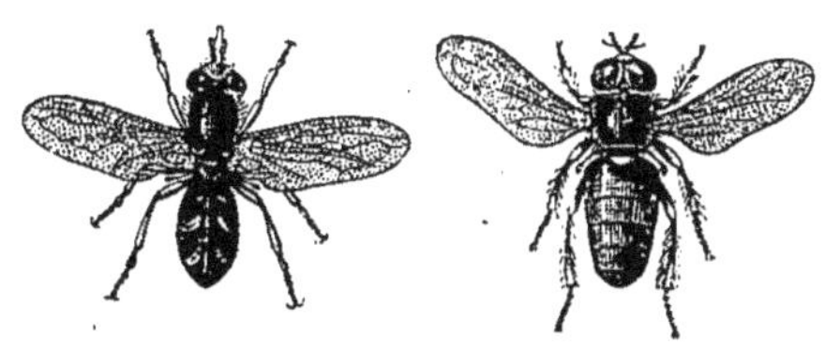

Fig. 711 et 712. — Syrphe du poirier et Paragus bicolore.

pucerons. Leurs proches parents, les Éristales, ont des larves qui vivent dans l'eau contenant des matières en décomposition; on les a appelées *vers à queue de rat,* car elles semblent avoir une queue de rat; c'est un long tube respiratoire qui peut s'allonger à la façon d'une lorgnette et s'ouvrir à la surfacc de l'eau pour faire entrer l'air dans les trachées.

Dans les nids d'hyménoptères, tels que les Frelons, on trouve

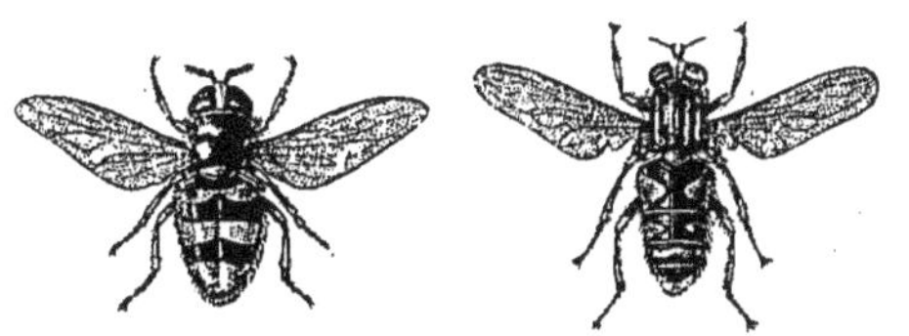

Fig. 713 et 714. — Volucelle à bandes et Élophile pendant.

souvent de gros asticots qui vivent aux dépens de ces insectes, et qui se métamorphosent en belles mouches au corps annelé de noir et de jaune comme celui des hôtes chez lesquels vivent leurs larves. Ce sont des Volucelles.

D'autres Diptères, les Conops, vivent à l'état de larves dans l'abdomen des guêpes et des criquets.

Notre petite mouche domestique, qui abonde souvent en été dans nos appartements ; la belle mouche dorée ou Lucilie César; la mouche bleue ou *Calliphora vomitoria;* puis, la grosse mouche à viande ou *Sarcophaga carnaria*, appartiennent à la famille des Muscides. Toutes ont le lobe terminal de la trompe charnu, sorte de pelote. Leurs larves vivent dans les fumiers, les excréments, les viandes décomposées, ou bien sont parasites des chenilles en particulier, comme les Tachinaires. Il n'est pas jusqu'aux enfants qui n'aient observé les mouches, et, plus d'une fois, des écoliers ont été punis pour avoir contemplé leur vol, au lieu d'apprendre leurs leçons. Il est certain qu'elles sont bien curieuses. Réunies en grand nombre, de préférence sur les objets de couleur claire, qu'elles rendent d'ailleurs noirs rapidement par leurs déjections, on les voit s'envoler, tourbillonner, puis venir reprendre leur position première, et, sans se lasser, pendant des heures, elles accomplissent ce manège. Mais elles se reposent de temps en temps, et prennent sans cesse des soins de leur petite personne, nettoyant leurs yeux avec leurs pattes de devant, puis allongeant ces mêmes pattes et les frottant l'une contre l'autre, ou bien relevant leurs pattes postérieures et les passant sur leurs ailes pour en enlever les poussières.

Ce sont, comme on le voit, des animaux propres que les mouches, et, cependant, on doit éviter avec soin de les laisser se poser sur soi : car elles ont pu auparavant pomper les sucs de quelque corps malpropre, malsain. C'est ainsi qu'elles transportent des maladies contagieuses; c'est ainsi qu'elles peuvent donner la terrible maladie du *charbon !*

C'est surtout la mouche piquante où *Stomoxys calcitrans*, qui peut propager le charbon. Elle est de la taille de la mouche domestique et lui ressemble beaucoup comme coloration, mais elle s'en distingue par une longue trompe piquante; son abdomen est, en outre, plus aplati, plus élargi, et, au repos, elle tient ses ailes plus horizontales et plus écartées l'une de l'autre.

Mais, en Afrique, existe une espèce très voisine de la précédente, la mouche Tsé-Tsé ou *Glossina morsitans*. Livingstone et d'autres voyageurs nous rapportent que dans l'Afrique australe elle est très redoutée : car ses piqûres déterminent la mort des animaux domestiques, et propage sans doute quelque maladie contagieuse.

On voit souvent voler autour des chevaux de grosses mouches velues qui se posent sur leur poitrail. Si l'on peut examiner le point où elles se sont posées, on voit qu'elles y ont pondu un petit paquet d'œufs. Gênés par ces œufs agglutinés qui collent des poils, les chevaux lèchent l'endroit lésé et les avalent. Dans le tube digestif du cheval, les petites larves ne tardent pas à éclore; elles s'accrochent aux parois de l'intestin, grâce aux crochets dont elles sont pourvues, et y subissent leurs métamorphoses, causant de graves désordres. Arrivées à l'état de pupes, elles se détachent de l'intestin et sont bientôt expulsées avec les matières fécales; telles sont les métamorphoses des gastrophiles du cheval.

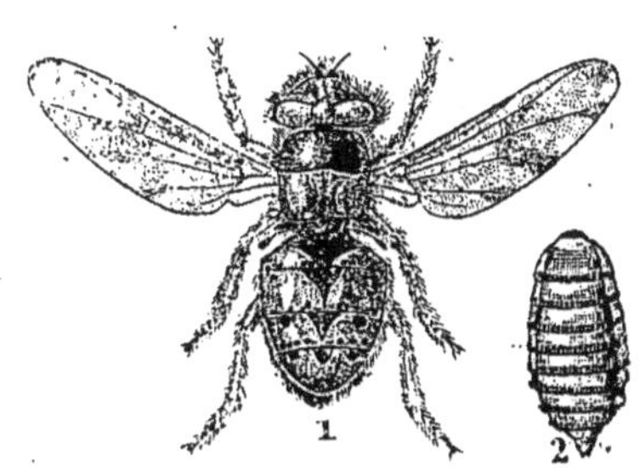

Fig. 715 et 716. — L'Œstre et sa larve.

Ces insectes font partie de la famille des Œstrides, dont plusieurs représentants s'attaquent aux Ruminants. L'un d'eux, la Céphalomyie pénètre dans les sinus frontaux du mouton; d'autres, comme les Hypodermes, vivent sous la peau des mammifères.

Enfin, il en est qui, comme les Dermotobies de l'Amérique du Sud, s'attaquent à l'homme, entrent dans les cavités naturelles du corps, y déposent des œufs qui éclosent, et les larves qui en sortent peuvent déterminer de graves accidents.

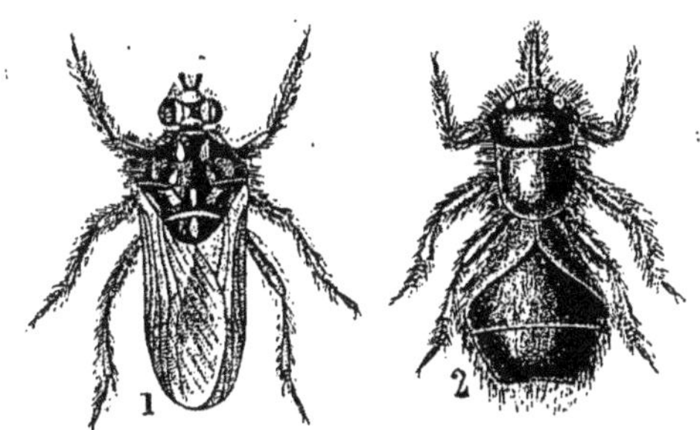

Fig. 717 et 718.
L'Hippobosque du cheval et le Mélophage du mouton.

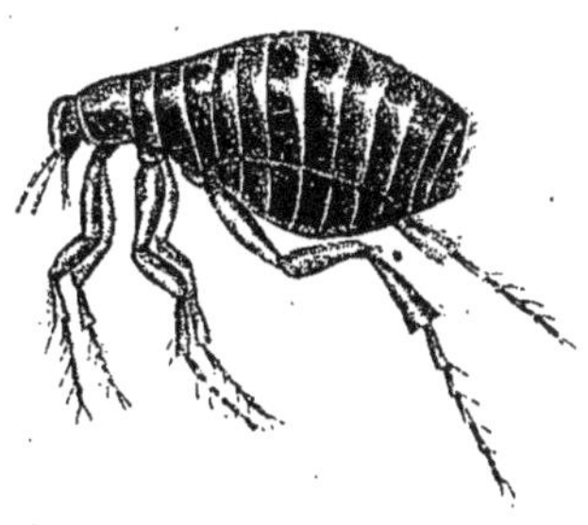
Fig. 719. — Puce.

Lorsqu'on est à cheval, il arrive souvent de voir voler et s'abattre lourdement une mouche brune et plate, qui s'accroche fortement, par les crochets de ses tarses, aux poils de l'animal : c'est une Hippobosque, diptère du groupe des Pupipares. Ses larves se développent près de l'anus des animaux, sur lesquels les parents ont déposé leurs œufs.

Il y en a qui vivent en parasites sur les oiseaux, comme les Ornithomyies, les Anapères; d'autres, tels que les Mélophages, choisissent les moutons et s'y cramponnent. Il en est qui vivent sur les Chauves-Souris : ce sont les Nyctéribies, dont les ailes sont atrophiées; quelques-uns, également aptères, les Braulies, sont parasites des Bourdons.

Voici donc deux ordres d'insectes, les Hémiptères et les Diptères, qui doivent être regardés comme nuisibles, à quelques exceptions près. Il n'en sera pas de même des insectes qui vont nous occuper; quelques-uns sont très utiles, d'autres indifférents, très peu sont véritablement nuisibles; je veux parler des Hyménoptères.

Fig. 720. — Ammophile des sables entraînant une chenille de noctuelle.

CHAPITRE VII

Les Hyménoptères.

Les Hyménoptères, ce sont les Abeilles, les Bourdons, les Guêpes, les Fourmis, les Ichneumons, les Cynips, insectes de petite taille, au corps effilé, pourvus de quatre ailes membraneuses, sans couleurs éclatantes, quelquefois cependant ornées de belles teintes métalliques vertes, bleues ou rouges. Mais s'ils sont modestement vêtus, leur instinct, leur intelligence, sont tellement extraordinaires, qu'ils attirent l'attention du naturaliste et du philosophe. Leur système nerveux d'ailleurs est très centralisé, très développé, très parfait.

Les Hyménoptères peuvent donc être placés, au point de vue de leurs actes, de leurs mœurs, au premier rang parmi les insectes.

Sans parler de ceux qui déposent leurs œufs dans des végétaux, dont les tissus s'hypertrophient en quelque sorte pour former des galles, la plupart construisent des nids approvisionnés pour leur progéniture, incapable de pourvoir elle-même à ses besoins; quelquefois même l'insecte surveille ses œufs ou ses larves, les nourrit, les élève.

Les trois parties du corps, tête, thorax, abdomen, chez ces insectes, sont nettement distinctes ; comme chez les Diptères, le thorax est globuleux en général et l'on n'y voit pas de distinction entre les trois segments qui le composent. L'abdomen se rattache à ce thorax par un pédoncule d'une ténuité extrême, et d'ailleurs l'expression de *taille de guêpe* est bien connue.

Fig. 721, 722 et 723.
Abeilles domestiques. — Mâle. — Femelle reine. — Ouvrière, neutre.

Les hyménoptères peuvent broyer ou lécher; ils ont des mandibules conformées comme celles des coléoptères, mais toutes les autres pièces de la bouche sont allongées.

Les quatre ailes sont membraneuses, et les nervures qui les parcourent sont peu nombreuses, formant de larges cellules. Les ailes de la seconde paire sont plus petites que les antérieures. L'abdomen se termine chez les uns par une tarière, qui sert à enfoncer les œufs dans les végétaux ou dans les corps des insectes; mais, chez la plupart, c'est un aiguillon pourvu de glandes vénénifiques que porte l'abdomen à son extrémité et dont la piqûre peut être des plus douloureuses.

Fig. 724. — Patte postérieure d'Abeille ouvrière. — 1. Vue en dehors. — 2. Vue en dedans.

Les naturalistes se sont servis de ce caractère pour diviser les Hyménoptères en deux groupes : les uns sont les Térébrants, les autres sont les Porte-Aiguillons. Ceux-ci sont très nombreux et présentent les espèces les plus intéressantes par leurs mœurs, leur industrie, et, en tête, on place la famille des Apides, c'est-à-dire des Abeilles.

Les Abeilles ont toujours été l'objet d'une attention spéciale depuis les temps anciens ; leurs mœurs assurément sont captivantes, mais, il faut le dire, les abeilles produisent du miel, elles sécrètent de la cire, substances dont l'importance ne peut être méconnue, et leur célébrité est bien due à l'utilité qu'elles présentent pour l'homme.

Quoi qu'il en soit, elles forment une société, c'est-à-dire que leur population se compose d'individus différents, et cette analogie avec ce qui se passe chez les hommes a été, il n'en faut pas douter, une des causes qui ont appelé sur elles l'attention. Encore fallait-il savoir les observer pour faire la comparaison. Je ne puis, dans les étroites limites qui me sont assignées, faire l'histoire des travaux qui ont été faits sur ces insectes, et je me vois forcé de passer immédiatement à la description succincte de leur vie, renvoyant aux ouvrages spéciaux ceux de mes lecteurs qui désireront en connaître davantage. Il y eut, dans leur histoire, des fables, et ce n'est que depuis les études de Réaumur et surtout de François Huber [1], dont M. Émile Blanchard [2] a fait récemment [3], je puis dire, l'apologie, qu'on connaît leurs mœurs si intéressantes. « L'auteur, considéré à si juste titre comme le vrai historien des abeilles, on le sait, était aveugle; un simple domestique, François Burnens, se fit son collaborateur, et de cette collaboration est sorti un des plus beaux chefs-d'œuvre d'observation humaine. Le travail de François Huber a été augmenté par son fils Pierre Huber. Depuis cette époque, un fait considérable a été reconnu par un amateur, un pasteur protestant de la Silésie, M. Dzierzon. Ingénieux observateur, il s'est assuré que la femelle, ou la reine, comme on la nomme presque toujours, étant vierge encore, pond des œufs d'où sortent des larves, qui deviennent invariablement des mâles; que cette même reine, seulement après la fécondation, pond des œufs d'ouvrières et de femelles fécondes. Cette faculté de production d'individus d'un seul sexe sans l'intervention du mâle, ce phénomène de *parthénogénèse*, ainsi qu'on appelle tout enfantement par des femelles vierges, phénomène dont on possède aujourd'hui des exemples assez nombreux parmi les Animaux articulés, était assez extraordinaire pour déterminer les naturalistes à en faire l'objet d'une étude attentive. M. de Siebold, le professeur de Munich, et M. le professeur Leuckart (de Giessen), ont mis le fait hors de contestation [3]. »

1. HUBER. *Nouvelles observations sur les Abeilles*, 1814 (2ᵉ édit.), 2 vol. in-8°.
2. BLANCHARD. *Nouvelle Revue*, 1892.
3. BLANCHARD. *Les Métamorphoses des Insectes*, p. 447 et suiv.

Les abeilles sont évidemment bien connues; on les élève dans des ruches où elles construisent des gâteaux de cire, dans les cellules desquels elles accumulent du miel, destiné à nourrir la jeune larve qui sortira de l'œuf qu'elles murent dans ces cellules. Les abeilles sauvages façonnent leurs gâteaux dans les troncs des arbres creux.

Ces petites bêtes vivent en nombreuses sociétés de 30 ou 40000 individus, où chacun a une destination spéciale. Il y a des femelles et des mâles, destinés à perpétuer l'espèce; puis des femelles incomplètes, des neutres, qu'on nomme ouvrières, chargées de bâtir les nids, de recueillir le pollen et les substances sucrées, pour nourrir les jeunes. Dans chaque ruche, il n'y a qu'une seule femelle qu'on nomme la reine; elle ne sort pas. Plus grande que les autres, elle est pourvue d'un gros abdomen, et pond tous les œufs de la colonie.

Les mâles, ou faux bourdons, sont plus gros que les ouvrières, et se reconnaissent à leurs yeux, qui se rejoignent presque sur le dessus de la tête. Ils n'ont pas d'aiguillon et peuvent donc être maniés sans crainte.

Les ouvrières sécrétent la cire qui s'accumule dans de petites poches placées sous l'abdomen; puis, la prenant, elles la mâchent, la malaxent, et s'en servent pour fabriquer les alvéoles de leurs gâteaux ou rayons, placés verticalement à côté les uns des autres. Ces cellules sont hexagonales et d'une régularité parfaite, par suite de la forme même des outils qui leur servent à les construire. Ces outils ce sont leurs pattes antérieures qui diffèrent de celles des mâles et de la reine.

La jambe est allongée, triangulaire, et présente une excavation ou corbeille, où l'ouvrière réunit le pollen, le suc des fleurs, qu'elle récolte. Elle est aussi garnie de poils raides, destinés à prendre la cire sécrétée et accumulée entre les anneaux de l'abdomen. Le premier article du tarse est quadrangulaire et garni, sur la face interne, de rangées de poils raides constituant une excellente brosse; son angle supérieur externe forme, avec l'angle externe de la jambe, une pince avec laquelle l'insecte peut saisir les lames de cire.

Tels sont les instruments dont ces petits architectes se servent pour construire leurs gâteaux. « Chaque alvéole est un petit godet hexagonal avec un fond pyramidal résultant de la réunion de trois rhombes. Le gâteau est composé ainsi de deux rangs de loges adossées, de telle sorte que le fond des unes est également le fond des autres, et que la base de chaque loge se trouve correspondre à la loge du côté opposé. Les constructions géométriques des abeilles réalisent de la façon la plus complète le problème qui consiste à avoir des logements avec la plus faible quantité possible de matière. Sous ce rapport, nul mathématicien n'a trouvé à reprendre (1). »

Toutes les cellules ne sont pas identiques; en effet, celles d'où sortiront les mâles sont plus grandes que celles d'où naîtront les ouvrières ; ces cellules, destinées aux femelles, sont non seulement beaucoup plus grandes, mais aussi d'une tout autre forme. Chose curieuse, une femelle vient-elle à mourir, lui est-il arrivé un accident, la ruche ne pouvant rester sans reine, vite les ouvrières agrandissent une cellule d'*ouvrière*, puis lui donnent une nourriture spéciale, la pâtée royale, et cela suffira pour que la jeune larve, au lieu de devenir une femelle stérile, un neutre, une ouvrière, soit une femelle féconde. Si, dans une ruche, deux reines viennent à se développer et se rencontrent, elles se battent et le combat ne cesse que lorsque l'une d'elles a été tuée par l'aiguillon de l'autre. D'autres fois, la vieille reine sort de la ruche, et émigre suivie d'une certaine partie des habitants, formant un *essaim*, qui va aller fonder ailleurs une colonie.

Les ouvrières ont une autre mission. Lorsque l'automne arrive et que, les fleurs étant rares, il est difficile de se procurer de la nourriture, les ouvrières percent tous les mâles de leur aiguillon, se débarrassant ainsi de bouches inutiles.

Certains papillons, les Tinéides, rongent à l'état de chenilles les gâteaux des abeilles; mais celles-ci savent s'en débarrasser. Elles dénotent une véritable intelligence quand elles veulent se mettre à l'abri des déprédations d'un gros papillon, le Sphinx tête de mort, qui aime beaucoup le miel. S'il parvient à entrer dans la ruche, il bouleverse tout; aussi les ouvrières, s'apercevant de la présence d'un de ces gros insectes, murent l'entrée de la ruche, ne laissant qu'une petite ouverture par laquelle pourront pénétrer une à une les abeilles (2).

1. Blanchard. *Les Métamorphoses des Insectes*, p. 455.
2. Nous engageons nos lecteurs à consulter l'intéressant article publié cette année, par M. E. Blanchard, sur François Huber, dans la *Nouvelle Revue*, 1892.

Les Mélipones sont des espèces sauvages américaines, beaucoup plus petites que nos abeilles et privées d'aiguillon. Elles construisent en cire, dont elles sont prodigues, des cellules pour les œufs et d'énormes réservoirs pour les provisions de bouche.

Les abeilles sont considérées comme des animaux domestiques; car on les élève pour leur enlever le miel, pour utiliser leur cire. Mais beaucoup d'autres insectes du même ordre sont constamment sous nos yeux.

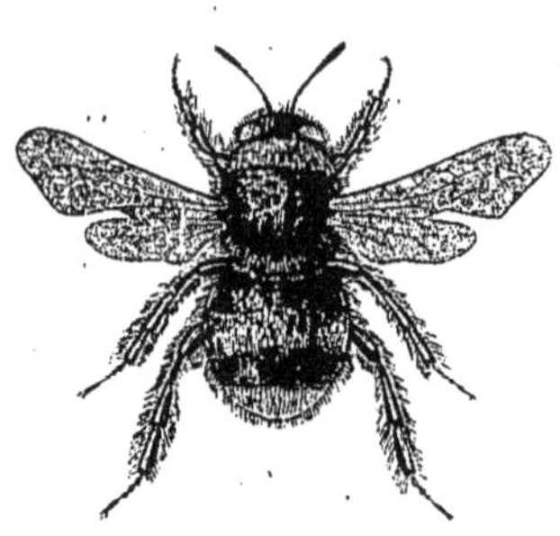

Fig. 725. — Bourdon terrestre.

Les Bourdons, au corps gros et velu, construisent des nids dans la terre ou sous la mousse. Oh! sans doute, ce sont de gros paysans lourds et peu instruits, qui ne savent pas construire de jolies demeures !

Il y en a de noirs avec des bandes jaunes ou rougeâtres; d'autres sont bruns.

Nous avons vu que les Bourdons avaient des parasites parmi les Mouches, les Volucelles, qui revêtent les couleurs des espèces chez lesquelles elles vivent; ce ne sont pas les seuls insectes qui se nourrissent à leurs dépens, et leurs cousins germains, les Psythires, revêtent leur costume pour s'introduire dans leur nid et y déposer leurs œufs.

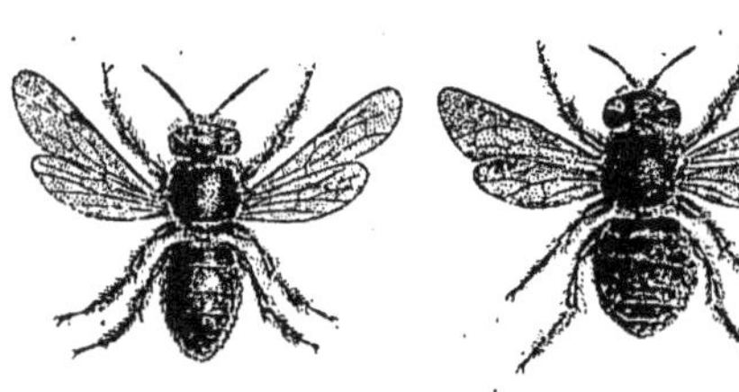

Fig. 726. — Mégachile. Fig. 727. — Osmie.

Une grosse espèce velue, d'un bleue métallique, le Xylocope violet, creuse dans le bois mort des galeries spacieuses, où il dépose ses œufs dans des loges séparées.

Les Chalicodomes construisent des nids en terre, souvent gigantesques, et l'on pourra, dans les galeries du Muséum, en voir qui ont près de 50 centimètres de long, 30 de large et 10 ou 15 d'épaisseur.

La Mégachile dépose ses œufs en terre dans un tube qu'elle entoure de morceaux de feuilles de rosier, qu'elle a été découper avec ses mandibules.

L'Anthocope est plus délicate; elle tapisse le fond de son

nid avec des pétales de coquelicot. Sur l'un d'eux elle dépose son œuf et en rapproche les bords pour qu'il soit à l'abri.

Les Guêpes, les Frelons, sont des hôtes incommodes, et, je dirai plus, insupportables. Lorsque ces insectes se sont établis près d'une habitation, ils viennent constamment dans les chambres, dans les salles à manger, pour chercher ce qui les attire : le sucre, la viande, les fruits. On les redoute : car, avec leur aiguillon, ils infligent à celui qui les touche une piqûre cuisante, qui détermine un gonflement et de la fièvre.

Les Masaris, les Eumènes, les Odynères, sont solitaires ; elles construisent, avec de l'argile, leurs cellules dans le sable, sur les tiges, et les approvisionnent souvent d'insectes, destinés à la nourriture des jeunes larves.

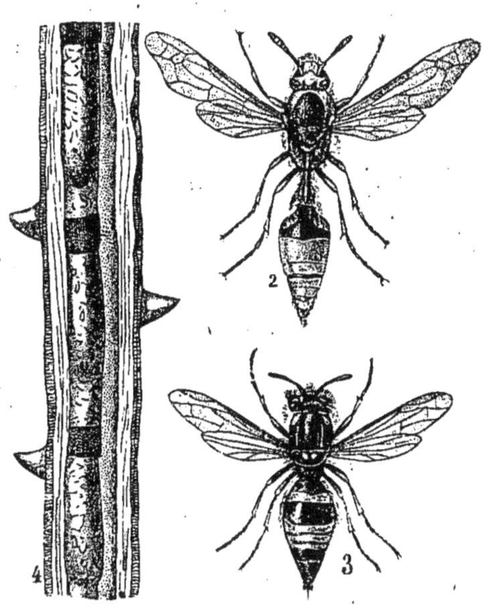

Fig. 728. 2. Eumène étranglé. — Fig. 729. 3. Odynère des murailles. — Fig. 730. 4. Tige de ronce fendue pour montrer les coques où l'insecte loge ses œufs.

Mais les Guêpes sociales, celles que l'on voit partout, façonnent des nids formés de gâteaux horizontaux, réunis dans une enveloppe commune. Les matériaux qu'elles utilisent sont du bois mâché, dont elles forment une pâte fragile et délicate. Tel est le cas le plus ordinaire chez nous. Ces nids sont tantôt attachés à une branche, tantôt établis dans le creux d'un tronc d'arbre, dans une cavité quelconque, dans une cheminée même, tantôt dans la terre. D'autres construisent des nids souvent énormes, longs d'un mètre et dont les éléments ont la consistance du carton.

Mais toute une catégorie se compose d'Hyménoptères dits Fouisseurs, parce qu'ils creusent la terre pour faire leur nid et pour y déposer leurs œufs. Ceux-là ont des mœurs bien intéressantes ; ce sont les Pélopées, les Sphex, les Ammophiles, les Cerceris, les Bembex, et j'en passe uu grand nombre. Ce sont des insectes généralement allongés et à abdomen longuement et finement pédonculé, à tête grosse, à antennes courtes, à ailes de taille moyenne. Ils creusent dans le sol de petits tunnels au fond desquels ils déposent leur œuf. Mais ce n'est plus du miel, ni une pâtée d'insectes qu'il faut pour le développement des larves; non, des insectes frais leur sont nécessaires. Et, chose vraiment admirable, ces insectes ont des connaissances anatomiques innées, supérieures à celles que les entomologistes acquièrent avec beaucoup de peine. Ils vont à la recherches de Coléoptères, de Chenilles, de Sauterelles, d'Araignées, s'en emparent, les piquent à un point spécial; et que piquent-elles? un certain ganglion nerveux. De cette piqûre résulte la paralysie de leur victime, qu'ils peuvent ensuite transporter dans leur souterrain; elle n'est pas morte, elle est enterrée vivante, et bien plus, chose véritablement horrible à penser, l'œuf de l'hyménoptère est déposé dessus. Lorsque la larve sortira de l'œuf, elle trouvera sa pâture, une proie fraîche qu'elle dévorera, je puis dire, vivante; elle sera dévorée lentement sans pouvoir protester. Peut-on imaginer plus épouvantable supplice? Comme on va le voir, ces insectes nous semblent bien plus intelligents que les Abeilles, car leur travail varie davantage suivant les circonstances. La plupart des détails que nous voulons placer sous les yeux de nos lecteurs, nous les devons à un observateur incomparable, à un savant distingué, M. Fabre, que nous avons déjà cité à plusieurs reprises [1].

Les Sphex chassent les orthoptères (Grillons, Sauterelles, Éphippigères); les Ammophiles ont les chenilles pour gibier. Leur terrier est vertical, long de dix centimètres environ, et l'ammophile y travaille solitairement, tandis que les Sphex creusent leurs trous à côté les uns des autres.

Si le nid n'est pas terminé à la nuit, l'ammophile bouche le trou inachevé à l'aide de quelque petite pierre plate qu'elle ira chercher souvent fort loin, et qu'elle rapportera à l'endroit voulu sans hésitation. Quelle mémoire admirable! L'ammophile n'aura pas besoin de faire des marques sur le sol; le lendemain, notre insecte retrouvera son terrier avec une étonnante sûreté, terminera son travail et commencera la chasse. — Une chenille grise, sans poils, chenille de papillon nocturne, est bientôt trouvée; la paralyser est

1. Fabre. *Souvenirs entomologiques.*

l'affaire d'un instant; pour cela, l'ammophile plongera son stylet empoisonné en un point unique qui commande à tous les mouvements du corps, dans le cinquième ou le sixième anneau, si la chenille est fluette; mais si c'est une grosse chenille, il la piquera méthodiquement dans chacun des segments du corps, sur chacun des ganglions nerveux de la chaîne ventrale, et c'est au point piqué que, plus tard, il déposera son œuf.

J'ai pu suivre avec ma mère ce manège des ammophiles sur le talus d'un fossé exposé au soleil. Nous en vîmes un jour une qui traînait une chenille plus grosse qu'elle, tenue par la tête et placée entre ses pattes; l'ammophile semblait à califourchon. L'insecte ainsi chargé parcourut une assez grande distance, puis s'arrêta sur un terrain sec, sous un pin. Il déposa sa chenille et se mit à regarder par terre, comme s'il cherchait un objet perdu. Il trouva bientôt ce qu'il désirait; c'était un petit trou rond qu'il s'empressa d'agrandir en enlevant de la terre et de petites pierres. Puis, revenant près de sa chenille, comme pour en prendre la mesure, la pauvre bête eut un moment de désespoir, elle semblait lever les bras au ciel et avait l'air de dire : « Jamais si grosse chenille ne pourra entrer dans un si petit trou. »

L'ammophile se remit à la besogne, gratta, déblaya, et, pensant que ce devait être en bonne voie, elle prit sa chenille et lui mit la tête à l'entrée du trou. Hélas ! il lui fallut encore travailler. Enfin, elle entra dans le terrier à reculons, et, saisissant la chenille par la tête, elle put la faire pénétrer dans son réduit. Bientôt l'ammophile sortit de son trou et se mit avec une ardeur nouvelle à le boucher. L'insecte chercha des cailloux aussi gros que lui, puis de la terre qu'il grattait et poussait avec sa tête. Par moments, il paraissait être à bout de forces; couvert de poussière, tout essoufflé, il semblait s'essuyer le front.

Quand le trou fut bien bouché avec du sable et de la terre, l'ammophile se livra à un autre travail pour dissimuler l'entrée à ses ennemis; prenant des aiguilles de pin, notre insecte les posa délicatement sur le sol fraîchement remué, les entre-croisant avec soin, afin qu'il fût impossible de reconnaître l'entrée de son terrier.

Ces faits ne prouvent-ils pas assez l'intelligence dont font preuve certains insectes? Il m'est impossible de n'y voir que de l'instinct, et de considérer avec Descartes ces animaux comme de simples machines.

Ces hyménoptères fouisseurs font bien de dissimuler leurs nids : car d'aimables parents, d'autres hyménoptères, au corps d'un brillant métallique admirable, rouge cuivre, vert, bleu : les Chrysides, les recherchent pour y pondre leurs œufs.

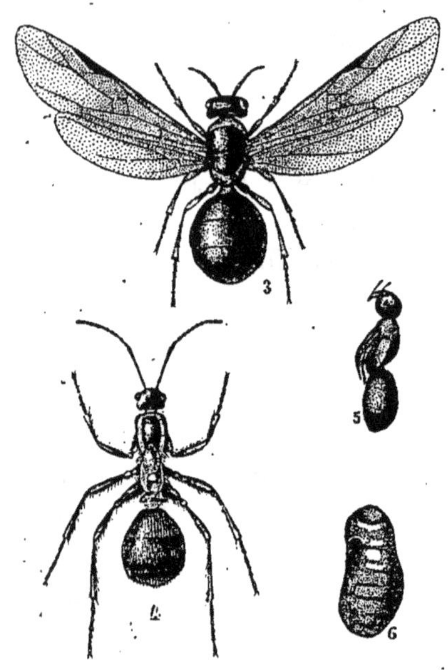

Fig. 731. — Fourmi rousse. — 3. Femelle. — 4. Neutre. — 5. Nymphe de Fourmi noir cendré. — 6. Coque qui la contient.

Une autre famille, moins bien partagée au point de vue de la beauté, mais dont les représentants ont une remarquable intelligence : les Fourmis, qui ont été l'objet d'observations nombreuses et minutieuses, vivent en colonies. Ce livre est déjà bien chargé ; mais je pense que mes lecteurs voudront bien encore me permettre de leur parler de ces petites bestioles qui vivent en sociétés nombreuses, formées de mâles et de femelles pourvus d'ailes, et d'ouvrières aptères qui constituent la plus grande partie de la colonie. Celles-ci sont de plusieurs sortes : il y a des ouvrières et des soldats. Les femelles et les ouvrières ont une glande vénénifique qui sécrète un liquide : l'acide formique, qu'elles introduisent dans les blessures qu'elles font avec leurs mandibules. Leur aiguillon est analogue à celui des abeilles.

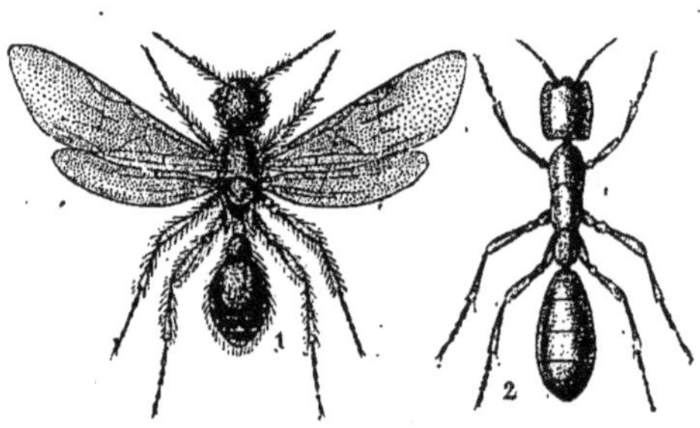

Fig. 732. — Myrmica. Fourmi rouge, femelle très grossie.
Fig. 733. — Ponère resserrée neutre, grossie.

Ces curieux insectes construisent des nids formés de terre ou de brindilles de bois, d'herbes, souvent fort élevés; d'autres s'installent en terre; d'autres creusent dans le bois mort des galeries, et malheureusement beaucoup choisissent les maisons, s'introduisent dans les armoires, sous les parquets et causent un préjudice considérable, rongeant le bois, grignotant les provisions et donnant à celles qu'elles n'attaquent pas, un goût d'acide formique désagréable. Elles deviennent dans les pays chauds un véritable fléau. Quelques-unes, cependant, font oublier leurs méfaits en faisant la chasse aux Blattes, aux Termites et même à d'autres fourmis. En outre, bien souvent elles font disparaître des cadavres de petits animaux en les dévorant

On a représenté les Fourmis comme des animaux prévoyants qui amassent des provisions pour l'hiver; or, pendant l'hiver, les reines et les ouvrières s'engourdissent au fond de leurs demeures et ne pensent nullement à la nourriture, elles n'ont donc nul besoin de réunir des provisions. Les œufs éclosent au printemps et les ouvrières font l'éducation des jeunes larves et les défendent.

Ces larves se transforment en pupes qu'on nomme improprement des œufs de fourmis et qu'on donne souvent en pâture aux faisans.

Les nymphes éclosent et les adultes se marient au moment où nous les voyons tous voler en masse; puis les mâles meurent, les femelles perdent leurs ailes et les ouvrières les font rentrer dans la fourmilière afin qu'elles pondent leurs œufs; mais quelquefois elles vont fonder de nouvelles colonies.

Nous ne pouvons douter de l'intelligence des Fourmis; on les voit se consulter, se parler quand elles se rencontrent; et, quelque proie est-elle constatée par l'une d'elles, vite elle va prévenir ses camarades qui accourent et l'aident à la transporter dans la fourmilière; elles sont adroites, courageuses, ne craignant pas la peine et sachant éviter les obstacles qui se présentent.

Il y en a qui entretiennent, nous l'avons dit, des pucerons comme des vaches laitières (*fig.* 2, page 2); d'autres font la guerre, s'emparent des œufs d'autres espèces, les élèvent et en font des esclaves qui les servent, les nourrissent, et dont elles ne pourraient vraiment pas se passer.

Pierre Huber, John Lubbock, Ernest André ont écrit d'intéressants ouvrages sur les Fourmis, et nos lecteurs les consulteront avec plaisir.

Le nombre des espèces de fourmis est considérable, mais nous nous contenterons d'en citer quelques-unes : la Fourmi rousse, qui construit ces grands nids, couverts de brindilles de bois ; les Polyergues roussâtres qui habitent des nids en terre qu'ils font construire par des esclaves (Fourmis brunes ou Fourmis mineuses). Mais au Mexique il existe des espèces dont l'abdomen peut grossir d'une étrange façon, ressemblant à une petite boule, et contient une substance analogue au miel.

Fig. 734. — Ichneumon manifestateur plongeant sa tarière à travers l'écorce d'un rameau.

Tels sont les Hyménoptères porte-aiguillon ; il nous reste à voir les Térébrants, c'est-à-dire ceux chez lesquels l'aiguillon est remplacé par des instruments qui leur permettront de déposer leurs œufs soit dans le corps des animaux, soit dans les tissus des végétaux.

Les premiers constituent le groupe des Entomophages, et parmi eux les Ichneumons méritent une citation, car ils sont nos auxiliaires. Ils ont un corps grêle, élancé, et leur abdomen se termine par une longue tarière à l'aide de laquelle ils déposent leurs œufs dans le corps des chenilles et autres larves. Les larves éclosent et se nourrissent de la graisse de la chenille, sans toutefois léser les organes essentiels. Les entomologistes qui aiment à élever des chenilles afin de posséder des papillons bien frais, sont souvent déçus dans leurs espérances; avant de se transformer en chrysalide, la chenille laisse échapper, on peut dire, par tous ses pores, de petites larves d'ichneumonides qui filent leurs cocons. Adieu le papillon ! la chenille qu'on a élevée avec tant de soin se ratatine

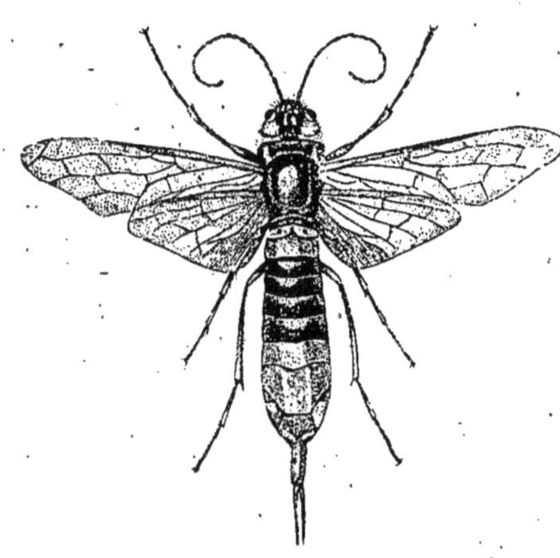

Fig. 735. — Sirex géant.

et meurt sans se mettre en chrysalide. Ces Ichneumons ont un merveilleux instinct qui les guide. Ils savent qu'une larve ronge un tronc d'arbre, et, sans la voir, ils percent de leur tarière le bois, l'enfoncent dans la larve et y déposent leurs œufs.

Fig. 736. — Lophyre du pin.

D'autres sont phytophages : ce sont les beaux Sirex au corps noir et jaune, et les Tenthrèdes ou porte-scie, dont les larves ressemblent à des chenilles. On les voit souvent dévorant les feuilles de rosier, de bouleau, de pin, réunies côte à côte au bord des feuilles, et redressant l'abdomen si l'on vient à les inquiéter. Ces insectes pondent dans les végétaux. (Voy. *fig.* 735 et 736).

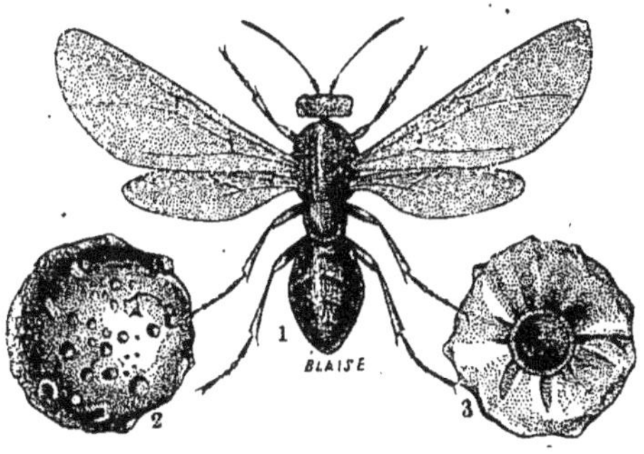

Fig. 737. — Cynips de la galle à teinture.

Enfin, les Cynipides ou Gallicoles déposent leurs œufs sur les feuilles des plantes en général et provoquent par leur piqûre un développement anormal du tissu végétal; c'est ce qu'on nomme une galle. On voit sur la face inférieure des feuilles de chêne, à l'automne, de ces jolies noix de galles : elles sont produites par des Cynips qui sont de fort petits insectes. Si l'on ouvre une de ces noix de galles, on trouve au milieu une petite larve dans une petite loge; un peu plus tard c'est une nymphe; enfin, l'insecte adulte est éclos, et après s'être fait une petite galerie il s'arrête sous la membrane de la galle et reste là jusqu'au printemps, jusqu'au moment où il pourra trouver des feuilles pour pondre ses œufs. Une espèce, le Cynips de la galle à teinture, vit dans le Levant, et produit sur le chêne une galle que l'on emploie pour la fabrication de l'encre d'écriture. Une autre espèce

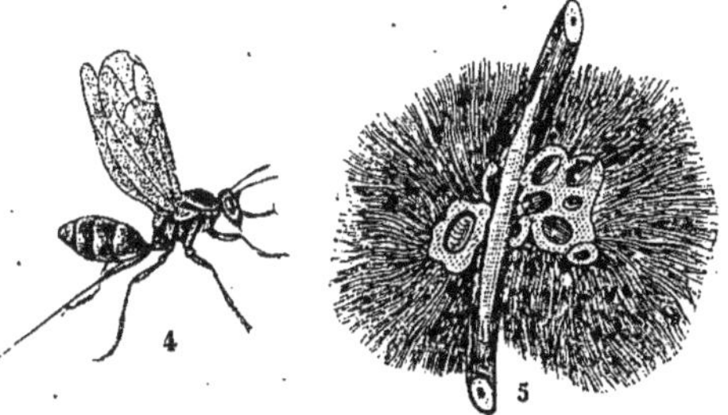

Fig. 738. —Cynips du rosier.

détermine sur les rosiers ces belles galles rouges et vertes qui ressemblent à des boules moussues et qu'on nomme bédéguars.

Il y a une variété considérable de ces galles; mais il nous est impossible d'entrer dans plus de détails.

Nous terminerons cette étude rapide des insectes par l'*Histoire des Papillons*, dont quelques-uns sont si nuisibles à l'agriculture, mais dont il est certaines espèces qui nous intéressent au plus haut point, puisqu'elles nous fournissent la soie, ou nous charment par leurs brillantes couleurs.

Fig. 739. — Grand Paon de nuit.

CHAPITRE VIII

Les Lépidoptères.

Les papillons sont de tous les insectes, si je puis dire, les plus populaires. Il est bien peu de personnes, même étrangères aux sciences naturelles, qui ne connaissent ces charmants êtres aux ailes colorées, qui ne sachent quelles transformations ils subissent; il est bien peu d'enfants qui n'en ait attrapé avec un filet de gaze verte pour les piquer dans une boîte. On les voit se poser sur les fleurs, dérouler leur trompe, et la plonger dans les corolles.

A cet état, ils vivent du nectar des fleurs et ne sont nullement nuisibles; mais il n'en est pas toujours ainsi : dans leur jeune âge, ils dévorent les feuilles, le bois, les laines. Leurs larves ne sont autre chose que des chenilles.

Quels sont donc les caractères distinctifs de cet ordre des Lépidoptères?

Leur nom signifie que leurs ailes sont écailleuses, elles sont recouvertes de fines poussières colorées, qui, lorsqu'on prend un papillon par les ailes, restent collées aux doigts. Mais regardez au microscope cette poussière, et vous ne serez pas peu surpris en voyant qu'elle est formée d'un nombre immense de petites écailles, qui offrent une palette et un petit manche. Elles ressemblent d'ailleurs, sur l'aile, aux tuiles d'un toit; ce sont elles qui sont colorées. Retirez-les et vous verrez que l'aile des papillons ressemble à celle des mouches, des abeilles, c'est-à-dire qu'elle est membraneuse, transparente et parcourue par des nervures. Le papillon est pourvu de quatre ailes ainsi faites. Le corps est recouvert de poils fins qui se détachent facilement; la tête est velue et les yeux sont hémisphériques, très saillants. Les mâchoires sont très allongées, et forment la trompe, tandis que la lèvre supérieure et les mandibules s'atrophient. Cette trompe, à l'état de repos, est enroulée et peu visible, et l'animal ne s'en sert que lorsqu'il veut manger. La tête porte aussi les antennes, et celles-ci sont très variables, tantôt terminées en massue, tantôt pectinées.

Fig. 740. — Chenille de Machaon.

Le papillon pond des œufs, d'où sortent des chenilles, et, parmi ces chenilles, il existe une extrême diversité; il y en a de glabres, de velues, et beaucoup sont fort belles par la couleur de leur peau ou de leurs poils.

Elles sont bien différentes du papillon. Ces insectes ont donc des métamorphoses complètes. Elles n'ont pas de trompe, les chenilles: leurs pièces buccales sont faites pour broyer; leurs pattes thoraciques sont généralement courtes, réduites à l'état de petits tubercules articulés, mais les chenilles sont, en outre, pourvues de fausses pattes abdominales en nombre variable suivant les espèces. Elles mangent beaucoup, changent de peau plusieurs fois, revêtant souvent, à chaque changement de peau, une robe différemment parée; enfin, à un moment donné, elles se recueillent en quelque sorte, ne mangent plus, deviennent immobiles et quittent leur peau, se transformant en chrysalides. Or, la chrysalide, qui peut être placée dans un cocon de soie sécrétée par la chenille, est conique, revêtue d'une membrane résistante, et ne peut se mouvoir; elle peut tout au plus remuer son abdomen. Déjà l'on peut voir la tête, les antennes, les pattes repliées et allongées, appliquées contre le corps, les ailes qui sont comme moulées, recouvertes par la membrane chitineuse. Cet état de vie latente dure quelque temps; puis le papillon fend la peau de cette chrysalide, sort de ce modeste vêtement, étale ses ailes, et apparaît revêtu souvent des plus brillantes couleurs. Il se met à voler, à parcourir les champs, les bois, se marie; le mâle meurt presque aussitôt et la femelle à son tour périt, après avoir assuré sa postérité, après avoir pondu.

Bien que très nombreux en espèces, les Lépidoptères offrent une grande homogénéité dans leurs formes adultes et larvaires. Nous ne trouvons pas, comme dans les autres ordres d'insectes, des dis-

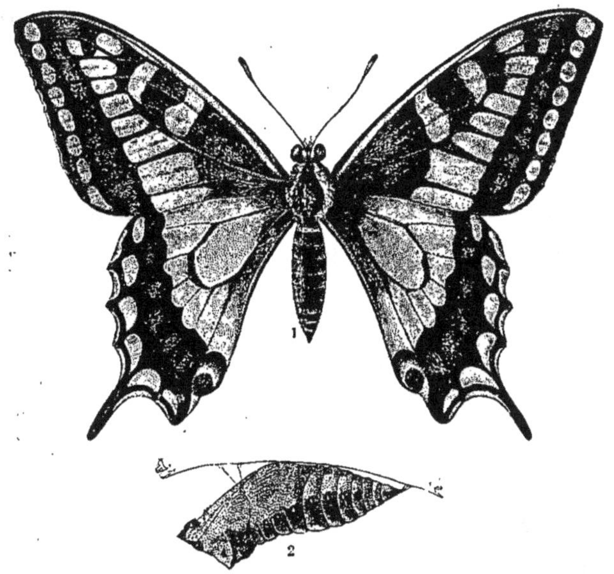

Fig. 741. — Papillon Machaon et sa chrysalide.

semblances aussi marquées. Ce sont des êtres aériens, les uns volent le jour, ou diurnes, les autres crépusculaires, d'autres nocturnes.

Ce sont les diurnes, naturellement, qui sont les plus connus : ce sont eux qui charment notre vue par leur vol gracieux et par leurs belles couleurs, souvent aussi brillantes que des pierres précieuses.

Leurs ailes sont grandes et leurs antennes sont en forme de massue. On les a divisés en plusieurs familles.

« Les Lépidoptères diurnes [1], toujours remarqués même des

1. Emile Blanchard. *Les Métamorphoses des Insectes*, p. 171.

plus ignorants, ont reçu une infinité d'appellations vulgaires. N'y a-t-il pas les *Porte-Queue*, ceux que Linné avait appelés les Chevaliers(*Équites*)? Le naturaliste suédois, souvent animé d'un sentiment poétique, ne distinguait-il pas les *Chevaliers Troyens* et les *Chevaliers Grecs ?* N'y a-t-il pas les Parnassiens, les Argus, les Sylvains, les Satyres, etc. ? Linné n'a-t-il pas nommé les Lépidoptères diurnes aux teintes sombres, les *Papillons plébéiens ruricoles* et les *Papillons plébéiens urbicoles ?* »

Ces Chevaliers sont les Papilionides dont le Machaon et le Flambé aux grandes ailes jaunes et noires sont les types les plus connus dans notre pays. La chenille du Machaon, verte, annelée de noir et ornée de points rouges, vit sur la carotte.

Lorsqu'elle est effrayée, cette chenille fait saillir, entre la tête et le premier anneau, un appendice rouge et bicorne.

Les chrysalides sont nues et retenues par un fil de soie, que la chenille se passe autour du corps.

Les ailes postérieures de ces espèces sont prolongées en arrière par des sortes de queues. Sur notre planche VIII on a représenté une belle espèce asiatique, le *Papilio arjuna.*

Une grande espèce, l'Ornithoptère Priam, aux ailes d'un noir de velours rehaussées de taches d'un vert brillant et en forme de plumes, vit à Amboine, et l'on en trouve d'autres non moins splendides dans les îles de la Sonde, aux Philippines, aux Moluques.

Dans les régions montagneuses, on trouve des papillons à ailes blanchâtres, mais presque transparentes : ce sont les Parnassiens Apollons, que les entomologistes poursuivent dans les Alpes, dans les Pyrénées.

Nos papillons blancs, si communs partout, et dont les chenilles verdâtres ou blanchâtres causent tant de dégâts dans les potagers, constituent la famille des Piérides. Les chenilles de ces espèces vivent sur les choux, sur les navets, et d'autres plantes encore.

Quelques types, comme les Colias, sont d'un jaune orangé vif; d'autres, comme la Piéride aurore, ont les ailes blanches avec une large tache orangée, et le dessous des ailes est blanc moucheté de vert. Car c'est un fait remarquable de voir qu'en dessus et en dessous les ailes présentent presque toujours des colorations différentes.

A. Millot

INSECTES D'ASIE

Le Citron ou *Rhodocera rhamni*, est bien beau avec ses ailes d'un jaune vert.

Nous voyons souvent voler, en planant, toute une série de charmants papillons, les Vanesses, les Nymphales, les Argynnes.

Fig. 742. — Piéride aurore.

Les Vanesses ont des chenilles couvertes de piquants qui vivent en grande masse sur la même plante ; les unes sur les orties, d'autres sur les chardons, etc. Leurs chrysalides sont suspendues par l'extrémité postérieure, la tête en bas, et offrent souvent des taches argentées ou dorées.

Qui ne connaît le Vulcain, aux ailes noires, rouges et blanches (voir notre planche VII); puis, le Belle-Dame, de couleur chair; les Petites et Grandes Tortues, le Paon de Jour, le Morio ?

Les Nymphales ont souvent des teintes changeantes, suivant la la façon dont on les regarde. Quelques espèces dont les ailes paraissent brunes et ternes, sont, au contraire, lorsqu'on les incline, d'un violet brillant ou d'un bleu de velours.

Mais qu'ils sont modestes à côté des Morphos, qui vivent dans les parties chaudes et humides de l'Amérique.

Les grandes ailes de ces Morphos ont un éclat dont on ne peut se faire une idée, comparable aux reflets irisés de la nacre la plus pure, ou d'un bleu métallique admirable. Et, cependant, vues par transparence, les ailes de ces papillons sont brunâtres. A quoi donc attribuer cette magnifique coloration, puisque nous ne trouvons dans ces ailes aucun pigment bleu ou nacré? C'est un effet d'optique, c'est une décomposition de la lumière, produite par les petites écailles des ailes, qui présentent des ondulations ou des stries.

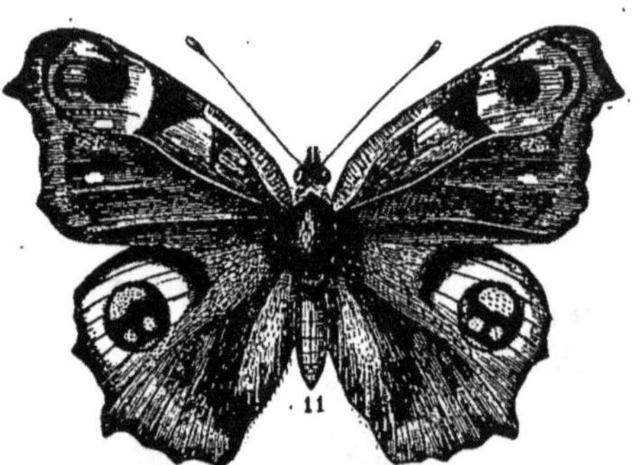

Fig. 743. — Vanesse Paon du jour.

Chez nous, quelques espèces offrent des colorations métalliques de ce genre, les Polyommates, en particulier, aux ailes bleues. (Voir notre planche VII).

Mais tous les papillons diurnes ne sont pas si coquets ; il en est, les Satyres, qui ont les couleurs sombres ; ce sont les *Plébéiens*, de Linné.

Beaucoup sont très communs et vivent dans les prés ou dans les lieux rocailleux ; ils sont bruns, avec des taches circulaires sur les ailes, ressemblant à de gros yeux. Quelques Argés sont cependant plus gaiement vêtus ; on les appelle *Demi-Deuil*, parce qu'ils ont les ailes noires et blanches.

Tous ces papillons sont actifs pendant le jour seulement, et encore choisissent-ils, pour leurs promenades, les moments où le soleil brille dans tout son éclat.

D'autres, et ils sont beaucoup plus nombreux, volent principalement le soir, à la tombée de la nuit ; ce n'est pas cependant une règle absolue, car on en voit souvent de ceux-là qui butinent en plein jour. Néanmoins, on est d'accord pour les appeler les Nocturnes et les Crépusculaires.

Les ailes, chez ces papillons, sont horizontales au repos, à de très rares exceptions, tandis que chez les diurnes elles sont verticales. Leurs ailes de la première et de la seconde paire sont retenues l'une à l'autre par un petit crochet, un frein, ce qui leur donne plus de force pour le vol.

Parmi les Crépusculaires, il convient de citer les Sésies qui ressemblent, à s'y méprendre, à des guêpes ; elles en ont les formes, les couleurs et le vol. (Voir n° 6, page 947.) Leurs chenilles vivent dans le bois, où elles creusent des galeries.

Les Sphinx sont de tous les Lépidoptères ceux qui ont le corps le plus volumineux. Ils sont allongés ; l'abdomen est atténué en arrière ; les ailes antérieures sont longues et étroites et les postérieures très petites. Ils volent très rapidement, comme les oiseaux-mouches, et souvent on les voit en plein jour devant une fleur, dans laquelle ils plongent leur longue trompe, et leurs ailes remuent si vite que l'œil n'en perçoit pas les mouvements et les croit immobiles. Leurs chenilles sont grosses, ont la peau lisse et présentent un appendice en forme de corne à l'extrémité du corps. Elles sont vertes ou brunes avec des bandes obliques sur

Fig. 744 à 750. — Sphinx, Sésies et Zygènes.

2. Sphinx tête de mort ou *Acherontia atropos*. — 3. Sphinx du laurier-rose ou *Deilephila nerii*. — **4.** Sphinx du caille-lait ou *Macroglossa galii*. — 5. Sphinx demi-paon ou Smerinthe ocellé. — 6. Sésie apiforme. — 7. Zygène de la Filipendule. — 8. Syntomide phégée.

les côtés, bandes roses ou jaunes. Les unes vivent sur les saules, d'autres sur les euphorbes; quelques-unes sur les liserons, d'autres sur les pommes de terre. L'espèce la plus grande qui habite notre pays est l'*Acherontia atropos* ou *Sphinx tête de mort,* ainsi nommée parce qu'elle a sur le thorax un crâne humain grossièrement dessiné en jaune. Sa robe est d'un bleu gris et jaune. C'est ce sphinx que nous avons signalé à propos des abeilles, comme amateur de miel. Lorsqu'on le prend, on perçoit une sorte de sifflement qu'il fait entendre sans qu'on ait pu jusqu'ici connaître avec certitude l'organe qui le produit.

Fig. 751. Bombyx processionnaire.

Toutes les chenilles de Sphinx se mettent en terre pour se changer en chrysalides.

Tous les Sphingides ont les antennes courtes et généralement amincies à leur extrémité. D'autres, les Bombyx, ont au contraire les antennes sétiformes chez les femelles et pectinées chez les mâles, formant souvent des panaches véritables. Les ailes sont larges et ne sont pas unies par un frein. Le vol des mâles est bien spécial; il est rapide, mais très irrégulier; ils semblent tourbillonner et vont à la recherche de leur femelle qui est lourde, vole peu et même n'a que des ailes rudimentaires chez certaines espèces. Les mâles viennent de fort loin pour les retrouver, guidés par un sens inexplicable. On peut s'en rendre compte en enfermant dans une cage l'une de ces femelles, en la mettant à l'air sur une fenêtre, et le soir on verra voler, tout autour, des mâles attirés quelquefois de plusieurs lieues. Ce sens qui nous est inconnu réside sans doute dans les grandes antennes pectinées.

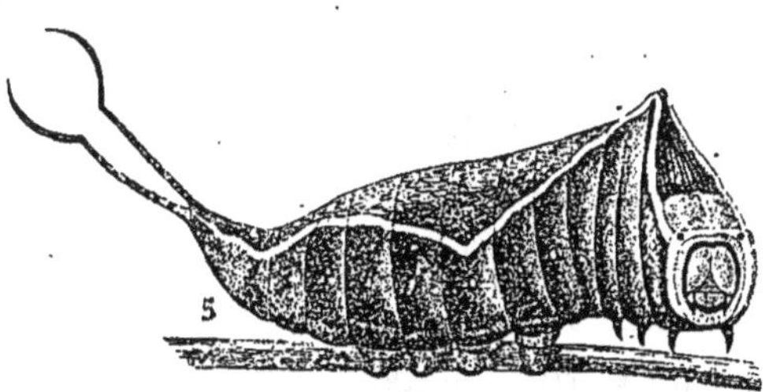

Fig. 752. — Chenille de Dicranure hermine.

Les chenilles des Bombyciens sont le plus souvent velues, quelques-unes ont des tubercules épineux comme celles du grand Paon de nuit. On doit toucher avec précaution ces chenilles velues, car leurs poils se détachent très facilement et peuvent être urticants.

Certains bombyx ont des ailes blanches et l'extrémité de l'abdomen garni de poils touffus et jaunes; on les nomme les Liparis queue dorée. Leurs chenilles velues causent de grands dommages aux plantations de nos villes.

Mais ce n'est rien à côté des ravages que causent dans les forêts les Chenilles processionnaires qui se réunissent pour subir leurs métamorphoses dans une poche de soie grossière qu'elles filent.

Cette espèce à l'état adulte est représentée par un petit papillon de teinte sombre. Ces chenilles laissent leurs mues garnies de poils urticants dans ces poches et, si l'on y touche, on peut éprouver non seulement de cuisantes démangeaisons, mais de véritables éruptions. Ces chenilles ont des ennemis acharnés en les Calosomes Sycophantes.

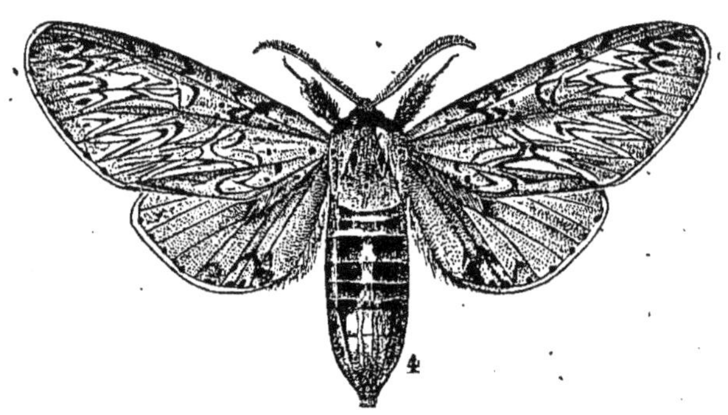

Fig. 753. — Dicranure hermine.

Les Cossus ligniperdes ont de grosses chenilles rouges qui vivent dans les troncs d'arbres dont elles rongent le bois. Plusieurs Bombyx ont de curieuses chenilles aux formes bizarres; celle de la Dicranure vineuse est verte avec le dos violacé; la queue est fourchue, et lorsqu'on la touche, elle peut faire saillir par les pointes de cette queue deux filaments rouges. La Harpye du hêtre à l'état larvaire ne ressemble vraiment pas à une chenille; sa tête mobile, ses pattes thoraciques longues et grêles, les derniers segments abdominaux qui peuvent se relever, lui donnent un singulier aspect. Les papillons de ces deux chenilles n'ont rien de remarquable et sont grisâtres.

Les Bombyciens filent un cocon qui les protège lorsque la chenille se transforme en chrysalide. Ces cocons sont résistants; les fils qui servent à les former, d'une tenacité extrême, sont collés les uns aux autres. Ils sont le plus souvent grossiers, mais plusieurs espèces en confectionnent avec une soie très fine et délicate.

Sous ce rapport nous citerons en première ligne : le ver à soie du mûrier, *Bombyx* ou *Sericaria mori*, qu'on nomme dans le midi de la France des *Magnans* : d'où le nom de magnanerie réservé aux établissements destinés à leur éducation.

Ces papillons sont originaires de la Chine et connus depuis une haute antiquité. Des œufs qu'on nomme la *graine* sortent des chenilles qui, noires en naissant et velues, deviennent grises, puis blanches, glabres, et qui atteignent presque la grosseur du petit doigt; on les nourrit avec des feuilles de mûrier. Ce sont elles qui possèdent des glandes s'ouvrant dans la bouche et sécrétant un liquide filant qui se solidifie à l'air et devient ce qu'on nomme la soie (1). Dans son cocon, le ver à soie se transforme en chrysalide, et au bout de 15 à 20 jours le papillon éclôt; grâce à un certain liquide, il peut décoller et écarter les fils de soie et sortir. Dans ce cas le dévidage du cocon est impossible, et lorsqu'on veut éviter cet inconvénient, on tue les chrysalides dans leurs cocons en les chauffant à une température de 50 à 80 degrés.

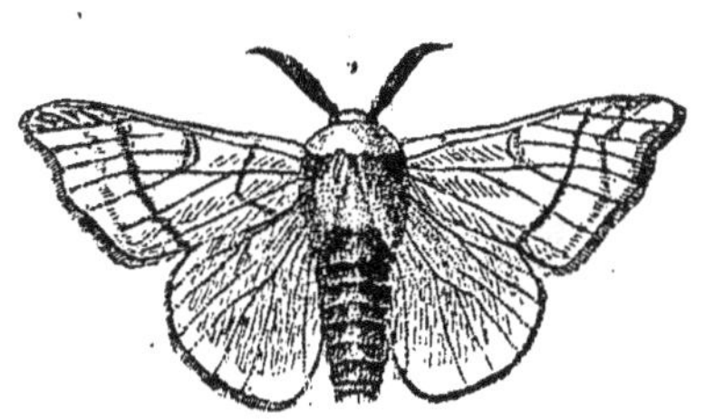
Fig. 754. — Bombyx du mûrier ou *Sericaria mori*.

La pébrine, la muscardine sont des maladies cryptogamiques qui attaquent les vers à soie et contre lesquelles on a lutté victorieusement.

Beaucoup d'autres espèces de Bombyciens sécrètent de la soie, mais jamais une soie aussi belle que celle des Bombyx du mûrier; on a cherché à en élever plusieurs, telles que celui dont la chenille vit sur l'ailante ou vernis du Japon et d'autres Attacus (*A. Pernyi; A. Cecropia*).

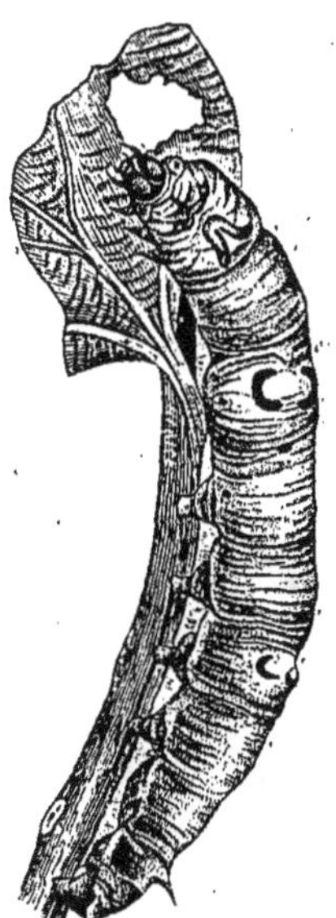
Fig. 755. — Ver à soie.

La plus grande espèce indigène est le Grand Paon de nuit dont la chenille vit sur les poiriers et les pommiers; le papillon est remarquable par les couleurs de ses ailes, qui

1. Les pêcheurs ne se doutent pas que les fils de Florence, qu'ils attachent à leur ligne, ne sont autre chose que le liquide visqueux des glandes séricigènes des vers à soie étiré à l'air.

offrent des taches arrondies ressemblant à des yeux. Un autre est nommé *Feuille morte* à cause de la couleur brune de ses ailes.

D'autres papillons de nuit, de couleurs sombres, constituent la famille des Noctuelles. Leurs chenilles sont souvent fort nuisibles; telles sont celles de l'*Agrotis segetum*. Mais les Phalènes sont mieux vêtues; leurs chenilles ont cela de particulier qu'elles avancent en fixant leurs pattes antérieures, en ramenant ensuite les derniers anneaux près de la tête, et relevant ainsi le milieu de leur corps.

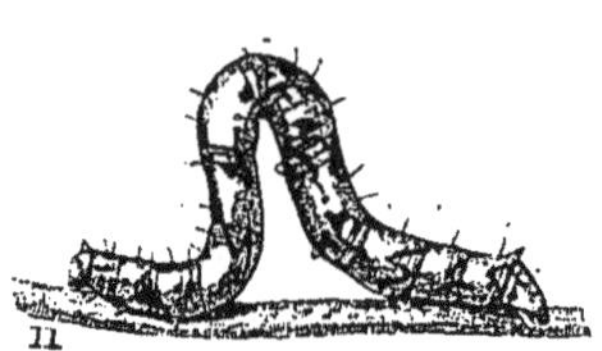

Fig. 756.
Chenille d'arpenteuse (*Ennomos dentaria*).

Fig. 757.
Fidonie plumeuse (géomètre).

On les a nommées Géomètres parce qu'elles semblent arpenter. Ces Lépidoptères ont des couleurs vertes ou jaunes des plus agréables, et il existe même au Brésil des espèces brillamment parées : ce sont les Uranies, qui pour la forme des ailes rappellent nos Porte-Queues et qui sont ornées de couleurs métalliques vertes, rouges, jaunes, bleues, noires, du plus charmant aspect.

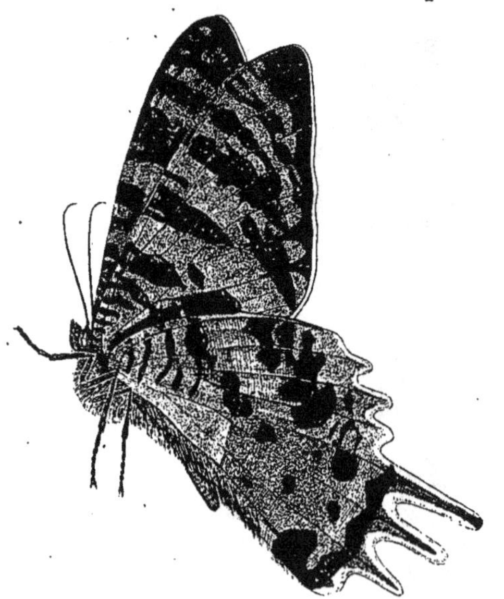

Fig. 758. — Uranie riphée.

Les derniers de tous les Lépidoptères et les plus petits ne sont pas les moins redoutables : ce sont les Pyrales, les Tordeuses, les Teignes, les Ptérophores; on les réunit sous le nom de Microlépidoptères.

Il y en a, comme les Asopies ou les Aglosses de la graisse, qui vivent dans les débris de cuisine. Les Botys enroulent les feuilles des arbres qu'elles maintiennent ainsi tordues à l'aide de quelques fils de soie; les chenilles de l'Halias du chêne font de même et détruisent constamment dans nos forêts les jeunes pousses des chênes. Une autre espèce s'attaque à la vigne et a causé des dommages presque aussi importants que ceux déterminés par le Phylloxera : c'est la Pyrale de la vigne, que mon oncle Victor Audouin a si bien étudiée.

Il n'est pas rare de trouver dans les fruits, les pommes, les poires en particulier, de petits vers qui en détruisent la pulpe et y laissent les produits de leur digestion. Ce sont des chenilles de pyrales, les *Carpocapsa,* qui sont les auteurs de ces délits.

Les Teignes, dont les chenilles vivent sur les végétaux, se placent souvent sous le parenchyme des feuilles et tracent des dessins irréguliers qui ne sont autre chose que leurs galeries; Réaumur les appelait des chenilles mineuses; elles sont nombreuses et variées.

Fig. 759. — Pyrale de la vigne et sa chenille.

Mais il en est d'autres que tout le monde connaît et que tout le monde maudit. Celles-là ne rongent pas les végétaux, elles s'attaquent aux lainages, aux draps, et si l'on n'a pas soin de se mettre à l'abri de leurs déprédations, on peut être désagréablement surpris en voulant mettre un vêtement qui n'a pas servi depuis quelque temps, de le trouver percé de part en part. C'est l'œuvre de ces chenilles qui, tout en dévorant la laine, se construisent un petit étui.

« La teigne des tapisseries (*Tinea tapezella*), que Geoffroy appelait *la Teigne bedeaude à tête blanche*, est l'une des plus redoutables. La petite chenille rongeant les étoffes de laine se construit avec de petits brins, qu'elle tisse d'une manière fort habile, un fourreau à peu près cylindrique. Obligée par suite de sa croissance d'avoir une demeure plus spacieuse, elle l'allonge au moyen de fils ajoutés à chacun des bouts. Voulant élargir le fourreau, elle le coupe dans toute sa longueur et y adapte une pièce de la largeur convenable. Que l'on s'amuse à prendre de jeunes chenilles, et, à de courts intervalles, à les transporter sur des morceaux de drap de différentes couleurs, les Teignes auront bientôt un véritable habit d'arlequin qui permettra de suivre la façon dont s'exécute leur travail. Au moment de la transformation elles attachent leur fourreau par une extrémité et se retournent ensuite pour que les papillons trouvent une issue par le bout demeuré libre. Ceux-ci ont les ailes brunes à la base, d'un blanc gris dans le reste de leur étendue [1] ».

Nous citerons enfin de petites espèces, les Ptérophores, dont les ailes sont décomposées et ressemblent à de petites plumes.

Fig. 760.
Ptérophore pentadactyle.

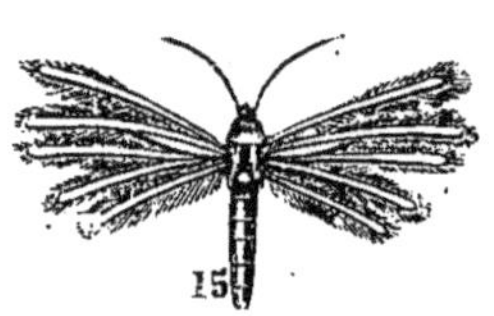

Fig. 761.
Ornéode hexadactyle.

Nous finissons avec les papillons l'étude des insectes; nous n'avons pu que l'ébaucher, car chacun des chapitres pourrait former un gros volume si l'on entrait dans tous les détails. Néanmoins, nous espérons que ce rapide exposé engagera nos lecteurs à vouloir connaître plus à fond l'histoire si intéressante de ces petites bêtes. Les citations que nous avons faites leur permettront de recourir aux sources les plus autorisées. Nous terminerons l'étude des articulés en faisant connaître les Arachnides, les Myriapodes et les Crustacés les plus remarquables. Enfin, dans le dernier livre, nous passerons en revue les Vers, les Mollusques, les Zoophytes et les Protozoaires.

1. EMILE BLANCHARD. *Les Métamorphoses des Insectes*, page 207.

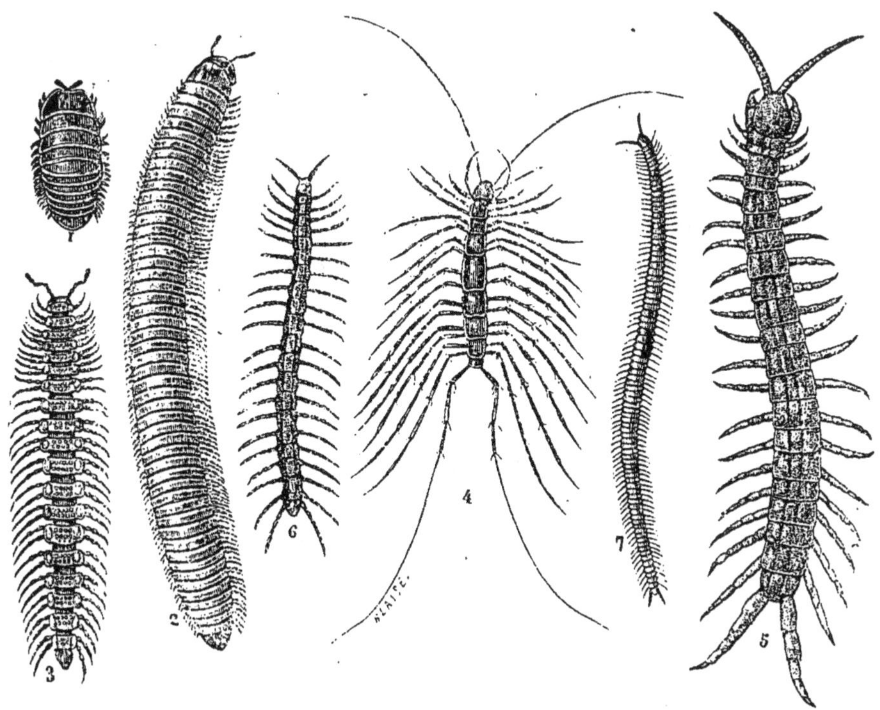

Fig. 762 à 768. — Les Myriapodes.

1. Gloméris bordé. — 2. Iule des sables. — 3. Polydesme aplati (grossi). — 4. Scutigère aranéide. — 5. Scolopendre mordante. — 6. Crypteps des jardins. — 7. Géophile de Walkenaer.

CHAPITRE IX

Les Myriapodes. — Les Arachnides. — Les Crustacés.

I

LES MILLE-PATTES OU MYRIAPODES

Lorsqu'on retourne une pierre, il n'est pas rare de voir de petites bêtes allongées, à corps aplati ou cylindrique, formé d'une série d'anneaux, placés bout à bout, portant chacun une ou deux paires de membres articulés. On les nomme vulgairement des *Mille-Pattes,* leur nom scientifique est Myriapodes. Cela ne veut pas dire que ces animaux ont mille ou dix mille pattes, mais qu'ils en ont un nombre très grand. La tête est nettement distincte des autres anneaux du corps, elle porte des antennes, deux paires de mâchoires et les yeux. Ils respirent, comme les insectes, au moyen de trachées, et la circulation s'opère par un vaisseau dorsal analogue à celui des insectes. On les a divisés en deux groupes : dans le premier ordre (Chilopodes) le corps est aplati, muni de longues antennes et chaque anneau ne porte qu'une paire de pattes. La première est transformée en pattes-mâchoires, puissantes pinces, terminées par une pointe aiguë et munies d'un orifice par où s'échappera du venin dans la plaie s'ils s'en servent pour se défendre.

Les Scutigères ont des pattes d'une longueur démesurée; on les voit souvent courir sur les pierres des jetées au bord de la mer, ou sur les murs des maisons, dans les lieux humides.

C'est dans ce groupe que prennent place les Scolopendres, dont nous voyons en France de petites espèces, mais qui ont, dans les pays chauds, des représentants de grande taille pouvant atteindre 45 centimètres de long.

La morsure de ces grandes espèces doit être assez dangereuse, à en juger par celle de la Scolopendre mordante qui habite la région méditerranéenne, et qui n'atteint pas 10 centimètres. J'ai été mordu au doigt par l'une d'elles, en Algérie, et j'en ai éprouvé une gêne et ressenti une douleur assez vive pendant huit jours.

C'est aussi parmi les Chilopodes qu'on range les Géophiles, dont certaines espèces, grêles et fort longues, peuvent avoir jusqu'à 160 paires de pattes.

Le second ordre, celui des Chilognathes ou Diplopodes, est représenté par des espèces à corps demi-cylindrique, et dont chaque anneau porte deux paires de pattes; les plus connus sont les Iules, les Polydesmes, et les Glomeris, les plus petits de tous et qui peuvent se rouler en boule comme les Cloportes, ressemblant alors à de gros grains de plomb.

II

LES ARACHNIDES

Il ne faudrait pas croire que par *Arachnides* j'entends seulement les Araignées. Non, celles-ci ne forment qu'un groupe parmi les Arachnides; il y a aussi les Scorpions, les Faucheurs, les Tardigrades, les Acariens.

Nous avons vu que les insectes avaient le corps divisé en trois segments; les Arachnides n'ont le corps généralement divisé qu'en deux segments : une tête-thorax ou *céphalothorax* et un abdomen qui peut être allongé ou globuleux. Les insectes avaient trois paires de pattes, les Arachnides en ont quatre paires, et sont dépourvus d'organes de vol; les jeunes en naissant ressemblent aux parents pour la plupart. Tous respirent l'air en nature, tantôt comme les insectes, au moyen de trachées, tantôt au moyen de poches pulmonaires. Leur anatomie offre quelques particularités intéressantes; ainsi leur lobe digestif présente au niveau de l'estomac des prolongements qui peuvent quelquefois s'étendre jusque dans la base des pattes. Le cœur est un vaisseau dorsal et le système circulatoire est souvent d'une délicatesse et d'une complication merveilleuses; les Arachnides ont des yeux simples situés à la partie antérieure et supérieure du céphalothorax.

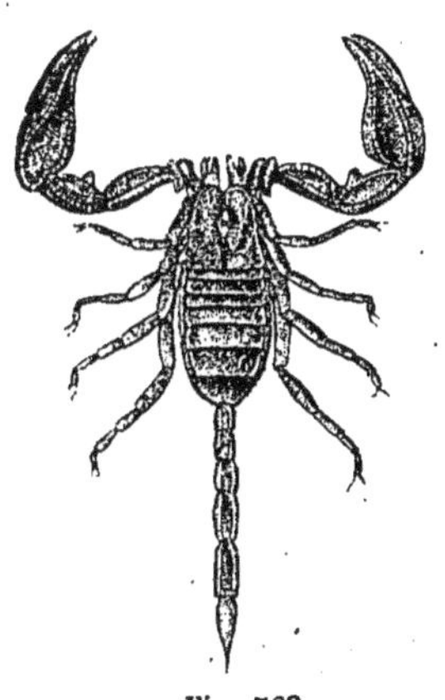

Fig. 769.
Scorpion d'Europe.

Il n'est personne qui n'ait au moins entendu parler des Scorpions; ce sont des Pédipalpes, parce que les palpes maxillaires sont très grands et terminés par des pinces, qui ressemblent à celles des écrevisses. En arrière de ces palpes, il y a quatre paires de pattes, portées par le céphalothorax, puis un abdomen composé de deux parties : la première, large, formée de sept anneaux, sous lesquels se voient les quatre paires d'orifices des sacs pulmonaires; la seconde, plus étroite, formée de six anneaux et présentant à son extrémité un aiguillon venimeux très aigu.

A la base du céphalothorax, sur la face ventrale, on remarque deux organes qui ressemblent absolument à des peignes. Pendant longtemps on n'a su quel en était l'usage, et ce n'est que l'année dernière que M. Gaubert et moi en avons donné l'explication [1]

Ce sont d'abord des organes de tact; puis, à certains moments

1. Brongniart et Gaubert. *Les organes pectiniformes des scorpions : Comptes rendus de l'Académie des sciences*, 28 décembre 1891.

deux individus de sexes différents se maintiennent l'un contre l'autre en les enchevêtrant.

Les Scorpions sont carnivores, et se cachent sous les pierres ou dans des sortes de terriers. Leur piqûre peut tuer des insectes ou de petits animaux, et déterminer sur l'homme de sérieux accidents.

Cherche-t-on à les prendre, on les voit redresser leur abdomen et vouloir piquer. Les Scorpions sont vivipares.

Fig. 770. Chélifer cancroïde.

On voit quelquefois courir dans les armoires, dans les vieux papiers, un tout petit animal que l'on prend pour un scorpion parce qu'il a de grandes pinces, mais il n'a qu'un abdomen arrondi, c'est le Chélifer cancroïde, qui n'est nullement dangereux et qui, au contraire, rend quelques services en poursuivant les petits insectes nuisibles.

D'autres pédipalpes, les Télyphones, qui habitent l'Asie tropicale et le Mexique, ont l'abdomen terminé par un filament articulé, sorte de postabdomen filiforme. Je citerai encore les Phrynes qui ont le corps aplati, de très longues pattes-mâchoires et un étranglement de la base de l'abdomen qui fait ressembler ces espèces à des araignées.

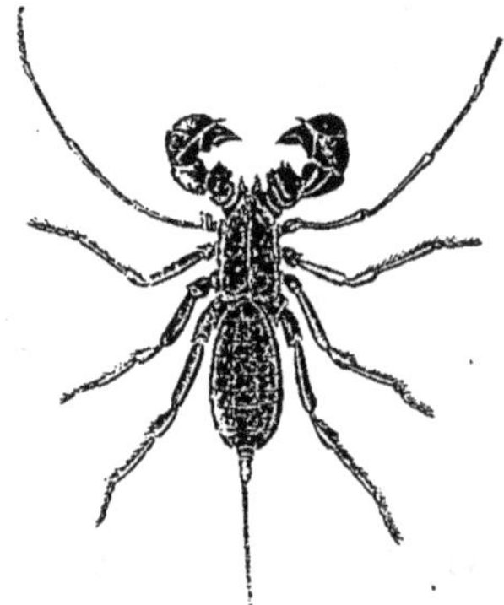

Fig. 771. — Télyphone.

Les Galéodes forment un ordre à part; ce sont de gros Arachnides velus qui se rapprochent un peu des insectes en ce sens qu'ils semblent avoir une tête séparée. On en trouve en Russie, en Égypte et dans d'autres régions du globe.

Avant de parler des araignées, je ne puis passer sous silence les *Phalangium*, ces arachnides à corps globuleux, à longues pattes grêles que l'on voit courir fréquemment dans les jardins. Lorsqu'on veut les prendre, les pattes restent dans les doigts et continuent à remuer, bien que séparées du corps (1); on les désigne vulgairement sous le nom de Faucheurs.

1. M. Gaubert vient de constater la présence d'un ganglion sur le nerf pédieux, et c'est ce ganglion qui ordonne les mouvements désordonnés de la patte détachée du corps par autotomie. Quand la patte tient au corps, ce ganglion est sous la dépendance du

Les araignées ont en général une mauvaise réputation, elles inspirent du dégoût. Dès qu'on aperçoit ces petites bêtes velues on les écrase; elles sont sales, dit-on, elles piquent, et les campagnards superstitieux les considèrent comme de bon ou de mauvais présage suivant l'heure de la journée. Ah! que je voudrais que chacun ait lu l'intéressante étude écrite par M. Blanchard dans la *Revue des Deux Mondes*, il y a quelques années! Il y dépeint, avec un charme qu'il est impossible d'égaler, les mœurs de ces bestioles.

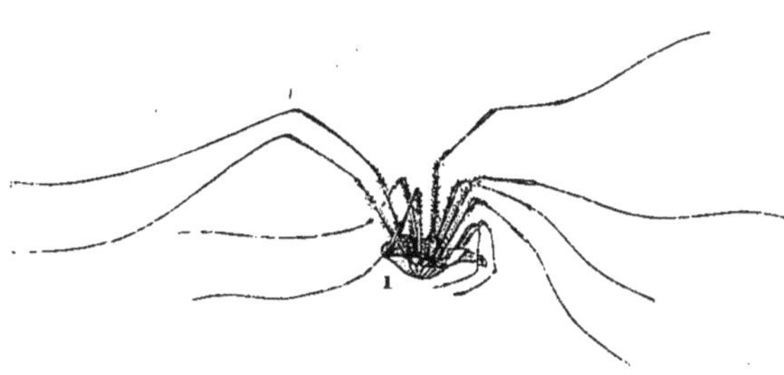

Fig. 772. — Faucheur ou Phalangium.

Elles sont utiles, elles sont propres, leur piqûre n'a aucun effet fâcheux sur l'homme et n'agit que sur les insectes dont elles font leur nourriture; les toiles qu'elles tissent sont d'une délicatesse incomparable, et vous ménagères, si dans vos appartements vous trouvez ces toiles incommodes, grises et sales, c'est de votre faute, c'est parce que vous n'avez pas bien enlevé la poussière qui est venue souiller le tissu soyeux de l'araignée. Il ne faudrait pas conclure de là que mon cabinet de travail soit encombré de toiles d'araignées, non, je ne les y autorise pas à y tendre leurs pièges, mais je les admire dans leurs travaux.

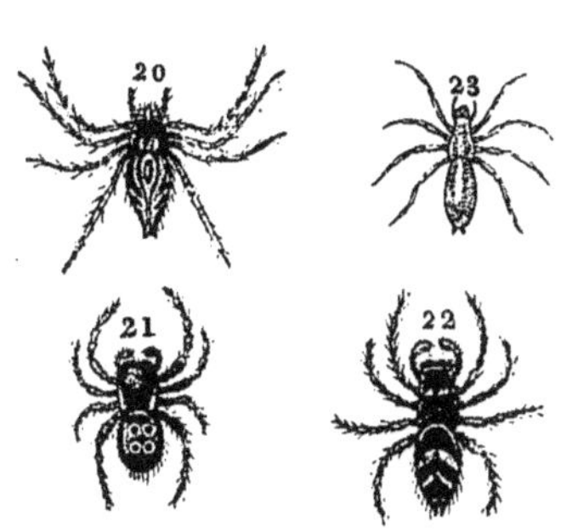

Fig. 773 à 776.

20. Oryope bigarré. — 21. Erese cinabre. — 22. Saltique chevronné. — 23. Argyronète aquatique.

Les Aranéides ou araignées ont un abdomen d'ordinaire globuleux, à la face ventrale duquel s'ouvrent deux paires d'orifices servant à l'entrée de l'air dans les organes respiratoires. Leur bouche est armée de chélicères, c'est-à-dire de pinces

système nerveux central. Par suite de l'amputation, il est indépendant, et ce sont les excitations dues à l'air ou à la perte de sang qui sont, en somme, la cause des mouvements convulsifs. (*Comptes rendus de l'Académie des sciences*, 28 novembre 1892).

monodactyles, de crochets terminés en pointe acérée et par lesquel s'échappera un venin. Mais quel est donc l'organe qui sert à ces petits êtres à sécréter une soie si délicate ? A l'extrémité de l'abdomen, près de l'anus, sont des glandes qui sécrètent une substance liquide et qui, à l'air, devient solide; elle sort par des orifices invisibles à l'œil nu, placés à l'extrémité de petits mamelons qu'on nomme les filières. En outre, leurs pattes se terminent par de petits crochets ou par de délicats petits peignes, admirables outils à l'aide desquels les araignées fileuses disposent leurs fils pour construire leurs toiles.

Les yeux des Arachnides sont immobiles et n'ont pas la même situation chez tous les types; de leur position, de leur groupement, on a pu déduire leur genre de vie.

On a prétendu que les araignées aimaient la musique; écoutez plutôt ce que dit à ce sujet M. Émile Blanchard :

« Bêtes silencieuses, les araignées, n'ayant jamais à répondre à un appel, doivent être inhabiles à discerner les sons. Des particularités de leur conformation achèvent d'en donner l'assurance. On s'étonnera de l'assertion; il a été si souvent question du penchant des araignées pour la musique! Rien ne paraît plus charmant que d'attribuer ce goût délicat à de pauvres créatures fort dédaignées. Cependant, c'est pure illusion, et le vrai seul nous importe. Au bruit des violons et des pianos, on vit des araignées descendre des hauteurs et l'on crut qu'elles voulaient prendre leur part du concert. C'est loin sans doute de la réalité. Les toiles éprouvent des trépidations sous le choc des ondes sonores; les fileuses, remplies d'inquiétude, quittent la place et courent au hasard affolées par la peur. »

Le corps des araignées est velu et les poils qui le recouvrent sont d'une délicatesse que l'on ne peut imaginer; grâce à leurs pattes garnies de brosses ou de griffes, elles prennent grand soin de leur personne et c'est donc une calomnie de dire qu'elles sont sales. Regardez leur peau au microscope et vous serez émerveillé.

Les araignées sont fécondes et les mères soignent tendrement leur progéniture, mais elles sont féroces pour leurs semblables et les dévorent si elles parviennent à s'en emparer. « Dans un pareil monde, dit M. Blanchard, en vérité, il n'y a pas d'amours. On croirait les femelles absolument indifférentes. Un mâle désire-t-il contracter mariage, c'est avec des précautions inouïes qu'il procédera, tant il a conscience d'être mal accueilli. Enfin, s'il est adroit, il y aura une étreinte d'un instant, et, tout aussitôt, profitant de ses jambes plus longues que celles de son épouse féroce, il se dérobe au plus vite. Sa faiblesse relative en ferait une victime. »

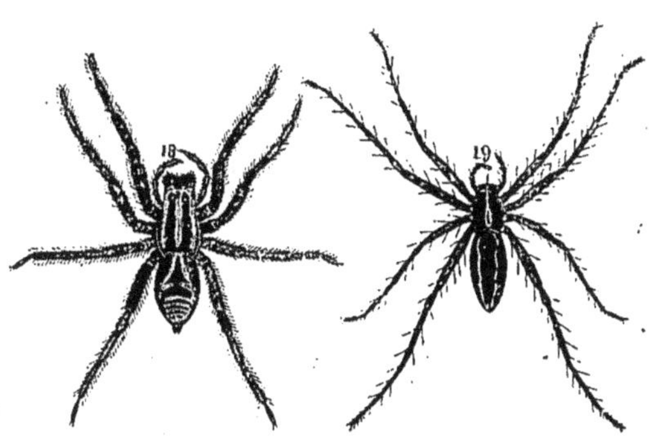

Fig. 777 et 778.

18. Tarentule. — 19. Dolomètre admirable.

Le nombre des espèces d'araignées est immense et leur genre de vie varie suivant les groupes que l'on considère.

Il y en a, les Saltiques, qui peuvent sauter; d'autres qui sont errantes, comme les Lycoses, aux couleurs sombres. On les voit souvent courir dans les jardins, traînant avec elles une petite coque soyeuse qui contient les œufs; puis, lorsque les œufs sont éclos, les jeunes se cramponnent au corps de leur mère.

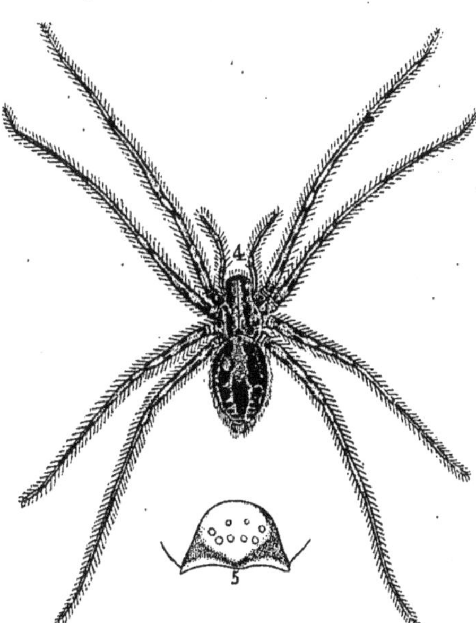

Fig. 779 et 780. — Tégénaire domestique.

Il est une grosse Lycose qui vit dans le sud de l'Italie et qui est célèbre, c'est la Tarentule. On lui reproche de produire par sa piqûre une sorte de folie que l'on arrive à calmer par une danse appropriée. Inutile d'insister; la piqûre des Tarentules détermine tout au plus une petite démangeaison.

D'autres araignées filent des toiles horizontales pourvues de petits sacs qui leur servent de retraites. Nous en citerons deux : l'Argyronète et la Tégénaire. La première est aquatique et cependant elle respire l'air en nature; elle construit au fond de l'eau une petite cloche à plongeur solidement amarrée par des fils solides. Notre araignée industrieuse retient une bulle d'air à l'aide de ses pattes, entre les poils dont son corps est couvert et la porte dans sa petite cloche. Elle recommence jusqu'à ce que son logis soit rempli. Là elle guette sa proie ou s'en empare hors de l'eau, mais elle vient la dévorer dans sa maisonnette. Le mâle construit une cloche à côté de celle de la femelle et c'est par la ruse qu'il s'approchera de celle-ci, en construisant une galerie qui rejoint la cloche de son épouse; alors brusquement il pénètre sous le toit de la femelle et après lui avoir donné un témoignage d'affection, il s'échappe rapidement pour ne pas payer de sa vie sa témérité.

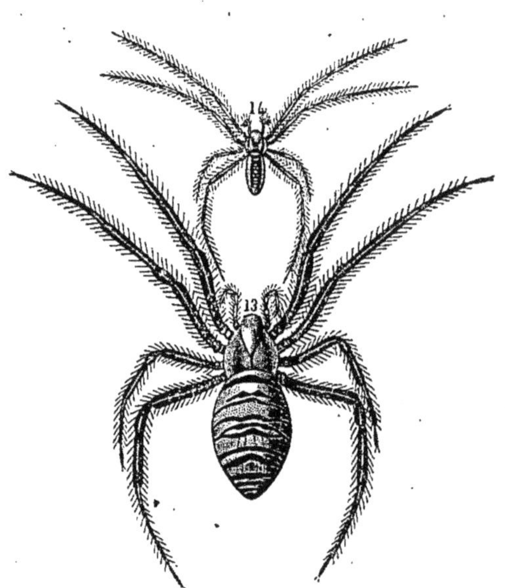

Fig. 781. — Argiope fasciée. Mâle et femelle.

Mais la Tégénaire domestique, celle qui tend ses toiles dans nos maisons, est brune, velue et a de grandes pattes. Dans les écuries, dans les étables, on ne la dérange pas, on l'apprécie; car elle débarrasse les animaux des mouches importunes. Sa toile est un tissu placé horizontalement, d'ordinaire dans une encoignure, mais l'animal se construit une petite retraite où il se met en faction, guettant les mouches qui tomberont dans ses filets.

Si nous quittons les maisons, si nous parcourons les champs, les lisières des bois, nous serons charmés par l'aspect de ces grandes toiles verticales, flottantes, formées de fils rayonnants autour d'un point central, et croisés par d'autres fils disposés concentriquement. Au milieu de chaque toile, une grosse araignée est là, la tête en bas, attendant qu'une mouche vienne se heurter à ses fils invisibles. Son abdomen est jaune, orné de dessins fort jolis, c'est l'Epéire diadème. Si la mouche qui se prend dans la toile est de dimension moyenne; vite l'araignée se précipite, sécrète de la soie, dont elle enroule sa victime, qu'elle pourra sucer tout à son aise. Quelquefois c'est une sauterelle, c'est un frêlon, un bourdon qui frappent la toile, mais dans ce cas l'araignée se tient à l'écart; elle sait bien qu'elle ne peut lutter contre de si grosses bêtes; d'un coup de pattes ou d'un coup d'ailes, sauterelle ou bourdon se sont bien vite débarrassés de la toile et l'araignée tout heureuse d'en être sitôt quitte, se hâte de réparer les dommages.

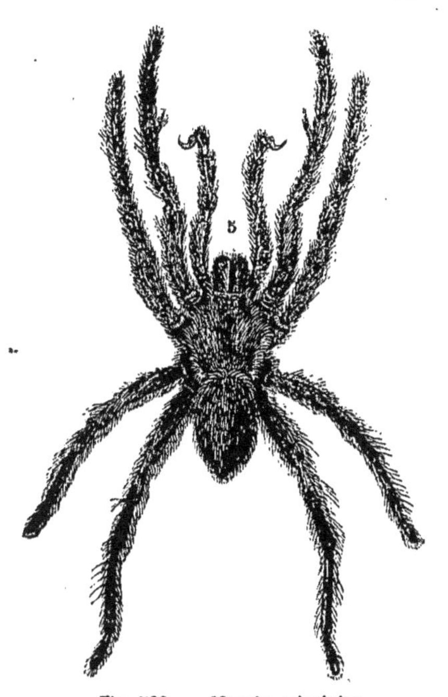

Fig. 782. — Mygale aviculaire.

D'autres Epeires qui vivent à l'île Maurice et à la Réunion sont plus avisées, elles prévoient le cas où la proie est plus grosse que d'habitude et elles filent un véritable câble qu'elles placent en zigzag, en travers de leur toile. Lorsqu'une mouche se prend, elles l'entourent avec les fils ordinaires; mais quand une sauterelle s'est à son tour empêtrée, la toile ne suffirait plus pour la maintenir et l'araignée s'empresse de la lier avec le câble.

L'Argiope à bandes est du même groupe; elle est fort belle avec les raies jaunes qui cerclent son abdomen. Celle-ci construit pour ses œufs une coque grosse comme une noix, en forme de gourde, et reliée aux herbes, aux arbustes.

Au commencement de l'automne, après les premières gelées blanches, on voit souvent dans l'air de grands fils d'une éclatante blancheur, qui passent verticalement, emportés par le vent. Ces *fils de la Vierge*, ne sont autre chose que les soies que les Thomises confient au vent et qui portent au hasard les jeunes récemment éclos; c'est un moyen de dissémination. Les Thomises ont un abdomen large et plat; elles vivent sur les plantes basses qui couvrent les champs et ne construisent pas de toile; mais leur vivacité supplée à cette absence de pièges, et elles savent très bien sauter à l'improviste sur la proie qu'elles convoitent; ces *fils de la Vierge,* ou pour mieux dire, ces fils des Thomises sont donc exclusivement destinés au transport de leur progéniture.

Dans les bois, d'autres espèces vivent à terre, on peut même dire sous terre, mais celles-ci se tissent une toile, sorte d'entonnoir dont l'extrémité s'enfonce dans le sol. C'est la Ségestrie qui habite cette galerie confortablement tapissée; elle n'a que six yeux, ceux qui sont placés en avant, tandis que ceux qui, chez les araignées sont placés en arrière, font défaut; elle n'en aurait que faire d'ailleurs, elle n'a besoin, dans son trou, que de voir en avant.

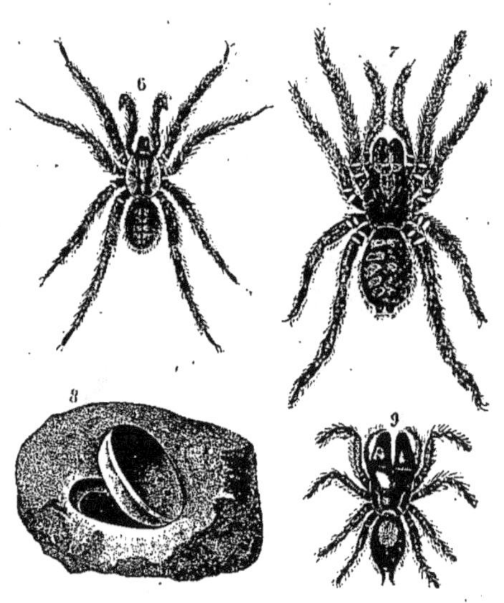

Fig. 783 à 786.
Mygale maçonne, mâle et femelle, et son nid (6, 7, 8). — 9. Atype de Sulzer.

Ce ne sont pas les seules araignées qui vivent dans des retraites, il en est d'énormes, les Mygales, qui sont exotiques et ne se rencontrent que dans les pays chauds; le corps est velu, d'un brun rougeâtre; on les nomme des *Araignées-crabes.* Ces Mygales filent une toile peu abondante, c'est en quelque sorte un tapis qui met l'animal à l'abri des aspérités du sol. Elles se cachent dans des trous, dans des troncs d'arbres, où elles se construisent un tube de soie. Mais voici qui est bien plus curieux, certaines araignées de ce groupe, qui habitent le midi de la France en particulier, creusent dans le sol des tunnels verticaux, qu'elles ferment au moyen d'une porte à charnière et qu'elles verrouillent elles-mêmes, ce sont les *Araignées maçonnes Cténizes.* Le puits de ces maçonnes est tapissé de satin, un peu évasé à l'ouverture, et la porte est façonnée avec la terre qui a été rejetée pendant le percement de cette galerie; la terre est agglutinée et disposée de telle sorte qu'elle formera un couvercle qui s'appliquera exactement sur l'ouverture évasée.

Une tenture de satin recouvre la face interne du petit couvercle, une charnière de soie le maintient; quant à la serrure, l'araignée ne l'a pas oubliée. Sa petite porte présente, du côté opposé à la charnière des petits trous à peine visibles; c'est là que l'araignée plantera ses griffes, de sorte que si l'on tente d'ouvrir la porte du logis, la Cténize la retient en se cramponnant fortement. C'est la nuit qu'elle sort de sa demeure et court à la recherche de sa nourriture.

Une autre espèce, la Pionnière, vit en société, et les puits sont forés tout près les uns des autres.

Voilà le monde des araignées; après cet aperçu, j'espère que mes lecteurs voudront bien les regarder de plus près et les apprécier à leur juste valeur [1].

Dans la classe des Arachnides, tous les représentants ne sont pas aussi recommandables que les araignées, et je n'entreprendrais pas de faire l'éloge des Mites ou Acares dont beaucoup d'espèces sont parasites de l'homme et des animaux, tandis que d'autres vivent aux dépens des végétaux. Ils ont le corps ramassé, globuleux, et l'on ne peut distinguer le céphalothorax de l'abdomen; ils respirent souvent par des trachées, et leurs pièces buccales sont disposées pour mordre ou pour sucer.

Au mois d'août, au commencement de l'automne, lorsqu'on se promène dans les champs, il n'est pas rare que de petits acares, qu'on nomme vulgairement des *Aoutas* ou *Rougets*, grimpent sur les chaussures, et s'insèrent sous la peau, déterminant d'affreuses démangeaisons; ce sont les larves des Trombidions soyeux. Mais ils ne déterminent aucun accident. Il n'en est pas de même d'une autre espèce, *l'acarus scabiei*, l'acare de la gale, qui creuse sous la peau des petites galeries où il se multiplie avec une rapidité prodigieuse. On s'en débarrasse facilement d'ailleurs avec des bains sulfureux.

Les Tiques ou Ixodes sont parasites des animaux, et souvent les chiens de chasse en ont qui se fixent à leur peau et se gorgent de leur sang, ressemblant à de petites outres.

1. L'étude de M. Emile Blanchard sur les araignées, a été publiée dans la *Revue des Deux-Mondes* et reproduite en 1886 dans le *Bulletin de l'Association scientifique de France* (n°s 337 et 338). Nous ne saurions trop engager nos lecteurs à lire cet attachant article.

Dans l'intérieur des follicules graisseux de l'homme, à la base des poils, vivent d'autres acares, les Demodex, qui ont le corps plus allongé. Je citerai enfin l'espèce qui pullule sur certains fromages, le Tyroglyphe des fromages.

On range dans cette même classe des petits animaux microscopiques, les Tardigrades, qui vivent dans les mousses des toits et qui peuvent se dessécher sans mourir pour cela. Une goutte d'eau suffit pour les ranimer. Leur vie normale est très courte, mais ils peuvent rester des années à l'état de poussière sèche et lorsqu'ils sont mouillés, la vie se manifeste de nouveau, ils ressuscitent.

III

LES CRUSTACÉS

Avant de parler des Crustacés, c'est-à-dire des Crabes, des Écrevisses, des Homards, des Crevettes, je dirai deux mots de quelques types fort curieux qui sont, en quelque sorte, les derniers représentants d'une famille qui a été fort nombreuse dans les anciens temps. Les types qui vivent de nos jours habitent les côtes-est des États-Unis et de l'Amérique septentrionale, dans le golfe du Mexique et dans les mers de la Chine, ce sont les Limules, qui ont un céphalothorax très développé, ayant la forme d'un bouclier, et qui est articulé avec un abdomen terminé par un aiguillon long et mobile. La bouche est entourée de six paires de pattes mâchoires, qui possèdent à leur base des denticulations. Pour mâcher, ces animaux doivent remuer leurs pattes, et vice versa. En outre, il y a sous l'abdomen six paires de lames qui servent à la respiration et à la locomotion. Comme on le voit, ce sont des êtres singuliers [1].

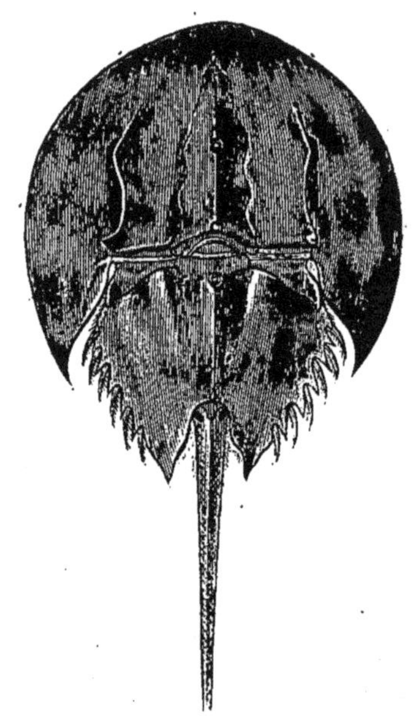

Fig. 787. — La Limule polyphème.

1. Voyez les *Mémoires* de M. A. Milne-Edwards, sur les *Limules*, publiés dans les *Annales des Sciences naturelles*, t. XVII, 1872.

Les Trilobiles, qui ont été étudiés par Audouin, par Alex. Brongniart, par Barrande, étaient bien voisins des Limules. Ils ont complètement disparu de la surface du globe, ainsi que

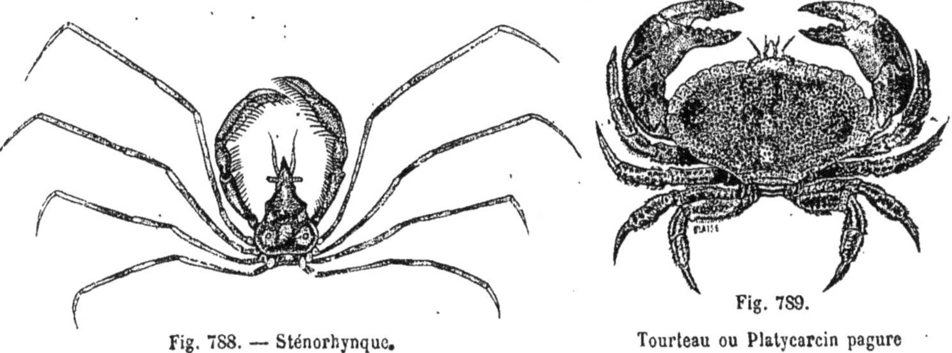

Fig. 788. — Sténorhynque.

Fig. 789. Tourteau ou Platycarcin pagure

d'autres types pour lesquels on a formé le groupe des Mérostomes [1].

Tous ces types servent de passage entre les Arachnides et les Crustacés.

Ceux-ci sont tous des animaux à respiration branchiale; tous ou presque tous vivent dans les eaux douces ou salées; la forme de leur corps est extrêmement variable; ils sont munis de deux paires

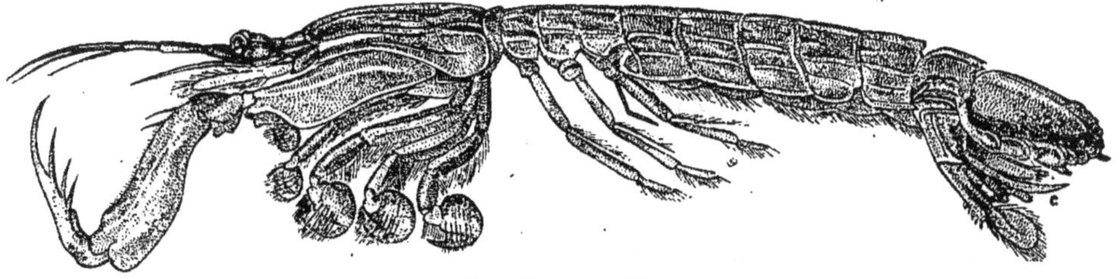

Fig. 790. — Squille.

d'antennes, de nombreuses paires de pattes thoraciques, généralement transformées en pattes-mâchoires et souvent même il y a des pattes abdominales.

Leur corps est protégé par une carapace solide, chitineuse, encroûtée de sels calcaires; c'est ce caractère qui leur a valu leur nom de Crustacés.

Les yeux sont sessiles, comme chez les Cloportes, ou portés sur

1. Voyez Camille Flammarion, le *Monde avant la création de l'Homme*, p. 230 et suiv., fig. 101, 103, 104.

un pédoncule mobile, comme on le voit chez les Écrevisses et les Crabes. Et cette disposition des yeux a permis aux naturalistes de diviser les Crustacés supérieurs en deux groupes, celui des Podophthalmaires et celui des Édriophthalmes.

Nous serons obligés de restreindre cette étude et de choisir parmi les Crustacés les types les plus importants, laissant forcément de côté beaucoup de genres qui ne présentent qu'un intérêt purement zoologique.

Les Podophthalmaires sont ceux dont le corps est divisé, comme celui des Arachnides, en deux parties, le céphalothorax et l'abdomen, et qui ont des yeux composés, portés sur des pédoncules articulés, représentant, en somme, la première paire de membres. Les uns ont des branchies à découvert, portées par les cinq paires de pattes abdominales; on les appelle pour cela des Stomatopodes; ce sont les Squilles, les Gonodactyles. L'abdomen est allongé et le céphalothorax est divisé en deux parties dont la première porte les yeux et les antennes intermédiaires.

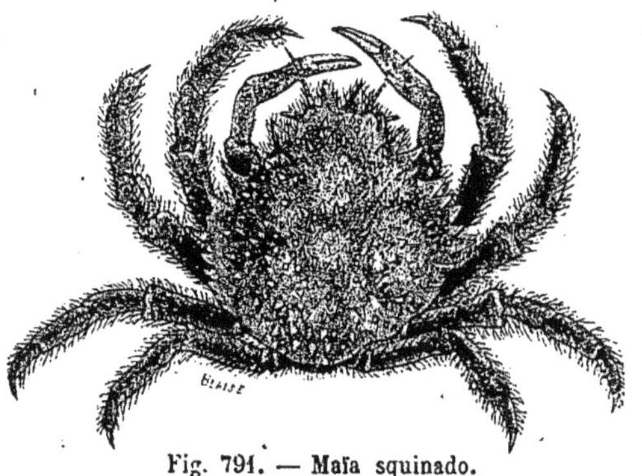

Fig. 791. — Maïa squinado.

Les pattes-mâchoires et les quatre pieds antérieurs sont rapprochés de la bouche.

Les plus connus de ces Podopthalmaires sont ceux qui ont le céphalothorax formant une carapace, sous laquelle sont placées les branchies dans une paire de cavités spéciales, et portées par les trois paires de pattes-mâchoires et les cinq paires de pattes ambulatoires.

Les Écrevisses, les Homards, les Langoustes, ont l'abdomen allongé. Les Crabes, au contraire, ont la carapace plus large que longue et l'abdomen très court, replié en dessous. Enfin, les Bernards-l'Hermite ou Pagures ont l'abdomen allongé, mou, et sont obligés de se réfugier dans des coquilles de mollusques, pour ne pas devenir la proie de leurs ennemis ; car les muscles et le foie des crustacés Décapodes, constituent un excellent aliment très apprécié des gourmets. Le système circulatoire est très compliqué et le cœur est quadrangulaire chez les Écrevisses, les Crabes; l'estomac est une large poche garnie intérieurement de pièces dures, qui aident à la trituration des aliments.

Les Crabes se reconnaissent à première vue, et leur démarche de côté est connue de tous ceux qui vont au bord de la mer.

Leurs pattes de la première paire se terminent par une pince didactyle puissante qui leur permet de saisir fortement leur proie, et de pincer les doigts imprudents qui cherchent à s'en emparer.

Chose bizarre, les Crabes peuvent perdre presque impunément leurs pattes, car elles repoussent; et, si l'un de ces animaux a le bout de la patte cassé, vite, il fait un tour de bras et désarticule lui-même ce membre devenu inutile; il sait qu'il repoussera bientôt à la prochaine mue.

Il y en a qui ont la carapace pointue en avant (Oxyrhynques) et de grandes pattes, comme les Araignées de mer ou Maïa; on en pêche sur nos côtes; mais la plus grande espèce connue vit sur les côtes du Japon et ne mesure pas moins de 2m,70 d'envergure (Macrocheire). On peut en voir plusieurs dans les nouvelles galeries de zoologie du Muséum. D'autres crabes, et ce sont les plus nombreux, ont au contraire la carapace obtuse en avant. Le Tourteau ou Cancer Pagurus, qu'on voit sur nos marchés, est dans ce cas.

Parmi les crabes, les uns sont exclusivement nageurs et ont les pattes postérieures aplaties en forme de rames, ce sont les Portuniens; d'autres sont marcheurs, comme le crabe enragé ou *Carcinus mœnas*.

Mais il en est d'autres encore, les Gécarcins, les Telpheuses, qu'on nomme Crabes terrestres, parce qu'on peut les rencontrer souvent fort loin du rivage; leur carapace est bombée et leur permet de garder en réserve l'eau qui entretient leurs branchies humides et garantit le bon fonctionnement de la respiration. Aux Antilles, les Tourlourous sont bien connus; ils se promènent en troupe et dévastent les champs.

A leur sortie de l'œuf, ces crabes ne ressemblent pas tous à leurs parents, ils subissent des métamorphoses, et les états sous lesquels ils se présentent, avaient été considérés autrefois comme les types de genres spéciaux. Les Zoés, les Mégalopes sont des stades différents d'un même animal, de même que la chenille et la chrysalide, ne sont que les premiers états du papillon.

Les Zoés sont de bien curieuses bêtes, avec leur longue queue et leur carapace, pourvue en avant et en arrière d'une grande pointe; leurs yeux, en outre, sont énormes. (Voy. *fig.* 47, page 94.)

Les Pagures forment une curieuse famille. Leur abdomen est mou, asymétrique, et, pour le protéger, ces crustacés Anomoures

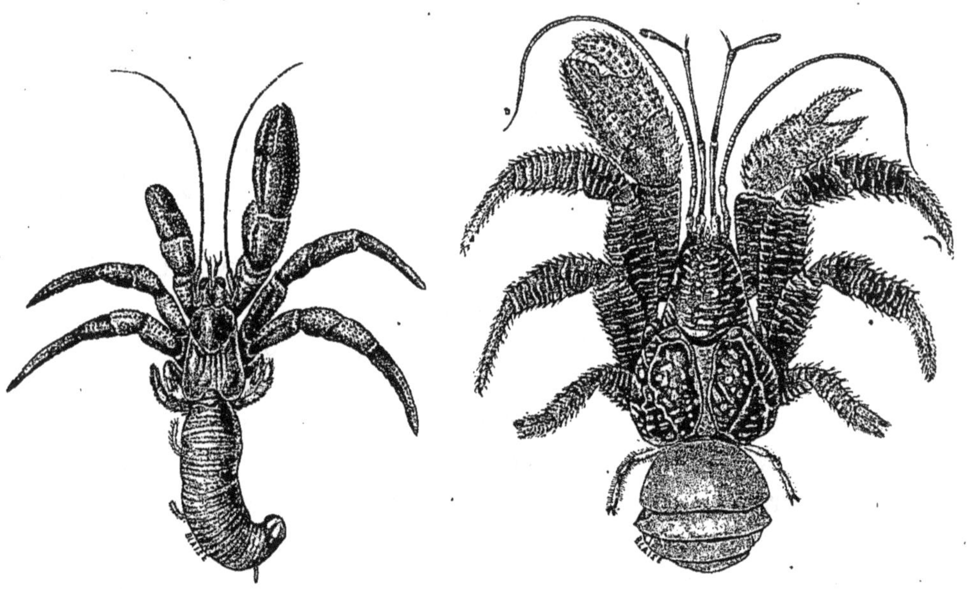

Fig. 792. — Pagure ou Bernard-l'hermite.

Fig. 793. — Birgue voleur.

recherchent les coquilles de mollusques gastéropodes et s'en emparent. Ils y introduisent leur abdomen et ne laissent passer que la tête et les pattes ; lorsqu'ils marchent, ils traînent avec eux leur demeure, y rentrant précipitamment si quelque danger les menace. Mais ils grandissent et, à un certain moment, leur maison est trop étroite, il faut en changer. C'est là qu'est le danger. Lorsqu'ils quittent leur ancienne coquille pour aller à la recherche d'une nouvelle demeure plus spacieuse, ils sont, pour leurs ennemis, une proie succulente et sans défense.

Dans les îles de l'Océan Indien, de l'Océanie, et à la Martinique, vivent de grosses espèces voisines des Pagures, mais qui ne se renferment pas dans des coquilles; le céphalothorax est aplati et large, les branchies sont très développées; on les nomme *Birgues voleurs*. Oui, voleurs, car ces animaux peuvent sortir de l'eau pendant la nuit, gagner les plantations d'arbres fruitiers et commettre des dégâts importants.

Les Décapodes macroures, c'est-à-dire ceux qui ont une longue queue, se composent de plusieurs familles.

Les Langoustes ou Palinures ont la carapace rugueuse, épineuse, de grandes antennes et leurs pattes antérieures ne sont pas terminées par une pince, mais par un simple crochet.

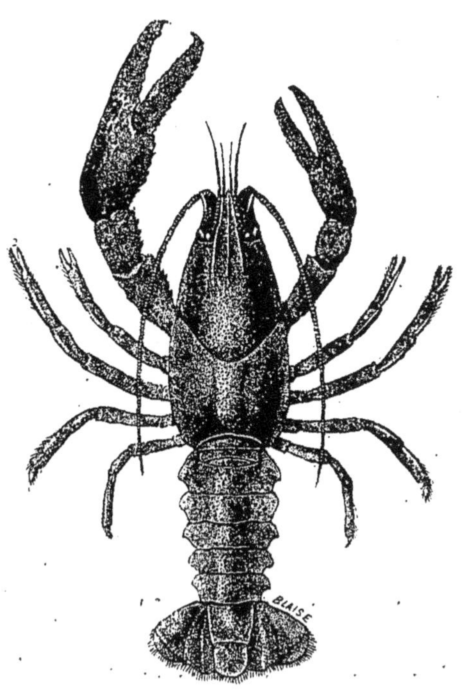

Fig. 794. — Écrevisse.

Pendant longtemps on n'a pas connu leurs métamorphoses. Les Langoustes adultes vivent sur les côtes rocheuses. D'autre part, on connaissait de petits crustacés aplatis et minces comme une feuille transparente, pourvus de pattes et qui vivent dans la haute mer; on en avait fait un genre à part sous le nom de *Phyllosome*. Or, par suite d'un concours de circonstances imprévu, M. Gerbe a pu constater que les Phyllosomes n'étaient que les premiers états larvaires des Langoustes.

Le Homard, lui, ne subit pas de métamorphoses semblables; les jeunes ressemblent aux parents. Le Homard n'a pas, comme la Langouste, une carapace épineuse: elle est lisse, et sa couleur n'est pas rouge comme celle de la langouste et comme Jules Janin eût pu le faire croire en l'appelant le *Cardinal des mers*. La teinte générale de sa carapace est d'un bleu foncé avec des taches plus claires, et ce n'est que par la cuisson qu'elle devient rouge. Les grosses pinces didactyles dont est pourvu le homard, le font justement apprécier des gourmets. (Voy. la planche V de cet ouvrage.)

Les Écrevisses qui peuplent nos rivières sont très voisines des Homards et en ont tout à fait la forme. Leur couleur est brune, mais quelquefois on en trouve de rouges et de bleues

Sur nos côtes on voit d'autres Décapodes macroures très estimés également : ce sont les Crevettes ou Palémonides, qui ont un corps plus élancé, de longues antennes et des téguments moins encroûtés de matières calcaires, transparents même, tant ils sont minces. On en pêche de deux sortes sur les côtes de la Manche et de l'Océan : les Crevettes grises ou *Crangons*, qui sont d'un gris sale et qu'on trouve en quantités énormes dans les flaques d'eau laissées à marée basse ; puis les grosses Crevettes ou *Bouquets* qui appartiennent au genre *Palemon*. Celles-ci sont rosées et ont en avant du céphalothorax un long rostre dentelé en scie. Les Penées sont encore du même groupe.

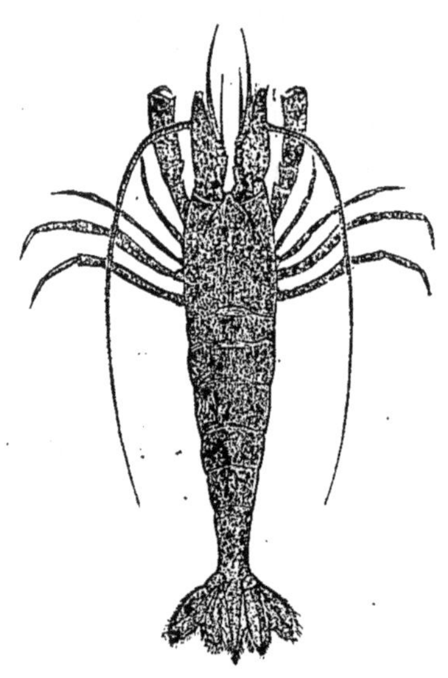

Fig. 795. — Crangon ou Crevette grise.

Dans les grandes profondeurs de la mer il en existe de fort grosses qui sont d'un rouge vif et de la grosseur des écrevisses (planche VI). D'autres également des grandes profondeurs ont les antennes d'une longueur remarquable, organes de tact d'une délicatesse extrême qui leur permettent de se diriger dans l'obscurité à la façon des aveugles (page 8, *fig.* 8).

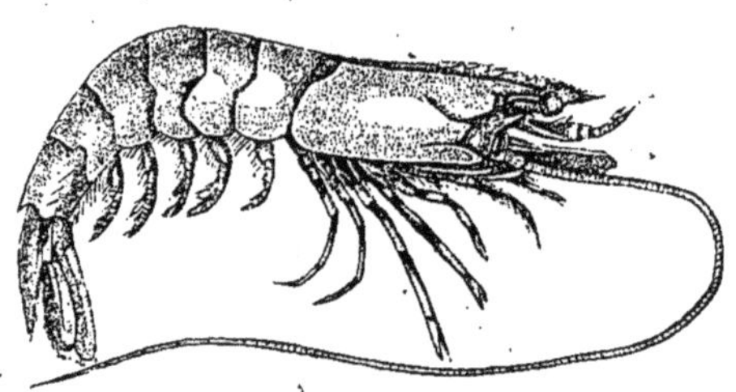

Fig. 796. — Penée caramote (réduit).

Le corps des Crustacés Édriophthalmes, c'est-à-dire de ceux qui ont les yeux sessiles, présente une tête, un thorax formé d'ordinaire de sept anneaux et un abdomen. Ce sont des animaux de petite taille qui ont sept paires de pattes ambulatoires et qui respirent au moyen de lames ou de vésicules branchiales qui dépendent des appendices thoraciques ou abdominaux. Les uns ont le

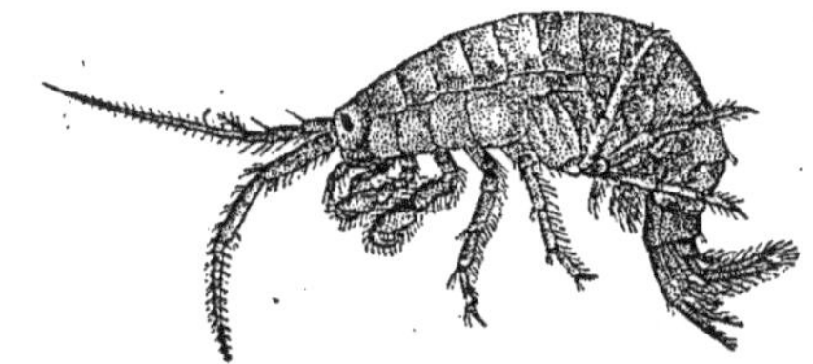

Fig. 797. — Crevette des ruisseaux.

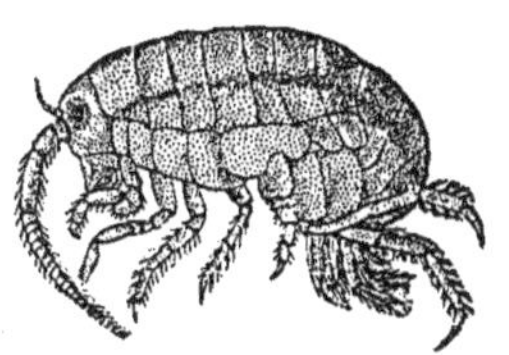

Fig. 798. — Talitre sauteuse.

corps comprimé latéralement, ce sont les Amphipodes; les autres, au contraire, ont le corps large et bombé, ce sont les Isopodes.

On voit souvent dans les rivières, dans les sources, de petites espèces qu'on appelle Crevettes d'eau douce. A la vérité ce sont des *Gammarus* ou Crevettines qui appartiennent à la division des Amphipodes. On en voit d'autres du même groupe au bord de la mer qui sautent sur le sable lorsque la mer s'est retirée, on les nomme Puces de mer.

Parmi les Isopodes, les uns sont terrestres, ce sont les Cloportes (*Oniscus murarius*) qui vivent dans les lieux humides; les autres sont aquatiques, et ces der-

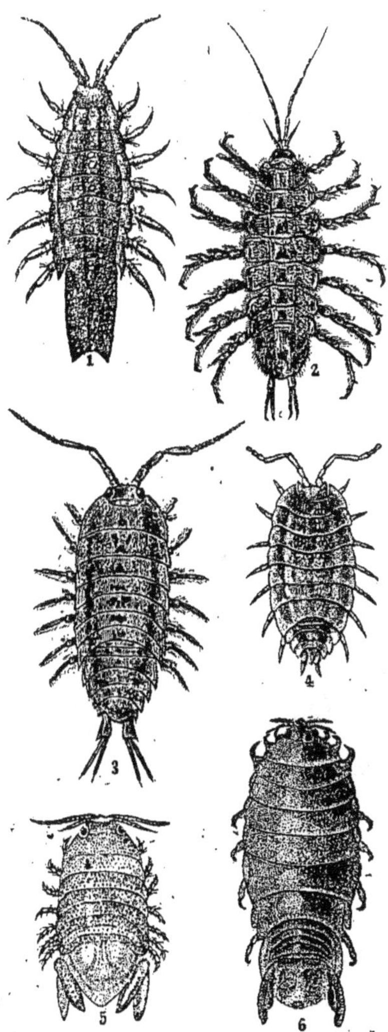

Fig. 799 à 804.

1. Idotée échancrée.
2. Aselle d'eau douce.
3. Ligée océanique.
4. Cloporte.
5. Sphérome denté.
6. Anilocre de la Méditerranée.

niers se rencontrent dans les eaux douces (*Asellus*), ou dans les eaux salées. Quelques-uns de ceux-ci sont parasites et se cramponnent sur divers animaux et en particulier sur les poissons.

D'autres crustacés également aquatiques sont encore plus petits, ce sont les Entomostracés, que l'on divise en plusieurs sous-ordres.

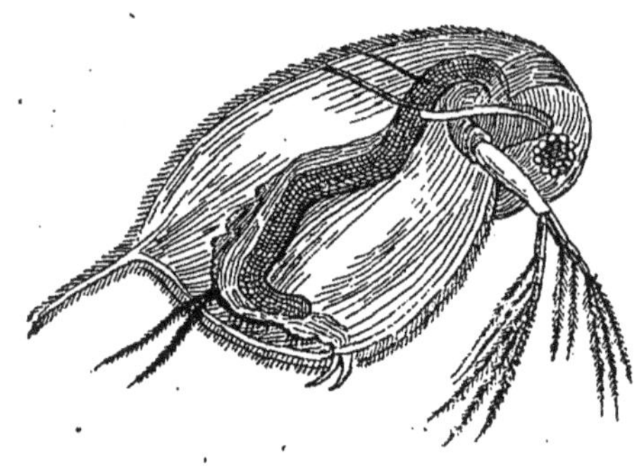

Fig. 805. — Daphnie.

Les uns, connus sous le nom de Branchiopodes, ont les membres servant à deux fins : à la locomotion et à la respiration. Les *Apus cancriformes* rentrent dans ce groupe. On les voit quelquefois apparaître en masses énormes dans les mares qui persistent après les inondations. D'où viennent-ils? Ils ne peuvent vivre hors de l'eau et on les rencontre dans des lieux où l'eau ne séjourne pas continuellement, dans des mares accidentelles; ils se dessèchent donc à un moment donné. Mais leurs œufs ne meurent pas pour cela,

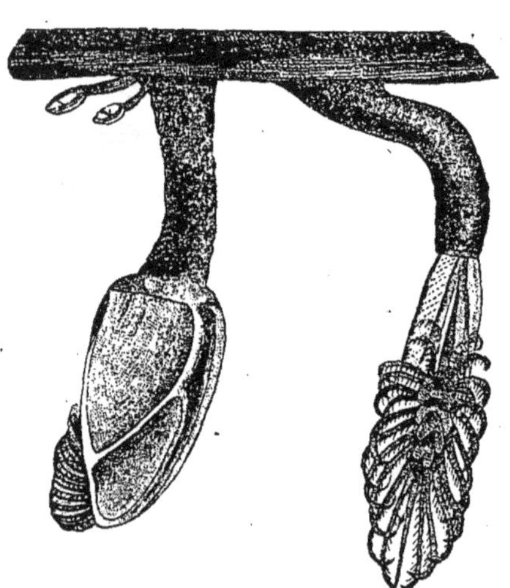

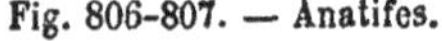

Fig. 806-807. — Anatifes.

Fig. 808. — Balanes.

et si, ultérieurement, une mare vient à se former là où ils sont restés, ils revivront et se développeront. Les Branchipes sont du même ordre; le corps est allongé, fort gracieux et de couleur vert tendre. On les voit souvent nager sur le dos dans les étangs, progressant grâce à leurs pattes-branchies.

Dans les mares, dans les tonneaux d'arrosage même, on voit très souvent, en quantités énormes, de toutes petites bêtes rouges qui sautillent dans l'eau : ce sont de petits crustacés, les *Daphnies,* ou bien d'autres, les *Cypris*, dont le corps est protégé par une carapace bivalve; ils apppartiennent au groupe des Ostracodes. Ils ont été fort abondants à tous les âges de la terre, et leurs carapaces en s'accumulant au fond de la mer ou des eaux douces ont suffi quelquefois pour former des assises d'une grande épaisseur.

Le nombre de ces crustacés inférieurs est immense et nous ne pouvons pas y insister. Cependant, je ne terminerai pas ce qui a trait aux Arthropodes sans dire quelques mots des crustacés dégradés fort curieux que chacun connaît sans s'en douter.

Lorsqu'on mange des moules, on voit souvent sur les coquilles d'autres petites coquilles formées de plusieurs valves et collées les unes à côté des autres; ce sont des crustacés parasites de l'ordre des Cirrhipèdes.

Pendant longtemps ils ont été classés à côté des mollusques, mais lorsqu'on a pu les suivre dans leur développement, l'on s'est aperçu qu'ils passaient par des formes analogues à celles que l'on connaissait déjà pour d'autres crustacés. En sortant de l'œuf, la petite larve est agile, ovale ou piriforme avec un gros œil frontal, elle est à l'état *Nauplius;* puis elle mue et prend la forme *Cypris*. Elle est indépendante, libre, peut nager de tous les côtés, mais bientôt elle se fixe sur les corps étrangers; elle se modifie encore un peu : bientôt des lames calcaires protectrices sont sécrétées, et le petit animal est condamné pour toujours à l'immobilité.

Dans ce groupe, les uns sont fixés par un long tube (Anatifes), les autres sont sessiles (Balanes).

LIVRE VII

LES VERS. LES MOLLUSQUES. LES ÉCHINODERMES. LES CŒLENTÉRÉS. LES PROTOZOAIRES

CHAPITRE PREMIER

Les Vers.

L'embranchement des vers est assurément l'un des plus importants et l'un des plus anciens dans l'âge de la terre.

Fig. 809. — La Sangsue médicinale.

Ce sont des animaux à corps allongé, cylindrique ou aplati qui vivent dans le sol ou dans les eaux ; enfin, un grand nombre d'entre eux sont parasites des animaux, de l'homme, et quelques-uns même des végétaux.

D'une façon générale nous pouvons dire que les vers sont des animaux à symétrie le plus souvent bilatérale, dont le corps est formé de segments semblables, mais non articulés. La membrane qui recouvre leur corps est une peau musculeuse; les organes digestifs, circulatoires manquent dans plusieurs, chez ceux qui sont rendus inférieurs par le parasitisme; chez beaucoup même la respiration est cutanée.

Le système nerveux, qui est assez compliqué chez les Sangsues, les Lombrics, les Néréides, et qui se présente sous forme d'une chaîne ganglionnaire comme celui des articulés, est au contraire d'une simplicité extrême chez les parasites.

On peut diviser ce grand embranchement en deux groupes principaux : 1° les vers annelés (Annélides, Géphyriens, Rotifères); 2° les vers non annelés qui peuvent être séparés en deux sous-classes : les Némathelminthes (Acanthocéphales et Nématoïdes); les Plathelminthes (Cestodes, Trématodes, Turbellariés et Némertes).

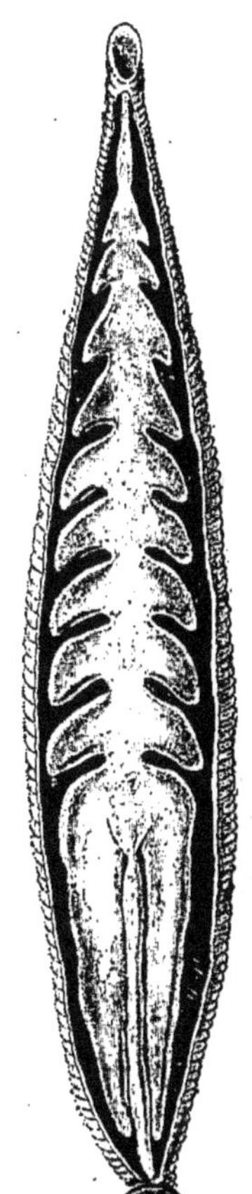

Fig. 810. Sangsue médicinale dont on a enlevé la peau sur la face ventrale pour montrer le tube digestif.

Ce sont les premiers, c'est-à-dire les Annélides, qui nous occuperont d'abord, et nous commencerons par l'un des types les plus connus, la Sangsue ou *Hirudo officinalis*. Le corps des hirudinées est généralement aplati, divisé en anneaux courts et peu distincts. La tête n'est pas séparée du reste du corps; une grosse ventouse, organe de fixation, existe à l'extrémité postérieure du corps, sur le côté ventral, et souvent il y en a une autre autour de la bouche. Cette bouche présente une sorte de trompe où, comme chez les Sangsues, des palettes denticulées au nombre de trois permettent à ces animaux de couper la peau. A la bouche fait suite un intestin droit, offrant des étranglements ou des poches stomacales au nombre de onze paires; vient ensuite un rectum qui débouche au dehors par l'anus placé sur la face dorsale au-dessus de la ventouse terminale.

Les œufs que pondent les sangsues sortent par une ouverture située entre les 29ᵉ et 30ᵉ anneaux du corps, et au moment de la ponte ces anneaux deviennent turgescents et sécrètent un liquide qui se durcit, formant une sorte de cocon d'où la sangsue se retire après la ponte.

On employait autrefois les sangsues à chaque instant pour tirer du sang des malades. De nos jours on a reconnu qu'à part quelques cas spéciaux, il est bien préférable de fortifier les malades que de les anémier en les saignant; aussi l'élevage de ces vers est-il moins actif. Pour les prendre, on entre dans les étangs les jambes nues et l'on saisit les sangsues lorsqu'elles se posent sur la peau, ou bien on introduit dans l'eau des cadavres d'animaux et les sangsues viennent s'y fixer.

Les autres Annélides constituent la sous-classe des Chétopodes : ce sont les vers les plus vulgaires; les uns, comme les Lombrics, vivent dans la terre; d'autres sont aquatiques. Ils n'ont pas de ventouses, mais sont pourvus de pieds ou parapodes munis de soies de formes variées, implantées quelquefois dans des cryptes de la peau sur les faces dorsale et ventrale. Les pieds portent des cirres filiformes ou aplatis, articulés ou non, et fréquemment des branchies libres sont placées à côté. Cependant il n'en est pas toujours ainsi; les vers de terre ou Lombrics n'ont ni pieds, ni tentacules, ni même de branchies. On les connaît bien, ces vers cylindriques que les pêcheurs recherchent dans la terre pour amorcer leurs lignes. La nuit venue, ils sortent de leurs trous et se traînent sur le sol. Lorsqu'on veut les en arracher, ils opposent une certaine résistance, parce qu'ils ont sur les anneaux de petites soies raides qui s'accrochent aux parois de leurs galeries; la terre qu'ils rejettent au dehors et qu'on voit souvent sur le sol a été avalée pour servir à la nourriture. Darwin a beaucoup étudié les vers de terre, et il a montré le rôle important qu'ils jouent dans la nature; il y en aurait, d'après Darwin, 133,000 par hectare, capables de faire remonter à la surface dix tonnes de terre. Il en résulte qu'ils contribuent souvent à propager des maladies. Ainsi, l'on ne doit pas se contenter d'enterrer les moutons qui meurent du *charbon*, il faut détruire les corps avec de la chaux, car les vers ramèneraient les bacilles à la surface, et si d'autres moutons venaient à se coucher sur la terre, ils seraient bien vite contaminés.

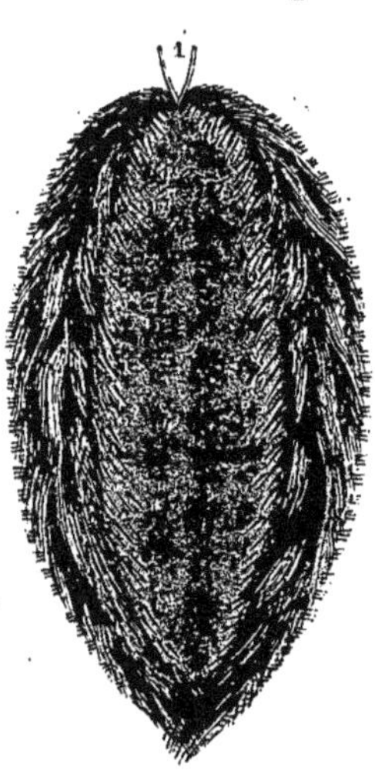

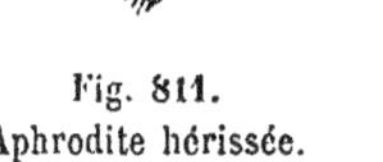

Fig. 811.
Aphrodite hérissée.

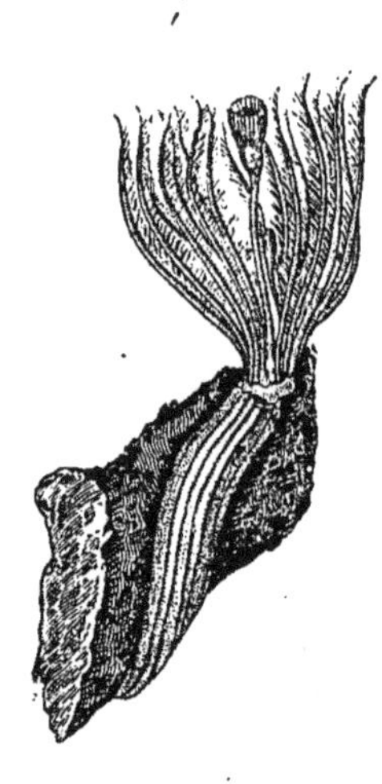

Fig. 812.
Serpule lactée.

On s'étonne souvent de voir de vieilles constructions ou des ruines à moitié enterrées; le sol s'est élevé et cependant on ne comprend pas pourquoi ces ruines, ces monuments ont été enfouis. Ce sont les vers de terre qui sont les auteurs de ce travail.

D'autres Annélides se rencontrent dans les eaux douces, comme les Naïs; d'autres vivent dans la mer et sont errantes ou habitent, au contraire, des tubes qu'elles sécrètent. Les *Errantes* ont une tête distincte portant des yeux, des tentacules; elles ont une trompe protractile garnie souvent de puissantes mâchoires; ce sont en effet des espèces carnassières. Leur corps est recouvert généralement de soies longues qui présentent des reflets métalliques extrêmement brillants.

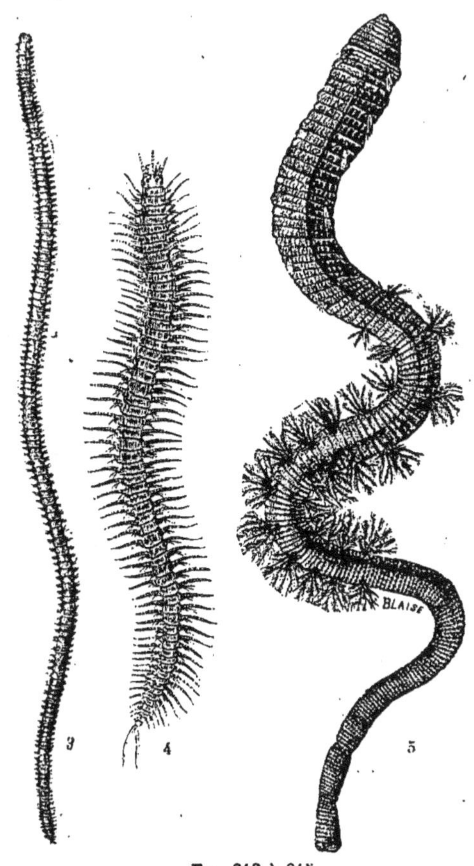

Fig. 813 à 815.
3. Lysidice nivette. — 4. Scyllis tachetée.
5. Arénicole des pêcheurs.

Je citerai les Aphrodites, les Eunices.

Les Tubicoles, au contraire, n'ont pas la tête distincte, jamais de mâchoires et sont herbivores. Les tubes qu'elles se construisent avec leurs filaments branchiaux de la tête, sont dans la vase, ou bien c'est une gaine de substance muqueuse qui se durcit; ou bien elle est calcaire; quelquefois ces tubes sont formés de grains de sable ou de vase agglutinés Les représentants de ce sous-ordre sont les Térébelles, les Sabelles, les Serpules et les Arénicoles, que les pêcheurs recherchent dans le sable à marée basse.

La partie liquide du sang des Annélides est colorée en rouge, en violet ou en vert.

Les Sipuncles, les Priapules, sont encore des vers marins qu'on range dans l'ordre des Géphyriens, et qui vivent dans les profondeurs de la mer, enfouis dans la vase ou cachés dans les fissures des rochers.

Nous avons vu les Tardigrades parmi les Arachnides, qui ont la faculté de revivre après avoir été desséchés; parmi les vers, les Rotateurs ou Rotifères sont dans le même cas. Ce sont des animaux microscopiques qui ont de chaque côté de la tête des disques bordés de cils vibratiles, qui battent l'eau en les faisant progresser; d'où leur nom de Rotateurs.

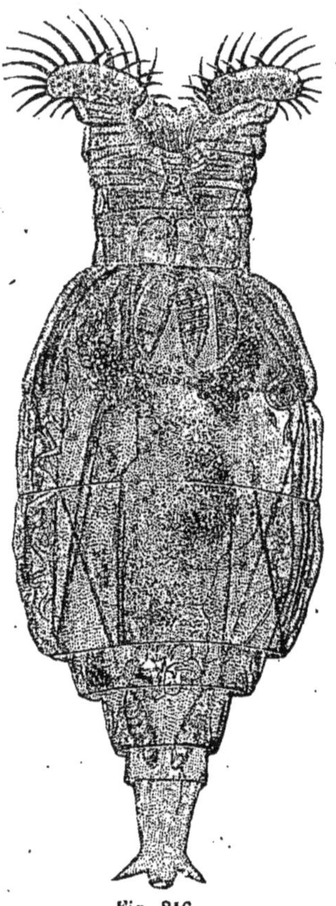

Fig. 816.
Rotifère des toits (très grossi).

Les vers non annelés sont divisés en deux grands groupes : les Némathelminthes et les Plathelminthes. Ce sont assurément de vilaines bêtes, néanmoins leur histoire offre un grand intérêt.

Les Némathelminthes ont le corps cylindrique, plus ou moins effilé aux extrémités et souvent filiforme ; ils ont à leur extrémité céphalique des organes fixateurs, papilles ou crochets. Il y a un appareil digestif, mais ni appareil circulatoire, ni appareil respiratoire; la respiration se fait par l'enveloppe du corps musculo-cutanée. Ne pouvant les décrire en détail, nous nous contenterons de citer les espèces parasites de l'homme, telles que l'Oxyure vermiculaire, qui n'atteint que quelques millimètres et qui vit sur le bord de l'anus des enfants, amenant des démangeaisons qui peuvent déterminer des accidents nerveux; puis l'Ascaride lombricoïde, qui est de la grandeur d'un ver de terre (mâle, 15 à 16 centimètres ; femelle, 25 à 30 centimètres) et qui vit surtout dans l'intestin des enfants ; lorsqu'ils sont nombreux, ils peuvent causer des convulsions.

Une autre espèce, le Strongle géant, qui peut atteindre $1^{m},10$, vit dans les reins de l'homme, d'où l'on ne peut guère l'extraire ; il les décompose et en détruit la substance; chez le cheval, chez le bœuf, il existe également.

Le Trichocéphale dispar habite le colon de l'homme. Long de 2 à 5 centimètres, filiforme, un peu renflé en arrière, ce ver peut amener de sérieux accidents.

Mais la Trichine spirale nous intéressera davantage. Ce ver est filiforme et n'atteint que 1 millimètre à 1 1/2 millimètre de long. C'est dans l'intestin qu'il vit à l'état adulte, c'est là qu'il pond. Les jeunes, éclos, perforent la paroi intestinale et se rendent dans les muscles où ils s'enkystent. S'ils sont alors avalés par un autre animal, les sucs gastriques détruiront la coque de l'œuf, ils seront libres et deviendront aptes à se reproduire. Le rat transmet la trichine au Porc, et, si l'homme mange de la viande de porc trichinosé, il est atteint rapidement de cette maladie qui peut amener la mort. Les porcs venant d'Allemagne et d'Amérique sont souvent trichinosés, et *la salaison ne suffit pas pour tuer ces petits vers, il faut l'ébullition.*

Sur la côte occidentale d'Afrique, on peut avoir sous la peau un ver nématoïde, la Filaire de Médine ou Dragonneau, qui détermine des abcès, mettant à l'extérieur des milliers d'œufs. Lorsqu'on veut se guérir, il faut mettre à nu le ver par une incision et le retirer très doucement en l'enroulant sur un petit cylindre. Dans le cristallin et dans le sang de l'homme vivent d'autres filaires.

On trouve quelquefois dans les puits, dans les mares, un ver long de près d'un mètre, grêle, filiforme, brunâtre : c'est le Gordius aquatique. Enfin, d'autres espèces non parasites sont intéressantes à connaître; l'une est l'Anguillule, qui détermine la nielle de blé, l'autre vit dans le vinaigre et est microscopique.

Les Plathelminthes, autrement dits les vers plats, sont parasites à l'exception des Némertes et des Turbellariés. Les premiers sont marins, les seconds se trouvent dans les eaux douces ou salées (Planaires). Ceux-là n'ont qu'un intérêt purement zoologique, tandis que les Cestodes et les Trématodes doivent attirer notre attention ; ce sont, en effet, les Tænias ou vers solitaires et les Douves.

Les Cestodes sont des vers plats, rubanés, formés le plus souvent de segments placés bout à bout et dont l'ensemble représente une colonie d'individus. Ils n'ont ni bouche ni organes digestifs; la nutrition et la respiration se font par la peau; ils ont une tête qui n'est, en réalité, que le premier anneau, et qui porte des organes de fixation, ventouses et crochets.

Si l'œuf d'un ver solitaire est avalé par un porc, les sucs gastriques détruiront bientôt la membrane d'enveloppe et la petite larve, pourvue de six crochets (*embryon hexacanthe*), est mise en liberté; à l'aide de ses crochets elle perfore les parois intestinales et chemine jusqu'à ce qu'elle soit arrivée dans le tissu intermusculaire. Là elle s'enkyste et devient ce qu'on appelle le *cysticerque de la cellulose,* formé par une substance gélatineuse entourée par une membrane; le porc qui en contient est dit *ladre.* Dans cette vésicule, au fond d'une petite dépression, on voit apparaître une tête avec quatre ventouses; son cou s'allonge graduellement et se montre formé d'anneaux.

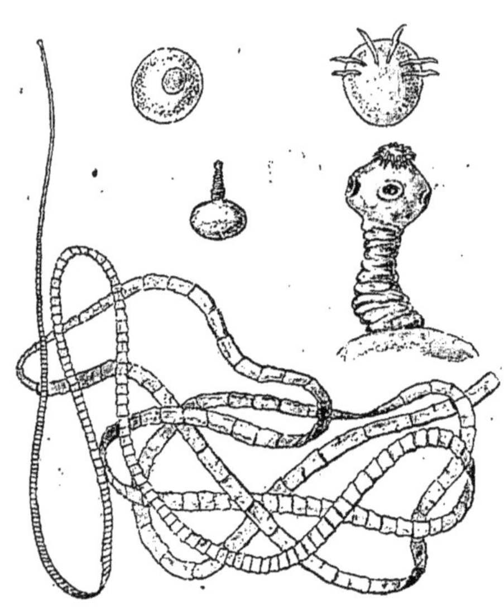

Fig. 817. — Métamorphoses du Ver solitaire ou *Tænia solium.*

Œuf. — Embryon hexacanthe. — Cysticerque dont la tête et le cou sont sortis. — Tête du même grossi, montrant les ventouses et les crochets. — Ver entier enroulé; la tête est l'extrémité la plus fine (réduit).

Si l'on vient à manger du porc ladre, *mal cuit,* le cysticerque arrivé dans l'estomac de l'homme sort sa tête, traîne sa vésicule qui finit par disparaître, et son cou s'allonge : le ver solitaire est formé. Chacun de ses anneaux est en somme un animal complet, à la fois mâle et femelle, et, à un moment donné, il est rempli d'œufs. Comme c'est la tête ou plutôt le cou qui produit les anneaux, les plus âgés se trouvent être ceux de l'extrémité postérieure; ce sont, en effet, ceux-là qui se détachent par 4, 10, 20 ensemble, et si ces anneaux gorgés d'œufs sont expulsés avec les matières fécales, si un porc vient à les avaler, les œufs donneront naissance dans l'intestin à des embryons hexacanthes, et le cycle recommencera.

Le Tænia solium vit à l'état de cysticerque chez le porc; le Tænia inerme, chez le bœuf; le Tænia échinocoque vit chez le chien, et à l'état de cysticerque chez l'homme. Celui que les chiens abandonnent constamment est le Tænia serrata et vit à l'état de cysticerque chez le lièvre, le lapin, le mouton. Enfin, il est une espèce qui vit à l'état de Tænia chez le chien et dont le cysticerque va se loger dans le cerveau du mouton : c'est lui qui amène le *tournis*.

Les vers solitaires peuvent atteindre 10 ou 15 mètres de long.

Une autre espèce, le Bothriocéphalus latus vit aussi chez l'homme. De ses œufs sortent des larves ciliées vivant dans l'eau qui, après

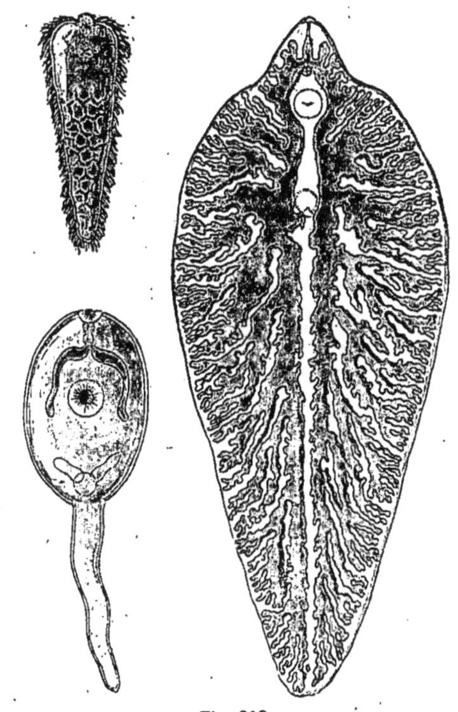

Fig. 818.
Douve du foie adulte (grossie); en haut à gauche, larve ciliée, en bas à gauche, cercaire (très grossis).

une mue, deviennent hexacanthes. On ne sait pas exactement où il se transforme en cysticerque; mais on suppose que c'est chez certains poissons.

Les Trématodes sont encore des vers plats, mais dont le corps n'est pas formé de plusieurs anneaux. Ils ont une bouche entourée d'une ventouse, un tube digestif sans anus. Les uns ont aussi une ventouse ventrale; d'autres, en outre, sont pourvus d'une ventouse à l'extrémité postérieure du corps, souvent de plusieurs même, quelquefois garnies de crochets.

Les Douves ou Distomes, longs de 1 ou 2 centimètres, sont les plus intéressants, parce qu'ils peuvent vivre en parasites dans le foie du mouton ou de l'homme. Leur développement est assez compliqué. Les œufs sont elliptiques et munis d'un couvercle susceptible de se soulever. Mais cet œuf n'achève pas son développement dans les canaux biliaires du foie ; il faut qu'il soit dans l'eau. Dans cet élément, de l'œuf sort une larve, renflée en avant, couverte en arrière de cils vibratiles, et présentant un point oculiforme.

Cette petite larve ciliée qui ressemble à un petit infusoire se loge dans les organes respiratoires des Mollusques Gastéropodes; s'y transforme en une larve allongée dont l'extrémité postérieure est trifurquée, et qu'on nomme Rédie; dans son intérieur, se forment de petites Rédies ou d'autres formes larvaires, à corps allongé, terminé par une queue, munies d'une bouche à ventouse et d'un tube digestif bifide, c'est le Cercaire. A un moment donné il perd sa queue, s'enkyste, et s'il est alors avalé par un mouton, il se développe et gagne les canaux biliaires.

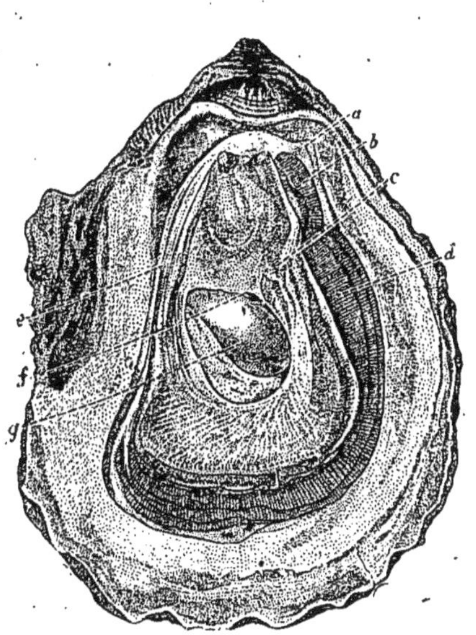

Fig. 819. — Huître comestible.

a. Partie supérieure du manteau couvrant la bouche et entourant les palpes labiaux. — *b. c.* Le manteau. — *d.* Les branchies. — *e.* Portions des lobes du manteau entre lesquelles l'anus vient déboucher. — *f.* Une portion du cœur que l'on voit à la partie antérieure et supérieure du muscle des valves.

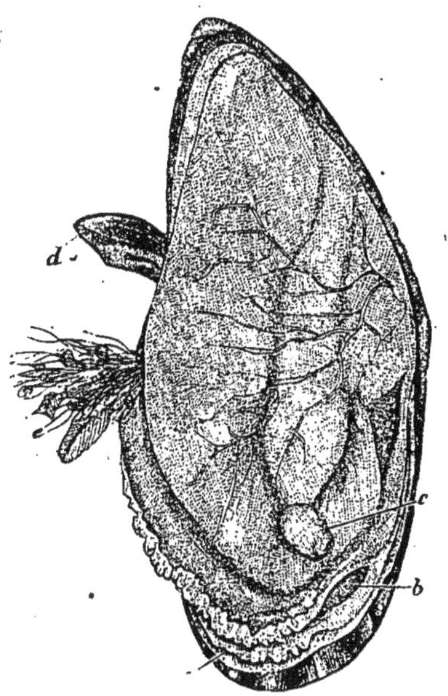

Fig. 820. — Moule commune (*Mytilus edulis*), d'après Cuvier.

L'animal est vu en entier dans sa valve droite : le bord du manteau *a* est plissé par la contraction ; *b* est l'ouverture postérieure du manteau où aboutit l'anus ; *c* muscle adducteur des valves, *d* pied, *e* byssus.

CHAPITRE II

Les Mollusques. — Les Tuniciers. — Les Molluscoïdes.

Il n'est personne qui n'ait vu des coquilles, il n'est personne qui n'ait mangé des huîtres ou des moules; on sait que les coquilles sont les organes protecteurs, les demeures des Mollusques.

Mais quant aux animaux qui habitent ces coquillages, ils sont moins connus, et il est bien certain que tout le monde ne sait pas que ce sont ces animaux qui ont sécrété les coquilles qu'ils habitent, et qui sont bien souvent si jolies de formes et de couleurs.

Sans vouloir entrer dans des détails anatomiques, il est nécessaire de donner une idée du Mollusque qui habite et sécrète la coquille.

Le corps est mou, non divisé en segments, sans squelette, mais souvent revêtu d'une coquille univalve ou bivalve et dépourvu d'appendices articulés. Les organes sont divisés suivant une symétrie bilatérale.

L'enveloppe musculo-cutanée qui entoure généralement le corps constitue, sur la face ventrale, un organe de forme variable nommé le *pied*, au-dessus duquel se trouve un épaississement de la peau, le *manteau*, dont la surface sécrète la coquille. Le système nerveux se compose d'un double ganglion sus-œsophagien et de deux paires de ganglions post-œsophagiens, qui s'unissent aux premiers par des commissures formant un collier œsophagien. Il y a aussi un système nerveux stomato-gastrique. Les organes des sens sont assez bien développés; ainsi les organes du tact sont représentés par des lobes buccaux et des tentacules; les yeux ont un cristallin, un iris, une choroïde, une rétine; il peut y en avoir une paire ou un grand nombre. Il existe aussi fréquemment des organes auditifs. Le tube digestif a des parois propres, et des glandes salivaires ainsi qu'un foie volumineux lui sont annexés. Il y a des reins. Le système vasculaire n'est pas clos; un cœur artériel, à deux cavités, reçoit le sang venant des appareils respiratoires et le chasse dans les organes. Quant à la respiration, elle s'effectue par la peau et, en outre, par des branchies ou des sacs pulmonaires.

Les Mollusques sont hermaphrodites ou dioïques, et, dans la plupart des cas, les jeunes subissent une série de métamorphoses.

On les a divisés en cinq classes que nous étudierons successivement.

Les Huîtres, les Moules, les Bucardes, les Couteaux, les Tarets, forment une première classe, caractérisée par ce fait qu'ils sont enfermés dans une coquille à deux valves réunies par une charnière à ligament dorsal. Le corps est enfermé dans un manteau qui recouvre la surface interne des coquilles.

Ils n'ont pas de tête distincte, ce qui leur a valu le nom d'*Acéphales*, et leur respiration s'effectue au moyen de branchies lamelleuses, d'où leur nom de Lamellibranches. Les bords du manteau ne restent pas toujours libres, ils sont souvent plus ou moins soudés; mais des ouvertures sont ménagées aux orifices cloacal et branchial, et se prolongent dans certains cas, constituant deux sortes de tubes contractiles, les *siphons*.

Les valves de la coquille ne sont pas toujours semblables, égales l'une à l'autre; alors la supérieure est plus aplatie.

Les Lamellibranches sont aquatiques et vivent dans les eaux douces ou les eaux salées.

Lorsque l'animal est tranquille, dans l'eau, il bâille comme on dit, ses valves sont ouvertes; mais vient-il à être touché par quelque corps étranger, il referme ses valves, et il est difficile de les ouvrir; chacun sait qu'il n'est pas toujours aisé d'ouvrir des huîtres. Cet excellent Mollusque nous servira d'exemple : pour arriver à séparer les valves, que fait-on ? Avec un couteau on coupe une partie charnue, arrondie, qui unissait les deux valves, c'est un muscle puissant; c'est ce muscle qui, en se contractant, ferme hermétiquement la coquille.

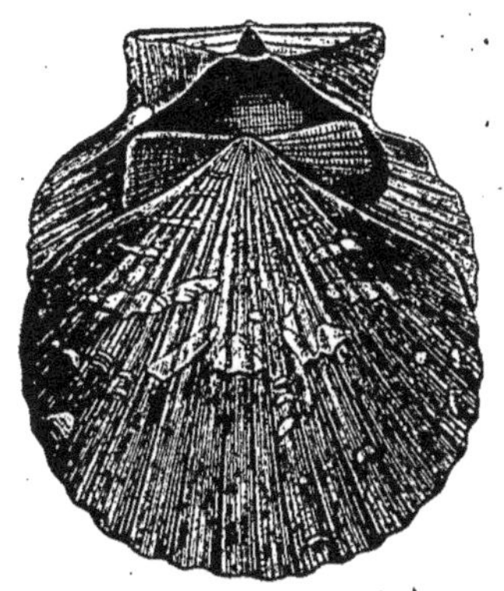

Fig. 821. — Peigne operculaire. (Les valves sont écartées l'une de l'autre) (réduit).

Ces muscles laissent à leurs points d'insertion sur la coquille une impression; ce caractère, ainsi que ceux tirés de la forme des valves ou des siphons, ont servi à grouper les Lamellibranches en deux groupes : les Siphoniens et les Asiphoniens, c'est-à-dire ceux qui ont des siphons et ceux qui n'en ont pas. Les Asiphoniens, ce sont les Peignes, dont une grande espèce, connue sous le nom de Coquille de Saint-Jacques, est comestible; puis les Huîtres et les Moules.

Ces Mollusques si estimés sont sédentaires, fixés à des corps sous-marins ou libres; mais dans le jeune âge, à l'état de larves, ils peuvent changer de place, grâce aux cils vibratiles dont ils sont couverts. On multiplie les Huîtres, on les élève dans des parcs, sortes de bassins où on les engraisse; et les parcs de Marennes, de Saint-Vaast-la-Hougue, d'Arcachon, d'Ostende, etc., sont bien connus.

La consommation des Huîtres est devenue telle, qu'on a songé à utiliser d'autres espèces, moins bonnes il est vrai, mais encore assez agréables et qu'on vend maintenant partout sous le nom d'*Huîtres portugaises*, bien qu'elles appartiennent non pas au genre Huître, mais au genre Gryphée.

C'est au moyen de leur coquille que les Huîtres s'attachent directement aux rochers; les Moules, au contraire, sont fixées au moyen de leur *byssus*, filaments soyeux et brunâtres sécrétés par une glande spéciale. On les engraisse également dans des parcs où l'on dispose des palissades sur lesquelles elles se fixent.

Dans les ruisseaux, les embouchures des cours d'eau, on trouve aussi bien dans les Pyrénées qu'en Irlande et en Scandinavie, ou dans l'Oural, une sorte de Moule, la Mulette perlière (*Margaritana margaritifera*), qui produit des perles de la grosseur d'un grain de millet ou d'un pois.

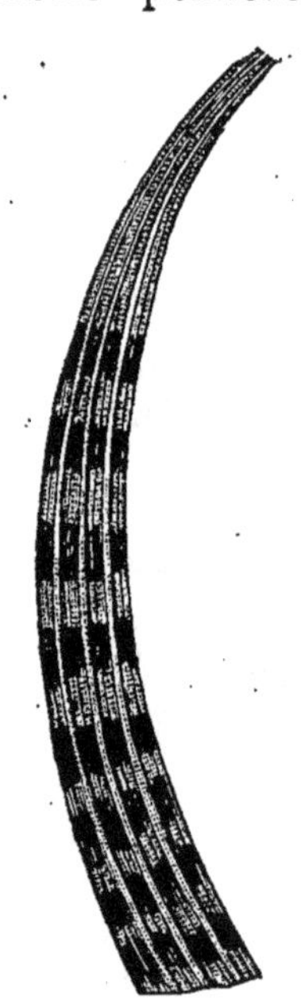
Fig. 822. Dentale éléphantine.

A Ceylan, ainsi que dans les golfes du Mexique, à Panama, sur la côte de Californie et dans la mer Rouge, on trouve un autre type qui produit des perles, c'est la Pintadine ou Avicule perlière; elle peut atteindre de grandes dimensions, et sa nacre est très estimée. Nous savons que c'est le manteau du Mollusque qui forme la coquille, constituée par des couches successives; c'est, en somme, un dépôt de carbonate de chaux; la couche interne, celle qui touche le manteau, a une structure un peu différente des autres et son éclat est souvent remarquable, offrant des tons argentés, irisés, dus à des phénomènes d'optique; c'est la nacre que l'on emploie pour faire des bijoux, des boutons et une foule d'objets; mais les perles sont également formées par de la nacre; ce sont de petites concrétions de nacre qui se forment entre la coquille et le manteau; j'entends parler ici des perles naturelles, car on en fabrique artificiellement.

Il y a une série de Mollusques bivalves siphoniens qui habitent des trous qu'ils creusent eux-mêmes dans les rochers : les Pholades sont dans ce cas; d'autres, comme les Tarets, creusent des trous dans les bois qui flottent, dans les barrages, dans les coques des navires, et ils peuvent ainsi causer de graves dommages.

On voit d'autres espèces du même ordre sur nos marchés : c'est la Coque comestible ou Bucarde, ou *Cardium edule*, qui est assez estimée; ses coquilles sont égales et présentent extérieurement des stries saillantes longitudinales; puis, les Manches de Couteaux ou *Solen*.

La seconde classe des Mollusques est celle des Scaphopodes, caractérisés par une coquille en forme de tube allongé, conique, recourbé et ouvert aux deux extrémités : les Dentales, qui vivent dans la vase, sont dans ce cas.

La troisième classe est très importante, c'est celle des Gastéropodes, c'est-à-dire des Mollusques qui n'ont qu'une coquille ou qui n'en ont pas.

Cette coquille est plus ou moins enroulée en spirale; elle n'a qu'un orifice, par où l'animal fait sortir sa tête et son pied, muscle

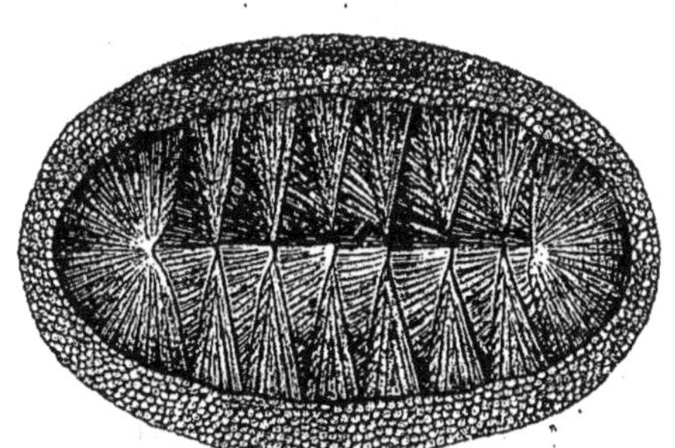

Fig. 823. — Patelle commune.

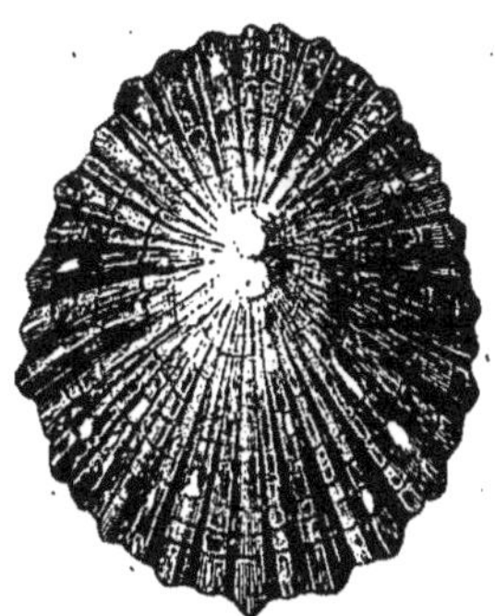

Fig. 824. — Oscab r on écailleux.

large et plat qui sert à l'animal d'organe locomoteur de reptation. Mais dans un groupe qu'on appelle les Placophores (Chiton) la coquille est formée de plusieurs plaques articulées et se recouvrant.

Lorsque la coquille est turbinée, le Mollusque peut y rentrer complètement et quelquefois en fermer l'ouverture avec un opercule; cette coquille s'accroît d'une façon inégale et c'est pour cette raison qu'elle décrit une spire dont le diamètre devient de plus en plus grand, et dont le sommet est le point de départ; l'axe autour duquel s'enroule la coquille à droite ou à gauche, s'appelle la Columelle. Dans le genre Chiton, que nous citions tout à l'heure, les yeux manquent, mais ils existent chez les autres espèces et sont portés par des pédoncules céphaliques, ce sont les cornes du colimaçon.

La bouche est armée de mâchoires et d'une *radula* ou langue. La respiration est branchiale, ou pulmonaire, ou encore cutanée.

Les uns vivent dans l'eau douce, les autres dans la mer et il en est même qui sont terrestres.

On les a divisés en plusieurs ordres. Celui des Prosobranches comprend la majeure partie des Gastéropodes marins. Il est évident que nous ne pouvons en indiquer ici que quelques espèces.

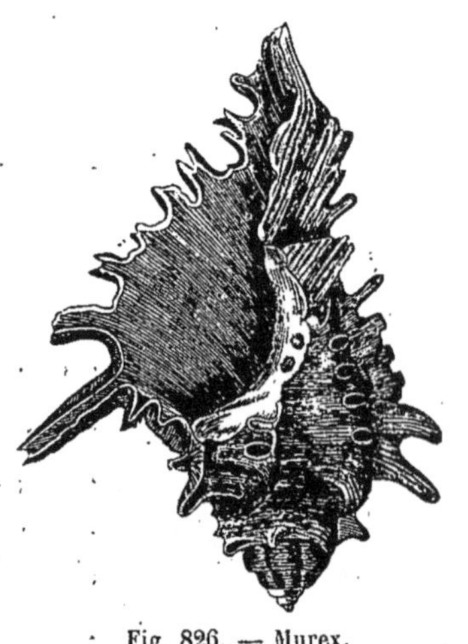

Fig. 826. — Murex.

A marée basse on voit souvent, collées sur les rochers, de petites coquilles en forme de bonnets-chinois, ce sont les Patelles; on les détache avec un couteau pour les manger, mais elles sont assez coriaces. Sur nos côtes rocheuses de Bretagne, vit une charmante espèce, l'Ormier ou Haliotide.

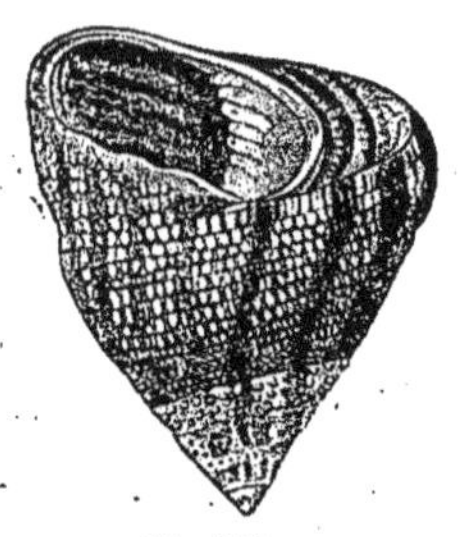

Fig. 825. Troque tente

La coquille, très plate, à peine turbinée, en forme d'oreille, présente à l'intérieur une nacre irisée, très brillante, et, sur le côté gauche, une rangée de trous.

Les *Trochus* ont la forme d'une toupie; il y en a de fusiformes

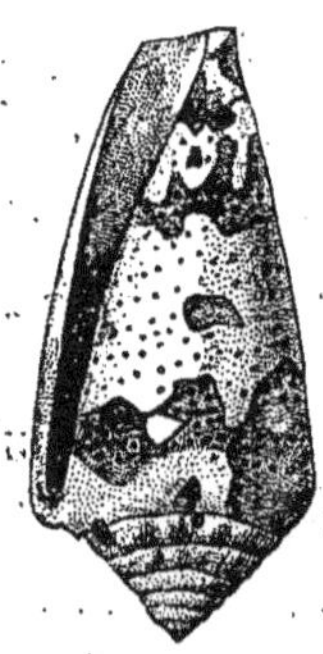

Fig. 827. Pourpre persique.

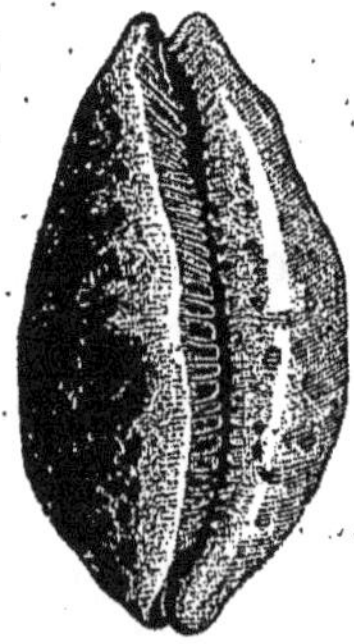

Fig. 828. Cône.

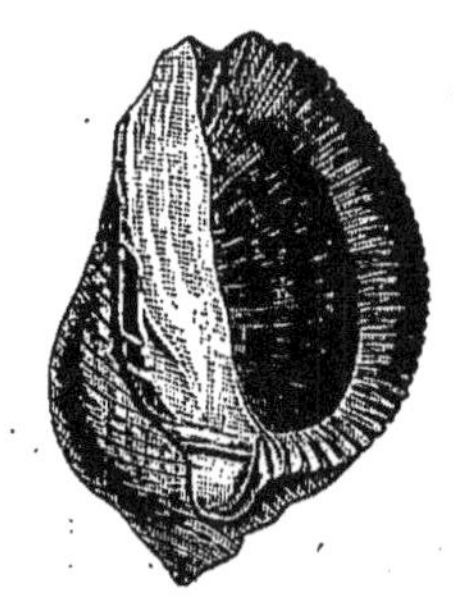

Fig. 829. Porcelaine géographique.

comme les *Fusus*, de piriformes comme les *Pyrula ;* d'autres sont ornées de piquants comme les *Murex*.

Les Buccins, qu'on mange sur nos côtes, ont une grosse coquille turbinée, à large ouverture; et c'est tout à côté que l'on range le mollusque *Purpura*, qui fournit la pourpre.

Les *Cônes* ont la forme d'un cône renversé; les dessins qui ornent leur coquille sont souvent fort agréables et l'une des espèces est connue à cause de cela sous le nom d'Arlequin; leur morsure est venimeuse.

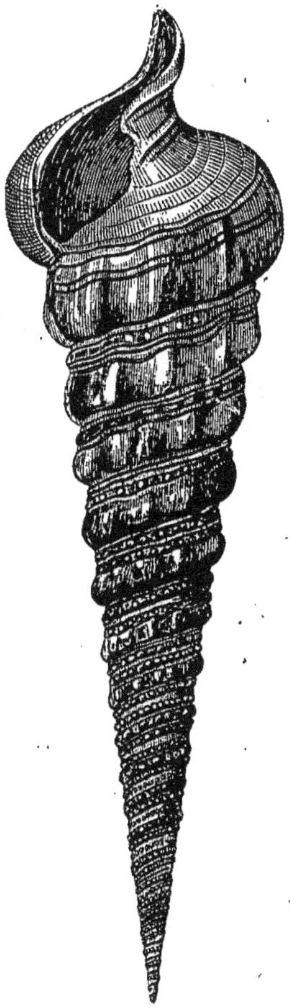

Un autre groupe, celui des Tænioglosses, renferme des types marins, d'eau douce et terrestres; la coquille est spiralée, la portion céphalique porte des tentacules, un mufle saillant ou une trompe rétractile; je citerai les Littorines qui vivent sur les rivages, les Cyclostomes qu'on trouve à terre dans les lieux humides, les Paludines, les Turritelles, les Vermets, les Cérithes. A l'époque tertiaire existait une grande espèce de ce genre, le Cérithe géant.

Fig. 830.
Cérithe corne d'abondance.

Il existe d'autres genres dont l'ouverture de la coquille, au lieu d'être large, est étroite. On connaît bien ces coquilles ovales, allongées, les Porcelaines ou Cyprées, qu'on trouve sur nos côtes et qui ont absolument l'aspect de la porcelaine; dans les mers chaudes, il y en a de plus grosses ornées de charmants dessins. D'ailleurs, elles présentent une grande variété et l'une d'elles, la *Cypræa moneta*, est employée comme monnaie chez divers peuples sauvages.

C'est dans l'ordre des Pulmonés qu'on place les Escargots ou Colimaçons, dont on fait une si grande consommation, et les Limaces, qui ne sont, en réalité, que des Colimaçons sans coquille. Ces espèces respirent l'air en nature par une chambre pulmonaire, ainsi que d'autres qu'on rencontre fréquemment dans nos eaux douces et qu'on nomme Limnées, Planorbes.

Dans la mer vivent d'autres Mollusques Gastéropodes qui respirent par des branchies situées en arrière du cœur; on les a appelés pour cela des *Opisthobranches;* les uns ont une coquille interne fort délicate, comme les Bulles, les autres sont nus, respirent par la peau et sont munis de branchies dorsales; ces animaux sont souvent colorés d'une manière charmante.

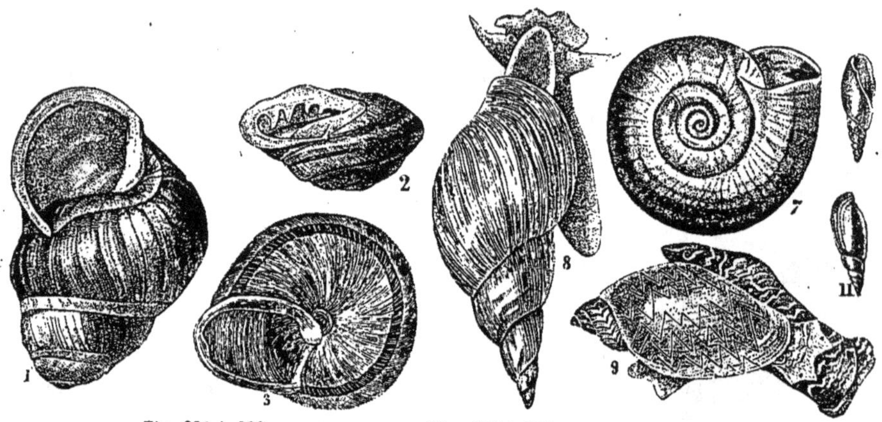

Fig. 831 à 833.
1. Hélix multicolore. — 2. H. sinuée.
3. H. corocolle.

Fig. 834 à 838. — 7. Planorbe cornée. — 8. Limnée des étangs. — 9. Dombée flexueuse. — 10. Physe des mousses. — 11.

La mer est la patrie du plus grand nombre des Mollusques; on peut s'en convaincre par l'énumération et la description des groupes que nous venons de signaler; il y en a d'autres encore qui constituent les 4e et 5e classes de cet embranchement; les uns sont les Ptéropodes, ainsi nommés parce que leur pied est très développé et forme deux grandes nageoires aliformes; les autres sont les Céphalopodes, c'est-à-dire ceux dont la tête est distincte et porte deux grands yeux offrant les mêmes parties que ceux des Vertébrés. Leur bouche est entourée de tentacules ou bras armés généralement de ventouses. Ils ont deux mâchoires qui ressemblent à un bec de perroquet. Leur corps est nu, et, chez certaines espèces, soutenu par une sorte de coquille interne, ou bien il est contenu dans une coquille externe. Des branchies assurent la respiration et le pied est

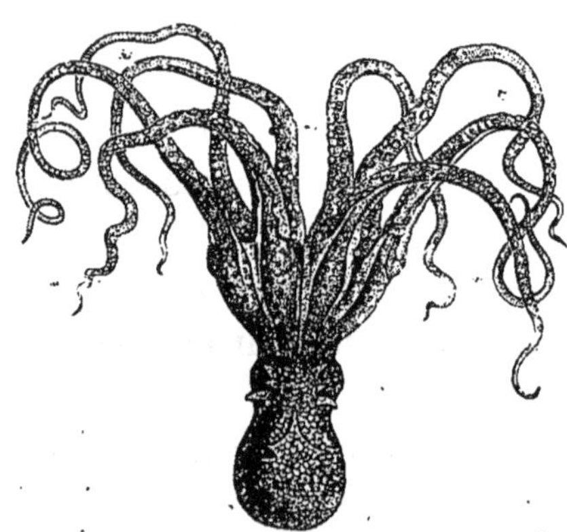

Fig. 839. — Poulpe (*Octopus vulgaris*).

transformé en un entonnoir servant à la sortie de l'eau qui a passé sur les branchies. Ce sont des Mollusques supérieurs, non seulement par l'importance de leur système nerveux et de leurs organes des sens (vue, audition), mais par suite de la présence d'un squelette cartilagineux interne, qui sert de protection au système nerveux et donne des points d'insertion aux muscles. En outre, le système circulatoire présente des veines, des artères, un réseau capillaire et un cœur volumineux. Il existe des organes urinaires et des organes excréteurs remarquables, tels que la *poche du noir*, qui débouche au dehors près de l'anus. Lorsque l'animal veut échapper à l'attaque de ses ennemis, il laisse sortir un liquide noir au milieu duquel il se cache; et c'est ce liquide qui a été employé pour faire l'*encre de Chine*.

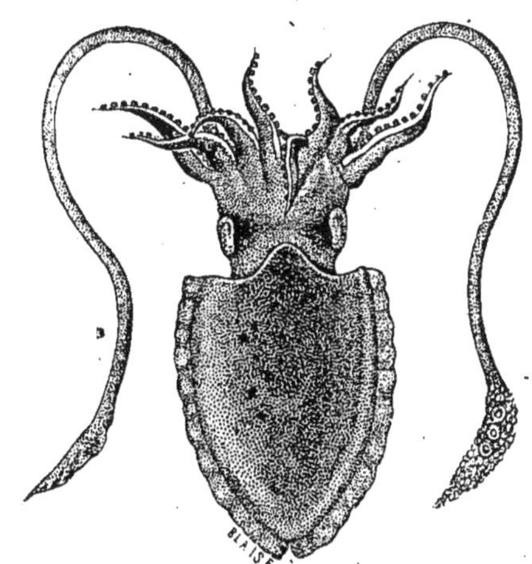

Fig. 840. — Seiche (*Sepia officinalis*).

Les *Nautiles*, les *Argonautes* et les *Ammonites* fossiles sont contenus dans une coquille. Ces animaux nagent souvent à la surface de la mer.

D'autres sont les Calmars, les Seiches, qu'on trouve souvent rejetés sur nos côtes. Les Bélemnites fossiles appartiennent à ce groupe.

Les Seiches ont un os interne que l'on trouve fréquemment sur les bords de la mer. On les recueille et on les vend aux oiseleurs. On les attache dans les cages et les oiseaux viennent frotter leur bec sur cette substance tendre. Ces Seiches pondent de gros œufs noirs réunis en grappes qu'on trouve souvent sur le rivage.

C'est parmi ces Mollusques Céphalopodes que prennent place les Poulpes, les Pieuvres de Victor Hugo. Ce sont des animaux qui ont un corps en forme de bourse, une peau verruqueuse et huit bras réunis à leur base par une membrane; ils n'ont pas comme les Seiches de coquille interne. Ces bras sont couverts de ventouses qu'ils fixent sur les animaux dont ils veulent faire leur proie. Ils se tiennent au fond de l'eau, rampent sur le sol sous-marin, ou se cachent sous les pierres, dans les fentes de rochers.

On rattachait autrefois à l'embranchement des Mollusques divers animaux pour lesquels on a créé des sous-embranchements; ce sont les Tuniciers et les Molluscoïdes, animaux qui semblent

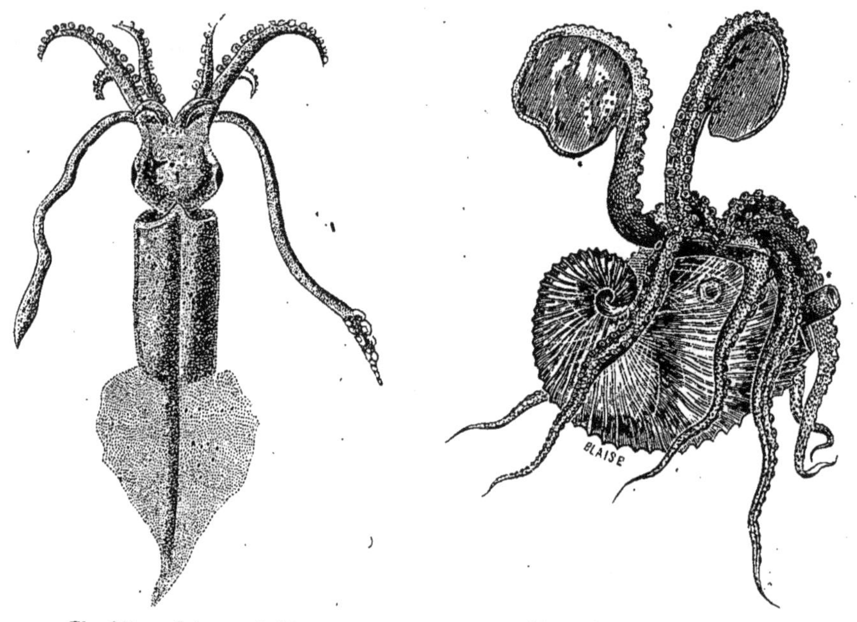

Fig. 841. — Calmar subulé.

Fig. 842. — Argonaute.

fort dégradés, mais dont l'étude du développement a révélé une origine élevée. On peut dire que les Tuniciers se rapprochent des Vertébrés par leur structure et leur développement, et, en particulier, de l'Amphioxus, dont nous avons parlé dans le dernier chapitre des Poissons.

Le corps des Ascidies, parmi les Tuniciers, a la forme d'une outre pourvue de deux orifices dont l'antérieur est la bouche et le postérieur le cloaque; toutefois, ces deux ouvertures sont le plus souvent rapprochées l'une de l'autre. Ces animaux sont pourvus d'un sac branchial; les uns vivent isolés, les autres en colonie. Mais à côté de ces Ascidies viennent se ranger d'autres types, les Salpes, qui ont le corps cylindrique ou en forme de tonnelet et transparent comme du cristal, laissant voir tous les organes. Chez les Salpes, il y a alternance de génération. Des individus en colonie naissent des Salpes solitaires qui se reproduisent par bourgeonnement sur un stolon.

Les Bryozoaires sont aussi de petits animaux marins, pour la plupart, qui vivent fixés en colonies, ressemblant à des mousses et dont la bouche est entourée d'une série de tentacules.

Nous terminerons ce chapitre en disant quelques mots d'un groupe extrêmement curieux, les Brachiopodes. Leur corps est

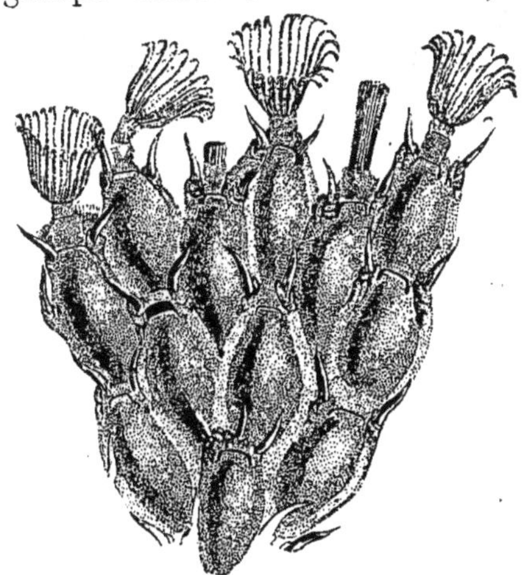

Fig. 843. — Flustre cornue grossie.

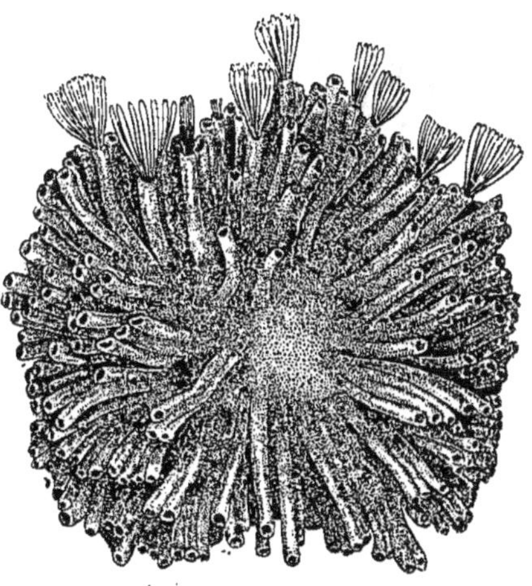

Fig. 844. — Tubulipore verruqueux grossi.

sessile, protégé par deux valves, l'une ventrale, l'autre dorsale, et on les prendrait pour des Lamellibranches ; mais en les examinant de plus près on s'aperçoit qu'ils ont un manteau bilobé et libre, puis un appareil tentaculaire porté souvent par deux bras creux enroulés en spirale. Ils se fixent par un pédoncule, ou bien par la valve ventrale généralement plus bombée et pourvue d'un crochet. Les genres les plus connus sont les Térébratules, les Rhynchonelles, les Waldheimies.

Ces Brachiopodes étaient largement représentés à l'époque jurassique et à l'époque crétacée.

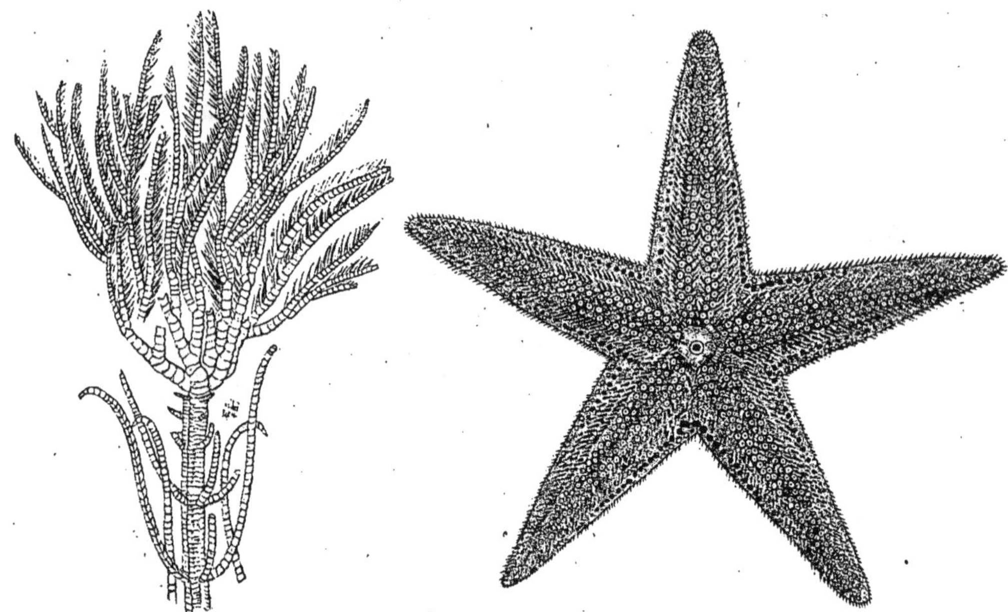

Fig. 845. — Pentacrine tête de méduse.

Fig. 846. — Asterias rubens.

CHAPITRE III

Les Echinodermes. Les Cœlentérés. Les Spongiaires. Les Protozoaires.

Tous les animaux que nous avons étudiés jusqu'ici avaient une symétrie bilatérale; ceux dont nous nous occuperons dans ce dernier chapitre n'ont plus les organes disposés de même, ils rayonnent autour d'un point central; l'Étoile de mer en donnera un exemple frappant. Aussi les avait-on réunis autrefois sous la dénomination de Rayonnés ou de Zoophytes, indiquant par ce dernier nom, *animaux-plantes*, leur état dégradé.

Mais les travaux des zoologistes ont montré que ces animaux que l'on plaçait dans un même groupe présentaient entre eux des différences telles qu'il était nécessaire de les diviser en trois embranchements, qui sont : les Echinodermes, les Cœlentérés et les Protozoaires, les derniers de tous, qui souvent ne sont plus constitués que par de la matière vivante non organisée, par du protoplasma.

I

LES ECHINODERMES

Les Oursins, les Etoiles de mer, les Encrines, les Holothuries, tous animaux marins, forment les cinq classes qui composent l'embranchement des Echinodermes, animaux à symétrie rayonnée, à

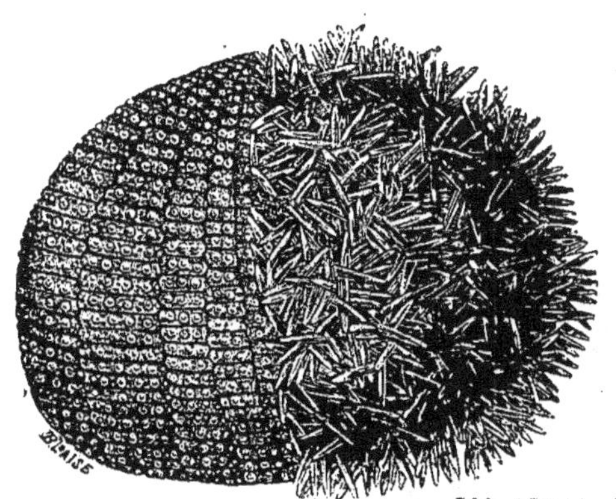

Fig. 847.
Oursin commun (*Sphaerechinus esculentus*).

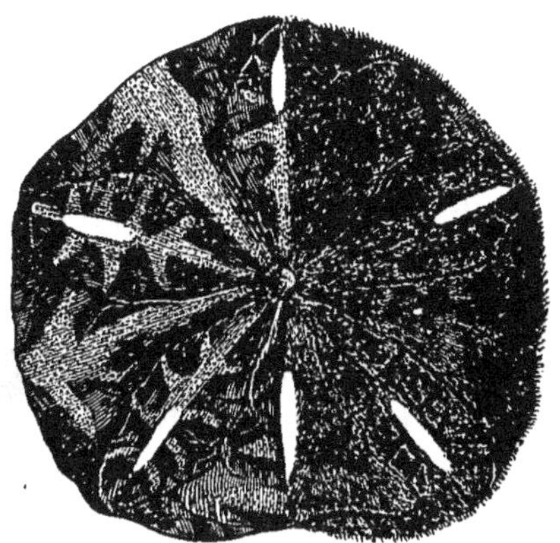

Fig. 848.
Scutelle sexforée.

l'état adulte, mais qui se transforme quelquefois en symétrie bilatérale; les larves, d'ailleurs, ont une symétrie bilatérale.

La symétrie du corps se ramène au nombre cinq, et varie de forme; il est tantôt aplati, tantôt globuleux ou allongé, et entouré par un test formé par le tissu conjonctif sous-cutané. Ce test est rendu généralement solide, par suite d'incrustations calcaires soudées ou isolées et plus ou moins mobiles, constituant des plaques souvent garnies de piquants. Le tube digestif plus ou moins long et contourné est d'ordinaire pouvu d'un anus. Il y a un système aquifère, et des tubes, dits tubes ambulacraires, servent à la locomotion et sont peut-être dévolus à une fonction spéciale. Chez quelques types il existe des pédicellaires, appendices terminés par des pinces, bi-, tri-, ou quadrilobées. Le système nerveux est bien simple; il consiste en un anneau qui entoure la bouche et d'où partent cinq troncs nerveux.

Il existe des yeux simples, quelquefois des vésicules auditives;

certains appendices ambulacraires servent probablement au tact; comme on le voit, ce ne sont pas des animaux complètement dégradés, mais il ne faudra pas chercher en eux de l'intelligence!

De leurs œufs sortent des larves cilicées et libres.

Les Holothuries (*fig.* 850) ont une symétrie bilatérale; ce sont des animaux à corps cylindrique, quelquefois vermiforme, dont les téguments sont coriaces, incrustés de corpuscules calcaires et garnis de cinq rangées de tentacules ambulatoires. La bouche est entourée de tentacules le plus souvent rétractiles qui servent à la respiration; mais il y a en outre chez la plupart d'entre eux une sorte d'appareil pulmonaire qui reçoit de l'eau par l'anus. Les Synaptes sont dépourvus de cet appareil aquifère et ont le corps recouvert d'une grande quantité de crochets mobiles en forme d'ancres ou d'hameçons.

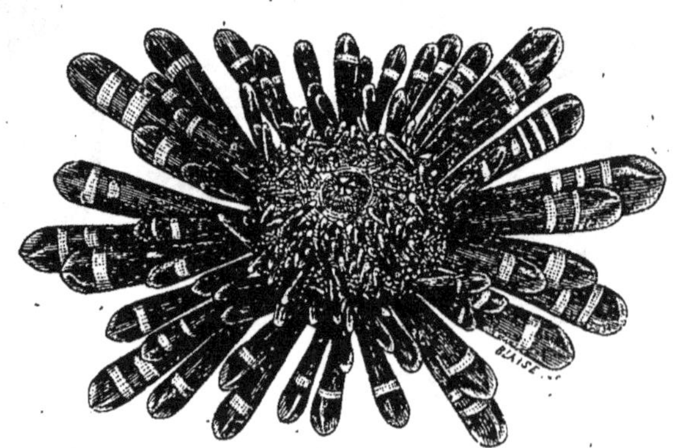

Fig. 849. — Cidaris mamelonné.

Dans les grands fonds de la mer, il existe des Holothuries de formes bizarres et de grande taille; l'une d'elles a été pêchée par le *Talisman* à des profondeurs de 4 000 à 5 000 mètres.

Dans les mers de Chine, il existe une espèce d'Holothurie que l'on pêche et que l'on prépare pour la manger; on en vend de grandes quantités sur les marchés de la Chine sous les noms de *Trépang*, de *Balate*.

Les Oursins sont bien différents des Holothuries; ce sont des êtres sphériques, aplatis ou cordiformes entourés d'un test calcaire couvert de piquants mobiles. Ce test est formé de plaques polygonales juxtaposées et le plus souvent immobiles. Leur bouche est au centre de la surface inférieure du corps, et munie de cinq dents, dont la réunion a reçu le nom de *Lanterne d'Aristote*. Des tubes ambulacraires, véritables organes de locomotion, traversent la carapace calcaire de l'Oursin qui s'en sert pour se déplacer. L'ouverture anale est tantôt placée sur le sommet du corps, tantôt près de la bouche sur la face ventrale. Dans le premier cas on dit l'Oursin *régulier*, dans le second cas, il est dit *irrégulier*.

Il est une espèce, l'Oursin comestible, qu'on récolte sur nos côtes et dont on mange les ovaires lorsqu'ils sont remplis d'œufs.

Quelques-uns se creusent dans les rochers des retraites arrondies qui ont la forme du corps. Quant aux piquants qui recouvrent le test, ils varient beaucoup selon les genres; les uns sont fins et courts, d'autres longs et effilés, d'autres terminés en massue. Mais ceux de l'Oursin comestible (*Sphærechinus esculentus*) sont pointus, et si l'on vient à marcher dessus, pieds nus, ils pénètrent dans la peau, se cassent et causent de vives douleurs.

Les Etoiles de mer sont de deux sortes : les unes, comme les Ophiures, ont des bras articulés sur le corps et qui ne contiennent

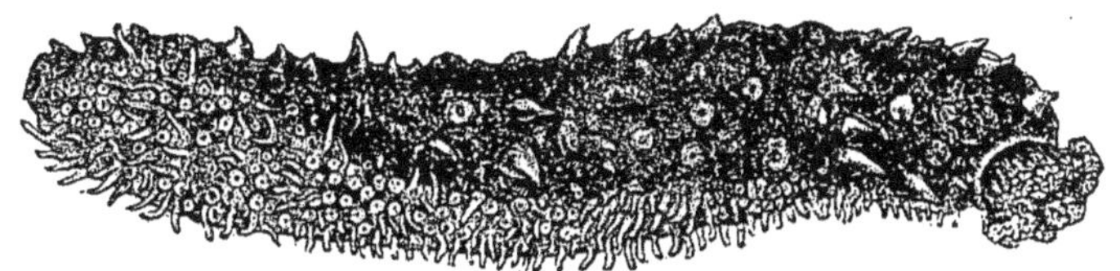

Fig. 850. — Holothurie tubuleuse.

pas d'expansions du tube digestif terminé en cul-de-sac ; ces espèces se meuvent assez rapidement; les autres, les Stellérides ou véritables Étoiles de mer, ont des bras, au nombre de cinq ou plus, qui ne sont que des expansions du corps, réduit à un petit disque central. Ces bras contiennent des cœcums stomacaux et les organes reproducteurs. Les espèces que l'on trouve sur nos côtes sont d'un rouge orangé. Leurs piquants et tentacules sont contenus dans un sillon qui s'étend sur la face inférieure des bras. Ceux-ci sont fragiles, mais s'ils se cassent facilement, ils repoussent et l'animal se complète rapidement.

Mais il existe d'autres types d'Echinodermes à corps discoïde, sphérique ou caliciforme, à bras articulés, comme ceux des Ophiures, mais contenant des organes comme ceux des Etoiles de mer. Les bras sont simples ou ramifiés et portent des ramifications secondaires. Ces Crinoïdes sont peu nombreux de nos jours, mais on en trouve de nombreuses empreintes depuis les terrains anciens.

L'histoire du développement de ces animaux est connue depuis peu et M. le professeur Edmond Perrier a fait dans ces dernières années une étude approfondie de ces curieux animaux.

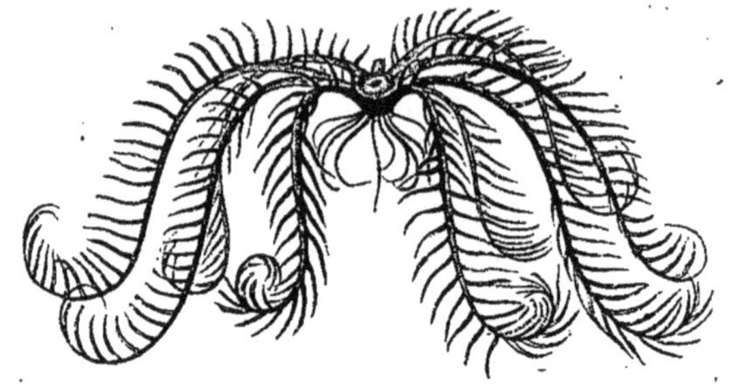

Fig. 851. — Comatule de la Méditerranée.

On trouvait des espèces dont le corps était porté par un long pédoncule grêle et articulé, on les nommait des Pentacrines; d'autres étaient au contraire libres, sans pédoncule, c'étaient les Antédons roses. Or on a pu se convaincre que l'Antédon n'est que l'état adulte des Pentacrines. C'est le nom générique de Comatule qui a été donné à cet échinoderme.

Donc les Crinoïdes, fixés à l'état jeune, sont libres à l'état adulte.

II

LES CŒLENTÉRÉS

Les Cœlentérés, qui faisaient autrefois partie des Zoophytes, forment un embranchement à part. Plus nous descendons dans l'échelle des êtres animés, plus nous trouvons de simplicité dans l'organisme. La substance molle qui constitue le corps de ces animaux est différenciée, et les organes sont disposés selon une symétrie rayonnée; la cavité digestive, lorsqu'elle existe, s'ouvre par une bouche, et, à de très rares exceptions près, se termine en cul-de-sac. Mais cette cavité est destinée à plusieurs usages : elle sert à la digestion, à la nutrition et à faire circuler le liquide nourricier dans les différentes parties

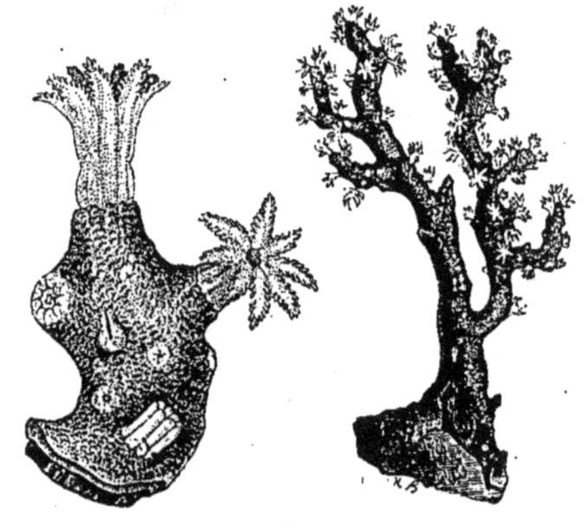

Fig. 852.
Portion de corail grossie. Corail du commerce.

du corps : aussi a-t-elle reçu le nom de *cavité gastro-vasculaire.*

Les Echinodermes avaient encore un tube digestif à parois propres; les Cœlentérés sont encore plus dégradés, leur cavité gastro-vasculaire sert à tout. D'après leur organisation on les a divisés en trois grands sous-embranchements : les Cœlentérés proprement dits ou Cnidaires, les Cténophores, et les Spongiaires; nous allons voir ce que signifient ces termes.

Les Cnidaires sont les plus nombreux, les plus variés, et beaucoup de personnes connaissent plusieurs de leurs représentants sans se rendre compte de la place qu'ils occupent dans le règne animal. Ainsi les Actinies ou Anémones de mer, les Coraux, les Polypes, les Méduses rentrent dans ce groupe. Comment sont-ils donc constitués d'une façon générale? Le corps de ces animaux est formé par un tissu cellulaire consistant, et les muscles sont souvent réduits à une simplicité extrême. Dans les téguments existent des organites urticants nommés Cnidoblastes ou Nématocystes, ce sont de petites vésicules terminées par un long filament à la base duquel se voient de petits crochets. A la volonté de l'animal, la vésicule peut se gonfler, le filament devient alors rigide et peut s'enfoncer dans les téguments de la victime, y versant une goutte d'un liquide vénéneux.

Fig. 853. — Actinie verte.

Les uns, parmi ces Cnidaires, ont la cavité gastro-vasculaire partagée par des cloisons radiaires ou replis mésentéroïdes et l'orifice buccal est entouré de tentacules. Ces espèces, réunies sous les noms d'Actinozoaires ou de Coralliaires, vivent isolées ou, au contraire, en colonie, formant, par des dépôts calcaires, les coraux. Leurs larves sont ciliées et libres.

Chez les uns les loges de la cavité gastro-vasculaire et les bras sont au nombre de huit (octoactiniaires); ce sont les Virgulaires, les Pennatules, les Umbellulaires, qui forment des colonies dont la base ou tige s'enfonce dans le sol sous-marin; puis les Gorgones, les Coraux, dont le squelette rouge est employé sous le nom de corail; les Tubipores ou Orgues de mer, constituant des colonies de polypes munies d'un axe ramifié corné ou calcaire, revêtu d'une sorte d'écorce calcaire molle ou friable.

Chez les autres, les loges, les cloisons et les tentacules sont au nombre de six ou d'un multiple de six (hexactiniaires ou zoanthaires); ce sont les Anthipathes, les Actinies ou Anémones de mer, les Madrépores.

Nous reviendrons sur quelques-uns de ces types.

Le corail est rouge, mais ce n'est pas l'animal que l'on emploie, c'est son squelette; il est bien rouge ce squelette, tandis que la bête, le polype, est d'un blanc transparent (*fig.* 852). Chaque mamelon que l'on voit sur une branche de corail brut, « répond à un polype, et présente à son sommet huit plis rayonnés autour d'un pore central qui a l'apparence d'une étoile. C'est le pore qui, s'entr'ouvrant et se dilatant peu à peu, laisse sortir le polype. Ses bords représentent un calice rouge comme le reste du sarcocome ou écorce dont la gorge festonnée porte huit dentelures. Quand les animaux sont bien épanouis et que leur tissu blanc transparent tranche sur la partie rouge, on voit que les rayons de l'étoile des mamelons correspondant à l'intervalle de l'un des festons s'abattent, se rapprochent, et produisent l'apparence étoilée du sommet dont il vient d'être question [1]. »

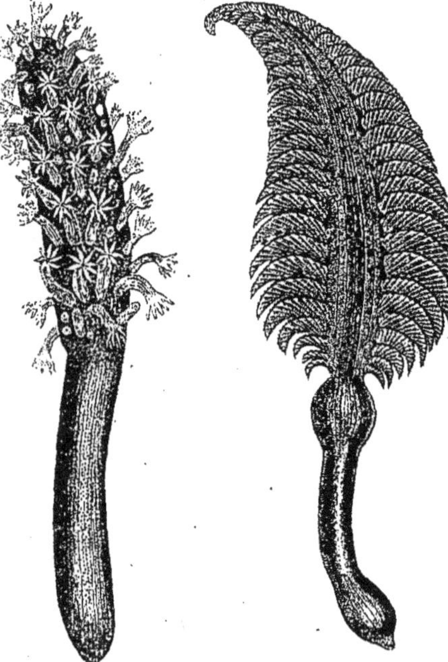

Fig. 854 et 855.
Pennatule grise. Vérétille violacé.

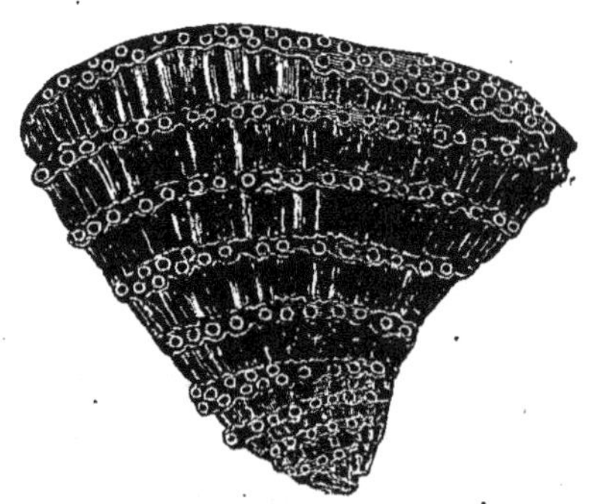

Fig. 856.
Tubipore ou Orgue de mer.

1. Lacaze-Duthiers. *Histoire naturelle du Corail.* 1864.

Pendant longtemps on n'avait pas cru à la nature animale du corail; c'est qu'en effet lorsque les polypes sont bien épanouis, on dirait des branches portant des fleurs. On le pêche activement sur les côtes africaines de la Méditerranée, au moyen d'un appareil formé de deux barres de bois attachées en croix et sur lesquelles on fixe des fauberts, sortes de balais d'étoupe dont les matelots se servent pour laver le pont des navires; ces fauberts s'empêtrent dans le corail qui est fixé aux rochers du fond de la mer, le cassent, et il suffit, lorsqu'on a remonté à bord l'engin, de détacher les morceaux de corail entourés et maintenus par l'étoupe.

D'autres polypes ont un squelette calcaire interne, qui a la forme du corps de l'animal et qui présente des cloisons en nombre égal à celui des lames de la cavité; ces cloisons ne sont pas dans l'épaisseur des lames charnues, mais dans les intervalles qu'elles laissent entre elles. Ces polypes bourgeonnent, c'est-à-dire se multiplient par bourgeonnement, de sorte que souvent ils forment des colonies de polypes ou *polypiers*.

Ils se multiplient avec une rapidité et une exubérance surprenantes et leurs squelettes accumulés finissent par former des *récifs* dont les navigateurs doivent tenir compte. Souvent même ils se développent d'une façon circulaire, formant de véritables îles annulaires entourant un lac salé; sur ces polypes qui émergent à la surface de l'eau, il se forme des dépôts qui permettent quelquefois à des végétaux de s'y développer. Ces îles sont nommées des Atolles. Darwin en a fait une étude spéciale [1].

Dans nos eaux douces, dans nos bassins, dans les mares, on trouve souvent, attachés aux corps flottants, de petits polypes transparents, dont la bouche est entourée de bras pourvus d'organes urticants : ce sont les Hydres d'eau douce, illustrées par les expériences de Trembley.

La simplicité de l'organisme est si grande chez ces petits êtres, que Trembley a pu retourner une hydre comme un doigt de gant, de façon à ce que ce qui formait la cavité digestive soit la peau et inversement. Il vit que bientôt cette membrane externe, devenue la membrane de la cavité du corps, pouvait digérer.

1. Ch. Darwin. *Les Récifs de corail*. Traduction Cosserat. Paris, Germer-Baillière.

Mais il fit une autre expérience non moins intéressante : il coupa une hydre en cinquante morceaux, et il constata, non sans étonnement, que ces morceaux ne périssaient pas et formaient autant d'hydres qu'il y avait de morceaux.

Ces hydres d'eau douce bourgeonnent constamment, formant de nouveaux individus qui, à un moment donné, se détachent de l'hydre mère et vont se fixer ailleurs. Mais outre cette multiplication par bourgeonnement, il y a une reproduction au moyen d'œufs.

D'autres polypes hydraires vivent en colonies, comme les Tubulaires, les Millepores et quelques-uns, comme les Campanulaires et les Sertulaires, ont une hydrothèque ou capsule chitineuse.

Les Siphonophores forment un groupe voisin des précédents, mais ce sont des colonies d'hydroïdes libres, portant des bourgeons adaptés à divers usages : les uns nourriciers, les autres préhensiles, les autres sexués et médusoïdes. Ils n'ont pas de tentacules autour de la bouche; mais, ce qui est fort curieux, ils portent des vésicules natatoires, des flotteurs remplis d'air. Les Physalis, les Physophores, les Vellèles sont les plus connus de ces Siphonophores.

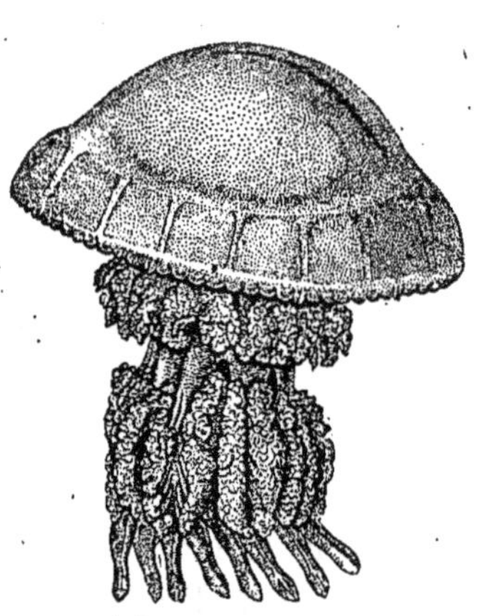

Fig. 857.
Rhizostome de Cuvier.

On trouve souvent sur nos côtes, rejetées par les flots sur le rivage, des masses gélatineuses, transparentes, teintées en violet, en rose; ce sont des animaux, des Cœlentérés, des Acalèphes, qu'on nomme les Méduses.

Leur corps a la forme d'une ombrelle de consistance gélatineuse, transparente, lisse et convexe en-dessus, concave inférieurement et portant de ce côté quatre bras plus ou moins lobés sur les bords. La bouche généralemant placée au centre conduit dans une large cavité stomacale d'où partent, en rayonnant, des canaux qui se ramifient dans l'épaisseur de l'ombrelle et qui se déversent dans un canal circulaire situé près des bords du disque. Ces canaux transportent l'eau nécessaire à la nutrition et à la respiration. Les bords de l'ombrelle sont garnis de très nombreux tentacules grêles et de corpuscules marginaux colorés, en rapport avec des filets nerveux et considérés comme des organes de vision. Des œufs, produits dans l'épaisseur des canaux, donnent naissance à des animaux ressemblant à des Hydres, et qui bientôt se fixent sur les corps sous-marins; ils s'allongent, et leur substance s'étrangle par une série de sillons superposés.

L'étranglement s'accentue de plus en plus et le corps de ce polype est alors transformé en une série de disques empilés; ils prennent chacun l'aspect d'une méduse, se détachent, nagent librement et deviennent semblables à la méduse qui nous occupait tout à l'heure; ils ressemblent non pas à leur mère, mais à leur grand'mère; il y a alternance de génération.

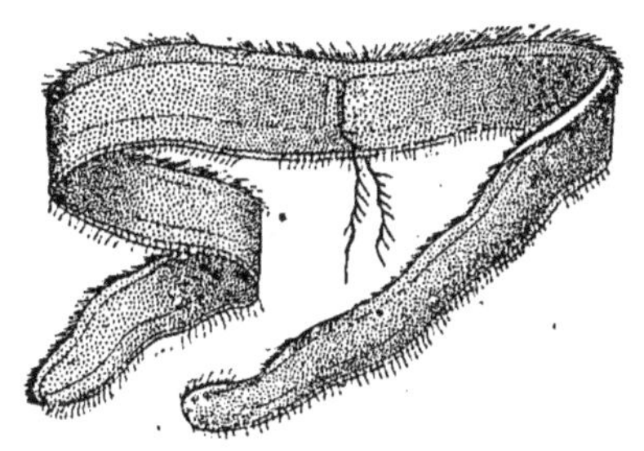

Fig. 858. — Ceste de Vénus.

Les Cténophores forment la seconde classe des Cœlentérés; ce sont des animaux qui ont quelques rapports avec les méduses. Leur corps est arrondi ou ovoïde, de consistance gélatineuse; quelques-uns sont aplatis, rubanés, transparents, incolores; à la surface du corps existent huit rangées de côtes ciliées. La bouche située à l'un des pôles conduit dans un estomac aplati, à la suite duquel vient un cloaque nommé entonnoir qui se bifurque en deux branches ouvertes à l'extérieur. Au point de bifurcation est un point coloré, nerveux; puis de là partent deux canaux transversaux qui vont se bifurquer deux fois et se jeter dans huit canaux longitudinaux, dits cténophoriques, situés sous les côtes ciliées. Il existe souvent deux filaments tactiles latéraux qui peuvent se retirer dans des poches spéciales.

Les uns sont allongés, comprimés latéralement, sans filaments tactiles, ce sont les *Beroë;* d'autres sont sphériques ou cylindriques, d'autres ont le corps très comprimé, rubané, et l'un d'eux est appelé pour cela *Cestum Veneris*, ceinture de Vénus; d'autres enfin, comme les Mnemia, les Calymna, sont comprimés transversalement et portent des appendices en forme de lobes, suivis de prolongement des côtes développées d'une façon inégale.

Nous sommes loin déjà des vertébrés, des insectes, des vers, des mollusques même ! Quelle simplicité dans les organes ! La division du travail physiologique poussée si haut dans les types élevés du règne animal est bien réduite ici. Eh bien, ce ne sont pas encore là les organismes les plus simples.

III

LES SPONGIAIRES

Nous voici arrivés à des animaux bien dégradés : les Éponges. Comment, dira-t-on, les éponges qui servent à tant d'usages domestiques sont des animaux? — Sans doute, ce sont des êtres vivants, animés. Mais la substance dont on se sert, cette masse qui s'imprègne d'eau si facilement n'est pas l'animal lui-même, c'est son squelette.

Le corps est massif ou ramifié, c'est un amas de cellules soutenues par un squelette et creusé de canaux qui aboutissent à des ouvertures ou pores de deux sortes : les uns très nombreux nommés inhalents parce qu'ils servent à l'entrée de l'eau, les autres plus rares, dits orifices exhalants ou oscules, et par lesquels s'échappe l'eau qui a servi à la nutrition. Toutes ces cavités de l'éponge sont couvertes de cils vibratiles.

Les éponges, qui paraissent si simples en organisation, se reproduisent par division ou par formation de gemmules, mais aussi parfois à l'aide d'œufs, et la jeune éponge pendant les premiers temps de son existence est libre et nage au moyen des cils qui la recouvrent, puis bientôt elle se fixe.

Il ne faudrait pas croire que toutes les éponges ont un squelette corné (kératine) semblable à celui que nous employons; il y en a qui ont un squelette calcaire, d'autres un squelette siliceux; et ces squelettes consistent en spicules enchevêtrés et souvent disposés avec une parfaite régularité. Parmi les éponges, les unes vivent dans les eaux douces, les autres sont marines.

La plus connue est assurément l'éponge à squelette de kératine, l'éponge commune (*Spongia usitatissima*) qui est employé en médecine et pour les usages domestiques. On la pêche sur les côtes de Syrie; celle-là est très fine, tandis que celle que l'on pêche sur nos côtes méditerranéennes est plus grossière, a des pores plus larges et est moins estimée.

Les éponges siliceuses offrent souvent une apparence des plus agréables; les spicules qui servent de soutiens à leurs cellules ressemblent à du verre filé, d'une transparence admirable; les Euplectelles, les Holtenia, les Aphrocallistes, les Hyalonéma, sont les genres les plus remarquables de ces éponges siliceuses.

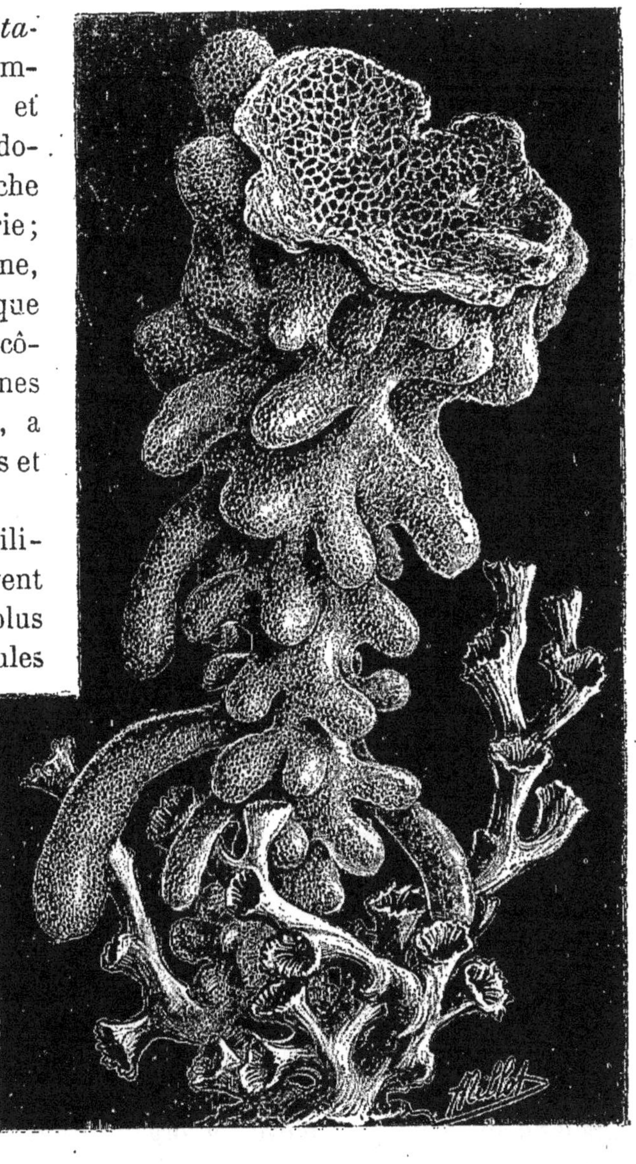

Fig. 859.
Eponge siliceuse du genre Aphrocallistes pêchée par le *Talisman* à une profondeur de 1000 à 1500 mètres. Fixée sur un polypier du genre Lophohélia.

IV

LES PROTOZOAIRES

Pendant longtemps l'existence de ces êtres généralement de taille infime n'a pas été soupçonnée, et ce sont les verres grossissants qui nous ont permis de les apercevoir. Ces êtres, d'une simplicité de structure extrême, qui n'ont ni organes, ni muscles, ni système

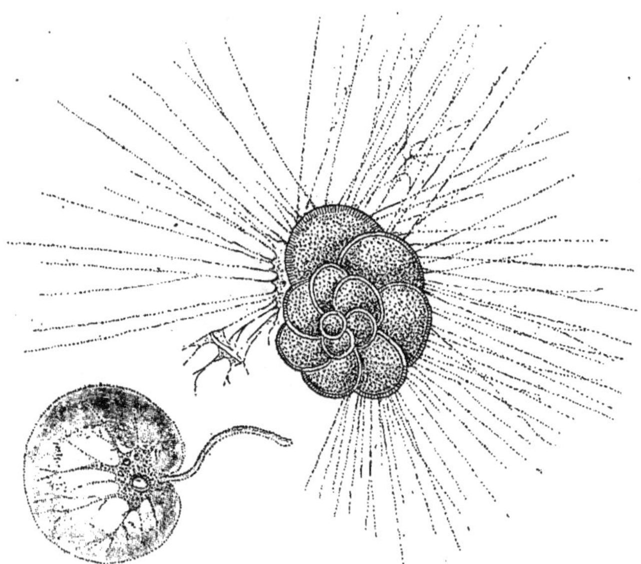

Fig. 860 — Noctiluca miliaris (très grossie). La Noctiluque produit la phosphorescence de la mer.
Fig. 861. — Rotalia Veneta d'après Max Schultze (très grossie).

nerveux, sont très variés, et ne sont peut-être que des états très dégradés d'animaux plus élevés en organisation; ils vivent pour la plupart dans l'eau ou dans d'autres liquides. On les a divisés en six classes principales. Nous ne pouvons évidemment que signaler les plus importants.

Mettez une feuille de chou, par exemple, dans un récipient rempli d'eau, laissez-la macérer ainsi pendant quelques jours. Prenez ensuite une goutte de cette eau, portez-la sous l'objectif d'un microscope puissant. Vous verrez aussitôt des petits êtres qui passeront souvent avec rapidité, qui iront, viendront, s'entre-croiseront, se contracteront, changeront de forme. Ils sont transparents, vous n'y voyez pas d'organes, tout au plus distinguerez-vous des vésicules contractiles qui changent de place. Mais si vous y regardez de plus près, vous pourrez voir que leur corps est garni de cils vibratiles. Ces petits êtres, ce sont des Infusoires. Ils sont souvent séchés et à l'état de poussière invisible dans l'air; mais s'ils sont mouillés, ils recommencent une vie active, se meuvent, se reproduisent. Il y en a qui ont des cils vibratiles, mais nous en signalerons qui sont fort abondants dans la mer — car ce sont eux qui causent la phosphorescence — et dont le corps, en forme de petite vésicule, n'est pas couvert de cils vibratiles, mais pourvu de deux flagellums, l'un, plus grand que l'autre, près de l'orifice buccal : c'est la Noctiluque (*Noctiluca miliaris*) (*fig*. 860).

Je parle d'un orifice buccal et j'ai dit que ces Protozoaires n'avaient pas d'organes. En effet, il n'y a pas de tube digestif, mais chez quelques-uns, les plus élevés, il y a une membrane d'enveloppe autour du corps et cette membrane laisse en un point de sa surface une ouverture par laquelle se fera la nutrition.

Oui, les Infusoires ont une forme définie et sont entourés d'une membrane ciliée, pourvue de soie ou de flagellum; ils ont une bouche et un anus, une vésicule pulsatile, et la substance protoplasmique qui forme le corps, contient un ou plusieurs noyaux avec nucléole, et même est entourée d'une carapace. Les uns sont libres, d'autres sont portés par un pédicule.

Une autre classe est celle des Grégarines, dont le corps unicellulaire paraît quelquefois divisé en deux ou trois loges par des fausses cloisons transversales. Ces petites bêtes sont souvent parasites, et l'espèce *géante*, la Grégarine géante qui vit dans l'intestin du Homard, peut atteindre 16 millimètres de long !

D'autres ont le corps formé d'un protoplasma formé d'une ou de plusieurs capsules centrales protoplasmiques, à noyau muni de vésicules contractiles et d'un squelette siliceux présentant souvent des formes d'une régularité géométrique et d'une extrême élégance; on les a appelés des Radiolaires.

Il en est, comme les Foraminifères, dont le corps protoplasmique est le plus souvent entouré d'une matière calcaire. Cette coquille peut ne présenter qu'une seule ouverture, mais dans d'autres cas elle est perforée d'un grand nombre de petits pores, et là matière vivante protoplasmique dont est formé le corps émet, par ces ouvertures, des prolongements filamenteux qui peuvent varier de forme et de nombre. Il y en a qui ont des coquilles d'une délicatesse et d'une complexité vraiment surprenantes, et de patients observateurs les ont étudiés avec soin. Je citerai d'Orbigny, puis Terquem, et de nos jours M. Schlumberger. Les foraminifères sont marins et leurs coquilles qui s'accumulent au fond de la mer forment des assises d'une épaisseur considérable; et cependant leur taille est infime, puisqu'il en faut 120000 de certaines espèces pour remplir un centimètre cube. Ils ont joué d'ailleurs dans les temps géologiques un rôle important; beaucoup d'espèces fossiles constituent par leur masse des terrains et quelques-uns étaient de taille relativement grande, les Nummulites en particulier. Mais descendons encore dans l'échelle des êtres.

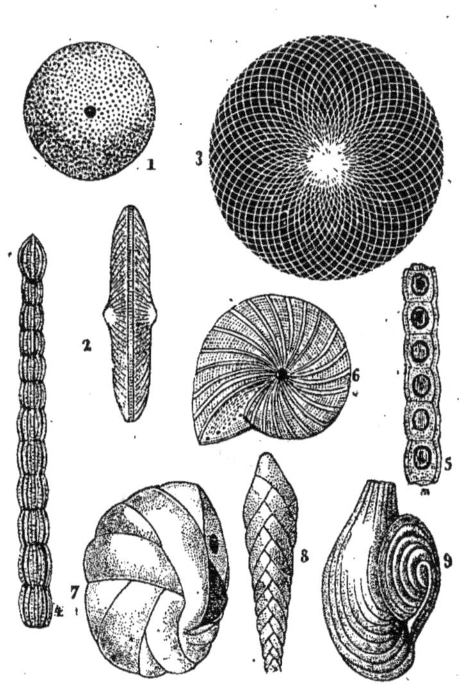

Fig. 862 à 870.

1. Orbuline universelle. — 2. Orbitoïde moyenne vue de côté. — 3. Id. Coupe horizontale. — 4. Nodosaire baguette. — 5. Id. Coupée verticalement. — 6. Polystomelle planulée. — 7. Cassidulaire lisse. — 8. Textulaire pygmée. — 9. Adélosine striée.

Les Amibes sont de petites masses protoplasmiques pourvues d'un ou de plusieurs noyaux, quelquefois d'une membrane d'enveloppe, et émettant des prolongements lobés (*fig.* 18, page 35).

Enfin, les plus simples sont les Monères, dont le corps est formé d'un protoplasma sans noyau, sans membrane d'enveloppe et dont la substance est susceptible d'émettre des pseudopodes ou prolongements lobés ou filamenteux qui peuvent se fusionner, s'anastomoser. Hœkel les a divisés en *Lobomonériens*, c'est-à-dire ceux dont les prolongements sont lobés mais non fusionnés, et en *Rhizomonériens* ou monères à prolongements filamenteux susceptibles de s'anastomoser. Ces derniers sont les *Protomyxa aurantiaca;* les premiers et les plus simples de tous les animaux sont les *Protamœba primitiva.*

Nous voici arrivés au dernier terme zoologique; les Monères peuvent être considérées dans l'état actuel de nos connaissances comme les plus simples des animaux, composés de protoplasme vivant susceptible de mouvements, susceptible d'absorber et d'expulser les produits de la nutrition, capable de se multiplier par simple division.

Nous avons décrit à grands traits l'ensemble du règne animal. Tout d'abord nous avons parlé de la naissance de la vie sur la terre et donné une classification des animaux, montrant que les plus simples en organisation avaient dû être les premiers, les plus anciens habitants de notre planète. Puis, prenant au contraire l'être le plus élevé, l'homme, comme point de départ, nous avons passé en revue tous les animaux qui peuplent le globe terrestre, en cherchant à montrer les traits saillants de leur structure, de leurs mœurs et de leur utilité ou de leur nocivité.

Nous terminons cet ouvrage par l'étude des êtres les plus simples, il est vrai, mais qui, malgré leur petitesse extrême, ont joué et jouent encore de nos jours un rôle important à la surface du globe.

Notre tâche est terminée et nous serons hautement récompensé si nous avons pu contribuer à faire admirer les œuvres de la Nature.

FIN

TABLE DES MATIÈRES

LIVRE PREMIER

La Vie

LIVRE DEUXIÈME

L'Homme

LIVRE TROISIÈME

Les Mammifères

LIVRE QUATRIÈME

Les Oiseaux

LIVRE CINQUIÈME

Les Reptiles. Les Batraciens et les Poissons

LIVRE SIXIEME

Les Arthropodes ou Animaux articulés

LIVRE SEPTIÈME

Les Vers. Les Mollusques. Les Echinodermes. Les Cœlentérés. Les Protozoaires

PLACEMENT DES PLANCHES COLORIÉES

ERRATA

Page 20. — Ornithorynque, lisez *Ornithorhynque.*
— 56. — Talégale, lisez *Tallégalle.*
— 539. — Fanons de nature carnée, lisez *cornée.*
— 543. — La figure 362 est placée à l'envers.
— 584-586. — Talégalle, lisez *Tallégalle.*
— 788. — Philodrias, lisez *Philodryas.*
— 641 et 643. — Engoulvent, lisez *Engoulevent.*

TABLE DES GRAVURES

TABLE ALPHABÉTIQUE

A

B

C

D

E

F

G

H

I

J

K

L

M

N

O

P

R

S

T

U

V

W—X—Y—Z

PARIS. — IMPRIMERIE C. MARPON ET E. FLAMMARION, RUE RACINE, 26.